Garbrecht/Schaad/Lehman
Workshop der professionellen Antriebstechnik

Friedrich Wilhelm Garbrecht
Hans-Jürgen Schaad
Rolf Lehmann

Workshop *der* professionellen Antriebstechnik

- Grundlagen
- Digitale Antriebsregelung
- AC-Servoantriebstechnik

Mit 290 Abbildungen und 34 Tabellen

Franzis'

Die Deutsche Bibliothek – CIP-Einheitsaufnahme

Workshop der professionellen Antriebstechnik : Grundlagen, digitale Antriebsregelung, AC-Servoantriebstechnik / Friedrich Wilhelm Garbrecht ; Hans-Jürgen Schaad; Rolf Lehmann. - Feldkirchen : Franzis, 1996
 ISBN 3-7723-4332-5
NE: Garbrecht, Friedrich Wilhelm; Schaad, Hans-Jürgen; Lehmann, Rolf

© 1996 Franzis-Verlag GmbH, 85622 Feldkirchen

Alle Rechte vorbehalten, auch die der fotomechanischen Wiedergabe und der Speicherung in elektronischen Medien.

Die meisten Produktbezeichnungen von Hard- und Software sowie Firmennamen und Firmenlogos, die in diesem Werk genannt werden, sind in der Regel gleichzeitig auch eingetragene Warenzeichen und sollten als solche betrachtet werden. Der Verlag folgt bei den Produktbezeichnungen im wesentlichen den Schreibweisen der Hersteller.

Satz: Teil 1 u. 3 Typo spezial Ingrid Geithner, 84424 Isen
        Teil 2 u. 4 Fotosatz Pfeifer GmbH, Gräfelfing

Druck: Wiener Verlag, A-2325 Himberg
Printed in Austria - Imprimé en Autriche

ISBN 3-7723-4332-5

Vorwort

Die Antriebstechnik hat in der Vergangenheit in der gesamten industriellen Fertigung eine Schlüsselposition innegehabt. Mit fortschreitender Mechanisierung und Automatisierung aller Fertigungsprozesse hat sie ständig mehr an Bedeutung gewonnen. Besonders in jüngster Zeit sind mit zunehmendem Einsatz von Fertigungs- und Handhabungsautomaten die Anforderungen an die Antriebe hinsichtlich Drehzahlgenauigkeit und Positioniergenauigkeit ständig gewachsen, um den Qualitätsansprüchen zu genügen, die an die Produkte gestellt werden. Durch die Verfügbarkeit von leistungsfähigen Controllern und Mikroprozessoren sowie Halbleiterleistungsschaltern wurde für die Antriebe eine Steuer- und Leistungselektronik entwickelt, mit der die gestellten Anforderungen erfüllt werden konnten. Damit steht die erforderliche Hardware zur Verfügung. Die Erstellung der erforderlichen Regel-, Steuer- und Überwachungssoftware erfolgt heute überwiegend in einer Hochsprache, meistens in C. Um aber den Forderungen nach hoher Drehzahl- und Positioniergenauigkeit zu genügen, bedarf es einer Regelung, deren Struktur und deren Einstellung exakt auf die Belange des Antriebs und der Anwendung abgestimmt ist. Um solchen Regelungen die Flexibilität zu erhalten, werden sie durch die Software den Erfordernissen der Aufgabe angepaßt. Um diese Aufgabe zu bewältigen, muß das dynamische Verhalten der Antriebe einschließlich der anzutreibenden Maschine bekannt und mathematisch formulierbar sein.

Das Ziel des ersten Teils dieses Buches ist es, die Grundlagen darzustellen, mit denen das dynamische Verhalten der hauptsächlich in der Praxis eingesetzten Antriebsarten beschrieben werden kann. Um dieses Ziel zu erreichen, nimmt die systemtheoretische Betrachtung der Gleichstrommaschine sowie der für den derzeitigen Einsatz dominierenden Synchron- und Asynchronmaschine einen breiten Raum ein. Dabei wird herausgearbeitet, daß die genannten Antriebe alle durch die gleiche Übertragungsfunktion

Vorwort

beschrieben werden können. Nur die Beziehungen zur Berechnung der Zeitkonstanten und des Verstärkungsfaktors sind vom jeweils betrachteten Antriebstyp abhängig. Aufbauend auf diesen theoretischen Grundlagen, werden die in der Praxis üblichen Reglerstrukturen für Drehzahl- und Positionsregelungen sowie für das Nachfahren von Bahnkurven dargestellt.

Dem Franzis-Verlag danke ich für die jederzeit angenehme und konstruktive Zusammenarbeit sowie für die ansprechende Gestaltung des Buches.

Linden, im Juli 1996 *F. W. Garbrecht*

Inhalt

Zusammenstellung der wichtigsten verwendeten Formelzeichen 9

1 Einleitung 13

2 Drehmomenterzeugung in elektrischen Maschinen 15

2.1 Stromdurchflossener Leiter im magnetischem Feld 15
2.2 Berechnung des Drehmomentes auf eine Leiterschleife im Magnetfeld 16

3 Regelung von Gleichstrommotoren 18

3.1 Schematischer Aufbau eines Gleichstrommotors 18
3.2 Regelkonzepte für Gleichstrommotoren 19

4 Achsentransformationen 28

4.1 Vereinbarungen und Voraussetzungen 28
4.2 Zweiachsdarstellung 30
4.3 Drehtansformation 34

5 Systemtheoretische Betrachtung der Asynchronmaschine .. 37

5.1 Induktivitäten und Widerstände 37
5.2 Spannungsgleichungen 40
5.3 Feldorientierung bei Asynchronmaschinen 52

6 Regelung der Asynchronmaschine 57

6.1 Feldorientierte Regelung 58
6.2 Entwurf von Flußbeobachtern 63

7 Regelung von Synchronmotoren 69

8 Dimensionierung der Regler 81

8.1 Regelung des Gleichstromotors 83
8.2 Reglung des Asynchronmotors 87
8.3 Regelung des Synchronmotors 89

9 Schrittmotoren ... 92

- 9.1 Permanentmagnetschrittmotoren ... 92
- 9.2 Schrittmotoren mit variabler Reluktanz ... 93
- 9.3 Hybridschrittmotoren ... 95
- 9.4 Leistungsteil für Schrittmotor ... 99
- 9.5 Feinpositionierung mit Schrittmotoren ... 100
- 9.6 Einsatzgebiete von Schrittmotoren ... 100

10 Sensoren zur Drehzahl- und Positionsmessung ... 101

- 10.1 Drehzahlmessung ... 102
- 10.2 Positionsmessungen ... 103
- 10.2.1 Aufbau und Ausgangssignale inkrementaler Positionsgeber ... 105
- 10.2.2 Drehrichtungserkennung bei Einfachauswertung ... 105
- 10.2.3 Vierfachauswertung der Drehgeberausgangssignale ... 106
- 10.2.4 Rechts-/Linkslauferkennung bei Vierfachauswertung ... 107
- 10.3 Positionsgeber mit sinusförmigem Ausgangssignal ... 109
- 10.4 Resolver ... 111
- 10.5 Längenmessung mit Laserinterferometer ... 116

11 Frequenzumrichter ... 118

- 11.1 Steuerteil ... 118
- 11.1.1 Unterschwingungsverfahren ... 119
- 11.1.2 Raumzeigermodulation ... 121
- 11.2 Treiberstufe ... 125
- 11.3 Galvanische Trennung bzw. Pegelanpassung ... 125
- 11.3.1 Induktive Impulsübertragung ... 126
- 11.3.2 Potentialanpassung durch „Spannungspumpe" ... 129
- 11.4 Leistungsteil ... 131
- 11.5 Leistungshalbleiter ... 139

12 Realisierung von Bahnkurven ... 147

- 12.1 Berechnung der Bahnkurven ... 150
- 12.1.1 Beschleunigungsstrecke ... 151
- 12.1.2 Strecke mit konstanter Geschwindigkeit ... 153
- 12.1.3 Verzögerungsstrecke ... 154
- 12.2 Vorgehensweise bei der Realisierung einer Bahnkurve ... 156
- 12.3 Berechnung der Bahnkurvensollwerte für die Positionsregelung ... 158
- 12.4 Geschwindigkeit als Funktion des zurückgelegten Weges bei „Overwriting" ... 161

Literatur ... 166

Sachverzeichnis ... 167

Zusammenstellung der wichtigsten verwendeten Formelzeichen

1. Parameterbezeichnungen

A	[m²]	: Fläche einer Leiterschleife
B	[Vs/m²]	: Flußdichte des magnetischen Feldes
c	[-]	: Verlustfaktor
F	[N]	: Kraft auf stromdurchflossenen Leiter im Magnetfeld
i	[A]	: Strom
i_d	[A]	: Flußbildender Strom
i_q	[A]	: Momentbildender Strom
J	[Nms²] [kgm²]	: Massenträgheitsmoment
k	[-]	: Laufvariable im diskontinuierlichem Zeitbereich (t=k*T_0)
K_s		: Verstärkungsfaktor Regelstrecke
K_R		: Reglerverstärkung
l	[m]	: Leiterlänge
L	[Vs/A]	: Induktivität, Rotorinduktivität bei Gleichstrommaschine
L_{2Ph}[1]	[Vs/A]	: Läuferinduktivität einer Phase, auf Ständerseite umgerechnet
L_{1Ph}	[Vs/A]	: Ständerinduktivität einer Phase
L_h	[Vs/A]	: Hauptinduktivität
L_S	[Vs/A]	: Streuinduktivität
M_{el}	[Nm]	: Elektrisch erzeugbares Moment
M_l	[Nm]	: Lastmoment
M_m	[Nm]	: Moment zur Beschleunigung der Massenträgheit
n	[1/min]	: Umdrehungen pro Minute
n_P	[-]	: Polpaarzahl
r	[m]	: Radius der Leiterschleife
R	[V/A]	: Widerstand, Rotorwiderstand bei Gleichstrommaschine
R_{2Ph}[1]	[V/A]	: Läuferwiderstand einer Phase, auf Ständerseite umgerechnet
R_{1Ph}	[V/A]	: Ständerwiderstand einer Phase
s	[s^{-1}]	: Differentialoperator
t	[s]	: Zeit
T_0	[s]	: Abtastzeit
T_1	[s]	: Zeitkonstante
T_2	[s]	: Zeitkonstante
T_N	[s]	: Nachstellzeit
u		: Spannung, Stellgröße
u_0	[V]	: Im Rotor induzierte Spannung
u_R	[V]	: Rotorspannung
U_z	[V]	: Spannung im Gleichstromzwischenkreis
w		: Windungszahl
y		: Regelgröße
φ	[grd]	: Drehwinkel bei Gleichstrommaschine
φ	[grd]	: Drehwinkel der Leiterschleife
Φ	[Vs]	: Magnetischer Fluß einer Leiterschleife

Zusammenstellung der wichtigsten verwendeten Formelzeichen

γ_1	[grd]	: Winkel zwischen dem d,q-Koordinatensystem und dem α,β-Koordinatensystem
γ_m	[grd]	: Mechanischer Winkel des Läufers bezogen auf das α,β-Koordinatensystem
γ_2	[grd]	: $\gamma_1 - n_P * \gamma_m$ Winkel des d,q-Koordinatensystems bezogen auf ein mit $n_P * \omega_m$ rotierendes Koordinatensystem
ω	[s^{-1}]	: Winkelgeschwindigkeit
ω_1	[s^{-1}]	: Winkelgeschwindigkeit des d,q-Koordinatensystems gegenüber dem α,β-Koordinatensystem
ω_2	[s^{-1}]	: Winkelgeschwindigkeit des Schlupfes $\omega_2 = \omega_1 - \omega_m * n_P$
ω_m	[s^{-1}]	: Winkelgeschwindigkeit des Läufers gegenüber dem α,β-Koordinatensystem
Ψ	[Vs]	: Magnetischer Fluß
$\underline{i}$	[A]	: Stromvektor
$\underline{u}$	[V]	: Spannungsvektor, Steuervektor
$\underline{x}$		: Zustandsvektor
$\underline{y}$		: Vektor der Regelgröße
$\underline{\Psi}$	[Vs]	: Flußvektor
$\underline{A}$		: Systemmatrix im diskontinuierlichen Zeitbereich
$\underline{A}'$		: Systemmatrix im kontinuierlichen Zeitbereich
$\underline{B}$		: Steuermatrix im diskontinuierlichen Zeitbereich
$\underline{B}'$		: Steuermatrix im kontinuierlichen Zeitbereich

2. Indexbezeichnungen

a,b,c	: Phasengröße
α,β	: Komponenten eines rechtwinkligen, ständerfesten Koordinatensystems
d,q	: Komponenten eines rechtwinkligen Koordinatensystems, das fest an einer elektrischen Größe (Fluß, Strom oder Spannung) bzw. ihrem Sollwert orientiert ist
u,v	: Komponenten eines rechtwinkligen, rotorfesten Koordinatensystems
"1"	: Kennzeichnung für Ständergrößen
"2"	: Kennzeichnung für Läufergrößen
"*"	: Kennzeichnung für Sollwerte

Friedrich Wilhelm Garbrecht

Grundlagen der Antriebstechnik

Grundlagen von Gleich-, Asynchron-, Synchron und Schrittmotoren

Verfahren der Drehzahl- und Positionsmessung

Einführung in die Technik von Frequenzumrichtern

Prinzip der Bahnkurven Realisierung

Wölfel Beratende Ingenieure

Wir optimieren Ihre Konstruktion ...

mit der
Finite-Elemente-
Methode
in den Bereichen
Statik,
Dynamik,
Wärmeleitung,
Fluiddynamik,
Elektro-
magnetismus,
Kinetik,
Kinematik

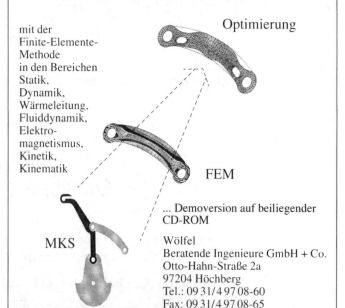

Optimierung

FEM

MKS

... Demoversion auf beiliegender CD-ROM

Wölfel
Beratende Ingenieure GmbH + Co.
Otto-Hahn-Straße 2a
97204 Höchberg
Tel.: 09 31/4 97 08-60
Fax: 09 31/4 97 08-65

Mit Beratung auf der sicheren Seite   **WBI**

1 Einleitung

Von der Fertigungstechnik werden an die dort eingesetzten Antriebe immer höhere Anforderungen bezüglich Dynamik und Regelbarkeit gestellt. Insbesondere müssen Drehzahlen genau eingehalten werden, und vorgegebene Positionen beim Einsatz der Antriebe in Fertigungsanlagen müssen exakt angefahren und ggfs. gehalten werden. In der Fertigungstechnik spielt besonders das Nachfahren von vorgegebenen Bahnkurven zur Herstellung von Konturen eine große Rolle. Die Übergänge von einer Drehzahl zu einer anderen und das Erreichen der vorgegebenen Positionen soll möglichst zeitoptimal erfolgen. Ferner sollen die eingesetzten Antriebe eine geringe Wartung erfordern, einen möglichst hohen Wirkungsgrad aufweisen, einen niedrigen Anschaffungspreis haben und eine hohe Lebensdauer erreichen.

Diese durch den Anwender gestellten Forderungen konnten nur durch die Fortschritte bei der Entwicklung elektrischer Maschinen, in der Leistungs- und Steuerungselektronik, durch eine Verbesserung der gesamten Sensorik und durch die Weiterentwicklung der Theorie der elektrischen Maschinen erfüllt werden. Da im Zuge der Kostenreduzierung in allen Bereichen der Industrie besonderer Wert auf Antriebe mit geringem Wartungsaufwand, niedrigem Preis und hoher Lebensdauer gelegt wird, haben nur besonders robuste Maschinen eine Chance, sich künftig auf dem Markt zu behaupten. Aufgrund ihres Aufbaus dürften hierfür die Asynchronmaschinen die besten Voraussetzungen mitbringen. Von allen in der Praxis eingesetzten Antriebsprinzipien erfordern sie jedoch auch den höchsten theoretischen Aufwand zur Beschreibung ihres Verhaltens und stellen an den Regelungstechniker sehr hohe Anforderungen, um die oben genannten Ziele zu verwirklichen. Deshalb soll den Asynchronmaschinen, der theoretischen Beschreibung ihres Verhaltens und dem Entwurf von Drehzahl- und Positionsregelungen mit diesem Maschinentyp ein breiter Raum gewidmet werden. Dabei werden vorwiegend konventionelle Regelverfahren mit PID-Reglern behandelt. Das

1 Einleitung

derzeit übliche Verfahren zur Regelung dieses Antriebskonzeptes wird als „feldorientierte Regelung" bezeichnet. Soweit erforderlich, wird in diesem Zusammenhang auch auf die Konzipierung und den Aufbau der dazu notwendigen Steuer- und Leistungselektronik eingegangen.

Zusätzlich wird auch auf die Drehzahl- und Positionsregelung anderer Maschinentypen wie beispielsweise Gleichstrom- und Synchronmaschinen eingegangen. Ebenso wird die Funktionsweise und die Positionssteuerung von Schrittmotoren behandelt. Die Gleichstrommaschine spielt zwar bei Neuanlagen nur noch eine untergeordnete Rolle, aufgrund ihres Aufbaus kann man aber gerade an ihr sehr gut demonstrieren, welche Lage der magnetische Fluß und der feldbildende Strom zueinander haben müssen, um eine optimale Momentbildung in der Maschine zu erreichen. Dies ist der Grund dafür, daß ihr hier noch eine größere Aufmerksamkeit geschenkt wird.

Um präzise Drehzahlen und Positionen regeln zu können, bedarf es einer leistungsfähigen Sensorik. Deshalb wird auf den Aufbau und die Funktionsweise der in der Praxis zum Eisatz kommenden Drehzahl- und Positionsgeber ebenfalls eingegangen. Wo es sinnvoll und notwendig erscheint, wird auch eine Erläuterung der Funktionsweise und des Aufbaus der notwendigen Auswertelektronik dieser Sensoren erfolgen.

2 Drehmomenterzeugung in elektrischen Maschinen

Bevor mit der Berechnungsherleitung der Drehmomente von elektrischen Maschinen begonnen wird, sollen zunächst zwei Regeln über die Richtung der Feldlinien und über die Kraftwirkung im magnetischem Feld wiederholt werden.

Rechte-Hand-Regel 1:

Wenn der gestreckte Daumen in die Richtung des Stromes zeigt, dann zeigen die gekrümmten Finger in die Richtung der Feldlinien.

Rechte-Hand-Regel 2:

Wenn der gestreckte Daumen in die Richtung des Stromes zeigt und die gestreckten Finger in die Richtung der Feldlinien zeigen, dann wirkt die auf den stromdurchflossenen Leiter ausgeübte Kraft aus der Handfläche heraus.

2.1 Stromdurchflossener Leiter im magnetischen Feld

Die Funktion elektrischer Maschinen beruht im wesentlichen auf der Kraft, die in einem magnetischen Feld auf einen stromdurchflossenen Leiter wirkt. In welcher Richtung die Kraftwirkung in Abhängigkeit von der Richtung des magnetischen Feldes und von der Stromrichtung erfolgt, zeigt Abb. 2.1.

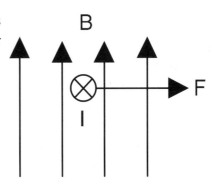

Abb. 2.1: Kraftwirkung auf einen stromdurchflossenen Leiter im magnetischen Feld in Abhängigkeit von der Feldrichtung und von der Stromrichtung

2 Drehmomenterzeugung in elektrischen Maschinen

Die Kraft auf den Leiter berechnet sich nach der Beziehung:

$$F = B * I * l \qquad (2.1\text{-}1)$$

2.2 Berechnung des Drehmomentes auf eine Leiterschleife im Magnetfeld

Auf eine geschlossene Leiterschleife wirken in einem Magnetfeld die in *Abb. 2.2* angegebenen Kräfte. Unter der Annahme, daß auf jeden Leiter die Kraft F ausgeübt wird, berechnet sich bei der gegebenen Stellung der Leiterschleife das auf sie ausgeübte Drehmoment zu:

$$M_{el} = 2 * F * r * \sin \varphi \qquad (2.2\text{-}1)$$

Wird für die Kraft F die Beziehung aus Gl. (2.1-1) in Gl. (2.2-1) eingesetzt, so folgt:

$$M_{el} = 2 * B * I * l * r * \sin \varphi \qquad (2.2\text{-}2)$$

Unter Berücksichtigung der Beziehungen zwischen den Größen des magnetischen Feldes und der Größe der Leiterschleife folgt:

$$\Psi = \Phi * w = B * A = 2 * B * r * l \qquad (2.2\text{-}3)$$

Aus Gl. (2.2-3) folgt:

$$B = \frac{\Psi}{2*r*l} \qquad (2.2\text{-}4)$$

Wird Gl. (2.2-4) in Gl. (2.2-2) eingesetzt, so ergibt sich:

$$M_{el} = \Psi * I * \sin \varphi \qquad (2.2\text{-}5)$$

Nach Gl. (2.2-5) läßt sich das elektrisch erzeugbare Moment einer stromdurchflossenen Leiterschleife in einem Magnetfeld berechnen. Dabei sind ideale Verhältnisse vorausgesetzt. In der Praxis sind die auftretenden Verluste noch durch besondere Faktoren zu berücksichtigen. Die Gl. (2.2-5) zeigt aber, daß das erzeugbare Moment dann am größten ist, wenn der in Abb. 2.2 eingezeichnete Winkel φ = 90⁰ beträgt. Deshalb ist es bei allen elektrischen

2.2 Berechnung des Drehmomentes auf eine Leiterschleife im Magnetfeld

Maschinen erwünscht, diese Zuordnung zwischen Magnetfeld und stromdurchflossenem Leiter zu realisieren. Sie wird als „Feldorientierung" bezeichnet.

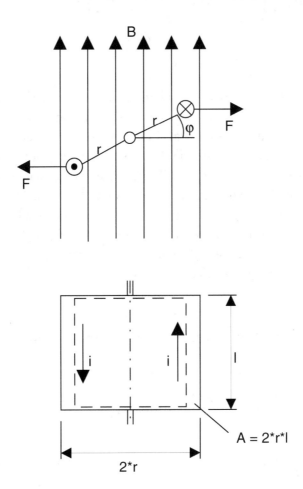

Abb. 2.2: Kräfte auf einer Leiterschleife im Magnetfeld

3 Regelung von Gleichstrommotoren

Gleichstrommotoren weisen besonders gute Regeleigenschaften auf. Sie wurden deshalb in der Vergangenheit überall dort eingesetzt, wo es auf hohe Drehzahlkonstanz und exaktes Einhalten von Positionen ankam. Der Nachteil dieser Antriebsart liegt aber in dem hohen Wartungsaufwand für Kohlebürsten und Kollektor. Abgenutzte Kohlebürsten lassen sich leicht ersetzen. Ein abgenutzter Kollektor läßt sich mit hohem Aufwand abdrehen, jedoch läßt sich dieser Vorgang nicht beliebig oft wiederholen. Dadurch wird seine Lebensdauer eingeschränkt. Wegen des hohen Wartungsaufwandes und der begrenzten Lebensdauer versucht man, Geichstrommotoren in immer stärkerem Maße durch andere Antriebe zu ersetzen.

3.1 Schematischer Aufbau eines Gleichstrommotors

Abb. 3.1 zeigt den schematischen Aufbau eines Gleichstrommotors mit Stator, Rotor und Zuführung des Rotorstromes über Kohlebürsten. Ferner sind der magnetische Fluß und die Richtungen von Stator- und Rotorstrom eingezeichnet.

Der Fluß wird durch den Statorstrom i_d und das Moment durch den Rotorstrom i_q gebildet. Man erkennt hier, daß durch die Anordnung der Stromzuführung für den Rotor immer gewährleistet sein muß, daß zwischen Flußrichtung und der Lage der stromdurchflossenen Rotorleiterschleife stets ein Winkel von 90^0 vorhanden ist. Dies ist immer der Fall, wenn die Leiterschleifen für den feldbildenden Strom i_d und für den momentbildenden Strom i_q senkrecht aufeinander stehen. Unter dieser Voraussetzung hat das elektrisch erzeugbare Drehmoment immer sein Maximum. Unter der Berücksichtigung, daß diese Zuordnung immer gegeben ist, und eines Verlustfaktors

3.2 Regelkonzepte für Gleichstrommotoren

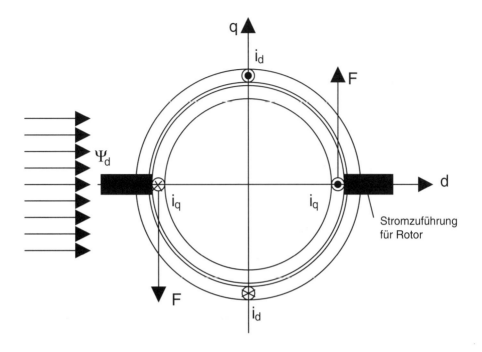

Abb. 3.1: Schematischer Aufbau eines Gleichstrommotors

berechnet sich das Drehmoment mit den in Abb. 3.1 angegebenen Größen zu:

$$M_{el} = c * \Psi_d * i_q \qquad (3.1\text{-}1)$$

Nimmt man an, daß das Moment über den Rotorstrom geregelt werden soll, so folgt aus Gl. (3.1-1) unter Einbeziehung des Differentialoperators $s=d/dt$:

$$M_{el}(s) = c * \Psi_d * i_q(s) \qquad (3.1\text{-}2)$$

3.2 Regelkonzepte für Gleichstrommotoren

Für den Entwurf des Regelkonzeptes geht man zweckmäßigerweise für den fremderregten Gleichstrommotor von einem Ersatzschaltbild aus, wie es in *Abb. 3.2* angegeben ist. Der Gleichstrommotor ist mit der Massenträgheit J und einem konstanten Lastmoment M_l belastet. Eingangsgröße ist die Rotorspannung $u_R(s)$ (Stellgröße $u(s)$), mit der die Drehzahl $n(s)$ bzw. Winkelgeschwindigkeit $\omega(s)$ (Ausgangsgröße bzw. Regelgröße $y(s)$) beeinflußt werden kann. R und L sind der Rotorwiderstand und die Rotorinduktivität. Die angegebenen Zahlenwerte dienen nur zur Orientierung für die dabei auftretenden Größenordnungen.

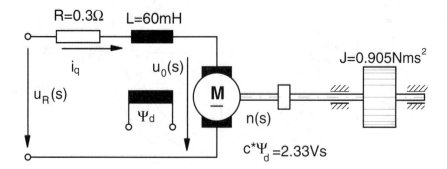

Abb. 3.2: Ersatzschaltbild eines fremderregten Gleichstrommotors mit Last

Die Übertragungsfunktion für diese Regelstrecke lautet:

$$G(s) = \frac{y(s)}{u(s)} = \frac{\omega(s)}{u_R(s)} \qquad (3.2\text{-}1)$$

Mit $\omega = 2*\pi*n$ folgt auch:

$$G(s) = \frac{n(s)}{u_R(s)} \qquad (3.2\text{-}2)$$

Die im Rotor induzierte Spannung ist:

$$u_0(s) = c * \Psi_d * \omega(s) \qquad (3.2\text{-}3)$$

Damit gilt für den Rotorkreis:

$$u_R(s) = i_q(s) * (R + s * L) + u_0(s) \qquad (3.2\text{-}4)$$

Durch Umstellung folgt:

$$i_q(s) = (u_R(s) - u_0(s)) * \frac{1}{R+s*L} = (u_R(s) - u_0(s)) * \frac{\frac{1}{R}}{1+s \cdot \frac{L}{R}} \qquad (3.2\text{-}5)$$

3.2 Regelkonzepte für Gleichstrommotoren

Die Rotorzeitkonstante wird definiert zu:

$$T_1 = \frac{L}{R} \tag{3.2-6}$$

Damit folgt aus Gl. (3.2-5):

$$i_q(s) = (u_R(s) - u_0(s)) * \frac{\frac{1}{R}}{1+s*T} \tag{3.2-7}$$

Der Rotorstrom $i_q(s)$ und der konstante Fluß Ψ_d erzeugen das elektrische Moment:

$$M_{el}(s) = c * \Psi_d * i_q(s) \tag{3.2-8}$$

Dies ist im Gleichgewicht mit dem Lastmoment M_l und dem durch die Massenträgheit verursachten Moment (Beschleunigungsmoment) M_m. Das durch die Massenträgheit verursachte Moment berechnet sich zu:

$$M_m(t) = J * \frac{d\omega(t)}{dt} \tag{3.2-9}$$

Unter Verwendung des Differentialoperators folgt aus Gl. (3.2-9):

$$M_m(s) = J * s * \omega(s) \tag{3.2-10}$$

Damit gilt für das Momentengleichgewicht am Gleichstrommotor:

$$M_{el} = M_l + M_m \tag{3.2-11}$$

Eine Umstellung liefert:

$$M_m = M_{el} - M_l \tag{3.2-12}$$

Damit kann die Strecke durch das in *Abb. 3.3* angegebene Blockschaltbild dargestellt werden.

Mit $M_l = 0$ folgt aus den Gln. (3.2-9) und (3.2-11) unter Verwendung von Gl. (3.2-8):

$$J * s * \omega(s) = c * \Psi_d * i_q(s) \tag{3.2-13}$$

Durch Umformung ergibt sich:

$$i_q(s) = \frac{\omega(s) \cdot s \cdot J}{c \cdot \Psi_d} \tag{3.2-14}$$

3 Regelung von Gleichstrommotoren

Mit den Gln. (3.2-3) und (3.2-14) folgt aus Gl. (3.2-7) die Übertragungsfunktion für den fremderregten Gleichstrommotor:

$$\omega(s) = (u_R(s) - c * \Psi_d * \omega(s)) * \frac{\frac{1}{R}}{1+s*T_1} * c * \Psi_d * \frac{1}{s*J} \qquad (3.2\text{-}15)$$

Durch Umformen folgt aus (3.2-15):

$$\omega(s) * (1 + \frac{\frac{1}{R}}{1+s*T_1}(c*\Psi_d)^2 * \frac{1}{s*J}) = u_R(s) * \frac{\frac{1}{R}}{1+s*T_1} * c * \Psi_d * \frac{1}{s*J} \qquad (3.2\text{-}16)$$

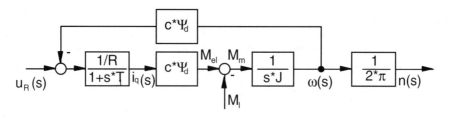

Abb. 3.3: Blockschaltbild des fremderregten Gleichstrommotors

Aus (3.2-16) ergibt sich die Übertragungsfunktion zu:

$$G(s) = \frac{\omega(s)}{u_R(s)} = \frac{\frac{1/R}{1+s*T_1}*c*\Psi_d*\frac{1}{s*J}}{1+\frac{1/R}{1+s*T_1}*(c*\Psi_d)^2*\frac{1}{s*J}} \qquad (3.2\text{-}17)$$

Durch weitere Umformung ergibt sich:

$$G(s) = \frac{\omega(s)}{u_R(s)} = \frac{\frac{1}{c \cdot \Psi_d}}{\frac{(1+s*T_1)*R*s*J}{(c*\Psi_d)^2}+1} \qquad (3.2\text{-}18)$$

Mit n(s) = ω(s)/(2*π) und durch Umstellung folgt aus Gl. (3.2-18):

$$G(s) = \frac{n(s)}{u_R(s)} = \frac{\frac{1}{2 \cdot \pi \cdot c \cdot \Psi_d}}{(1+s \cdot \frac{J*R}{(c*\Psi_d)^2}+s^2 \cdot T_1 \cdot \frac{J*R}{(c*\Psi_d)^2})} \qquad (3.2\text{-}19)$$

Mit den Abkürzungen:

$$K_S = \frac{1}{2*\pi*c*\Psi_d} \qquad (3.2\text{-}20)$$

und

$$T_2 = \frac{J*R}{(c*\Psi_d)^2} \tag{3.2-21}$$

erhält man:

$$G(s) = \frac{n(s)}{u_R(s)} = \frac{y(s)}{u\frac{n(s)}{u_R(s)}(s)} = \frac{K_S}{1+s \cdot T_2 + s^2 \cdot T_1 \cdot T_2} \tag{3.2-22}$$

Daraus ergibt sich die Differentialgleichung:

$$u(t) * K_S = y(t) + T_2 \cdot \dot{y}(t) + T_1 \cdot T_2 \cdot \ddot{y}(t) \tag{3.2-23}$$

bzw.

$$u_R(t) \cdot K_S = n(t) + T_1 \cdot \dot{n}(t) + T_1 \cdot T_2 \cdot * \ddot{n}(t) \tag{3.2-24}$$

Die Übertragungsfunktion hat bei den gegebenen Daten konjugiert komplexe Pole. Das System wird deshalb gedämpfte Schwingungen ausführen.

Aus der Gl. (3.2-8) ist erkennbar, daß das Drehmoment dem Strom i_q proportional ist, während man aus der Gleichung (3.2-19) entnehmen kann, daß die Drehzahl der anliegenden Rotorspannung verhältnisgleich ist. Diese Zusammenhänge bestimmen wesentlich die Konzepte für die klassische Drehzahl- und Positionsregelung von Gleichstrommaschinen. In den *Abb. 3.4* bis *3.9* sind Beispiele für Drehzahl- und Positionsregelungen angegeben. Dabei werden alle Sollwerte bzw. Führungsgrößen mit einem * gekennzeichnet.

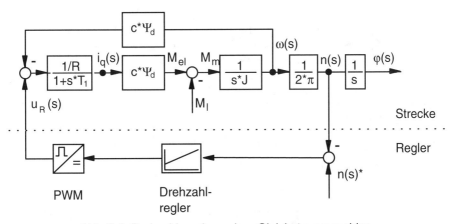

Abb. 3.4: Drehzahlregelung einer Gleichstrommaschine

3 Regelung von Gleichstrommotoren

Abb. 3.4 zeigt eine einfache Drehzahlregelung eines Gleichstrommotors. Als Störgröße wirkt in diesem Fall das Lastmoment. Üblicherweise werden als Drehzahlregler PI-Regler eingesetzt. Das Ausgangssignal des Reglers wird über einen Pulsweitenmodulator in eine für den jeweiligen Antrieb angepaßte Spannung umgeformt.

In *Abb. 3.5* ist eine Drehzahlregelung mit einer unterlagerten Stromregelung dargestellt. Der Stromregler übernimmt dabei im wesentlichen Schutzfunktionen für die Antriebsmaschine. Überschreitet der in den Motor fließende Strom den Sollwert, der vom Drehzahlregler als Maximalwert vorgegeben werden kann, wird durch den Stromregler die Stellgröße beschränkt und der Antrieb vor Überlast geschützt. Der Maximalwert des Stromes läßt sich einstellen über die maximale Ausgangsgröße des Führungsreglers (Drehzahlreglers) oder durch den Übertragungfaktor im Meßwertwandler für den Motorstrom. Zusätzlich dient der Stromregler dazu, die Dynamik des Regelkreises zu erhöhen. In den meisten Fällen werden für Strom- und Drehzahlregler PI-Regler verwendet.

Wird ein Gleichstromantrieb dazu benutzt, um in einer Anlage bestimmte Positionen anzufahren und diese auch unter Belastung zu halten, so wird der Regelung, wie sie in Abb. 3.5 angegeben ist, noch ein Lageregler übergeordnet. Das zugehörige Blockschaltbild ist in *Abb. 3.6* angegeben.

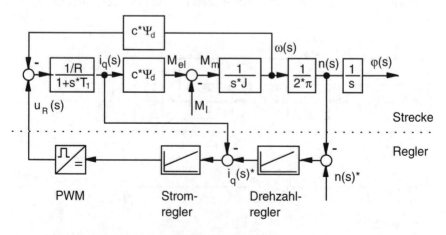

Abb. 3.5: Drehzahlregelung eines Gleichstrommotors mit unterlagerter Stromregelung

3.2 Regelkonzepte für Gleichstrommotoren

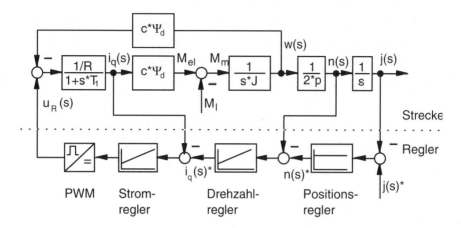

Abb. 3.6: Positionsregelung einer Gleichstrommaschine mit unterlagerter Drehzahl- und Stromregelung

Hier dient der Lageregler als Führungsregler. Er ist als reiner P-Regler ausgebildet. Dies hat seine Ursache darin, daß bei einer Soll-/Istwertabweichung von Null der an den Drehzahlregler vorgegebene Sollwert ebenfalls Null sein muß. Der Lageregler erhält seine Sollwerte von einer übergeordneten Steuerung. Die maximal zulässige Drehzahl kann entweder durch Begrenzung der Ausgangsgröße des Lagereglers oder durch den Übertragungsfaktor im Meßwertwandler für die Drehzahl bestimmt werden.

Eine Positionsregelung läßt sich auch ohne einen unterlagerten Stromregler realisieren. Jedoch sind dann durch die Regelung für den Antrieb keinerlei Schutzmaßnahmen mehr gegeben. Deshalb haben solche Konzepte für die Praxis nur eine untergeordnete Bedeutung. Auf die Angabe eines entsprechenden Blockschaltbildes wird hier verzichtet.

Häufig werden von den Antrieben eine hohe Dynamik und hohe Drehzahlen erwartet. Um den Antrieben eine hohe Dynamik zu geben, muß das elektrisch erzeugbare Moment in minimaler Zeit verändert werden können. Aufgrund der Gleichung für das elektrische Moment (Gl. (3.1-1)) kann man das Drehmoment durch den Fluß Ψ_d und damit auch über den flußbildenden Strom i_d und über den momentbildenden Strom i_q beeinflussen. Um die

3 Regelung von Gleichstrommotoren

Forderung nach hoher Dynamik optimal erfüllen zu können, sollte man immer den Strom benutzen, für den das System die geringste Zeitkonstante aufweist. Dies kann auch der flußbildende Strom i_d sein. Damit ist es sinnvoll, beide Ströme regeln zu können. Wie eine solche Regelung aufgebaut ist, zeigt *Abb. 3.7*.

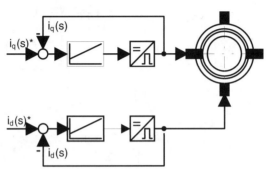

Abb. 3.7: Schaltung zur Regelung des momentbildenden und des flußbildenden Stromes bei Gleichstrommaschinen

Die meisten Anwendungsfälle in der Praxis sind so gelagert, daß man bei niedrigen Drehzahlen ein hohes Drehmoment erwartet, bei hohen Drehzahlen ist dann nur noch ein geringes Drehmoment erforderlich. Wichtig ist aber, daß über den gesamten Drehzahlbereich die Leistung nahezu konstant ist. Dies führt dazu, daß bei hohen Drehzahlen der Fluß abnimmt, die Maschine also in die Feldschwächung gefahren wird. Eine Positionsregelung, die sowohl eine hohe Dynamik durch Eingriffe über beide Ströme wie auch eine Berücksichtigung der Feldschwächung bei hohen Drehzahlen erlaubt, zeigt *Abb. 3.8*.

Neben den fremderregten Gleichstrommotoren kommen mit fortschreitender Entwicklung der Magnetwerkstoffe immer mehr Antriebe auf den Markt mit Permanenterregung. Diese Motoren haben Permanentmagnete ím Stator. Damit besteht nicht mehr die Möglichkeit, von außen über den flußbildenden Strom Einfluß auf die Stärke des Magnetfeldes zu nehmen. Eine derartig gezielte Regelung von Drehzahl und Drehmoment wie bei fremderregten Gleichstrommaschinen ist dabei nicht mehr möglich.

3.2 Regelkonzepte für Gleichstrommotoren

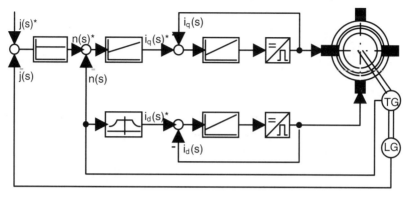

TG: Tachogenerator   LG: Lagegeber

Abb. 3.8: Positionsregelung eines Gleichstrommotors für hohe Dynamik mit Berücksichtigung der Feldschwächung

Dafür vereinfacht sich der Aufwand für die Regelung erheblich, und man spart zusätzlich die Einrichtungen zur Erzeugung des Erregerstromes. *Abb. 3.9* zeigt das Blockschaltbild des Aufbaus einer Positionsregelung mit unterlagerter Drehzahl- und Stromregelung für einen permanenterregten Gleichstrommotor.

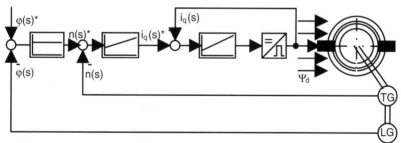

TG: Tachogenerator   LG: Lagegeber

Abb. 3.9: Prinzipieller Aufbau einer Positionsregelung mit unterlagerter Drehzahl- und Stromregelung für einen mit Permanentmagneten erregten Gleichstrommotor

4 Achsentransformationen

Um systemtheoretische Betrachtungen im Hinblick auf den Entwurf von Reglern bei Synchron- und Asynchronmaschinen durchzuführen, muß das dreiphasige System des Drehstroms zunächst in ein zweiachsiges, statorfestes Koordinatensystem übertragen werden. Um dann die instationären Vorgänge bei Synchron- und Asynchronmaschinen beschreiben und ihre Übertragungsfunktionen aufstellen zu können, ist eine weitere Transformation in ein rotierendes Koordinatensystem nötig, wobei sich die Lage dieses Koordinatensystems bei Synchronmaschinen an der Lage des Rotors und bei Asynchronmaschinen an der Lage einer elektrischen Größe orientiert [1].

4.1 Vereinbarungen und Voraussetzungen

Bei den folgenden Betrachtungen wird von einer im Stern geschalteten, symmetrischen Drehstromwicklung ohne Nulleiter ausgegangen (s. *Abb. 4.1*).

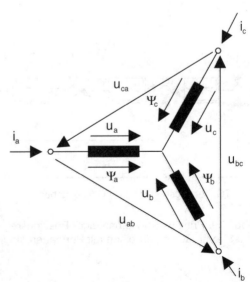

Abb. 4.1: Spannungen, Ströme und Flüsse einer symmetrischen Drehstromwicklung

4.1 Vereinbarungen und Voraussetzungen

Nach Abb. 4.1 gilt:

$$i_a + i_b + i_c = 0 \tag{4.1-1}$$

$$\Psi_a + \Psi_b + \Psi_c = 0 \tag{4.1-2}$$

$$u_a + u_b + u_c = 0 \tag{4.1-3}$$

Ferner läßt sich aus Abb. 4.1 ablesen:

$$u_a - u_b = u_{ab} \tag{4.1-4}$$

$$u_b - u_c = u_{bc} \tag{4.1-5}$$

Aus den Gln. (4.1-3) und (4.1-5) folgt:

$$2 * u_b + u_a = u_{bc} \tag{4.1-6}$$

Aus den Gln. (4.1-4) und (4.1-6) ergibt sich:

$$3 * u_b = u_{bc} - u_{ab} \tag{4.1-7}$$

Durch Umformen folgt aus Gl. (4.1-7):

$$u_b = -\tfrac{1}{3} * u_{ab} + \tfrac{1}{3} * u_{bc} \tag{4.1-8}$$

Aus Gl. (4.1-4) folgt mit Gl. (4.1-8):

$$u_a = u_{ab} - \tfrac{1}{3} * u_{ab} + \tfrac{1}{3} * u_{bc} \tag{4.1-10}$$

Daraus folgt durch Umstellung:

$$u_a = \tfrac{2}{3} * u_{ab} + \tfrac{1}{3} * u_{bc} \tag{4.1-11}$$

Die Gln. (4.1-8) und (4.1-10) lassen sich in Matrixschreibweise folgendermaßen: darstellen:

$$\left| \begin{array}{c} u_a \\ u_b \end{array} \right| = \left| \begin{array}{cc} 2/3 & 1/3 \\ -1/3 & 1/3 \end{array} \right| * \left| \begin{array}{c} u_{ab} \\ u_{bc} \end{array} \right| = 1/3 * \left| \begin{array}{cc} 2 & 1 \\ -1 & 1 \end{array} \right| * \left| \begin{array}{c} u_{ab} \\ u_{bc} \end{array} \right| \tag{4.1-11}$$

Damit ist durch die Gl. (4.1-11) eine Beziehung zwischen Strang- und Leiterspannungen gegeben.

4.2 Zweiachsdarstellung

Zur Darstellung nichtstationärer Vorgänge in Synchron- und Asynchronmaschinen hat sich allgemein die Zweiachsentheorie durchgesetzt. Hierzu müssen folgende Annahmen getroffen werden:

1. Die Induktionsverteilung über dem Umfang ist sinusförmig
2. Die Induktivitäten und Widerstände einschließlich der Bürstenübergangswiderstände werden als konstant angenommen
3. Eisenverluste und Eisensättigung werden vernachlässigt
4. Stromverdrängung, Querstöme und Ströme in den Wickelköpfen bleiben unberücksichtigt
5. Mechanische Verluste werden der mechanischen Leistung zugeschlagen

Zuerst muß das dreiphasige Drehstromsysten (a,b,c) in ein zweiachsiges, rechtwinkliges Koordinatensystem (α,β) gemäß *Abb. 4.2* umgewandelt werden. Die α-Achse und die a-Achse sind identisch und in der Spule a orientiert. Die Transformation der Ströme wird aus der Gleichung für die resultierende Durchflutung hergeleitet.

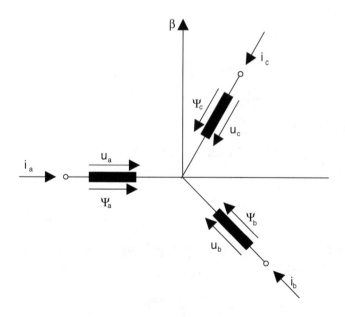

Abb.4.2: Zweiachsdarstellung

4.2 Zweiachsendarstellung

Aus Abb. 4.2 lassen sich die beiden folgenden Beziehungen ablesen:

$$i_\alpha = i_a - i_b * \cos 60^0 - i_c * \cos 60^0 \qquad (4.2\text{-}1)$$

$$i_\beta = i_b * \cos 30^0 - i_c * \cos 30^0 \qquad (4.2\text{-}2)$$

Aus den Gln. (4.2-1) und (4.2-2) folgt in Matrixschreibweise:

$$\begin{vmatrix} i_\alpha \\ i_\beta \end{vmatrix} = \begin{vmatrix} 1 & -0.5 & -0.5 \\ 0 & \sqrt{3}/2 & -\sqrt{3}/2 \end{vmatrix} * \begin{vmatrix} i_a \\ i_b \\ i_c \end{vmatrix} \qquad (4.2\text{-}3)$$

Mit

$$i_c = -i_a - i_b \qquad (4.2\text{-}4)$$

folgt aus Gl. (4.2-3):

$$\begin{vmatrix} i_\alpha \\ i_\beta \end{vmatrix} = \begin{vmatrix} 1 & -0.5 & -0.5 \\ 0 & \sqrt{3}/2 & -\sqrt{3}/2 \end{vmatrix} * \begin{vmatrix} i_a \\ i_b \\ -i_a - i_b \end{vmatrix} \qquad (4.2\text{-}5)$$

Aus der Matrixgleichung (4.2-5) folgen die Beziehungen:

$$i_\alpha = i_a - 0.5 * i_b + 0.5 * i_b + 0.5 * i_a \qquad (4.2\text{-}6)$$

$$i_\beta = \tfrac{\sqrt{3}}{2} * i_b + \tfrac{\sqrt{3}}{2} * i_a + \tfrac{\sqrt{3}}{2} * i_b \qquad (4.2\text{-}7)$$

Aus den Gln. (4.2-6) und (4.2-7) ergibt sich folgende Matrix:

$$\begin{vmatrix} i_\alpha \\ i_\beta \end{vmatrix} = \begin{vmatrix} 3/2 & 0 \\ \sqrt{3}/2 & \sqrt{3} \end{vmatrix} * \begin{vmatrix} i_a \\ i_b \end{vmatrix} \qquad (4.2\text{-}8)$$

Aus der Matrix in Gl. (4.2-8) wird 3/2 ausgeklammert:

$$\begin{vmatrix} i_\alpha \\ i_\beta \end{vmatrix} = 3/2 * \begin{vmatrix} 1 & 0 \\ 1/\sqrt{3} & 2/\sqrt{3} \end{vmatrix} * \begin{vmatrix} i_a \\ i_b \end{vmatrix} \qquad (4.2\text{-}9)$$

4 Achsentransformation

Mit der Transformationsmatrix

$$\underline{T} = \begin{vmatrix} 1 & 0 \\ 1/\sqrt{3} & 2/\sqrt{3} \end{vmatrix} \tag{4.2-10}$$

folgt aus Gl. (4.2-9):

$$\begin{vmatrix} i_\alpha \\ i_\beta \end{vmatrix} = 3/2 * \underline{T} * \begin{vmatrix} i_a \\ i_b \end{vmatrix} \tag{4.2-11}$$

Die Transformation ist umkehrbar. Es gilt:

$$\begin{vmatrix} i_a \\ i_b \end{vmatrix} = 2/3 * \underline{S} * \begin{vmatrix} i_\alpha \\ i_\beta \end{vmatrix} \tag{4.2-12}$$

mit

$$\underline{S} = \underline{T}^{-1} = \begin{vmatrix} 1 & 0 \\ -1/2 & \sqrt{3}/2 \end{vmatrix} \tag{4.2-13}$$

Den dritten Strom i_c erhält man aus der Knotenpunktbedingung nach Gl. (4.1-1).

Aus der Forderung der Leistungsinvarianz, daß nämlich die momentane Leistung gleich sein muß, ergibt sich:

$$\underline{u}^T_{abc} \cdot \underline{i}_{abc} = \underline{u}^T_{\alpha\beta} \cdot \underline{i}_{\alpha\beta} \tag{4.2-14}$$

Aus Gl. (4.2-14) folgt:

$$\begin{vmatrix} u_a & u_b & u_c \end{vmatrix} \cdot \begin{vmatrix} i_a \\ i_b \\ i_c \end{vmatrix} = \begin{vmatrix} u_\alpha & u_\beta \end{vmatrix} \cdot \begin{vmatrix} i_\alpha \\ i_\beta \end{vmatrix} \tag{4.2-15}$$

4.2 Zweiachsendarstellung

Mit Gl. (4.2-3) folgt aus Gl. (4.2-15):

$$\begin{vmatrix} u_a & u_b & u_c \end{vmatrix} \cdot \begin{vmatrix} i_a \\ i_b \\ i_c \end{vmatrix} = \begin{vmatrix} u_\alpha & u_\beta \end{vmatrix} \cdot \begin{vmatrix} 1 & -0.5 & -0.5 \\ 0 & \sqrt{3}/2 & -\sqrt{3}/2 \end{vmatrix} \cdot \begin{vmatrix} i_a \\ i_b \\ i_c \end{vmatrix}$$
(4.2-16)

Durch Ausmultiplizieren ergibt sich:

$$u_a \cdot i_a + u_b \cdot i_b + u_c \cdot i_c = u_\alpha \cdot (i_a - 0.5 \cdot i_b - 0.5 \cdot i_c) + u_\beta \cdot (\frac{\sqrt{3}}{2} \cdot i_b - \frac{\sqrt{3}}{2} \cdot i_c)$$
(4.2-17)

Durch Umordnen folgt aus Gl. (4.2-17):

$$u_a \cdot i_a + u_b \cdot i_b + u_c \cdot i_c = u_\alpha \cdot i_a + (\frac{\sqrt{3}}{2} \cdot u_\beta - 0.5 \cdot u_\alpha) \cdot i_b \cdot$$
$$+ (-0.5 \cdot u_\alpha - \frac{\sqrt{3}}{2} \cdot u_\beta) \cdot i_c$$
(4.2-18)

Durch Koeffizientenvergleich ergibt sich aus Gl. (4.2-18):

$$u_a = u_\alpha$$
(4.2-19)

$$u_b = -0.5 \cdot u_\alpha + \frac{\sqrt{3}}{2} \cdot u_\beta$$
(4.2-20)

In Matrixschreibweise folgt dann für die Gln. (4.2-19) und (4.2-20):

$$\begin{vmatrix} u_a \\ u_b \end{vmatrix} = \begin{vmatrix} 1 & 0 \\ -0.5 & \frac{\sqrt{3}}{2} \end{vmatrix} \cdot \begin{vmatrix} u_\alpha \\ u_\beta \end{vmatrix} = \underline{S} \cdot \begin{vmatrix} u_\alpha \\ u_\beta \end{vmatrix}$$
(4.2-21)

bzw. die Rücktransformation:

$$\begin{vmatrix} u_\alpha \\ u_\beta \end{vmatrix} = \begin{vmatrix} 1 & 0 \\ \frac{1}{\sqrt{3}} & \frac{2}{\sqrt{3}} \end{vmatrix} \cdot \begin{vmatrix} u_a \\ u_b \end{vmatrix} = \underline{S}^{-1} \cdot \begin{vmatrix} u_a \\ u_b \end{vmatrix} = \underline{T} \cdot \begin{vmatrix} u_a \\ u_b \end{vmatrix}$$
(4.2-22)

4 Achsentransformation

Nach der gleichen Berechnungsweise lassen sich die Flüsse tansformieren. Es gilt:

$$\begin{vmatrix} \Psi_a \\ \Psi_b \end{vmatrix} = \begin{vmatrix} 1 & 0 \\ -0.5 & \frac{\sqrt{3}}{2} \end{vmatrix} \cdot \begin{vmatrix} \Psi_\alpha \\ \Psi_\beta \end{vmatrix} = \underline{S} \cdot \begin{vmatrix} \Psi_\alpha \\ \Psi_\beta \end{vmatrix} \quad (4.2\text{-}23)$$

$$\begin{vmatrix} \Psi_\alpha \\ \Psi_\beta \end{vmatrix} = \begin{vmatrix} 1 & 0 \\ \frac{1}{\sqrt{3}} & \frac{2}{\sqrt{3}} \end{vmatrix} \cdot \begin{vmatrix} \Psi_a \\ \Psi_b \end{vmatrix} = \underline{T} \cdot \begin{vmatrix} \Psi_a \\ \Psi_b \end{vmatrix} \quad (4.2\text{-}24)$$

Die fehlenden Größen u_c und Ψ_c erhält man aus den Gln. (4.1-2) und (4.1-3).

4.3 Drehtransformation

Abb. 4.3 zeigt die Asynchronmaschine in zweiachsiger Darstellung. Mit α und β ist das ständerfeste, rechtwinklige Koordinatensystem bezeichnet. Zur besseren Unterscheidung sind die läuferfesten Koordinaten mit u und v bezeichnet. Die ebenfalls eingezeichnete d- und q-Achse sind die Komponenten eines rechtwinkligen Koordinatensystems, das an einer elektrischen Größe (Fluß, Strom oder Spannung) orientiert ist. Der Winkel zwischen der ständerfesten Bezugsachse α und der läuferfesten Bezugsachse u wird mit γ_m bezeichnet. γ_2 ist der Winkel zwischen den mit u und d bezeichneten Achsen und γ_1 der Winkel, der zwischen der α- und der d-Achse liegt. Für diesen Winkel gilt dann:

$$\gamma_1 = \gamma_2 + \gamma_{mel} \quad (4.3\text{-}1)$$

Unter Berücksichtigung der Polpaarzahl folgt:

$$\gamma_{mel} = n_P * \gamma_m \quad (4.3\text{-}2)$$

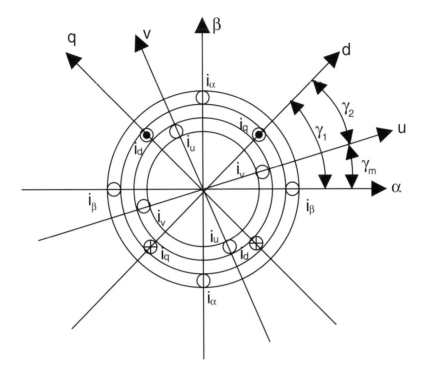

Abb. 4.3: Asynchronmaschine in Zweiachsendarstellung

Entsprechend gilt für die Ableitung dieser Winkel die darzustellende Kreisfrequenz:

$$\omega_1 = \omega_2 + \omega_{mel} \tag{4.3-3}$$

$$\omega_{mel} = n_P * \omega_m \tag{4.3-4}$$

Dabei ist ω_1 die Kreisfrequenz der Größe, an der sich das d,q-Koordinatensystem orientiert. Dies ist im allgemeinen die Frequenz des speisenden Umrichters. ω_2 stellt die Kreisfrequenz des Schlupfes und ω_{mel} die mechanische Kreisfrequenz im elektrischen Winkelmaß des Läufers dar.

4 Achsentransformation

Will man z. B. Größen aus dem d,q-System in das in mathematisch negativer Richtung um den Winkel γ_1 verdrehte α,β-System umrechnen, so benötigt man dafür folgende Drehmatrix:

$$\begin{vmatrix} u_\alpha \\ u_\beta \end{vmatrix} = \begin{vmatrix} \cos\gamma_1 & -\sin\gamma_1 \\ \sin\gamma_1 & \cos\gamma_1 \end{vmatrix} * \begin{vmatrix} u_d \\ u_q \end{vmatrix} = \underline{D}(\gamma_1) * \begin{vmatrix} u_d \\ u_q \end{vmatrix} \quad (4.3\text{-}5)$$

Diese Transformation ist umkehrbar und lautet:

$$\begin{vmatrix} u_d \\ u_q \end{vmatrix} = \begin{vmatrix} \cos\gamma_1 & \sin\gamma_1 \\ -\sin\gamma_1 & \cos\gamma_1 \end{vmatrix} * \begin{vmatrix} u_\alpha \\ u_\beta \end{vmatrix} = \underline{D}(-\gamma_1) * \begin{vmatrix} u_\alpha \\ u_\beta \end{vmatrix} \quad (4.3\text{-}6)$$

Bei Synchronmotoren orientiert sich das rotierende Koordinatensystem direkt am Läufer. Deswegen ist hier eine Drehung aus dem a,b-System in das rotorfeste u,v-Koordinatensystem um den Winkel γ_m erforderlich. Die zugehörigen Gleichungen für die Drehtransformation und die Rücktransformation lauten:

$$\begin{vmatrix} u_\alpha \\ u_\beta \end{vmatrix} = \begin{vmatrix} \cos\gamma_m & -\sin\gamma_m \\ \sin\gamma_m & \cos\gamma_m \end{vmatrix} * \begin{vmatrix} u_u \\ u_v \end{vmatrix} = \underline{D}(\gamma_m) * \begin{vmatrix} u_u \\ u_v \end{vmatrix} \quad (4.3\text{-}7)$$

$$\begin{vmatrix} u_u \\ u_v \end{vmatrix} = \begin{vmatrix} \cos\gamma_m & \sin\gamma_m \\ -\sin\gamma_m & \cos\gamma_m \end{vmatrix} * \begin{vmatrix} u_\alpha \\ u_\beta \end{vmatrix} = \underline{D}(-\gamma_m) * \begin{vmatrix} u_\alpha \\ u_\beta \end{vmatrix} \quad (4.3\text{-}8)$$

5 Systemtheoretische Betrachtung der Asynchronmaschine

Für die weiteren Betrachtungen der Asynchronmaschine müssen neben den Spannungen, Strömen und Flüssen auch die Induktivitäten und Widerstände aus dem Dreiphasensystem in das aktuelle Bezugssystem umgerechnet werden. Diese Umrechnungen sollen im folgenden durchgeführt werden. Weiterhin werden die Zusammenhänge zwischen den Spannungen, Strömen, Flüssen, Induktivitäten und Widerständen für die Asynchronmaschine abgeleitet.

5.1 Induktivitäten und Widerstände

Die Induktivitäten, die die Verkettungsflüsse und die zugehörigen Ströme i verknüpfen, sind konstant und bei ruhenden Wicklungen unabhängig vom Koordinatensystem. Bei der Definition der Stranggrößen, z. B. zur Bildung des einphasigen Ersatzschaltbildes gemäß *Abb. 5.1* geht man aus Gründen der Vereinfachung von entkoppelten Strängen aus. Daß dies nicht der Fall ist, sieht man, wenn man den Fluß einer leerlaufenden Maschine (keine Sekundärströme) z. B. in Richtung der a-Achse gemäß Abb. 4.2 bestimmt. Man erhält:

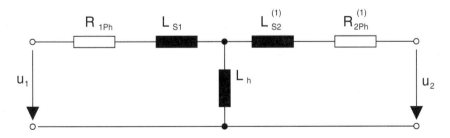

Abb. 5.1: Einphasiges Ersatzschaltbild der Asynchronmaschine:

5 Systemtheoretische Betrachtung der Asynchronmaschine

$$\Psi_{1a} = (L' + L_{S1}) * i_{1a} + L' * i_{1b} * \cos 120° + L' * i_{1c} * \cos 240° \qquad (5.1\text{-}1)$$

Daraus folgt:

$$\Psi_{1a} = (\tfrac{3}{2} * L' + L_{S1}) * i_{1a} - \tfrac{L'}{2} * (i_{1a} + i_{1b} + i_{1c}) \qquad (5.1\text{-}2)$$

$L' + L_{S1}$ ist die Induktivität, die einen der drei Ströme nur mit dem zugehörigen Spulenfluß verbindet. Diese Induktivität würde man messen, wenn man z. B. nur durch eine Spule Strom schicken würde. Da wegen der Knotenpunktbedingung der letzte Ausdruck in Gl. (5.1-2) Null wird, gilt:

$$\Psi_{1a} = (\tfrac{3}{2} * L' + L_{S1}) * i_{1a} \qquad (5.1\text{-}3)$$

Die wirksame Induktivität *(3/2*L'+L_{SI})* heißt Drehfeldinduktivität und wird dann gemessen, wenn die drei im Stern geschalteten Wicklungen z. B. an ein Drehstromsystem angeschlossen sind. Ein Vergleich mit den Elementen des einphasigen Ersatzschaltbildes liefert für die Hauptinduktivität L_h die Beziehung:

$$L_h = \tfrac{3}{2} * L' \qquad (5.1\text{-}4)$$

Der Vorfaktor 3/2 ergibt sich, wie in den Gln. (4.2-1) bis (4.2-9) gezeigt wurde, aus der räumlichen Anordnung der verschiedenen Spulen und den daraus resultierenden Kopplungen. Mit Gl. (5.1-4) lautet Gl. (5.1-3):

$$\Psi_{1a} = (L_h + L_{S1}) * i_{1a} \qquad (5.1\text{-}5)$$

Da man in aller Regel durch dreiphasige Maschinenmessungen die Elemente des einphasigen Ersatzschaltbildes bestimmt, ist es wichtig zu wissen, mit welchem Vorfaktor die Größen R_{1Ph}, $R_{2Ph}^{(1)}$, L_{S1}, $L_{S2}^{(1)}$ und L_h in der Zweiachsendarstellung versehen werden müssen.

In der leerlaufenden Maschine sei für die Zweiachsendarstellung folgender Zusammenhang definiert:

$$\begin{vmatrix} \Psi_{1a} \\ \Psi_{1\beta} \end{vmatrix} = \begin{vmatrix} L_1 & 0 \\ 0 & L_1 \end{vmatrix} * \begin{vmatrix} i_{1a} \\ i_{1\beta} \end{vmatrix} \qquad (5.1\text{-}6)$$

5.1 Induktivitäten und Widerstände

Wendet man gemäß den Gln. (4.2-9) und (4.2-24) die Transformation in das dreiphasige a,b,c-System an, so folgt:

$$\begin{vmatrix} \Psi_{1a} \\ \Psi_{1b} \end{vmatrix} = \begin{vmatrix} 3/2 * L_1 & 0 \\ 0 & 3/2 * L_1 \end{vmatrix} * \begin{vmatrix} i_{1a} \\ i_{1b} \end{vmatrix} \quad (5.1\text{-}7)$$

Vergleicht man diese Beziehung mit der Gl. (5.1-5), erkennt man, daß die Induktivitäten des einphasigen Ersatzschaltbildes zur Verwendung in der zweiphasigen Darstellung mit dem Faktor 2/3 multipliziert werden müssen. Es gilt:

$$L_1 = \tfrac{2}{3} * (L_h + L_{S1}) \quad (5.1\text{-}8)$$

$$L_2 = \tfrac{2}{3} * (L_h + L_{S2}^{(1)}) \quad (5.1\text{-}9)$$

$$M = \tfrac{2}{3} * L_h \quad (5.1\text{-}10)$$

Für die im Ständer und Läufer stromdurchflossene Maschine gilt dann mit den Definitionen für Hauptinduktivität und Streuinduktivitäten gemäß *Abb. 5.3*:

$$\begin{vmatrix} \Psi_{1a} \\ \Psi_{2a} \end{vmatrix} = \begin{vmatrix} L_1 & M \\ M & L_2 \end{vmatrix} * \begin{vmatrix} i_{1a} \\ i_{2a} \end{vmatrix} \quad (5.1\text{-}11)$$

$$\begin{vmatrix} \Psi_{1\beta} \\ \Psi_{2\beta} \end{vmatrix} = \begin{vmatrix} L_1 & M \\ M & L_2 \end{vmatrix} * \begin{vmatrix} i_{1\beta} \\ i_{2\beta} \end{vmatrix} \quad (5.1\text{-}12)$$

Die zugehörigen Rücktransformationen lauten:

$$\begin{vmatrix} i_{1a} \\ i_{2a} \end{vmatrix} = \tfrac{1}{L_1*L_2-M^2} * \begin{vmatrix} L_2 & -M \\ -M & L_1 \end{vmatrix} * \begin{vmatrix} \Psi_{1a} \\ \Psi_{2a} \end{vmatrix} = \begin{vmatrix} K_{11} & K_{12} \\ K_{21} & K_{22} \end{vmatrix} * \begin{vmatrix} \Psi_{1a} \\ \Psi_{2a} \end{vmatrix}$$

(5.1-13)

$$\begin{vmatrix} i_{1\beta} \\ i_{2\beta} \end{vmatrix} = \tfrac{1}{L_1*L_2-M^2} * \begin{vmatrix} L_2 & -M \\ -M & L_1 \end{vmatrix} * \begin{vmatrix} \Psi_{1\beta} \\ \Psi_{2\beta} \end{vmatrix} = \begin{vmatrix} K_{11} & K_{12} \\ K_{21} & K_{22} \end{vmatrix} * \begin{vmatrix} \Psi_{1\beta} \\ \Psi_{2\beta} \end{vmatrix}$$

(5.1-14)

5 Systemtheoretische Betrachtung der Asynchronmaschine

Die Elemente K_{ij} haben folgende Werte:

$$K_{11} = \frac{L_2}{L_1*L_2-M^2}; \quad K_{22} = \frac{L_1}{L_1*L_2-M^2}; \quad K_{12} = K_{21} = -\frac{M}{L_1*L_2-M^2}$$

(5.1-15)

Führt man den totalen Streukoeffizienten σ ein, so erhält man

$$\sigma = 1 - \frac{M^2}{L_1*L_2} = \frac{L_1*L_2-M^2}{L_1*L_2} = \frac{1}{K_{11}*L_1} = \frac{1}{K_{22}*L_2}$$

(5.1-16)

Ähnlich wie für die Induktivitäten läßt sich zeigen, daß auch für die Umrechnung der Widerstände von einem Dreiphasensystem in beliebige zweiphasige Koordinatensysteme der Faktor 2/3 benötigt wird. Es gilt:

$$R_1 = \frac{2}{3} * R_{1Ph}$$

(5.1-17)

$$R_2 = \frac{2}{3} * R_{2Ph}^{(1)}$$

(5.1-18)

5.2 Spannungsgleichungen

Die Spannungsgleichungen der Asynchronmaschine lassen sich für Stator und Rotor aus ihrem Zweiachsen-Ersatzschaltbild mit den Beziehungen zwischen Flüssen, Strömen, Spannungen und Widerständen ermitteln. Dies ist in *Abb. 5.2* angegeben.

Mit den getroffenen Vereinbarungen und Annahmen lassen sich die Spannungsgleichungen gemäß Abb. 5.2 folgendermaßen schreiben

$$\dot{\Psi}_{1a} = u_{1a} - R_1 * i_{1a}$$

(5.2-1)

$$\dot{\Psi}_{1\beta} = u_{1\beta} - R_1 * i_{1\beta}$$

(5.2-2)

$$\dot{\Psi}_{2u} = u_{2u} - R_2 * i_{2u}$$

(5.2-3)

$$\dot{\Psi}_{2v} = u_{2v} - R_2 * i_{2v}$$

(5.2-4)

5.2 Spannungsgleichungen

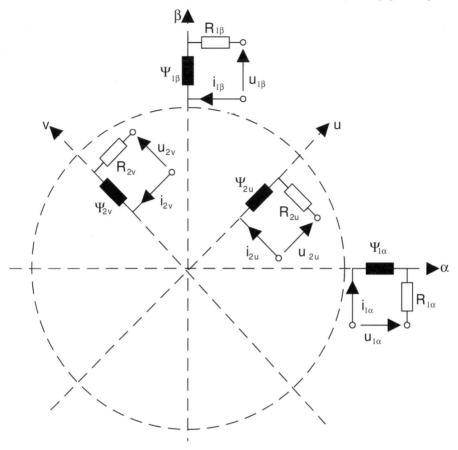

Abb. 5.2: Zweiachsen-Ersatzschaltbild der Asynchronmaschine mit Darstellung der Zusammenhänge zwischen Strömen, Spannungen, Flüssen und Widerständen in Stator und Rotor

Da man sämtliche Spannungsgleichungen in *einem* Koordinatensystem geschrieben haben will, muß ein Gleichungssystem in das System des anderen transformiert werden. Im folgenden werden die im u,v-System geschriebenen Gleichungen in das α,β-System überführt. Gemäß den in Abschnitt 4.3 angegebenen Transformationen gilt:

$$\begin{vmatrix} \Psi_{2u} \\ \Psi_{2v} \end{vmatrix} = \underline{D}(-\gamma_{mel}) * \begin{vmatrix} \Psi_{2\alpha} \\ \Psi_{2\beta} \end{vmatrix} \qquad (5.2\text{-}5)$$

5 Systemtheoretische Betrachtung der Asynchronmaschine

Differenziert man diese Gleichung nach der Produktregel, so erhält man:

$$\begin{vmatrix} \dot{\Psi}_{2u} \\ \dot{\Psi}_{2v} \end{vmatrix} = \omega_{mel} * \begin{vmatrix} -\sin\gamma_{mel} & \cos\gamma_{mel} \\ -\cos\gamma_{mel} & -\sin\gamma_{mel} \end{vmatrix} * \begin{vmatrix} \Psi_{2\alpha} \\ \Psi_{2\beta} \end{vmatrix} + \underline{D}(-\gamma_{mel}) * \begin{vmatrix} \dot{\Psi}_{2\alpha} \\ \dot{\Psi}_{2\beta} \end{vmatrix}$$

(5.2-6)

Setzt man den so gewonnenen Ausdruck in die Gln. (5.2-3) und (5.2-4) ein, so ergibt sich:

$$\omega_{mel} * \begin{vmatrix} -\sin\gamma_{mel} & \cos\gamma_{mel} \\ -\cos\gamma_{mel} & -\sin\gamma_{mel} \end{vmatrix} * \begin{vmatrix} \Psi_{2\alpha} \\ \Psi_{2\beta} \end{vmatrix} + \underline{D}(-\gamma_{mel}) * \begin{vmatrix} \dot{\Psi}_{2\alpha} \\ \dot{\Psi}_{2\beta} \end{vmatrix}$$

(5.2-7)

$$= \begin{vmatrix} u_{2u} \\ u_{2v} \end{vmatrix} - \begin{vmatrix} R_2 & 0 \\ 0 & R_2 \end{vmatrix} * \begin{vmatrix} i_{2u} \\ i_{2v} \end{vmatrix}$$

Mit den Gln.

$$\begin{vmatrix} u_{2u} \\ u_{2v} \end{vmatrix} = \begin{vmatrix} \cos\gamma_{mel} & \sin\gamma_{mel} \\ -\sin\gamma_{mel} & \cos\gamma_{mel} \end{vmatrix} * \begin{vmatrix} u_{2\alpha} \\ u_{2\beta} \end{vmatrix}$$

(5.2-8)

und

$$\begin{vmatrix} i_{2u} \\ i_{2v} \end{vmatrix} = \begin{vmatrix} \cos\gamma_{mel} & \sin\gamma_{mel} \\ -\sin\gamma_{mel} & \cos\gamma_{mel} \end{vmatrix} * \begin{vmatrix} i_{2\alpha} \\ i_{2\beta} \end{vmatrix}$$

(5.2-9)

so wie mit der Abkürzung

$$\underline{D}(-\gamma_{mel}) = \begin{vmatrix} \cos\gamma_{mel} & \sin\gamma_{mel} \\ -\sin\gamma_{mel} & \cos\gamma_{mel} \end{vmatrix}$$

(5.2-10)

folgt:

$$\omega_{mel} * \begin{vmatrix} -\sin\gamma_{mel} & \cos\gamma_{mel} \\ -\cos\gamma_{mel} & -\sin\gamma_{mel} \end{vmatrix} * \begin{vmatrix} \Psi_{2\alpha} \\ \Psi_{2\beta} \end{vmatrix} + \underline{D}(-\gamma_{mel}) * \begin{vmatrix} \dot{\Psi}_{2\alpha} \\ \dot{\Psi}_{2\beta} \end{vmatrix}$$

$$= \underline{D}(-\gamma_{mel}) * \begin{vmatrix} u_{2\alpha} \\ u_{2\beta} \end{vmatrix} - \begin{vmatrix} R_2 & 0 \\ 0 & R_2 \end{vmatrix} * \underline{D}(-\gamma_{mel}) * \begin{vmatrix} i_{2\alpha} \\ i_{2\beta} \end{vmatrix} \quad (5.2\text{-}11)$$

Durch Multiplikation von links mit $\underline{D}(\gamma_{mel})$ folgt aus Gl. (5.2-11):

$$\begin{vmatrix} \dot{\Psi}_{2\alpha} \\ \dot{\Psi}_{2\beta} \end{vmatrix} = \begin{vmatrix} u_{2\alpha} \\ u_{2\beta} \end{vmatrix} - \begin{vmatrix} R_2 & 0 \\ 0 & R_2 \end{vmatrix} * \begin{vmatrix} i_{2\alpha} \\ i_{2\beta} \end{vmatrix} - \omega_{mel} * \begin{vmatrix} 0 & 1 \\ -1 & 0 \end{vmatrix} * \begin{vmatrix} \Psi_{2\alpha} \\ \Psi_{2\beta} \end{vmatrix}$$
$$(5.2\text{-}12)$$

Zwischen γ_{mel} und γ_m besteht folgender Zusammenhang:

$$\gamma_{nel} = \gamma_m * n_P \quad (5.2\text{-}13)$$

wobei γ_m der räumliche Winkel im räumlichen Grad- oder Bogenmaß, γ_{mel} denselben Winkel im elektrischen Grad- oder Bogenmaß und n_P die Polpaarzahl darstellt.

Die Spannungsgleichungen lauten dann für die Asynchronmaschine mit beliebiger Polpaarzahl im rechtwinkligen, ständerfesten α,β-Koordinatensystem:

$$u_{1\alpha} = i_{1\alpha} * R_1 + \dot{\Psi}_{1\alpha} \quad (5.2\text{-}14)$$

$$u_{1\beta} = i_{1\beta} * R_1 + \dot{\Psi}_{1\beta} \quad (5.2\text{-}15)$$

$$u_{2\alpha} = i_{2\alpha} * R_2 + \dot{\Psi}_{2\alpha} + \Psi_{2\beta} * \omega_m * n_P \quad (5.2\text{-}16)$$

$$u_{2\beta} = i_{2\beta} * R_2 + \dot{\Psi}_{2\beta} - \Psi_{2\alpha} * \omega_m * n_P \quad (5.2\text{-}17)$$

Damit läßt sich dann auch das zugehörige Ersatzschaltbild (s. *Abb. 5.3*) angeben.

5 Systemtheoretische Betrachtung der Asynchronmaschine

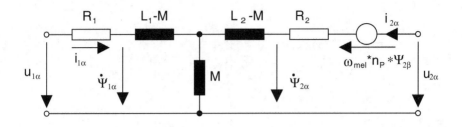

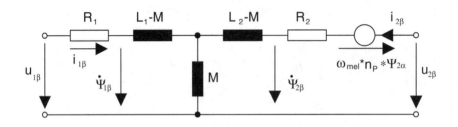

Abb. 5.3: Ersatzschaltbild der Asynchronmaschine im α,β-Koordinatensystem

Durch Transformation der Gln. (5.2-14) bis (5.2-17) mit Hilfe der Drehmatrix $\underline{D}(\gamma_l)$ erhält man die Differentialgleichungen für die Maschine in einem d,q- Koordinatensystem, in denen im stationärem Zustand alle elektrischen Größen konstante Größen sind. Diese Gleichungen lauten:

$$u_{1d} = i_{1d} * R_1 + \dot{\Psi}_{1d} - \omega_1 * \Psi_{1q} \tag{5.2-18}$$

$$u_{1q} = i_{1q} * R_1 + \dot{\Psi}_{1q} + \omega_1 * \Psi_{1d} \tag{5.2-19}$$

$$u_{2d} = i_{2d} * R_2 + \dot{\Psi}_{2d} - \omega_2 * \Psi_{2q} \tag{5.2-20}$$

$$u_{2q} = i_{2q} * R_2 + \dot{\Psi}_{2q} + \omega_2 * \Psi_{2d} \tag{5.2-21}$$

Das zu den Gln. (5.2-18) bis (5.2-21) gehörende Ersatzschaltbild zeigt *Abb. 5.4*.

5.2 Spannungsgleichungen

Für den Asynchronkurzschlußläufermotor sind die Sekundärspannungen Null. Es gelten die Beziehungen (5.2-22) bis (5.2-25). Das zugehörige Ersatzschaltbild für den Asynchronkurzschlußläufermotor ist in *Abb. 5.5* angegeben

$$u_{1d} = i_{1d} * R_1 + \dot{\Psi}_{1d} - \omega_1 * \Psi_{1q} \tag{5.2-22}$$

$$u_{1q} = i_{1q} * R_1 + \dot{\Psi}_{1q} + \omega_1 * \Psi_{1d} \tag{5.2-23}$$

$$0 = i_{2d} * R_2 + \dot{\Psi}_{2d} - \omega_2 * \Psi_{2q} \tag{5.2-24}$$

$$0 = i_{2q} * R_2 + \dot{\Psi}_{2q} + \omega_2 * \Psi_{2d} \tag{5.2-25}$$

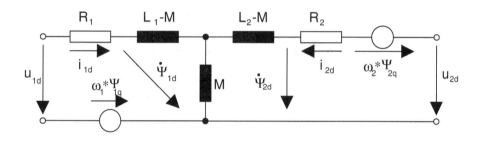

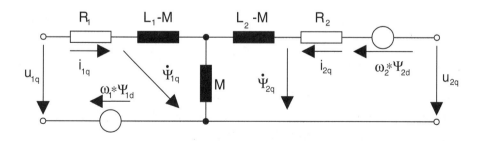

Abb. 5.4: Zweiachsiges Ersatzbild der Asynchronmaschine im d,q-Koordinatensystem

5 Systemtheoretische Betrachtung der Asynchronmaschine

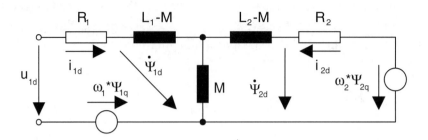

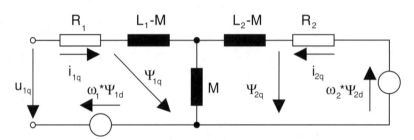

Abb. 5.5: Ersatzschaltbild für den Asynchronkurzschlußläufermotor im d,q-Koordinatensystem

Aus den Bildern 5.4 bzw. 5.5 lassen sich noch folgende Gln. ablesen:

$$\dot{\Psi}_{1d} = L_1 * \dot{i}_{1d} + M * \dot{i}_{2d} \tag{5.2-26}$$

$$\dot{\Psi}_{1q} = L_1 * \dot{i}_{1q} + M * \dot{i}_{2q} \tag{5.2-27}$$

$$\dot{\Psi}_{2d} = L_2 * \dot{i}_{2d} + M * \dot{i}_{1d} \tag{5.2-28}$$

$$\dot{\Psi}_{2q} = L_2 * \dot{i}_{2q} + M * \dot{i}_{1q} \tag{5.2-29}$$

Aus den Gln. (5.2-22) bis (5.2-29) werden die Größen i_{2d}, i_{2q}, Ψ_{1d}, Ψ_{1q} und deren Ableitungen eliminiert. Nach weiteren Umformungen ergeben sich daraus die Gln. (5.2-30) bis (5.2-33):

$$\dot{\Psi}_{2d} = \omega_2 * \Psi_{2q} - \frac{R_2}{L_2} * \Psi_{2d} + \frac{M*R_2}{L_2} * i_{1d} \tag{5.2-30}$$

5.2 Spannungsgleichungen

$$\dot{\Psi}_{2q} = -\omega_2 * \Psi_{2d} - \frac{R_2}{L_2} * \Psi_{2q} + \frac{M*R_2}{L_2} * i_{1q} \tag{5.2-31}$$

$$\dot{i}_{1d} = -\frac{(R_1+\frac{R_2*M^2}{L_2^2})}{(L_1-\frac{M^2}{L_2})} \times i_{1d} \quad \frac{(\frac{\omega_1*M^2}{L_2}-\omega_1*L_1)}{(L_1-\frac{M^2}{L_2})} * i_{1q} + \frac{\frac{M*R_2}{L_2^2}}{(L_1-\frac{M^2}{L_2})} * \Psi'_{2d}$$

$$-\frac{\frac{M}{L_2}*(\omega_2-\omega_1)}{(L_1-\frac{M^2}{L_2})} * \Psi_{2q} + \frac{1}{(L_1-\frac{M^2}{L_2})} * u_{1d} \tag{5.2-32}$$

$$\dot{i}_{1q} = \frac{(\frac{\omega_1*M^2}{L_2}-\omega_1*L_1)}{(L_1-\frac{M^2}{L_2})} * i_{1d} - \frac{(R_1+\frac{R_2*M^2}{L_2^2})}{(L_1-\frac{M^2}{L_2})} * i_{1q} - \frac{\frac{M_2}{L_2^2}*(\omega_1-\omega_2)}{(L_1-\frac{M^2}{L_2})} * \Psi_{2d}$$

$$+\frac{\frac{M*R_2}{L_2^2}}{(L_1-\frac{M^2}{L_2})} * \Psi_{2q} + \frac{1}{(L_1-\frac{M^2}{L_2})} * u_{1q} \tag{5.2-33}$$

Mit den in Abschnitt 5.1 eingeführten Abkürzungen nach Gl. (5.1-15) und mit den folgenden Definitionen und Beziehungen

$$\omega_g = \frac{R_2}{L_2} \tag{5.2-34}$$

$$\omega_m \cdot n_P = \omega_1 - \omega_2 \tag{5.2-35}$$

$$\frac{R_1+\frac{R_2 \cdot M^2}{L_2^2}}{L_1-\frac{M^2}{L_2}} = K_{11} \cdot (R_1 + \frac{R_2 \cdot M^2}{L_2^2}) = \omega_0 \tag{5.2-36}$$

$$\frac{\frac{M \cdot R_2}{L_2^2}}{(L_1-\frac{M^2}{L_2})} = \omega_g \cdot \frac{\frac{M}{L_2}}{(L_1-\frac{M^2}{L_2})} = -K_{12} \cdot \omega_g \tag{5.2-37}$$

$$\frac{\omega_1 \cdot (\frac{M^2}{L_2}-L_1)}{(L_1-\frac{M^2}{L_2})} = -\omega_1 \tag{5.2-38}$$

5 Systemtheoretische Betrachtung der Asynchronmaschine

folgt aus den Gln. (5.2-32) und (5.2-33):

$$\dot{i}_{1d} = -\omega_0 * i_{1d} + \omega_1 * i_{1q} - K_{12} * \omega_g * \Psi_{2d} - K_{12} * \omega_m * n_P * \Psi_{2q} + K_{11} * u_{1d}$$
(5.2-39)

$$\dot{i}_{1q} = -\omega_1 * i_{1d} - \omega_0 * i_{1q} + K_{12} * \omega_m * n_P * \Psi_{2d} - K_{12} * \omega_g * \Psi_{2q} + K_{11} * u_{1q}$$
(5.2-40)

Aus den Gln. (5.2-30) und (5.2-31) folgt mit der Gl. (5.2-34):

$$\dot{\Psi}_{2d} = M * \omega_g * i_{1d} - \omega_g * \Psi_{2d} + \omega_2 * \Psi_{2q}$$
(5.2-41)

$$\dot{\Psi}_{2q} = M * \omega_g * i_{1q} - \omega_2 * \varphi_{2d} - \omega_g * \Psi_{2q}$$
(5.2-42)

Die Gln. (5.2-39) bis (5.2-42) lassen sich als Matrix folgendermaßen schreiben:

$$\begin{vmatrix} \dot{i}_{1d} \\ \dot{i}_{1q} \\ \dot{\Psi}_{2d} \\ \dot{\Psi}_{2q} \end{vmatrix} = \begin{vmatrix} -\omega_0 & \omega_1 & -K_{12}*\omega_g & -K_{12}*\omega_m*n_P \\ -\omega_1 & -\omega_0 & K_{12}*\omega_m*n_P & -K_{12}*\omega_g \\ M*\omega_g & 0 & -\omega_g & \omega_2 \\ 0 & M*\omega_g & -\omega_2 & -\omega_g \end{vmatrix} * \begin{vmatrix} i_{1d} \\ i_{1q} \\ \Psi_{2d} \\ \Psi_{2q} \end{vmatrix}$$

$$+ \begin{vmatrix} K_{11} & 0 \\ 0 & K_{11} \\ 0 & 0 \\ 0 & 0 \end{vmatrix} * \begin{vmatrix} u_{1d} \\ u_{1q} \end{vmatrix} \quad (5.2\text{-}43)$$

5.2 Spannungsgleichungen

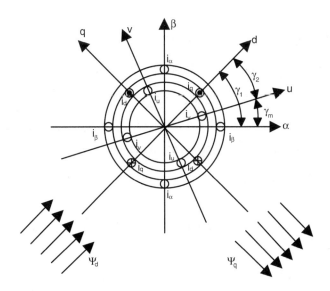

Abb. 5.6: Darstellung von Flüssen und Rotorströmen im d,q-Koordinatensystem zur Momentenberechnung

Die Gln. (5.2-39) bis (5.2-42) bzw. die Matrixgleichung (5.2-43) reichen zur Beschreibung des dynamischen Verhaltens einer Asynchronmaschine allein noch nicht aus. Es fehlt noch eine Beziehung zwischen den Motorströmen und Motorspannungen, der Motordrehzahl und dem an seiner Welle erzeugbaren elektrischen Moment. Aufgrund der Rotorstellung und der am Stator anliegenden Spannungen sollen sich die in *Abb. 5.6* eingezeichneten Flüsse mit den daraus resultierenden Rotorströmen ergeben. Daraus berechnet sich das elektrisch erzeugbare Moment unter Verwendung von Gl. (2.2-5) mit einem Winkel φ = 90° zu

$$M_{el} = \Psi_{2q} * i_{2d} - \Psi_{2d} * i_{2q} \tag{5.2-44}$$

Durch Integration und unter Vernachlässigung der Flüsse Ψ_{2d} und Ψ_{2q} ergeben sich aus den Gln. (5.2-28) und (5.2-29) die Beziehungen:

$$i_{2d} \approx -\frac{M}{L_2} * i_{1d} \tag{5.2-45}$$

$$i_{2q} \approx -\frac{M}{L_2} * i_{1q} \tag{5.2-46}$$

5 Systemtheoretische Betrachtung der Asynchronmaschine

Mit den Gln. (5.2-45) und (5.2-46) folgt aus der Gl. (5.2-44):

$$M_{el} = \frac{M}{L_2} * (\Psi_{2d} * i_{1q} - \Psi_{2q} * i_{1d}) \tag{5.2-47}$$

Unter Berücksichtigung von mehr als einem Polpaar folgt:

$$M_{el} = \frac{M}{L_2} * n_p * (\Psi_{2d} * i_{1q} - \Psi_{2q} * i_{1d}) \tag{5.2-48}$$

Das elektrisch erzeugte Moment muß mit den von außen am Rotor angreifenden Momenten im Gleichgewicht stehen. Es ergibt sich:

$$J * \frac{d\omega_m}{dt} = n_P * \frac{M}{L_2} * (\Psi_{2d} * i_{1q} - \Psi_{2q} * i_{1d}) - M_l \tag{5.2-49}$$

Das Lastmoment M_l ist positiv einzusetzen, wenn der Motor ein Lastmoment abgeben muß. Wenn der Motor generatorisch arbeitet, ist das Lastmoment negativ einzusetzen.

Zur vollständigen Beschreibung des dynamischen Verhalten einer Asynchronmaschine reichen zwar die Gln. (5.2-39) bis (5.2-42) noch nicht aus, jedoch wird mit der Matrixschreibweise der Gln. (5.2-39) bis (5.2-42) in Gl. (5.2-43) für die Asynchronmaschine die Zustandsgleichung angegeben. Gl. (5.2-49) ist die zugehörige Bewegungsgleichung. Mit den genannten Gleichungen läßt sich auch das in *Abb. 5.7* angegebene regelungstechnische Ersatzschaltbild angeben. Dies Ersatzschaltbild läßt sich leichter nachvollziehen, wenn in den Gln. (5.2-39) bis (5.2-42) statt der Ableitung die Schreibweise mit dem Differentialoperator $s = d/dt$ verwandt wird. Es folgt aus den Gl. (5.2-39) bis (5.2-42):

$$i_{1d} * (s + \omega_0) = \omega_1 * i_{1q} - K_{12} * \omega_g * \Psi_{2d} - K_{12} * \omega_m * n_P * \Psi_{2q} + K_{11} * u_{1d} \tag{5.2-50}$$

$$i_{1q} * (s + \omega_0) = -\omega_1 * i_{1d} + K_{12} * \omega_m * n_P * \Psi_{2d} - K_{12} * \omega_g * \Psi_{2q} + K_{11} * u_{1q} \tag{5.2-51}$$

$$\Psi_{2d} * (s + \omega_g) = M * \omega_g * i_{1d} + \omega_2 * \Psi_{2q} \tag{5.2-52}$$

$$\Psi_{2q} * (s + \omega_g) = M * \omega_g * i_{1q} - \omega_2 * \Psi_{2d} \tag{5.2-53}$$

5.2 Spannungsgleichungen

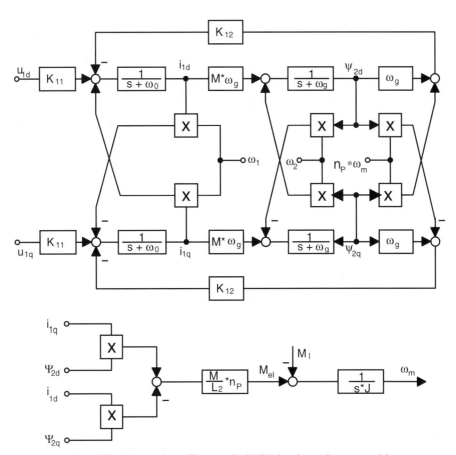

Abb. 5.7: Allgemeines Ersatzschaltbild der Asynchronmaschine

5.3 Feldorientierung bei der Asynchronmaschine

In Abschnitt 2.2 ist für die Gleichstrommaschine dargestellt, wie die günstigste Stellung zwischen Fluß und momentbildendem Strom sein muß, damit dieser optimal in ein Drehmoment umgesetzt wird. Verbunden damit ist eine optimale Ausnutzung der Maschine mit bestmöglicher Dynamik und geringsten Verlusten. Um diese Verhältnisse auch bei der Asynchronmaschine zu erreichen, ist der Statorstrom so einzuprägen, daß i_{1q} gleich dem resultierenden Rotorstrom $j_R = i_{2q}$ bei entgegengesetzter Flußrichtung ist, und der Strom i_{1q} so gewählt ist, daß er mit dem Fluß Ψ_{2d} das größtmögliche Moment bilden kann. Eine derartige Orientierung der Stromeinprägung am Rotorfluß bezeichnet man mit feldorientierter Regelung. *Abb. 5.8* zeigt die Ströme und den Fluß für diesen Fall an der schematischen Darstellung eines Motors. In *Abb. 5.9* ist der feldorientierte Betrieb im zweiachsigen Ersatzschaltbild für das d,q-Koordinatensystem dargestellt

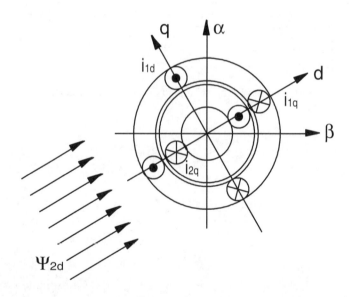

Abb. 5.8: Schematische Darstellung des Motors mit Fluß und Strömen im feldorientierten Betrieb

5.3 Feldorientierung bei der Asynchronmaschine

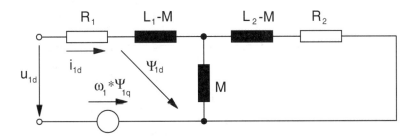

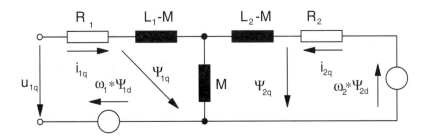

Abb. 5.9: Zweiachsiges Ersatzschaltbild der Asynchronmaschine beim feldorientierten Betrieb im d,q-Koordinatensystem

Mit $\Psi_{2q} = 0$ folgt aus den Gln. (5.2-50) bis (5.2-53):

$$i_{1d} * (s + \omega_0) = \omega_1 * i_{1q} - K_{12} * \omega_g * \Psi_{2d} + K_{11} * u_{1d} \qquad (5.3\text{-}1)$$

$$i_{1q} * (s + \omega_0) = -\omega_1 * i_{1d} + K_{12} * \omega_m * n_P * \Psi_{2d} + K_{11} * u_{1q} \qquad (5.3\text{-}2)$$

$$\Psi_{2d} * (s + \omega_g) = M * \omega_g * i_{1d} \qquad (5.3\text{-}3)$$

$$0 = M * \omega_g * i_{1q} - \omega_2 * \Psi_{2d} \qquad (5.3\text{-}4)$$

Aus der Gl. (5.2-49) ergibt sich damit:

$$M_m = J * \tfrac{d\omega_m}{dt} = n_P \cdot \tfrac{M}{L_2} \cdot \Psi_{2d} \cdot i_{1q} - M_l \qquad (5.3\text{-}5)$$

Aus den Gln (5.3-1) bis (5.3-5) ergibt sich das regelungstechnische Ersatzschaltbild der Asynchronmaschine im rotorfesten d,q-Koordinatensystem beim feldorientierten Betrieb. Dieses ist in *Abb. 5.10* dargestellt. Aus Abb. 5.10 läßt sich folgendes ablesen:

5 Systemtheoretische Betrachtung der Asynchronmaschine

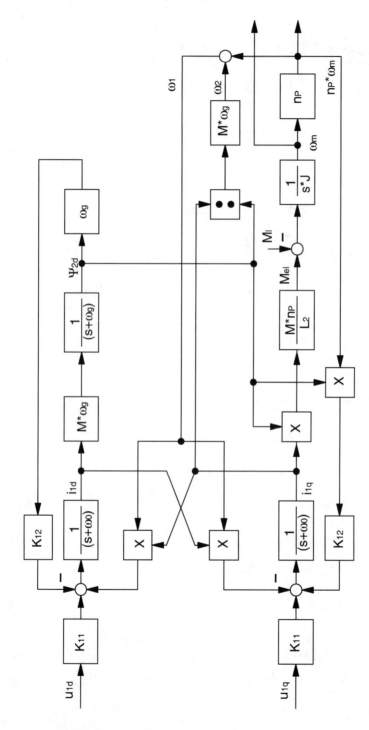

Abb. 5.10: Regelungstechnisches Ersatzschaltbild der Asynchronmaschine beim feldorientierten Betrieb im rotorfesten d,q-Koordinatensystem

5.3 Feldorientierung bei der Asynchronmaschine

$$\omega_m = \left[\left(u_{1q} \cdot K_{11} - \omega_1 \cdot i_{1d} + \omega_m \cdot n_P \cdot \Psi_{2d} \cdot K_{12}\right) \cdot \frac{1}{s+\omega_0} \cdot \Psi_{2d} \cdot \frac{M \cdot n_P}{L_2} - M_l\right] \cdot \frac{1}{s \cdot J}$$
(5.3-6)

Mit $M_l = 0$ folgt aus Gl. (5.3-6):

$$\omega_m \cdot \left(1 - n_P^2 \cdot \Psi_{2d}^2 \cdot K_{12} \cdot \frac{M}{L_2} \cdot \frac{1}{s \cdot J} \cdot \frac{1}{s+\omega_0}\right) = u_{1q} \cdot K_{11} \cdot \Psi_{2d} \cdot \cdot \frac{M \cdot n_P}{L_2} \cdot \frac{1}{s \cdot J} \cdot \frac{1}{s+\omega_0}$$

$$-\omega_1 \cdot i_{1d} \cdot \Psi_{2d} \cdot \frac{M \cdot n_P}{L_2} \cdot \frac{1}{s \cdot J} \cdot \frac{1}{s+\omega_0}$$
(5.3-7)

Der letzte Ausdruck in dieser Gleichung trägt nicht zum Moment bei. Er wird deshalb vernachlässigt. Aus Gl. (5.3-7) folgt damit für die s-Übertragungsfunktion:

$$G(s) = \frac{\omega_m(s)}{u_{1q}(s)} = \frac{K_{11} \cdot \Psi_{2d} \cdot \frac{M \cdot n_P}{L_2} \cdot \frac{1}{s \cdot J} \cdot \frac{1}{s+\omega_0}}{1 - \Psi_{2d}^2 \cdot n_P^2 \cdot K_{12} \cdot \frac{M}{L_2} \cdot \frac{1}{s \cdot J} \cdot \frac{1}{s+\omega_0}} \cdot$$
(5.3-8)

Durch Umformen folgt aus Gl. (5.3-8):

$$G(s) = \frac{K_{11} \cdot \Psi_{2d} \cdot n_P \cdot M}{L_2 \cdot s \cdot J \cdot (s+\omega_0) - \Psi_{2d}^2 \cdot K_{12} \cdot n_P^2 \cdot M} = \frac{K_{11}/(K_{12} \cdot \Psi_{2d} \cdot n_P)}{L_2 \cdot s \cdot J \cdot (s+\omega_0)/(\Psi_{2d}^2 \cdot K_{12} \cdot n_P^2 \cdot M) - 1}$$
(5.3-9)

Durch Umstellung folgt aus Gl. (5.3-9):

$$G(s) = \frac{-K_{11}/(K_{12} \cdot \Psi_{2d} \cdot n_P)}{1 - s \cdot L_2 \cdot J \cdot \omega_0/(\Psi_{2d}^2 \cdot K_{12} \cdot n_P^2 \cdot M) - s^2 \cdot L_2 \cdot J/(\Psi_{2d}^2 \cdot K_{12} \cdot n_P^2 \cdot M)}$$
(5.3-10)

Mit den Abkürzungen

$$K_S = -\frac{K_{11}}{K_{12}} \cdot \frac{1}{\Psi_{2d} \cdot n_P}; \quad T_2 = -\frac{\omega_0 \cdot L_2 \cdot J}{\Psi_{2d}^2 \cdot K_{12} \cdot n_P^2 \cdot M}; \quad T_1 \cdot T_2 = -\frac{L_2 \cdot J}{\Psi_{2d}^2 \cdot K_{12} \cdot n_P^2 \cdot M};$$

und

$$T_1 = \frac{1}{\omega_0}$$
(5.3-11)

5 Systemtheoretische Betrachtung der Asynchronmaschine

ergibt sich aus Gl. (5.3-10):

$$G(s) = \frac{\omega_m(s)}{u_{1q}(s)} = \frac{K_S}{1+s \cdot T_2 + s^2 \cdot T_1 \cdot T_2} \tag{5.3-12}$$

Die negativen Vorzeichen in der Gl. (5.3-11) für den Verstärkungsfaktor und für die Zeitkonstanten sind erforderlich, weil K_{12} laut Definition

$$\left(K_{12} = K_{21} = -\frac{\frac{M}{L_2}}{L_1 - \frac{M^2}{L_2}} \right) \text{ generell negativ ist.}$$

6 Regelung von Asynchronmaschinen

Die Drehzahl einer Asynchronmaschine läßt sich auf sehr einfache Weise regeln, wenn man als Stellgröße für die Motordrehzahl die Ausgangsfrequenz des Frequenzumrichters benutzt. Dabei ist aber nicht gewährleistet, daß die Maschine immer ihr maximales Moment entwickelt und damit eine hohe Dynamik aufweist. Deswegen soll auf diese einfache Drehzahlregelung auch nicht näher eingegangen werden.

Wie in Abschnitt 2 gezeigt wurde, entwickeln elektrische Maschinen ihr größtes Moment, wenn der feldbildende Strom und der momentbildende Strom senkrecht aufeinander stehen. Bei einer Gleichstrommaschine ist dies durch Anordnung der Kohlebürsten am Kollektor stets zu erreichen. Bei Asynchronmaschinen ist diese rechtwinklige Zuordnung der beiden Ströme nicht auf so einfache Weise möglich. Vielmehr muß man in Abhängikeit von dem Fluß dem Stator den Strom so einprägen, daß der momentbildende Strom auf dem feldbildenden Strom senkrecht steht. Diese Orientierung an der Lage des Flusses der Maschine ist die „feldorientierte Regelung". Die Betrachtungen der einzelnen Größen erfolgt in dem rotierenden d,q-Koordinatensystem, so daß alle Größen aus dem dreiphasigen a,b,c-Koordinatensystem in dieses System über die Koordinatentransformationen umgerechnet werden müssen. Den Fluß in der Asynchronmaschine kann man entweder messen oder man kann ihn über ein Flußmodell berechnen. Eine Meßeinrichtung des Flusses verursacht Kosten, erfordert einen größeren Installationsaufwand und vermindert die Robustheit des Antriebs. Ein häufiges Verfahren zur Ermittlung des Flusses ist die Berechnung über Zustandsgrößenbeobachter unter Verwendung der Zustandsbeschreibung der Maschine und der an den Motorklemmen meßbaren Größen.

Im folgenden wird der Aufbau und die Funktion von klassischen Regelungen von Asynchronmaschinen gezeigt, die heute in der Praxis zur Realisierung der feldorientierten Regelung eingesetzt werden. Dabei kommen im wesentlichen P- und PI-Regler zum Einsatz.

6 Regelung von Asynchronmaschinen

6.1 Feldorientierte Regelung

Hier sollen ausschließlich Regelungen mit P-, PI-, und PID-Regler betrachtet werden. Diese haben in der praktischen Anwendung eine sehr große Verbreitung und eine hohe Akzeptanz gefunden. Aufgrund ihrer Struktur sind sie für die allermeisten in der Praxis vorkommenden Regelaufgaben gut geeignet. Die Regelergebnisse mit diesen Reglern lassen sich noch wesentlich verbessern, wenn man sie zu Kaskaden zusammenschaltet. Da die Asynchronmaschine in ihrem dynamischen Verhalten eine sehr komlexe Struktur aufweist mit sehr vielen Kopplungen der einzelnen Größen untereinander, wie Abb. 5.7 zeigt, ergibt sich für das Konzept der feldorientierten Regelung unter der Zielsetzung, mit dem Antrieb eine hohe Dynamik unter Ausnutzung des maximalen elektrischen Momentes zu erreichen, eine aufwendige Struktur. Das Blockschaltbild für die Lageregelung mit einer Asynchronmaschine ist in *Abb. 6.1* dargestellt.

Da alle elektrischen Größen wie Ströme, Spannungen und Flüsse im stationären Zustand der Maschine im d,q-Koordinatensystem konstant sind, werden alle für die Regelung relevanten Betrachtungen in diesem Koordinatensystem durchgeführt. Dazu ist es zunächst erforderlich, wie der obere Pfad in Abb. 6.1 zeigt, die an den Motorklemmen erfaßten Ströme aus dem a,b,c-System in das zweiachsige, ständerfeste α,β-Koordinatensystem umzurechnen. Aus dem α,β-Koordinatensystem erfolgt dann über die inverse Drehmatrix die Umrechnung in das an einer elektrischen Größe orientierte d,q-Koordinatensystem. Wie ebenfalls aus Abb. 6.1 zu erkennen ist, befindet man sich rechts von der Drehmatrix mit der Betrachtung der Motorgrößen in ständerfesten Koordinaten und links von der Drehmatrix in feldorientierten Koordinaten. Aus dem Blockschaltbild ist ebenfalls zu entnehmen, daß die Feldorientierung, die Flußberechnung und die Ermittlung der Stellgrößen durch die Regelung in feldorientierten Koordinaten erfolgt.

Im mittlerem Pfad erfolgt die Positionsregelung. Diese ist aufgebaut als Kaskadenregelung mit unterlagerter Drehzahlregelung, unterlagerter Momentenregelung und Unterlagerung der Regelung für den momentbildenden Strom i_{1q}. Der Vorteil solcher Kaskadenregelungen für derartige Anwendungen wird deutlich, wenn man sich veranschaulicht, durch welche anderen Größen die gewünschte Position beeinflußt wird. Da ist als primäre Größe die Drehzahl zu nennen. Diese muß beispielsweise bei der Annäherung an einen vorgegebenen Zielpunkt schon abgesenkt werden, wenn dieser nicht überfahren werden soll, also ein Überschwingen nicht zulässig ist. Die Drehzahländerung ist wieder vom aufzubringenden Drehmoment abhängig. Das Drehmoment aber ist beeinflußbar durch den momentbildenden Strom. Um eine hohe Dynamik einer solchen Regelung zu erreichen, um also auf Änderungen der Führungsgröße und auf Störungen schell zu reagieren, sollte nicht erst eingegriffen werden, wenn von der vorgegebenen Position abgewichen wird, sondern schon dann, wenn Ereignisse eintreten, die eine Abweichung erwarten lassen. Solche Ereignisse können Drehzahländerungen, Momentenänderungen oder Stromänderungen sein. Da diese Ereignisse dem Ereignis der Positionsänderung vorausgehen, ist über sie ein schnelleres Eingreifen in den Regelvorgang möglich. Dies kann durch die im mittleren Pfad angegebene Kaskadierung der Regler erreicht werden. Bei der verwendeten Kaskade ist der Lageregler der Hauptregler. Die dann folgenden Regler werden als Hilfsregler bezeichnet. Die Bildung der Stellgröße in Form der Spannungen u_{1d} und u_{1q} in der Reglerkaskade erfolgt in feldorientierten Koordinaten. Über die Drehmatrix werden diese beiden Spannungen in die Spannungen $u_{1\alpha}$ und $u_{1\beta}$ ungerechnet. Anschließend erfolgt in einer weiteren Transformation die Umrechnung dieser Spannungen in das dreiphasige a,b,c-System.

Der Lageregler ist ein reiner P-Regler. Dies wird verständlich, wenn man sieht, daß der Ausgang des Lagereglers Sollwert für den Drehzahlregler ist. Wenn nun die Zielposition erreicht ist, und diese Position gehalten werden soll, so muß dem Drehzahlregler ohne Verzögerung der Wert Null vorgegeben werden. Dies ist nur möglich mit einem reinen P-Regler. Alle anderen Regler werden mit einer PI-Struktur ausgestattet. Beim Einsatz dieser Regler ergibt sich keine bleibende Regelabweichung, und sie lassen sich relativ leicht einstellen. Auf den Einsatz von PID-Reglern, die insbesondere bei schnellen Änderungen der Regelgröße sehr schnell wirken, wird verzichtet, weil ihre Einstellung häufig Probleme bereitet.

Der Sollwert des Flusses ist von der Drehzahl abhängig. Die Asynchronmaschinen sind so ausgelegt, daß bis zu einem Frequenznennpunkt der Fluß in der Maschine konstant ist. Wird dieser Punkt von der Frequenz der anliegenden Spannung überschritten, nimmt der Fluß ab. Man befindet sich dann

6 Regelung von Asynchronmaschinen

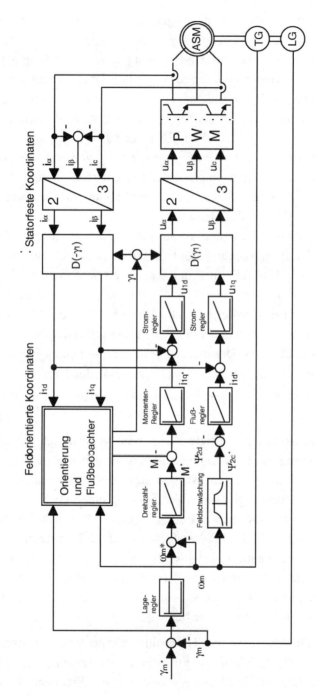

Abb. 6.1: Blockschaltbild für das Regelkonzept der Lageregelung einer Asynchronmaschine mit unterlagerter Drehzahl-, Momenten- und Stromregelung sowie mit separater Flußregelung

im Bereich der Feldschwächung, wie der erste Block im unteren Pfad der *Abb. 6.1* zeigt. Abhängig vom Fluß ist der flußbildende Strom i_{1d}. Aus diesem bildet der letzte Regler in diesem Pfad schließlich die Spannung u_{1d}.

Um einen hohen Grad an Robustheit eines Antriebs zu gewährleisten, muß der Aufwand an Sensorik möglichst gering gehalten werden. Deshalb beschränkt man sich heute auf die Messung von zwei Strömen, die Messung der Drehzahl und bei Lageregelungen noch auf die Erfassung der Rotorposition. In den meisten Fällen verzichtet man bei Lageregelungen auf die Messung der Drehzahl und ermittelt sich diese über Bildung des Differenzenquotienten aus der Positionsmessung. Ferner werden nur zwei der Strangströme gemessen. Der dritte Strangstrom wird aus den beiden gemessenen unter Verwendung der Knotenpunktregel berechnet.

In dem Block *Orientierung und Flußbeobachter* erfolgt die Berechnung des Winkels γ_1, um den das d,q-Koordinatensystem gegenüber dem statorfesten α,β-Koordinatensystem gedreht ist. Dieser Winkel läßt sich z. B. durch Integration der Drehfeldfrequenz ω_1 gewinnen. Der Momentenistwert, der als Eingangsgröße des Momentenreglers benötigt wird, wird, wenn über den Flußbeobachter die Flüsse Ψ_{2d} und Ψ_{2q} bekannt sind, über die Gl. (5.2-49) berechnet. Auf die Struktur des Flußbeobachters und auf die Berechnung der Flüsse wird in einem besonderen Abschnitt eingegangen.

Das Konzept einer Lageregelung für eine Asynchronmaschine mit unterlagerter Drehzahl-, Momenten- und Stromregelung erfordert den größten Aufwand an Reglern. Alle anderen Forderungen für Regelungen von Asynchronmaschinen lassen sich durch Vereinfachung aus diesem Konzept gewinnen. So zeigt z. B. die *Abb. 6.2* das Blockschaltbild für die feldorientierte Drehzahlregelung einer Asynchronmaschine mit unerlagerter Regelung des momentbildenden Stromes. Die Unterlagerung einer speziellen Momentenregelung ist hier nicht realisiert. An dem Aufbau der Flußregelung hat sich nichts geändert.

Auf die Anführung weiterer Beispiele von Regelungskonzepten für Asynchronmotoren kann verzichtet werden, da sich an dem Aufbau prinzipiell nichts ändert.

6 Regelung von Asynchronmaschinen

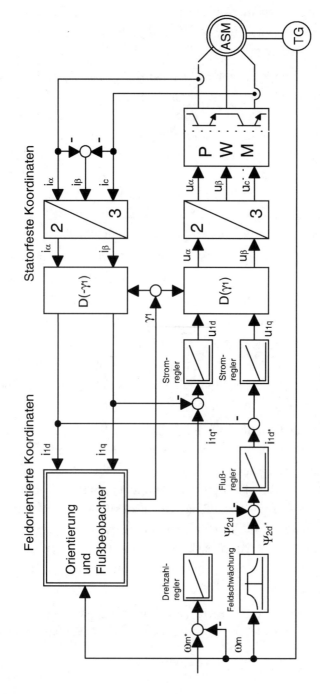

Abb. 6.2: Blockschaltbild des Regelkonzeptes für die Drehzahlregelung einer Asynchronmaschine mit unterlagerter Stromregelung sowie mit separater Flußregelung

6.2 Entwurf von Flußbeobachtern

Der magnetische Fluß läßt sich in elektrischen Maschinen messen. Dazu steht eine umfangreiche Sensorik zur Verfügung. Um jedoch die Kosten für die Sensoren einschließlich Verdrahtung zu sparen und um die Robustheit des Antriebs zu erhalten, versucht man, den Fluß zu berechnen. Dafür müssen die Ströme i_a, i_b und i_c sowie die Rotordrehzahl bekannt sein. Die Rotordrehzahl und zwei der genannten Ströme werden gemessen. Der dritte Strom wird aus den beiden gemessenen nach der Knotenpunktregel berechnet. Ferner müssen zur Berechnung der Flüsse alle relevanten Motordaten wie Widerstände und Induktivitäten möglichst genau bekannt sein. Sind diese Werte stark von der Temperatur abhängig, so sollte dies möglichst in die Rechnung einfließen.

Grundlage für die Berechnung der magnetischen Flüsse ist die Beschreibung des dynamischen Verhaltens der Maschine im Zustandsraum, wie sie durch die Gl. (5.2-43) angegeben ist. Häufig kommen auch vereinfachte Maschinenmodelle zur Anwendung. Hier soll jedoch der Flußbeobachter nach dem Modell in Gl. (5.2-43) abgeleitet werden, deshalb wird diese Gleichung hier nochmals wiederholt.

$$\begin{vmatrix} \dot{i}_{1d} \\ \dot{i}_{1q} \\ \dot{\Psi}_{2d} \\ \dot{\Psi}_{2q} \end{vmatrix} = \begin{vmatrix} -\omega_0 & \omega_1 & -K_{12}*\omega_g & -K_{12}*\omega_m*n_P \\ -\omega_1 & -\omega_0 & K_{12}*\omega_m*n_P & -K_{12}*\omega_g \\ M*\omega_g & 0 & -\omega_g & \omega_2 \\ 0 & M*\omega_g & -\omega_2 & -\omega_g \end{vmatrix} * \begin{vmatrix} i_{1d} \\ i_{1q} \\ \Psi_{2d} \\ \Psi_{2q} \end{vmatrix}$$

$$+ \begin{vmatrix} K_{11} & 0 \\ 0 & K_{11} \\ 0 & 0 \\ 0 & 0 \end{vmatrix} * \begin{vmatrix} u_{1d} \\ u_{1q} \end{vmatrix} \qquad (6.1.1\text{-}1)$$

6 Regelung von Asynchronmaschinen

In Gl. (6.1.1-1) werden folgende Vereinfachungen eingeführt:

$$\underline{\dot{x}}(t) = \begin{vmatrix} \dot{i}_{1d} \\ \dot{i}_{1q} \\ \dot{\Psi}_{2d} \\ \dot{\Psi}_{2q} \end{vmatrix} \quad \underline{A'} = \begin{vmatrix} -\omega_0 & \omega_1 & -K_{12}*\omega_g & -K_{12}*\omega_m*n_P \\ -\omega_1 & -\omega_0 & K_{12}*\omega_m*n_P & -K_{12}*\omega_g \\ M*\omega_g & 0 & -\omega_g & \omega_2 \\ 0 & M*\omega_g & -\omega_2 & -\omega_g \end{vmatrix}$$

(6.1.1-2)

$$\underline{x}(t) = \begin{vmatrix} i_{1d} \\ i_{1q} \\ \Psi_{2d} \\ \Psi_{2q} \end{vmatrix} \quad \underline{B'} = \begin{vmatrix} K_{11} & 0 \\ 0 & K_{11} \\ 0 & 0 \\ 0 & 0 \end{vmatrix} \quad \underline{u}(t) = \begin{vmatrix} u_{1d} \\ u_{1q} \end{vmatrix}$$

Mit den Abkürzungen nach (6.1.1-2) folgt aus Gl. (6.1.1-1):

$$\underline{\dot{x}}(t) = \underline{A'} * \underline{x}(t) + \underline{B'} * \underline{u}(t) \tag{6.1.1-3}$$

Die Gl. (6.1.1-1) bzw. mit den verwendeten Abkürzungen die Gl.(6.1.1-3) beschreiben das dynamische Verhalten der Asynchronmaschine im Zustandsraum im Frequenz- bzw. Bildbereich. Um aber diese Beziehungen in der Praxis anwenden zu können, wo die Erfassung der Maschinendaten und das Aufschalten der Stellgrößen mit bestimmten Abtastzeiten erfolgt, muß die Beschreibung des dynamischen Verhaltens der Maschine im diskontinuierlichem Zeitbereich oder abgetasteten Zeitbereich erfolgen. Dazu muß die Gl. (6.1.1-3) in den abgetasteten Bereich überführt werden. Die Matrix $\underline{A'}$ läßt sich am einfachsten über die Transitionsmatrix $\underline{\Phi}$ in den abgetasteten Zeitbereich überführen. Es gilt die Beziehung [2]:

$$\underline{A} = \underline{\Phi}(T_0) = \exp(\underline{A'} * T_0) \tag{6.1.1-4}$$

Durch Reihenentwicklung folgt aus Gl. (6.1.1-4):

$$\underline{A} = \exp(\underline{A'} * T_0) = \underline{E} + \underline{A'} * T_0 + \underline{A'}^2 * \frac{T_0^2}{2!} + \underline{A'}^3 * \frac{T_0^3}{3!} + \ldots + \underline{A'}^n * \frac{T_0^n}{n!}$$

(6.1.1-5)

6.2 Entwurf von Flußbeobachtern

Die Matrix $\underline{B}'$ läßt sich durch die folgende Umformung in den abgetasteten Zeitbereich überführen:

$$\underline{B} = \underline{E} * \underline{B}' * T_0 + \underline{A}' * \underline{B}' * \frac{T_0^2}{2} + \underline{A}'^2 * \underline{B}' * \frac{T_0^3}{2!*3} + \ldots + \underline{A}'^n * \underline{B}' * \frac{T_0^n}{(n-1)!\cdot n}$$

(6.1.1-6)

Mit den Umformungen nach den Gln. (6.1.1-5) und (6.1.1-6) folgt für Beschreibung des dynamischen Verhaltens der Asynchronmaschine im Zustandsraum im abgetasteten Zeitbereich:

$$\underline{x}(k+1) = \underline{A} * \underline{x}(k) + \underline{B} * \underline{u}(k)$$

(6.1.1-7)

In der Gl. (6.1.1-7) sind

$\underline{A}$	: Systemmatrix
$\underline{B}$	: Steuermatrix
$\underline{x}(k)$	: Zustandsvektor zum Zeitpunkt k*T0
$\underline{x}(k+1)$	: Zustandsvektor zum Zeitpunkt (k+1)*T0
$\underline{u}(k)$	: Stellgrößenvektor zum Zeitpunkt k*T0

Systemmatrix und Steuermatrix lassen sich nach den Gln. (6.1.1-5) und (6.1.1-6) aus den Matrizen $\underline{A}'$ und $\underline{B}'$ unter Verwendung der Abtastzeit T_0 berechnen. Für den Zustandsvektor und den Steuervektor gilt:

$$\underline{x}(k) = \begin{vmatrix} i_{1d}(k) \\ i_{1q}(k) \\ \Psi_{2d}(k) \\ \Psi_{2q}(k) \end{vmatrix} \quad \text{und} \quad \underline{u}(k) = \begin{vmatrix} u_{1d}(k) \\ u_{1q}(k) \end{vmatrix}$$

(6.1.1-8)

Die Matrix $\underline{A}'$ enthält die Elemente ω_1, ω_m und ω_2 und ist somit vom Betriebszustand der Maschine abhängig. Diese Abhängigkeit überträgt sich auch auf die Matrizen $\underline{A}$ und $\underline{B}$, so daß sie für jeden Betriebszustand neu berechnet werden müssen.

Den prinzipiellen Aufbau eines Beobachters für den magnetischen Fluß im Zusammenwirken mit der Asynchronmaschine zeigt Abb. 6.3 [3].

6 Regelung von Asynchronmaschinen

Neben den Eingangsgrößen des Flußbeobachters, die aus *Abb. 6.3* zu erkennen sind, benötigt er noch die Drehfeldfrequenz, die direkt vom Umrichter geliefert wird, und die Drehzahl des Rotors, die an der Maschine gemessen werden muß. Die Eingangsspannungen im d,q-Koordinatensystem werden im Umrichter erzeugt und stehen für den Flußbeobachter zur Verfügung. Die Ströme i_{1d} und i_{1q} werden aus den gemessenen Strangströmen berechnet und stehen ebenfalls bereit. Die Beobachtermatrix $\underline{H}$ ist abhängig von den Matrizen $\underline{A}$ und $\underline{B}$. Sie kann durch Polvorgabe, über die HAMILTON-Funktion oder über andere in der Praxis bewährte Verfahren berechnet werden [2], [3].

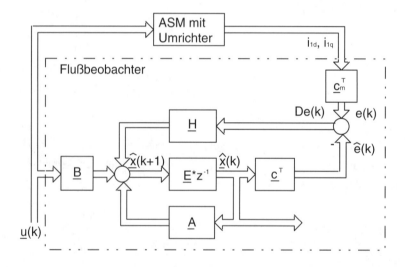

Abb. 6.3: Prinzipieller Aufbau eines Flußbeobachters im Zusammenwirken mit der Asynchronmaschine (die durch den Beobachter „geschätzten" Werte sind durch ein Dach gekennzeichnet)

Die Funktion des Flußbeobachters besteht darin, daß er die Ströme, die am Motor gemessen werden, mit den Strömen vergleicht, die ein Maschinenmodell liefert. Ergibt sich zwischen diesen eine Abweichung, so wird über die Beobachtermatrix $\underline{H}$ so lange in das Maschinenmodell eingegriffen, bis beide übereinstimmen. Da mit den Strömen im Modell auch die magnetischen

6.2 Entwurf von Flußbeobachtern

Flüsse berechnet werden, ist davon auszugegen, daß diese den Flüssen in der realen Maschine entsprechen, wenn die im Modell berechneten Ströme mit den an der Asynchronmaschine gemessenen Strömen übereinstimmen. Die zu vergleichenden Größen berechnen sich nach den Beziehungen:

$$e(k) = \begin{vmatrix} 1 & 1 \end{vmatrix} * \begin{vmatrix} i_{1d}(k) \\ i_{1q}(k) \end{vmatrix} \tag{6.1.1-9}$$

und

$$\hat{e}(k) = \begin{vmatrix} 1 & 1 & 0 & 0 \end{vmatrix} * \begin{vmatrix} \hat{i}_{1d} \\ \hat{i}_{1q} \\ \hat{\Psi}_{2d} \\ \hat{\Psi}_{2q} \end{vmatrix} \tag{6.1.1-10}$$

mit $\quad c_M^T = \begin{vmatrix} 1 & 1 \end{vmatrix} \quad$ und $\quad c^T = \begin{vmatrix} 1 & 1 & 0 & 0 \end{vmatrix} \tag{6.1.1-11}$

Vereinfachte Flußbeobachter

Gemäß den Gln. (6.1.1-5) und (6.1.1-6) läßt sich die Vektordifferentialgleichung in eine Vektordifferenzengleichung überführen. Dabei wird die Reihenentwicklung bei der Berechnung der Systemmatrix nach dem zweiten und bei der Berechnung der Steuermatrix nach dem ersten Glied abgebrochen. Damit ergibt sich folgende Vektordifferenzengleichung:

$$\begin{vmatrix} i_{1d}(k+1) \\ i_{1q}(k+1) \\ \Psi_{2d}(k+1) \\ \Psi_{2q}(k+1) \end{vmatrix} = \begin{vmatrix} 1-\omega_0 \cdot T_0 & \omega_1 \cdot T_0 & -K_{12} \cdot \omega_g \cdot T_0 & -K_{12} \cdot \omega_m \cdot n_P \cdot T_0 \\ -\omega_1 \cdot T_0 & 1-\omega_0 \cdot T_0 & K_{12} \cdot \omega_m \cdot n_P \cdot T_0 & -K_{12} \cdot \omega_g \cdot T_0 \\ M \cdot \omega_g \cdot T_0 & 0 & 1-\omega_g \cdot T_0 & \omega_2 \cdot T_0 \\ 0 & M \cdot \omega_g \cdot T_0 & -\omega_2 \cdot T_0 & 1-\omega_g \cdot T_0 \end{vmatrix} \cdot \begin{vmatrix} i_{1d}(k) \\ i_{1q}(k) \\ \Psi_{2d}(k) \\ \Psi_{2q}(k) \end{vmatrix}$$

$$+ \begin{vmatrix} K_{11} \cdot T_0 & 0 \\ 0 & K_{11} \cdot T_0 \\ 0 & 0 \\ 0 & 0 \end{vmatrix} \cdot \begin{vmatrix} u_{1d}(k) \\ u_{1q}(k) \end{vmatrix} \tag{6.1.1-12}$$

6 Regelung von Asynchronmaschinen

Aus dieser Gleichung läßt sich auf zwei verschiedene Arten der Rotorfluß berechnen. Im ersten Fall werden nur die beiden ersten Zeilen der Matrix verwendet. Es ergibt sich:

$$\begin{vmatrix} i_{1d}(k+1) \\ i_{1q}(k+1) \end{vmatrix} = \begin{vmatrix} 1-\omega_0 \cdot T_0 & \omega_1 \cdot T_0 \\ -\omega_1 \cdot T_0 & 1-\omega_0 \cdot T_0 \end{vmatrix} \cdot \begin{vmatrix} i_{1d}(k) \\ i_{1q}(k) \end{vmatrix}$$

$$+ \begin{vmatrix} -K_{12} \cdot \omega_0 \cdot T_0 & -K_{12} \cdot \omega_m \cdot n_P \cdot T_0 \\ K_{12} \cdot \omega_m \cdot n_P \cdot T_0 & -K_{12} \cdot \omega_0 \cdot T_0 \end{vmatrix} \cdot \begin{vmatrix} \Psi_{2d}(k) \\ \Psi_{2q}(k) \end{vmatrix} + \begin{vmatrix} K_{11} \cdot T_0 & 0 \\ 0 & K_{11} \cdot T_0 \end{vmatrix} \cdot \begin{vmatrix} u_{1d}(k) \\ u_{1q}(k) \end{vmatrix}$$

(6.1.1-13)

Die Gl. (6.1.1-13) wird nach dem Flußvektor aufgelöst. Es folgt:

$$\begin{vmatrix} \Psi_{2d}(k) \\ \Psi_{2q}(k) \end{vmatrix} = \begin{vmatrix} -K_{12} \cdot \omega_0 \cdot T_0 & -K_{12} \cdot \omega_m \cdot n_P \cdot T_0 \\ K_{12} \cdot \omega_m \cdot n_P \cdot T_0 & -K_{12} \cdot \omega_0 \cdot T_0 \end{vmatrix}^{-1} \cdot$$

$$\left\{ \begin{vmatrix} i_{1d}(k) \\ i_{1q}(k) \end{vmatrix} - \begin{vmatrix} 1-\omega_0 \cdot T_0 & \omega_1 \cdot T_0 \\ -\omega_1 \cdot T_0 & 1-\omega_0 \cdot T_0 \end{vmatrix} \cdot \begin{vmatrix} i_{1d}(k-1) \\ i_{1q}(k-1) \end{vmatrix} - \begin{vmatrix} K_{11} \cdot T_0 & 0 \\ 0 & K_{11} \cdot T_0 \end{vmatrix} \cdot \begin{vmatrix} u_{1d}(k-1) \\ u_{1q}(k-1) \end{vmatrix} \right\}$$

(6.1.1.14)

Für diesen Flußbeobachter müssen noch die Spannungen u_{1d} (k-1) und u_{1q} (k-1) verwendet werden. Diese sind aber als Reglerausgangsgrößen bekannt und stehen somit zur Verfügung. Weiterhin ist zwar nur eine 2x2-Matrix zu invertieren. Dies erfordert aber einen erhöhten Rechenaufwand.

Der einfachste Flußbeobachter läßt sich aus den letzten beiden Zeilen der Vektordifferenzengleichung (6.1.1-12) gewinnen. Daraus ergibt sich für die Berechnung des Rotorflusses die Beziehung:

$$\begin{vmatrix} \Psi_{2d}(k+1) \\ \Psi_{2q}(k+1) \end{vmatrix} = M \cdot \omega_g \cdot T_0 \cdot \begin{vmatrix} i_{1d}(k) \\ i_{1q}(k) \end{vmatrix} + \begin{vmatrix} 1-\omega_g \cdot T_0 & \omega_2 \cdot T_0 \\ -\omega_2 \cdot T_0 & 1-\omega_g \cdot T_0 \end{vmatrix} \cdot \begin{vmatrix} \Psi_{2d}(k) \\ \Psi_{2q}(k) \end{vmatrix}$$

6.1.1-15)

7 Regelung von Synchronmotoren

Der Synchronmotor zeichnet sich dadurch aus, daß er an seinem Rotor ausgeprägte Pole aufweist. Über diese Pole wird das magnetische Feld geliefert. Dabei ist es gleichgültig, ob das Feld über eine Erregerwicklung erzeugt oder ob es von Permanentmagneten geliefert wird, die am Rotor angebracht sind. In jedem Falle ist aber die Lage des magnetischen Flusses an den Drehwinkel γ_m des Rotors gekoppelt und der Flußvektor rotiert somit ebenfalls mit der Winkelgeschwindigkeit ω_m. Der Betrag des Flußvektors ist bei permanentmagneterregten Maschinen von der magnetischen Feldstärke der verwendeten Magnete und bei Maschinen mit Erregerwicklung von der Größe des Erregerstromes abhängig. *Abb. 7.1* zeigt den prinzipiellen Aufbau eines Synchronmotors.

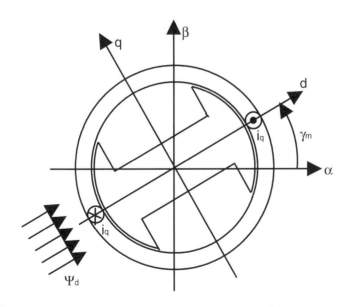

Abb. 7.1: Prinzipieller Aufbau eines Synchronmotors

7 Regelung von Synchronmotoren

Unter der Voraussetzung, daß der Stator eine dreiphasige, im Stern geschaltete Drehstromwicklung trägt, läßt sich das gesamte dort fließende Stromsystem zu jedem Zeitpunkt ebenfalls durch einen Zeiger darstellen, wie dies schon bei der Asynchronmaschine gezeigt wurde. Durch Vorgabe des Statorstromvektors in Abhängigkeit von der Rotorposition läßt sich erreichen, daß der Vektor für den magnetischen Fluß, der im Rotor erzeugt wird, und der Statorstromvektor orthogonal sind, so daß eine optimale Drehmomentenbildung gewährleistet ist. Die Sicherstellung dieser Orthogonalität zwischen Flußvektor und Stromvektor ist Aufgabe der rotorlageorientierten Regelung einer Synchronmaschine.

Das einphasige Ersatzschaltbild der Synchronmaschine mit Permanenterregung zeigt *Abb. 7.2*.

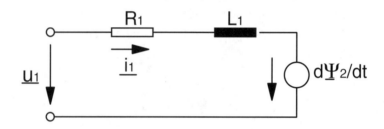

Abb. 7.2: Einphasiges Ersatzschaltbild der permanentmagneterregten Synchronmaschine

Aus Abb. 7.2 läßt sich folgende Beziehung ablesen:

$$\underline{u}_1 = R_1 * \underline{i}_1 + L_1 * \frac{d \underline{i}_1}{dt} + \frac{d \underline{\Psi}}{dt} \tag{7-1}$$

Das einphasige System der Synchronmaschine wird gemäß *Abb. 7.3* in das zweiachsige, statorfeste α,β-Koordinatensystem überführt. In diesem Bild ist die Zerlegung des Flußvektors in seine Komponenten dargestellt. In gleicher Weise werden auch Spannungs- und Stromvektor in die Komponenten in Richtung α- und β-Achse zerlegt.

7 Regelung von Synchronmotoren

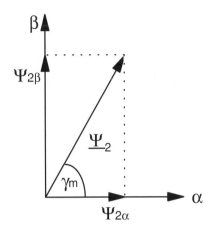

Abb. 7.3: Übergang auf das zweiachsige, statorfeste Ersatzschaltbild der permanentmagneterregten Synchronmaschine

Damit ergibt sich das zweiachsige Ersatzschaltbild dieser Maschine, wie es in *Abb. 7.4* angegeben ist. Aus diesem Bild lassen sich folgende Zusammenhänge erkennen:

$$u_{1\alpha} = R_1 * i_{1\alpha} + L_1 \frac{di_{1\alpha}}{dt} + \frac{d\Psi_{2\alpha}}{dt} \tag{7-2}$$

und

$$u_{1\beta} = R_1 * i_{1\beta} + L_1 * \frac{di_{1\beta}}{dt} + \frac{d\Psi_{2\beta}}{dt} \tag{7-3}$$

Aus Abb. 7.3 lassen sich unter der Voraussetzung, daß sich, wie oben erwähnt, der Stromvektor in gleicher Weise zerlegen läßt, wie der Flußvektor, die Beziehungen ablesen.:

$$i_{1\alpha} = \underline{i_1} * \cos \gamma_1 \tag{7-4}$$

$$i_{1\beta} = \underline{i_1} * \sin \gamma_1 \tag{7-5}$$

$$\Psi_{2\alpha} = \underline{\Psi_2} * \cos \gamma_1 \tag{7-6}$$

$$\Psi_{2\beta} = \underline{\Psi_2} * \sin \gamma_1 \tag{7-7}$$

7 Regelung von Synchronmotoren

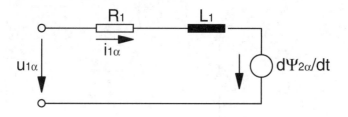

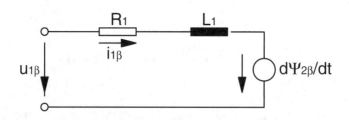

Abb. 7.4: Ersatzschaltbild der permanentmagneterregten Synchronmaschine im ständerfesten α,β-Koordinatensystem

Mit diesen Beziehungen folgt aus den Gln. (7-2) und (7-3):

$$u_{1\alpha} = R_1 * i_{1\alpha} + L_1 * \frac{d}{dt}(\underline{i_1} * \cos\gamma_1) + \frac{d}{dt}(\underline{\Psi_2} * \cos\gamma_1) \tag{7-8}$$

$$u_{1\beta} = R_1 * i_{1\beta} + L_1 * \frac{d}{dt}(\underline{i_1} * \sin\gamma_1) + \frac{d}{dt}(\underline{\Psi_2} * \sin\gamma_1) \tag{7-9}$$

Aus den Gln. (7-8) und (7-9) folgt durch Bildung der Ableitung nach der Zeit:

$$u_{1\alpha} = R_1 * i_{1\alpha} + L_1 * \frac{d\underline{i_1}}{dt} * \cos\gamma_1 - L_1 * \omega_1 * \underline{i_1} * \sin\gamma_1 + \frac{d\underline{\Psi_2}}{dt} * \cos\gamma_1 - \underline{\Psi_2} * \omega_1 * \sin\gamma \tag{7-10}$$

$$u_{1\beta} = R_1 * i_{1\beta} + L_1 * \frac{d\underline{i_1}}{dt} * \sin\gamma_1 + L_1 * \omega_1 * \underline{i_1} * \cos\gamma_1 + \frac{d\underline{\Psi_2}}{dt} * \sin\gamma_1 + \underline{\Psi_2} * \omega_1 * \cos\gamma \tag{7-11}$$

7 Regelung von Synchronmotoren

Mit den Gln. (7-3) bis (7-7) und $d\Psi/dt = 0$ folgt aus den Gln.(7-10) und (7-11):

$$u_{1\alpha} = R_1 * i_{1\alpha} + L_1 * \frac{di_{1\alpha}}{dt} - L_1 * \omega_1 * i_{1\beta} - \omega_1 * \Psi_{2\beta} \quad (7\text{-}12)$$

$$u_{1\beta} = R_1 * i_{1\beta} + L_1 * \frac{di_{1\beta}}{dt} + L_1 * \omega_1 * i_{1\alpha} + \omega_1 * \Psi_{2\alpha} \quad (7\text{-}13)$$

In Matrixschreibweise ergibt sich dafür:

$$\begin{vmatrix} u_{1\alpha} \\ u_{1\beta} \end{vmatrix} = R_1 * \begin{vmatrix} 1 & 0 \\ 0 & 1 \end{vmatrix} * \begin{vmatrix} i_{1\alpha} \\ i_{1\beta} \end{vmatrix} + L_1 * \omega_1 * \begin{vmatrix} 0 & -1 \\ 1 & 0 \end{vmatrix} * \begin{vmatrix} i_{1\alpha} \\ i_{1\beta} \end{vmatrix} + L_1 * \begin{vmatrix} 1 & 0 \\ 0 & 1 \end{vmatrix} * \begin{vmatrix} \frac{di_{1\alpha}}{dt} \\ \frac{di_{1\beta}}{dt} \end{vmatrix}$$

$$+ \omega_1 * \begin{vmatrix} 0 & -1 \\ 1 & 0 \end{vmatrix} * \begin{vmatrix} \Psi_{2\alpha} \\ \Psi_{2\beta} \end{vmatrix} \quad (7\text{-}14)$$

Für die Regelung muß das Modell der permanentmagneterregten Synchronmaschine aus dem ständerfesten α,β-Koordinatensystem in das rotorfeste d/q-Koordinatensystem transformiert werden. Für den Fall der Synchronmaschine wird hier angenommen, daß das d,q-Koordinatensysten rotorfest ist (wie bei der Asynchronmaschine das u,v-Koordinatensystem) und sich nicht an einer elektrischen Größe (Fluß) wie bei der Asynchronmaschine orientiert. Dies ist in *Abb. 7.5* am Beispiel des Stromes gezeigt. So wie sich der Strom in beiden Koordinatensystemen darstellen läßt, lassen sich auch Spannung und Fluß in beiden Systemen angeben. Für die Umrechnung zwischen den Koordinatensystemen gelten die Beziehungen:

$$\begin{vmatrix} u_{1\alpha} \\ u_{1\beta} \end{vmatrix} = \begin{vmatrix} \cos\gamma_1 & -\sin\gamma_1 \\ \sin\gamma_1 & \cos\gamma_1 \end{vmatrix} * \begin{vmatrix} u_{1d} \\ u_{1q} \end{vmatrix} \quad (7\text{-}15)$$

$$\begin{vmatrix} i_{1\alpha} \\ i_{1\beta} \end{vmatrix} = \begin{vmatrix} \cos\gamma_1 & -\sin\gamma_1 \\ \sin\gamma_1 & \cos\gamma_1 \end{vmatrix} * \begin{vmatrix} i_{1d} \\ i_{1q} \end{vmatrix} \quad (7\text{-}16)$$

7 Regelung von Synchronmotoren

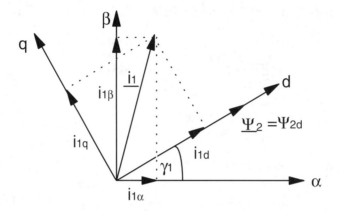

Abb. 7.5: Darstellung des Stromes im ständerfesten α,β-Koordinatensystem und bei der Synchronmaschine im rotorfesten d,q-Koordinatensystem

$$\begin{vmatrix} \frac{di_{1\alpha}}{dt} \\ \frac{di_{1\beta}}{dt} \end{vmatrix} = \begin{vmatrix} \cos\gamma_1 & -\sin\gamma_1 \\ \sin\gamma_1 & \cos\gamma_1 \end{vmatrix} * \begin{vmatrix} \frac{di_{1d}}{dt} \\ \frac{di_{1q}}{dt} \end{vmatrix} \quad (7\text{-}17)$$

$$\begin{vmatrix} \Psi_{2\alpha} \\ \Psi_{2\beta} \end{vmatrix} = \begin{vmatrix} \cos\gamma_1 & -\sin\gamma_1 \\ \sin\gamma_1 & \cos\gamma_1 \end{vmatrix} * \begin{vmatrix} \Psi_{2d} \\ \Psi_{2q} \end{vmatrix} \quad (7\text{-}18)$$

Mit den Gln. (7-15) bis (7-18) folgt aus der Gl. (7-14):

$$\begin{vmatrix} \cos\gamma_1 & -\sin\gamma_1 \\ \sin\gamma_1 & \cos\gamma_1 \end{vmatrix} * \begin{vmatrix} u_{1d} \\ u_{1q} \end{vmatrix} = R_1 * \begin{vmatrix} \cos\gamma_1 & -\sin\gamma_1 \\ \sin\gamma_1 & \cos\gamma_1 \end{vmatrix} * \begin{vmatrix} i_{1d} \\ i_{1q} \end{vmatrix}$$

$$+\omega_1 * L_1 * \begin{vmatrix} 0 & -1 \\ 1 & 0 \end{vmatrix} * \begin{vmatrix} \cos\gamma_1 & -\sin\gamma_1 \\ \sin\gamma_1 & \cos\gamma_1 \end{vmatrix} * \begin{vmatrix} i_{1d} \\ i_{1q} \end{vmatrix} + L_1 * \begin{vmatrix} \cos\gamma_1 & -\sin\gamma_1 \\ \sin\gamma_1 & \cos\gamma_1 \end{vmatrix} * \begin{vmatrix} \frac{di_{1d}}{dt} \\ \frac{di_{1q}}{dt} \end{vmatrix}$$

$$+\omega_1 * \begin{vmatrix} 0 & -1 \\ 1 & 0 \end{vmatrix} * \begin{vmatrix} \cos\gamma_1 & -\sin\gamma_1 \\ \sin\gamma_1 & \cos\gamma_1 \end{vmatrix} * \begin{vmatrix} \Psi_{2d} \\ \Psi_{2q} \end{vmatrix} \quad (7\text{-}19)$$

7 Regelung von Synchronmotoren

Durch Multiplikation der Gl. (7-19) von links mit der Matrix:

$$\begin{vmatrix} \cos\gamma_1 & \sin\gamma_1 \\ -\sin\gamma_1 & \cos\gamma_1 \end{vmatrix}$$

folgt:

$$\begin{vmatrix} u_{1d} \\ u_{1q} \end{vmatrix} = R_1 * \begin{vmatrix} i_{1d} \\ i_{1q} \end{vmatrix} + \omega_1 * L_1 * \begin{vmatrix} 0 & -1 \\ 1 & 0 \end{vmatrix} * \begin{vmatrix} i_{1d} \\ i_{1q} \end{vmatrix} + L_1 * \begin{vmatrix} \frac{di_{1d}}{dt} \\ \frac{di_{1q}}{dt} \end{vmatrix} + \omega_1 * \begin{vmatrix} 0 & -1 \\ 1 & 0 \end{vmatrix} * \begin{vmatrix} \Psi_{2d} \\ \Psi_{2q} \end{vmatrix}$$

(7-20)

Mit $\Psi_{2q}=0$ ergibt sich aus Gl. (7-20):

$$u_{1d} = R_1 * i_{1d} + L_1 * \frac{di_{1d}}{dt} - \omega_1 * L_1 * i_{1q} \tag{7-21}$$

$$u_{1q} = R_1 * i_{1q} + L_1 * \frac{di_{1q}}{dt} + \omega_1 * L_1 * i_{1d} + \omega_1 * \Psi_{2d} \tag{7-22}$$

Mit den Gln. (7-21) und (7-22) ergibt sich das Ersatzschaltbild der permanenterregten Synchronmaschine nach *Abb. 7.6*. Das von diesem Motor erzeugte Moment errechnet sich nach der Beziehung:

$$M_{el} = \tfrac{3}{2} * n_P * \Psi_{2d} * i_{1q} \tag{7-23}$$

Die Bewegungsgleichung für dieses System lautet:

$$J * \frac{d\omega_m}{dt} = M_{el} - M_l \tag{7-24}$$

mit

$$\omega_m = \frac{\omega_1}{n_P} \tag{7-25}$$

Für die Ermittlung des regelungstechnischen Ersatzschaltbildes der permanenterregten Synchronmaschine werden die Gl. (7-21) und (7-22) unter Einbeziehung des Differentialoperators $s=d/dt$ umgeformt. Es ergeben sich:

$$i_{1d} = \frac{1/R_1}{1+s\cdot\frac{L_1}{R_1}} \cdot \left(u_{1d} + \omega_1 \cdot L_1 \cdot i_{1q} \right) \tag{7-26}$$

$$i_{1q} = \frac{1/R_1}{1+s\cdot\frac{L_1}{R_1}} \cdot \left(u_{1q} - \omega_1 \cdot L_1 \cdot i_{1d} - \omega_1 \cdot \Psi_{2d} \right) \tag{7-27}$$

7 Regelung von Synchronmotoren

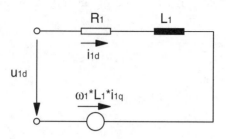

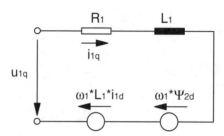

Abb. 7.6: Ersatzschaltbild der permanenterregten Synchronmaschine in Rotorkoordinaten

Mit diesen Gln. und der Bewegungsgleichung ergibt sich das in *Abb. 7.7* dargestellte regelungstechnische Ersatzschaltbild der Synchronmaschine.

Aus Abb. 7.7 läßt sich folgende Beziehung ablesen:

$$\omega_m = \left[\left(u_{1q} - \omega_m \cdot n_P \cdot i_{1d} \cdot L_1 - \omega_m \cdot n_P \cdot \Psi_{2d}\right) \cdot \frac{1/R_1}{1+s \cdot L_1/R_1} \cdot \frac{3}{2} \cdot n_P \cdot \Psi_{2d} - M_l\right] \cdot \frac{1}{s \cdot J}$$
(7-28)

Mit $M_l = 0$ folgt aus (7-28):

$$\omega_m \cdot \left(1 + n_P \cdot (i_{1d} \cdot L_1 + \Psi_{2d}) \cdot \frac{\frac{1}{R_1}}{1+s \cdot \frac{L_1}{R_1}} \cdot \frac{3}{2} \cdot n_P \cdot \Psi_{2d} \cdot \frac{1}{s \cdot J}\right)$$

$$= u_{1q} \cdot \frac{3}{2} \cdot n_P \cdot \Psi_{2d} \cdot \frac{1}{s \cdot J} \cdot \frac{\frac{1}{R_1}}{1+s \cdot \frac{L_1}{R_1}}$$
(7-29)

7 Regelung von Synchronmotoren

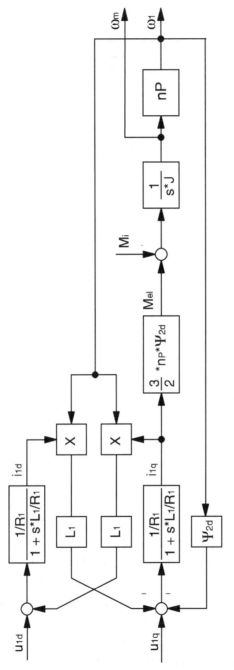

Abb. 7.7: Regelungstechnisches Ersatzschaltbild der Synchronmaschine

7 Regelung von Synchronmotoren

Daraus ergibt sich die s-Übertragungsfunktion:

$$G(s) = \frac{\omega_m(s)}{u_{1q}(s)} = \frac{\frac{3}{2} \cdot n_P \cdot \Psi_{2d} \cdot \frac{1}{s \cdot J} \cdot \frac{1/R_1}{1+s \cdot L_1/R_1}}{1 + n_P \cdot (i_{1d} \cdot L_1 + \Psi_{2d}) \cdot \frac{1/R_1}{1+s \cdot L_1/R_1} \cdot \frac{3}{2} \cdot n_P \cdot \Psi_{2d} \cdot \frac{1}{s \cdot J}} \qquad (7\text{-}30)$$

Durch Umformen läßt sich Gl. (7-30) folgendermaßen darstellen:

$$G(s) = \frac{\omega_m(s)}{u_{1q}(s)} = \frac{\frac{3}{2 \cdot R_1} \cdot n_P \cdot \Psi_{2d}}{\left(1 + s \cdot \frac{L_1}{R_1}\right) \cdot s \cdot J + n_P \cdot (i_{1d} \cdot L_1 + \Psi_{2d}) \cdot \frac{3}{2 \cdot R_1} \cdot \Psi_{2d} \cdot n_P} \qquad (7\text{-}31)$$

Durch weiteres Umstellen folgt:

$$G(s) = \frac{1/n_P \cdot (i_{1d} \cdot L_1 + \Psi_{2d})}{1 + s \cdot \frac{2 \cdot R_1 \cdot J}{n_P^2 \cdot (i_{1d} \cdot L_1 + \Psi_{2d}) \cdot 3 \cdot \Psi_{2d}} + s^2 \cdot \frac{2 \cdot R_1 \cdot L_1 \cdot J}{n_P^2 \cdot R_1 \cdot (i_{1d} \cdot L_1 + \Psi_{2d}) \cdot 3 \cdot \Psi_{2d}}} \qquad (7\text{-}32)$$

Mit den Abkürzungen

$$K_S = \frac{1}{n_P \cdot (i_{1d} \cdot L_1 + \Psi_{2d})} \;,\; T_2 = \frac{2}{3} \cdot \frac{2}{3} \frac{R_1 \cdot J}{n_P^2 \cdot (i_{1d} \cdot L_1 + \Psi_{2d}) \cdot \Psi_{2d}} \;,\; T_1 = \frac{L_1}{R_1}$$

$$\qquad (7\text{-}33)$$

ergibt sich aus Gl. (7-32):

$$G(s) = \frac{\omega_m(s)}{u_{1q}(s)} = \frac{K_S}{1 + s \cdot T_2 + s^2 \cdot T_1 \cdot T_2} \qquad (7\text{-}34)$$

Das Blockschaltbild für die Drehzahl- und Positionsregelung einer fremderregten Synchronmaschine zeigt *Abb. 7.8*. Der Aufbau einer solchen Regelung ist in vielen Fällen identisch mit dem der Regelung einer Gleichstrommaschine (s. Abb. 3.8). Hinzugekommen sind jetzt lediglich Einheiten, die berücksichtigen, daß die Vektoren hier nicht raumfest sind, sondern sich mit der mechanischen Winkelgeschwindigkeit des Rotors drehen. Deshalb muß für die am Stator gemessenen Ströme eine Transformation in das zweiachsige α,β-Koordinatensystem und von dort die Drehtransformation in das rotierende d,q-Koordinatensystem durchgeführt werden. Die Berechnung der auf den Motor geschalteten Spannungen über die Regelung erfolgt im rotierenden d,q-System. Von hier erfolgt über die inverse Drehtransformation der Übergang in das raumfeste α,β-Koordinatensystem. Aus den

Komponenten des Spannungsvektors u_α und u_β wird der Betrag und der Winkel für den Spannungsvektor berechnet und auf den Frequenzumrichter geschaltet. Dort werden daraus die Spannungen u_a, u_b und u_c erzeugt. Da der magnetische Fluß bei dem in Abb. 7.8 angegebenen Antrieb über die Erregerwicklung erzeugt wird, wird für den feldbildenden Strom der Sollwert Null vorgegeben. Für den Erregerstrom ist eine separate Regelung im unteren Pfad vorhanden. Diese ist von der Lage- bzw. Drehzahlregelung vollständig entkoppelt.

Sollen Drehzahländerungen durch Vorgabe anderer Sollwerte vorgenommen werden, so ergibt sich daraus eine Drehbeschleunigung oder Drehverzögerung an der Motorwelle. Dies wiederum erfordert eine Änderung des elektrisch erzeugten Momentes. Da der magnetische Fluß über die Regelung des flußbildenden Stromes konstant gehalten wird, wird die erforderliche Momentenänderung durch die Veränderung des momentbildenden Stromes i_q bewirkt. Dies verursacht bei den Größen, die auf den Frequenzumrichter geschaltet werden, eine Änderung des Betrages der Spannung, nicht aber des Winkels des Spannungsvektors mit der statorfesten α-Achse.

Handelt es sich bei dem Synchronmotor um einen Antrieb mit Permanenterregung, so entfällt die Regelung für die Konstanthaltung des Erregerstromes, wodurch sich die Regelung weiter vereinfacht.

Mit einer Regelung nach der in Abb. 7.8 angegebenen Struktur lassen sich Verhältnisse in der Drehzahlregelung von 1/10 000 erreichen. Weil das Drehfeld des Rotors bei jedem Drehwinkel angehalten werden kann und dabei hohe Ströme erzeugt werden können, lassen sich große Haltemomente erzeugen. Deshalb haben diese Antriebe eine weite Verbreitung beim Einsatz in Industrierobotern gefunden. Permanentmagneterregte Synchronmotoren zeichnen sich durch eine ähnlich hohe Robustheit aus wie Asynchronkurzschlußläufermotoren, da sie außer den Lagern keine Verschleißteile enthalten. Gegenüber Asynchronmaschinen haben sie aber noch drei entscheidende Vorteile. Sie sind bei gleicher Leistung leichter, kleiner und haben in der Ausführung mit Permanentmagneten eine höhere Dynamik, da ihr Rotor wesentlich leichter gehalten werden kann, weil für die Erzeugung des magnetischen Flusses weniger Eisen benötigt wird. Sie sollten überall dort eingesetzt werden, wo nur wenig Einbauraum zur Verfügung steht und wo Gewichtsreduzierung ein mitentscheidendes Auswahlkriterium ist.

7 Regelung von Synchronmotoren

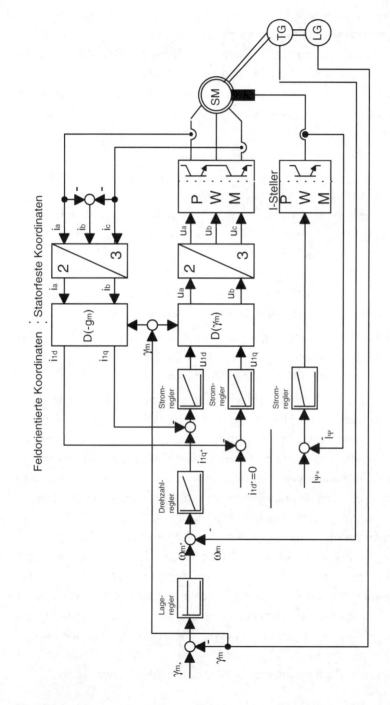

Abb. 7.8: Blockschaltbild für das Regelkonzept der Lageregelung mit einer Synchronmaschine mit unterlagerter Drehzahl- und Stromregelung sowie mit separater Flußregelung

8 Dimensionierung der Regler

Die systemtheoretischen Betrachtungen haben gezeigt, daß bei allen drei Maschinentypen (Gleichstrom-, Asynchron- und Synchronmotor) für das Übertragungsverhalten zwischen Rotordrehzahl als Regelgröße und einer vorzugebenden Statorspannung als Stellgröße im Prinzip die gleiche Übertragungsfunktion herauskommt. Diese lautet für den Gleichstrommotor (s. Abschnitt 3.2):

$$G(s) = \frac{n(s)}{u_R(s)} = \frac{K_S}{1+s \cdot T_2 + s^2 \cdot T_1 \cdot T_2} \tag{8-1}$$

Der Verstärkungsfaktor und die Zeitkonstanten können aus den Motordaten und dem Massenträgheitsmoment nach den Gln. (3.2-6), (3.2-20) und (3.2-21) berechnet werden.

Für den Synchronmotor lautet die Übertragungsfunktion (s. Abschnitt 7):

$$G(s) = \frac{\omega(s)}{u_{1q}(s)} = \frac{K_S}{1+s \cdot T_2 + s^2 \cdot T_1 \cdot T_2} \tag{8-2}$$

Für den Synchronmotor können Verstärkungsfaktor und Zeitkonstanten mit den unter (7-33) angegebenen Beziehungen aus den Motordaten und dem gesamten Massenträgheitsmoment berechnet werden.

Der feldorientiert geregelte Asynchronmotor hat nach Abschnitt 5.3 die Übertragungsfunktion:

$$G(s) = \frac{\omega(s)}{u_{1q}(s)} = \frac{K_S}{1+s \cdot T_2 + s^2 \cdot T_1 \cdot T_2} \tag{8-3}$$

Der Verstärkungsfaktor und die Zeitkonstante werden bei diesem Antrieb aus den Maschinendaten berechnet nach den unter (5.3-11) zusammengefaßten Gleichungen.

8 Dimensionierung der Regler

Wie die Blockdiagramme für den Aufbau der Drehzahl- und Positionsregelungen gezeigt haben, ist für das Verhalten des Antriebs der Drehzahlregler, der bei den meisten Anwendungen ein PI-Verhalten hat, von entscheidender Bedeutung. Deshalb ist der Ermittlung seiner Einstellwerte größte Aufmerksamkeit zu widmen. Bei den Positionsregelungen gibt der Positionsregler dem Drehzahlregler lediglich die Sollwerte vor. Er ist deshalb als reiner P-Regler ausgelegt. Sein Verstärkungsfaktor ist im wesentlichen von der Dynamik des Antriebs abhängig. Das Zeitverhalten des dem Drehzahlregler unterlagerten Stromreglers und das Zeitverhalten des Leistungsteils sind gegenüber dem Zeitverhalten der Maschine zu vernachlässigen. Bei hochdynamischen Antrieben kann ihr Verhalten durch ein Totzeitglied berücksichtigt werden.

Um die drehzahlgeregelten Antriebe mit ausreichender Dynamik bei gleichzeitig genügender Stabilität zu betreiben, stellt man die Regler so ein, daß der Regelkreis eine Phasenreserve von ca. 40° aufweist. Um dafür die Parameter Verstärkungsfaktor und Nachstellzeit des Drehzahlreglers zu ermitteln, verwendet man sinnvollerweise ein Mathematikprogramm. Aus den Motordaten werden dann zunächst die Streckenparameter K_S, T_1 und T_2 berechnet. Dann wird für den PI-Regler eine geeignete Nachstellzeit gewählt, beispielsweise $T_N \approx (0.1...1) \cdot (T_1 + T_2)$. Der Verstärkungsfaktor wird zunächst gleich 1 gesetzt. Mit diesen Werten wird dann mit Hilfe des Mathematikprogramms für den aufgeschnittenen Regelkreis das Bode-Diagramm berechnet und gezeichnet. Bei einem Phasenwinkel von ca. -140° wird dann der Amplitudenwert abgelesen. Der Verstärkungsfaktor des Reglers für die geforderte Phasenreserve ergibt sich dann als reziproker Wert des abgelesenen Amplitudenwertes [4].

Die Vorgehensweise dieser Reglerdimensionierung soll in den folgenden Abschnitten an je einem Beispiel für den Gleichstrommotor, den Synchronmotor und den Asynchronmotor gezeigt werden.

8.1 Regelung des Gleichstrommotors

Für einen Gleichstrommotor sind folgende Daten gegeben:

c*Ψ_d = 2.33 Vs, J = 0.0905 Nms^2, L = 0.06 Vs/A, R = 0.16 V/A

Mit Hilfe der Gln. (3.2-6), (3.2-20) und (3.2-21) werden aus den gegebenen Werten der Verstärkungsfaktor und der Zeitkonstanten berechnet. Es ergibt sich:

T_1 = 0.4 s, T_2 = 0.0025 s und K_S = 0.42918 1/Vs

Um Amplitudengang und Phasengang für das Bode-Diagramm zu berechnen, muß in der Gl. (8-1) s durch jω ersetzt werden. Aus (8-1) folgt damit unter Einfügung des Index S im Funktionsnamen, der auf die Strecke hindeutet:

$$G_S(j\omega) = \frac{n(j\omega)}{u_R(j\omega)} = \frac{K_S}{1+j\omega \cdot T_2 + (j\omega)^2 \cdot T_1 \cdot T_2} \qquad (8.1\text{-}1)$$

Um den Frequenzgangbetrag und den Phasenverlauf zu ermitteln, ist Gl. (8.1-1) in Real- und Imaginärteil zu zerlegen. Daraus kann dann der Frequenzgangbetrag berechnet werden nach der Beziehung:

$$\left| G_S(j\omega) \right| = \sqrt{\left[Re\big(G_S(j\omega)\big) \right]^2 + \left[Im\big(G_S(j\omega)\big) \right]^2} \qquad (8.1\text{-}2)$$

Der Phasengang wird folgendermaßen berechnet:

$$\alpha_S = \arctan\left[\frac{Im(G_S(s))}{Re(G_S(s))} \right] \qquad (8.1\text{-}3)$$

Als Regler soll hier ein PI-Regler verwendet werden. Der Index R deutet hier auf die Reglerfunktionen hin. Die Übertragungsfunktion lautet mit der komplexen Laufvariablen jω:

$$G_R(j\omega) = \frac{u_R(j\omega)}{e(j\omega)} = K_R \cdot \left(1 + \frac{1}{j\omega \cdot T_N} \right) \qquad (8.1\text{-}4)$$

8 Dimensionierung der Regler

Der Ausdruck in Gl. (8.1-4) wird zerlegt in Real- und Imaginärteil. Daraus werden für den Regler der Frequenzgangbetrag und der Phasengang berechnet. Diese ergeben sich zu:

$$\left| G_R(j\omega) \right| = \sqrt{\left[Re\left(G_R(j\omega) \right) \right]^2 + \left[Im\left(G_R(j\omega) \right) \right]^2} \tag{8.1-5}$$

$$a_R(j\omega) = \arctan\left[\frac{Im\left(G_R(j\omega) \right)}{Re\left(G_R(j\omega) \right)} \right] \tag{8.1-6}$$

Aus den Amplitudenbeträgen und Phasengängen von Regler und Strecke (Gleichstrommotor) lassen sich dann für den „aufgeschnittenen" Regelkreis der Verlauf des Amplitudenbetrages und der Phasenverschiebung berechnen. Es gelten:

$$\left| G(j\omega) \right| = \left| G_R(j\omega) \right| \cdot \left| G_S(j\omega) \right| \tag{8.1-7}$$

$$a(j\omega) = a_R(j\omega) + a_S(j\omega) \tag{8.1-8}$$

In *Abb. 8.1* sind Frequenzgangbetrag und Phasengang des „aufgeschnittenen" Regelkreises für $K_R = 1$ und $T_N = 0.1*(T_1 + T_2)$ dargestellt. Bei $\alpha = -140°$ läßt sich daraus eine Amplitude von -3.26 dB ablesen. Dieser Wert entspricht bei linearer Skalierung einem Amplitudenwert von 0.687. Dafür ergibt sich ein reziproker Wert von 1.455. Dieser Wert ist als Vestärkungsfaktor am PI-Regler einzustellen, um die geforderte Phasenreserve zu erreichen. Den Verlauf von Frequenzgangbetrag und Phasengang des „aufgeschnittenen" Regelkreises mit $K_R = 1.455$ zeigt *Abb. 8.2*. Daraus ist erkennbar, daß bei $\alpha = -140°$ der Frequenzgangbetrag ca. 1 beträgt. Diese Vorgehensweise zur Einstellung des gewünschten Reglerverhaltens kann gewählt werden, weil sich durch Änderung der Reglerverstärkung der Phasengang nicht ändert. Lediglich der Frequenzgangbetrag wird in vertikaler Richtung verschoben.

8.1 Regelung des Gleichstrommotors

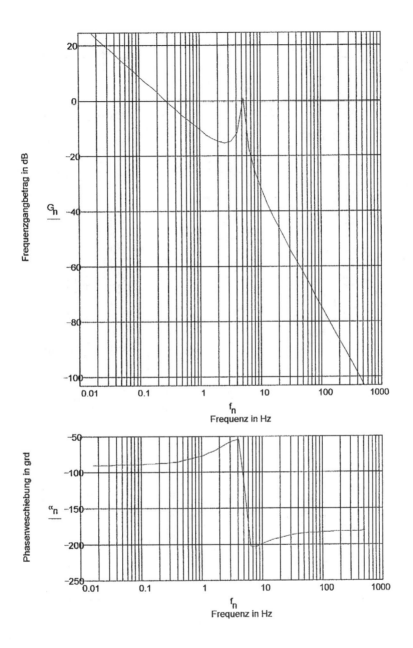

Abb. 8.1: Frequenzgangbetrag und Amplitudengang des "aufgeschnitteten" Regelkreises einer Gleichstrommaschine mit PI-Regler und $K_R = 1$

8 Dimensionierung der Regler

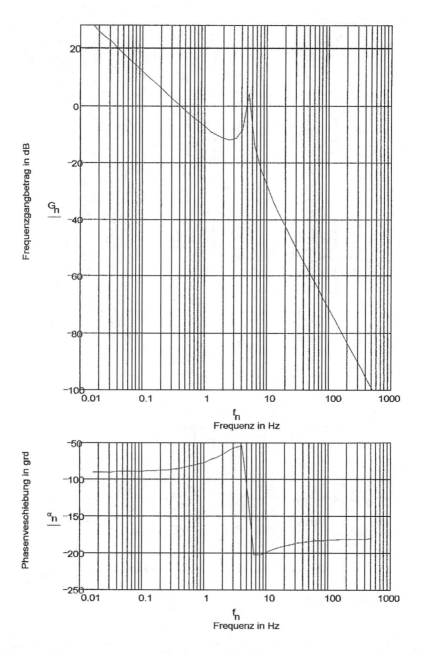

Abb. 8.2: Frequenzgangbetrag und Amplitudengang des "aufgeschnitteten" Regelkreises einer Gleichstrommaschine mit PI-Regler und $K_R = 1.455$

8.2 Regelung des Asynchronmotors

Für einen Asynchronmotor sind folgende Daten gegeben:

$J = 0.25$ Nms^2, $R_{1Ph} = 0.15$ V/A, $R_{2Ph}^{(1)} = 0.15$ V/A, $L_{S1} = 0.005$ Vs/A, $L_{S2} = 0.05$ Vs/A,

$L` = 0.1$ Vs/A, $n_P = 2$, $\Psi_{2d} = 1.5$ Vs.

Aus den gegebenen Motordaten werden mit Hilfe der Gln. (5.1-4), (5.1-8), (5.1-9), (5.1-10), (5.1-17) und (5.1-18) die auf das zweiachsige d,q-Koordinaten bezogenen Maschinendaten berechnet. Es ergeben sich:

$L_1 = 0.1033$ Vs/A, $L_2 = 0.1033$ Vs/A, $L_M = 0.15$ Vs/A, $M = 0.1$ Vs/A, $R_1 = 0.1$ V/A, $R_2 = 0.1$ V/A

Mit den für das zweiachsige d,q-System der Maschine berechneten Daten werden nach den Gln. (5.1-15), (5.2-34) und (5.2-36) folgende Hilfsgrößen berechnet:

$K_{11} = K_{22} = 152{,}459$ A/(Vs), $K_{12} = K_{21} = -147{,}541$ A/(Vs)

$\omega_g = 0.9677$ 1/s, $\omega_0 = 158.028$ 1/s

Mit den Beziehungen unter der Nummer (5.3-11) berechnen sich Verstärkungsfaktor und Zeitkonstanten zu:

$K_S = 0.3444$ 1/(Vs)

$T_1 = 0.00633$ s, $T_2 = 0.03074$ s

Für den PI-Regler werden folgende Einstellwerte gewählt:

$T_N = 0.1*(T_1 + T_2) = 0.00371$ s, $K_R = 1$

Mit diesen Werten für die Strecke und den Regler ergibt sich das in *Abb. 8.3* dargestellte Bode-Diagramm. Aus diesem läßt sich für einen Phasenwinkel von $\alpha = -140°$ im Frequenzgangbetrag ein Wert von 1.805 ablesen. Daraus berechnet sich der Verstärkungsfaktor für den Regler bei der angestrebten Phasenreserve von 40° zu:

$K_R = \frac{1}{1.805} = 0.544$

8 Dimensionierung der Regler

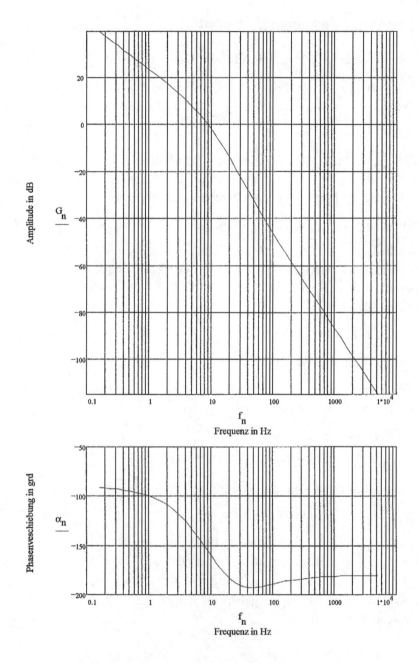

Abb. 8.3: Frequenzgangbetrag und Phasengang für den Asynchronmotor mit den gegebenen Daten und einem PI-Regler mit $K_R = 1$

8.3 Regelung des Synchronmotors

Für einen Synchronmotor sind folgende Daten gegeben:

J = 0.6 Nms², R_1 = 0.15 V/A, L_1 = 0.06 Vs/A, L`= 0.1 Vs/A, n_P = 2, Ψ_{2d} = 1.33 Vs.

Aus den gegebenen Motordaten werden mit Hilfe der Gln. in der Beziehung (7-33) Verstärkungsfaktor und Zeitkonstanten berechnet. Es ergeben sich:

K_S = 0.37594 1/(Vs)

T_1 = 0.4 s, T_2 = 0.0084 s

In der o. a. Beziehung ist der Wert für i_{1d} = 0 zu setzen, da es sich um einen Motor mit Permanenterregung handelt.

Für den PI-Regler werden folgende Einstellwerte gewählt:

T_N = 0.2*$(T_1 + T_2)$ = 0.081696 s, K_R = 1

Mit diesen Werten für die Strecke und den Regler ergibt sich das in Abb. 8.4 dargestellte Bode-Diagramm. Aus diesem läßt sich für einen Phasenwinkel von α = -140° im Frequenzgangbetrag ein Wert von 1.493 ablesen. Daraus berechnet sich der Verstärkungsfaktor für den Regler bei der angestrebten Phasenreserve von 40° zu:

$K_R = \frac{1}{1.493} = 0.67$

Wenn man die Nachstellzeit T_N größer wählt, kann der Regelkreis die Stabilitätsgrenze nicht mehr erreichen. Dadurch hat man in dem System eine Barriere gegen Instabilitäten. Man büßt aber gleichzeitig an Dynamik ein. *Abb. 8.5* zeigt das Bode-Diagramm mit Frequenzgangbetrag und Phasengang für den gleichen Synchronmotor. Gegenüber dem vorhergehenden Beispiel hat hier der Regler veränderte Einstellparameter. Hier wurden gewählt:

T_N = 0.5*$(T_1 + T_2)$ = 0.40848 s, K_R = 1

Man erkennt in dem zugehörigem Bode-Diagramm, daß der Frequenzgangbetrag wesentlich kleiner als Eins ist, wenn die Phasenverschiebung den Wert von α = -180° erreicht. Damit ist für diesen Regelkreis ein instabiles Verhalten ausgeschlossen.

Die hier bei der Synckronmaschine diskutierten Kriterien bezüglich des Stabilitätsverhaltens gelten in gleicher Weise für die Gleichstrom- und Asynchronmaschine.

8 Dimensionierung der Regler

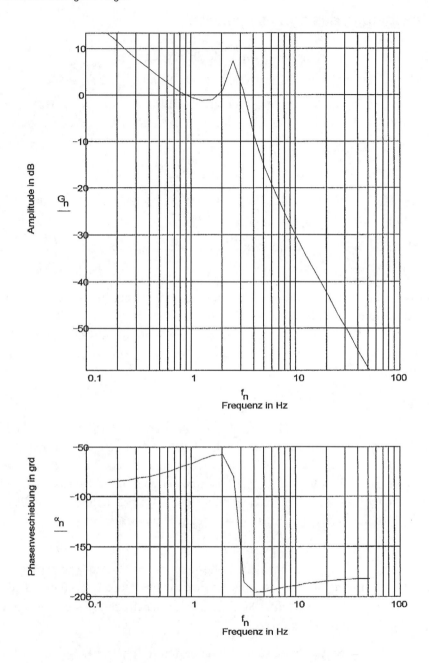

Abb. 8.4: Frequenzgangbetrag und Phasengang für den permanenterregten Synchronmotor mit den gegebenen Daten und einem PI-Regler mit $K_R = 1$

8.3 Regelung des Synchronmotors

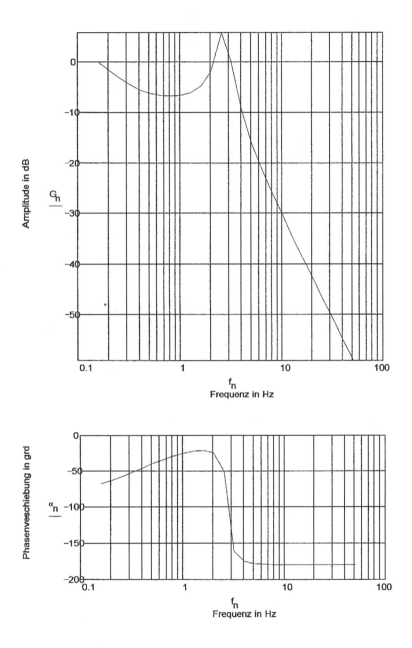

Abb. 8.5: Frequenzgangbetrag und Phasengang für den permanenterregten Synchronmotor mit den gegebenen Daten und einem PI-Regler mit $K_R = 1$ und vergrößerter Nachstellzeit zur Vermeidung von Instabilitäten

9 Schrittmotoren

Der Schrittmotor wandelt elektrische Impulse in einen entsprechenden analogen Winkel oder Weg bzw. eine Impulsfrequenz in einen Vorschubweg um. Diese Aufgabenstellungen können von einem Schrittmotor ohne geschlossenen Regelkreis erfüllt werden, d. h., der Schrittmotor gibt die von einer Steuerung kommenden Weg- oder Geschwindigkeitsinformationen direkt und ohne Rückmeldung an das anzutreibende System weiter.

Die Schrittmotoren lassen sich von ihrer Bauart her in drei wesentliche Gruppen einteilen:

Permanentmagnetschrittmotoren

Schrittmotoren mit variabler Reluktanz

Hybridschrittmotoren

9.1 Permanentmagnetschrittmotoren

Den prinzipiellen Aufbau und das Funktionsprinzip eines Permanentmagnetschrittmotors zeigt *Abb. 9.1* mit den Statorspulen A, B, C und D und dem permanenterregten Rotor. In der angegebenen Rotorstellung ist die Spule A erregt. Wenn durch die Statorspulen A, B, C und D jeweils einzeln und nacheinander Strom geschickt wird, dreht sich der Rotor jeweils um 90° weiter.

Diese Ansteuerung der Statorspulen bezeichnet man als Einschrittbetrieb oder Einphasenbetrieb eines Schrittmotors. Dabei sind am Umfang vier Rotorstellungen zu erreichen. Wenn gleichzeitig zwei benachbarte Spulen vom Strom durchflossen werden, nimmt der Rotor zwischen diesen eine Mittelstellung ein. Damit ergeben sich vier weitere Rotorstellungen, wenn nämlich die Spulen A und B, B und C, C und D sowie D und A vom Strom durchflossen werden. Eine derartige Bestromung der Spulen bezeichnet man als Zweiphasenbetrieb. Im Einphasenbetrieb sind demzufolge vier Rotorstellun-

9.1 Permanentmagnetschrittmotoren

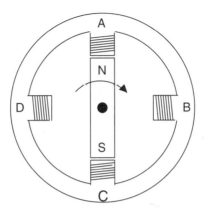

Abb. 9.1: Prinzipieller Aufbau eines Permanentmagnetschrittmotors

gen möglich und im Zweiphasenbetrieb sind ebenfalls vier, aber andere Rotorlagen einstellbar. Kombiniert man nun den Einphasen- und den Zweiphasenbetrieb, so ergibt sich der Halbschrittbetrieb. Damit ist ein kleinster Schrittwinkel von 45° zu erreichen. Das in Abb. 9.1 dargestellte Prinzip des Schrittmotors ist hinsichtlich des erzeugten Drehmomentes und der erzielten Auflösung (8 Schritte/Umdrehung) unbefriedigend.

9.2 Schrittmotoren mit variabler Reluktanz

Da es aus konstruktiven Gründen Schwierigkeiten bereitet, Permanentmagnetschrittmotoren mit Schrittgrößen von weniger als 15^0 zu bauen, setzt man für kleinere Schrittweiten meistens Schrittmotoren mit variabler Reluktanz ein. Den prinzipiellen Aufbau eines solchen Motors zeigt *Abb. 9.2*. Diese zeichnen sich durch einen kleinen Schrittwinkel und durch einen weichen Motoranlauf aus.

Der Rotor besteht aus weichmagnetischem Eisen. Dieses ermöglicht das Prinzip der variablen Reluktanz, welches darauf beruht, daß sich nichtmagnetisiertes Eisen in einem Magnetfeld nach dem kleinsten magnetischen Widerstand ausrichtet und gleichzeitig ein Rückstellmoment erzeugt. Der kleinste magnetische Widerstand ist immer dann vorhanden, wenn der Luftspalt seinen minimalen Wert hat. Für die Funktionsweise des Motors ist

9 Schrittmotoren

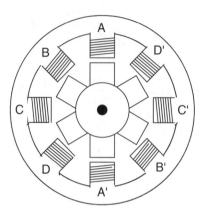

Abb. 9.2: Prinzipieller Aufbau eines Schrittmotors mit variabler Reluktanz

es Voraussetzung, daß die Anzahl der Pole am Rotor geringer ist als die Anzahl der Pole am Stator.

Bei der in Abb. 9.2 angegebenen Rotorlage wird die Spule A vom Strom durchflossen. Werden nun einzeln und nacheinander die Spulen B, C, D und dann wieder A bestromt, so dreht sich der Motor bei jeder Weiterschaltung des Spulenstromes um 15° weiter. Insgesamt ergibt sich, wenn alle Spulen einzeln und nacheinander einmal bestromt wurden, ein Drehwinkel von 60°. Wie schon beim Schrittmotor mit Permanentmagneten wird der Betrieb, wenn jeweils nur eine Spule bestromt wird, als Einphasenbetrieb bezeichnet. Daneben ist auch bei diesem Motorprinzip der Zweiphasenbetrieb möglich, wenn nämlich zwei benachbarte Spulen gleichzeitig bestromt werden. Der Rotor nimmt dann zwischen den bestromten Spulen eine Mittelstellung ein. Damit ergeben sich, wenn die Spulen A, A und B, B, B und C, C, C und D, D sowie D und A bestromt werden, für einen Drehwinkel von 60° insgesamt für Einphasen- und Zweiphasenbetrieb acht Schritte. Daraus errechnet sich bei diesem Motortyp ein Schrittwinkel von 7.5° gegenüber 45° bei Motoren mit Permanentmagneten.

In der Praxis werden solche Motoron für wesentlich kleinere Schrittweiten eingesetzt.

9.3 Hybridschrittmotoren

Die weiteste Verbreitung unter den Schrittmotoren hat heute wegen seiner guten Laufeigenschaften der Hybridschrittmotor gefunden. Dieser vereinigt die Vorteile eines Permanentmagnetschrittmotors, wie z. B. hohes Drehmoment, mit denen eines Schrittmotors mit variabler Reluktanz, wie kleine Schrittweite und weicher Anlauf.

Den schematischen Aufbau eines Hybridschrittmotors zeigt *Abb. 9.3*. Auf der Motorwelle befindet sich ein kleiner scheibenförmiger Magnet. Er ist in axialer Richtung in der angegebenen Polarität magnetisiert.

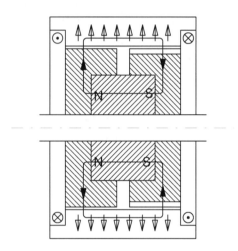

Abb. 9.3: Schematischer Aufbau eines Hybridschrittmotors

Über diesen Magnet stülpen sich zwei Schalen von nichtmagnetischem Eisen. Zur Vermeidung von Wirbelstromverlusten ist das Material meist lamelliert ausgeführt. Die Rotorblechpakete haben auf dem Umfang gleichmäßig angeordnete Zähne. Das rechte Blechpaket ist gegenüber dem linken Blechpaket um eine halbe Zahnbreite verschoben. Die Statorpole sind durchgehend über die gesamte Breite des Motors.

Auf der linken Seite ist im Luftspalt zwischen Rotor und Stator ein starker magnetischer Fluß, da sich hier der durch den Permanentmagneten verursachte Fluß und der durch den Strom in der Statorwicklung verursachte Fluß addieren. Hingegen heben sich das Magnetfeld des Permanentmagneten und das durch den Strom in der Statorwicklung erzeugte Magnetfeld auf der rechten Seite nahezu auf, so daß auf der rechten Seite im Luftspalt kaum ein Fluß vorhanden ist. Da sich ein magnetischer Kreis immer nach dem kleinsten magnetischen Widerstand ausrichtet, wird der Rotor so gedreht, daß sich auf der linken Seite Zahnkopf von Rotor und Zahnkopf von Stator gegenüberstehen.

An einem zweiphasigen Hybridschrittmotor soll nun die Weiterschaltung der einzelnen Schritte erläutert werden. Dazu wird angenommen, daß der Rotor auf seinem Umfang 50 Zähne hat. Damit ergibt sich zwischen den Zähnen ein Winkel von 7.2°. Wie in der stark schematisierten Anordnung der Rotorpole und Statorpole (die Betrachtung wird, weil es die Darstellung erleichtert, an einem stark vereinfachten Modell mit dem Rotordurchmesser $d=\infty$ durchgeführt) erkennbar ist, sind die Statorpole der Phasen A und B um 1.8° gegeneinander versetzt. Die Rotorpole der einen Halbschale sind ohne Muster und die um eine halbe Zahnbreite versetzten Pole sind schraffiert dargestellt. In den einzelnen Phasen kann die Stromrichtung geändert werden. Die beiden Stromrichtungen werden mit A und /A bzw. B und /B bezeichnet.

In der Pos. 1 ist A bestromt. Erfolgt nun eine Stromumschaltung auf /B, so dreht sich der Rotor um 1.8° weiter. Damit ist die Pos. 2 erreicht. Die Pos. 3 wird erreicht, wenn auf /A umgeschaltet wird. Zum Erreichen der Pos. 4 ist auf B umzuschalten. Durch eine Umschaltung auf A ist die Pos. 5 erreicht. Ausgehend von der Pos.1 mit der Stromführung A wird über die Einschaltungen von /B, /A, B und A eine Rotordrehung um eine Zahnbreite, also von 7.2° erreicht, so daß pro Schaltschritt eine Drehung von 1.8° entsteht.

Eine weitere Reduzierung des Schrittwinkels läßt sich durch eine Erhöhung der Phasenzahl erreichen. So sind z. B. bei einem Dreiphasenschrittmotor (hier nicht mehr dargestellt) mit 50 Zähnen die Pole der Phase B gegenüber denen der Phase A um 1.2° und die Pole der Phase C gegenüber denen der Phase A um 2.4° versetzt. Hier läßt sich ein minimaler Schrittwinkel von 1.2° erreichen. Dies entspricht einer Schrittzahl von 300 pro Umdrehung. Allgemein berechnet sich der Schrittwinkel nach der Beziehung:

9.3 Hybridschrittmotoren

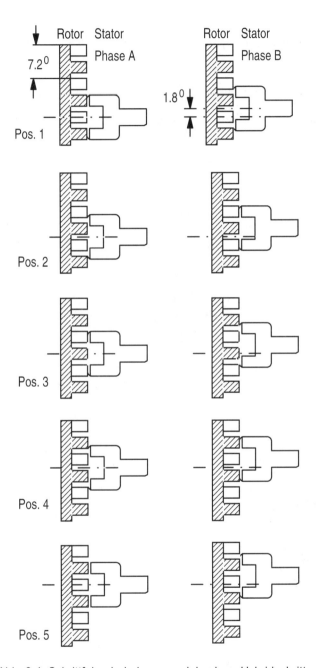

Abb. 9.4: Schrittfolge bei einem zweiphasigen Hybridschrittmotor

$$\Delta a = \frac{360°\cdot K_{SR}}{2\cdot m_P\cdot z_f} \tag{9.3-1}$$

K_{SR} : Schrittfaktor (1 bei Vollschrittbetrieb)

m_P : Phasenzahl am Stator

z_f : Zähnezahl am Rotor

Die Abbildung des geteilten Rotors mit den versetzten Zähnen zeigt *Abb. 9.5*:

Abb. 9.5: Geteilter Rotor eines Hybridschrittmotors mit versetzten Zähnen

Abb. 9.6 zeigt schematisch den Aufbau eines dreiphasigen Hybridschrittmotors mit durchgehenden Rotorzähnen und geteilten Statorzähnen.

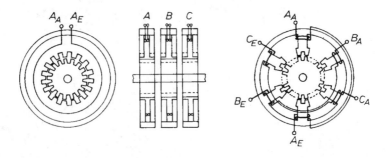

Abb. 9.6: Dreiphasiger Hybridschrittmotor mit durchgehenden Rotorzähnen und geteilten Statorzähnen

9.4 Leistungsteil für Schrittmotor

Die *Abb. 9.7* zeigt den Schltplan für das Leistungsteil eines zweiphasigen Schrittmotors. Dies zeigt einen Gleichstromzwischenkreis, in den eine Wechselspannung eingespeist wird.

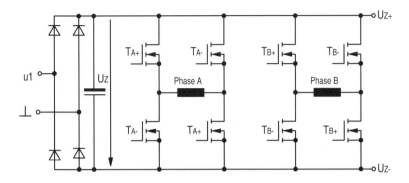

Abb. 9.7: Leistungsteil für einen zweiphasigen Schrittmotor

Da die Schrittmotoren meist mit niedrigen Spannungen versorgt werden müssen, muß die Netzspannung über einen Transformator (nicht dargestellt) der erforderlichen Schrittmotorspannung angepaßt werden. Für jede Phase des Schrittmotors ist eine Vollbrücke erforderlich, damit der Strom in beiden Richtungen durch die Wicklung geschaltet werden kann. Betrachtet man die Phase A, so ist durch Leitendschalten der beiden Transistoren T_{A+} die eine Stromrichtung (Schaltzustand A) und durch Leitendschalten der Transistoren T_{A-} die andere Stromrichtung (Schaltzustand /A) gegeben. Bei den einzelnen Vollbrücken ist darauf zu achten, daß in einem Brückenzweig nie beide Transistoren gleichzeitig eingeschaltet sind. Entsprechende Verriegelungen sind in der Ansteuerschaltung vorzusehen.

Für einen dreiphasigen Schrittmotor ist die Schaltung mit einer weiteren Vollbrücke auszustatten.

Sowohl für die Ansteuerschaltung für das Leistungsteil sowie für das Leistungsteil selber (auch für verschiedene Leistungen) stehen IC's verschiedener Hersteller zur Verfügung.

9.5 Feinpositionierung mit Schrittmotoren

Die Weiterschaltung von einer Position zur nächsten wird als Macrostep bezeichnet. Bei dem betrachteten zweiphasigen Hybridschrittmotor mit 50 Zähnen am Umfang hat dieser einen Schrittwinkel von $\Delta\alpha=1.8°$. Soll eine Zwischenposition zwischen zwei festen Positionen eingestellt werden, so ist dies über PWM der benachbarten Positionen möglich. Darüber läßt sich innerhalb dieser Rotordrehung von $\Delta\alpha$ jeder beliebige Zwischenschritt einstellen. Wird der betrachtete Schritt durch die Positionen mit den Schaltzuständen /A und /B eingegrenzt, so berechnen sich innerhalb einer Abtastperiode T_0 die Einschaltzeiten in Abhängigkeit vom Zwischenschritt $d\Delta\alpha$ zu:

$$t_{/A} = T_0 \cdot \cos\left(\frac{\pi}{2} \cdot \frac{i \cdot d\Delta a}{\Delta a}\right) \qquad (9.5\text{-}1)$$

$$t_{/B} = T_0 \cdot \sin\left(\frac{\pi}{2} \cdot \frac{i \cdot d\Delta a}{\Delta a}\right) \qquad (9.5\text{-}2)$$

$$i = 0...I, \quad I = \frac{\Delta a}{d\Delta a} \qquad (9.5\text{-}3)$$

Die Teilschritte $d\Delta\alpha$ werden als Microsteps bezeichnet. Das Einstellen dieser Microsteps hat beim exakten Positionieren und beim gleichmäßigen Lauf eine besondere Bedeutung. Mit leistungsfähigen Steuerungen läßt sich ein Macrostep in bis zu 100 Microsteps unterteilen.

9.6 Einsatzgebiete von Schrittmotoren

Mit Schrittmotoren ist es möglich, durch Vorgabe einer bestimmten Steuerfolge bestimmte Drehwinkel zu realisieren, ohne einen Sensor für die Rotorposition zu verwenden. Dies macht Antriebe mit Schrittmotoren besonders preiswert. Der Nachteil dieses Antriebskonzeptes liegt jedoch darin, daß bei Überlastung des Motors Schritte nicht ausgeführt werden und damit der vorgesehene Weg nicht zurückgelegt wird. Eine Überlastung des Motors kann im stationärem Betrieb durch eine so hohe Belastung an der Motorwelle oder durch zu hohe Beschleunigungen und Verzögerungen in der Anfahrbzw. Abbremsphase entstehen. Deshalb ist eine ausreichende Dimensionierung von Schrittmotoren immer erforderlich.

Schrittmotoren werden in sehr vielen Großseriengeräten wie z. B. Druckern oder Kopierern eingesetzt.

10 Sensoren zur Drehzahl- und Positionsmessung

Die in den vorhergehenden Abschnitten angegebenen Regelkonzepte für Lageregelungen benötigen Sensoren für die Positions- und Drehzahlmessung.

Für reine Drehzahlregelungen sind nur Drehzahlgeber nötig. Für beide Meßaufgaben bieten sich verschiedene Lösungen an. Davon sollen im folgenden nur die gängigsten beschrieben werden.

10.1 Drehzahlmessung

Die verbreitetsten Einrichtungen zur Drehzahlmessung sind Tachogeneratoren. In den meisten Fällen werden solche mit einem Gleichspannungsausgang eingesetzt. Ihre Ausgangsspannung ist ein analoges Signal und der Drehzahl direkt proportional. Aufgrund ihres Aufbaus lassen sich die Tachogeneratoren allen von der Praxis gestellten Forderungen hinsichtlich Drehzahl und Ausgangsspannung anpassen. Vorteilhaft ist weiterhin, daß sich bei Wechsel der Drehrichtung auch das Vorzeichen ihrer Ausgangsspannung ändert. Über Meßwertwandler ist eine Anpassung des Ausgangssignals des Tachogenerators an das Eingangssignal des Drehzahlreglers jederzeit möglich. Beim Einsatz von digitalen Reglern ist noch eine Digitalisierung des analogen Tachoausgangssignals erforderlich. Vielfach verzichtet man auf Sensoren für die Drehzahlmessung und ermittelt die Drehzahl durch numerische Differentiation der Position.

10.2 Positionsmessungen

In der Praxis sind Positionsmessungen sowohl bei Drehbewegungen wie auch bei Linearbewegungen erforderlich. Für beide Anwendungen sind geeignete Meßeinrichtungen vorhanden. Für die Winkelmessung stehen u. a. inkrementale Drehgeber, Drehgeber mit analogem, sinusförmigem Ausgang und Resolver zur Verfügung. Für die Positionsmessung bei Längsbewegung gibt es speziell dafür entwickelte Linearmaßstäbe, die ebenso wie die Rotationsgeber entweder ein impulsförmiges, inkrementales oder ein analoges, sinusförmiges Ausgangssignal liefern.

Da zur Erzeugung von Linearbewegungen häufig die Drehbewegungen üblicher Motoren über Spindeln oder über Ritzel und Zahnriemen in Längsbewegungen umgesetzt werden, kann man über die Abmessungen der Einrichtung zur Bewegungsumsetzung eine Beziehung aufstellen zwischen der Drehbewegung des Antriebsmotors [grd] und der Längsbewegung [mm]. Wenn man die Ungenauigkeiten, die durch die Bewegungsumsetzung verursacht werden, akzeptieren kann, wird in sehr vielen Fällen an der Welle des Antriebsmotors ein Drehgeber angebracht, dessen Ausgangssignal dann auf die Position der Längsbewegung umgerechnet wird. Der Vorteil einer solchen Anordnung besteht in der größeren Unempfindlichkeit von Drehgebern gegenüber Linearmeßsystemen und darin, daß die Verdrahtung gemeinsam mit dem Anschluß des Motors vorgenommen werden kann und keine zusätzliche Verkabelung erforderlich ist.

In den folgenden Abschnitten soll der Aufbau von inkrementalen Positionsgebern, von Gebern mit analogem Ausgangssignal und von Resolvern sowie die Aufbereitung der gelieferten Signale näher behandelt werden.

Absolutwertgeber, die nur bei speziellen Anwendungen eingesetzt werden, sollen hier nicht behandelt werden.

10.2.1 Aufbau und Ausgangssignale inkrementaler Positionsgeber

Der Aufbau und die Funktion eines solchen Sensors soll am Beispiel eines Drehgebers erläutert werden. Seine Funktion ist aus dem prinzipiellen Aufbau zu erkennen, der in *Abb. 10.1* dargestellt ist. Eine mit vielen Markierungen (in Abb. 10.1 sind dies Schlitze) am Umfang versehene Scheibe ist fest mit der Motorwelle verbunden. Im Drehgeber befinden sich zwei Lichtschranken, die auf diese Markierungen eingestellt sind. Bei jedem Durchlauf einer Markierung durch die Lichtschranken liefern diese je einen Impuls. Zusätzlich zu diesen Impulssignalen A und B werden vom Drehgeber die dazu invertierten Signale /A und /B geliefert. Die Signale A und B sind um 90° gegeneinander phasenverschoben. Daraus läßt sich die Drehrichtung erkennen. Eilt z. B. das Signal B bei Rechtsdrehung dem Signal A um 90° nach, so ist dies bei Linkksdrehung gerade umgekehrt. In dem Drehgeber befindet sich dann noch eine weitere Lichtschranke mit den Ausgangssignalen C und /C, die auf eine Markierung anspricht, die nur einmal am Umfang vorhanden ist. Das Signal dieser Lichtschranke wird als Referenzsignal beim Einrichten von Maschinen benutzt.

Im zweiten Teil von *Abb. 10.1* ist angegeben, wie die Ausgangssignale der inkrementalen Drehgeber sicher übertragen werden können. Hier ist die Lichtschranke mit dem Ausgangssignal A betrachtet. Die Signale A und /A werden auf zwei verdrillte, abgeschirmte Adern gegeben. Durch die Verdrillung besteht zwischen diesen beiden Adern eine starke induktive Kopplung. Dadurch wird erreicht, daß auftretende Störungen auf beiden Adern gleichermaßen vertreten sind. Dadurch bleibt die Spannungsdifferenz zwischen beiden Signalen erhalten. Mit einer Schaltung mit Differenzeingang ist deshalb sicher festzustellen, welches der beiden Signale, A oder /A, das größere ist. Ist A größer als /A, so ist das vom Sensor gelieferte Signal ein H-Signal. Ist /A größer als A, so ist das vom Geber ausgesandte Signal ein L-Signal. Die Schaltung zum Empfang des Differenzsignals ist hier mit dem Operationsverstärker LM 339 aufgebaut. Für solche Auswertungen stehen auch spezielle IC's zur Verfügung, die keine äußere Beschaltung mehr benötigen.

Die in der Praxis verwendeten Drehgeber verfügen, je nach Aufgabe, über 500 bis 10 000 Markierungen am Umfang. Um die Auflösung weiter zu

10 Sensoren für Drehzahl- und Positionsmessung

erhöhen, ist neben einer Einfachauswertung, bei der nur die steigende Flanke des Signals A ausgenutzt wird, noch eine Zweifachauswertung mit Verwendung der steigenden Flanken der Ausgangssignale A und B und eine Vierfachauswertung mit Ausnutzung der steigenden und der fallenden Flanken der Signale A und B möglich. In den folgenden Abschnitten werden Schaltungsbeispiele für Einfach- und Vierfachauswertung angegeben.

In gleicher Weise, wie hier die Markierungen auf dem Umfang einer Kreisscheibe angebracht sind, können die Markierungen auch auf einem Linearmaßstab angebracht werden. Man kann so die Positionen bei Linearbewegung direkt messen. Die Auswertschaltungen sind identisch mit denen für die Drehwinkelmessung.

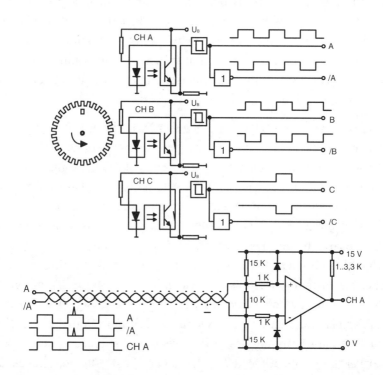

Abb. 10.1: Prinzipieller Aufbau eines inkrementalen Drehgebers

10.2.2 Drehrichtungserkennung bei Einfachauswertung

Sollen nur die Impulse, die der Kanal A liefert, zur Aufzählung benutzt werden, so ist eine für die Drehrichtungserkennung geeignete Schaltung in *Abb. 10.2* angegeben. Die Schaltung besteht im wesentlichen aus Invertern, Exklusiv-OR-Gattern, zwei D-Flipflops und einem Zeitglied (RC-Schaltung). Für Rechts- und Linkslauf sind die Signalverläufe der Ausgänge der einzelnen Schaltungskomponenten aufgezeichnet. Aus den Signalverläufen ist erkennbar, daß FF1 ein H-Signal beispielsweise für Rechtslauf (Kanal A vor Kanal B) liefert. Am Ausgang von FF2 liegt dann ein L-Signal. Kehrt sich die Drehrichtung um (Kanal B vor Kanal A), so liegt am Ausgang von FF1 L-Signal und am Ausgang von FF2 H-Signal. Eines dieser Signale kann verwendet werden, um dem Impulszähler mitzuteilen, ob die ankommenden Signale aufwärts oder abwärts gezählt werden sollen. Der jeweilige Zählerstand ist dann ein Maß für die Position.

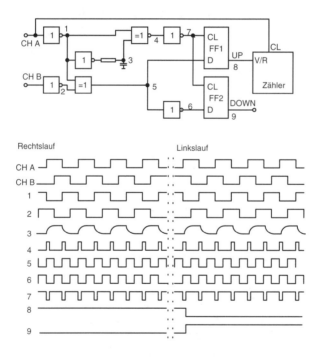

Abb. 10.2: Schaltung für die Rechts-/Linkslauferkennung bei Einfachauswertung mit zugeordneten Signalverläufen

10 Sensoren für Drehzahl- und Positionsmessung

Zum Einrichten (Festlegung des Nullpunktes) fährt die Maschine auf einen Endschalter. Wenn dieser erreicht ist, wird das System angehalten. Anschließend wird langsam zurückgefahren, bis das Referenzsignal (Kanal C) erscheint. Genau zu diesem Zeitpunkt wird der Zähler auf Null gesetzt. Diese Position ist der Nullpunkt der Maschine, auf den sich alle Bewegungsabläufe beziehen. Damit es zu keinem Zählerüberlauf kommen kann, wird dieser Nullpunkt zweckmäßigerweise an das Ende eines zu fahrenden Weges gelegt.

10.2.3 Vierfachauswertung der Drehgeberausgangssignale

Reicht eine Winkel- oder Streckenauflösung nicht aus, wie sie mit der Einfach- oder der nicht dargestellten Zweifachauswertung erzielt werden kann, so läßt sich mit den Signalverläufen von Kanal A und Kanal B eine Vierfachauflösung erreichen. Dabei wird von den genannten Signalen jede steigende und jede fallende Flanke ausgewertet. Die dazu erforderliche Schaltung mit den zugehörigen Signalverläufen über der Zeit zeigt *Abb. 10.3*. Die Signalverläufe sind wieder für beide Drehrichtungen angegeben. Die Schaltung besteht aus einem Exklusiv-OR-Gatter, einem Inverter, einem UND-Gatter und zwei Monoflops. Die Impulslänge des Monoflops ist so einzustellen, daß bei Signal 5 auch bei höchster Drehzahl bzw. höchster Geschwindigkeit eindeutige L- und H-Bereiche erkennbar sind.

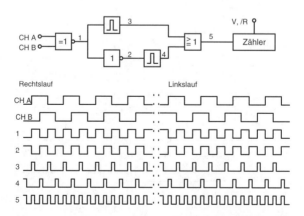

Abb. 10.3: Schaltung für Vierfachauswertung von inkrementalen Gebersignalen mit zugehörigen Signalverläufen für Rechts- und Linkslauf

10.2.4 Rechts-/Linkslauferkennung bei Vierfachauswertung

Sollen die Vierfachsignale zur Positionserkennung benutzt werden, so muß nach jedem Impuls erkennbar sein, bei welcher Drehrichtung er ausgelöst wurde. Um dies zu erreichen, muß man vier Signale für die Drehrichtungserkennung während einer Periode von Kanal A haben, die um 90° verschoben sind. Dies sind aber gerade die ansteigenden Flanken der Signale von Kanal A, Kanal B und von den dazu inversen Signalen Kanal /A und Kanal /B, wie *Abb. 10.4* zeigt. In diesem Bild ist die dazu erforderliche Schaltung mit den zugehörigen Signalverläufen angegeben. Um bei den ansteigenden Flanken bei der oben angegebenen Reihenfolge der genannten Signale (Rechtslauf) jeweils H-Signal zu erhalten, sind 4 D-Flipflops folgendermaßen zu beschalten:

Flipflop	CL	D
FF1	Kanal A	Kanal /B
FF2	Kanal B	Kanal A
FF3	Kanal /A	Kanal B
FF4	Kanal /B	Kanal /A

Wenn bei der angegebenen Reihenfolge der Drehgebersignale (Rechtslauf) an den Ausgängen der vier D-Flipflops stets H-Signal erscheint, ergibt sich bei umgekehrter Reihenfolge der Signale (Linkslauf) stets ein L-Signal an den Ausgängen der D-Flipflops. Um jetzt jede Flanke auswerten zu können, muß man den vorhergehenden Zustand speichern. Dies geschieht mit dem 4-D-Speicherregister 40 175 B, d.h., die Ausgänge der 4 D-Flipflops werden auf dieses Speicherregister gegeben, das mit dem invertierten 4-fach-Signal getaktet wird. Dies geschieht, um eine Verzögerung zwischen Signalgenerierung und Signalübernahme zu erreichen. Damit ist gewährleistet, daß der 4-Bit-Vergleicher 4585 B auch exakt arbeiten kann. In dem Augenblick, wo sich an den Eingangs-D-Flipflops FF1 bis FF4 (A) etwas ändert, steht in dem Speicher (40 175 B) noch der alte Zustand (B) an. Damit hat man sofort die Information, wenn A>B geworden ist (Indikator z. B. für Wechsel von Rechtslauf auf Linkslauf) oder wenn A<B geworden ist (Indikator für

10 Sensoren für Drehzahl- und Positionsmessung

Umschaltung von Linkslauf auf Rechtslauf). Wenn A=B geblieben ist, hat sich die Drehrichtung nicht geändert. Schaltet man nun die Signale A<B und A>B auf ein R/S-Flipflop, so kann man an dessen Ausgang für den Impulszähler die V, /R-Information abrufen.

Schaltungen, mit denen man je nach Parametrierung eine Einfach-, Zweifach- oder Vierfachauswertung durchführen kann, einschließlich Drehrichtungserkennung und Impulszähler mit der Anschlußmöglichkeit an ein Prozessorbussystem, stehen in einem IC zur Verfügung. Damit hat sich der Aufwand für die Auswertlektronik, die für die Verarbeitung der Signale solcher inkrementaler Geber notwendig ist, auf ein Minimum reduziert. Durch Kaskadierung der entsprechenden Bausteine lassen sich Zähler beliebiger Größe erzeugen.

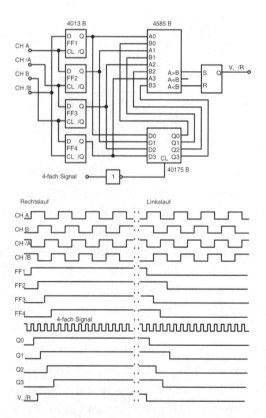

Abb. 10.4: Schaltung und Signalverläufe für die Rechts-/Linkslauferkennung bei Vierfachauswertung

10.3 Positionsgeber mit sinusförmigem Ausgangssignal

Positionsgeber mit sinusförmigem Ausgang stehen sowohl für Messungen von Rotationsbewegungen wie auch für Messungen von Linearbewegungen zur Verfügung. Die Erläuterung ihres Wirkungsprinzips soll hier am Beispiel eines Drehgebers erfolgen. Ihr prinzipieller Aufbau ist der *Abb.10.5* zu entnehmen. Wie die inkrementalen Drehgeber enthalten auch sie eine Scheibe, die mit Markierungen versehen ist, und eine Lichtschranke, die diese Markierungen erfaßt. Im Gegensatz zu den inkrementalen Drehgebern mit Impulsausgang enthalten sie keinen Schmitt-Trigger, so daß sich ein sinusförmiges Ausgangssignal ergibt. Insgesamt sind diese Geber mit drei Meßkanälen ausgestattet. Kanal A liefert pro Markierung am Ausgang ein Sinussignal, Kanal B liefert ein Cosinussignal pro Markierung und Kanal C liefert pro Umdrehung eine Halbwelle eines Sinussignals. Gängige Gebertypen haben auf Ihrem Umfang 1024 Markierungen und liefern somit auf den Kanälen A und B 1024 volle Schwingungen pro Umdrehung.

Für die Generierung der Signale im Geber und die Signalübertragung vom Sensor zur Auswerteelektronik stehen verschiedene Möglichkeiten zur Verfügung. Darauf soll an dieser Stelle nicht weiter eingegangen werden. In der Auswerteelektronik werden die analogen Signale der beiden Kanäle digitalisiert. Gemäß der Beziehung:

$$\varphi = \arctan \frac{\sin \varphi}{\cos \varphi} \qquad (10.3\text{-}1)$$

läßt sich daraus der Winkel φ innerhalb einer halben Schwingung berechnen; denn die Tangensfunktion liefert nach einer halben Periode wieder die gleichen Werte. Wird bei der Digitalisierung eine Auflösung von 12 Bit gewählt, so lassen sich für eine halbe Periode 4096 Winkelschritte ermitteln. Bei 1024 Markierungen am Umfang und 4096 Winkelschritten pro Halbwelle läßt sich damit eine Auflösung von:

$$1024 * 2 * 4096 = 8306608 \frac{\text{Winkelschritte}}{\text{Umdrehung}} \qquad (10.3\text{-}2)$$

erreichen. Für die Ermittlung der Position aus dieser Vielzahl von Winkelschritten bestehen nun ebenfalls viele Möglichkeiten. Hier soll eine sehr einfache Möglichkeit angedeutet werden. Man verwendet zwei Speicher.

10 Sensoren zur Drehzahl- und Positionsmessung

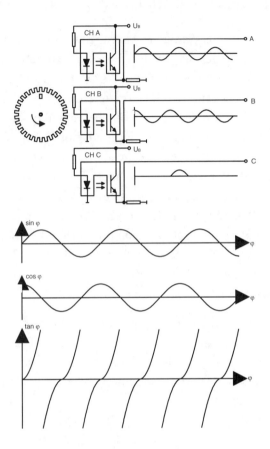

Abb. 10.5: Prinzipieller Aufbau eines Drehgebers mit sinusförmigen Ausgangssignalen und charakteristische Signalverläufe

Der erste Speicher beinhaltet die Position in einer Halbwelle, die nach Gl. (10.3-1) ermittelt wird. Ein zweiter Speicher enthält die Information bei welcher Halbwelle innerhalb einer Umdrehung bzw. um wieviele volle Halbwellen sich der Geber insgesamt schon gedreht hat. Wird nun gemäß Gl. (10.3-1) ein Wechsel von 4095 nach 0 festgestellt, so wird der Inhalt vom zweiten Speicher um 4096 erhöht. Damit zeigt der erste Speicher die letzten 12 Bit und der zweite Speicher die ersten 11 Bit an. Die Anzahl von 11 Bit ist bei einer Umdrehung erforderlich. Bei einer Vielzahl von Umdrehungen ist die Anzahl der Bits entsprechend zu erhöhen. Das Positionserfassungssystem muß auch in der Lage sein, im reversierbaren Betrieb die Position eindeutig zu erkennen. Dazu müssen bei Drehrichtungsumkehr die Speicher um die zurückgefahrenen Winkelschritte reduziert werden. Dies kann dadurch geschehen, daß bei einem Übergang von 0 auf 4095 bei der Berechnung der Winkelschritte nach Gl. (10.3-1) der zweite Speicher um 4096 reduziert werden muß. Der erste Speicher zeigt immer die Anzahl der Winkelschritte in der Halbwelle an, in der sich der Sensor gerade befindet.

10.4 Resolver

Gegenüber den Positionsgebern mit inkrementalen Impulsausgang und solchen mit analogen, sinusförmigen Ausgangssignalen haben Resolver einen wesentlich einfacheren Aufbau. Sie sind damit billiger und robuster als die Positionsgeber mit optischen Sensoren. Die Funktion des Resolvers beruht darauf, daß auf die Wicklung eines Rotors mit zwei Polen eine Wechselspannung geschaltet wird, deren Frequenz wesentlich höher ist als die Drehfrequenz des Rotors. Diese Spannung wird als Referenzspannung bezeichnet. Für die Frequenz und Spannung dieser Referenzspannung sind hohe Toleranzen zulässig. Im Stator befinden sich meistens zwei um 90^β versetzte Spulen. Auf diese werden, abhängig von der jeweiligen Position des Rotors, die an ihm liegende Spannung übertragen. Damit kann man an den Statorspulen die auf den Rotor übertragene Spannung messen, die mit der Rotordrehzahl moduliert ist. *Abb. 10.6* zeigt die Anordnung von Rotorspule und Statorspulen. In *Abb. 10.7* sind die Verläufe der Spannungen in der Rotorspule und in den Statorspulen dargestellt.

Die Referenzspannung wird auf den Rotor über einen rotierenden Transformator übertragen, der sich an einem Ende des Resolvers befindet. Damit gibt es keine verschleißanfällige, galvanische Verbindung zum Rotor. Dies trägt wesentlich zu seiner Robustheit bei. Die Lebensdauer des Resolvers ist somit ausschließlich abhängig von der Qualität der Lagerung.

10 Sensoren zur Drehzahl- und Positionsmessung

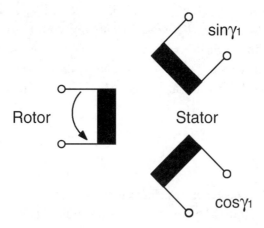

Abb. 10.6: Anordnung von Rotorspule und Statorspulen in einem Resolver

Zur Auswertung der Resolverausgangssignale stehen wieder verschiedene Verfahren zur Verfügung. Von diesen Möglichkeiten soll aber nur die betrachtet werden, die für den Einsatz in der Praxis die größte Bedeutung erlangt hat. Für den Anwender ist der Aufwand für den Aufbau der Auswerteschaltung äußerst gering, da dafür IC`s zur Verfügung stehen, Der prinzipielle Aufbau eines sehr häufig verwendeten IC`s ist in *Abb. 10.8* dargestellt.

Der Baustein wandelt Standardresolverausgangssignale in digitale Positions- und analoge Geschwindigkeitssignale um. Alle dazu erforderlichen Funktionselemente sind in dem IC enthalten (s. das Blockschaltbild dieses IC's in Abb. 10.8). Zusätzlich ist der Baustein mit Einrichtungen zur Störpegelunterdrückung ausgestattet.

Das Positionssignal, das dieser Baustein liefert, entspricht dem eines Absolutwertpositionsgebers. Üblicherweise werden die Eingangssignale von einem bürstenlosen Resolver geliefert. Sie lauten:

$$V_1 = K * E_0 * \sin(\omega * t) * \sin \gamma_1 \qquad (10.4\text{-}1)$$

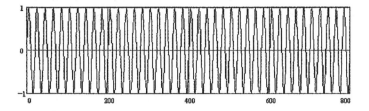

ROTORSPANNUNG

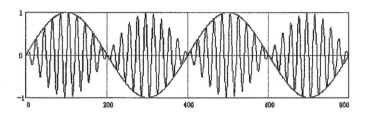

SINUSSPANNUNG AM STATOR

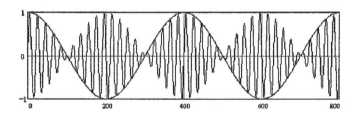

COSINUSSPANNUNG AM STATOR

Abb. 10.7: Spannungsverläufe an Rotorspule und Statorspulen

und

$$V_2 = K * E_0 * \sin(\omega * t) * \cos \gamma \qquad (10.4\text{-}2)$$

ω ist die Frequenz der Referenzspannung, γ_1 ist der Rotorlagewinkel und K und E_0 sind für die Normierung der Spannungsamplitude erforderlich. Um den Auswertungsvorgang zu verstehen, wird angenommen, daß im Auf-/Abwärtszähler ein Wert ϕ gespeichert ist, der der Rotorposition entspricht. Die Gl (10.4-1) wird multipliziert mit $\cos\phi$ und die Gl. (10.4-2) mit $\sin\Phi$. Es ergibt sich:

$$V_3 = K * E_0 * \sin(\omega * t) * \sin\gamma_1 * \cos\phi \tag{10.4-3}$$

und

$$V_4 = K * E_0 * \sin(\omega * t) * \cos\gamma_1 * \sin\phi \tag{10.4-4}$$

Diese Signale werden im Fehlerdifferenzverstärker subtrahiert. Damit folgt:

$$V_5 = K' * \sin(\omega * t) * (\sin\gamma_1 * \cos\phi - \cos\gamma_1 * \sin\phi) \tag{10.4-5}$$

Unter Verwendung des Additionstheorems:

$$\sin\gamma_1 * \cos\phi - \cos\gamma_1 * \sin\phi = \sin(\gamma_1 - \phi) \tag{10.4-6}$$

folgt aus Gl. (10.4-5)

$$V_5 = K' * \sin(\omega * t) * \sin(\gamma_1 - \phi) \tag{10.4-7}$$

In einem Phasendetektor wird das Signal V_5 mit dem Referenzsignal verglichen. Das Ausgangssignal des Phasendetektors wird einem Integrator (I-Regler) zugeführt, dessen Ausgang auf einen hochdynamischen VCO (spannungsgesteuerter Oszillator) geht. Damit bilden der Phasendetektor, der Integrator und der VCO zusammen mit dem Vorwärts-/Rückwärtszähler, dem Multiplizierer und dem Fehlerdifferenzverstärker einen geschlossenen Regelkreis. Dadurch wird erreicht, daß der VCO den Vorwärts-/Rückwärtszähler stets so einstellt, daß γ_1 und ϕ übereinstimmen.

10.4 Resolver

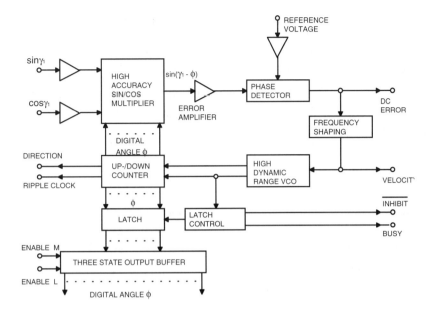

Abb. 10.8: Blockschaltbild des IC's zur Auswertung der Resolversignale

Die Auflösung für den Winkel ϕ kann bis zu 14 Bit betragen. Ferner liefert das IC einen Ausgang für die Drehrichtung und einen analogen Ausgang für die Geschwindigkeit. Den prinzipiellen Aufbau eines rotierenden Transformators zeigt *Abb. 10.9*.

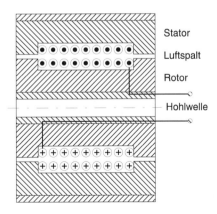

Abb. 10.9: Prinzipieller Aufbau eines Transformators in einem Resolver

115

10.5 Längenmessung mit Laserinterferometer

Dieses hochgenaue Verfahren zur Längenmessung nutzt die Interferenzerscheinungen des Laserlichtes aus. Ein Laserstrahl wird von einer Lichtquelle ausgesandt. Ein Teil geht durch den halbdurchlässigen Spiegel und fällt auf den Reflektor 1, der sich auf dem bewegten Objekt befindet. Ein weiterer Teil des Laserlichtes wird an dem halbdurchlässigen Spiegel umgelenkt auf einen Reflektor 2 und geht von dort wieder durch den halbdurchlässigen Spiegel auf einen Schirm. Der vom ersten Reflektor, der sich auf dem bewegten Objekt befindet, zurückgeworfene Lichtstrahl wird zum Teil an dem halbdurchlässigen Spiegel umgelenkt und fällt ebenfalls auf den Schirm. Abhängig von der Entfernung des Objektes, entstehen nun auf dem Schirm durch die beiden reflektierten Laserstrahlen Interferenzlinien. Der Abstand zwischen zwei Linien entspricht der Wellenlänge des Laserlichtes. Der schematische Aufbau eines solchen Laserinterferometers ist in *Abb. 10.10* dargestellt.

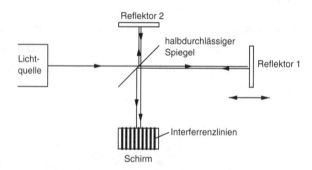

Abb. 10.10: Schematischer Aufbau eines Laserinterferometers

Bei bewegtem Objekt entstehen an der gleichen Stelle des Schirms immer abwechselnd helle und dunkle Linien. Diese Hell-Dunkel-Übergänge können mit einem Fototransistor mit angeschlossenem Schmitt-Trigger in Impulse umgesetzt werden. Diese Impulse werden von einem Zähler aufgezählt. Der Zählerstand multipliziert mit der Wellenlänge des verwendeten Lichtes entspricht dem zurückgelegten Weg.

10.5 Längenmessungen mit Laserinterferometer

Dieses Längenmeßverfahren hat nur für Kontrollmessungen im Labor eine besondere Bedeutung, wo man Informationen gewinnen will über die Genauigkeit der in den vorhergehenden Abschnitten beschriebenen Längenmeßverfahren unter Einbeziehung der Herstellgenauigkeit von Linearmaßstäben und der Herstellgenauigkeit der Übertragungselemente zur Umsetzung von Dreh- in Linearbewegungen. Wenn üblicherweise an der Motorwelle ein Positionsgeber angebracht ist, so ist der zurückgelegte Weg bei Verwendung von Kugelumlaufspindeln zur Umsetzung von Dreh- in Linearbewegungen u. a. auch noch abhängig von Herstellungstoleranzen, die zu Steigungsfehlern der Spindel führen. Ebenso sind bei der Verwendung von Zahnriemen zur Erzeugung der Längs- aus der Drehbewegung die Zahnteilung von Riemen und Ritzel und der Ritzeldurchmesser für die Genauigkeit maßgebend.

Für die Produktion hat diese Verfahren wegen seiner Empfindlichkeit gegen Verschmutzung und seines hohen Justieraufwandes keine Bedeutung.

11 Frequenzumrichter

Mit Frequenzumrichtern kann ein Drehstrom mit vorgegebener Frequenz und Spannung in einen anderen Drehstrom mit beliebiger Frequenz und Spannung umgesetzt werden. Sie sind damit die Stellglieder für alle drehzahlvariablen Drehstromantriebe. Sie bestehen im wesentlichen aus einem Steuerteil, einer Treiberstufe, welche die vom Steuerteil kommenden Signale verstärkt und durch einen Schmitt-Trigger dargestellt ist, einer galvanischen Trennung bzw. einer Pegelanpassung zwischen der Treiberstufe und dem Leistungsteil sowie dem Leistungsteil. *Abb. 11.1* zeigt das Blockschaltbild eines Frequenzumrichters.

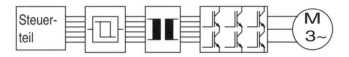

Abb. 11.1: Blockschaltbild eines Frequenzumrichters

11.1 Steuerteil

Im Leistungsteil wird durch gezieltes Schalten der sechs Halbleiterschalter in der Vollbrücke aus der gleichgerichteten Netzspannung, der Zwischenkreisspannung, der für den Antrieb notwendige Drehstrom mit der geforderten Frequenz und Spannung erzeugt. Wesentliche Aufgabe der Steuerung ist es, die Schaltsignale für die Leistungsschalter zu generieren. Da die Leistungshalbleiter nur als Schalter mit möglichst kurzen Zeiten für das Schalten in den leitenden bzw. nichtleitenden Zustand zu benutzen sind, um die in ihnen entstehende Verlustleistung gering zu halten, sind die Verläufe der für den Motor notwendigen sinusförmigen Strangspannungen durch Pulsweitenmodulation zu erzeugen. Daneben muß das Steuerteil in immer stärkerem Maße Aufgaben der Regelung übernehmen. Dies gilt insbesondere bei der feldorientierten Regelung von Asynchronmaschinen und bei der rotorlageorientierten Regelung von Synchronmaschinen. In beiden Fällen erfolgt noch die Messung der Umrichterausgangsströme und ggfs. der Leiterspannungen, die Auswertung der eingesetzten Drehgeber und bei Asynchronmaschinen auch noch die Berechnung der Rotorflüsse mittels eines Flußbeobachters. Ferner muß noch die Umrechnung der Motorgrößen in die verschiedenen Koordinatensysteme vorgenommen werden.

Bei neuen Umrichterentwicklungen werden als Steuerteil speziell für Umrichteranwendungen entwickelte IC`s oder leistungsfähige Mikro-Controller mit einer Verarbeitungsbreite von mindestens 16 Bit und einer Taktfrequenz von bis zu 40 MHz eingesetzt. Alle eingesetzten Steuerteile zeichnen sich durch eine spezielle Timer-Struktur aus, die besonders für die Erzeugung der PWM-Signale zur Ansteuerung der Leistungshalbleiter in einem Frequenzumrichter geeignet ist. Diesen Timern sind nur immer die geänderten Informationen über die Pulsweite mitzuteilen. Alle anderen Funktionen werden hardwaremäßig gesteuert. Damit wird durch die Erzeugung der PWM-Signale die CPU nur minimal belastet und steht für die anderen Aufgaben im Umrichter zur Verfügung, die bereits im vorhergehenden Abschnitt genannt sind.

Für die Realisierung der PWM kommen im wesentlichen zwei Verfahren zur Anwendung: Das Unterschwingungsverfahren und die Raumzeigermodulation [5]. Beide Verfahren sollen hier erläutert werden.

11.1.1 Unterschwingungsverfahren

Das Unterschwingungsverfahren leitet sich von der analogen Methode zur Erzeugung der PWM-Signale für die Leistungshalbleiter ab. Dabei wird der sinusförmige Sollwert der Umrichterspannung in einem Komparator mit einer Dreieckspannung verglichen *(s. Abb. 11.2)*.

Die Breite der einzelnen Impulse der Rechteckspannung stellt dann Einschaltzeiten für die Leistungsschalter in einem Brückenzweig dar. Wobei für den oberen Leistungsschalter die Breite der positiven Impulse und für den

11 Frequenzumrichter

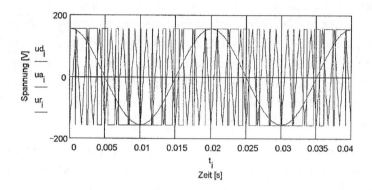

Abb. 11.2: Verläufe von Sinus-, Dreieck und Rechteckspannung beim Unterschwingungsverfahren bei einer Drehfeldfrequenz von 50 Hz

unteren Leistungschalter die Breite der negativen Impulse maßgebend ist. Um die Kurvenverläufe mit einer deutlich erkennbaren Auflösung in der Grafik darstellen zu können, wird hier eine Taktfrequenz von 600 Hz gewählt. In der Praxis arbeitet man mit Taktfrequenzen außerhalb des menschlichen Hörbereiches. Auf die softwaremäßige Realisierung des Unterschwingungsverfahrens soll hier wegen der Vielfalt der Möglichkeiten, die auch die verschiedenen einsetzbaren Controller aufgrund ihrer eigenen Architektur bieten, nicht näher eingegangen werden.

Da die Umrichterausgangsspannung proportional zur Drehfeldfrequenz sein muß, sind für eine Drehfeldfrequenz von 25 Hz die Verläufe von Sinus-, Rechteck- und Dreieckspannung in *Abb. 11.3* dargestellt.

Bei der Anwendung dieses Verfahrens sind die Integrale unter den Kurven für die zusammengehörenden Sinus- und Rechteckspannungen gleich. Die Induktivitäten des Motors formen die vom Umrichter gelieferten Recheckspannungen wieder in sinusförmige Spannungen um. Um ein Drehfeld zu erzeugen, müssen für die Ansteuerung der Leistungsschalter in den beiden anderen Brückenzweigen zwei weitere Rechteckspannungen auf die gleiche Weise erzeugt werden, die gegenüber der dargestellten um 120° bzw. um 240° phasenverschoben sind.

11.1 Steuerteil

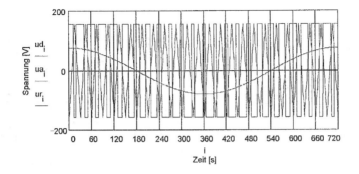

Abb. 11.3: Verläufe von Sinus-, Dreieck- und Rechteckschwingung beim Unterschwingungsverfahren bei einer Drehfeldfrequenz von 25 Hz

Durch Hardware- oder Software-Verriegelung muß sichergestellt werden, daß in einem Brückenzweig immer nur ein Leistungshalbleiter eingeschaltet ist. Der Einschaltimpuls für den neu durchzuschaltenden Halbleiterschalter darf erst gegeben werden, wenn nach dem Signal zum Sperren des vorher leitenden Schalters soviel Zeit vergangen ist, daß dieser auch sicher abgeschaltet hat.

11.1.2 Raumzeigermodulation

Wie in den vorhergehenden Abschnitten gezeigt, lassen sich die an einem Drehfeldmotor anliegenden Spannungen u_a, u_b und u_c umrechnen in die Spannungen u_α und u_β des statorfesten α,β-Koordinatensystems. Die beiden genannten Spannungskomponenten lassen sich dann zu einem Vektor, dem Spannungsraumzeiger, zusammenfassen. Da jede Phase des Motors nur an die positive oder negative Spannung des Gleichstromzwischenkreises des Motors gelegt werden kann, genügen für die Beschreibung der Schaltzustände des dreiphasigen Pulswechselrichters (PWR) 3 Bit. Es ergeben sich also $2^3 = 8$ Schaltzustände. Die Schaltzustände sind in dem α,β-Koordinatensystem in *Abb. 11.4* dargestellt. In der Tabelle 11.1 sind die Schaltzustände der einzelnen Halbleiterschalter angegeben. Das Pluszeichen bedeutet, daß in dem betreffenden Brückenzweig der obere Leistungshalbleiter

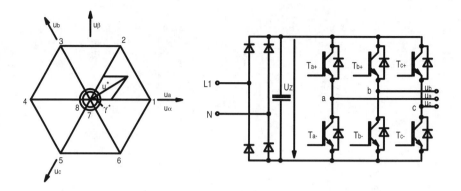

Abb. 11.4: Darstellung der acht mit einem Pulswechselrichter darstellbaren Schaltzustände und schematische Darstellung des Leistungsteils

eingeschaltet ist, während das Minuszeichen das Leitendschalten des unteren Leistungshalbleiters anzeigt.

Tabelle 11.1: Raumzeigerpositionen mit den zugehörigen Schalterstellungen nach Abb. 11.4

Nr.	a	b	c
1	+	-	-
2	+	+	-
3	-	+	-
4	-	+	+
5	-	-	+
6	+	-	+
7	+	+	+
8	-	-	-

11.1 Steuerteil

Soll der Spannungsraumzeiger zwischen zwei festen Positionen liegen, so ist dies zu erreichen durch wechselweises Einschalten der benachbarten Positionen. In Abb. 11.4 ist ein solcher Spannungsraumzeiger eingezeichnet zwischen den Positionen. Er ist gekennzeichnet durch seine Länge u^* und seinen Winkel γ^*. Er läßt sich erzeugen durch wechselweises Einschalten der Raumzeiger 1 und 2 nach der *Tabelle 11.1*. Die Einschaltzeiten für die Spannungsraumzeiger 1 und 2 berechnen sich nach den folgenden Beziehungen:

$$t_1 = T_0 \cdot \frac{|u^*|}{U_Z} \cdot \sqrt{3} \cdot \sin\left(60^0 - \gamma^*\right) \qquad (11.1.2\text{-}1)$$

$$t_2 = T_0 \cdot \frac{|u^*|}{U_Z} \cdot \sqrt{3} \cdot \sin\left(\gamma^*\right) \qquad (11.2.1\text{-}2)$$

Befindet sich der einzustellende Raumzeiger zwischen den Positionen 2 und 3, berechnen sich die Einschaltzeiten nach den Beziehungen:

$$t_2 = T_0 \cdot \frac{|u^*|}{U_Z} \cdot \sqrt{3} \cdot \sin\left(120^0 - \gamma^*\right) \qquad (11.1.2\text{-}3)$$

$$t_3 = T_0 \cdot \frac{|u^*|}{U_Z} \cdot \sqrt{3} \cdot \sin\left(\gamma^* - 60^0\right) \qquad (11.1.2\text{-}4)$$

Für die anderen 60°-Segmente lassen sich für die Berechnung der einzelnen Schaltzustände entsprechende Formeln aufstellen. Für einen Raumzeiger im letzten Sechseck gelten die Beziehungen:

$$t_6 = T_0 \cdot \frac{|u^*|}{U_Z} \cdot \sqrt{3} \cdot \sin(360^0 - \gamma^*) \qquad (11.1.2\text{-}5)$$

$$t_1 = T_0 \cdot \frac{|U^*|}{U_Z} \cdot \sqrt{3} \cdot \sin\left(\gamma^* - 300^0\right) \qquad (11.1.2\text{-}6)$$

11 Frequenzumrichter

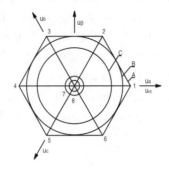

Abb. 11.5: Begrenzungen des Raumzeigervektors

Der maximal mögliche Spannungsvektor wird durch das Sechseck begrenzt. Er hat bei den einzelnen Schaltzuständen 1 bis 6 eine Länge von $2/3 \cdot U_Z$, ist aber in den Zwischenstellungen kleiner. Der maximal mögliche Betrag eines konstanten Spannungsvektors (s. Kreis B) berechnet sich nach der Beziehung:

$$\left|\underline{u}^*\right| \leq \frac{U_Z}{\sqrt{3}} \qquad (11.1.2\text{-}7)$$

Für den inneren Kreis (C) gilt eine Spannungvektorlänge von:

$$\left|\underline{u}^*\right| = \frac{U_Z}{2} \qquad (11.1.2\text{-}8)$$

In der Praxis wird mit einem maximal zulässigen Spannungsvektor nach Gl. (11.1.2-7) gerechnet. Ergibt sich für die Summe aus t_1 und t_2 ein Wert, der kleiner als T_0 ist, so ist für die Zeitdifferenz ein Nullzeiger (7 oder 8) zu schalten.

Da aus den vorhergehenden Beziehungen bekannt ist, wie bei gegebenem u^* und γ^* die Zeiten für die einzelnen Schaltzustände des Pulswechselrichter berechnet werden, soll noch ein Hinweis darauf gegeben werden, wie diese Größen aus den vom Regler ermittelten Spannungen des d,q-Koordinatensystems u_d und u_q ermittelt werden. Mit Hilfe der Drehtransformation lassen sich diese umrechnen in die Spannungen u_α und u_β des statorfesten α,β-Koordinatensystems. Aus diesen Spannungen lassen sich dann Betrag und Winkel für den Raumzeiger nach folgenden Beziehungen berechnen:

$$\left|\underline{u}^*\right| = \sqrt{(u_\alpha)^2 + \left(u_\beta\right)^2} \qquad (11.1.2\text{-}9)$$

$$\gamma^* = \arctan\left(\frac{u_\beta}{u_\alpha}\right) \qquad (11.1.2\text{-}10)$$

In den Steuerteilen werden die erforderlichen Schaltzeiten durch Timer realisiert. Da die Timerstruktur der einzelnen dafür in Frage kommenden Mikrocontroller sehr unterschiedlich sein kann, soll hier auf die Beschreibung der Erzeugung der Ansteuersignale des PWR nicht näher eingegangen werden.

11.2 Treiberstufe

Die Steuereinheit bzw. der Mikrocontroller ist meistens nicht in der Lage, genügend Leistung für den nachfolgenden Schaltungsteil an den Ausgängen zur Verfügung zu stellen. Deshalb ist der Steuereinheit bzw. dem Mikrocontroller zweckmäßigerweise eine Treiberstufe mit hoher Eingangsimpedanz und niedriger Ausgangsimpedanz nachzuschalten. Bei der Auswahl der Treiberstufe ist lediglich darauf zu achten, daß sie zu der Schaltkreisfamilie des Steuerteils bzw. Mikrocontrollers kompatibel ist.

11.3 Galvanische Trennung bzw. Pegelanpassung

Als Leistungsschalter werden in den Leistungsteilen der Frequenzumrichter heute wegen ihrer geringen Ansteuerleistung und wegen ihres geringen Übergangswiderstandes im eingeschalteten Zustand fast ausschließlich IGBTs (Insulatet Gate Bipolar Transistor) eingesetzt. Das Einschalten dieser Halbleiterschalter erfolgt mit einer Spannungsdifferenz zwischen Emitter und Gate. Wie groß diese sein muß, ist den Datenblättern für den ausgewählten Typ zu entnehmen. Da beim Betrieb des Umrichters die Emitter der oberen Brückentransistoren, abhängig davon, welcher Transistor in einem Brückenzweig gerade durchgeschaltet ist, schwebendes Potential haben, muß das Bezugspotential immer die Emitterspannung der Transistoren sein. Die Ansteuersignale sind bei den oberen Transistoren eines Brückenzweiges in jedem Fall galvanisch getrennt an den Leistungsschalter zu übertragen.

Für diese Aufgabe stehen mehrere Verfahren zur Verfügung. Wenn man berücksichtigt, daß die Impulsübertragung kostengünstig und sicher erfolgen soll, bleiben von den möglichen Methoden noch zwei übrig, die heute im wesentlichen eingesetzt werden. Im einen Falle werden die Schaltimpule induktiv übertragen und im anderen Falle verwendet man zur Potentialanpassung eine „Spannungspumpe". Beide Verfahren zeichnen sich dadurch aus, daß keine galvanischgetrennte Spannungsversorgung an den Ansteuertreibern der einzelnen Transistoren vorhanden sein muß.

11.3.1 Induktive Impulsübertragung

Eine Schaltung für die Impulsübertragung mit induktiven Übertragern für einen Brückenzweig zeigt *Abb. 11.6*.

Im folgenden soll die Funktion der Schaltung erläutert werden. Auf die Dimensionierung der einzelnen Bauteile wird nicht eingegangen. Als Leistungsschalter werden wegen der geringen Ansteuerleistung IGBTs eingesetzt. Mit einem H-Signal am Impulseingang E soll der obere Schalter in dem betrachteten Brückenzweig leitend geschaltet werden. Hat auch das Taktsignal ein H-Signal, so sind die Transistoren T_1 und T_4 leitend und die Transistoren T_2 und T_3 gesperrt. Damit fließt der Strom durch den Übertrager Tr_1 von oben nach unten. Dies hat zur Folge, daß im oberen Teil der geteilten Sekundär-wicklung Strom fließt und damit über die Dioden D_1 und D_3 Strom auf das Gate des IGBTs T_6 geführt wird. Damit wird dieser leitend geschaltet. Bleibt das Eingangssignal am Eingang E ein H-Signal und schaltet das Signal am Takteingang auf L-Signal um, so ändert sich in der Primärwicklung des Übertragers die Stromrichtung. Auf der Sekundärseite seite fließt jetzt der Strom nur durch die untere Wicklung. Die Diode D_1 sperrt und die Diode D_2 wird leitend. Der Strom kann nun über die Dioden D_2 und D_3 auf das Gate des IBBTs T_6 fließen. Damit bleibt dieser solange

11.3 Galvanische Trennung bzw. Pegelanpassung

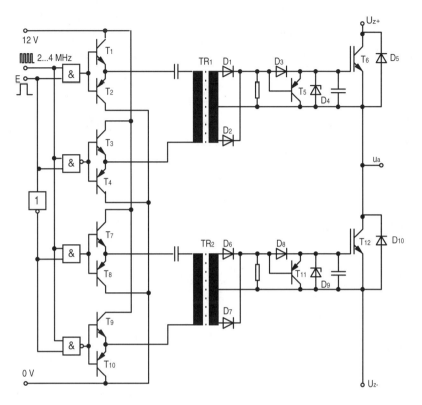

Abb. 11.6. Schaltung für die induktive Impulsübertragung für beide Leistungshalbleiterschalter eines Brückenzweiges

leitend bis das H-Signal am Eingang E auf L-Signal umschaltet. Während der ganzen Zeit, in der an E das H-Signal anliegt, sind im unteren Teil der Schaltung die Transistoren T_8 und T_9 durchgeschaltet. Da die hochfrequenten Taktsignale auf diesen Teil durch die UND-Gatter unwirksam sind, befindet sich der Übertrager Tr_2 während dieser ganzen Zeit in der Sättigung und überträgt keine Signale auf die Sekundärseite. Dies führt dazu, daß der IGBT T_{12} gesperrt ist.

Bei einem L-Signal am Eingang E sind die Transistoren T_2 und T_3 ständig leitend. Damit befindet sich jetzt der Übertrager Tr_1 in der Sättigung und überträgt keine Ansteuersignale auf den IGBT T_6. Die gleichen Vorgänge, wie sie bei H-Signal am Eingang E in der Treiberschaltung für den oberen

IGBT im Brückenzweig abgelaufen sind, laufen nun für die Treiberschaltung des unteren IGBTs in dem Brückenzweig ab. Anhand der für den oberen Transistor erläuterten Vorgänge in der Treiberschaltung läßt sich dies für die Treiberschaltung des unteren Transistors in dem Brückenzweig nachvollziehen.

Die Transistoren T_5 und T_{11} sind gesperrt, wenn Strom durch die Dioden D_3 bzw. D_8 fließt. Dies ist immer der Fall, wenn die zugehörigen IGBT's leitend sind. Liegt an der Sekundärseite der Übertrager keine Spannung mehr an, so wird ihr Basispotental auf Kollektorpotential gezogen. Daduch werden sie leitend. Damit tragen sie beim Abschalten zur Entladung der Gatekapazitäten bei und damit zur Erhöhung der Abschaltgeschwindigkeit.

Die Dioden D_4 und D_9 haben die Aufgabe, die Spannung zwischen Gate und Emitter der IGBTs zu begrenzen.

In dem hier verwendeten Aufbau realisieren die Treiberstufen für die Ansteuerung der IGBT's einen Vollbrückendurchflußwandler. Über diesen kann während der gesamten Zeit, in der der Leistungshalbleiter im leitenden Zustand gehalten werden soll, die Ansteuerleistung übertragen werden. Damit ist diese Zeit unbegrenzt und man ist nicht auf eine Mindesttaktfrequenz dabei angewiesen, was immer bei solchen Ansteuertreiberschaltungen der Fall ist, bei denen die Ansteuerleistung nur mit der steigenden Flanke des Einschaltimpulses übertragen wird.

Da bei IGBTs für unterschiedliche Kollektor/Emitterströme sich aufgrund ihres Aufbaus die Ansteuerleistung nur unwesentlich ändert, kann diese Treiberschaltung in Umrichtern aller Leistungsklassen ohne wesentliche Änderungen eingesetzt werden.

Die in Abb. 11.6 dargestellte Schaltung ist zur Ansteuerung der IGBTs in einem Brückenzweig ausreichend. In jedem Frequenzumrichter ist diese Schaltung dann dreimal erforderlich. Die Ansteuerung der IGBTs einschließlich der Übertragung der Steuerleistung mit Impulsübertragern ist bei allen Typen von IGBTs, unabhängig von ihrer Schaltleistung, von der Schaltfrequenz und vom Tastverhältnis möglich.

11.3.2 Potentialanpassung durch „Spannungspumpe"

In Abb. 11.7 ist die Schaltung einer „Spannungspumpe" für einen Brückenzweig angegeben.

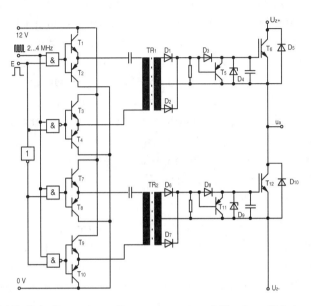

Abb. 11.7: Schaltung einer „Spannungspumpe" für einen Brückenzweig

Auch hier soll nur die Funktion der Schaltung erläutert werden. Auf die Dimensionierung der einzelnen Bauteile wird hier nicht eingegangen. Bei einem H-Signal am Impulseingang E schaltet der Transistor T_1 durch. T_1 schaltet den Feldeffekttransistor T_3 und den IGBT T_8 leitend. Damit ist der Ausgang dieses Brückenzweiges an U_{Z-} gelegt. Da T_3 leitend ist, ist das Basispotential der Transistoren T_5 und T_6 niedrig. Damit ist der Transistor T_5 gesperrt und der Transistor T_6 durchgeschaltet. Da T_6 durchgeschaltet ist, ist das Potential zwischen Gate und Emitter des IGBT T_7 sehr niedrig und damit T_7 sicher gesperrt. Der Transistor T_4 ist ebenfalls gesperrt. Während dieser Zeit fließt über die Diode D_1 ein Strom, und die Kondensatoren C_3 und C_4 laden sich auf eine Spannung von 12 V abzüglich des Spannungsabfalls an der Kollektor/Emitterstrecke von T_8 auf. Die auf diesen Kondensatoren gespeicherte Energie dient zur Versorgung der Treiberschaltung für den IGBT T_7.

Wenn am Eingang E von H-Signal auf L-Signal umgeschaltet wird, wird der Transistor T_1 gesperrt und der Transistor T_2 leitend. Das Gatepotential von dem IGBT T_8 wird auf das Emitterpotential gezogen. Dies hat zur Folge, daß T_8 in den Sperrzustand geschaltet wird. Damit steigt das Potential u_a an. Am Kollektor von T_5 liegt jetzt eine Spannung, die um ca. 12 V höher ist als die Spannung am Emitter von T_7. Gleichzeitig wird auch der Feldeffekttransistor T_3 gesperrt. Dies hat zur Folge, daß die Basisspannung der Transistoren T_5 und T_6 über den Widerstand R_3 auf hohes Potential gezogen wird. Damit wird der Transistor T_5 leitend und T_6 gesperrt. Damit wird das Potential am Gate von T_7 gegenüber dem Emitterpotential auf die an den Kondensatoren liegende Spannung angehoben und T_7 leitend geschaltet. Wenn von H-Signal auf L-Signal umgeschaltet wird, fließt durch den Kondensator C_3 ein kurzer Strom. Damit fließt zum Öffnen von T_5 ein kurzer Strom über T_4. Dies führt dazu, daß die Transistoren T_5 und T_7 schneller in den leitenden Zustand überführt werden.

Da auf den Kondensatoren C_4 und C_5 nur eine begrenzte Energie gespeichert werden kann, darf die Einschaltzeit für den IGBT T_7 nicht so lang sein, daß sich die Kondensatoren auf eine Spannung entladen, bei der T_7 nicht mehr im leitenden Zustand gehalten werden kann. Damit ist diese Schaltung zur Spannungsanpassung an das schwebende Potential des Emitters nur einsetzbar, wenn die Schaltfrequenz entsprechend hoch gewählt wird.

Da die Ansteuerleistung bei den IBGTs nicht vollkommen unabhängig von dem zulässigen Kollektor/Emitterstrom ist, kann diese Ansteuerschaltung auch nur bei bestimmten IGBTs (meistens bei solchen kleinerer Schaltleistung) eingesetzt werden. Wie diese Erörterungen zeigen, ist also diese Methode zur Impulsübertragung nur eingeschränkt zu verwenden. Sollte man sich trotzdem für dieses Art der Impulsübertragung entscheiden, weil die oben angeführten Gründe, die gegen ihren Einsatz sprechen, nicht zutreffen, so braucht der Anwender diese Schaltung nicht mehr selber aufzubauen. Von verschiedenen Herstellern werden solche Schaltungen schon als IC`s angeboten, die häufig noch weitere Funktionen enthalten, die in der Hauptsache der Überwachung der für den Schaltvorgang relevanten Spannungen dienen.

11.4 Leistungsteil

Wesentlichste Bestandteile des Leistungsteils sind der Gleichstromzwischenkreis und die Drehstromvollbrücke. In der betrachteten Umrichtervariante wird der Frequenzumrichter an Wechselstrom angeschlossen mit einem Effektivwert von 230 V und und einer Amplitude von 325.3 V. Das Leistungsteil ist in *Abb. 11.8* schematisch dargestellt. Beim unbelasteten Gleichstromzwischenkreis entspricht diese Spannung auch der Zwischenkreisspannung U_Z. Die am Zwischenkreis anliegenden Spannungen werden mit U_{Z+} und U_{Z-} bezeichnet. Im betrachteten Fall wird der Motor an dem Umrichter in Sternschaltung ohne Mittelpunktserdung betrieben (s. Abb. 11.8). Ferner sind für die einzelnen Leistungsschalter die Ansteuersignale dargestellt. Die PWM liefert die Signale z_a, z_b und z_c der drei Brückenzweige. In einer Logik, die durch Hard- oder Software realisiert werden kann, ist dafür zu sorgen, daß in einem Brückenzweig nie beide Transistoren zugleich eingeschaltet sind. Es muß durch die Logik sogar sichergestellt sein, daß nach dem Ausschalten eines Transistors genügend Zeit bleibt, damit dieser sicher geschlossen ist, bevor der andere eingeschaltet wird (s. Abb. 11.9). Welche Zeit t (s. *Abb. 11.9*) zwischen dem Abschaltsignal des einen Transistors bis zum Einschalten des anderen Transistors vergehen muß, ist aus den Datenblättern der eingesetzten Leistungsschalter zu entnehmen.

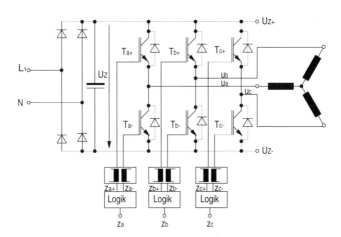

Abb. 11.8: Leistungsteil mit Motor in Sternschaltung und Ansteuersignalen für die Leistungsschalter

11 Frequenzumrichter

Damit können die Ausgangsspannungen u_a, u_b und u_c des Frequenzumrichters nur zwischen $+U_Z/2$ und $-U_Z/2$ liegen. Damit berechnet sich die Leiterspannung u_{bc} wie auch die Leiterspannungen u_{ab} und u_{ca} nach *Abb. 11.10* zu:

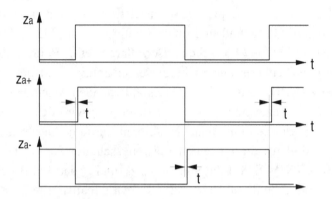

Abb. 11.9: Verlauf der Ansteuersignale als Funktion der Zeit für einen Brückenzweig

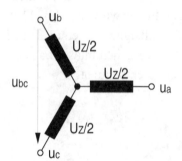

Abb. 11.10: Berechnung der Leiterspannung

$$u_{bc} = 2 \cdot \tfrac{u_Z}{2} \cdot \cos 30^0 = \tfrac{U_Z}{2} \cdot \sqrt{3} \qquad (11.4\text{-}1)$$

Da durch den Brückengleichrichter im Umrichter der Strom in beiden Richtungen durch den Verbraucher geleitet werden kann, ergibt sich für die Leiterspannungen der doppelte Spannungshub. Es gilt damit für die Leiterspannungen am Umrichter:

$$U_{ab} = U_{bc} = U_{ca} = U_z \cdot \sqrt{3} \qquad (11.4\text{-}2)$$

11.4 Leistungsteil

Die Verläufe der Leiterspannungen ergeben sich dann zu:

$$u_{ab} = 2 \cdot (u_a - u_b); \quad u_{bc} = 2 \cdot (u_b - u_c); \quad u_{ca} = 2 \cdot (u_c - u_a) \quad (11.4\text{-}3)$$

Die Strangspannungen werden bei den üblichen Umrichterschaltungen nach *Abb. 11.11* berechnet. Das Bezugspotential ist die Zwischenkreisspannung $U_{Z\text{-}}$. Aus Abb. 11.11 lassen sich folgende Beziehungen ablesen:

$$u_u = u_a - u_0 \quad (11.4\text{-}4)$$

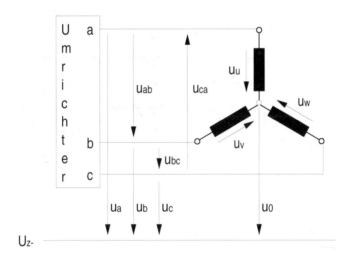

Abb. 11.11: Darstellung der Spannungen am Umrichter zur Berechnung der Strangspannungen

$$u_v = u_b - u_0 \quad (11.4\text{-}5)$$

$$u_w = u_c - u_0 \quad (11.4\text{-}6)$$

Ferner gilt:

$$u_u + u_v + u_w = u_a + u_b + u_c - 3 \cdot u_0 = 0 \quad (11.4\text{-}7)$$

11 Frequenzumrichter

Daraus ergibt sich:

$$u_0 = \frac{u_a+u_b+u_c}{3} \tag{11.4-8}$$

Durch Einsetzen von Gl. (11.4-8) in die Gln. (11.4-3) bis (11.4-5) folgt:

$$u_u = u_a - \frac{u_a+u_b+u_c}{3} = \frac{2 \cdot u_a-u_b-u_c}{3} = \frac{(u_a-u_b)-(u_c-u_u)}{3}$$

$$= \frac{u_{ab}-u_{ca}}{3} \tag{11.4-9}$$

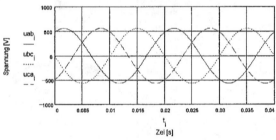

Abb. 11.12: Leiterspannungsverläufe mit Effektivwert

$$u_v = u_b - \frac{u_a+u_b+u_c}{3} = \frac{2 \cdot u_b-u_a-u_c}{3} = \frac{(u_b-u_c)-(u_a-u_b)}{3}$$

$$= \frac{u_{bc}-u_{ab}}{3} \tag{11.4-10}$$

$$u_w = u_c - \frac{u_a+u_b+u_c}{3} = \frac{2 \cdot u_c - u_a - u_b}{3} = \frac{(u_c-u_a)-(u_b-u_c)}{3}$$

$$= \frac{u_{ca}-u_{bc}}{3} \qquad (11.4\text{-}11)$$

Die Verläufe der Leiterspannungen nach Gl. (11.4-3) und der nach den Gln. (11.4-9) bis (11.4-11) berechneten Strangspannungen mit einem jeweils für eine Phase berechneten Effektivwert zeigen die *Abb. 11.12* und *11.13*.

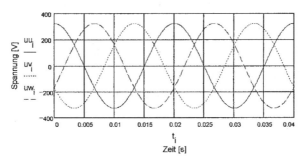

Strangsp. ohne Nullkomponente

Effektivwert der Strangspannung ohne Nullkomponente

$$\text{uveff} := \sqrt{\frac{1}{721} \cdot \sum_i (uv_i)^2}$$

uveff = 229.731·V

Abb. 11.13: Strangspannungsverläufe mit Effektivwert

Die Spannung U_Z, wie sie hier mit 325 V angenommen wurde, liegt nur im unbelasteten Fall am Gleichstromzwischenkreis des Umrichters an. Mit steigender Belastung sinkt diese Spannung immer weiter ab. Hinzu kommen die Spannungsverluste an den Dioden und an den Leistungsschaltern in der Brückenschaltung des Frequenzumrichters. Unter diesen Umständen werden die angegebenen Effektivwerte der Leiterspannungen und Strangspannungen bei sinusbewerteter Modulation mit einer Spannungsamplitude von

11 Frequenzumrichter

$U_Z/2$ nicht erreicht. Damit liegt an den Motoren unter Last eine geringere Spannung an, als wenn sie am starren Netz betrieben werden.

Maßnahmen, die zur Erhöhung der Leiter- und Strangspannungsamplituden führen, ohne die Sinusform der Motorspannungen zu beeinträchtigen, ergeben sich aufgrund folgender Überlegungen:

a) Für den Motor ist ein sinusförmiger Verlauf der Umrichterausgangsspannungen u_a, u_b und u_c nicht erforderlich. Es muß gewährleistet sein, daß die Leiterspannungen u_{ab}, u_{bc} und u_{ca} sinusförmigen Verlauf haben.

b) Die Abstände zwischen den Leiterspannungen bleiben unverändert, wenn jeder der drei Strangspannungen die gleiche Spannung, eine Nullkomponente, überlagert wird, die einen beliebigen zeitlichen Verlauf haben kann.

Um eine solche Nullkomponente zu erzeugen, bieten sich mehrere Verfahren an. Hier soll aber nur ein Verfahren behandelt werden. Dabei geht man von einer Sinusspannung mit einer Amplitude $U_Z/\sqrt{3}$ aus. Die Nullspannung ist jetzt gerade der mit -1 multiplizierte Teil des Spannungsverlaufs der drei Phasen, der außerhalb des Modulationsbereiches von +- $U_Z/2$ liegt (s. *Abb. 11.14*).

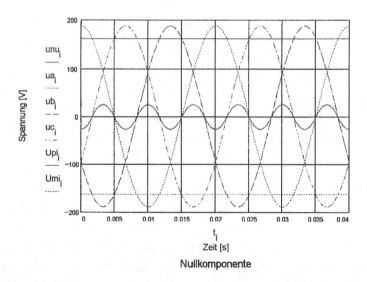

Abb. 11.14: Spannungsverläufe der drei Phasen mit einer Amplitude von $U_Z \cdot \sqrt{3}$ und Nullkomponente

11.4 Leistungsteil

Wird die Nullkomponente zu den Ausgangsspannungen des PWR addiert, ergeben sich die Verläufe der Sollwerte für die Umrichterausgangsspannungen. Die Verläufe dieser Spannungen über der Zeit sind in *Abb. 11.15* dargestellt. Die Spannungen sind jetzt nicht mehr sinusförmig und bewegen sich innerhalb des Modulationsbereiches.

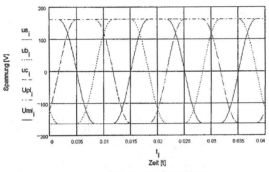

Abb. 11.15: Verläufe der Sollwerte für die Umrichterspannungen mit Nullkomponente

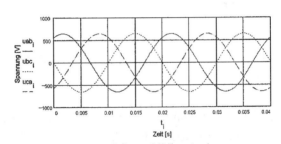

Leitersp. mit Nullkomponente
Effektivwert der Leiterspannung mit Nullkomponente

$$Uabeff := \sqrt{\frac{1}{721} \cdot \sum_i (uab_i)^2}$$

$Uabeff = 459.779 \cdot V$

Abb. 11.16: Verlauf der Leiterspannungen mit berechnetem Effektivwert

11 Frequenzumrichter

Die daraus gemäß der Gl.(11.4-3) berechneten Verläufe der Leiterspannungen einschließlich des für eine Phase berechneten Spannungseffektivwertes zeigt *Abb. 11.16*. Daraus ist erkennbar, daß die Leiterspannungen wieder einen sinusförmigen Verlauf haben.

Die Verläufe der aus den Leiterspannungen nach den Gln. (11.4-9) bis (11.4-11) berechneten Strangspannungen einschließlich eines für eine Spannung berechneten Effektivwertes zeigt *Abb. 11.17*. Auch die Strangspannungen zeigen einen sinusförmigen Verlauf.

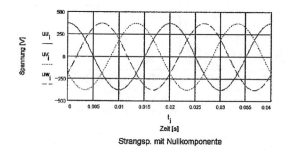

Abb. 11.17: Strangspannungsverläufe und Effektivwert

Vergleicht man die Leiterspannungen und Strangspannungen bei der PWM mit und ohne Nullkomponente, so ist erkennbar, daß durch Einführung der Nullkomponente die Amplituden und Effektivwerte eine Erhöhung um ca. 15 % erfahren haben. Damit sind das Absinken der Gleichstromzwischenkreisspannung bei Belastung und die Spannungsabfälle am Eingangsgleichrichter und an den Halbleiterschaltern kompensiert. Damit werden die Motoren mit Spannungen betrieben wie an einem starren Netz.

11.5 Leistungshalbleiter

In modernen Frequenzumrichtern werden als Leistungsschalter fast ausschließlich IGBTs (Insulatet Gate Bipolar Transistor) eingesetzt. Hierauf wurde schon in den vorhergehenden Abschnitten hingewiesen. Deswegen sind auch alle Betrachtungen, in die die Leistungsschalter einbezogen werden mußten, mit diesen Bauelementen durchgeführt. Der IGBT zeichnet sich durch eine hohe Eingangsimpedanz, eine geringe Ansteuerleistung und eine hohe Schaltgeschwindigkeit aus, wie sie Feldeffekt-Leistungstransistoren eigen sind, und durch eine geringe Sättigungsspannung, wie sie beim Bipolartransistor vorhanden ist. Den strukturellen Aufbau eines IGBTs zeigt *Abb. 11.18*.

Sein Ersatzschaltbild und sein Schaltzeichen sind der *Abb. 11.19* zu entnehmen. Anhand seines strukturellen Aufbaus in Abb. 11.18 sind die Schaltfunktionen erkennbar. Wenn an das Gate gegenüber dem Emitter eine positive Spannung gelegt wird, werden aus der P-Schicht unter dem Gate-Anschluß die positiven Ladungsträger „hinausgedrückt" und negative Ladungs-

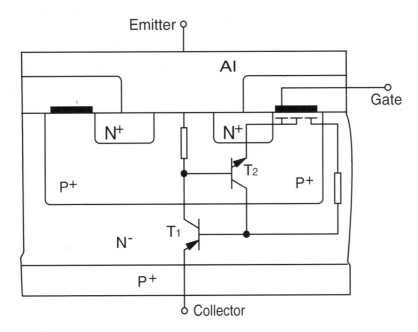

Abb. 11.18: Struktureller Aufbau eines IGBT

11 Frequenzumrichter

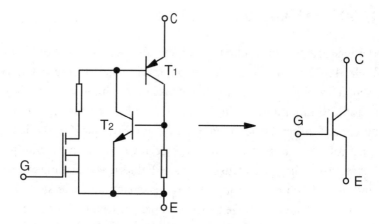

Abb. 11.19: Schaltbild und Schaltzeichen eines IGBT

träger „hereingezogen". Dadurch entsteht unter dem Gate ein n-leitender Kanal, und die Strecke zwischen der Basis von T_1 und dem Emitter von T_2 wird niederohmig. Dadurch wird das Basispotential von T_1 heruntergezogen und T_1 wird leitend. Da T_1 nun auf seiner Kollektor-Emitter-Strecke niederohmig geworden ist, wird die Spannung an der Basis von T_2 angehoben. Dies bewirkt, daß T_2 leitend wird. Der Leistungsstrom fließt nun über die Kollektor-Basis-Diode von T_1 und die Kollektor-Emitter-Strecke von T_2. Der IGBT befindet sich damit im leitenden Zustand. Soll der IGBT wieder in den nichtleitenden Zustand gebracht werden, so wird das Gate-Potential des MOSFETs wieder auf das Emitter-Potential gezogen. Damit sperrt der MOSFET und an seiner Drain-Source-Strecke entsteht ein hoher Spannungsabfall. Dies hat zur Folge, daß auch an der Kollektor-Emitter-Strecke von T_2 und damit auch an der Basis von T_1 die Spannung ansteigt. Dies führt zum Abschalten von Transistor T_1. Damit ist der IGBT in den nichtleitenden Zustand überführt. Um diese Funktionen zu erreichen, ist es erforderlich, wie auch in dem strukturellen Aufbau des IGBT angegeben ist, die einzelnen p- und n-leitenden Schichten unterschiedlich zu dotieren. Dies ist durch die + und - Zeichen an den Dotierungskennzeichnungen angegeben.

IGBTs gibt es als Einzeltypen und Module, in denen sich ein Brückenzweig oder eine vollständige Drehstrombrücke befindet. Während man bei Frequenzumrichtern kleiner Leistung (bis 2 kW) vorwiegend Einzeltypen findet, sind in Frequenzumrichtern größerer Leistung fast ausschließlich IGBT-Module eingesetzt. Durch den Einsatz von Modulen reduziert sich der Platzbedarf und der Schaltungsaufwand. Bei kleinen Leistungen sind die Kostenvorteile für die Einzeltypen so groß, daß dadurch der höhere Schaltungsaufwand kompensiert wird.

Bei der Auswahl von IGBTs sind wesentlich der geforderte Strom und die Zwischenkreisspannung des Frequenzumrichters. Diese hängt davon ab, ob der Umrichter am einphasigen Wechselspannungsnetz oder am Drehstromnetz betrieben werden soll. Man kann davon ausgehen, daß Frequenzumrichter höherer Leistung grundsätzlich durch Drehstrom gespeist werden. Anhand der geforderten Daten ist dann aus der Vielzahl der am Markt angegebenen Typen der für die Anwendung geeignete IGBT auszuwählen. Besondere Aufmerksamkeit ist dabei dem Strom zu widmen. Der im Datenblatt eines IGBT angegebene Maximalstrom ist nur für bestimmte Betriebsverhältnisse zulässig. Man muß deshalb klären, welcher Strom bei den gegebenen Betriebsverhältnissen noch zulässig ist, ohne den Leistungsschalter zu gefährden. Dieser ist abhängig von der Kollektor-Emitter Spannung und von der Dauer der Einschaltpulse. Diese Zusammenhänge sind für die einzelnen IGBT-Typen aus einem Diagramm für die sicheren Betriebsbereiche zu entnehmen. Diese Diagramme befinden sich in den zu den Leistungsschaltern zugehörigen Datenblättern. Bei der Spannung sollte man berücksichtigen, daß infolge der zu schaltenden Induktivitäten beim Abschalten folgende Spannung an der Induktivität entstehen kann:

$$u = -L \cdot \frac{di}{dt}$$ (11.5-1)

Diese Spannungen können größer als die Zwischenkreisspannung sein. Deshalb sollten grundsätzlich solche Typen ausgewählt werden, bei denen gegenüber der Zwischenkreisspannung eine ausreichende Sicherheit vorhanden ist.

Als weiteren Punkt bei der Auswahl des erforderlichen IGBTs sollte der am Leistungsschalter entstehenden Verlustleistung besondere Aufmerksamkeit gewidmet werden. Da in Frequenzumrichter ausschließlich Induktivitäten geschaltet werden, steigt der Kollektorstrom beim Einschalten langsam an, hat aber beim Abschalten das Bestreben, möglichst lange weiterzufließen.

11 Frequenzumrichter

Die sich beim Ein- und Ausschalten von Induktivitäten ergebenden Stromverläufe in Abhängigkeit von der Kollektor-Emitter-Spannung zeigt das Diagramm in *Abb. 11.20*.

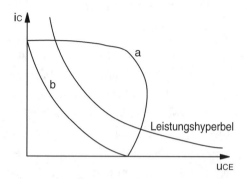

Abb. 11.20: Kollektorstrom i_C als Funktion der Spannung u_{CE} beim Auschalten (a) und beim Einschalten (b)

Aus Abb. 11.20 ist erkennbar, daß der Strom beim Ausschalten über die Leistungshyperbel hinaus durch den nichtzulässigen Bereich verläuft. Dies ist dann möglich, wenn der nicht erlaubte Bereich sehr schnell durchlaufen wird. Wie schnell er durchlaufen werden muß, hängt von der thermischen Zeitkonstanten des IGBTs ab. In jedem Falle muß gewährleistet sein, daß zu Beginn der Abschaltphase die Sperrschichttemperatur unterhalb des zulässigen Wertes liegt und die Sperrschicht während des Abschaltens aufgrund ihrer Masse und ihrer spezifischen Wärmekapazität noch die gesamte Verlustleistung aufnehmen kann, ohne daß die zulässige Sperrschichttemperatur überschritten wird. Nach dem Abschalten hat der IGBT während der Nichtleitendphase genügend Zeit, um die in der Sperrschicht gespeicherte Wärmemenge an die Umgebung abzugeben, damit die Innentemperatur des IGBTs wieder Werte weit unterhalb der erlaubten Maximaltemperatur annehmen kann.

Die Abführung der im Frequenzumrichter entstehenden Verlustleistung ist ein weiterer Punkt, der zu beachten ist. Um diese zu ermitteln, müssen Kollektorstrom, Kollektor-Emitter-Spannung, Schaltfrequenz und größtes Tastverhältnis, Kollektor-Emitter-Sättigungsspannung und die Schaltzeiten bekannt sein. Die Kollektor-Emitter-Sättigungsspannung und die Schaltzeiten sind den Datenblättern zu entnehmen, alle anderen Daten ergeben sich aus

aus den Betriebswerten des Frequenzumrichters. Ein typischer, jedoch stark idealisierter Schaltverlauf von Kollektorstrom und Kollektor-Emitter-Spannung und den Verlustleistungen über der Zeit ist in *Abb. 11.21* dargestellt. Dabei ist angenommen, daß beim Einschalten der Kollektorstrom im gleichen Maße zunimmt wie die Kollektor-Emitter-Spannung abnimmt. Für den Abschaltvorgang geht man von der idealisierten Vorstellung aus, daß der Kollektorstrom schlagartig auf Null geht, wenn die Kollektor-Emitter-Spannung kontinuierlich von der Sättigungsspannung auf ihren Maximalwert angestiegen ist.

Die idealisierten Annahmen der Strom- und Spannungsverläufe beim Ein- und Ausschalten stellen für das Bauteil thermische Belastungen dar, die in der Praxis sicher nicht erreicht werden. Diese Annahmen sind aber getroffen, um in jedem Fall bei der berechneten Verlustleistung für ein Schaltspiel auf der sicheren Seite zu liegen.

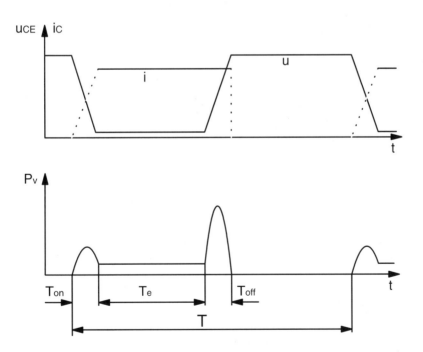

Abb. 11.21: Idealisierte Verläufe von Kollektor-Emitter-Spannung, Kollektorstrom und Verlustleistung über der Zeit

11 Frequenzumrichter

Die Einschaltverluste berechnen sich nach der Beziehung:

$$P_{Von} = \frac{1}{T_{on}} \cdot \int_0^{T_{on}} (u_{CE}(t) \cdot i_C(t)) dt \tag{11.5-2}$$

Unter Vernachlässigung der Kollektor-Emitter-Sättigungsspannung ergeben sich:

$$u_{CE}(t) = u_{CE\max} - \frac{u_{CE\max}}{T_{on}} \cdot t \quad \text{und} \quad i_C(t) = \frac{i_{C\max}}{T_{on}} \cdot t \tag{11.5-3}$$

Mit Gl. (11.5-3) ergibt sich aus Gl. (11.5-2):

$$P_{Von} = \frac{1}{T_{on}} \cdot \int_0^{T_{on}} \left[\left(u_{CE\max} - \frac{u_{CE\max}}{T_{on}} \cdot t \right) \cdot \frac{i_{C\max}}{T_{on}} \cdot t \right] dt \tag{11.5-4}$$

Durch Ausmultiplizieren folgt aus Gl. (11.5-4):

$$P_{Von} = \frac{1}{T_{on}} \cdot \int_0^{T_{on}} \left[u_{CE\max} \cdot \frac{i_{C\max}}{T_{on}} \cdot t - \frac{U_{CE\max} \cdot i_{C\max}}{T_{on}^2} \cdot t^2 \right] dt \tag{11.5-5}$$

Die Integration liefert:

$$P_{Von} = \left[\frac{u_{CE\max} \cdot i_{C\max}}{T_{on}^2} \cdot \frac{t^2}{2} - \frac{u_{CE\max} \cdot i_{C\max}}{T_{on}^3} \cdot \frac{t^3}{3} \right]_0^{T_{on}} = \frac{u_{CEmay} \cdot i_{C\max}}{6} \tag{11.5-6}$$

Im eingeschalteten Zustand ergibt sich die Verlustleistung zu:

$$P_{Ve} = u_{CEsatt} \cdot i_{C\max} \tag{11.5-7}$$

Für den Ausschaltvorgang gilt folgende Verlustleistung:

$$P_{Voff} = \frac{1}{T_{off}} \cdot \int_0^{T_{off}} (u_{CE}(t) \cdot i_C(t)) dt \tag{11.5-8}$$

Nach den Annahmen in *Abb. 11.21* gilt:

$$u_{CE}(t) = -\frac{i_{CE\max}}{T_{off}} \cdot t \quad \text{und} \quad i_C(t) = i_{C\max} \tag{11.5-9}$$

11.5 Leistungshalbleiter

Mit (11.5-9) liefert (11.5-8):

$$P_{Voff} = \frac{1}{T_{off}} \cdot \int_0^{T_{off}} \left[-\frac{u_{CE\max}}{T_{off}} \cdot t \cdot i_{C\max} \right] dt \tag{11.5-10}$$

Durch Umstellen folgt aus Gl. (11.5-10):

$$P_{Voff} = \frac{1}{T_{off}} \int_0^{T_{off}} \left[\frac{u_{CEmac} \cdot i_{C\max}}{T_{off}} + \right] dt \tag{11.5-11}$$

Durch Integration ergibt sich aus Gl. (11.5-11):

$$P_{Voff} = \frac{1}{T_{off}} \left[\frac{u_{CE\max} \cdot i_{C\max}}{T_{off}} \cdot \frac{t^2}{2} \right]_0^{T_{off}} = \frac{u_{CE\max} \cdot i_{C\max}}{2} \tag{11.5-12}$$

Die mittlere Verlustleistung eines Schaltspiels (s. Abb. 11.21) berechnet sich dann nach der Beziehung:

$$P_V = \frac{P_{Von} \cdot T_{on} + P_{Ve} \cdot T_e + P_{Voff} \cdot T_{off}}{T} \tag{11.5-13}$$

Wenn nach der Gl. (11.5-13) die Verlustleistng berechnet ist, kann mit den thermischen Widerständen zwischen Sperrschicht und Gehäuse sowie zwischen Gehäuse und Kühlkörper ein Kühlkörper gefunden werden, mit dem diese Verlustleistung ggfs. unter Verwendung eines Ventilators an die Umgebung abgegeben werden kann.

Nach dem Abschalten der IGBTs hat der Strom das Bestreben, in gleicher Richtung über die Induktivität weiterzufließen. Damit dieses möglich ist, die Spannung an der Induktivität nicht zu hoch ansteigt und die in der Induktivität gespeicherte Energie auf den Kondensator des Gleichstromzwischenkreises zurückfließen kann, haben die IGBTs parallel zu ihrer Kollektor-Emitterstrecke Freilaufdioden *(s. Abb. 11.8)*. Nach dem Abschalten der IGBTs übernimmt die Freilaufdiode des jeweils anderen IGBTs in dem betreffenden Brückenzweig den Strom. Damit die Stromübernahme auch schnell genug erfolgen kann, sollten hier besonders „schnelle" Dioden eingesetzt werden. Ein Kennzeichen für die Schnelligkeit der Dioden ist die Sperrverzögerungszeit, die möglichst klein sein sollte. Die in die IGBTs integrierten Dioden haben Sperrverzögerungszeiten von ca. 300 ns. Da bei solchen Zeiten die Übernahme des Stromes verzögert erfolgt, und es dadurch zu starken Spannungserhöhungen an der Induktivität kommen kann, sollte man zusätzlich externe Freilaufdioden mit Sperrverzögerungszeiten von ca. 50 ns einbauen.

Die Einschalt- und Ausschaltzeiten des IGBTs sind nicht nur für die Berechnung der Verlustleistungen von Bedeutung, sondern sie müssen auch bei der Dimensionierung der Steuerschaltung beachtet werden. Die in der Steuerschaltung zu realisierende Pausenzeit, die zwischen dem Ende des Einschaltimpulses des einen IGBTs in einem Brückenzweig bis zum Einschalten des anderen IGBTs im gleichen Brückenzweig vergehen muß, hängt allein von den Abschaltzeiten der IGBTs ab. Bei der Festlegung dieser Pausenzeit ist darauf zu achten, daß immer der ungünstigste Fall berücksichtigt wird, denn die Abschaltzeiten hängen sehr stark von der Temperatur, von der Art der Last und vom Gate-Vorwiderstand des IGBTs ab. Nähere Informationen hierzu sind den Datenblättern der ausgewählten IGBTs zu entnehmen.

Frequenzumrichter schalten große Ströme an hohen Spannungen mit beachtlichen Schaltgeschwindigkeiten. Dies führt dazu, daß von ihnen leitungsgebundene Störspannungen und Störstrahlungen mit erheblichen Pegeln ausgehen. Um den Aufwand an Entstörfiltern und den Aufwand an Abschirmmaterial in Grenzen zu halten, sollte man im Aufbau schon alle Maßnahmen ergreifen, um diese unerwünschten Effekte gering zu halten. Dazu gehört in erster Linie ein induktivitätsarmer Aufbau der gesamten Schaltung. Weiter kann man hohen Spannungsspitzen beim Abschalten entgegenwirken durch Verwendung von Freilaufdioden mit Softrecovery-Verhalten, die sanfte Rückstromspitzen aufweisen, und durch Reduzierung der Schaltgeschwindigkeiten der IGBTs. Diese kann man durch Verwendung eines entsprechenden Gate-Vorwiderstandes beeinflussen. Dieser bildet dann zusammen mit der Eingangskapazität des MOSFETs des IGBTs einen Tiefpaß, so daß über den Vorwiderstand am Gate die Aufladezeit des Eingangskondensators und damit auch die Schaltgeschwindigkeit des IGBTs beeinflußt werden kann. Allerdings ist dabei zu beachten, daß mit abnehmender Schaltgeschwindigkeit auch die Schaltverluste ansteigen und damit der Wirkungsgrad des Umrichters geringer wird. Somit ist es erforderlich, einen tragbaren Kompromiß zwischen geringeren elektromagnetischen Störungen mit großen Schaltverlusten auf der einen Seite und großen elektromagnetischen Störungen mit geringen Schaltverlusten auf der anderen Seite zu schließen.

12 Realisierung von Bahnkurven

In der Fertigungstechnik und in der Handhabungstechnik spielt die Realisierung von Bahnkurven im Raum eine immer größere Rolle. Dazu wird hier von einem x,y,z-Koordinatensystem ausgegangen. Jede Achse dieses Portalsystems muß, was sich eigentlich von selbst versteht, mit einem eigenen Antrieb ausgestattet werden, wobei alle drei Achsantriebe die gleiche Reglerstruktur haben können. Als Antriebe kommen geregelte Gleichstromantriebe, feldorientiert geregelte Asynchronantriebe und rotorlageorientiert geregelte Synchronantriebe in Betracht. Bei den folgenden Ausführungen sollen die speziellen Komponenten der einzelnen Antriebsarten nicht mehr im einzelnen betrachtet werden. In dem gegebenen Blockschaltbild (*Abb. 12.1*) für einen Antrieb sind diese jeweils in dem Block „Motorspezifische Komponenten" enthalten. Wie diese aufzubauen sind, ist den jeweiligen Abschnitten für die Regelung von Gleichstrom-, Asynchron- und Synchronmaschine zu entnehmen. Hier sollen nur die für das Bahnkurvenverfahren relevanten Regelkreiskomponenten wie Stromregler, Drehzahlregler, Positionsregler und Vorsteuerung betrachtet werden.

Die nachzufahrende Bahnkurve im Raum ist in ihre x-, y- und z-Koordinaten zu zerlegen. Diese sind in einer Tabelle anzugeben, wobei darauf zu achten ist, daß den drei Achsantrieben auch zu jedem Zeitpunkt die zueinander gehörenden x-, y-, und z-Koordinaten der Bahnkurve vorgegeben werden.

Da alle an einem System vorhandenen Antriebsregelungen die gleiche Struktur haben können, braucht, um das Prinzip des Bahnkurvenfahrens darzustellen, auch nur ein Antrieb betrachtet zu werden. Wie aus Abb. 12.1 zu ersehen ist, ist die Reglerstruktur gegenüber der Struktur, mit der man lediglich einen vorgegebenen Punkt anfahren kann, um die Vorsteuerung erweitert. Diese besteht aus einem Block, in dem der Differenzenquotient aus den Bahnkurvensollwerten der betreffenden Achse und der Abtastzeit T_0

12 Realisierung von Bahnkurven

gebildet wird. Dieser Differenzenquotient wird über einen Vorsteuerverstärker zusätzlich auf den Summierungspunkt für die Bildung der Regeldifferenz des Drehzahlreglers geführt. In der Anfahrphase werden mit steigender Drehzahl die Differenzen zwischen den Positionssollwerten immer größer. Damit nimmt auch der Differenzenquotient und somit der Sollwert für den Drehzahlregler ständig zu, was dazu führt, daß die Drehzahl ansteigt. Ist die Maximaldrehzahl erreicht, konstante Bahngeschwindigkeit vorausgesetzt, ist die zu verfahrende Strecke zwischen zwei Abtastzeitpunkten konstant, was auch einen konstanten Differenzenquotienten und somit auch einen konstanten Drehzahlsollwert zur Folge hat. Nähert sich das System dem Endpunkt seiner Bahnkurve, muß rechtzeitig eine Verringerung der Geschwindigkeit und damit auch eine Reduzierung der Motordrehzahl vorgenommen werden. Dies führt dazu, daß die zu verfahrende Strecke zwischen zwei Abtastzeitpunkten immer kleiner wird. Damit reduziert sich auch der Differenzenquotient und damit auch der Drehzahlsollwert. Wenn das Ziel der Bahnkurve erreicht ist, wird immer wieder der gleiche Bahnkurvensollwert vorgegeben, so daß der von der Vorsteuerung vorgegeben Drehzahlsollwert zu Null wird. Von diesem Zeitpunkt an greift die eigentliche Positionsregelung ein. Ergibt sich eine Abweichung zwischen dem Sollwert und dem Istwert der Position, entsteht vor dem Positionsregler eine Regelabweichung. Diese erzeugt am Ausgang des Positionsreglers einen von Null verschiedenen Wert. Dieser wird jetzt allein dem Drehzahlregler als Sollwert vorgegeben. Je nach Richtung der Regelabweichung ist dieser Sollwert für den Drehzahlregler positiv oder negativ, so daß in jedem Fall von dem Drehzahlregler ein Stellwert über den Stromregler auf den Umrichter bzw. über den Inverter bei Gleichstromantrieben geschaltet wird, der dafür sorgt, daß die aufgetretene Regelabweichung verschwindet. Der Ausgang des Positionsreglers muß so begrenzt werden, daß er beim Verfahrbetrieb gegenüber dem Wert, der aus der Vorsteuerung kommt, vernachlässigt werden kann.

Die Differenz zwischen den Sollwerten und den Istwerten der Bahnkurve wird als Schleppfehler bezeichnet. Um diesen zu minimieren, sollte man mit möglichst kleinen Abtastzeiten arbeiten und Sensoren mit hoher Auflösung verwenden.

12.1 Berechnung der Bahnkurven

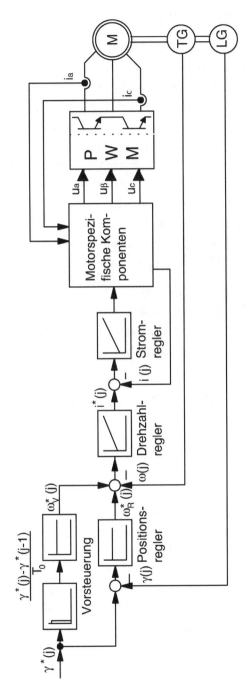

Abb. 12.1: Blockschaltbild für eine Bahnkurvenregelung mit Vorsteuerung

12 Realisierung von Bahnkurven

12.1 Berechnung der Bahnkurven

Gegeben ist eine beliebige Bahnkurve im Raum durch die Punkte P(k) mit den Koordinaten (x(k), y(k),z(k)) für k = 0...N. Diese Punkte werden linear miteinander verbunden, so daß die Bahnkurve einen Polygonzug darstellt. Der Abstand der einzelnen Punkte ist davon abhängig, wie genau die vorgegebene Kurve (Kreisbogen, Parabel o. a.) durch den Polygonzug angenähert werden soll. Die gegebene Bahnkurve soll mit einer vorgegebenen Maximalgeschwindigkeit v_{max} und mit vorgegebener Beschleunigung bzw. Verzögerung a_{max} durchfahren werden. Die angegebenen Maximalwerte sind jeweils die Resultierenden aus den drei Koordinatenrichtungen. Aus den vorgegebenen Punkten ist zunächst der Gesamtweg zu ermitteln, damit berechnet werden kann, nach welchem zurückgelegten Weg bei der gegebenen Verzögerung mit der Abbremsung begonnen werden muß.

Der Zusammenhang zwischen Weg, Geschwindigkeit, Beschleunigung, Verzögerung und Zeit ist durch die kinematischen Diagramme gegeben. In *Abb. 12.2* sind Beschleunugung, Geschwindigkeit und Weg als Funktion der Zeit dargestellt. Für das angegebene Beispiel werden folgende Werte gewählt:

Beschleunigung $\quad a_{max} = 2 \text{ m/s}^2$

Verzögerung $\quad a_{max} = -2 \text{ m/s}^2$

Geschwindigkeit $\quad v_{max} = 4 \text{ m/s}$

Gesamtweg $\quad s = 32 \text{ m}$

Diese Strecke ist in drei Abschnitte mit den Zeitvariablen t_1, t_2 und t_3 einzuteilen. Dies sind die Beschleunigungsstrecke, die Strecke mit konstanter Geschwindigkeit und die Verzögerungsstrecke. Für alle drei Abschnitte sind, ausgehend von den gegebenen Werten, die Verläufe von Beschleunigung bzw. Verzögerung, Geschwindigkeit und Weg über der Zeit zu berechnen. Zunächst werden die Werte für die Beschleunigungsstrecke berechnet, weil an deren Anfang Geschwindigkeit und Weg noch Null sind.

12.1 Berechnung der Bahnkurven

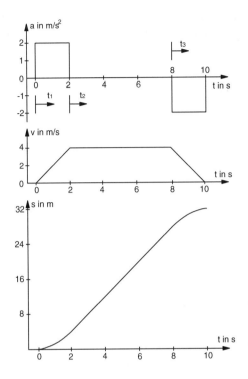

Abb. 12.2: Beschleunigung, Geschwindigkeit und Weg als Funktionen der Zeit

12.1.1 Beschleunigungsstrecke

Beschleunigung:

$$a_{1\,max} = konst = 2m/s^2 \qquad (12.1.1\text{-}1)$$

Geschwindigkeit:

$$v_1 = \int a_{1\,max} \cdot dt_1 = a_{1\,max} \cdot t_1 + c_1 \qquad (12.1.1\text{-}2)$$

12 Realisierung von Bahnkurven

c_1 ist eine Integrationskonstante und muß aus den Randbedingungen berechnet werden. Als Randwerte gelten die Geschwindigkeiten zu Beginn und am Ende der Beschleunigungsstrecke. Von diesen beiden Werten ist nur die Geschwindigkeit am Anfang bekannt. Für sie gilt:

$$v_{1(t_1=0)} = 0 \rightarrow c_1 = 0 \qquad (12.1.1\text{-}3)$$

Damit ergibt sich:

$$v_1 = a_{1\,\text{max}} \cdot t_1 \qquad (12.1.1\text{-}4)$$

$v_{1\,max}$ ist erreicht nach:

$$t_{1\,\text{max}} = \frac{v_{1\,\text{max}}}{a_{1\,\text{max}}} = \frac{4\,m/s}{2\,m/s^2} = 2s \qquad (12.1.1\text{-}5)$$

Weg:

$$s = \int v_1 \cdot dt_1 = \int a_{1\,\text{max}} \cdot t_1 \cdot dt_1 = \tfrac{1}{2} \cdot a_{1\,\text{max}} \cdot t_1^2 + c_2 \qquad (12.1.1\text{-}6)$$

Die Integrationskonstante c_2 wird wieder aus den Randbedingungen bestimmt. Die hier verwendete Randbedingung lautet:

$$s_{(t_1=0)} = 0 \rightarrow c_2 = 0 \qquad (12.1.1\text{-}7)$$

Damit ergibt sich der Weg als Funktion der Zeit zu:

$$s = \tfrac{1}{2} \cdot a_{1\,\text{max}} \cdot t_1^2 \qquad (12.1.1\text{-}8)$$

Der gesamten in der Beschleunigungsphase zurückgelegte Weg beträgt:

$$s_{\text{max}} = \tfrac{1}{2} \cdot 2\tfrac{m}{s^2} \cdot 2^2 s^2 = 4m \qquad (12.1.1\text{-}9)$$

Durch Einsetzen von t_1 der Gl. (12.1.1-4) in die Gl. (12.1.1-8) folgt die für die Bahnkurvenbetrachtung wesentliche Beziehung zwischen der Geschwindigkeit sowie der maximalen Beschleunigung und dem zurückgelegten Weg:

$$v_1 = \sqrt{2 \cdot a_{1\,\text{max}} \cdot s} \qquad (12.1.1\text{-}10)$$

12.1.2 Strecke mit konstanter Geschwindigkeit

Beschleunigung:

$$a_2 = 0 \tag{12.1.2-1}$$

Geschwindigkeit:

$$v_2 = v_{max} \tag{12.1.2-2}$$

Weg:

$$s = \int v_{max} \cdot dt_2 = v_{max} \cdot t_2 + c_3 \tag{12.1.2-3}$$

Die Integrationskonstante c_3 ist aus den Randbedingungen zu bestimmen. Der Weg am Ende der Beschleunigungsphase bei $t_{1\,max}$, der nach Gl. (12.1.1-8) berechnet werden kann, entspricht dem Weg im Bereich mit konstanter Geschwindigkeit zur Zeit $t_2 = 0$. Mit dieser Überlegung folgt aus der Gl. (12.1.2-3):

$$c_3 = \tfrac{1}{2} \cdot a_{1\,max} \cdot t_{1\,max} \tag{12.1.2-4}$$

Mit den Gln. (12.1.2-3) und (12.1.2-4) ergibt sich für die Berechnung des Weges in der Phase mit konstanter Geschwindigkeit folgende Beziehung:

$$s = v_{max} \cdot t_2 + \tfrac{1}{2} \cdot a_{1\,max} \cdot t_{1\,max}^2 \tag{12.1.2-5}$$

Mit den gegebenen Werten und der Zeit $t_{2\,max} = 6$ s ergibt sich für den Weg am Ende der Fahrstrecke mit konstanter Geschwindigkeit ein zurückgelegter Gesamtweg von:

$$s = 4\tfrac{m}{s} \cdot 6s + \tfrac{1}{2} \cdot 2\tfrac{m}{s^2} \cdot 2^2 s^2 = 28m \tag{12.1.2-6}$$

Die Geschwindigkeit ist unabhängig vom zurückgelegten Weg immer konstant. Es gilt:

$$v_2 = v_{max} = konst \tag{12.1.2-7}$$

12.1.3 Verzögerungsstrecke

Verzögerung:

$$a_{3\,max} = konst = -2\,m/s^2 \qquad (12.1.3\text{-}1)$$

Geschwindigkeit:

$$v_3 = \int a_{3\,max} \cdot dt_3 = a_{3\,max} \cdot t_3 + c_4 \qquad (12.1.3\text{-}2)$$

Die Integrationskonstante c_4 wird wieder aus den Randbedingungen bestimmt. Hier kann man wieder von der Annahme ausgehen, daß die Geschwindigkeit am Ende der Phase mit konstanter Geschwindigkeit (bei t_{2max}) gleich der Geschwindigkeit zu Beginn der Abbremsphase ist (bei $t_3 = 0$). Damit ergibt sich:

$$c_4 = v_{max} \qquad (12.1.3\text{-}3)$$

Damit folgt aus Gl. (12.1.3-2):

$$v_3 = a_{3\,max} \cdot t_3 + v_{max} \qquad (12.1.3\text{-}4)$$

Am Ende der Verzögerungsstrecke soll das System zum Stillstand kommen ($v_{3.} = 0$). Mit dieser Festlegung kann man auch aus Gl. (12.1.3-4) die Zeit t_{3max} berechnen:

$$t_{3\,max} = -\frac{v_{max}}{a_{3\,max}} \qquad (12.1.3\text{-}5)$$

Mit den gegebenen Werten folgt:

$$t_{3\,max} = -\frac{4m/s}{-2m/s^2} = 2s \qquad (12.1.3\text{-}6)$$

Weg:

$$s = \int v_3 \cdot dt_3 = \int (a_{3\,max} \cdot t_3 + v_{max}) \cdot dt \qquad (12.1.3\text{-}7)$$

Die Integration ergibt:

$$s = \tfrac{1}{2} \cdot a_{3\,max} \cdot t_3^2 + v_{max} \cdot t_3 + c_5 \qquad (12.1.3\text{-}8)$$

12.1 Berechnung der Bahnkurven

Die Integrationskonstante c_5 wird wieder aus den Randbedingungen bestimmt. Bekannt ist, daß der am Ende der Strecke mit konstanter Geschwindigkeit zurückgelegte Weg ($s_{2\,max}$) gemäß Gl. (12.1.2-5) mit $t_{2\,max}$ gleich dem Weg zu Beginn der Verzögerungsstrecke (bei $t_3 = 0$) ist. Demzufolge gilt für c_5:

$$c_5 = v_{max} \cdot t_{2\,max} + \tfrac{1}{2} \cdot a_{1\,max} \cdot t_{1\,max}^2 \qquad (12.1.3\text{-}9)$$

Mit Gl. (12.1.3-9) folgt aus Gl. (12.1.3-8):

$$s = \tfrac{1}{2} \cdot a_{3\,max} \cdot t_3^2 + v_{max} \cdot t_3 + v_{max} \cdot t_{2\,max} + \tfrac{1}{2} \cdot a_{1\,max} \cdot t_{1\,max}^2 \qquad (12.1.3\text{-}10)$$

Wesentlich für das Bahnkurvenfahren ist auch für den Abbremsbereich die Beziehung zwischen Geschwindigkeit und Weg. Dazu wird die Gl. (12.1.3-4) nach t_3 aufgelöst und in die Gl. (12.1.3-10) eingesetzt. Es ergibt sich:

$$s = \tfrac{1}{2} \cdot \tfrac{(v_3 - v_{max})^2}{a_{3\,max}} + v_{max} \cdot \tfrac{(v_3 - v_{max})}{a_{3\,max}} + v_{max} \cdot t_{2\,max} + \tfrac{1}{2} \cdot a_{1\,max} \cdot t_{1\,max}^2 \qquad (12.1.3\text{-}11)$$

Die Gl. (12.1.3-12) wird nach v_3 aufgelöst:

$$v_3 = \sqrt{2 \cdot s \cdot a_{3\,max} + v_{max}^2 - 2 \cdot a_{3\,max} \cdot v_{max} \cdot t_{2\,max} - a_{3\,max} \cdot a_{1\,max} \cdot t_{1\,max}^2}$$
$$(12.1.3\text{-}12)$$

Mit Gl. (12.1.3-12) berechnet sich der maximale Weg, wenn $v_3 = 0$ ist. Es ergibt sich:

$$s_{max} = \tfrac{1}{2} \cdot \tfrac{v_{max}^2}{a_{3\,max}} + v_{max} \cdot t_{2\,max} + \tfrac{1}{2} \cdot a_{1\,max} \cdot t_{1\,max}^2 \qquad (12.1.3\text{-}13)$$

Für s-s_{max} ergibt sich dann:

$$s - s_{max} = +\tfrac{1}{2} \cdot \tfrac{v_{max}^2}{a_{3\,max}} \qquad (12.1.3\text{-}14)$$

Die Abbremsphase muß an der Stelle beginnen, an der $v = v_{max}$ ist. Für diesen Punkt ergibt sich:

$$s_{(t_3 = 0)} = s_{max} + \tfrac{1}{2} \cdot \tfrac{v_{max}^2}{a_{3\,max}} \qquad (12.1.3\text{-}15)$$

12 Realisierung von Bahnkurven

12.2 Vorgehensweise bei der Realisierung einer Bahnkurve

Eine Bahnkurve wird durch einen Polygonzug realisiert. Für diesen sind die Eckpunkte P(k) mit den Koordinaten x(k), y(k) und z(k) für k= 0...N gegeben. Für diese Kurve ist die maximale Streckenlänge unter Verwendung des Satzes von Pythagoras zu berechnen:

$$s_{max} = \sqrt{\sum_{k=1}^{N} \left((x(k)-x(k-1))^2 + \left(y(k)-y(k-1)\right)^2 + (z(k)-z(k-1))^2 \right)}$$
(12.2-1)

Daraus sind mit den gegebenen Werten für die maximale Geschwindigkeit, die Beschleunigung und die Verzögerung die Zeiten sowie die Längen der einzelnen Bahnkurvenabschnitte für Beschleunigung, Verzögerungsstrecke und Betrieb mit konstanter Geschwindigkeit zu berechnen. Die Beschleunigungszeit berechnet sich nach Gl. (12.1.1-4):

$$t_{Besch} = \frac{v_{max}}{a_{Besch}}$$
(12.2-2)

Der Beschleunigungsweg ergibt sich dann zu:

$$s_{Besch} = \frac{1}{2} \cdot a_{Besch} \cdot t_{Besch}^2$$
(12.2-3)

Die Abbremszeit berechnet sich nach Gl. (12.3-5):

$$t_{Verz} = -\frac{v_{max}}{a_{Verz}}$$
(12.2-4)

Der Bremsweg ergibt sich damit in Anlehnung an Gl. (12.1.3-14) zu:

$$s_{Verz} = -\frac{1}{2} \cdot a_{Verz} \cdot t_{Verz}^2$$
(12.2-5)

Damit ergibt sich für die Strecke mit konstanter Geschwindigkeit:

$$s_{v=konst} = s_{max} - s_{Besch} - s_{Verz}$$
(12.2-6)

Die Zeit für das Verfahren mit konstanter Geschwindigkeit berechnet sich dann nach:

$$t_{v=konst} = \frac{s_{v=konst}}{v_{max}}$$
(12.2-7)

12.2 Vorgehensweise bei der Realisierung einer Bahnkurve

Sind der Beschleunigungsweg, die Weglänge mit konstanter Geschwindigkeit und der Abbremsweg bekannt, lassen sich, wie in Abschnitt 12.1 gezeigt wurde, die wegabhängigen Verfahrgeschwindigkeiten berechnen.

Für $s = 0$ bis $s = s_{Besch}$ gilt:

$$v_1 = \sqrt{2 \cdot a_{Besch} \cdot s} \tag{12.2-8}$$

Für $s = s_{Besch}$ bis $s = s_{max} - s_{Verz}$ gilt:

$$v_2 = v_{max} \tag{12.2-9}$$

Für $s = s_{max} - s_{Verz}$ bis $s = s_{max}$ gilt:

$$v_3 = \sqrt{2 \cdot a_{Verz} \cdot (s - s_{max})} \tag{12.2-10}$$

Damit ergibt sich der In *Abb. 12.3* dargestellte Verlauf der Geschwindigkeit über dem Weg für das Beispiel aus Abschnitt 12.1. Man ist nun in der Lage, bei vorgegebenen Bahnkurvenpunkten die Gesamtlänge zu ermitteln und die Längen der Abschnitte für Beschleunigung, Bewegung mit konstanter Geschwindigkeit und Abbremsung zu ermitteln. Bei der Vorgabe der Positionswerte an den Positionsregler mit Vorsteuerung muß überprüft werden, in welchem Bereich der Bahnkurve sich das System befindet. Davon abhängig wird die zugehörige Geschwindigkeit berechnet und aus dieser dann zusammen mit der Abtastzeit T_0 der vorzugebende neue Sollwert. Dies hat für alle drei Achsen zu geschehen.

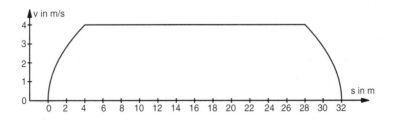

Abb. 12.3: Geschwindigkeit als Funktion des Weges

12.3 Berechnung der Bahnkurvensollwerte für die Positionsregelung

Die bisherigen Betrachtungen beziehen sich immer nur auf die vorgegebenen Eckpunkte des Polygonzuges, durch den die Bahnkurve angenähert werden soll.

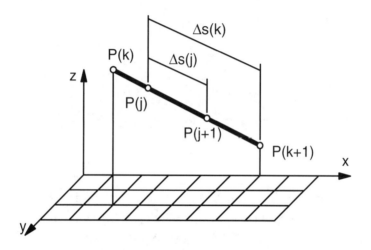

Abb. 12.4: Darstellung eines Geradenstückes der Bahnkurve mit vorgegebenen Eckpunkten und berechneten Positionswerten

Wie dicht diese Eckpunkte zu wählen sind, hängt davon ab, wie genau die exakte Bahnkurve (Kreis, Parabel, Hyperbel o. a.) durch den Polygonzug angenähert werden soll und wie stark dessen Krümmung ist. Die dem Positionsregler mit Vorsteuerung vorzugebenden Sollwerte sind aber von der jeweiligen Bahngeschwindigkeit und von der Abtastzeit abhängig. Bevor also eine Bahnkurve nachgefahren werden kann, ist aus den gegebenen Eckpunkten des Polygonzuges zunächst ein Datensatz mit Sollwerten für die drei Achsen zu generieren, bei dem die Abtastzeit und die Geschwindigkeit zu berücksichtigen sind. Wie dies zu geschehen hat, ist in der *Abb. 12.4* schematisch dargestellt. In diesem Bild tragen die vorgegebenen Eckpunkte des Polygonzuges die Laufvariable k und die berechneten Sollwerte die Laufvariable j.

12.3 Berechnung der Bahnkuvensollwerte für die Positionsregelung

Befindet sich das System an dem Punkt P(j), so muß zunächst über den zurückgelegten Weg ermittelt werden, nach welcher Beziehung (12.2-8), (12.2-9) oder (12.2-10) die Verfahrgeschwindigkeit für den nächsten Abtastschritt berechnet werden muß (s. Abschnitt 12.2). Den bis einschließlich zu dem aktuellen Abtastschritt zurückgelegten Weg kann man berechnen mit der Gleichung:

$$s(j) = s(j-1) + \sqrt{\left(x(j)-x(j-1)\right)^2 + \left(y(j)-y(j-1)\right)^2 + \left(z(j)-z(j-1)\right)^2}$$
(12.3-1)

Wenn dann festgestellt ist, in welchem Abschnitt (Beschleunigung, konstante Geschwindigkeit, Verzögerung) sich das System befindet und welche Geschwindigkeit das System dort haben muß, wird nach der Beziehung:

$$\Delta s(j) = v(j-1) \cdot T_0 \qquad (12.3\text{-}2)$$

bzw. bei im letzten Abtastschritt geänderter Geschwindigkeit gemäß Gleichung:

$$\Delta s(j) = \frac{v(j-1) + v(j-2)}{2} \cdot T_0 \qquad (12.3\text{-}3)$$

das neue Wegincrement berechnet. Aus dem derzeitigen Sollwert und dem nächsten vorgegebenen Eckpunkt läßt sich das in Abb. 12.4 angegebene Bahnstück Δs(k) berechnen. Es gelten zunächst für die einzelnen Koordinatenrichtungen die Beziehungen:

$$\Delta x(k) = x(k+1) - x(j) \qquad (12.3\text{-}4)$$

$$\Delta y(k) = y(k+1) - y(j) \qquad (12.3\text{-}5)$$

$$\Delta z(k) = z(k+1) - z(j) \qquad (12.3\text{-}6)$$

Mit diesen Werten läßt sich dann der gewünschte Wert berechnen:

$$\Delta s(k) = \sqrt{\Delta x(k)^2 + \Delta y(k)^2 + \Delta z(k)^2} \qquad (12.3\text{-}7)$$

12 Realisierung von Bahnkurven

Mit Hilfe der berechneten Werte $\Delta s(k)$, $\Delta s(j)$, $\Delta x(k)$, $\Delta y(k)$ und $\Delta z(k)$ können die neuen Sollwertinkremente durch Interpolation berechnet werden. Es gelten die Beziehungen:

$$\frac{\Delta s(k)}{\Delta s(j)} = \frac{\Delta x(k)}{\Delta x(j)} \quad \rightarrow \quad \Delta x(j) = \Delta x(k) \cdot \frac{\Delta s(j)}{\Delta s(k)} \tag{12.3-8}$$

$$\frac{\Delta s(k)}{\Delta s(j)} = \frac{\Delta y(k)}{\Delta y(j)} \quad \rightarrow \quad \Delta y(j) = \Delta y(k) \cdot \frac{\Delta s(j)}{\Delta s(k)} \tag{12.3-9}$$

$$\frac{\Delta s(k)}{\Delta s(j)} = \frac{\Delta z(k)}{\Delta z(j)} \quad \rightarrow \quad \Delta z(j) = \Delta z(k) \cdot \frac{\Delta s(j)}{\Delta s(k)} \tag{12.3-10}$$

Wenn bei den vorhergehenden Berechnungen herauskommen sollte, daß $\Delta s(j) > \Delta s(k)$ ist, ist P(k+1) durch P(k+2) zu ersetzen.

Aus den in den Gln. (12.3-8) bis (12.3-10) berechneten Sollwertinkrementen lassen sich die neuen Sollwerte nach den folgenden Beziehungen ermitteln:

$$x(j+1) = x(j) + \Delta x(j) \tag{12.3-11}$$

$$y(j+1) = y(j) + \Delta y(j) \tag{12.3-12}$$

$$z(j+1) = z(j) + \Delta z(j) \tag{12.3-13}$$

Wenn bei der hier angegebenen Vorgehensweise bei der Ermittlung der Positionssollwerte beim Betrieb eine Abweichung von der Bahnkurve aus irgendeinem Grund entstehen sollte, so erfolgt durch das angegebene Interpolationsverfahren ständig wieder eine Orientierung in Richtung der gegebenen Eckpunkte des Polygonzuges, durch den die Bahnkurve angenähert wird.

Eine andere, einfachere Vorgehensweise zur Berechnung der wegabhängigen Geschwindigkeit besteht darin, in jedem Abtastzeitpunkt nach den Gln. (12.2-8) bis (12.2-10) die drei Geschwindigkeiten zu berechnen. Für die weitere Berechnung der Bahnkurvensollwerte ist dann stets die kleinste der drei ermittelten Geschwindigkeiten zu benutzen. Dieses Verfahren ist besonders dann zu empfehlen, wenn bei kurzen Bahnkurven der Übergang von der Beschleunigungsphase direkt in den Abbremsvorgang erfolgt, ohne die vorgegebene maximale Geschwindigkeit zu erreichen.

12.4 Geschwindigkeit als Funktion des zurückgelegten Weges bei „Overwriting"

„Overwriting" bedeutet, daß man während der Fahrt entlang einer Bahnkurve die maximale Geschwindigkeit über ein Potentiometer ändern kann. Dies ist besonders beim Einrichten einer Maschine erforderlich, wenn eine visuelle Kontrolle des Bearbeitungsvorganges erfolgen soll.

Für einen solchen Vorgang sind in *Abb. 12.5* die Verläufe von Beschleunigung, Geschwindigkeit und Weg über der Zeit dargestellt. Nach dem Anfahren auf eine erste Geschwindigkeit v_{2max} erfolgt nach einer bestimmten Zeit die manuelle Umschaltung auf die Geschwindigkeit v_{4max}. Danach wird zurückgeschaltet auf die Geschwindigkeit v_{6max}. Mit dieser wird dann die Bahnkurve zu Ende gefahren, wobei sich natürlich die Geschwindigkeit gegen Ende der Bahnkurve in Abhängigkeit vom Weg weiter reduziert, um am Ende der Fahrstrecke zu Null zu werden. Für die konstanten Geschwindigkeiten können beliebige, jedoch sinnvolle und realisierbare Werte gewählt werden. In dem betrachteten Fall soll die Beschleunigung bzw. Verzögerung konstant sein. Die kinematischen Diagramme $v = f(t)$, $s = f(t)$ und $v = f(s)$ müssen für die einzelnen Abschnitte mit den Zeiten t_1 bis t_7 separat berechnet werden, da man über Unstetigkeitsstellen im Beschleunigungsverlauf nicht hinwegintegrieren darf. In den folgenden Ausführungen sind für die einzelnen Bereiche die Gleichungen angegeben, nach denen sich die zu fahrende Geschwindigkeit in Abhängigkeit vom zurückgelegten bzw. noch zurückzulegenden Weg und von der Beschleunigung bzw. Verzögerung berechnet.

12 Realisierung von Bahnkurven

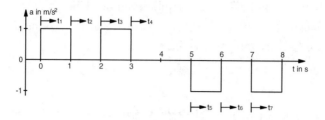

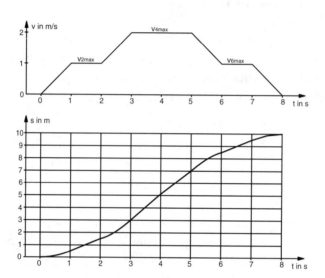

Abb. 12.5: Beschleunigung, Geschwindigkeit und Weg als Funktion der Zeit

Bereich $t_1 = 0$ bis $t_1 = t_{1max}$:

$$s = \frac{1}{2} \cdot \frac{v_1^2}{a} \rightarrow v_1 = \sqrt{2 \cdot a \cdot s} \tag{12.4-1}$$

Bereich $t_2 = 0$ bis $t_2 = t_{2max}$:

$$v_2 = v_{2max} \tag{12.4-2}$$

Bereich $t_3 = 0$ bis $t_3 = t_{3max}$:

$$v_3 = \sqrt{2 \cdot a \cdot \left(s - s_{(t_2 = t_{2max})}\right) + v_{2max}^2} \tag{12.4-3}$$

12.4 Geschwindigkeit als Funktion des zurückgelegten Weges bei „Overwriting"

Bereich $t_4 = 0$ bis $t_4 = t_{4max}$:

$$v_4 = v_{4\,max} \qquad (12.4\text{-}4)$$

Bereich $t_5 = 0$ bis $t_5 = t_{5max}$:

$$v_5 = \sqrt{2 \cdot a \cdot \left(s - s_{(t_4=t_{4\,max})}\right) + v_{4\,max}^2} \qquad (12.4\text{-}5)$$

Bereich $t_6 = 0$ bis $t_6 = t_{6max}$:

$$v_6 = v_{6\,max} \qquad (12.4\text{-}6)$$

Bereich $t_7 = 0$ bis $t_7 = t_{7max}$:

$$v_7 = \sqrt{2 \cdot a \cdot \left(s - s_{(t_6=t_{6\,max})}\right) + v_{6\,max}^2} \qquad (12.4\text{-}7)$$

Für diesen letzten Bereich gilt auch die Beziehung:

$$v_7 = \sqrt{2 \cdot a \cdot (s - s_{max})} \qquad (12.4\text{-}8)$$

Die Gln. (12.4-1), (12.4-2).(12.4-3), (12.4-4), (12.4-5), (12.4-6) und (12.4-7) geben für die einzelnen Abschnitte des Gesamtweges die Beziehungen zwischen dem zurückgelegten Weg bzw. dem noch zurückzulegendem Weg, der Beschleunigung und der zugehörigen Geschwindigkeit an. Dieser Zusammenhang ist in dem Diagramm in *Abb. 12.6* dargestellt.

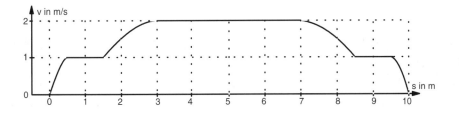

Abb. 12.6: Geschwindigkeit als Funktion des Weges

12 Realisierung von Bahnkurven

Für die Umsetzung in die Praxis ist in der Anfahrphase die Geschwindigkeit nach Gl. (12.4-1) zu berechnen. Im weiteren Verlauf der Bahnkurve bei konstanter Geschwindigkeit ist mit dieser weiterzufahren, wie es in den Gln. (12.4-2), (12.4-4) und (12.4-6) angegeben ist. Erfolgt beim Abfahren einer Bahnkurve eine neue Geschwindigkeitsvorgabe, so ist die Geschwindigkeit zu berechnen gemäß den Gln. (12.4-5) bzw. (12.4-7). Dabei ist v_{xmax} die alte Geschwindigkeit, die bis zur Eingabe der neuen gefahren wurde. Weiterhin ist in diesen Gln. der bis zur Geschwindigkeitsänderung zurückgelegte Weg $s_{(tx=txmax)}$ zu verwenden. Dieser ist aus der aktuellen Berechnung der zurückgelegten Bahnkurve zu entnehmen. Ist die vorgegebene Geschwindigkeit größer als die bisher gefahrene, ist a in den Gln. positiv und andernfalls negativ einzusetzen. Wenn dann die vorgegebene neue Geschwindigkeit erreicht ist, ist mit dieser weiterzufahren. Wird bereits eine neue Geschwindigkeit vorgegeben, bevor die letzte vorgegebene Geschwindigkeit erreicht ist, so ist die neue Vorgabe bis zum Erreichen der letzten Vorgabe zu ignorieren. Gemäß der Gl. (12.4-8) ist dafür zu sorgen, daß mit $a<0$ das System für $s = s_{max}$ am Ende der Bahnkurve zum Stillstand kommt. Deshalb ist es notwendig, bei Beschleunigungsphasen und bei Betrieb mit konstanter Geschwindigkeit bei jeder neuen Sollwertvorgabe mit der Gl. (12.4-8) zu kontrollieren, ob nicht der Abbremsvorgang einzuleiten ist.

Das gegebene Beispiel für das „Overwriting" mit einer Geschwindigkeitserhöhung und einer Geschwindigkeitsabsenkung dient lediglich zur Demonstration der Berechnungsverfahren. Für die Praxis müssen während des Abfahrens einer Bahnkurve beliebig viele Geschwindigkeitsänderungen in beide Richtungen möglich sein. Für die Geschwindigkeitsberechnung nach Erhöhung bzw. Absenkung gelten generell die Gln. (12.4-3) und (12.4-5). Beim Anfahrvorgang aus dem Stillstand und bei allen weiteren Geschwindigkeitserhöhungen sind, wie schon in Abschnitt 12.3 für Betrieb mit einer Maximalgeschwindigkeit beschrieben, die Geschwindigkeit für die Beschleunigungsphase nach den Gln. (12.4-1) bzw. (12.4-3) und die für den Abbremsvorgang in den Stillstand nach Gl. (12.4-8) zu ermitteln. Diese beiden Geschwindigkeiten sind dann mit der vorgegebenen neuen Geschwindigkeit zu vergleichen. Von den drei Werten ist dann der kleinste zur Berechnung der neuen Positionswerte zu verwenden. Wird eine kleinere als die momentan vorhandene Geschwindigkeit neu vorgegeben, so ist diese

12.4 Geschwindigkeit als Funktion des zurückgelegten Weges bei „Overwriting"

nach der Gl. (12.4-5) zu berechnen. Das Ergebnis ist dann zu vergleichen mit dem vorgegeben Geschwindigkeitswert. Von beiden Werten ist dann der größere für die Berechnung der neuen Positionssollwerte zu benutzen. Ist dann die Phase mit konstanter Geschwindigkeit erreicht, so ist ständig unter Verwendung der Gl. (12.4-8) zu kontrollieren, wann der Abbremsvorgang in den Stillstand beginnen muß.

Bei den Erörterungen in diesem Abschnitt ist bei allen Geschwindigkeitsänderungen eine konstante Beschleunigung bzw. Verzögerung vorausgesetzt. Für einen ruckfreien Betrieb ist es selbstverständlich auch möglich, einen anderen Beschleunigungsverlauf vorzugeben.

Literatur

[1] Garcés, Luis J   Ein Verfahren zur Parameteranpassung bei Drehzahlregelung der umrichtergespeisten Käfigläufermaschine

Dissertation TH Darmstadt, 1978

[2] Garbrecht, F. W.   Digitale Regelungstechnik

vde-verlag, 1991

[3] Isermann, R.   Digitale Regelsysteme, Bd. i

Springer-Verlag, 1987

[4] Reuter, M.   Regelungstechnik für Ingenieure

Vieweg-Verlag, 1989

[5] Gekeler, M. W.   Raumzeigermodulation bei Frequenzumrichtern

Antriebstechnik 27 (1988) Nr. 4

Sachverzeichnis

α, β-Koordinatensystem 30

A

Achsentransformation 28
Asynchronmaschine 37
– a, b, c-System 57
– allgemeines Ersatzschaltbild 51
– Beschleunigungsmoment 50
– Bewegungsgleichung 50
– d, q-Koordinatensystem 58
– Differentialgleichung 44
– diskontinuierlicher Zeitbereich 64
– Drehfeldinduktivität 39
– dynamisches Verhalten 50
– Einphasiges Ersatzschaltbild 36
– Ersatzschaltbild im α, β-Koordinatensystem 44
– Ersatzschaltbild im d, q-Koordinatensystem 45
– Ersatzschaltbild des Kurzschlußläufermotors im d, q-Koordinatensystem 47
– feldbildender Strom 57
– feldorientierte Regelung 57
– feldorientierter Betrieb 52
– Feldschwächung 61
– Flußbeobachter 61
– Flußbeobachtern, Entwurf von 63
– Flußmodell 57
– Hauptindudktivität 39
– Kaskadenregelung 58
– Kurzschlußläufermotor 45
– Lastmoment 50
– Maschinenmodell 66

– Moment, elektrisch erzeugbares 49
– momentbildender Strom 57
– Positionsregelung 58
– regelungstechnisches Ersatzschaltbild 54, 55
– Robustheit 57
– Spannungsgleichungen 40
– Stellgrößenvektor 65
– Steuermatrix 65
– Streuinduktivität 39
– Systemmatrix 65
– Übertragungsfunktion 55
– unterlagerte Drehzahlregelung 58
– unterlagerte Momentenregelung 58
– unterlagerte Stromregelung 58
– Vektordifferentialgleichung der Asynchronmaschine (Zustandsdarstellung) 49
– Vektordifferenzengleichung 67
– Verstärkungsfaktor 56
– Zeitkonstanten 56
– Zustandsgleichung 50
– Zustandsvektor 65

B

Bahnkurve 147
–, praktische Realisierung 156
–, Geschwindigkeit als Funktion des Weges 157, 171
Bahnkurvensollwerte 158
Bode-Diagramm 82, 85, 86, 88, 90, 91

d, q-Koordinatensystem

Sachverzeichnis

D

Drehfeldfrequenz 36
Drehmoment auf Leiterschleife 16
Drehstromsystem 31
Drehtransformation 34, 36
Drehzahl 36

F

Feldorientierung 17
Fertigungstechnik 147
Frequenzumrichter 118
- Auswahlkriterien für Leistungshalbleiter 141
- Begrenzung des Spannungsvektors 124
- Bezugspotential 126
- IGBT (Insulated Gate Bipolar Transistor) 139
- induktive Impulsübertragung 126
- Leistungsteil 131
- Leiterspannungen 133
- Mull(spannungs)komponente 136
- Raumzeigermodulation 121
- schwebendes Potential 126
- Spannungspumpe 129
- Spannungsraumzeiger 123, 124
- Sternschaltung ohne Mittelpunktserdung 131
- Steuerteil 118
- Strangspannungen 133
- Treiberstufe 125
- Unterschwingungsverfahren 119
- Verlustleistung 141, 144, 145
- Wirkungsgrad 146
- Zwischenkreisspannung 131

g

Gleichstrommotor 18
- Beschleunigungsmoment 21
- Ersatzschaltbild 19
- feldbildender Strom 18
- Feldschwächung 26
- Fluß, magnetischer 18, 21
- Führungsgröße 23
- Kohlebürsten 18
- Kollektor 18
- Lageregelung 25
- Lastmoment 21
- Massenträgheitsmoment 19
- momentbildender Strom 18
- Permanenterregung 26
- Regelgröße 20
- Regelstrecke 20
- Rotorstrom 18
- Rotorzeitkonstante 21
- Statorstrom 18
- Stellgröße 20
- Übertragungsfunktion 20, 22
- unterlagerte Drehzahlregelung 24
- unterlagerte Stromregelung 24
- Verstärkungsfaktor 24
- Zeitkonstante 23

H

Handhabungstechnik 147

K

kinematische Diagramme 150, 161
Knotenpunktbedingung 33
Kraftwirkung auf Leiter 15

L

Leistungsvarianz 32
Leiterspannungen 29

N

Nachstellzeit 82

O

Overwriting bei Bahnkurvenfahrt 161

P

Phasenreserve 82
PI-Regler 82
Polpaarzahl 34
Polygonzug 150
Portalsystem 147

Sachverzeichnis

R

Rechte-Hand-Regel 1 15
Rechte-Hand-Regel 2 15
Reglereinstellung 82
Reglerverstärkung 82
Rücktransformation 36

S

Schleppfehler 148
Schlupffrequenz 36
Schrittmotor 92
- Ansteuerschaltung 99
- Auflösung 93
- Einphasenbetrieb 92, 94
- Einsatzgebiete 100
- Feinpositionierung 100
- Hybridschrittmotoren 92, 95
- Leistungsteil 99
- Macrostep 100
- magnetischer Widerstand 96
- Microstep 100
- mit variabler Reluktanz 92, 93
- mit Permanentmagneten 92
- Phasenzahl am Stator 98
- Rotorpole 96
- Rotorzähnezahl 98
- Rückstellmoment 93
- Schrittfaktor 98
- Schrittwinkel 96
- Statorpole 95, 96
- Wirbelstromverluste 95
- Zweiphasenbetrieb 93, 94
Sensoren 101
- Auswert-ICs für inkrementale Positionsgeber 108
- Auswertung der Resolversignale 114
- Drehzahlmessung 101
- Einfachauswertung 105
- inkrementaler Positionsgeber 103
- Laserinterferometer 116
- Positionsgeber mit sinusförmigem Ausgang 109
- Rechts-/Linksläuferkennung bei Einfachauswertung 105
- – bei Vierfachauswertung 107
- Resolver 111
- Tachogenerator 101
- Vierfachauswertung 106
Strangspannungen 29
Streckenparameter 82
Synchronmaschine 69
- Bewegungsgleichung 75
- Einbauraum 79
- einphasiges Ersatzschaltbild 37, 70
- Erregerwicklung 69
- feldbildender Strom 79
- Gewicht 79
- Moment, elektrisch erzeugbares 75
- momentbildender Strom 79
- Permanenterregung 69
- Positionsregelung 80
- regelungstechnisches Ersatzschaltbild 77
- Robustheit 79
- Übertragungsfunktion 78
- unterlagerte Drehzahlregelung 80
- unterlagerte Stromregelung 80
- Verstärkungsfaktor 78
- Zeitkonstanten 78
- zweiphasiges Ersatzschaltbild in α, β-Koordinaten 73
- zweiphasiges Ersatzschaltbild in d, q-Koordinaten 75

T

Totzeitglied 82
Transformationsmatrix 32
Transitionsmatrix 65

U

u, v-Koordinatensystem 36
Übertragungsfunktion 81

V

Verfahrgeschwindigkeit 159
Vorsteuerung 147, 149

Z

Zweiachsentheorie 30

Notizen

Notizen

Notizen

Notizen

Notizen

Notizen

Notizen

Teil 2

Hans-Jürgen Schaad

Praxis der digitalen Antriebsregelung

Grundlagen des Antriebsaufbaus und der Antriebsauslegung

Antriebssicherheit

Digitale Antriebsregelung

Motorcontroller HCTL-1100 und LM628 / LM629 für die Antriebsregelung

Vorwort

Das vorliegende Buch soll dem Leser einen Einstieg in die Praxis der digitalen Antriebstechnik und Antriebsregelung vermitteln. Auf weitergehende theoretische und mathematische Betrachtungen wurde bewußt verzichtet. Wer aber auch hier in die Tiefe gehen möchte, sei auf das ausführliche Literaturverzeichnis im Anhang verwiesen.

Der erste Teil behandelt grundsätzliche Gesichtspunkte eines Antriebssystems, wie z.B.: mechanische Auslegung, Motorauswahl und Antriebssicherheit. Ebenso wird das Grundprinzip der digitalen Regelung beschrieben.

Im zweiten Teil soll der Leser dazu ermutigt werden, eigene praktische Erfahrungen mit einem integrierten digitalen Motorcontroller zu sammeln. Die Einführung von Speicherprogrammierbaren Steuerungen (SPS) im Werkzeug Maschinenbau und in der Automatisierungstechnik war der erste Schritt zu NC- (Numeric Control) und CNC-(Computer Numeric Control) gesteuerten Maschinen. Komplexe Bewegungsabläufe von Stellantrieben können, einmal programmiert, beliebig oft mit immer derselben Genauigkeit, mit einem Knopfdruck durchgeführt werden. Durch die heute immer noch komplexer werdende Integration in der Mikroprozessor-Technik war es auch in der Antriebstechnik möglich, integrierte Schaltkreise mit SPS-Funktionen zu entwickeln.

Einer der ersten Bausteine mit diesen Funktionen war der Motor-Regler HCTL-1000 (NMOS Technik) von der Fa. Hewlett Packard, der durch die neue Version HCTL-1100 (CMOS Technik) abgelöst worden ist. Ein weiterer Baustein ist der Motor Regler LM628 bzw. LM629 der Fa. National Semiconductor. Beide Regler werden als Motorcontroller bezeichnet.

Mit einem Motorcontroller als Antriebsregler, einem Stellglied für den Motor, einem Inkremental Encoder als Lagemeßglied und dem entsprechenden Interface zu einem übergeordneten Host-Rechner (Mikroprozessor-System, Personal Computer) als Steuerungsrechner läßt sich bereits eine einfache CNC-ähnliche Antriebsstruktur aufbauen. Sollen mehrere Bewegungsachsen realisiert werden, so kommen dementsprechend mehrere Motorcontroller mit dem entsprechenden Stellglied und Encoder zum Einsatz, die von einem Host-Rechner (Leitrechner) gesteuert werden.

Nach der allgemeinen Beschreibung dieser Bausteine hat der Leser die Möglichkeit, mit dem im Buch gemachten Schaltungsvorschlag eines PC-Interfaces zum HCTL-1100 und LM628, mit der beschriebenen Steuersoftware, relativ schnell einen funktionsfähigen, computergesteuerten Antrieb für eine Achse aufzubauen. Der Leser wird somit in die Lage versetzt, schnell und preisgünstig eigene praktische Erfahrungen mit dem Entwurf und der Steuerung eines digital geregelten Achsantriebs zu sammeln.

Inhalt

Teil I Einführung in die Antriebssystem-Technik

1   Analoger Positionierantrieb 9

1.1.   Computergesteuerter Stellantrieb 9

2   Antriebsaufbau und Antriebsauslegung 12

2.1   Mechanisches Verhalten des Antriebssystems 13
2.1.1   Schwingungsverhalten der Mechanik 14
2.1.2   Ermittlung der mechanischen Eigenfrequenz 15
2.1.3   Grenzwerte von Beschleunigung und Geschwindigkeit 15
2.1.4   Einfache Meßvorrichtung zur Schwingungsmessung 16
2.1.5   Eichung der Meßvorrichtung zur Schwingungsmessung 17

2.2   Motorenauswahl 19
2.2.1   Schutz des Motors vor thermischer Überlastung 20
2.2.2   Maßnahmen zur Reduzierung der Motortemperatur 22
2.2.3   Drehstrom-Synchronmotor 22
2.2.4   Temperaturverhalten von Drehstrom-Synchronmotor und
        Kollektormotor 23
2.2.5   Schutz der Permanentmagnete im Motor 23
2.2.6   Motor im Stillstand 25

2.3   Gleichstrommotor-Stellglied 25
2.3.1   Stellglied-Überwachungsfunktionen 26
2.3.2   Bremsenergie des Motors und Generatorbetrieb 27
2.3.3   Drehstrom-Synchronmotor-Stellglied 27
2.3.4   Entwurf eines einfachen Stellgliedes 28

2.4   Lagemeßglied 30
2.4.1   Inkremental-Encoder 31
2.4.2   Encoder-Auflösung 33

2.5   Hilfsmittel zur Antriebsauslegung 34
2.5.1   Software-Unterstützung 35
2.5.2   Softwaregestützte Mechanikkonstruktion 35

3   Antriebssicherheit 37

3.1   Elektromagnetische Verträglichkeit (EMV) 39
3.1.1   Reduzierung der elektrischen Störeinflüsse 39

3.2	Lagemeßglied-Signalüberwachung	39
3.2.1	Prinzip der Impulsüberwachung	40
3.2.2	Kurzschluß beider Kanäle und fehlerhafte Impulsfolgen	42
3.2.3	Schaltung zur Impulsausfall- und Fehlercodeerkennung	43
3.3	Antriebsabschaltung und NOT AUS	46
3.3.1	Rechner-Antriebswatchdog	48
3.4	Mechanische Sicherheit	49
3.5	Qualitätssicherung und Dokumentationspflicht	49
4	**Digitale Antriebsregelung**	**51**
4.1	Vergleich von Analogregler und Digitalregler	51
4.2	Digitale Abtastregelung	52
4.2.1	Digitales Filter als Regler	53
4.3	Digitaler Motorcontroller	54
4.3.1	Abtast-Zeitzähler	55
4.3.2	Positions- und Geschwindigkeits-Istwert	55
4.3.3	Geschwindigkeits-Sollwert	56
4.3.4	Leitrechner-Interface	56
4.3.5	Software	56
4.4	Filterparameter-Einstellung	57
4.4.1	Messungen zur Filtereinstellung	58
4.4.2	Filterparameter und wechselnde Last	61
4.4.3	Filtereinstellung in Mehrachsensystemen	61
4.5	Mehrachsen-Antriebssysteme	62
4.5.1	Einsatz von Feldbussen in Antriebssystemen	63

Teil II Motorcontroller für die digitale Antriebsregelung

5	**Digitaler Motorcontroller HCTL-1100**	**65**
5.1	Aufbau des HCTL-1100	66
5.1.1	HOST-Ansteuerung des HCTL-1100	68
5.1.2	HCTL-1100 Encoder Interface	70
5.2	Steuer Register des HCTL-1100	70
5.2.1	Flag-Register R00H	72
5.2.2	Programmzähler Register R05H	75
5.2.3	Status Register R07H	75
5.2.3.1	Trapez Profile Flag	76
5.2.3.2	INIT Flag	77
5.2.3.3	STOP Flag	77
5.2.3.4	Sicherheits Flag LIMIT	78
5.2.4	Motor-Command Port Register R08H	78
5.2.5	PWM Motor-Command Ausgangsregister R09H	80

5.2.5.1	PWM-Abschaltung bei SIGN-Vorzeichenumkehr (Register R07H Bit0)	82
5.2.6	Command Position Register R0CH bis R0EH	83
5.2.7	Sample Timer Register R0FH	83
5.2.8	Actual Position Register R12H bis R17H	85
5.2.9	Digital Filter Parameter Register R20H, R21H, R22H	86
5.2.10	Proportional-Geschwindigkeitsregister R23H, R24H und R34H, R35H	87
5.2.11	Beschleunigungs-Register R26H und R27H	88
5.2.12	Trapez-Profil Register R28H, R29H bis R2BH	89
5.2.13	Integrales Solldrehzahl-Register R3CH	89
5.3	Commutator Port	89
5.3.1	Commutator Phasenausgänge	90
5.3.2	Encoderauswahl und Commutatorabgleich auf den INDEX-Impuls	91
5.3.3	Elektronischer Feinabgleich des Commutators (Align Modus)	93
5.3.4	Commutator Register	94
5.3.4.1	RING Register R18H	96
5.3.4.2	Phasenvoreilungs-Register R19H und R1FH	96
5.3.4.3	Phasenfreigabe-Register R1AH	98
5.3.4.4	Phasenüberlappungs-Register R1BH	99
5.3.4.5	Phasenoffset-Register R1CH	99
5.3.5	Commutator-Grenzwerte	100
5.3.6	Commutator Dimensionierungs-Beispiel	100
5.4	Einstellungen des HCTL-1100 nach einem RESET	102
5.4.1	INIT/IDLE Modus des HCTL-1100	103
5.5	Arbeitsweise und Betriebsarten des HCTL-1100	104
5.5.1	Berechnung der HCTL Geschwindigkeits- und Beschleunigungsdaten	105
5.5.2	Lageregelung (Position Control)	108
5.5.3	Proportionale Drehzahlregelung (Proportional Velocity Control)	110
5.5.4	Integrale Drehzahlregelung (Integral Velocity Control)	111
5.5.5	Drehzahl-/Lageregelung mit Trapez Profil (Trapezoidal Profile Control)	113
5.6	Synchronisation mehrerer HCTL-1100	116
5.6.1	Synchronisation mit Hardware-Unterstützung	117
5.7	Anschaltung des HCTL-1100 an verschiedene HOST Systeme	119
5.7.1	HCTL Interface an Systemen mit demultiplextem Adress-/Datenbus	119
5.7.2	HCTL Interface an parallele Bussysteme. Beispiel: VME-Bus	121
5.7.2.1	Inhalt des programmierbaren Bausteins 16V8	123
5.7.2.2	Programme zur Steuerung der VME-Bus/HCTL Ankopplung	125
5.7.2.3	Programme zum Schreiben/Lesen von HCTL-Daten, die in mehreren Registern stehen	128
5.8	Ermittlung der HCTL-1100 Filterparameter mit Hilfe der Kombinationsmethode	144

Inhalt

5.8.1	Unterschied zwischen offenem und geschlossenem Regelkreis	144
5.8.2	Stabilitätsuntersuchung mit Hilfe des Bode-Diagramms	145
5.8.3	Verwendete Formelzeichen und Einheiten	151
5.8.4	Einsatz der Kombinationsmethode zur Bestimmung der HCTL-1100 Digitalfilter-Parameter	153
5.8.4.1	Übertragungsfunktion und Modell des Regelkreises mit HCTL-1100 als Regler	154
5.8.4.2	Übertragungsfunktion des Halteglieds nullter Ordnung (ZOH) des HCTL-1100	155
5.8.4.3	Übertragungsfunktion des Digital/Analog-Wandlers (D/A-Wandler, DAC)	156
5.8.4.4	Übertragungsfunktion des Leistungsverstärkers (Stellglied)	157
5.8.4.5	Übertragungsfunktion des Motors	158
5.8.4.6	Übertragungsfunktion des Inkremental-Encoders	161
5.8.4.7	Untersuchung der Übertragungsfunktion des offenen Regelkreises mittels BODE-Diagramm	161
5.8.4.8	Kompensation der Übertragungsfunktion des offenen Regelkreises	164
5.8.4.9	Bestimmung der HCTL-1100 Filterparameter nach der Kombinationsmethode	165
5.9	Softwarehilfe zur Bodediagrammdarstellung und Ermittlung der Filterparameter	172
5.9.1	Funktionen „Konfigurationsdaten ändern" und „Konfiguration ansehen"	173
5.9.2	Funktionen „Eingabedaten ansehen" und „Eingabedaten ändern"	175
5.9.3	Funktion „Parameter Berechnen"	178
5.9.4	Funktion „Bodediagramm"	179
5.9.5	Funktion „Ergebnis drucken"	180

6 Digitaler Motorcontroller LM628/LM629 184

6.1	Eingänge und Ausgänge des LM628/LM629	185
6.1.1	LM628-Interface zum HOST-Computer/-Prozessor	187
6.2	Arbeitsweise des LM628	187
6.2.1	Encoder Interface	189
6.2.2	Erzeugung von Bahnkurven- und Geschwindigkeitsprofilen	190
6.2.3	Bestimmung der Bahnkurvenparameter für eine Bewegung	192
6.2.4	PID-Kompensations-Filter	194
6.2.4.1	Prinzip des Regelalgorithmus	195
6.2.5	LM628 Lese- und Schreiboperationen	196
6.2.6	Sollwert-Ausgang zum Motor	198
6.3	Befehlssatz des LM628	200
6.3.1	RESET – Software-Reset	202
6.3.2	PORT8 – Setzen des Ausgangsports auf 8-Bit	203
6.3.3	PORT12 – Setzen des Ausgangsports auf 12-Bit	203
6.3.4	DFH – DeFine Home	203
6.3.5	SIP – Setzen der Index-Position	204
6.3.6	LPEI – Laden des Positionsfehlers für einen Interrupt	204
6.3.7	LPES – Laden des Positionsfehlers für einen Bewegungsstop	205
6.3.8	SBPA – Set-Breakpoint in Abhängigkeit von einer absoluten Position	205

6.3.9	SBPR – Set-Breakpoint in Abhängigkeit von einer relativen Position	206
6.3.10	MSKI – maskieren der Interrupte	206
6.3.11	RSTI – Interrupt-Reset	207
6.3.12	LFIL – Laden der Filterparameter	207
6.3.13	UDF – Update der Filterparameter	209
6.3.14	LTRJ – Laden der Bahnkurvendaten	209
6.3.15	STT – Start der Bewegung	212
6.3.16	RDSTAT – Lesen des Status-Bytes	212
6.3.17	RDSIGS – Lesen des Signal-Registers	214
6.3.18	RDIP – Lesen der Index-Position	215
6.3.19	RDDP – Lesen der Ziel-Position	216
6.3.20	RDRP – Lesen der aktuellen Motor-Position	216
6.3.21	RDDV – Lesen der Zielgeschwindigkeit	216
6.3.22	RDRV – Lesen der aktuellen Geschwindigkeit	217
6.3.23	RDSUM – Lesen des integralen Summations-Wertes	217
6.4	Hinweise zum Entwurf eines Antriebsregelkreises mit dem LM628	218
6.4.1	RESET Ablauf und Überprüfung	218
6.4.2	Digitalfilter Initialisierung	219
6.4.3	Bahnkurven Initialisierung	220
6.4.3.1	Ändern der Beschleunigung	221
6.4.3.2	Anhalten des Motors durch den HOST	222
6.4.3.3	LM628 im Geschwindigkeitsmodus	222
6.4.3.4	Synchronisieren mehrerer LM628	223
6.4.4	Interrupt Funktionen des LM628	223
6.4.5	Handhabung der LM628 Befehle	225
6.4.5.1	Test auf erfolgreichen Hardwarereset	225
6.4.5.2	Initialisieren der Filterparameter	226
6.4.5.3	Initialisieren einer einfachen Bahnkurve	227
6.4.6	Beispiel für das Festlegen eines Bahnkurvenverlaufs	228
6.4.7	Auflösung von Position, Geschwindigkeit und Beschleunigung	230
6.5	Übertragungsfunktion des digitalen PID-Filters	232

7 HCTL-1100 Motorcontroller PC-Interface 234

7.1	Steuersoftware für das HCTL-1100 PC-Interface	238
7.1.1	Verwendete Software-Definitionen	238
7.1.2	Unterprogramme zur Schieberegister Steuerung	241
7.1.3	Unterprogramme zum Schreiben/Lesen des HCTL-1100	243
7.2	Hauptprogramm zum Testen des HCTL-1100 PC-Interface	246

8 LM628 Motorcontroller PC-Interface 250

8.1	Steuersoftware für das LM628 PC-Interface	251
8.1.1	Verwendete Software-Definitionen	252
8.1.2	Unterprogramme zum Schreiben/Lesen des LM628	254
8.2	Programm zum Testen des LM628 PC-Interface	262

Inhalt

Anhang

A	Antriebs Projektierungsformular der Fa.Papst/St.Georgen	272
B	Antriebs Berechnungsbeispiel mit SERCAT der Fa.Hauser/ Offenburg	274
C	Produktbeschreibung des Programms MOMENTE der Fa.Motron/ Erlangen	279
D	Berechnungsbeispiel Synchronriemengetriebe der IFW Uni Hannover	281
E	Produktbeschreibung des Programms KISSsoft der Fa.Kissling/ Zürich	283
F	Mechanische/Elektrische Daten des HCTL-1100	285
G	Mechanische/Elektrische Daten des LM628/LM629	293
H	Applikationsschrift zur Positionssteuerung PCC4 der Fa. ECK-ELEKTRONIK / Hannover	299
	Literaturverzeichnis	321
	Sachverzeichnis	329

Die Ausführungen zum HCTL-1100 erfolgten nach Unterlagen der Fa. Hewlett Packard und eigenen praktischen Erfahrungen. Die Ausführungen zum LM628/LM629 erfolgten nach Unterlagen der Fa. National Semiconductor.

Beim Gebrauch des Buches sind die Schutzrechte für folgende Software-Produkte zu beachten:

>ANSYS / Fa. Swanson Analysis System Inc.
>KISSoft / Fa. Kissling / Zürich
>MOMENTE / Fa. Motron / Erlangen
>SERCAT / Fa. Hauser / Offenburg
>MOTOR / Fa. ECK / Hannover

Wichtiger Hinweis

Die in diesem Buch wiedergegebenen Schaltungen und Verfahren werden ohne Rücksicht auf die Patentlage mitgeteilt. Sie sind ausschließlich für Amateur- und Lehrzwecke bestimmt und dürfen nicht gewerblich genutzt werden*).
Alle Schaltungen und technischen Angaben in diesem Buch wurden vom Autor mit größter Sorgfalt erarbeitet bzw. zusammengestellt und unter Einschaltung wirksamer Kontrollmaßnahmen reproduziert. Trotzdem sind Fehler nicht ganz auszuschließen. Der Verlag und der Autor sehen sich deshalb gezwungen, darauf hinzuweisen, daß sie weder eine Garantie noch die juristische Verantwortung oder irgendeine Haftung für Folgen, die auf fehlerhafte Angaben zurückgehen, übernehmen können. Für die Mitteilung eventueller Fehler sind Autor und Verlag jederzeit dankbar.

*) Bei gewerblicher Nutzung ist vorher die Genehmigung des möglichen Lizenzinhabers einzuholen.

Teil I Einführung in die Antriebssystem-Technik
1 Analoger Positionierantrieb

Analoge Positionierantriebe arbeiten nach dem Prinzip der Nachlauf Regelung. *Abb. 1.1* zeigt den schematischen Aufbau.

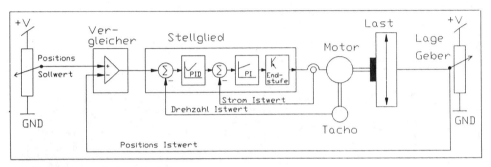

Abb. 1.1 Analoger Positionierantrieb

Die vom Anwender vorgegebene Zielposition wird als analoger Wert, z.B. durch ein Sollwert Potentiometer als Positions proportionaler Spannungswert, vorgegeben.

Das Stellglied treibt den Motor so lange an, bis die von einem zweiten Potentiometer an der Bewegung gelieferte Ist-Position (Ist-Spannung) mit der Ziel-Position übereinstimmt.

Der analoge Vergleicher liefert dann am Ausgang zum Stellglied den Wert Null (Sollwert – Istwert = 0) und der Antrieb kommt zum stehen.

1.1 Computergesteuerter Stellantrieb

Abb. 1.2 zeigt den grundsätzlichen Aufbau eines Computergesteuerten Stellantriebs.

Vom Steuerrechner (Leitrechner) werden die Soll Positionswerte und Soll Drehzahlwerte dem Antriebsregelkreis übergeben. Er besteht aus dem Lageregler (Motorcontroller) und einem elektronischem Stellglied für den Motor.

1 Analoger Positionierantrieb

Stellglieder sind üblicherweise mit einem Drehzahlregler, einem unterlagerten Stromregler und einer Leistungsendstufe als Verbindung zum Motor ausgestattet.

Mit einem Strommeßglied, einem Drehzahlmeßglied und einem Lagemeßglied werden die Antriebs-Istwerte erfaßt und zum entsprechenden Regler zurückgeführt.

Der Motor ist durch eine Übersetzung mit der Last mechanisch gekoppelt.

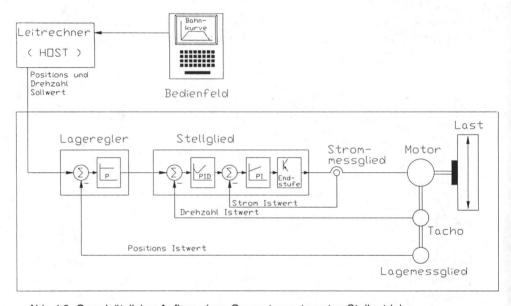

Abb. 1.2 Grundsätzlicher Aufbau eines Computergesteuerten Stellantriebs

Der Lageregelkreis überwacht in dieser Konfiguration, daß die Antriebsposition anhand der vom Leitrechner vorgegebenen Sollposition erreicht wird. Positionsänderungen durch Lastwechsel werden ausgeglichen und die vom Leitrechner eingestellte Soll-Drehzahl an das elektronische Stellglied weitergegeben.

Das Stellglied arbeitet als Leistungsverstärker, der über die Leistungsendstufe den Energiefluß im Motor entsprechend dem Drehzahlsollwert einstellt.

Wird die Belastung des Motors größer, so sinkt die Drehzahl. Hierdurch wird die Differenz Drehzahl-Sollwert minus Drehzahl-Istwert größer und das Stellglied veranlaßt, daß der Motor mit einer höheren Spannung beaufschlagt wird. Dies hat zur Folge, daß der Motorstrom und somit das Motordrehmoment so lange steigt, bis die Solldrehzahl wieder erreicht wird.

Der Motorcontroller kann neben der Lageregelung auch die Drehzahlregelung durchführen.

1.1 Computergesteuerter Stellantrieb

Das Stellglied reduziert sich dann auf einen Stromregler mit Leistungsendstufe. Das Lagemeßglied (Encoder, Resolver) ist jetzt auch gleichzeitig Drehzahlmeßglied *(Abb. 1.3)*.

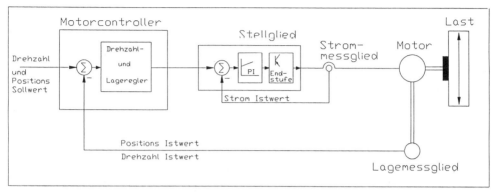

Abb. 1.3 Antriebsregelkreis ohne Drehzahlregler im Stellglied

Müssen keine großen Lasten bewegt werden, d.h., es handelt sich um einen Antrieb kleiner Leistung, so kann auf einen Drehzahl- und Stromregler im Stellglied ganz verzichtet werden.

Die Funktion des Stellgliedes ist dann die einer reinen Leistungsendstufe *(Abb. 1.4)*

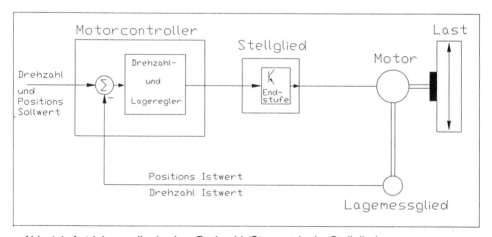

Abb. 1.4 Antriebsregelkreis ohne Drehzahl-/Stromregler im Stellglied

Ein Antrieb ist immer in seiner Gesamtheit, bestehend aus Lastanforderung, mechanischer Konstruktion, Motor, Stellglied und Lageregler, zu betrachten. Aus diesem Grund soll hierauf im folgenden näher eingegangen werden.

2 Antriebsaufbau und Auslegung

Im ersten Schritt ist der Verbindung von Motor und Last besondere Aufmerksamkeit zu widmen. Sie entscheidet letztendlich über die Qualität eines Antriebs.

Nach [117], [61] und [17 s.43] sollte die Anpassung von Motor und Last durch eine Übersetzung nach der Formel von (Gl. 2.1) erfolgen.

$$i_{opt} = \sqrt{\frac{JL}{JM \cdot g}}$$ (GL. 2.1)

i_{opt}: optimales Übersetzungsverhältnis
JL: Summe der Trägheitsmomente, die lastseitig wirken
JM: Summe der Trägheitsmomente, die motorseitig wirken.
g: Getriebewirkungsgrad.

erfolgen, damit die gewünschte Lastbeschleunigung mit einem möglichst geringem Motormoment erreicht werden kann.

Erfolgt die Verbindung zwischen Motor und Last durch eine spielarme und kraftschlüssige Übersetzung (Getriebe, Zahnriemen), so kann das Lagemeßglied direkt von der Motorachse angetrieben werden.

Wird dies nicht gewährleistet, z.B. durch den Einsatz von Keilriementrieben als Übersetzung vom Motor zur Last, so ist es notwendig, das Lagemeßglied der Lastseite zuzuordnen. Durch diese Maßnahme kann trotz des Riemenschlupfs eine gute Positioniergenauigkeit erreicht werden.

Nachteil dieser Konfiguration ist allerdings der erhöhte Regelaufwand des Lagereglers, da der Riemenschlupf immer mit ausgeregelt werden muß. Bei Antrieben großer Leistung, d.h., es muß eine große Last bewegt werden, kann dies zu einem unruhigen Regelverhalten des Lagereglers und somit zur Schwingneigung des Antriebs führen.

Ebenfalls wird die Einstellung der Reglerparameter schwieriger. Aus diesen Gründen ist eine kraftschlüssige, schlupffreie und spielarme Übersetzung vom Motor zur Last vorzuziehen.

Das Drehzahlmeßglied zur Erfassung der Motor-Ist-Drehzahl ist in der Regel ein Tacho und wird direkt von der Motorachse angetrieben.

2.1 Mechanisches Verhalten des Antriebssystems

Durch den Aufbau eines Antriebs aus Motor, Getriebe oder Zahnriemen als Übersetzung und z.B. einer Antriebsspindel für die Last *(Abb. 2.1)* und den entsprechenden mechanischen Tragelementen,

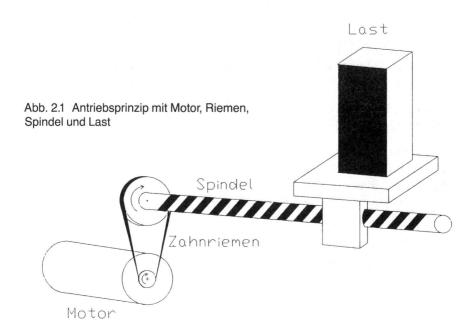

Abb. 2.1 Antriebsprinzip mit Motor, Riemen, Spindel und Last

erhält man ein mehr oder weniger schwingungsfähiges, elastisches System mit einer systemspezifischen mechanischen Eigenfrequenz.

Bei der Antriebsauslegung ist darauf zu achten, daß die niedrigste mechanische Eigenfrequenz des Antriebssystems größer ist, als die größte Erregerfrequenz, die durch Sollwertänderungen der Regelung oder durch von außen zugeführte mechanische Schwingungen hervorgerufen wird. Ist dies erfüllt, so ist gewährleistet, daß die vom Drehzahl- und Lagemeßglied erfassten mechanischen Schwingungen des Antriebs von den Regelkreisen praktisch ignoriert werden, d.h. keine Auswirkung als Störgröße haben.

Dies ist besonders wichtig, wenn in einem Mehrachsensystem mehrere Antriebe kombiniert betrieben werden.

Die Bewegung einer Achse erzeugt in den anderen mechanische Schwingungen, die bei falscher Auslegung der Antriebsachsen von den zugehörigen Regelkreisen über die Lagemeßglieder erfaßt werden und daß ganze System in Schwingung versetzen.

2.1.1 Schwingungsverhalten der Mechanik

Durch mechanische Schwingungen wird der Verschleiß größer! Hierdurch wird die Lebensdauer und die Zuverlässigkeit eines Antriebs verringert.

Ebenso wird die Positioniergenauigkeit verschlechtert und bedingt durch die Schwingungen werden die Arbeitsgeräusche des Antriebs lauter.

Als Ursache für Schwingungen wird eine Unterscheidung in innere und äußere Ursachen getroffen [11].

Hiernach sind innere Ursachen
- Antriebsaufbau aus Motor und Getriebe
- schlechte Regelung
- Spiel der bewegten Teile und Unwucht drehender Teile
- elastische Verbindungsstellen

und äußere Ursachen
- Anfahren von Endanschlägen
- zu schnelles Beschleunigen bzw. Abbremsen des Antriebs
- plötzliche Laständerungen
- von außen zugeführte Schwingungen, z.B. durch Erschütterungen von anderen Antrieben oder Geräten

Das Schwingungsverhalten eines Antriebs wird durch die Art der mechanischen Verbindung der einzelnen Antriebsteile miteinander direkt beeinflußt. Durch zu großes Spiel zwischen den Antriebsteilen werden Stöße (Impulse) erzeugt, die Schwingungen anregen.

Mechanisches Spiel ist somit zu vermeiden bzw. auf ein zulässiges Maß (Aufwand, Kosten) zu reduzieren.

Da die Eigenfrequenzen der mechanischen Elemente im Bereich von 1 ... 1000Hz liegen [11] und bei hohen Eigenfrequenzen die Schwingungsamplituden kleiner werden, muß das Hauptaugenmerk auf dem unteren Frequenzbereich liegen.

Hieraus folgt, daß versucht werden sollte, den Antriebsaufbau vom Frequenzverhalten her in einen möglichst hohen Eigenfrequenzbereich zu bringen.

Dies kann durch möglichst steife Verbindungen zwischen den einzelnen Antriebsteilen erreicht werden.

Wenn es dann noch zu Resonanzen (Eigenfrequenz = Erregerfrequenz) kommt, sind zumindest die Amplituden der Schwingungen verringert worden und wirken sich nicht so störend aus.

2.1.2 Ermittlung der mechanischen Eigenfrequenz

Die Bestimmung der niedrigsten mechanischen Eigenfrequenz eines Antriebs Systems kann überschlagsmäßig rechnerisch erfolgen [117].

Ebenso kann hierfür die Finite Elemente Methode (siehe Kapitel 2.5.2) oder Spezialsoftware für die Antriebstechnik [91] eingesetzt werden.

Genauer bestimmen läßt sie sich experimentell am Original-Antriebsaufbau durch die Meßtechnik.

Auf den Drehzahlregler-Eingang des Stellgliedes wird ein Sollwert mit einer definierten, bekannten Störgröße gegeben.

Die Reaktionen des Antriebs, d.h., die mechanischen Schwingungen der Konstruktion werden mit Beschleunigungsaufnehmern erfaßt.

Der Störgrößen behaftete Sollwert und die Signale der Beschleunigungsaufnehmer werden dann mit einem Frequenz Spektrum Analyzer untersucht und die niedrigste mechanische Eigenfrequenz ermittelt.

2.1.3 Grenzwerte von Beschleunigung und Geschwindigkeit

Die niedrigste mechanische Eigenfrequenz dient zur Ermittlung der richtigen Parameter-Einstellungen der Regelkreise.

Es können jetzt die maximale zulässige Beschleunigung beim Anfahren, bzw. Verzögerung beim Bremsen und die maximal zulässige Geschwindigkeit der Last bestimmt werden.

Am einfachsten geschieht dies ebenfalls experimentell am Originalantrieb mit realistischer Last.

Diese Grenzwerte von Beschleunigung/Verzögerung und Geschwindigkeit sind so zu wählen, daß zur niedrigsten Eigenfrequenz ein genügend großer Abstand vorhanden ist, aber trotzdem noch die geforderte Antriebsdynamik gewährleistet wird.

2 Antriebsaufbau und Auslegung

Kann dies nicht erreicht werden, so sollte der Antriebsaufbau überprüft und eventuell umkonstruiert werden.

Grundsätzlich sollten im Betrieb plötzliche Beschleunigungs-/Verzögerungssprünge vermieden werden. Durch sie kann das gesamte Antriebssystem zu Schwingungen angeregt werden. Gleichzeitig erhöht sich auch die mechanische Belastung des Systems.

2.1.4 Einfache Meßvorrichtung zur Schwingungsmessung

Für aussagekräftige Schwingungsmessungen sind aufwendige und teure Meßvorrichtungen, bestehend z.B. aus Beschleunigungsaufnehmern und Spektrumanalyser mit evtl. angeschlossenem Auswerte-Computer, notwendig.

Eine Anschaffung dieser Geräte lohnt sich nur, wenn häufig Messungen vorzunehmen sind. Für einmalige Messungen können Meßgeräte von entsprechenden Verleihfirmen gemietet werden. Wird dieser Weg gewählt, so sollte die Einarbeitung in den Umgang mit den Geräten und die Meßauswertung nicht unterschätzt werden.

Eine weitere Möglichkeit ist die Einbeziehung von Fachleuten aus Universitäts-Instituten, die sich mit Schwingungsmessungen beschäftigen.

Eine einfache und kostengünstige Art der Schwingungsmessung ist mit Reflexlichtschranken als Meßwertaufnehmer und einem Speicher-Oszilloskop als Meßgerät möglich.

Abb. 2.2 zeigt den Prinzipaufbau dieser Meßvorrichtung, deren Ergebnisse in vielen Fällen ausreichen werden, um zumindest tendenzielle Aussagen über das Schwingungsverhalten mechanischer Bauelemente zu bekommen.

Damit bei normalem Umgebungslicht gearbeitet werden kann, sollten Infrarot-Reflexlichtschranken verwendet werden.

Die Reflexlichtschranke wird in einem möglichst kleinem Abstand vom zu vermessenden mechanischen Bauteil angebracht (z.B. mit Hilfe eines Fotostativs).

Am Bauteil selbst wird eine weiße reflektierende Fläche angebracht. Über eine Abgleichschaltung wird die Reflexlichtschranke mit Spannung versorgt.

Der von der Sendediode abgestrahlte Lichtstrahl wird vom mechanischen Bauteil reflektiert, mit dem Empfänger aufgenommen und vom Oszilloskop gemessen und dargestellt.

2.1 Mechanisches Verhalten des Antriebssystems

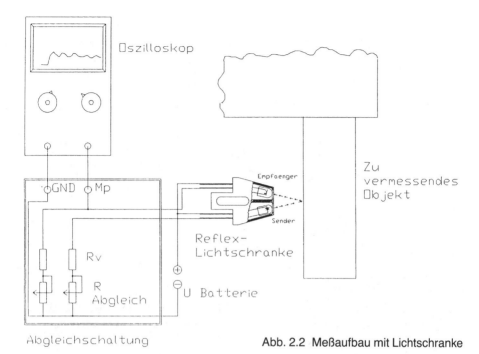

Abb. 2.2 Meßaufbau mit Lichtschranke

Wird das mechanische Bauteil in Schwingung versetzt (z.B. durch einen leichten Hammerschlag), so verändert sich durch die Schwingungsamplitude, entsprechend der Schwingungsfrequenz, der Abstand zur Reflexlichtschranke.

Hierdurch erhält der Empfänger mehr Lichtenergie oder weniger Lichtenergie, so daß vom Oszilloskop ein der mechanischen Schwingung proportionales Signal gemessen werden kann.

2.1.5 Eichung der Meßvorrichtung zur Schwingungsmessung

Damit eine Auswertung der Messungen vorgenommen werden kann, ist es notwendig vorher die Meßvorrichtung zu eichen. Hierfür wird vor der Reflexlichtschranke eine im Abstand veränderbare reflektierende Fläche angebracht. Dies geschieht am einfachsten, indem vor der fixierten Lichtschranke eine Schieblehre (oder ähnliches Meßmittel) mit angebrachtem Reflektor (z.B. weiße Pappe) montiert wird *(Abb. 2.3)*.

An der Schieblehre kann der jeweils eingestellte Abstand des Reflektors zur Lichtschranke abgelesen werden.

2 Antriebsaufbau und Auslegung

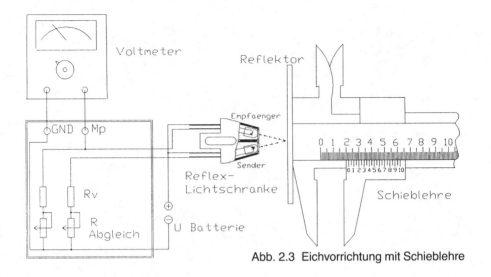

Abb. 2.3 Eichvorrichtung mit Schieblehre

Anstelle des Oszilloskops wird für die Eichung ein Voltmeter eingesetzt. In Abhängigkeit vom Abstand des Reflektors zur Reflexlichtschranke wird die Spannung am Empfänger gemessen.

Die auf diese Weise ermittelten Werte werden als Eich-Kennlinie mV/mm in einem Diagramm dargestellt *(Abb. 2.4)*.

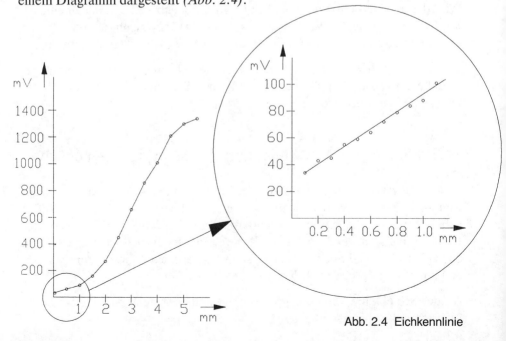

Abb. 2.4 Eichkennlinie

Es ist notwendig, daß die Einstellungen der Spannungsquelle und der Abgleichschaltung, die die Reflexlichtschranke versorgen, nach der Eichmessung nicht mehr verändert werden.

Bei den Schwingungsmessungen können jetzt mit Hilfe der Eichkennlinie mV/mm aus dem Oszillogramm die Schwingungsamplituden des zu vermessenden Bauteils ermittelt werden.

Die Schwingungsfrequenz läßt sich direkt aus dem Oszillogramm ablesen *(Abb. 2.5)*.

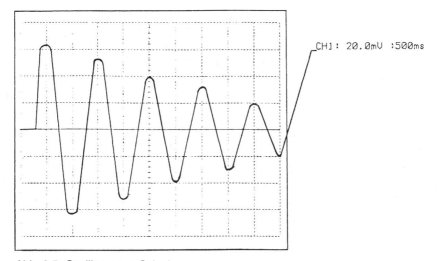

Abb. 2.5 Oszillogramm Schwingungsmessung

Die Auswertungen, die mit dieser einfachen Meßvorrichtung vorgenommen werden können, sind selbstverständlich nicht mit den Möglichkeiten eines teuren Spektrumanalyzers zu vergleichen.

Sie sollten aber ausreichen, um z.B. konstruktive Veränderungen zu beurteilen, die durchgeführt wurden, um mechanische Schwingungen zu verringern.

2.2 Motorenauswahl

Neben Schrittmotoren für Kleinleistungsantriebe, werden für Stellantriebe hauptsächlich permanent erregte Kollektor Gleichstrommotore eingesetzt. Für die Auswahl des richtigen Motors sind neben dem erforderlichen Motormo-

2 Antriebsaufbau und Auslegung

ment und der maximal Drehzahl (Nenndrehzahl bei Nennspannung) noch andere Faktoren zu beachten.

Nach [117] bringt eine Abweichung von der idealen Übersetzung i_{opt} laut Gl. 2.1 um den Faktor 0.5 bzw. 2 eine Erhöhung des benötigten Motormomentes um ca. 25%. Wird von i_{opt} um den Faktor 0.25 bzw. 4 abgewichen, so erhöht sich das benötigte Motormoment sogar um ca. 100%. Es ist somit auf eine gute Anpassung von Motor und Last zu achten.

Der Motorhersteller liefert zu jedem Motor eine zulässige Drehzahl-Drehmoment-Kennlinie *(Abb. 2.6)*.

Ein Überschreiten der zulässigen Kommutierungsgrenzlinie, d.h. der zulässigen Drehzahl und des zulässigen Drehmomentes, schränkt die Lebensdauer des Motors ein, und kann zur Beschädigung des Kommutators und der Bürsten führen. Ein kurzzeitiges überschreiten von M_{max}, z.B. durch eine kurze Stromspitze, kann zur teilweisen Entmagnetisierung der Permanentmagnete führen.

2.2.1 Schutz des Motors vor thermischer Überlastung

Die zeitlichen Bewegungsabläufe die der Antrieb und somit der Motor durchzuführen hat sollten bekannt sein, bzw. untersucht werden, da sie sich direkt auf das thermische Verhalten des Motors auswirken. Durch die elektrischen Verluste beim zyklischen beschleunigen/bremsen und durch die Reibung der Lager steigt die Motor Temperatur an. Thermisch kritisch sind die Motorwicklungen und der Kommutator.

Durch Dauerlauftests mit den geforderten Bewegungszyklen des Antriebs unter Last, läßt sich noch in der Entwicklungsphase eine Aussage über die maximale Temperaturbelastung des Motors machen. Sollte hierbei festgestellt werden, daß die zulässigen maximalen Temperaturen schnell erreicht werden, ohne daß die geforderten Bewegungszyklen erzielt wurden, so müssen Gegenmaßnahmen getroffen werden.

Bei Motoren mit Ferritmagneten kann sich zudem die Drehmomentkonstante (KA-Faktor [Nm/A]) bei Temperaturerhöhung verringern. Dies hat zur Folge, daß bei gleichbleibendem Strom der Motor ein geringeres Moment liefert als im kalten Zustand.

2.2 Motorauswahl

Definition der Kurzzeichen im Drehzahl-Drehmoment-Diagramm für Hytork®-Motoren

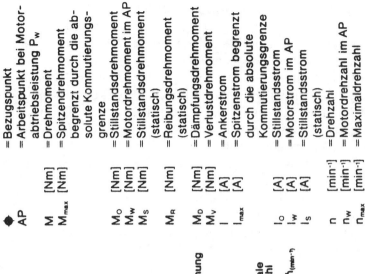

◆		= Bezugspunkt
AP		= Arbeitspunkt bei Motorabtriebsleistung P_W
M	[Nm]	= Drehmoment
M_{max}	[Nm]	= Spitzendrehmoment begrenzt durch die absolute Kommutierungsgrenze
M_O	[Nm]	= Stillstandsdrehmoment
M_W	[Nm]	= Motordrehmoment im AP
M_S	[Nm]	= Stillstandsdrehmoment (statisch)
M_R	[Nm]	= Reibungsdrehmoment (statisch)
M_D	[Nm]	= Dämpfungsdrehmoment
M_V	[Nm]	= Verlustdrehmoment
I	[A]	= Ankerstrom
I_{max}	[A]	= Spitzenstrom begrenzt durch die absolute Kommutierungsgrenze
I_O	[A]	= Stillstandsstrom
I_W	[A]	= Motorstrom im AP
I_S	[A]	= Stillstandsstrom (statisch)
n	[min⁻¹]	= Drehzahl
n_W	[min⁻¹]	= Motordrehzahl im AP
n_{max}	[min⁻¹]	= Maximaldrehzahl

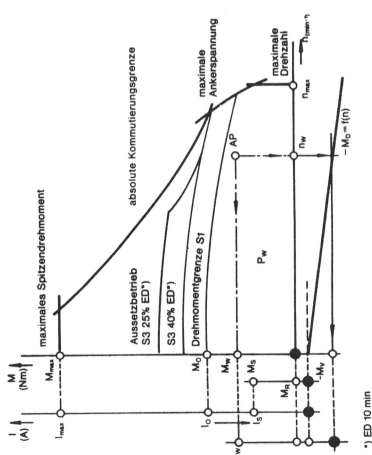

*) ED 10 min

Abb. 2.6 Drehzahl-Drehmoment-Kennlinie (Quelle: Fa.BBC [4])

2.2.2 Maßnahmen zur Reduzierung der Motortemperatur

Um innerhalb der zulässigen Temperaturen zu bleiben, können verschiedene Maßnahmen durchgeführt werden:
- Eine Fremdbelüftung des Motors kann zur schnellen Wärmeabfuhr eingesetzt werden. Die Luftzufuhr sollte direkt auf den Läufer (Rotor), d.h. ins Innere des Motors erfolgen. Dies hat den Vorteil, daß die Wärme direkt aus dem Luftspalt zwischen Läufer und Stator abgeführt wird. Gleichzeitig wird auch der Kommutator gekühlt.
- Es kann das vom Motor aufzubringende Lastträgheitsmoment verringert werden, indem die Konstruktion des Antriebs geändert wird. Diesem sind aber sehr oft durch die Spezifikation des Gesamtgerätes bezüglich Platz und äußeren Abmessungen Grenzen gesetzt.
- Der Einbau eines stärkeren und damit größeren Motors ist ebenfalls denkbar, wenn dies vom Platz her möglich ist.

2.2.3 Drehstrom-Synchronmotor

Eine weitere Möglichkeit ist der Einsatz eines Drehstrom-Synchronmotors (AC Synchronmotor) anstelle eines bürstenbehafteten Gleichstrommotors [59]. Bei diesem Motor befinden sich die Wicklungen im Stator und die Permanentmagnete auf dem Rotor.

Im Sprachgebrauch wird der Drehstrom-Synchronmotor oft als bürstenloser Gleichstrommotor bezeichnet, weil er im Verhalten einem Gleichstrommotor ähnlich ist.

Auch die Bezeichnung Elektronikmotor ist üblich, weil durch eine spezielle elektronische Steuerung der Endstufe ein Drehfeld erzeugt wird.

Bei gleicher Baugröße wie ein bürstenbehafteter Gleichstrommotor ist er in der Lage, durch seinen besseren Wirkungsgrad ein größeres Moment zu liefern.

Die Wärmeabfuhr ist wesentlich günstiger, da kein Luftspalt überwunden werden muß.

Ein weiterer Vorteil ist der Wegfall der Verschleißteile Kommutator und Kohlebürsten.

2.2.4 Temperaturverhalten von Drehstrom-Synchronmotor und Kollektormotor

Ein Kollektormotor und ein Drehstrom-Synchronmotor mit gleicher Leistung wurden einem Dauerlauftest unterzogen.

In der Versuchsanordnung mußte eine Last vertikal hin und her bewegt werden mit 5min Fahrzyklus und anschließender 5min Pause usw. *Abb. 2.7* und *Abb. 2.8* zeigen den Temperaturverlauf, der außen am Motorgehäuse gemessen wurde.

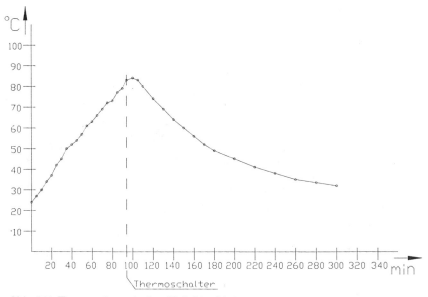

Abb. 2.7 Temperaturverhalten Kollektor Motor

Beim bürstenbehafteten Kollektormotor mußte nach ca. 94 Minuten der Versuch abgebrochen werden, da der Motor-Sicherheits-Thermoschalter ansprach.

Der Drehstrom-Synchronmotor wurde nach ca. 340 Minuten normal gestoppt, ohne daß der temperaturgefährdete Bereich erreicht wurde. Wie ersichtlich, verläuft durch die bessere Wärmeabfuhr die Temperaturkurve des bürstenlosen Motors wesentlich flacher.

2.2.5 Schutz der Permanentmagnete im Motor

Wie schon angedeutet, können durch eine kurze, unzulässige Stromspitze die Permanentmagnete teilweise entmagnetisiert werden. Aus diesem Grund muß

2 Antriebsaufbau und Auslegung

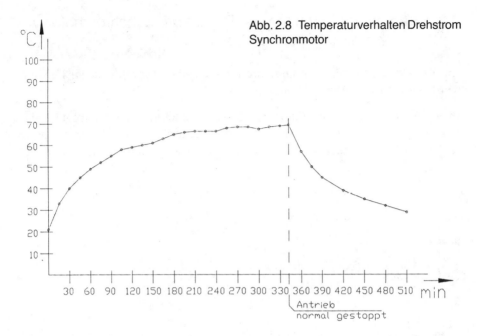

Abb. 2.8 Temperaturverhalten Drehstrom Synchronmotor

die Strombegrenzung des Stellgliedes so eingestellt sein, daß der zulässige Spitzenstrom des Motors nicht überschritten wird!

Insbesondere bei Motoren mit Ferritmagneten führt ein Überschreiten des zulässigen Spitzenstroms sehr schnell zum Entmagnetisieren. Das Erregerfeld wird hierdurch geschwächt und der Motor erreicht nicht mehr sein Nennmoment.

Werden Motore mit Permanentmagneten aus seltenen Erden, wie z.B. Samarium Kobalt, eingesetzt, so reduziert sich zwar die Gefahr der Entmagnetisierung, aber der Motor wird verteuert.

Nach dem Ausfall eines Stellgliedes, z.B. durch einen Kurzschluß der Endstufentransistoren, sollte unbedingt geprüft werden, ob eine Entmagnetisierung stattgefunden hat. Dies läßt sich am einfachsten durchführen, indem gemessen wird, ob der angeschlossene Motor im Leerlauf bei Nennspannung noch seine Nenndrehzahl hat.

Ist die ermittelte Drehzahl wesentlich größer als die Nenndrehzahl, so kann von einer Entmagnetisierung und somit von einer Feldschwächung der Permanentmagnete ausgegangen werden. Der Motor sollte sofort ausgetauscht werden. Bei teuren Motoren lohnt es sich, die Magnete durch den Hersteller wieder aufmagnetisieren zu lassen.

2.2.6 Motor im Stillstand

Bei einem Betrieb des Motors im Stillstand unter Last muß das Motorlastmoment und damit der Ankerstrom gemäß der Drehzahl-Drehmoment Kennlinie auf das in diesem Fall zulässige Moment reduziert werden *(Abb. 2.6)*. Dieser Punkt in der Kennlinie wird als Stillstandsdrehmoment M_o bezeichnet.

Wird der Motor über längere Zeit (größer 5min ... 10min) im Stillstand betrieben, so muß das Drehmoment auf das statische Stillstandsdrehmoment M_s erniedrigt werden [4].

Wird beim Antriebsentwurf schon erkannt, daß ein Dauer-Stillstand im Betrieb möglich ist, so sollte dies dem Motorenlieferanten unbedingt mitgeteilt werden, damit er zu dem ausgewählten Motortyp entsprechende Hinweise für Schutzmaßnahmen geben kann.

Die Stillstands-Grenzpunkte des Kennliniendiagrammes können aber auch dazu führen, daß ein Motor mit größerem Nennmoment ausgewählt werden muß, obwohl dies vom dynamischen Betrieb her vielleicht nicht notwendig wäre.

2.3 Gleichstrommotor-Stellglied

Grundsätzlich ist zu empfehlen, Motor und Stellglied vom selben Hersteller bzw. Lieferanten zu beziehen. Auf diese Weise ist gewährleistet, daß beide aufeinander abgestimmt sind.

Die Eigenschaften des Stellgliedes beeinflussen, ebenso wie die des Motors und der Mechanik, direkt das Verhalten des Antriebs in bezug auf Arbeitsgeschwindigkeit, Positioniergenauigkeit und Lebensdauer.

Entsprechend dem Drehzahlsollwert, hat das Stellglied die Aufgabe mit einem Drehzahl- und Stromregler über eine Leistungsendstufe den Energiefluß im Motor zu regeln *(Abb. 2.9)*.

Für Antriebe mit hohen dynamischen Anforderungen werden heute in der Hauptsache Stellglieder mit Endstufen aus Leistungstransistoren in Brückenschaltung eingesetzt [11].

Die Ansteuerung der Transistoren erfolgt getaktet nach dem Verfahren der Pulsbreitensteuerung.

Die Brückenschaltung ermöglicht bipolaren Betrieb des Motors (Rechts/Links-Lauf) mit nur einer Gleichspannungsquelle als Versorgung.

2 Antriebsaufbau und Auslegung

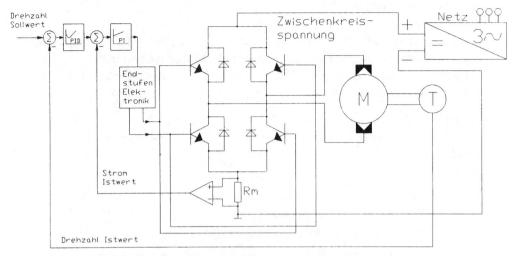

Abb. 2.9 Steller Prinzip mit PWM Endstufe

Die drehzahlproportionale Motorspannung wird aus der Versorgungsspannung durch Modulation der Pulsbreite erzeugt.

Aus diesem Grund wird diese Art der Ansteuerung auch als Pulsbreitenmodulation (PWM) bezeichnet.

Je nach verwendetem Stellglied liegt die Frequenz der Pulsbreite im Bereich von 8kHz … 20kHz.

Die notwendige Energieversorgung stellt ein Gleichstrom-Zwischenkreis zur Verfügung.

Er wird aus dem 50Hz-Netz über einen Transformator und Gleichrichter erzeugt. Je nach Leistungsbedarf wird das 3-Phasen oder 2-Phasen Netz genutzt.

2.3.1 Stellglied-Überwachungsfunktionen

Neben den oben genannten Grundaufgaben werden im Stellglied aber auch noch spezielle Überwachungsfunktionen des Motors und der Leistungsendstufe durchgeführt. Diese sind je nach Gerät unterschiedlich.

Folgende Überwachungsfunktionen sollten enthalten sein:

- Motordauerstrom-Begrenzung
- Motorspitzenstrom-Begrenzung

- Drehzahlabhängige Motorstrombegrenzung zur Einhaltung der Kommutierungsgrenzlinie, die aus der Drehzahl-Drehmoment-Kennlinie des Motors ersichtlich ist.
- Überwachung des Tachosignals
- Überwachung der Reglertemperatur
- Überwachung auf Überspannung, Kurzschluß und Erdschluß
- Hinzu kommt bei einigen Reglern eine automatische Leistungsbegrenzung, wenn die Umgebungstemperatur z.B. 45 Grad Celsius übersteigt.

Die Motor-bezogenen Grenzwerte werden entweder analog über Potentiometer oder digital [108] auf den jeweils zum Einsatz kommenden Motortyp eingestellt.

Von den Überwachungsschaltungen erkannte Grenzwert-Über- bzw. -Unterschreitungen lösen entsprechende Maßnahmen aus. Zusätzlich werden nach außen Meldungen z.B. über Leuchtdioden ausgegeben.

Der Anwender ist somit in der Lage, sich einen schnellen Überblick über den aktuellen Zustand des Stellers zu verschaffen.

2.3.2 Bremsenergie des Motors und Generatorbetrieb

Beim Abbremsen eines Motors und in Anwendungen, wo Generatorbetrieb des Motors vorkommt (z.B. Heben und Senken von Lasten), wird Energie in den Gleichspannungs-Zwischenkreis zurückgespeist. Hierdurch kann eine kurzzeitige, unzulässige Erhöhung der Zwischenkreisspannung entstehen. Ohne entsprechende Schutzmaßnahmen können die Transistoren der Endstufe zerstört werden.

Aus diesem Grund wird als Schutzvorrichtung an den Gleichspannungszwischenkreis eine Ballastschaltung als sogenannter Bremschopper [17] bzw. Generatorlastmodul [59] angeschlossen.

Sobald die Zwischenkreisspannung den zulässigen Maximalwert überschreitet, veranlaßt eine Überwachung die Zuschaltung eines Lastwiderstandes, der die überschüssige Energie verbraucht *(Abb. 2.10)*.

2.3.3 Drehstrom-Synchronmotor-Stellglied

Das Stellglied eines Drehstrom-Synchronmotors ist gegenüber dem eines bürstenbehafteten Gleichstrommotors aufwendiger und teurer. Es müssen mehre-

2 Antriebsaufbau und Auslegung

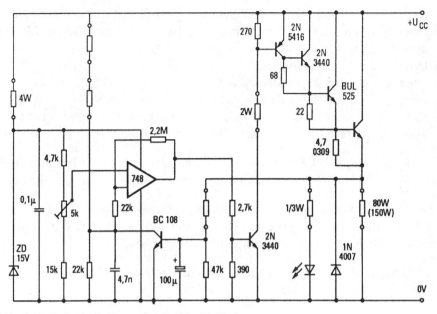

Abb. 2.10 Ballastschaltung (Quelle: Fa. Mattke)

re Wicklungsphasen elektronisch so angesteuert werden, daß ein Drehfeld entsteht [59].

Damit die Bestromung der einzelnen Phasen zum richtigen Zeitpunkt erfolgt, müssen Rotorlagegeber vorhanden sein, die von der Elektronik ausgewertet werden. Dies können Hallsensoren sein, die sich an jeder Wicklung im Motor befinden, oder auch ein Resolver, der sich auf der Motorachse mitdreht.

Hat der Motor als Rotorlagegeber Hallsensoren, so arbeitet die Ansteuerung nach dem Verfahren der Block-Kommutierung (Rechteckansteuerung). In diesem Fall wird für den Drehzahlregler des Stellgliedes zusätzlich ein Tacho und für einen evtl. vorhandenen Lageregler ein Encoder benötigt.

Hat der Motor als Rotorlagegeber einen Resolver, so arbeitet die Ansteuerung nach dem Verfahren der Sinus-Kommutierung. Aus den Resolversignalen können Tacho- und Encoderäquivalente Signale [59] für die Drehzahl- und Lageregelung generiert werden.

2.3.4 Entwurf eines einfachen Stellgliedes

Für den Entwurf und Aufbau einfacher Steller stehen heute integrierte Schaltungen zur Verfügung, die einen Großteil von Funktionen schon enthalten.

2.3 Gleichstrommotor-Stellglied

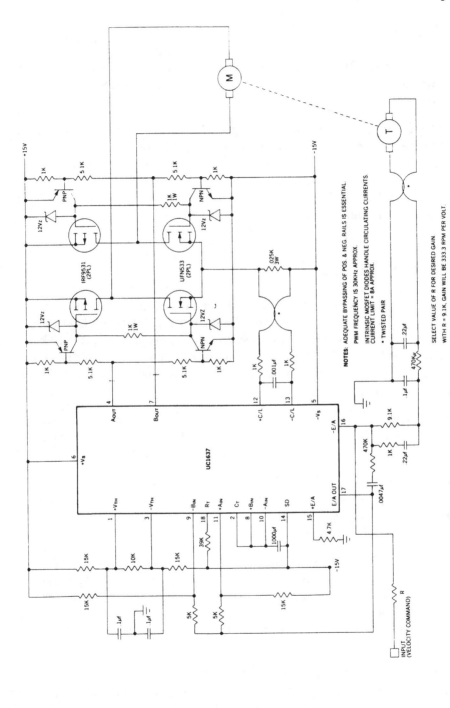

Abb. 2.11 Steller mit dem Baustein UC1637 (Quelle: Fa. Unitrode)

Abb. 2.11 zeigt einen Aufbau mit dem Drehzahl-Regler-IC UC1637 der Fa. Unitrode [106], der in der Lage ist, direkt eine Transistor-Endstufe anzusteuern.

Um die oben angeführten Überwachungsfunktionen zu realisieren, brauchen nur wenige Komponenten (Operationsverstärker, CMOS-Logik) ergänzt zu werden.

Werden die Stellerkomponenten, die über Potentiometer abgeglichen und auf das Antriebssystem eingestellt werden müssen (z.B. Drehzahlregler, Tachoabgleich usw.), auf einem separaten Steckmodul untergebracht, so können Steller getauscht werden (z.B. bei einem Defekt der Endstufe), ohne daß ein neuer Abgleich erfolgen muß. Es wird einfach das Steckmodul vom alten auf den neuen Steller umgesteckt.

2.4 Lagemeßglied

Das Lagemeßglied teilt dem Lageregler die aktuelle Antriebsposition (Ist-Position) mit. Dies geschieht entweder rotatorisch durch Erfassen des Drehwinkels am Motor, oder linear als Längenmeßsystem direkt an der Bewegung. Ist keine Schlupf-freie Verbindung zwischen Motor und der Bewegung möglich, so wird das rotatorische Lagemeßglied nicht am Motor, sondern ebenfalls direkt an der Bewegung angebracht.

Als rotierende Lagemeßglieder werden in der Antriebstechnik inkrementale bzw. absolute Drehimpulsgeber (Encoder) und Resolver [59] eingesetzt. Aber auch potentiometrische Geber kommen noch zum Einsatz.

Absolut kodierte Drehimpulsgeber haben den Vorteil, daß durch die Kodierung zu jedem Zeitpunkt die aktuelle Position abgelesen werden kann. Die verwendete Kodierung ist unterschiedlich, die gebräuchlichsten sind der BCD-Kode, Binär-Kode und Gray-Kode.

Inkrementale Drehimpulsgeber liefern pro Umdrehung eine bestimmte Menge von Impulsen, die von einer Zählerelektronik erfaßt werden. Der mitgezählte Wert ist ein Maß für die durchgeführten Winkelschritte (Inkremente). Damit dieser mitgezählte Wert als Positionswert Gültigkeit erhält, muß beim ersten Bewegungsstart ein definierter Nullpunkt angefahren werden, von dem aus mit der Zählung begonnen wird.

Für Positionierantriebe mit digitalen Lagereglern wird fast ausschließlich das Prinzip des inkrementalen Drehimpulsgebers eingesetzt. Ist ein Antrieb mit einem Resolver ausgestattet, so kann durch eine spezielle Elektronik [59] aus

2.4 Lagemeßglied

den Resolversignalen eine Nachbildung der inkrementalen Impulse erfolgen. Der zusätzliche Einsatz eines Drehimpulsgebers ist dann nicht notwendig.

Im folgenden soll der inkrementale Drehimpulsgeber näher betrachtet werden. Wobei die gebräuchliche Bezeichnung „Inkremental Encoder" oder auch nur „Encoder" verwendet wird.

2.4.1 Inkremental-Encoder

Ein Inkremental-Encoder hat die Aufgabe, eine Drehbewegung in elektrische Impulse umzusetzen. In der Hauptsache werden heute Encoder eingesetzt, die mit einer optischen Impulserfassung arbeiten. Hierdurch ergibt sich der Vorteil einer berührungslosen Drehbewegungserfassung.

Abb. 2.12 zeigt das einfache Grundprinzip eines optischen Encoders. Eine sich drehende Schlitz- oder Reflektorscheibe wird durch die optische Sende- und Empfangsdiode abgetastet.

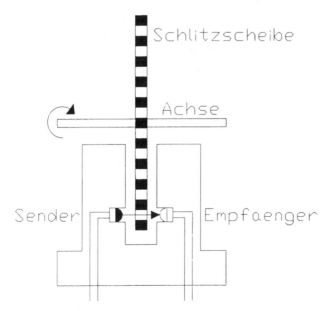

Abb. 2.12 Prinzip eines optischen Encoders

Die Signale eines Encoders können in den meisten Fällen ohne Signalanpassung direkt von der digitalen Erfassungselektronik des Lagereglers verarbeitet werden.

Abb. 2.13 zeigt am Beispiel des Encoders HEDS-5000 (Hersteller Hewlett Packard) das elektrische Blockdiagramm.

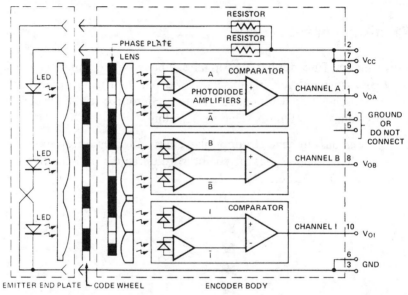

Abb.2.13 Elektrisches Blockdiagramm HEDS-5000 (Quelle: Fa.Hewlett Packard)

Das Herz des Encoders ist die zwischen der Lichtquelle (Sendedioden) und den Photo-Empfangsdioden drehbar gelagerte Schlitzscheibe (Codierscheibe).

Abb. 2.14 zeigt in der Draufsicht den Prinzipaufbau einer Codierscheibe.

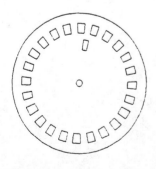

Abb. 2.14 Aufbau einer Codierscheibe

2.4 Lagemeßglied

Die Anzahl der Schlitze (Inkremente) auf dem äußeren Scheibenumfang bestimmt die Menge der pro Umdrehung erzeugten Impulse und somit die Winkelauflösung des Encoders. Der einzelne Schlitz unterhalb der Umfangsschlitze liefert pro Umdrehung einen Impuls, den sogenannten Indeximpuls bzw. Nullimpuls.

Durch die getrennte Erfassung der Hell- (Schlitz) und Dunkelfelder (kein Schlitz) werden pro Impulskanal je zwei komplementäre Signale „A,/A" und „B,/B" für die Drehwinkelerfassung innerhalb einer Umdrehung und die Indeximpulse „I,/I" pro Umdrehung erzeugt.

Bei einigen Encoder-Typen werden diese paarweisen Signale direkt ausgegeben.

Im gezeigten Encoder wird mit Hilfe je eines Differenzverstärkers aus den zwei Signalen je ein Signal A, B und I gebildet, die dann an die Positions-Erfassungselektronik des Lagegebers weitergeleitet werden können.

Die Impulsfolgen von Kanal A und Kanal B sind um 90 Grad zueinander Phasenverschoben *(Abb. 2.15)*.

Abb.2.15 Phasenverschiebung der Kanäle A und B

Aus dieser Phasenverschiebung der Kanäle zueinander erkennt die Auswerteelektronik die gerade aktuelle Drehrichtung.

Eilt Kanal A gegenüber B um 90 Grad vor, so kann dies als vorwärts Richtung (Drehung im Uhrzeigersinn) definiert werden.

Eilt Kanal B gegenüber A um 90 Grad vor, so kann dies als rückwärts Richtung (Drehung gegen den Uhrzeigersinn) definiert werden.

Der Indeximpuls I wird nach jeder vollen Umdrehung geliefert. Mit diesem Signal kann die Gesamtzahl der durchgeführten Umdrehungen erfaßt werden.

2.4.2 Encoder-Auflösung

Die Encoder-Auflösung ist definiert als die kleinste Winkeldrehung, die erfaßt werden kann.

Ein Encoder mit N Schlitzen hat eine mechanische Winkelauflösung von 360 Grad : N pro Umdrehung.

2 Antriebsaufbau und Auslegung

Mit dieser Beziehung kann für die Antriebsanwendung entsprechend der geforderten Positioniergenauigkeit ein Encoder ausgesucht werden.

Die Auflösung kann durch eine nachgeschaltete Elektronik um den Faktor vier erhöht werden, indem jede Impulsflanke der Kanäle A und B ausgewertet wird. Abb. 2.16 zeigt das Ergebnis solch einer Vervierfachung.

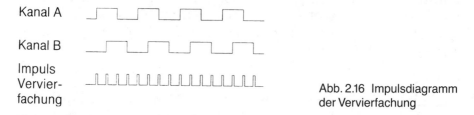

Abb. 2.16 Impulsdiagramm der Vervierfachung

Bei den meisten Lagereglern kommt diese als Quadrierung bezeichnete Impulsvervielfältigung zum Einsatz.

Ein weiteres Kriterium ist die maximal zulässige Drehzahl und damit die maximale Impulsfrequenz des Encoders, die dem Datenblatt des Herstellers entnommen werden kann.

Wird die zulässige Impulsfrequenz überschritten, so kann es zum Verlust von Impulsen kommen, da sie von der Encoder-Elektronik nicht mehr einwandfrei erkannt werden.

Dies bedeutet, daß die maximale Antriebsdrehzahl bei der Auswahl des Encoders mit berücksichtigt werden muß.

2.5 Hilfsmittel zur Antriebsauslegung

Der erste Schritt im Entwurf eines Antriebs ist die Formulierung und Aufstellung der grundlegend geforderten Eigenschaften und Funktionen. Dies sind z.B. Geschwindigkeit, Beschleunigung, Verfahrweg und aufzubringendes Lastmoment.

Anschließend wird ein Ablaufplan erstellt, in dem die Vorgehensweise der Dimensionierung von Motor, Stellglied, Lagemeßglied und den mechanischen Elementen wie Getriebe, Lager und Führungen festgelegt werden [11], [59].

Neben der einfacheren Aufgabenverteilung erleichtert diese Vorgehensweise die Erstellung einer ausführlichen Produktdokumentation (siehe Kap. 3.5.0).

Anhang A zeigt am Beispiel eines Projektierungsformulars der Fa.Papst, wie der erste Kontakt zu einem Motor-Lieferanten durchgeführt werden kann.

2.5.1 Software-Unterstützung

Einige Hersteller und Lieferanten von Motoren unterstützen ihre Kunden durch spezielle PC-Software, um die Dimensionierung von Antrieben zu erleichtern.

Anhang B zeigt eine Demo-Berechnung mit dem Programm SERCAT [59] von der Fa.Hauser/Offenburg [38].

Anhang C zeigt eine Produktbeschreibung des Programms MOMENTE der Fa.Motron/Erlangen.

Aber auch für die Dimensionierung einzelner Antriebselemente kann auf eine softwaremäßige Unterstützung zurückgegriffen werden. So wurde von der IFW/Universität Hannover ein Programm zur Dimensionierung von rotatorischen Synchronriemen-Getrieben [63] entwickelt. Anhang D zeigt ein Berechnungsbeispiel.

Anhang E zeigt eine Produktbeschreibung des Programms KISSsoft [54] der Fa.Kissling/Zürich.

2.5.2 Softwaregestützte Mechanikkonstruktion

Bei Antriebskonstruktionen besteht die Forderung nach einer großen Steifigkeit mit möglichst geringem Eigengewicht.

Um diese Bedingungen zu erfüllen haben sich Berechnungen der mechanischen Bauteile nach der Finiten Elemente Methode (FEM) durchgesetzt [3], [28], [89].

Mit speziellen FEM-Softwareprogrammen kann an mechanischen Konstruktionen eine Verformungs- und Spannungsanalyse zur Ermittlung der kritischen Schwachpunkte durchgeführt werden, bevor auch nur ein einziger Prototyp körperlich aufgebaut worden ist.

Zur Durchführung einer FEM-Analyse wird die Gesamtkonstruktion in Teilkonstruktionen unterteilt und jede für sich untersucht.

Die Geometrien der Teilkonstruktionen und Merkmale des verwendeten Materials werden zur Modellbildung in das FEM Programm übertragen. Anschließend werden die Belastungspunkte in das Finite-Elemente-Netz eingegeben, damit die Berechnung und Anzeige der Spannungs- und Verformungszustände durchgeführt werden kann. Abb. 2.17 zeigt den Ausdruck einer FEM Demo des Programmes ANSYS.

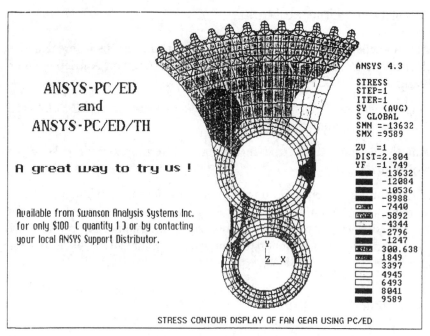

Abb. 2.17 ANSYS FEM Demo (Quelle: Fa.Swanson Analysis Systems Inc.)

Ist ein Konstruktionselement möglichst genau als FEM-Modell nachgebildet worden, so können recht einfach Optimierungsmaßnahmen durch Veränderung der Modell-Konstruktion vorgenommen werden. Die Auswirkungen der durchgeführten Änderung auf Steifigkeit und Gewicht lassen sich sehr schnell durch einen neuen Berechnungsvorgang ermitteln.

3 Antriebssicherheit

Dem Gesichtspunkt der Antriebssicherheit ist schon zu Beginn der Entwurfsarbeit eines Antriebssystems eine besondere Bedeutung beizumessen. Neben dem Erfüllen der reinen Antriebsfunktionalität müssen Maßnahmen getroffen werden, die Sachschaden und vorrangig Personenschaden durch Fehlfunktionen des Antriebs oder den Ausfall von Baugruppen vermeiden.

Zur Begrenzung von Bewegungen können Endschalter und, falls erforderlich, Endanschläge zum Einsatz kommen.

Als Personenschutz können Berührungsschalter z.B. in Form von Schaltmatten eingesetzt werden, bei deren Konstruktion der Nachlauf des Antriebs mit berücksichtigt werden muß. Ebenso ist der Einsatz von Lichtschranken und Näherungsschaltern möglich.

Im folgenden sollen einige weitere Problempunkte aufgezeigt werden.

3.1 Elektromagnetische Verträglichkeit (EMV)

Wird ein Stromkreis schnell unterbrochen (z.B. durch einen Schalter), so werden durch den Spannungssprung an den Schaltkontakten Störungen erzeugt. Die Stärke der Störung hängt davon ab, wie groß die induktive, kapazitive und ohmsche Belastung im unterbrochenen Stromkreis ist.

Transistor-Endstufen von Stellgliedern, die getaktet nach dem Prinzip der Pulsbreitenmodulation arbeiten, sind dauernd am Schalten und erzeugen dementsprechend bei jedem Schaltvorgang Störimpulse.

Die Frequenz dieser Störimpulse wird bestimmt durch die Grundfrequenz der Pulsbreite.

Bei handelsüblichen Stellgliedern liegt diese Grundfrequenz im Bereich von 8KHz bis 20KHz.

Die Stellglied-Endstufe als Störquelle strahlt selbst nur sehr wenig ab. Aber die angeschlossenen Leitungen zum Motor und der Motor selbst wirken wie eine abstrahlende Antenne, und dies umso mehr, wenn die Leitungen nicht entstört wurden. Bei Kollektormotoren kommen zusätzlich noch die Störungen hinzu, die das Bürstenfeuer erzeugt.

Abb. 3.1 zeigt als Beispiel die Auswirkungen dieser Störungen auf die Impulssignale eines Inkremental-Encoders, der als Lagemeßglied im Antriebssystem eingesetzt wurde.

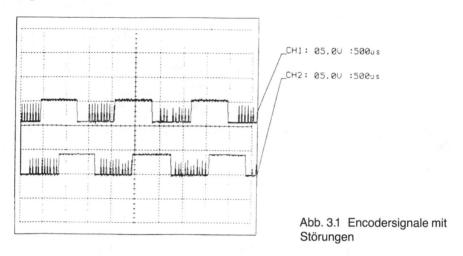

Abb. 3.1 Encodersignale mit Störungen

Wie man erkennen kann, erreichen die Störimpulse durchaus den Signalpegel der Encoder-Impulsleitungen.

Hierdurch kann es zu Fehlmessungen des Lageregelkreises und für Mensch und Material zu gefährlichen Fehlpositionierungen des Antriebs kommen.

Aber nicht nur der Einfluß der Störung auf das eigene System ist von Bedeutung, sondern auch die Auswirkungen auf Fremdsysteme, besonders im fernmeldetechnischen Bereich.

Mit der Begrenzung der ausgestrahlten Störungen und der Festlegung der zulässigen Grenzwerte der Störspannungen von elektrischen Geräten befassen sich die VDE-Vorschriften VDE-0871 und VDE-0875. In der VDE-0871 werden HF-Spannungen mit schmalbandigem Störpegel behandelt (Frequenzen oberhalb 10kHz) und in der VDE-0875 hochfrequente Störungen mit einem breitbandigen Spektrum.

Im Rahmen der seit dem 1.1.1996 gültigen CE-Kennzeichnungspflicht für elektrische Produkte ist dem Thema EMV erhöhte Aufmerksamkeit zu widmen. Die bisherigen nationalen Normen werden durch die Europäische und Internationale Harmonisierung angeglichen und mit EN bzw. IEC Nummern veröffentlicht.

3.1.1 Reduzierung der elektrischen Störeinflüsse

Die Energiedichte von Störimpulsen ist relativ hoch, so daß sie mit entsprechenden Maßnahmen reduziert werden muß.

Da diese Thematik recht umfangreich ist, werden hier nur einige auf die Antriebstechnik bezogene Maßnahmen genannt und auf die weiterführende Literatur (z.B. [20], [24], [25], [47], [57], [65], [74], [113]) verwiesen.

Galvanische Trennung:
Entkopplung der Steuer- und Regelelektronik von der Leistungselektronik durch Optokoppler, Übertrager und Differenzverstärker.

Abschirmung:
Abschirmung der Motorleitungen und Signalleitungen. Abschirmung der Leistungsendstufe durch Unterbringung in ein geschlossenes Metallgehäuse. Verbindung der Abschirmungen mit Erde, damit die kapazitiven Ausgleichsströme abgeleitet werden.

Leitungsführung:
Verdrillung der Motorleitungen, damit sich die magnetische Störstrahlung weitgehend aufhebt und Induktionsschleifen vermieden werden. Räumlich getrennte Verlegung von Motorleitungen und Signalleitungen.

Erdung:
Einsatz eines sternförmigen Erdsystems mit nur einem Bezugspunkt und hierdurch Vermeidung von Erdschleifen mit nicht definierbaren Ableitströmen. Diese Art der Erdung unterstützt die Maßnahmen zur galvanischen Trennung.

Entstörung:
Einsatz von Entstörfiltern für die Netzversorgung. Einsatz von Entstörkondensatoren an den Bürsten von Kollektormotoren zur Reduzierung des Bürstenfeuers.

3.2 Lagemeßglied-Signalüberwachung

Die vom Lagemeßglied gelieferten, um 90 Grad zueinander verschobenen Impulskanäle gehen als Positions-Istwert direkt in den Lageregelkreis. Proportional mit der Geschwindigkeit des Antriebs verändert sich die Frequenz beider Kanäle.

Die Drehrichtung bestimmt, ob die Impulse von Kanal A denen von B voreilen oder nacheilen.

3 Antriebssicherheit

Eine fehlerhafte Impulsfolge oder ein Impulsausfall kann fatale Auswirkungen auf die Funktion des Lageregelkreises und des Antriebssystems haben.

Unkontrollierte Antriebsbewegungen bis hin zur Kollision mit Mensch und Material können die Folge sein.

Störimpulse können fehlerhafte Impulsfolgen erzeugen, die als echte Impulse interpretiert werden (siehe Abb. 3.1). Ebenso kann eine falsche Montage des Lagemeßglieds die Ursache für unrichtige Impulsfolgen sein. Ein Impulsausfall kann z.B durch den Bruch einer Impulsleitung oder durch einen Kurzschluß zwischen beiden Leitungen verursacht werden.

Im ersten Schritt können zur Verminderung der Störanfälligkeit Lagemeßglieder mit komplementären Impulskanälen A,/A und B,/B eingesetzt werden (siehe Kap. 2.4.1). Dies ist besonders dann sinnvoll, wenn lange Leitungen für die Signalführung notwendig sind.

Die Einkopplung in den Lageregelkreis erfolgt dann über Differenzverstärker als Signale CHA, CHB *(Abb. 3.2)*.

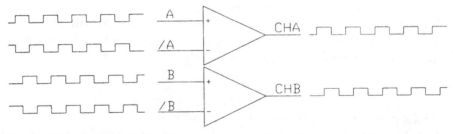

Abb. 3.2 Bildung der Impulskanäle aus komplementären Encodersignalen

Anschließend sollten die Signale einer Überwachungselektronik zugeführt werden, die eine Impulsüberwachung durchführt. Das Prinzip einer solchen Überwachung wurde bereits in [82] beschrieben und soll hier noch einmal kurz erläutert werden.

3.2.1. Prinzip der Impulsüberwachung

Die zwei Kanäle müssen nach folgenden Gesichtspunkten kontrolliert werden:

- Test auf Kurzschluß CHA=CHB und falsche Impulsfolgen
- Test auf Impulsausfall

Damit eine Beurteilung der Impulsfolgen beider Kanäle vorgenommen werden kann, müssen der letzte und der gerade aktuelle Impulszustand ermittelt werden.

3.2 Lagemeßglied-Signalüberwachung

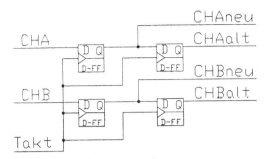

Abb. 3.3 Änderungsdetektor für beide Impulskanäle

Mit einer Schaltung nach dem Prinzip eines Änderungsdetektors laut [104] ist dies möglich *(Abb. 3.3)*.

Mit dem Takt werden beide Impulskanäle abgetastet. Damit auch hohe Impulsfrequenzen erfaßt werden können, muß der Takt entsprechend groß gewählt werden, z.B. 1 MHz.

Die aus dieser Schaltung gewonnenen Impulsinformationen können jetzt für die weitere Verarbeitung ausgewertet werden.

Anhand der fehlerfreien Impulsdiagramme bei voreilendem Kanal CHA *(Abb. 3.4)* und voreilendem Kanal CHB *(Abb. 3.5)* können die logischen Zustände des Änderungsdetektors in Tabellenform festgehalten werden *(Tab. 3.1)* und *(Tab. 3.2)*.

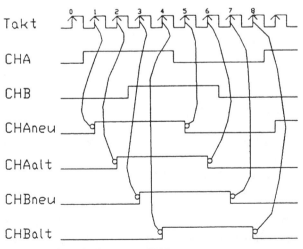

Abb. 3.4 Impulsdiagramm CHA vor

3 Antriebssicherheit

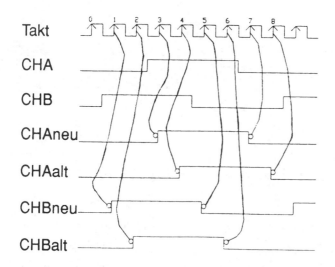

Abb. 3.5 Impulsdiagramm CHB vor

Tab. 3.1 Logische Zustände CHA vor

CHA	vor	CHB		Term Nr.
neu	alt	neu	alt	
0	0	0	0	0
1	0	0	0	1
1	1	0	0	2
1	1	1	0	3
1	1	1	1	4
0	1	1	1	5
0	0	1	1	6
0	0	0	1	7
0	0	0	0	8

Tab. 3.2 Logische Zustände CHB vor

CHB	vor	CHA		Term Nr.
neu	alt	neu	alt	
0	0	0	0	0
0	0	1	0	1
0	0	1	1	2
1	0	1	1	3
1	1	1	1	4
1	1	0	1	5
1	1	0	0	6
0	1	0	0	7
0	0	0	0	8

Diese beiden Tabellen sind die Grundlage für die weitere Auswertung.

3.2.2 Kurzschluß beider Kanäle und fehlerhafte Impulsfolgen

In Abb. 3.6 ist das Impulsdiagramm bei einem Kurzschluß beider Kanäle dargestellt und aus Tab. 3.3 sind die logischen Zustände ersichtlich.

Ein Vergleich von Tab. 3.3 mit Tab. 3.1 und Tab. 3.2 ergibt, daß die Terme 1 und 5 in diesen beiden Tabellen nicht existieren und somit als Fehlercode für den Kurzschlußfall angesehen werden können.

3.2 Lagemeßglied-Signalüberwachung

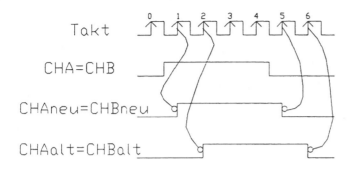

Abb. 3.6 Impulsdiagramm Kurzschluß

Tab. 3.3 Logische Zustände bei Kurzschluß

CHA		CHB		Term
neu	alt	neu	alt	Nr.
0	0	0	0	0
1	0	1	0	1
1	1	1	1	2,3,4
0	1	0	1	5
0	0	0	0	6

Als Gleichung stellt der Kurzschluß Fehlercode sich wie folgt dar:

Error_short = CHAneu*/CHAalt*CHBneu*/CHBalt + /CHAneu*CHAalt* /CHBneu*CHBalt (GL. 3.1)

Man erhält zwei weitere Fehlerterme, wenn man Tab. 3.1 und Tab. 3.2 mit der allgemeinen binären Wahrheitstabelle von 4 Variablen vergleicht. Alle Terme der Wahrheitstabelle, die nicht in Tab. 3.1 oder Tab. 3.2 enthalten sind, werden als Fehlerterme und somit als falsche Impulsfolgen deklariert. Man erhält somit folgenden allgemeinen Fehlercode:

Error_code = CHAneu*/CHAalt*CHBneu*/CHBalt + /CHAneu*CHAalt* /CHBneu*CHBalt + /CHAneu*CHAalt*CHBneu*/CHBalt + CHAneu* /CHAalt*/CHBneu*CHBalt (Gl. 3.2)

3.2.3 Schaltung zur Impulsausfall- und Fehlercodeerkennung

Abb. 3.7 zeigt die gesamte Überwachungsschaltung

Die Ausgänge des Änderungsdetektors nach Abb. 3.3 werden auf die Eingänge eines PAL (Programmable Array Logic) Bausteins geführt. In das PAL wird

3 Antriebssicherheit

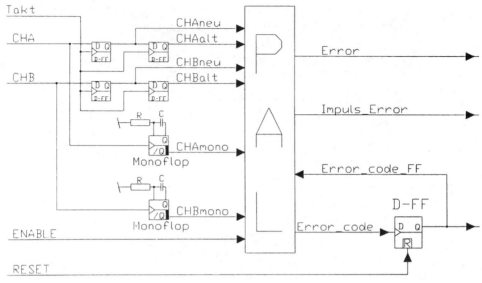

Abb. 3.7 Encoder-Impuls-Überwachungsschaltung komplett

Gleichung Gl. 3.2 für den Ausgang „Error_code" programmiert. Da ein erkannter Fehler kein statisches Signal erzeugt, sondern nur einen kurzen Impuls, ist ein D-Flip-Flop zur Fehlerspeicherung nachgeschaltet worden. Wird ein Fehlercode erkannt, so kann mit dem D-FF Ausgang eine sofortige Antriebsstillegung erfolgen.

Mit dem Signal „RESET" kann nach einer Fehlerbehebung der Antrieb wieder freigegeben werden.

Um den Impulsausfall (z.B. durch Leitungsbruch) eines Kanals feststellen zu können, wird für jeden Kanal ein nachtriggerbares Monoflop eingesetzt. Die /Q-Ausgänge werden zur Fehlerauswertung auf Eingänge des PAL's geführt.

Solange wie Impulse vorhanden sind, ist /Q auf logisch „0" und der entsprechende Kanal in Ordnung.

Die Dimensionierung des RC-Zeitgliedes muß so erfolgen, daß auch die langsamste Antriebsdrehzahl noch ein nachtriggern der Monoflops ermöglicht.

Damit bei einem Antriebsstillstand keine Fehlermeldung generiert wird, kann mit dem Signal „ENABLE", das ebenfalls auf einen PAL Eingang geht, die Monoflop-Auswertung gesperrt werden.

Eine Freigabe der Monoflop-Auswertung erfolgt erst dann, wenn eine Antriebsbewegung eingeleitet wurde.

3.2 Lagemeßglied-Signalüberwachung

Die in das PAL für den Ausgang „Impuls_Error" zu programmierende Gleichung lautet:

Impuls_Error = CHAmono * Enable + CHBmono * Enable   (Gl. 3.3)

Wird ein Impulsausfall erkannt, so muß ebenfalls eine stattfindende Antriebsbewegung sofort gestoppt werden.

Eine Rückführung des im D-FF gespeicherten Error_code auf einen weiteren PAL Eingang und eine Verknüpfung mit dem Impuls_Error ergibt eine allgemeine Fehlermeldung „Error", mit der der Antrieb gesperrt werden kann. Die Gleichung hierfür lautet:

Error = Error_code_FF + Impuls_Error   (Gl. 3.4)

Wie sich in der Praxis gezeigt hat, erzeugen Störimpulse auf den Impulsleitungen, verbogene Encoder-Codierscheiben und nicht richtig montierte Lagemeßglieder sporadische Impulsfolgen, die die Fehlercode-Bedingungen erfüllen und somit zu einem sicheren Abschalten des Antriebs führen.

Abb. 3.8 zeigt, wie Störimpulse auf den Encoderleitungen vom Änderungsdetektor erfaßt werden.

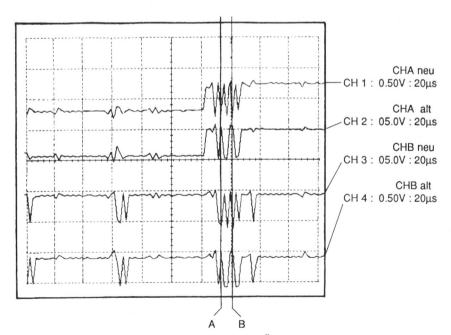

Abb. 3.8 Erfassung von Störimpulsen durch den Änderungsdetektor

3 Antriebssicherheit

An den Stellen A und B des Oszillogramms wird der Fehlercode

/CHAneu * CHAalt * /CHBneu * CHBalt

erfüllt (siehe Gl. 3.2) und von der PAL Logik ein Error_code-Impuls zum Setzen des D-FF Signals Error_code_FF ausgelöst.

3.3 Antriebsabschaltung und NOT AUS

Tritt ein Fehlerfall ein, so muß dieser erkannt werden und die Bewegung des Antriebs möglichst schnell zum Stillstand gebracht werden.

Wird durch Positionierfehler (hervorgerufen z.B. durch eine Fehlfunktion des Lagereglers, durch einen Programmfehler oder einen Kurzschluß in der Endstufe des Stellers) ein Endschalter oder Berührungsschalter angefahren, so muß der Antrieb vor Erreichen der zulässigen Nachlaufgrenze (im einen Fall der Endanschlag und im anderen eine Person) abgebremst werden.

Abb. 3.9 zeigt das Prinzip der Motorabschaltung. Der Motor erhält seine Energie über die Schaltkontakte eines Motorschützes. Ist der Antrieb nicht in Betrieb, so ist der Motor von seiner Energiezuführung getrennt und mit dem Widerstand R_Brems verbunden.

Durch die Verbindung mit R_Brems wird ein Wegdrehen des Motors im Ruhezustand erschwert.

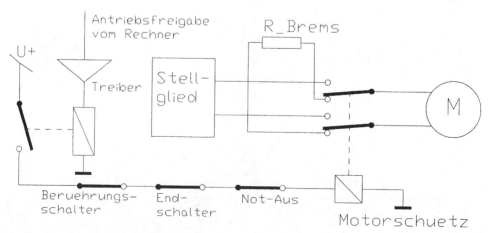

Abb. 3.9 Prinzip der Motorabschaltung durch ein Motorschütz

3.3 Antriebsschaltung und NOT AUS

Wird von außen (z.B. durch eine ungewollte Lastbewegung) der Motor gedreht, so geht er in den Generatorbetrieb über und wird gebremst.

Soll eine Antriebsbewegung durchgeführt werden, so erfolgt eine Antriebsfreigabe (z.B. vom Leitrechner). Das Motorschütz zieht an und verbindet den Motor mit seiner Energiezuführung vom Stellglied.

Die Sperrung der Antriebsfreigabe und somit der Abfall des Motorschützes und die Verbindung des Motors mit dem Bremswiderstand erfolgt im normalen Betrieb erst dann, wenn der Motor (nach einer ausgeführten Bewegung) zum Stillstand gekommen ist.

Tritt ein Fehlerfall ein, so wird durch Betätigen von NOT AUS, Anfahren eines Endschalters oder Berührungsschalters, der Motor aus der vollen Bewegung heraus (durch Abfallen des Motorschützes) auf den Bremswiderstand geschaltet und definiert abgebremst.

Abb. 3.10 und Abb. 3.11 zeigen das Bremsverhalten und die Generatorspannung eines 24V-Gleichstrommotors ohne und mit Bremswiderstand nach Abfall des Motorschützes.

Ohne Bremswiderstand kommt der Motor erst nach 600ms zum stehen. Mit Bremswiderstand erfolgt der Stillstand nach ca. 150ms, d.h. in diesem Beispiel um den Faktor 4 schneller. Der Bremswiderstand muß von seiner Leistung so ausgelegt sein, daß er die maximal auftretende Generatorspannung verkraftet und gleichzeitig den fließenden Kurzschlußstrom auf einen für den Motor zulässigen Wert begrenzt.

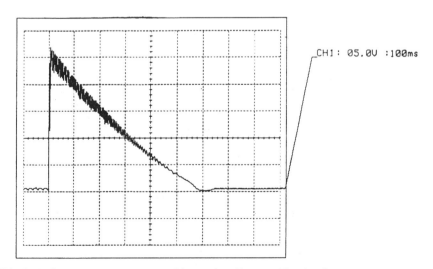

Abb. 3.10 Generatorspannung am Motor ohne Bremswiderstand

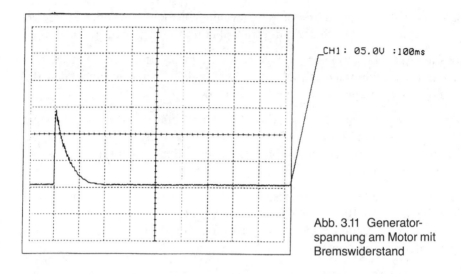

Abb. 3.11 Generatorspannung am Motor mit Bremswiderstand

3.3.1 Rechner-Antriebswatchdog

Durch den heute üblichen Einsatz von Rechnern für die Antriebssteuerung und Lageregelung ergeben sich in bezug auf die Antriebssicherheit auch neue Gesichtspunkte.

In vielen Fällen werden Endschalter und Berührungsschalter (wie in Kap. 3.3 geschildert) zur Sicherheitsabschaltung bei einem Rechnerausfall ausreichen.

Es wird aber auch Fälle geben, wo nach einem Rechnerausfall der Antrieb sofort zu stoppen ist.

Jeder Rechner wird heute in der Regel mit einer sogenannten Watchdog-Schaltung auf Fehlfunktionen der Software überwacht.

Der Watchdog ist vom Prinzip her nichts anderes wie ein freilaufender Zähler, der bei richtiger Software-Funktion einen zyklischen Resettrigger erhält und auf Null gesetzt wird.

Fällt der Rechner aus, so zählt der Zähler auf seinen Endwert hoch und löst einen Rechner-Reset (für einen Neustart) bzw. eine Fehlermeldung aus. Nach diesem Prinzip kann ein spezieller Rechner-Antriebswatchdog aufgebaut werden *(Abb. 3.12)*.

Die Antriebsfreigabe des Rechners zum Motorschütz wirkt nur dann, wenn der Watchdogzähler vom Rechner regelmäßige Reset-Triggerimpulse erhält.

Fällt der Rechner und somit der Resettrigger aus, taktet der Zähler auf seinen Endwert hoch setzt ein Speicher Flip-Flop, sperrt die Antriebsfreigabe und läßt somit das Motorschütz abfallen.

3.3 Antriebsschaltung und NOT AUS

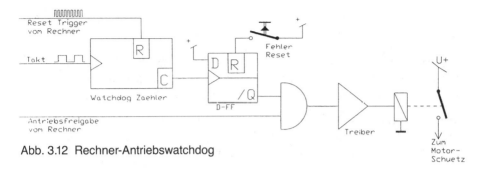

Abb. 3.12 Rechner-Antriebswatchdog

3.4 Mechanische Sicherheit

Ein weiterer Punkt ist die Berücksichtigung von Ermüdungserscheinungen der Antriebselemente [71]. Hier sind vor allem die sicherheitsrelevanten Bauteile eines Antriebs zu betrachten.

Eine Abschätzung von Ausfällen und deren Auswirkungen, kann nach der Methode der FMEA (siehe Kapitel 3.5) schon zu Beginn eines Antriebsentwurfs erfolgen.

Hat z.B. das Antriebssystem die Aufgabe eine Last ohne Gewichtsausgleich an einer Spindel vertikal auf und ab zu bewegen, so darf bei Versagen des Antriebsriemen die Last nicht unkontrolliert durch die Schwerkraft nach unten fahren.

Durch den Einbau einer Antriebsriemenüberwachung und einer Haltebremse kann dies verhindert werden. Erkennt die Riemenüberwachung den Bruch des Riemens, so wird von ihr die Haltebremse aktiviert und die Bewegung abgebremst. Die Haltebremse muß so ausgelegt sein, daß die Bewegung der Last mit einem zulässigen geringen Nachlauf zum stehen kommt.

Lassen sich eventuelle Ausfälle von Antriebselementen nicht abschätzen, so sollten dynamische Dauerversuche unter realen Lastbedingungen an Prototypaufbauten erfolgen.

3.5 Qualitätssicherung und Dokumentationspflicht (ISO 9000)

Im Hinblick auf die Produkt- und Produzentenhaftung ist die Dokumentation, d.h. das schriftliche Festhalten aller Entwicklungsschritte von der ersten Antriebsspezifikation bis zur Fertigstellung und Auslieferung, von besonderer Bedeutung.

3 Antriebssicherheit

Seit dem 1.9.1990 ist das neue Gesetz über „Die Haftung für fehlerhafte Produkte" (ProdHaftG) in Kraft.

Hieraus ergibt sich eine Dokumentationspflicht des Warenherstellers über seine Produkte. Die Aufbewahrungspflicht der Dokumente und Unterlagen für Produkte mit dokumentationspflichtigen Merkmalen beträgt 10 Jahre.

Um die Erfordernisse für diese Dokumentation zu erfüllen, bietet sich die Methode der FMEA (Deutsch:„Fehlermöglichkeits- und Einfluß-Analyse", Englisch:„Failure Modes and Effects Analysis") an.

Neben der Erstellung der notwendigen Dokumentation hat die FMEA die Hauptaufgabe einer produktbezogenen, begleitenden Fehleranalyse. Nach dieser Methode können Fehler oft schon in der Entwicklungsphase erkannt werden. Es gilt hier die einfache Regel: Umso später ein Fehler erkannt wird (z.B. erst beim Kunden), desto teurer ist die Fehlerbehebung.

Einer im Hause befindlichen Qualitätssicherungs-Abteilung (QS) obliegt die Aufgabe der produktbegleitenden Überwachung, von der Entwicklung über die Fertigung bis zum Kunden. Ebenso hat die QS die Aufgabe ein firmenspezifisches Qualitätssicherungs-Handbuch zu erstellen, das für Entwicklung und Fertigung als Richtlinie gilt.

Ein Qualitätssicherungs-Handbuch ist die Grundlage für den Aufbau eines Qualitätsmanagements (QM) und unumgänglich für eine Zertifizierung nach ISO9000 ff.

Durch Verfahrens- und Arbeitsanweisungen wird die Entwicklung, Herstellung und Prüfung von Produkten nach den bestehenden Normen und Gesetzen festgelegt.

4 Digitale Antriebsregelung

4.1 Vergleich von Analogregler und Digitalregler

Analoge Regler können auch als stetige Regler bezeichnet werden. Auf Änderungen der Eingangsgröße wird sofort durch den analogen Regelalgorithmus reagiert und eine entsprechende Ausgangsgröße erzeugt. Die Eingangs- und Ausgangsgröße eines analogen Reglers besteht somit aus kontinuierlichen Signalen. Zu jedem Zeitpunkt t ist eine Signalgröße vorhanden *(Abb. 4.1)*.

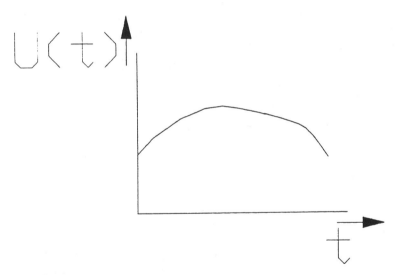

Abb. 4.1 Kontinuierliches Spannungssignal

Bei einem Digitalregler (mit einem Mikroprozessor oder Mikrocontroller) treten durch die benötigte Rechenzeit für den Regelalgorithmus zwischen Erfassen der Eingangsgröße und dem Ausgeben der Ausgangsgröße Verzögerungen auf.

Ebenso kann während der Berechnung und Ausführung des Regelalgorithmus keine neue Eingangsgröße erfaßt werden.

4 Digitale Antriebsregelung

Dadurch, daß nur zu bestimmten Zeitpunkten Eingangsgrößen eingelesen und Ausgangsgrößen ausgegeben werden können, bezeichnet man einen digitalen Regler auch als Abtastregler, dessen Kennzeichen die Abtastzeit T ist.

Durch die digitale Abtastung entstehen diskontinuierliche, zeitdiskrete Signale. Nur zu den diskreten Abtastzeitpunkten T liegt eine Signalgröße vor *(Abb. 4.2)*.

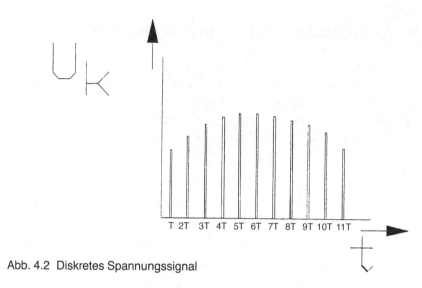

Abb. 4.2 Diskretes Spannungssignal

4.2 Digitale Abtastregelung

Die Funktionsweise von digitalen Regelungen kann in [18], [45], [50] und [88] des Literaturverzeichnisses nachgelesen werden.

Der Entwurf eines Digitalreglers kann von einem entsprechendem Analogregler abgeleitet werden. Durch die sogenannte z-Transformation wird die Umsetzung von der analogen Ebene auf die digitale Ebene vorgenommen.

Die notwendige Rechenzeit für den Regelalgorithmus bestimmt die untere Grenze der Abtastrate, d.h. die Zeit zwischen zwei Abtastungen. Durch Erniedrigen der Abtastrate (Erhöhen der Abtastfrequenz) besteht die Möglichkeit, daß Signale mit einer höheren Frequenz abgetastet und erfaßt werden können.

Dies bedeutet aber, daß der Regelalgorithmus entsprechend kurz sein muß bzw. schnell abgearbeitet werden muß (schneller Rechner).

Die Frequenz des zu erfassenden (abzutastenden) Signals bestimmt die größte Zeit zwischen zwei Abtastungen (kleinste Abtastfrequenz). Wird ein Signal mit der Tastfrequenz

$$f_T = \frac{1}{T}$$

abgetastet [88], so werden die Signalanteile mit der Frequenz

$$f_{signal} \leq \frac{1}{2} f_T$$

nicht mehr erfaßt. Dies hat den Nachteil, daß die Schnelligkeit einer digitalen Regelung begrenzt wird, aber den Vorteil, daß Störsignale mit hoher Frequenz unterdrückt werden.

Die Abtastung erfolgt in immer gleichen Zeitabständen (Periodendauer). Durch die Abtastung eines stetigen Signals (z.B. analoger Istwert) erhält man als Ergebnis Impulse, deren Höhe proportional zur Höhe des abgetasteten Signals zum Abtastzeitpunkt sind. Die Breite dieser Impulse wird durch die Zeitdauer der Abtastung bestimmt *(Abb. 4.2)*. Diese Art der Abtastung wird auch als Impulsamplitudenmodulation bezeichnet.

4.2.1 Digitales Filter als Regler

Nach [88] kann ein Mikroprozessor in seiner Arbeitsweise als programmierbares digitales Filter angesehen werden. Durch eine Folge von arithmetischen Operationen (Software Algorithmus) läßt sich die Übertragungsfunktion eines linearen digitalen Filters realisieren und somit ein digitaler Regler aufbauen *(Abb. 4.3)*.

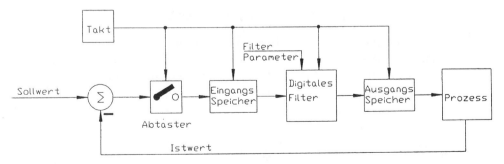

Abb. 4.3 Prinzip des digitalen Filters als Regler

Das digitale Filter arbeitet vom Prinzip wie ein sequentieller Automat. Zum Abtastzeitpunkt wird die neue Ausgangsgröße (Stellgröße) aus der aktuellen Eingangsgröße (Sollwert minus Istwert = Regelabweichung) und den letzten Werten von Ausgangs- und Eingangsgröße berechnet. Diese Art der Berechnung wird auch als rekursiver Algorithmus bezeichnet.

Ein Taktsignal steuert den Ablauf. Mit jedem Takt wird die Eingangsgröße abgetastet und der ermittelte Wert gespeichert. Beim nächsten Takt erfolgt die Weiterverarbeitung im digitalen Filter mit dem Regelalgorithmus und im anschließenden Takt die Speicherung des Berechnungsergebnisses als Ausgangsgröße.

Der Speicher für die Ausgangsgröße wird auch als Halteglied bezeichnet. Er hat die Aufgabe, daß zwischen zwei Abtastungen und somit für die Dauer der Abtastperiode, dem zu regelnden Prozeß eine definierte Ausgangs- bzw. Stellgröße zugeführt wird.

Die letzte Ausgangsgröße wird so lange festgehalten, bis der Regelalgorithmus des Filters einen neuen Wert berechnet hat. Die Einstellung des digitalen Filters erfolgt über eine Anzahl veränderbarer Parameter.

Das Signalverhalten und somit die Stabilität des Regelkreises wird durch die Einstellung dieser Filterparameter auf das zu regelnde System bestimmt.

Nach [18] ist ein System auch zwischen den Abtastzeitpunkten stabil, wenn die Stabilität innerhalb der Abtastzeitpunkte gewährleistet ist.

Nach [50] sollte die Abtastzeit für eine gute Regelgüte so klein wie möglich gewählt werden.

4.3 Digitaler Motorcontroller

Ein digitaler Motorcontroller ist vom Prinzip wie in Abb. 4.4 aufgebaut.

Die durch einen Systemtakt gesteuerte CPU-Einheit ist über einen Adressbus, Steuerbus und Datenbus mit dem Abtast-Zeitzähler, dem Programmspeicher, dem Arbeitsspeicher und den Ein-/Ausgangsschaltungen verbunden.

4.3 Digitaler Motorcontroller

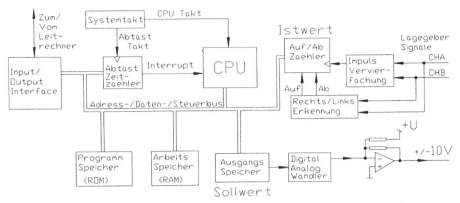

Abb. 4.4 Motorcontroller-Prinzip

4.3.1 Abtast-Zeitzähler

Der Abtast-Zeitzähler (Sample Timer) ist ein mit Preload Registern ausgestatteter Zähler (z.B. 74LS592).

Die aktuelle Abtastzeit wird von der CPU bei der Initialisierung in die Preload-Register geladen. Ein weiterer Zugriff der CPU auf die Preload-Register erfolgt nur dann, wenn eine neue Abtastzeit gewählt wird. Mit dem Abtast-Takt (Sample Clock) wird der Zähler hochgezählt. Bei Erreichen des Überlaufs (Carry) wird ein Interrupt zur CPU ausgelöst und gleichzeitig der Zähler für einen neuen Zeitablauf aus den Preload-Registern vorgesetzt.

Der ausgelöste Interrupt ist für die CPU das Zeichen, das ein neuer Abtastvorgang und somit ein neuer Durchlauf des im Programmspeicher abgelegten Regelalgorithmus durchzuführen ist.

4.3.2 Positions- und Geschwindigkeits-Istwert

Die vom Lagemeßglied anstehenden, um 90 Grad phasenverschobenen Impulskanäle CHA und CHB werden in der Zähler-Eingangsschaltung, je nach Drehrichtung des Motors, vorzeichenrichtig als aktueller Istwert für die Position (Anzahl der Gesamtimpulse) registriert. Die aktuelle Geschwindigkeit des Motors ermittelt die CPU aus der Impulszahl pro Abtastzeit.

Eine größere Auflösung wird erreicht, wenn jede Impulsflanke der beiden Impulskanäle CHA und CHB ausgewertet wird (siehe Abb. 2.16) und mit dieser so entstandenen Impuls-Vervierfachung (Quadrierung) der Istwert-Zähler auf/ab gezählt wird.

4.3.3 Geschwindigkeits-Sollwert

Die Ausgangs-Speicherschaltung hat die Funktion eines Haltegliedes (siehe Kapitel 4.2.1).

Der aus der Regelabweichung mit dem Regelalgorithmus ermittelte neue Sollwert wird hier digital zwischengespeichert. Anschließend wird mit dem angeschlossenen Digital-Analog-Wandler und einem nachgeschaltetem Operationsverstärker ein Vorzeichen behaftetes analoges Sollwertsignal erzeugt. Der Spannungsbereich dieses Signals ist üblicherweise +/-10 Volt.

4.3.4 Leitrechner-Interface

Der Leitrechner kann mit dem Motorcontroller über ein paralleles oder serielles Interface Daten austauschen. Ebenso ist ein direkter Zugriff auf den Arbeitsspeicher des Motorcontrollers und den Abtast-Zeitzähler nach der DMA Methode (Direct Memory Access) möglich.

Die vom Leitrechner kommenden Sollwerte wie Geschwindigkeit, Position und die Einstellparameter des Regelalgorithmus werden im Arbeitsspeicher abgelegt und nach Bedarf von der CPU verarbeitet.

Die aktuellen von der CPU ermittelten Istwerte wie aktuelle Position und Geschwindigkeit werden ebenfalls im Arbeitsspeicher abgelegt und auf Anforderung an den Leitrechner übermittelt.

Im Arbeitsspeicher werden von der CPU neben den eben erwähnten Informationen auch noch die internen Berechnungsergebnisse abgelegt.

4.3.5 Software

Im Programmspeicher ist die Software des Motorcontrollers abgelegt. Neben den Programmen für die Anfangs-Initialisierung, dem Datenaustausch mit dem Leitrechner und Sicherheitsfunktionen (z.B.: Impulse vom Lage-Meßglied dürfen nur dann vorliegen wenn der Leitrechner eine Bewegung befohlen hat), liegt der größte Programmaufwand in der Realisierung des gewünschten Regelalgorithmus.

Damit nicht für jeden neuen Antriebsaufbau ein neues Programm erstellt werden muß, sollte das Programm für den Regelalgorithmus möglichst universell gehalten sein.

Die Anpassung an unterschiedliche Antriebsstrukturen muß dann über einen definierten Satz von Einstellparametern erfolgen.

Da das gesamte System des Motorcontrollers als digitales Filter angesehen werden kann (siehe Kapitel 4.2.1), sollen im folgenden die Einstellparameter, die der Regelalgorithmus für eine stabile Regelung benötigt, als Filterparameter bezeichnet werden.

4.4 Filterparameter-Einstellung

Für die richtige Einstellung der Filterparameter, ist es wichtig, die Reaktionen des Antriebssystems meßtechnisch zu erfassen.

Die einfachste Möglichkeit hierfür ist die Auswertung eines Tachosignals. Ist kein Tacho vorhanden, und wird als Lagemeßglied ein Encoder eingesetzt, so können die Encodersignale zusätzlich zur Auswertung durch den Motorcontroller auf einen Frequenz/Spannungswandler geführt und mit einem Oszilloskop dargestellt werden.

Abb. 4.5 zeigt einen einfach zu realisierenden F/U Wandler.

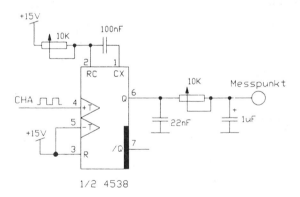

Abb. 4.5 Einfacher F/U Wandler mit einem Monoflop

Die Einstellung des Wandlers ist hierfür relativ unkritisch, da die F/U-Spannung nicht unbedingt proportional zur Antriebsdrehzahl sein muß, sondern nur als Abbild des Bewegungsverlaufs dient. Es kann in diesem Fall auch auf ein drehrichtungsabhängiges Vorzeichen des Signals verzichtet werden.

Soll der Encoder jedoch als Tachoersatz für den Steller genutzt werden, so ist es notwendig einen genauen Abgleich des F/U-Wandlers proportional zur Drehzahl durchzuführen und dem Signal ein drehrichtungsabhängiges Vorzeichen hinzuzufügen.

Ist ein Tacho vorhanden, so kann dieses Signal direkt mit einem Oszilloskop dargestellt und ausgewertet werden, wobei hier die Darstellung je nach Drehrichtung positiv oder negativ ist.

Hat man ein Antriebssystem mit Tacho am Motor und Encoder an der Bewegungsachse, so können beide Meßwertgeber ausgewertet werden. Der Tacho zeigt die Reaktionen des Motors und der Encoder (F/U-gewandelt) die Reaktionen direkt an der Bewegung.

Dies ist eine sehr gute Möglichkeit, um eine Aussage über die Qualität der mechanischen Komponenten (Riementrieb, Getriebe-/Spindelantrieb) zwischen Motor und Bewegung zu erhalten.

4.4.1 Messungen zur Filtereinstellung

Zur Durchführung von Messungen wird vom Leitrechner eine definierte Bahnkurve mit der maximal zulässigen System-Beschleunigung/Abbremsung und Geschwindigkeit programmiert, die der Motorcontroller mit der Antriebsachse zu fahren hat.

Um eine Vergleichsmöglichkeit zu erhalten, wird diese Programmierung für alle Filtereinstellungen die getestet werden, beibehalten. Nach jedem Bewegungsstart wird das Tacho- bzw. Encoder-F/U-Signal auf dem Oszilloskop beobachtet. Eine Einstellung der Zeitablenkung im Millisekunden-Bereich ist sinnvoll. Der Einsatz eines Speicher-Oszilloskops erleichtert die Auswertung.

Wurde eine für das Antriebssystem schlechte Filtereinstellung gewählt, so zeigt sich dies in Form eines Überschwingens im Signalverlauf *(Abb. 4.6)*.

Diese Überschwinger sind vor allem beim Einfahren (Bremsen) in die Zielposition der Bahnkurve zu beobachten.

Durch Verändern der Filterparameter und dem erneuten Durchfahren der programmierten Bahnkurve sieht man, ob eine Verschlechterung (mehr Überschwingen) oder eine Verbesserung (weniger Überschwingen) erreicht wird.

Auf diese Weise werden die Filterparameter so lange verändert, bis ein sauberer, schwingungsfreier Signalverlauf zu beobachten ist *(Abb. 4.7 bis Abb. 4.9)*.

4.4 Filterparameter-Einstellung

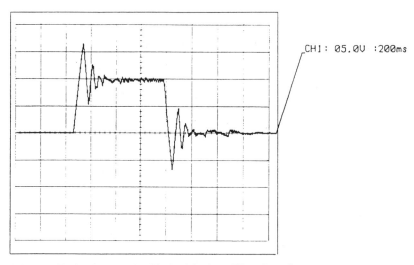

Abb. 4.6 Tachosignalverlauf bei schlechter Filtereinstellung

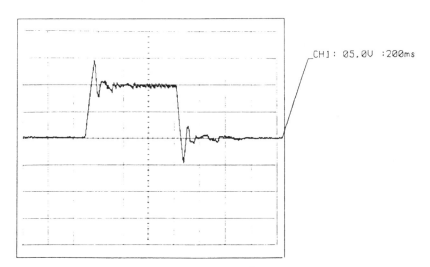

Abb. 4.7 Tachosignalverlauf nach der ersten Optimierung der Filtereinstellung

Es ist wichtig, daß für diese Messungen mit der maximalen Beschleunigung und Geschwindigkeit des Antriebssystems gefahren wird. Verhält sich das System bei diesen Werten stabil, d.h. frei von Überschwingern, so wird es dies auch bei niedrigeren Werten tun.

4 Digitale Antriebsregelung

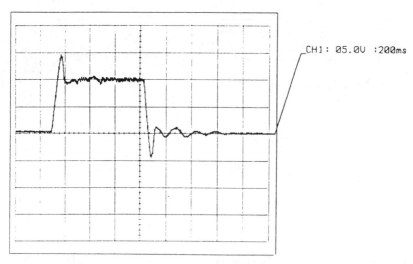

Abb. 4.8 Tachosignalverlauf nach der zweiten Optimierung der Filtereinstellung

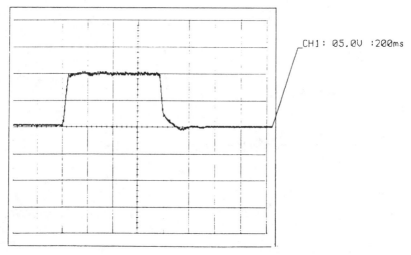

Abb. 4.9 Tachosignalverlauf nach der dritten Optimierung der Filtereinstellung

Ist es nicht möglich über die Änderung der Filterparameter einen schwingungsfreien Signalverlauf zu erreichen, so ist vermutlich ein für das Antriebssystem zu hoher Beschleunigungs-/Bremswert gewählt bzw. festgelegt worden.

Dieser Wert sollte im nächsten Schritt reduziert und die Messungen wiederholt werden *(Abb. 4.10)*.

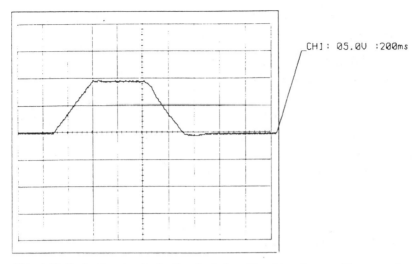

Abb. 4.10 Tachosignalverlauf mit reduziertem Beschleunigungs-/Bremswert

4.4.2 Filterparameter und wechselnde Last

Muß ein Antriebssystem wechselnde Lasten bewegen, so sollten zur Kontrolle die Messungen für jeden Lastfall wiederholt werden.

Kommt ein Steller ohne Drehzahl und Stromregler zum Einsatz, so kann es sogar notwendig sein, jedem Lastfall einen spezifischen Filterparameter Satz zuzuordnen.

Der Leitrechner kann diese Werte als Tabellen verarbeiten, indem zu jedem Lastfall die Filterparameter gespeichert und nach Bedarf in den Motorcontroller programmiert werden.

4.4.3 Filtereinstellung in Mehrachsensystemen

In Mehrachsensystemen, wo mehrere Achsen, evtl. sogar koordiniert, in Bewegung sind, stellt jede Achse in bezug auf mechanische Schwingungen eine äußere Störgröße für die Regelkreise der anderen Achsen dar.

Aus diesem Grunde sollte nach der separaten Filter Einstellung jeder einzelnen Achse, daß gesamte Mehrachsen System untersucht werden.

4 Digitale Antriebsregelung

Hierbei reicht es aus, wenn jeweils die gleichzeitig in Betrieb befindlichen Achsen betrachtet werden.

Die Messungen können im Prinzip so ablaufen wie bei einer Achse. Der Leitrechner programmiert die Motorcontroller jeder der beteiligten Achsen mit einer definierten Bahnkurve.

Mit einem Mehrkanal-Oszilloskop oder mehreren einzelnen Oszilloskopen werden anhand der Tacho- bzw. Encoder-F/U-Signale die Reaktionen der Antriebe beurteilt und falls notwendig noch Korrekturen an den Filtereinstellungen der jeweiligen Motorcontroller vorgenommen.

4.5 Mehrachsen-Antriebssysteme

In Antriebssystemen mit mehreren Achsen wird oft gefordert, daß die an einer Bahnkurve beteiligten Achsantriebe simultan arbeiten. Kommt noch die Forderung nach einer hohen Dynamik hinzu, so ist es aus Zeitgründen notwendig jede Achse mit einem separatem Achsrechner und Lageregler zu versehen.

Die Koordinierung der einzelnen Achsrechner miteinander wird von einem übergeordneten Antriebsrechner übernommen.

Dem Antriebsrechner wiederum kann ein weiterer Rechner vorgeschaltet werden, der Datenverwaltungsaufgaben und die Kommunikation mit dem Bediener übernimmt *(Abb. 4.11)*.

Als Achsrechner bietet sich der Einsatz von Einchip-Mikroprozessoren oder von speziellen Motorcontroller-Bausteinen (siehe Kap. 5 folgende) an.

Da dem Antriebsrechner als Hauptaufgabe die Koordinierung und Überwachung der einzelnen Achsrechner zukommt, sollten hier schnelle 16 oder 32 Bit Rechner zum Einsatz kommen.

Für die Programmierung ist der Einsatz maschinennaher Programmiersprachen wie die Hochsprache C sinnvoll.

Der Einsatz eines Echtzeit-Betriebssystems im Antriebsrechner erleichtert die Verwaltung der Achsenkoordinierung und die Erstellung systemspezifischer Anwendungsprogramme.

4.5 Mehrachsen-Antriebssysteme

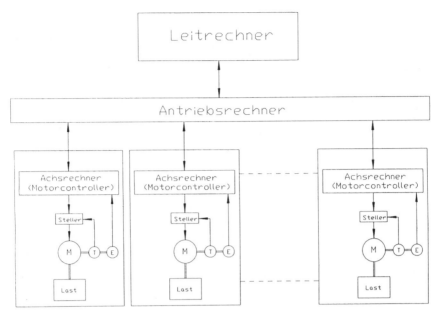

Abb. 4.11   Prinzip einer Mehrachsen-Rechnerstruktur

4.5.1 Einsatz von Feldbussen in Antriebssystemen

Man ist heute dabei, für den Datenaustausch von Antriebsbaugruppen untereinander, Schnittstellenstandards auf der Feldbus-Ebene einzuführen.

Der Einsatz einer standardisierten Kommunikations-Schnittstelle hat den Vorteil, daß Geräte und Anlagenteile unterschiedlicher Hersteller, die sich an den entsprechenden Standard halten, miteinander verbunden werden können.

Folgende Standards haben sich für den Einsatz in der Antriebstechnik herauskristallisiert [6],[10],[15],[30],[34],[52],[79],[92],[94],[98],[99],[118]:

- Der PROFIBUS
- Das SERCOS Interface
- Der INTERBUS-S
- Der CAN-BUS (CAN: Controller Area Network)

Teil II Motorcontroller für die digitale Antriebsregelung

5 Digitaler Motorcontroller HCTL-1100

Einer der ersten in einem Baustein integrierten Motorcontroller war der HCTL-1000 von der Firma Hewlett Packard, der durch die verbesserte CMOS Version HCTL-1100 abgelöst worden ist [39],[40],[41],[42]. Tab. 5.1 zeigt einen Vergleich beider Versionen.

Tab. 5.1 Vergleich des HCTL-1100 mit dem HCTL-1000 (Quelle:Hewlett Packard)

Description	HCTL-1100	HCTL-1000
Max. Supply Current	30 mA	180 mA
Max. Power Dissipation	165 mW	950 mW
Max. Tri-State Output Leakage Current	150 nA	10 µA
Operating Frequency	100 kHz-2 MHz	1 MHz-2 MHz
Operating Temperature Range	-20°C to +85°C	0°C to 70°C
Storage Temperature Range	-55°C to +125°C	-40°C to +125°C
Synchronize 2 or More ICs	Yes	–
Preset Actual Position Registers	Yes	–
Read Flag Register	Yes	–
Limit and Stop Pins	Must be pulled up to V_{DD} if not used.	Can be left floating if not used.
Hard Reset	Required	Recommended
PLCC Package Available	Yes	–

Für den Aufbau einer einfachen Antriebsregelung mit dem HCTL-1100 als Motorcontroller wird lediglich ein Leitrechner (HOST) für die Kommandierung

5 Digitaler Motorcontroller HCTL-1100

des HCTL-1100, ein Stellglied und ein Motor mit Inkremental-Encoder benötigt (siehe *Abb. 1.4*). Die Drehzahl- und Lageregelung übernimmt der HCTL-1100 entsprechend den Kommandos vom HOST.

Der Baustein ist in zwei Gehäuseformen verfügbar. Dem 40poligen DIP (Dual Inline Package) Gehäuse und dem platzsparenden 44poligen PLCC (Plastic Leaded Chip Carrier) Gehäuse *(Abb. 5.1)*.

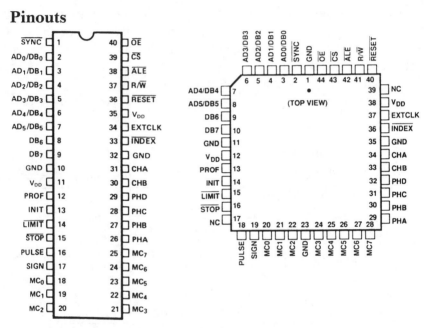

Abb. 5.1 Gehäuseformen des HCTL-1100 (Quelle:Hewlett Packard)

Die nachfolgenden Ausführungen basieren auf Unterlagen [39],[41] der Fa. Hewlett Packard.

5.1 Aufbau des HCTL-1100

Abb. 5.2 zeigt das interne Blockdiagramm des HCTL-1100. Über den bidirektional gemultiplexten 8 Bit Adress-/Datenbus (AD0/DB0 bis AD5/DB5, DB6, DB7) und die Steuersignale (/ALE, /CS, /OE und R bzw./W) wird der HCTL mit dem HOST Prozessor verbunden und von diesem kontrolliert.

5.1 Aufbau des HCTL-1100

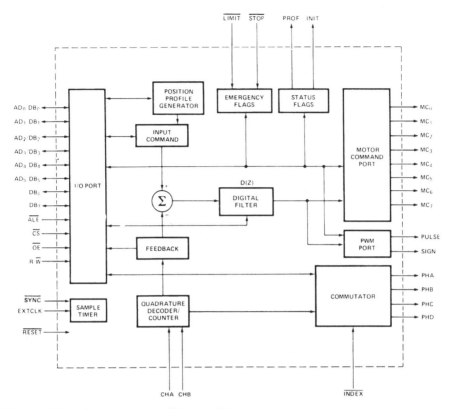

Abb. 5.2 Blockdiagramm des HCTL-1100 (Quelle:Hewlett Packard)

Die zur Geschwindigkeits-/Lageregelung benötigte Encoderrückmeldung (CHA,CHB) wird im Quadratur Decoder vervierfacht und vom 24 Bit Positionszähler richtungsabhängig erfaßt.

Der Ausgang zum Leistungsstellglied wird auf drei verschiedene Arten zur Verfügung gestellt:

- ein 8-Bit Motor Command Port (MC0 bis MC7) zum Anschluß eines 8-Bit Digital/Analog Wandlers, zur Erzeugung eines Sollwert Signals im Bereich von z.B. +/-10V.
- ein Pulsbreitenausgang (PWM) und ein Vorzeichenausgang (SIGN) zur direkten Ansteuerung einer Leistungsendstufe.
- ein elektronischer Commutator Port mit vier Phasen-Ausgängen (PHA,PHB,PHC,PHD). Dieser kann zusammen mit dem PWM Signal PULSE zur Ansteuerung der Leistungsendstufen von Schrittmotoren und bürstenlosen Motoren (DC-Synchron Motore) genutzt werden. Hierfür wird

67

der Umdrehungs Impuls (INDEX) des Encoders zur Orientierung für die Commutator Steuerung benötigt.

Die Ausgänge PROF und INIT dienen zur Anzeige von internen Status Flag Zuständen, die auch per Software vom HOST abgefragt werden können.

Die Eingänge /LIMIT und /STOP sind als Sicherheitseingänge zu betrachten, die es ermöglichen die HCTL-Regelung und somit eine Antriebsbewegung unabhängig vom HOST Rechner definiert anzuhalten.

Über den Eingang EXTCLK wird der HCTL mit einem Arbeitstakt im Bereich von 100kHz bis 2MHz versorgt. Von diesem Takt wird die Abtastzeit des Sample Timers (Abtast-Zeitzähler) und die Grundfrequenz des PWM Ausgangs abgeleitet.

Der Eingang /RESET bewirkt ein Rücksetzen des HCTL in den Initialisierungs-Modus.

Mit dem Eingang /SYNC besteht die Möglichkeit, mehrere HCTL-1100 miteinander zu synchronisieren.

5.1.1 HOST Ansteuerung des HCTL-1100

Da der HCTL mit einem eigenen Takt arbeitet, können die Steuerkommandos und Daten vom HOST Prozessor asynchron in den I/O-Port geschrieben werden. Ebenso kann der Host die internen HCTL Daten asynchron vom I/O-Port lesen. Abb. 5.3 zeigt das Blockdiagramm vom I/O-Port.

Für den HOST erscheint der HCTL-1100 wie eine Anzahl von 8-Bit Registern, die gelesen/geschrieben werden können.

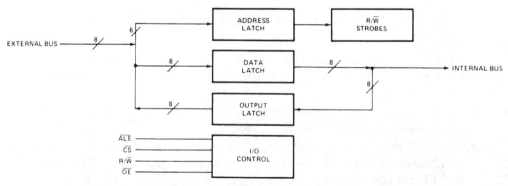

Abb. 5.3 HCTL-1100 I/O Port Blockdiagramm (Quelle:Hewlett Packard)

5.1 Aufbau des HCTL-1100

Die Daten in diesen Registern kontrollieren die Arbeitsweise des HCTL-1100. Der HOST spricht diese Register über einen 8-Bit gemultiplexten bidirektionalen Adress/Datenbus an.

Über die vier Steuerleitungen ALE, CS, OE und R/W werden die Datentransfers gesteuert.

Für die Kommunikation mit dem HOST akzeptiert der HCTL drei verschiedene Steuerungsabläufe (siehe Anhang F):

- /ALE und /CS nicht überlappend
- /ALE und /CS überlappend
- /ALE innerhalb von /CS

Diese unterschiedlichen Arten der Ansteuerung ermöglichen den Anschluß an eine Vielzahl von HOST Prozessoren.

Bei jeder I/O Operation des HOST wird mit dem ALE=LOW Signal als erstes vom externen Adress/Datenbus die entsprechende Registeradresse in den internen HCTL Adress Speicher (Latch) übernommen. Ein ansteigendes ALE oder fallendes CS Signal beendet die Adressübernahme.

Erfolgt vom HOST ein Register-Schreibbefehl, so werden mit CS=Low, nach der ansteigenden Flanke von ALE, und mit RW=LOW die externen Busdaten im internen HCTL Daten Speicher abgelegt. Nach der ansteigenden Signalflanke von CS werden diese Daten dann an die vorher eingestellte Registeradresse weitergegeben.

Erfolgt vom HOST ein Register-Lesebefehl, so werden die Daten des adressierten Registers in einem internen Ausgangs-Latch des HCTL zwischengespeichert. Erst wenn der HOST das Signal OE=LOW setzt, werden die Daten aus diesem Latch auf den externen Datenbus gegeben und können vom HOST eingelesen werden. Durch diese Methode werden Bus-Kollisionen beim Lesen vermieden.

Es ist darauf zu achten, daß HOST Schreib-/Lesezugriffe auf den HCTL nicht zu häufig durchgeführt werden (siehe Kap. 5.2.7), da sonst der interne HCTL Ablauf gestört wird.

In den Fällen, wo keine direkte Adress-/Datenbuskopplung möglich ist, kann über einen I/O Baustein und der entsprechenden HOST Treibersoftware die Kommunikation mit dem HCTL durchgeführt werden. Mit Hilfe der Treibersoftware wird dann einer der drei möglichen Timing-Diagramme nachgebildet.

5.1.2 HCTL-1100 Encoder Interface

Die Encoder Eingänge CHA, CHB und INDEX des HCTL-1100 akzeptieren Signale mit TTL-Pegel.

Die beiden um 90° zueinander verschobenen Impulssignale CHA und CHB werden im internen HCTL Quadratur-Decoder vervierfacht (quadriert). Mit den so entstandenen Quadratur-Inkrementen wird ein 24-Bit Positionszähler (Actual Position), je nach Drehrichtung des Encoders, aufwärts oder abwärts gezählt.

Auf diese Weise erhält man z.b. von einem Encoder mit 500 Impulsen/Umdrehung 2000 Quadratur Inkremente.

Der Eingang INDEX für den Encoder-Umdrehungsimpuls ist aktiv LOW und reagiert auf eine Pegeländerung. Er wird nur für den Betrieb des HCTL Commutator Port's benötigt und dient als Referenz Signal für den internen Commutator Ringzähler.

Den Eingängen CHA, CHB und INDEX ist als Eingangsfilter gegen unerwünschte Störspitzen ein 3-Bit State-Delay-Filter vorgeschaltet. Dies hat zur Folge, daß jeder Zustandswechsel an den Eingängen CHA und CHB für mindestens 3 Takte des externen Clocks (EXTCLK) stabil bleiben muß, damit er als Impuls vom Positionszähler akzeptiert wird. Da hierdurch auch die maximal zulässige Encoderfrequenz beeinflußt wird, müssen EXTCLK und die Encoder Toleranzen bei der Encoderauswahl mit berücksichtigt werden.

5.2 Steuer Register des HCTL-1100

Die HCTL-1100 Funktionen werden durch 64 8-Bit Register kontrolliert, wobei auf 35 Register vom Benutzer zugegriffen werden kann. Diese Register beinhalten Befehls- und Konfigurationsinformationen, die für die richtige Arbeitsweise und die Auswahl einer der vier Betriebsarten des Motorcontrollers notwendig sind.

Diese 4 Betriebsarten sind:

1. Positionskontrolle (Lageregelung)
2. Proportionale Drehzahlregelung
3. Drehzahlregelung mit Trapezprofil für Punkt zu Punkt Bewegungen
4. Integrale Drehzahlregelung mit gleichmäßigem Geschwindigkeits-Profil bei linearer Beschleunigung

5.2 Steuer Register des HCTL-1100

Tab. 5.2 HCTL-1100 Register (Quelle:Hewlett Packard)

Register		Function	Mode Used	Data Type	User Access
Hex	Dec.				
R00H	R00D	Flag Register	All	–	r/w
R05H	R05D	Program Counter	All	scalar	w
R07H	R07D	Status Register	All	–	r/w[2]
R08H	R08D	8 bit Motor Command Port	All	2's complement + 80H	r/w
R09H	R09D	PWM Motor Command Port	All	2's complement	r/w
R0CH	R12D	Command Position (MSB)	All except Proportional Velocity	2's complement	r/w[3]
R0DH	R13D	Command Position	All except Proportional Velocity	2's complement	r/w[3]
R0EH	R14D	Command Position (LSB)	All except Proportional Velocity	2's complement	r/w[3]
R0FH	R15D	Sample Timer	All	scalar	w
R12H	R18D	Read Actual Position (MSB)	All	2's complement	r[4]
R13H	R19D	Read Actual Position	All	2's complement	r[4]/w[5]
R14H	R20D	Read Actual Position (LSB)	All	2's complement	r[4]
R15H	R21D	Preset Actual Position (MSB)	INIT/IDLE	2's complement	w[8]
R16H	R22D	Preset Actual Position	INIT/IDLE	2's complement	w[8]
R17H	R23D	Preset Actual Position (LSB)	INIT/IDLE	2's complement	w[8]
R18H	R24D	Commutator Ring	All	scalar[6,7]	r/w
R19H	R25D	Commutator Velocity Timer	All	scalar	w
R1AH	R26D	X	All	scalar[6]	r/w
R1BH	R27D	Y Phase Overlap	All	scalar[6]	r/w
R1CH	R28D	Offset	All	2's complement[7]	r/w
R1FH	R31D	Maximum Phase Advance	All	scalar[6,7]	r/w
R20H	R32D	Filter Zero, A	All except Proportional Velocity	scalar	r/w
R21H	R33D	Filter Pole, B	All except Proportional Velocity	scalar	r/w
R22H	R34D	Gain, K	All	scalar	r/w
R23H	R35D	Command Velocity (LSB)	Proportional Velocity	2's complement	r/w
R24H	R36D	Command Velocity (MSB)	Proportional Velocity	2's complement	r/w
R26H	R38D	Acceleration (LSB)	Integral Velocity and Trapezoidal Profile	scalar	r/w
R27H	R39D	Acceleration (MSB)	Integral Velocity and Trapezoidal Profile	scalar[6]	r/w
R28H	R40D	Maximum Velocity	Trapezoidal Profile	scalar[6]	r/w
R29H	R41D	Final Position (LSB)	Trapezoidal Profile	2's complement	r/w
R2AH	R42D	Final Position	Trapezoidal Profile	2's complement	r/w
R2BH	R43D	Final Position (MSB)	Trapezoidal Profile	2's complement	r/w
R34H	R52D	Actual Velocity (LSB)	Proportional Velocity	2's complement	r
R35H	R53D	Actual Velocity (MSB)	Proportional Velocity	2's complement	r
R3CH	R60D	Command Velocity	Integral Velocity	2's complement	r/w

Notes:
1. Consult appropriate section for data format and use.
2. Upper 4 bits are read only.
3. Writing to R0EH (LSB) latches all 24 bits.
4. Reading R14H (LSB) latches data in R12H and R13H.
5. Writing to R13H clears Actual Position Counter to zero.
6. The scalar data is limited to positive numbers (00H to 7FH).
7. The commutator registers (R18H, R1CH, R1FH) have further limits which are discussed in the Commutator section of this data sheet.
8. Writing to R17H (R23D) latches 24 bits (only in INIT/IDLE mode).

71

5 Digitaler Motorcontroller HCTL-1100

Tab. 5.2 zeigt in einer Übersicht die Funktionen und das Datenformat der 35 Register. Die Register-Nr. RxxH entspricht gleichzeitig der Adresse im Hex-Format, die der HOST bei einem Zugriff dem HCTL mitteilen muß. Die restlichen 29 Register werden von der internen HCTL CPU benutzt. Auf diese Register darf vom HOST nicht zugegriffen werden, deshalb wird auf sie auch nicht näher eingegangen.

Mehrere Register müssen vom HOST für die jeweilige gewünschte Betriebsart konfiguriert werden. *Abb. 5.4* zeigt in einem Blockdiagramm wie die einzelnen Register im HCTL benutzt werden.

Im folgenden soll auf die einzelnen Register mit Ausnahme der Commutator-Register näher eingegangen werden. Die Commutator-Register werden in Kapitel 5.3 separat behandelt.

5.2.1 Flag Register R00H

Das Flag Register kann beschrieben und gelesen werden. Jedes Flag wird gesetzt oder gelöscht, indem ein 8-Bit Wort in R00H eingeschrieben wird, wobei die oberen 4 Bits ignoriert werden. Die unteren drei Bits adressieren das angewählte Flag. Das dritte Bit sagt aus, ob das adressierte Flag gesetzt (Bit 3=1) oder gelöscht (Bit 3=0) werden soll *(Tab. 5.3)*.

Tab. 5.3 Bedeutung der Bits im Flag Register

Bit= 7-4	3	2	1	0
nicht benutzt	SET/ CLEAR	AD2	AD1	AD0
		(Flag Adresse)		

1 = Flag setzen
0 = Flag löschen

Tab. 5.4 zeigt wie die Flags adressiert werden.

Tab. 5.4 Flag Adressierung (Quelle:Hewlett Packard)

Flag	SET	CLEAR
F0	08H	00H
F1	-	-
F2	0AH	02H
F3	0BH	03H
F4	0CH	04H
F5	0DH	05H

5.2 Steuer Register des HCTL-1100

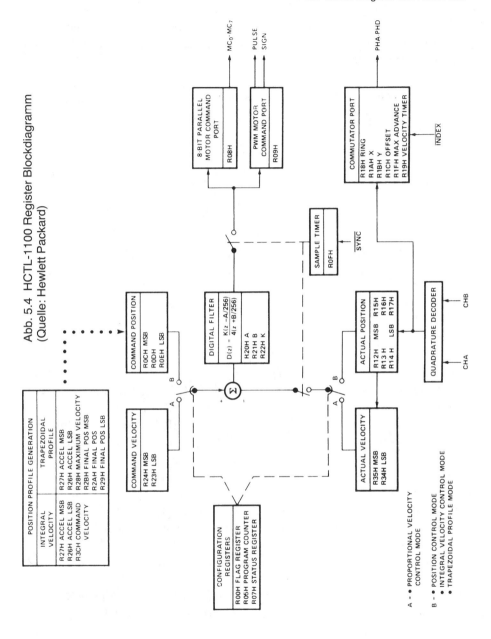

Abb. 5.4 HCTL-1100 Register Blockdiagramm
(Quelle: Hewlett Packard)

5 Digitaler Motorcontroller HCTL-1100

Wird das Flag Register R00H gelesen, so liefern die Bits 0-5 den aktuellen programmierten Zustand (Tab. 5.5) zurück. Eine logische „1" kennzeichnet hierbei ein gesetztes Flag.

Tab. 5.5 Bit Zuordnung beim Lesen des Flag Registers
(Quelle: Hewlett Packard)

Bit Number	Flag (1 = set) (0 = clear)
8-6	Don't Care
5	F5
4	F4
3	F3
2	F2
1	F1
0	F0

Bedeutung der Flags

F0 – Trapezförmiges Profil. Vom HOST gesetzt für die Ausführung einer trapezförmigen Bahnkurve. Das Flag wird vom HCTL-1100 gelöscht, wenn die für die Bewegung notwendige Berechnung beendet wurde. Der Status von F0 wird am PROF Pin und im Status-Register R07H Bit 4 angezeigt.

F1 – Initialisierungs/Leerlauf (INIT/IDLE) Flag. Wird vom HCTL-1100 gesetzt oder gelöscht, um die Ausführung des Initialisierungs/Leerlauf Modus anzuzeigen. Der Status von F1 wird am INIT Pin und im Status Register R07H Bit 5 angezeigt.

F2 – Unipolar Flag. Wird vom HOST gesetzt oder gelöscht für die Betriebsart Bipolar (Flag gelöscht) oder die Betriebsart Unipolar (Flag gesetzt) des Motor Command Port.

F3 – Proportionale Geschwindigkeitskontrolle. Wird vom HOST gesetzt, wenn diese Betriebsart gewünscht wird.

F4 – Hold Commutator Flag. Wird vom HOST oder automatisch vom Commutator-Ausrichtungsmodus (Align Modus) des HCTL gesetzt oder gelöscht.

Wenn es gesetzt ist, werden die internen Commutator Zähler gesperrt, um einen freien Schrittbetrieb eines Motors über den Commutator zu ermöglichen, d.h. es liegt ein offener Regelkreis nur mit Steuerung vor.

F5 – Integrale Geschwindigkeitskontrolle. Wird vom HOST gesetzt, wenn diese Betriebsart gewünscht wird.

Ein Software RESET (schreiben von 00H in Register R05H) bewirkt kein Zurücksetzen der Flags.

Demgegenüber werden durch einen Hardware-RESET (RESET Pin auf LOW) die Flags zurückgesetzt.

Im Trapez-Modus können sowohl Flag F0 als auch F5 gesetzt sein. Hat der HCTL die Bahnkurven-Berechnung beendet, werden beide Flags automatisch gelöscht.

Wenn die Flags F0, F3 und F5 auf log=0 gesetzt werden, geht der HCTL in die Betriebsart Lageregler (Position Control) über.

5.2.2 Programmzähler Register R05H

Mit der Programmierung des Programmzählers R05H (ausgeführt als Write Only Register) werden die vorprogrammierten Funktionen des Motorcontrollers ausgeführt. Der Programmzähler wird zusammen mit den Flag's F0, F3 und F5 des Flagregisters R00H für die verschiedenen Betriebsarten programmiert.

Folgende Befehle können in den Programmzähler eingegeben werden:

00H – Software Reset ausführen
01H – Initialisierungs/Leerlauf (INIT/IDLE) Modus ausführen
02H – Ausrichtungsmodus (ALIGN) ausführen (bei Betrieb des Commutators)
03H – Arbeits-Modus. Ausführen der durch Flag F0, F3 und F5 des Flagregisters R00H gewählten Betriebsart.

5.2.3 Status Register R07H

Das Status Register R07H zeigt den Status des HCTL-1100 an. Jedes Bit ist zuständig für ein Signal. Alle 8 Bit können vom HOST gelesen werden. Nur die untersten 4 Bit (Bit0 – Bit3) können für die Konfiguration des HCTL geschrieben werden. Zum Löschen oder Setzen wird ein 8 Bit Wort in R07H geschrieben, wobei die oberen 4 Bit ignoriert werden. Jedes der Bit0 – Bit3 setzt/löscht das entsprechende Bit im Status Register.

Wird zum Beispiel der Binär-Wert xxxx0101 in R07H geschrieben, so ergibt sich folgende Einstellung:

- PWM Richtungsumkehr gesperrt
- Commutator-Phasenkonfiguration wird auf 3 Phasen gesetzt
- Commutator-Zählerkonfiguration wird auf „voll" gesetzt

Bedeutung der einzelnen Bit's im Status Register:
Bit 0 – PWM Richtungsumkehr (Sign Reversal Inhibit) 0=OFF, 1=ON
Bit 1 – Commutator-Phasenkonfiguration 0=3 Phasen, 1=4 Phasen
Bit 2 – Commutator-Zählerkonfiguration 0=Quadratisch, 1=full count (einfache Zählung)
Bit 3 – Sollte immer auf 0 gesetzt werden
Bit 4 – Flag F0. Auf log 1 gesetzt wenn die Berechnung für eine Bahnkurve mit Trapez Profil durchgeführt wird. Dies wird gleichzeitig am PROF Pin angezeigt.
Bit 5 – Flag F1. Auf log 1 gesetzt wenn der HCTL sich im Initialisation/Leerlauf (INIT/IDLE) Modus befindet. Dies wird gleichzeitig am INIT Pin angezeigt.
Bit 6 – Stop Flag. Auf log 0 = Flag gesetzt (Ein LOW vom STOP Eingang wurde erkannt), auf log 1 = Flag gelöscht
Bit 7 – Limit Flag. Auf log 0= Flag gesetzt (Ein LOW am LIMIT Eingang wurde erkannt), auf log 1= Flag gelöscht.

5.2.3.1 Trapez Profile Flag

Das Trapez Profile Flag (Status Register R07H Bit4) ist verbunden mit dem Flag F0 des Flag Registers R00H und mit dem Hardware-Ausgangspin PROF.

Beginnt der HCTL mit der Berechnung und Ausführung einer trapezförmigen Bahnkurve, so wird dieses Flag und der PROF-Pin auf logisch „1" gesetzt. Schließt der HCTL die Berechnung der Soll-Bahnkurve (Command Profile), die der Motor zu fahren hat, ab, so werden das Profile Flag und der PROF-Pin wieder auf logisch „0" zurückgesetzt.

Das Rücksetzen des Flags zeigt nur an, daß die interne HCTL-Berechnung beendet worden ist. Dies bedeutet nicht, daß der Motor die Bahnkurve (Actual Profile) schon vollständig durchfahren hat. Der Motor kann sich also durchaus auch bei zurückgesetztem Profile-Flag noch in Bewegung befinden. Solange wie das Profile-Flag auf logisch „1" ist, sollten keine neuen Bahnkurvendaten eingeschrieben werden.

5.2.3.2 INIT Flag

Das INIT Flag (Status Register R07H Bit5) ist verbunden mit dem Flag F1 des Flag Registers R00H und mit dem Hardware-Ausgangs-Pin INIT.

Befindet sich der HCTL im Initialisierungs-Modus, so ist das INIT Flag und der INIT-Ausgangspin auf logisch „1" gesetzt.

Folgende Bedingungen versetzen den HCTL in den Initialisierungs Modus:

- 1. Ein Hardware RESET.
- 2. Ein Software RESET (durch Schreiben von 00H in Register R05H).
- 3. Ein direkter Sprung vom HOST in den INIT Modus durch Schreiben von 01H in Register R05H.
- 4. Ein LOW Pegel am LIMIT Pin.

Neben dem Setzen des INIT-Flags bzw. INIT-Pins auf logisch „1" werden im INIT-Modus folgende HCTL Zustände eingestellt:

- Der PWM-Ausgangsport (Register R09H) wird auf logisch „0" gesetzt (Drehzahl 0).
- Das Motor Command Port (Register R08H) wird auf 80H (128 Dezimal) gesetzt (Drehzahl 0).
- Die vorher eingestellten Daten des digitalen Filters werden auf die HCTL Standardwerte gesetzt (R20H Filter Zero A=E5H, R21H Filter Pole B=40H, R22H Gain K=40H).

Im INIT-Modus kann der HOST alle für eine Betriebsart benötigten Register programmieren.

Der HCTL-1100 bleibt so lange im INIT-Modus, bis er vom HOST das Kommando für die Ausführung einer der Betriebsarten erhält, indem entweder 03H in Register R05H geschrieben oder der ALIGN-Modus (siehe Kapitel 5.3.3) aufgerufen wird.

5.2.3.3 STOP Flag

Das STOP Flag (Status Register R07H Bit6) wird durch einen LOW-Pegel am Eingangs-Pin STOP auf logisch „0" gesetzt.

Befindet sich der HCTL im Integralen Geschwindigkeits-Modus, so wird bei erkanntem LOW-Pegel eine befohlene Bewegung des Antriebs mit dem vorher programmiertem Beschleunigungswert definiert abgebremst.

Dies erfolgt selbständig, ohne Eingriff vom HOST.

Die Geschwindigkeit Null (Drehzahl 0) wird vom HCTL so lange ausgegeben, wie das STOP Flag auf logisch „0" ist.

Erst wenn der externe Eingangspin STOP wieder einen HIGH-Pegel erhält, und das STOP Flag durch einen HOST Schreibbefehl zum Status Register R07H zurückgesetzt worden ist, kann eine neue integrale Geschwindigkeit programmiert werden.

Diese Funktion des STOP- Flags bzw. des STOP-Pins ist als Sicherheits-STOP des Antriebs anzusehen, der z.B. durch einen Begrenzungsschalter in der Antriebsbewegung ausgelöst werden kann. Sie wirkt nur im Integralen Betriebsmodus. Wird die STOP Funktion nicht benutzt, so sollte der STOP-Pin hardwaremäßig auf HIGH-Pegel gelegt werden.

5.2.3.4 Sicherheits-Flag LIMIT
Das LIMIT Sicherheits-Flag (Status Register R07H Bit7) wird durch einen LOW-Pegel am Eingangspin LIMIT auf logisch „0" gesetzt.

Im Gegensatz zum STOP Flag wird durch ein gesetztes LIMIT Flag der Motor in jeder Betriebsart sofort angehalten, und der HCTL in den INIT-Modus gesetzt.

Die Betriebsarten Flags F0,F3 und F5 (siehe 5.2.2) werden beim Übergang in den INIT/IDLE-Modus nicht gelöscht, sondern behalten die vorher programmierten Einstellungen bei. Es ist deshalb zu empfehlen, F0, F3 und F5 vom HOST zu löschen, wenn ein LIMIT erkannt wurde. Nach Behebung der LIMIT-Ursache können sie wieder neu gesetzt werden.

Erst wenn der LIMIT Pin wieder einen HIGH-Pegel erhält (Fehlerursache behoben), kann das LIMIT Flag durch einen Schreibbefehl zum Status Register R07H zurückgesetzt und die normale Arbeitsweise des HCTL's wieder aufgenommen werden.

Es ist zu beachten, daß jedes Datenwort, das zum Statusregister R07H geschrieben wird die Flags LIMIT und STOP löscht (wenn die entsprechenden Eingangs Pins auf HIGH Pegel liegen). Gleichzeitig werden auch die unteren 4 Bit für die HCTL Konfiguration beeinflußt. Soll der alte Status für Bit 0-3 erhalten bleiben, so muß er jedesmal mit eingegeben werden. Auf die Funktion der unteren Bits wird später noch näher eingegangen.

5.2.4 Motor-Command Port Register R08H

Das 8-Bit Motor-Command Port besteht aus Register R08H, dessen Daten direkt auf die Pins MC0-MC7 gehen.

R08H kann gelesen und geschrieben werden, wobei der HOST nur während des Initialisation/Idle-Modus Daten direkt einschreiben sollte.

Innerhalb einer der 4 Betriebsarten beschreibt der HCTL Register R08H. Das Motor-Command Port kann unipolar oder bipolar betrieben werden. Über Flag F2 des Flag Registers R00H erfolgt die entsprechende Einstellung. Der Bipolarmodus (F2 von R00H gelöscht) nutzt den vollen R08H Wertebereich von −128Dez bis +127 Dez.

Die Daten, die vom Regelalgorithmus zum Motor-Command Port geschrieben werden, sind Zweierkomplement-Werte, addiert um einen Offset von 80H. Dies ermöglicht den direkten Anschluß eines Digital/Analog-Wandlers, und im Bipolarmodus die Erzeugung eines +/− Sollwert-Spannungssignals. Im Unipolarmodus (F2 von R00H gesetzt) können mit derselben D/A-Wandler-Schaltung wie für den Bipolarmodus nur positive Sollwerte (80H bis FFH) ausgegeben werden. Abb. 5.5 zeigt die Anschaltung eines D/A-Wandlers an den HCTL-1100.

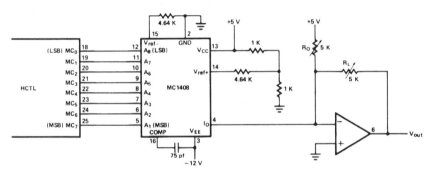

Abb. 5.5 Anschluß eines D/A-Wandlers an den HCTL-1100 (Quelle:Hewlett Packard)

Der D/A-Wandler erzeugt einen Strom, der dem digitalen Ausgangswert des Motor Command Ports proportional ist. Durch einen Operationsverstärker wird dieser Strom in eine proportionale Spannung umgewandelt. R_O und R_L beeinflussen den Analog-Offset und die Verstärkung des Operationsverstärkers. Der Abgleich z.B für +/-5V erfolgt dadurch, daß im HCTL INIT-Modus der Wert 80H in Register R08H geschrieben und der OP-Ausgang mit Ro auf 0 Volt justiert wird.

Anschließend wird 0FFH in Register R08H geschrieben und mit Rg der OP-Ausgang auf +5V justiert. Der Wert von 00H in Register R08H entspricht dann -5V, es ist somit bipolarer Motorbetrieb möglich.

Wenn bürstenlose Motore benutzt werden, so ist die Motordrehrichtung abhängig davon, in welcher Reihenfolge die Motorwicklungen (Phasen) angesteuert werden.

In diesem Fall wird das Motor-Command Port nur für den unipolaren Betrieb programmiert (F2 von R00H gesetzt) und die Motordrehrichtung vom Commutator-Ausgang des HCTL bestimmt.

Die 8-Bit des Motor-Command Port werden intern aus 24, 16 oder 8-Bit erzeugt, weil sehr oft der berechnete Motor-Sollwert größer als 8 Bit ist. Aus diesem Grund wird der Sollwert vom HCTL begrenzt (saturated), d.h., es erfolgt nicht die Ausgabe des maximal Wertes 00H bzw. FFH, sondern es wird 0FH (negative saturation) bzw. F0H (positive saturation) ausgegeben. Abb. 5.6 zeigt dieses Verhalten.

5.2.5 PWM Motor-Command Ausgangsregister R09H

Der PWM Port besteht aus den Ausgängen PULSE, SIGN und dem Register R09H. Der PULSE-Ausgang stellt den Sollwert zum Motor als pulsweitenmoduliertes Signal (PWM Signal) mit dem entsprechenden Richtungsvorzeichen SIGN zur Verfügung.

Das PWM Signal am PULSE Ausgang hat die Frequenz EXTCLK/100, so das z.B. ein HCTL Arbeitstakt von 2MHz eine PWM Frequenz von 20KHz ergibt.

Der SIGN Ausgang zeigt die Polarität (Drehrichtung) an, SIGN=Low bedeutet positive Polarität. Der Zweierkomplement-Inhalt von Register R09H bestimmt die Einschaltdauer und das Vorzeichen des PWM Sollwertes.
Beispiel: Der Wert von D8H (-40dez) in Register R09H stellt die PWM Einschaltdauer auf 40% ein und läßt den SIGN Ausgang auf High gehen (negative Polarität).

Daten außerhalb des linearen Bereichs von 64H (+100dez) bis 9CH (-100dez) ergeben eine Einschaltdauer von 100%.

Register R09H kann gelesen und geschrieben werden. Schreibzugriffe sollten nur im HCTL INIT/IDLE Modus durchgeführt werden. In jeder Geschwindigkeitsbetriebsart wird das Zweierkomplement des Motorsollwertes in Register R09H geschrieben. Wegen der Hardware-Einschränkung des linearen Bereichs von +/-100dez erreicht der PWM Port eher den Sättigungsbereich als der 8-Bit Motor-Command Port (+127dez bis -128dez). *Abb. 5.7* zeigt das Verhalten des PWM Ausgangs.

5.2 Steuer Register des HCTL-1100

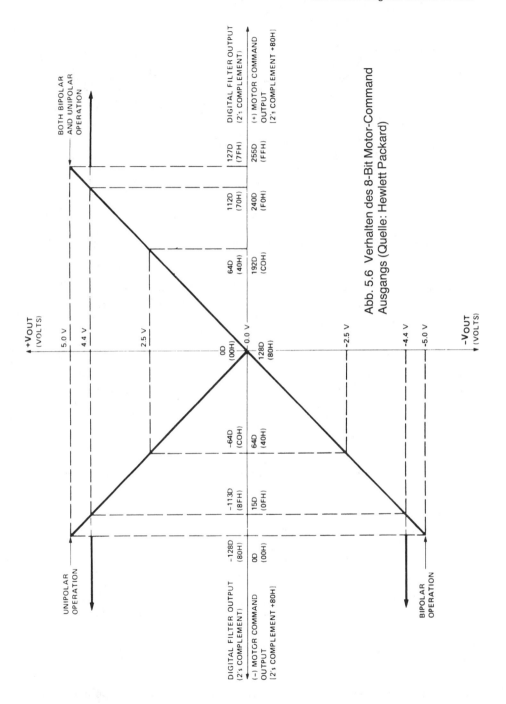

Abb. 5.6 Verhalten des 8-Bit Motor-Command Ausgangs (Quelle: Hewlett Packard)

5 Digitaler Motorcontroller HCTL-1100

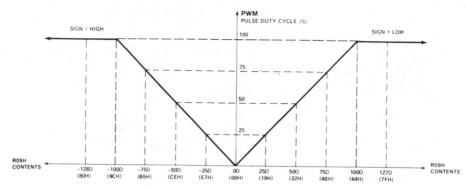

Abb. 5.7 Verhalten des PWM-Sollwertausgangs (Quelle: Hewlett Packard)

Zur Beachtung: Das Unipolare Flag F2 von Register R00H hat auf den PWM Port keinen Einfluß.

Beim Einsatz von bürstenlosen Motoren übernehmen die Commutator Phasen die Steuerung der Drehrichtung, so daß lediglich der PWM-Sollwertausgang PULSE benötigt wird.

5.2.5.1 PWM-Abschaltung bei SIGN-Vorzeichenumkehr (Register R07H Bit0)

Der PWM Port hat als besondere Option die Möglichkeit bei einem Vorzeichenwechsel des SIGN Signals den PULSE Ausgang für eine PWM-Periode zu sperren (Sign Reversal Inhibit).

Eingeschaltet wird diese Option, indem Bit0 vom Status-Register R07H auf logisch 1 gesetzt wird.

Abb. 5.8 zeigt den Impulsverlauf des PULSE Ausgangs wenn die Polarität des SIGN Signals wechselt.

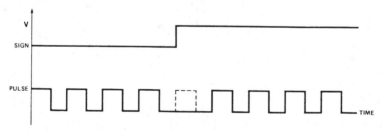

Abb. 5.8 PWM-Impulsverlauf bei gesetztem Bit 0 von Register R07H (Quelle:Hewlett Packard)

Durch diesen Impulsverlauf wird sichergestellt, daß beim Einsatz einer H-Motorbrücke *(Abb. 5.9)* die Transistoren des gerade aktiven Brückenzweiges ausge-

5.2 Steuer Register des HCTL-1100

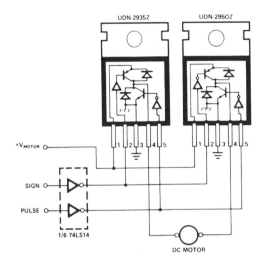

Abb. 5.9 PULSE und SIGN Ansteuerung einer H-Brücke (Quelle: Hewlett Packard)

schaltet sind, bevor der andere Brückenzweig für die neue Polarität leitend wird. Auf diese Weise wird ein Kurzschluß der Zwischenkreisspannung verhindert.

5.2.6 Command Position Register R0CH bis R0EH

Der Command Position (Ziel-Positions) Registersatz ist mit Ausnahme des Proportional Geschwindigkeits-Modus in allen Betriebsarten im Einsatz.

In der Betriebsart Positionskontrolle (Lageregelung), schreibt der HOST die vom Antrieb anzufahrende Zielposition direkt in diesen Registersatz. In den Betriebsarten Integrale bzw. Trapezförmige Geschwindigkeit wird dieser Registersatz als Berechnungsgrundlage für die Ermittlung der Sollwert/Istwert-Differenz (Regelabweichung) benutzt. Sollen Daten eingeschrieben werden, so muß mit Register R0CH (MSB) begonnen werden. Erst mit dem Schreibzugriff auf Register R0EH (LSB) übernimmt der HCTL die neuen Positionsdaten.

5.2.7 Sample Timer Register R0FH

Der Inhalt des Sample Timer Registers R0FH (Abtast-Zeitzähler) bestimmt die Abtastzeit des HCTL-1100. Die Abtastzeit t berechnet sich aus:

$t = 16 \cdot (T+1)/f_{EXTCLK}$ mit: T = Inhalt von Register R0FH   (Gl. 5.1)
f_{EXTCLK} = HCTL Arbeitsfrequenz

Je nach Betriebsart ist die zulässige untere Grenze (schnellste Abtastzeit bzw. größte Abtastrate) von Register R0FH eingeschränkt (Tab. 5.6).

Tab. 5.6 Untere Grenzen von Register R0FH (Quelle: Hewlett Packard)

Control Mode	R0HF Contents Minimum Limit
Position Control	07H (07D)
Proportional Velocity Control	07H (07D)
Trapezoidal Profile Control	0FH (15D)
Integral Velocity Control	0FH (15D)

Diese Einschränkungen im unteren Bereich sind notwendig, damit der interne digitale Regelalgorithmus (Software Programm) innerhalb einer ausreichenden Zeit abgearbeitet werden kann.

Der größte Wert von T, der in Register R0FH programmiert werden kann, ist 255dez (FFH). Mit einem 2MHz HCTL-Arbeitstakt (EXTCLK) kann die Abtastzeit in einem Bereich von 64μ bis 2048μ, und mit einem 1MHz Takt im Bereich von $128\mu sec$ bis $4096\mu sec$ eingestellt werden.

Digitale Regelkreise mit einer kleinen Abtastrate haben eine geringere Stabilität und Bandbreite als Regelkreise mit einer großen Abtastrate. Damit beim HCTL-1100 die Stabilität und Bandbreite des Antriebssystems möglichst groß wird, sollte die höchste Abtastrate gewählt werden, die das System in Abstimmung mit dem benötigten Geschwindigkeits Bereich erlaubt.

Mit der größten Abtastrate bzw. schnellsten Abtastzeit, kann die langsamste Geschwindigkeit geregelt werden.

Nachdem das Sample Timer Register R0FH vom HOST beschrieben wurde, erfolgt intern die Übertragung des Wertes in den Zwischenspeicher des Sample Timers. Der eigentliche Abtast-Zeitzähler arbeitet vom Prinzip her wie ein Zähler mit vorgeschaltetem Speicher (Preload Register).

Dieser zählt abwärts (dekrementiert) und löst bei Erreichen von 00H einen Interrupt zur HCTL Logik zum Start des Regelalgorithmus aus. Gleichzeitig wird aus den Preload Registern erneut der Sample Timer Wert T (Wert von Register R0FH) geladen und erneut mit dem Dekrementieren begonnen.

Ein vom HOST in Register R0FH eingeschriebener neuer Wert für die Abtastzeit wird beim nächsten 00H Durchlauf in den Sample Time Zähler geladen und damit gültig.

Nach einem RESET hat Register R0FH den Initialisierungs Wert 40H. Wird Register R0FH vom HOST gelesen, so erfolgt ein direkter Zugriff auf den Sample Time Zähler.

5.2 Steuer Register des HCTL-1100

Die gelesenen Werte liegen im Bereich von T (aktueller Sample Time Wert) bis 00H, je nachdem wann gerade der Lesezugriff erfolgt.

Schreib/Lesezugriffe des HOST zum HCTL dürfen innerhalb einer Abtastung nicht zu oft vorgenommen werden. Jeder HOST Zugriff unterbricht den internen HCTL Arbeitsablauf für einen Taktzyklus.

Aus *Tab. 5.7* sind die zulässigen HOST I/O Zugriffe ersichtlich, wenn der Sample Timer mit seinen unteren Grenzwerten programmiert wird.

Tab. 5.7 Zulässige HOST I/O-Zugriffe an den Sample Timer-Grenzen (Quelle:- Hewlett Packard)

Sample Timer Register Value	Operating Mode	Maximum Number of I/O Operations Allowed per Sample
07H (07D)	Position Control or Prop. Vel. Control	5
0FH (15D)	Position Control or Prop. Vel. Control	133
	Trapezoidal Prof. or Integral Vel. Control	6

Für jede Erhöhung des Sample Timer Inhalts um 1, sind weitere 16 HOST I/O Zugriffe zulässig.

5.2.8 Actual Position Register R12H bis R17H

Das Actual Position Register mit einer Auflösung von 24-Bit dient zur Erfassung der Quadratursignale (Quadratur Inkremente) des inkrementalen Encoders und somit zur Bildung der Istwerte für den Regelkreis. Es gibt hierfür zwei Registersätze im HCTL-1100.

Vom ersten Registersatz, bestehend aus R12H (MSB), R13H und R14H (LSB) kann der HOST die gerade vorliegende aktuelle Position ablesen. Damit während des HOST-Lesevorgangs der Registerinhalt nicht wechselt, findet durch den Zugriff auf Register R14H eine Zwischenspeicherung der Lese-Register statt.

Somit sollte in der Reihenfolge R14H, R13H und R12H gelesen werden. Aus diesen drei 8-Bit Worten kann der HOST für die weitere Verarbeitung den 24-Bit Wert der aktuellen Position bilden.

Über den zweiten Registersatz bestehend aus R15H (MSB), R16H und R17H (LSB) kann die aktuelle Position vom HOST durch einen Schreibvorgang vorgesetzt werden.

Hier muß in der Reihenfolge R15H, R16H und R17H geschrieben werden, da durch den Schreibzugriff auf R17H die Daten vom HCTL als gültig übernommen werden. Dieses Initialisieren der aktuellen Position darf nur im INIT/IDLE Modus des HCTL stattfinden.

Ein Schreibzugriff (mit einem beliebigen Datenwert) auf Register R13H bewirkt ein Löschen der Actual Position auf Null.

5.2.9 Digital Filter Parameter Register R20H, R21H, R22H

Alle Betriebsarten der Drehzahl/Positions-Regelung benötigen das programmierbare Digital Filter D(z) zur Kompensation, damit der geschlossene Regelkreis stabil arbeitet.

Das Digital Filter arbeitet nach folgendem Algorithmus:

$$D(z) = \frac{K(z - A/256)}{4(z + B/256)} \qquad \text{(Gl. 5.2)}$$

mit: z = digitaler Bereichs-Operator
K = Verstärkung (R22H)
A = Nullpunkt (R20H)
B = Pol (R21H)

Die Kompensation arbeitet als Filter erster Ordnung. In Kombination mit dem Sample-Timer T (R0FH) beeinflußt das digitale Filter die Sprungantwort und die Stabilität des Regelkreises.

Der Sample-Timer T bestimmt die Taktrate und damit die Häufigkeit mit der der Regelalgorithmus des Filters ausgeführt wird. Dies bestimmt die Schnelligkeit, mit der auf Regelabweichungen reagiert wird.

Alle Parameter A, B, K und T sind 8-Bit Worte, die zu jeder Zeit vom HOST geändert werden können.

Für die Positionsregelung, Integrale Drehzahlregelung und die Trapezförmige Drehzahlregelung ergibt sich im Zeitbereich folgender Filter-Algorithmus:

$MCn = (K/4) \cdot (Xn) - [(A/256) \cdot (K/4) \cdot (Xn-1) + (B/256) \cdot (MCn-1)]$ (Gl. 5.3)

mit:
n = aktuelle Abtastung
n-1 = vorletzte Abtastung
MCn = Motor Command Ausgang zum Zeitpunkt n
MCn-1 = Motor Command Ausgang zum Zeitpunkt n-1
Xn = Positions Regelabweichung (Command Pos. – Actual Pos.) zum Zeitpunkt n
Xn-1 = Positions Regelabweichung (Command Pos. – Actual Pos.) zum Zeitpunkt n-1

Wie Gl. 5.3 zeigt, wertet das Digital Filter für die Kalkulation von D(z) die letzten abgetasteten Werte mit aus. Diese Werte werden gelöscht, wenn der INIT/Idle Modus ausgeführt wird. Ebenso ist ersichtlich, daß die Arbeitsweise der Integralen und Trapezförmigen Drehzahlregelung auf dem Prinzip der Positionsregelung basiert.

In der Betriebsart der Proportionalen Drehzahlregelung lautet der Algorithmus des Filters im Zeitbereich:

$MCn = (K/4) \cdot (Yn)$ (Gl. 5.4)

mit:
Yn = Drehzahl Regelabweichung (Command Velocity – Actual Velocity) zum Zeitpunkt n

Hier kommt nur der Verstärkungsfaktor des Digital Filters zum Einsatz.

Die Ermittlung der für den jeweiligen Anwendungsfall richtigen Filter Parameter A,B und K kann rein experimentell (siehe Kap. 4.4) oder rechnerisch [40],[42] (siehe Kap. 5.8) mit anschließender experimenteller Überprüfung erfolgen.

5.2.10 Proportional-Geschwindigkeitsregister R23H,R24H und R34H,R35H

Die Solldrehzahl für die proportionale Drehzahlregelung schreibt der HOST in Register R24H (MSB) und R23H (LSB).

Da keine Zwischenspeicherung erfolgt, beeinflußt eine Änderung der Register direkt den vom HCTL ausgegebenen Geschwindigkeitssollwert. Die Solldrehzahl kann zu jeder Zeit gelesen oder geschrieben werden.

Der Drehzahlsollwert hat folgendes 16-Bit Format:

```
        R24H         R23H
IIII        IIII    IIII ·  FFFF
-----Integer-----     · Bruchanteil
```

Um eine größere Auflösung zu erhalten, interpretiert der HCTL den Drehzahlsollwert als 12-Bit Integer und als 4-Bit Bruchanteil. Erreicht wird dies mit einer internen Division durch 16. Aus diesem Grund muß der HOST die gewünschte Solldrehzahl in der Einheit [Quadratur-Inkremente/Sampletime] (oder abgekürzt [Ink/Sampletime]) mit 16 multiplizieren, bevor der Wert in R24H und R23H programmiert wird.

Die aktuell vorliegende Geschwindigkeit wird vom HCTL in den Registern R35H (MSB) und R34H (LSB) als reiner Integer-Wert zwischengespeichert und kann jederzeit vom HOST gelesen werden.

Die Solldrehzahl und aktuelle Drehzahl sind beides 16-Bit Zweierkomplement Werte. Auf eine bestimmte Reihenfolge beim Lesen und Schreiben braucht nicht geachtet zu werden.

5.2.11 Beschleunigungs-Register R26H und R27H

In die Beschleunigungs-Register R27H (MSB) und R26H (LSB) programmiert der HOST den gewünschten Beschleunigungs/Bremswert für die Betriebsarten Integrale Drehzahl und Trapezförmiges Drehzahlprofil.

Der Sollwert für den Beschleunigungs/Bremswert hat folgendes 16-Bit-Format:

```
        R27H         R26H
0III        IIII    FFFF ·  FFFF FFFF/256
-----Integer-----     · Bruchanteil
```

Das obere Byte (R27H) ist der Integer-Anteil und das untere Byte (R26H) der Bruchanteil. Der Wert für den Integer-Anteil in Register R27H darf im Bereich von 00H bis 7FH liegen. Um eine hohe Auflösung zu erhalten, wird der Inhalt von R26H intern durch 256 dividiert.

Aus diesem Grund muß der HOST den gewünschten Beschleunigungs/Bremswert in der Einheit [Quadratur-Inkremente/(Sampletime)^2] (oder abgekürzt [Ink/Sampletime^2]) mit 256 multiplizieren, bevor der Wert in Register R27H und R26H programmiert wird.

5.2.12 Trapez-Profil Register R28H, R29H bis R2BH

Für ein trapezförmiges Drehzahlprofil programmiert der HOST in Register R28H die gewünschte Maximaldrehzahl im Bereich von 00H bis 7FH [Ink/Sampletime] ein.

In Register R2BH (MSB), R2AH und R29H (LSB) wird als 24-Bit Zweierkomplement-Wert die anzufahrende Zielposition programmiert. Auf eine bestimmte Reihenfolge beim Lesen und Schreiben braucht nicht geachtet zu werden.

5.2.13 Integrales Solldrehzahl-Register R3CH

In der Betriebsart der integralen Drehzahlregelung programmiert der HOST in Register R3CH den Drehzahl-Sollwert als 8-Bit Zweierkomplement Wert [Ink/Sampletime] ein. Der Host kann zu jeder Zeit die Drehzahl verändern. Weil der gesamte Drehzahlbereich nur 8-Bit beträgt, kann die Differenz zwischen zwei Geschwindigkeiten nicht größer als 7 Bit (+/–127dez) sein. Der Wert für Drehzahl Null ergibt sich zu 80H.

Beispiel:
Wenn der HCTL-1100 eine Soll-Geschwindigkeit von 40H (+64 dez.) [Ink/Sampletime] ausführt, so muß die nächste neue Geschwindigkeit in den Bereich von 7FH (+127 dez.) [Ink/Sampletime] fallen. In diesem Fall kann der neue Drehzahlwert maximal C1H (–63 dez) [Ink/Sampletime] betragen.

5.3 Commutator Port

Mit dem HCTL-1100 können Schrittmotore und bürstenlose Gleichstrommotore (DC-Synchronmotore) angesteuert werden.

Der Commutator wird vom HOST so programmiert, daß die richtige Phasenlage zur elektrischen Kommutierung zustande kommt. Durch die Auswertung des Encoder-Umdrehungsimpulses (INDEX) werden die Motorphasen in der richtigen Reihenfolge angesteuert.

Der Commutator ist so aufgebaut, daß er 2, 3 und 4 Phasen Motore mit unterschiedlichen Windungsanordnungen ansteuern und mit unterschiedlichen Encoderauflösungen (Impulse pro Umdrehung) zusammenarbeiten kann.

5 Digitaler Motorcontroller HCTL-1100

Neben der korrekten Phasenlage ermöglicht der Commutator auch die Einstellung von Phasenüberlappung (Phase Overlap), Phasenvoreilung (Phase Advance) und Phasenverzögerung bzw. Phasennacheilung (Phase Offset).

Mit der Phasenüberlappung kann die Drehmomentwelligkeit verbessert werden. Sie kann ebenso dazu benutzt werden, ungewöhnliche Zustandsfolgen der Phasen zu erzeugen. Diese können dann von einer externen Logik weiter decodiert werden, um komplexere Verstärker und Motoren anzusteuern.

Durch die Phasenvoreilung wird es ermöglicht die Frequenzcharakteristik der Verstärker-/Motorkombination anzupassen. Bei einem Motor im Stillstand läßt sich durch die voreilende Phasen Ansteuerung die verzögerte Reaktion der Verstärker/Motor Kombination ausgleichen und somit ein verbessertes Systemverhalten erreichen.

Mit dem Phasen-Offset kann der Commutatorausgang an die Motor-Drehmomentkurve angepaßt werden. Hierdurch wird der volle Drehmomentbereich des Motors nutzbar.

5.3.1 Commutator Phasenausgänge

Die Commutator Signale des HCTL werden an den Ausgängen PHA, PHB, PHC und PHD ausgegeben. Man kann sie als elektrische Nachbildung des mechanischen Kommutators eines Gleichstrombürstenmotors verstehen. Die Commutator-Ausgänge steuern nur die Motorphasen in der richtigen Reihenfolge an. Die Drehzahlsollwert-Information muß von einem der beiden Motor Port-Ausgänge (8-Bit Motor Command Port oder PWM Port) zur Verfügung gestellt werden.

Am einfachsten kann hierfür das PULSE-Signal des PWM-Ports verwendet werden. *Abb. 5.10* zeigt, wie dies ohne großen Aufwand durch eine UND-Verknüpfung der Phasenausgänge mit dem PULSE-Signal erfolgen kann.

Da die Drehrichtung durch die Reihenfolge der Phasenansteuerung bestimmt wird, erfolgt keine Auswertung des SIGN-Signals. Falls erforderlich kann SIGN zur externen Drehrichtungsanzeige verwendet werden. Mit den Ausgängen A bis D der UND-Gatter können z.B. über schnelle Optokoppler direkt die Endstufen für bürstenlose Motore oder Schrittmotore angesteuert werden.

5.3 Commutator Port

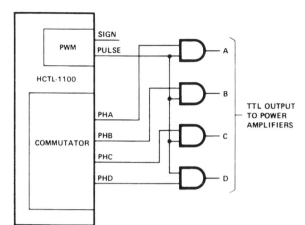

Abb. 5.10 PWM-Interface für DC-Synchronmotore (Quelle: Hewlett Packard)

5.3.2 Encoderauswahl und Commutatorabgleich auf den INDEX-Impuls

Die Eingänge des Commutators sind die Impulssignale CHA, CHB und der Umdrehungsimpuls INDEX eines inkrementalen Encoders.

Bei der Auswahl des Encoders ist darauf zu achten, daß das Ergebnis der Encoder Impulsvervierfachung (Quadrierung) ein geradzahliges Vielfaches der Polpaarzahl eines bürstenlosen Motors bzw. der Schrittzahl eines Schrittmotors ist.

Um die Commutator-Phasenüberlappung voll nutzen zu können, sollte die Anzahl der Quadratur-Inkremente mindestens 3mal so groß sein, wie die Polpaarzahl bzw. Schrittzahl.

So sollte zum Beispiel für einen 1.8° Schrittmotor mit 200 Schritten/Umdrehung ein Encoder mit mindestens 150 Impulsen/Umdrehung eingesetzt werden. Hiermit erhält man durch die Vervierfachung 4 · 150=600 Inkremente. Dies entspricht dem Wert 3 · 200Schritte/Umdrehung=600 und erfüllt somit die obige Bedingung.

Ist Bit 2 des Status-Registers für die einfache Zählung (full count) der Encoderimpulse gesetzt worden, so ist es notwendig einen Encoder mit einer größeren Impulsanzahl pro Umdrehung zu wählen. Für unser Beispiel müssen es dann mindestens 600 Impulse/Umdrehung sein.

Der INDEX-Impuls des Encoders dient als Referenzpunkt für die Rotorposition. An ihm orientiert sich die Commutator Logik um entsprechend der Programmierung die Phasensignale in der richtigen Reihenfolge anzusteuern. Der INDEX-Impuls wird beim Zusammenbau von Motor und Encoder fest auf die

5 Digitaler Motorcontroller HCTL-1100

letzte Motorphase justiert. Durchgeführt wird dies, indem die letzte Phase des Motors bestromt wird, während gleichzeitig der Encoder an der Motorachse so befestigt wird, daß der INDEX-Impuls aktiv ist.
Abb 5.11 zeigt, wie der Encoder montiert wird.

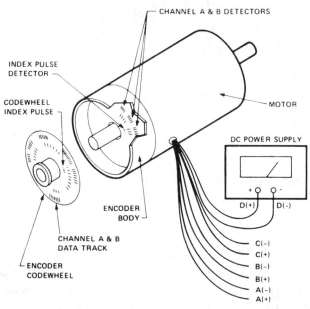

Abb. 5.11 Mechanische Encoder Justierung auf die Position des INDEX-Impulses (Quelle: Hewlett Packard)

Abb. 5.12 zeigt anhand der Phasenverläufe eines 2-poligen 4-Phasen-Motors die auf diese Weise möglichen Referenzpunkte.

Jedesmal wenn ein INDEX-Impuls vorliegt, wird der interne RING Zähler des Commutators auf 0 gesetzt und somit auf die Rotorposition des Motors abgeglichen.

Gleichzeitig wird auch der Commutator zurückgesetzt, indem die letzte Phase auf LOW-Pegel und die erste Phase A auf HIGH-Pegel geht.

Der Feinabgleich für die Kommutierung wird elektronisch (Align Modus) über das Offset-Register R1CH bei der ersten Initialisierung des Gesamtsystems vorgenommen.

5.3 Commutator Port

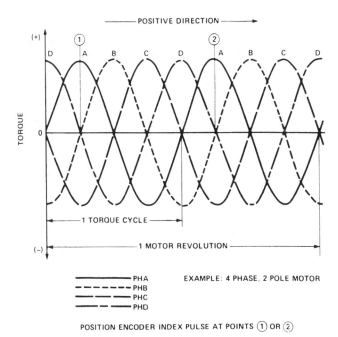

Abb. 5.12 Mögliche INDEX-Referenzpunkte bezogen auf die Phasenverläufe (Quelle: Hewlett Packard)

5.3.3 Elektronischer Feinabgleich des Commutators (Align Modus)

Mit dem elektronischen Ausrichtungs-(Align-)Vorgang des Commutators kann eine automatische Anpassung auf Mehrphasen-Motore vorgenommen werden. Der Aufruf kann nur aus dem INIT/IDLE-Modus (siehe Kap. 5.4.1) heraus erfolgen, indem 02H in den Programmzähler Register R05H geschrieben wird.

Der Align Modus wird nur ausgeführt, wenn die Commutator Logik des HCTL-1100 benutzt wird und vom HOST noch keine Betriebsart kommandiert wurde. Aus diesem Grund sollte der HOST vor dem Aufruf des Align Modus die Betriebsarten Flags (F0, F3, F5) löschen und den Command- und Actual-Position Registersatz auf 0 setzen.

Der Align Modus setzt bei der Encoder/Motor Kopplung folgendes voraus:
1. daß der Encoder INDEX-Impuls physikalisch auf die letzte Motorphase ausgerichtet ist
2. daß die Commutator Register richtig vorprogrammiert wurden
3. daß ein Hardware RESET bei stehendem Motor ausgeführt wurde

Als erstes sperrt der Align Modus durch Setzen von Flag F4 (HOLD Commutator Flag) des Flag Registers R00H den Commutator und unterbricht hierdurch den geschlossenen Regelkreis und die Encoderauswertung.

Anschließend wird zur Orientierung des Motors, beginnend mit Phase PHA, jede Phase für 2048 Abtastperioden des Sample Timers freigegeben. Wird die letzte Phase aktiviert (PHC bei 3 Phasen bzw. PHD bei 4 Phasen), so wird der Stand des INDEX-Impulses relativ zur letzten Phase ermittelt.

Für eine richtige Arbeitsweise des Commutators muß der Motor während der Freigabe der letzten Phase definiert stoppen. Wenn diese Position gefunden ist, wird der Commutator freigegeben und der Regelkreis wieder geschlossen. Anschließend geht der HCTL-1100 automatisch in die Betriebsart Lageregelung (Position Control) über. Der gesamte Vorgang der Commutator-Ausrichtung erfolgt innerhalb eines Drehmomentzyklus (torque cycle) des Motors.

5.3.4 Commutator Register

Vom Status Register R07H werden Bit1 und Bit2 für folgende Einstellungen verwendet:

Bit 1 = 0 – 3-Phasen Konfiguration. D.h. PHA, PHB, und PHC sind aktiv
Bit 1 = 1 – 4-Pasen Konfiguration. Alle Phasenausgänge sind aktiv.
Bit 2 = 0 – Für die Erfassung der Rotorposition werden die vervierfachten Encoderimpulse (Quadratur-Inkremente) ausgewertet.
Bit 2 = 1 – Für die Erfassung der Rotorposition werden die einfachen Encoderimpulse (full counts) ausgewertet.

Status Register Bit 2 bezieht sich nur auf die Zählmethode der Commutator Register R18H (RING Register), R19H (Phasenvoreilungs Geschwindigkeits-Zeit Register), R1AH (X Register), R1BH (Y Register), R1CH (OFFSET Register) und R1FH (Phasenvoreilungs Register).

Für die zu regelnde Motorgeschwindigkeit, Beschleunigung und Position benutzt der HCTL weiterhin die Quadratur-Inkremente.

Nachfolgend werden die weiteren HCTL Register beschrieben, die für den Betrieb des Commutators zum Einsatz kommen. *(Abb. 5.13)* zeigt anhand von Impulsdiagrammen unterschiedlicher Konfigurationskombinationen die Beziehung der Register zueinander.

Die 3 Registerwerte von X, Y und RING definieren die Grundeinstellung der elektrischen Kommutierung.

5.3 Commutator Port

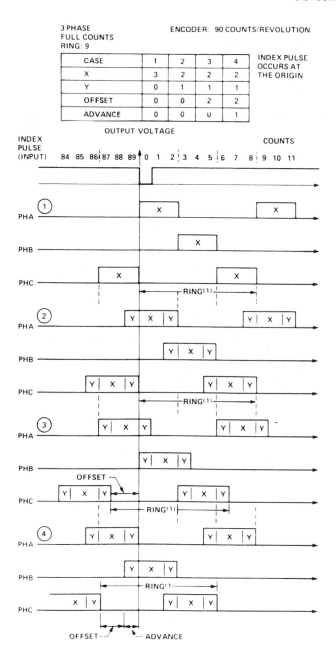

Abb. 5.13 Commutator-Konfigurationen für 3 aktive Phasen (Quelle: Hewlett Packard)

5 Digitaler Motorcontroller HCTL-1100

5.3.4.1 RING Register R18H
Das RING Register bestimmt die Länge (Anzahl der Inkremente) des elektrischen Kommutierungszyklus. Wobei in einfachen oder in Quadratur-Inkrementen gemessen wird, je nachdem wie Bit 2 vom Status Register R07H gesetzt wurde. Der Maximalwert des RING Registers ist 7FH.

Ein elektrischer Commutatorzyklus entspricht einem Drehmomentzyklus (torque cycle) des Motors, d.h. die aktiven Phasen wurden nacheinander jeweils einmal angesteuert.

Abb. 5.14 zeigt als Beispiel die Ansteuerung der Phasen mit einem RING Zähler Wert von 16.

5.3.4.2 Phasenvoreilungs-Register R19H und R1FH
Mit der Einstellung für die Phasenvoreilung wird eine lineare Inkrementierung der voreilenden Phase, in Abhängigkeit von der gemessenen Rotations-Anstiegsgeschwindigkeit des Motors durchgeführt. Es wird solange inkrementiert, bis der voreingestellte Maximalwert für die Voreilung (Inhalt von R1FH) erreicht worden ist.

Mit dem Geschwindigkeits-Zeit Register R19H wird der Betrag der Phasenvoreilung bei einer vorgegebenen Rotorgeschwindigkeit bestimmt, indem die Geschwindigkeit des Rotors in [Umdrehungen/Sekunde] gemessen wird.

Die Einheit der Phasenvoreilung ist abhängig davon wie Bit 2 von Status Register R07H gesetzt wird. Die Voreilung (ADVANCE) ergibt sich zu:

$$ADVANCE = Nf \cdot v \cdot t \qquad (Gl.\ 5.5)$$
mit: $t = 16(R19H+1)/f_{EXTCLK}$ [Sekunde]
Nf = Encoder [Impulse/Umdrehung] in Full Counts
v = Geschwindigkeit [Umdrehungen/Sekunde]

Die Daten in Register R1FH bestimmen unabhängig von der Rotorgeschwindigkeit die obere Grenze der Phasenvoreilung.

Abb. 5.15 verdeutlicht die Beziehung zwischen Register R19H und R1FH.

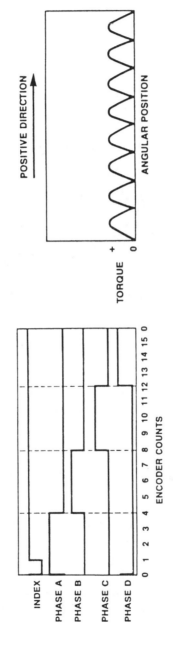

Abb. 5.14 Phasenansteuerung, Impulsverlauf und Drehmomentwelligkeit bei RING=16 (Quelle: Hewlett Packard)

5 Digitaler Motorcontroller HCTL-1100

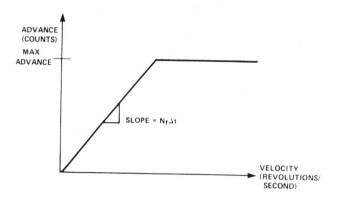

Abb. 5.15 Phasenvoreilung in Abhängigkeit von der Motordrehzahl (Quelle: Hewlett Packard)

Abb. 5.16 zeigt als Beispiel die Ansteuerung der Phasen mit Voreilung, bei einem RING-Zählerwert von 16.

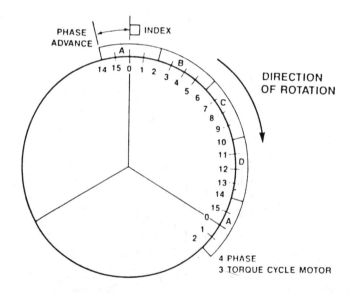

Abb. 5.16 Phasenansteuerung mit Voreilung bei RING=16 (Quelle:Hewlett Packard)

Wenn die Phasenvoreilung nicht benutzt wird, müssen Register R19H und R1FH auf 0 gesetzt werden.

5.3.4.3 Phasenfreigabe-Register R1AH

Mit dem Inhalt des X-Registers R1AH wird bestimmt, in welchen Intervallen nur eine Phase angesteuert wird.

5.3 Commutator Port

5.3.4.4 Phasenüberlappungs-Register R1BH
Der Inhalt des Y-Register R1BH bestimmt die Intervalle, währenddessen zwei Phasen überlappend angesteuert werden.

X und Y müssen wie folgt gesetzt werden:

X + Y = RING / (Anzahl der aktiven Phasen)   (Gl. 5.6)

Abb. 5.17 zeigt als Beispiel die Ansteuerung der Phasen mit einem RING-Zählerwert von 16 und einem X, Y Wert von jeweils 2.

5.3.4.5 Phasenoffset-Register R1CH
Der Offset in Register R1CH ist ein Zweierkomplement Wert, der den relativen Start der periodischen Phasenfolge des Commutators in Abhängigkeit vom INDEX-Impuls bestimmt.

Weil der INDEX-Impuls physikalisch auf den Rotor bezogen ist, ermöglicht der Offset eine Feinabstimmung zwischen der elektrischen und der mechanischen Rotation. Abb. 5.18 zeigt, wie sich ein Offset von −3 mit RING=16 auswirkt.

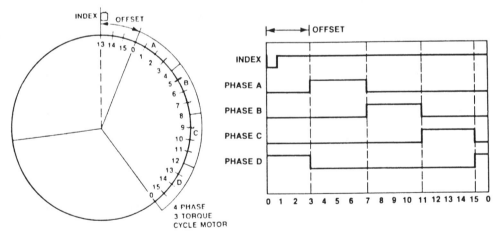

Abb. 5.18 Phasenansteuerung und Impulsverlauf bei RING=16 und OFFSET=−3 (Quelle: Hewlett Packard)

Das Commutator HOLD-Flag F4 vom Flag Register R00H dient dazu (wenn es gesetzt ist) den internen Commutator Zähler vom Encoder Eingang zu entkoppeln.

In Verbindung mit dem Offset Register R1CH kann das HOLD-Flag dazu benutzt werden, die Commutator Phasen im offenen Regelkreis, d.h. gesteuert zu betreiben.

5 Digitaler Motorcontroller HCTL-1100

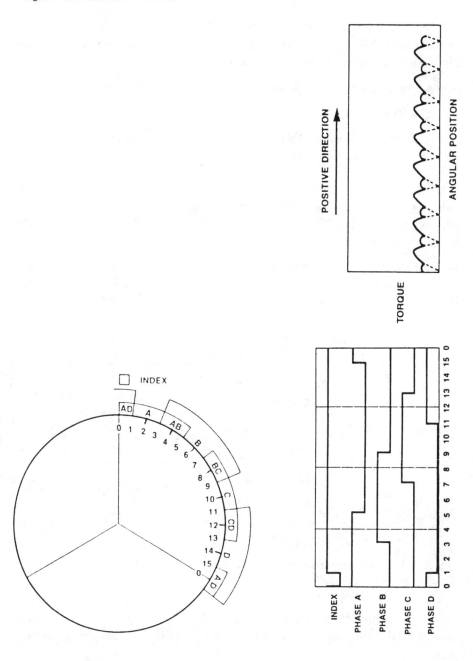

Abb. 5.17 Phasenansteuerung, Impulsverlauf und Drehmomentwelligkeit bei RING=16, X=2 und Y=2 (Quelle:Hewlett Packard)

Dies eröffnet die Möglichkeit, die einzelnen Phasen nach Benutzer-Definitionen anzusteuern.

Ein Beispiel soll dies verdeutlichen: In Abb. 5.13 sind im ersten Fall (case 1) für einen Dreiphasenmotor die Konfigurationswerte RING=9, X=3 und Y=0 gewählt worden. Durch Setzen des HOLD-Flag's F4 wird der Regelkreis unterbrochen und die Phasen werden gesteuert betrieben. Wird nun eine 0, 1 oder 2 ins Offset Register geschrieben, so wird Phase PHA aktiviert. Mit dem Wert 3, 4 oder 5 im Offset Register wird Phase PHB aktiviert und mit dem Wert 6, 7 oder 8 wird Phase PHD aktiviert. Wobei darauf zu achten ist, daß keine Werte ins Offset Register geschrieben werden, die größer sind als der Wert im RING Register.

5.3.5 Commutator Grenzwerte

Es gibt mehrere Grenzwerte, die der Anwender nicht überschreiten sollte. Die Parameter für RING (R18H), X (R1AH), Y (R1BH) und Max. ADVANCE (R1FH) müssen positiv sein, d.h. im Bereich von 00H bis 7FH. Gleichzeitig muß folgende Bedingung eingehalten werden:

$$80H\,(-128dez) \leq (3/2 RING \pm OFFSET + Max.\ ADVANCE) \leq 7FH\,(127dez)$$
$$(Gl.\ 5.7)$$

Um die größtmögliche Flexibilität des Commutators zu erhalten, sollte ein kreisförmiges Ringzähler-Prinzip realisiert werden, dessen Bereich vom RING Register R18H definiert wird. Wird zum Beispiel ein RING von 96 Inkrementen und ein Offset von 10 Inkrementen benötigt, so kann der Wert für das Offset Register entweder 0AH (10dez) oder AAH (–86dez) betragen.

Um die Bedingung von (GL. 5.7) zu erfüllen, muß der OFFSET Wert AAH (–86dez) programmiert werden.

Die Bedingung von (Gl. 5.7) ist auch bei der Encoderauswahl in bezug auf die Impulse/Umdrehung zu beachten, und ob abhängig von Bit 2 des Status Registers die „Full" oder die Quadraturzählweise benutzt wird.

5.3.6 Commutator Dimensionierungs-Beispiel

Es soll ein 3-Phasen-Motor mit 15 Grad/Schritt betrieben werden. Der Motor ist mit einem Encoder gekoppelt der 192 Impulse/Umdrehung liefert.

Folgende Schritte müssen durchgeführt werden:

5 Digitaler Motorcontroller HCTL-1100

1. Anwahl von 3-Phasen und Quadratur-Inkrement Zählung für die Commutator Register, indem Bit1 und Bit2 des Status Registers R07H auf 0 gesetzt werden. Da Bit0 (Sign Reversal Inhibit) von R07H nicht berücksichtigt werden muß, wird 00H nach R07H geschrieben.
2. Mit einem 3-Phasen Motor, der 15 Grad/Schritt hat, wiederholt sich der Drehmoment Zyklus alle 45 Grad (3x15 Grad) bzw. 8 mal (360°/45°) pro Umdrehung.
3. Berechnung des RING Register Wertes:
RING = (4·192 [Inkremente/Umdrehung]) / (8 [1/Umdrehung])
= 96 [Quadratur_Inkremente]
werden für einen Kommutierungszyklus benötigt.
4. Nach dem Messen der Motor-Drehmomentkurve in beiden Drehrichtungen, wird entschieden, daß ein Offset von 3 Grad und eine Phasenüberlappung von 2 Grad benötigt wird.
Hieraus müssen die zu programmierenden Registerwerte für OFFSET, X und Y (Überlappung) ermittelt werden.
OFFSET = (3°· 4 · 192 [Inkremente/Umdrehung]) / (360° [1/Umdrehung])
≈ 6 [Quadratur-Inkremente]
Das Offset Register kann jetzt entweder mit 06H (6dez) oder A6H (-90dez) programmiert werden. Da aber 06H nicht der Bedingung von (Gl. 5.7) entspricht, wird A6H ins Offset Register R1CH programmiert.
Y = (2°· 4 · 192 [Inkremente/Umdrehung]) / (360° [1/Umdrehung])
≈ 4 [Quadratur-Inkremente]
mit RING= 96 und Phasenzahl=3 ergibt sich aus (Gl. 5.6):
X + Y = 96 [Quadratur-Inkremente]/3 = 32 [Quadratur-Inkremente]
X = 32 – 4 = 28 [Quadratur-Inkremente]

somit: X = 28 [Quadratur-Inkremente]
Y = 4 [Quadratur-Inkremente]

Das Commutator-Geschwindigkeits-Zeit Register R19H und die maximale Voreilung (Max. Advance) Register R1FH werden in diesem Beispiel auf 0 gesetzt.

5.4 Einstellungen des HCTL-1100 nach einem RESET

Das Zurücksetzen des HCTL auf die internen Grundeinstellungen, wird entweder durch einen Hardware-RESET oder einen Software-RESET eingeleitet.

Wenn ein Hardware-RESET ausgeführt wird, indem der RESET-Pin für mindestens 5 EXTCLK Zyklen auf LOW-Pegel geht, stellen sich folgende Bedingungen ein:

5.4 Einstellungen des HCTL-1100 nach einem RESET

- Alle Ausgangssignale mit Ausnahme von SIGN, dem Adress-/Datenbus und dem Motor Command gehen auf logisch „0".
- Die Flags F0 bis F5 werden gelöscht.
- Für die Dauer des anstehenden RESET LOW-Pegels wird der PULSE-Ausgang des PWM Port's ebenfalls auf LOW-Pegel geschaltet. Nachdem der RESET-Pin wieder einen HIGH Pegel erhalten hat, geht der PULSE-Ausgang für einen EXTCLK-Taktzyklus auf HIGH, und anschließend wieder auf LOW.
- Das 8-Bit Motor Command Port (Register R08H) wird auf 80H (analog „0V", d.h. Drehzahl 0) vorgesetzt.
- Die Commutatorlogik wird gelöscht.
- Die I/O Steuerlogik wird gelöscht.
- Es wird automatisch ein Software-RESET ausgeführt.

Wenn ein Software-Reset ausgeführt wird, indem entweder der HOST den Wert 00H in das Programmzähler Register R05H schreibt oder ein Hardware-RESET durchgeführt wurde, stellen sich folgende Bedingungen ein:

- Die Digital-Filterparameter werden vorgesetzt (initialisiert) auf A (R20H) = E5H, B (R21H) = K (R22H) = 40H.
- Der Sample Timer (R0FH) wird auf 40H (64dez) vorgesetzt.
- Das Statusregister (R07H) wird gelöscht.
- Der aktuelle Positionszähler (Register R12H, R13H, und R14H) wird auf 0 gesetzt.

Anschließend erfolgt ein automatischer Übergang in den Initialisierungs/Leerlauf (INIT/IDLE) Modus des HCTL-1100.

5.4.1 INIT/IDLE Modus des HCTL-1100

Neben der Möglichkeit, durch einen Hard/Soft RESET in den INIT/IDLE Modus des HCTL zu gelangen, gibt es zwei weitere:

- durch das Schreiben von 01H in das Programmzähler Register R05H,
- durch einen LOW-Pegel am LIMIT Sicherheits Pin.

Folgende Bedingungen stellen sich im INIT/IDLE Modus ein:

- Das INIT/IDLE Flag F1 wird gesetzt.
- Das PWM-Port Register R09H wird auf 00H (Drehzahl 0) gesetzt.
- Das 8-Bit Motor-Commandport Register R08H wird auf 80H (Drehzahl 0) gesetzt.
- Die letzten vom HOST in den Digitalfilter Registern gespeicherten Filterparameter Werte werden gelöscht. Anschließend werden die Filterparameter auf die Initialisierungswerte gesetzt.

Der HCTL-1100 bleibt so lange in diesem „Leerlauf" Modus, bis der HOST den Befehl für die Ausführung einer der durch die Flags F0, F3 und F5 ausgewählten Betriebsarten (Schreiben von 03H in Register R05H) gibt, oder (durch Schreiben von 02H in Register R05H) den Commutator ALIGN Modus (siehe Kap. 5.3.3) aufruft.

5.5. Arbeitsweise und Betriebsarten des HCTL-1100

Der HCTL-1100 vergleicht, gesteuert über den Sample Timer (siehe Abb. 5.4), die gewünschte Position bzw. Geschwindigkeit (Sollwert) mit der aktuellen Position bzw. Geschwindigkeit (Istwert). Liegt eine Regelabweichung (Sollwert minus Istwert) vor, so wird über das programmierbare digitale Filter der neue Ausgabe-Sollwert (Motor Command) für die Motoransteuerung beeinflußt.

Bis auf die proportionale Drehzahlregelung liefert in allen anderen Betriebsarten der Inhalt des COMMAND POSITION Registers den Sollwert und der Inhalt des ACTUAL POSITION Registers den Istwert.

Für die Betriebsarten der Integralen und Trapezförmigen Drehzahlregelung liefert der Positions-Profil Generator die notwendigen Berechnungen zur Steuerung des COMMAND POSITION Registers, um die vom HOST programmierten Beschleunigungs/Brems- und Fahrkurvenprofile zu erzeugen.

Der Sample Timer bestimmt die Abtastzeit (Sampletime), mit der der HCTL regelt. Diese Abtastzeit stellt der HOST über die Programmierung von Register R0FH ein. Die Sample Time kann als Zeitfenster angesehen werden. Innerhalb des Abtastfensters werden die im Actual Position Register (Counter) ankommenden und vorher im Quadratur-Decoder vervierfachten Encoderimpulse CHA und CHB erfaßt.

Der HCTL erhält hierdurch die Anzahl der Encoderimpulse (mit 4 multipliziert) pro Sampletime [Inkremente/Sampletime]. Dies entspricht dem vom Antriebssystem über den Encoder gelieferten Istwert des momentanen Antriebszustandes.

Der HCTL erkennt hieraus die aktuelle Drehrichtung und Antriebsposition. Aus den im Actual Position Counter ankommenden Inkrementen werden dann die aktuelle Geschwindigkeit in [Inkremente/Sampletime] und Beschleunigung in [Inkremente/Sampletime^2] berechnet.

Falls erforderlich, läßt sich die Arbeitsweise des HCTL vom HOST durch die Veränderung der Filterparameter auch während des Ablaufs einer Betriebsart

5.5 Arbeitsweise und Betriebsarten des HCTL-1100

beeinflussen. Dies kann notwendig sein, um eine Anpassung an die mechanischen Gegebenheiten vorzunehmen, wenn z.B. eine Bewegungsachse von der horizontalen Lage in die vertikale Lage geschwenkt wird oder umgekehrt.

Die Änderung der Filterparameter sollte aber nur in kleinen Stufen erfolgen, damit der Regelalgorithmus des HCTL sich hierauf einstellen kann.

Abb. 5.19 gibt anhand eines Flußdiagramms eine Übersicht des internen HCTL-1100 Programmablaufs.

Nach einem Hardware/Software Reset oder wenn der HOST den Wert 01H in das Register R05H geschrieben hat, befindet sich der HCTL im INIT/IDLE Modus und wartet auf neue Initialisierungsbefehle des HOST. Nach einem Reset werden die HCTL Filterparameter automatisch auf ihre Initialisierungswerte (A=E5H, B=40H, K=40H) gesetzt. Dies eröffnet dem HOST die Möglichkeit, den Kommunikationsweg mit dem HCTL zu überprüfen, indem die Filterparameter ausgelesen und mit den Initialisierungsdaten verglichen werden. Dies kann besonders dann von Vorteil sein, wenn die Verbindung des HOST zum HCTL über einen I/0 Baustein und nicht über eine direkte Buskopplung erfolgt.

Die Betriebsarten Kontroll-Flags F0, F3 und F5 des Flag-Registers R00H entscheiden, welche Betriebsart ausgeführt wird. Es kann jeweils immer nur ein Flag gesetzt werden. Nach dem Setzen des entsprechenden Flags kann der HOST durch Schreiben von 03H in Register R05H die gewählte Betriebsart ausführen lassen.

Wird der Commutator Port des HCTL genutzt, so sollten alle Betriebsarten-Flags gelöscht werden, damit nach dem HOST-Aufruf des ALIGN Modus (durch Schreiben von 02H in Register R05H) als erstes die Betriebsart der Lageregelung (Position Control) ausgeführt wird (siehe Kap. 5.3.3). Anschließend kann dann vom HOST die gewünschte Betriebsart angewählt werden.

Bevor die einzelnen Betriebsarten erläutert werden, soll auf die Ermittlung der benötigten Beschleunigungs- und Geschwindigkeitsdaten eingegangen werden, die der HCTL als Sollwerte vom HOST erhält.

5.5.1 Berechnung der HCTL Geschwindigkeits- und Beschleunigungsdaten

Der Geschwindigkeitswert Vq in [Inkremente/Sampletime] der als Sollwert für die Motordrehzahl vom HOST in die der Betriebsart entsprechenden Register des HCTL geschrieben werden muß, ergibt sich zu:

5 Digitaler Motorcontroller HCTL-1100

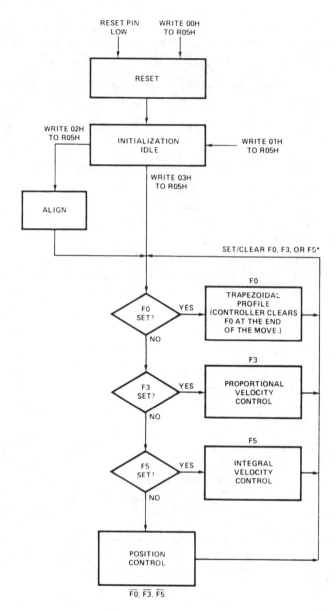

*Only one flag should be set at a time

Abb. 5.19 Flußdiagramm des HCTL-1100 Programmablaufs (Quelle:Hewlett Packard)

5.5 Arbeitsweise und Betriebsarten des HCTL-1100

$$Vq = N \cdot t \cdot (Vr \cdot 0.01667) \qquad \text{(Gl. 5.8)}$$

Der Beschleunigungswert Aq in [Inkremente/Sampletime^2] der als Sollwert für die Beschleunigung bzw. Abbremsung des Motors vom HOST in die Beschleunigungs-Register (siehe Kap. 5.2.11) des HCTL geschrieben werden muß, ergibt sich zu:

$$Aq = (N \cdot t^2 \cdot (Ar \cdot 0.01667)) \cdot 256 \qquad \text{(Gl. 5.9)}$$

mit: Vq = Geschwindigkeit in Quadratur-Inkremente pro Sampletime bzw. abgekürzt in [Inkremente/Sampletime] oder [Ink/St]
Vr = Motordrehzahl in Umdrehungen pro Minute [U/min]. Sie wird multipliziert mit U/min = U/60sec = 0.01667 in [U/sec] umgerechnet
Aq = Beschleunigung in Quadratur-Inkremente pro Sampletime zum Quadrat, bzw. abgekürzt in [Inkremente/Sampletime^2] oder [Ink/St^2]
Ar = Motor-Beschleunigung. Durch Multiplikation mit 1/60sec umgerechnet in [U/sec^2].
N = 4 · Encoderimpulse pro Umdrehung (ENCOD). Ergibt somit die Anzahl der Quadratur-Inkremente pro Umdrehung bzw. abgekürzt [Ink/U]
t = ist die HCTL Sample Time in [sec] t = 16·(R0FH + 1)/f$_{EXTCLK}$

Für die Integrale Geschwindigkeit hat sich herausgestellt, daß es zwischen der Encoder-Impulsanzahl pro Umdrehung (ENCOD), der maximal erreichbaren, systembedingten Motordrehzahl (Vr$_{max}$) und des unteren zulässigen Wertes für die Sample Time (t$_{min}$) eine Beziehung gibt, die berücksichtigt werden muß:

$$t_{min} = Vq_{max} / (Vr_{max} \cdot 4 \cdot ENCOD) \qquad \text{(Gl. 5.10)}$$

mit: Vq = Maximal Wert für Vq [Ink/St]. Er ist abhängig davon ob der PWM Port (Vq$_{max}$ = 100dez) oder der 8-Bit Motorcommand Port (Vq$_{max}$ = ± 127dez) benutzt wird.
Vr$_{max}$ = maximale vom System erreichbare Motordrehzahl in [U/sec]
ENCOD = Anzahl der Encoder Impulse pro Umdrehung
t$_{min}$ = Untere zulässige Grenze der Sample Time in [sec]

Aus dem Wert für t$_{min}$ läßt sich der untere zulässige Grenzwert für das Sample Timer Register R0FH bezogen auf das jeweilige Antriebssystem berechnen:

$$R0FH_{min} = (t_{min} \cdot f_{EXTCLK} / 16) - 1 \qquad \text{(Gl. 5.11)}$$

Wobei zu beachten ist, das der absolute untere Grenzwert für R0FH nach Tab. 5.6 ebenfalls einzuhalten ist. Die untere Sampletimer-Register Grenze R0FH$_{min}$ ist ein Wert der nicht unterschritten werden darf. Sollte der Wert für

R0FH$_{min}$ bei der Berechnung größer als FFH (255dez) sein, so ist durch eine andere, größere Wahl der Encoder-Impulse/Umdrehung (ENCOD) eine Anpassung vorzunehmen. Falls dies nicht möglich ist, kann der zulässige Vq$_{max}$ Wert berechnet werden, der bei einem R0FH$_{min}$ von 255dez noch gerade zulässig ist. Werden die Grenzen von R0FH$_{min}$ und Vq$_{max}$ nicht eingehalten, so kommt es zu einem unkontrollierten Verhalten des Antriebs, da dann an den HCTL eine Geschwindigkeitsforderung gestellt wird, die der Antrieb nicht erfüllen kann. In einem solchen Fall wird der HCTL-Sollwert (Command Position Counter) immer weiter inkrementiert ohne das der Antriebs-Istwert (Actual Position Counter) folgen kann. Dies bedeutet, daß sich die

Regeldifferenz = Commandposition − Actualposition

immer weiter vergrößert. Der gleiche Effekt tritt ein, wenn der Antrieb blokkiert und schwergängig ist. Um dies zu erkennen, muß der HOST aus Sicherheitsgründen die Regeldifferenz überwachen, und sofort den Antrieb abschalten, wenn sie einen zu definierenden Maximalwert überschreitet.

5.5.2 Lageregelung (Position Control)

Flag Programmierung:
- F0 gelöscht
- F3 gelöscht
- F5 gelöscht

Benutzte Register:
- Flag R00H
- Read Actual Position R12H (MSB), R13H und R14H (LSB)
- Command Position R0CH (MSB), R0DH und R0EH (LSB)

Die Betriebsart der Lageregelung führt ohne Geschwindigkeits-Profil eine Positionsbewegung von einem Punkt zum nächsten Punkt aus. Der HOST gibt ein 24-Bit Positions-Kommando vor, das der HCTL mit der aktuell vorliegenden 24-Bit Position vergleicht. Die hierdurch ermittelte Positionsabweichung wird dem Digitalfilter zur Kompensation übergeben und eine Ausgabe des Motor-Command's vorgenommen. *Abb. 5.20* zeigt, wie der HCTL die Soll-Position in Abhängigkeit von der Sample Time erreicht.

Der HCTL behält die erreichte Position so lange bei, bis der HOST eine neue Zielposition vorgibt.

Die Actual- und die Command-Position werden als 24-Bit Zweierkomplement-Daten in den entsprechenden Registern gespeichert.

5.5 Arbeitsweise und Betriebsarten des HCTL-1100

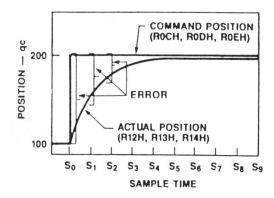

Abb. 5.20 Positions Control Profil (Quelle: Hewlett Packard)

Die Soll-Position wird in den Registern R0CH (MSB), R0DH und R0EH (LSB) abgelegt.

Erst ein Schreibzugriff des HOST auf Register R0EH speichert den 24-Bit Sollwert und veranlaßt den HCTL, den Kontrollalgorithmus d.h die Positionierung durchzuführen.

Deshalb muß die Soll-Position in der Reihenfolge R0CH, R0DH und R0EH geschrieben werden. Sie kann zur Überprüfung jederzeit vom HOST gelesen werden.

Die Erfassung der aktuellen Position erfolgt über die vervierfachten Encoderimpulse.

Die aktuelle Position steht in den Registern R12H (MSB), R13H und R14H (LSB). Wenn Register R14H vom HOST gelesen wird, werden R12H, R13H in den internen HCTL Zwischenspeicher übernommen.

Um die gerade aktuelle Position zu erhalten, muß deshalb in der Reihenfolge R14H, R13H und R12H gelesen werden.

Die Einstellung der Filterparameter A, B und K gehen in den Filteralgorithmus mit ein und bestimmen die Genauigkeit der Positionierung, d.h. den Wert der bleibenden Regelabweichung.

Der Maximalweg der gefahren werden kann, ist 7FFFFFH (8.388.607dez) Quadratur-Inkremente.

5.5.3 Proportionale Drehzahlregelung (Proportional Velocity Control)

Flag Programmierung:
- F0 gelöscht
- F3 gesetzt
- F5 gelöscht

Benutzte Register:
- Flag R00H
- Command Velocity R23H (LSB) und R24H (MSB)
- Actual Velocity R34H (LSB) und R35H (MSB)

Die Betriebsart der proportionalen Geschwindigkeitskontrolle der Motordrehzahl benutzt zur Kompensation nur den K-Parameter des Digitalfilters. Die dynamische Pol- und Null-Kompensation wird nicht benutzt.

Der Wert für die Solldrehzahl Vq den der HOST an die Command Velocity Register des HCTL übergibt wird nach Gl. 5.8 ermittelt.

Da im HCTL intern eine Division durch 16 vorgenommen wird (siehe Kap. 5.2.10) muß der so ermittelte Vq-Wert noch mit 16 multipliziert werden, bevor der HOST sie an den HCTL weitergibt.

Der HCTL berechnet aus den im Actual Position Register ankommenden Encoder Quadratur-Inkrementen die aktuelle Geschwindigkeit in [Ink/St]. Anschließend wird die Differenz zur Sollgeschwindigkeit gebildet. Die so ermittelte Regelabweichung wird im Digitalfilter mit K/4 multipliziert und als neues Motor-Command ausgegeben.

Abb. 5.21 zeigt, wie der HCTL die proportionale Sollgeschwindigkeit in Abhängigkeit von der Sample Time erreicht.

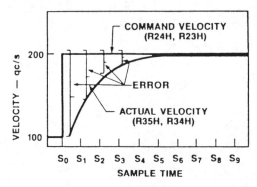

Abb. 5.21 Proportionale Geschwindigkeit in Abhängigkeit von der Sample Time (Quelle: Hewlett Packard)

5.5 Arbeitsweise und Betriebsarten des HCTL-1100

Die Werte für Command- und Actual-Velocity sind 16-Bit-Zweierkomplement-Daten.

Die Sollgeschwindigkeit wird in R24H (MSB) und R23H (LSB) ohne Zwischenspeicherung abgelegt. Diese Register können zu jeder Zeit gelesen oder geschrieben werden.

Die aktuelle Geschwindigkeit wird in Register R35H (MSB) und R34H (LSB) als Integer-Wert zwischengespeichert und kann jederzeit gelesen werden.

Wird vom HOST ein neuer Geschwindigkeitssollwert an den HCTL übergeben, so bestimmt die Dynamik und Systemträgheit des Antriebssystem wie schnell der neue Sollwert erreicht wird.

5.5.4 Integrale Drehzahlregelung (Integral Velocity Control)

Flag Programmierung:
- F0 gelöscht
- F3 gelöscht
- F5 gesetzt (vom Position Control Modus aus: wenn alle zugehörigen Register initialisiert wurden)

Benutzte Register:
- Flag R00H
- Beschleunigung (Acceleration) R26H (LSB) und R27H (MSB)
- Command Velocity R3CH

Die Integrale Drehzahlregelung erzeugt ein gleichmäßiges Geschwindigkeits-Profil, das von der Soll-Geschwindigkeit und der Soll-Beschleunigung bestimmt wird. *Abb. 5.22* zeigt solch einen Geschwindigkeitsverlauf.

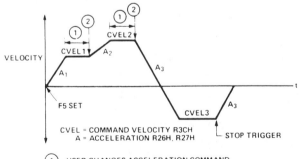

Abb. 5.22 Integraler Geschwindigkeitsverlauf (Quelle: Hewlett Packard)

5 Digitaler Motorcontroller HCTL-1100

Der HOST kann zu jeder Zeit die Sollgeschwindigkeit und Sollbeschleunigung ändern, um ein neues Geschwindigkeits-Profil über der Zeit zu erhalten.

Die vom HOST in den HCTL zu programmierenden Werte für Geschwindigkeit und Beschleunigung werden mit Gl. 5.8 und Gl. 5.9 ermittelt (siehe auch Kap. 5.2.11 und 5.2.13).

Die Sollgeschwindigkeit [Ink/St] wird vom HOST als 8-Bit-Zweierkomplement Wert in Register R3CH programmiert. Die Differenz zwischen zwei Geschwindigkeiten darf nicht größer als 7FH (127dez) sein.

Der Wert 80H (128dez) entspricht der Geschwindigkeit 0. Die Beschleunigung [Ink/St^2] ist ein 16-Bit-Wert, und wird vom HOST in die Register R27H (MSB) und R26H (LSB) programmiert.

Im Integral-Modus wird die komplette dynamische Kompensation D(z) des Digitalfilters benötigt.

Aus der vom HOST vorgegebenen Geschwindigkeit und Beschleunigung erzeugt der HCTL intern ein Positionsprofil.

Innerhalb jeder Abtastung berechnet der Profil-Generator aus den Werten der Sollgeschwindigkeit und Sollbeschleunigung neue Positionsdifferenzen, die er dann zum Inhalt des Command Position Registers hinzuaddiert, um die nächste anzufahrende Zielposition vorzugeben. Anschließend wird aus der Subtraktion von Command-Position und Actual-Position die Positionsabweichung berechnet.

Diese wird dem Digitalfilter zur Kompensation übergeben und ein für diese Abtastung gültiges neues Motor-Command wird ausgegeben. *Abb. 5.23* zeigt, wie der HCTL die integrale Sollgeschwindigkeit in Abhängigkeit von der Sample Time erreicht.

Der Profil-Generator verhält sich von seiner Funktion her wie ein Integrator. Aus diesem Grunde ist der Geschwindigkeitsfehler im eingeschwungenen Zustand des Antriebssystems gleich Null.

Dies ist auch gleichzeitig der Vorteil der integralen Betriebsart gegenüber der proportionalen, wobei die Regelstabilität durch die richtige Wahl der Filterparameter im Integral-Modus schwieriger zu erreichen ist. Sobald die vom HOST vorgegebene Sollgeschwindigkeit erreicht wurde, wird sie vom HCTL beibehalten, bis eine neue Vorgabe kommt. Geschwindigkeitswechsel werden mit der eingestellten Beschleunigung durchgeführt.

Dies bedeutet, daß bei einem Wechsel von hohen Geschwindigkeitswerten zu niedrigen oder sogar zu Null, mit demselben Wert gebremst wird, mit dem vorher beschleunigt wurde.

5.5 Arbeitsweise und Betriebsarten des HCTL-1100

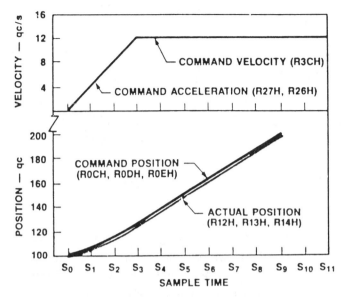

Abb. 5.23 Integrales Positions/Geschwindigkeits-Profil (Quelle: Hewlett Packard)

Wird in dieser Betriebsart durch einen LOW-Pegel am STOP-Eingangspin das STOP-Flag F6 des Status Registers R07H gesetzt, so verringert (bremst) der HCTL mit der gerade aktuellen Beschleunigung die Geschwindigkeit, bis Drehzahl Null erreicht wird.

Solange wie der STOP-Pin einen LOW-Pegel erhält, wird Drehzahl Null beibehalten. Nachdem der STOP-Pin wieder einen HIGH-Pegel erhalten hat, kann der HOST durch einen Schreibbefehl zum Status Register das Flag F6 löschen und eine neue integrale Geschwindigkeit vorgeben.

5.5.5 Drehzahl-/Lageregelung mit Trapez Profil (Trapezoidal Profile Control)

Flag Programmierung:
- F0 gesetzt (vom Position Control Modus aus: wenn alle zugehörigen Register initialisiert wurden)
- F3 gelöscht
- F5 gelöscht

Benutzte Register:
- Flag R00H
- Status R07H
- Beschleunigung (Acceleration) R26H (LSB) und R27H (MSB)
- Read Actual Position R12H (MSB), R13H und R14H (LSB)

5 Digitaler Motorcontroller HCTL-1100

- Ziel (Final) Position R29H (LSB), R2AH und R2BH (MSB)
- Maximum Velocity R28H

Diese Betriebsart ist eine Kombination der Lageregelung und der integralen Drehzahlregelung. Es wird die volle Digitalfilter-Funktion zur Kompensation benötigt.

Durch die Punkt-zu-Punkt Positionierung mit definiertem Drehzahlprofil können trapez- oder dreieckförmige Geschwindigkeitskurven erzeugt werden.

Der HOST gibt die Zielposition, Beschleunigung und die maximal zu fahrende Geschwindigkeit als Sollwerte dem HCTL vor. Eine Bewegung wird erst dann ausgeführt, wenn der HOST dies durch Setzen von Flag F0 des Flag Registers R00H kommandiert.

Ist die maximale Geschwindigkeit erreicht worden, bevor die Hälfte des Weges (gewünschte Zielposition) zurückgelegt wurde, ergibt sich ein trapezförmiges Geschwindigkeitsprofil. Ist dies nicht der Fall, ergibt sich ein dreieckförmiges Geschwindigkeitsprofil ohne erreichen der Maximal Geschwindigkeit. Abb. 5.24 zeigt die möglichen Geschwindigkeitsprofile.

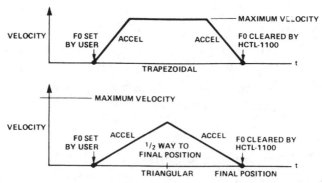

Abb. 5.24 Trapezförmige Geschwindigkeits Profile (Quelle: Hewlett Packard)

Ausgangspunkt (Start) für eine Bewegung ist immer die gerade aktuelle (vor dem Setzen von Flag F0) vorliegende Position im Command Position Registersatz (R0EH, R0DH, R0CH).

Endpunkt der Bewegung ist die Zielposition im Final Position Registersatz (R29H, R2AH, R2BH) als 24-Bit Zweierkomplement Wert.

Die vom HOST in den HCTL zu programmierenden Werte für die maximale Geschwindigkeit und Beschleunigung werden mit Gl. 5.8 und Gl. 5.9 ermittelt (wie im Integral Modus).

5.5 Arbeitsweise und Betriebsarten des HCTL-1100

Die maximale Soll-Geschwindigkeit [Ink/St] von Register R28H darf im Bereich von 00H bis 7FH (0dez bis 127dez) liegen.

Nachdem der HOST Flag F0 für den Start der Bewegung gesetzt hat, beginnt der Profil-Generator mit seinen Berechnungen, um mit dem gewünschten Geschwindigkeitsprofil die Zielposition zu erreichen.

Wie beim Integral Modus, wird innerhalb jeder Abtastung aus den programmierten Sollwertdaten die Vorgabe für das Command Position Register ermittelt. Anschließend wird die Regelabweichung (Command Position – Actual Position) dem Digitalfilter übergeben und das für diese Abtastung gültige Motor-Command ausgegeben.

Abb. 5.25 zeigt prinzipiell, wie der HCTL mit dem gewünschten Geschwindigkeitsprofil die Zielposition in Abhängigkeit von der Sample Time erreicht.

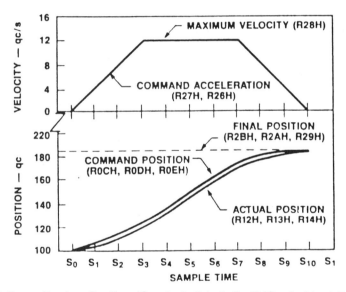

Abb. 5.25 Trapezförmiges Positions/Geschwindigkeits Profil (Quelle: Hewlett Packard)

Hat der Profil-Generator die letzte Berechnung durchgeführt, und den letzten Wert an das Command Position Register übergeben, löscht er automatisch Flag F0.

Hierdurch wird der HCTL veranlaßt in die Betriebsart der Lageregelung (Position Control) überzugehen und behält nach Erreichen der Zielposition diese bis zum nächsten Bewegungsstart bei.

Der Status des Profil Flags F0 kann im Status Register R07H und am externen Pin PROF abgelesen werden. Solange wie Flag F0 gesetzt ist, d.h für die Zeit wo der Profil-Generator noch Berechnungen durchführt, darf der HOST keine neuen Sollwerte zum HCTL schicken.

Auch wenn Flag F0 vom HCTL gelöscht wurde, kann der Motor sich noch in Bewegung befinden. Der HOST kann den Motorstillstand dadurch ermitteln, indem er prüft, ob sich die Daten im Actual Position Register noch verändern.

5.6 Synchronisation mehrerer HCTL-1100

Indem die SYNC-Eingänge von mehreren HCTLs miteinander verbunden werden und im INIT/IDLE Modus einen LOW-Impuls vom HOST erhalten, kann eine Synchronisation (Gleichlauf) erfolgen.

Solange wie die SYNC-Anschlüsse auf LOW-Pegel sind, werden die Sample Timer Zähler gelöscht und auf 00H festgehalten.

Sobald die SYNC-Eingänge wieder einen HIGH-Pegel erhalten, beginnen alle Zähler gleichzeitig mit dem Dekrementieren des im jeweiligen R0FH Register programmierten Sample Time Wertes.

In einigen Anwendungen ist es, neben der Synchronisation von mehreren Antriebsachsen erforderlich, jeder Achse eine andere Bahnkurve zuzuordnen. Für die Dauer der gewünschten Bahnkurve ist es dann notwendig innerhalb jeder Abtastung neue Positions- bzw. Geschwindigkeitswerte vorzugeben. Dies erfordert allerdings eine Koordinierung mit dem jeweiligen HCTL Sample Timer, da innerhalb einer Abtastung nur zu einem bestimmten Zeitpunkt ein neuer Positions- oder Geschwindigkeitswert vom HOST programmiert werden darf.

Am Beginn der Abtastung, gleich nach dem 00H Durchlauf und dem erneuten Start der Dekrementierung des Abtastzeitzählers, führt der HCTL interne Berechnungen und Programmschritte durch.

Ein HOST-Schreibbefehl einer neuen Ziel-Position oder Geschwindigkeit darf den HCTL zu diesem Zeitpunkt nicht unterbrechen. Sollte dies dennoch geschehen, so können unkontrollierte Reaktionen des HCTL und damit der Antriebsachse die Folge sein.

Aus diesem Grund kann der HOST den aktuellen Stand des Abtastzeitzählers auslesen und den zulässigen Zeitpunkt für einen Schreibzugriff feststellen. Dieser Zeitpunkt ist abhängig von der gerade aktiven Betriebsart. In Tab. 5.6 stehen die Grenzwerte, um die der Inhalt von Register R0FH mindestens herabgezählt worden sein sollte, bevor der HOST eine neue Position bzw. Geschwindigkeit während einer aktiven Bahnkurve kommandiert.

Der Host muß z.B. für den Positionsmodus (Lageregelung) mit einem neuen Positionsbefehl mindestens so lange warten, bis der Abtastzeitzähler um 07H vom R0FH Wert herabgezählt worden ist.

Beträgt der programmierte Inhalt von Register R0FH z.B. 39H, so kann im Bereich von 32H bis 00H des Sample Timers ohne Gefahr ein neuer Positionswert in die Command Position Register des HCTL eingeschrieben werden.

5.6.1 Synchronisation mit Hardware-Unterstützung

Die Bahnkurven-Koordinierung mehrerer Achsen erfordert vom HOST immer wieder den Lesezugriff auf die einzelnen HCTL Sample Timer und die Entscheidung, ob ein neuer Positions- bzw. Geschwindigkeitswert geschrieben werden darf oder nicht.

Dies kann zu Problemen in der Ablaufzeit der HOST Software führen.

Ebenso sollte gewährleistet sein, daß in jeder Abtastung nur ein neuer Wert kommandiert wird.

Geht man davon aus, daß alle HCTL's, die an einer koordinierten Bewegung beteiligt sind, mit der gleichen Sample Time synchron arbeiten, so kann über eine zusätzliche Hardwareschaltung der HOST entlastet werden. (Abb. 5.26) zeigt den prinzipiellen Aufbau.

Mit Hilfe eines Zählers (der Preload Register hat) und einem Taktvorteiler erfolgt eine Nachbildung des internen HCTL Sample Timers.

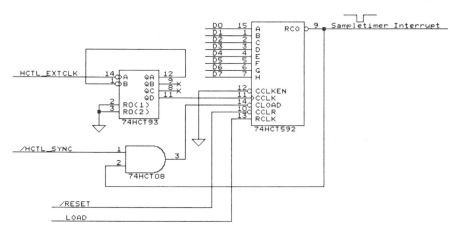

Abb. 5.26 Sample Timer Nachbildung zur HOST Entlastung

5 Digitaler Motorcontroller HCTL-1100

Der HCTL Takt (EXTCLK) wird im Vorteiler entsprechend der Sample Timer Zeitformel durch den Faktor 16 geteilt. Mit diesem Takt wird der Hilfs-Sample Timer, in diesem Fall ein Aufwärtszähler vom Typ 74LS592, betrieben.

Die Eingänge der Preload Register sind mit dem HOST Datenbus verbunden und können hierüber programmiert werden.

Über einen LOW Pegel am Eingang CLOAD wird der Inhalt der Preload Register in den Zähler geladen. Diesem Eingang ist ein UND-Gatter vorgeschaltet.

Ein Eingang des UND-Gatters wird mit dem gemeinsamen HCTL SYNC Signal verbunden und der andere mit dem Übertrags (Carry) Ausgang RCO des Zählers.

Hierdurch ist es möglich, daß zum einen eine Synchronisation mit den HCTL Sample Timern erfolgen kann, und zum anderen im Betrieb bei Erreichen des Zählerendwertes mit RCO=LOW der Zähler aus den Preload Registern automatisch wieder neu geladen wird.

Der Ausgang RCO wird gleichzeitig mit einem Interrupt Eingang des HOST verbunden. Jedesmal wenn der Endwert des Zählers erreicht worden ist, wird beim HOST ein Interrupt ausgelöst.

Da es sich beim hier gezeigten Zählertyp um einen Aufwärtszähler handelt, muß der HOST den Wert (FFH-(R0FH+1)) als Hilfs-Sample Time Wert in die Preload Register programmieren.

Aus diesem Grund ist durch diese Art der Synchronisation der größte Wert für Register R0FH auf 254dez (FEH) begrenzt.

Jeder von RCO eintreffende Interrupt zeigt dem HOST an, daß die HCTL Abtastzeit abgelaufen ist, und ein neuer Positions- oder Geschwindigkeitswert in die an der Bewegung beteiligten HCTL's eingeschrieben werden muß.

Da alle HCTL's synchron mit der gleichen Sample Time arbeiten, braucht nur ein HCTL auf die Einhaltung der R0FH Grenze abgefragt werden.

Ist sie erreicht worden, können alle HCTL's mit den entsprechenden neuen Bahnkurven-Daten programmiert werden. Wobei allerdings darauf zu achten ist, daß dies vor Erreichen des nächsten Sample Timer 00H Durchlaufs erfolgt sein muß.

5.7 Anschaltung des HCTL-1100 an verschiedene HOST Systeme

Der HCTL-1100 akzeptiert unterschiedliche Zeitabläufe seiner Steuersignale (siehe Kap. 5.1.1 und Anhang F „HCTL-1100 I/O Timing Diagrams"), wodurch eine Steuerung von unterschiedlichen HOST Systemen möglich ist.

In den Fällen, wo keine direkte Ankopplung vom HCTL an den Adreß-/Datenbus und Steuerbus des HOST möglich ist, kann die Steuerung über parallele Ein-/Ausgabe-Ports erfolgen.

In diesem Fall übernimmt eine entsprechende Software die Nachbildung der notwendigen Steuersignale zum Schreiben und Lesen des HCTL.

Nachteil dieses Verfahrens ist der langsame Zugriff auf die HCTL-Register. Dies wirkt sich besonders dann aus, wenn mehrere HCTL synchron betrieben werden sollen und bestimmte Zeitabfolgen einzuhalten sind (siehe Kap. 5.6).

5.7.1 HCTL Interface an Systemen mit gemultiplextem Adress-/Datenbus

Der Betrieb des HCTL-1100 an Prozessoren, die einen gemultiplexten Adress- und Datenbus zur Verfügung stellen, erfordert in der Regel nur einen geringen

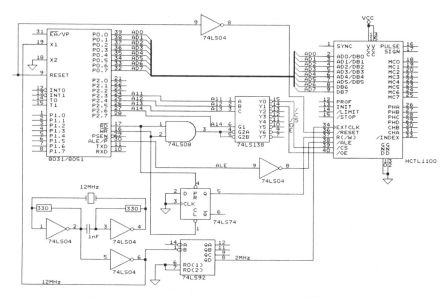

Abb. 5.27 HCTL-1100 Interface zum 8051 (Quelle: Hewlett Packard)

Aufwand an Hardware Anpassung. *Abb. 5.27* zeigt das Interfaceprinzip an einen Prozessor der Familie 8051.

Da der HCTL während eines Lesevorgangs mehr Zeit benötigt, seine Daten an den gemultiplexten Adress-/Datenbus zu legen, als dies ein normaler 8051 Lesezugriff zuläßt, wird ein Lesezugriff auf den HCTL in zwei Schritten durchgeführt.

Hierzu werden für die Adressierung zwei Adressbereiche benötigt. Im ersten Adreßbereich wird das /CS-Signal des HCTL generiert und im zweiten das /OE-Signal.

In dem Beispiel aus Abb. 5.27 sind dies die Adressen 4000H für /CS und 4800H für /OE.

Mit dem Decoder 74LS138 werden diese beiden Signale aus den Adressen A11 bis A14 dekodiert.

Das D-Flipflop 74LS74 wird vom /RD- und /WR-Signal des 8051 gesteuert, und erzeugt das R(/W)-Signal für den HCTL.

Das Schreiben zum HCTL erfolgt mit drei Befehlen.

Beispiel:
MOV DPTR,#4005H ; Anwahl von HCTL Register 5
MOV A,#wert   ; Wert, der ins Register geschrieben werden soll
MOVX @DPTR,A   ; Schreiben des Registerwertes zum HCTL

Die Registernummer wird zur Basisadresse des HCTL /CS-Signals addiert und hieraus die komplette Anwahladresse gebildet, die in DPTR abgelegt und an den HCTL mit der steigenden Flanke von ALE übergeben wird.

Der nächste Befehl lädt den Akkumulator des 8051 mit den Registerdaten für den HCTL.

Der letzte Befehl schließt den Schreibzyklus zum HCTL ab, indem die Registerdaten mit der steigenden Flanke von /CS in den HCTL eingeschrieben werden, während R(/W) auf LOW ist.

Das Lesen des HCTL erfolgt mit vier Befehlen.

Beispiel:
MOV DPTR,#4014H ;Anwahl von HCTL Register 14
MOVX A,@DPTR   ;Lesebefehl 1, /CS LOW Impuls und R(/W) auf HIGH
MOV DPH,#48H   ;/OE Signal adressieren
MOVX A,@DPTR   ;mit Lesebefehl 2 die HCTL Registerdaten lesen

5.7 Anschaltung des HCTL-1100 an verschiedene HOST Systeme

Der erste Lesebefehl wählt das gewünschte HCTL-Register an und setzt das R(/W)-Signal auf HIGH. Hierdurch wird veranlaßt, daß der Registerinhalt in das Ausgangslatch des HCTL übertragen wird.

Da hierfür ca. 1,8 sec benötigt werden, darf der zweite Lesebefehl erst nach dieser Zeit vom 8051 ausgeführt werden.

Mit dem zweiten Lesebefehl geht das /OE-Signal auf LOW und veranlaßt den HCTL, seine Registerdaten auf den Datenbus zu legen, damit sie vom 8051 gelesen werden können. Abb. 5.28 zeigt das Interfaceprinzip zum 8088

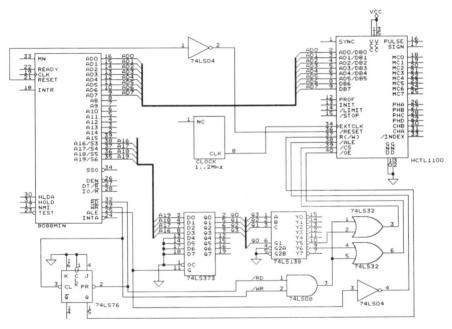

Abb. 5.28 HCTL-1100 Interface zum 8088 (Quelle: Hewlett Packard)

Der grundsätzliche Ablauf von Schreiben und Lesen erfolgt wie beim 8051. Ebenso sind zwei Adreßbereiche notwendig, damit die HCTL-Register gelesen werden können.

5.7.2 HCTL Interface an parallele Bussysteme. Beispiel: VME-Bus

Die direkte Verbindung des HCTL-1100 an Systeme mit parallelem Adress- und Datenbus ist nur mit erheblichem Logikaufwand seitens der Hardware möglich.

5 Digitaler Motorcontroller HCTL-1100

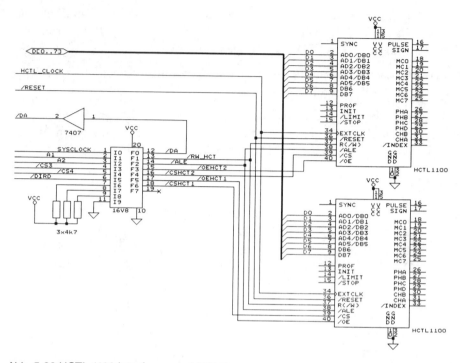

Abb. 5.29 HCTL-1100 Interface zum VME-Bus

Werden aber programmierbare Logikbausteine eingesetzt, so kann dieser Aufwand stark reduziert werden.

Abb. 5.29 zeigt ein Interface zweier HCTL-1100 zum direkten Anschluß an den VME-Bus. Obwohl auch in diesem Beispiel die Erzeugung der HCTL Timingdiagramme für Lesen und Schreiben per Software durch die Nutzung unterschiedlicher Adressen durchgeführt wird, sind die Zugriffe wesentlich schneller als über einen parallelen I/O-Baustein.

Der gemultiplexte HCTL Adreß- und Datenbus wird mit dem Datenbus D0 bis D7 des VME-Bus verbunden. Gesteuert werden die Zugriffe auf den HCTL über einen programmierbaren Baustein der Type 16V8. Beide Bausteine erhalten die gemeinsamen Steuersignale /ALE und /RW_HCT. Die Signale /CSHCT1, /CSHCT2, /OEHCT1 und /OEHCT2 erhält jeder Baustein separat.

Durch die VME-Bussignale /CS3, /CS4, A1, A2 und /DIRD erfolgt die Steuerung (Adressierung) des Bausteins 16V8.

Die Signale /CS3 und /CS4 sind zwei Adressbereiche, die von der Adressendekodierung des VME-Bus zur Basisadressierung der beiden HCTL zur Verfügung gestellt werden müssen.

5.7 Anschaltung des HCTL-1100 an verschiedene HOST Systeme

Mit den Adressen A1 und A2 werden im jeweiligen Adressbereich über die Programmierung des 16V8 die Signale /ALE, /CSHCT und /OEHCT generiert.

Mit dem Taktsignal SYSCLOCK erfolgt die interne Zeitsteuerung der D-Flipflop Logik des 16V8 und die gleichzeitige Synchronisierung mit dem Systemtakt des VME-Bus.

Die Taktfrequenz von SYSCLOCK sollte mindestens doppelt so groß sein wie die Frequenz des HCTL-Taktes EXTCLK, sie hat direkten Einfluß auf die Schreib-/Lesegeschwindigkeit eines HCTL-Registers. Das Signal /DA dient als DATA ACKNOWLEDGE Rückmeldung zum VME-Bus (/DTACK).

5.7.2.1 Inhalt des programmierbaren Bausteins 16V8
Im folgenden wird die Logik beschrieben, die in den 16V8 programmiert werden muß.

Der Dateiaufbau ist auf die PAL-Software Log/iC der Firma Isdata ausgelegt.

Der Datensatz ist auf der CDROM im Verzeichnis \HCTL\HCTLVME unter HCDIRECT.DCB zu finden.

```
*IDENTIFICATION
Bezeichnung: HCTLDIRECT
Bearbeiter: H.-J.Schaad
Version: 01.0
Datum:12.1.96

design function : Direkte Steuerung von 2 HCTL's am VME-Bus

*X-NAMES
! x-name, ...; input names
A1,A2,CS3,CS4,DIRD,CSHCT1,CSHCT2,ALE,RW_HCT,OEHCT1,
OEHCT2,SYSCLK,
ENABLE,DA_H,DA;

*Y-NAMES
! y-name, x/y-name, ...; outputs, bidirectional variables, MEALY type outputs
ALE,CSHCT1,OEHCT1,CSHCT2,OEHCT2,DA_H,RW_HCT,DA;

*BOOLEAN-EQUATIONS
!REGISTERED OUTPUT
/ALE := (/A1 & /A2 & /CS3 & CS4 & /DIRD & DA_H & DA)
      + (/A1 & /A2 & CS3 & /CS4 & /DIRD & DA_H & DA );

/CSHCT1 := A1 & /A2 & /CS3 & CS4 & DA_H & DA;
```

123

/OEHCT1 := /A1 & A2 & /CS3 & CS4 & DIRD & DA_H & DA;

/CSHCT2 := A1 & /A2 & CS3 & /CS4 & DA_H & DA;

/OEHCT2 := /A1 & A2 & CS3 & /CS4 & DIRD & DA_H & DA;

/RW_HCT := (ALE & /CSHCT1 & /DIRD & DA)
    + (ALE & /CSHCT2 & /DIRD & DA);

DA_H :=(ALE & OEHCT1 & OEHCT2 & RW_HCT & CSHCT1 & CSHCT2);

/DA :=(/DA_H & ALE & OEHCT1 & OEHCT2 & RW_HCT & CSHCT1 & CSHCT2)
    + /OEHCT1 + /OEHCT2;

ALE.CLK = SYSCLK;
CSHCT1.CLK = SYSCLK;
OEHCT1.CLK = SYSCLK;
CSHCT2.CLK = SYSCLK;
OEHCT2.CLK = SYSCLK;
/RW_HCT.CLK = SYSCLK;
DA.CLK = SYSCLK;
/DA_H.CLK = SYSCLK;

/ALE.OE =ENABLE;
/CSHCT1.OE =ENABLE;
/OEHCT1.OE =ENABLE;
/CSHCT2.OE =ENABLE;
/OEHCT2.OE =ENABLE;
/RW_HCT.OE =ENABLE;
/DA.OE =ENABLE;
/DA_H.OE =ENABLE;

*PAL
TYPE = GAL16V8_R;
DEVICECODE = 4;
CHECKSUM = COMPUTE;

*PINS
! name = pinnr, ...;

!INPUTS
SYSCLK=1;
A1=2;
A2=3;

5.7 Anschaltung des HCTL-1100 an verschiedene HOST Systeme

CS3=4;
CS4=5;
DIRD=6;
ENABLE=11;

! OUTPUTS
DA_H=19;
CSHCT1=18;
OEHCT1=17;
CSHCT2=16;
OEHCT2=15;
ALE=14;
RW_HCT=13;
DA=12;

*RUN-CONTROL
LISTING   = NET, EQUATIONS, PINOUT,PLOT;
PROGFORMAT = JEDEC;
TESTVECTORS = GENERATE;
*END

5.7.2.2 Programme zur Steuerung der VME-Bus/HCTL Ankopplung
Die mc68000 Assembler-Treiberprogramme sind so ausgelegt, daß sie direkt von einem C-Programm aus aufgerufen werden können.

Der Austausch von Daten mit dem übergeordnetem C-Programm erfolgt über einen lokalen Stack. Als erstes werden die Basisadressen der 16V8 Eingangssteuersignale D_ALE, D_CS und D_OE deklariert:
D_ALE: EQU $1
D_CS: EQU $3
D_OE: EQU $5

Assembler Treiberprogramm zum lesen der HCTL:
```
;READING HCTL-1100
;INPUT:     D2 - HCTL Registeradresse
;           D4 - HCTL Basis Adresse
;
;OUTPUT:    D0 - HCTL Register DATA

        XDEF    .hctl_read      ;Definition des Programmnamens
.hctl_read:
        LINK    A6,#-16         ;Lokalen STACK erzeugen
        MOVEM.L D2/D3/D4/A2,-16(A6)     ;PUSH
```

5 Digitaler Motorcontroller HCTL-1100

```
            ANDI.L  #0,D3         ;Interrupt Priorität retten
            MOVE    SR,D3         ;
            ORI     #$0700,SR     ;Interrupte sperren

        ;Daten vom Stack holen
            MOVE.L 8(A6),D4       ;HCTL Basisadresse holen
            MOVE.L 12(A6),D2      ;HCTL Registeradresse holen
;---------------------------------------------------------------
            MOVE.L D4,A2          ;HCTL Adressierung vorbereiten
            ANDI.L  #0,D0
            MOVE.B D2,D_ALE(A2)   ;HCTL Register anwählen und ALE
                                      Impuls erzeugen
            MOVE.B D_CS(A2),D4 ;CS Impuls erzeugen
            NOP                   ;Wartezeit, damit der HCTL seine
            NOP                   ;Daten ins Ausgabelatch schreiben kann
            NOP
            MOVE.B D_OE(A2),D0 ;OE Impuls erzeugen und HCTL Regi-
                                      sterdaten einlesen
            MOVE    D3,SR         ;Interrupte wieder freigeben
;--------------------------------------------------
            MOVEM.L -16(A6),D2/D3/D4/A2   ;POP
            UNLK   A6                         ;Stack auflösen
            RTS
```

Assembler Treiberprogramm zum Schreiben der HCTL:
;WRITING TO HCTL-1100
;INPUT: D2 - HCTL Register Adresse
;   D3 - Ausgabe Daten zum HCTL Register
;   D4 - HCTL Basis Adresse

```
            XDEF .hctl_write     ;Definition des Programmnamen
.hctl_write:
            LINK    A6,#-20      ;Lokalen STACK erzeugen
            MOVEM.L D1/D2/D3/D4/A2,-20(A6) ;PUSH

            ANDI.L  #0,D1        ;Interrupt Priorität retten
            MOVE    SR,D1        ;
            ORI     #$0700,SR    ;Interrupte sperren

        ;Daten vom Stack holen
            MOVE.L   8(A6),D4    ;HCTL Basisadresse holen
            MOVE.L 12(A6),D2     ;HCTL Registeradresse holen
            MOVE.L 16(A6),D3     ;HCTL-Register Ausgabedaten holen
```

5.7 Anschaltung des HCTL-1100 an verschiedene HOST Systeme

```
;-------------------------------------------------------------
        MOVE.L  D4,A2           ;HCTL Adressierung vorbereiten
        MOVE.B  D2,D_ALE(A2)    ;HCTL Register adressieren und ALE
                                 Impuls ausgeben
        MOVE.B  D3,D_CS(A2)     ;HCTL Registerdaten schreiben und
                                 CS Impuls ausgeben
        MOVE    D1,SR           ;Interrrupts wieder freigeben
;-------------------------------------------------------------
        MOVEM.L -20(A6),D1/D2/D3/D4/A2   ;POP
        UNLK    A6                       ;Stack auflösen
        RTS
```

Abb. 5.30 zeigt das erzeugte Timingdiagramm für Lesen und Abb. 5.31 für Schreiben eines HCTL. Es werden die HCTL Steuersignale /ALEHCT, /CSHCT, /OEHCT und die Rückmeldung /DA (Data Acknowledge) zum VME-Bus gezeigt.

Die Taktfrequenz SYSCLOCK des 16V8 beträgt in diesem Fall 3 MHz.

Aus einem übergeordnetem C-Programm kann direkt auf die Assemblerprogramme zugegriffen werden.

Hierfür ist es notwendig, dem C-Compiler die Programme bekanntzumachen. Dies geschieht zum Beispiel für den Microtec MCC68K Compiler durch folgende Definitionszeilen:

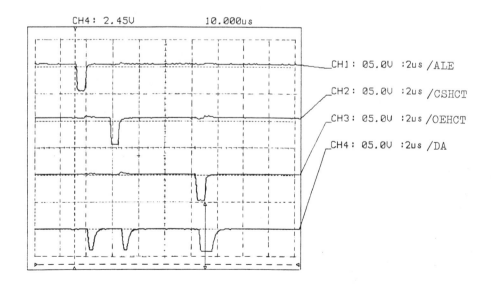

Abb. 5.30 Timingdiagramm Lesen HCTL-1100 am VME-BUS

127

5 Digitaler Motorcontroller HCTL-1100

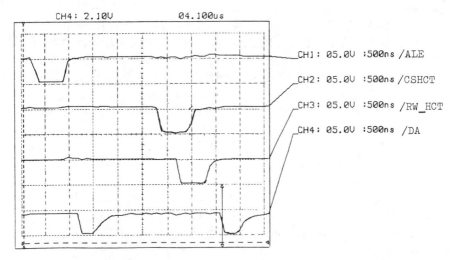

Abb. 5.31 Timingdiagramm Schreiben HCTL-1100 am VME-BUS

#define INT32 unsigned long
INT32 HCTL_WRITE(),HCTL_READ();

Die Assemblerroutinen können jetzt wie eine C-Funktion aufgerufen werden.

Schreiben von Daten in ein HCTL-Register:

HCTL_WRITE(HCTL_adresse,HCTL_register,Registerdaten);
Lesen eines HCTL-Registers:

hctldata=HCTL_READ(HCTL_adresse,HCTL_Register);

5.7.2.3 Programme zum Schreiben/Lesen von HCTL-Daten, die in mehreren Registern stehen

Nachfolgend sollen noch einige Programmbeispiele aufgezeigt werden, die das Schreiben und Lesen von Mehrfachregisterdaten des HCTL-1100 am VME-Bus erleichtern. Sie sind auf der CDROM im Verzeichnis \HCTL\HCTLVME unter *.SRC zu finden.

;**

```
                    TTL    „HCTL write help routines"
                    CHIP   68010
HCTLWRITEHELP       IDNT
                    OPT    D,G
```

;**

5.7 Anschaltung des HCTL-1100 an verschiedene HOST Systeme

```
;Hilfsprogramme zum Schreiben von HCTL-Daten, die in mehreren
;Registern stehen
;Angepasst, um von C aus aufgerufen zu werden

;BEARBEITER: SCHAAD
;mvmedog_reset muss noch aktiviert werden

            SECTION 9

            INCLUDE EQUATEC.SRC

            xref    .mvmedog_reset    ;CPU WATCHDOG RESET
            xref    .hctl_write
;******************************************************************
;Schreiben von HCTL-1100 COMMAND POSITION
;INPUT:      A2 - HCTL ADRESS Werte vom Stack holen
;            D2 - COMMAND POSITION DATA
;OUTPUT:     D0 - DATA MSB

;HCTL_COPOS1: EQU   $00C    ;COMMAND POSITION (MSB)
<POSITION CONTROL>
;HCTL_COPOS2: EQU   $00D    ;COMMAND POSITION (MIDDLE)
<POSITION CONTROL>
;HCTL_COPOS3: EQU   $00E    ;COMMAND POSITION (LSB) <POSI-
TION CONTROL>

;!!!ACHTUNG, ES MÜEßEN ERST MSB, MIDDLE GESCHRIEBEN
WERDEN, UND ERST ;DANN LSB. DA ERST MIT SCHREIBEN DES
LSB DIE DATEN IN DEN HCTL ;GELATCHED WERDEN
            XDEF    .write_hctl_command_position

.write_hctl_command_position:
            LINK    A6,#-24              ;LOCAL STACK ERZEUGEN
            MOVEM.L D1/D2/D3/D4/D5/A2,-24(A6)        ;PUSH

            MOVEA.L 8(A6),A2        ; ADRESS VOM STACK
            MOVE.L  12(A6),D2       ; DATA VOM STACK
;-----------------------------------------------------------------
            ;PROGRAMM BODY
            ANDI.L  #0,D0
            ANDI.L  #0,D1            ;CLEAR REGISTER
            MOVE.B  #HCTL_COPOS1,D1 ; COMMAND POS. MSB
                                    ;ADRESSIEREN
```

5 Digitaler Motorcontroller HCTL-1100

```
            IFEQ MVMEDOG
            JSR    .mvmedog_reset ;CPU WATCHDOG RESET
            ENDC


            MOVE.B  D2,D3         ; LSB DATA SCHREIBEN
            ASR.L   #8,D2         ;SET ON NEXT REG DATA


            MOVE.B  D2,D4         ;MIDDLE DATA SCHREIBEN
            ASR.L   #8,D2         ;SET ON NEXT REG DATA


            MOVE.B  D2,D5         ;GET MSB DATA
            ;DATEN IN HCTL SCHREIBEN
            MOVE.L  D5,-(SP)      ;STACK OFFSET 4 DATA MSB
            MOVE.L  D1,-(SP)      ;STACK OFFSET 8 REGISTER
            MOVE.L  A2,-(SP)      ;STACK OFFSET 12 HCTL ADRESS
            JSR     .hctl_write
            LEA     12(SP),SP     ;STACK OFFSET 0
            ADDQ.B  #1,D1         ;SET D1 ON NEXT REG.NR.


            MOVE.L  D4,-(SP)      ;STACK OFFSET 4 DATA MIDDLE
            MOVE.L  D1,-(SP)      ;STACK OFFSET 8 REGISTER
            MOVE.L  A2,-(SP)      ;STACK OFFSET 12 HCTL ADRESS
            JSR     .hctl_write
            LEA     12(SP),SP     ;STACK OFFSET 0
            ADDQ.B  #1,D1         ;SET D1 ON NEXT REG.NR.


            MOVE.L  D3,-(SP)      ;STACK OFFSET 4 DATA LSB
            MOVE.L  D1,-(SP)      ;STACK OFFSET 8 REGISTER
            MOVE.L  A2,-(SP)      ;STACK OFFSET 12 HCTL ADRESS
            JSR     .hctl_write
            LEA     12(SP),SP     ;STACK OFFSET 0
;-----------------------------------------------------------------
            MOVEM.L -24(A6),D1/D2/D3/D4/D5/A2  ;POP
            UNLK    A6
            RTS
;******************************************************************
;SCHREIBEN DER HCTL-1100 PROPORTIONAL COMMAND VELOCITY
;INPUT:     A2 - HCTL ADRESS Werte vom Stack holen
;           D2 - HCTL PROPORTIONAL COMMAND VELOCITY DATA
```

5.7 Anschaltung des HCTL-1100 an verschiedene HOST Systeme

```
;OUTPUT:      D0 - DATA MSB

;HCTL_COVEL1: EQU   $023 ;COMMAND VELOCITY (LSB) <PRO-
                          PORTIONAL VELOCITY>
;HCTL_COVEL2: EQU   $024  ;COMMAND VELOCITY (MSB)
;;;;;;;;;;;;;;;;;;;;;;;;;;;;;;;;;;;;
              XDEF  .write_hctl_propor_command_velocity
.write_hctl_propor_command_velocity:

              LINK   A6,#-12       ;GENERATE LOCAL STACK
              MOVEM.L D1/D2/A2,-12(A6)       ;PUSH

              MOVEA.L 8(A6),A2     ;PUT ADRESS FROM STACK
              MOVE.L 12(A6),D2     ;PUT DATA FROM STACK
;-----------------------------------------------------------------
              ;PROGRAMM BODY
              ANDI.L #0,D0
              ANDI.L #0,D1         ;CLEAR REGISTER
              MOVE.B #HCTL_COVEL1,D1 ;LOAD REG. LSB ACTU-
                                      AL POSITION COUNTER
COVEL_LOOP:
              IFEQ MVMEDOG
              JSR   .mvmedog_reset  ;CPU WATCHDOG RESET
              ENDC

              MOVE.B D2,D0         ;GET REG DATA
              ASR.L  #8,D2         ;SET ON NEXT REG DATA

              MOVE.L D0,-(SP)      ;STACK OFFSET 4 DATA
              MOVE.L D1,-(SP)      ;STACK OFFSET 8 REGISTER
              MOVE.L A2,-(SP)      ;STACK OFFSET 12 HCTL ADRESS
              JSR    .hctl_write
              LEA    12(SP),SP     ;STACK OFFSET 0
              ADDQ.B #1,D1         ;SET D1 ON NEXT REG.NR.
              CMP.B  #HCTL_COVEL1+2,D1 ;LSB REACHED?
              BNE    COVEL_LOOP    ;JUMP IF MSB NOT REACHED
;-----------------------------------------------------------------
              MOVEM.L -12(A6),D1/D2/A2  ;POP LOCAL USED
                                        REGISTER
              UNLK  A6
              RTS
```

5 Digitaler Motorcontroller HCTL-1100

```
;******************************************************************
;SCHREIBEN DER HCTL-1100 ACCELERATION
;INPUT:     A2 - HCTL ADRESS Werte vom Stack holen
;           D2 - HCTL ACCELERATION DATA
;OUTPUT:    D0 - DATA MSB

;HCTL_ACCEL1: EQU    $026    ;ACCELERATION (LSB)
;                                   <INTEGRAL VELOCITY AND
;HCTL_ACCEL2: EQU    $027    ;ACCELERATION (MSB)
;                                    TRAPEZOIDAL PROFILE >

            XDEF    .write_hctl_acceleration
.write_hctl_acceleration:

            LINK    A6,#-12         ;GENERATE LOCAL STACK
            MOVEM.L D1/D2/A2,-12(A6)        ;PUSH

            MOVEA.L 8(A6),A2        ;PUT ADRESS FROM STACK
            MOVE.L  12(A6),D2       ;PUT DATA FROM STACK
;-----------------------------------------------------------------
            ;PROGRAMM BODY
            ANDI.L  #0,D0
            ANDI.L  #0,D1           ;CLEAR REGISTER
            MOVE.B  #HCTL_ACCEL1,D1 ;LOAD REG. MSB ACTUAL
                                    ;POSITION COUNTER
ACCEL_LOOP:
            IFEQ MVMEDOG
            JSR     .mvmedog_reset  ;CPU WATCHDOG RESET
            ENDC

            MOVE.B  D2,D0           ;GET REG DATA
            ASR.L   #8,D2           ;SET ON NEXT REG DATA

            MOVE.L  D0,-(SP)        ;STACK OFFSET 4 DATA
            MOVE.L  D1,-(SP)        ;STACK OFFSET 8 REGISTER
            MOVE.L  A2,-(SP)        ;STACK OFFSET 12 HCTL ADRESS
            JSR     .hctl_write
            LEA     12(SP),SP       ;STACK OFFSET 0

            ADDQ.B  #1,D1           ;SET D1 ON NEXT REG.NR.
            CMP.B   #HCTL_ACCEL1+2,D1 ;MSB REACHED?
            BNE     ACCEL_LOOP      ;JUMP IF MSB NOT REACHED
;-----------------------------------------------------------------
```

5.7 Anschaltung des HCTL-1100 an verschiedene HOST Systeme

```
            MOVEM.L -12(A6),D1/D2/A2    ;POP LOCAL USED
                                         REGISTER
            UNLK    A6
            RTS
;****************************************************************
;
;SCHREIBEN DER HCTL-1100 FINAL POSITION
;INPUT   :    A2 - HCTL ADRESS Werte vom Stack holen
;             D2 - HCTL FINAL POSITION DATA
;OUTPUT:     D0 - DATA MSB

;HCTL_FIPOS3: EQU   $029        ;FINAL POSITION (LSB)
                                 <TRAPEZOIDAL PROFILE >
;HCTL_FIPOS2: EQU   $02A        ;FINAL POSITION (MIDDLE)
                                 <TRAPEZOIDAL PROFILE >
;HCTL_FIPOS1: EQU   $02B        ;FINAL POSITION (MSB)
                                 <TRAPEZOIDAL PROFILE >

            XDEF    .write_hctl_final_position
.write_hctl_final_position:
            LINK    A6,#-12        ;GENERATE LOCAL STACK
            MOVEM.L D1/D2/A2,-12(A6)        ;PUSH

            MOVEA.L 8(A6),A2       ;PUT ADRESS FROM STACK
            MOVE.L  12(A6),D2      ;PUT DATA FROM STACK
;-----------------------------------------------------------------
            ;PROGRAMM BODY
            ANDI.L  #0,D0
            ANDI.L  #0,D1          ;CLEAR REGISTER
            MOVE.B  #HCTL_FIPOS3,D1 ;LOAD REG. LSB
                                    ACTUAL POSITION
                                   ;COUNTER
FIPOS_LOOP:
            IFEQ MVMEDOG
            JSR     .mvmedog_reset ;CPU WATCHDOG RESET
            ENDC

            MOVE.B  D2,D0          ;GET REG DATA
            ASR.L   #8,D2          ;SET ON NEXT REG DATA

            MOVE.L  D0,-(SP)       ;STACK OFFSET 4 DATA
            MOVE.L  D1,-(SP)       ;STACK OFFSET 8 REGISTER
            MOVE.L  A2,-(SP)       ;STACK OFFSET 12 HCTL ADRESS
            JSR     .hctl_write
```

5 Digitaler Motorcontroller HCTL-1100

```
            LEA    12(SP),SP      ;STACK OFFSET 0
            ADDQ.B #1,D1          ;SET D1 ON NEXT REG.NR.
            CMP.B  #HCTL_FIPOS3+3,D1 ;MSB REACHED?
            BNE    FIPOS_LOOP,JUMP IF MSB NOT REACHED
;------------------------------------------------------------------
            MOVEM.L -12(A6),D1/D2/A2  ;POP LOCAL USED
                                      REGISTER
            UNLK   A6
            RTS
;******************************************************************
            TTL    „HCTL read help routines"
            CHIP   68010
HCTLREADHELP IDNT
            OPT    D,G
;******************************************************************
;Hilfsprogramme zum Lesen von HCTL- Daten, die in mehreren
;Registern stehen
;Angepasst, um von C aus aufgerufen zu werden
;mvmedog_reset muss aktiviert werden
            SECTION 9
            INCLUDE EQUATEC.SRC

            xref   .mvmedog_reset,CPU WATCHDOG RESET
            xref   .hctl_read,.hctl_write
            xref   .disable_vme_interrupt,.enable_vme_interrupt
;******************************************************************
;LESEN DES HCTL-1100 ACTUAL POSITION COUNTER
;INPUT:      A2 - HCTL ADRESS Serte vom Stack holen
;
;OUTPUT:     D0 - HCTL ACTUAL POSITION COUNTER DATA

;HCTL_ACPOS1: EQU  $012         ;ACTUAL POSITION (MSB)
                                 <POSITION CONTROL>
;HCTL_ACPOS2: EQU  $013         ;ACTUAL POSITION (MIDDLE)
                                 <POSITION CONTROL>
;HCTL_ACPOS3: EQU  $014         ;ACTUAL POSITION (LSB)
                                 <POSITION CONTROL>
;!!!!ACHTUNG, ES MUSS ERST DAS LSB GELESEN WERDEN, DA
;HIERDURCH ERST ;MSB UND MIDDLE VERFUEGBAR SIND.
            XDEF   .read_hctl_actual_position
.read_hctl_actual_position:
            LINK   A6,#-20        ;GENERATE LOCAL STACK
```

5.7 Anschaltung des HCTL-1100 an verschiedene HOST Systeme

```
          MOVEM.L D1/D2/D3/D6/A2,-20(A6)     ;PUSH

          ANDI.L  #0,D6        ;INTERRUPT PRIORITÄT RETTEN
          MOVE    SR,D6        ;
          MOVE    #$02000,SR;UND INTERRUPTE SPERREN
          MOVEA.L 8(A6),A2     ;PUT ADRESS FROM STACK
          JSR     .disable_vme_interrupt
;-----------------------------------------------------------------
          ;PROGRAMM BODY
          ANDI.L #0,D1
          ANDI.L #0,D2
          ANDI.L #0,D3           ;CLEAR REGISTER
                                 ;LOAD FIRST REG. LSB
                                  ACTUAL POSITION
          MOVE.B #HCTL_ACPOS3,D1 ;COUNTER FOR
                                           LATCHING
                                 ;MSB,MIDDLE
          MOVE.L D1,-(SP)     ;STACK OFFSET 4 Reg. Nr. on Stack
          MOVE.L A2,-(SP)     ;STACK OFFSET 8 HCTL Adress on
                                Stack
          JSR    .hctl_read
          ADDQ.L #8,SP        ;STACK OFFSET 0
          MOVE.B D0,D3        ;SAVE LSB

          ANDI.L #0,D1
          MOVE.B #HCTL_ACPOS1,D1 ;LOAD REG. MSB
                                      ACTUAL POSITION
                                      ;COUNTER
COUNT_LOOP:
          IFEQ MVMEDOG
          JSR    .mvmedog_reset;CPU WATCHDOG RESET
          ENDC
          ASL.L   #8,D2       ;SHIFT LEFT ONE WORD TO
                               BUILD LONGWORD
                              ;GET REGISTER DATA
          MOVE.L D1,-(SP)     ;STACK OFFSET 4 Reg. Nr. on
                                Stack
          MOVE.L A2,-(SP)     ;STACK OFFSET 8 HCTL Adress
                                on Stack
          JSR    .hctl_read
          ADDQ.L #8,SP        ;STACK OFFSET 0
```

5 Digitaler Motorcontroller HCTL-1100

```
                    MOVE.B  D0,D2         ;GET DATA ONE BYTE AT EACH
TIME
                    ADDQ.B  #1,D1         ;SET D1 ON NEXT REG.NR.
                    CMP.B   #HCTL_ACPOS1+2,D1 ;MIDDLE REACHED?
                    BNE     COUNT_LOOP ;JUMP IF MIDDLE NOT REACHED
                    ASL.L   #8,D2         ;SHIFT LEFT ONE WORD TO
                                           BUILD LONGWORD
                    MOVE.B  D3,D2         ;SET LSB DATA
                    ANDI.L  #0,D0
                    MOVE.L  D2,D0         ;PREPARE FOR OUTPUT DATA
                                          ;PRUEFEN AUF NEGATIV D.H.
BIT 23 GESETZT
                    BTST    #23,D0
                    BEQ     NOTNEG1
                    ORI.L   #$FF000000,D0
NOTNEG1:
                    MOVE    D6,SR ;INTERRUPTE WIEDER FREIGEBEN
                    JSR     .enable_vme_interrupt
;----------------------------------------------------------------
                    MOVEM.L -20(A6),D1/D2/D3/D6/A2  ;POP LOCAL USED
                                                    REGISTER
                    UNLK    A6
                    RTS
;****************************************************************
;
;LESEN DER HCTL-1100 FINAL POSITION
;INPUT:     A2 - HCTL ADRESS Werte vom Stack holen
;
;OUTPUT:    D0 - HCTL FINAL POSITION DATA

;HCTL_FIPOS3: EQU    $029        ;FINAL POSITION (LSB)
                                  <TRAPEZOIDAL PROFILE >
;HCTL_FIPOS2: EQU    $02A        ;FINAL POSITION (MIDDLE)
                                  <TRAPEZOIDAL PROFILE >
;HCTL_FIPOS1: EQU    $02B        ;FINAL POSITION (MSB)
                                  <TRAPEZOIDAL PROFILE >

                    XDEF    .read_hctl_final_position
.read_hctl_final_position:
                    LINK    A6,#-16       ;GENERATE LOCAL STACK
                    MOVEM.L D1/D2/D6/A2,-16(A6)    ;PUSH

                    ANDI.L  #0,D6         ; INTERRUPT PRIORITÄT RETTEN
```

5.7 Anschaltung des HCTL-1100 an verschiedene HOST Systeme

```
            MOVE    SR,D6           ;
            MOVE    #$02000,SR  ;UND INTERRUPTE SPERREN

            MOVEA.L 8(A6),A2 ;PUT ADRESS FROM STACK

            JSR     .disable_vme_interrupt
;-----------------------------------------------------------------
            ;PROGRAMM BODY
            ANDI.L #0,D1
            ANDI.L #0,D2            ;CLEAR REGISTER
            MOVE.B #HCTL_FIPOS1,D1 ;LOAD REG. MSB
                                    ACTUAL POSITION
                                    ;COUNTER
FIPOS_LOOP:
            IFEQ MVMEDOG
            JSR    .mvmedog_reset;CPU WATCHDOG RESET
            ENDC
            ASL.L   #8,D2           ;SHIFT LEFT ONE WORD TO BUILD
                                    ;LONGWORD
                                    ;GET REGISTER DATA
            MOVE.L D1,-(SP)         ;STACK OFFSET 4 Reg. Nr. on Stack
            MOVE.L A2,-(SP)         ;STACK OFFSET 8 HCTL Adress on
                                     Stack
            JSR     .hctl_read
            ADDQ.L #8,SP            ;STACK OFFSET 0
            MOVE.B D0,D2            ;GET DATA ONE BYTE AT EACH
                                     TIME
            SUBI.B #1,D1            ;SET D1 ON NEXT REG.NR.
            CMP.B   #HCTL_FIPOS1-3,D1 ;LSB REACHED?
            BNE    FIPOS_LOOP ;JUMP IF LSB NOT REACHED
            ANDI.L #0,D0
            MOVE.L D2,D0            ;PREPARE FOR OUTPUT DATA
                                    ;PRUEFEN AUF NEGATIV D.H.
BIT 23 GESETZT
            BTST    #23,D0
            BEQ    NOTNEG2
            ORI.L   #$FF000000,D0
NOTNEG2:
            MOVE    D6,SR ;INTERRUPTE WIEDER FREIGEBEN
            JSR     .enable_vme_interrupt
;-----------------------------------------------------------------
```

```
                MOVEM.L -16(A6),D1/D2/D6/A2   ;POP LOCAL USED
                                              REGISTER
                UNLK    A6
                RTS
;****************************************************************
;
;LESEN DER HCTL-1100 COMMAND POSITION
;INPUT:         A2 - HCTL ADRESS Werte vom Stack holen
;
;OUTPUT:        D0 - HCTL ACTUAL POSITION COUNTER DATA

;HCTL_COPOS1: EQU    $00C      ;COMMAND POSITION (MSB)
                               <POSITION CONTROL>
;HCTL_COPOS2: EQU    $00D      ;COMMAND POSITION (MIDDLE)
                               <POSITION CONTROL>
;HCTL_COPOS3: EQU    $00E      ;COMMAND POSITION (LSB)
                               <POSITION CONTROL>
                XDEF    .read_hctl_command_position
.read_hctl_command_position:
                LINK    A6,#-16      ;GENERATE LOCAL STACK
                MOVEM.L D1/D2/D6/A2,-16(A6)    ;PUSH
                ANDI.L  #0,D6    ;INTERRUPT PRIORITAET RETTEN
                MOVE    SR,D6           ;
                MOVE    #$02000,SR;UND INTERRUPTE SPERREN

                MOVEA.L 8(A6),A2       ;PUT ADRESS FROM STACK
                JSR     .disable_vme_interrupt
;----------------------------------------------------------------
                ;PROGRAMM BODY
                ANDI.L #0,D1
                ANDI.L #0,D2           ;CLEAR REGISTER
                MOVE.B #HCTL_COPOS1,D1 ;LOAD REG. MSB ACTU-
                                       AL POSITION COUNTER
COPOS_LOOP:
                IFEQ MVMEDOG
                JSR   .mvmedog_reset;CPU WATCHDOG RESET
                ENDC
                ASL.L  #8,D2    ;SHIFT LEFT ONE WORD TO BUILD
                                ;LONGWORD
                                ;GET REGISTER DATA
                MOVE.L D1,-(SP)  ;STACK OFFSET 4 Reg. Nr. on Stack
                MOVE.L A2,-(SP)  ;STACK OFFSET 8 HCTL Adress on Stack
```

5.7 Anschaltung des HCTL-1100 an verschiedene HOST Systeme

```
            JSR     .hctl_read
            ADDQ.L  #8,SP           ;STACK OFFSET 0
            MOVE.B  D0,D2           ;GET DATA ONE BYTE AT EACH
                                    ; TIME
            ADDQ.B  #1,D1           ;SET D1 ON NEXT REG.NR.
            CMP.B   #HCTL_COPOS1+3,D1 ;LSB REACHED?
            BNE     COPOS_LOOP      ;JUMP IF LSB NOT REACHED
            ANDI.L  #0,D0
            MOVE.L  D2,D0           ;PREPARE FOR OUTPUT DATA
                                    ;PRUEFEN AUF NEGATIV D.H.
BIT 23 GESETZT
            BTST    #23,D0
            BEQ     NOTNEG3
            ORI.L   #$FF000000,D0
NOTNEG3:
            MOVE    D6,SR ;INTERRUPTE WIEDER FREIGEBEN
            JSR     .enable_vme_interrupt
;----------------------------------------------------------------
            MOVEM.L -16(A6),D1/D2/D6/A2   ;POP LOCAL USED
                                          ;  REGISTER
            UNLK    A6
            RTS
;*******************************************************************
;LESEN DER HCTL-1100 PROPORTIONAL COMMAND VELOCITY
;INPUT:     A2 - HCTL ADRESS Werte vom Stack holen
;
;OUTPUT: D0 - HCTL PROPORTIONAL COMMAND VELOCITY DATA

;HCTL_COVEL1: EQU    $023       ;COMMAND VELOCITY (LSB)
                                ; <PROPORTIONAL VELOCITY>
;HCTL_COVEL2: EQU    $024       ;COMMAND VELOCITY (MSB)

            XDEF    .read_hctl_propor_command_velocity
.read_hctl_propor_command_velocity:
            LINK    A6,#-16          ;GENERATE LOCAL STACK
            MOVEM.L D1/D2/D6/A2,-16(A6)       ;PUSH

            ANDI.L  #0,D6           ;INTERRUPT PRIORITÄT RETTEN
            MOVE    SR,D6           ;
            MOVE    #$02000,SR;UND INTERRUPTE SPERREN
            MOVEA.L 8(A6),A2        ;PUT ADRESS FROM STACK
            JSR     .disable_vme_interrupt
```

5 Digitaler Motorcontroller HCTL-1100

```
            ;-----------------------------------------------------------------
            ;PROGRAMM BODY
                 ANDI.L  #0,D1
                 ANDI.L  #0,D2          ;CLEAR REGISTER
                 MOVE.B  #HCTL_COVEL2,D1 ;LOAD REG. MSB
                                         ACTUAL
                                        ;POSITION COUNTER
COVEL_LOOP:
                 IFEQ MVMEDOG
                 JSR   .mvmedog_reset;CPU WATCHDOG RESET
                 ENDC
                 ASL.L   #8,D2          ;SHIFT LEFT ONE WORD TO
                                         BUILD WORD
                                        ;GET REGISTER DATA
                 MOVE.L D1,-(SP)        ;STACK OFFSET 4 Reg. Nr. on Stack
                 MOVE.L A2,-(SP)        ;STACK OFFSET 8 HCTL Adress on
                                         Stack
                 JSR    .hctl_read
                 ADDQ.L #8,SP           ;STACK OFFSET 0
                 MOVE.B D0,D2           ;GET DATA ONE BYTE AT EACH
                                         TIME
                 SUBI.B #1,D1           ;SET D1 ON NEXT REG.NR.
                 CMP.B  #HCTL_COVEL2-2,D1 ;LSB REACHED?
                 BNE    COVEL_LOOP      ;JUMP IF LSB NOT REACHED
                                         ANDI.L #0,D0
                 MOVE.L D2,D0           ;PREPARE FOR OUTPUT DATA
                                        ;PRUEFEN AUF NEGATIV D.H.
                                         BIT 16 GESETZT
                 BTST   #15,D0
                 BEQ    NOTNEG4
                 ORI.L  #$FFFF0000,D0
NOTNEG4:
                 MOVE    D6,SR ;INTERRUPTE WIEDER FREIGEBEN
                 JSR    .enable_vme_interrupt
            ;-----------------------------------------------------------------
                 MOVEM.L -16(A6),D1/D2/D6/A2   ;POP LOCAL USED
                                                REGISTER
                 UNLK   A6
                 RTS
;****************************************************************
;LESEN DER HCTL-1100 ACCELERATION
```

5.7 Anschaltung des HCTL-1100 an verschiedene HOST Systeme

```
;INPUT:      A2 - HCTL ADRESS werte vom stack holen
;
;OUTPUT:     D0 - HCTL ACCELERATION DATA

;HCTL_ACCEL1: EQU    $026       ;ACCELERATION (LSB)
                                <INTEGRAL VELOCITY AND
;HCTL_ACCEL2: EQU    $027       ;ACCELERATION (MSB)
                                TRAPEZOIDAL PROFILE >
             XDEF    .read_hctl_acceleration
.read_hctl_acceleration:
             LINK    A6,#-16              ;GENERATE LOCAL STACK
             MOVEM.L D1/D2/D6/A2,-16(A6)  ;PUSH
             ANDI.L #0,D6         ;INTERRUPT PRIORITÄT RETTEN
             MOVE   SR,D6         ;
             MOVE   #$02000,SR;UND INTERRUPTE SPERREN

             MOVEA.L 8(A6),A2     ;PUT ADRESS FROM STACK
             JSR    .disable_vme_interrupt


;-----------------------------------------------------------------
             ;PROGRAMM BODY
             ANDI.L #0,D1
             ANDI.L #0,D2         ;CLEAR REGISTER
             MOVE.B #HCTL_ACCEL2,D1 ;LOAD REG. MSB
                                    ACTUAL
                                   ;POSITION COUNTER
ACCEL_LOOP:
             IFEQ MVMEDOG
             JSR    .mvmedog_reset ;CPU WATCHDOG RESET
             ENDC
             ASL.L   #8,D2        ;SHIFT LEFT ONE WORD TO
                                   BUILD WORD
                                  ;GET REGISTER DATA
             MOVE.L D1,-(SP)      ;STACK OFFSET 4 Reg. Nr. on Stack
             MOVE.L A2,-(SP)      ;STACK OFFSET 8 HCTL Adress on
                                   Stack
             JSR    .hctl_read
             ADDQ.L #8,SP         ;STACK OFFSET 0
             MOVE.B D0,D2         ;GET DATA ONE BYTE AT EACH
                                   TIME
             SUBI.B #1,D1         ;SET D1 ON NEXT REG.NR.
```

5 Digitaler Motorcontroller HCTL-1100

```
                CMP.B    #HCTL_ACCEL2-2,D1 ;LSB REACHED?
                BNE      ACCEL_LOOP   ;JUMP IF LSB NOT REACHED
                ANDI.L   #0,D0
                MOVE.L   D2,D0        ;PREPARE FOR OUTPUT DATA
            ;PRUEFEN AUF NEGATIV D.H. BIT 15 GESETZT
                BTST     #15,D0
                BEQ      NOTNEG5
                ORI.L    #$FFFF0000,D0
NOTNEG5:
                MOVE     D6,SR ;INTERRUPTE WIEDER FREIGEBEN
                JSR      .enable_vme_interrupt
      ;-------------------------------------------------------------------
                MOVEM.L  -16(A6),D1/D2/D6/A2   ;POP LOCAL USED
                                               REGISTER
                UNLK     A6
                RTS
;********************************************************************
;LESEN DER HCTL-1100 ACTUAL PROPORTIONAL VELOCITY
;INPUT:       A2 - HCTL ADRESS Werte vom Stack holen
;
;OUTPUT:      D0 - HCTL ACTUAL PROPORTIONAL VELOCITY

;HCTL_ACVEL1: EQU    $034  ;ACTUAL VELOCITY (LSB)
                                  <PROPORTIONAL VELOCITY>
;HCTL_ACVEL2: EQU    $035  ;ACTUAL VELOCITY (MSB)
                                  <PROPORTIONAL VELOCITY>
                XDEF    .read_hctl_actual_propor_velocity
.read_hctl_actual_propor_velocity:
                LINK     A6,#-16       ;GENERATE LOCAL STACK
                MOVEM.L  D1/D2/D6/A2,-16(A6)      ;PUSH
                ANDI.L   #0,D6   ;INTERRUPT PRIORITAET RETTEN
                MOVE     SR,D6         ;
                MOVE     #$02000,SR;UND INTERRUPTE SPERREN

                MOVEA.L  8(A6),A2      ;PUT ADRESS FROM STACK
                JSR      .disable_vme_interrupt
      ;-------------------------------------------------------------------
                ;PROGRAMM BODY
                ANDI.L   #0,D1
                ANDI.L   #0,D2         ;CLEAR REGISTER
                MOVE.B   #HCTL_ACVEL2,D1 ;LOAD REG. MSB
                                             ACTUAL
```

5.7 Anschaltung des HCTL-1100 an verschiedene HOST Systeme

```
                        ;POSITION COUNTER
ACVEL_LOOP:
        IFEQ MVMEDOG
        JSR    .mvmedog_reset ;CPU WATCHDOG RESET
        ENDC
        ASL.L  #8,D2        ;SHIFT LEFT ONE WORD TO
                             BUILD WORD
                            ;GET REGISTER DATA
        MOVE.L D1,-(SP)     ;STACK OFFSET 4 Reg. Nr. on Stack
        MOVE.L A2,-(SP)     ;STACK OFFSET 8 HCTL Adress on
                             Stack
        JSR    .hctl_read
        ADDQ.L #8,SP        ;STACK OFFSET 0
        MOVE.B D0,D2        ;GET DATA ONE BYTE AT EACH
                             TIME
        SUBI.B #1,D1        ;SET D1 ON NEXT REG.NR.
        CMP.B  #HCTL_ACVEL2-2,D1 ;LSB REACHED?
        BNE    ACVEL_LOOP   ;JUMP IF LSB NOT REACHED
        ANDI.L #0,D0
        MOVE.L D2,D0        ;PREPARE FOR OUTPUT DATA
;PRUEFEN AUF NEGATIV D.H. BIT 15 GESETZT
        BTST   #15,D0
        BEQ    NOTNEG6
        ORI.L  #$FFFF0000,D0
NOTNEG6:
        MOVE   D6,SR ;INTERRUPTE WIEDER FREIGEBEN
        JSR    .enable_vme_interrupt
;-----------------------------------------------------------------
        MOVEM.L -16(A6),D1/D2/D6/A2   ;POP LOCAL USED
REGISTER
        UNLK   A6
        RTS
```

5.8 Ermittlung der HCTL-1100 Filterparameter mit Hilfe der Kombinationsmethode

Im folgenden soll eine Abschätzung für die Einstellung der HCTL-1100 Filterparameter A (Filter Zero), B (Filter Pole) und K (Gain) wie in [40],[42] beschrieben erläutert werden.

Da nicht alle Systemparameter eines Antriebs (wie z.B. die Reibung im mechanischen System) exakt bestimmt werden können, ist es zu empfehlen, diese so ermittelten Filterparameter, wie in Kapitel 4.4 „Filterparameter- Einstellung" geschildert, am realen Antriebssystem zu überprüfen und, wenn notwendig, anzupassen.

5.8.1 Unterschied zwischen offenem und geschlossenem Regelkreis

Abb. 5.32 zeigt das Prinzip des geschlossenen Regelkreises und *Abb. 5.33* das Prinzip des offenen Regelkreises. Der Eingang eines offenen Regelkreises ist unabhängig vom Ausgang, da keine Rückführung existiert. Aus diesem Grund ist es auch nicht möglich, festzustellen, ob zwischen Eingang und Ausgang eine Abweichung vorliegt.

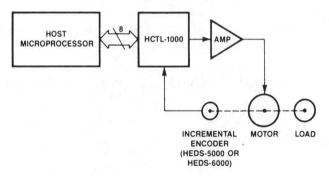

Abb. 5.32 Geschlossener Regelkreis (Quelle: Hewlett Packard)

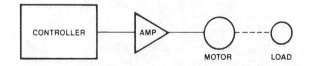

Abb. 5.33 Offener Regelkreis (Quelle: Hewlett Packard)

5.8 Ermittlung der HCTL-1100 Filterparameter mit Hilfe der Kombinationsmethode

Geschlossene Regelkreise vergleichen das aktuelle Ausgangssignal (Regelgröße) mit dem Eingangssollwert (Führungsgröße) und nutzen die festgestellte Differenz (Regelabweichung), um den Ausgang entsprechend dem Eingangswert nachzuregeln.

Aus diesem Grund haben geschlossene Regelkreise folgende Vorteile:

- Genauere Reaktion auf ein Eingangssignal
- Größere Reaktionsgeschwindigkeit bzw. Bandbreite

Die Bandbreite eines Systems beschreibt den Frequenzbereich, in dem das System noch zufriedenstellend

auf die Änderungen des Eingangssignals reagiert, d.h. die Bandbreite ist ein Maß für die Reaktionsgeschwindigkeit des Systems.

Der Nachteil von geschlossenen Regelkreisen ist die Gefahr, daß sie bei falscher Einstellung instabil werden und in Schwingung geraten können.

Ziel eines geschlossenen Regelkreises ist es, daß die Führungsgröße möglichst genau von der Regelgröße nachgebildet wird.

Durch die vorhandenen Verzögerungen im Regler und im zu regelnden System (Regelstrecke) werden zeitlich schnelle Änderungen der Führungsgröße nur mit Verzögerung ausgeglichen, so daß eine zeitliche Verschiebung (Phasenverschiebung) eintritt, bis die Regelgröße reagiert.

Das Verhalten des Reglers muß so dimensioniert werden, daß der Regelkreis stabil und mit ausreichender Schnelligkeit auf Störgrößen (z.B. Lastwechsel in einem Antriebssystem) reagiert.

Der Regler nimmt Einfluß auf das Übertragungsverhalten des gesamten Regelkreises, damit das geforderte Verhalten der Regelgröße in Bezug auf das Regelverhalten eingehalten wird.

Beim HCTL-1100 sorgt die Programmierung des eingebauten digitalen Kompensationsfilters für die Regelstabilität des Antriebssystems.

5.8.2 Stabilitätsuntersuchung mit Hilfe des Bode-Diagramms

Bevor die Stabilitätsbetrachtung des Regelkreises mit HCTL-1100 als Regler zur theoretischen Bestimmung der Filterparameter fortgeführt wird, soll kurz in das grundsätzliche Verfahren der Stabilitätsuntersuchung von Regelkreisen eingegangen werden. Weitere Ausführungen hierzu sind in[18] und [85]zu finden.

5 Digitaler Motorcontroller HCTL-1100

Grundsätzlich wird in der Regelungstechnik bei der mathematischen Betrachtung von der Übertragungsfunktion eines Regelsystems, bestehend aus Regler und Regelstrecke, ausgegangen.

Die Übertragungsfunktion wird aus dem Verhältnis der Ausgangsgröße zur Eingangsgröße eines Systems bestimmt.

Um bei der Berechnung der Übertragungsfunktion eines Regelsystems die Handhabung von komplizierten Differential- und Integralgleichungen zu vermeiden, erfolgt mittels der LAPLACE-Transformation ([18],[85]) eine Konvertierung vom Originalbereich in den sogenannten Bildbereich.

Anstelle der imaginären Frequenz jw wird im Bildbereich mit der komplexen Frequenz $s = a + j\omega$ gerechnet. Wobei a der Realteil und jw der Imaginärteil ist.

Eine Berechnung mit Hilfe der LAPLACE-Transformation setzt sich aus folgenden Schritten zusammen:

- Aufstellen der Übertragungsfunktion im Originalbereich
- Übertragung (Transformation) in den Bildbereich
- Ermittlung der Lösung im Bildbereich
- Übertragung der Lösung in den Originalbereich (Rücktransformation)

Eine Differentiation im Originalbereich wird durch die Transformation in den Bildbereich zu einer Multiplikation mit der komplexen Frequenz s.

Eine Integration im Orginalbereich wird durch die Transformation in den Bildbereich zu einer Division durch s.

Nachdem eine Berechnung im Bildbereich durchgeführt wurde, wird das Ergebnis in den Originalbereich zurücktransformiert. In der Regel verwendet man zum transformieren vom Originalbereich in den Bildbereich und zurück Korrespondenztabellen [85].

Läßt sich für ein kompliziertes System nicht ohne weiteres ein mathematisches Modell der Übertragungsfunktion erstellen, so kann diese experimentell aus dem dynamischen Verhalten des Systems ermittelt werden.

Man gibt hierfür auf den Eingang des Systems eine definierte Eingangsgröße, z.B. eine Sprungfunktion, und mißt das Ergebnis am Ausgang des Systems, die sogenannte Sprungantwort.

Wird eine Sinusschwingung, die auch als Kreisfunktion bezeichnet werden kann, auf den Eingang eines Übertragungssystems gegeben, so kommt am Ausgang, nach Beendigung des Einschwingvorgangs, wieder eine Sinusschwingung heraus.

5.8 Ermittlung der HCTL-1100 Filterparameter mit Hilfe der Kombinationsmethode

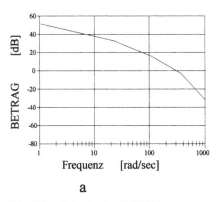
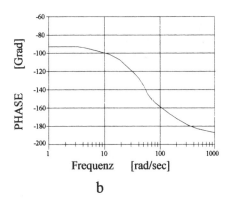

a b

Abb. 5.34 Prinzip des BODE-Diagramms

Diese Ausgangs-Sinusschwingung weicht aber in Amplitude und Phasenlage von der Eingangsschwingung ab. Diese Abweichungen sind von der Frequenz der Sinusschwingung, die man auch als Kreisfrequenz ω bezeichnet, abhängig.

Diese Frequenzabhängigkeit kann als Frequenzgang eines Übertragungssystems grafisch im sogenannten BODE-Diagramm dargestellt werden. Abb. 5.34 zeigt den prinzipiellen Aufbau.
a: Betragsdarstellung
b: Phasengang

Aus dem Frequenzgang der Übertragungsfunktion kann auf das Verhalten eines Regelsystems geschlossen werden, das mit einer Schwingung der imaginären Frequenz jω angeregt wurde.

Wird nur der Frequenzgang betrachtet, so kann von der komplexen Frequenz s der Realteil a=0
gesetzt werden. Daraus folgt für den Frequenzgang: s = jω.

Die Darstellung im BODE-Diagramm erfolgt im logarithmischen Maßstab.
Abb. 5.34a zeigt ein Beispiel für die Darstellung des Amplitudengangs.
Der Betrag der Amplitude wird auf der Ordinate in Dezibel (dB) aufgetragen und die Kreisfrequenz ω auf der Abzisse.

Die Umrechnung in db geschieht wie folgt:
db Wert = 20log Dezimalwert   (Gl. 5.12)

Abb. 5.34b zeigt ein Beispiel für die Darstellung des Phasengangs.

Der Phasenwinkel wird auf der Ordinate und die Kreisfrequenz ω auf der Abzisse aufgetragen.

Für den Phasenwinkel erfolgen die Berechnungen im Bogenmaß [rad], wohingegen bei der Darstellung im BODE-Diagramm die Einheit [grad] verwendet wird.

5 Digitaler Motorcontroller HCTL-1100

Die Umrechnung von [rad] in [grad] geschieht wie folgt:

1 rad = 57,296 grad (Gl. 5.13)

Erfolgt die Darstellung von Amplitudengang und Phasengang in einem gemeinsamen Diagramm, so kann ein direkter Bezug zwischen dem Betrag der Amplitude und dem Phasenwinkel hergestellt werden.

Um anhand des BODE-Diagramms eine Aussage zur Stabilität eines Regelkreises machen zu können, wird das von NYQUIST [85] aufgestellte Stabilitätskriterium zu Grunde gelegt:

Wenn im offenen Regelkreis die nacheilende Phasenverschiebung vom Ausgangssignal zum Eingangssignal bei einer Verstärkung von 1 (0 db) nicht mehr als −180° beträgt, so ist der geschlossene Regelkreis stabil.

Hieraus wird ersichtlich, daß für eine Stabilitätsuntersuchung eine Betrachtung des offenen Regelkreises (Abb. 5.33) ausreicht.

Abb. 5.35 zeigt als Beispiel das Blockdiagramm der Übertragungsfunktion eines offenen Regelkreises mit HCTL-1100 als Regler und einer Spannungsquelle als Verstärker (Stellglied). Das zugehörige BODE-Diagramm des Amplituden- und Phasengangs zeigt *Abb. 5.36*.

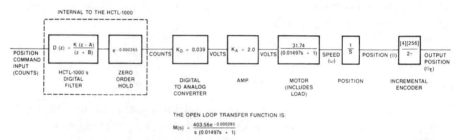

Abb. 5.35 Beispiel eines Blockdiagramms der Übertragungsfunktion (Quelle: Hewlett Packard)

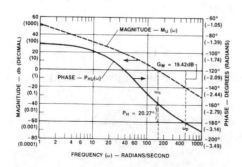

Abb. 5.36 BODE-Diagramm zum Beispiel von Abb. 5.35 (Quelle: Hewlett Packard)

5.8 Ermittlung der HCTL-1100 Filterparameter mit Hilfe der Kombinationsmethode

Die Frequenz am 0 db Betragspunkt wird als Verstärkungsübergangsfrequenz ω_C bezeichnet.

Die Frequenz, bei der die Phasenverschiebung (Phasenwinkel) −180 beträgt, wird als Phasenübergangsfrequenz ω_P bezeichnet.

Die Werte an den Punkten ω_C und ω_P sind als Grenzwerte anzusehen. Zu diesen Grenzwerten sind Sicherheitsabstände einzuhalten, damit der geschlossene Regelkreis in einem weiten Arbeitsbereich stabil bleibt.

Für den Amplitudengang bezeichnet man diesen Sicherheitsabstand zu 0 db, bezogen auf ω_P, als Verstärkungsrand bzw. Verstärkungsreserve G_M.

Für den Phasengang bezeichnet man den Sicherheitsabstand zur −180 Phasenverschiebung, bezogen auf ω_C, als Phasenrand bzw. Phasenreserve P_H. Sie wird ermittelt als Summe des Phasenwinkels bei ω_C plus 180.

Das Stabilitätskriterium von Nyquist ist erfüllt, wenn für die Übertragungsfunktion des offenen Regelkreises folgende Bedingungen vorliegen:

- die Phasenreserve und die Amplitudenreserve des offenen Regelkreises haben positive Werte
- in der rechten Hälfte der s-Ebene (kartesische Darstellung im Bildbereich) gibt es keine Pol- oder Nullstellen [85].

Hinweis zu Pol- und Nullstellen in der s-Ebene:
In der Regelungstechnik ist es üblich, bei der Betrachtung eines offenen Regelkreises die Nullstelle(n) des Zählers der Übertragungsfunktion (Zählerterm=0) als "Nullstelle(n)" und die Nullstelle(n) des Nenners (Nennerterm=0) als "Polstelle(n)" des Systems zu definieren.

Polstelle: Stelle, an der die Übertragungsfunktion $F(s) = \infty$ ist
Nullstelle: Stelle, an der die Übertragungsfunktion $F(s) = 0$ ist

Die Phasenreserve ist ein Maß für die Stabilität des Regelungssystems. Je höher die Phasenreserve des offenen Regelkreises, umso stabiler ist der geschlossene.

Beim Entwurf eines Regelkreises wird zur Erlangung einer definierten Sprungantwort des Systems eine kompensierte Phasenreserve P_{HC} festgelegt.

Damit diese Phasenreserve eingehalten wird, muß der Regelkreis ein Kompensationsglied erhalten.

In unserem Fall ist dies das Digitale Kompensationsfilter des HCTL-1100.

Für ein stabiles System ist in der Regel ein kompensierter Phasenrand von 30° bis 60° erforderlich. *Abb. 5.37* zeigt die Auswirkungen verschiedener, kompen-

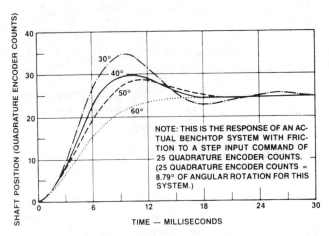

Abb. 5.37 Auswirkungen unterschiedlicher Phasenreserven auf ein Antriebssystem (Quelle: Hewlett Packard)

sierter Phasenreserven auf die Sprungantwort eines realen, geschlossenen Regelkreises mit einem DC-Motor und Verstärker mit Spannungsausgängen als Steller. Gezeigt wird die Reaktion der Welle in Abhängigkeit von der Zeit.

Durch die Erhöhung der Verstärkungsreserve des offenen Regelkreises wird ebenfalls die Stabilität des geschlossenen Regelkreises vergrößert.

Wie schon erwähnt ist die Bandbreite eines Systems der Frequenzbereich, in dem das Regelungssystem zufriedenstellend auf Änderungen am Eingang reagiert.

Es ist hiermit der Frequenzbereich gemeint, wo sich der Betrag des Amplitudengangs im BODE-Diagramm nicht mehr als –3 db von seinem Gleichstromwert unterscheidet.

Im weiteren wird davon ausgegangen, daß ein System mit einer großen Phasenreserve (bezogen auf das Modell eines geschlossenen Regelkreises mit zwei dominierenden Polen) betrachtet wird.

In diesem Fall kann die Bandbreite des geschlossenen Regelkreises annähernd mit der Verstärkungsübergangsfrequenz ω_C gleichgesetzt werden.

$$\omega_C = BW \qquad \text{(Gl. 5.14)}$$

In Systemen mit kleiner Phasenreserve ist die Bandbreite größer oder gleich der Verstärkungsübergangsfrequenz ω_C. Wobei dies ein Überschwingen zur Folge hat.

$BW \geq \omega_C$ (Gl. 5.15)

Vergleicht man das BODE-Diagramm der Führungsgröße des offenen Regelkreises mit dem BODE-Diagramm eines Tiefpaßfilters, so kann festgestellt werden, daß der Regelkreis Tiefpaßverhalten zeigt:

Je höher die Frequenz ω des Eingangssignals, desto größer ist die Phasenverschiebung vom Ausgangssignal zum Eingangssignal und desto kleiner ist die Verstärkung. D.h. die Verstärkung ist umgekehrt proportional zur Frequenz.

Bei einer Verzehnfachung der Frequenz verringert sich die Verstärkung um den Faktor 10, ausgedrückt in Dezibel: die Verstärkung verringert sich um 20 db pro Frequenzdekade.

Demgegenüber zeigt die Auswirkung einer Störgröße (z.B. plötzlicher Lastwechsel) auf den Regelkreis und damit auf die Regelgröße ein typisches Hochpaßverhalten:

Bei tiefen Frequenzen ω ist die Verstärkung am geringsten. Die Verstärkung steigt mit steigender Frequenz (20db pro Frequenzdekade), wobei die Phasenverschiebung kleiner wird.

Ursache hierfür ist die Trägheit des Regelsystems, die schnelle Änderungen einer Störgröße ohne Abschwächung überträgt.

5.8.3 Verwendete Formelzeichen und Einheiten

Im folgenden wird eine Übersicht über die verwendeten Formelzeichen und Einheiten gegeben:

A : Programmierbare Nullstelle (Zero Term) des digitalen HCTL-1100 Kompensationsfilters
B : Programmierbare Polstelle (Pole Term) des digitalen HCTL-1100 Kompensationsfilters
BW : Bandbreite in [Hz] bzw. [rad/sec]
C : Vervierfachte (Quadratur) Encoderimpulse pro Encoderumdrehung in [Inkremente]
D(z) : Übertragungsfunktion des HCTL-1100 Kompensationsfilters
E : Betragsanteil des Encoders in [Inkrement/rad]
f_{CLK} : Arbeitstaktfrequenz des HCTL-1100 in [Hz]
G(s) : Motor Übertragungsfunktion

G_M : Verstärkungsreserve der unkompensierten, offenen Übertragungsfunktion in [db]
J : Trägheitsmoment des gesamten Systems in [kg · m²]
J_C : Trägheitsmoment der Encoder-Codierscheibe in [kg · m²]
J_L : Trägheitsmoment der Last in [kg · m²]
J_M : Trägheitsmoment des Motors in [kg · m²]
K : Die programmierbare Verstärkung des digitalen HCTL-1100 Kompensationsfilters
K_A : Verstärkung des Leistungsverstärkers (Stellglied). Je nach eingesetztem Typ in [V/V], [A/V], [V/Inkrement] oder [A/Inkrement]
K_D : Verstärkung des Digital-Analogwandlers (DAC) in [V/Inkrement]
K_E : Spannungskonstante des Motors in [Vsec/rad]
K_F : Verstärkung, die das digitale Kompensationsfilter des HCTL-1100 zur Verfügung stellen muß, um an der geforderten Verstärkungsübergangsfrequenz ω_C eine Systemverstärkung von 1 zu erhalten
K_{MC} : Verstärkungskonstante des Motors, wenn ein Stromverstärker als Stellglied eingesetzt wird, in [rad/A · sec²]
K_{MV} : Verstärkungskonstante des Motors wenn ein Spannungsverstärker als Stellglied eingesetzt wird, in [rad/V · sec]
K_T : Drehmomentkonstante des Motors in [Nm/A]
L : Induktivität des Motors in [Henry] bzw. [H]
$M_M(\omega)$: Amplituden Betragsanteil des Motors
$M_P(\omega_N)$: Betrag (Amplitude) der Polstelle bei ω_{NC}'
$M_Z(\omega_N)$: Betrag (Amplitude) der Nullstelle bei ω_{NC}'
$M(s)$: Übertragungsfunktion des offenen Regelkreises
$M_U(\omega)$: Betrag (Amplitude) der Übertragungsfunktion des unkompensierten offenen Regelkreises
N : Anzahl der Encoderinkremente (Schlitze der Codierscheibe)
P_H : Phasenreserve der unkompensierten Übertragungsfunktion des offenen Regelkreises in [Grad]
P_{HC} : Geforderter Phasenreserve des kompensierten offenen Regelkreises in [Grad]
$P_{HU}(w)$: Phasenwinkel des unkompensierten offenen Regelkreises in [rad]
P_L : Phasenvoreilung in [Grad], die das digitale Filter zur Verfügung stellen muß, damit das geregelte System die gewünschten Eigenschaften erfüllt.
$P_M(w)$: Phasenverschiebung durch den Motor in [rad]
P_{MU} : Phasenreserve des unkompensierten, offenen Regelkreises an der geforderten Verstärkungsübergangsfrequenz ω_C' in [Grad]
$P_P(\omega_N)$: Phasenverschiebung der Polstelle bei ω_{NC}' in [Grad]
$P_{Z(\omega N)}$: Phasenverschiebung der Nullstelle bei ω_{NC} in [Grad]

$P_{ZOH}(\omega)$: Phasenverschiebung des Halteglids nullter Ordnung in [rad]
R   : Ohmscher Widerstand des Motors in [W]
t   : Abtastzeit (sample time) des HCTL-1100 in [sec]
T_E : Elektrische Zeitkonstante des Motors in [sec]
T_M : Mechanische Zeitkonstante des Motors in [sec]
t_R : Anstiegszeit des geschlossenen Regelkreiscs auf einen Eingangssprung in [sec]
ω : Frequenz in [rad/sec]
ω_C : Verstärkungsübergangsfrequenz des offenen Regelkreises in [rad/sec]
ω_C' : Geforderte Verstärkungsübergangsfrequenz des offenen Regelkreises in [rad/sec]
$\omega_N(w)$: Normalisierte Frequenz in [rad]
ω_{NC}' : Geforderte normalisierte Verstärkungsübergangsfrequenz ($\omega C'$) in [rad]
ω_P : Phasenübergangsfrequenz des offenen Regelkreises in [rad/sec]
Z(s)   : Übertragungsfunktion des Halteglids nullter Ordnung
ZOH   : Zero Order Hold. Halteglied nullter Ordnung

5.8.4. Einsatz der Kombinationsmethode zur Bestimmung der HCTL-1100 Digitalfilter-Parameter

Im folgenden soll ein kurzer „Fahrplan" für die Vorgehensweise bei der Berechnung von Regelungssystemen mit dem HCTL-1100 als Regler gegeben werden:

Schritt 1
Auswahl eines geeigneten Motors zum Treiben der vorhandenen Last (siehe Kap. 2.2).

Hier ist auf das richtige Verhältnis des vom Motor aufzubringenden Drehmoments zum Trägheitsmoment des Ankers und der zu treibenden Last zu achten (siehe Kap. 2).

In der Regel wird die Wahl auf einen Motor mit geringem Ankerträgheitsmoment fallen, der mit hohem Drehmoment für das schnelle Beschleunigen und Bremsen der Last sorgt. Dies erfordert eine hohe Drehmomentkonstante K_T des Motors.

Schritt 2
Auswahl eines digitalen Inkremental-Encoders als Istwertgeber zur Erfassung von Drehzahl und Position der Motorwelle.

5 Digitaler Motorcontroller HCTL-1100

Die in der Anwendung geforderte Positioniergenauigkeit bestimmt die notwendige Anzahl der Inkremente pro Umdrehung (siehe Kap. 2.4.1 ff).

Schritt 3
Auswahl eines geeigneten Verstärkers (Stellglied) zum Ansteuern des Motors (siehe Kap. 2.3).

Der Verstärker muß in der Lage sein, den Motor mit Spannung und Strom zu versorgen, entsprechend den Betriebsbedingungen der Last.

Schritt 4
Aufstellen der mathematischen Übertragungsfunktion des offenen Regelkreises mit Hilfe der LAPLACE-Transformation (s-Ebene).

Erstellen des Amplituden- und Phasengangs als BODE-Diagramm und ermitteln der Phasenreserve und Verstärkungsreserve.

Schritt 5
Bestimmen des Verhaltens vom geschlossenen Regelkreis in bezug auf Bandbreite und Sprungantwort.

Hieraus kann dann für das kompensierte System die Phasenreserve und die Verstärkungsübergangsfrequenz ermittelt werden.

Schritt 6
Festlegen der Parameter für das digitale Kompensationsfilter des HCTL-1100 aus der vorher ermittelten Phasenreserve und Verstärkungsübergangsfrequenz des kompensierten Systems

5.8.4.1 Übertragungsfunktion und Modell des Regelkreises mit HCTL-1100 als Regler
Mit Hilfe der Übertragungsfunktion des Systems, bestehend aus HCTL-1100, D/A-Wandler, Leistungsverstärker (Stellglied), Motor, Last und Inkremental-Encoder ist eine mathematische Modellbildung möglich.

Abb. 5.38 zeigt die allgemeine Form der Übertragungsfunktion des offenen Regelkreises mit Verstärker als Spannungsquelle (Verstärker mit Spannungsausgang). Hier wird für den Motor sowohl die mechanische Zeitkonstante T_M als auch die elektrische Zeitkonstante T_E benötigt.

Durch die Multiplikation der Übertragungsfunktionen der einzelnen Systemelemente erhält man die komplette Übertragungsfunktion M(s).

5.8 Ermittlung der HCTL-1100 Filterparameter mit Hilfe der Kombinationsmethode

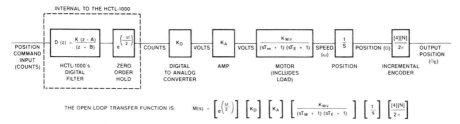

Abb. 5.38 Übertragungsfunktion des offenen Regelkreises mit Verstärker als Spannungsquelle (Quelle: Hewlett Packard)

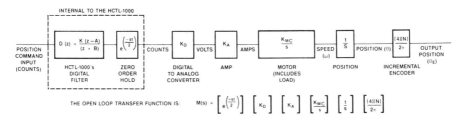

Abb. 5.39 Übertragungsfunktion des offenen Regelkreises mit Verstärker als Stromquelle (Quelle: Hewlett Packard)

Abb. 5.39 zeigt die allgemeine Form der Übertragungsfunktion des offenen Regelkreises mit einem Verstärker als Stromquelle (Verstärker mit Stromausgang).

5.8.4.2 Übertragungsfunktion des Halteglieds nullter Ordnung (ZOH) des HCTL-1100

Der Zwischenspeicher eines digitalen Reglers, der dem Abtaster am Ausgang nachgeschaltet ist (siehe Kap. 4.2), und die abgetasteten Werte für die Dauer einer Abtastperiode festhält, wird auch als Halteglied nullter Ordnung bezeichnet.

Das Halteglied nullter Ordnung dient zur Darstellung der Übertragungsfunktion des HCTL-1100.

Im folgenden soll der englische Ausdruck Zero Order Hold in der Abkürzung ZOH verwendet werden. Die ZOH gibt die Verzögerungen durch die einzelnen Abtastungen t des HCTL-1100 an.

Die Übertragungsfunktion des ZOH-Gliedes lautet:

$$Z(s) = e^{-\frac{st}{2}}$$ (Gl. 5.16)

Die Übertragungsfunktion des ZOH-Gliedes erlaubt es, die durch den HCTL-1100 erzeugten Verzögerungszeiten als kontinuierlichen Systemwert zu berücksichtigen. Hierdurch wird die Anwendung der LAPLACE-Transformation zur Analyse des Systems ermöglicht.

Somit ergibt sich als Beitrag des ZOH-Gliedes zur Phasenverschiebung des offenen Regelkreises:

$$P_{ZOH}(\omega) = -\frac{\omega_t}{2} [rad] \qquad \text{(Gl. 5.17)}$$

Dem System kann gezielt eine Phasenverschiebung hinzugefügt werden, indem die Verzögerungszeit zwischen den einzelnen Abtastungen der ZOH vergrößert wird.

Es ist allerdings wünschenswert, die schnellste erlaubte Abtastzeit zu wählen, um eine möglichst geringe Phasenverschiebung zu erreichen.

Generell sollte die Abtastfrequenz 1/t die Systembandbreite mindestens um den Faktor 10 übersteigen:

$$t < \frac{1}{10} BW [Hz] \qquad \text{(Gl. 5.18)}$$

Die ZOH liefert eine einheitliche Verstärkung über den gesamten Frequenzbereich des Systems.

Die Abtastzeit t (sample time) wird über Register R0FH in den HCTL programmiert (siehe Kap. 5.2.7).

5.8.4.3 Übertragungsfunktion des Digital/Analog-Wandlers (D/A-Wandler, DAC)

Verstärker (Stellglieder), die als lineare Spannungs- und Stromquellen arbeiten, benötigen als Interface zum HCTL-1100 einen D/A-Wandler.

Die elektrische Zeitverzögerung bzw. Zeitkonstante eines D/A-Wandlers kann hier vernachlässigt werden, weil seine Bandbreite wesentlich höher ist als die geforderte Bandbreite des geschlossenen Regelkreises. D.h. der D/A-Wandler liefert praktisch keinen Beitrag zur Phasenverschiebung des Systems.

Somit kommt als Übertragungsfunktion des D/A-Wandlers nur der Verstärkungsfaktor KD zum tragen, der wie folgt berechnet wird:

$$K_D = \frac{\text{Spannungsbereich}}{2^n} \frac{[V]}{[Inkrement]} \qquad \text{(Gl. 5.19)}$$

Als Beispiel:
Für einen 8-Bit D/A-Wandler mit einem Ausgangsbereich von −5V bis +5V ergibt sich nach (GL. 5.19):

$$K_D = \frac{5-(-5)}{2^8} = \frac{10}{256} = 0{,}039 \frac{[V]}{[Inkrement]}$$

Wird der D/A-Wandler an eine Stromquelle als Verstärker angeschlossen, so ergibt sich als Einheit [A]/[Inkrement].

5.8.4.4 Übertragungsfunktion des Leistungsverstärkers (Stellglied)

Je nachdem, ob ein Strom- oder Spannungsverstärker ausgewählt wird, ändert sich die Übertragungsfunktion des Motors entsprechend.

Wenn vorausgesetzt werden kann, daß die Bandbreite des Verstärkers mindestens 10mal höher ist, als die geforderte Systembandbreite, so kann hier ebenfalls die elektrische Zeitkonstante des Verstärkers vernachlässigt werden. Der Anteil des Verstärkers an der Übertragungsfunktion ist dann der Verstärkungsfaktor K_A.

Vier Arten von Verstärkern können mit dem HCTL-1100 betrieben werden:

- Verstärker mit Spannungsausgang   – Pulsbreiten moduliert
- Verstärker mit Stromausgang   – Pulsbreiten moduliert
- Verstärker mit Spannungsausgang   – linear
- Verstärker mit Stromausgang   – linear

Der HCTL-1100 stellt ein 8bit Binär Wort am Motor-Command Port (siehe Kap. 5.2.4) zur Verfügung, mit dem über einen D/A-Wandler ein linearer Verstärker betrieben werden kann.

Für den Anschluß eines pulsbreitenmodulierten Verstärkers werden die Signale PULSE und SIGN zur Verfügung gestellt (siehe Kap. 5.2.5).

Durch die Vernachlässigung der elektrischen Zeitkonstante des Verstärkers erfolgt auch kein Beitrag zur Phasenverschiebung der Übertragungsfunktion des offenen Regelkreises.

Der Verstärkungsfaktor und die Bandbreite des linearen Verstärkers kann dem Datenblatt des Herstellers entnommen werden.

Es besteht aber auch die Möglichkeit, den Verstärkungsfaktor meßtechnisch zu ermitteln, indem auf den Verstärker eine definierte Eingangsspannung gegeben wird. Anschließend wird die Ausgangsspannung bzw. der Ausgangsstrom gemessen und ins Verhältnis zur Eingangsspannung gesetzt.

Die Einheit für den Verstärkungsfaktor K_A ergibt sich beim Einsatz eines linearen Verstärkers mit Spannungsausgang zu [V/V] und beim Einsatz eines linearen Verstärkers mit Stromausgang zu [A/V].

Um den Verstärkungsfaktor eines pulsbreitenmodulierten (Pulse Width Modulation bzw. PWM) Verstärkers zu bestimmen wird folgende vereinfachte Gleichung aufgestellt:

$$K_A = \frac{Max_{Signalausgang} - Min_{Signalausgang}}{Max_{Pulspausenverhältnis} - Min_{Pulspausenverhältnis}} \; [\frac{A}{Inkrement}] \; oder \; [\frac{V}{Inkrement}]$$

(Gl. 5.20)

Der Verstärkungsfaktor eines PWM-Verstärkers läßt sich ebenfalls meßtechnisch ermitteln.

Auf den Verstärker wird eine PWM mit bekanntem Pulspausenverhältnis (duty cycle) gegeben.

Handelt es sich um einen PWM-Verstärker mit Spannungsausgang, so kann mit Hilfe eines DC-Voltmeters der Mittelwert der Ausgangsspannung gemessen werden.

Handelt es sich um einen PWM-Verstärker mit Stromausgang, so kann über die Messung der Spannung an einer definierten Last (Shunt) der Ausgangsstrom ermittelt werden. Zur Bestimmung von K_A werden die gemessenen Ausgangswerte entsprechend (Gl. 5.20) zur Eingangspulsbreite ins Verhältnis gesetzt.

Über Register R09H wird dem HCTL-1100 das gewünschte Pulspausenverhältnis mitgeteilt (siehe Kap. 5.2.5).

5.8.4.5 Übertragungsfunktion des Motors

In die Übertragungsfunktion des Motors werden folgende Systemwerte aufgenommen:

- das komplette Trägheitsmoment des Systems
- die Parameter zur Beschreibung des dynamischen Verhaltens des Motors
- die Art des Verstärkers, der den Motor antreibt.

Je nachdem, ob ein Verstärker mit Spannungsausgang (Abb. 5.38) oder Stromausgang (Abb. 5.39) zum Einsatz kommt, werden unterschiedliche Übertragungsfunktionen gebildet.

Folgende Angaben des Motorherstellers sind für die Übertragungsfunktion wichtig:

- die Drehmomentkonstante K_T
- die Spannungskonstante K_E
- das Anker Trägheitsmoment J_M
- der elektrische Anschlußwiderstand R
- die Ankerinduktivität L

5.8 Ermittlung der HCTL-1100 Filterparameter mit Hilfe der Kombinationsmethode

Für die Bestimmung des Gesamtträgheitsmoments J des Systems ist es am aufwendigsten das Trägheitsmoment der Last J_L zu bestimmen.

Hierfür ist es notwendig, daß alle lastseitig vorhandenen Trägheitsmomente, wie z.B von Getrieben, Riementrieben und natürlich der zu bewegenden Last selbst, in ihren Auswirkungen auf die Motorachse bezogen werden.

Das Trägheitsmoment J_C für den Encoder kann aus dem Herstellerdatenblatt entnommen werden.

Es wird vorausgesetzt, daß der Encoder sich direkt an der Motorachse befindet.

Somit ergibt ergibt sich als Trägheitsmoment des Systems:

$$J = J_M + J_L + J_C \qquad (GL.\ 5.21)$$

Gleichstrommotor, angetrieben durch einen Verstärker mit Spannungsausgang
Die Übertragungsfunktion eines Gleichstrommotors, angesteuert durch einen Verstärker mit Spannungsausgang lautet:

$$G(s) = \frac{Ausgangsposition}{Eingangsspannung} = \frac{\Theta(s)}{U_E(s)} = \frac{K_{MV}}{s(sT_M + 1)(sT_E + 1)} \qquad (Gl.\ 5.22)$$

Der LAPLACE Ausdruck „s" im Nenner der Übertragungsfunktion weist auf eine Integration hin, die darauf zurückzuführen ist, daß als Ausgangsgröße eine Position vorliegt.

Es ergeben sich drei Hauptterme:

- die Verstärkungskonstante K_{MV}
- die mechanische Zeitkonstante T_M
- die elektrische Zeitkonstante T_E

Alle drei Terme lassen sich aus den obengenannten Herstellerdaten des Motors und dem Gesamtträgheitsmoment ermitteln

Die Verstärkungskonstante K_{MV} bezieht sich hier auf die Geschwindigkeit des Motors, mit der er sich dreht, wenn 1 Volt als Eingangsspannung an die Klemmen angelegt wird:

$$K_{MV} = \frac{1}{K_E} \left[\frac{rad}{Vsec}\right] \qquad (Gl.\ 5.23)$$

Die mechanische und elektrische Zeitkonstante beziehen sich auf die Reaktionszeiten des Motors, wenn eine Änderung des Eingangssignal stattfindet.

Die mechanische Zeitkonstante T_M ist als die Zeit definiert, die ein unbelasteter Motor benötigt, um 63,2% seiner Zielgeschwindigkeit zu erreichen, die ihm durch eine sprunghafte Spannungsänderung an den Motoranschlüssen vorgegeben wurde:

5 Digitaler Motorcontroller HCTL-1100

$$T_M = \frac{R\,J}{K_E K_T}\ [sec] \tag{Gl. 5.24}$$

Die elektrische Zeitkonstante T_E ist definiert als das Verhältnis der Anschlußinduktivität zum Anschlußwiderstand:

$$T_E = \frac{L}{R}\ [sec] \tag{Gl. 5.25}$$

Wenn die mechanische Zeitkonstante T_M mindestens um den Faktor 10 größer ist als die elektrische Zeitkonstante T_E, so kann T_E vernachlässigt werden.

Man erhält dann eine vereinfachte Übertragungsfunktion des Motors und der Last:

$$G(s) = \frac{Ausgangsposition}{Eingangsspannung} = \frac{\Theta(s)}{U_E(s)} = \frac{K_{MV}}{s\,(sT_M + 1)} \tag{Gl. 5.26}$$

Ein Motor der mit der Frequenz ω von einem Verstärker mit Spannungsausgang angetrieben wird, fügt dem Gesamtsystem die Phasenverschiebung $P_M(\omega)$ hinzu:

$$P_M(\omega) = -\arctan(\omega T_M) - \arctan(\omega T_E) - \frac{\pi}{2}\ [rad] \tag{Gl. 5.27}$$

Als Amplitudenbeitrag $M_M(\omega)$ ergibt sich:

$$M_M(\omega) = \frac{K_{MV}}{\omega\sqrt{1 + (\omega T_M)^2}\ \sqrt{1 + (\omega T_E)^2}} \tag{Gl. 5.28}$$

Gleichstrommotor, angetrieben durch einen Verstärker mit Stromausgang
Die Übertragungsfunktion eines Gleichstrommotors, angesteuert durch einen Verstärker mit Stromausgang lautet:

$$G(s) = \frac{Ausgangsposition}{Eingangsstrom} = \frac{\Theta(s)}{I_E(s)} = \frac{K_{MC}}{s^2} \tag{Gl. 5.29}$$

Die Verstärkungskonstante K_{MC} ergibt sich zu:

$$K_{MC} = \frac{K_T}{J}\ [\frac{rad}{Asec^2}] \tag{Gl. 5.30}$$

Der Beitrag zur Phasenverschiebung lautet:

$$P_M(\omega) = -\pi\ [rad] \tag{Gl. 5.31}$$

Als Amplitudenbeitrag ergibt sich:

$$M_M(\omega) = \frac{K_{MC}}{(\omega)^2} \tag{Gl. 5.32}$$

5.8 Ermittlung der HCTL-1100 Filterparameter mit Hilfe der Kombinationsmethode

5.8.4.6 Übertragungsfunktion des Inkremental-Encoders

Da der HCTL-1100 intern im Quadratur-Decoder (siehe Kap. 5.1.2) jede Signalflanke der Encoderimpulse auswertet, kommt dies einer Multiplikation mit dem Faktor 4 gleich.

Die Übertragungsfunktion lautet:

$$E = \frac{4N}{2\pi} = \frac{C}{2\pi} \left[\frac{Inkrement}{rad}\right] \qquad (Gl.\ 5.33)$$

Die Anzahl der Inkremente N pro Umdrehung (2π) kann aus dem Datenblatt des Encoderherstellers entnommen werden.

Der Encoder liefert im gesamten Frequenzbereich ω des Systems keinen Beitrag zur Phasenverschiebung.

Der Amplitudenbeitrag E zum offenen Regelkreis ist unabhänig von der Frequenz.

Das Trägheitsmoment J_C des Encoders wurde schon im Gesamtträgheitsmoment J (GL. 5.21) berücksichtigt.

Befindet sich der Encoder nicht direkt am Motor, sondern hinter dem Getriebe an der Bewegung, so ist noch der Übersetzungsfaktor (UEB) zwischen Motor und Encoder zu berücksichtigen.

In diesem Fall ist zu beachten, daß sich die Regeldynamik des Motors verringert, da er nicht mehr direkt überwacht wird.

Ebenso wird die Regelung empfindlicher gegenüber äußeren Einflüssen (z.B. Schwingungen der Mechanik), da die Dämpfung des Getriebes fehlt. Der Vorteil liegt in der direkten Überwachung der Bewegung.

5.8.4.7 Untersuchung der Übertragungsfunktion des offenen Regelkreises mittels BODE-Diagramm

Die einzelnen Übertragungsfunktionen werden miteinander multipliziert und ergeben die Übertragungsfunktion des offenen Regelkreises.

Für ein System mit einem Verstärker, der Spannungsausgänge hat, lautet sie:

$$M(s) = e^{-\frac{st}{2}} * K_D * K_A * \frac{K_{MV}}{(sT_M + 1)(sT_E + 1)} * \frac{1}{s} * \frac{4N}{2\pi} \qquad (Gl.\ 5.34)$$

Für ein System mit einem Verstärker, der Stromausgänge hat, lautet sie:

$$M(s) = e^{-\frac{st}{2}} * K_D * K_A * \frac{K_{MC}}{s} * \frac{1}{s} * \frac{4N}{2\pi} \qquad (Gl.\ 5.35)$$

Wie in (Kap. 5.8.2) beschrieben, wird mit Hilfe des Bodediagramms das Frequenzverhalten des unkompensierten Systems dargestellt, indem der Phasengang und die Amplitude der Übertragungsfunktion des offenen Regelkreises in Abhängigkeit von der Frequenz ω dargestellt werden.

Durch die Bestimmung der Verstärkungsübergangsfrequenz ω_C, der Phasenübergangsfrequenz ω_P, der Verstärkungsreserve G_M und der Phasenreserve PH kann die notwendige Kompensation abgeleitet werden, die erforderlich ist, um die gewünschte Systembandbreite und Stabilität des geschlossenen Regelkreises zu erhalten.

Die Gleichung für den Phasengang des unkompensierten offenen Regelkreises lautet allgemein:

$$P_{HU}(\omega) = P_M(\omega) + P_{ZOH}(\omega) \ [rad] \tag{Gl. 5.36}$$

Bei Systemen, die einen Verstärker mit Spannungsausgang verwenden, lautet sie:

$$P_{HU}(\omega) = (-\arctan(\omega T_M) - \arctan(\omega T_E) - \frac{\pi}{2}) + (-\frac{\omega t}{2}) \ [rad] \tag{Gl. 5.37}$$

Wenn die elektrische Zeitkonstante T_E vernachlässigt werden kann:

$$P_{HU}(\omega) = (-\arctan(\omega T_M) - \frac{\pi}{2}) \ [rad] \tag{Gl. 5.38}$$

Bei Systemen, die einen Verstärker mit Stromausgang verwenden, lautet die Gleichung für den Phasengang des unkompensierten offenen Regelkreises:

$$P_{HU}(\omega) = (-\pi) + (-\frac{\omega t}{2}) \ [rad] \tag{Gl. 5.39}$$

Die Gleichung für den Betrag des Amplitudengangs des unkompensierten offenen Regelkreises lautet allgemein:

$$M_U(\omega) = M_M(\omega) K_D K_A E \tag{Gl. 5.40}$$

Bei Systemen, die einen Verstärker mit Spannungsausgang verwenden, lautet sie:

$$M_U(\omega) = \frac{K_{MV} K_D K_A E}{\omega \sqrt{1 + (\omega T_M)^2} \sqrt{1 + (\omega T_E)^2}} \tag{Gl. 5.41}$$

Wenn die elektrische Zeitkonstante vernachlässigt werden kann:

$$M_U(\omega) = \frac{K_{MV} K_D K_A E}{\omega \sqrt{1 + (\omega T_M)^2}} \tag{Gl. 5.42}$$

Bei Systemen, die einen Verstärker mit Stromausgang verwenden, lautet die Gleichung für den Amplitudengang des unkompensierten offenen Regelkreises:

5.8 Ermittlung der HCTL-1100 Filterparameter mit Hilfe der Kombinationsmethode

$$M_U(\omega) = \frac{K_{MC}K_D K_A E}{\omega^2} \qquad \text{(Gl. 5.43)}$$

Damit eine Darstellung im Bodediagramm erfolgen kann, werden die Beträge des Amplitudengangs in Dezibel umgerechnet.

Mit den Gleichungen für den Phasengang $P_{HU}(\omega)$ und den Amplitudengang $M_U(\omega)$ lassen sich jetzt für unterschiedliche Frequenzen ω Wertepaare zur Darstellung von Phase und Betrag (Amplitude) im BODE-Diagramm berechnen (Abb. 5.36).

Im nächsten Schritt werden die Phasen- und Verstärkungsübergangsfrequenz, sowie die Phasen- und Verstärkungsreserve aus dem BODE-Diagramm ermittelt (siehe Kap. 5.8.2).

Die Phasenübergangsfrequenz ω_P ergibt sich aus dem Schnittpunkt der Phasenkennlinie mit der $-180°$-Linie.

Die Verstärkungsübergangsfrequenz ω_C ergibt sich aus dem Schnittpunkt der Betragskurve mit der 0 dB Linie.

Die Verstärkungsreserve G_M ist die Differenz zwischen der 0 dB Linie und der Betragskurve bei der Phasenübergangsfrequenz ω_P.

Die Phasenreserve P_H ist die Differenz zwischen der $-180°$-Linie und der Phasenkennlinie bei der Verstärkungsübergangsfrequenz ω_C.

Diese Werte können rechnerisch ebenfalls ermittelt werden.

Die Verstärkungsübergangsfrequenz ω_C errechnet man, indem für den Betrag $M_U(\omega_C)$ der Wert 0 dB eingesetzt wird und anschließend die Gleichung nach ω_C aufgelöst wird.

$$20 log M_U(\omega_C) = 0 \ dB \qquad \text{(Gl. 5.44)}$$

Die Phasenübergangsfrequenz ω_P kann errechnet werden, indem die Phase $P_{HU}(\omega_P)$ mit $-\pi$ ($-180°$) gleichgesetzt und nach ω_P aufgelöst wird:

$$P_{HU}(\omega_P) = -\pi \ [rad] \qquad \text{(Gl. 5.45)}$$

Die Gleichung für die Verstärkungreserve G_M lautet:

$$G_M = \frac{1}{M_U(\omega_P)} \ [dezimal]$$

$$G_M = 20 log \frac{1}{M_U(\omega P)} = -20 log M_U(\omega_P) \ [dB] \qquad \text{(Gl. 5.46)}$$

Die Gleichung für die Phasenreserve P_H lautet:

$$P_H = 180[Grad] + 57{,}296[\frac{Grad}{rad}] * P_{HU}(\omega_C) \ [Grad] \qquad (Gl.\ 5.47)$$

Als Beispiel soll hier die Übertragungsfunktion des offenen Regelkreises mit Verstärker als Spannungsquelle dienen, wobei die elektrische Zeitkonstante T_E vernachlässigt wird ($T_M >> T_E$):

nach (Gl. 5.44):

$$20 log \frac{K_{MV} K_D K_A E}{\omega_C \sqrt{1 + (\omega_C T_M)^2}} = 0\ dB$$

Die Auflösung nach ω_C kann als Ergebnis eine Gleichung vierter Ordnung ergeben, so daß es einfacher ist, ω_C direkt aus dem Bodediagramm abzulesen.

nach (Gl. 5.45):

$$-\arctan(\omega_P T_M) - \frac{\pi}{2} - \frac{\omega_P t}{2} = -\pi \ [rad]$$

nach (Gl. 5.46):

$$G_M = -20 log \frac{K_{MV} K_D K_A E}{\omega_P \sqrt{1 + (\omega_P T_M)^2}} \ [dB]$$

nach (Gl. 5.47):

$$P_H = 180 + 57{,}296(-\arctan(\omega_C T_M) - \frac{\pi}{2} - \frac{\omega_C t}{2}) \ [Grad]$$

5.8.4.8 Kompensation der Übertragungsfunktion des offenen Regelkreises

Sobald die Phasen- und Verstärkungsreserve an den Punkten der Verstärkungs- und Phasenübergangsfrequenz des Originalsystems bekannt sind, kann eine neue Phasenreserve P_{MU} und Verstärkungsübergangsfrequenz ω_C' zur Kompensation bestimmt werden, damit der geschlossene Regelkreis eine höhere Bandbreite BW erhält als der offene Regelkreis.

Mit Hilfe des im HCTL-1100 implementierten digitalen Kompensationsfilters kann die Übertragungsfunktion des offenen Regelkreises beeinflußt werden, so daß die Bandbreite und Stabilität des geschlossenen Regelkreises erhöht wird.

Die Stabiliät kann durch die Vergrößerung der Phasenreserve verbessert werden.

Die Bandbreite und die Verstärkungsübergangsfrequenz kann durch erhöhen der Systemverstärkung vergrößert werden.

Annähernd wird für Systeme mit hoher Phasenreserve die gewünschte Verstärkungsübergangsfrequenz ω_C' des offenen Regelkreises nach (Gl. 5.14) als Bandbreite des geschlossenen Regelkreises (ω_C' = BW) angenommen.

5.8 Ermittlung der HCTL-1100 Filterparameter mit Hilfe der Kombinationsmethode

Basierend auf der benötigten Sprungantwort des Antriebssystems, sollte der Anwender eine realistische Bandbreite BW und kompensierte Phasenreserve P_{HC} für den geschlossenen Regelkreis wählen.

Das digitale Kompensationsfilter des HCTL-1100 erlaubt die Einbringung einer maximalen Phasenvoreilung von ca. 80° zur unkompensierten Phasenreserve.

Die zu erreichende Bandbreite hängt vom Verhalten des zu kompensierenden Regelungssystems ab.

Mit der Verstärkung des Stellgliedes K_A und der Verstärkung K des digitalen Filters, kann die Verstärkungsreserve des Antriebssystems beeinflußt werden.

Zur Ermittlung der Phasenreserve P_{MU} wird in (Gl. 5.47) anstelle von ω_C die gewünschte Verstärkungsübergangsfrequenz ω_C' eingesetzt:

$$P_{MU} = 180\,[Grad] + 57{,}296\,[\frac{Grad}{rad}] * P_{HU}(\omega_C') \quad [Grad] \qquad \text{(Gl. 5.48)}$$

Die Phasenvoreilung P_L, die das digitale Filter des HCTL-1100 liefern muß, damit der geschlossene Regelkreis stabil wird, ergibt sich aus der Differenz der gewünschten kompensierten Phasenreserve PHC zur unkompensierten Phasenreserve P_{MU} bei ω_C zu:

$$P_L = P_{HC} - P_{MU} \quad [Grad] \qquad \text{(Gl. 5.49)}$$

Damit die Systemverstärkung bei der gewünschten Verstärkungsübergangsfrequenz ω_C' zu 1 wird, muß das digitale Kompensationsfilter einen Verstärkungsbeitrag K_F liefern:

$$K_F = \frac{1}{M_U(\omega_C')} \qquad \text{(Gl. 5.50)}$$

5.8.4.9 Bestimmung der HCTL-1100 Filterparameter nach der Kombinationsmethode

Das digitale Kompensationsfilter des HCTl-1100 läßt sich durch folgende Gleichung beschreiben:

$$D(z) = \frac{K(z-A)}{4(z+B)} = \frac{K}{4} * \frac{Z-A}{Z} * \frac{Z}{Z+B} \qquad \text{(Gl. 5.51)}$$

Um Systeme mit abgetasteten Signalen, in diesem Fall einen digitalen Abtastregler (siehe Kap. 4.2), beschreiben zu können, ist ausgehend von der LAPLACE-Transformation eine weitere Transformation eingeführt worden, die sogenannte Z-Transformation.

5 Digitaler Motorcontroller HCTL-1100

In [18],[50] wird der Übergang von der LAPLACE- auf die Z-Transformation beschrieben, wobei die allgemeine z-Transformierte (siehe Gl. 5.16) wie folgt lautet:

$$z = e^{Ts}$$

Die Polstelle B und die Nullstelle A (siehe Hinweis zu Pol- und Nullstellen in Kap. 5.8.2) sind verantwortlich für die vom HCTL-1100 erzeugte Phasenvoreilung.

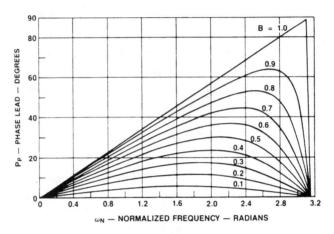

Abb. 5.40 Anteil der Polstelle an der Phasenvoreilung (Quelle: Hewlett Packard)

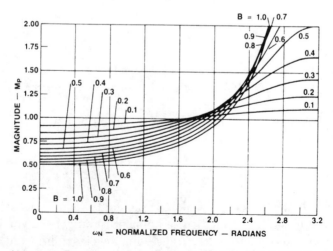

Abb. 5.41 Betragsanteil der Polstelle (Quelle: Hewlett Packard)

5.8 Ermittlung der HCTL-1100 Filterparameter mit Hilfe der Kombinationsmethode

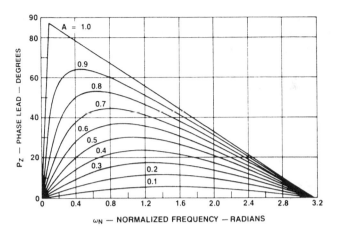

Abb. 5.42 Anteil der Nullstelle an der Phasenvoreilung (Quelle: Hewlett Packard)

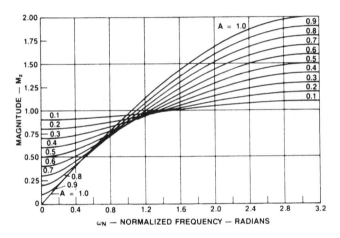

Abb. 5.43 Betragsanteil der Nullstelle (Quelle: Hewlett Packard)

Der Faktor K ist ein unabhängiger Verstärkungsfaktor, der benutzt werden kann, um die Systemverstärkung zu erhöhen und eine größere Bandbreite zu erhalten. Gleichzeitig kann mit K die Reduzierung der Verstärkung, bedingt durch die (über die Pol- und Nullstelle) eingebrachte Phasenvoreilung ausgeglichen werden.

Damit die notwendige Phasenvoreilung und Verstärkung für ein zufriedenstellendes Verhalten des geschlossenen Regelkreises, in bezug auf das Sprungantwortverhalten mit ausreichender Bandbreite, erreicht wird, wendet man die sogenannte Kombinationsmethode an.

5 Digitaler Motorcontroller HCTL-1100

Die Kombinationsmethode zur Bestimmung der Parameter A, B und K basiert auf einem graphischen Ermittlungsverfahren.

Es werden hierfür vier Diagramme verwendet, die den Phasengang $P_P(\omega_N)$ der Polstelle (*Abb. 5.40*), den Betragsanteil $M_P(\omega_N)$ der Polstelle (*Abb. 5.41*), den Phasengang $P_Z(\omega_N)$ der Nullstelle (*Abb.5.42*) und den Betragsanteil $M_Z(\omega_N)$ (*Abb. 5.43*) der Nullstelle in Abhängigkeit von der normierten Frequenz ω_N darstellen.

Diese Diagramme zeigen den Einfluß von Pol- und Nullstelle des digitalen Kompensationsfilters auf die Amplitude (Betrag) und die Phasenvoreilung.

Es wird die auf die Abtastzeit t normierte Frequenz ω_N verwendet, damit eine digitale Kompensation über einen großen Bandbreiten- und Abtastzeitbereich möglich ist:

$$\omega_N(\omega) = \omega t \quad [rad] \qquad (Gl.\ 5.52)$$

Somit ergibt sich die gewünschte Verstärkungsübergangsfrequenz ω_C', normiert auf die Abtastzeit t zu ω_{NC}':

$$\omega_{NC}' = \omega_C' t \quad [rad] \qquad (Gl.\ 5.53)$$

Diese gewünschte, normierte Verstärkungsübergangsfrequenz ω_{NC}' ist der Ausgangspunkt zur Bestimmung des Phasen- und Betragsanteils der Pol- und Nullstelle des digitalen Filters.

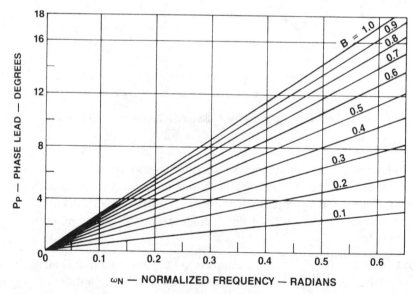

Abb. 5.44 Anteil der Polstelle an der Phasenvoreilung im Bereich ω_N von 0.0 bis 0.65 (Quelle: Hewlett Packard)

5.8 Ermittlung der HCTL-1100 Filterparameter mit Hilfe der Kombinationsmethode

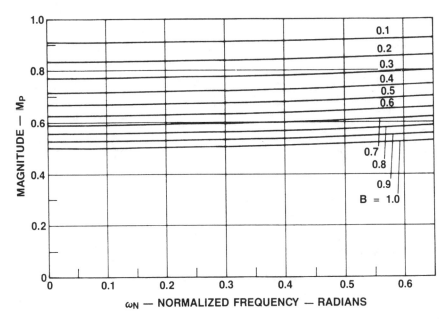

Abb. 5.45 Betragsanteil der Polstelle im Bereich ω_N von 0.0 bis 0.65
(Quelle: Hewlett Packard)

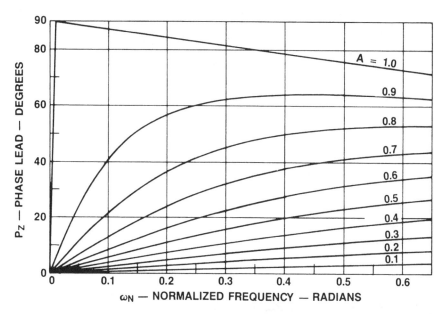

Abb. 5.46 Anteil der Nullstelle an der Phasenvoreilung im Bereich ω_N von 0.0 bis 0.65
(Quelle: Hewlett Packard)

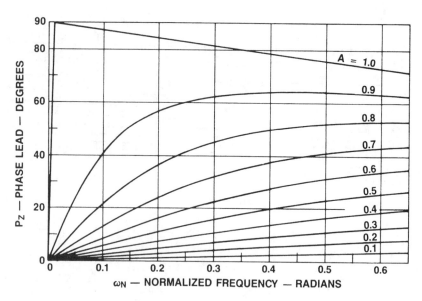

Abb. 5.47 Betragsanteil der Nullstelle im Bereich ω_N von 0.0 bis 0.65 (Quelle: Hewlett Packard)

Die *Abb. 5.44* bis *5.47* zeigen eine vergrößerte Darstellung der vier vorher gezeigten Diagramme für eine normierte Frequenz im Bereich von 0.0 bis 0.65.

Dieser Bereich von ω_N ergibt sich aus der Notwendigkeit, daß die Abtastfrequenz 1/t das 10-fache der Systembandbreite BW betragen sollte:

$$t \leq \frac{1}{(10 * BW)}$$

$$t \leq \frac{(2 * \pi)}{(10 * \omega_C')} \tag{Gl. 5.54}$$

Bezieht man dies auf die normierte Verstärkungsübergangsfrequenz:

$$\omega_{NC}' \leq \omega_C' * t$$

Wird t durch (Gl. 5.54) ersetzt:

$$\omega_{NC}' \leq \omega_C' * \frac{2 * \pi}{10 * \omega_C'}$$

$$\omega_{NC}' \leq \frac{2 * \pi}{10} \tag{Gl. 5.55}$$

Somit ergibt sich der gültige Bereich für die normierte Frequenz zu:

$$\omega_{NC}' \leq 0{,}628$$

5.8 Ermittlung der HCTL-1100 Filterparameter mit Hilfe der Kombinationsmethode

Es ist zu beachten, daß für einen geeigneten Systementwurf die Werte für die Pol- und Nullstelle kleiner oder gleich 1.0 sind.

Ebenso ist darauf zu achten, daß eine Vergrößerung der Phasenvoreilung durch entsprechende Wahl der Pol- und Nullstelle die Verstärkung des Systems reduziert.

Mit den normierten Frequenzdiagrammen von Betrag und Phase der Pol- und Nullstelle, ist es jetzt möglich, die Parameter des digitalen Kompensationsfilters zu bestimmen.

Vorgehensweise bei der Parameterermitlung von A, B und K:
1. Vom Diagramm in *Abb. 5.44* wird ein möglichst großer Wert für die Polstelle B gewählt, um eine ausgeprägte Phasenvoreilung $P_P(\omega_{NC}')$ für die benötigte normierte Verstärkungsübergangsfrequenz ω_{NC} zu erhalten.
2. Aus dem Diagramm in *Abb. 5.45* wird der Betragswert $M_P(\omega_{NC}')$ für die ausgewählte Polstelle B bei ω_{NC} abgelesen.
3. Ermittlung der restlichen Phasenvoreilung, $P_Z(\omega_{NC}')$ die durch die Nullstelle A zur Verfügung gestellt werden muß (siehe Gl. 5.49 in Kap. 5.8.4.8):

$$P_Z(\omega_{NC}') = P_L - P_P(\omega_{NC}') \; [Grad] \quad\quad (Gl. 5.56)$$

4. Im Diagramm von Abb. 5.46 wird die Nullstelle A aus dem Schnittpunkt der gewünschten Verstärkungsübergangsfrequenz ω_{NC}' mit der noch einzubringenden Phasenvoreilung $P_Z(\omega_{NC}')$ bestimmt.
5. Aus dem Diagramm der Abb. 5.47 muß der Betrag der Nullstelle $M_Z(\omega_{NC}')$ ermittelt werden, indem der in Schritt 4 herausgefundene Wert A für die Nullstelle bei der gewünschten, normierten Verstärkungsübergangsfrequenz ω_{NC}' eingetragen wird, und der zugehörige Betragswert von der M_Z Achse abgelesen wird.
6. Berechnung des Verstärkungsfaktors K mit folgender Gleichung:

$$K = \frac{K_F}{M_Z(\omega_{NC}') * M_P(\omega_{NC}')} \quad\quad (Gl. 5.57)$$

7. Nachdem die Filterparameter A, B und K bestimmt worden sind, können sie in den HCTL-1100 programmiert werden:

Register R20H = 256 * A
Register R21H = 256 * B
Register R22H = 4 * K

Hierbei ist zu beachten, daß die zulässigen Werte im geradzahligen (Integer) Bereich zwischen 0...255 Dezimal (0 Hex ... 0FF Hex) liegen müssen.

Stellt sich heraus, daß der Verstärkungswert für Register R22H größer als 255 ist, so muß die Verstärkung einer anderen Systemkomponente des Regelkreises erhöht werden, oder die gewünschte Verstärkungsübergangsfrequenz ω_C' muß verringert werden. Tabelle 5.8 zeigt den Einfluß einer Parameteränderung auf die Sprungantwort eines Systems

Tab. 5.8 Auswirkung auf die Sprungantwort eines Systems bei einer Veränderung von Parameter A, B und K.

Parameter vergrößern	Stabilität	Sprungantwort	Steifigkeit
A	verbessert	schneller	verringert
B	etwas besser	schneller	verringert
K	schlechter	schneller	vergrößert

5.9 Softwarehilfe zur Bodediagrammdarstellung und Ermittlung der Filterparameter

Anhand der theoretischen Betrachtung von Kapitel 5.8 ist ein Programm erstellt worden, das die Ermittlung der HCTL-1100 Filterparameter erleichtert und eine Stabilitätsabschätzung des Regelkreisverhaltens ermöglicht.

Das Programm befindet sich auf der CD-ROM im Verzeichnis „\HCTL\FILTER\" und wird mit dem Aufruf „HCTLMATH.EXE" gestartet. Die Grafik ist ausgelegt auf VGA-Grafikkarten und Farbbildschirm.

Die einzelnen Programmfunktionen können mit der „TAB" Taste angewählt und mit der Eingabetaste „ENTER" bzw. „RETURN" oder „⌐" (je nach verwendeter Tastatur) gestartet werden.

Innerhalb der Menuepunkte „Konfiguration ändern" und „Eingabedaten ändern" ist eine einfache Editiermöglichkeit der aktuellen Daten vorhanden:

Soll eine Änderung erfolgen, so wird mit der „TAB" Taste der entsprechende Menuepunkt angewählt.

Mit der „Leertaste" („SPACE") wird die Eingabe freigegeben, der vorhandene alte Inhalt wird gelöscht, so daß anschließend der neue eingegeben werden kann.

5.9 Softwarehilfe zur Bodediagrammdarstellung und Ermittlung der Filterparameter

```
***********************************************
**    Berechnung der HCTL-1100 Filter Parameter    **
**                c1996 HJS                        **
***********************************************
   Konfigurationsdaten ändern
   Konfiguration ansehen
   Eingabedaten ansehen
   Eingabedaten ändern
   Parameter Berechnen
   Bodediagramm
   Ergebnis ausdrucken
   Aufhören
```

Abb. 5.48 Das Startmenue

Mit der Taste „←
Backspace" kann eine Korrektur erfolgen.

Durch die Bestätigung mit „ENTER" („RETURN", „⏎") wird der neue Inhalt gültig.

Das angewählte Eingabefeld bleibt solange aktiv, bis mit der „TAB" Taste auf den nächsten Menuepunkt weitergeschaltet wird. Solange, wie ein Eingabefeld aktiv ist, kann der Inhalt mit der „Leertaste" gelöscht und neu eingegeben werden. Nach dem letzten Menuepunkt wird wieder in das Startmenue (*Abb. 5.48*) gesprungen.

5.9.1 Funktionen „Konfigurationsdaten ändern" und „Konfiguration ansehen"

Die Konfigurationsdaten sind in der Datei „HCTL.FIG" abgelegt. In dieser Datei werden Grundeinstellungen für die Berechnung vorgegeben.

Mit der Funktion „Konfigurationsdaten ändern" (*Abb. 5.49*) können Konfigurationsdaten geändert werden und mit der Funktion „Konfiguration ansehen" (*Abb. 5.50*) kann eine Kontrolle der Konfigurationsdaten ohne Änderungsmöglichkeit erfolgen.

5 Digitaler Motorcontroller HCTL-1100

```
***********************************************************
**      Berechnung der HCTL-1100 Filter Parameter        **
**                    c1996 HJS                          **
***********************************************************
```

Erstellen, bzw. ändern der Konfigurationsdatei HCTL.FIG

   Eingabedatei = hpmot_u.in p

   Ausgabedatei = hpmot_u.out

  Verstärkung D/A-Wandler KD = 0.04

  (KD=1 ohne DA-Wandler)

Verstärkung Leistungsverstärker KA = 2.00

   Leistungsverstärker Typ = Spannungsverstärker

   (Spannungsverstärker=1)

   (Stromverstärker=2)

   HCTL-1100 Arbeitsfrequenz = 2.000 [MHz]

   HCTL-1100 Abtastzeit = 520 [sec]

Filterparameter B, Pole des Systems = 0.900

Abb. 5.49 „Konfigurationsdaten ändern"

```
***********************************************************
**      Berechnung der HCTL-1100 Filter Parameter        **
**                    c1996 HJS                          **
***********************************************************
```

Konfiguration:

   Eingabedatei = hpmot_u.inp

   Ausgabedatei = hpmot_u.out

  Verstärkung D/A-Wandler KD = 0.04

Verstärkung Leistungsverstärker KA = 2.00

   Leistungsverstärker Typ = Spannungsverstärker

   HCTL-1100 Arbeitsfrequenz = 2.000 [MHz]

   HCTL-1100 Abtastzeit = 520 [sec]

Filterparameter B, Pole des Systems = 0.900

  Weiter mit beliebiger Taste.....!

Abb. 5.50 "Konfigurationen ansehen"

5.9 Softwarehilfe zur Bodediagrammdarstellung und Ermittlung der Filterparameter

Ist die Datei HCTL.FIG nicht vorhanden, so wird dies beim ersten Aufruf des Programms dem Anwender mitgeteilt und automatisch die Funktion „Konfigurationsdaten ändern" zur Eingabe der Konfigurationsdaten aufgerufen.

In der „Eingabedatei" werden die für die Berechnung notwendigen Antriebsdaten eingegeben.

Soll eine neue Eingabedatei angelegt werden, so wird einfach der neue NAME.INP eingegeben.

Anschließend prüft das Programm, ob diese Datei schon vorhanden ist.

Ist sie noch nicht vorhanden, wird automatisch die Funktion „Eingabedaten ändern" aufgerufen, und neue Daten können eingegeben werden.

In der „Ausgabedatei" werden die durch die Funktion „Parameter Berechnen" errechneten Daten abgelegt.

Inhalt von HCTL.FIG zum abgebildeten Beispiel:

hpmot_u.inp
hpmot_u.out
0.040000
2.000000
1
2000000.000000
0.000520
0.900000

5.9.2 Funktionen „Eingabedaten ansehen" und „Eingabedaten ändern"

Mit der Funktion „Eingabedaten ansehen" (*Abb. 5.51*) können Eingabedaten ohne Änderungsmöglichkeit kontrolliert werden und mit der Funktion „Eingabedaten ändern" (*Abb. 5.52*) können die für die Berechnung benötigten Antriebsdaten geändert werden.

Die Datei für die Eingabedaten muß zuvor in der Konfigurationsdatei mit der Funktion „Konfigurationsdaten ändern" definiert worden sein.

```
***********************************************************
**      Berechnung der HCTL-1100 Filter Parameter        **
**                    c1996 HJS                          **
***********************************************************
```

Aktuelle Eingabedaten :

Bearbeiter : Hans-Jürgen Schaad

Datum : 04.01.1996

Antriebsbezeichnung : filterdatenblatt

Motor Typ oder Bezeichnung : hpmot Spannungsverstärker

Motor Nennmoment : 4.000 [Nm]

Trägheitsmoment JM des Motor Ankers : 0.000002690 [Kgm**2]

Winkelbeschleunigung ALPHA des Motor Ankers :   0.0 [Rad/Sec**2]

Motor Spannungskonstante KV (KE) : 0.03150 [Vs/Rad]

Motor Drehmomentkonstante KT : 0.03150 [Nm/A]

Motor Ankerinduktivität L : 0.00098000 [Henry]

Motor Ankerwiderstand R : 5.4400 [Ohm]

Vom Motor aufzubringendes Moment Mmax : 0.0000 [Nm]

Anzahl der Encoder Codierschlitze Ncod :   256

Trägheitsmoment der Encoder Codierscheibe JC : 0.000000040[Kgm**2]

Übersetzung vom Motor zum Encoder UEB : 1.00

Bandbreite BW des Systems : 60.00 [Hz]

Phasenreserve Phc des Systems : 40.00 [Grad]

   Weiter mit beliebiger Taste.....!

Abb. 5.51

5.9 Softwarehilfe zur Bodediagrammdarstellung und Ermittlung der Filterparameter

```
*************************************************************
**     Berechnung der HCTL-1100 Filter Parameter           **
**                   c1996 HJS                             **
*************************************************************
```
Aktuelle Eingabedaten :

Bearbeiter : Hans-Jürgen Schaad
Datum : 04.01.1996
Antriebsbezeichnung : filterdatenblatt
Motor Typ oder Bezeichnung : hpmot Spannungsverstärker
Motor Nennmoment : 4.000 [Nm]
Trägheitsmoment JM des Motor Ankers : 0.000002690 [Kgm**2]
Winkelbeschleunigung ALPHA des Motor Ankers :   0.0 [Rad/Sec**2]
Motor Spannungskonstante KV (KE) : 0.03150 [Vs/Rad]
Motor Drehmomentkonstante KT : 0.03150 [Nm/A]
Motor Ankerinduktivität L : 0.00098000 [Henry]
Motor Ankerwiderstand R : 5.4400 [Ohm]
Vom Motor aufzubringendes Moment Mmax : 0.0000 [Nm]
Anzahl der Encoder Codierschlitze Ncod :   256
Trägheitsmoment der Encoder Codierscheibe JC : 0.000000040[Kgm**2]
Übersetzung vom Motor zum Encoder UEB : 1.00
Bandbreite BW des Systems : 60.00 [Hz]
Phasenreserve Phc des Systems : 40.00 [Grad]

Abb. 5.52

Inhalt der Eingabedatei HPMOT_U.INP zum abgebildeten Beispiel:
Hans-Jürgen Schaad
04.01.1996
filterdatenblatt
hpmot Spannungsverstärker
4.000000
0.000002690
0.000000
0.031500
0.031500

0.000980
5.440000
0.000000
256.000000
0.000000040
1.000000
60.000000
40.000000

5.9.3 Funktion „Parameter Berechnen"

Mit dieser Funktion werden anhand der Konfigurations- und Eingabedaten die Filterparameter und die Daten für Betrag und Phase des offenen Regelkreises berechnet.

War die Berechnung erfolgreich, so wird auf dem Bildschirm das Ergebnis für die Filterparameter dargestellt (*Abb. 5.53*).

```
**********************************************************
**      Berechnung der HCTL-1100 Filter Parameter       **
**                    c1996 HJS                         **
**********************************************************
**********************************************************
* Von folgenden Filter Werten sollte ausgegangen werden   *
* !!!!!!!!!!!!!!!!!!!!!!!!!!!!!!!!!!!!!!!!!!!!!!!!!!!!!!  *
*                                                         *
* Sample Timer   R0F = 64        dez ---> hex 40          *
*                                                         *
* Nullstelle     A = 202         dez ---> hex ca          *
*                                                         *
* Polstelle      B = 230         dez ---> hex e6          *
*                                                         *
* Verstärkung    K = 148         dez ---> hex 94          *
*                                                         *
**********************************************************
Die kompletten Ergebnis Daten stehen in : hpmot_u.out
Weiter mit beliebiger Taste!
```

Abb. 5.53

5.9 Softwarehilfe zur Bodediagrammdarstellung und Ermittlung der Filterparameter

Konnten keine gültigen Daten berechnet werden, so wird der Anwender aufgefordert die Konfigurationsdaten bzw. Eingabedaten anzupassen (*Abb. 5.54*).

```
*****************************************************
**    Berechnung der HCTL-1100 Filter Parameter    **
**              c1996 HJS                          **
*****************************************************

*******************************
*   ACHTUNG!!                 *
*******************************
* Das System ist instabil !   *
* Bitte neue Bandbreite oder  *
* Phasenreserve oder          *
* Verstärkung KA oder         *
* Polstelle B wählen          *
*******************************
   Weiter mit beliebiger Taste.....!
```

Abb. 5.54

5.9.4 Funktion „Bodediagramm"

Mit dem Menuepunkt „Bodediagramm" erfolgt eine Bildschirmdarstellung von Betrag (Mu) und Phase (Phu) des offenen Regelkreises (*Abb. 5.55*).

Wurde nach dem Start des Programms noch keine Parameter-Berechnung durchgeführt, so erfolgt automatisch eine Berechnung mit den in „NAME.INP" stehenden Eingabedaten. Erst dann wird die grafische Darstellung ausgeführt.

Neue Eingabewerte werden für das Bodediagramm erst dann gültig, wenn vorher die Funktion „Parameter berechnen" durchgeführt wurde.

Anhand des Bodediagramms kann jetzt eine Stabilitätsüberprüfung nach NYQUIST vorgenommen werden (siehe Kap. 5.8.2).

Im gezeigten Beispiel ergibt sich bei der Verstärkung von 0 dB (Schnittpunkt der Betragskurve M_U mit der 0 dB Achse) eine Phasenverschiebung von $-160°$.

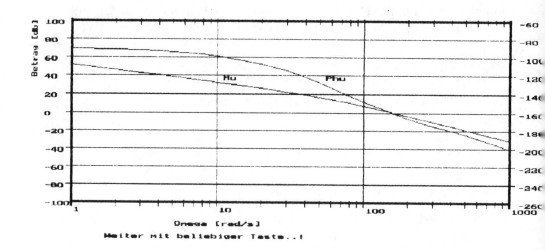

Hieraus kann abgeleitet werden, daß der geschlossene Regelkreis stabil ist, da der Phasenwinkel nicht die −180° überschreitet.

Die Verstärkungsübergangsfrequenz ω_C am Schnittpunkt der Betragskurve M_U mit der 0 dB Achse ergibt sich zu: $\omega_C = 160$ [rad/sec]

Die Phasenübergangsfrequenz ω_P am Schnittpunkt der Phase P_{HU} mit der −180° Achse ergibt sich zu: $\omega_P = 400$ [rad/sec]

Die Verstärkungsreserve G_M bezogen auf ω_P ergibt sich zu: $G_M = 12$ dB

Die Phasenreserve P_H bezogen auf ω_C ergibt sich zu: $P_H = 20°$

5.9.5 Funktion „Ergebnis drucken"

Mit dieser Funktion kann das in der Ausgabedatei „NAME.OUT" gespeicherte Berechnungsergebnis auf dem Drucker ausgegeben werden, wobei davon ausgegangen wird, daß der Drucker an Schnittstelle LPT1 angeschlossen ist.

Sollte der Drucker nicht angeschlossen oder eingeschaltet sein, erfolgt die in *Abb. 5.56* dargestellte Meldung an den Anwender.

5.9 Softwarehilfe zur Bodediagrammdarstellung und Ermittlung der Filterparameter

```
*********************************************************
**     Berechnung der HCTL-1100 Filter Parameter      **
**                  c1996 HJS                         **
*********************************************************
```
Druckerfehler!!!
Bitte Drucker überprüfen!
Weiter mit beliebiger Taste..!

Eingabedaten ändern

Parameter Berechnen

Bodediagramm

Ergebnis ausdrucken

Aufhören

Abb. 5.56 Meldung an den Anwender

Inhalt der Ausgabedatei HPMOT_U.OUT zum abgebildeten Beispiel:

```
*********************************************************
*********************************************************
**     Berechnung der HCTL-1100 Filter Parameter      **
**                                                    **
**            c1996     HJS                           **
*********************************************************
*********************************************************
```

Bearbeiter : Hans-Jürgen Schaad
Datum : 04.01.1996
Eingabedatei ist: hpmot_u.inp
Ausgabedatei ist: hpmot_u.out

Antriebsdaten:
===

Antriebsbezeichnung = filterdatenblatt
Motor Typ oder Bezeichnung = hpmot Spannungsverstärker
Motor Nennmoment = 4.000 [Nm]
Trägheitsmoment des Motor Ankers JM = 0.000002690 [Kgm**2]
Maximale Motor Winkelbeschleunigung ALPHA = 0 [Rad/Sec**2]
Motor Spannungskonstante KV = 0.032 [Vs/Rad]
Motor Drehmomentkonstante KT = 0.032 [Nm/A]
Motor Ankerinduktivität L = 0.00098 [Henry]

181

5 Digitaler Motorcontroller HCTL-1100

Motor Ankerwiderstand R = 5.440 [Ohm]
Vom Motor aufzubringendes Moment Mmax = 0.000 [Nm]
Anzahl der Inkremental-Encoder Codierschlitze Ncod = 256
Trägheitsmoment der Encoder Codierscheibe JC = 4.00000e-08 [Kgm**2]
Übersetzung vom Motor zum Encoder (Faktor) UEB = 1.00
Gewünschte Bandbreite BW= 60 [Hz]
Gewünschte Phasenreserve PHC= 40 [Grad]
D/A Wandler Verstärkungsfaktor KD= 0.04
Leistungs/Endstufen Verstärkungsfaktor KA= 2.00
Aktueller Leistungsverstärker Typ = Spannungsverstärker.
HCTL-1100 Arbeitsfrequenz = 2.000 [MHz]

==

Errechnete Daten: Mit Spannungsverstärker
****

Last-Trägheitsmoment an der Motorwelle JL= 0.00e+00 [Kgm**2]
Gesamt Trägheitsmoment an der Motorwelle J= 2.73e-06 [Kgm**2]
Mechanische Zeitkonstante TM= 1.50e-02 [Sec]
Elektrische Zeitkonstante TE= 1.80e-04 [Sec]
Verstärkungskonstante KMV= 3.17e+01 [Rad/Vsec]
Encoder Impulse pro Motorumdrehung E= 256.00
Abtastzeit des HCTL-1100 T= 5.20e-04 [Sec]

Werte für das Bodediagramm:
****

OMEGA [rad/s]	Betrag Mu [dB]	Phase PHu [Grad]
1	52.12	-90.88
2	46.09	-91.77
3	42.57	-92.65
4	40.06	-93.53
5	38.11	-94.41
6	36.52	-95.28
7	35.17	-96.16
8	33.99	-97.03
9	32.96	-97.90
10	32.02	-98.76
20	25.72	-107.17
30	21.78	-114.94

5.9 Softwarehilfe zur Bodediagrammdarstellung und Ermittlung der Filterparameter

```
!    40      !  18.75         !  -121.92    !
!    50      !  16.21         !  -128.07    !
!    60      !  13.99         !  -133.44    !
!    70      !  12.00         !  -138.10    !
!    80      !  10.19         !  -142.15    !
!    90      !   8.54         !  -145.68    !
!   100      !   7.01         !  -148.77    !
!   200      !  -3.89         !  -166.57    !
!   300      ! -10.69         !  -175.01    !
!   400      ! -15.61         !  -180.60    !
!   500      ! -19.46         !  -184.99    !
!   600      ! -22.61         !  -188.75    !
!   700      ! -25.30         !  -192.16    !
!   800      ! -27.63         !  -195.35    !
!   900      ! -29.69         !  -198.37    !
!  1000      ! -31.54         !  -201.29    !
!============!================!===========!
```

Gewünschte Verstärkungsübergangsfrequenz OMEGA_C= 377 [rad/s]
Somit als normierte Kreisfrequenz OMEGA_NC = 1.96035e-01 [rad]
Phasenrand bei OMEGA_C : PMU = 0.548 [Grad]
Betrag der Verstärkungsreserve bei OMEGA_C : MU_C = 0.186
Vom HCTL-1100 zu erzeugende Phasenvoreilung PL= 39.452 [Grad]
Polstellen Phase Pp= 5.319 [Grad]
Polstellen Betrag Mp= 0.529
Nullstellen Phase Pz= 34.132 [Grad]
Nullstellen Betrag Mz= 0.274

```
*****************************************************
* Von folgenden Filter Werten sollte ausgegangen werden   *
* !!!!!!!!!!!!!!!!!!!!!!!!!!!!!!!!!!!!!!!!!!!!!!!!!!!!!!
* Sample Timer   R0F = 64        dez ---> hex 40       *
*                                                      *
* Nullstelle     A = 202         dez ---> hex ca       *
*                                                      *
* Polstelle      B = 230         dez ---> hex e6       *
*                                                      *
* Verstärkung    K = 148         dez ---> hex 94       *
*                                                      *
*****************************************************
```

6 Digitaler Motorcontroller LM628/LM629

Mit den Bausteinen LM628 und LM629 hat die Firma National Semiconductor einen integrierten Motorcontroller in zwei Ausführungen auf den Markt gebracht.

Beide Bausteine können als Lage-/Drehzahlregler in Antriebssystemen mit DC-Kollektormotoren, bürstenlosen DC-Synchronmotoren oder anderen Servoeinheiten eingesetzt werden.

Die Verbindung zum steuernden und überwachenden HOST-Prozessor geschieht über einen 8-Bit-Bus und entsprechenden Steuersignalen. Die Steuersoftware des Host kommuniziert mit dem LM628/LM629 über einen High-Level Befehlssatz.

Um einen geschlossenen Regelkreis für ein Servosystem aufzubauen, benötigt man lediglich einen LM628, einen DA-Wandler, einen Servoverstärker (Stellglied) einen Motor mit Getriebe und einen Inkremental Encoder (siehe Abb. 1.4).

Die Motorcontroller sind in NMOS Technik in einem 28-Pin Dual-Inline Gehäuse aufgebaut (Abb. 6.1) und gibt es in den Versionen 6MHz und 8MHz.

Der LM629 ist ebenfalls im 24pol. SMD-Gehäuse erhältlich.

Kurzübersicht der Motorcontroller Funktionen:
- 32 Bit Positions-, Geschwindigkeits- und Beschleunigungs-Register
- Programmierbares PID-Filter mit 16-Bit Koeffizienten
- Programmierbare differentielle Abtastzeit
- LM628: 8-Bit oder 12-Bit Ausgang zum DA-Wandler
- LM629: PWM-Vorzeichen-Ausgang (PWM SIGN) und PWM-Betrags-Ausgang (PWM MAG) mit 8-Bit Auflösung
- Interner Profil-Generator für Trapezförmige Geschwindigkeitssteuerung (Trapezoidal Velocity Profile).
- Während des Betriebs (Antriebsbewegung unter LM628 Regelung) können die Geschwindigkeit, Zielposition und Filterparameter geändert werden.
- Positions- und Geschwindigkeits-Betriebsmodus
- Programmierbare Real-Time Interrupte zum Host-System
- 8-Bit asynchrones, paralleles Interface zum Host-System
- Inkremental Encoder Quadratur-Interface und Index Impulseingang

6.1 Eingänge und Ausgänge des LM628/LM629

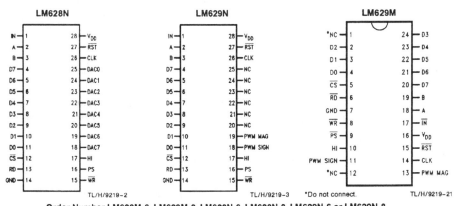

Order Number LM629M-6, LM629M-8, LM628N-6, LM628N-8, LM629N-6 or LM629N-8
See NS Package Number M24B or N28B

Abb. 6.1 Anschlußgehäuse des LM628 und LM629 (Quelle: National Semiconductor)

Der LM628 hat einen 8-Bit Ausgang, der einen 8-Bit oder einen 12-Bit DA-Wandler ansteuern kann.

Wird ein LM629 eingesetzt, so kann mit den PWM-MAG/PWM-SIGN Signalen anstelle eines D/A-Wandlers und eines Servoverstärkers, direkt eine Transistorendstufe in Vollbrückenschaltung (H-Schaltung) angesteuert werden.

Da dies der einzige Unterschied zwischen den beiden Bausteinen ist, beziehen sich alle sonstigen Aussagen zum LM628 ebenfalls automatisch auf den LM629.

Die Ausführungen zum LM628/LM629 basieren auf Unterlagen der Fa. National Semiconductor [70].

6.1 Eingänge und Ausgänge des LM628/LM629

Die Pin-Nr. des LM629 im SMD-Gehäuse stehen in Klammern.

Pin 1 (17) – Index (/IN): Eingang des optionalen Encoder-Index-Impulses. Die Indexposition wird gelesen, wenn /IN,A,B auf Low-Pegel sind. Wird er nicht benutzt, muß /IN auf High-Pegel gelegt werden.

Pin 2,3 (18, 19) – Encoder Signale (A,B): Impulseingänge zum Quadratur-Decoder der um 90° zueinander verschobenen Kanäle (Phasen) eines Inkremental Encoders. Bei positiver Motordrehrichtung (vorwärts) eilt das Signal an A dem Signal von B um 90 Grad voraus. Es ist zu beachten, das die Encodersignale in jedem Zustand für mindestens 8-Clockzyklen stabil sein müssen, um richtig erkannt zu werden.

Dies liegt an der Ausnutzung der vier-zu-eins-Auflösung durch den Quadratur-Decoder (Multiplikation der ankommenden Encodersignale mit 4).

Pin 4 bis 11 – Host I/O Port (D0 bis D7): Datenbus zur Verbindung mit dem
(2 bis 4, Host Computer/Prozessor. Er wird benutzt, um Befehle in den
20 bis 24) LM628 zu schreiben, das Status Byte zu Lesen und Daten zu Schreiben/Lesen. Dies wird mit den Signalen /CS, /PS, /RD und /WR gesteuert.

Pin 12 (5) – Chip Select (/CS): Signal zur Anwahl des LM628 für Schreib- und Leseoperationen.

Pin 13 (6) – Read (/RD): Signal zum Lesen von Status und Daten

Pin 14 (7) – Ground (GND): Spannungsversorgungs-Ground.

Pin 15 (8) – Write (/WR): Signal zum Schreiben von Befehlen und Daten.

Pin 16 (9) – Port Select (/PS): Signal zur Auswahl des Command-(/PS=low) oder Datenports (/PS=high). Folgendes wird durch /PS gesteuert:
1. Befehle werden in den Commandport geschrieben (/PS=low)
2. Lesen des Status Bytes (/PS=low)
3. Lesen und Schreiben von Daten (/PS=high)

Pin 17 (10) – Host Interrupt (HI): Interrupt-Ausgang, der dem HOST System das Auftreten einer Interrupt Bedingung meldet, und eine HOST Interrupt-Serviceroutine auslöst.

LM628 Pin 18 bis Pin 25 – DAC Port (DAC0 – DAC7):
Ausgänge zur Ansteuerung eines D/A-Wandlers
1. 8-Bit-Ausgangs Modus: Datenausgabe direkt zum D/A-Wandler. Pin 18 ist das MSB-Bit und Pin 25 das LSB-Bit.
2. 12-Bit-Ausgangs Modus: Zwei gemultiplexte 6-Bit-Worte werden ausgegeben. Das LSB-Wort wird zuerst ausgegeben. Das MSB-Bit ist auf Pin 18 und das LSB-Bit auf Pin 23. Pin 24 wird zum Demultiplexen der Datenworte benutzt. Das LSB-Wort ist gültig wenn Pin 24=low ist. Mit der ansteigenden Flanke von Pin 25 kann das LSB-Wort in Latches eingespeichert werden.

LM629 Pin 18 (11) – PWM SIGN und Pin 19 (13) PWM MAG:
Ausgabe eines PWM-Betrages an Pin 19 (13) für die Drehzahl (8-Bit Auflösung) und eines PWM-Vorzeichens an Pin 18 (11) für die Drehrichtung.

Pin 26 (14) – CLOCK (CLK): Systemtakt Eingang

Pin 27 (15) – RESET (/RST): Ein Aktiv-Low für mindestens 8 Clockzyklen gibt dem LM628 einen Reset und initialisiert mit der ansteigenden Flanke die internen Register wie folgt:

1. Die Filter-Koeffizienten und Bahnprofil-Parameter auf 0hex
2. Die Positions-Error Schwelle wird auf den maximal Wert 7FFFhex gesetzt und der Befehl LPEI ausgeführt.
3. Die Interrupte SBPA und SBPR sind gesperrt.
4. Die fünf anderen Interrupte sind freigegeben.
5. Position Null bzw. Home-Position wird initialisiert
6. Die Abtastzeit (sample time bzw. interval) wird auf $2048/f_{CLK}$ gesetzt. Bei einem Takt von 8MHz entspricht dies 256us.
7. Beim LM628 gibt der DAC-Port 800Hex aus, damit ein 12-bit DA-Wandler auf Null gesetzt wird, anschließend wird 80Hex ausgegeben für einen 8-bit DA-Wandler.

Sofort nach einem Reset steht im Status Byte 00Hex. Wurde ein Reset erfolgreich ausgeführt, wechselt das Status Byte innerhalb von 1.5ms von 00H auf 84H oder C4H. Um sicher zu gehen, daß ein Reset richtig durchgeführt wurde, sollte der Befehl RSTI ausgeführt werden. Danach muß das Status Byte von 84H bzw. C4H auf 80H gewechselt haben. Ist dies nicht der Fall, sollte ein erneuter Reset vorgenommen werden.

Pin 28 (16) – Versorgungsspannung (Vdd) +5V

6.1.1 LM628-Interface zum HOST-Computer/-Prozessor

Die Kommunikation des LM628 mit dem Host geschieht über den 8-Bit Parallel Bus und wird mit den Adress- und Steuerleitungen kontrolliert. Abb. 6.2 zeigt ein solches Interface für den LM628 und die minimal benötigte Systemkonfiguration mit 8-Bit D/A-Wandler und Leistungsverstärker.

Die HOST-Adreßleitungen werden zur Bildung des /CS Signals dekodiert. Die Adresse A0 steuert direkt den /PS Eingang.

6.2 Arbeitsweise des LM628

Der HOST-Prozessor kommuniziert mit dem LM628 über den 8-Bit I/O-Port, um zum Beispiel die Geschwindigkeitsprofile und das Digitalfilter zu programmieren.

Der DAC-Ausgang ist mit einem externen DA-Wandler verbunden, dessen Ausgangssignal über einen Verstärker (Stellglied) mit dem Motor verbunden wird. Mit der Signalrückführung eines Inkremental Encoders wird der Positionsregelkreis geschlossen (siehe Abb. 6.2).

6 Digitaler Motorcontroller LM628/LM629

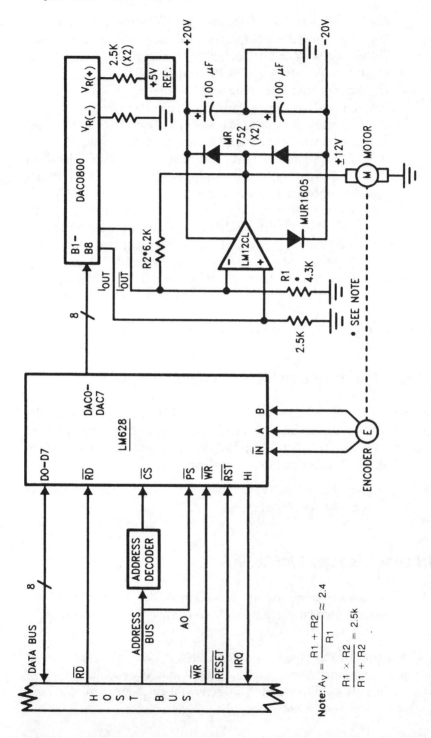

Abb. 6.2 HOST-Interface zum LM628 und minimale Systemkonfiguration (Quelle: National Semiconductor)

6.2 Arbeitsweise des LM628

Der Geschwindigkeits-Profilgenerator berechnet die notwendigen trapezförmigen Bahnkurvendaten für die Lage- und Drehzahlregelung.

Der LM628 subtrahiert die aktuelle Position, die der Encoder liefert, von der gewünschten Soll-Position des Profilgenerators. Das Ergebnis ist der Positionsfehler, der im Digitalfilter weiterverarbeitet den neuen Sollwert für den Motor ergibt.

Abb. 6.3 zeigt das System Blockdiagramm.

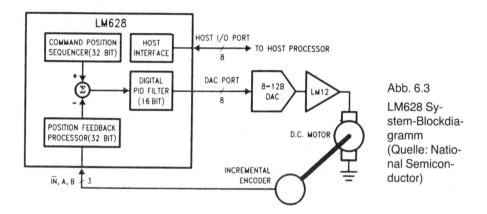

Abb. 6.3 LM628 System-Blockdiagramm (Quelle: National Semiconductor)

6.2.1 Encoder Interface

Der LM628 hat drei Eingänge für die Encodersignale. Zwei Quadratur-Eingänge für die beiden um 90° versetzten Inkremental Encoder Impulssignale (A,B) und einen INDEX-Impulseingang (/IN).

Um eine größere Auflösung der Motor-Istposition zu erhalten, bewirken die Quadratur-Eingänge eine Vervierfachung (Multiplikation mit 4) der inkrementalen Encodersignale.

Dies geschieht durch die Erfassung jeder steigenden bzw. fallenden Encoder-Signalflanke der Eingänge A und B.

Je nach Motordrehrichtung wird mit diesen Quadratur-Inkrementen das interne Positionsregister inkrementiert bzw. dekrementiert. Die Encodersignale werden mit dem Takt des LM628 synchronisiert.

Einige Encoder liefern pro Umdrehung einen INDEX-Impuls. Mit der entsprechenden LM628-Programmierung, wird der INDEX-Impuls im Index-Register immer dann erfaßt, wenn alle drei Encoder Eingänge logisch-LOW sind (*Abb. 6.4*).

6 Digitaler Motorcontroller LM628/LM629

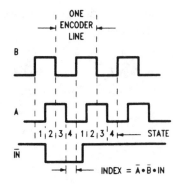

Abb. 6.4 Impulsdiagramm der Encodersignale (Quelle: National Semiconductor)

Wird ein Encoder ohne INDEX Impuls eingesetzt, so kann der LM628 INDEX Eingang zur Erkennung der Antriebs-Startposition (HOME) eingesetzt werden. Bei Erreichen der Startposition wird über einen Schalter auf den LM628 Eingang /IN ein LOW-Pegel geschaltet.

Dies wird vom Indexregister des LM628 erkannt und ein Interrupt zum HOST-Prozessor ausgelöst. Hierbei muß sichergestellt sein, daß nur in der Startposition der Indexeingang auf logisch-LOW geht. Geschieht dies während des normalen Betriebs, so wird immer dann ein nicht erwünschter Interrupt ausgelöst, wenn alle drei Encoder-Eingänge auf logisch LOW sind. Dies führt zu Fehlfunktionen des LM628, wenn die Geschwindigkeit größer ist als 15000 [Inkremente/Sekunde] bei einem 6MHz Arbeitstakt bzw. 20000 [Inkremente/Sekunde] bei 8MHz.

6.2.2 Erzeugung von Bahnkurven- und Geschwindigkeitsprofilen

Der trapezförmige Geschwindigkeits-Profil-Generator berechnet pro Zeiteinheit (Abtastung) die neue Antriebs-Sollposition.

Im Positionier-Modus (Lageregelung) gibt der HOST-Prozessor die Beschleunigung, die maximale Geschwindigkeit und die Zielposition als Sollwerte vor.

Der LM628 verfährt nach einem Bewegungsstart-Befehl den Antrieb mit der eingestellten Beschleunigung solange, bis die gewünschte Geschwindigkeit erreicht ist, bzw. der Punkt erreicht wurde, wo er den Antrieb wieder Abbremsen muß, um die gewünschte Zielposition zu erreichen. Es wird mit den gleichen Werten abgebremst, mit denen vorher beschleunigt wurde.

Während der Bewegung können jederzeit die Geschwindigkeit und die Zielposition geändert werden. *Abb. 6.5 a* zeigt eine einfache trapezförmige Geschwindigkeitskurve, während *Abb. 6.5 b* verdeutlicht, wie die Bahnkurve aussieht, wenn Geschwindigkeit und Zielposition während der Bewegung zu unterschiedlichen Zeiten geändert werden.

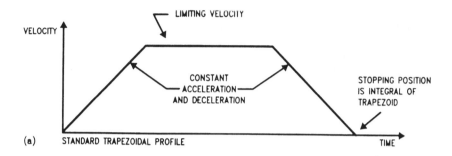

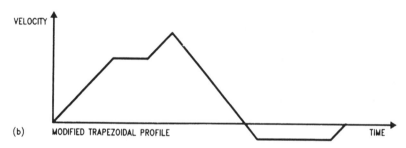

Abb. 6.5 Bespiele von möglichen Geschwindigkeits-Profilen (Quelle: National Semiconductor)

Im Geschwindigkeits-Modus beschleunigt der LM628 mit der vorgegebenen Beschleunigung solange, bis die gewünschte Geschwindigkeit erreicht worden ist und behält diese solange bei, bis vom HOST gestoppt wird.

Das Beibehalten der Geschwindigkeit wird erreicht, indem der LM628 das Zielpositions-Register um einen konstanten, der Geschwindigkeit entsprechenden Wert erhöht.

Auch wenn während der Bewegung Störungen auftreten, bleibt die mittlere Geschwindigkeit konstant.

Wenn der Antrieb nicht in der Lage ist, die gewünschte Geschwindigkeit zu erreichen, z.B. durch einen blockierten Motor, so wird das Zielpositions-Register trotzdem weiter erhöht.

Als Folge stellt sich ein großer Positionsfehler ein. Wird dies nicht erkannt und nach einiger Zeit die Motor-Blockierung aufgehoben, so versucht der LM628 mit maximaler Geschwindigkeit den Positionsfehler auszugleichen.

Mit den Befehlen LPEI und LPES kann der LM628 veranlaßt werden, auf einen zu großen Positionsfehler zu reagieren und den Antrieb zu stoppen.

Alle Bahnkurven-Parameter sind 32-Bit Werte, wobei die Position vorzeichenbehaftet ist.

Beschleunigung und Geschwindigkeit sind als positive 16-Bit-Werte mit 16-Bit Bruchanteil festgelegt.

Der Integer-Anteil der Geschwindigkeit legt fest, mit wievielen Inkrementen pro Abtastzeit (Sample Interval bzw. Sample Time) sich der Motor dreht.

Der Bruchanteil bestimmt zusätzliche Inkremente pro Abtastzeit. Obwohl die Positionsauflösung auf Integer-Inkremente begrenzt ist, wird mit den Bruchanteil-Inkrementen eine größere mittlere Geschwindigkeitsauflösung ermöglicht.

Für die Beschleunigung treffen die gleichen Aussagen zu wie für die Geschwindigkeit.

Pro Abtastzeit wird der Beschleunigungswert zum vorliegenden Geschwindigkeitswert solange hinzuaddiert und als neuer Geschwindigkeits-Sollwert ausgegeben, bis die vom HOST programmierte Soll-Geschwindigkeit erreicht worden ist.

6.2.3 Bestimmung der Bahnkurvenparameter für eine Bewegung

Als Beispiel soll folgende Bewegung ausgeführt werden:

- Mit einem Encoder der 500 [Impulse/Umdrehung] liefert, soll ein Motor mit 1 [U/sec^2] solange beschleunigen, bis er eine Geschwindigkeit (Drehzahl) von 600 [U/min] hat.
  Anschließend soll der Motor abgebremst werden, und zwar so, daß er genau nach 100 Umdrehungen vom Start aus anhält.

Berechnung der Bahnkurven Parameter:

1. Position

$$P = R \cdot S \qquad \text{(Gl. 6.1)}$$

6.2 Arbeitsweise des LM628

mit: P = Zielposition [Inkremente]
R = Encoder [Impulse/U] · 4 (Auflösung in Quadratur-Inkrementen)
S = Anzahl der Soll-Umdrehungen [U]
somit R = 500 · 4 = 2000 [Inkremente/U] bzw. [Ink/U]

P = 2000[Inkremente/U] · 100 [U] = 200000 [Inkremente] müssen gefahren werden.

Dies wird umgewandelt in Hexadezimal und ergibt die in den LM628 einzugebende Zielposition: P = 00030D40H

2. Geschwindigkeit

$$V = R \cdot T \cdot C \cdot V_{soll} \qquad (Gl.\ 6.2)$$

mit: V = Geschwindigkeit [Inkremente/Sampletime] bzw. [Ink/St]
T = Sampletime [sec] = 341μ bei einem 6MHz Takt = (1/6MHz · 2048)
C = Umsetzungsfaktor = 1/60 [min/sec]
Vsoll = Soll-Geschwindigkeit [U/min]
R = Encoder [Impulse/U] · 4

somit:

V = 2000[Ink/U] · 341E-6[sec] · 1/60[min/sec] · 600[U/min]
V = 6.82 [Ink/St]

LM628-Skalierung: V = 6.82 · 65536 = 446955.52
gerundet: V = 446956

Dies wird umgewandelt in Hexadezimal und ergibt den in den LM628 vom HOST einzugebenden Geschwindigkeitswert: V = 0006D1ECH

3. Beschleunigung

$$A = R \cdot T \cdot T \cdot A_{soll} \qquad (Gl.\ 6.3)$$

mit: A = Beschleunigung [Inkremente/Sampletime^2] bzw. [Ink/St^2]
A_{soll} = Soll-Beschleunigung [U/sec^2]
T = Sampletime [sec] = 341μ bei einem 6MHz Takt = (1/6MHz · 2048)
R = Encoder [Impulse/U] · 4

somit:

A = 2000[Ink/U] · 341E-6[sec] · 341E-6[sec] · 1[U/sec^2]

A = 2.33E-4 [Ink/St^2]

LM628-Skalierung: A = 2.33E-4 · 65536 = 15.24
gerundet: A = 15

Dies wird umgewandelt in Hexadezimal und ergibt den in den LM628 einzugebenden Beschleunigungswert: A = 0000000F Hex.

Die Multiplikation von Beschleunigung und Geschwindigkeit mit 65536 (2^{16}) ist notwendig für die korrekte Anpassung (Skalierung) des Integer/Bruch Formats der Eingabedaten. Zu beachten ist, daß nach der Skalierung der Geschwindigkeits- und Beschleunigungswerte diese gerundet werden müssen, da die Kommastellen nicht in den LM628 geladen werden können.

Alle drei Werte (Position, Geschwindigkeit, Beschleunigung) müssen ins Binär-Format bzw. Hexadezimal-Format umgewandelt werden, damit sie vom HOST in den LM628 eingegeben werden können.

Der Faktor 4 für die Systemauflösung R hat seinen Ursprung in der Quadratur der Encodersignale.

6.2.4 PID-Kompensations Filter

Der LM628 benutzt ein digitales Proportional-Integral-Differential (PID)-Filter zur Kompensierung des Regelkreises.

Der Motor wird an seiner Zielposition gehalten, indem er mit einer Rückstellkraft beaufschlagt wird, die proportional ist zum Positionsfehler plus dem Integral und der Ableitung des Fehlers.

Folgende Gleichung verdeutlicht den Regelalgorithmus des LM628:

$$u(n) = Kp \cdot e(n) + Ki \sum_{N=0}^{n} e(n) + Kd\,[e(n') - e(n'-1)] \qquad (Gl.\ 6.4)$$

mit: $u(n)$ = Signalausgang zum Motor bei der Abtastung n
  $e(n)$ = Positionsfehler bei der Abtastung n
  n' = kennzeichnet die Abtastung zum Zeitpunkt der Ableitung
  Kp,Ki,Kd = Filter-Parameter die der Anwender eingibt um einen stabilen Regelkreis zu erhalten

Der Proportionalanteil (Term 1), liefert eine Rückstellkraft proportional zum Positionsfehler, ähnlich wie eine Feder nach dem Hookeschen Gesetz.

Der Integralanteil (Term 2), liefert eine Rückstellkraft, die mit der Zeit ansteigt.

Dies stellt sicher, das der statische Positionsfehler zu Null wird. D.h., mit einer konstanten Last am Motor ist der LM628 in der Lage, einen Positionsfehler von Null zu erreichen.

Der Differentialanteil (Term 3), liefert eine Kraft, die proportional ist zur zeitlichen Änderung des Positionsfehlers.

Die Arbeitsweise ist vergleichbar mit der eines Flüssigkeitsdämpfers, in einem gedämpftem Feder/Masse-System (z.B. Autostoßdämpfer). Die Abtastzeit (Derivative-Sampling-Interval) für den Differentialanteil ist vom Anwender einstellbar (Befehl LFIL).

Dies ermöglicht einen größeren Einstellbereich des LM628 auf Lastträgheitsmomente (mechanische Zeitkonstanten), indem eine bessere Annäherung an die kontinuierliche Ableitung erfolgt.

So ist z.B. für eine langsame Geschwindigkeit eine große Abtastzeit von Vorteil.

6.2.4.1 Prinzip des Regelalgorithmus
Alle vom Digitalfilter durchgeführten Multiplikationen sind 16-Bit Operationen, wobei nur die unteren 16-Bit des Ergebnisses ausgewertet werden.

Der Filteralgorithmus erhält vom Summationspunkt (Sollposition – Istposition, siehe Abb. 6.3) des Regelkreises einen 16-Bit Positionsfehler. Dieser Fehler ist auf 16-Bit begrenzt, damit ein aussagekräftiges Verhalten gewährleistet wird.

Um den neuen Wert für den Proportionalanteil zu erhalten, wird der Positionsfehler mit dem Filterparameter Kp multipliziert. Um den neuen Wert für den Integralanteil zu erhalten, wird der Positionsfehler zu einer Summierung der vorherigen Fehler addiert. Der Integralwert beträgt 24-Bit, wobei nur die oberen 16-Bit benutzt werden. Die Verwendung dieser Skalierungstechnik liegt an der besseren Handhabung (weniger störanfällig) des Ki-Wertebereichs.

Die 16-Bit werden um 8 Positionen nach rechts geschoben und mit dem Filterparameter Ki multipliziert.

Der absolute Betrag dieses Integralwertes wird mit dem Parameter IL (Integral Limit), den der Anwender vorgibt, verglichen.

Wenn er kleiner ist als IL, wird er mit dem entsprechenden Vorzeichen versehen und als integraler Beitrag zum Motorsollwert dazuaddiert.

Um den neuen Wert für den Differentialanteil zu erhalten, wird während jeder differentiellen Abtastung (mit der Abtastrate die voher für den Differentialanteil eingestellt wurde), der alte Positionsfehler von dem neuen Positionsfehler abgezogen.

Der hieraus ermittelte Differentialwert wird anschließend mit dem Parameter Kd multipliziert.

Das Ergebnis wird als differentieller Anteil für die gerade aktuelle Abtastung ($2048/f_{CLK}$) des Sampletimers, unabhängig von der differentiellen Abtastzeit, dem Motorsollwert hinzuaddiert.

Die Kp, Ki und Kd-Produktterme werden summiert und bilden den 16-Bit Motorsollwert.

Beim LM628 werden je nach Ausgabe-Modus die oberen 8-Bit oder die oberen 12-Bit als Sollwert ausgegeben.

6.2.5 LM628 Lese- und Schreiboperationen

Der HOST-Prozessor schreibt Befehle zum LM628 über den I/O-Port, wenn der Port Select (/PS) Eingang (Pin 16) auf LOW-Pegel geht.

Der gewünschte Befehlscode wird vom HOST auf den parallelen I/O-Port gegeben und vom LM628 mit der ansteigenden Flanke des Write-Impulses/WR (Pin15) übernommen.

Bevor Befehle in den LM628 geschrieben werden, ist es notwendig das Status-Byte zu lesen und den Status des Busy-Bits Bit0 zu testen. Wenn das Busy-Bit auf logisch „1" ist, darf kein Befehl zum LM628 geschrieben werden. Das Busy-Bit ist nicht länger als 100μsec auf logisch „1" und geht in 15μsec bis 25μsec auf logisch „0".

Das Status-Byte wird gelesen, wenn /PS auf LOW-Pegel ist und anschließend der /RD Eingang (Pin 13) ebenfalls auf LOW geht. Solange wie /RD auf LOW ist, sind die Statusdaten gültig und können gelesen werden.

Das Schreiben/Lesen von LM628-Daten wird durchgeführt, wenn /PS (Pin 16) auf logisch HIGH ist, im Gegensatz zum Schreiben von Befehlen und Lesen des Status-Bytes.

Es wird immer eine gerade Anzahl (1 bis 7) von zwei Byte-Wörtern gelesen und geschrieben, wobei das erste Byte immer das MSB (Most Significant Byte) ist. Jedes Byte benötigt ein /WR bzw. /RD Signal.

Wenn Datenworte übertragen werden, so ist es auch hier notwendig, zuerst das Status-Byte zu lesen und den Status des Busy-Bits abzufragen. Wenn das Busy-Bit auf logisch „0" ist, können die zwei Byte eines Datenwortes hintereinander übertragen werden.

Müssen mehrere Datenworte übertragen werden, so muß vorher jedesmal das Busy-Bit auf logisch „0" getestet werden.

Datenübertragungen vom/zum LM628 werden durchgeführt, indem intern im LM628 Interrupte ausgelöst werden, die nicht verschachtelt werden können. Aus diesem Grund werden Schreib-/Leseoperationen ignoriert, wenn das Busy-Bit auf logisch „1" ist.

6.2 Arbeitsweise des LM628/LM629

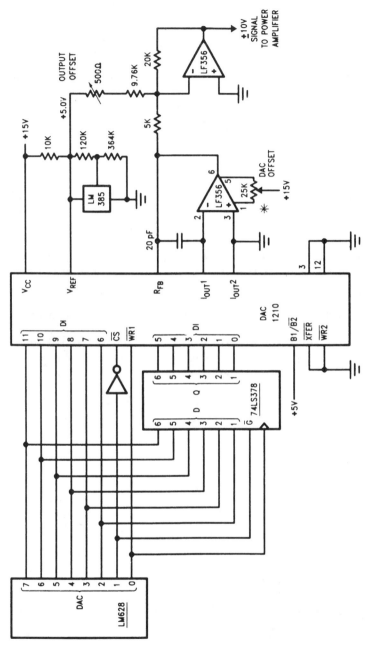

*DAC offset must be adjusted to minimize DAC linearity and monotonicity errors.

Abb. 6.6 Anschluß eines 12-Bit D/A-Wandlers an den LM628 (Quelle: National Semiconductor)

Sofort nach dem Schreiben eines Befehls bzw. dem Schreiben/Lesen des zweiten Datenbytes geht das Busy-Bit auf logisch „1".

Aus Anhang G sind neben den elektrischen Daten des LM628 auch die entsprechenden Signalverläufe der Lese-/Schreiboperationen ersichtlich.

6.2.6 Sollwert-Ausgang zum Motor

LM628
Der LM628 DAC-Ausgangsport kann für eine 8-Bit-parallele Ausgabe oder eine 12-Bit gemultiplexte Ausgabe konfiguriert werden. Der 8-Bit Ausgang kann direkt an einen D/A-Wandler ohne Eingangs-Registerlatch angeschlossen werden.

Der 12-Bit Ausgang benötigt zum Demultiplexen ein externes 6-Bit Registerlatch und einen 12-Bit D/A-Wandler mit Eingangs-Registerlatch. *Abb. 6.6* zeigt die Schaltung für den Einsatz eines 12-Bit D/A-Wandlers.

Der DAC Ausgang des LM628 ist Offset-Binär codiert, dies bedeutet:

– als Drehzahl Null wird der 8-Bit-Wert 80Hex bzw. der 12-Bit Wert 800Hex ausgegeben. Kleinere Werte erzeugen eine negative Drehung des Motors und größere eine positive Drehung.

Abb. 6.7 zeigt die Signalverläufe des 12-Bit DAC-Ports, die von der Schaltung in Abb. 6.6 zum Demultiplexen ausgewertet werden müssen.

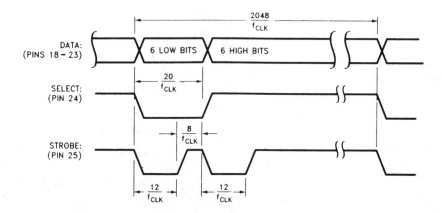

Abb. 6.7 Signale des 12-Bit DAC-Multiplexausgangs (Quelle: National Semiconductor)

LM629

Der LM629 stellt einen PWM-Betragsausgang und einen SIGN-Ausgang mit 8-Bit Auflösung zur Verfügung, die direkt eine getaktete Motorendstufe betreiben können. (Abb. 6.8) zeigt die Anschaltung einer Motorendstufe und (*Abb. 6.9*) zeigt den Impulsverlauf des PWM-Betragsausgangs.

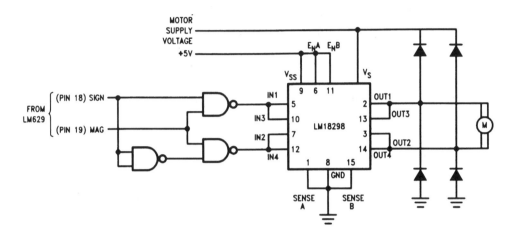

Abb. 6.8 Anschluß einer PWM-Endstufe an den LM629
(Quelle: National Semiconductor)

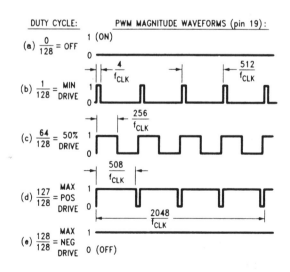

Abb. 6.9 Signalverläufe des PWM-Betragsausgangs (Quelle: National Semiconductor)

6.3 Befehlssatz des LM628

Bei einigen Befehlen vom HOST benötigt der LM628 neben dem Befehlswort noch weitere Datenangaben.

Der Befehl STT (STarT Bewegung) benötigt z.b. keine weiteren Datenangaben. Demgegenüber benötigt z.b. der Befehl LFIL (Load-FILter-Parameter) zusätzliche Daten, wie Angaben über die differentielle Abtastzeit und die Filterparameter.

Die Befehle sind nach folgenden Funktionen eingeteilt:
- Initialisierung
- Interrupt-Steuerung
- Digitalfilter-Einstellung
- Bahnkurvensteuerung
- Datenreport

Tab. 6.1 gibt eine kurze Befehlsübersicht.

Befehle zur Initialisierung:
Mit diesen Befehlen werden die Grundeinstellungen festgelegt mit denen der LM628 arbeitet.

Befehle zur Interrupt-Steuerung:
Diese Befehle bestimmen die Bedingungen die einen LM628 Interrupt zum HOST Computer auslösen.

Damit über Pin 17 ein Interrupt zum HOST ausgelöst werden kann, muß mit dem Befehl MSKI das zur Interruptbedingung gehörige Bit in der Interrupt-Maske auf logisch-HIGH (nicht maskiert) gesetzt werden. Welche Interruptbedingung vorliegt, kann der HOST durch Lesen und Auswerten des Status-Bytes herausfinden.

Werden alle Interrupte nicht maskiert, so gibt das Status-Byte den aktuellen Stand jeder Interrupt-Bedingung wieder. Dies ermöglicht eine stetige Abfrage der Interrupt-Bedingungen, auch wenn der HOST-Interrupt von Pin 17 nicht genutzt wird.

Befehle zur Filtereinstellung des Digitalfilters:
Mit diesen Befehlen werden die differentielle Abtastrate und die Filterparameter eingestellt, die benötigt werden um das Antriebssystem abzugleichen.

Befehle zur Bahnkurven Steuerung:
Diese Befehle dienen zur Einstellung der Bahnkurvenparameter (Position, Geschwindigkeit, Beschleunigung), der Betriebsart (Positionsmodus oder Ge-

6.3 Befehlssatz des LM628

Tab. 6.1 LM628 Befehlsübersicht (Quelle: National Semiconductor)

Command	Type	Description	Hex	Data Bytes	Note
RESET	Initialize	Reset LM628	00	0	1
PORT8	Initialize	Select 8-Bit Output	05	0	2
PORT12	Initialize	Select 12-Bit Output	06	0	2
DFH	Initialize	Define Home	02	0	1
SIP	Interrupt	Set Index Position	03	0	1
LPEI	Interrupt	Interrupt on Error	1B	2	1
LPES	Interrupt	Stop on Error	1A	2	1
SBPA	Interrupt	Set Breakpoint, Absolute	20	4	1
SBPR	Interrupt	Set Breakpoint, Relative	21	4	1
MSKI	Interrupt	Mask Interrupts	1C	2	1
RSTI	Interrupt	Reset Interrupts	1D	2	1
LFIL	Filter	Load Filter Parameters	1E	2 to 10	1
UDF	Filter	Update Filter	04	0	1
LTRJ	Trajectory	Load Trajectory	1F	2 to 14	1
STT	Trajectory	Start Motion	01	0	3
RDSTAT	Report	Read Status Byte	None	1	1, 4
RDSIGS	Report	Read Signals Register	0C	2	1
RDIP	Report	Read Index Position	09	4	1
RDDP	Report	Read Desired Position	08	4	1
RDRP	Report	Read Real Position	0A	4	1
RDDV	Report	Read Desired Velocity	07	4	1
RDRV	Report	Read Real Velocity	0B	2	1
RDSUM	Report	Read Integration Sum	0D	2	1

Note 1: Commands may be executed "On the Fly" during motion.
Note 2: Commands not applicable to execution during motion.
Note 3: Command may be executed during motion if acceleration parameter was not changed during motion.
Note 4: Command needs no code because the command port status-byte read is totally supported by hardware.

schwindigkeitsmodus) und der Drehrichtung (nur im Geschwindigkeitsmodus). Mit diesen Daten werden die Einstellungen für einen gewünschten Bewegungsverlauf vorgenommen.

Befehle zum Datenreport:
Diese Befehle werden benutzt, um Daten wie Status, Position und Geschwindigkeit aus den entsprechenden Registern zu lesen. Mit Ausnahme des Befehls RDSTAT (lesen des Status-Bytes) werden die Daten gelesen, indem vorher ein Befehl zur Anwahl des entsprechenden Registers gegeben wurde.

Bei der nachfolgenden Befehls-Beschreibung wird neben dem Befehls-Namen auch der Befehls-Code, den der HOST an den LM628 geben muß, und die Anzahl der benötigten Daten-Bytes die zu Schreiben/Lesen sind angegeben. Zusätzlich wird noch angegeben, ob der Befehl während einer laufenden Bewegung ausgeführt werden kann oder nicht.

6.3.1 RESET – Software-Reset

Code: 00 Hex
Daten Bytes: keine
Während der Bewegung: ja

Dieser Befehl wirkt wie ein Hardware Reset an Pin 27 und setzt folgende Daten auf Null:
- Filterparameter und deren Eingangsbuffer
- Die Bahnkurvenparameter und deren Eingangsbuffer

Beim LM628 gibt der DAC-Port zuerst 800Hex aus, damit ein evtl. angeschlossener 12-Bit DA-Wandler auf Null gesetzt wird. Anschließend wird 80Hex für einen 8-Bit DA-Wandler ausgegeben und die Port-Ausgangsgröße auf 8-Bit gesetzt.

Fünf der sechs Interrupt-Masken werden gelöscht, nur der SBPA/SBPR Interrupt bleibt maskiert.

Die aktuelle Absolutposition wird als Home-Position gesetzt. Ein RESET-Befehl kann zu jeder Zeit durchgeführt werden. Er benötigt ca. 1.5 ms.

6.3.2 PORT8 – Setzen des Ausgangsports auf 8-BIT

Code: 05 Hex
Daten Bytes: keine
Während der Bewegung: nicht anwendbar

Die Voreinstellung ist 8-Bit, so daß dieser Befehl nicht ausgeführt werden muß, wenn ein 8-Bit D/A-Wandler eingesetzt wird. Wird ein 12-Bit D/A-Wandler eingesetzt, so darf dieser Befehl nicht ausgeführt werden, da er unvorhersehbare Motorreaktionen zur Folge hat. Die benötigte Einstellung für den LM629 ist 8-Bit.

6.3.3 PORT12 – Setzen des Ausgangsports auf 12-BIT

Code: 06 Hex
Daten Bytes: keine
Während der Bewegung: nicht anwendbar

Wird ein LM628 mit 12-Bit D/A-Wandler eingesetzt, so ist als erstes nach der Initialisierung dieser Befehl auszuführen.

Während des Betriebs darf dieser Befehl nur dann ausgeführt werden, wenn vorher ein Software-RESET vorgenommen wurde.

Wird der LM629 eingesetzt, darf dieser Befehl nicht gegeben werden.

6.3.4 DFH – DeFine Home

Code: 02 Hex
Daten Bytes: keine
Während der Bewegung: ja

Dieser Befehl erklärt die aktuelle Position als Startposition (Home) bzw. als Absolutposition Null.

Wird DFH während einer Bewegung ausgeführt so wird die Stop-Position der laufenden Bewegung nicht beeinflußt, es sei denn der Befehl STT wird ausgeführt.

6.3.5 SIP – Setzen der Index-Position

Code: 03 Hex
Daten Bytes: keine
Während der Bewegung: ja

Nach Ausführung dieses Befehls wird beim nächsten Indeximpuls (vom Encoder) die vorliegende Absolutposition im Indexregister gespeichert und Bit 3 des Status-Bytes wird auf logisch-High gesetzt.

Die Speicherung erfolgt, wenn beide Encodersignale und der Indeximpuls auf logisch-Low sind.

Um den Abgleich der Home-Position (siehe DFH Befehl) mit einem Indeximpuls zu erleichtern, ist es möglich das Indexregister auszulesen. Es ist ebenfalls möglich mit dem Indeximpuls einen HOST Interrupt auszulösen.

6.3.6 LPEI – Laden des Positionsfehlers für einen Interrupt

Code: 1B Hex
Daten Bytes: zwei
Daten Bereich: 0000 bis 7FFF Hex
Während der Bewegung: ja

Ein extremer Positionsfehler ist das Kennzeichen eines Fehlers im Antriebssystem.

Die Ursache hierfür kann z.B. das Blockieren der Motorachse oder der Ausfall der Encodersignale sein.

Mit dem Befehl LPEI kann eine obere Grenze für einen zulässigen Positionsfehler eingegeben werden.

Das erste Datenbyte das nach dem LPEI Befehl geschrieben wird, ist das MSB der Positionsfehlergrenze.

Wird diese Grenze überschritten, so wird ein Fehler erkannt und Bit 5 im Status-Byte auf logisch „1" gesetzt.

Gleichzeitig ist es möglich, einen HOST-Interrupt (siehe MSKI und RSTI) auszulösen.

Wenn es notwendig ist, kann der Antrieb bei einem extremen Positionsfehler gestoppt werden (siehe Befehl LPES).

6.3.7 LPES – Laden des Positionsfehlers für einen Bewegungs-Stop

Code: 1A Hex
Daten Bytes: zwei
Daten Bereich: 0000 bis 7FFF Hex
Während der Bewegung: ja

Die Wirkung dieses Befehls ist die gleiche wie LPEI, mit dem Zusatz, daß bei Erkennung eines extremen Positionsfehlers der Motorsollwert auf Null gesetzt wird (LM628 DAC-Port steht auf 80Hex bei 8-Bit, bzw. auf 800Hex bei 12-Bit).

Das erste Datenbyte, das nach dem LPES-Befehl geschrieben wird, ist das MSB der Positionsfehlergrenze.

Ebenso wie bei LPEI wird Bit 5 des Status-Bytes auf logisch-High gesetzt wenn die Positionsfehlergrenze überschritten wurde, und ein HOST-Interrupt (siehe MSKI und RSTI) kann ausgelöst werden.

6.3.8 SBPA – Set-Breakpoint in Abhängigkeit von einer absoluten Position

Code: 20 Hex
Daten Bytes: vier
Daten Bereich: C0000000 Hex bis 3FFFFFFF Hex
(-2^{30} bis $+ (2^{30} - 1)$)
Während der Bewegung: ja

Mit diesem Befehl ist es möglich, in Abhängigkeit von der absoluten Position einen Breakpoint zu setzen.

Bit 6 des Status-Bytes wird auf logisch „1" gesetzt wenn die Breakpoint-Position erreicht wurde. Gleichzeitig kann ein HOST-Interrupt ausgelöst werden.

Mit dieser Funktion kann z.B. an die HOST-Software signalisiert werden, wann die Bahnkurvenwerte oder Filterparameter geändert werden müssen.

6.3.9 SBPR – Set-Breakpoint in Abhängigkeit von einer relativen Position

Code: 21 Hex
Daten Bytes: vier
Daten Bereich: siehe Text
Während der Bewegung: ja

Mit diesem Befehl ist es möglich in Abhängigkeit von der relativen Position einen Breakpoint zu setzen.

Bit 6 des Status-Bytes wird auf logisch „1" gesetzt wenn die Breakpoint-Position relativ zur aktuellen Zielposition erreicht wurde. Gleichzeitig kann ein HOST-Interrupt ausgelöst werden.

Die Summe der relativen Breakpoint-Position und der Zielposition muß sich im Bereich von C0000000Hex bis 3FFFFFFFHex befinden.

6.3.10 MSKI – Maskieren der Interrupte

Code: 1C Hex
Daten Bytes: zwei
Daten Bereich: siehe Text
Während der Bewegung: ja

Mit diesem Befehl wird festgelegt, welche Interruptbedingung des LM628 einen HOST-Interrupt auslöst.

Die Bits 1 bis 6 des Status-Bytes zeigen an welche Interruptbedingung vorliegt.

Die Interrupt-Softwareroutine des HOST wertet das Status-Byte entsprechend aus.

Die Bits 1 bis 6 des Datenworts, das nach dem MSKI Befehl geschrieben wird, bestimmen welche Interruptbedingung freigegeben bzw. gesperrt wird.

Eine logisch „0" sperrt den entsprechenden Interrupt und eine logisch „1" gibt ihn frei. Diese Maskierung hat nur Einfluß auf den hardwaremäßigen Interrupt zum Host.

Unabhängig von der Interrupt-Maske zeigt das Status-Byte die aktuelle Interruptsituation an. *Tab. 6.2* zeigt die Bit-Zuordnung der Interrupt-Maske.

Tab. 6.2 Bit-Zuordnung der Interrupt-Maske

Bit Nr.	Funktion
Bit 0	unbenutzt
Bit 1	Befehls Fehler Interrupt
Bit 2	Beendigung der Bahnkurve
Bit 3	Indeximpuls Interrupt
Bit 4	Positions Überlauf Interrupt
Bit 5	Positionsfehler Interrupt
Bit 6	Positions Breakpoint Interrupt
Bit 7 bis Bit 15	unbenutzt

6.3.11 RSTI – Interrupt-Reset

Code: 1D Hex
Daten Bytes: zwei
Daten Bereich: siehe Text
Während der Bewegung: ja

Wenn eine der Interrupt-Bedingungen von *Tab. 6.2* aufgetreten ist, kann mit diesem Befehl das entsprechende Interrupt-Bit im Status-Byte wieder zurückgesetzt werden. Indem die Interrupt-Bits nach der Bearbeitung des entsprechenden Interrupts vom HOST zurückgesetzt werden, lassen sich Interrupt-Prioritäten einführen. Die Bits 1 bis 6 des Datenworts, das nach dem RSTI-Befehl geschrieben wird, bestimmen welcher Interrupt gelöscht wird. Eine logisch „0" löscht den entsprechenden Interrupt.

6.3.12 LFIL – Laden der Filterparameter

Code: 1E Hex
Daten Bytes: zwei bis zehn
Daten Bereich:
Filterkontrollwort – siehe Text
Filterparameter – 0000 bis 7FFF Hex
Integrations-Limit – 0000 bis 7FFF Hex
Während der Bewegung: ja

Die Filterparameter, die zur Regelkreiskompensation in den LM628 geschrieben werden, sind: Kp, Ki, Kd und IL (Integrations-Limit). Das Integrations-Limit begrenzt die Werte des Integrationsanteils auf einen vom Anwender zu bestimmenden Wert.

Hierdurch wird das Überschwingen des geschlossenen Regelkreises reduziert. Ist der absolute Betrag des integralen Anteils größer als das Integrations-Limit, so wird der Wert des Limits, versehen mit dem entsprechenden Vorzeichen, zum neuen integralen Anteil.

Mit den ersten zwei Bytes nach dem Befehl LFIL wird dem LM628 neben der differentiellen Abtastzeit noch mitgeteilt, welcher der vier Parameter mit den nächsten, folgenden Daten-Bytes aktualisiert werden soll. Somit können die ersten zwei Daten-Bytes auch als Filterkontrollwort bezeichnet werden.
Tab. 6.3 gibt eine Übersicht über die Bit-Zuordnung.

Tab. 6.3 Bedeutung der Bits im Filterkontrollwort

Bit Nr.	Funktion
Bit 0	Laden IL-Daten
Bit 1	Laden Kd-Daten
Bit 2	Laden Ki-Daten
Bit 3	Laden Kp-Daten
Bit 4	unbenutzt
Bit 5	unbenutzt
Bit 6	unbenutzt
Bit 7	unbenutzt
Bit 8	differentielle Abtastzeit Bit 0
Bit 9	differentielle Abtastzeit Bit 1
Bit 10	differentielle Abtastzeit Bit 2
Bit 11	differentielle Abtastzeit Bit 3
Bit 12	differentielle Abtastzeit Bit 4
Bit 13	differentielle Abtastzeit Bit 5
Bit 14	differentielle Abtastzeit Bit 6
Bit 15	differentielle Abtastzeit Bit 7

Bit 8 bis 15 bestimmen die differentielle Abtastzeit. Diese Bits müssen vom HOST zwischengespeichert und bei jedem Schreiben des Filterkontrollwortes mit ausgegeben werden.

Bit 4 bis 7 werden nicht benutzt.

Bit 0 bis 3 informieren den LM628, ob ein Filterparameter oder alle Filterparameter neu geschrieben werden sollen. Eine logisch „1" kennzeichnet, welcher Parameter neu geschrieben werden soll.

6.3 Befehlssatz des LM628

Nach dem Filterkontrollwort werden die Filterparameter-Datenwörter in der Reihenfolge Kp, Ki, Kd und IL vom HOST zum LM628 geschrieben. Das MSB wird zuerst geschrieben. Vor jedem neuen Schreiben eines Datenworts muß das Busy-Bit auf die Zulässigkeit des Schreibvorgangs getestet werden.

Die Daten der Filterparameter werden in einen Zwischenspeicher des LM628 geschrieben, und erst mit dem Befehl UDF in den Arbeitsspeicher übernommen.

Dies hat den Vorteil, daß erst alle Parameter gemeinsam aktualisiert werden können, bevor sie für den Regelalgorithmus gültig werden. Dies ermöglicht auch eine bessere Synchronisation mehrerer Antriebsachsen.

6.3.13 UDF – Update der Filterparameter

Code: 04 Hex
Daten Bytes: keine
Während der Bewegung: ja

Mit diesem Befehl werden die mit dem LFIL-Befehl in den Zwischenspeicher des LM628 geschriebenen Filterparameter und die differentielle Abtastzeit in den Arbeitsspeicher übernommen.

Die Datenübernahme wird mit der internen Berechnung synchronisiert.

6.3.14 LTRJ – Laden der Bahnkurvendaten

Code: 1F Hex
Daten Bytes: zwei bis vierzehn
Daten Bereich:
Bahnkurvenkontrollwort – siehe Text
Position – C0000000 bis 3FFFFFFF Hex
Geschwindigkeit – 00000000 bis 3FFFFFFF Hex (im Positions Modus)
Beschleunigung – 00000000 bis 3FFFFFFF Hex (im Positions Modus

Während der Bewegung: nur bedingt, siehe Text

Folgende Bahnkurvenparameter können für eine gewünschte Bewegung in den LM628 geschrieben werden: Beschleunigung, Geschwindigkeit und Position.

Zusätzlich kann noch eingegeben werden:

- ob diese Parameter als Relativ- oder Absolutwerte berücksichtigt werden sollen

- ob im Geschwindigkeitsmodus gefahren werden soll und mit welcher Drehrichtung
- auf welche Art eine Bewegung beendet werden soll.

Die ersten zwei Byte (MSB als erstes) nach dem Befehl bestimmen, welche Parameter geändert werden sollen. Somit können die ersten zwei Daten-Bytes auch als Bahnkurvenkontrollwort bezeichnet werden. Tab. 6.4 zeigt die Bit-Zuordnung.

Tab. 6.4 Bit-Zuordnung des Bahnkurven-Kontrollwortes

Bit Nr.	Funktion
Bit 0	Positionsdaten sind relativ
Bit 1	Positionsdaten sollen geladen werden
Bit 2	Geschwindigkeitsdaten sind relativ
Bit 3	Geschwindigkeitsdaten sollen geladen werden
Bit 4	Beschleunigungsdaten sind relativ
Bit 5	Beschleunigungsdaten sollen geladen werden
Bit 6	unbenutzt
Bit 7	unbenutzt
Bit 8	Abschalten des Motors (Sollwert=0)
Bit 9	abrupt anhalten (maximales Abbremsen)
Bit 10	weich anhalten (mit dem Beschleunigungswert Abbremsen)
Bit 11	Geschwindigkeitsmodus
Bit 12	Vorwärts-Richtung (nur im Geschwindigkeitsmodus)
Bit 13	unbenutzt
Bit 14	unbenutzt
Bit 15	unbenutzt

Bit 12 bestimmt die Motor-Drehrichtung im Geschwindigkeitsmodus. Eine logisch „1" bedeutet Vorwärts. Im Positionsmodus hat dieses Bit keine Wirkung.

Bit 11 bestimmt, ob der LM628 im Geschwindigkeitsmodus (Bit 11=1) oder im Positionsmodus (Bit 11=0) arbeitet.

Bit 8 bis 10 bestimmen auf welche Art eine Bewegung gestoppt wird. Normalerweise wird im Positioniermodus am Ende einer durchgeführten Bahnkurve automatisch sanft gestoppt.

Unter bestimmten Umständen kann es notwendig sein, den Verlauf einer Bahnkurve frühzeitig abzubrechen und sofort zu stoppen. Im Geschwindigkeitsmodus bestimmen Bit 8 bis 10, auf welche Weise eine Bewegung beendet wird:

6.3 Befehlssatz des LM628

- Mit Bit8 = 1 wird der Motorsollwert Null ausgegeben.
- Mit Bit9 = 1 wird der Motor mit dem Wert für die maximale Beschleunigung abgebremst
- Mit Bit10 = 1 wird der Motor mit dem eingestellten Beschleunigungswert sanft gebremst.

Zu beachten ist, daß zur gleichen Zeit nur ein Bit auf logisch „1" gesetzt sein darf.

Bit 0 bis 5 informieren den LM628, welche der Bahnkurvenparameter neu geschrieben werden sollen (entsprechendes Bit auf logisch „1") und ob die Daten relativ oder absolut sind.

Alle Parameter können während einer Motorbewegung geändert werden.

Bei einer Änderung der Beschleunigung ist allerdings darauf zu achten, daß der nächste STT-Befehl erst dann ausgeführt wird, wenn der LM628 die laufende Bewegung beendet hat oder manuell gestoppt wurde.

Die Datenworte der Bahnkurvenparameter werden nach dem Bahnkurvenkontrollwort in der Reihenfolge Beschleunigung, Geschwindigkeit und Zielposition in den LM628 geschrieben.

Beschleunigung und Geschwindigkeit sind positive 32-Bit Werte im Bereich von 0 bis $2^{30}-1$ (0Hex bis 3FFFFFFFHex). Von beiden Werten dienen die unteren 16-Bit als Bruchanteil, d.h. somit ist Bit16 das unterste Bit des ganzzahligen (Integer) Anteils.

Die Bestimmung des in den LM628 zu programmierenden Wertes, z.B. der Geschwindigkeit geschieht folgendermaßen:

- die gewünschte Geschwindigkeit (Einheit: Inkremente/Sampletime) wird mit 65536 multipliziert und ins Binär-Format (Hex-Format) umgewandelt.
- Die Einheit der Beschleunigung ist [Inkremente/Sampletime^2]. Der Beschleunigungswert sollte nicht größer sein als der Wert für die Geschwindigkeit.
- Der Wert für die Zielposition ist vorzeichenbehaftet und liegt im Bereich von -2^{30} bis $2^{30}-1$ (C0000000Hex bis 3FFFFFFF).

Alle Datenwerte werden zuerst in Zwischenspeicher des LM628 geschrieben und erst mit dem Befehl STT in die Arbeitsspeicher übernommen. Dies erleichtert die Synchronisierung von mehreren Antriebsachsen und verhindert Engpässe in der Kommunikation des HOST-Computers.

Bevor ein LTRJ-Befehl benutzt wird, um eine neue Beschleunigung einzugeben, muß mit Setzen von Bit8 im Bahnkurvenkontrollwort ein „Motor Off" Befehl gegeben werden.

6.3.15 STT – Start der Bewegung

Code: 01 Hex
Daten Bytes: keine
Während der Bewegung: ja, wenn der Beschleunigungswert nicht geändert wurde.

Der STT Befehl dient zum Start einer Bewegung, die vorher durch den Befehl LTRJ festgelegt wurde. Mehrere Achsen können miteinander synchronisiert werden, indem zuerst bei allen die Bahnkurvenparameter eingegeben werden und dann an alle der Befehl STT gegeben wird. Dieser Befehl kann zu jeder Zeit ausgeführt werden, wenn der Beschleunigungswert während einer Bewegung nicht geändert wurde. Wird die Beschleunigung während einer Bewegung geändert, und anschließend der Befehl STT ausgeführt, so wird ein Befehlsfehler-Interrupt ausgelöst und der Befehl STT ignoriert.

6.3.16 RDSTAT – Lesen des Status-Bytes

Code: keiner
Daten Bytes: eins
Daten Bereich: siehe Text
Während der Bewegung: ja

Obwohl RDSTAT kein richtiger Befehl ist, soll er so bezeichnet werden, da dieser Zugriff oft benutzt werden muß, um die Kommunikation des HOST mit dem LM628 zu kontrollieren.

Mit RDSTAT wird durch einen hardwaremäßigen Lesezyklus mit /CS, /PS und /RD auf Low-Pegel, ein einzelnes Byte gelesen (*Tab. 6.5*).

Tab. 6.5 Bedeutung der Status-Byte-Bits

Bit Nr.	Funktion
Bit 0	Busy-Bit
Bit 1	Befehlsfehler [Interrupt-Flag]
Bit 2	Beendigung der Bahnkurve [Interrupt-Flag]
Bit 3	Indeximpuls [Interrupt-Flag]
Bit 4	Positions-Überlauf [Interrupt-Flag]
Bit 5	Positionsfehler [Interrupt-Flag]
Bit 6	Positions-Breakpoint erreicht [Interrupt-Flag]
Bit 7	Motor aus

Bit 7 ist auf logisch „1" gesetzt wenn der Motor steht, d.h. der Drehzahl-Sollwert Null wird vom LM628 ausgegeben.

Dies kann durch folgendes ausgelöst worden sein:

- Power-up Reset nach dem Einschalten der Anlage.
- Ausführung des Befehls RESET.
- Erkennung eines großen Positionsfehlers (der Befehl LPES wurde ausgeführt).
- Mit dem Befehl LTRJ wird der Motor manuell angehalten.

Bit 7 gibt diesen Motor-Stop aber erst dann wieder, wenn nach einem LTRJ-Befehl der Befehl STT zur Ausführung der neuen LTRJ-Daten (in diesem Fall ein Motor-Stop) gegeben wurde. Bit 7 ist auf logisch „0", wenn sich der Motor nach einem STT-Befehl bewegt.

Bit 6 ist auf logisch „1" gesetzt, wenn der mit den Befehlen SBPA oder SBPR programmierte Positions-Breakpoint erreicht worden ist.

Bit 5 ist auf logisch „1" gesetzt, wenn der mit den Befehlen LPEI oder LPES programmierte zulässige Positionsfehler überschritten wurde.

Bit 4 ist auf logisch „1" gesetzt, wenn ein Positionsüberlauf aufgetreten ist. Mit Überlauf ist hier die Überschreitung des LM628 Positionsbereichs im Geschwindigkeitsmodus gemeint. Tritt dies auf, so ist die Positionsinformation falsch. Mit der Erkennung dieses Interrupts kann der HOST-Computer entsprechende Maßnahmen einleiten.

Bit 3 ist auf logisch „1" gesetzt, wenn nach einem SIP-Befehl ein Indeximpuls erkannt worden ist. Es wird hiermit angezeigt, daß das Index-Positionsregister aktualisiert worden ist.

Bit 2 ist auf logisch „1" gesetzt, wenn eine Bahnkurve beendet worden ist, die durch einen LTRJ-Befehl initalisiert und mit einem STT-Befehl gestartet wurde. Wenn dieses Bit gesetzt wird kann der Motor trotzdem noch in Bewegung sein, z.B. wenn eine Geschwindigkeit kommandiert wurde die der Motor nicht erreichen konnte. Bit 2 ist die logische Veroderung der Bits 7 und 10 des Signal-Registers (siehe RDSIGS).

Bit 1 ist auf logisch „1" gesetzt, wenn der Anwender einen Schreibzugriff auf den LM628 durchführt, obwohl ein Lesezugriff erwartet wird oder umgekehrt.

Alle Interrupt-Flags (Bit 1 bis Bit 6) sind Funktionsmäßig unabhängig vom Status der Interrupt Maske. Mit dem RSTI-Befehl können diese Flags gelöscht werden.

Bit 0 ist das Busy-Bit, das vom HOST-Computer vor jedem Schreib- /Lesezugriff abgefragt werden muß. Nur wenn Bit 0 auf logisch „0" ist, kann ein korrekter Datenaustausch mit dem LM628 erfolgen. HOST-Schreibzugriffe auf den LM628 mit Busy-Bit0=1 werden ignoriert. Lesezugriffe bei Busy-Bit0=1 erfassen den aktuellen Stand des I/O-Ports und nicht die erwarteten Daten. Ein Befehlsfehler-Interrupt wird bei Zugriffen auf den LM628 mit Busy-Bit0=1 nicht generiert.

6.3.17 RDSIGS – Lesen des Signal-Registers

Code: 0C Hex
Daten Bytes: zwei
Daten Bereich: siehe Text
Während der Bewegung: ja

Mit diesem Befehl wird das interne LM628 Signal-Register gelesen. Zuerst wird das MSB gelesen und dann das LSB, das mit Ausnahme von Bit 0 ein Duplikat des Status-Bytes ist (*Tab. 6.6*).

Tab. 6.6 Bedeutung der Signal-Register-Bits

Bit Nr.	Funktion
Bit 0	Erwarten des nächsten Indeximpulses (nach einem SIP-Befehl)
Bit 1	Befehls-Fehler [Interrupt-Flag]
Bit 2	Beendigung der Bahnkurve [Interrupt-Flag]
Bit 3	Indeximpuls [Interrupt-Flag]
Bit 4	Positions-Überlauf [Interrupt-Flag]
Bit 5	Positionsfehler [Interrupt-Flag]
Bit 6	Positions-Breakpoint erreicht [Interrupt-Flag]
Bit 7	Motor Aus
Bit 8	8-Bit Ausgangs Modus
Bit 9	Abschaltung durch einen zu großen Positionsfehler
Bit 10	Zielposition erreicht
Bit 11	Geschwindigkeits Modus
Bit 12	Vorwärts Richtung
Bit 13	UDF ausgeführt (aber Filter noch nicht aktualisiert)
Bit 14	Beschleunigungswert geladen (aber noch nicht aktualisiert)
Bit 15	Host Interrupt-Flag

Bit 15 ist auf logisch „1" gesetzt, wenn der HOST-Interruptausgang (Pin17) durch eine der sechs freigegebenen Interrupt-Bedingungen auf logisch „1" gesetzt wird. Bit 15 und damit auch Pin17 wird über den RSTI-Befehl wieder zurückgesetzt.

Bit 14 ist auf logisch „1" gesetzt, wenn neue Beschleunigungswerte in den LM628 geschrieben wurden. Der Befehl STT setzt dieses Bit wieder zurück.

Bit 13 ist auf logisch „1" gesetzt, wenn ein UDF-Befehl ausgeführt wurde und wird sofort wieder auf logisch „0" gesetzt, wenn das entsprechende Abtastintervall beendet ist. Bedingt durch diese kurze Lebensdauer ist eine vernünftige Auswertung von Bit 13 durch den HOST nicht möglich.

Bit 12 ist nur im Geschwindigkeitsmodus von Bedeutung und ist durch die Ausführung des Befehls LTRJ und dem anschließenden Befehl STT bei Vorwärts-Richtung auf logisch „1" und bei Rückwärts-Richtung auf logisch „0" gesetzt.

Bit 11 ist auf logisch „1" gesetzt, wenn mit dem LTRJ-Befehl und einem anschließenden STT-Befehl der Geschwindigkeitsmodus eingestellt wurde. Im Positioniermodus ist dieses Bit auf logisch „0" gesetzt.

Bit 10 ist auf logisch „1" gesetzt, wenn nach dem letzten STT-Befehl der Profil-Generator seine Berechnung beendet hat. Mit dem nächsten STT-Befehl wird dieses Bit wieder zurückgesetzt.

Bit 9 ist nach einem LPES-Befehl auf logisch „1" und nach einem LPEI-Befehl auf logisch „0" gesetzt.

Bit 8 ist nach einem Reset oder dem Befehl PORT8 auf logisch „1" gesetzt und nach dem Befehl PORT12 auf logisch „0".

Bit 1 bis 7 sind ein Duplikat des Status-Bytes.

Bit 0 ist nach einem SIP-Befehl auf logisch „1" gesetzt, und bleibt solange auf Eins bis der nächste Indeximpuls erkannt wurde.

6.3.18 RDIP – Lesen der Index-Position

Code: 09 Hex
Daten Bytes: vier
Daten Bereich: C0000000 Hex bis 3FFFFFFF Hex
Während der Bewegung: ja

Mit diesem Befehl wird der Positionswert aus dem Index-Register gelesen. Dieser Wert kann durch den HOST zur Fehlerüberwachung ausgewertet werden:

– nach einem SIP-Befehl wird von der neuen Indexposition der alte Wert abgezogen und durch die Encoder Auflösung (Encoderimpulse · vier) dividiert. Das Ergebnis muß immer geradzahlig (integer) sein. Ebenso ist es möglich, mit dem Index-Register Startpositionen oder andere wichtige Positionen zu überwachen. Das MSB wird zuerst gelesen.

6.3.19 RDDP – Lesen der Ziel-Position

Code: 08 Hex
Daten Bytes: vier
Daten Bereich: C0000000 Hex bis 3FFFFFFF Hex
Während der Bewegung: ja

Mit diesem Befehl wird der augenblickliche Positionswert des Profil-Generators gelesen, der als Sollwert in den Summationspunkt des Positionsregelkreises eingeht. Das MSB wird zuerst gelesen.

6.3.20 RDRP – Lesen der aktuellen Motor-Position

Code: 0A Hex
Daten Bytes: vier
Daten Bereich: C0000000 Hex bis 3FFFFFFF Hex
Während der Bewegung: ja

Mit diesem Befehl wird die aktuelle Motorposition gelesen, die als Istwert in den Summationspunkt des Positionsregelkreises eingeht. Das MSB wird zuerst gelesen.

6.3.21 RDDV – Lesen der Zielgeschwindigkeit

Code: 07 Hex
Daten Bytes: vier
Daten Bereich: C0000000 Hex bis 3FFFFFFF Hex
Während der Bewegung: ja

Dieser Befehl liest den Integer- und Bruchanteil der aktuellen Soll-Geschwindigkeit, die für die Generierung des gewünschten Positionsprofils benötigt wird. Das MSB wird zuerst gelesen.

Der gelesene Wert ist entsprechend der Drehrichtung mit einem Vorzeichen behaftet (Plus für Vorwärts und Minus für Rückwärts) und wird so skaliert, daß er mit dem vom HOST programmierten Geschwindigkeitswert verglichen werden kann.

Nur der Integer Anteil (die oberen 2 Bytes) kann für den Vergleich mit der aktuellen Geschwindigkeit (gelesen mit dem Befehl RDRV) verwendet werden.

6.3.22 RDRV – Lesen der aktuellen Geschwindigkeit

Code: 0B Hex
Daten Bytes: zwei
Daten Bereich: C000 Hex bis 3FFF Hex, siehe Text
Während der Bewegung: ja

Mit diesem Befehl wird der (entsprechend der Drehrichtung) vorzeichenbehaftete (Plus für Vorwärts und Minus für Rückwärts), ganzzahlige Anteil der im Augenblick aktuellen Motorgeschwindigkeit (Istgeschwindigkeit) gelesen.

Der intern vorliegende Bruchanteil wird nicht mit ausgegeben, weil die Geschwindigkeit von den geradzahligen Encoderinkrementen abgeleitet wird. Um einen Vergleich mit der Sollgeschwindigkeit (z.B. Integer Anteil der mit RDDV gelesenen Sollgeschwindigkeit) durchführen zu können, muß die Istgeschwindigkeit mit 2^{16} multipliziert bzw. um 16 Bit nach links verschoben werden.

6.3.23 RDSUM – Lesen des integralen Summations-Wertes

Code: 0D Hex
Daten Bytes: zwei
Daten Bereich: 0000 Hex bis +/– aktueller Wert des Integrations Limits
Während der Bewegung: ja

Mit diesem Befehl kann das Ergebnis der Berechnung des Integrations Terms gelesen werden. Dies ist hilfreich für den Abgleich und die Einstellung des Antriebsregelkreises.

6.4 Hinweise zum Entwurf eines Antriebsregelkreises mit dem LM628

Damit der LM628 eine Bewegung kontrollieren (regeln) kann, muß er zuerst vom HOST entsprechend initialisiert und mit den Parametern für das PID-Filter versorgt werden. Anschließend können die Informationen für die gewünschte auszuführende Bahnkurve einprogrammiert werden.

Für die Filterparameter und die Bahnkurvendaten stehen jeweils zwei Registersätze im LM628 zur Verfügung.

Im ersten Registersatz werden die neuen Daten eingetragen, und dann, wenn sie vom LM628 ausgeführt werden sollen, vom HOST durch den Befehl UDF für die Filterparameter und STT für die Bahnkurvendaten in die zweiten Registersätze (Arbeitsregister) übertragen.

Diese Art der Weitergabe von Bahnkurvendaten vereinfacht die Synchronisierung mehrerer LM628 für koordiniert betriebene Mehrachsen-Antriebssysteme.

6.4.1 RESET Ablauf und Überprüfung

Zum Beginn der Initialisierungsphase muß der HOST überprüfen, ob ein Hardware-Reset vom LM628 erfolgreich ausgeführt wurde.

Der Hardware-Reset muß mehr als acht Taktzyklen anliegen. Wird anschließend das Statusbyte abgefragt, so muß als Kennzeichen für einen erfolgreichen Reset innerhalb von 1.5 ms der Inhalt von 00Hex auf 84Hex bzw. C4Hex gewechselt haben. Falls dies nicht der Fall ist, sollte der Hardware-Reset und die anschließende Überprüfung wiederholt werden.

Die weitere Überprüfung eines erfolgreichen Reset kann mit den Interrupt Befehlen MSKI und RSTI durchgeführt werden.

Mit dem MSKI Befehl werden durch Setzen der Interruptmaske auf 0000H alle Interrrupte gesperrt und mit dem RSTI Befehl alle Interrupte durch Schreiben des Datenbytes 0000H zurückgesetzt.

Wird anschließend wieder mit dem RDSTAT Befehl das Statusbyte gelesen, so muß der Inhalt von 84Hex (C4Hex) auf 80Hex (C0Hex), bzw. auf 81Hex (C1Hex) bei gesetztem BUSY-Bit, gewechselt haben.

Nach einem erfolgreichen Hardwarereset sind die LM628 Register wie in Kap. 6.1 beschrieben initialisiert.

Da auch alle Filterparameter nach einem RESET auf Null gesetzt worden sind, ist das digitale PID-Filter nicht in Betrieb und das Ausgangssignal zum Motor auf Null.

Sollte sich ein angeschlossener Motor trotzdem drehen, so ist die nachgeschaltete Leistungsverstärkerendstufe solange abzugleichen, bis der Motor stillsteht.

6.4.1.1 Software RESET
Nach dem ersten Hardwarereset ist es möglich mit dem Befehl RESET einen Softwarereset auszulösen.

Der Ablauf ist derselbe wie bei einem Hardwarereset, mit der Ausnahme, daß das Positionsfehlerregister seinen letzten Wert behält.

Während der Ausführung, die maximal 1.5 msec dauert, ignoriert der LM628 Schreib-/Lesezugriffe vom HOST.

6.4.2 Digitalfilter Initialisierung

Die Parameter des PID Filters werden durch die Abstimmung auf die geforderten Systemreaktionen (Genauigkeit, Reaktionszeit, zulässiges Überschwingen um die Sollposition) der zu treibenden Last bestimmt.

Diese zur jeweiligen Last passenden Filterparameter werden während der Initialisierungsphase vom HOST in den LM628 geladen. Wechselt die Last, so können zur Anpassung die PID-Filterparameter geändert werden.

Bei der Inbetriebnahme eines neuen Antriebssystems ist es ratsam, mit der kleinsten Proportionalverstärkung KP=1 anzufangen und alle anderen Parameter (Kd, Ki, il) auf Null zu setzen.

Anschließend kann der Wert für Kp langsam erhöht werden. Sind hierbei alle Antriebsreaktionen in Ordnung, so kann mit dem eigentlichen Abgleich des PID-Filters begonnen werden (siehe auch Kapitel 4.4 „Filterparameter-Einstellung").

Bedingt durch die Veränderung des mechanischen Verhaltens der einzelnen Antriebskomponenten in Abhängigkeit von Verschleiß, Temperatur und Betriebszustand, ist es notwendig den geschlossenen Regelkreis durch Anpassung der Filterparameter von Zeit zu Zeit zu optimieren, damit sich auf Dauer ein stabiles Reaktionsverhalten ergibt.

6.4.3 Bahnkurven Initialisierung

Wenn eine Bewegung ausgeführt werden soll, benutzt der LM628 die vom HOST eingestellten Daten und beschleunigt den Antrieb solange, bis die Zielgeschwindigkeit erreicht worden ist.

Die Anzahl der Inkremente, die er hierzu benötigt, werden zwischengespeichert und von der anzufahrenden Zielposition abgezogen, um die Position zu ermitteln, ab der wieder abgebremst werden muß.

Es wird mit demselben Wert gebremst, mit dem auch zuvor beschleunigt wurde.

Es kann vorkommen, daß in Abhängigkeit von den Werten für Geschwindigkeit, Beschleunigung und Position, die Zielgeschwindigkeit nicht erreicht wird und nach einer kurzen Beschleunigungsphase sofort wieder abgebremst wird.

Man erhält dann ein dreieckförmiges Bahnkurvenprofil. Mit dem LTRJ Befehl können alle Bahnkurvendaten, mit Ausnahme der Beschleunigung, auch während einer laufenden Bewegung geändert werden.

Sollen nach einem LTRJ Befehl alle Bahnkurvendaten auf einmal aktualisiert werden, so ist darauf zu achten, daß die Daten in der Reihenfolge Beschleunigung, Geschwindigkeit und Position übergeben werden müssen, also umgekehrt wie die Bitanordnung im Bahnkurvenkontrollwort. Ebenso darf die Prüfung des Busybits vor dem Schreiben eines jeden Datenwortes (2Byte) nicht vergessen werden.

Die relativen Bahnkurvendaten von Geschwindigkeit und Beschleunigung müssen immer positiv sein.

Sind alle notwendigen Bahnkurvendaten in die zugehörigen Zwischenspeicher des LM628 abgelegt worden, so werden mit dem Startbefehl STT die Daten in die entsprechenden Arbeitsregister umgespeichert und vom Controller zur Ausführung gebracht.

Werden anstelle trapezförmiger Bahnkurvenprofile andere benötigt, so kann dies erreicht werden, indem die gesamte Bahnkurve in viele kleine trapezförmige Abschnitte unterteilt wird.

Eine stückweise Annäherung an das gewünschte Profil ist durch stufenweise Änderung der Geschwindigkeit möglich, indem ein neuer Geschwindigkeitswert programmiert wird, bevor das jeweilige Trapezprofilteilstück beendet worden ist.

Wird der LM628 vom HOST zu oft angesprochen, so führt er die vorgegebenen Befehle nicht aus!

6.4 Hinweise zum Entwurf eines Antriebsregelkreises mit dem LM628

Wenn er während einer laufenden Bahnkurvenberechnung einen neuen STT Befehl erhält, so bricht er diese Berechnung ab.

Als Resultat hiervon bleibt der Ausgang auf dem Wert von der letzten Berechnung (Abtastung) vor dem STT Befehl stehen.
Aus diesem Grund sollten neue Bahnkurven höchstens alle 10 ms in den LM628 eingeschrieben werden, z.b. kann dies durch einen zyklischen 10 ms Interrupt im HOST-System gesteuert werden.

6.4.3.1 Ändern der Beschleunigung

Neue Beschleunigungswerte können zwar vorbereitend mit dem LTRJ Befehl geladen werden, sie werden aber mit einem STT Befehl erst dann in den Arbeitsspeicher übernommen, wenn die gerade laufende Bahnkurve beendet wurde, oder der Motor durch Setzen von Bit 8 im Bahnkurvenkontrollwort gestoppt worden ist.

Wird trotzdem während einer laufenden Bewegung die Beschleunigung geändert und ein STT Befehl gegeben, wird vom Controller ein Befehlsfehlerinterrupt ausgelöst und der STT Befehl ignoriert.

Um die Beschleunigung auch während einer Motorbewegung innerhalb einer Bahnkurve zu verändern, muß ein Motorstop Befehl ausgeführt werden.

Anschließend kann mit einem LTRJ Befehl die neue Beschleunigung eingegeben werden.

Wird dann wieder mit STT ein Startbefehl gegeben, so erfolgt ein erneutes bestromen des Motors und der Bahnkurvengenerator startet mit der neuen Bahnkurve von der gerade aktuell vorliegenden Position. Wobei der Bahnkurvengenerator davon ausgeht, daß der Motor von einer stationären Position startet.

Hat der Motor genügend Trägheitsmoment und ist er noch in Bewegung, wenn der STT Befehl ausgeführt wird, so wird der Regelkreis veranlaßt, den Motor die neue Bahnkurve mit der neuen Beschleunigung ausführen zu lassen.

Es kann möglich sein, daß in diesem Moment ein großer Positionsfehler in das PID-Filter übergeben wird und der Ausgang solange in die Sättigung geht, bis die Motorgeschwindigkeit dem eingestellten Bahnkurvenprofil entspricht.

Da dies einer Übersteuerung eines rückgekoppelten Systems gleichkommt, stellt sich ein Verhalten wie bei einem offenem Regelkreis ein.

Dieses Stadium bleibt solange erhalten, bis der Positionsfehler wieder in einen kontrollierbaren Bereich kommt und der Regelkreis wieder geschlossen werden kann.

6 Digitaler Motorcontroller LM628/LM629

Die Reaktionen des Antriebssystems sind nicht vorhersagbar und vom System abhängig.

An dieser Stelle wird daraufhingewiesen, daß der LM628 für solch eine Arbeitsweise nicht entworfen wurde.

Der sichere Weg ist es, die Beschleunigung mit einem separatem LTRJ und STT Befehl nur dann zu ändern, wenn keine Bewegung mehr ausgeführt wird.

6.4.3.2 Anhalten des Motors durch den HOST
Ein direktes Anhalten der Bewegung durch den HOST ist durch entsprechendes Setzen von Bit 8, 9 oder 10 des Bahnkurvenkontrollwortes jederzeit möglich.

Mit Setzen von Bit 8 schaltet der Motor aus, indem die Geschwindigkeit Null ausgegeben wird.

Mit Setzen von Bit 9 wird der Motor schnellstmöglichst abgebremst, indem als Zielposition die gerade aktuelle Position gesetzt wird.

Mit Setzen von Bit 10 wird der Motor mit dem vorher programmierten Beschleunigungswert abgebremst.

Diese Art des Bewegungsstops sollte im Positioniermodus nur im Notfall (erkennen einer Kollision, ansprechen von Sicherheitsschaltern usw.) angewandt werden, da sonst die programmierte Zielposition nicht mehr erreicht wird.

Ist eines der Stopbits vor den Start einer Bahnkurve gesetzt, so ist es nicht möglich, mit dem Befehl STT eine Bewegung zu starten. Ebenso sollte darauf geachtet werden, daß nur ein Stopbit zur selben Zeit gesetzt ist.

6.4.3.3 LM628 im Geschwindigkeitsmodus
Der LM628 ermöglicht es, den Motor mit einer vorgegebenen Geschwindigkeit ohne Positionsvorgabe anzutreiben, bis er mit einem LTRJ Stopbefehl (Setzen von Bit 9 oder 10 im Bahnkurvenkontrollwort) angehalten wird.

Dieser Geschwindigkeitsmodus wird vom Positionsmodus (Lageregelung) abgeleitet, indem kontinuierlich neue Positionswerte vorgegeben werden, ohne Setzen einer Zielposition.

Vorsicht ist geboten, wenn der Motor der programmierten Geschwindigkeit nicht folgen kann, z.B. durch eine blockierte oder schwergängige Motorachse.

Der Profilgenerator berechnet seine neuen Positionswerte trotzdem weiter und es kommt zu einer immer größer werdenden Abweichung von Sollposition und Istposition.

Wird nun die Motorblockade aufgehoben, versucht der LM628 mit der größtmöglichen Geschwindigkeit Soll- und Istposition wieder anzugleichen, auch wenn eine wesentlich kleinere Geschwindigkeit programmiert wurde!

6.4.3.4 Synchronisieren mehrerer LM628

Um mehrere Achsen miteinander zu koordinieren, ist eine Synchronisation der beteiligten LM628 notwendig.

Alle Achsencontroller werden mit den jeweiligen Bahnkurven- und Filterparametern programmiert und anschließend innerhalb eines Abtastintervalls (256 µsec für einen 8 MHz Takt und 341 µsec für einen 6 MHz Takt) mit dem STT Befehl gestartet.

6.4.4 Interrupt Funktionen des LM628

Der LM628 gibt über seine programmierbaren Interrupte dem HOST die Möglichkeit, auf bestimmte Bedingungen (z.B. erreichen von Grenzwerten) zu reagieren.

Wie bereits beschrieben, gibt es für die LM628 Interrupte zwei Verfahren der Handhabung:

1. Hardware-Interrupt über Signal HI zum HOST

2. Zyklisches Abfragen (Polling) der Interrupt-Flags im Statusbyte vom Host.

Bei Nutzung des Hardware-Interrupts muß das Statusbyte ebenfalls ausgewertet werden, damit erkannt werden kann, welche der sechs möglichen Interruptbedingungen vorliegen.

Wichtig ist hierbei, daß HOST Schreib-/Lesezugriffe auf den LM628 nicht durch einen Interrupt unterbrochen werden.

HOST-Interrupts sollten für diese Zeit gesperrt werden und erst dann wieder freigegeben werden, wenn die Schreib-/Lesezugriffe auf den LM628 beendet sind.

Über die Befehle MSKI und RSTI werden die möglichen Interruptarten des Controllers eingestellt und gesteuert.

Welche Ursache den Interrupt zum HOST gerade ausgelöst hat, kann an den Bits 1 bis 6 vom Statusbyte abgelesen werden.

Alle Interrupts können während einer laufenden Bewegung aktiv sein.

Mit dem Befehl MSKI wird bestimmt, welcher der Interrupts freigegeben wird. Eine logisch 1 in den Bits 1-6 vom LSB des nach dem Befehl eingeschriebenen Datenwortes kennzeichnet die Freigabe des entsprechenden Interrupts.

Mit dem Interruptreset Befehl RSTI können erkannte Interrupts vom HOST im Statusbyte zurückgesetzt werden, indem in die entsprechende Bitposition eine logisch -0 geschrieben wird.

Mit dem Befehl SIP (Set Index Position) wird veranlaßt, daß bei Erkennen eines Indeximpulses Bit 3 des Statusbytes gesetzt wird, und die gerade aktuelle Absolutposition im Indexregister gespeichert wird.

Mit dem Befehl RDIP (Read Index Position) kann das Indexregister vom HOST gelesen werden.

Mit den Befehlen LPEI (Load Position Error for Interrupt) und LPES (Load Position Error for Stopping) wird veranlaßt, daß Bit 5 vom Statusbyte gesetzt wird, wenn ein Positionsfehler, durch überschreiten einer vorgegebenen Positionsgrenze, erfolgte.

Die Positionsgrenze (Limit) wird in zwei Datenbytes nach dem jeweiligen Befehl in den Controller geschrieben LPEI löst bei überschreiten der eingestellten Positionsgrenze einen Interrupt zum HOST aus.

LPES löst ebenfalls einen Interrupt aus und stoppt gleichzeitig die Motorbewegung.

Mit den Befehlen SBPA (Set Breakpoint Absolute) und SBPR (Set Breakpoint Relative) wird veranlaßt, das Bit 6 vom Statusbyte gesetzt wird, wenn die programmierte absolute bzw. relative Zielposition (Breakpoint) erreicht worden ist.

Die dem SBPA Befehl folgende absolute Position (zwei Datenworte), kann im Bereich von C0000000Hex bis 3FFFFFFFHex liegen.

Die dem SBPR Befehl folgende relative Position (zwei Datenworte) darf, addiert zur letzten relativen Position keine Überschreitung des absoluten Positionsbereichs ergeben.

Bei Erreichen der durch SBPA und SBPR programmierten Positionsgrenzwerte kann dem HOST z.B. signalisiert werden, daß es notwendig ist neue, positionsabhängige Bahnkurven- und Filterdaten in den LM628 zu schreiben, mit denen dann weitergearbeitet wird.

Die Interruptbits 1,2 und 4 des Status Bytes werden durch interne Zustände des LM628 gesetzt.

6.4 Hinweise zum Entwurf eines Antriebsregelkreises mit dem LM628

Bit 1 wird gesetzt, wenn ein falscher HOST-Befehl erkannt wurde (Befehlsfehler Interrupt).

Bit 2 wird gesetzt, wenn die zuletzt kommandierte Bahnkurve beendet worden ist.

Bit 4 wird gesetzt, wenn ein Überlauf des Positionszählers erkannt wurde.

Diese drei Bits werden ebenfalls mit dem Befehl MSKI maskiert und mit dem Befehl RSTI zurückgesetzt.

Bit 1 bis 6 des Statusbytes zeigen auch dann den Interruptstatus an, wenn die Auslösung eines Hardwareinterrupts über die HI Leitung zum HOST gesperrt (maskiert) ist.

Dies hat den Vorteil, daß auch bei unbenutztem Hardwareinterrupt die Interruptzustände des Controllers vom HOST im Pollingverfahren abgefragt werden können.

6.4.5 Handhabung der LM628 Befehle

Im folgenden soll aufgezeigt werden, wie der HOST den LM628 kommandieren muß, damit eine einfache Antriebsbewegung eingeleitet wird.

Um hier nicht auf einen speziellen HOST-Prozessortyp eingehen zu müssen, soll folgende Befehlsvereinbarung gelten:

WR,xxxxH sagt aus, daß Daten zum LM628 geschrieben werden.
RD,xxxxH sagt aus, daß Daten vom LM628 gelesen werden.
IF...THEN...ELSE werden für Entscheidungswege anhand entsprechend vorliegender Bedingungen verwendet.

BUSY steht stellvertretend für eine Softwareroutine, die das Busybit des Statusbytes testet.

WAIT steht für eine Softwareroutine, die nach einem Hardwarereset ca. 1,5 ms wartet.

Ansonsten werden die Befehlsabkürzungen (siehe Kap. 6.3) verwendet.

6.4.5.1 Test auf erfolgreichen Hardwarereset
Wie in Kap. 6.4.1 aufgezeigt, sollte als erstes eine Überprüfung auf die erfolgreiche Durchführung eines Hardwarereset erfolgen:

6 Digitaler Motorcontroller LM628/LM629

```
;*************************************************************
    WAIT        ;nach einem Reset 1,5ms warten
    RDSTAT      ;Statusbyte lesen und auf den Inhalt 84H bzw. C4H testen
IF Statusbyte NOT EQUAL 84H OR C4H    ;falls nicht OK Reset wiederholen
THEN wiederhole Hardwarereset
;Test eines erfolgreichen Reset durch Rücksetzen aller Interrupt Bits
    MSKI        ;Befehl zum Interrupt maskieren geben
    BUSY        ;BUSY Bit auf 0 testen
    WR,0000H    ;Alle Interrupte sperren
    BUSY        ;BUSY Bit auf 0 testen
    RSTI        ;Befehl zum Interruptreset geben
    BUSY        ;BUSY Bit auf 0 testen
    WR,0000H    ;Interruptbits zurücksetzen
    BUSY        ;BUSY Bit auf 0 testen
    RDSTAT      ;Statusbyte lesen und auf 80H bzw. C0H testen
IF Statusbyte NOT EQUAL 80H OR C0H    ;falls nicht OK Reset wiederholen
THEN wiederhole Hardwarereset
;*************************************************************
```

War der Reset erfolgreich, so kann mit der Initialisierung begonnen werden.

Wird ein LM628 eingesetzt, so sollte als erstes die Bitbreite des Ausgangsports zum DA-Wandler programmiert werden.

Die Voreinstellung nach einem Hardwarereset ist 8-Bit, so daß beim Einsatz eines 8-Bit DA-Wandlers nichts unternommen werden muß.

Wird ein 12-Bit DA-Wandler verwendet, so muß dies dem LM628 mitgeteilt werden:

```
;*************************************************************
    BUSY        ;BUSY Bit auf 0 testen
    PORT12      ;Ausgangsport auf 12-Bit einstellen
;*************************************************************
```

6.4.5.2 Initialisieren der Filterparameter

Im weiteren sollten als erstes die Filterparameter initialisiert werden (siehe Kap. 6.4.2):

```
;*************************************************************
    BUSY        ;BUSY Bit auf 0 testen
    LFIL        ;Befehl zum laden der Filterparameter geben
    BUSY        ;BUSY Bit auf 0 testen
    WR,0008H    ;Filterkontrollwort-Daten schreiben, nur Kp wird aktualisiert
                ;Bit 8 bis 15 (MSB) bestimmen die differentielle Abtastzeit
```

BUSY	;BUSY Bit auf 0 testen
WR,0032H	;Kp=50 programmieren
BUSY	;BUSY Bit auf 0 testen
UDF	;Filterparameterdaten aktualisieren

;**

6.4.5.3 Initialisieren einer einfachen Bahnkurve

Bevor der LM628 eine Bahnkurve vom Antrieb ausführen lassen kann, muß er mit den notwendigen Daten für Geschwindigkeit, Beschleunigung und Position (im Positionermodus) programmiert werden:

;**

BUSY	;BUSY Bit auf 0 testen
LTRJ	;Befehl zum laden der Bahnkurve ausgeben
BUSY	;BUSY Bit auf 0 testen
WR,002AH	;Bahnkurvenkontrollwort schreiben. Der Positioniermodus (Lageregelung)
	;wird programmiert und Folgende Parameter als Absolutdaten sollen
	;geladen werden: Zielposition, Geschwindigkeit und Beschleunigung
BUSY	;BUSY Bit auf 0 testen
WR,xxxxH	;Integerwert (dargestellt als xxxxH) der Beschleunigung programmieren
BUSY	;BUSY Bit auf 0 testen
WR,xxxxH	;Bruchanteil der Beschleunigung programmieren
BUSY	;BUSY Bit auf 0 testen
WR,xxxxH	;Integerwert der Geschwindigkeit programmieren
BUSY	;BUSY Bit auf 0 testen
WR,xxxxH	;Bruchanteil der Geschwindigkeit programmieren
BUSY	;BUSY Bit auf 0 testen
WR,xxxxH	;Oberes Bytepaar der Zielposition laden
BUSY	;BUSY Bit auf 0 testen
WR,xxxxH	;Unteres Bytepaar der Zielposition laden
BUSY	;BUSY Bit auf 0 testen
STT	;Umladen der Bahnkurvendaten von den Zwischenspeichern in die
	;zugehörigen Arbeitsspeicher und starten der Bewegung

warten:

6 Digitaler Motorcontroller LM628/LM629

```
BUSY      ;BUSY Bit auf 0 testen
RDSTAT    ;Statusbyte lesen und anhand von Bit-2 prüfen ob die Bahn-
           kurve beendet
          ;wurde

IF Status-Bit2=0 THEN GOTO warten ELSE weiter
weiter:
          ..............
          ..............
;****************************************************************
```

6.4.6 Beispiel für das Festlegen eines Bahnkurvenverlaufs

Neben dem schon in Kap. 6.2.3 gezeigten einfachen Beispiel, soll hier ein weiteres Beispiel für die Festlegung der in den LM628 zu programmierenden Bahnkurvenparameter aufgezeigt werden.

Von folgenden Vorgaben wird ausgegangen:
- Der Motor soll in einer Minute 500 Umdrehungen mit einer Beschleunigungs- und Bremszeit von 15 sec durchführen.
- Der eingesetzte Inkremental-Encoder hat eine Auflösung von 500 Inkrementen (Schlitzen) pro Umdrehung. Hieraus werden durch die Quadrierung im LM628 4x500=2000 Inkremente pro Umdrehung.

Für die durchzuführende Motorbewegung von 500 Umdrehungen, ergeben sich somit 2000 × 500 = 1.000.000 Inkremente.

Es wird weiterhin festgelegt, daß die durchschnittliche Geschwindigkeit während der Beschleunigungs- und Bremsphase die Hälfte der maximalen Geschwindigkeit betragen soll.

In diesem Beispiel wird die Hälfte der Zeit von der Beschleunigungs- und Bremsphase in Anspruch genommen. Somit wird die Hälfte der Zeit mit maximaler Geschwindigkeit gefahren und die andere Hälfte im Durchschnitt mit der halben maximalen Geschwindigkeit.

Die zurückgelegte Distanz während der Beschleunigungs- und Bremsphase beträgt 333.333 Inkremente, dies entspricht der Hälfte der Distanz während der Dauer der maximalen Geschwindigkeit von 666.667 Inkrementen. *Abb. 6.10* zeigt das zugehörige Bahnkurvenprofil.

Die Abtastzeit (Sample Time) des LM628 bei einer Arbeitsfrequenz f_{clk} von 8 MHz beträgt 256 µsec

6.4 Hinweise zum Entwurf eines Antriebsregelkreises mit dem LM628

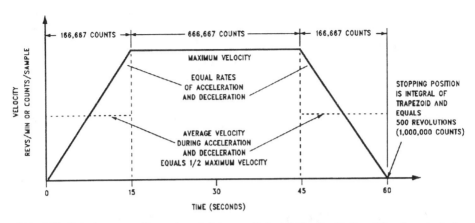

Abb. 6.10 Bahnkurvenprofil zum beschriebenen Beispiel (Quelle: National Semiconductor)

Für je 15 sec Beschleunigungs- und Bremsphase ergibt dies 15 sec/256 µsec = 58.594 Abtastungen (Sample).

Mit $s = \dfrac{a * t^2}{2}$ (Gl. 6.5) und $a = \dfrac{2s}{t^2}$ (Gl. 6.6)

kann die benötigte Beschleunigung ermittelt werden, wobei die Zeit t der Anzahl der Abtastungen und der Weg s der Anzahl der Inkremente entspricht, somit:

$$a = \frac{2 * 166667}{58594^2} = 97{,}1 * 10^{-6} \left[\frac{\text{Inkrement}}{\text{Sample}^2}\right]$$

Die maximale Geschwindigkeit kann durch Division des mit konstanter Geschwindigkeit zurückzulegenden maximalen Weges (Inkremente) durch die benötigte Zeit (Anzahl Abtastungen) berechnet werden:

$$v = \frac{s}{t} \quad \text{(Gl. 6.7)}$$

Wobei: s = 666.667 Inkremente
t = 30 sec dies entspricht 30 sec/ 256 µsec = 117.188 Abtastungen

Hieraus ergibt sich für die Geschwindigkeit: $v = \dfrac{666667}{117188} = 5{,}69 \left[\dfrac{\text{Inkremente}}{\text{Sample}}\right]$

Damit diese Beschleunigungs- und Geschwindigkeitswerte in den LM628 programmiert werden können, müssen sie in ein 2-Byte Wort umgewandelt (skaliert) werden.

Diese Skalierung geschieht durch Multiplikation der errechneten Werte mit 65.536.

Nach der anschließenden Umwandlung aller drei Werte Position, Beschleunigung und Geschwindigkeit ins Hexadezimalsystem, kann dann der LM628 programmiert werden.

Beschleunigung: $a = 97{,}1 * 10^{-6} * 65536 = 6{,}36$ dez entsprechend $a_{scal} = 0000\ 0006$ Hex

Geschwindigkeit: $v = 5{,}69 * 65536 = 372899{,}84$ dez entsprechend $v_{scal} = 0005B0A4$ Hex

Position: $s = 1.000.000$ dez entsprechend $s = 000F4240$ Hex

6.4.7 Auflösung von Position, Geschwindigkeit und Beschleunigung

Der im LM628 benutzte Bahnkurvenalgorithmus addiert den programmierten Geschwindigkeitswert zur gerade (im Abtastzeitpunkt) vorliegenden Position und berechnet daraus den als nächsten zu erreichenden Positionswert.

Um sehr kleine Geschwindigkeiten fahren zu können, ist es notwendig, Inkremente als Bruchanteil pro Abtastung zu erhalten.

Aus diesem Grund stellt der LM628 zusätzlich zum 32-Bit Positionsbereich einen 16-Bit Positionsbereich als Bruchanteil zu Verfügung (*Abb. 6.11*).

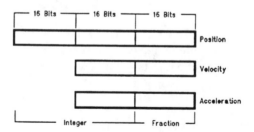

Abb. 6.11 Registerdarstellung mit Bruchanteil (Fraction) (Quelle: National Semiconductor)

Im folgendem soll die Notwendigkeit des inkrementalen Bruchanteils verdeutlicht werden.

Es soll von einem Encoder mit 500 Inkrementen pro Umdrehung (4*500=2000 Inkremente) und einem 8 Mhz Arbeitstakt (256 μsec Abtastintervall) ausgegangen werden.

6.4 Hinweise zum Entwurf eines Antriebsregelkreises mit dem LM628

Da die kleinste Auflösung ein Inkrement pro Abtastung ist, ergibt sich aus den vorgegebenen Daten als kleinste Geschwindigkeit 2 U/sec bzw. 120 U/min:

$$\frac{1}{2000}[\frac{U}{Ink}] * \frac{1}{256 * 10^{-6}}[\frac{Ink}{sec}] = 2[\frac{U}{sec}]$$

Viele Anwendungen benötigen aber kleinere Geschwindigkeiten und Geschwindigkeitsstufen.

Dies wird durch den Inkrementalen Bruchanteil der Beschleunigung und Geschwindigkeit erreicht.

In jedem Abtastintervall der programmierten Bahnkurve wird das Beschleunigungsregister zum Geschwindigkeitsregister addiert. Dieses Ergebnis wiederum wird zum Positionsregister hinzuaddiert.

Dies bedeutet, daß die neue Position berechnet wird, die erreicht werden muß, um die Forderungen von Beschleunigung und Geschwindigkeit zu erfüllen.

Wenn die Bahnkurve keinen Beschleunigungsanteil mehr benötigt (Zielgeschwindigkeit erreicht), wird in jedem Abtastintervall nur noch das Geschwindigkeitsregister zum Positionsregister hinzuaddiert.

Da nur ganzzahlige (Integer) Werte vom Positionsregister zum Summationspunkt (siehe Kap. 6.2, Abb. 6.3) übergeben werden, erfolgt eine Summierung von Positions-Bruchanteilinkrementen über mehrere Abtastungen hinweg, bevor sie als Integer Inkrementwerte ebenfalls zum Positionsregister hinzuaddiert werden.

Der Positionsarbeitsbereich leitet sich aus dem ganzzahligen 32-Bit Positonsregister ab.

Das MSB (Bit 31) gibt das Vorzeichen der Drehrichtung an.

Bit 30 zeigt an, wenn ein Positionsüberlauf (wraparound) stattgefunden hat. Wenn Bit 30 gesetzt ist (oder bei negativer Drehrichtung zurückgesetzt ist) wird im Statusbyte Bit 4 gesetzt und ein Interrupt zum HOST ausgelöst.

Die verbleibenden Bits bestimmen den verfügbaren Positionsarbeitsbereich, entweder in positiver oder negativer Richtung.

Die Geschwindigkeit hat eine Auflösung von $1/2^{16}$ [Ink/Sample] und die Beschleunigung von $1/2^{16}$ [Ink/Sample^2].

In beiden Fällen beträgt der Arbeitsbereich 30-Bit.

14-Bit werden als ganzzahliger Anteil und 16-Bit als Bruchanteil verwendet.

6.5 Übertragungsfunktion des digitalen PID-Filters

Wie schon in Kap. 6.2.4 beschrieben, benutzt der LM628 das digitale PID-Filter zur Kompensation des Regelkreises.

Neben der allgemeinen Gleichung (Gl. 6.4) für den Regelalgorithmus, zeigt Gl. 6.8 die Übertragungsfunktion des PID-Filters im Bildbereich (LAPLACE-Transformierte).

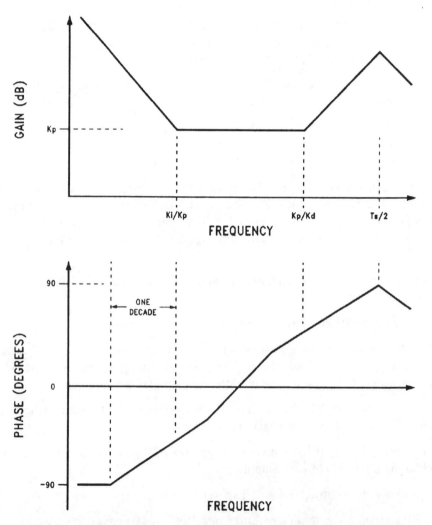

Abb. 6.12 Bodediagramme von Betrag und Phase des digitalen Filters im LM628 (Quelle: National Semiconductor)

6.5 Übertragungsfunktion des digitalen PID-Filters

$$H(s) = K_P + \frac{K_i}{s} + K_d s \qquad \text{(Gl. 6.8)}$$

Mit:

K_p = Verstärkungsfaktor (Proportional Anteil)
K_i = Integralkoeffizient
K_d = Differentialkoeffizient
s = komplexe Frequenz (s = a + jω)

Mit dem Parameter K_p wird die proportionale Verstärkung des Regelkreises eingestellt.

Der differentielle Parameter K_d steigert die Systembandbreite und fügt bei hohen Frequenzen eine Phasenvoreilung in den Regelkreis ein. Dies verbessert die Systemstabilität, da der Phasenverschiebung von Regelkreiskomponenten (z.B. vom Motor) entgegengewirkt wird.

Der Integrale Parameter Ki liefert eine hohe Gleichspannungsverstärkung, die den Einfluß von statischen Störgrößen reduziert, aber gleichzeitig bei niedrigen Frequenzen dem System eine Phasennacheilung hinzufügt.

Abb. 6.12 zeigt die Bodediagramme von Betrag und Phase der PID-Filter Übertragungsfunktion und die Einflüsse der einzelnen Terme von Gl. 6.8.

7 HCTL-1100 Motorcontoller PC-Interface

Die flexible Kommunikations-Steuerung des HCTL-1100 durch einen HOST ermöglicht den Aufbau eines einfachen PC-Interface.

Als PC-Schnittstelle ist hierfür der Centronics-Port (Druckerport) eines IBM-PCs (oder eines entsprechend kompatiblen PCs), besonders gut geeignet. *Abb. 7.1* zeigt die Schaltung.

Die notwendigen HCTL-Steuersignale werden direkt an Ausgänge des Druckerports angeschlossen:

- STROBE steuert R(/W) des HCTL
- INIT steuert /ALE des HCTL
- SELECIN steuert /CS des HCTL
- AUTOFEED steuert /OE des HCTL

Für die Bildung des 8-Bit gemultiplexten HCTL Adreß-/Datenbus wird ein Schieberegister vom Typ 74LS323 mit parallelen Ein-/Ausgängen verwendet. Die Steuerung dieses Schieberegisters erfolgt über die Datenausgänge des Druckerports:

- CD1 dient als Schieberegister-Steuertakt CLK zum seriellen Einlesen und Auslesen von Daten. Die ansteigende Signalflanke des Taktimpulses wird ausgewertet.
- CD2 steuert die Freigabeeingänge G1 und G2. Mit CD2=0 erfolgt die Freigabe von QA bis QH als Ausgang. Mit CD2=1 erfolgt die Freigabe von QA bis QH als Eingang zur Ausführung der LOAD Funktion.
- CD3 und CD4 steuern die Eingänge S0 und S1 für die Betriebsarten-Wahl des Schieberegisters (*Tab. 7.1*).

Tab. 7.1 Schieberegister Betriebsarten-Wahl

S1	S0	Funktion
0	0	HOLD
0	1	Shift-Right
1	0	Shift-Left
1	1	LOAD

7 HCTL-1100 Motorcontroller PC-Interface

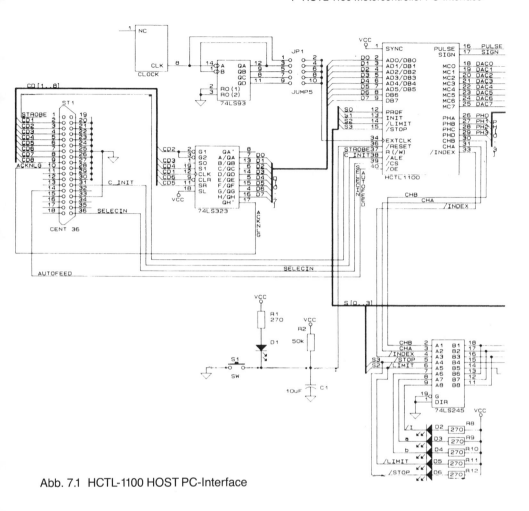

Abb. 7.1 HCTL-1100 HOST PC-Interface

7 HCTL-1100 Motorcontroller PC-Interface

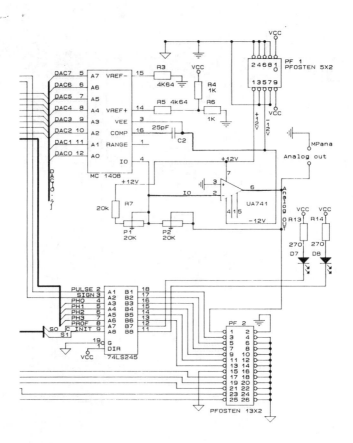

- CD5 am Eingang SR übergibt im Shift-Right Modus (S0=1, S1=0) die HOST-Daten zur Bildung der parallelen Adressen und Daten des HCTL.

  Mit jeder steigenden Taktflanke von CLK wird 1-Bit vom Druckerport an das Schieberegister übergeben.

  Wenn jeweils 8-Bit ins Schieberegister getaktet wurden, wird die Funktion HOLD (S0=0, S1=0) ausgeführt, damit die Daten an den Schieberegister-Ausgängen (QA bis QH) stabil anstehen.

  Mit der entsprechenden Programmierung der HCTL-Steuersignale können auf diese Art HCTL-Adressen angewählt bzw. Daten an den HCTL übergeben werden.

- CD6 ist mit dem CLR-Eingang verbunden.
  Mit CLR=0 und S0=0 oder S1=0 erfolgt ein Löschen des Schieberegisters.

- ACKNLG ist mit dem Ausgang QH' verbunden. Hierüber werden HCTL-Daten aus dem Schieberegister seriell in den Druckerport eingelesen.

  Bevor dies durchgeführt werden kann, müssen mit CD2=1 die Leitungen QA bis QH auf Eingang geschaltet und mit der Funktion LOAD (S0=1, S1=1) die Ausgabedaten des HCTL-1100 parallel ins Schieberegister geladen werden.

Über einen Taktbaustein mit z.B. 16MHz und dem Vorteiler 74LS93, kann der HCTL wahlweise mit einem 1MHz Takt (Jumper Brücke 9-10) oder mit einem 2MHz Takt (Jumper Brücke 7-8) betrieben werden.

Da der PC-Druckerport keine +5V Spannungsversorgung zur Verfügung stellt, muß die Schaltung mit einer externen 5V Spannung (Stecker PF1) versorgt werden.

Die digitalen Eingänge von Stecker PF2 (CHA, CHB, INDEX, STOP und LIMIT) werden über einen 74LS245 als Eingangstreiber an den HCTL angeschlossen.

Die HCTL-Ausgänge PULSE, SIGN und PH0 bis PH3 werden über einen weiteren 74LS245 als Ausgangstreiber auf dem Stecker PF2 ausgegeben.

An alle Eingänge und die Ausgänge INIT und PROF sind Leuchtdioden zur Statusmeldung angeschlossen.

Der 8-Bit Motor-Command Ausgang des HCTL-1100 ist mit dem D/A-Wandler MC1408 verbunden.

Der Stromausgang des D/A-Wandlers wird über einen Operationsverstärker in einen analogen Spannungswert umgesetzt und am Stecker PF2 ausgegeben. Die Versorgung von 12V für den analogen Kreis muß von außen zugeführt werden (Stecker PF1).

Mit den Potentiometern P1 und P2 erfolgt der Abgleich (siehe Kap. 5.2.4) des Analogausgangs auf 10V (Meßpunkt MPana).

Neben dem Einschalt-RESET über R2 und C1, kann mit dem Taster SW1 ebenfalls ein RESET-Impuls an den HCTL gegeben werden.

Zur Beachtung:
Wird an diese Schaltung ein Stellglied zum Betrieb eines Motors angeschlossen, so sollten auf jeden Fall alle digitalen Ein-/Ausgänge über Optokoppler entkoppelt werden!

Der ±10 V Analogsollwert-Ausgang sollte auf einen Differenzverstärker geführt werden, bevor er vom Stellglied weiterverarbeitet wird. Durch diese Maßnahmen wird das Interface, und damit auch der PC, von der Leistungselektronik galvanisch getrennt.

7.1 Steuersoftware für das HCTL-1100 PC-Interface

Um das Interface bedienen zu können, wird eine Treibersoftware benötigt, die den PC-Druckerport entsprechend den HCTL-1100 Erfordernissen ansteuert.

Für die Erstellung der Treibersoftware ist die Programmiersprache C in der Turbo-C Version der Fa. Borland eingesetzt worden.

7.1.1 Verwendete Software-Definitionen

Druckerport LPT1 einer Hercules-Grafikkarte wird benutzt:
#define dat_port 0x3BC
#define status_port 0x3BD /*LPT1 Adressen*/
#define steu_port 0x3BE

Falls Druckerport LPT2 benutzt wird:
#define dat_port 0x378
#define status_port 0x379 /*LPT2 Adressen*/
#define steu_port 0x37A

Bit-Setzwerte für die Schieberegister Steuerung:
#define clk_low 0xfe /* and*/
#define clk_high 0x01 /*or*/
#define hold 0xf3 /*and, hold modus*/

7 HCTL-1100 Motorcontroller PC-Interface

```
#define right 0x04 /*or, shift right modus*/
#define left 0x08 /*or, shift left modus*/
#define load 0x0c /*or, paralleles 8bit laden*/
#define no_load 0xf3 /*and, stop load*/
#define clear_res 0xdf /*and, shift register loeschen*/
#define clear_run 0x20 /*or, shift register Arbeits modus*/
#define out_enable 0xfd /*and, shift parallel Ausgaenge freigeben*/
#define out_disable 0x02 /*or, shift Ausgaenge hochohmig*/
#define dat_low 0xef /*and, seriell data 0*/
#define dat_high 0x10 /*or, seriell data 1*/
#define bit_in 0x40 /*serielle Bit stream Eingabe ueber ACKnowledge*/
#define ale_low 0xfb /*and */
#define ale_high 0x04 /*or*/
#define oe_high 0xfd /*and */
#define oe_low 0x02 /*or*/
#define cs_high 0xf7 /*and*/
#define cs_low 0x08 /*or*/
#define rw_high 0xfe /*and */
#define rw_low 0x01 /*or*/
```

HCTL-1100 Register Adress-Definitionen:
```
#define HCTL_flag 0x00 /*Flag Register*/
#define HCTL_count 0x05 /*Programm counter*/
#define HCTL_stat 0x07 /*Status Register*/
#define HCTL_mopo 0x08 /*8 bit Motor command port*/
#define HCTL_pwmpo 0x09 /*PWM Motor command port */
#define HCTL_copos_msb 0x0c /*Command Position MSB (Position control)*/
#define HCTL_copos_mid 0x0d /* „ „ Middle „"""""""""""""""""" */
#define HCTL_copos_lsb 0x0e /* „ „ LSB „"""""""""""""""""""*/
#define HCTL_samtim 0x0f /*Sample Timer*/
#define HCTL_acpos_msb 0x12 /*actual position MSB (lesen) */
#define HCTL_acpos_mid 0x13 /*"""" „" MIDDLE (lesen) */
#define HCTL_acpos_lsb 0x14 /*"""" „" LSB (lesen) */
#define HCTL_PREacpos_msb 0x15 /*actual position MSB (schreiben) */
#define HCTL_PREacpos_mid 0x16 /*""" „" MIDDLE (schreiben) */
#define HCTL_PREacpos_lsb 0x17 /*""" „" LSB (schreiben) */
#define HCTL_coring 0x18 /*commutator ring */
#define HCTL_veltim 0x19 /*commutator velocity timer */
#define HCTL_comut_x 0x1a /*X */
#define HCTL_comut_y 0x1b /*Y phase overlap */
```

7.1 Steuersoftware für das HCTL-1100 PC-Interface

#define HCTL_comut_off 0x1c /* Offset */
#define HCTL_advance 0x1f /* maximum phase advance*/
#define HCTL_filzero 0x20 /* Filter zero A */
#define HCTL_filpol 0x21 /* Filter pole B */
#define HCTL_filgain 0x22 /* Gain K */
#define HCTL_covel_lsb 0x23 /*command velocity LSB (Proportional velocity)*/
#define HCTL_covel_msb 0x24 /* """" """" MSB """"""""""""""""" */
#define HCTL_accel_lsb 0x26 /*acceleration LSB (integral and trapez) */
#define HCTL_accel_msb 0x27 /*""""""""""""" MSB """"""""""""""""""""""""""" */
#define HCTL_maxvel 0x28 /*maximum velocity (Trapez Profile) */
#define HCTL_fipos_lsb 0x29 /*final position LSB (Trapez Profile) */
#define HCTL_fipos_mid 0x2a /* """""" """"" MIDDLE """""""""""""""" */
#define HCTL_fipos_msb 0x2b /* """""" """"" MSB """"""""""""""""" */
#define HCTL_acvel_lsb 0x34 /*actual velocity LSB (Proportional veloc.) */
#define HCTL_acvel_msb 0x35 /* """"" """"" MSB """""""""""""""""""""""""""" */
#define HCTL_intvel 0x3c /*command velocity (Integral Velocity) */

Window-Werte für ein Error-Fenster:
#define LEFT 50
#define TOP 10
#define RIGHT 70
#define BOTTOM 20

Window-Werte für ein Arbeitsfenster:
#define LEFTA 2
#define TOPA 10
#define RIGHTA 60
#define BOTTOMA 25

Benutzte Macros zur Steuerung des Druckerports:
#define dataout outportb (dat_port,control)
#define shift_hold control=control | clear_run & hold
#define datain input=inportb(status_port)
#define steuout outportb(steu_port,steuer)

Globale Zuweisungen für die Benutzung der Macros:
int control; /*Schieberegister Controlwort*/
int input; /*Eingaenge lesen*/
int steuer; /* Motorcontroller Steuersignale */

7.1.2 Unterprogramme zur Schieberegister Steuerung

Initialisierung der globalen Variablen und Grundinitialisierungen:
```
void Init_extern ()
  {
     control=0;
     input=0;
     steuer=0x04;
        steuout; /*Motorcontroller Steuerleitungen auf logisch 1*/
           control=control & clear_res;
     outbit(); /*clear fuer Schieberegister*/
  }
```

Einen Taktimpuls zum CLK-Eingang geben:
```
void shift_clock ()
  {
     dataout; /*letzten Datenzustand ausgeben*/
     control=control | clk_high | clear_run;
     dataout;
     control=control & clk_low | clear_run;
     dataout;
  }
```

Ein Bit ins Schieberegister einschreiben:
```
   outbit()
  {
     shift_clock();
        shift_hold; /*in hold Modus*/
           dataout;
  }
```

8-Bit Daten ins Schieberegister eingeben:
```
void Shiftout (int data)
{
  int i,x,y;
  shift_hold; /*auf Hold setzen*/
     y=0x80;
        for (i=1;i<9;i++)
           {
              x=data | y;                          /*wenn x=data war ent-*/
                if (x==data)
                {
```

7.1 Steuersoftware für das HCTL-1100 PC-Interface

```
                    control=control | dat_high | clear_run;  /*sprechendes Bit gesetzt*/
                    }
                        else control=control & dat_low | clear_run;
                    control=control | right | clear_run;
                outbit();
                    y=y/2;
        }
}
```

Schieberegister mit den HCTL-Daten laden:
```
Shift_load()
    {
       shift_hold;
       control=control | load | clear_run; /* 8bit Daten laden */
       shift_clock();
    }
```

8-Bit Daten vom Schieberegister einlesen:
```
Shift_readin ()
{
   int data,i;
      data=0;
         control=control & no_load | right |clear_run; /*und wieder rechts Mode*/
dataout;
            /*8bit einlesen über ACKNOWLEDGE Bit des Statusport*/
                for (i=1;i<9;i++)
                    {
                       data<<=1; /*1 bit links schieben*/
                         datain; /*und neues Bit einlesen*/
                           input=input & bit_in; /*bit 6 ausblenden*/
                           /*auf gesetztes bit abfragen*/
                           if (input bit_in) data++; /*data bit 0 setzen*/
                           shift_clock(); /*naechstes Bit holen*/
                    }
            shift_hold;
         input=data; /*eingelesenen Wert an input übergeben*/
/*für weitere Verarbeitung */
}
```

Schieberegister Ausgänge auf Tristate (hochohmig) schalten:
```
Shift_tristate()
   {
      control = control | out_disable; /*D1 auf 1 d.h Tristate*/
      dataout;
   }
```

Schieberegister Ausgänge aktivieren:
```
Shift_aktiv()
   {
      control = control & out_enable; /*D1 auf 0 */
        dataout;
   }
```

7.1.3 Unterprogramme zum Schreiben/Lesen des HCTL-1100

/ALE-Impuls erzeugen:
```
ALE_pulse ()
   {
      steuer = steuer & ale_low; /*ALE auf low*/
        steuout;
      steuer = steuer | ale_high; /*ALE auf high*/
        steuout;
   }
```

/CS-Impuls erzeugen:
```
CS_pulse ()
   {
      steuer = steuer | cs_low; /*CS auf low*/
        steuout;
      steuer = steuer & cs_high; /*CS auf high*/
        steuout;
   }
```

/OE aktivieren:
```
OE_aktiv()
   {
      steuer = steuer | oe_low;
        steuout;
   }
```

7.1 Steuersoftware für das HCTL-1100 PC-Interface

/OE deaktivieren:
```
OE_passiv()
   {
     steuer = steuer & oe_high;
     steuout;
   }
```
/CS aktivieren:
```
CS_aktiv()
   {
     steuer = steuer | cs_low;
     steuout;
   }
```
/CS deaktivieren
```
CS_passiv()
   {
     steuer = steuer & cs_high;
     steuout;
   }
```
R/WR aktivieren:
```
RW_aktiv()
   {
     steuer = steuer | rw_low;
     steuout;
   }
```
R/WR deaktivieren:
```
RW_passiv()
   {
     steuer = steuer & rw_high;
     steuout;
   }
```

HCTL-1100 Register Lesen. Es wird das Timing ALE/CS nicht überlappend benutzt. Der HCTL-Registerinhalt steht anschließend in der globalen Variablen „input":
```
void     Read_hctl (int reg)
     {
       Shiftout(reg); /*HCTL Register addressieren */
       ALE_pulse(); /* /ALE Impuls geben */
       Shift_tristate(); /*Shift Reg. auf Tristate */
```

```
    CS_pulse(); /* /CS Impuls geben */
    OE_aktiv(); /* /OE auf low setzen */
    Shift_load(); /* Shift. Reg. mit HCTL Reg.-Daten laden */
    OE_passiv(); /* /OE auf high setzen */
    Shift_aktiv(); /* Shift Reg. in normal Funktion */
    Shift_readin(); /* Shift Reg. Inhalt in „input" einlesen */
}
```

HCTL-1100 Register Schreiben.
Es wird das Timing ALE/CS nicht überlappend benutzt. Der Inhalt der globalen Variablen „register_data" wird zum angewählten HCTL-Register geschrieben.

Nach dem Schreiben wird das entsprechende HCTL-Register sofort wieder Ausgelesen, um die Schreiboperation zu überprüfen. Ein Fehler erzeugt eine Error-Meldung.

Folgende Register dürfen nicht geprüft werden, da sie entweder Write-only Register sind, oder beim Lesen andere Werte zurückliefern:

HCTL_flag, HCTL_count, HCTL_veltim
Ebenso darf der Sampletimer (HCTL_samtim) nicht geprüft werden, da er automatisch Dekrementiert wird.

```
Write_hctl (int reg,int reg_data)
{
Shiftout(reg); /*HCTL Register addressieren */
ALE_pulse(); /* /ALE Impuls geben */
CS_aktiv(); /* /CS auf low */
Shiftout(reg_data); /* register daten anlegen */
RW_aktiv(); /* /R/WR auf low */
CS_passiv(); /* /CS auf high */
RW_passiv(); /* R/WR auf high */
/*Write-only Register ausblenden, und geschriebenes Register */
/*testen */ if ((reg != HCTL_flag) && (reg != HCTL_samtim) &&
(reg != HCTL_veltim))
{
Read_hctl(reg); /*Reg. rücklesen*/
if (input != reg_data) /*und vergleichen*/
{
```

Error_hctl(reg); /*Fehlermeldung wenn*/
/*ungleich*/
}
}
}

Folgendes Unterprogramm öffnet ein Bildschirm-Window und gibt eine Fehlermeldung aus, wenn nach einer HCTL-Register Schreiboperation nicht der richtige Wert zurückgelesen wurde:

```
Error_hctl(int reg)
{
        void *buf;
        window(LEFT,TOP,RIGHT,BOTTOM); /*window öffnen*/
           buf=malloc((RIGHT-LEFT+1)*(BOTTOM-TOP+1)*2);
           gettext(LEFT,TOP,RIGHT,BOTTOM,buf); /*alten text retten */
        textcolor(BLACK);
        textbackground(WHITE);
        clrscr();
           cprintf(" A C H T U N G ! ! \n\r");
              cprintf(" HCTL-1100\n\r");
              cprintf("Schreib-/ Lesefehler \n\r");
              cprintf("in Register: %0x",reg);
        cprintf(„\n\rWeiter mit beliebiger Taste.......\n\r");
           getch();
           normvideo();
     puttext(LEFT,TOP,RIGHT,BOTTOM,buf); /*Ausschnitt wieder herstellen*/
     window(LEFTA,TOPA,RIGHTA,BOTTOMA); /*letztes window öffnen*/
           textcolor(WHITE);
           textbackground(BLACK);
}
```

7.2 Hauptprogramm zum Testen des HCTL-1100 PC-Interface

Die richtige Arbeitsweise vom HCTL PC-Interface kann durch ein kleines Programm getestet werden, das direkt Daten in das PWM-Port Register R09H (HCTL_pwmpo) schreibt.

Durch den Anschluß eines Oszilloskops an den PULSE-Ausgang des HCTL-1100 kann eine Überprüfung vorgenommen werden, ob die Ausgabe der Pulsbreite den eingegebenen Werten entspricht.

Die in Kapitel 7.1 angeführten Unterprogramme und Definitionen müssen hierzu mit eingebunden werden:

```
#include „stdio.h"
#include „dos.h"
#include „conio.h"
#include „stdlib.h"
#include „hilfprog.c" /*Definitionen und Unterprogramme von Kapitel 7.1*/
main ()
   {
     char code;
       clrscr();
         Init_extern(); /*initialisieren der globalen Variablen*/
           do
             {
                clrscr();
                  Header();
                    printf("\n\r\n\r\n\r");
                      printf("Direkte PWM Steuerung = A \n\r");
                        /* printf(„Weitere Testprogramme = ? \n\r");*/
                      printf(„\n\rAufhören = X \n\r");
                    code = getch();
                   switch(code)
                 {case 'a':
                 case 'A':Set_PWM();
                                         break;
                  /* case '?':
                  case '?':Weitere_Testprogramme();
                                         break; */
                }
            }while (code !='x');
          clrscr();
   }
```

/ ** /
/*MENUES und Texte*/

7.2 Hauptprogramm zum testen des HCTL-1100 PC-Interface

```
Header()
  {
      clrscr();
      gotoxy(10,1);
      printf("***************************** „);
      gotoxy(10,2);
      printf(„* HCTL – 1100 PCDRIVE * „);
      gotoxy(10,3);
      printf(„* * „);
      gotoxy(10,4);
      printf(„* copyright 1996 H.-J.Schaad* „);
      gotoxy(10,5);
      printf("***************************** „);
  }
/ ************************************************************ /
/*Direkte Steuerung des PWM-Port Ausgangs PULSE und SIGN */
  Set_PWM()
    {
      int xsave,ysave;
      int speed=0x00;
      char code;
      void *bufa;
         clrscr();Header();
           window(LEFTA,TOPA,RIGHTA,BOTTOMA); /*window öffnen*/
              bufa=malloc((RIGHTA-LEFTA+1)*(BOTTOMA-TOPA+1)*2);
              gettext(LEFTA,TOPA,RIGHTA,BOTTOMA,bufa); /*alten text retten */
                 textcolor(WHITE);
                   textbackground(BLACK);
              clrscr();
     cprintf(„\n\r\n\r\n\rPWM Geschwindigkeitssteuerung ohne Regelung \n\r");
     cprintf("======================\n\r\n\r");
xsave=wherex();ysave=wherey();
   do
     {
       gotoxy(xsave, ysave);
         cprintf(„\n\r Neuer HEX Wert ? = ");
           scanf(„%x",&speed);
```

```
            Write_hctl(HCTL_pwmpo,speed);
            gotoxy(xsave+3,ysave+3);
            cprintf(„X = Aufhören. Weiter mit beliebiger Taste....");
            code=getch();
            delline(); /*letzte Zeile löschen*/
       }while ((code!='x') && (code !='X'));
       Write_hctl(HCTL_pwmpo,0x00); /*pwm auf 0*/
            puttext(LEFTA,TOPA,RIGHTA,BOTTOMA,bufa);   /*Ausschnitt
wieder herstellen*/
       window(1,1,80,25); /*alte fenster größe*/
    normvideo();
}
```

Für weitere Testprogramme oder den Aufbau von Programmen die einen Motor über eine der HCTL-1100 Betriebsarten ansteuern, braucht das angeführte Hauptprogramm nur erweitert zu werden.

Die hier aufgezeigten Testprogramme sind als Sourcecode und als ausführbare Datei PCHCTL.EXE auf der beigefügten CD-ROM im Verzeichnis \HCTL\PCHCTL zu finden.

ACHTUNG!!
Die Testprogramme sind nicht für die Regelung einer Motor/Last-Kombination geeignet. Für die ersten Tests eines geschlossenen Regelkreises sollte nur ein Testaufbau, bestehend aus einem Stellglied mit einer freilaufenden Motor/Encoder-Kombination (ohne Last!!) verwendet werden.

Neben dem hier vorgestelltem und für Testzwecke schnell zu realisierenden HCTL-1100 PC-Interface gibt es heute eine Reihe professioneller Anbieter von PC-Einsteckkarten mit dem HCTL-1100 als Motorcontroller.

In [119] wird solch eine PC-Einsteckkarte vorgestellt und Anhang H zeigt eine Applikationsschrift der Fa. ECK-Elektronik/Hannover.

Eine Demoversion der Steuersoftware zur PC-Einsteckkarte ist auf der CD-ROM im Verzeichnis \HCTL\FA_ECK zu finden, und wird mit MOTOR.EXE gestartet.

8 LM628 Motorcontroller PC-Interface

Das in Kapitel 7 beschriebene PC-Interface für den HCTL-1100 kann abgewandelt in gleicher Weise auch für den LM628 bzw. LM629 eingesetzt werden.

Von der beschriebenen Software können die Unterprogramme zur Schieberegistersteuerung durch den Druckerport ohne Änderung übernommen werden.

Es müssen lediglich neue Programme für die LM628 Steuerleitungen geschrieben werden, um dem LM628 Timing zu entsprechen.

Wer sich den kompletten Neuaufbau vom PC-Interface aus Abb. 7.1 ersparen möchte, kann durch einen einfachen Adapter den HCTL-1100 durch den LM628 bzw. LM629 ersetzen.

Abb. 8.1 zeigt die Schaltung des LM628/629 – HCTL1100 Adapters und die neue Zuordnung der Steuersignale.

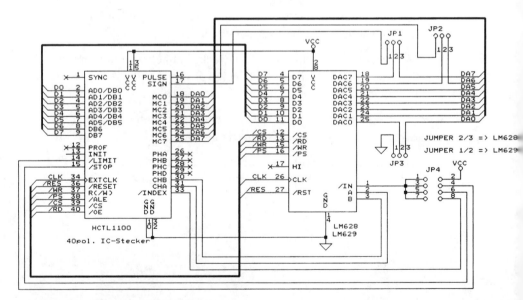

Abb. 8.1 LM628/629 – HCTL1100 Adapter

Wird die Schaltung auf einer kleinen Leiterplatte mit einem 40pol. IC-Stecker aufgebaut, so kann der HCTL-1100 direkt mit dem LM628 bzw. LM629 ausgetauscht werden.

Kommt ein LM628 zum Einsatz, so müssen jeweils die Anschlüsse 2 und 3 der Jumper JP1, JP2 und JP3 geschlossen werden.

Kommt ein LM629 zum Einsatz, so müssen jeweils die Anschlüsse 1 und 2 der Jumper JP1 und, JP2 geschlossen werden.

Der Jumper JP4 bestimmt die Funktion des Indexeingangs /IN:

JP4 1 und 2 geschlossen – /IN Indexeingang nicht in Betrieb

JP4 3 und 4 geschlossen – /IN verbunden mit dem externen /LIMIT Eingang

JP4 5 und 6 geschlossen – /IN verbunden mit dem externen /STOP Eingang

JP4 7 und 8 geschlossen – /IN verbunden mit dem Index Ausgang eines Encoders

Da die Schaltung von Abb. 7.1 mit einem 8-Bit DA-Wandler ausgestattet ist, kann der LM628 nur im 8-Bit Ausgangsportmodus betrieben werden, d.h. der PORT12 Befehl darf nicht gegeben werden.

Die benötigten LM628-Steuersignale sind jetzt mit dem Druckerport wie folgt verbunden:

STROBE steuert /WR des LM628
INIT steuert /PS des LM628
SELECIN steuert /CS des LM628
AUTOFEED steuert /RD des LM628

8.1 Steuersoftware für das LM628 PC-Interface

Um das Interface bedienen zu können, wird eine Treibersoftware benötigt, die den PC-Druckerport entsprechend den LM628 Erfordernissen ansteuert.

Für die Erstellung der Treibersoftware ist die Programmiersprache C in der Turbo-C Version der Fa. Borland eingesetzt worden.

Die nachfolgend beschriebene Software ist als Sourcecode und als ausführbare Datei PCLM628.EXE auf der beigefügten CD-ROM im Verzeichnis \LM628\PCLM628 zu finden.

8.1.1 Verwendete Software-Definitionen

In Kap. 7.1.1 sind bereits die Definitionen für die Schieberegistersteuerung aufgezeigt worden, so daß hier nur die LM628 spezifischen Festlegungen beschrieben werden.

Bit-Setzwerte für die LM628 Steuersignale:
#define ps_low 0xfb   /*and */
#define ps_high 0x04   /*or*/

#define rd_high 0xfd   /*and */
#define rd_low 0x02   /*or*/

#define cs_high 0xf7   /*and */
#define cs_low 0x08   /*or*/

#define wr_high 0xfe   /*and */
#define wr_low 0x01   /*or*/

LM628/9 Befehlsregister Definitionen:
#define RESET   0x00   /*Reset LM628/9*/
#define PORT8   0x05   /*LM628 Ausgangsport auf 8-Bit setzen */
#define PORT12   0x06   /*LM628 Ausgangsport auf12-Bit setzen */
#define DFH   0x02   /*HOME Position definieren */
#define SIP   0x03   /*Index Position setzen*/
#define LPEI   0x1B   /*Fehler-Interrupt aktivieren */
#define LPES   0x1A   /*Fehler-Stop aktivieren */
#define SBPA   0x20   /*Setzen des absoluten Breakpoints */
#define SBPR   0x21   /*Setzen des relativen Breakpoints */
#define MSKI   0x1C   /*Interrupte maskieren */
#define RSTI   0x1D   /*Interrupte zurücksetzen */
#define LFIL   0x1E   /*Filterparameter in den LM628 laden */
#define UDF   0x04   /*Filterparameter aktualisieren */
#define LTRJ   0x1F   /*Bahnkurvendaten in den LM628 laden */
#define STT   0x01   /*Bewegung starten */
#define RDSIGS   0x0C   /*Lesen des Signal-Registers */
#define RDIP   0x09   /*Lesen der Index-Position */
#define RDDP   0x08   /*Lesen der Ziel-Position */
#define RDRP   0x0A   /*Lesen der aktuellen Position */
#define RDDV   0x07   /*Lesen der Endgeschwindigkeit */
#define RDRV   0x0B   /*Lesen der aktuellen Geschwindigkeit*/
#define RDSUM   0x0D   /*Lesen des integralen Summen-Wertes */

LFIL Parameter verodern mit dem Filterkontrollwort „DiffTime" (als globale Variable):

```c
#define dT        0x0000 /* nur differentielle Abtastzeit aktualisieren*/
#define IL        0x0001 /*Integrationslimit */
#define KD        0x0002 /*D-Anteil */
#define KI        0x0004 /*I-Anteil*/
#define KP        0x0008 /*P-Anteil*/
```

LTRJ Parameter zur Einstellung des Bahnkurven-Kontrollwortes.
Die Einstellungen werden für jeden Parameter separat vorgenommen:

```c
#define Pos_abs   0x0002  /*Positionsdaten absolut*/
#define Pos_rel   0x0003 /* Positionsdaten relativ*/
#define V_abs     0x0008 /*Geschwindigkeit absolut*/
#define V_rel     0x000C /*Geschwindigkeit relativ*/
#define a_abs     0x0020 /*Beschleunigung absolut*/
#define a_rel     0x0030 /*Beschleunigung relativ*/
```

LTRJ Parameter für den Geschwindigkeitsmodus:

```c
#define V_mode_forward   0x1800 /*Geschwindigkeitsmodus vorwärts*/
#define V_mode_back      0x0800 /*Geschwindigkeitsmodus rückwärts*/
#define V_Stop           0x0100 /* Motorsollwert auf Null setzen */
#define V_maxBremsen     0x0200 /* maximal Abbremsen */
#define V_max_a          0x0400 /* mit Beschleunigungswert bremsen */
```

Benutzte Macros zur Steuerung des Druckerports:

```c
#define dataout       outportb(dat_port,control)
#define shift_hold    control=control ¦ clear_run & hold
#define datain        input=inportb(status_port)
#define steuout       outportb(steu_port,steuer)
```

Verwendete Typendeklarationen.
Byte-weise unsigned Word Definition:

```c
typedef union
{
unsigned int w;
unsigned char b[2];
}WORD;
```

Byte_weise und Word_weise unsigned Long-word Definiton:

```c
typedef union
{
unsigned long lw;
unsigned int w[2];
unsigned char b[4];
}LWORD;
```

```
#define LOW 0
#define HIGH 1
```

Zuweisungen der verwendeten globalen Variablen:
int control;   /* Schieberegister Controlwort*/
unsigned char input;   /*Eingaenge lesen*/
int steuer;   /* Motorcontroller Steuersignale */

WORD DiffTime={0x0000};   /*Differentielle Abtastzeit mit jedem LFIL Befehl neu laden*/

WORD IL_data={0x0000};   /*Integrationslimit Wert*/
WORD KD_data={0x0000};   /*D-Anteil Wert*/
WORD KI_data={0x0000};   /*I-Anteil Wert*/
WORD KP_data={0x0000};   /*P-Anteil Wert*/

LWORD Pos_abs_data={0x00000000};   /*Positionsdaten absolut*/
LWORD Pos_rel_data={0x00000000};   /* Positionsdaten relativ*/

LWORD V_abs_data={0x00000000};   /*Geschwindigkeit absolut*/
LWORD V_rel_data={0x00000000};   /*Geschwindigkeit relativ*/
LWORD a_abs_data={0x00000000};   /*Beschleunigung absolut*/
LWORD a_rel_data={0x00000000};   /*Beschleunigung relativ*/

WORD INT_mask={0x0000};   /*Interruptmasken Wert*/
WORD INT_reset={0x0000};   /*Interruptreset Wert*/

Merker für eingelesene Daten vom LM628:
LWORD Zielpos={0x00000000};
LWORD Akt_pos={0x00000000};
LWORD Ziel_V={0x00000000};
WORD Akt_V={0x0000};
WORD INT_Sum={0x0000};

LPT1 Adressmerker:
int dat_port;
int status_port;
int steu_port;
int LPT_adress;

8.1.2 Unterprogramme zum Schreiben/Lesen des LM628

Die Unterprogramme zur Schieberegister-Steuerung entsprechen denen von Kapitel 7.1.2, aus diesem Grund wird hier nicht weiter auf sie eingegangen.

8.1 Steuersoftware für das LM628 PC-Interface

Programme für die Steuerleitungen des LM628:
/PS aktiv LOW :
```
void     PS_aktiv()
   {
   steuer = steuer & ps_low; /*PS auf low*/
   steuout;
   }
```
/PS passiv HIGH:
```
void     PS_passiv()
   {
   steuer = steuer | ps_high; /*PS auf high*/
   steuout;
   }
```

/CS aktiv LOW :
```
void     CS_aktiv()
   {
   steuer = steuer | cs_low; /*CS auf low*/
   steuout;
   }
```

/CS passiv HIGH:
```
void     CS_passiv()
   {
   steuer = steuer & cs_high; /*CS auf high*/
   steuout;
   }
```

/RD aktiv LOW:
```
void   RD_aktiv()
   {
     steuer = steuer | rd_low;
     steuout;
   }
```

/RD passiv HIGH:
```
void   RD_passiv()
   {
     steuer = steuer & rd_high;
     steuout;
   }
```

/WR aktiv LOW:
```
void    WR_aktiv()
  {
    steuer = steuer | wr_low;
    steuout;
  }
```

/WR passiv HIGH:
```
void    WR_passiv()
  {
    steuer = steuer & wr_high;
    steuout;
  }
```

Die Kommunikation zwischen HOST, in diesem Fall ein PC, und LM628 erfolgt über den Befehlssatz des LM628.

Damit der LM628 die in Kap. 6.3 beschriebenen Befehle versteht, sind Befehlssteuerprogramme notwendig, mit denen die am Druckerport angeschlossene Hardware entsprechend gesteuert wird.

Statusbyte des LM628 lesen, der Inhalt steht anschließend in der globalen Variablen "input":
```
void rdstat()
{
Shift_treestate();   /*Shift Reg. auf Treestate           */
   CS_aktiv();
   PS_aktiv();
   RD_aktiv();
   Shift_load();       /* Shift. Reg. mit LM628-Daten laden */
   RD_passiv();
   PS_passiv();
   CS_passiv();
   Shift_aktiv();      /* Shift Reg. in normal Funktion     */
   Shift_readin();     /* Shift Reg. Inhalt in „input" einlesen */
}
```

Das Busy Bit (Bit 0 vom Statusbyte) des LM628 auf log 0 testen:
```
void test_busy()
{
   int count=0; /*Busyzyklen begrenzen damit im Fehlerfall der Rechner
       nicht hängenbleibt*/
   do
```

8.1 Steuersoftware für das LM628 PC-Interface

```
    {
  rdstat();
    count++;
  }while( ((input & 0x01) !=0) && (count !=1000) );
}
```

Unterprogramm zur Ausgabe von Kommandos.
Die Befehle RESET, PORT8, PORT12, DFH, SIP, UDF, STT, werden direkt ohne nachfolgende Daten an den LM628 ausgegeben:

```
    {
    test_busy();
      CS_aktiv();           /* /CS auf low                     */
      PS_aktiv();           /* /PS auf low            */
      WR_aktiv();           /* /WR auf low                     */
      Shiftout(Befehl);     /*Hex Code des Befehls ausgeben    */
      WR_passiv();          /* /WR auf high                    */
      PS_passiv();          /* /PS auf high           */
      CS_passiv();          /* /CS auf high                    */
    }
```

Ein Datenwort (2 Byte) in den LM628 schreiben:
void   write_dataword(WORD data)

```
      {
      test_busy();
        CS_aktiv();              /* /CS auf low                   */
        WR_aktiv();              /* /WR auf low                   */
        Shiftout(data.b[HIGH]);  /*MSB der Daten ausgeben */
        WR_passiv();             /* /WR auf high                  */
        CS_passiv();             /* /CS auf high                  */
        CS_aktiv();              /* /CS auf low                   */
        WR_aktiv();              /* /WR auf low                   */
        Shiftout(data.b[LOW]);   /*LSB der Daten ausgeben */
        WR_passiv();             /* /WR auf high                  */
        CS_passiv();             /* /CS auf high                  */
      }
```

Ein Datenwort vom LM628 einlesen und mit der lokalen Variablen „data" an ein übergeordnetes Programm übergeben:
WORD   read_dataword()

```
      {
    WORD data;
      test_busy();
```

```
    /* MSB einlesen */
    Shift_treestate();    /*Shift Reg. auf Treestate         */
    CS_aktiv();
    RD_aktiv();
    Shift_load();         /* Shift. Reg. mit LM628-Daten laden */
    RD_passiv();
    CS_passiv();
    Shift_aktiv();        /* Shift Reg. in normal Funktion   */
    Shift_readin();       /* Shift Reg. Inhalt in „input" einlesen */
    data.b[HIGH]=input;
    /* LSB einlesen */
    Shift_treestate();    /*Shift Reg. auf Treestate         */
    CS_aktiv();
    RD_aktiv();
    /*evtl.Pause machen*/
    Shift_load();         /* Shift. Reg. mit LM628-Daten laden */
    RD_passiv();
    CS_passiv();
    Shift_aktiv();        /* Shift Reg. in normal Funktion   */
    Shift_readin();       /* Shift Reg. Inhalt in „input" einlesen */
    data.b[LOW]=input;
    return(data);
}
```

Obere Positionsfehlergrenze des LM628 zur Auslösung eines Fehlerinterrupts setzen:

```
void   lpei(WORD posdaten)
  {
  command (LPEI);
  write_dataword(posdaten);
  }
```

Obere Positionsfehlergrenze des LM628 setzen und bei erreichen einen Interrupt und Bewegungsstop auslösen:

```
void   lpes(WORD posdaten)
  {
  command(LPES);
  write_dataword(posdaten);
  }
```

Einen Breakpoint in Abhängigkeit von der absoluten Position setzen:
```
void   sbpa(LWORD posdaten)
```

```
    {
      WORD Hword ;
    WORD Lword ;
      Hword.w = posdaten.w[HIGH];
      Lword.w = posdaten.w[LOW];
    command(SBPA);
    write_dataword(Hword);
    write_dataword(Lword);
    }
```

Einen Breakpoint in Abhängigkeit von einer relativen Position setzen:
void   sbpr(LWORD posdaten)

```
    {
      WORD Hword ;
    WORD Lword ;
      Hword.w = posdaten.w[HIGH];
      Lword.w = posdaten.w[LOW];
    command(SBPR);
    write_dataword(Hword);
    write_dataword(Lword);
    }
```

Interrupts maskieren: sperren mit Bit x auf 0, freigeben mit Bit x auf 1
Bit 0 - unbenutzt
Bit 1 - Befehlsfehler Interrupt
Bit 2 - Beendigung der Bahnkurve
Bit 3 - Indeximpuls Interrupt
Bit 4 - Positionsüberlauf Interrupt
Bit 5 - Positionsfehler Interrupt
Bit 6 - Positions Breakpoint Interrupt
Bit 7 bis Bit 15 unbenutzt

void   mski(WORD intmaske)
```
    {
    command(MSKI);
    write_dataword(intmaske);
    }
```

Interrupts zurücksetzen mit Bit x auf 0. Die Bit Zuordnung ist wie bei MSKI:
void   rsti(WORD intreset)
```
    {
    command(RSTI);
    write_dataword(intreset);
    }
```

8 LM628 Motorcontroller PC-Interface

Filterparameter setzen. Es wird immer nur ein Parameter, verodert mit der differentiellen Abtastzeit (steht in der globalen Variablen „DiffTime") im Filterkontrollwort, gesetzt:

```
void   lfil(char param, WORD Fildata )
   {
     WORD control;
   control.w= param ¦ DiffTime.w;
   command(LFIL);
   write_dataword(control);
   write_dataword(Fildata);
   }
```

Die verschiedenen Bahnkurvendaten werden einzeln in den LM628 geschrieben.
control: Art der zu ändernden Daten (Position, Beschleunigung, Geschwindigkeit)
Bahndata: zugehöriger Datenwert

```
void   ltrj(WORD control, LWORD Bahndata )
   {
     WORD Hword ;
     WORD Lword ;
     Hword.w = Bahndata.w[HIGH];
   Lword.w = Bahndata.w[LOW];
   command(LTRJ);
   write_dataword(control);
   write_dataword(Hword);
   write_dataword(Lword);
   }
```

Die verschiedenen Geschwindigkeitsmodi Bahnkurvendaten werden separat in den
LM628 geschrieben:

```
void   ltrj_V(WORD control)
   {
   command(LTRJ);
   write_dataword(control);
   }
```

Signal-Register lesen:
```
WORD     rdsigs()
{
  WORD Daten;
```

8.1 Steuersoftware für das LM628 PC-Interface

```
  command(RDSIGS);
  Daten=read_dataword();
    return(Daten);
}
```

Lesen der Index-Position:
```
LWORD    rdip()
{
  LWORD Daten;
  WORD Hword ;
  WORD Lword ;
  command(RDIP);
  Hword = read_dataword();
  Lword =read_dataword();
  Daten.w[HIGH]=Hword.w;
  Daten.w[LOW]=Lword.w;
    return(Daten);
}
```

Lesen der Ziel-Position für die Bahnkurve:
```
LWORD    rddp()
{
  LWORD Daten;
  WORD Hword ;
  WORD Lword ;
  command(RDDP);
  Hword = read_dataword();
  Lword =read_dataword();
  Daten.w[HIGH]=Hword.w;
  Daten.w[LOW]=Lword.w;
    return(Daten);
}
```

Lesen der aktuellen Motor-Position:
```
LWORD    rdrp()
{
  LWORD Daten;
  WORD Hword ;
  WORD Lword ;
  command(RDRP);
  Hword = read_dataword();
  Lword =read_dataword();
```

```
   Daten.w[HIGH]=Hword.w;
   Daten.w[LOW]=Lword.w;
     return(Daten);
}
```

Lesen der Zielgeschwindigkeit für die Bahnkurve:
```
LWORD    rddv()
{
  LWORD Daten;
  WORD Hword ;
  WORD Lword ;
  command(RDDV);
  Hword = read_dataword();
  Lword =read_dataword();
  Daten.w[HIGH]=Hword.w;
  Daten.w[LOW]=Lword.w;
    return(Daten);
}
```

Aktuelle Geschwindigkeit des Motors lesen:
```
WORD     rdrv()
{
  WORD Daten;
  command(RDRV);
  Daten=read_dataword();
    return(Daten);
}
```

Lesen des integralen Summationswertes:
```
WORD     rdsum()
{
  WORD Daten;
  command(RDSUM);
  Daten=read_dataword();
    return(Daten);
}
```

8.2 Programme zum Testen des LM628 PC-Interface

Mit Hilfe der nachfolgend beschriebenen Programme kann die korrekte Funktion des LM628 PC-Interface getestet werden.

8.2 Programme zum Testen des LM628 PC-Interface

Achtung!!
Die Testprogramme sind nicht für die Regelung einer Motor/Last-Kombinationgeeignet. Im ersten Schritt sollte die Überprüfung mit einem Oszilloskop vorgenommen werden.

Neben der Funktionsprüfung der LM628 Steuerleitungen kann auch die Funktion des Motorcommandausgangs getestet werden.

Hierzu wird beim Einsatz eines LM628 der DA-Wandler Ausgang und beim Einsatz eines LM628 der PWM-Ausgang überwacht.

Um die Funktion des geschlossenen Regelkreises zu testen, sollte ein Testaufbau, bestehend aus einem Stellglied mit einer angeschlossenen, freilaufenden Motor/Encoder-Kombination (ohne Last!!) verwendet werden.

Hauptprogramm:
```
#include „\tc\lm628\include.h"
main ()
{
char code;
clrscr();
Init_extern(); /*initialisieren der globalen Variablen*/
    /*Adresse von LPT1 feststellen und zuordnen*/
    Find_LPT1();
Test_pcdrive();
}
/****************************************************************/
/*Ermittlung einer LPT Adresse
Eingabe: NUMMER der parallelen Schnittstelle (1-4)
Ausgabe: TRUE wenn Schnittstelle gültig
Adressübergabe mit der globalen Variablen LPT_adress
*/
int   GetLPTadr (int nummer)
{
    /*Portadresse aus dem BIOS Variablen Segment lesen*/
    LPT_adress= *(WORD2 far*) port_adr(0x0040,6+nummer*2);
    if (LPT_adress !=0) return TRUE; /*Schnittstelle vorhanden*/
    else return FALSE;
}
/****************************************************************/
/*Adresse der LPT1 Schnittstelle ermitteln und auf dem Bildschirm anzeigen*/
void Find_LPT1()
```

```
{
clrscr();
Header();
GetLPTadr (1);
   dat_port=LPT_adress;
status_port=LPT_adress+1;
   steu_port=LPT_adress+2;
printf(„\r\n\r\n Ermittlung der LPT1 Adresse zur direkten Schnittstellen Steue-
rung");
printf(„\r\n_____
„);
printf(„\r\n\r\n LPT1 Adresse Datenport lautet: %x Hex",dat_port);
   printf(„\r\n\r\n LPT1 Adresse Statusport lautet: %x Hex",status_port);
   printf(„\r\n\r\n LPT1 Adresse Steuerport lautet: %x Hex",steu_port);
printf(„\n\n Weiter mit beliebiger Taste.");
getch();
}
/********************************************************************/
i
/*Einfacher Test der PCDRIVE Hardware*/
void Test_pcdrive()
{
   char code;
do
{
   clrscr();
   Header();
   printf(„\n\r\n\r");
printf(„Test LM628/9 Steuersignale =    A \n\r");
printf(„LM628/9 Hardware Reset Test =    B \n\r");
printf(„LM628/9 Motorsollwert Test =    C \n\r");
printf(„\n\rAufhöen = X \n\r");
   code = getch();
   switch(code)
     {
     case 'a':
     case 'A':Test_lpt();
   break;
     case 'b':
     case 'B':TestReset_LM62();
   break;
```

```
      case 'c':
      case 'C':Test_Bahnkurve();
   break;
      }
   }while ( (code !='x') && (code !='X') );
   clrscr();
}
/***************************************************************/
/*Testen ob ein Hardwarereset erfolgreich durchgeführt wurde*/
void TestReset_LM62()
{
   char status=0;
   WORD setint={0x0000};
clrscr();
   Header();
printf(„\r\n\r\n Erster Schreib- und Lesetest des LM628/9 „);
printf(„\r\n_____");
printf(„\r\n Nach einem erfolgreichem Hardware Reset muß das Statusbyte");
printf(„\r\n den Inhalt 84 Hex oder C4 Hex enthalten.");
printf(„\r\n Ein weiterer Test ist das sperren und zurücksetzen aller");
printf(„\r\n Interrupte des LM628/9 direkt nach dem Hardware Reset.");
printf(„\r\n Das Statusbyte muß dann einen der folgenden Inhalte enthalten:");
printf(„\r\n 80 Hex, C0 Hex, 81 Hex oder C1 Hex" );
printf(„\r\n_____");
printf(„\r\n Bitte einen Hardware-Reset durchführen und RETURN betätigen!!");
getch();
   rdstat(); /*Statusbyte lesen*/
   printf(„\n\r Statusbyte direkt nach dem Reset = %x Hex",input);
      printf(„\r\n Weiter mit beliebiger Taste");
   getch();
   if ( (input !=0x84) && (input != 0xC4) )
   {
      printf(„\r\nReset nicht erfolgreich");
   printf(„\r\n Weiter mit beliebiger Taste");
   getch();
   status=0xFF;
   }
/*Reset Test über die Interrupt Bits*/
   mski(setint); /*alle Interrupte sperren*/
   rsti(setint); /*alle Interrupte zurücksetzen*/
```

8 LM628 Motorcontroller PC-Interface

```
    rdstat(); /*Statusbyte lesen*/
    printf(„\n\r Statusbyte nach Interrupte rücksetzen und sperren = %x",input);
       printf(„\r\n Weiter mit beliebiger Taste");
    getch();
    if ( (input !=0x80) && (input != 0xC0) && (input !=0x81) && (input != 0xC1) )
       {
          printf(„\r\nReset nicht erfolgreich");
       status=0xFF;
       printf(„\r\n Weiter mit beliebiger Taste");
       getch();
       }
       if (status==0)
          {
          printf(„\r\n LM628/9 Hardware RESET war erfolgreich.");
          printf(„\r\n Weiter mit beliebiger Taste");
          getch();
          }
clrscr();
   Header();
}
/*******************************************************************/
/* Test der LPT Schnittstelle */
void Test_lpt()
{
char code;

   clrscr();
   Header();

      printf(„\r\n\r\n");
      printf(„ Test der LM628/9 Steuersignale \n\r");

printf(„\r\n\r\n /PS aktiv   (LOW)   - A");
printf(„\r\n /PS passiv (HIGH)   - B");
printf(„\r\n /CS aktiv   (LOW)   - C");
printf(„\r\n /CS passiv (HIGH)   - D");
printf(„\r\n /RD aktiv   (LOW)   - E");
printf(„\r\n /RD passiv (HIGH)   - F");
printf(„\r\n /WR aktiv   (LOW)   - G");
printf(„\r\n /WR passiv (HIGH)   - H");
```

```
  printf(„\r\n\r\n Aufhören mit 'X' ");
    do
    {
      code = getch();
    switch(code)
      {
      case 'a':
      case 'A': PS_aktiv();
    break;
      case 'b':
      case 'B': PS_passiv();
    break;
      case 'c':
      case 'C': CS_aktiv();
    break;
      case 'd':
      case 'D': CS_passiv();
    break;
      case 'e':
      case 'E': RD_aktiv();
    break;
      case 'f':
      case 'F': RD_passiv();
    break;
      case 'g':
      case 'G': WR_aktiv();
    break;
      case 'h':
      case 'H': WR_passiv();
    break;
      }
    }while ( (code !='x') && (code !='X') );
    clrscr();
    Header();
}
/****************************************************************/
void Testheader()
{
   clrscr();
   Header();
```

8 LM628 Motorcontroller PC-Interface

```
    printf(„\r\n\r\n");
    printf(„\r\n Ausgangs Test des LM628/9");
    printf(„\n----------------------------");
    printf(„\n LM628/9 im Positionsmodus mit einem definiertem Sollwert am
Ausgang.");
    printf(„\n Für diesen Test sollte kein Motor angeschlossen sein!!!");
    printf(„\n Die Überprüfung erfolgt mittels Oszilloskop, ");
    printf(„\n beim LM628 am DA-Wandlerausgang und beim LM629 am PWM-
Ausgang.");
    printf(„\r\n\r\n        Start mit - A");
        printf(„\r\n        Stop mit - B");
        printf(„\r\n Fahrdaten ansehen - C");
    printf(„\r\n\r\n Aufhören mit 'X' ");
}
/******************************************************************/
/* Starten einer Testbahnkurve, um den LM628/9 Ausgang zu testen*/

void Test_Bahnkurve()
{
char code;
WORD Whelp;

    Testheader();

    INT_mask.w=0;
    mski(INT_mask); /*alle Interrupte sperren*/
    INT_reset.w=0;
    rsti(INT_reset); /*alle Interrupte zurücksetzen*/
/* Filterparameter auf reine proportional Verstärkung setzen */
KP_data.w=0x000F;
lfil(KP,KP_data); /*Verstärkung von 15 einstellen*/

    command(UDF);   /*Update Filterparameter*/

    Whelp.w=Pos_abs; Pos_abs_data.lw=0x00010000;
    ltrj(Whelp,Pos_abs_data); /*absolute Position setzen*/

    Whelp.w=a_abs; a_abs_data.lw=0x00000006;
    ltrj(Whelp,a_abs_data); /*absolute Beschleunigung setzen*/

    Whelp.w=V_abs; V_abs_data.lw=0x0001B0A4;
    ltrj(Whelp,V_abs_data);/*absolute Geschwindigkeit setzen*/

    do
```

8.2 Programme zum Testen des LM628 PC-Interface

```
      {
        code = getch();
    switch(code)
       {
        case 'a':
        case 'A':
        /*evtl. Motorstop Befehl aufheben*/
           Whelp.w=0; ltrj_V(Whelp);
     command(STT); /*Bewegung starten*/
     break;
        case 'b':
        case 'B': Whelp.w=V_Stop; ltrj_V(Whelp); /*Motorsollwert Null ausge-
ben*/
     command(STT);
     break;
        case 'c':
        case 'C': Show_Bahndata();
     break;
       }

     }while ( (code !='x') && (code !='X') );

    Whelp.w=V_Stop;
    ltrj_V(Whelp); /*Motorsollwert Null ausgeben*/
    command(STT);

    clrscr();
    Header();
}
/********************************************************************/
/*Daten der Positions- und Geschwindigkeitsregister ansehen*/
void Show_Bahndata()
{
    int xsave[5],ysave[5];
    char code;

    clrscr();Header();

    printf(„\n\n Vom LM628/9 ausgelesene Daten der Testbewegung \n\r");
       printf(„\nVorgabe:    Abs.Pos=10000Hex,    V_abs=1B0A4Hex,    a_
abs=6Hex");
```

```
printf(„\n===============================\n");

  printf(„\n Daten aktualisieren mit - A");

  printf(„\n\n Aufhören mit - X");
  printf(„\n===============================\n");
    printf(„\n          Zielposition= „);
      xsave[0]=wherex();ysave[0]=wherey();
    printf(„ Hex %lx „,Zielpos);
      printf(„\n          Aktuelle Position= „);
      xsave[1]=wherex();ysave[1]=wherey();
    printf(„ Hex %lx „,Akt_pos);

      printf(„\n      Zielgeschwindigkeit= „);
      xsave[2]=wherex();ysave[2]=wherey();
    printf(„ Hex %lx „,Ziel_V);

      printf(„\n Aktuelle Geschwindigkeit= „);
      xsave[3]=wherex();ysave[3]=wherey();
    printf(„ Hex %x „,Akt_V);

printf(„\n Integraler Summationswert= „);
    xsave[4]=wherex();ysave[4]=wherey();
  printf(„ Hex %x „,INT_Sum);

  do
    {
  code=getch();
  switch(code)
      {
    case 'a':
    case 'A':
    Zielpos=rddp(); /*Lesen der Ziel-Position*/
    gotoxy(xsave[0], ysave[0]);
      printf(„ Hex %lx     ",Zielpos);

    Akt_pos=rdrp(); /*Lesen der aktuellen Motor-Position*/
    gotoxy(xsave[1], ysave[1]);
      printf(„ Hex %lx     ",Akt_pos);

    Ziel_V=rddv(); /*Lesen der Zielgeschwindigkeit*/
    gotoxy(xsave[2], ysave[2]);
      printf(„ Hex %lx     ",Ziel_V);

    Akt_V=rdrv(); /*Lesen der aktuellen Geschwindigkeit */
```

```
      gotoxy(xsave[3], ysave[3]);
        printf(„ Hex %x       ",Akt_V);
      INT_Sum=rdsum(); /*Lesen des integralen Summations-Wertes*/
      gotoxy(xsave[4], ysave[4]);
        printf(„ Hex %x       ",INT_Sum);
      break;
   }
   }while ((code!='x') && (code !='X'));
   Testheader();
}
/*****************************************************************/
```

Die oben aufgezeigten Testprogramme können auch als Beispiel für die Handhabung der LM628 Befehlssteuerprogramme genommen werden.

Anhang

Anhang A: Antriebs-Projektierungsformular der Fa. Papst/St. Georgen

PAPST

PAPST motor system

Projektierungsdaten

Anforderungsbeschreibung

Die einzelnen Komponenten des PAPST motor systems sollen soweit als möglich alle Ihre Wünsche im Hinblick auf ein modernes Antriebssystem erfüllen. Dies setzt eine optimale Adaption der Motoren und deren Ansteuerelektronik - sowohl in ihrer Leistungsfähigkeit als auch in ihrem Leistungsprofil - an die jeweilige Antriebsaufgabe voraus. Bitte beschreiben Sie deshalb in diesem Vordruck Ihren Anwendungsfall und die Antriebsaufgaben.

1.) Beschreibung des Anwendungsfalls: _____

2.) Erforderliches Nennmoment M_N: _____ Nm

3.) Erforderliches Anlaufmoment M_A: _____ Nm

4.) Motorleistung P_N: _____ W

5.) Abtriebsdrehzahl N_N: _____ min^{-1}

6.) Drehzahlbereich: _____ von _____ bis _____ min^{-1}

7.) Belastung der Motorwelle: axial _____ N
    radial _____ N

8.) Massenträgheitsmoment der Last J_L: _____ kgm^2

9.) Soll der Motor betrieben werden im: Drehzahlregelmodus ❏
    Positioniermodus ❏

10.) Erforderliche Positioniergenauigkeit: _____

11.) Erforderliche Beschleunigungszeit t_{acc}, mit Last, vom Stillstand bis _____ min^{-1} : _____ sec

Anhang A

Anforderungsbeschreibung

12.) Erforderliche Bremszeit t_{dec}, mit Last von
der Solldrehzahl _____ min^{-1} bis zum Stillstand: _____ ms

13.) Drehzahlverlaufsdiagramm:
Rechtslauf (min^{-1})

Linkslauf (min^{-1})

14.) Häufigkeit der Arbeitszyklen pro Sekunde: ..... mal
pro Minute: ..... mal
pro Stunde: ..... mal

15.) Besondere Anforderungen an Drehzahlkonstanz: _____

16.) Umgebungstemperaturbereich der Elektronik: von ___ bis ___ °C

17.) Umgebungstemperaturbereich des Motors: von ___ bis ___ °C

18.) Besondere äußere Einflüsse auf den Motor
wie Wasser, Öl etc. (Schutzart): _____

19.) Geschätzter Stückzahlbedarf
(Motoren und Ansteuerelektronik) pro Jahr? _____ Stück

20.) Wünschen Sie weitere Informationen
Wenn ja, welche: _____

21.) Weitere Angaben: _____

273

Anhang

Anhang B: Antriebs-Berechnungsbeispiel mit SERCAT der Fa. Hauser/Offenburg

```
SERCAT V 1.00 (c) 1989 Hauser Elektronik GmbH -=[Demo-Version]=-

Berechnungs-Beispiel 1

Siehe SERCAT-Dokumentation


Kunde:          Meier und Sohn
Projekt:        Regallager
Bearbeiter:     Mustermann

Bemerkungen: Regalfahrzeuge 1 und 2

Ausgedruckt..................5.2.92, 8:47
Erstellt.....................9.9.99, 13:52



Antriebsart:
-    HLE 150 mit Zahnriemen
-    Normaler Läufer
-    Vertikale Lage

Angaben zu Getrieben
Es sollen Getriebe aus dem HAUSER-Programm verwendet werden
Antriebe ohne Getriebe sind ebenfalls möglich



Kenndaten des Antriebs, vorgegebene Daten

Verfahrweg..............................................     1100 mm
Verfahrzeit.............................................     0.72 s
Stillstandszeit.........................................     0.8 s
Nenngeschwindigkeit.....................................     2.4 m/s
Zu bewegende Masse......................................     30 kg
Reibungskraft...........................................     150 N
Einstellung Balancer....................................     30 kg
Anzahl Ritzel...........................................     2

Kenndaten des Antriebs, errechnete Daten


Nenndrehzahl............................................     600 U/min
Beschleunigungszeit.....................................     0.262 s
Abbremszeit.............................................     0.262 s
  errechnet aus:
-    Verfahrweg.........................................     1100 mm
-    Verfahrzeit........................................     0.72 s
-    Nenngeschwindigkeit................................     2.4 m/s
-    Durchmesser des Antriebsritzels....................     76.4 mm
-    Stillstandszeit....................................     0.8 s
```

Anhang B

```
SERCAT V 1.00 (c) 1989 Hauser Elektronik GmbH -=[Demo-Version]=-
```

Stat. Drehmoment....................................	8.2 Nm
Translatorisches Massenträgheitsmoment...............	534 kgcm.
errechnet aus:	
- Zu bewegende Masse.............................	30 kg
- Reibungskraft..................................	150 N
- Einstellung Balancer...........................	30 kg
Dynamisches Drehmoment..............................	21.2 Nm
errechnet aus:	
- Rotatorisches Massenträgheitsmoment............	6.66 kgcm.
errechnet aus:	
- Massenträgheitsmoment eines/des Ritzels.....	3.33 kgcm.
- Anzahl Ritzel...............................	2
Effektives Drehmoment...............................	9.65 Nm

M/t-Diagramm für Aufwärtsbewegung

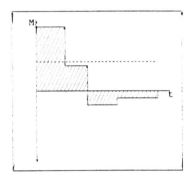

Beschleunig.-phase	21.2 Nm
Lineare Phase	8.2 Nm
Abbremsphase	-4.78 Nm
Stillstand	-2.47 Nm
Effektivwert (Gepunktete Linie)	9.65 Nm

Anhang

SERCAT V 1.00 (c) 1989 Hauser Elektronik GmbH -=[Demo-Version]=-

M/t-Diagramm für Abwärtsbewegung

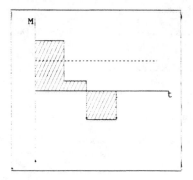

Beschleunig.-phase	16.2 Nm
Lineare Phase	3.26 Nm
Abbremsphase	-9.72 Nm
Effektivwert (Gepunktete Linie)	9.65 Nm

Datei	Daten vom
Motor-Datei	07.89
Regler-Datei	1989
Getriebe-Datei	08.89

Ausgewählte Komponenten

2 Vorschläge

Vorschlag Nr. 1
Statisches Drehmoment 1.7 Nm,
Dynamisches Drehmoment bei Nenndrehzahl 3.35 Nm,
Erforderliche Transformatorleistung 1040 W

Motor Typ HBMR 92G4-44 S,
Nenndrehzahl 5000 U/min

Passendes Motorkabel: Typ MOK - 92
Passendes Resolverkabel: Typ REK - 1

Regler Typ HBV 1500
Breite 14 TE

Getriebe PL 90/90-xx-8, Übersetzung 8 :1
Länge 117.5 mm

Anhang B

SERCAT V 1.00 (c) 1989 Hauser Elektronik GmbH -=[Demo-Version]=-

Daten des Gesamt-Antriebs (Motor, Regler, Getriebe):
Nach dem Getriebe: Nenndrehzahl 625 U/min,
Statisches Drehmoment 12.7 Nm, Dynamisches Drehmoment 26.8 Nm

Darstellung des Motors:

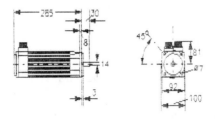

Darstellung des Reglers:

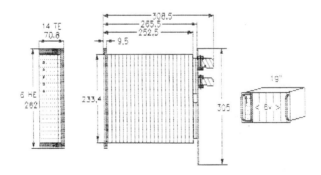

Darstellung des Getriebes:

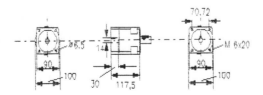

Anhang

```
SERCAT V 1.00 (c) 1989 Hauser Elektronik GmbH -=[Demo-Version]=-


    Vorschlag Nr. 2
    Statisches Drehmoment 4.3 Nm,
    Dynamisches Drehmoment bei Nenndrehzahl 7.61 Nm,
    Erforderliche Transformatorleistung 854 W

    Motor Typ HBMR 115C6-88 S,
    Nenndrehzahl 2500 U/min

    Passendes Motorkabel: Typ MOK - 115
    Passendes Resolverkabel: Typ REK - 1


    Regler Typ HBV 1500
    Breite 14 TE

    Getriebe PL 115/115-xx-3 , Übersetzung 3 :1
    Länge 138.5 mm

    Daten des Gesamt-Antriebs (Motor, Regler, Getriebe):
    Nach dem Getriebe: Nenndrehzahl 833 U/min,
    Statisches Drehmoment 10.8 Nm, Dynamisches Drehmoment 22.8 Nm



    Darstellung des Motors:
```

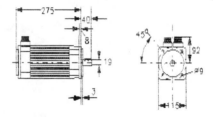

```
    Darstellung des Getriebes:
```

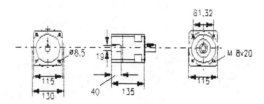

Anhang C: Produktbeschreibung des Programms Momente der Fa. Motron/Erlangen

Motron steuert Motoren — *kreativ, kompetent punktgenau.*

Schrittmotoren
Servoantriebe
Positioniergeräte
Drehstromregelantriebe
Frequenzumrichter
Drehzahlmeßgeräte
Messen, Überwachen
Steuern
Elektronik

MOMENTE

ein Programm für die Auswahl des geeigneten Schritt- oder Servomotors.

- Graphischer Aufbau des gesamten Antriebes
- Anklicken der gewünschten Antriebsteile
- Nachträgliches Editieren der Daten
- Sofortiges Ergebnis
- Übersichtlicher Bildschirmaufbau
- Ausgabe auf File und Drucker

Anhang

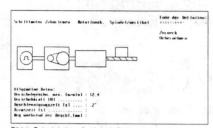

Bild 1: Beispiel einer Antriebsdefinition

Bild 2: Bildschirmaufteilung der Fenster im Hauptmenü.

Es entstand aus den Anforderungen der Praxis und ist deshalb ein nützliches Softwaretool für den Entwickler, den Konstrukteur und den Vertriebsingenieur.

Die Bedienung erfolgt vollständig mit den Cursortasten oder mit einer Maus (falls vorhanden). Benötigt wird ein MS-DOS Rechner mit minimal 512 kb RAM und DOS 3.1 oder höher. Das Programm kann an fast alle verwendeten Graphikkarten angepaßt werden. Richtig zur Geltung kommt die Graphik aber erst mit einer VGA-Karte mit mindestens 600 x 340 Pixel Auflösung und Farbdarstellung. Ein Installationsprogramm mit Farbauswahl und Graphikanpassung wird mitgeliefert.

Preis: DM 380,–

Programmbeschreibung

Das Programm soll dem Benutzer helfen, für eine bestimmte Antriebsaufgabe den geeigneten Motor zu finden. Es erspart dem Konstrukteur die wiederholte Neuberechnung, wenn ein Paramter (z.B. Übersetzung) geändert wird. Es vermeidet Rechenfehler, die einem Menschen zwangsläufig zwischendurch unterlaufen.

Bei der Aufgabenstellung ist das Grundkonzept des Antriebes fast immer fest vorgegeben und nur einige Parameter sind vom Konstrukteur veränderbar. Entsprechend ist das Programm gegliedert in die Definition des Antriebes und anschließender Variation der freien Parameter.

Zuerst wird der Antrieb aus vier verschiedenen Abschnitten, und innerhalb eines Abschnittes wiederum aus verschiedenen Komponenten, zusammengestellt. Durch Piktogramme für die einzelnen Komponenten wird der Benutzer auch graphisch unterstützt.

Die vier Abschnitte sind:

– Motor (Schritt-, Servomotor)

– Ankopplung (Getriebe, Zahnrad, Kette. . . .)

– Koppelelement (Welle. . .)

– Abtrieb (Hubantrieb, Spindel. . . .)

Nach dieser Definition werden alle benötigten Eingangsdaten (und nur diese!) in einem Fenster dargestellt. Dazu werden in einem zweiten Fenster die berechneten Daten des Antriebes ausgegeben (Drehzahl, Motormoment, rotatorische Momente. . .). Der Konstrukteur kann nun die Eingangsdaten (Übersetzung, Spindelsteigung, Vorschubgeschwindigkeit) im entsprechenden Fenster frei editieren. Beim Verlassen des Editiermodus werden die berechneten Daten sofort auf den neuesten Stand gebracht. Sehr schnell kann damit eine Kombination gefunden werden, bei der Motor mit vernünftigen Drehzahlen und Drehmomenten arbeitet.

Zur besseren Übersicht ist der Bildschirm in vier Textfenster eingeteilt. Eines ist für die Menüführung reserviert. In zwei weiteren werden dem Benutzer Daten angezeigt. Das letzte Fenster dient zur Eingabe der Daten durch den Benutzer. In verschiedenen Unterfunktionen wird von vier Textfenstern auf ein Graphikfenster umgeschaltet.

Ausgabemöglichkeiten

Alle Daten zu einer Antriebskonstruktion können zur späteren Wiederverwendung auf Diskette gesichert werden. Zusätzlich können die Daten zur Dokumentation auf Drucker ausgegeben werden. Die Zahlendarstellung erfolgt entweder in Festkomma- oder Exponentialformat, wobei der Rechner selbständig das besser lesbare Format wählt.

Bei jeder Dateneingabe steht im Klartext die Bezeichnung dabei, einschließlich der erwarteten Einheit. Die Eingabe selbst kann in jedem gültigen Zahlenformat erfolgen.

Features

Im Programm enthalten ist ein Hilfsmenü, das eine kurze Bedienungsanleitung und Hinweise zu allen Menüpunkten enthält.

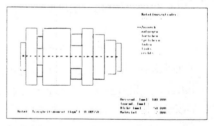

Bild 3: Berechnung von rotatorischen Trägheitsmomenten

In einer Unterfunktion kann ein rotatorischer Körper aus bis zu 20 Zylindern oder Hohlzylindern zusammengesetzt werden. Das rotatorische Moment des Körpers wird berechnet.

Zu allen Teilen der Konstruktion werden verschiedene Materialien unterstützt. Die gängigen, wie Stahl, Aluminium, usw. sind bereits mit ihren spezifischen Gewichten gespeichert. Außerdem kann der Benutzer das spezifische Gewicht eines weiteren Materials frei vorgeben. Die verwendeten Farben (Grautöne bei SW-Monitor) sind frei wählbar.

In Vorbereitung ist eine Motorauswahlroutine. Mit ihr wird aus einer Motordatei, die vom Benutzer selbst angelegt wird, automatisch der optimale Motor zur Antriebskonstruktion gewählt.

Anhang D: Berechnungsbeispiel Synchronriemengetriebe der IFW Uni Hannover

```
*******************************
*      AUSLEGUNGSPROGRAMM      *
*      FUER ROTATORISCHE       *
*   SYNCHRONRIEMENGETRIEBE     *
*                              *
*    IFW 1991, Universitaet Hannover    *
*******************************

Auslegung vom : Sun Mar 17 21:59:10 1991

Anfangsdaten :

Uebertragungsleistung            =     2.618 [ kW ]
Drehmoment am Antrieb            =        10 [ Nm ]
Sicherheitsfaktor                =         1 [ -  ]
Antriebsdrehzahl                 =      2500 [1/min]
Uebersetzung                     =        15 [ -  ]
Achsabstand                      =       200 [ mm ]
Synchronriemenanzahl             =         5 [ -  ]

Synchronriemendaten :

Profil                           =       HTD
Teilung                          =         5 [ mm ]
Breite                           =        32 [ mm ]
Laenge                           =      1125 [ mm ]
Zaehnezahl                       =       225 [ -  ]
Werkstoff                        = Chloroprene
Masse                            =     0.121 [ kg ]
spezifische Federsteifigkeit     =     671.3 [ kN ]

Zahnscheibe 1 :

Zaehnezahl                       =        14 [ -  ]
Wirkdurchmesser                  =     22.28 [ mm ]
Zahnlueckenform                  =  Standard
Breite                           =        37 [ mm ]
Bohrungsdurchmesser              =         8 [ mm ]
Bordscheibenanzahl               =         2 [ -  ]
Werkstoff                        = Aluminium
Werkstoffdichte                  =       2.6 [kg/dm^3]
Masse                            =    0.0375 [ kg ]
Massentraegheitsmoment           =   0.00263 [gm^2]
Eingriffszaehnezahl              =       3.6 [ -  ]

Zahnscheibe 2 :

Zaehnezahl                       =       210 [ -  ]
Wirkdurchmesser                  =    334.23 [ mm ]
Zahnlueckenform                  =  Standard
Breite                           =        37 [ mm ]
Bohrungsdurchmesser              =       112 [ mm ]
Bordscheibenanzahl               =         0 [ -  ]
Werkstoff                        = Aluminium
Werkstoffdichte                  =       2.6 [kg/dm^3]
Masse                            =      8.44 [ kg ]
Massentraegheitsmoment           =       131 [gm^2]
Eingriffszaehnezahl              =     155.9 [ -  ]
```

Anhang

```
Realisierte Werte (pro Riemen):

geforderte  Leistung           =     0.523599 [ kW ]
realisierte Leistung           =     1.35     [ kW ]
Leistungsreserve               =     0.83     [ kW ]
geforderte  Abtriebsdrehzahl   =   166.667    [1/min]
realisierte Abtriebsdrehzahl   =   166.67     [1/min]
Abtriebsdrehzahlabweichung     =    -0.00     [1/min]
geforderte  Uebersetzung       =    15        [ - ]
realisierte Uebersetzung       =    15.00     [ - ]
Uebersetzungsabweichung        =     0.00     [ - ]
geforderter Achsabstand        =   200        [ mm ]
realisierter Achsabstand       =   226.20     [ mm ]
Achsabstandsabweichung         =    26.20     [ mm ]
Vorspannweg                    =     0.08     [ mm ]
Vorspannkraft                  =   188.5      [ N ]
Umfangskraft                   =   179.5      [ N ]


Sicherheitswerte :

Sicherheitsvorgabe             =     1        [ - ]
zusaetzliche Auslegungs-
          sicherheit           =     2.586    [ - ]


Dynamikdaten :

maximales   zulässiges
Drehmoment  am Antrieb         =    25.86     [ Nm ]
Umfangsgeschwindigkeit         =     2.917    [ m/s ]
maximale Riemenbeschleu-
     nigung unter Nennlast     =    59.84     [m/s^2]
maximale Winkelbeschleu-
         nigung am Abtrieb     =   358.1      [1/s^2]
Beschleunigungsdauer           =     0.049    [ s ]
( Zeit bis zum Erreichen der Nenndrehzahl bei
  maximaler Beschleunigung aus dem Stillstand)


Positioniergenauigkeit und Frequenzverhalten :

Verdrehsteifigkeit am Abtrieb=   3.333e+05 [ Nm/rad ]
Verdrehwinkel unter Nennlast =      0.03   [ mrad ]
Verdrehsteifigkeit am Antrieb=   1481      [ Nm/rad ]
Verdrehwinkel unter Nennlast =      6.751  [ mrad ]
Eigenfrequenzen :
    Antrieb festgestellt     =   1689.8    [ 1/s ]
    Abtrieb festgestellt     =    113.5    [ 1/s ]
    Antrieb und Abtrieb frei =   1693.6    [ 1/s ]
Erregerfrequenzen :
    Antriebsdrehzahlbedingt  =     41.67 /  83.33 / 125.00
    Abtriebsdrehzahlbedingt  =      2.78 /   5.56 /   8.33
    Kombinationsbedingt [1/s]=     44.44 /  38.89 /  47.22 /
                                   36.11 /  50.00 /

Keine Resonanzgefahr
```

Anhang E: Produktbeschreibung des Programms KISSsoft der Fa. Kissling/Zürich

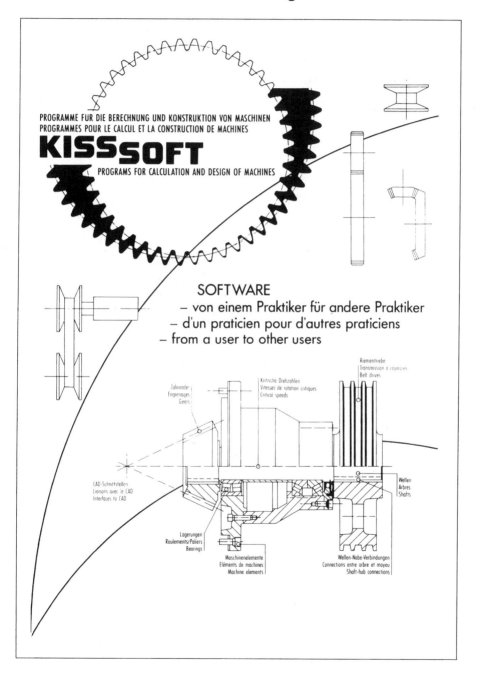

Anhang

KISSsoft - Programmumfang

Wellenberechnungen

Lagerkräfte, Biegemomente, Torsionsmomente
Punkt- und Linienlasten
Durchbiegung (3 dimensional)
Wälzlager
Gleitlager (verschiedene Versionen: ölgeschmiert/fettgeschmiert)
Festigkeitsberechnung
Biegekritische Drehzahlen
Drehschwingungen
Verformungen (Breitenballigkeit)
CAD-Schnittstelle
Plotter-Darstellung
Wellenauslege-Modul

Verzahnungs-Berechnungen

Stirnräder (DIN 3960, DIN 3990)
 für Zahnrad-Paare, Planetenstufen, Leistungsverteilungsstufen, Zahnstangen, einzelne Räder
Kegelräder (Niemann/DIN 3991/Klingelnberg)
Schnecken (Niemann)
Kurzverzahnungen (DIN 5480)
 mit vielen Varianten: Festigkeitsauslegung
                          Geometrie-Variationen
                          Drehmoment-Optimierung
                          Zahnform
                          Bezugsprofil-Berechnung
                          Plotter-Darstellung
                          Flankenspiele
                          Kunststoff
                          Profilkorrektur
                          CAD-Schnittstellen
                          A.G.M.A.-Normen
                          Rechnung nach FVA-Methode

Maschinenelemente

Keilriemen (SPZ, SPA, SPB, SPC, 3V/9N, 3V/9J, etc.)
Zahnriemen (L, XL, H 3mm, 5 mm, 8 mm, 14 mm, Power-Grip HTD und ISORAN)
Vielkeilverzahnung
Federkeil
Presssitz (Bandagen)
Schrauben
Druckfedern

Computer-Konfiguration:

IBM-kompatibler PC, mind. 256 kByte RAM, Floppy und Harddisk
Betriebssystem MS-DOS (ab 3.0) oder OS/2
Bildschirm: Graphikfähigkeit bevorzugt (Monochrom-, COLOR-, EGA-, VGA-Karte)
Drucker: Parallel-Schnittstelle IBM kompatibel, A4 hoch

uk/20-3-90

Anhang F

Anhang F: Mechanische/elektrische Daten des HCTL-1100

HCTL-1100

Package Dimensions

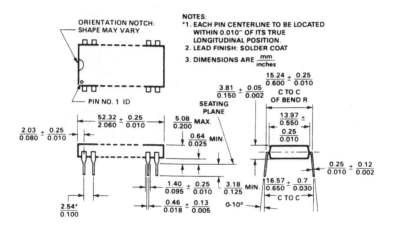

40-PIN PLASTIC DUAL INLINE PACKAGE

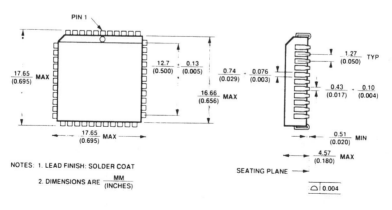

44 PIN PLASTIC LEADED CHIP CARRIER PACKAGE

Electrical Specifications

Absolute Maximum Ratings
Operating Temperature, T_A ....-20°C to 85°C
Storage Temperature, T_S..-55°C to 125°C
Supply Voltage, V_{DD}...-0.3 V to 7 V
Input Voltage, V_{IN}..-0.3 V to V_{DD} +0.3 V
Maximum Operating Clock Frequency, f_{CLK} ....2 MHz

DC Electrical Characteristics
$V_{DD} = 5\ V \pm 5\%;\ T_A = -20°C$ to $+85°C$

Parameter	Symbol	Min.	Typ.	Max.	Units	Test Conditions
Supply Voltage	V_{DD}	4.75	5.00	5.25	V	
Supply Current	I_{DD}		15	30	mA	
Input Leakage Current	I_{IN}		10	100	nA	V_{IN} = 0.00 and 5.25 V
Input Pull-Up Current SYNC PIN	I_{PU}		40	100	µA	V_{IN} = 0.00 V
Tristate Output Leakage Current	I_{OZ}		10	150	nA	V_{OUT} = -0.3 to 5.25 V
Input Low Voltage	V_{IL}	-0.3		0.8	V	
Input High Voltage	V_{IH}	2.0		V_{DD}	V	
Output Low Voltage	V_{OL}	-0.3		0.4	V	I_{OL} = 2.2 mA
Output High Voltage	V_{OH}	2.4		V_{DD}	V	I_{OH} = -200 µA
Power Dissipation	P_D		75	165	mW	
Input Capacitance	C_{IN}			20	pF	
Output Capacitance	C_{OUT}		100		pF	

AC Electrical Characteristics
$V_{DD} = 5\ V \pm 5\%$; $T_A = -20°C$ to $+85°C$; Units = nsec

ID #	Signal	Symbol	Clock Frequency				Formula*	
			2 MHz		1 MHz			
			Min.	Max.	Min.	Max.	Min.	Max.
1	Clock Period (clk)	t_{CPER}	500		1000			
2	Pulse Width, Clock High	t_{CPWH}	230		300			
3	Pulse Width, Clock Low	t_{CPWL}	200		200		200	
4	Clock Rise and Fall Time	t_{CR}		50		50		50
5	Input Pulse Width Reset	t_{IRST}	2500		5000		5 clk	
6	Input Pulse Width Stop, Limit	t_{IP}	600		1100		1 clk + 100 ns	
7	Input Pulse Width Index, Index	t_{IX}	1600		3100		3 clk + 100 ns	
8	Input Pulse Width CHA, CHB	t_{IAB}	1600		3100		3 clk + 100 ns	
9	Delay CHA to CHB Transition	t_{AB}	600		1100		1 clk + 100 ns	
10	Input Rise/Fall Time CHA, CHB, Index	t_{IABR}		450		900		900 (clk < 1 MHz)
11	Input Rise/Fall Time Reset, ALE, CS, OE, Stop, Limit	t_{IR}		50		50		50
12	Input Pulse Width ALE, CS	t_{IPW}	80		80		80	
13	Delay Time, ALE Fall to CS Fall	t_{AC}	50		50		50	
14	Delay Time, ALE Rise to CS Rise	t_{CA}	50		50		50	
15	Address Setup Time Before ALE Rise	t_{ASR1}	20		20		20	
16	Address Setup Time Before CS Fall	t_{ASR}	20		20		20	
17	Write Data Setup Time Before CS Rise	t_{DSR}	20		20		20	
18	Address/Data Hold Time	t_H	20		20		20	
19	Setup Time, R/W Before CS Rise	t_{WCS}	20		20		20	
20	Hold Time, R/W After CS Rise	t_{WH}	20		20		20	
21	Delay Time, Write Cycle, CS Rise to ALE Fall	t_{CSAL}	1700		3400		3.4 clk	
22	Delay Time, Read/Write, CS Rise to CS Fall	t_{CSCS}	1500		3000		3 clk	
23	Write Cycle, ALE Fall to ALE Fall For Next Write	t_{WC}	1830		3530		3.7 clk	

AC Electrical Characteristics, continued

ID #	Signal	Symbol	Clock Frequency				Formula*	
			2 MHz		1 MHz			
			Min.	Max.	Min.	Max.	Min.	Max.
24	Delay Time, $\overline{CS}$ Rise to $\overline{OE}$ Fall	t_{CSOE}	1700		3200		3 clk + 200 ns	
25	Delay Time, $\overline{OE}$ Fall to Data Bus Valid	t_{OEDB}	100		100		100	
26	Delay Time, $\overline{CS}$ Rise to Data Bus Valid	t_{CSDB}	1800		3300		3 clk + 300 ns	
27	Input Pulse Width $\overline{OE}$	t_{IPWOE}	100		100		100	
28	Hold Time, Data Held After $\overline{OE}$ Rise	t_{DOEH}	20		20		20	
29	Delay Time, Read Cycle, $\overline{CS}$ Rise to ALE Fall	t_{CSALR}	1820		3320		3 clk + 320 ns	
30	Read Cycle, ALE Fall to ALE Fall For Next Read	t_{RC}	1950		3450		3 clk + 450 ns	
31	Output Pulse Width, PROF, INIT, Pulse, Sign, PHA-PHD, MC Port	t_{OF}	500		1000		1 clk	
32	Output Rise/Fall Time, PROF, INIT, Pulse, Sign, PHA-PHD, MC Port	t_{OR}	20	150	20	150	20	150
33	Delay Time, Clock Rise to Output Rise	t_{EP}	20	300	20	300	20	300
34	Delay Time, $\overline{CS}$ Rising to MC Port Valid	t_{CSMC}		1600		3200		3.2 clk
35	Hold Time, ALE High After $\overline{CS}$ Rise	t_{ALH}	100		100		100	
36	Pulse Width, ALE High	t_{ALPWH}	100		100		100	
37	Pulse Width, $\overline{SYNC}$ Low	t_{SYNC}	9000		18000		18 clk	

*General formula for determining AC characteristics for other clock frequencies (clk), between 100 kHz and 2 MHz.

Anhang F

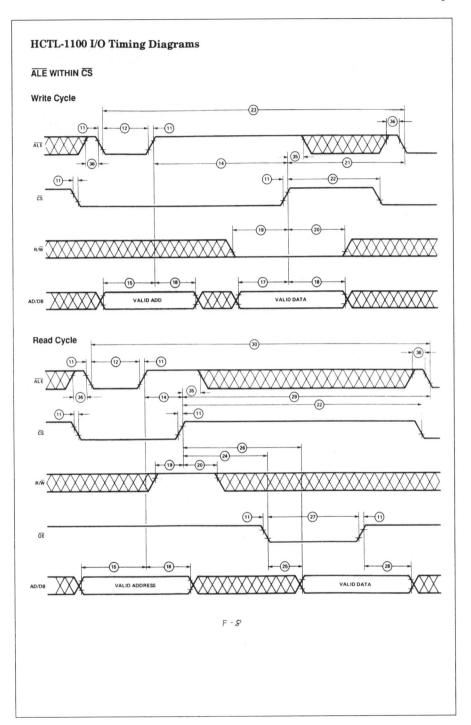

Anhang

HCTL-1100 I/O Timing Diagrams

Input logic level values are the TTL Logic levels $V_{IL} = 0.8$ V and $V_{IH} = 2.0$ V. Output logic levels are $V_{OL} = 0.4$ V and $V_{OH} = 2.4$ V.

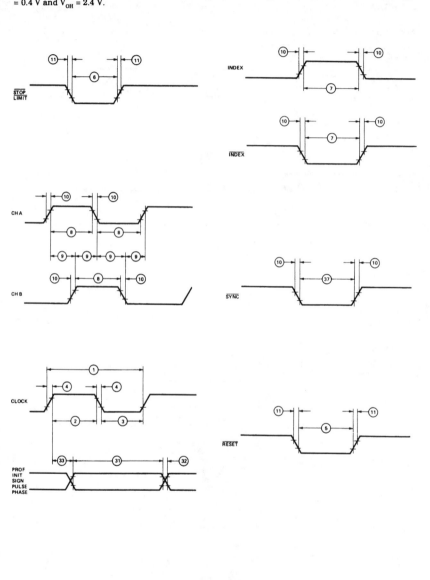

Anhang F

HCTL-1100 I/O Timing Diagrams
There are three different timing configurations which can be used to give the user flexibility to interface the HCTL-1100 to most microprocessors. See the I/O interface section for more details.

ALE/CS NON OVERLAPPED

Write Cycle

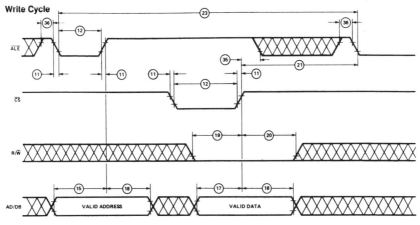

Read Cycle

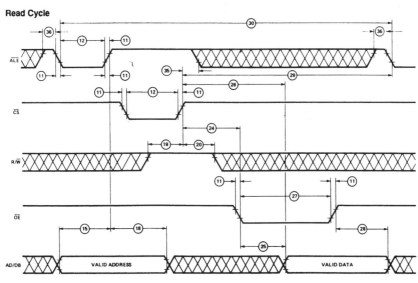

F-6

Anhang

HCTL-1100 I/O Timing Diagrams

ALE/CS OVERLAPPED

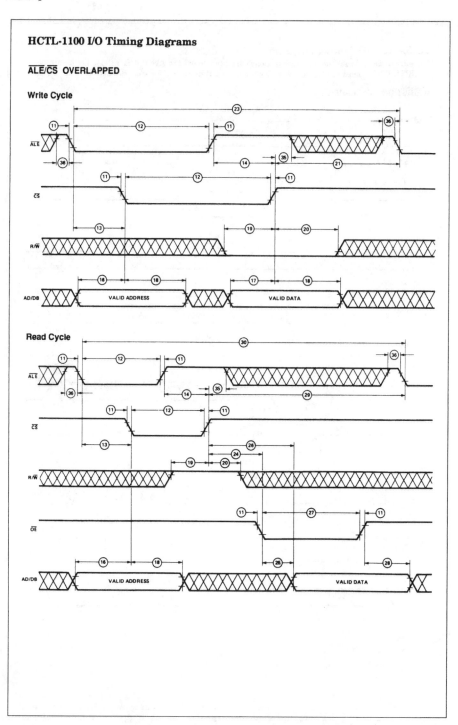

Anhang G: Mechanische/elektrische Daten des LM628/LM 629

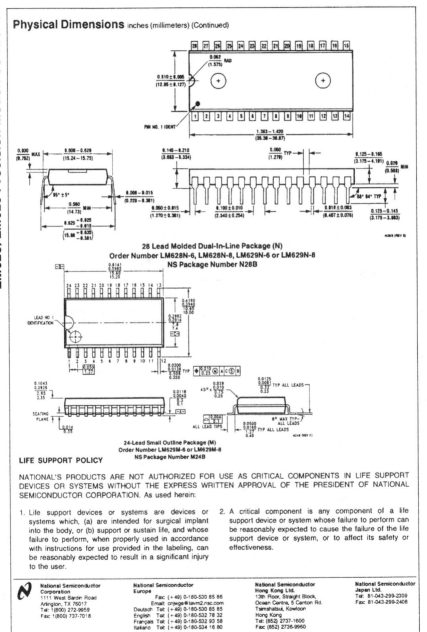

Absolute Maximum Ratings (Note 1)

If Military/Aerospace specified devices are required, please contact the National Semiconductor Sales Office/Distributors for availability and specifications.

Voltage at Any Pin with Respect to GND	-0.3V to $+7.0$V
Ambient Storage Temperature	$-65°C$ to $+150°C$
Lead Temperature	
28-pin Dual In-Line Package (Soldering, 4 sec.)	260°C
24-pin Surface Mount Package (Soldering, 10 sec.)	300°C
Maximum Power Dissipation ($T_A \leq 85°C$, Note 2)	605 mW
ESD Tolerance ($C_{ZAP} = 120$ pF, $R_{ZAP} = 1.5$k)	2000V

Operating Ratings

Temperature Range	$-40°C < T_A < +85°C$
Clock Frequency:	
LM628N-6, LM629N-6, LM629M-6	1.0 MHz $< f_{CLK} < 6.0$ MHz
LM628N-8, LM629N-8, LM629M-8	1.0 MHz $< f_{CLK} < 8.0$ MHz
V_{DD} Range	4.5V $< V_{DD} < 5.5$V

DC Electrical Characteristics (V_{DD} and T_A per Operating Ratings; $f_{CLK} = 6$ MHz)

Symbol	Parameter	Conditions	Tested Limits Min	Tested Limits Max	Units
I_{DD}	Supply Current	Outputs Open		110	mA
INPUT VOLTAGES					
V_{IH}	Logic 1 Input Voltage		2.0		V
V_{IL}	Logic 0 Input Voltage			0.8	V
I_{IN}	Input Currents	$0 \leq V_{IN} \leq V_{DD}$	-10	10	µA
OUTPUT VOLTAGES					
V_{OH}	Logic 1	$I_{OH} = -1.6$ mA	2.4		V
V_{OL}	Logic 0	$I_{OL} = 1.6$ mA		0.4	V
I_{OUT}	TRI-STATE® Output Leakage Current	$0 \leq V_{OUT} \leq V_{DD}$	-10	10	µA

AC Electrical Characteristics

(V_{DD} and T_A per Operating Ratings; $f_{CLK} = 6$ MHz; $C_{LOAD} = 50$ pF; Input Test Signal $t_r = t_f = 10$ ns)

Timing Interval	T #	Tested Limits Min	Tested Limits Max	Units
ENCODER AND INDEX TIMING (See *Figure 2*)				
Motor-Phase Pulse Width	T1	$\dfrac{16}{f_{CLK}}$		µs
Dwell-Time per State	T2	$\dfrac{8}{f_{CLK}}$		µs
Index Pulse Setup and Hold (Relative to A and B Low)	T3	0		µs
CLOCK AND RESET TIMING (See *Figure 3*)				
Clock Pulse Width				
LM628N-6, LM629N-6, LM629M-6	T4	78		ns
LM628N-8, LM629N-8, LM629M-8	T4	57		ns
Clock Period				
LM628N-6, LM629N-6, LM629M-6	T5	166		ns
LM628N-8, LM629N-8, LM629M-8	T5	125		ns
Reset Pulse Width	T6	$\dfrac{8}{f_{CLK}}$		µs

AC Electrical Characteristics (Continued)
(V_{DD} and T_A per Operating Ratings; f_{CLK} = 6 MHz; C_{LOAD} = 50 pF; Input Test Signal $t_r = t_f$ = 10 ns)

Timing Interval	T #	Tested Limits		Units
		Min	Max	
STATUS BYTE READ TIMING (See *Figure 4*)				
Chip-Select Setup/Hold Time	T7	0		ns
Port-Select Setup Time	T8	30		ns
Port-Select Hold Time	T9	30		ns
Read Data Access Time	T10		180	ns
Read Data Hold Time	T11	0		ns
$\overline{RD}$ High to Hi-Z Time	T12		180	ns
COMMAND BYTE WRITE TIMING (See *Figure 5*)				
Chip-Select Setup/Hold Time	T7	0		ns
Port-Select Setup Time	T8	30		ns
Port-Select Hold Time	T9	30		ns
Busy Bit Delay	T13		(Note 3)	ns
$\overline{WR}$ Pulse Width	T14	100		ns
Write Data Setup Time	T15	50		ns
Write Data Hold Time	T16	120		ns
DATA WORD READ TIMING (See *Figure 6*)				
Chip-Select Setup/Hold Time	T7	0		ns
Port-Select Setup Time	T8	30		ns
Port-Select Hold Time	T9	30		ns
Read Data Access Time	T10		180	ns
Read Data Hold Time	T11	0		ns
$\overline{RD}$ High to Hi-Z Time	T12		180	ns
Busy Bit Delay	T13		(Note 3)	ns
Read Recovery Time	T17	120		ns
DATA WORD WRITE TIMING (See *Figure 7*)				
Chip-Select Setup/Hold Time	T7	0		ns
Port-Select Setup Time	T8	30		ns
Port-Select Hold Time	T9	30		ns
Busy Bit Delay	T13		(Note 3)	ns
$\overline{WR}$ Pulse Width	T14	100		ns
Write Data Setup Time	T15	50		ns
Write Data Hold Time	T16	120		ns
Write Recovery Time	T18	120		ns

Note 1: Absolute Maximum Ratings indicate limits beyond which damage to the device may occur. DC and AC electrical specifications do not apply when operating the device beyond the above Operating Ratings.

Note 2: When operating at ambient temperatures above 70°C, the device must be protected against excessive junction temperatures. Mounting the package on a printed circuit board having an area greater than three square inches and surrounding the leads and body with wide copper traces and large, uninterrupted areas of copper, such as a ground plane, suffices. The 28-pin DIP (N) and the 24-pin surface mount package (M) are molded plastic packages with solid copper lead frames. Most of the heat generated at the die flows from the die, through the copper lead frame, and into copper traces on the printed circuit board. The copper traces act as a heat sink. Double-sided or multi-layer boards provide heat transfer characteristics superior to those of single-sided boards.

Note 3: In order to read the busy bit, the status byte must first be read. The time required to read the busy bit far exceeds the time the chip requires to set the busy bit. It is, therefore, impossible to test actual busy bit delay. The busy bit is guaranteed to be valid as soon as the user is able to read it.

Anhang

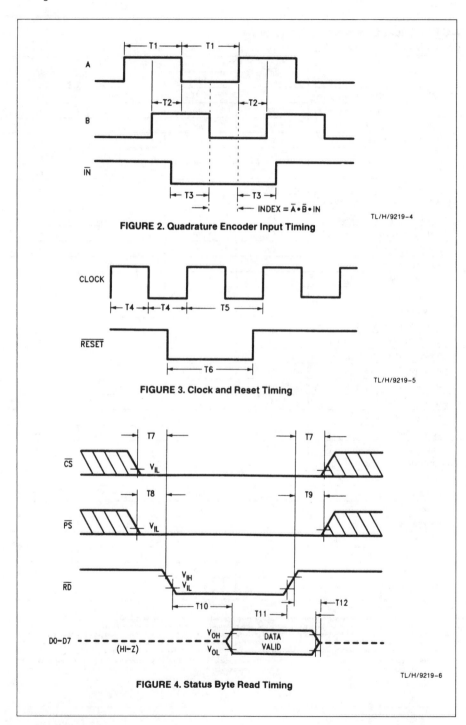

FIGURE 2. Quadrature Encoder Input Timing

FIGURE 3. Clock and Reset Timing

FIGURE 4. Status Byte Read Timing

Anhang G

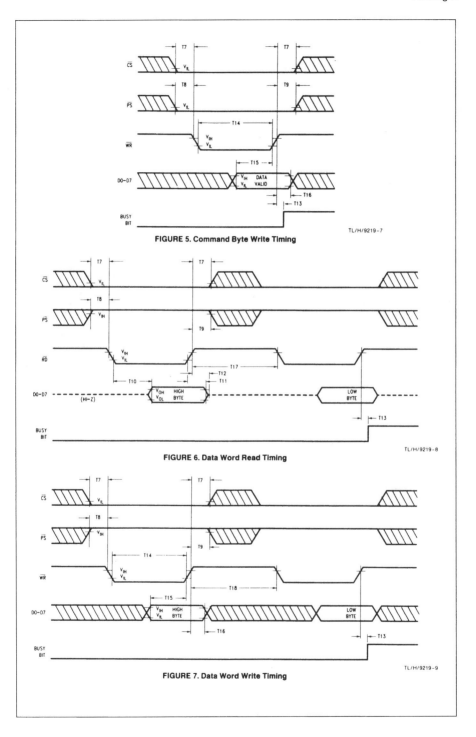

FIGURE 5. Command Byte Write Timing

FIGURE 6. Data Word Read Timing

FIGURE 7. Data Word Write Timing

297

Anhang H: Applikationsschrift 0595 zur Positoniersteuerung PCC4

Inhalt

1	**Funktionsbeschreibung**	300
1.1	Installation	300
1.2	Hardware	300
1.3	Software	301
2	**Steckverbinder**	302
2.1	Steckverbinder der Basisplatine	302
2.2	Steckverbinder der Aufsteckplatine	304
3	**Signale**	305
3.1	Schaltende Ein-lAusgänge	305
3.2	Motorausgänge	306
4	**Abgleich**	308
4.1	Referenzsparmungs-Einstellung	308
4.2	Offset-Einstellung	308
5	**Software**	309
5.1	Funktionsbibliothek	309
5.2	Headerdatei HCTL.H	309
5.3	Bibliothek HCTL C	310
5.3.1	Globale Variablen	310
5.3.2	Bibliotheks-Funktionen	313
5.3.2.1	API-Funktionen	313
5.3.2.2	Interrupt-Funktionen	315
5.3.2.3	BIOS-Funktionen	315
5.4	Anwendung der Bibliotheks-Funktionen	317
5.4.1	Trapezfahrprofil	317
5.4.2	Synchronfahrt	318

1 Funktionsbeschreibung

Die PC Positioniersteuerung PCC4 kann je nach Ausbaustufe ein bis vier Achsen in der Lage regeln. Dazu benötigt die Positioniersteuerung zur Rückmeldung der Position ein differentielles Inkremental-Encodersignal. Der von der Steuerung errechnete Drehzahlsollwert wird als genormtes +10 Volt Signal an den angeschlossenen Servoverstärker oder Frequenzumrichter ausgegeben.

Zur Versorgung der Inkremental-Encoder und der Ein-/Ausgänge stellt die PC-Karte eine Hilfsspannung (5V/3W oder 12V/3W) zur Verfügung.

Für Ablaufsteuerungen, Referenz- und Endlagenschalter stehen 13 Eingänge und 9 Ausgänge zur Verfügung.

Um ein Maximum an Störsicherheit zu erreichen, sind alle Ein-/Ausgänge, die Hilfsspannung und die Drehzahlsollwert-Ausgange zum Umrichter galvanisch getrennt. Zur Überwachung der korrekte Funktion des Steuerrechners, wird ein Industrie-PC mit integriertem Watch-Dog empfohlen.

1.1 Installation

1.2 Hardware

Für die Positioniersteuerung PCC4 wird ein PC 386/486 oder Pentium rnit 4 MB RAM und einer Festplatte benötigt.

Entsprechend der Ausbaustufe der Positioniersteuerung benötigen Sie zwei oder drei PC-Steckplätze für zwei oder vier Achsen.

Zum Einstecken der Basisplatine ist ein freier AT-Slot (16 Bit ISA-Bus) notwendig. Neben der Positionierkarte sollten ein bzw. zwei freie Steckplätze vorhanden sein, um die Motorausgänge 1–4 mit den mitgelieferten Slot-Blechen nach Außen zu führen. Die Motorausgänge I und 2 liegt auf den Pfostensteckern JP4 JP5 (Abb. 1), die sich auf der Basisplatine befinden. Die farbmarkierten Adern der Flachbandkabel müssen nach oben zeigen. Die Motorausgange

3 und 4 liegen auf den Pfostensteckern JP4/JP5 der Aufsteckplatine (Abb. 2). Auch hier müssen die farbmarkierten Adern der Flachbandkabel nach oben gerichtet sein.

Um eine grafische Aufzeichnung der Geschwindigkeit und des Verfahrweges vorzunehrnen, wird ein Hardware-Interrupt (INTI) benötigt. Da die mitgelieferte Software diese Funktion nutzt, ist am Steckverbinder JPI auf der Basisplatine der PC Hardware-Interrupt IRQ12 eingestellt. Es können die Interruptnummern 10, 11, 12 und 15 verwendet werden. Ein weiterer Hardware-Interrupt (INT2) kann für Zählaufgaben verwendet werden, der ebenfalls über Steckverbinder JPI auf der Basisplatine mit einer der aufgefiihrten Interruptnummern verbunden werden kann. Wenn Sie diese Funktionen nicht benötigen können die Interrupts unbenutzt also offen bleiben.

1.3 Software

Die Systemsoftware benötigt einen 1 KB großen Speicherbereich zwischen 0xCOOO und 0xEFFF. Dieser Bereich liegt hinter dem konventioneüen Speicher, so daß kein DOS Speicher belegt wird. Dem Speichermanager **EMM386** muß mitgeteilt werden, daß dieser Bereich nicht mehr zur Verfügung steht.

Im Auslieferungszustand ist auf der Platine die Adresse 0xC800 eingestellt. Die entsprechende Zeile in der Datei CONFIG.SYS muß dann wie folgt aussehen:

DEVICE=C:\DOS\EMM386.EXE NOEMS x=0xC800-0xCFFF

Die Adresse des benötigten Speicherbereiches wird mit dem DIP-Schalter SW1 auf der Basisplatine eingestellt (Abb. 1). Unter dem Menüpunkt „Einstellung/ Platine" der mitgelieferten Software wird die Schalterstellung von SWI grafisch dargestellt und die zugehörige Speicheradresse ausgegeben.

2 Steckverbinder

2.1 Steckverbinder der Basisplatine

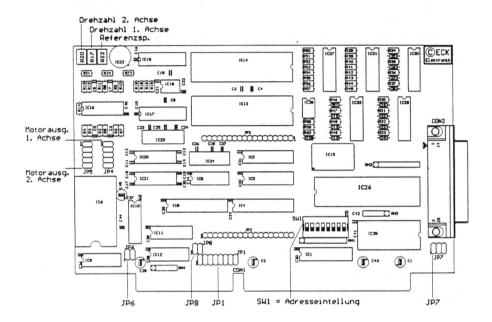

Der Steckverbinder JP1 dient zur Auswahl der Interruptnummern für die Signale INT1 und INT2.

JP1

INT1	INT1	INT1	INT1	INT2	INT2	INT2	INT2
IRQ10	IRQ11	IRQ12	IRQ15	IRQ10	IRQ11	IRQ12	IRQ15

Werkseinstellung JP 1: INT 1 = IRQ 12; INT2 = nicht benutzt

Die Steckverbinder JP2 und JP3 dienen zum Kontaktieren der Aufsteckplatine.

Der Steckverbinder JP4 stellt die Signale für den Motorausgang der 1. Achse 1ur Verfügung und ist mit dem Flachbandkabel der Buchse 2 in Abb. 3 zu verbinden.

2.1 Steckverbinder der Basisplatine

Der Steckverbinder JP5 steUt die Signale fiir den Motorausgang der 2. Achse zur Verfügung und ist rnit dem Flachbandkabel der Buchse 3 in Abbildung 3 zu verbinden.

Der Steckverbinder JP6 dient zur Auswahl der Eingangsspannung des DC/DC-Wandlers, der die Versorgung fiir die Inlcremental-Encoder generiert.

JP6	
Vcc von DC/DC-Wandler	Vcc von DC/DC-Wandler
+5 Volt	+12 Volt

Werkseinstellung JP6: Vcc vom DC/DC-Wandler = 12 V

Steckverbinder JP7 schaltet einen Oszillatortakt von 2 MHz (IC 15) auf die Zählereingänge 0/2 des Zählerbausteins IC 26 (8253/54). Außerdem kann über Port-A Bit 7 vom parallelen VO-Baustein 8255 das Gate vom Zähler 2 gesteuert werden. Der Zählerbaustein erzeugt die Interruptsignale INT I und INT2.

JP7		
Oszillatortakt	Oszillatortakt	Port-A Bit 7 vom PIO
Eingang Zähler 0	Eingang Zähler 2	Gate Zähler 2

Werkseinstellung JP7: Oszillatortakt auf Zahlereingang 0

Der Steckverbinder JP8 muß in jedem Fall in der bei der Auslieferung eingestellten Position belassen werden.

JP8

303

2.2 Steckverbinder der Aufsteckplatine

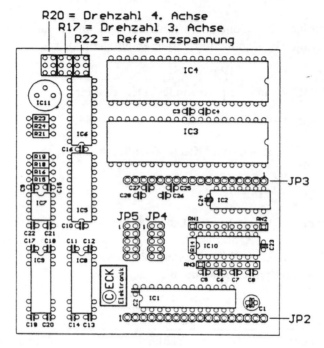

Abb. 2

Die Steckverbinder **JP2** und **JP3** dienen zum Kontaktieren der Aufsteckplatine mit der Basisplatine.

Der Steckverbinder **JP4** stellt die Signale für den Motorausgang der 3. Achse zur Verfügung und ist mit dem Flachbandkabel der Buchse 4 in Abb. 3 zu verbinden.

Der Steckverbinder **JP5** stellt die Signale für den Motorausgang der 4. Achse zur Verfugung und ist mit dem Flachbandkabel der Buchse 5 in Abb. 3 zu verbinden.

3 Signale

Die Positioniersteuerung PCC4 verfügt über optoentkoppelte schaltende Ein- und Ausgänge. Diese Signale sind auf die 25-polige SUB-D Buchse der Einsteckkarte (Buchse 1) geführt. Die Drehzahlsollwert-Ausgänge der Motoren, die Hilfsspannungs-Versorgung und die Encoder-Eingänge sind für jede verwendete Achse auf eine der 9-poligen SUB-D Buchsen (Buchsen 2 bis 5) geführt, die an den zusätzlichen Slot-Blechen angebracht sind.

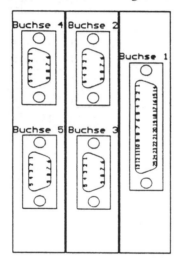

Abb. 3

3.1 Schaltende Ein-/Ausgänge

Die Ein- und Ausgänge sind entweder für 5 V, 12 V oder 24 V ausgelegt. Die Ausgänge besitzen einen offenen Kollektor und sind darnit Low-Aktiv. Die im folgenden beschriebene Bedeutung der Ein- und Ausgänge bezieht sich auf die gelieferte Software. Sollten Sie in Ihre Software nicht die rnitgelieferten Bibliotheksfunktionen verwenden, bestirnmen Sie die Funktion der Ein- und Ausgänge. Eine Ausnahrne bildet der Eingang „Endlage", der irnrner einen Motorenstop zur Folge hat. Bitte beachten Sie, daß sich die Ein- und Ausgänge auf unterschiedliche Potentiale beziehen, die Bezugspunkte **„EXTGND1"** bis **„EXTGND3"**.

Signale

Ausgänge:
- Die Ausgänge „**Verstärker 1**" bis „**Verstärker 4**" dienen als Schalter zur Freigabe der Servoverstärker oder Urnrichter und beziehen sich auf „**EXTGND1**".
- Der Ausgang „Pen" ist zur Ansteuerung einer halben Achse gedacht und bezieht sich auf „**EXTGND1**".
- Die Ausgänge „Aus 1" bis „Aus 4' stehen frei zur Verfügung und beziehen sich auf „**EXTGND2**".

Eingänge:
- Die Eingänge „**Ref 1**" bis „**Ref 4**" sind als Eingänge der Referenzschalter der Achsen 1 bis 4 zu verwenden und beziehen sich auf „**EXTGND3**".

Stiftbelegung der 25 poligen SUB-D Buchse (Buchse 1)

1	Ein 1	EXTGND2
2	Ein 2	EXTGND2
3	Ein 3	EXTGND2
4	Ein 4	EXTGND2
5	Ein 5	EXTGND2
6	Ein 6	EXTGND2
7	Ein 7	EXTGND2
8	Ein 8	EXTGND2
9	EXTGND2	
10	Aus 1	EXTGND2
11	Aus 2	EXTGND2
12	Aus 3	EXTGND2
13	Aus 4	EXTGND2
14	Verstärker 1	EXTGND2
15	Verstärker 2	EXTGND2
16	Verstärker 3	EXTGND2
17	Verstärker 4	EXTGND2
18	Pen	EXTGND2
19	EXTGND1	
20	Ref 1	EXTGND2
21	Ref 2	EXTGND2
22	Ref 3	EXTGND2
23	Ref 4	EXTGND2
24	Endlage	EXTGND2
25	EXTGND3	

- Die Eingänge „Ein 1" bis „Ein 8" sind frei verfiigbar und bezieht sich auf, **„EXTGND2"**.
- Der Eingang **„Endlage"** funktioniert als Samrneleingang der Endlagenschalter und leitet einen sofortigen Motorenstop ein. Dieser Eingang bezieht sich auf Potential **„EXTGND3"**.

3.2 Motorausgänge

Die Motorausgänge sind für jede Achse einzeln auf eine der vier 9-poligen SUB-D Buchsen (Abb. 3) geführt. Ein Motorausgang umfaßt die Signale
- Drehzahlsollwert +10 Volt
- Spannungsversorgung der Inkremental-Encoder
- Inkremental-Encoder Rückrneldung Spur A
- Inkkremental-Encoder Rückrneldung Spur B

Tabelle der Motorausgänge:

Achse	Steckverbinder	SUB-D Buchse
1 (X-Achse)	JP4 (Basisplatine)	2 (Abb. 3)
2 (Y-Achse)	JP5 (Basisplatine)	3 (Abb. 3)
3 (X-Achse)	JP3 (Aufsteckplatine)	4 (Abb. 3)
4 (Y-Achse)	JP4 (Aufsteckplatine)	5 (Abb. 3)

Stiftbelegung der 9-poligen SUB-D Buchsen (Buchse 2 bis 5):

Stiftnummer	Signalname
1	Bezugspotential für Drehzahlsollwert
2	Drehzahlsollwert ±10 V
3	Encodersignal /A
4	Encodersignal /B
5	Bezugspotential für Inkremental-Encoder
6	Drehzahlsollwert ±10 V
7	Encodersignal A
8	Encodersignal B
9	Spannungsversorgung für Inkremental-Encoder

4 Abgleich

Vor der Auslieferung der Positioniersteuerung PCC4 werden die analogen Drehzahlsollwert-Ausgänge abgeglichen. Sollte durch Alterung der Bauelemente eine Nachkalibrierung notwendig sein. gehen Sie bitte gemäß der nachfolgenden Beschreibung vor

4.1 Referenzspannungs-Einstellung

Zur Umsetzung der digitalen Drehzahlwerte in ein +10 Volt Normsignal, werden DA-Umsetzer benötigt, die sich auf eine Referenzspannung beziehen Der Abgleich der Referenzspannung erfolgt mit dem Trirnrner R22 (Abb. I). Starten Sie als erstes das rnitgelieferte Programm MOTOR.EXE, damit die DA-Umsetzer einen definierten Zustand erreichen. Dann können Sie die Referenzspannung an Pin 3 der DA-Umsetzer (IC 17 und IC 18 auf der Basisplatine) bezogen auf die PC Masse messen. Mit R22 muB diese Referenzspannung auf 1 O,OOV eingestellt werden. Auf der Aufsteckplatine ist Trimmer R22 (Abb. 2) für die DAUmsetzer IC5 und IC6 zur Einstellung der Referenzspannung vorgesehen.

4.2 Offset-Einstellung

Zum Abgleich der Offsetspannung der Drehzahlausgänge sollten Sie das mitgelieferte Programm starten. Das Prograrnm legt nach dem Start die Drehzahlausgänge auf

O Volt = O rpm. Überprüfen Sie zwischen den Stiften 1 und 2 der SUB-D Steckverbinder (Buchsen 2-4) die Drehzahlsollwert-Spannungen. Falls ein Offset vorhanden ist, kann mit den Trimmern
- R17 (Basisplatine) für die 1. Achse   • R17 (Aufsteckplatine) für die 3. Achse
- R20 (Basisplatine) für die 2. Achse   • R20 (Aufsteckplatine) für die 4. Achse

die Spannung auf 0,00 Volt eingestellt werden. Nach dem Nullabgleich können Sie unter dem Menü-Punkt „Test/Motorcontroller" verschiedenen Drehzahlspannungen ausgeben und meßtechnisch überprüfen.

5 Software

Die Positionierkarte PCC4 wird mit einer ausfiihrbaren EXE-Datei (MOTOR.EXE) ausgeliefert, die unter DOS läuft. Mit dieser Datei können die optimalen Regler- und Verfahrparameter für das vorhandene mechanische System gefunden werden. CAD-Dateien im HPGL-Format körmen in eine synchrone, zweiachsige Bewegungssteuerung umgesetzt werden. Für Anwendungsfälle, die mit dieser Software nicht gelöst werden können, wird eine Funktionsbibliothek mitgeliefert, so daß die Steuerung der Achsen ohne großen Aufwand in spezielle Prograrnme integriert werden kann. Die folgende Beschreibung der Funktionsbibliothek ist nur fiir Applikationsprograrnrnierer gedacht, die Erfahrung rnit der Programmiersprache C haben.

5.1 Funktionsbibliothek

Die Funktionsbibliothek besteht aus der Headerdatei, **HCTL.H** und der C-Sourcedatei **HCTL.C**. Beide Dateien sind in Borland C geschrieben und stellen Funktionen von der Übertragung eines Bytes zur Hardware, bis zum Verfahren von Punkt zu Punkt zur Verfugung. Aullerdem wird noch die System Headerdatei <**DOS.H**> vom Borland CCompiler benötigt. Sollten Sie einen anderen C-Compilern auf PC-Basis benutzen, sind die verwendeten DOS-Funktionen größtenteils identisch. Eine notwendige Anpassung aufgrund einer anderen Syntax ist schnell gefunden, da ein alternativer Compiler ein Abweichung als SyntaY-Fehler beim Übersetzen meldet

5.2 Headerdatei HCTL.H

In diesem Headerfile sind alle Include-Anweisungen enthalten, die von der Bibliothek **HCTL.C** benotigt werden. Des weiteren sind die Offsetadressen der MotorcontrollerRegister in diesem File definiert Der Offset bezieht sich auf die Basisadresse eines Motorcontrollers.

5.3 Bibliothek HCTL.C

In dieser Datei sind globale, hardwareabhängige Variablen und Systemparameter, die von der Mechanik bestimmt werden, sowie Low-Level Routinen zur Ansteuerung der Controller-Bausteine kodiert.

5.3.1 Globale Variablen

long IQBase	Basisadresse der Positioniersteuerkarte PCC4. Der Wert muB mit der Adresse übereinstimrnen, die auf der Karte mittels DIPSwitch SWI (Abb. I) eingestellt wurde.
int Interrupt_nr1	Die Interruptnummer (10, 11, 12 oder 15 sind einstellbar) ist einzutragen, die auf der Basisplatine rnit JPl eingestellt wurde. Dieser Interrupt wird vom Zähler-Baustein 8253154 erzeugt, der uber Zähler-0 und Zähler-1 den Oszillatortakt von 2 MHz teilt. Dieses Signal kann als Zeitbasis für die grafische Aufzeichnung der Verfahrdaten dienen.
int Interrupt_nr2	Die Interruptnummer (10, 11, 12 oder 15 sind einstellbar) ist einzutragen, die auf der Basisplatine mit JPl eingestellt wurde. Dieser Interrupt wird vom Zähler-Baustein 8253/54 erzeugt, der uber Zahler-2 den Oszillatortakt von 2 MHz teilt. Das Gate von Zähler-2 kann uber Port-A Bit 7 von parallelen IO-Baustein 8255 gesteuert werden.
int Max_Achsen	Die Basisplatine ist mit zwei Motorcontroller-Bausteinen bestückt Max_Achsen = 2) und steuert 2,5 Achsen. Mit der Aufsteckplatine (Max Achsen = 4) sind 4,5 Achsen ansteuerbar.
long HCTL[1..4]:	Basisadressen der 4 Motorcontroller-Bausteine, auf die sich die folgende Registeransteuerung bezieht. Die Adressen HCTL[1] bis HCTL[4] werden in der Funktion Set RegAdrO gesetzt.
long Port_A	Adresse von Port-A des parallelen VO-Bausteins 8255. Die Adresse wird in der Funktion Set_RegAdr() gesetzt.

5.3 Bibliothek HCTL.C

long Port_B	Adresse von Port-B des parallelen VO-Bausteins 8255. Die Adresse wird in der Funktion Set_RetAdr() gesetzt.
long Port_C	Adresse von Port-C des parallelen VO-Bausteins 8255. Die Adresse wird in der Funktion Set RegAdr() gesetzt.
long PIO_Contr	Adresse des Kontrollports vom parallelen VO-Bausteins 82SS. Die Adresse wird in der Funktion Set RegAdr() gesetzt.
long Counter0	Adresse des Zählers-0 vom Zählerbaustein 8253/S4. Die Adresse wird in der Funktion Set RegAdr() gesetzt.
long Counter1	Adresse des Zählers-1 vom Zählerbaustein 82S3/54. Die Adresse wird in der Funktion Set RegAdr() gesetzt.
long Counter 2	Adresse des Zählers-2 vom Zählerbaustein 82S3/S4. Die Adresse wird in der Funktion Set RegAdr() gesetzt.
long Count_Contr	Adresse des Kontrollports vom Zähierbaustein 82S31S4. Die Adresse wird in der Funktion Set RegAdr() gesetzt.
double amax[1..4]	Maximale Beschleunigungen der Motorcontroller im nm/s^2.
double vmax[1..4]	Maximale Geschwindigkeiten der Motorcontroller in mm/s.
double tv[1..4]	Reglerparameter der Motorcontroller (Nullstelle d. Filters).
double tn[1..4]	Reglerparameter der Motorcontroller (Polstelle d. Filters).
double kp[1..4]	Reglerparameter der Motorcontroller (Verstärkung d. Filters).
int max[1..4]	Maximale Verfahrwege der Achsen in der Dimension der gewählten Einheiten.
int richtung[1..4]	„NORM"/"INV" Definition der positiven/negativen Verfahrrichtung
int einheit[1..4]	„MM"/„GRAD" Definition der Verfahreinheiten („mm" oder „°")

double samplezeit	Abtastzeit der Motorcontroller in Sekunden. Wegen der synchronen Steuerung gilt dieser Wert gleichzeitig für alle Motorcontroller. Die Abtastzeit kann von 64 µs bis 204 µs variiert werden.
byte sampletime	Zählerwert, der in das Sampletime-Register der Motorcontroller programmiert wird.
in Inkremente [1..4]	Anzahl der Impulse, die die verwendeten Encoder pro Umdrehung liefern.
double Spindel [1..4]	Wird ein Linearantrieb rnit Spindel verwendet, muß in dieser Variablen die Spindelsteigung = Vorschub pro Umdrehung in „mm" eingetragen werden. Ist keine Spindel vorhanden, ist "Spindel" = 1 zu setzen.
double Getriebe [1..4]	Befindet sich der Encoder auf der Motorseite, ist in der Variablen „Getriebe" das Übersetzungsverhältnis x:1 einzugeben. Ist der Encoder auf der Lastseite, muß der Anwender „Getriebe" = 1 setzen.
double Impulse [1..4]	Die Motorcontroller speichern eine Position nicht in „mm" oder „°" sonder als Zählersumrne von Impulsen der Inkremental-Encoder. Die Korrespondenz zwischen der gewählten Einheit und der Impulssumme errechnet sich aus den Inkrementen pro U mdrehung, der moglichen Spindelsteigung und der Getriebeuntersetzung. „Impulse" wird in der Funktion Init_System() berechnet.
double Aufloesung	Die Auflösung ist der Kehrwert der Impulse und stellt die 11 theoretische Genauigkeit in mrnlInkrement oder °/Inkrement dar. Die „Aufloesung" wird von der Achse mit der geringsten Auflosung bestimmt und in der Funktion Init–System() gesetzt.
int Toleranz	Die „Toleranz" enthält die erlaubte Abweichung von der vorgegebenen Zielposition in der Einheit Inkremente.
int Faktor	Der „Faktor" bestimmt die Genauigkeit einer interpolierten synchronen Kurvenfahrt in der Einheit Inkremente.
int PenPos	In dieser Variablen ist der aktuelle Zustand angehoben (PenPos = UP) oder abgesenkt (PenPos = DOWN) der halben Achse gespeichert. Die halbe Achse wird über einen Digitalausgang ein- oder ausgeschaltet.

5.3.2 Bibliotheks-Funktionen

Die folgenden Funktionen sind als Schnittstelle zwischen der Hardware der Positioniersteuerung PCC4 und Ihrer SoRware gedacht (API). Durch die Verwendung der Funktionen, können Sie ohne Einarbeitung in die Hardware der Motorcontrollcr-Kartc dic Achsen verfahren, die Eingange einlesen und die Ausgänge setzen.

5.3.2.1 API-Funktionen

void Set RegAdr(void)
Diese Routine (Set_RegisterAddress) errechnet aus der gewählten Basisadresse „IOBase" die Adressen aller Register, der auf der PCC4-Karte befindlichen Controller. Im rnaxirnalen Ausbau sind das die Register von vier Motorcontrollern (HCTL1100), einem parallelen I/OBaustein (8255) und einem Zähler (8253/54).

void Init_Svstem(void)
Die Routine (Initialize_System) errechnet aus den mechanischen Kermgrößen EncoderImpulse pro Umdrehung, Getriebeuntersetwng und Spindelsteigung die Impulssumme pro Umdrehung und die erreichbare Auflösung.

void Load_Para(void)
Die Routine (Load_Parameter) ladt für alle verwendeten Achsen die Beschleunigungs-, Geschwindugkeits- und Reglerparameter sowie die Abtastzeit, mit der die Motorcontroller arbeiten sollen. Diese Parameter müssen vor Aufruf der Funktion geladen werden.

void Load Achse(int modus, int achse. double Para mm, long *para ink)
Mit der Funktion (Load_Achse) können die Motorcontroller-Register durch „modus" =
- „FINPOS"   = Zielposition
- „COMPOS"   = Sollposltion
- „BESCHI."   = maximale Beschleunigung
- „GESCHW"   = maximale Geschwindigkeit
- „TV"   = Reglerparameter Nullstelle
- „TN"   = Reglerparameter Polstelle
- „KP"   = Reglerpararneter Verstarkung
- „ST"   = Sample-Timer

einzeln geschrieben werden. Der Parameter „achse" definiert, fiir welchen AchscontroUer die Pararneter gelten. Der Registerwert wird in „para_mm"

Software

übergeben. Für die Register FINPOS, COMPOS, BESCHL und GESCHW wird der Parameter metrisch übergeben, in Impulssummen umgerechnet und in der Adresse „*para_ink" gespeichert.

void Read_Achse(int modus, int achse. double *Para mm, long *para ink)
Die Funktion (Read_Achse) liest ein durch „modus" =
- „FINPOS"   = Zielposition
- „COMPOS"   = Sollposition
- „BESCHL"   = maximale Beschleunigung
- „GESCHW"   = maximale Geschwindigkeit
- „TV"   = Reglerparameter Nullstelle
- „TN"   = Reglerparameter Polstelle
- „KP"   = Reglerparameter Verstarkung
- „ST"   = Sample-Timer

ausgewähltes Register aus. Der Parameter „achse" definiert, welcher Achscontroller gelesen werden soll. Der Registerwert wird in der Adresse .,*para_mrn" metrisch und in der Adresse „*para_ink" als Impulssumme gespeichert.

void Move Achsen(char X Achse, double x. char Y Achse, double v, char Z Achse. double z. char A Achse, double a)
Die Funktion (Move_Achsen) verfahrt alle ausgewählten Achsen im Trapezfahrprofil. Die Pararneter „X/Y/Z/A_Achse" wählen die Achsen aus. „X_Achse" = I ¦ EIN ¦ TRUE schaltet die X-Achse zum Verfahren ein. Die Zielpositionen werden in den Pararnetern „x/y/z/a" metrisch übergeben.

int Chk Position(char X Achse. double x, char Y Achse, double v, char Z Achse, double z, char A Achse, double a)
Die Funktion (Check_Position) kann nach dem Aufruf der Funktion Move_Achsen() benutzt werden, um das Erreichen der Zielposition zu überwachen. Die Parameter „X/Y/Z/A_Achse" wählen die Achsen aus. Die Zielpositionen werden in den Parametern „zielx/y/zla" metrisch übergeben. Die Funktion wartet, bis die gewählten Achsen innerhalb der Toleranz im Ziel liegen. Werden 100 gleiche Positionen außerhalb des Ziels gemessen, wird ein Fehlercode zurückgegeben

Folgende Fehlercodes sind moglich:
- Fehlercode= 1   -> X-Achse defekt
- Fehlercode = 2   -> Y Achse defekt
- Fehlercode = 3   -> X-Achse und Y-Achse defekt
- Fehlercode = 4   -> Z-Achse defekt
- Fehlercode = 5   -> X-Achse und Z-Achse defekt

- Fehlercode = 6   -> Y-Achse und Z-Achse defekt
- Fehlercode = 7   -> X-Achse und Y-Achse und Z-Achse defekt
- Fehlercode = 8   -> A-Achse defekt
- Fehlercode = 9   -> X-Achse und A-Achse defekt
- Fehlercode = 10   -> Y-Achse und A-Achse defekt
- Fehlercode = 11   -> X Achse und Y-Achse und A-Achse defekt
- Fehlercode = 12   -> Z-Achse und A-Achse defekt
- Fehlercode = 13   -> X-Achse und Z-Achse und A-Achse defekt
- Fehlercode = 14   -> Y-Achse und Z-Achse und A-Achse defekt
- Fehlercode = 15   -> X-Achse und Y-Achse und Z-Achse und A-Achse defekt

5.3.2.2 Interrupt-Funktionen

Die folgenden Funktionen können das Interrupt-System des PCs auf die HardwareInterrupts der Positionierkarte einrichten. Außerdem ist das Gerüst zweier möglicher Interrupt-Funktionen kodiert, in denen beispielsweise zeitgesteuert die Positionen gelesen werden können. Für die Positionierung ist die Interrupt-Steuerung nicht notwendig und wenn Sie darauf verzichten können, kann Ihre Applikation auch unter Wmdows laufen.

void Install _ Int(void)

Die Funktion (Installation Interrupt) richtet die Interruptvektoren fiir die HardwareInterrupts **INT1** und **INT2** der Positioniersteuerkarte PCC4 ein. Die gewählten Interruptnununem werden aus den globalen Variablen Interrupt_ nr1/nr2 gelesen.

void Uninstall_Int(void)

Die Funktion (Uninstallation_lnterrupt) stellt das Interrupt-System wieder her, das vor Aufruf von Install_Int() aktiv war.

void Handlerl(void)

Die Funktion (Handler2) für den Hardware-lnterrupt **INT1** der PCC4-Karte stellt das Gerüst einer Interrupt-Funktion zur Verfügung.

void Handler2(void)

Die Funktion (Handler2) für den Hardware-Interrupt **INT2** der PCC4-Karte stellt das Gerüst einer Interrupt-Funktion zur Verfugung.

5.3.2.3 BIOS-Funktionen

Die folgenden Funktionen steuern direkt die Hardware der Positioniersteuerung PCC4 an. Mit diesen Funktionen lassen sich direkt die Register der Motorcontroller, des parallelen I/O-Bausteins und des Zählers beschreiben und lesen.

Software

void Write-PCC4(long adresse, byte daten)
Diese Funktion schreibt das in ‚daten" übergebene Byte in das durch „adresse" ausgewählte Register.

byte Read-PCC4(long adresse)
Diese Funktion ließt ein Byte aus einem Controller-Register, das durch „adresse" selektiert wird. Der Inhalt des adressierten Registers wird als Returnwert geliefert.

void Reset (void)
Die Funktion Reset initialisiert zuerst den parallelen I/O-Baustein, der daraufhin den Resetlmpuls für die Motorcontroller erzeugt.

void Prg-Counter(int modus)
Die Funktion (Programrn_Counter) startet die Programm-Zähler der Motorcontroller oder setzt alle Motorcontroller in den Init/Idle-Modus. Das Starten des Programm-Zählers entspricht dem Einschalten der Lageregelung, das Setzen des Init/Idle-Modus entspricht dem Ausschalten der Lageregelung. Der Parameter „modus" steuert die Auswahl:
modus = O setzt alle Motorcontroller in den Init/Idle-Modus
modus = 1 startet den Programm-Zähler des Motorcontrollers der X-Achse
modus = 2 startet den Programm-Zähler des Motorcontrollers der Y-Achse
modus = 3 startet den Programm-Zähler des Motorcontrollers der Z-Achse
modus = 4 startet den Programm-Zähler des Motorcontrollers der A-Achse

void Svnc(void)
Zur Synchronisation der Motorcontroller schaltet die Funktion (Synchronisation) einen Ausgang des I/O-Portbausteins, der mit den Sync-Eingangen der Motorcontroller verbunden ist, „low" und wieder „high". Dadurch laufen alle Sarnple-Timer der Motorcontroller synchron.

void Pen(int modus)
Die halbe Achse wird entsprechend „modus" = UP oder DOWN uber Ausgang PA4 des VO-Portbausteins ein- oder ausgeschaltet, das heißt, die Achse fahrt hoch oder runter.

void Verstaerker(int nummer, int modus)
In Abhängigkeit von „modus=EIN/AUS" werden die Ausgange „Enable0..3" ein oder ausgeschaltet Die Ausgange „Enable0..3" müssen an die Freigabe-Eingänge der ServoVerstärker angeschlossen werden.

void Ausgangs(int nummer, int modus)
Der in „nummer=0..3" selektierte Ausgang wird entsprechend „modus = EIN/AUS" einoder ausgeschaltet.

byte Eingang (int nummer)
Der in „nummer-0..11" definierte Eingang wird getestet. Der Rückgabewert ist Eins bei aktivem und Null bei nicht aktivem Eingang.

5.4 Anwendung der Bibliotheks-Funktionen

Die folgenden Beispiele sollen verdeutlichen, wie der Applikationsprogrammierer die Bibliotheks-Funktionen einsetzen kann.

5.4.1 Trapezfahrprofil

Das erste Beispiel geht von einer 4-Achs-Steuerung aus. Nach einer Initialisierung der Positioniersteuerung, soll die momentane Position als Null-Position fiestgelegt werden. Von dieser Position aus, soll die X-Achse 1OO mm und die Z-Achse 30 mm im Trapezfahrprofil verfahren werden. Die Positionierung soll starten, wenn der Eingang 1 (EIN 1) durch einen Startschalter aufgeschaltet wird. Während der Fahrt soll die Positionierung übenvacht werden. Am Ziel soll die halbe Achse abgesenkt werden.

```
//****** Initialisierung der PCC4-Karte ********************
// Es wird davon ausgegangen, daß die systemabhängigen
// Variablen und Motorenpararneter bereits gesetzt worden sind.
//************************************************************
int Fehler;

Set_RegAdr();                    // Register-Adressen errechnen
Reset();                         // Hardware-Reset der Motorcontroller
Tnit_System(),                   // Impulssurnrnen u. Auflösung berechnen
Load Para(),                     1/ Achspararneter für alle Achsen laden
Position_Null();                 // Alle Achspositionen als Nullposition setzen
Pen(UP);                         /I halbe Achse anheben
Verstaerker(X_ACHSElEIN);        // X-Achsen Verstärker einschalten
Verstaerker(Z_ACHSE,EIN);        // Z-Achsen Verstärker einschalten
while ( !Eingang(O) ),           // aufEingang I warten
Move Achsen( EIN, 100.0,         // X-Achse 100 rnrn verfahren
       AUS,O.O,                  // Y-Achse steht
       EIN, 300.0,               // Z-Achse 300 mrn verfahren
       AUS, 0.0 ),               // A-Achse steht
```

Fehler -= Chk_Position(EIN, 100.0, // Positionierung der X-Achse überprüfen
AUS, 0.0,
EIN, 300.0, // Positionierung der Z-Achse überprüfen
AUS, 0.0);
if (! Fehler) Pen(DOWN);   // Position erreicht, also halbe Achse runter
else if (Fehler = 1) puts(„X-Achse defekt!");   // evtl. Fehler anzeigen
else if (Fehler = 4) puts(„Z-Achse defekt!");   // evtl. Fehler anzeigen
else if (Fehler = 5) puts(„X- & Z-Achse defekt!"); // evtl. Fehler anzeigen

5.4.2 Synchronfahrt

In einem weiteren Beispiel sollen die X- und die Y-Achse synchron verfahren werden. Die Fahrkurve soll dabei einen interpolierten Kreis ergeben. Anders als im vorhergehenden Beispiel, kann nun nicht die Fahrt im Trapezprofilmodus stattfinden, da dann der Einfluß auf die Achsen während der Fahrt an die Motorcontroller abgegeben wird. Die Interpolation eines Kreises wäre in diesem Fall nicht möglich. Aus diesem Gmnd wird lediglich der Startpunkt des Kreises mit einem Trapezprofil angefahren. Von diesem Punlct ausgehend, werden die Motorcontroller in den Lageregelungsmodus versetzt. In diesem Modus versuchen die Motorcontroller, die geforderte Kommando-Position sofort zu erreichen und zu halten. Bei längeren Fahrstrecken würde das sprungartige anregeln einer Position verheerende Folgen für die Mechanik haben. Bei der synchronen Fahrt der Kreisinterpolation betragen die zurückzulegenden- Fahrstrecken aber immer nur wenige Inkremente, so daß sich auch eine sprungartige Änderung der Sollposition ausregeln läßt. Der Abstand zwischen den Fahrpositionen wird von der globalen Variablen „Faktor" bestimmt (siehe 6.3.1).

Der Kreisrnittelpunkt soll an der Position (x=300, y=300) [rnm] liegen und einen Radius von 100 mm aufweisen. Während der Fahrt soll die halbe Achse heruntergefahren sein.

```
//********** Initialisierung der PCC4-Karte ***************
// Es wird davon ausgegangen, daß die systemabhängigen
// Variablen und Motorenparameter bereits gesetzt worden sind.
//****************************************************
double Mittelpunkt_X = 300.0;   // X-Position des Mittelpunkts
double Mittelpunkt_Y = 300.0;   // Y-Position des Mittelpunkts
double Radius = 100.0;          // Kreisradius
double Schrittweite;            // Auflösung im Bogenrnaß
long posx, posy,                // X-, Y-Position in Inkrementen
```

5.4 Anwendung der Bibliotheks-Funktionen

```
doubie i, kx, ky,              // Hilfsvariablen

// Schrittweite ins Bogenrnaß umrechnen
// Konstante M_PI ist definiert in MATH.H
//***********************************
Schrittwcitc = (double)Faktor * 180.0/ M_PI * asin( Aufloesung/Radius );

Set_RegAdr();                  // Register-Adressen errechnen
Reset();                       // Hadrware-Reset der Motorcontroller
Sync();                        // Sampletimer der Motorcontroller synchroni-
sieren
Init_System();                 // Impulssummen u. Auflösung berechnen
Load_Para();                   // Achsparameter fiir alle Achsen laden
Position_Null();               // Alle Achspositionen als Nullposition setzen
Pen(UP);                       // halbe Achse anheben

Verstaerker(X_ACHSE,EIN);      // X-Achsen Verstärker einschalten
Verstaerker(Y_ACHSE,EIN);      // Y-Achsen Verstärker einschalten

// zum Plotanfangspunlct im Trapezfahrprofil fahren
//******************************",*
Move_Achsen( EIN, Mittelpunkt_X+Radius,
EIN, Mittelpunkt_Y,
AUS, 0.0,
AUS, 0.0                       );

Pen(DOWN);                     // halbe Achse absenken

// Keisinterpolation
//***************
for ( i=0; i <= (double)(2*M_PI); i+=Schrittweite ) {
kx = Mittelpunkt_X + cos( i ) * Radius;
ky = Mittelpunkt_Y - sin( i ) * Radius;

// warten bis Sapmeltimer 7mal dekrementiert wurde
// in dieser Polling-Scnleife kann aus Zeitglunden
// nichts anderes verarbeitet werden
//******************************************
while ( (Read_PCC4(HCTL[ I ] + SAMPLETIMER) != sarnpletime – 7 ));
// neue X-,Y-Position anfahren
//*******************
Load_Achse ( COMPOS, X_ACHSE, kx, & posx ),
Load_Achse ( COMPOS, Y_ACHSE, ky, & posy );
} // endfor */
```

Technische Daten

- Synchrone Steuerung von I bis 4 Achsen.
- Drehzahlausgänge ±10 V (8 Bit Auflösung) galvanisch entkoppelt.
- optoentkoppelte Eingänge füir Referenz- und Endlagenschalter, Eingangsspannung 5 V, 12 V oder 24 V.
- optoentkoppelter Notstop Eingang, Eingangsspannung 5 V, 12 V oder 24 V.
- optoentkoppelte Ausgange mit offenem Kollektor, Schaltspannung 5 V, 12 V oder 24 V.
- 4/8 Differenzeingänge zur Positionserfassung über Inkremental-Encoder.
- Versorgungsspannung 5 V, 12 V oder 24 V (3 Watt) für die Inkremental-Encoder und Schaltfimktionen.
- Quarzgesteuerte Zeitbasisfunktionen.

Literatur

[1] *Antony G.*: „Getriebeauswahl durch realistische Abschätzung des erforderlichen Betriebsfaktors", Antriebstechnik 29 (1990) Nr.3

[2] *Assembe L.T.*: „Einfügungsdämpfung von Entstörfiltern" ETZ, Bd. 112 (1991), Heft 9, Seite 432–436

[3] *Bathe K.J.*: „Finite-Elemente-Methoden", Springer Verlag, ISBN 3-540-15602-x

[4] *BBC*: „Hytork-Gleichstrom Servomotoren, Beschreibungen, Technische Daten, Projektierungshinweise", Druckschrift Nr.: D AT 1542 85 D

[5] *Bender K.*: „Der Feldbus für die Automation". FZI, Universität Karlsruhe, ISBN 3-446-16170-8

[6] *Bent R., Schnurbusch W., Wiele W.*: „Interbus-S, Sensor/Aktorbus für geregelte Antriebe." Drivecom Nutzergruppe e.V. , Postfach 1102, W-4933 Blomberg

[7] *Berkmanns H.*: „Auch für Schweranlauf geeignet. Servomotoren mit elektronischer Kommutierung", elektrotechnik, 69, H.5, 18.März 1987, Seite 30–33

[8] *Bernstein H.*: „Mikrocontroller in der Leistungselektronik". Design & Elektronik Ausgabe 5 vom 3.3.1987, Seite 130–134

[9] *Bernstein H.*: „Drehzahlregelung mit einem 16-Bit-Controller". Design & Elektronik Ausgabe 25 vom 8.12.1987, Seite 100 – 110

[10] *Blome W.*: „Drivecom/Interbus-S Sensor-/Aktorbus und einheitliche Geräteprofile für die Antriebstechnik". Drivecom Nutzergruppe e.V., Postfach 1102, W-4933 Blomberg

[11] *Bögelsack G., Kallenbach E., Linnemann G.*: „Roboter in der Gerätetechnik", VEB Verlag Technik Berlin

[12] *Böhm W.*: „Elektrische Antriebe", Vogel Verlag Würzburg, ISBN 3-8023-0132-3

[13] *Böhm J., Freyermuth B.*: „PC-Robotersteuerung für die Entwicklung und Erprobung moderner Regelungskonzepte", MSR Magazin 1990 Nr.4, Seite 51–54

[14] *Bösterling W., Jörke R., Tscharn M. , (AEG)*: „IGBT-Module in Stromrichtern: regeln, steuern, schützen", etz Bd. 110 (1989), Heft 10, S. 464–471

[15] *Brendel W.*: „Industrielle Feldbusse: Kommunikationssysteme in der rechnerintegrierten Produktion" SPS Magazin, Heft 2/1991, Seite 43–45

[16] *Brosch Peter F.*: Serie „Stromrichterantriebe. Grundlagen und Praxis", Elektrotechnik

[17] *Brosch Peter F.*: „Moderne Stromrichterantriebe. Arbeitsweise drehzahlveränderlicher Antriebe mit Stromrichtern", Vogel Verlag Würzburg, ISBN-Nr. 3-8023-0241-9.

[18] *Büttner W.*: „Digitale Regelungssysteme", Vieweg Verlag, ISBN 3-528-03041-0

[19] *Catherwood M.*: „Schaltungsentwicklung unter Berücksichtigung der EMV", Elektronik Industrie 10-1990, Seite 134–138

[20] *Chun E.A.*: „Grundlagen der EMV" , „Systemkonzepte" und „Entwurf eines Massungssystems". Seminarunterlagen „EMV: Erdung, Massung, Schirmung" der Technischen Akademie Wuppertal im Oktober 1989

[21] *Clemente S., Dubhashi A.*: „HV Floating MOS-Gate Driver IC" International Rectifier, Application Notes, NR. AN-978A

[22] *Dale David P.E.*: „Application Note LM628/LM629", National Semiconductor

[23] *Deicke J., Baldham*: „Schirmende Gehäuse" Seminarunterlagen „EMV: Erdung, Massung, Schirmung" der Technischen Akademie Wuppertal im Oktober 1989

[24] *DIN-VDE-Taschenbuch 505*: „Funk-Entstörung 1", Beuth Verlag, ISBN 3-410-11998-1 VDE-Verlag, ISBN 3-8007-1491-4

[25] *Durcansky G.*: „EMV-gerechtes Gerätedesign", Franzis Verlag, ISBN 3-7723-5382-7

[26] *Ernst A.*: „Digitale Längen- und Winkelmeßtechnik. Positionsmeßsysteme für den Maschinen- und Gerätebau", Verlag moderne Industrie Landsberg/Lech 1991

[27] *Feser K.*: „EMV – ein Umweltproblem" ETZ, Bd. 112 (1991), Heft 9, Seite 424–425

[28] *Feyerabend F., Bürger M., Jorden W.*: „Verformungs- und Gewichtsoptimierung mit der Finiten-Elemente-Methode". Der Konstrukteur 1-2/90, Seite 78–82

[29] *Fischer R.*: „Elektrische Maschinen", Studienbücher, Carl Hanser Verlag, ISBN 3-446-12296-6
[30] *Franzmann M., Hackel I., Voits M.*: „PROFIBUS – der offene Feldbus für drehzahlverstellbare Gleichstrom- und Drehstromantriebe", Antriebstechnik 30 (1991) Nr.3, Seite 69–72
[31] *Georgopoulos C.J.*: „Interference Control in Cable and Device Interfaces", Interference Control Technologies Gainesville, Virginia USA, ISBN 0-932263-28-3
[32] *Gerber G., Hanitsch R.*: „Elektrische Maschinen", Lehrbuchreihe Elektrotechnik, Verlag Berliner Union, ISBN 3-408-53542-6
[33] *Goodenough F.*: „Motor-control semiconductors drive motor revolution", Electronic Design, April 14, 1988, Seite 78–94
[34] *Göddertz J.*: „Profibus", Klöckner Moeller, Technisch-wissenschaftliche Veröffentlichung VER 27-759
[35] *Gutt H.-J.*: „Moderne elektrische Stellantriebe – Stand und Entwicklungstrends", Vortrag vom 10.1.1990 auf der ITS '90 – Industrie Technologie Stuttgart.
[36] *Halbeck R.*: „Positioniersteuerungen: Mit Variablen und Rechenfunktionen". industrie-elektrik + elektronik, 33. Jahrgang 1988, Nr. 2, Seite 12–18
[37] *Harnden J.*: „MOSPOWER-Brückenschaltungen für Motorantriebe", Elektronik Entwicklung 1-2/87, Seite 26–34
[38] *Hauser*: „SERCAT", Berechnungssoftware zur Antriebsauslegung. Hauser Elektronik GmbH, Postfach 1720, 7600 Offenburg
[39] *Hewlett Packard*: „General Purpose Motion Control IC", Technical Data HCTL-1100
[40] *Hewlett Packard*: „Design of the HCTL-1000's Digital Filter Parameters by the Combination Method", Application Note 1032
[41] *Hewlett Packard*: „Motion Control using Hewlett-Packard Components", Seminarunterlagen
[42] *Hewlett Packard*: „Berechnung eines digitalen Positionsregelungssystems mit dem HCTL-1000", Der Elektroniker Nr.4 1987/Seite 50 folgende
[43] *Hewlett Packard*: „Design and Operational Considerations for the HEDS-5000 and HEDS-6000 Incremental Shaft Encoders", Application Note 1011
[44] *Hoffmann Gerhart*: „Drehzahlregelung", Kamprath-Reihe, Vogel Verlag Würzburg, ISBN 3-8023-0 122-6
[45] *Hoffmann Norbert*: „Digitale Regelung mit Mikroprozessoren, mit Programmen für den AIM-65", Vieweg Verlag, ISBN 3-528-04219-2
[46] *Homburg D., Reiff E.-C.*: „Digitale Regelungstechnik für Gleichstromantriebe", Antriebstechnik Nr.11/1999, Seite 46–48

[47] *Hölzel F.*: „EMV. Theoretische und praktische Hinweise für den Systementwurf", Dr. Alfred Hüthig Verlag Heidelberg, ISBN 3-7785-0948-9
[48] *Höfer B.*: „Servomotor und Schrittmotor im Vergleich" Antriebstechnik 30 (1991) Nr. 5, Seite 52–62
[49] *International Rectifier*: „High Voltage MOS Gate Driver IR2110", Data Sheet No. PD 6.011B
[50] *Isermann R.*: „Digitale Regelsysteme. Band 1. Grundlagen Deterministische Regelungen", Springer Verlag, ISBN 3-540-16596-7
[51] *Joachim H.*: „Leistungselektronik. Ein Leitfaden für Einsteiger", Klöckner Möller, Bestell-Nr.: G 82-2101
[52] *Katz M., Biwer G., Bender K.*: „Die PROFIBUS-Anwendungsschicht. Ein neuer Weg zur offenen Kommunikation im Feldbereich", Automatisierungstechnische Praxis atp (31) 1989, Heft 12, Seite 588–597
[53] *Karg E.*: „Regelungstechnik", Kamprath-Reihe Technik, Vogel Verlag Würzburg, ISBN 3-8023-0013-0
[54] *Kissling U.*: „Integration von Berechnungsprogrammen in den Konstruktionsprozeß", Antriebstechnik 30 (1991) Nr. 7, Seite 28–37
[55] *Kloppenburg E., Janßen D., Sax H., Salina A.*: „Preisgünstiges 2-Achsen-DC-Motor-Positioniersystem", Elektronik 16/3.8.1990, Seite 88–93
[56] *Kohling A.*: „EG-Rahmenrichtlinie und Europäische Normen zur EMV", ETZ, Bd. 112 (1991), Heft 9, Seite 438–441
[57] *Kunath H.*: „Praxis der Funk-Entstörung", Hüthig Verlag Heidelberg 1965
[58] *Lämmerhirdt E.-H.*: „Elektrische Maschinen und Antriebe. Aufbau-Wirkungsweise-Prüfung-Anwendung", Lernbücher der Technik, Carl Hanser Verlag, ISBN 3-446-15316-0
[59] *Lehmann R.*: „AC-Servo-Antriebstechnik. Grundlagen und Anwendungen", Franzis Verlag München, ISBN 3-7723-6212-5
[60] *Leitl F.*: „Selektive Nahfeld-Prüfsonden für EMV-Untersuchungen", Elektronik Industrie 10-1990, Seite 140–142
[61] *Lenze*: „Antriebstechnik. Kleine Formelsammlung", SWHE/Formeln/5.78/Lemhoefer, Hameln
[62] *Lenze*: „Antriebstechnik. Elektromagnetisch gelüftete Federkraftbremsen und Permanentmagnetbremsen", Datenblatt 14.87.32 Lenze GmbH&Co KG Extertal, Postfach 1250, D-4923 Extertal
[63] *Livotov P., Gerstmann U., Fiss T.*: „Rechnergestützte Auslegung von Synchronriemengetrieben für Roboter", Antriebstechnik 30 (1991) Nr. 1, Seite 30–35
[64] *Lorenz L., Amann H.*: „ MOS-Module: Effektive Leistungs- Halbleiterschalter bei hohen Taktfrequenzen", 1. Teil Elektronik 11/27.5.1988, Seite 74–80. 2. Teil Elektronik 12/10.6.1988, Seite 101–104.
[65] *Mardiguian M.*: „How to Control Electrical Noise" Interference Control Technologies Gainesville, Virginia USA, ISBN 0-932263-22-4

[66] *Mardiguian M.*: „Interference Control in Computers and Microprocessor-Based Equipment", Don White Consultants Gainesville, Virginia USA, Congress Card Catalog Nr. 84-172962
[67] *Meisinger A.*: „Master-/Slave-Servosteuerungen im industriellen Einsatz", Antriebstechnik Nr.10 1990, Seite 50–53
[68] *Meuser A.*: „Potentialausgleich und Potentialtrennung" Seminarunterlagen „EMV: Erdung, Massung, Schirmung" der Technischen Akademie Wuppertal im Oktober 1989
[69] *Meyendriesch B.*: „Tacholose Gleichstrommotoren digital geregelt", Elektronik Nr. 6 vom 20.3.1987
[70] *National Semiconductor*: „LM628/LM629 Precision Motion Controller", Datenblatt. „LM628/629 User Guide", App. Note 706. „LM628 Programming Guide", App. Note 693
[71] *Natke G., Neunzert H., Popp K.*: „Dynamische Probleme, Modellierung und Wirklichkeit", Curt-Risch-Institut Universität Hannover, Tagungsband CRI-K 1/90
[72] *Oberesch M.*: „Mit wenig Aufwand treiben. Brückentreiber für Power-MOSFETs", Elrad 1988, Heft 9, Seite 44–46
[73] *Orlowski Peter F.*: „Simulation und Optimierung von Regelkreisen mit dem IBM AT und Kompatiblen", Vieweg Verlag, ISBN 3-528-04598-1
[74] *Panzer P.*: „Praxis des Überspannungs- und Störspannungsschutzes elektronischer Geräte und Anlagen", Sicherheitstechnik, Vogel Verlag Würzburg, ISBN 3-8023-0887-5
[75] *Payet-Burin P., Troussel G.*: „Motortreiber-ICs der dritten Generation", Elektronik 20/2.10.1987, Seite 96–99
[76] *Peters K.*: „Vom Servoverstärker zum intelligenten Antrieb", Antriebstechnik 30 (1991)Nr.8, Seite 30–35
[77] *Philipp W., Scholich W., Uni.Stuttgart (ISW)*: „Fließkomma-Signalprozessor-System für komplexe Regelungen", Elektronik Entwicklung 7-8/90, Seite 29–33
[78] *Pritzsche K.N.*: „Digitale Drehzahlregelung steigert die Konturgenauigkeit in der NC-Fertigung", MSR Magazin Nr.3 1990, Seite 60–61
[79] *Saenger F., Theis M., Wieser M.*: „Konformitätstest – ein notwendiger Schritt für den PROFIBUS auf dem Weg zur offenen Kommunikation im Feldbereich". atp-Automatisierungstechnische Praxis 33 (1991) 1, R.Oldenburg Verlag
[80] *SAT Servoantriebstechnik GmbH*: „DC-Servomotoren Baureihe T ... C", Postfach 1580, 6908 Wiesloch
[81] *Sax H.*: „Gleichstrommotoren richtig ansteuern", Elektronik 18/1.9.89
[82] *Schaad H. J.*: „Sechskanal-Zweiphasen-Impulsüberwachung", Elektronik Industrie Nr.10/88, Seite 92–100

[83] *Schanz G. W.*: „Sensoren. Fühler der Meßtechnik" Hüthig Verlag, ISBN 3-7785-1129-7
[84] *Schenk W., Harland A.*: „Gleichstrom- oder Drehstromantrieb? Zwei Wege, ein Ziel", Antriebstechnik 30 (1991) Nr. 4, Seite 63–68
[85] *Schlitt H.*: „Regelungstechnik. Physikalisch orientierte Darstellung fachübergreifender Prinzipien", Informatik, Vogel Verlag Würzburg, ISBN 3-8023-0171-4
[86] *Schneider Gregory J.*: "Eliminating Instabilies in Motion Control Systems Caused by Torsional Resonance", MOTION, Fourth Quarter 1985, Seite 4–8
[87] *Schnieringer M.*: „Präzisions-Positioniersystem am VMEbus", Design & Elektronik Nr.17/21.8.90, Seiten 55–57
[88] *Schönfeld R.*: „Digitale Regelung elektrischer Antriebe", Hüthig Verlag, ISBN 3-7785-1517-9
[89] *Schrem E.*: „Auf die Knoten kommt es an. Die Methode der Finiten Elemente in der Konstruktion", KEM 1989, November S 6, Seite 126–132
[90] *Schulze K.-P., Rehberg K.-J.*: „Entwurf von adaptiven Systemen. Eine Darstellung für Ingenieure", VEB Verlag Technik Berlin, ISBN 3-341-00293-6
[91] *Seeliger A., Cerv H.*: „Echtzeitfähiges Schwingungssimulationsprogramm für drehzahlgeregelte elektromechanische Systeme", Antriebstechnik 30 (1991) Nr. 9, Seite 63–65
[92] *SERCOS*: „SERCOS Interface", Fördergemeinschaft SERCOS interface e. V. Stresemannallee 19, 6000 Frankfurt/M. 70
[93] *SEW Eurodrive*: „Antriebsauslegung mit SEW-Getriebemotoren. Berechnungsverfahren und Beispiele", Druckschrift Nr.: DR 587/850121
[94] *Simon K.-P.*: „Der Profibus in der Antriebstechnik" Antriebstechnik 30 (1991) Nr.4, Seite 74–78
[95] *Smailus B.*: „Kopplungen über Leitungssysteme" Seminarunterlagen „EMV: Erdung, Massung, Schirmung" der Technischen Akademie Wuppertal im Oktober 1989
[96] *Squires D., Isbell T., Santos J.*: „Servocontroller für geregelte Antriebe", Design & Elektronik, Ausgabe 2? vom 8.12.1987, Seite 111–115
[97] *Stang R.*: „Regelungstechnik. Ein Leitfaden für Einsteiger", Klöckner Möller, Bestell-Nr.: G 27-2102
[98] *Stoppock C., Sturm H.*: „Feldbusse im Sensor- und Aktorbereich. Vergleichende Studie von verfügbaren und in Entwicklung befindlichen Feldbussen für Sensor- und Aktorsysteme", VDI/VDE-Technologiezentrum Informationstechnik GmbH, Budapester Straße 40, 1 Berlin 30.
[99] *Sturm F.J.*: „INTERBUS: offen nach allen Seiten" und-oder-nor + Steuerungstechnik, Nr. 6/1991, Seite 47–49

Literaturverzeichnis

[100] *Swoboda W., ISW*: „Digitale Lageregelung für Maschinen mit schwach gedämpften schwingungsfähigen Bewegungsachsen", Forschung und Praxis Band 66, Springer Verlag, ISBN 3-540-18101-6
[101] *Tal Jacob*: „Tal Talks-Coordinated X-Y Motion Control", MOTION, Fourth Quarter 1985, Seite 10–14
[102] *Tal Jacob*: „Effective Modeling of DC Motors and Amplifiers", MOTION , January/February 1986, Seite 10–15
[103] *Tal Jacob*: „Intelligent Stand-Alone Motion Controllers", MOTION, July/August 1990, Seite 10–13
[104] *Tietze U., Schenk Ch.*: „Halbleiter-Schaltungstechnik", Springer Verlag, ISBN 3-540-09848-8
[105] *Töpfer H., Besch P.*: „Grundlagen der Automatisierungstechnik. Steuerungs- und Regelungstechnik für Ingenieure", Carl Hanser Verlag, ISBN 3-446-15039-0
[106] *Unitrode*: „Linear Integrated Circuits Databook 1987-1988", IC500 „Applications Handbook 1987–1988", A200
[107] *Vacuumschmelze*: „Magnetische Abschirmungen", Firmenschrift FS-M 9, VAC, Grüner Weg 37, 6450 Hanau1
[108] *Voits M.*: „Digitalisierte Gleichstromantriebe als flexible Automatisierungs-Komponenten", Antriebstechnik Nr. 5, Nr. 6, 1990
[109] *Wagner M.*: „Mehr als nur Motor. Eigenschaften und Anwendungsbereiche kollektorloser Gleichstrommotoren", elektrotechnik, 68, H. 14, 19. September 1986, Seite 36–39
[110] *Walker O.*: „Kopplungen in Leitersystemen" Seminarunterlagen „EMV: Erdung, Massung, Schirmung" der Technischen Akademie Wuppertal im Oktober 1989
[111] *Weber D.*: „Elektronische Regler. Grundlagen, Bauformen und Einstellkriterien", Firmenschrift der M.K. Juchheim GmbH & Co., 6400 Fulda, Moltkestr. 13–31
[112] *White D.*: „Shielding Design Methodology and Procedures", Interference Control Technologies Gainesville, Virginia USA, ISBN 0-932263-26-7
[113] *Wilhelm J. u.a.*: „Funkentstörung. Gesetzliche und physikalische Grundlagen, Bauelemente – Meßgeräte und Meßtechnik", Band 88, Kontakt & Studium, Mess- und Prüftechnik, Expert Verlag, ISBN 3-88508-796-0
[114] *Wilhelm J. u.a.*: „Elektromagnetische Verträglichkeit (EMV)", Expert Verlag ISBN 3-88508-742-1
[115] *Wilke W., Radolfzell*: „Bürstenlose Gleichstrommotoren. Als Regelantrieb im industriellen Einsatz", F+M Heft Nr. 4/1988, Seiten 163–169
[116] *Wittenburg J.*: „Gehäuse aus elektrisch leitfähigen Kunststoffen", Seminarunterlagen „EMV: Erdung, Massung, Schirmung" der Technischen Akademie Wuppertal im Oktober 1989

[117] *Zenkel Dieter*: „Elektrische Stellantriebe", Hüthig Verlag, ISBN 3-7785-1588-8

[118] *Lawrenz, Wolfhard*: „CAN Controller Area Network", Hüthig Verlag ISBN 3-7785-2263-7

[119] *Lessmann, Carsten*: „Motormaster. PC-Servo-Karte für synchrone Lageregelung" ELRAD 11/1995, Seite 42-50 und 1/1996, Seite 58-61

Sachverzeichnis

A

Abschirmung   39
Abtast
– frequenz   52ff
– rate   52, 83, 84
– regler   52ff
– Takt (Sample Clock)   55
– zeit   52, 83, 192, 153, 168
– zeitpunkt   53, 54
– Zeitzähler (Sample Timer)   55, 83, 84
Abzisse   147
Achsrechner   62
Amplitude(n)   147
– gang   147, 163
Änderungsdetektor   41, 43, 45
Anker
– induktivität   158
– Trägheitsmoment   158
Antrieb(s)
– Abbremsen   16
– abschaltung   46ff
– Arbeitsgeräusche   14
– aufbau   12ff
– auslegung   12ff
– Auslegungs Hilfsmittel 34ff
– Beschleunigen   14
– computergesteuert   9ff
– drehzahl   34
– dynamik   15
– Fehlfunktion   37
– freigabe   47
– Haltebremse   49
– Nachlauf   37, 46
– position   10, 30
– Qalität   12
– rechner   62
– regelung, digital   51ff, 66

– regelkreis   11
– riemen   49
– sicherheit   37ff
– spindel   13
– steuerung   48
– stillegung   44
– system   37, 38, 49, 57, 60, 111
– watchdog   48

B

Ballastschaltung   27
Bandbreite   145, 151, 154, 156, 164, 167
Berührungsschalter   37, 46
Begrenzungsschalter   78
Beschleunigung   60
– Grenzwert   15
Beschleunigungsaufnehmer   15, 16
Betragsdarstellung   147
Bildbereich   146
Bode-Diagramm   145, 147, 151, 161, 162, 163, 179
Bogenmaß   147
Bremschopper   27
Brückenschaltung   25, 82, 83
Bürstenfeuer   38↑

C

Codierscheibe   32
CD-ROM   172

D

Dezibel (dB)   147, 163
Differenzverstärker   33, 40

Sachverzeichnis

Digita/Analog-Wandler 79, 152, 156
Digital Filter 53, 112, 165, 168
- als Regler 53ff
- Parameter 54, 86ff
- parameter-Einstellung 57ff
Digitale Antriebsregelung 51ff
Digitaler Motorcontroller 54ff
Dokumentationspflicht 49ff
Drehfeld 28
Drehimpulsgeber 30, 31
Drehmomentkonstante 20, 152, 153, 158
Drehrichtung 33, 39
Drehstrom-Synchronmotor 22ff, 67, 89
- Stellglied 27
Drehzahl
- Drehmoment-Kennlinie 20, 21, 25, 27
- Istwert 10
- meßglied 10, 11, 12
- sollwert, -Sollwert 9, 10, 25
- regler 10, 15, 25
- regelung 10
Druckerport 234, 237

E

Eichung, Schwingungsmessung 17ff
Eigenfrequenz, mechanische 13, 14, 15
Elektromagnetische Verträglichkeit (EMV) 37ff
Encoder 11, 28, 30, 57, 92, 159
- Auflösung 33ff
- auswahl 91ff
- Codierscheibe 32, 45
- Impuls Vervierfachung 34, 91, 151
- Impulsleitung 38
- Indeximpuls 33, 89
- inkremental 31ff, 38, 187
- Inkremente 33
- Phasenverschiebung der Impulskanäle 33
- Störimpulse 38
Energiefluß 10
Endanschlag 14, 37
Endschalter 37, 46

Entstörung 39
Erdung 39

F

Feldbusse, Einsatz von 63
Fehleranalyse 50
Fehlpositionierung 38
Filter
- einstellung 58ff
- parameter 57, 144, 172, 219
Finite Elemente Methode (FEM) 15, 35ff
FMEA 49ff
Frequenz
- dekade 151
- gang 147
- ,imaginäre 147
- Spektrum Analyzer 15
- /Spannungswandler 57
- verhalten 162
Führungsgröße 145, 151

G

galvanische Trennung 39
Generatorlastmodul 27
Getriebe 12, 13, 14
- wirkungsgrad 12
Gleichstrom
- wert 150
- Zwischenkreis 26
- motor 19, 22, 25, 27, 159, 160

H

Halteglied nullter Ordnung 155
HCTL-1100 Motorcontroller 65ff
- Actual Position Register 85ff, 104
- Arbeitsmodus 75
- Arbeitsweise 104ff
- Aufbau 66ff

Sachverzeichnis

- Ausrichtungsmodus (ALIGN)
- Bahnkurven-Koordinierung 117
- Beschleunigungs-/Geschwindigkeitsdaten 105ff
- Beschleunigungs-Register 88
- Betriebsarten 70, 79, 104ff
- Command Position Register 83, 104
- Command Profile 76
- Commutator 80
- abgleich 91ff
- Align Modus (elektr. Feinabgleich) 92, 93ff
- Dimensionierungs-Beispiel 101ff
- Encoderauswahl 91ff
- Grenzwerte 101
- Phasenausgänge 67, 90
- Phasenfreigabe (X-Register) 98
- Phasenkonfiguration 76
- Phasennacheilung 90
- Phasenoffset 99
- Phasenüberlappung (Y-Register) 90, 91, 99
- Phasenvoreilung 90, 96
- Port 67, 70, 74, 75, 89ff
- Register 94ff
- RING Register 96, 99, 101
- Zählerkonfiguration 76
- D/A-Wandler Anschluß 79
- Digital Filter 112, 145
- Parameter 86ff, 103, 112
- Nullpunkt (A) 86
- Pol (B) 86
- Verstärkung (K) 86
- Einstellungen nach einem Reset 102ff
- Encoder Interface 70
- EXTCLK Arbeitstakt,-frequenz 68, 70, 80, 83
- Flag Register 72ff, 94, 105, 114
- Gehäuseformen 66
- Hilfs-Sample Timer 118
- Hold Commutator Flag 74, 94, 99
- HOST Ansteuerung 68ff
- INDEX Encoder Umdrehungsimpuls 68, 70, 89, 91, 99
- INIT/IDLE Flag (Modus) 74-80, 86, 87, 93, 103
- INIT-Pin 77
- Integrale(s)
- Drehzahlregelung 70, 75, 86, 111ff
- Solldrehzahl Register 89
- Interface
- an Systeme mit gemultiplextem Adress-/Datenbus 119ff
- an parallele Bussysteme 121ff
- LIMIT Flag 76, 78
- LIMIT-Eingangspin 78
- mechanische/elektrische Daten 285
- Motor-Command Port (8-Bit) 67, 78ff, 157
- Positionskontrolle (Lageregelung) 70, 83, 86, 94, 108ff
- PROF-Pin 76
- Profil Generator 104, 112, 115
- Programmzähler Register 75
- Proportionale Drehzahlregelung 70, 75, 87ff, 110ff
- PULSE Ausgang 67, 80, 90, 103
- PWM Motor-Command 80ff
- PWM Richtungsumkehr 76
- Quadratur-Decoder 67, 70, 161
- Regeldifferenz, -abweichung 108, 115
- Register Blockdiagramm 73
- RESET 68, 84
- Hardware 77, 93, 102
- Software 75, 77, 102, 103
- Sample Timer (Register) 83ff, 86, 103, 104, 117, 118
- SIGN 90
- Ausgang 67, 80
- Vorzeichenumkehr 90
- Status Register 75, 78, 82, 94, 96, 101, 102, 103
- Steuerungsablauf 69
- Steuerleitungen 69
- Steuer Register 70ff
- STOP Flag 76, 77, 113
- STOP-Eingangspin 78, 113
- Synchronisation mehrerer HCTL-1100 116ff

331

Sachverzeichnis

- Timing-Diagramm 69
- Trapez
- förmiges Geschwindigkeits Profil 70, 74, 86, 113ff
- Profil Flag 76
- Profil Register 89
- Unipolar Flag 74, 79, 82
- VME-Bus 121, 122, 123

HCTL-1100 PC-Interface 234ff
- Schieberegister Steuerung 234ff, 241
- Steuersoftware 238ff
- Hauptprogramm zum Testen 246

Hochpaßverhalten 151
Host (Leitrechner) 68ff, 72, 77, 84, 85, 208, 209, 112,118,121

I

Impulsamplitudenmodulation 53
Impuls-Vervierfachung (Quadrierung) 34, 55
Inkremental-Encoder 65, 153, 161
Interrupt 55

K

Keilriementrieb 12
Kombinationsmethode 144, 167
Kommutierungsgrenzlinie 20, 27
Kompansationsglied 149
Kompensationsfilter 149, 151, 168
Konstruktion(s)
- mechanisch 11, 35ff
- element 36

Kreisfrequenz 147
Kreisfunktion 146

L

Lagemeßglied 10, 11, 12, 13, 30ff, 34, 38, 55
- Fehlercode 43

- Impulsausfall 40
- Impulsüberwachung 40ff
- Impulsfolgen fehlerhaft 42ff
- komplementäre Impulskanäle 40
- Signalüberwachung 39ff
- Überwachungselektronik, -schaltung 40, 43, 44

Lage_8
- regler, -regelung 9, 28, 30, 46, 48, 66
- regelkreis 10, 39, 40

Laplace 159
- Transformation 146, 154, 156, 165, 232

Last 10
- anforderung 11
- änderung 14
- beschleunigung 12
- wechsel 10, 61, 151

Leistung(s)
- endstufe 10, 11, 67
- verstärker 10, 152

Leitrechner 9, 10, 61
- Interface 56

Leitungsführung 39
Literaturverzeichnis 321
LM628/LM629 Motorcontroller 184_
- Abtastzeit (Sample Time) 192, 195
- Anschlußgehäuse 185
- Arbeitsweise 187
- Bahnkurven- und Geschwindigkeitsprofil 190ff, 200
- Bahnkurven-Kontrollwort 210
- Befehlscode, -satz 196, 200ff
- DFH 203
- LFIL 207, 209
- LPEI 204, 213, 215, 224
- LPES 205, 213, 215, 224
- LTRJ 209, 213, 215, 220
- MSKI 206, 218
- PORT8 203, 215
- PORT12 203, 215
- RDDP 216
- RDDV 216
- RDIP 215
- RDRP 216

Sachverzeichnis

- RDRV 217
- RDSIGS 214
- RDSTAT 212, 218
- RDSUM 214
- RESET 202, 213
- RSTI 207, 215
- SBPA 205, 213, 224
- SBPR 206, 213, 224
- SIP 204, 215, 216
- STT 211, 212, 213, 215, 221
- UDF 209, 215
- Bestimmung von Bahnkurvenparametern 192
- Beschleunigung 190, 191, 193,194, 209
- Busy-Bit 196, 214, 220
- Commandport 186
- Datenport 186
- D/A-Wandler 186,187
- Digital Filter 189, 198, 219, 232
- Koeffizienten, Parameter 187, 193, 200, 207, 209
- Kontrollwort 208
- Regelalgorithmus 195
- Encoder Interface 189
- Ein- und Ausgänge 185ff
- Geschwindigkeit 193, 194, 209, 222
- Home (Null) Position 187 190, 203
- INDEX 189
- Impuls 189, 190, 213
- Register 189, 190, 204, 215
- Interface zum HOST 187
- Interrupt 184, 190, 196, 200, 204, 205, 206, 213, 223
- Ausgang 186
- Maske 206, 207
- Reset 207, 224
- Lese- und Schreiboperationen 196
- mechanische/elektrische Daten 293ff
- PID-Filter 194ff , 218
- Position(s) 209
- fehler 192, 195, 204, 205
- Positioniermodus 190
- PWM-Betragsausgang 199
- Zielpositions-Register 189, 191
- Profil-Generator 184, 189, 216

- Quadratur-Decoder 185
- RDSTAT 212
- RESET 186, 187, 218, 219
- Sollwert-Ausgang 198ff
- Status-Byte 196 ,204, 205, 206, 212, 214, 215, 218, 224
- Synchronisierung 211, 212, 218, 223
- Systemtakt (CLOCK) 186
LM628 Motorcontroller PC-Interface 250

M

mechanische(s)
- Belastung 16
- Sicherheit 49
- Spiel 14
- Verhalten 13
- Verbindung 14
Mehrachsensystem 13, 61
Meßauswertung 16
Meßwertaufnehmer 16
Motor
- abschaltung 46
- achse 12
- auswahl 19ff
- Belastung 10
- Bremsenergie 27
- Bremswiderstand 46, 47
- Dimensionierung 34
- (dreh)moment 10, 12, 20
- Generatorbetrieb 27, 47
- Kurzschlußstrom 47
- Nenndrehzahl 24
- schütz 46, 47
- spannung 10, 26
- Stillstand 25
- Temperatur 20
- temperatur Reduzierung 22
- Temperaturverhalten 23
- thermische Überlastung 20
- Thermoschalter 23
- strom 10
Motorcontroller 9, 10, 54, 56, 62
- digitaler 65ff, 184ff

Sachverzeichnis

N

NOTAUS 46ff
Nullstelle 149, 151, 152, 167, 171
NYQUIST 148, 179

O

Ordinate 147
Oszilloskop 17, 57, 58
– Speicher 16, 58

P

Permanentmagnete
– Entmagnetisieren 24
– Schutz 23ff
Personenschaden 37
Personenschutz 37
Phasen
– lage 147
– gang 147, 162
– übergangsfrequenz 149, 162, 163, 164
– rand 149, 183
– reserve 149, 152, 154, 162, 163, 164, 180
– verschiebung 148, 151, 152, 179
– voreilung 167, 168, 171, 183
– winkel 147, 152, 180
Polstelle 149, 151, 152, 167, 171
Position
– Istwert 39, 55
– Sollwert 9
Positionierantrieb
– Analoger 9
Positionier
– fehler 46, 221
– genauigkeit 12, 14, 25, 154
Potentiometer 30
– Sollwert 9
Produktdokumentation 34, 50
Produzentenhaftung 49ff
Projektierungsformular 34, 272ff

Pulsbreite(n) 37
– steuerung 25
PWM-Verstärker 158

Q

Quadrierung 34, 91
Quadratur-Inkremente 70, 85, 91, 96, 109
Qualitätssicherung 49

R

Rechner-Antriebswatchdog 48
Reflexlichtschranke 16, 18
Regel-
– abweichung 56, 110, 115, 145
– algorithmus 51, 54, 56, 79, 84, 105, 195
– aufwand 12
– dynamik 161
– größe 145
– strecke 146
Regler, Regelkreis 144, 145
– parameter 12, 15
– Stabilität 86
Regelung(s)
– digital 51ff, 84
– Nachlauf 9
– technik 149
Resolver 11, 28, 30
Resonanz, mechanische 15
Riemenschlupf 12
Rotorlagegeber 28

S

Sachschaden 37
Sample Timer 55, 83, 104
Schaltmatte 37
Schwingneigung des Antriebs 12ff
Schwingung(s) 16, 17

Sachverzeichnis

- amplitude 14, 17, 19
- frequenz 17, 19
- messung 16
- verhalten, mechanisch 14ff
- Ursachen 14

Schwingungs Meßvorrichtung 16ff
- Abgleichschaltung 16, 18
- Eichung 17
- Eich-Kennlinie 18
- Ebene 149, 154

Sinus
- schwingung 146, 147

Software
- ANSYS 35
- des Motorcontrollers 56
- gestützte Mechanikkonstruktion 35ff
- hilfe 172
- KISSsoft 35, 283
- MOMENTE 35, 279
- SERCAT 35, 274
- Synchronriemen-Getriebe Auslegung 281
- Unterstützung 35

Soll
- Drehzahl 10
- position 10
- wert 9, 10, 13

Spannungskonstante 152
Spannungsverstärker 152
Spektrumanalyzer 16, 19
Sprungantwort 146, 149, 154, 165
Sprungfunktion 146

Stabilitäts
- abschätzung 172
- überprüfung 179
- untersuchung 145, 148
- kriterium 148

Stellantrieb
- computergesteuert 9ff

Stellglied 9, 10, 11, 15, 25ff, 34, 47, 154
- Entwurf 24ff
- Strombegrenzung 24
- Überwachungsfunktion(en) 26ff, 30

Stellgröße 54
Steuerrechner 9

Stör-
- größe 13, 15, 151
- quelle 37
- signal 53

Störung, elektrisch 37ff
- Grenzwert 38
- Reduzierung 39
- Vorschriften 38

Strom
- regler 10, 11, 25
- verstärker 152

T

Tacho 12, 28, 57
Tiefpaßfilter 151
Tragelement, mechanisch 13
Trägheitsmoment(e) 12, 152, 153
Transistor-Endstufe 30, 37

U

Überschwingen 58ff, 150
Übersetzung(s)
- mechanisch 10
- spielarm 12
- verhältnis, optimales 12, 20

Übertragungsverhalten 145
Übertragungsfunktion 146, 151, 152, 161
Unwucht 14

V

Vergleicher
- analog 9

Verschleiß 14
Verstärker 150, 154
Verstärkungs
- konstante 152, 159
- übergangsfrequenz 149, 150, 152, 154, 162, 163, 164, 180, 183
- rand 149

– reserve 149, 152, 154, 162, 163, 164, 180, 183
Voltmeter 18

W

Watchdog 48

Z

Zahnriemen 12, 13
Zeitkonstante,
– elektrisch 153, 159
– mechanisch 153, 159
Zielposition 9
Zero Order Hold (ZOH) 155, 156
z-Transformation 52, 165
Zwischenkreisspannung 26, 83

Teil 3

Rolf Lehmann

AC-Servo-Antriebstechnik

Grundlagen bürstenloser Motore

Kenndaten bürstenloser Motore

·Berechnungsunterlagen und Installation

Begriffe, Formeln und Tabellen

Vorwort

Der Technologie-Wandel in der Servo-Antriebstechnik, der durch die Entwicklung bürstenloser Motoren eingeleitet wurde, ist voll im Gange.
Die weltweite Statistik zeigt, daß der DC-Servoantrieb keine Zuwächse mehr zu verzeichnen hat und daß neue Anwendungen fast ausnahmslos mit bürstenlosen AC-Antrieben realisiert werden.
Das Buch soll dem Anwender die Wirkungsweise der bürstenlosen Servoantriebe erläutern und helfen, den Einsatz einer bürstenlosen Servoachse besser zu planen.
Im Abschnitt A findet der Leser die allgemeinen Grundlagen der bürstenlosen AC-Servoantriebstechnik, während im Abschnitt B spezifische Merkmale erläutert werden, die einen tieferen Einstieg in diese Thematik ermöglichen.
Der Abschnitt C beinhaltet die am meisten benötigten Berechnungsunterlagen sowie Verdrahtungs- und Inbetriebnahmehinweise.
In Abschnitt D sind schließlich Begriffe, Formeln und Tabellen enthalten, die bei der Antriebsberechnung immer wieder benötigt werden.
Der Mitarbeit von Frau Hilde Müller sei an dieser Stelle Dank gesagt.
Der Autor wünscht viel Erfolg bei der Realisierung bürstenloser AC-Servoantriebssysteme und steht Anregungen und Verbesserungsvorschlägen aus diesem Themenkreis stets aufgeschlossen gegenüber.

Rolf Lehmann

Wichtiger Hinweis

Die in diesem Buch wiedergegebenen Schaltungen und Verfahren werden ohne Rücksicht auf die Patentlage mitgeteilt. Sie sind ausschließlich für Amateur- und Lehrzwecke bestimmt und dürfen nicht gewerblich genutzt werden*).
Alle Schaltungen und technischen Angaben in diesem Buch wurden vom Autor mit größter Sorgfalt erarbeitet bzw. zusammengestellt und unter Einschaltung wirksamer Kontrollmaßnahmen reproduziert. Trotzdem sind Fehler nicht ganz auszuschließen. Der Verlag und der Autor sehen sich deshalb gezwungen darauf hinzuweisen, daß sie weder eine Garantie noch die juristische Verantwortung oder irgendeine Haftung für Folgen, die auf fehlerhafte Angaben zurückgehen, übernehmen können. Für die Mitteilung eventueller Fehler sind Autor und Verlag jederzeit dankbar.

---

*) Bei gewerblicher Nutzung ist vorher die Genehmigung des möglichen Lizenzinhabers einzuholen.

Inhalt

Teil A Grundlagen 9

1	Die Vorteile bürstenloser Motoren	10
2	Aussteuerverfahren Rechteck-/Sinus	12
3	Blockschaltbild der Servo-Regler	16
4	Die Nachbildung der Stromleitwerte	20
5	Die Nachbildung der Encoder-Signale	22
6	Fehlerbetrachtung der Encoder-Nachbildung	26
7	Verschiebung des Encoder-Nullimpulses	27
8	Struktur des PID-Drehzahlreglers	28
9	Sollwertaufbereitung und Stillstandsregelung	33
10	Das Prinzip der getakteten Endstufe	36
11	Pulsdauermodulator und Leistungsendstufe	38
12	Drehmomentenverlauf in Abhängigkeit der Drehzahl	41
13	Netzeinspeisung und Parallelschaltung mehrerer Servo-Verstärker	45
14	Überwachungs-Funktion / Status-Anzeige	49
15	Thermische Belastbarkeit von Motor und Servoverstärker	53
16	Verhalten bei NOT-AUS	56
17	Mechanischer Aufbau	59
18	Optionen	61
19	PC-gestützte Antriebsdimensionierung	64

Teil B Spezifische Merkmale 67

20	Mechanische und elektrische Kenndaten bürstenloser Motoren	68
21	Berechnung des Motor-Wirkungsgrades	72
22	Verhalten eines AC-Servomotors im Kurzschlußbetrieb	74
23	Elektrische Kenndaten der Servoregler	78
24	Anpassung der Nenn- und Spitzenstromwerte von Motor und Regler ...	84
25	Kenngrößen drehzahlgeregelter Servoantriebe	86
26	Der Resolver als Lage-Meßsystem	91

Teil C Berechnungsunterlagen, Verdrahtung, Inbetriebnahme 99

27	Rechenschema zur Antriebsdimensionierung	100
28	Dimensionierung eines Walzenantriebes	103
29	Dimensionierung eines Zahnriemenantriebes	105
30	Spindelantrieb	107
31	Dimensionierung eines Positionierantriebes	110
32	Die vertikale Positionierachse (Z-Achse)	113

33	Optimaler Beschleunigungsverlauf	115
34	Externe Momentenreduzierung	120
35	Einsatz des Verstärkers als Stromregler (Momentenregelung)	121
36	Sollwertverdrahtung	125
37	Verbindungskabel Regler-Motor	126
38	Leistungsminderung bei erhöhter Umgebungstemperatur (Derating)	128
39	Dimensionierung des Netztransformators	129
40	Spannungsabfall am Motorkabel	132
41	Richtlinien zur Inbetriebnahme	134
42	Die zehn Gebote der Servoantriebstechnik	136

Teil D   Begriffe, Formeln, Tabellen 137

43	Begriffe	138
44	Formeln	145
45	Tabellen	149

Literatur 156

Teil A
Grundlagen

1 Vorteile bürstenloser Motoren

Servoantriebe haben die Aufgabe, innerhalb vorgegebener Zeiten Maschinenteile längs bestimmter Bahnen zu bewegen und mit einer bestimmten Genauigkeit in ihrer Endlage zu positionieren. Dabei werden an *Dynamik* und *Genauigkeit* des Antriebs höchste Anforderungen gestellt.

Haupteinsatzgebiete von Servoantrieben sind Werkzeugmaschinen, Industrieroboter, Handhabungsgeräte, Richtantriebe sowie Stellantriebe für Klappen und Ventile. Für diese Anwendungen liegt der *Momentenbereich* von 0,1 Nm bis 100 Nm bei *Drehzahlen* bis zu 10 000 min*–1. Die *Nennleistungen* der Antriebe bewegen sich etwa zwischen 100 W und 20 kW. Häufig wird durch hochuntersetzende Zwischengetriebe (Harmonic-Drive- oder Zyklogetriebe) der Motor an die gestellte Antriebsaufgabe angepaßt.

Die *Integration mit der Arbeitsmaschine* führt zu unterschiedlichen Ausführungen des Antriebsmotors:

— *Zylinderläufer mit Radialfeld*, z. B. für Werkzeugmaschinen, schlanke Bauform, große Länge, kleines Trägheitsmoment;
— *Scheibenläufer mit Axialfeld*, z. B. für Industrieroboter, Kunststoffscheibe mit eingebetteten Ankerleitern, kleines Läufergewicht, kurze Baulänge;
— *Glockenanker mit Radialfeld*, nur für sehr kleine Leistungen.

Bis vor wenigen Jahren wurden elektrische Servoantriebe ausnahmslos in Gleichstromtechnik als *DC-Motoren* ausgeführt, d. h. als permanenterregte Gleichstrommotoren mit Gleichspannungssteller in Thyristor- oder Transistortechnik, mit dem Vorteil der einfachen Regelung und allen bekannten Nachteilen des mechanischen Kommutators. Aufgrund der Fortschritte bei Leistungshalbleitern, Mikroprozessoren und Permanentmagneten hat sich die Situation heute grundlegend geändert. Bürstenlose Drehstrommotoren, sog. *AC-Motoren* mit Pulswechselrichtern und hochdynamischen Regelungen lösen die Gleichstromantriebe, die DC-Motoren ab [1].

Tabelle I zeigt den Vergleich zwischen DC- und AC-Synchronmotoren und die sich daraus ergebenden Vorteile der bürstenlosen Technik.

Man erkennt, daß der bürstenlose Motor fast in allen Punkten Vorteile gegenüber dem DC-Motor bietet. Lediglich in der Regelbarkeit zeigt der DC-Motor einige Vorteile gegenüber dem AC-Motor, die jedoch durch entsprechenden

1 Die Vorteile bürstenloser Motoren

Tabelle I: Vergleichskriterien DC-/AC-Motoren

Kriterium	DC-Motoren	AC-Motoren (bürstenlos)
Preis	−	+
Leistung/Gewicht	−	+
Lebensdauer	−	+
Thermische Belastbarkeit	−	+
Verschleiß	−	+
Kurzzeitüberlastung	−	+
Regelbarkeit	+	−

Schaltungsaufwand im Regelteil weitgehend ausgeglichen werden können. Das Leistungs-/Gewichtsverhältnis ist bedingt durch den Einstz von Samarium/Kobalt-Magneten so optimal, daß sich merkliche Gewichtsvorteile im Bezug auf den DC-Motor ergeben. Verschleiß und Lebensdauer sind beim DC-Motor die gravierenden Schwachpunkte, die vor allem durch den Kollektor hervorgerufen werden.

In der Vergangenheit wurden bürstenlose Motoren in der Regel mit Ferrit-Magneten ausgerüstet. Aufgrund der relativ geringen magnetischen Feldstärke war das Leistungs-/Gewichtsverhältnis nicht optimal. Daher waren die mechanischen Abmessungen dieser Motoren relativ groß. Erst durch den jetzt allgemein üblichen Einsatz der Samarium/Kobalt-Magnete konnte bei höherer Leistung die Baugröße reduziert werden. Weitere Magnetmaterialien wie z. B. Neodym sind in der Erprobung und lassen weitere Leistungssteigerungen erwarten [2].

2 Ansteuerverfahren

Zur Erklärung der Ansteuerverfahren soll hier kurz das Prinzip des AC-Synchronmotors gezeigt werden. Der Motorenaufbau besteht aus einem außenliegenden Stator mit einer 3-Phasen-Wicklung. Der Rotor enthält eine Anzahl von Permanentmagneten mit wechselnder Magnetisierung. Wird nun in den Statorspulen ein magnetisches Drehfeld erzeugt, dann richtet sich die Rotorlage synchron nach dem Drehfeld aus.

Es gilt die Bezeichnung:

Gleichung 1:

$$N = \frac{2 \cdot f}{p}$$

n = Motordrehzahl
p = Polzahl
f = Statorfrequenz

Man erkennt, daß die Rotordrehzahl proportional der Statorfrequenz ist; daher kommt auch der Begriff AC-Synchron-Motor. *Abb. 1* zeigt schematisch die Anordnung der drei Statorwicklungen sowie deren Raumzeiger.

Die Statorfrequenz f ist proportional der gewünschten Drehzahl n sowie der Polpaarzahl. Gebräuchliche Polpaarwerte sind 2, 3 und 4. Die Pole selbst sind wiederum geteilt, um einen weitgehend konstanten Momentenverlauf zu erreichen (Kapitel 35).

Aus *Abb. 1b* erkennt man, daß zur Drehung des Rotors eine Drehung der Raumzeiger notwendig ist. Dazu sind zwei Ansteuermethoden einsetzbar.

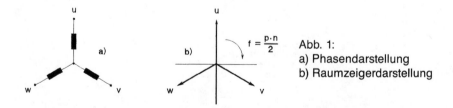

Abb. 1:
a) Phasendarstellung
b) Raumzeigerdarstellung

$f = \frac{p \cdot n}{2}$

Rechteckansteuerung

Die Phasen U, V und W werden rechteckförmig bestromt (*Abb. 2*).

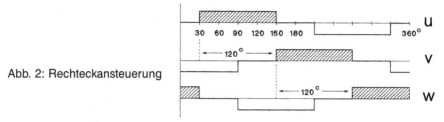

Abb. 2: Rechteckansteuerung

Jede Phase wird jeweils für einen mechanischen Winkel von 120° bestromt, gefolgt von einem stromlosen Winkel von 60°. Danach erfolgt wieder eine Bestromung von 120° mit negativem Vorzeichen. Dieses Bild wiederholt sich für alle drei Phasen mit einem Winkelversatz von 120° gemäß dem Raumdiagramm nach Abb. 1b. Man erkennt, daß alle 60° eine Kommutierung der Phasenströme notwendig ist. Die Kommutierungssignale werden aus der Rotorlage mittels Hall-Sensoren erzeugt. Weitere Meßelemente einer Servo-Achse sind ein Tachogenerator zur Geschwindigkeitserfassung sowie ein Inkrementalencoder zur Wegerfassung bei Positionier-Achsen (*Abb. 3*).

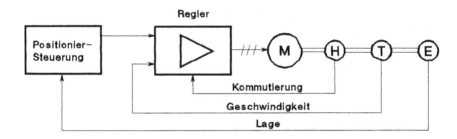

Abb. 3: Servo-Lageregler mit Rechteckansteuerung

Alle drei Meßelemente sind Bestandteil des Motors und stellen einen wesentlichen Kostenanteil dar.

Sinusansteuerung

Die Phasen U, V und W werden sinusförmig bestromt (*Abb. 4*).
Die Stromeinprägung in jede Phase erfolgt sinusförmig jeweils um 120° phasenverschoben. Diese Form entspricht dem mathematischen Ideal, dazu ist jedoch

Teil A   Grundlagen

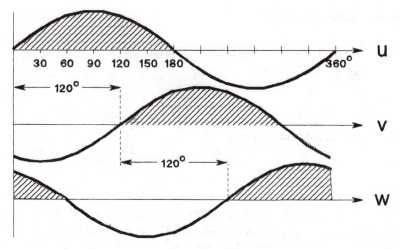

Abb. 4: Sinusansteuerung

eine exakte Erfassung der Rotorlage notwendig. Eine Auflösung kleiner 1° sollte möglich sein. Hier bietet sich als ideales Meßelement der Resolver an [3], zumal aus dem Resolversignal Geschwindigkeit und Lage abgeleitet werden können (*Abb. 5*).

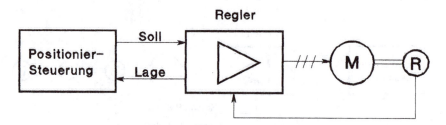

Abb. 5: Servo-Lageregler mit Sinusansteuerung

Hier erkennt man im Vergleich zu Abb. 3 die sehr einfache Struktur einer Servo-Achse unter Verwendung eines Resolvers als Meßsystem. *Tabelle II* zeigt einen Vergleich der beiden Ansteuerarten.

Ein Hauptschwachpunkt der Rechteckansteuerung ist die mangelnde Momentenkonstanz. Abb. 2 zeigt den Stromverlauf in den drei Motorphasen. Die einzelnen Motorphasen werden nach je 60 Grad zu- bzw. abgeschaltet. Da ein sprunghafter Stromanstieg bzw. Stromabfall in einer Induktivität nicht möglich ist, entsteht ein trapezähnlicher Stromverlauf in den Motorwicklungen. Daher kommt auch der Begriff „Trapezansteuerung". Die Folge dieser nicht exakt definierbaren Stromverläufe sind Momentensprünge in Abhängigkeit der Rotorposition. Bei vielen Applikationen sind diese Momenteneinbrüche störend bzw.

Tabelle II: Vergleichskriterien Rechteck-/Sinusansteuerung

Kriterium	Rechteck-Ansteuerung	Sinus-Ansteuerung
Anzahl der Geber-Systeme	–	+
Empfindlichkeit der Geber-Systeme	–	+
Regelgüte	–	+
Momentenkonstanz	–	+
Temperaturbereich	–	+
Schaltungsaufwand	+	–
Preis	+	–

nicht zulässig. Hier mußte bislang immer noch ein Gleichstrommtor eingesetzt werden. Bei der sinusförmigen Ansteuerung gibt es keine sprunghaften Stromübergänge und demzufolge auch keine Momenteneinbrüche.

Es ist klar zu erkennen, daß die Sinusansteuerung technisch die Ideallösung darstellt. Demgegenüber steht ein erhöhter Schaltungsaufwand und dementsprechend ein höherer Preis. Wie dieses Problem angegangen wurde, zeigt die Beschreibung des von Hauser-Elektronik, Offenburg, entwickelten Servo-Reglers der HBV-Baureihe.

3 Blockschaltbild der Servo-Regler

Zur Erklärung des Regler-Blockschaltbildes wird zunäcet die klassische Kaskaden-Regler-Struktur eines DC-Motors erläutert (*Abb. 6*).

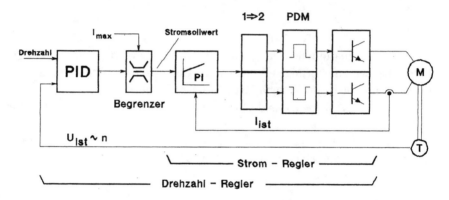

Abb. 6: Kaskaden-Regler für DC-Motor

Der interne Regelkreis besteht aus einem PI-Stromregler, dessen Ausgangssignal über einen Pulsdauer-Modulator die Endstufe ansteuert. Die Strommessung erfolgt direkt im Motorkreis über ein Meßwandler-Modul. Dem Stromregler überlagert ist der PID-Drehzahlregler; die Istgröße wird aus dem Tachosignal gewonnen. Die Ausgangsgröße des Drehzahlreglers ist der Stromsollwert für den nachgeschalteten Stromregler. Alle Regelgrößen sind Gleichgrößen.

Zur Ansteuerung eines Synchronmotors ist nach Abb. 1a, b ein rotierendes Drehfeld erforderlich, das sich nach der Rotorposition orientiert. Man spricht hier von Rotor-Koordinaten. Nach der Kirchhoff'schen Regel genügen bei einer Sternschaltung zwei Stromregler, z. B. die Phasen U und V; der Strom durch die Phase W ergibt sich automatisch aus der Beziehung:

Gleichung 2:

$$Iu + Iv + Iw = 0 \rightarrow Iw = -(Iu + Iv)$$

3 Blockschaltbild der Servo-Regler

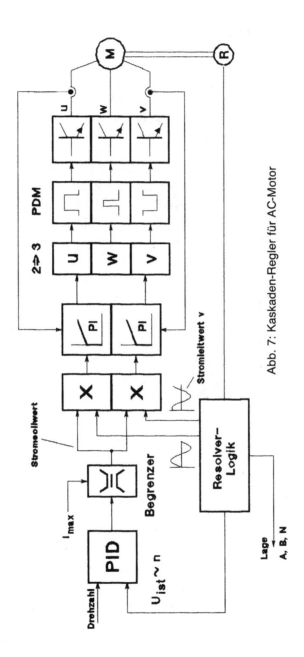

Abb. 7: Kaskaden-Regler für AC-Motor

Teil A Grundlagen

Der Stromsollwert als Gleichgröße muß nun in eine Wechselgröße gemäß den Rotorkoordinaten umtransformiert werden. *Abb. 7* zeigt dies anhand eines vereinfachten Blockschaltbildes.

Zwischen Abb. 6 und Abb. 7 sind Analogien zu erkennen. Der äußere Regelkreis besteht wie beim DC-Motor aus dem Drehzahl-Regler. Die Nachbildung der Tachospannung erfolgt jedoch in der Resolver-Logik. Ausgangsgröße des Drehzahlreglers ist der Stromsollwert als Gleichgröße. Die Transformation in Rotorkoordinaten erfolgt mittels zweier Multiplizierer, die aus der Resolverlogik die Stromleitwerte als sinusförmige Wechselgrößen erhalten. Gemäß Gleichung 2 sind zwei Stromregler erforderlich; die Stromerfassung erfolgt über zwei Stromwandler in den Phasen U und V. Nach den Stromreglern erfolgt die Nachbildung der Phase W. *Abb. 8* zeigt das Vektor-Diagramm der Phasen U und V in zwei verschiedenen Winkelpositionen. Die Nachbildung der Phase W erfolgt nach der Beziehung.

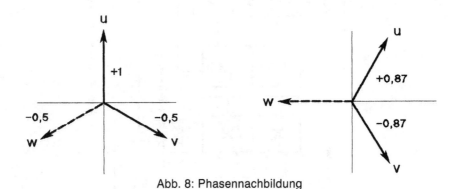

Abb. 8: Phasennachbildung

Gleichung 3:

$$w = -(u + v)$$

Die zugehörige Schaltung zeigt *Abb. 9*. Die Spannungsvektoren U und V werden summiert und danach invertiert. Ein einfacher Zahlenvergleich anhand Abb. 8 beweist die Funktionsfähigkeit der Schaltung.

Im nachfolgenden Pulsdauermodulator werden die Phasenvektoren mit einer Dreieckspannung korreliert und daraus entstehen digitale Steuersignale mit variabler Pulsbreite. Mit diesen Signalen werden über Treiber die Endstufentransistoren angesteuert.

3 Blockschaltbild der Servo-Regler

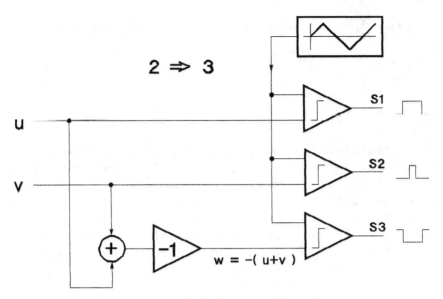

Abb. 9: Nachbildung der Phase W

4 Die Nachbildung der Stromleitwerte

Für die sinusförmige Ansteuerung des AC-Motors müssen sinusförmige Stromleitwerte für die Phasen u und v erzeugt werden. Dazu ist ein Resolver das geeignete Meßsystem. Die Auswertung der Resolversignale wird in einem R/D-Wandler 2S80 von Analog-Devices vorgenommen [4]. Dieser Wandler erzeugt in Verbindung mit einem 2poligen Resolver eine Absolutinformation der Rotorlage von 12 Bit pro Umdrehung. Das entspricht einer Auflösung von 4096 Winkelschritten pro Umdrehung. *Abb. 10* zeigt das Blockschaltbild der Stromleitwertnachbildung.

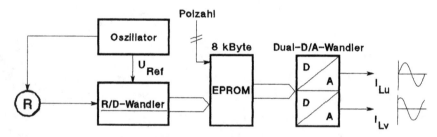

Abb. 10: Nachbildung der Stromleitwerte

Die Ausgangsinformation des R/D-Wandlers wird als Adreßvariable einem EPROM zugeführt. Der EPROM-Bereich ist in 4 Teilbereiche aufgespalten. Jeder Teilbreich von 2k-Byte enthält jeweils zwei Segmente von 1k-Byte für die Speicherung der sinusförmigen Stromleitwerte. Im Teilbreich 1 sind die Stromleitwerte für einen 2poligen Motor gespeichert, im Teilbereich 2, 3 und 4 die Leitwerte für 4-, 6- und 8polige Motoren (siehe Gleichung 1). Die Anwahl der Polzahl erfolgt mittels DIP-Schalter an den zwei höchsten Adreßbits. Bei einem 2poligen Motor stehen somit 1024 Stützpunkte zur Nachbildung der Leitwerte zur Verfügung. Selbst bei einem 8poligen Motor sind es immer noch 256 Stützpunkte. Diese Nachbildung kann als „ideal" bezeichnet werden. An den Datenbus des EPROMs ist ein Dual-D/A-Wandler angeschlossen, an dessen Ausgänge die Signale der Stromleitwerte zur Verfügung stehen. Bei einer Wortbreite von 8 Bit der D/A-Wandler ergibt dies eine Amplitutenauflösung von ±127 Schritten, d. h. Spannungssprünge < 1 %. Die Verwendung eines EPROMs als Träger der Stromleitwerte ermöglicht die Programmierung beliebiger Leitwertformen. Damit können evtl. Momentenfehler des Motors eliminiert werden. Die für die Steuerung notwendigen Timing-Signale werden aus dem R/D-Wandler abgeleitet.

Die Wirkungsweise eines Resolvers und des R/D-Wandlers ist im Kapitel 26 erläutert.

5 Die Nachbildung der Encoder-Signale

Handelsübliche Positionier-Steuerungen verwenden zur Lageerfassung Incremental-Encoder. Ausgangssignale eines Incremental-Encoders sind zwei um 90° phasenverschobene Rechtecksignale A und B (*Abb. 11*).

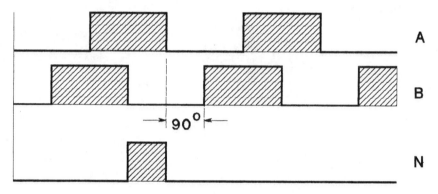

Abb. 11: Encoder-Signale

Pro Umdrehung erzeugt der Encoder eine definierte Zahl von Impulsen, z. B. 500, 1000. Beim Einsatz eines Servo-Lagereglers mit Sinus-Ansteuerung kann man auf den Encoder verzichten und die Encoder-Signale aus den Resolver-Signalen nachbilden. Die einfachste Möglichkeit besteht darin, die zwei niederwertigen Bits des R/D-Wandlers über ein EXOR-Gatter miteinander zu verknüpfen (*Abb. 12*).

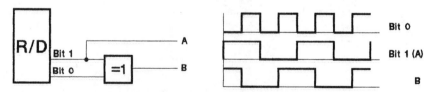

Abb. 12: Encoder-Nachbildung mittels EXOR

Sicherlich ist dies die einfachste Lösung, jedoch lassen sich nur Pulszahlen mit einem Vielfachen von 2^n nachbilden, also 256, 512, 1024 usw. Dies bereitet in

5 Die Nachbildung der Encoder-Signale

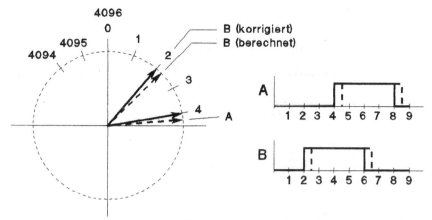

Abb. 13: Teilkreisberechnung zur Encoder-Nachbildung

der Praxis oft Probleme, da dies in der Regel keine ganzzahligen Wegeinheiten ergibt. Eleganter ist es, wenn man die Encoder-Nachbildung anhand einer Teilkreisfunktion berechnet und in einem EPROM abspeichert. Das Verfahren wird in *Abb. 13* erklärt.

Die Resolverlogik erzeugt die Absolutinformation für eine Rotordrehung mit 12 Bit entsprechend 4096 Winkelschritten bzw. Incrementen. Diese binäre Teilung wird nun in dezimale Teilschritte mit dem vierfachen Wert der gewünschten Encoderteilung umgerechnet nach folgender Beziehung:

Gleichung 4:

$$N_A = INT \left[0 + \frac{2048}{I} \cdot i \right] \quad i = 0..(2*I)-1$$

Gleichung 5:

$$N_B = INT \left[\frac{1024}{I} + \frac{2048}{I} \cdot i \right] \quad i = 0..(2*I)-1$$

N_A = Rotor-Lagewert für Flankenwechsel auf Spur A
N_B = Rotor-Lagewert für Flankenwechsel auf Spur B
I = gewünschte Geber-Impulszahl pro Rotorumdrehung
i = laufender Index von 0 bis $(2*I)-1$

Die sich aus N_A und N_B ergebende Adreßwerte werden auf ganzzahlige Werte auf- bzw. abgerundet und stellen dann immer einen Adreßwert für einen Flankenwechsel dar. *Tabelle III* zeigt dies anhand eines Beispiels für eine Encoderstrichzahl von $I = 500$.

Teil A Grundlagen

Tabelle III: Adreßberechnung für Encoder-Nachbildung

i	N_A	N_B	Bit 0 (Spur A)	Bit 1 (Spur B)
0	0	2	0	1
1	4	6	1	0
2	8	10	0	1
3	12	14	1	0
4	16	18	0	1
5	20	22	1	0
|	|	|	|	|
|	|	|	|	|
470	1925	1927	|	|
471	1929	1931	|	|
472	1933	1935	|	|
|	|	|	|	|
|	|	|	|	|
998	4087	4089	|	|
999	4091	4093	|	|

Für die logischen Zustände der Spuren A bzw. B wird jeweils eine log. 0 bzw. log. 1 in Bit 0 bzw. Bit 1 gesetzt. Der durch die Abrundung entstehende Winkelfehler ist ±1/2 Adreßbit. Bei einer Auflösung von 4096 Schritten pro Umdrehung entspricht dies ±1/8192 Umdrehung bzw. ±0,044°.

Abb. 14 zeigt die Speicherbelegung des Encoder-EPROMs. Da pro Encoder nur zwei Bit Wortbreite benötigt werden, können pro EPROM max 4 Encoderpulszahlen gespeichert werden.

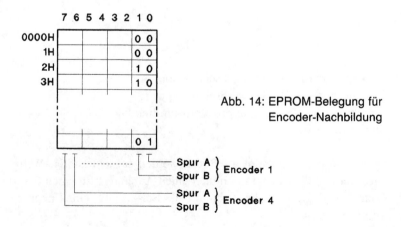

Abb. 14: EPROM-Belegung für Encoder-Nachbildung

5 Die Nachbildung der Encoder-Signale

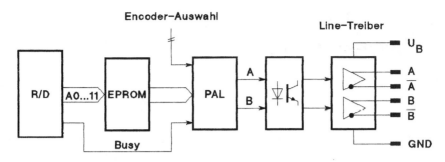

Abb. 15: Encoder-Nachbildung

Dieses Verfahren der Encodernachbildung erlaubt die Realisierung von beliebigen Pulszahlen zwischen 1 und 1024. Der 8 Bit Datenbus des EPROMs wird einer PAL-Logik zugeführt, die mit dem BUSY-Signal des Resolver-ICs getriggert wird. Über D-Flip-Flops wird die EPROM-Durchlaufzeit eliminiert. Gleichzeitig wird hier mit DIP-Schaltern die Encoder-Auswahl 1...4 selektiert. Optokoppler übernehmen die Potentialtrennung und steuern Line-Treiber an. Die Spannungsversorgung der Line-Treiber wird von der externen Positioniersteuerung bereitgestellt. Der Spannungspegel liegt im Bereich von +5...+15V. Dadurch entstehen keine Probleme mit der Pegelanpassung. *Abb. 15* zeigt das Blockschaltbild der Encodernachbildung.

6 Fehlerbetrachtung der Encodernachbildung

Die aus der Encodernachbildung gewonnenen Signale dienen zur Lageerfassung in der übergeordneten Positioniersteuerung. Somit gehen alle Fehler der Encodernachbildung als Lagefehler mit ein. Folgende Komponenten sind an der Fehlerbildung beteiligt:

— Resolver
  Der Resolver ist ein absolutes Meßsystem für eine Rotorumdrehung. Innerhalb einer Umdrehung entstehen Teilungsfehler in der Größenordnung von ±8 Winkelminuten.

— R/D-Wandler
  Im R/D-Wandler werden die Resolversignale in eine 12 Bit-Binärinformation umgewandelt. Diese Umwandlung ist fehlerbehaftet mit ±6 Winkelminuten.

Beide Fehlerquellen sind vektorielle Fehler und der Gesamtfehler berechnet sich mit guter Näherung zu

Gleichung 6:

$$F = \sqrt{(\text{Resolverfehler})^2 + (\text{R/D-Fehler})^2}$$

Daraus ergibt sich ein Summenfehler von ±10 Winkelminuten zuzüglich dem Rundungsfehler von ±0,044 Grad aus der Encodernachbildung. Der Gesamtfehler beträgt damit ±0,2 Grad auf eine Umdrehung bezogen. Wenn man diesen Fehler auf eine äquivalente Encoderimpulszahl umrechnet, erhält man eine max. mögliche Pulszahl von

$$I_{Grenz} = \frac{360°}{\pm 0,2°} = 1800 \text{ Zählimpulse}$$

Berücksichtigt man die gebräuchliche Impulsvervierfachung bei der Encoderauswertung, dann ergibt dies eine Encoderpulszahl von annähernd 500 Incrementen. Somit ist die Encodernachbildung mittels Resolver einem Encoder mit 500 Strichen pro Umdrehung gleichzusetzen.

7 Verschiebung des Encoder-Nullimpulses

Incrementelle Meßsysteme benötigen nach POWER-ON einen definierten Nullpunkt. Dafür erzeugt ein Encoder pro Umdrehung einen Nullimpuls mit einer Breite von einem Zählimpuls (Abb. 11). Die Lage des Nullpunktes muß justierbar sein, und diese Justage wird in der Regel durch ein Verdrehen des Encoders vorgenommen. Bei der Encodernachbildung durch die Resolverlogik ist diese Möglichkeit nicht gegeben, da sich durch ein Verdrehen des Resolvers eine Winkelverschiebung der Stromleitwerte ergeben würde. Deshalb muß eine elektronische Lösung gefunden werden (*Abb. 16*). Die Absolutinformation der Resolverlogik wird einem 12-Bit-Komparator zugeführt und mit einem über DIP-Schalter einstellbaren Referenzwort verglichen. Bei Gleichheit beider Worte gibt der Komparator ein Signal, das dem gewünschten Nullimpuls entspricht. Die Lage des Nullimpulses kann in 4096 Winkelschritte pro Umdrehung eingestellt werden; das entspricht einer Auflösung von 0,088 Winkelgrad. Der so erzeugte Nullimpuls wird über einen Optokoppler einem Linetreiber zugeführt. Somit ist die volle Encodernachbildung möglich.

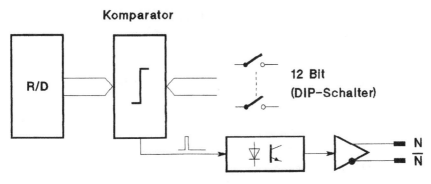

Abb. 16: Erzeugung des Nullimpulses

8 Struktur des PID-Drehzahlreglers

Die Funktion eines PID-Reglers in Analogtechnik ist hinreichend bekannt und läßt sich mit einfachen Mitteln realisieren [5, 6]. Eine sehr weit verbreitete Schaltung zeigt *Abb. 17*. Erfahrungswerte aus der Praxis haben gezeigt, daß für die Eingangsspannung U_E nur eine PI-Regelung sinnvoll ist, während die Tachospannung eine PID-Struktur benötigt.

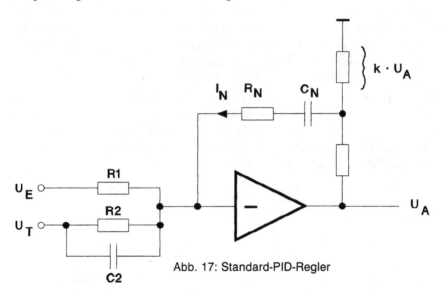

Abb. 17: Standard-PID-Regler

Es gelten folgende Beziehungen:

$$\frac{U_E}{R_1} + \frac{U_T}{R_2} + C_2 U_T' + I_N = 0$$

I_N erzeugt an R_N und C_N den Spannungsabfall

$$K \cdot U_A = R_N \cdot I_N + \frac{1}{C_N} \cdot \int I_N dt$$

Aus beiden Gleichungen erhält man die gesuchte Ausgangsgröße.

8 Struktur des PID-Drehzahlreglers

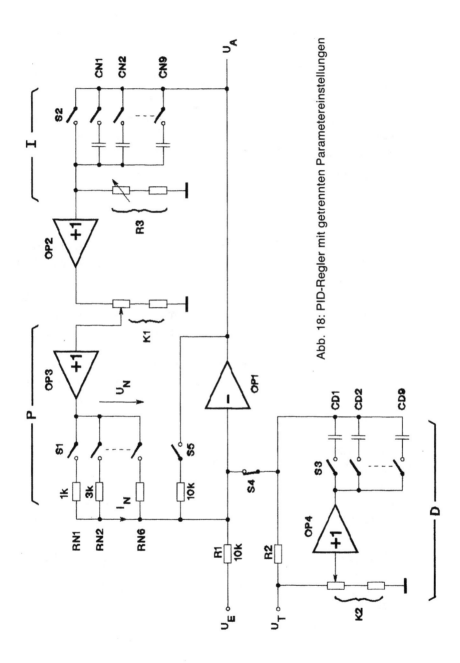

Abb. 18: PID-Regler mit getrennten Parametereinstellungen

Teil A Grundlagen

Gleichung 7:

$$U_A = -\frac{1}{K} \left[U_E \frac{R_N}{R_1} + U_T \left(\frac{R_N}{R_2} + \frac{C_2}{C_N} \right) + \frac{1}{C_N} \int \left(\frac{U_E}{R_1} + \frac{U_T}{R_2} \right) dt + C_2 R_N U_T' \right]$$

$$\underbrace{\hspace{4cm}}_{P} \quad \underbrace{\hspace{3cm}}_{I} \quad \underbrace{\hspace{2cm}}_{D}$$

Gleichung 7 läßt die jeweils beteiligten Komponenten am P-, I- und D-Anteil erkennen. Diese Schaltung ist sehr einfach, hat aber für den Gebrauch in der Praxis gravierende Nachteile:

— Eine getrennte Einstellung der Regelparameter ist nicht möglich, da fast alle Komponenten mehrfache Funktionen haben.

Beispiel:
Der P-Faktor wird von den Widerständen R_1, R_2 und R_N bestimmt, aber auch von dem Verhältnis C_2/C_N. Der I-Anteil wird von C_N bestimmt, aber auch von R_1 und R_2. Für den D-Anteil ist C_2 und wieder R_N maßgebend.

— Der Verstärkungsfaktor K geht auf alle Faktoren gleichermaßen ein.

Die Praxis stellt folgende Idealforderung:
— getrennte Einstellung der P-, I- und D-Parameter
— Einstellung aller Parameter über einen Bereich $\geqq$ 1:1000 ohne Ein-/Auslöten von Bauelementen
— Reproduzierbarkeit der Parametereinstellungen

Alle Forderungen erfüllt in fast idealer Weise die neu entwickelte PID-Reglerschaltung nach *Abb. 18*.

Im Rückführungszweig des Operationsverstärkers OP_1 ist ein Hochpaß angeordnet aus C_N und R_3. Der Impedanzwandler OP_2 sorgt für eine Entkopplung des Hochpasses. Die Zeitkonstante des Hochpasses ist über Kondensatoren jeweils um den Faktor 3 erhöhbar und mit dem variablen Widerstand R_3 ist ein kontinuierlicher Bereich von 1:4 einstellbar. Der P-Anteil wird mit R_N und K_1 bestimmt; hier gelten die gleichen Einstellkriterien wie beim I-Anteil. Der D-Anteil wird mit zuschaltbaren Kondensatoren C_D sowie dem Spannungsteiler K_2 bestimmt.

Es gilt die Beziehung:

$$\frac{U_E}{R_1} + \frac{U_T}{R_2} + K_2 C_D U_T' + \frac{U_N}{R_N} = 0$$

U_N berechnet sich zu

$$U_N = \frac{1}{K} \left[R_3 C_N \cdot \frac{dU_A}{dt} \right]$$

Aus beiden Gleichungen erhält man durch entsprechende Umformung

Gleichung 8:

$$U_A = -\frac{1}{K_1} \left[\underbrace{\left(U_E \frac{R_N}{R_1} + U_T \frac{R_N}{R_2} \right)}_{P} + \underbrace{\frac{1}{C_N R_3} \int \left(U_E \frac{R_N}{R_1} + U_T \frac{R_N}{R_2} \right) dt}_{I} + \underbrace{K_2 C_D R_N U_R'}_{D} \right]$$

Im Gegensatz zu Gleichung 7 erkennt man die Entkopplung von P- und I-Anteil, da für die Integrationszeitkonstante nur C_N und R_3 maßgebend sind. Der P-Anteil wird durch R_N in Verbindung mit R_1 bzw. R_2 bestimmt, lediglich beim D-Anteil ist nochmals R_N beteiligt. Dies ist in der Praxis jedoch nicht störend, da der D-Anteil ohnehin als letzter eingestellt wird.

Die Forderung nach einer kontinuierlichen Parametereinstellung soll anhand der P-Einstellung gezeigt werden. Mit S_1 wird der Grobbereich jeweils um den Faktor 3 verändert. Mit K_1 erfolgt eine Feineinstellung im Bereich 1:4. Trägt man den jeweiligen P-Bereich logarithmisch auf, erhält man eine sehr aussagekräftige Darstellung nach *Abb. 19*. Der erste P-Bereich überstreicht den Bereich von 0,1...0,4. Mit max. 6 umschaltbaren Bereichen ist ein P-Bereich von 0,1...120 einstellbar.

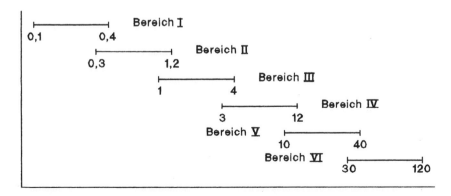

Abb. 19: P-Bereiche

8 Struktur des PID-Drehzahlreglers

Aus Abb. 19 erkennt man die gewollte Überschneidung der jeweiligen Bereiche und damit ist die Forderung nach einer kontinuierlichen Einstellmöglichkeit erfüllt. Die gleichen Überlegungen gelten auch für die I- und D-Einstellung. Die Schalter S1...S3 sind DIP-Schalter, die von der Frontseite des Servoverstärkers eingestellt werden. Alle Potentiometer sind Eingang-Potentiometer mit einer Winkelskala. Somit ist eine eindeutige Einstellung und damit auch eine Reproduzierbarkeit möglich.

In Verbindung mit modernen CNC-Steuerungen wird die Funktion des Drehzahlreglers von der CNC-Steuerung übernommen. Die Ausgangsgröße der CNC-Steuerung ist dann ein Maß für den Stromsollwert. In diesem Fall muß der Verstärker auf „Stromregelung" eingestellt werden. Dazu werden die Schalter S1 sowie S4 geöffnet und S5 geschlossen. Damit wird die Funktion eines reinen P-Reglers mit dem Verstärkungsfaktor V=1 realisiert. Mit S4 wird die Tachorückführung unterbrochen, die bei einer Stromregelung nicht benötigt wird.

9 Sollwertaufbereitung und Stillstandsregelung

Bevor das Sollwertsignal zum PID-Regler gelangt, wird eine Signalanpassung vorgenommen (*Abb. 20*). Der Drehzahlsollwert wird einem Differenzverstärker zugeführt. Dadurch werden Erdungsprobleme zwischen dem Verstärker und der übergeordneten Steuerung eliminiert. Im Anschluß daran folgt ein Polaritätsverstärker mit dem Verstärkungsfaktor ±1. Bei der Einstellung +1 dreht die Motorwelle bei positivem Sollwert in positive Drehrichtung. Bei der Einstellung −1 dreht die Motorwelle bei positivem Sollwert in negative Richtung. Diese Umschaltung erfolgt über einen DIP-Schalter; man erspart sich damit das Vertauschen der Sollwertanschlüsse. Nach dem Polaritätsverstärker wird das Sollwertsignal über einen Sollwertbegrenzer sowie einen Analogschalter dem in Bild 18 beschriebenen PID-Regler zugeführt.

Eine Besonderheit ist die in Abb. 20 gezeigte Stillstandsregelung (schraffierte Blöcke). Von einer Drehzahlregelung wird erwartet, daß bei der Sollwertvorgabe Null die Motorachse keine Bewegung ausführt. Die in der Praxis immer vorhandenen Offsetspannungen bewirken jedoch ein „Wegdriften" der Achse. Manche Applikationen erfordern einen absoluten Stillstand der Achse bei vollem Moment. Dies erfüllt die hier gezeigte Stillstandsregelung.

Zur Erklärung der Funktion gehen wir davon aus, daß ein Sollwert anliegt und sich damit die Motorwelle dreht. Der Begrenzer ist nicht wirksam. Mit dem Anlegen des STOP-Signals startet ein Integrator und bewirkt eine lineare interne Rampe (*Abb. 21*). Sobald der Sollwert durch den Begrenzer den Wert Null erreicht hat, wird der V/R-Zähler freigegeben. Dieser Zähler erhält von der Resolverlogik richtungsabhängige Lagepulse, die nun gezählt und im nachgeschalteten D/A-Wandler in eine Lagefehlerspannung umgewandelt werden. Gleichzeitig mit der Freigabe des Zählers wird der Analogschalter auf den D/A-Wandler aufgeschaltet. Es entsteht somit eine Stillstandsregelung, d. h. ein Stillstand der Achse unter vollem Moment.

Nach der Rücknahme des Stopsignals schaltet der Analogschalter wieder auf den Sollwert zurück und der Begrenzer gibt über den Integrator den Sollwert nach einer steigenden Rampe frei. Der Begrenzer ist bipolar aufgebaut, somit

Teil A Grundlagen

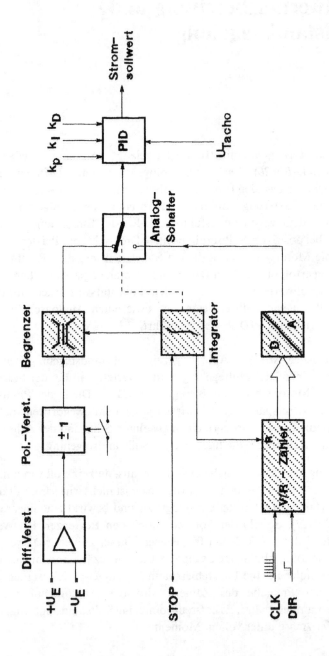

Abb. 20: Blockschaltbild Sollwertaufbereitung

9 Sollwertaufbereitung und Stillstandsregelung

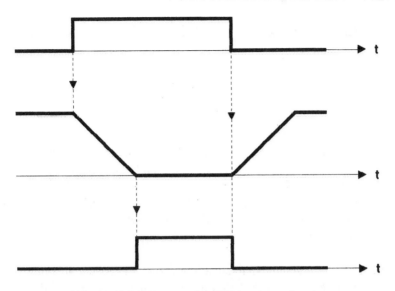

Abb. 21: Zeitdiagramm der Stillstandsregelung

ist diese Funktion für beide Sollwertpolaritäten wirksam. Die Rampenzeit ist über ein Potentiometer im Bereich von 50...500 msec einstellbar. Die Rampenfunktion ist über einen DIP-Schalter abschaltbar; damit bewirkt das STOP-Signal einen sofortigen Stillstand der Motorwelle.

10 Das Prinzip der getakteten Endstufe

Servoverstärker im Bereich mittlerer bis hoher Leistung erfordern eine Endstufe mit hohem Wirkungsgrad. Alle Verluste in der Endstufe werden letztendlich in Wärme umgesetzt. Lineare Endstufen sind allenfalls bis 200 W Ausgangsleistung einsetzbar. Darüber hinaus hat sich die getaktete Technik bewährt, obwohl der Schaltungsaufwand wesentlich höher ist. Die Wirkungsweise einer getakteten Endstufe zeigt *Abb. 22*.

Wird der Schalter S geschlossen, steigt der Strom I exponentialförmig an mit der Zeitkonstante $\tau = L/R$. Sobald der gewünschte Strom erreicht ist, wird S geöffnet. Jetzt beginnt die Freilaufstromphase über die Diode D, und der Strom vermindert sich. Wird I_{min} unterschritten, wird der Schalter S wieder geschlos-

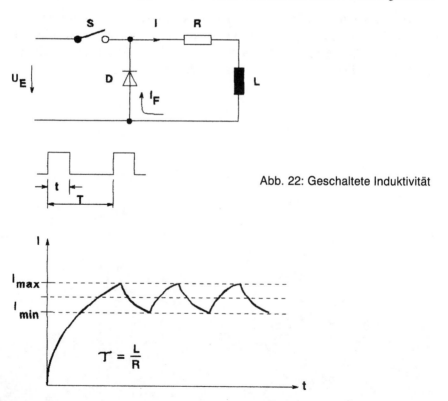

Abb. 22: Geschaltete Induktivität

sen. Die Höhe des Stromes ist damit abhängig von dem Verhältnis t/T. Bei genügend hoher Schaltfrequenz ist die verbleibende Stromwelligkeit so gering, daß der mittlere Strom I als Gleichstrom angesehen werden kann. In der Praxis müssen hier Kompromisse eingegangen werden. Einer hohen Schaltfrequenz stehen frequenzproportionale Verluste des Schalters S gegenüber. Zu niedrige Frequenzen erzeugen eine hohe Stromwelligkeit und werden auch akustisch wahrgenommen. Das derzeitige Optimum liegt bei Schaltfrequenzen zwischen 12...16 kHz. Diese Frequenz liegt außerhalb des Hörbereiches und die mit dieser Frequenz erreichbare Stromwelligkeit liegt bei ca. 1 %. Auch bezüglich der Schaltverluste ist dieser Frequenzbereich akzeptabel.

Bei der hier vorliegenden Anwendung wird die Induktivität L durch die Motorwicklung realisiert. Die Phasenströme sind somit durch das Tastverhältnis t/T regelbar. Diese Funktion übernimmt ein Pulsdauermodulator (PDM).

11 Pulsdauermodulator und Leistungsendstufe

Für einen 3-Phasen-Motor wird gemäß Abb. 22 eine getaktete Leistungsendstufe benötigt, die eine sinusförmige Stromeinprägung ermöglicht. Dies wird durch drei Halbbrücken realisiert, die in *Abb. 23* ersatzweise durch die Brückenschalter S1 bis S6 dargestellt werden.

Die Netzeinspeisung erfolgt 3phasig. Eine Vollbrückenschaltung mit den Dioden D1...D6 erzeugt eine Zwischenkreisspannung von etwa 260 V. Der Kondensator C_L dient zur Glättung sowie als Energiespeicher für den Generatorbetrieb des Motors. Die Leistungsendstufe besteht aus drei Halbbrücken mit je zwei Leistungsschaltern. Alle Leistungsschalter sind mit Freilaufdioden überbrückt, damit gemäß Abb. 22 ein Stromabbau möglich ist. In den Motorleitungen U und W sind die Strommeßwandler Mw1 und Mw2 angeordnet. Es genügt die Regelung von zwei Phasen, da gemäß der Kirchoff'schen Regel eine Stromregelung der dritten Phase nicht notwendig ist. Der Meßwandler Mw3 dient zur Überwachung des Gesamtstromes und schützt die Endstufe vor Erd- und Kurzschluß.

Die Schaltintervalle der Brückenschalter sowie die Stromverteilung in den Halbbrücken sind sehr komplex und sollen nur andeutungsweise an einem Zeitdiagramm dargestellt werden (*Abb. 24*).

Ausgehend von dem Vektordiagramm nach Abb. 8 werden die Vektorspannungen U, V und W dem Pulsdauermodulator nach Abb. 9 zugeführt. Die drei Phasenspannungen werden mit einer Dreieckspannung mittels Komparatoren verglichen. In Abb. 24 sind die Ausgangssignale der Komparatoren dargestellt.

Die Signale S4...S6 sind die jeweiligen Komplementsignale von S1...S3. Ein positiver Stromfluß durch S1 kann nur in den Zeitintervallen erfolgen, in denen die Schalter S5 und S6 geschlossen sind. Daraus ergibt sich der Stromfluß I_U nach Abb. 24. Durch einen Vergleich mit der Modulationsspannung nach Abb. 24 zeigt sich, daß der Phasenstrom I_U die doppelte Frequenz aufweist gegenüber der Schaltfrequenz der Leistungsschalter. Dadurch werden einerseits die Schaltverluste gering gehalten, zum anderen ergibt die Frequenzverdoppelung eine geringere Stromrestwelligkeit. Auch die Forderung nach Frequenzen oberhalb des Hörbereichs wird hierdurch erfüllt.

11 Pulsdauermodulator und Leistungsstufe

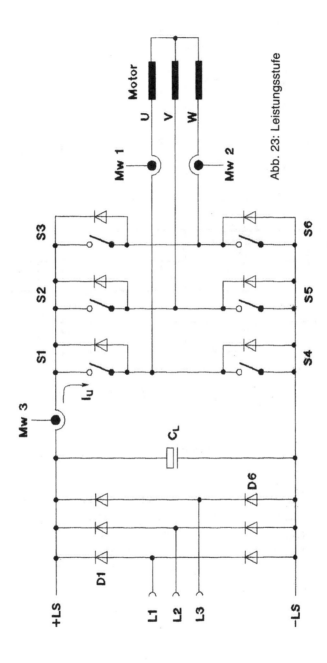

Abb. 23: Leistungsstufe

Teil A Grundlagen

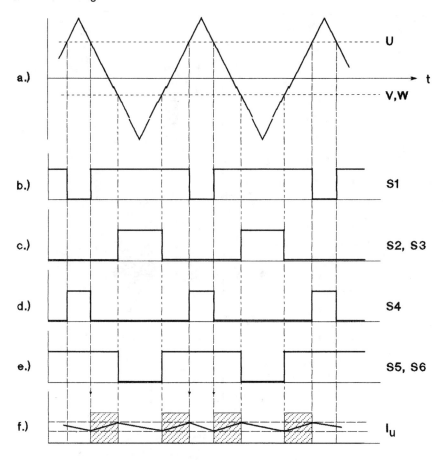

Ab. 24: PDM-Signale

Die exakte Analyse der PDM-Signale und der sich daraus ergebende Stromfluß kann mit einem Simulationsprogramm durchgeführt werden. Das Ergebnis zeigt eine Frequenzverteilung, in dem die PDM Grundfrequenz sowie die erste Oberwelle enthalten ist (Frequenzverdoppelung). Der Oberwellenanteil überwiegt eindeutig. In der Praxis wird diese Tatsache durch ein extrem geringes Motorgeräusch bestätigt.

12 Drehmomentverlauf in Abhängigkeit der Drehzahl

Zur Dimensionierung einer Servoachse ist die Kenntnis der Motorkennlinie von ausschlaggebender Bedeutung. Die Angabe des Stillstandmomentes allein genügt nicht, da mit steigender Drehzahl ein Momentenabfall zu erwarten ist. Ebenso gehen die Leistungsdaten des Servoverstärkers in die Kennlinie mit ein. Zur qualitativen Beurteilung ist eine Ersatzschaltung des Motors hilfreich (*Abb. 25*).

Zur Darstellung der inneren Zusammenhänge genügt die Betrachtung zweier Phasen. Die Klemmenspannung U_K teilt sich vektoriell auf in die EMK-Gegenspannung, die mit dem Strom in Phase ist. Am Innenwiderstand Ri entsteht ein Spannungsabfall proportional dem Strom I. An der Induktivität L entsteht ein Spannungsabfall proportional dI/dt diese Zusammenhänge können in einem Vektordiagramm nach *Abb. 26* gezeigt und analysiert werden.

Aus Abb. 26 ergeben sich folgende Beziehungen:

$$U_k^2 = (L \cdot I')^2 + (EMK + I \cdot R)^2; \quad I' = \frac{dI}{dt} = I \cdot \omega$$

und mit I' = Iω

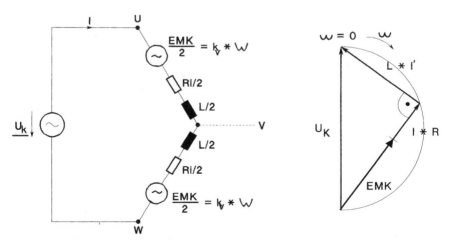

Abb. 25: Motor-Ersatzschaltbild   Abb. 26: Motor-Vektordiagramm

Teil A Grundlagen

$$U_k^2 = (L \cdot I \cdot \omega)^2 + (EMK + I \cdot R)^2$$

$$(L^2 \cdot \omega^2 + R^2) I^2 + (2 \cdot EMK \cdot R)I + (EMK^2 - U_k^2) = 0$$

Dies ist die Form einer quadratischen Gleichung.

Nach I aufgelöst erhält man Gleichung 9.

Gleichung 9:

$$I = \frac{-b + \sqrt{b^2 - 4ac}}{2a} \qquad \begin{aligned} a &= L^2 \omega^2 + R^2 \\ b &= 2EMK \cdot R \\ c &= EMK^2 - U_k^2 \end{aligned}$$

Gleichung 9 ermöglicht die Berechnung des max. möglichen Phasenstromes. Dabei bedeuten:

U_k = Effektivwert der Klemmenspannung
EMK = Effektivwert der Gegenspannung = $\omega/2p \cdot k_{trms}$
ω = Kreisfrequenz = $n/60 \cdot p \cdot \pi$
P = Polzahl
L = effektive Phaseninduktivität = $1/2\ L_{p-p}$ Induktivität
R = Phasenwiderstand = $1/2\ R_{p-p}$ Widerstand
M = Drehmoment = $3\ I \cdot K_{trms}$

Aus Abb. 26 und mit Gleichung 9 kann man folgende Grenzwertbetrachtungen vornehmen:

— Für $\omega = 0$, d. h. Stillstand der Achse, wird der induktive Anteil L · I' sowie die EMK zu Null. Übrig bleibt der Anteil I · R in Phase zu U_k. In der Praxis bedeutet dies, daß der Motorstrom bis zur Entmagnetisierungsgrenze erhöht werden kann. In der Regel wird jedoch die Stromgrenze durch den Spitzenstrom des Verstärkers bestimmt.

$$I_{Regler} \leqq I_{Motor}$$

— Für $\omega \neq 0$ wird am zweckmäßigsten der max. mögliche Phasenstrom anhand konkreter Parameter nach Gleichung 9 berechnet.

12 Drehmomentenverlauf in Abhängigkeit der Drehzahl

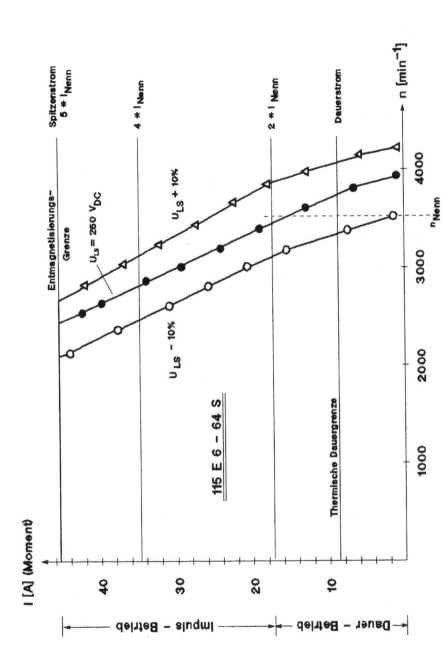

Abb. 27: Drehmomentenverlauf

U_{LS} = Zwischenkreisspannung

* Die Typenbezeichnung bezieht sich auf sich auf ein Produkt der Hauser-Elektronik, Offenburg

Teil A   Grundlagen

Beispiel:
Motor HBMR 115 E6 - 64S
U_k = 250 V
P = 6
L = 3,5 mH
R = 0,42 Ω

Abb. 27 zeigt das Ergebnis der Berechnung.

Die berechnete Kurve hat ihre Gültigkeit unterhalb der Entmagnetisierungsgrenze für den Impulsbetrieb bzw. unterhalb der thermischen Dauerstromgrenze. Durch den steilen Kennlinienverlauf erhält man erst Oberhalb der Nenndrehzahl einen Momentenabfall. Nur bei 10 % Netzunterspannung ist ein vorzeitiger Momentenabfall zu erkennen. Bei Nennspannung ist bei Nenndrehzahl annähernd ein zweifaches Nennmoment als Spitzenmoment erhältlich.

13 Netzeinspeisung und Parallelschaltung mehrerer Servo-Verstärker

Die HBV-Verstärkerfamilie ist für eine Zwischenkreisspannung von nominell $U_{LS} = 270\ V_{DC}$ spezifiziert. Bei dem hier angesprochenen Leistungsbereich ist nur eine Drehstromeinspeisung sinnvoll, um mit einem vertretbaren Siebaufwand auszukommen (Abb. 23). Die Anpassung der Leistungsspannung an die unterschiedlichen Netze erfolgt mit einem Trenntransformator (*Abb. 28*).

Über die Sekundärwicklung des Transformators erfolgt der Netzanschluß des Reglers. Die Einspeisung einer Hilfsspannung ist nicht erforderlich, da alle intern benötigten Spannungen des Reglers aus der Zwischenkreisspannung gewonnen werden. Vorteilhaft ist die Möglichkeit der netzseitigen Parallelschaltung mehrerer Regler aus einer Transformatorwicklung. Dabei können die Verstärker der verschiedenen Baureihen beliebig gemischt werden. Die Anzahl der parallelschaltbaren Regler ist durch den maximal zulässigen Summenstrom begrenzt.

Eine weitere Möglichkeit ist durch die Parallelschaltung der Zwischenkreisspannung gegeben. Über diesen Pfad kann ein Energieaustausch zwischen mehreren Verstärkern stattfinden. So kann z. B. ein Motor im Generatorbetrieb Energie über seinen Verstärker in den Zwischenkreis zu anderen Verstärkern zurückspeisen. Ist eine Paralleleinspeisung aufgrund der unterschiedlichen Netzdimensionierung nicht möglich, kann jedoch der andere Verstärker vom Zwischenkreis des ersten Verstärkers versorgt werden (*Abb. 29*).

In den Bildern 28 und 29 ist am Zwischenkreisbus ein Generator-Lastmodul GLM angeschlossen. Wird ein Servomotor als Generator betrieben, wird Energie in den Zwischenkreis zurückgespeist. Diese Energie wird im Pufferkondensator der Leistungsendstufe gespeichert. Dadurch steigt die Zwischenkreisspannung an. Dieser Spannungsanstieg muß auf max. 400 V begrenzt werden. Im Generatorlastmodul wird bei einer Zwischenkreisspannung > 400 V ein Belastungswiderstand parallel geschaltet, d. h. die überschüssige Energie wird in Wärme umgesetzt (*Abb. 30*). Eine Hysterese sorgt für ein definiertes Schaltverhalten.

Teil A Grundlagen

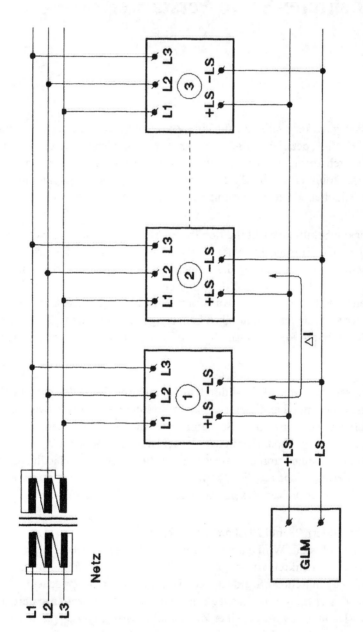

Abb. 28: Netzeinspeisung mehrerer HBV-Regler

13 Netzeinspeisung und Parallelschaltung mehrerer Servo-Verstärker

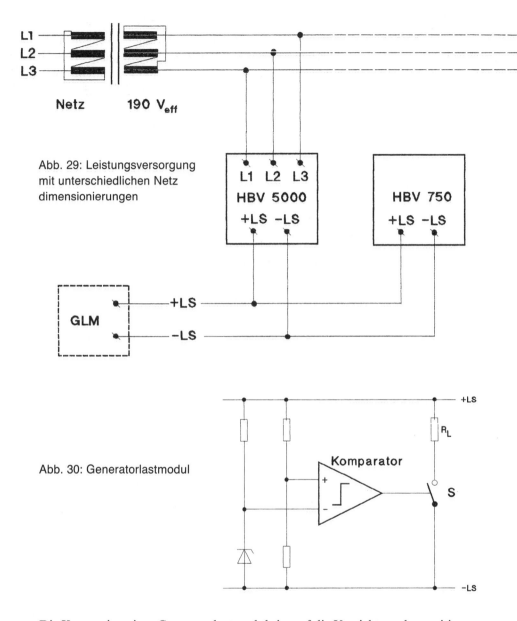

Abb. 29: Leistungsversorgung mit unterschiedlichen Netzdimensionierungen

Abb. 30: Generatorlastmodul

Die Konzeption eines Generatorlastmoduls ist auf die Vernichtung kurzzeitiger Leistungsspitzen ausgelegt, wie sie beim Abbremsen einer Servoachse entstehen. Die statische Gesamtverlustleistung ist jedoch weit geringer als die Impulsleistung. Deshalb ist ein Generatorlastmodul nur dann zu empfehlen, wenn die Zykluszeit eines Bewegungablaufes größer ist als die thermische Zeitkonstante des Generatorlastmodules.

Teil A Grundlagen

Eine weitere Möglichkeit für die Energierückspeisung ist der Einsatz einer Kondensatorbatterie anstelle eines Lastmodules. Der Kondensator dient als weitgehend verlustfreier Energiespeicher. Nachteilig ist das sehr große Volumen einer Kondensatorbatterie sowie der hohe Preis in Relation zur speicherbaren Energie. In naher Zukunft kann man davon ausgehen, daß eine direkte Netzrückspeisung wirtschaftlich möglich ist.

14 Überwachungs-Funktion / Status-Anzeige

Der Betrieb eines Servoverstärkers für den industriellen Einsatz muß durch eine Vielzahl von Überwachungsfunktionen abgesichert sein. Dabei ist zu unterscheiden zwischen internen Überwachungsfunktionen sowie externen Steuerfunktionen, mit denen gewollt die Betriebsart des Servoverstärkers beeinflußt wird. Gleichzeitig wird für den Störfall eine differenzierte Fehleranzeige erwartet, die eindeutig auf die Fehlerursache schließen läßt. Das Blockschaltbild der Überwachungslogik zeigt (*Abb. 31*).

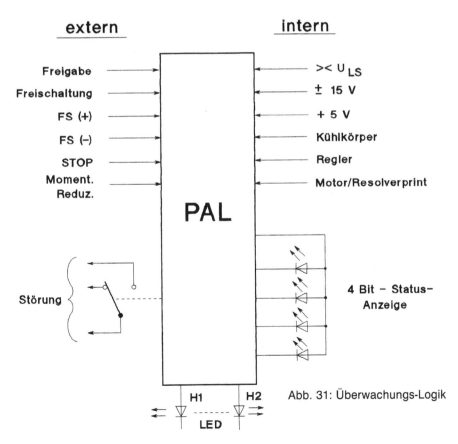

Abb. 31: Überwachungs-Logik

Teil A Grundlagen

Die folgende Auflistung beschreibt die Wirkungsweise der einzelnen Überwachungsfunktionen.

Freigabe
Mit diesem Signal erfolgt die Freigabe der Leistungsstufe. Bei fehlendem Signal ist der angeschlossene Motor stromlos.

Freischaltung
Ein aktives High-Signal sperrt die Endstufe in beide Drehrichtungen. Der Motor wird stromlos.

FS(+)
Freischaltung der Endstufe in positiver Drehrichtung

FS(−)
Freischaltung der Endstufe in negativer Drehrichtung

STOP
Umschaltung von Drehzahlregelung auf Stillstandsregelung

Momenten-Reduzierung
Mit einer analogen Spannung im Bereich von $0...+10\,V$ kann der Nennstrom/Spitzenstrom des Reglers von Null bis I_{Nenn} variiert werden. Dies bewirkt eine Momentenreduzierung.

> < U_{LS}
Die Zwischenkreisspannung wird auf Unter- bzw. Überspannung geprüft. In beiden Fällen erfolgt ein Freischalten der Endstufe.

±15 V+5 V
Die internen Hilfsspannungen des Servoverstärkers werden auf zulässige Bereiche überprüft.

δ Kühlkörper / δ Motor
Kühlkörper und Motortemperatur werden auf Überschreitung der Grenzwerte überwacht. Im Störfall erfolgt ein Freischalten der Endstufe.

Motor-/Resolverprint
Diese Komponenten sind von der Frontseite aus steckbar. Bei fehlendem Print erfolgt eine Fehlermeldung.

14 Überwachungs-Funktion / Status-Anzeige

Alle internen Störungen bewirken ein Freischalten der Endstufe. Gleichzeitig wird eine Sammelstörmeldung über einen potentialfreien Relaiskontakt ausgegeben. Die LED H1...H5 sind an der Reglerfrontseite sichtbar. Ihre Funktionen sind:

H1 Versorgungsspannungsanzeige
H2 Freischaltung (extern)
H3 Verzögertes Freischalten bei Störmeldung
H4 $> U_{LS}$
H5 Temperatur Endstufe/Motor

Hinter der Frontplatte ist die 4-Bit-Statusanzeige angeordnet. Diese Statusanzeige erlaubt die differenzierte Anzeige von 16 Status- bzw. Störmeldungen. Eine schnelle und eindeutige Erkennung der Störursache ist Voraussetzung für eine Behebung der Störung. *Tabelle IV* zeigt die Funktion dieser Anzeige.

Die Meldungen 0 bis 5 sind Statusmeldungen und geben die Zustände der externen Logikeingänge wieder. Die Meldungen 6, 7 und 8 überwachen interne Funktionen. Die Zustände 9 bis 14 signalisieren Überlastungen des Reglers bzw. Motors.

Tabelle IV: Funktion der Status-Anzeige

	Bit 3 2 1 0	Funktion
0	0 0 0 0	—
1	0 0 0 1	FS 3 Freischaltung positiver Richtung
2	0 0 1 0	FS4 Freischaltung negativer Richtung
3	0 0 1 1	FS1 Freischaltungohne Selbsthaltung
4	0 1 0 0	Freigabe
5	0 1 0 1	STOP
6	0 1 1 0	± 15 – Überwachung
7	0 1 1 1	Motorprint fehlt
8	1 0 0 0	Converterprint fehlt
9	1 0 0 1	$>t - I_{dyn}$
10	1 0 1 0	Thermoschalter Endstufe
11	1 0 1 1	Thermoschalter Motor
12	1 1 0 0	Tachobruch/Geberdefekt
13	1 1 0 1	$> I_{dyn}$ Stromgrenze überschritten
14	1 1 1 0	$>$ ULS Leistungsspannung überschritten
15	1 1 1 1	FS 2 Freischaltung mit Selbsthaltung

Teil A Grundlagen

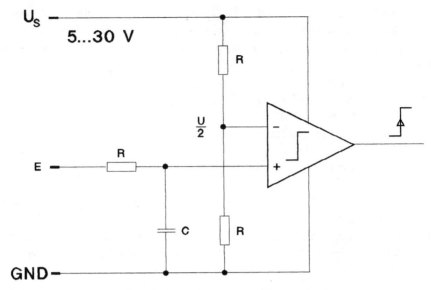

Abb. 32: Beschaltung der externen Steuereingänge

Fehlermeldungen mit Selbsthaltung können durch Betätigung einer RESET-Taste bzw. durch Netz-Aus rückgesetzt werden.

Der Signalpegel für die externen Steuersignale ist variabel. Kundenseitig wird dem Regler die Steuerspannung im Bereich von +5...+30 V zugeführt. Diese Spannung wird intern halbiert und als Referenzspannung für die Eingangskomparatoren verwendet. Damit liegt die Schaltschwelle immer bei 50 % des ankommenden Spannungspegels (*Abb. 32*).

Jeder Eingang ist mit einem Tiefpaßfilter abgeblockt, damit kurzzeitige Störimpulse keine Fehlfunktion auslösen.

15 Thermische Belastbarkeit von Motor und Servoverstärker

Um es vorweg zu nehmen, den Motor werden Sie nicht schaffen. Mit dieser saloppen Behauptung wird die Robustheit der bürstenlosen Servomotoren zum Ausdruck gebracht, die im wesentlichen durch das Prinzip der außenliegenden Statorwicklung begründet ist. Kupfer- und Eisenverluste, die letztendlich in Wärme umgesetzt werden, können durch direkten Kontakt mit dem Gehäuse breitflächig abgeführt werden. Die max. Wicklungstemperatur darf 140° C betragen. Ein Thermoschalter, direkt in einer Wicklung angeordnet, signalisiert eine Überschreitung dieser Grenztemperatur. Dementsprechend hoch darf auch die max. Gehäusetemperatur T_G werden; hier sind 100° C durchaus zulässig. Wir weisen nochmals darauf hin, daß nur unter Verwendung eines Resolvers als Meßsystem dieser hohe Arbeitstemperaturbereich des Motors ausnutzbar ist. Der Einsatz von optischen Incrementalencodern ist aus thermischen Gründen nicht mehr möglich.

Die thermische Zeitkonstante eines bürstenlosen Servomotors in dem hier genannten Leistungsbereich beträgt 10...30 Minuten. Dies sind Werte, die in der Praxis kaum benötigt werden. Durch den Einsatz von Samarium-Kobalt-Magneten mit einer sehr hohen Entmagnetisierungsgrenze sind Spitzenströme bis zum fünffachen Nennstrom zulässig. Dies ist die einzige Gefahr für den Motor. Bereits eine kurzfristige Überschreitung des Spitzenstromwertes führt zur Teilentmagnetisierung des Motors und damit zu einem bleibenden Leistungsverlust. Daher sollte der Spitzenstrom den vierfachen Nennstrom nicht überschreiten.

Die thermische Belastbarkeit des Servoverstärkers wird durch die entstehende Verlustleistung der Leistungsschalter in der Endstufe begrenzt (siehe Abb. 23). Die Verluste setzen sich aus Umschalt- und Einschaltverlusten zusammen, die als Wärme über einen Kühlkörper abzuführen sind. Für den statischen Betrieb des Servoverstärkers ist eine Dauerstromgrenze definiert; diese Stromabgabe ist zeitlich unbegrenzt. Bei der Dimensionierung von dynamischen Servoantrieben sind jedoch besonders die Beschleunigungs- und die Verzögerungsphasen von Bedeutung. Hier kann der Servoverstärker zur Erhöhung des Motormomentes für max. 3 Sekunden den doppelten Nennstrom bereitstellen, sofern der Effektivwert der Verlustleistung unterhalb der spezifizierten Dauerverlustleistung bleibt. *Abb. 33* zeigt diese Zusammenhänge.

Teil A Grundlagen

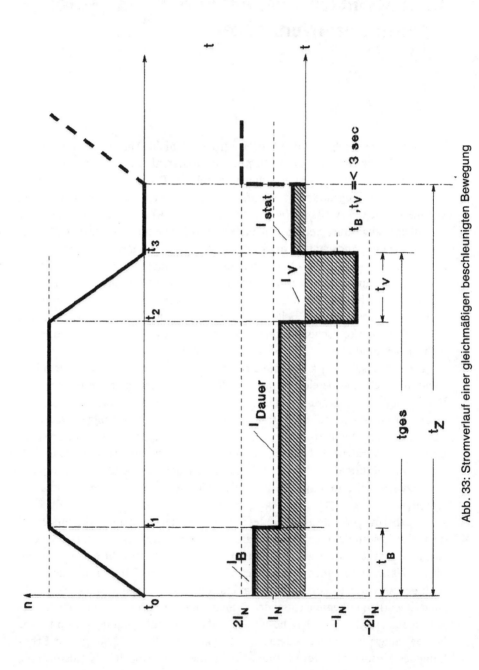

Abb. 33: Stromverlauf einer gleichmäßigen beschleunigten Bewegung

Während der Beschleunigungsphase $t_0...t_1$ kann der Servoverstärker für max. 3 Sekunden den zweifachen Nennstrom abgeben. Nach Beendigung der Beschleunigungsphase bleibt die Geschwindigkeit konstant und der Strom wird unter I_N zurückgehen, da nur noch die Reibverluste zu überwinden sind. In der Verzögerungsphase $t_2...t_3$ wird der Strom negativ, auch hier kann für max. 3 Sekunden der doppelte Nennstrom abgegeben werden. Die Spitzenstromgrenze $2 \cdot I_N$ darf in der Praxis nicht überschritten werden, da in diesem Falle eine Regelung der Achse nicht mehr möglich ist.

Es gelten daher die Randbedingungen:

$I_b < 2I_N$ und $I_D < I_N$

Der Effektivwert des Stromverlaufes nach Abb. 33 berechnet sich zu:

Gleichung 10:

$$I_{eff} = \sqrt{\frac{I_B^2 \cdot t_B + I_D^2 \cdot (t_{ges} - t_B - t_v) + I_v^2 \cdot t_v + I_{ST}^2 \cdot (t_z - t_{ges})}{t_z}}$$

Die Bedingung $I_{eff} \leqq I_N$ muß immer erfüllt sein.

Bei der Inbetriebnahme einer Servoachse ist der Nennstrom I_N des Servoverstärkers an den zugehörigen Motor anzupassen. In den meisten Fällen ist der Motornennstrom kleiner oder gleich dem Nennstrom des Reglers. Damit erhöht sich das Verhältnis Nennstrom zu Spitzenstrom des Motors nach der Beziehung:

Gleichung 11:

$$\epsilon = \frac{\text{Reglerspitzenstrom}}{\text{Motornennstrom}}$$

Wie in Kapitel 12 dargestellt ist, darf der Spitzenstrom des Motors den 5fachen Nennstrom nicht übersteigen; aus Sicherheitsgründen sollte der 4fache Motornennstrom nicht überschritten werden. Folgende Grenzbedingungen sind einzuhalten:

Gleichung 12:

$\epsilon \leqq 4$
$I_{NRegler} \leqq I_{NMotor}$
$2\, I_{NRegler} \leqq 4\, I_{NMotor}$

16 Verhalten bei NOT–AUS

Wohl kaum ein anderer Punkt führt zu so vielen Diskussionen wie das Thema NOT – AUS. Einheitliche Richtlinien sind nicht vorhanden, da hier länderspezifische Vorschriften zu beachten sind. Selbst innerhalb eines Landes wird hier noch firmenspezifisch verfahren. Deshalb können wir zu diesem Thema nur unsere Meinung und Erfahrung darlegen.

Eine NOT-AUS-Situation liegt dann vor, wenn ein unerlaubter Betriebszustand Gefahr für Mensch und Maschine bedeutet.

Zwei grundlegende Fälle sind zu unterscheiden:

— Eine Servoachse ist in Bewegung.
  Die Not-Aus-Situation erfordert in der Regel ein schnellstmögliches Abbremsen der Achse bis zum Stillstand. Die Trennung des Motors vom Netz wird gefordert, da bei einem Defekt des Servoverstärkers ein gezieltes Abbremsen des Motors nicht möglich ist. Andererseits entsteht bei der Trennung vom Netz keine Bremswirkung. Die kinetische Energie der Achse wird nicht umgesetzt. Gefahr für Mensch und Maschine ist vorhanden.
— Die Servoachse ist im Stillstand.
  Eine mögliche Bewegung der Servoachse muß vermieden werden. Eine Trennung vom Netz ist notwendig.

Andererseits ist zu beachten, daß im Falle einer Positionierachse die Weginformation beim Entzug der Versorgungsspannung verloren geht.

Zur Lösung dieser Probleme empfiehlt sich der Einsatz eines „Bremsmodules". Die Funktion ist in *Abb. 34* dargestellt.

Das Bremsmodul besteht aus einem Leistungsschutz und drei Bremswiderständen. Die Schützspule liegt in Reihe mit dem NOT-AUS-Kreis. Bei abgefallenem Schütz (NOT-AUS-Kreis geöffnet) ist der Motor vom Verstärker getrennt und auf die Bremswiderstände geschaltet. Wird die Schützspule angeregt, wird der Motor mit dem Servoverstärker verbunden.

Wird nun bei einer drehenden Servoachse die NOT-AUS-Funktion betätigt, dann fällt der Schütz ab und der Motor wird auf die Bremswiderstände geschaltet. Der Motor geht in den Generatorbetrieb über und gibt seine Energie an die

16 Verhalten bei NOT-AUS

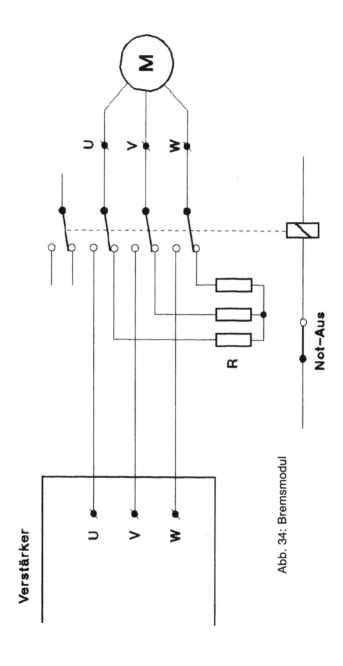

Abb. 34: Bremsmodul

Bremswiderstände ab. Es entsteht eine gezielte Bremswirkung an der Motorwelle; die kinetische Energie wird in Wärme umgesetzt. Über einen freien Umschaltkontakt kann ein Meldesignal an eine übergeordnete Steuerung gegeben werden. Beim Stillstand der Achse verhindert das Bremsmodul ein „leichtes Wegdrehen" der Achse, da der Motor sofort in den Generatorbetrieb übergeht. Dies hat eine sofortige Bremswirkung zur Folge. In Kapitel 22 wird näher auf diese Funktion eingegangen.

17 Mechanischer Aufbau

Die Verstärker sind vorzugsweise als Einschubmodule für 19''-Technik konzipiert. Die Höhe der Module beträgt einheitlich 6HE; die Breite variiert von 12 TE (61 mm) bis 21 TE (107 mm) [7]. Die Frontseite der Verstärker ist mit einer Kunststoff-Frontplatte und einer Türe ausgestattet. Hinter der Tür sind das „Motorprint" und „Resolverprint" als steckbare Funktionsbaugruppen angeordnet. Alle Bedien- und Einstellelemente sind nach dem Öffnen der Fronttüre zugänglich und können unter Betrieb des Verstärkers eingestellt werden.

Der rückseitige Abschluß des Verstärkermoduls bildet eine Trägerplatine, die im 19''-Trägerrahmen befestigt wird. Die Trägerplatine enthält die Leistungsanschlüsse für die Netzeinspeisung und für die Zwischenkreisspannung. Diese Anschlüsse sind als Bus-System zur Parallelschaltung mehrerer Verstärker ausgelegt. Im oberen Teil der Trägerplatine sind Subminiatur-D-Steckverbinder angeordnet für den Sollwerteingang, Steuersignale, Resolver und Encodernachbildung. Die Trägerplatine gehört zum Lieferumfang des Servoverstärkers [8, 9].

Ein schematisches Blockschaltbild zeigt nochmals Abb. 35. Die Darstellung beschränkt sich auf die wesentlichen Basiskomponenten.

Die im *Abb. 35* schraffierten Funktionsblöcke „Motorprint" und „Resolverprint" sind austauschbare Funktionsbaugruppen. Diese Prints ermöglichen aufgrund ihrer Größe die Integration komplexer Funktionen, die auf kundenspezifische Bedürfnisse ausgerichtet sein können. Das folgende Kapitel „OPTIONEN" soll einen groben Einblick in die Möglichkeiten geben.

Teil A Grundlagen

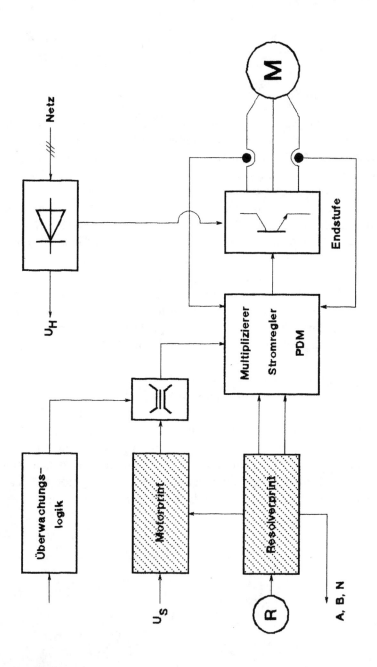

Abb. 35: Strukturbild der Verstärker

18 Optionen

Die optionellen Möglichkeiten, die dieses Verstärker-Konzept bietet, sind durch die Austauschbarkeit von Motor- und Resolverprint sehr vielseitig. Als exemplarisches Beispiel wollen wir hier eine Mehrachsen-Winkelgleichlaufregelung vorstellen (*Abb. 36*). Zu einer drehzahlgeregelten Leitachse sollen eine oder mehrere Folgeachsen winkelsynchron geregelt werden.

Von der Leitachse werden aus dem Resolverprint die Encoderimpulse abgenommen. Dies ist die geforderte Winkel- bzw. Weginformation für die Folgeachsen. Diese Signale werden parallel allen Folgeachsen als Sollwert zugeführt. In den Folgeachsen wird nun das Motorprint durch ein Synchronlaufprint ausgetauscht (schraffierter Block). Die Funktion dieser Synchronlaufbaugruppe zeigt *Abb. 37*. Die Leitimpulse werden zunächst in eine frequenzproportionale Sollwertspannung umgewandelt. Gleichzeitig werden die Leitimpulse und die Istimpulse der jeweiligen Folgeachse über einen Multiplexer in einen V/R-Zähler eingezählt. Aus dem Zählerinhalt wird über einen D/A-Wandler eine Fehlerspannung abgeleitet und zum Sollwert addiert.

Bei allen Folgeachsen wird das Standard-Motorprint gegen ein Synchronlaufprint ausgetauscht. Die erreichbare Winkelgenauigkeit beträgt ca. ± 5 Incremente. Bei einer Auflösung von 2000 Impulsen pro Umdrehung entspricht dies einem Winkelfehler von ± 1 Grad.

Weitere Optionsmöglichkeiten sollen nur kurz aufgezeigt werden:

— Sollwertvorgabe als Frequenz
— digitale Sollwertvorgabe über SPS-Pegel
— Mehrfach-Sollwerteingänge
— extern umschaltbare Strom-/Drehzahl-Regelung
— Getriebe-Funktionen
— Drehzahlabhängige Momentenregelung
— Wickelsteuerungen
— integrierte Lageregler

Durch den Einsatz der SMD-Technologie sowie die Verwendung von programmierbaren Logik-Bausteinen lassen sich selbst komplexe Funktionen platz- und kostensparend integrieren.

Teil A Grundlagen

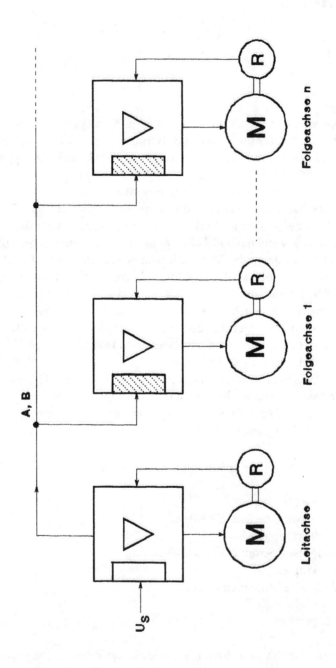

Abb. 36: Mehrachs-Synchronregelung

18 Optionen

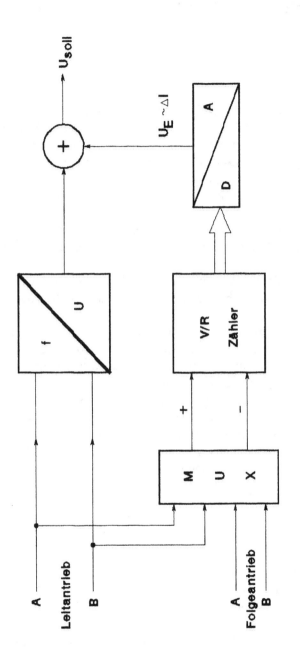

Abb. 37: Synchron-Logik

19 PC-gestützte Antriebsdimensionierung

Das MS-DOS-Programm SERCAT* unterstützt den Anwender bei der Dimensionierung seines Antriebes und der Auswahl der richtigen Komponenten. Aus den bekannten physikalischen Daten des Antriebes wie anzutreibende Massen, gewünschte Geschwindigkeiten oder Taktzeiten ermittelt das Programm selbständig die passenden Komponenten.

Aus den Angaben des Bedieners sucht das Programm in einem Hersteller-Produktspektrum die am besten geeignete Motor/Getriebe/Regel-Kombination und schlägt sie vor. Auf Wunsch kann der Benutzer weitere Kombinationen anfordern, die das Programm dann in einer Balkengrafik vergleichend gegenüberstellt.

Die Arbeit mit dem Programm endet in einer ausgedruckten Liste mit Artikelbezeichnungen und selbst die Preise für die Komponenten können angegeben werden.

Das Berechnungsprogramm folgt einem Trend, den man auch schon in anderen Branchen, wie z. B. der Halbleiterindustrie, beobachten kann: das klassische Datenbuch wird immer öfter ergänzt durch Software, die den Bediener bei der Auswahl der geeigneten Produkte unterstützt.

Im Fall der Halbleiter-Bauteile liegt der Schwerpunkt der Software-Unterstützung vor allem im Vergleichen von Bauteile-Daten mit den geforderten Werten. Bei der Auswahl eines Motors soll die Software den Anwender vor allem vom Berechnen der physikalischen Größen entlasten und auch Anwendern ohne umfassende Erfahrungen das Dimensionieren eines Antriebes ermöglichen.

Bedienkonzept

Das Dimensionierungsprogramm soll auch von Benutzern ohne große PC-Erfahrungen leicht bedienbar sein. Deshalb ist es als Applikation unter der grafischen Bedienoberfläche MS-Windows konzipiert und sowohl über Tastatur als auch per Maus bedienbar.

Bei der Berechnung wird ein hierarchisches System von Gleichungen benutzt, bei dem sich Größen wiederum aus „unterlagerten" Größen errechnen lassen. In jeder Stufe der Hierarchie hat der Bediener Gelegenheit, die ihm be-

---

* SERCAT ist eine Produktbezeichnung der Firma Hauser Elektronik, Offenburg.

19 PC-gestützte Antriebsdimensionierung

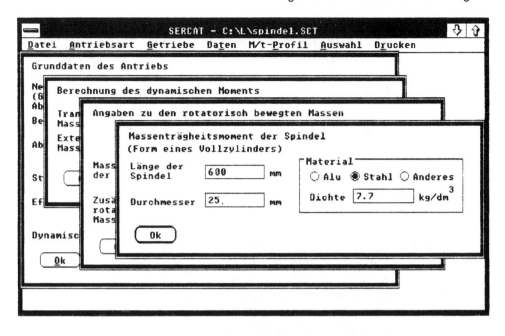

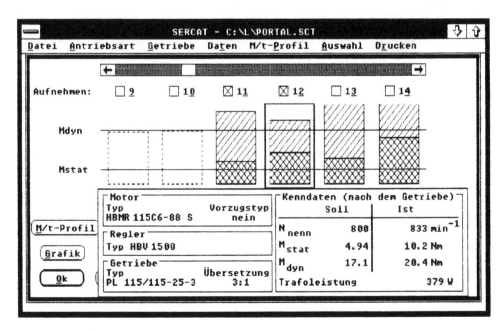

Abb. 38: Bildschirmdarstellungen des SERCAT-Programms

kannten Werte einzugeben. Werte, die er nicht kennt, läßt er aus anderen Größen errechnen. So kann der Benutzer zum Beispiel die Nenndrehzahl seines Antriebs selbst eingeben, er kann sich diesen Wert aber auch aus den Werten für zurückzulegende Wege, Taktzeiten usw. errechnen lassen (*Abb. 38*).

Kleine Zeichnungen unterstützen die Fragen, die das Programm dem Bediener stellt. So erhält er bei einem Spindelantrieb z. B. eine Skizze eines solchen Antriebs auf dem Schirm. Wird dann nach der Spindelsteigung gefragt, so zeigen Maßlinien in der Zeichnung, was damit gemeint ist. Wenn das Massenträgheitsmoment der Spindel gefragt ist, so wird die Spindel in der Zeichnung hell unterlegt.

Durch mehrmaliges Starten des Programms entstehen auf dem Schirm getrennte Fenster, in denen der Anwender Alternativen vergleichen kann. So kann man z. B. in einem Fenster einen Spindelantrieb dimensionieren und im anderen Fenster für den gleichen Anwendungsfall einen Zahnriemenantrieb.

Das Programm wird vervollständigt von einer „kontext-sensitiven" Hilfe-Funktion, die zu jedem Programmteil, in dem sich der Bediener befindet, gezielte Hilfestellungen geben kann. Das Hilfe-Fenster kann entweder bei Bedarf aufgerufen werden oder permanent zu sehen sein, wobei im Laufe der Bedienung immer aktuelle Hilfestellungen zu sehen sind.

Teil B
Spezifische Merkmale

20 Mechanische und elektrische Kenndaten bürstenloser Motoren

Die in dem folgenden Kapitel herausgearbeiteten Merkmale sind besonders diejenigen Kennwerte, die der Anwender für seine Antriebsberechnung benötigt [10, 11]. Auf die elektrischen Kennwerte wird in soweit eingegangen, um die Auswahl des zugehörigen Servoreglers zu ermöglichen. Regelungstechnische Kennwerte werden nur andeutungsweise genannt.

Momenten-Kennlinie
Für die Berechnung eines Servoantriebes ist die Momentenkennlinie des Motors von entscheidender Bedeutung. *Abb. 39* zeigt den typischen Momentenverlauf über der Drehzahl.

Die Momenten-Kennlinie wird durch eine Hüllkurve dargestellt, die durch eine vertikale Schnittlinie in zwei Teilbereiche aufgespalten wird. Bereich I ist der Arbeitsbereich des Motors für den Dauerbetrieb. Bei einem kontinuier-

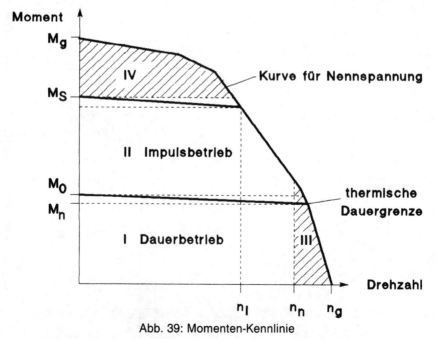

Abb. 39: Momenten-Kennlinie

20 Mechanische und elektrische Kenndaten bürstenloser Motoren

lichen Betrieb des Motors innerhalb dieses Feldes wird die thermische Grenzbelastung des Motors nicht überschritten. Bereich II stellt den Bereich für den Impulsbetrieb dar. Innerhalb dieses Bereiches ist ein *zeitweiser* Betrieb des Motors möglich, bis die thermische Leistungsgrenze überschritten wird.

Aus Abb. 39 sind folgende Kenngrößen zu entnehmen:

Stillstandmoment M_o [Nm]
Abgegebenes Moment bei Motor-Nennstrom und Stillstand der Achse.

Nennmoment M_n [Nm]
Abgegebenes Moment bei Motor-Nennstrom und Nenndrehzahl. Das Nennmoment M_n liegt unter dem Stillstandsmoment M_o.

Spitzenmoment M_s [Nm]
Drehmomentabgabe bei Regler-Spitzenstrom und Stillstand der Achse.

Grenzmoment M_g [Nm]
Abgegebenes Moment bei Motor-Spitzenstrom und Stillstand der Achse. Das Grenzmoment M_g entspricht ca. dem 5fachen Wert des Stillstandmomentes M_o.

Nenndrehzahl n_n [min^{-1}]
Motordrehzahl, auf die sich die Angabe des Nennmomentes bezieht.

Grenzdrehzahl n_g [min^{-1}]
Motordrehzahl, bei der das Drehmoment auf Null abgesunken ist.

Im Dauerbetrieb sind die Verhältnisse leicht überschaubar. Das abgegebene Moment ist relativ konstant bis zur Nenndrehzahl n_n. Der Abfall vom Stillstandsmoment M_o zum Nennmoment M_n ist in der Praxis meist zu vernachlässigen. Beim Impulsbetrieb ist die durch die Hüllkurve entstehende Drehzahlbegrenzung zu beachten. Der Motor kann dem ihm angebotenen Spitzenstrom nur bis zu einer Drehzahl n_I aufnehmen. Über diese Drehzahl hinaus sinkt die Stromaufnahme und damit das abgegebene Spitzenmoment. Dieser Kennlinienverlauf muß bei der Berechnung hochdynamischer Antriebe berücksichtigt werden, die von der Möglichkeit eines zeitlich begrenzten Spitzenstromes Gebrauch machen.

Der in Abb. 39 schraffierte Grenzbereich III ist für den Anwender nicht zulässig. Oberhalb der Nenndrehzahl n_n erfolgt ein schneller Momentenabfall. Hier gilt zu beachten, daß sich die Momentenhüllkurve bei Unterschreiten der Nennspannung nach links verschiebt und damit die Grenzdrehzahl n_g sinkt.

Teil B   Spezifische Merkmale

Das angegebene Motorgrenzmoment M_g wird durch den max. zulässigen Spitzenstrom des Motors bestimmt und entspricht etwa dem 5fachen Nennmoment bzw. Nennstrom. Dieses Grenzmoment ist für die praktische Anwendung ohne Bedeutung, da der Servoregler diesen Spitzenstrom in der Regel nicht abgeben kann, und außerdem eine Überschreitung dieses Wertes eine Entmagnetisierung des Motors zur Folge hat. Realistische Spitzenstromwerte liegen im Bereich von 2:1 bis 4:1 des Nennstromes. Damit ist der schraffierte Bereich IV des Kennlinienfeldes für den praktischen Einsatz ohne Bedeutung.

Weitere Kenngrößen sind:

Massenträgheitsmoment J_M [kg m²]

Für die Antriebsdiemensionierung wird das Massenträgheitsmoment J_M des Motors benötigt. In der Beschleunigungsphase einer Servoachse wird der Momentenbedarf im wesentlichen durch das Massenträgheitsmoment des Motors und der externen Last bestimmt. Bei der Angabe des Massenträgheitsmomentes des Motors sind alle rotierenden Teile zu berücksichtigen, also Rotor und alle Meß-Systeme, wie z. B. Tacho-Generator, Incrementalencoder usw. Moderne Servo-Motoren verwenden als einziges Meßsystem einen Resolver, der bereits im Motor integriert ist. Die Angabe des Massenträgheitsmomentes bezieht sich daher auf den *kompletten* Motor.

EMK [V] / 1000 min^{-1}

Die Betriebsspannung des Motors wird durch die vom Motor induzierte Gegenspannung EMK sowie der Motornenndrehzahl bestimmt. Die Angabe der EMK ist in der Regel auf 1000 Umdrehungen pro Minute normiert und wird als Spitzenwert angegeben. Hierzu ein Beispiel:

Die Angabe EMK = 64 V bedeutet, daß bei einer Drehzahl von 1000 min^{-1} der Spitzenwert der Motor-EMK 64 V beträgt.

Aus der Angabe der EMK sowie der Nenndrehzahl wird die benötigte Zwischenkreisspannung des Servoreglers berechnet.

Nennstrom I_N [A]

Der Nennstrom I_N ist die Angabe des Phasenstromes u, v und w des Motors. Der Phasenstrom wird als Effektwert angegeben. Die Angabe des Nennmomentes bezieht sich auf diesen Nennstrom.

20 Mechanische und elektrische Kenndaten bürstenloser Motoren

Spitzenstrom I_S [A]

Der Spitzenstrom I_S ist die Angabe des max. zulässigen Phasenstromes zur Erzeugung eines Spitzenmomentes. Eine Überschreitung des Spitzenstromes bewirkt eine Entmagnetisierung des Motors.

Weitere elektrische Kenngrößen des Motors sind die Wicklungsinduktivität sowie der Wicklungswiderstand. Diese Kenngrößen sind für den Anwender ohne Bedeutung, da diese Parameter nur zur Berechnung des Regelkreises benötigt werden. Dies hat der Hersteller des Servoreglers bereits vorgenommen.

Weitere interessante Motordaten für den Anwender sind u. a. Schutzart und Isolationsklasse des Motors, da der Einsatz von bürstenlosen Motoren oft in einer rauhen Industrieumgebung erfolgt. Hier sollte man stets die speziellen Angaben des jeweiligen Motorherstellers sorgfältig beachten.

21 Berechnung des Motor-Wirkungsgrades

In vielen Fällen ist der Wirkungsgrad des Motors von Bedeutung. Der Wirkungsgrad kann direkt aus dem Verhältnis der abgegebenen Leistung P_{ab} und der aufgenommenen Leistung P_{auf} ermittelt werden. Alle Angaben sollten sich auf Nennwerte beziehen, um einen korrekten Vergleich unterschiedlicher Motoren zu ermöglichen (*Abb. 40*).

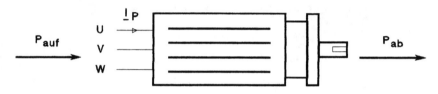

Abb. 40: Motor-Leistungsbilanz

Es gelten die Beziehungen:

$$P_{auf}\ [W] = \underline{U}_{eff}\ [V] \cdot \underline{I}_p\ [A] \cdot \sqrt{3} \quad \text{mit} \quad \underline{U}_{eff} = \frac{EMK\ [V] \cdot n_n\ [\min^{-1}]}{1000\ \sqrt{2}}$$

und

$$P_{ab}\ [W] = \frac{n_n\ [\min^{-1}] \cdot M_n\ [Nm]}{9.55}$$

Der Wirkungsgrad n wird damit:

$$n = \frac{P_{ab}}{P_{auf}} = \frac{\dfrac{n_n \cdot M_n}{9.55}}{\dfrac{EMK}{\sqrt{2} \cdot 1000} \cdot n_n \cdot \underline{I}_p \cdot \sqrt{3}}$$

und daraus Gleichung 13

Gleichung 13:

$$\eta = 85{,}5\ \frac{M_n}{EMK \cdot \underline{I}_p}$$

21 Berechnung des Motor-Wirkungsgrades

N_n = Motor-Nenndrehzahl [min^{-1}]
M_n = Nennmoment bei Nenndrehzahl [Nm]
EMK = Motorgegenspannung pro 1000 U/min [V]
I_p = Effektivstrom pro Phase [A]

Hierzu ein Beispiel:

Motor: 115 B6 − 64S*

n_n = 3500 min^{-1}
M_n = 3 N$_m$
EMK = 64 V
I_p = 4,4 A$_{eff}$

Mit Gleichung 13 wird:

$$n = 85,5 \cdot \frac{3\ N_m}{64\ V \cdot 4,4\ A_{eff}} = 0,91$$

---

* Die Typenbezeichnung bezieht sich auf ein Produkt der Hauser-Elektronik, Offenburg.

22 Verhalten eines AC-Servomotors im Kurzschlußbetrieb

In Kapitel 16 wurde das Verhalten bei NOT-AUS kurz andiskutiert. Dabei wurde auch der Einsatz eines „Bremsmodules" erwähnt. Grundgedanke ist dabei, den Motor im NOT-AUS-Fall im Kurzschluß zu betreiben. Das Verhalten des Motors kann aus *Abb. 41* abgeleitet werden.

Der Motor dreht sich mit einer Drehzahl n. Die im Motor erzeugte Gegenspannung beträgt:

$$\underline{U}_n = \frac{EMK}{\sqrt{2} \cdot 1000} \cdot n$$

Wird der Schalter S geschlossen, kann Abb. 41 vereinfacht dargestellt werden (*Abb. 42*).

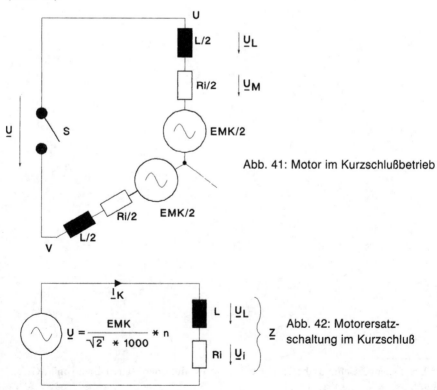

Abb. 41: Motor im Kurzschlußbetrieb

Abb. 42: Motorersatzschaltung im Kurzschluß

22 Verhalten eines AC-Servomotors im Kurzschlußbetrieb

Der in diesem Kreis fließende Kurzschlußstrom ist:

$$|\underline{I}_K| = \frac{U}{|\underline{Z}|}$$

Der Betrag des komplexen Widerstandes ist unter Berücksichtigung des Überlagerungssatzes

$$|\underline{Z}| = 1{,}5 \sqrt{Ri^2 + (\omega L)^2}$$

ω wird ersetzt durch $\omega = p \cdot n \cdot \dfrac{\pi}{60}$

$$|\underline{Z}| = 1{,}5 \cdot \sqrt{Ri^2 + (p \cdot n \cdot \tfrac{\pi}{60} \cdot L)^2}$$

und damit

$$\underline{I}_K = \frac{EMK \cdot n \cdot 2 \cdot \frac{1}{\sqrt{2} \cdot 1000}}{1{,}5 \cdot \sqrt{Ri^2 + (p \cdot n \cdot \tfrac{\pi}{60} \cdot L)^2}}$$

oder

Gleichung 14:

$$\underline{I}_K = \frac{EMK \cdot n}{1{,}5 \cdot \sqrt{2} \cdot 1000 \cdot \sqrt{Ri^2 + (p \cdot n \cdot \tfrac{\pi}{60} \cdot L)^2}}$$

Bei hohen Drehzahlen überwiegt der induktive Widerstand, so daß Ri vernachlässigt werden kann. Gleichung 14 geht dann über in einen maximalen Kurzschlußstrom.

Gleichung 15:

$$\underline{I}_{Kmax} = 9 \cdot 10^{-3} \frac{EMK}{p \cdot L}$$

Dabei bedeuten:
EMK = Spitzenwert der Motorgegenspannung pro 1000 Umdrehungen [V]
P   = Polzahl
L   = Wicklungsinduktivität (Phase-Phase) [H]

Teil B   Spezifische Merkmale

Beispiel:
Motor 115 Eg-64S*
EMK = 64 V
P   = 6
L   = 7 mH

$$I_{Kmax} = 9 \cdot 10^{-3} \cdot \frac{64}{6 \cdot 7 \cdot 10^{-3}} = 13{,}7 \text{ A}$$

Dieser Wert liegt unterhalb des zulässigen Spitzenstromwertes. Eine Entmagnetisierung des Motors ist nicht möglich.

Abb. 43 zeigt den Verlauf des Kurzschlußstromes nach Gleichung 12 für den Motor 115 E6-64S*.

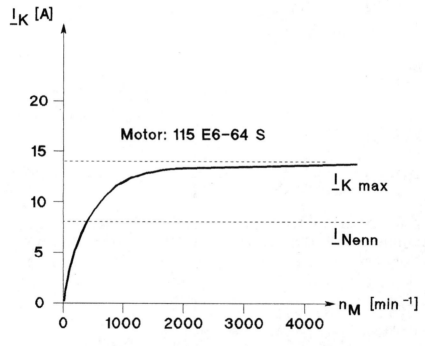

Abb. 43: Kurzschlußstrom eines AC-Servomotors

---

* Die Typenbezeichnung bezieht sich auf ein Produkt der Hauser-Elektronik, Offenburg.

22 Verhalten eines AC-Servomotors im Kurzschlußbetrieb

Der in Abb. 43 gezeigte Verlauf des Kurzschlußstromes zeigt oberhalb 1000 Umdrehungen einen nahezu waagerechten Verlauf. Das daraus resultierende Kurzschlußmoment ist demzufolge konstant. Erst unterhalb 1000 Umdrehungen nimmt der Kurzschlußstrom durch den nicht mehr zu vernachlässigenden Innenwiderstand ab. Selbst bei einer Drehzahl von 200 Umdrehungen ist immer noch ein Kurzschlußstrom in Höhe des Motornennstromes vorhanden und demzufolge auch noch ein Kurzschluß-Nennmoment. Der maximale Kurzschlußstrom I_K kann durch externe Serienwidersände begrenzt werden. Dadurch sinkt auch das Kurzschlußmoment. Hier gilt jedoch zu beachten, daß aufgrund des dann höheren ohmschen Anteils ein konstanter Verlauf des Kurzschlußstromes nicht mehr gegeben ist.

23 Elektrische Kenndaten der Servoregler

Auch in diesem Kapitel sollen nur diejenigen Kenndaten aufgeführt werden, die für eine Antriebsdimensionierung von Bedeutung sind. Zur Definition der Kenngrößen sind die wesentlichen Funktionsblöcke eines Servoreglers nochmals in *Abb. 44* dargestellt.

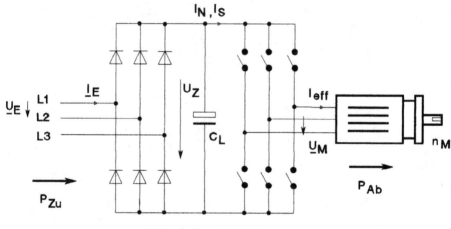

Abb. 44: Energie-Umformung

Die Eingangswechselspannung $\underline{U}_E$ wird mit einer Drehstromvollbrücke in eine Gleichspannung U_Z (Zwischenkreisspannung) umgewandelt. Der Kondensator C_L dient als Energiespeicher. In der nachfolgenden Leistungsendstufe wird die Gleichspannung wieder in eine Wechselspannung umgewandelt. Unter der Annahme verlustfreier Gleichrichter und Schaltelemente können die Betrachtungen anhand einer Leistungsbilanz durchgeführt werden. Die Eingangsspannung $\underline{U}$ wird über die Gleichrichter in die Zwischenkreisspannung U_Z umgewandelt nach der Beziehung:

$$U_Z = \underline{U}_E \cdot \sqrt{2}$$

In der Leistungsendstufe erfolgt eine analoge Rücktransformation in eine Wechselspannung. Die aufgenommene und abgegebene Leistung beträgt:

$$P_{auf} = \underline{U} \cdot \underline{I}_E \cdot \sqrt{3} \approx P_{ab}$$

Im Zwischenkreis wird diese Leistung durch

$$P_Z = U_Z \cdot I_N \quad \text{übertragen}$$

Durch Gleichsetzen unter Vernachlässigung der Wirkungsgrade erhält man:

$$P_Z = P_{auf} = P_{ab}$$

und damit:

$$\underline{U}_E \cdot \underline{I}_E \cdot \sqrt{3} = U_Z \cdot I_N \quad \text{mit} \quad U_Z = \underline{U}_E \cdot \sqrt{2}$$

$$\underline{U}_E \cdot \underline{I}_E \cdot \sqrt{3} = \underline{U}_E \cdot \sqrt{2} \cdot I_N$$

Da $\underline{I}_E = \underline{I}_M$ und $\underline{U}_E = \underline{U}_M$ wird

$$\underline{U}_M \cdot \underline{I}_M \cdot \sqrt{3} = \underline{U}_M \cdot \sqrt{2} \cdot I_N$$

und daraus:

$$I_N = \underline{I}_M \sqrt{\frac{3}{2}}$$

Gleichung 16:

$$I_N = 1{,}22 \cdot \underline{I}_M$$

Gleichung 17:

$$U_Z = 1{,}41 \cdot \underline{U}_M$$

Nach Gleichung 16 und 17 sind die wesentlichen Kenngrößen eines Servoreglers die Zwischenkreisspannung sowie der Nennstrom I_N. Daraus wird folgende Definition abgeleitet:

Nennstrom I_N [A]

Dauergleichstrom des Zwischenkreises, den der Servoregler im Dauerbetrieb abgeben kann.

Teil B Spezifische Merkmale

Spitzenstrom I_S [A]

Spitzenstrom des Zwischenkreises, den der Servoregler für eine begrenzte Zeit abgeben kann. In der Regel beträgt der Spitzenstrom den 2fachen Nennstrom.

Zwischenkreisspannung U_Z [V]

Gleichspannungswert des Zwischenreises.
Bei der Auslegung der Zwischenkreisspannung sind in der Praxis die Spannungsverluste der Brückenschalter sowie eine Netzunterpannung zu berücksichtigen. Diese Spannungsverluste sowie die ohmschen Leitungsverluste zwischen Regler und Motor kann man mit ca. 20 V ansetzen. Bei einer Netzunterspannung von -15% erhält man die Beziehung.

$$(\underline{U}_M \cdot \sqrt{2}) + 20\,V = 0{,}85 \cdot U_Z$$

$\underline{U}_M \cdot \sqrt{2}$ wird durch die EMK-Angabe ersetzt

$$\underline{U}_M \cdot \sqrt{2} = \frac{EMK}{1000} \cdot n$$

und damit:

$$(\frac{EMK}{1000} \cdot n) + 20\,V = 0{,}85\,U_Z$$

Nach U_Z aufgelöst ergibt sich:

Gleichung 18:

$$U_Z = 1{,}18 \left[(\frac{EMK}{1000} \cdot n) + 20\,V\right]$$

Beispiel:
EMK = 64 V
n   = 3500 min^{-1}

$$U_Z = 1{,}18 \left[\frac{64}{1000} \cdot 3500 + 20\right] = 288\,V$$

Die notwendige Zwischenkreisspannung sollte in diesem Beispiel ca. 290 V betragen.

Zusammenfassung:

$I_N = 1{,}22 \cdot \underline{I}_M$

$U_Z = 1{,}18 \left[\dfrac{EMK}{1000} \cdot n + 20\,V \right]$

$\underline{I}_M$ = Effektivwert des Motor-Phasenstromes [A]
EMK = Motorgegenspannung pro 1000 Umdrehungen/min
n   = Motordrehzahl [min^{-1}]

Die für den Regler erforderliche Eingangswechselspannung $\underline{U}_E$ beträgt unter Vernachlässigung der Gleichrichterverluste

$\underline{U}_E = \dfrac{U_Z}{\sqrt{2}}$ und mit Gleichung 18

Gleichung 19:

$\underline{U}_E = 0{,}85 \left[\dfrac{EMK}{1000} \cdot n + 20\,V \right]$

Von großer Bedeutung ist der Kondensator C_L im Gleichspannungszwischenkreis. Einmal übernimmt er eine Siebung der Gleichspannung, zum anderen dient er als Energiespeicher, wenn der Servomotor beim Abbremsen in den Generatorbetrieb übergeht. Diese Energierückspeisung bewirkt einen Spannungsanstieg im Zwischenkreis (*Abb. 45*).

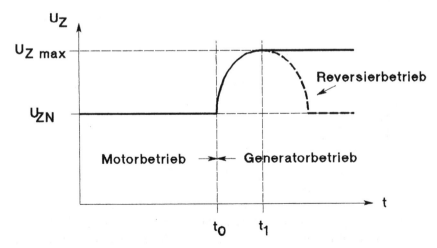

Abb. 45: Verlauf der Zwischenkreisspannung beim Bremsbetrieb

Teil B Spezifische Merkmale

Abb. 45 zeigt den Verlauf der Zwischenkreisspannung. U_{ZN} ist die Zwischenkreisspannung bei Nennbetrieb. Zum Zeitpunkt t_o wird z. B. durch Umpolen des Sollwertes die Bremsphase eingeleitet. Der Motor geht in den Generatorbetrieb über und speist Energie in den Zwischenkreis zurück. Die Spannung im Zwischenkreis steigt an. Der Spannungsantieg darf eine spezifische Obergrenze U_Z max nicht übersteigen. Wird diese Spannungsgrenze erreicht, muß die Endstufe des Reglers gesperrt werden. Ein Abbremsen des Motors ist nicht mehr möglich; der Regler zeigt eine Störmeldung an. Es gelten folgende Beziehungen:

Die Rotationsenergie beträgt: $\quad W_{Rot} = \frac{1}{2} J \omega^2$

Die im Zwischenkreiskondensator C_L speicherbare Energie beträgt:

$$\Delta W = \frac{1}{2} C_L (U_Z \max{}^2 - U_Z{}^2)$$

Durch Gleichsetzen erhält man:

$$J \omega^2 = C_L (U_{Zmax}{}^2 - U_Z{}^2)$$

Für J ist das Gesamtmassenträgheitsmoment vom Motor und externer Last einzusetzen. Die maximal zulässige Kreisfrequenz des Motors berechnet sich somit zu

$$\omega = \sqrt{\frac{C_L (U_Z \max{}^2 - U_Z{}^2)}{J_{Ges}}}$$

und daraus nach entsprechender Umformung

Gleichung 20:

$$n_g \leq 0{,}95 \cdot 10^{-2} \sqrt{\frac{C_L (U_Z \max{}^2 - U_Z{}^2)}{J_{Ges}}}$$

Dabei bedeuten:
n_g = Grenzdrehzahl $\quad\quad\quad\quad\quad\quad$ [min^{-1}]
C_l = Ladekondensator $\quad\quad\quad\quad\quad$ [μF]
U_Z = Zwischenkreisspannung $\quad\quad\quad$ [V]
J_{Ges} = Gesamt-Massenträgheitsmoment $\quad$ [kgm^2]

Nach Gleichung 20 läßt sich die max. zulässige Motordrehzahl berechnen, bei der im Bremsbetrieb die Zwischenkreisspannung unterhalb U_{Zmax} bleibt. Ist die aktuelle Drehzahl höher als nach Gleichung 18 berechnet, muß parallel zum Zwischenkreis ein Generatorlastmodul (GLM) zugeschaltet werden.

Beispiel:

$U_{Zmax} = 380\ V$

$U_Z = 270\ V$

$C_L = 1200\ \mu F$

$J_{Ges} = 0{,}5 \cdot 10^{-3}\ kgm^2$

$n_g = 0{,}95 \cdot 10^{-2} \sqrt{\dfrac{1200(380^2 - 270^2)}{5 \cdot 10^{-4}}}$

$n_g = 4140\ min^{-1}$

Für C_L ist der Wert des Ladekondensators des jeweiligen Reglers einzusetzen. Diese Ausgabe ist aus dem Reglerdatenblatt zu ersehen. Wenn mehrere Regler über den LS-Bus miteinander verbunden sind, muß für C_L die Summe aller Ladekondensatoren eingesetzt werden. In diesem Falle sind alle parallel geschalteten Ladekondensatoren am Energieaustausch beteiligt (siehe Abb. 28 und Abb. 29).

Die Energierückspeisung in dem Ladekondensator ist proportional ω^2 gemäß der Beziehung:

$$W_{Rot} = \frac{1}{2} J \omega^2$$

Bei einem linearen Drehzahlabfall verursacht dies einen parabelförmigen Spannungsanstieg am Ladekondensator C_L. Beim Reversierbetrieb wird bei $n_M = 0$ der Scheitelwert der Zwischenkreisspannung erreicht und fällt dann spiegelbildlich wieder auf U_Z ab (Abb. 45).

24 Anpassung der Nenn- und Spitzenstromwerte von Motor und Regler

Im Kapitel 20 wurden die Begriffe Nennstrom I_N und Spitzenstrom I_S des Motors definiert, im Kapitel 23 die Begriffe I_N und Spitzenstrom I_S des Reglers. Außerdem wird nochmals darauf hingewiesen, daß der Spitzenstrom in der Regel dem 2fachen Nennstrom entspricht.

Folgende Grenzbedingungen müssen eingehalten werden:
— Der Nennstrom I_N des Reglers muß *gleich oder größer* dem äquivalenten Gleichstrom des Motors sein.
— Der Spitzenstrom I_S des Reglers muß kleiner oder gleich dem äquivalenten Spitzenstrom des Motors sein.
— Der Nennstrom I_N des Reglers muß auf den Nennstrom des Motors *einstellbar* sein, damit die thermische Dauerleistungsgrenze des Motors nicht überschritten wird.

Diese Zusammenhänge zeigen *Abb 46a* und *Abb. 46b*.

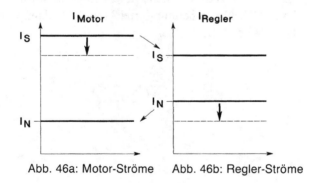

Abb. 46a: Motor-Ströme   Abb. 46b: Regler-Ströme

Der Regler-Nennstrom in Abb. 46b wird auf den Nennstrom des Motors reduziert. Dem Motor wird als maximaler Strom der Spitzenstrom des Reglers angeboten. Dadurch berechnet sich das *mögliche* Nennstrom-/Spitzenstromverhältnis des Motors zu

$$\epsilon = \frac{I_{N\,\text{Motor}}}{I_{S\,\text{Regler}}}$$

23 Elektrische Kenndaten der Servoregler

Daraus können wir folgende Schlüsse ziehen:

— Das Nennstrom-/Spitzenstromverhältnis des *Reglers* erlaubt keine Aussage über das tatsächliche Nennstrom-/Spitzenstromverhältnis im Motor.
— Das tatsächliche Nennstrom-/Spitzenstromverhältnis im Motor liegt in der Regel zwischen 1 : 2 und 1 : 4
— Durch Auswahl eines geeigneten Reglers kann das Nennstrom-/Spitzenstromverhältnis bis 1 : 4 erhöht werden.

Beispiel:
— Motor $I_N = 4\,A$
$I_S = 20\,A$
— Regler $I_N = 6\,A$
$I_s = 12\,A$

I_N des Reglers wird auf 4 A eingestellt.

$$\epsilon = \frac{I_{N\ Motor}}{I_{S\ Regler}} = \frac{4\,A}{12\,A} = 1 : 3$$

25 Kenngrößen drehzahlgeregelter Servoantriebe

Ein Hauptanwendungsbereich für Servoachsen sind drehzahlgeregelte Antriebe. Die Drehzahl des Servomotors soll sich lastunabhängig proportional zu einer Steuerspannung verändern. Ein drehzahlgeregelter Servoantrieb wird nach folgenden Kriterien beurteilt:

Vierquadrantenbetrieb

In beiden Drehrichtungen kann die Motorwelle mit abgebendem (Motorbetrieb) oder aufnehmendem (Generatorbetrieb) Moment beaufschlagt werden (*Abb. 47*).

Im Quadrant I kann dem Motor bei positiver Drehung der Motorwelle ein Moment abverlangt werden. Im Quadrant IV kann auf die Motorwelle ein gegengerichtetes Moment einwirken. Die gleichen Betrachtungen gelten für die negative Drehrichtung. Die Definition der Drehrichtung ist wie folgt:

Eine Drehung der Motorwelle *im* Uhrzeigersinn auf die Motorwelle gesehen wird als *positive* Drehrichtung definiert.

Eine Drehung der Motorwelle *gegen* den Urzeigersinn auf die Motorwelle gesehen wird als *negative* Drehrichtung definiert.

Regelbereich

Der Regelbereich wird durch das Verhältnis von minimaler zu maximaler Drehzahl definiert. Bezugspunkt ist dabei die Nenndrehzahl. Sollwertvorgabe ist in der Regel eine analoge Gleichspannung im Bereich von ±10 V. Die Motordrehzahl ist proportional zur angelegten Steuerspannung nach folgender Definition:

  + 10 V Sollwert = positive Nenndrehzahl
   0 V   = Stillstand
  − 10 V Sollwert = negative Nenndrehzahl

Von einem Servodrehzahlregler wird eine Drehzahlkonstanz entsprechend dem Sollwert erwartet, bei Leerlauf sowie unter voller Momentenabgabe. Die bei diesem Lastwechsel auftretenden Drehzahlschwankungen dürfen 5 % des jeweiligen Drehzahlistwertes nicht überschreiten (*Abb. 48*).

25 Kenngrößen drehzahlgeregelter Servoantriebe

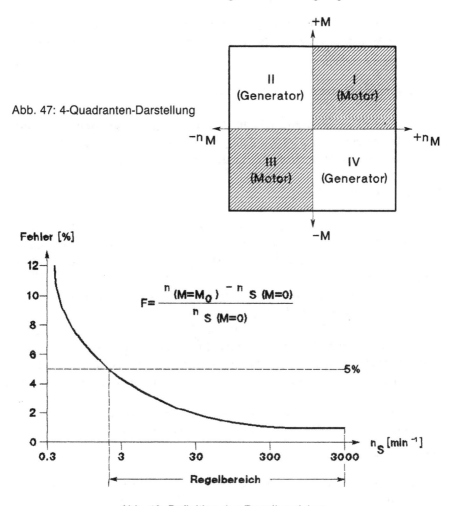

Abb. 47: 4-Quadranten-Darstellung

$$F = \frac{n_{(M=M_0)} - n_{S\,(M=0)}}{n_{S\,(M=0)}}$$

Abb. 48: Definition des Regelbereiches

Die Drehzahl ist in Abb. 48 logarithmisch dargestellt. Der Drehzahlfehler nimmt mit kleiner werdenden Drehzahlen immer mehr zu und wird unterhalb einer Grenzdrehzahl die 5 % Fehlergrenze überschreiten. Das Verhältnis dieser Grenzdrehzahl zur Nenndrehzahl definiert den Regelbereich. Werte zwischen 1 : 1000 und 1 : 3000 sind üblich.

Ein weiteres Kriterium für den Regelbereich ist die Nullpunktstabilität. Theoretisch wird erwartet, daß bei einer Sollwertvorgabe von Null die Motorachse keine Bewegung ausführt. In der Praxis wird man ein *Driften* der Achse feststellen. Dieses Driften hat seine Ursache in unvermeidlichen Offsetspannungen in den analogen Funktionsbaugruppen der Reglerelektronik. Offsetspannungen von 3...10 mV sind gängige Werte, und bezogen auf eine Steuerspannung von ±10 V entspricht dies wiederum einem Verhältnis zwischen 1 : 3000 und 1 : 1000.

Nennmoment M_n [Nm]

Momentabgabe an der Motorwelle bei Nenndrehzahl. Dieses Moment ist zeitlich nicht begrenzt, es entspricht dem Nennmoment des Motors und entsprechend angepaßtem Nennstrom des Reglers (siehe Kapitel 20, Abb. 39).

Spitzenmoment M_S [Nm]

Momentabgabe an der Motorwelle bei Spitzenstrom des Reglers. Der Spitzenstrom und damit das Spitzenmoment ist zeitlich begrenzt auf ca. 3 Sekunden. Das Spitzenmoment wird durch das Verhältnis Nennstrom zu Reglerspitzenstrom bestimmt.

Die statischen und dynamischen Zusammenhänge einer drehzahlgeregelten Servoachse sollen an *Abb. 49* aufgezeigt werden.

An den Motor sei eine externe Last mit dem Massenträgheitsmoment J_{Ext} und dem Lastmoment M_L angeschlossen. Im statischen Betrieb, d. h. bei konstanter Drehzahl wird der Motor mit dem Lastmoment M_L beaufschlagt. Ist die Bedingung $M_N \geqq M_L$ erfüllt, dann werden Motor und Regler unterhalb ihrer Nenndaten betrieben.

Im Falle einer Beschleunigung addiert sich zum Lastmoment M_L ein Beschleunigungsmoment M_B und man erhält ein Gesamtmoment.

$$M_{ges} = M_L + M_B$$

Der Motor kann jedoch als maximales Moment das Spitzenmoment M_S abgeben und damit wird

$$M_{ges} = (M_L + M_B) \leqq M_S$$

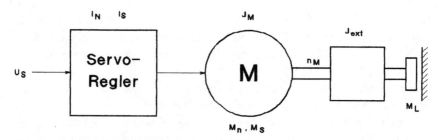

Abb. 49: Basis-Schema einer drehzahlgeregelten Servoachse

Dazu wollen wir nun zwei Fälle betrachten:

Verhalten bei Sollwertsprung

Die Sollwertspannung ändert sich sprunghaft von 0 auf +10 V. *Abb. 50* zeigt den dabei auftretenden Verlauf von Strom und Drehzahl.

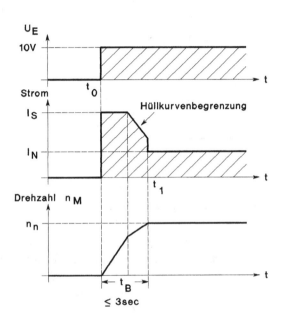

Abb. 50: Drehzahlverlauf bei Sollwertsprung

Zum Zeitpunkt t_o erfolgt ein Sollwertsprung von 0 auf 10 V entsprechend einer Nenndrehzahl. Der Servoregler muß Motor und Fremdmasse beschleunigen und geht sofort in die Spitzenstromgrenze. Es erfolgt ein linearer Drehzahlanstieg. Gemäß Abb. 39 wird ab einer gewissen Drehzahl die Hüllkurve der Momentenkennlinie erreicht und der Regler kann den Spitzenstrom nicht mehr in voller Höhe in den Motor hineintreiben. Der Spitzenstrom nimmt ab und dementsprechend verlangsamt sich der Drehzahlanstieg. Bei Erreichen der Nenndrehzahl sinkt der Strom auf einen Wert unterhalb des Nennstromes ab, da jetzt das Beschleunigungsmoment zu Null geworden ist. Der gesamte Beschleunigungsvorgang ist nach der Zeit t_B beendet. Bei diesem Beispiel spricht man von einem ungeführten Beschleunigungsverlauf, da der Regler an der Spitzenstromgrenze betrieben wird. Eine definierte Aussage über die Beschleunigungszeit ist nicht möglich.

Teil B Spezifische Merkmale

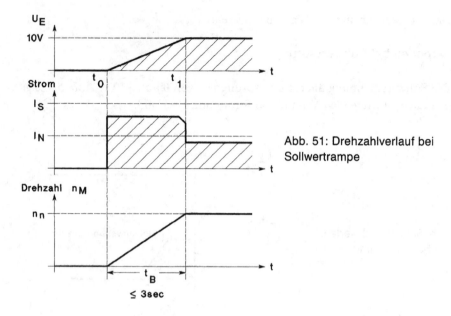

Abb. 51: Drehzahlverlauf bei Sollwertrampe

Verhalten bei Sollwertrampe

Die Sollwertspannung ändert sich linear nach einer Rampenfunktion von 0 auf +10 V. *Abb. 51* zeigt den dabei auftretenden Verlauf von Strom und Drehzahl.

Zum Zeitpunkt t_0 ändert sich der Sollwert linear nach einer steigenden Rampe und erreicht bei t_1 den Endwert. Der Servoregler muß den Motor und die Fremdmasse nur so stark beschleunigen, daß der Drehbzahlanstieg dem Sollwertanstieg entspricht. Dazu ist ein erhöhter Nennstrom erforderlich, der jedoch *unterhalb* der Spitzenstromgrenze liegt. Der Regler gelangt nicht in die Spitzenstromgrenze und damit erfolgt die Drehzahländerung proportional dem Sollwert. Man spricht hier von einem *geführten* Verhalten. Bei Erreichen der Nenndrehzahl sinkt der Strom wie in Abb. 51 auf einen Wert kleiner dem Nennstrom ab. Die Begrenzung durch die Momentenhüllkurve tritt kaum in Erscheinung. Die Beschleunigungszeit t_B entspricht der Rampenzeit $t_0 \rightarrow t_1$.

Beim Abbremsen einer Servoachse gelten die gleichen Überlegungen: mathematisch handelt es sich dabei um eine negative Beschleunigung. Die in der Praxis benötigten bzw. gewünschten Beschleunigungszeiten liegen in der Regel zwischen 50 und 500 msec. Die Spitzenstromzeit heutiger Servoverstärker beträgt ca. 3...5 Sekunden, so daß ausreichend Reserve für mehrere kurzzeitig aufeinanderfolgende Lastwechsel vorhanden ist.

26 Der Resolver als Lage-Meßsystem

Es gibt zahlreiche Möglichkeiten, Winkel zu messen, so unter anderem Potentiometer, optische absolute und incrementale Encoder sowie Resolver. Während das Potentiometer nur selten als Positionsgeber verwendet wird, hat sich in der Vergangenheit der Encoder als Lagemeßsystem bewährt. In Verbindung mit bürstenlosen Servomotoren sind dem Einsatz von optischen Encodern jedoch Grenzen gesetzt, da der erlaubte Arbeitstemperaturbereich max. 70°C beträgt. Bürstenlose Motoren können jedoch bis 140°C betrieben werden. *Tabelle V* zeigt einen Vergleich zwischen Encoder und Resolver.

Tabelle V: Encoder-Resolver-Vergleich

Eigenschaft	Encoder	Resolver
Temperaturbereich	0...+70°C	−40...150°C
Stoßempfindlichkeit	hoch	gering
Alterung	ja	nein
Preis	hoch	niedrig

Der Resolver ist ein variabler Transformator, dessen zwei Ausgangssignale in einem Resolver/Digitalwandler digitalisiert werden (*Abb. 52*).

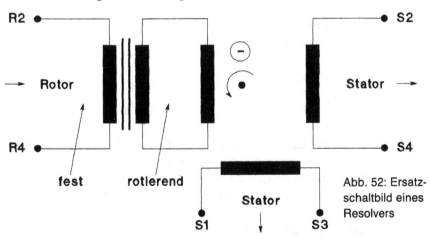

Abb. 52: Ersatzschaltbild eines Resolvers

Teil B Spezifische Merkmale

Der Rotor besteht aus einer feststehenden Wicklung. Die Primärwechselspannung wird über einen rotierenden Transformator auf den Rotor übertragen. Wird der Rotor mit der Referenzspannung

$U_{Ref} = \hat{U} \cdot \sin\omega t$ erregt, dann stehen an den Statorwicklungen die Spannungen

$U_{s1\text{-}3} = \hat{U} \cdot \sin\omega t \cdot \sin\theta$ und $U_{s2\text{-}4} = \hat{U} \cdot \sin\omega t \cdot \cos\theta$

θ ist der Winkel der Resolverachse. Die beiden Sekundärspannungen werden an dem Sinus- bzw. Cosinuskanal eines R/D-Wandlers angeschlossen (*Abb. 53*).

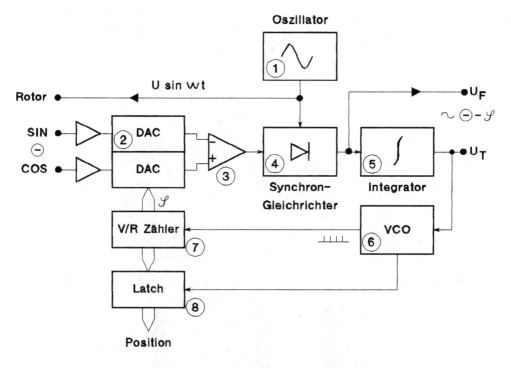

Abb. 53: Blockschaltbild R/D-Wandler

Der Oszillator ① speist den Rotor des Resolvers mit einer Wechselspannung von einigen kHz. Die Statorsignale des Resolvers werden in je einem Digital-/Analogwandler ② mit dem digitalen Wert des V/R-Zählers ⑦ multipliziert, der den Wert des Winkels φ repräsentiert. Es entstehen die beiden Spannungen

$\hat{U} \cdot \sin\omega t \cdot \sin\theta \cdot \cos\varphi$ und $\hat{U} \cdot \sin\omega t \cdot \cos\theta \cdot \sin\varphi$

Im Fehlerverstärker ③ werden beide Signale voneinander subtrahiert, um die Abweichung (Fehler) zwischen dem angegebenen Winkel φ und dem tatsächlichen Winkel θ zu ermitteln. Die Abweichung beträgt

$\hat{U} \sin\omega t \, (\theta - \varphi)$

Im nachgeschalteten phasenempfindlichen Gleichrichter ④ wird dieses Signal demoduliert, um die Referenzfrequenz zu eliminieren. Der erhaltene Wert ist eine Fehlerspannung proportional zu $\sin(\theta - \varphi)$.

Der nachfolgende Integrator ⑤ erzeugt eine Gleichspannung, die einem spannungsgesteuerten Oszillator (VCO) ⑥ zugeführt wird. Weicht der Wert des Eingangswinkels von dem ausgegebenem Winkel θ ab, dann erzeugt der VCO Impulse, die im V/R-Zähler ⑦ verarbeitet werden, bis

$\sin(\theta - \varphi) = 0$ ist. Dann ist auch $\theta - \varphi = 0$

oder $\theta = \varphi$

Die interne Schleife des Wandlers wird vom Zähler genullt und damit entspricht der ausgegebene digitale Wert dem analogen Winkel des Resolvers.

Bei einer kontinuierlichen Drehung des Resolvers muß der VCO kontinuierlich Impulse erzeugen, damit der V/R-Zähler die Winkeländerung kompensiert. Die Frequenz des VCO ist somit zur Drehzahl proportional. Damit ist die Integratorausgangsspannung proportional zur Drehzahl und damit äquivalent mit der Tachospannung eines konventionellen Meßsystems nach Abb. 6. Der R/D-Wandler stellt somit die Absolutinformation für eine Umdrehung zur Verfügung sowie eine drehzahlproportionale Gleichspannung. Alle Komponenten des R/D-Wandlers außer dem Oszillator 1 sind in einem integrierten Schaltkreis enthalten [4].

Die Absolutinformation des Rotorwinkels kann mit einer Auflösung von 10, 12, 14 und 16 Bit ausgegeben werden. Die max. zulässige Auflösung ist von der maximalen Drehzahl des Motors abhängig. *Tabelle VI* zeigt den Zusammenhang zwischen Auflösung und Drehzahl.

Bei einer Wortbreite von 12 Bit erhält man eine Auflösung von 4096 Schritten pro Umdrehung und die max. zulässige Motordrehzahl beträgt theoretisch 15.600 Umdrehungen pro Minute, dies entspricht 260 Hz. Dies ist die maximale Bandbreite des Phasenregelkreises im R/D-Wandler. Die in der Praxis gebräuchlichen Drehzahlen liegen im Bereich bis 6000 Umdrehungen pro Minute, also 100 Hz. Daher ist ein ausreichender Sicherheitsabstand zur Grenzfrequenz des R/D-Wandlers gewährleistet.

Teil B Spezifische Merkmale

Tabelle VI: Resolver-Auflösung

Bit	Auflösung [Incremente pro Umdr.]	max. Motordrehzahl [min−1]
10	1024	62.400
12	4096	15.600
14	16348	3.900
16	65536	975

Wie bereits erwähnt, ist der Resolver ein Absolut-Meßsystem für *eine* Motorumdrehung. Deshalb muß die Frage der Absolutgenauigkeit untersucht werden. Das transformatorische Koppelverhältnis zwischen dem Rotor und den beiden Statorwicklungen unterliegt winkelabhängigen Fehlern. Innerhalb einer Umdrehung entstehen absolute Winkelfehler im Bereich von ±10 Winkelminuten. *Abb. 54* zeigt eine typische Fehlerkurve.

Die Fehlerkurve hat in der Regel einen sinusförmigen Verlauf und bei ca. 180 Grad einen Nulldurchgang. Jeweils nach 360° wiederholt sich diese Fehlerkurve. Durch Optimierung der Resolvertechnologie ist hier in naher Zukunft eine Minimierung der Fehler zu erwarten.

Für den Einsatz in der Servoantriebstechnik wird vorwiegend die Hohlwellenbauform verwendet. Der Resolver wird direkt im Motor auf das rückseitige Wellenende angebaut und ist somit integraler Bestandteil des Motors.

Für die Encodernachbildung ist der dynamische Fehler des R/D-Wandlers von Bedeutung. Der Ausgang des Synchrongleichrichters ④ in Abb. 53 erzeugt

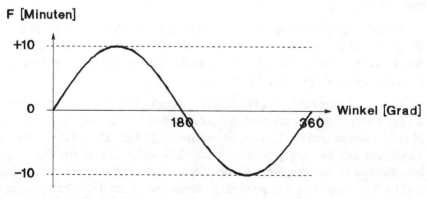

Abb. 54: Fehlerkurve eines Resolvers

26 Der Resolver als Lage-Meßsystem

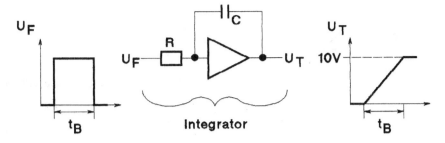

Abb. 95: Fehlerintegrator

eine Fehlerspannung U_F, die über einen Integrator den VCO ⑥ ansteuert. Bedingt durch den Integrator wird dieser Fehler im stationären Zustand zu Null (also auch bei konstanter Geschwindigkeit) und ist $\theta = \varphi$. Bei einer Geschwindigkeitsänderung muß U_T nachgeführt werden und dazu muß eine Fehlerspannung U_F entstehen. Somit wird auch $\theta \neq \varphi$. Die Größe dieses Fehlers wird anhand von *Abb. 55* gezeigt.

Die Geschwindigkeit der Motorwelle ändere sich in der Zeit t_B linear von Null auf den Sollwert. Dies entspricht einer Tachospannungsänderung von 0 auf 10 V in der Zeit t_B. Für den Integrator gilt die Beziehung:

$$U_T = \frac{1}{RC} \cdot U_F \cdot t_B \text{ und daraus}$$

$$U_F = U_T \cdot \frac{RC}{t_B}$$

Bei einer standardmäßigen Integratorbeschaltung von $R = 100\ \text{k}\Omega$ und $C = 1\ \text{nF}$ wird mit $U_T = 10\ \text{V}$

$$U_F = 1 \cdot 10^{-3} \frac{1}{t_B} \ [V]$$

Nach dieser Gleichung läßt sich die Fehlerspannung U_F in Abhängigkeit von t_B berechnen.

Die Empfindlichkeit des Synchrongleichrichters ④ ist ebenfalls bekannt und ist proportional dem Winkelfehler $\theta - \varphi$ Die Angabe der Empfindlichkeit erfolgt in Incrementen. Bei einer Auflösung von 12 Bit entspricht dies 4096 Incrementen pro Motorumdrehung und U_F beträgt

$$U_F = 5\ \text{mV / Increment}$$

Teil B   Spezifische Merkmale

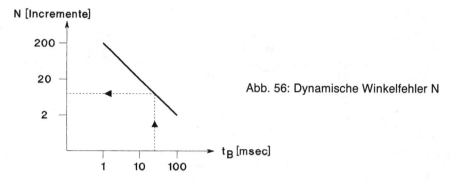

Abb. 56: Dynamische Winkelfehler N

Somit erhält man für den dynamischen Winkelfehler die Beziehung

$$N = 0{,}2 \cdot \frac{1}{t_B} \quad t_B \text{ in [s]}$$

Diese Beziehung ist in *Abb. 56* dargestellt.

Der dynamische Winkelfehler ist beim Beschleunigen der Achse nacheilend, d. h. negativ und bei Verzögerung der Achse voreilend, d. h. positiv. Bei üblichen Beschleunigungszeiten im Bereich von 10...100 msec beträgt der dynamische Fehler 20...2 Incremente und ist daher in den allermeisten Fällen zu vernachlässigen.

Bei einer Auswahl des geeigneten Resolvers sind dessen elektrische Kenndaten von Bedeutung. Da der R/D-Wandler mit definierten Signalpegeln betrieben werden muß, sind bei der Auswahl des Resolvers einige Spezifikationen zu beachten. Die folgende Auflistung beschreibt die wichtigsten Kenndaten.

Polzahl
Die Polzahl bestimmt die Anzahl der Sinusperioden pro Umdrehung. Übliche Werte sind 2-, 4-, 6- und 8polig. Der zweipolige Resolver hat den Vorteil einer einfachen Anpassung der R/D-Logik an die jeweilige Polpaarzahl des Motors.

Eingangsspannung
Höhe und Frequenz der sinusförmigen Speisespannung des Rotors. Die max. Spannungsausgabe darf nicht überschritten werden, da sonst durch Sättigungseffekte nichtlineare Verzerrungen auftreten. Dadurch entstehen im R/D-Wandler Winkelfehler. Die Frequenz der Speisespannung sollte die angegebene Sollfrequenz nicht übersteigen. Ein Betrieb mit geringeren Frequenzen hat sich als nicht nachteilig erwiesen.

26 Der Resolver als Lage-Meßsystem

Koppelfaktor

Auch Transformationsfaktor genannt. Er bestimmt das Übertragungsverhältnis zwischen Rotor und Stator. Der R/D-Wandler [4] benötigt eine Eingangsspannung von 2 V eff. Die zulässige Toleranz ist ±10 %. Damit bestimmt der Koppelfaktor die Höhe der Rotorspannung. Typische Werte für den Koppelfaktor sind 1, 0.5 und 0.1. Resolver mit Koppelfaktoren < 0.5 sind nicht zu empfehlen, da die Rotorspannung sonst zu hohe Werte annehmen muß.

Phasenverschiebung

Zwischen der sinusförmigen Eingangsspannung des Rotors und der sinusförmigen Ausgangsspannung der Statoren ist in der Regel ein nacheilender Phasenfehler vorhanden. Da die Rotorspannung gleichzeitig als Referenzspannung für den Synchrongleichrichter des R/D-Wandlers verwendet wird, bewirkt dieser Phasenfehler einen Empfindlichkeitsverlust in der Nachlaufregelung des R/D-Wandlers. Phasenfehler bis −15 Grad sind zulässig. Resolver mit Phasenfehler > 15 Grad sollten nicht verwendet werden.

Winkelfehler

Das Verhältnis der Statorspannungen in Abhängigkeit des Drehwinkels ist fehlerbehaftet. Je nach Qualitätsklasse entstehen Fehler bis zu ±25 Winkelminuten. Die meisten Resolver werden in Fehlerklassen eingeteilt. Gute Resolver sind mit Fehlern von kleiner ±5 Winkelminuten erhältlich.

Für den direkten Einbau in das Motorgehäuse werden in der Regel Hohlwellenresolver verwendet. Der Rotor wird auf das rückseitige Wellenende montiert und der Stator wird direkt am rückseitigen Lagerflansch befestigt. Bei der Montage des Resolvers sind unbedingt die axialen und radialen Toleranzangaben des Resolverherstellers einzuhalten. Justagefehler verursachen letztendlich zusätzliche Winkelfehler und eine Welligkeit auf der Tachospannung. Eine Geräuschentwicklung und ein Unrundlauf des Motors ist die Folge.

Nach der Montage des Resolvers erfolgt die Justage der Resolvernull-Lage auf den Rotorwinkel des Motors. Danach darf die Winkellage des Resolvers nicht mehr geändert werden. Jedes Verdrehen des Resolvers hat Kommutierungsfehler zur Folge.

Teil C

Berechnungs-unterlagen
Verdrahtung
Inbetriebnahme

27 Rechenschema zur Antriebsdimensionierung

In diesem Kapitel wird ein allgemein gültiges Rechenschema gezeigt, daß für die Mehrzahl aller Anwendungsfälle benutzt werden kann. Die einzelnen Schritte sind wie folgt:

— Berechnung der Motordrehzahl aus den geforderten Geschwindigkeitsdaten. Eventuell Anpassung durch ein Gertiebe, so daß die Motordrehzahl im oberen Drittel der Nenndrehzahl n_n liegt.
— Berechnung des statischen Lastmomentes, Auswahl eines Motors mit einem Nennmoment größer dem statischen Lastmoment.
— Berechnung des externen Massenträgheitsmomentes (reduziert auf die Motorwelle). Addition des Motormassenträgheitsmomentes zum externen Massenträgheitsmoment.
Faustregel: Das externe Massenträgheitsmoment sollte max. dem 4fachen Wert des Motorträgheitsmoments entsprechen.
— Berechnung des dynamischen Lastmomentes und Addition zum statischen Lastmoment. Prüfung, ob Motor-Reglerkombination Gesamtmoment als Spitzenmoment abgeben kann. Wenn nein, Beschleunigungszeit vergrößern oder Neuansatz mit nächstgrößerem Motor.
— Berechnung der kritischen Grenzdrehzahl für den Generatorbetrieb. Beim Überschreiten der Grenzdrehzahl ist der Einsatz eines Generator-Lastmodules erforderlich.

Das folgende Flußdiagramm *Abb. 57* zeigt den Berechnungsgang. Auf die Berechnung der Massenträgheitsmomente sowie der sich daraus ergebenden Lastmomente wird in den nachfolgenden Abschnitten eingegangen. *Tabelle VII* enthält die Definition aller notwendigen Variablen sowie deren Dimensionen.

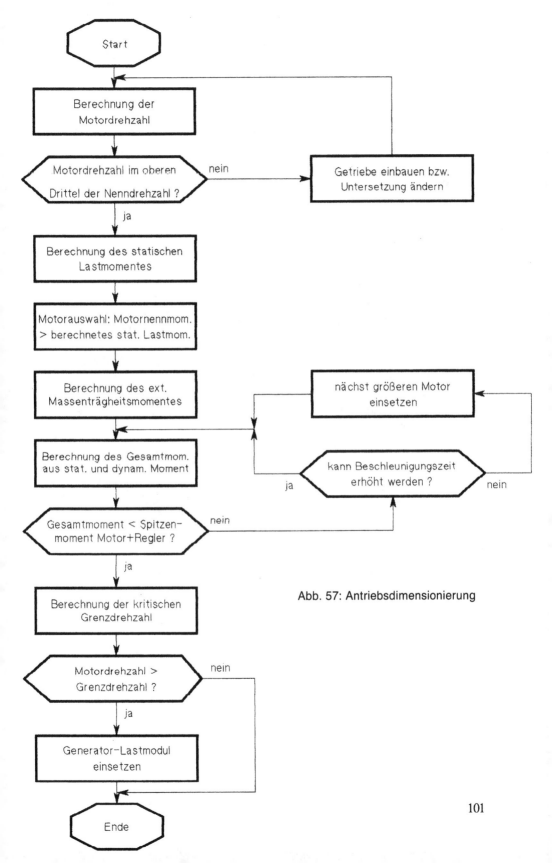

Abb. 57: Antriebsdimensionierung

Teil C Berechnungsunterlagen, Verdrahtung, Inbetriebnahme

Tabelle VII: Variablendefinition und Dimensionen

d Durchmesser der Walze oder Spindel [mm]
F_L Vorschubkraft [N]
h Spindelsteigung [mm]
i Untersetzung
l Länge der Walze oder Spindel [mm]
m_L Masse der linear bewegten Teile [kg]
M_B Beschleunigungs- bzw. Bremsmoment [Nm]
M_L Lastmoment [Nm]
M_S Spitzenmoment des Motors [Nm]
M_n Dauermoment des Motors [Nm]
M_{ges} Gesamtmoment [Nm]
n_M erforderliche Drehzahl an der Motorwelle [min^{-1}]
n_n Motor-Nenndrehzahl [min^{-1}]
P_A abgegebene Leistung [W]
J Massenträgheitsmoment [kgm^2]
J_M Massenträgheitsmoment des Motors [kgm^2]
J_G Massenträgheitsmoment des Getriebes [kgm^2]
J_{EXT} Externes Massenträgheitsmoment [kgm^2]
t_B Beschleunigungs- bzw. Bremszeit [sec]
v Vorschubgeschwindigkeit [m/sec]
z Zähnezahl des Zahnriemenritzels

28 Dimensionierung eines Walzenantriebes

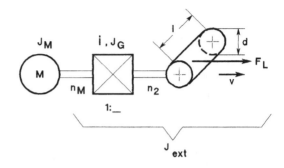

Abb. 58: Walzenantrieb

Gegeben: v, F_L, d, l, t_B

1. $n_2 = \dfrac{6 \cdot 10^4}{\pi} \cdot \dfrac{v}{d}$ [1/min]

2. $i \geqq 1 : \dfrac{n_1}{n_2} \rightarrow$ i bestimmen nach Getriebe-Tabelle

3. ohne Getriebe $n_M = n_2$

    mit Getriebe $n_M = \dfrac{1}{i} \cdot n_2$

4. ohne Getriebe $M_L = d \cdot \dfrac{F_L}{2000}$ [Nm]

    mit Getriebe $M_L = d \cdot i \cdot \dfrac{F_L}{2000}$ [Nm]

5. ohne Getriebe $J_{EXT} = 7{,}7 \cdot 10^{-13} \cdot d^4 \cdot 10^{-13}$

    mit Getriebe $J_{EXT} = i^2 \cdot 7{,}7 \cdot 10^{-13} \cdot d^4 \cdot l + J_G$

6. Motor auswählen, der folgende Bedingungen erfüllt:

    $\rightarrow M_n > M_L$
    $\rightarrow J_M = 0{,}25 \ldots 1 \cdot J_{EXT}$

7. $J = J_M + J_{EXT}$

Teil C Berechnungsunterlagen, Verdrahtung, Inbetriebnahme

8. $M_B = \dfrac{n_M \cdot J}{9{,}55 \cdot t_B}$ [Nm]

9. $M^{ges} = M_L + M_B$ [Nm]

10. Prüfung auf $M_{ges} > M_I$

Beispiel:

Gegeben:
v = 2 m/sec
F_L = 100 Nm
d = 80 mm
l = 50 mm
t_B = 0,05 sec

1. $n_2 = \dfrac{6 \cdot 10^4}{\pi} \cdot \dfrac{2}{80} = 478$ [1/min]

2. $i \geq 1 : \dfrac{n_n}{n_2} = 1 : \dfrac{3500}{478} = 1 : 7{,}3$

   gewählt wird i = 1 : 5

3. $n_M = \dfrac{1}{\frac{1}{5}} \cdot 478 = 2390$ [1/min]

4. $M_L = 80 \cdot \dfrac{1}{5} \cdot \dfrac{100}{2000} = 0{,}8$ Nm

5. $J_{EXT} = \left(\dfrac{1}{5}\right)^2 \cdot 7{,}7 \cdot 10^{-13} \cdot 80^4 \cdot 50 = 6{,}3 \cdot 10^{-5}$ kgm²

   (J_G wird hier vernachlässigt)

6. Motor: 92 G4 – 64S*
   M_n = 1,2 Nm
   J_M = 0,00012 kgm²
       = 12 · 10^{-5} kgm²

7. $J = 12 \cdot 10^{-5} + 6{,}3 \cdot 10^{-5} = 18{,}3 \cdot 10^{-5}$ kgm²

8. $M_B = \dfrac{2390 \cdot 18{,}3 \cdot 10^{-5}}{9{,}55 \cdot 0{,}05} = 0{,}91$ Nm

9. $M_{ges} = 0{,}8 + 0{,}91$ Nm = 1,71 Nm

---

* Die Typenbezeichnung bezieht sich auf ein Produkt der Hauser-Elektronik, Offenburg

29 Dimensionierung eines Zahnriemenantriebes

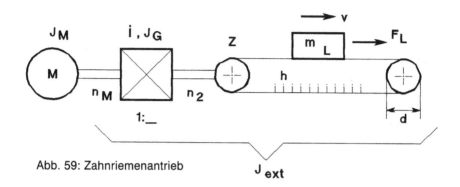

Abb. 59: Zahnriemenantrieb

Gegeben: v, F_L, m_L, d, t_B, h, z

1. $n_2 = 6 \cdot 10^4 \cdot \dfrac{v}{z \cdot h}$ [1/min]

2. $i \geqq 1 : \dfrac{n_n}{n_2} \rightarrow i$ bestimmen nach Getriebe-Tabelle

3. ohne Getriebe $n_M = n_2$

   mit Getriebe $n_M = \dfrac{1}{i} \cdot n_2$

4. ohne Getriebe $M_L = \dfrac{z \cdot h}{\pi} \cdot \dfrac{F_L}{2000}$ [Nm]

   mit Getriebe $M_L = \dfrac{z \cdot h \cdot i}{\pi} \cdot \dfrac{F_L}{2000}$ [Nm]

5. ohne Getriebe $J_{EXT} = m_L \left(\dfrac{z \cdot h}{2\pi}\right)^2 \cdot 10^{-6}$ [kgm²]

   mit Getriebe $J_{EXT} = i^2 \cdot m_L \left(\dfrac{z \cdot h}{2\pi}\right)^2 \cdot 10^{-6} + J_G$ [kgm²]

6. Motor auswählen, der folgende Bedingungen erfüllt:
   → $M_n > M_L$
   → $J_M = 0{,}25 \ldots 1 \cdot J_{EXT}$

7. $J = J_M + J_{EXT}$

Teil C Berechnungsunterlagen, Verdrahtung, Inbetriebnahme

8. $M_B = \dfrac{n_M \cdot J}{9{,}55 \cdot t_B}$ [Nm]

9. $M_{ges} = M_L + M_B$ [Nm]

10. Prüfung auf $M_{ges} < M_I$

Beispiel:

Gegeben:
v = 2,5 m/sec
F_L = 100 Nm
m_L = 50 kg
t_B = 300 msec
h = 10 mm
z = 17

1. $n_2 = 6 \cdot 10^4 \dfrac{2{,}5}{17 \cdot 10} = 882$ [1/min]

2. $i \geqq : \dfrac{n_1}{n_2} = 1 : \dfrac{3500}{882} = 1 : 3{,}96$

   gewählt wird i = 1 : 3

3. $n_M = \dfrac{1}{\frac{1}{3}} \cdot 882 = 2646$ [1/min]

4. $M_L = \dfrac{17 \cdot 10 \cdot \frac{1}{3}}{\pi} \cdot \dfrac{100}{2000} = 0{,}9$ Nm

5. $J_{EXT} = (\dfrac{1}{3})^2 \cdot 50 \cdot (\dfrac{17 \cdot 10}{2\pi})^2 \cdot 10^{-6} = 4 \cdot 10^{-3}$ kgm^2

   (J_G wird hier vernachlässigt)

6. Motor: 115 C6 – 64S M_n = 4,5 Nm
   J_M = 0,00053 kgm^2 = 0,53 $\cdot 10^{-3}$ kgm^2

7. $J = 0{,}53 \cdot 10^{-3} + 4 \cdot 10^{-3} = 4{,}5 \cdot 10^{-3}$ kgm^2

8. $M_B = \dfrac{2646 \cdot 4{,}5 \cdot 10^{-3}}{9{,}55 \cdot 0{,}3} = 4{,}15$ Nm

9. $M_{ges} = 0{,}9 + 4{,}15$ Nm = 5 Nm

30 Spindelantrieb

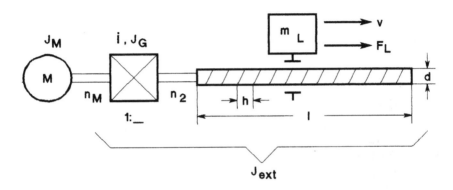

Abb. 60: Spindelantrieb

Gegeben: v, F_L, m_L, d, l, h, t_B

1. $n_2 = 6 \cdot 10^4 \cdot \dfrac{v}{h}$ [1/min]

2. $i \geqq 1 : \dfrac{n_n}{n_2} \rightarrow i$ bestimmen aus Getriebe-Tabelle

3. ohne Getriebe $n_1 = n_2$

   mit Getriebe $n_1 = \dfrac{1}{i} \cdot n_2$

4. ohne Getriebe $M_L = \dfrac{h}{\pi} \cdot \dfrac{F_L}{2000}$ [Nm]

   mit Getriebe $M_L = \dfrac{h \cdot i}{\pi} \cdot \dfrac{F_L}{2000}$ [Nm]

5. ohne Getriebe $J_{EXT} = m_L \cdot \left(\dfrac{h}{2\pi}\right)^2 \cdot 10^{-6} + 7{,}7 \cdot d^4 \cdot l \cdot 10^{-13}$ [kgm²]

   mit Getriebe $J_{EXT} = i^2 \cdot \left[m_L \cdot \left(\dfrac{h}{2\pi}\right)^2 \cdot 10^{-6} + 7{,}7 \cdot d^4 \cdot l \cdot 10^{-13}\right] + J_G$

6. Motor auswählen, der folgende Bedingungen erfüllt:
   → $M_n > M_L$
   → $J_M = 0{,}25 \dots 1 \cdot J_{EXT}$

Teil C   Berechnungsunterlagen, Verdrahtung, Inbetriebnahme

7. $J = J_M + J_{EXT}$

8. $M_B = \dfrac{n_1 \cdot J}{9{,}55 \cdot t_B}$ [Nm]

9. $M_{ges} = M_L + M_B$ [Nm]

10. Prüfung auf $M_{ges} < M_I$

Beispiel

Gegeben:
$v = 1$ m/sec
$F_L = 250$ Nm
$m_L = 100$ kg
$d = 40$ mm
$l = 1500$ mm
$h = 20$ mm
$t_B = 0{,}1$ sec

1. $n_M = 6 \cdot 10^4 \cdot \dfrac{1}{20} = 3000$ [1/min]

2. kein Getriebe

3. $n_1 = 3000$ [1/min]

4. $M_L = \dfrac{20}{\pi} \cdot \dfrac{250}{2000} = 0{,}8$ Nm

5. $J_{EXT} = 100 \cdot \left(\dfrac{20}{2\pi}\right)^2 \cdot 10^6 + 7{,}7 \cdot 40^4 \cdot 1500 \cdot 10^{-13}$

   $= 1 \cdot 10^{-3} + 3 \cdot 10^{-3} = 4 \cdot 10^{-3}$ kgm²

6. Motor: 115 C6 − 64S* $M_n = 4{,}5$ Nm
   $J_M = 0{,}5 \cdot 10^{-3}$ kgm²

7. $J = 0{,}5 \cdot 10^{-3} + 4 \cdot 10^{-3} = 4{,}5 \cdot 10^{-3}$ kgm²

8. $M_B = \dfrac{3000 \cdot 4{,}5 \cdot 10^{-3}}{9{,}55 \cdot 0{,}1} = 14$ Nm

9. $M_{ges} = 0{,}8 + 14 = 14{,}8$ Nm

---

* Die Typenbezeichnung bezieht sich auf ein Produkt der Hauser-Elektronik, Offenburg

30 Spindelantrieb

Bei den in den Abschnitten 28 bis 30 gezeigten Beispielen wurde von idealen Verhältnissen ausgegangen. In der Praxis sind folgende Fehlereinflüsse zu berücksichtigen.

— Reibungsverluste
— Wirkungsgrade von Getriebe und Spindel
— ungenaue Angaben der zur Berechnung erforderlichen Größen

Wir empfehlen daher, bei der Antriebsberechnung eine Leistungsreserve von ca. 20 % einzurechnen.

Bei den Antriebsberechnungen wird oft der Fall eintreten, daß das geforderte Spitzenmoment M_S von einer Motor-Reglerkombination gerade nicht erbracht werden kann. In diesen Fällen sollte man prüfen, ob die angegebene Beschleunigungszeit tatsächlich notwendig ist. Eine Erhöhung der Beschleunigungszeit reduziert das dynamische Beschleunigungsmoment und damit ist u. U. der Einsatz eines kleineren Motors möglich.

31 Dimensionierung eines Positionierantriebes

Ein weiterer Anwendungsbereich für Servoachsen sind Positionierantriebe. Dem Drehzahlregler übergeordnet ist eine Positioniersteuerung, deren Ausgangsgröße den Sollwert für den Drehzahlregler darstellt (*Abb. 61*).

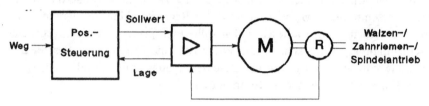

Abb. 61: Positionier-Steuerung

Die Überlegungen gelten sowohl für Walzen-, Zahnriemen- als auch Spindelantriebe. Die Positioniersteuerung hat die Aufgabe, ein Drehzahl-/Zeitprofil zu erzeugen für eine definierte Winkeldrehung (Weg) des Motors. Ein Drehzahl-/Zeitprofil zeigt *Abb. 62*.

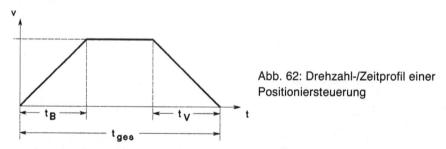

Abb. 62: Drehzahl-/Zeitprofil einer Positioniersteuerung

Die Drehzahl erhöht sich in der Beschleunigungsphase t_B von Null linear bis zur gewünschten Arbeitsdrehzahl, bleibt dann konstant und fällt in der Verzögerungsphase t_v linear wieder auf Null. Die Gesamtzeit t_{ges} resultiert aus dem zurückzulegenden Weg; die übergeordnete Positioniersteuerung benötigt daher die Lageinformation zur Berechnung des Drehzahlprofiles.

In der Regel interessieren die Zusammenhänge zwischen Weg, Geschwindigkeit und Verfahrzeit für die Bewegung. Unter Annahme, daß $t_B = t_v$ gewählt wird, gelten folgende Beziehungen:

31 Dimensionierung eines Positionierantriebes

Gleichung 21:

$$s = 1000 \cdot v \cdot (t_{ges} - t_B)$$

$$v = \frac{s}{1000 \, (t_{ges} - t_B)}$$

$$t_B = t_{ges} - \frac{s}{1000 \cdot v}$$

$$t_{ges} = t_B + \frac{s}{1000 \cdot v}$$

Dabei bedeuten:

s = Gesamtweg in mm
v = Geschwindigkeit in m/sec
t_{ges} = Gesamtzeit in sec
t_B = Beschleunigungs-/Verzögerungszeit in sec

In den meisten Fällen ist für die Dimensionierung der zurückzulegende Weg sowie die dafür zur Verfügung stehende Zeit gegeben. Die Beschleunigungszeit t_B ist zunächst frei wählbar, muß sich jedoch an den praktischen Realitäten orientieren. Werte zwischen 50 bis 500 msec sind anzustreben. Damit kann die erforderliche Geschwindigkeit v berechnet werden. Andererseits muß sich auch die max. Geschwindigkeit an den praktischen Möglichkeiten orientieren und damit kann man die Gesamtzeit t_{ges} für eine Wegstrecke s berechnen. Das folgende Beispiel zeigt die Berechnung einer Positionierachse bei vorgegebenem Weg und Zeit.

Beispiele einer Positionierachse

s = 600 mm
t_{ges} = 1 sec
t_B = 0,25 sec

Nach Gleichung 21 läßt sich v berechnen

$$v = \frac{s}{100 \, (t_{ges} - t_B)} = \frac{600}{1000 \, (1 - 0{,}25)} = 0{,}8 \text{ m/s}$$

Die Nenngeschwindigkeit muß demnach $\geq 0{,}8$ m/sec betragen, damit der Weg von 600 mm in max 1 Sekunde zurückgelegt wird.

Der Bewegungsablauf einer Positioniersteuerung geht für $t_{ges} = 2 \cdot t_B$ in einen Grenzbereich über (*Abb. 63*).

Teil C   Berechnungsunterlagen, Verdrahtung, Inbetriebnahme

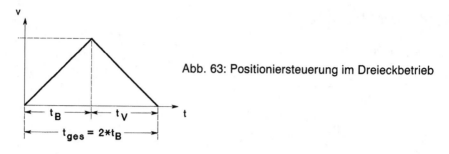

Abb. 63: Positioniersteuerung im Dreieckbetrieb

Die Zeit für den linearen Geschwindigkeitsverlauf wird zu Null. Daraus resultiert bei gegebenem t_B und v ein minimaler Grenzweg.

Gleichung 22:

$$S_{grenz} = 1000 \cdot v \cdot t_B$$

Um diesen Grenzweg bei gegebenem v zu verkleiner, muß die Beschleunigungszeit t_B reduziert werden.

Mit den in Gleichung 21 berechneten Werten kann die Antriebsberechnung des Drehzahlreglers gemäß Kapitel 28 bis 30 erfolgen.

32 Die vertikale Positionierachse (Z-Achse)

Im Bereich der Fertigungsautomatisierung und bei Handhabungsaufgaben sind vertikal angeordnete Positionierachsen notwendig. Hier ergeben sich aufgrund der Erdanziehung andere Verhältnisse im Vergleich zu einer horizontal angeordneten Achse, die bei der Antriebsdimensionierung zu berücksichtigen sind. Anhand einer Zahnriemenachse wird dies in *Abb. 64* gezeigt.

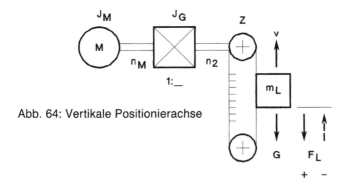

Abb. 64: Vertikale Positionierachse

Im Vergleich zur horizontalen Positionierachse ergeben sich folgende wichtige Unterschiede:

— Das statische Moment setzt sich aus dem Gewicht G der Masse m_L sowie dem externen Lastmoment F_L zusammen.
— Die Richtung des Lastmomentes (mit oder gegen die Erdanziehung) muß berücksichtigt werden.
— Das Beschleunigungsmoment ist abhängig von der Drehrichtung (mit oder gegen die Erdanziehung). Das größte Moment ergibt sich bei Bewegungen entgegen der Erdanziehung.

Bei dem rechnerischen Ansatz ist die Vorschubkraft F_L positiv anzusetzen, wenn sie in Richtung der Erdbeschleunigung wirkt, andernfalls negativ. Das folgende Berechnungsschema basiert auf dem Schema nach Kapitel 29; die jeweiligen Berechnungsschritte werden durch die vertikalen Komponenten ergänzt.

Teil C Berechnungsunterlagen, Verdrahtung, Inbetriebnahme

Gegeben: v, F_L, m_L, t_B, h, z

1. $n_2 = 6 \cdot 10^4 \cdot \dfrac{v}{z \cdot h}$ [1/min]

2. $i \geq : \dfrac{n_n}{n_2} \rightarrow i$ bestimmen aus Getriebe-Tabelle

3. ohne Getriebe $n_M = n_2$

   mit Getriebe $n_M = \dfrac{1}{i} \cdot n_2$

4. ohne Getriebe $M_L = \dfrac{z \cdot h}{200 \cdot \pi} \cdot (9{,}81 \cdot m_L \pm F_L)$

   mit Getriebe $M_L = \dfrac{z \cdot h \cdot i}{2000 \cdot \pi} \cdot (9{,}81 \cdot m_L \pm F_L)$ [Nm]

5. ohne Getriebe $J_{EXT} = m_L \left(\dfrac{z \cdot h}{2 \cdot \pi}\right)^2 \cdot 10^{-6}$

   mit Getriebe $J_{EXT} = i^2 \cdot m_L \left(\dfrac{z \cdot h}{2 \cdot \pi}\right)^2 \cdot 10^{-6} + J_G$ [kgm²]

33 Optimaler Beschleunigungsverlauf

Eine Geschwindigkeits- bzw. Wegänderung ist immer an eine Beschleunigung bzw. Verzögerung der Servoachse gekoppelt. Je nach Art der Applikation werden an den Beschleunigungsverlauf Anforderungen gestellt, die zum Teil sehr unterschiedlich sind. Daher gibt es nicht einen optimalen Beschleunigungsverlauf generell, sondern einen auf die Applikation bezogenen optimalen Verlauf. Die folgende Auflistung zeigt einige mögliche Varianten mit deren Vor- und Nachteilen.

Konstante Beschleunigung

Die Beschleunigugng a ist während der gesamten Beschleunigungszeit t_B konstant. Daraus resultiert eine *lineare* Geschwindigkeitszunahme während der Beschleunigungszeit nach der Beziehung:

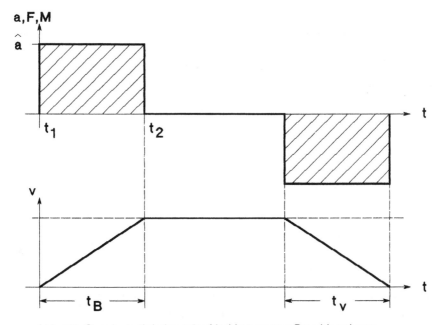

Abb. 65: Geschwindigkeitsverlauf bei konstanter Beschleunigung

Teil C Berechnungsunterlagen, Verdrahtung, Inbetriebnahme

$$v = \int_{t_1}^{t_2} a \cdot dt \quad \text{mit } a = \text{const.}$$

$$v = a \cdot t$$

Das an der Motorwelle abgegebene Moment M sowie die auftretenden Beschleunigungkräfte F sind proportional der Beschleunigung a. Für die Verzögerungsphase t_v gelten die gleichen Betrachtungen. Die konstante Beschleunigung/Verzögerung hat *folgende Vorteile:*
— zeitoptimaler Beschleunigungverlauf
— einfache technische Realisierung

und hier die Nachteile:
— sprunghafte Kräfte- und Momentenänderung
— hohe Beanspruchung der Mechanik
— keine optimale Ausnutzung der Motor-Kennlinie

Bezogen auf den prinzipiellen Kennlinienverlauf bürstenloser Motore kann das Spitzenmoment nur im unteren Drehzahlbereich genutzt werden, da zu hohen Drehzahlen hin ein Momentenabfall zu berücksichtigen ist.

Sinusförmige Beschleunigung

Der Beschleunigungverlauf während der Zeit t_B entspricht einer Sinushalbwelle. Daraus resultiert eine Geschwindigkeitszunahme nach der Beziehung

$$v = \int_{t_1}^{t_2} \hat{a} \cdot \sin\omega t \cdot dt$$

$$v = \hat{a} \cdot (-\cos\omega t) \cdot \frac{1}{\omega}$$

$$v = \hat{a} \cdot (2 \cdot \sin\frac{\omega t}{2} - 1) \cdot \frac{1}{\omega}$$

Die Auflösung des Integrals ergibt nach einer Umformung einen Geschwindigkeitsverlauf gemäß einer *sin^2*-Funktion.

Der sinusförmige Beschleunigungsverlauf hat *folgende Vorteile:*
— sinusförmige Kräfte und Momentenänderung
— Reduzierung des Momentenbedarfes zu hohen Drehzahlen hin

33 Optimaler Beschleunigungsverlauf

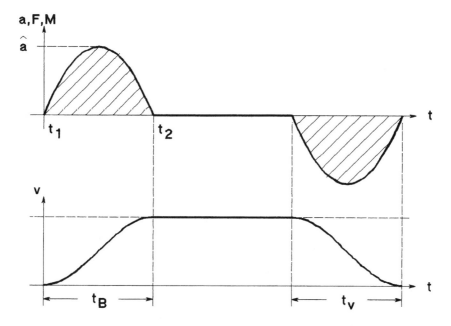

Abb. 66: Geschwindigkeitsverlauf bei sinusförmiger Beschleunigung

und hier die Nachteile:
— nicht zeitoptimal
— komplexe technische Realisierung.

Der sinusförmige Beschleunigungsverlauf berücksichtigt den Momentenabfall der bürstenlosen Motoren im oberen Drehzahlbereich, nutzt aber das hohe verfügbare Moment im unteren Drehzahlbereich nicht aus. Für die an den Motor angeschlossene Mechanik ist jedoch dieser Momentenverlauf kräfteschonend.

Sägezahnförmige Beschleunigung

Die Beschleunigung a fällt von einem maximalen Wert â linear zu Null. Daraus ergibt sich ein Geschwindigkeitsverlauf nach einer Parabel-Funktion. *Es gelten die Beziehungen:*

$$v = \int_{t_1}^{t_2} a \cdot dt \quad \text{und mit } a = â(1-c \cdot t) \text{ wird:}$$

117

Teil C Berechnungsunterlagen, Verdrahtung, Inbetriebnahme

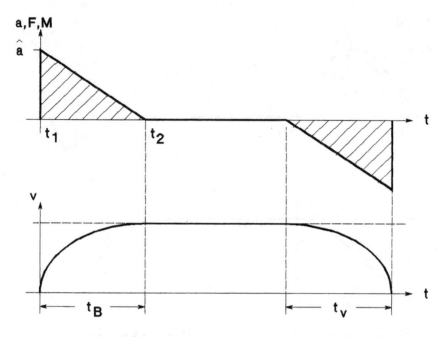

Abb. 67: Geschwindigkeitsverlauf bei sägezahnförmiger Beschleunigung

$$v = \int_{t_1}^{t_2} â\,(1-c\cdot t)\,dt$$

$$v = \int_{t_1}^{t_2} â\,dt - \int_{t_1}^{t_2} â\cdot c\cdot t\,dt$$

$$v = â\cdot t - \frac{1}{2}\cdot â\cdot c\cdot t^2$$

$$v = â\,(t - \frac{c}{2}\cdot t^2)$$

Die sich daraus ergebenden Vorteile sind:
— Ausnutzung des hohen verfügbaren Motormomentes bei geringen Drehzahlen
— Reduzierung des Momentenbedarfes bei hohen Drehzahlen

und die Nachteile:
— hartes Einlaufen in den Nullpunkt durch den sprunghaften Beschleunigungsanstieg.

34 Externe Momentenreduzierung

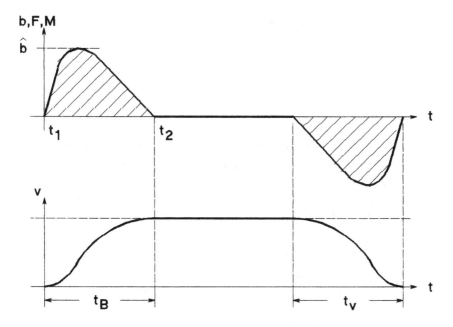

Abb. 68: Optimierter Geschwindigkeitsverlauf

Der Beschleunigungsverlauf nach *Abb. 67* kommt der Momentenkennlinie bürstenloser Motore am weitesten entgegen, da in allen Drehzahlbereichen der Beschleunigungsverlauf an die mögliche Momentenabgabe angepaßt ist. Kombiniert man nun den sinusförmigen Beschleunigungsverlauf mit dem sägezahnförmigen Verlauf dann erhält man auch ein *weiches* Einfahren in den Nullpunkt *(Abb. 68)*.

Mit dem in naher Zukunft bevorstehenden Übergang zur rein digitalen Regelung kann man Beschleunigungsverläufe 5ter Ordnung realisieren. Dies bedeutet ein absolut *ruckfreies* Beschleunigen bzw. Verzögern der Servoachse.

34 Externe Momentenreduzierung

Im *Kapitel 23* wurden die Begriffe Nennstrom I_N und Spitzenstrom I_S definiert. Aus dem Spitzenstrom resultiert das vom Motor abgegebene Spitzenmoment. Verschiedene Anwendungen erfordern jedoch ein variables Spitzenmoment bzw. eine generelle Momentenreduzierung. Zur Realisierung dieser Funktion ist ein spezieller Analogeingang vorhanden *(Abb. 69)*.

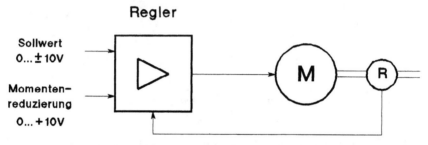

Abb. 69: Regler mit Momentenbegrenzung

Bei offenem Eingang ist die Begrenzungsfunktion unwirksam. Beim Anlegen einer externen Spannung im Bereich von 0...+10 V reduziert sich das Spitzenmoment proportional zur angelegten Spannung. Hierzu ein Beispiel:

Spitzenstrom I_s = 40 A (nominal)
Externe Spannung zur Momentenbegrenzung +7 V
Damit ergibt sich eine Spitzenstromreduzierung I'_s = 40 A · 0,7 = 28 A

Wird der Spitzenstrom aufgrund der extern zugeführten Spannung unter den eingestellten Nennstrom gedrückt, dann bewirkt diese Maßnahme auch eine Begrenzung des Regler-Nennstromes I_N. Der Spitzenstrom wird dann identisch mit dem Reglerstrom.

35 Einsatz des Verstärkers als Stromregler (Momentenregelung)

Im Zusammenhang mit übergeordneten CNC-Steuerungen ist man heute schon in der Lage, Teilfunktionen des Reglers in der CNC-Steuerung softwaremäßig zu realisieren. Die Funktion der Lage- bzw. Drehzahlregelung wird dann von der CNC übernommen. Die Ausgangsgröße ist dann nicht mehr ein Drehzahlsollwert, sondern ein Maß für den notwendigen *Motorstrom*. Hier kommt die *Stromregelung* zur Anwendung. *Abb. 70* zeigt zum Vergleich nochmals die Kaskadenreglerstruktur eines Drehzahlreglers.

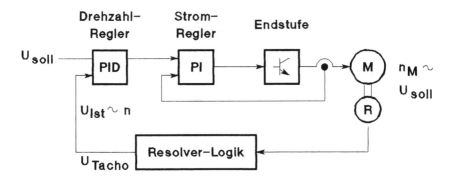

Abb. 70: Kaskadenstruktur eines Drehzahlreglers

Man erkennt die klassische Kaskaden-Reglerstruktur aus Stromregler mit überlagertem Drehzahlregler. Aus der Resolverlogik wird die Tachospannung abgeleitet; die Motordrehzahl ist proportional der Sollwertspannung U_{Soll}.

Bei Stromregelung entfällt der übergeordnete Drehzahlregler und es wird von der Annahme ausgegangen, daß zwischen Motorstrom und Motormoment ein weitgehend linearer Zusammenhang besteht *(Abb. 71)*.

Die Resolver-Logik stellt der übergeordneten Steuerung die Lagesignale (Weg) zur Verfügung. Daraus kann man rechnerisch die Größen Geschwindigkeit und Beschleunigung ermitteln. Das Prinzip der Stromregelung gewinnt insofern an Bedeutung, da die Rechner-Leistung in übergeordneten CNC-Steuerungen immer mehr zunimmt und auch zeitkritische Aufgaben mittels Software gelöst werden können. Ein Parameterabgleich des Stromreglers ist in den mei-

Teil C: Berechnungsunterlagen, Verdrahtung, Inbetriebnahme

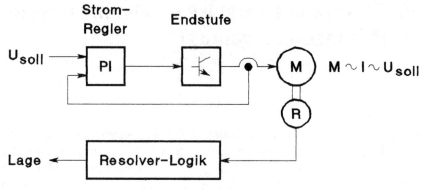

Abb. 71: Stromregler-Struktur

sten Fällen nicht mehr notwendig. Von einem zeitgemäßen AC-Servoverstärker wird erwartet, daß er für beide Betriebsarten eingesetzt bzw. eingestellt werden kann.

Ein Einsatzbereich für den Stromregelbetrieb ist die Momentregelung. Ein Einsatzbereich dafür sind Wickelsteuerungen *(Abb. 72)*.

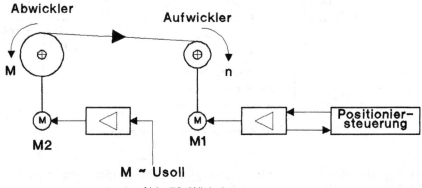

Abb. 72: Wickelsteuerung

Der Aufwickler wird über den Motor M1 in Verbindung mit einer Positioniersteuerung als Lageregler betrieben. Für einen sauberen Wickelvorgang wird ein konstanter Bandzug benötigt. Dies wird erreicht, indem der Abwickler über den Motor M2 ein Gegenmoment erzeugt. Der Motor M2 wird in Verbindung mit einem Stromregler als Momentenerzeuger betrieben.

Bei dieser Anwendung wird von einem linearen Zusammenhang zwischen Motorstrom und Motormoment ausgegangen. Zwei Einschränkungen müssen jedoch beachtet werden.
— drehzahlabhängige Reibverluste
— Momentenschwankungen in Abhänigkkeit des Rotorwinkels

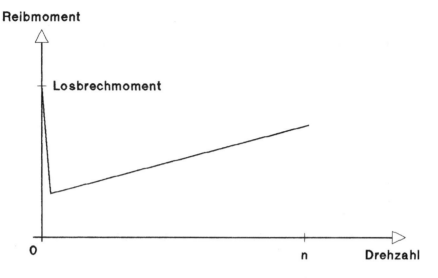

Abb. 73: Verlauf des Reibmomentes

Zum Anlauf des Motors ist ein Losbrechungsmoment erforderlich, das höher ist als das dann folgende Reibmoment bei niedrigen Drehzahlen. Mit zunehmender Drehzahl steigt dann das Reibmoment wieder an, da die Wellendichtung drehzahlabhängigige Verluste erzeugt. Diesen Reibmomentenverlauf zeigt *Abb. 73*.

Die Höhe der Reibmomente ist im wesentlichen von konstruktiven Gegebenheiten des Motors abhängig. Übliche Werte liegen zwischen 5 bis 10 % des Motornennmomentes. Weiterhin sind temperaturbedingte Änderungen des Reibmomentes zu beachten.

Ein weiterer störender Effekt ist die Momentenwelligkeit in Abhängigkeit des Rotorwinkels. Es bereitet dem Motorhersteller große Schwierigkeiten, eine homogene Feldverteilung zu erreichen. Die Folge davon ist ein „Zahnen" des Rotors mit einem Vielfachen der Polzahl auf eine Rotorumdrehung bezogen. Bei einer konstanten Stromeinprägung ergibt dies einen periodischen Momentenabfall pro Rotorumdrehung *(Abb. 74)*.

Bei einem 6poligen Motor erhält man bedingt durch die Polteilung 36 Momentenlücken auf eine Rotorumdrehung. Diese Momentenwelligkeit kann je nach Fabrikat und Motorgröße sehr unterschiedlich ausfallen. Von einem guten Motor wird eine Momentenwelligkeit <15 % erwartet. Generell ist hier ein Motor mit sinusförmiger EMK einem Motor mit trapezförmiger EMK eindeutig überlegen.

Wird bedingt durch die jeweilige Anwendung ein exakt definiertes Moment benötigt, dann muß eine echte Momentenmessung an der Motorwelle erfolgen.

Teil C   Berechnungsunterlagen, Verdrahtung, Inbetriebnahme

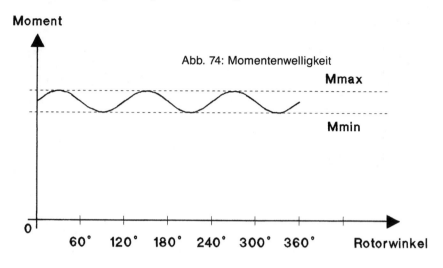

Abb. 74: Momentenwelligkeit

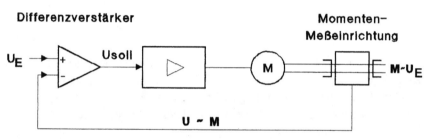

Abb. 75: Momentenregelkreis

Mit dieser Momentenmessung kann dann ein Momentenregelkreis aufgebaut werden *(Abb. 75)*.

An der Motorwelle ist eine „Momentenmeßdose" angeflanscht. In dieser Momentenmeßdose wird die momentenabhängige Torsion der Motorwelle erfaßt und daraus eine proportionale Gleichspannung gebildet. Diese Gleichspannung ist somit ein Maß für das abgegebene Motormoment. In einem übergeordneten Regelkreis wird mit einem Differenzverstärker aus Eingangsspannung U_E und der Spannung der Momentenmeßdose ein Fehlersignal gewonnen, das der Servoverstärker als Sollwertspannung erhält. Der Verstärker korrigiert den Motorstrom so lange, bis an der Motorwelle das gewünschte Moment erzeugt wird. Reibverluste sowie Momentenwelligkeiten werden somit ausgeregelt.

Die in Abb. 75 gezeigte Momentenregelung ist sehr präzise aber auch entsprechend teuer. Eine Alternative kann darin bestehen, den Momentenverlauf des Motors auszumessen und als Kehrwertfunktion bei der Nachbildung der Stromleitwerte einzurechnen *(siehe Kapitel 4)*. Damit kann die Momentenwelligkeit um den Faktor 5 reduziert werden.

36 Sollwertverdrahtung

Nach heutigem Stand der Technik ist die Eingangsgröße für einen Drehzahlregler ein analoger Sollwert im Bereich von ±10 V. Die „Qualität" dieses Sollwertes ist von entscheidender Bedeutung für die Funktion des Drehzahlreglers. Jede Verfälschung des Sollwertes bewirkt eine Verfälschung der Drehzahl. Dabei sind Erdungsprobleme zwischen Steuerung und Regler die häufigsten Fehlerquellen. Zur Eliminierung dieser Störprobleme besitzt der Regler einen Differenz-Eingang *(Abb. 76)*.

Zwischen Steuerungs- und Reglermasse sind in der Regel Spannungsdifferenzen meßbar, die nicht eliminiert werden können. Diese Störeinflüsse werden unwirksam, wenn der Bezugspunkt des Reglersollwertes zum Bezugspunkt der Steuerung verlagert wird. Potentialschwankungen zwischen Steuerung und Regler können so den Sollwert nicht verfälschen, sofern der Gleichtaktspannungsbereich des Differenzverstärkers nicht überschritten wird. Der Gleichtaktspannungsbereich beträgt üblicherweise mindestens ±5 V; dieser Wert hat sich in der Praxis als ausreichend erwiesen.

Bei längern Sollwertleitungen (>5 m) empfiehlt sich die Verwendung eines abgeschirmten Kabels; der Schirm ist auf der Steuerungsseite aufzulegen.

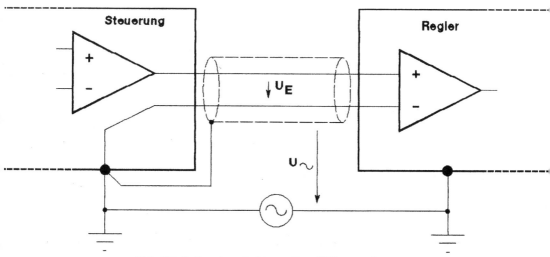

Abb. 76: Sollwertverdrahtung über Differenzeingang

37 Verbindungskabel Regler-Motor

Qualität und Ausführung dieses Kabels sind von höherer Bedeutung, als man zunächst vermuten könnte. Die Gründe dafür sollen mit Hilfe von *Abb. 77* erklärt werden.

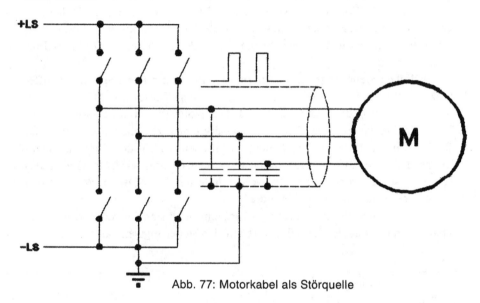

Abb. 77: Motorkabel als Störquelle

Abb. 77 zeigt nochmals symbolisch die Endstufe des Reglers. Die Endstufe schaltet mit einer Frequenz von ca. 16 kHz; d. h. auf den Motorleitungen entstehen Spannungsimpulse mit dieser Frequenz in der Höhe von ca. 300 V. Im Frequenzspektrum dieser Pulse sind hochfrequente Anteile enthalten, die bis zu mehreren 100 kHz betragen. Das Motorkabel *ist eine ideale Antenne*. Bei Leitungslängen bis max. 50 m können die Auswirkungen auf andere Steuerungen katastrophal sein. Hier gilt das Verursacherprinzip:

Wer Störungen erzeugt, muß sie auch beseitigen.

Wirksame Abhilfe ist ein Motorkabel mit Stahlgeflecht-Schirm. Der Schirm muß reglerseitig mit PE verbunden werden, damit die kapazitiven Ausgleichs-

37 Verbindungskabel Regler-Motor

ströme zur Störquelle zurückfließen können. Die im Motorkabel aufgrund der hohen Ströme entstehenden magnetischen Störfelder werden durch die Stahlabschirmung weitgehend kurzgeschlossen.

Ähnliche Betrachtungen gelten für die Auslegeung des Resolverkabels. Einziges Meßsystem im Motor ist ein Resolver, aus dessen Signalen alle Größen wie Lage und Geschwindigkeit abgeleitet werden. Elektrisch gesehen handelt es sich bei einem Resolver um einen drehenden Transformator. Deshalb verfügt er über Signalisolierung und eine natürliche Gleichtaktunterdrückung [3]. Ausgangsgrößen des Resolvers sind zwei Wechselspannungen, deren Amplitudenverhältnis ausgewertet wird.

Für die störungsfreie Übertragung der Resolversignale ist ein doppelt abgeschirmtes Kabel mit 3 Aderpaaren notwendig. Jedes Aderpaar ist einzeln abgeschirmt, und alle Aderpaare sind nochmals von einem gemeinsamen Schirm umgeben. Die Qualität dieser Schirme ist mitentscheidend für die Qualität der Resolversignale und damit des gesamten Systems. Hier sollte man exakt die Angaben des Reglerherstellers beachten, um Qualitätseinbußen des Gesamtsystems zu vermeiden. Motor- und Resolverkabel sollten wenn möglich räumlich getrennt verlegt werden, um Störeinflüsse vom Motorkabel auf das Resolverkabel zu vermeiden. Die konsequente Beachtung dieser Punkte wird Ihnen manches Problem ersparen.

38 Leistungsminderung bei erhöhter Umgebungstemperatur (Derating)

Die Nennstromabgabe eines Servoreglers bezieht sich auf eine Umgebungstemperatur von 25° C. Dies Idealannahme trifft in der Praxis nur selten zu und ist auch für eine qualitative Beurteilung des Reglers nicht ausreichend. Hierzu muß der zulässige Arbeitstemperaturbereich des Reglers mit einbezogen werden. Für den industriellen Einsatz ist der Arbeitstemperaturbereich in der Regel von 0° C bis 45° C definiert. In Abhängigkeit dieser Temperatur variiert auch die Abgabe der möglichen Verlustleistung über den Kühlkörper und damit auch die abgegebene Gesamtleistung. Den prinzipiellen Verlauf der Derating-Kurve zeigt *Abb. 78.*

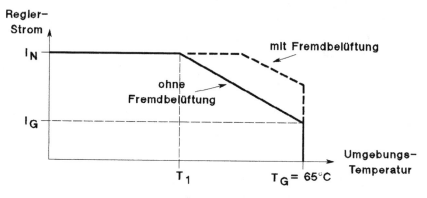

Abb. 78: Derating-Kurve

Der spezifizierte Nennstrom kann bis zu einer Temperatur T_1 als Dauerstrom abgegeben werden. Oberhalb T_1 erfolgt eine Reduzierung des Nennstromes, etwa linear fallend mit der Temperatur. Bei der Grenztemperatur T_G ist der Dauerstrom auf I_G abgesunken. Oberhalb T_G ist ein Betrieb des Servoreglers nicht zulässig, da die Bauelemente für diesen Temperaturbereich oberhalb von T_G nicht mehr spezifiziert sind.

Der Einsatzpunkt der Stromreduzierung kann durch den Einsatz einer Fremdbelüftung näher zur Grenztemperatur T_G verschoben werden. Da beim Einbau in Schaltschränken die thermischen Verhältnisse oft nicht bekannt sind, empfiehlt sich im Zweifelsfall immer der Einbau einer Fremdbelüftung.

39 Dimensionierung des Netztransformators

Die Anpassung der Reglerbetriebsspannung an die jeweilige Netzspannung erfolgt über einen Netztransformator, der gleichzeitig auch die Potentialternnung übernimmt. Im *Kapitel 13* wird auf die Möglichkeit der netzseitigen Parallelschaltung mehrerer Regler hingewiesen.

Für die Ermittlung der Transformatorleistung gilt die Beziehung

Gleichung 23:

$$P_{Trafo} = 1{,}25 \cdot T_F \cdot [\Sigma \, (\text{Achsleistung} \cdot \text{EDF}) + \Sigma \, \text{Hilfsleistung}]$$

Der Faktor 1,25 beinhaltet alle Regler- und Kabelverluste. T_F ist der Temperaturfaktor des Transformators und kann aus der *Tabelle VIII* entnommen werden.

Tabelle VIII: Temperaturfaktor

Umgebungstemperatur des Trafo [° C]	... 40	55	65
T_F	1	1,1	1,2

Die jeweilige Achsleistung berechnet sich zu

Gleichung 24:

$$P_{Achs} = 1{,}22 \cdot 10^{-3} \cdot \text{EMK} \cdot n \cdot \underline{I}_N + (R_i \cdot \underline{I}_N^{\,2})$$

Dabei bedeutet:

EMK = Scheitelwert der Motorgegenspannung/1000 min^{-1}
n = Motordrehzahl
$\underline{I}_N$ = Phasennennstrom des Motors
R_i = Innenwiderstand des Motors (Phase-Phase)

Teil C Berechnungsunterlagen, Verdrahtung, Inbetriebnahme

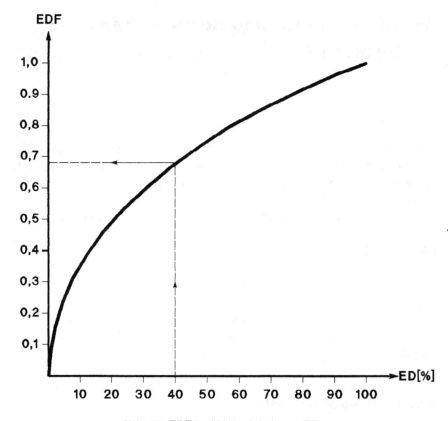

Abb. 79: EDF in Abhängigkeit von ED

In den meisten Fällen wird die Servoachse nicht dauernd betrieben. Die Verfahrzeit t_{ges} ist kleiner als die Zykluszeit t_Z *(siehe Abb. 33)*. Dadurch reduziert sich die Nennleistung des Transformators und damit auch die Baugröße. Mit dem ED-Faktor (Einschaltdauer) wird dies wie folgt berücksichtigt:

$$ED = \frac{\text{Belastungszeit } t_{ges}}{\text{Zykluszeit } t_Z} \cdot 100 \, [\%]$$

t_{ges} = Gesamtverfahrzeit
t_Z = Gesamtverfahrzeit + Pausenzeit

Aus der Einschaltdauer ED kann über das Diagramm nach Abb. 79 der ED-Faktor EDF ermittelt werden.

Je nach den gegebenen Einbauverhältnissen ist die Schutzart des Transformators zu beachten (DIN 40050). Die jeweilige Schutzart wird mit den Kenn-

39 Dimensionierung des Netztransformators

buchstaben IP und zwei Kennziffern definiert [12] Transformatoren werden in der Regel nach folgenden Schutzarten ausgeführt:

IP 23 Schutz gegen Sprühwasser
IP 24 Schutz gegen Spritzwasser
IP 44 Schutz gegen Spritzwasser
IP 54 Schutz gegen Staubablagerung und Spritzwasser

Beispiel für eine Transformatorberechnung:

Achse 1: EMK = 64 V
n = 3000 min^{-1}
I_N = 4,3 A
R_i = 2 Ω
t_{ges} = 1,5 sec
t_Z = 3 sec

Achse 2: EMK = 64 V
n = 1800 min^{-1}
I_N = 9 A
R_i = 1,5 Ω
t_{ges} = 0,5 sec
t_Z = 2,5 sec

Umgebungstemperatur des Trafo T_U = 55° C
Notwendige Hilfsleistung = 200 VA

Achse 1:

$$P_{Achs} = 1{,}22 \cdot 10^{-3} \cdot 64 \cdot 3000 \cdot 4{,}3 + (2 \cdot 4{,}3^2)$$
$$P_{Achs} = 1044 \text{ W}$$

$$ED = 100 \cdot \frac{1{,}5}{3} = 50\,\% \rightarrow EDF = 0{,}7$$

Achse 2:

$$P_{Achs} = 1{,}22 \cdot 10^{-3} \cdot 64 \cdot 1800 \cdot 9 + (1{,}5 \cdot 9^2)$$
$$P_{Achs} = 1390 \text{ W}$$

$$ED = 100 \cdot \frac{0{,}5}{2{,}5} = 20\,\% \rightarrow EDF = 0{,}45$$

$$P_{Trafo} = 1{,}25 \cdot 1{,}1\,[(1044 \cdot 0{,}7) + (1390 \cdot 0{,}45) + 200]$$
$$P_{Trafo} = 1442 \text{ W}$$

40 Spannungsabfall am Motorkabel

Im *Kapitel 23* wurden in *Gleichung 18* die Spannungsverluste der Reglerendstufe sowie die ohmschen Leitungsverluste zwischen Regler und Motor mit ca. 20 V angesetzt. Dieser Wert ist in der Regel ausreichend. Der Leitungsquerschnitt des Motorkabels sollte in Anlehnung an VDE 0100 ausgelegt werden. Tabelle IX gibt einen Überblick über die empfohlenen Drahtquerschnitte.

Tabelle IX: Leitungsquerschnitte nach VDE 0100 Gruppe 2 Mehraderleitungen [13].

Drahtquerschnitt [mm^2]	Belastung [A]
0,75	12
1,5	18
2,5	26
4,0	34
6,0	44

Bei langen Motorleitungen (> 10 m) sollte eine Überprüfung des Spannungsabfalles erfolgen. Ausgehend vom Nennstrom des Reglers erfolgt im ungünstigsten Fall eine Stromverteilung in den drei Motorphasen nach *Abb. 80*.

Die Phase U wird voll mit dem Nennstrom beaufschlagt, während in den Phasen V und W eine Halbierung des Nennstroms stattfindet. Der Gesamtspannungsabfall beträgt somit

$$\Sigma U_{CU} = 1{,}5 \cdot R_{CU} \cdot I_N$$

In *Abb. 81* ist diese Funktion grafisch in Abhängigkeit der Leitungslänge und Drahtquerschnittes dargestellt. Es wird empfohlen, nach der Querschnittsfestlegung nach DIN 0100 eine Überprüfung des Spannungsabfalles nach Abb. 81 vorzunehmen. Bei einem Spannungsabfall > 10 V sollte der Drahtquerschnitt entsprechend erhöht werden.

40 Spannungsabfall am Motorkabel

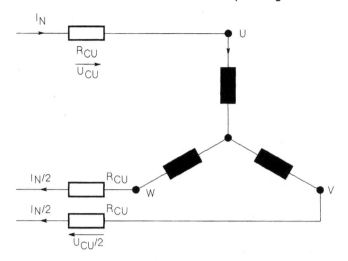

Abb. 80: Stromverteilung und Leitungsverluste

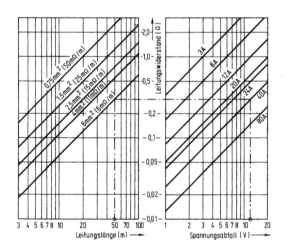

Abb. 81: Spannungsabfall am Motor-Kabel

41 Richtlinien zur Inbetriebnahme

In diesem Kapitel soll auf einige generelle Grundregeln hingewiesen werden, die bei der Inbetriebnahme einer Servoachse zu beachten sind. Am einfachsten ist es, wenn die Komponenten einer Servoachse als „Gesamtpaket" vorliegen. In diesem Fall sind Motor und Servoregler aufeinander abgestimmt und damit die Reglerparameter an den zugehörigen Motor angepaßt. Sind der Lieferung auch noch vorkonfektionierte Kabel beigefügt, dann sind keine Probleme bei der Inbetriebnahme zu erwarten. Werden die Kabelsätze selbst angefertigt, dann sollten exakt die Vorschriften des Reglerlieferanten beachtet werden. Jeder Fehler in diesem Bereich hat ein Nichtfunktionieren der Servoachse zur Folge. Übliche Fehler sind:

— Vertauschen der Motorphasenzuordnung
— Phasenfehler im Resolverkabel
— Falsche Schirmung der Kabel

Im Zweifelsfalle sind daher nochmals die Kabelverbindungen zwischen Motor und Regler zu prüfen. Eine Einstellung der Parameter auf dem Motor- und Resolverprint ist nicht notwendig. Dies hat der Hersteller bereits durchgeführt.

Größere Sorgfalt muß dann aufgewendet werden, wenn die Einzelkomponenten einer Servoachse selbst zusammengestellt werden. In diesem Fall müssen die Regler auf den jeweiligen Servomotor eingestellt werden. Diese Einstellungen betreffen die Parameter auf dem Motor- und Resolverprint. Zur Einstellung dieser Parameter benötigt man vom Hersteller exakte Einstellwerte für jede Motor-Type. Der Hersteller stellt normalerweise für jeden Motor ein Abgleichblatt zur Verfügung, aus dem alle Einstellparameter entnommen werden können.

Als ersten Zwischenschritt sollte die grundsätzliche Funktion der Servoachse getestet werden. Dazu wird Regler und Motor mit dem dazugehörigen Kabelsätzen verbunden. Der Motor sollte nicht angebaut werden, sondern so zugänglich sein, daß das Wellenende beobachtet werden kann.

Nach Power-On kann durch Anlegen einer Sollwertspannung die grundsätzliche Funktion der Servoachse getestet werden. Bei handelsüblichen Reglerfamilien enthält das Motorprint einen „Testschalter". Durch Betätigen dieses Schalters wird ein Sollwertsprung erzeugt, wobei die Amplitude über ein Potentiometer einstellbar ist. Dieser Test ermöglicht ein einfaches Überprüfen der

Servoachse ohne fremde Sollwertspannungen. Außerdem kann man am Verhalten der Motorwelle die Einstellung der PID-Regelparameter visuell überprüfen (Überschwingen der Motorwelle).

Nach diesem Funktionstest kann der Motor in das System eingebaut werden. Nach dem Anbau sollte nochmals ein Funktionstest durch Erzeugen von Sollwertsprüngen durchgeführt werden. Wenn das externe Massenträgheitsmoment den 4-fachen Wert des Motormassenträgheitsmomentes nicht übersteigt, ist in der Regel keine Korrektur der PID-Parameter erforderlich. Wenn jedoch die Servoachse nach dem Einschalten schwingt bzw. bei einem Sollwertsprung ein „Überschwingen" zu erkennen ist, dann ist eine Neueinstellung der PID-Werte notwendig. Die Vorgehensweise ist aus der Inbetriebnahmeanleitung des Reglers zu entnehmen. In Ausnahmefällen ist eine Rücksprache beim Reglerhersteller erforderlich.

42 Die zehn Gebote der Servoantriebstechnik

1. Du sollst Motor und Servoverstärker von einem Hersteller beziehen, damit keine Kompatibilitätsprobleme auftreten.
2. Du sollst Dir alle Daten besorgen, die zur Dimensionierung der Servoachse notwendig sind. Schätzungen fallen in der Regel zu Deinen Ungunsten aus.
3. Berücksichtige bei der Antriebsdimensionierung den Worst-Case-Fall und rechne 10...20 % Reserve ein. Ein späterer Umbau beim Kunden bringt Dir nur Ärger, Zeit und Kosten.
4. Vertraue als Neuling in diesem Bereich auf den Rat eines erfahrenen Servo-Spezialisten. Dein Lieferant wird Dir bei der Lösung von Antriebsproblemen gerne behilflich sein.
5. Prüfe bei Exportlieferungen die am Einsatzort vorliegenden Netzverhältnisse. Unterspannung sowie Netzeinbrüche sind häufig die Ursache für manche Störung.
6. Sorge für eine vorschriftsmäßige Verdrahtung der Servo-Komponenten. Manches unerklärbare Verhalten der Achse ist auf fehlerhafte Verdrahtung zurückzuführen.
7. Wechsle einen Servoverstärker nur im spannungslosen Zustand. Mit abgebrannten Steckerkontakten sind Garantieansprüche nicht durchsetzbar.
8. Vermeide zwischen Motorwelle und der Arbeitswelle Übertragungselemente mit Torsionsverhalten bzw. Getriebespiel. Die Folge davon sind Instabilitäten der Servoachse, die nur sehr schwer auf Kosten der Genauigkeit beseitigt werden können.
9. Überprüfe Deine Schutzmaßnahmen bzw. Vorkehrungen bei einer NOT-AUS-Situation auf die am Einsatzort geltenden Sicherheitsvorschriften. Ratlosigkeit beim Kunden hinterläßt keinen guten Eindruck.
10. Unterweise Deine *Mitarbeiter* in die wichtigsten Funktionen einer Servoachse. Vertrauen ist gut, Wissen ist besser.

Teil D

Begriffe
Formeln
Tabellen

43 Begriffe

Mechanische Größen
Geschwindigkeit / Weg / Zeit
Drehzahlen
Physikalische Größen
Drehmomente
Massenträgheitsmomente
Spannungen
Ströme
Motor-Kenngrößen
Regler-Kenngrößen

Mechanische Größen

d *Durchmesser* [mm]
   Durchmesser eines Zylinders, eines Rades oder einer Spindel

h *Spindelsteigung / Zahnteilung* [mm]
   Steigung einer Gewindespindel
   Teilung eines Zahnriemens bzw. Zahnstange

l *Länge eines Zylinders* [mm]
   Länger einer Walze
   Länge einer Gewindespindel

s *Verfahrweg* [mm]
   Gesamtverfahrweg einer Positionierbewegung

z *Zähnezahl*
   Zähnezahl eines Zahnritzels

i *Untersetzungsfaktor*
   Untersetzungsfaktor eines Getriebes. Die Angaben des Untersetzungsfaktors bezieht sich auf die Abgangswelle

Geschwindigkeit / Weg / Zeit

a   *Beschleunigung*   [m/sec²]
Geschwindigkeitsänderung $\frac{dv}{dt}$ pro Zeiteinheit
Verzögerungen werden als negative Beschleunigung ($-b$) betrachtet.

v   *Geschwindigkeit*   [m/sec]

t   *Zeit*   [sec]

s   *Weg*   [mm]

t_B *Beschleunigungszeit*   [sec]
Zeit für den Übergang von einer konstanten Geschwindigkeit auf eine höhere konstante Geschwindigkeit

t_V *Verzögerungszeit*   [sec]
Zeit für den Übergang von einer konstanten Geschwindigkeit auf eine höhere konstante Geschwindigkeit

t_{ges} *Gesamtzeit*   [sec]
Gesamte Verfahrzeit für einen Positioniervorgang

t_Z *Zykluszeit*   [sec]
Gesamtzeit für einen periodisch wiederkehrenden Bewegungsablauf

t_S *Spitzenstromzeit*   [sec]
Dauer des Spitzenstromes der Reglerendstufe

Drehzahlen

$n_{1,2}$ *Drehzahl*   [min^{-1}]
Allgemeine Bezeichnung der Drehzahl einer Welle

n_n *Motor-Nenndrehzahl*   [min^{-1}]
Drehzahl der Motorwelle bei Betrieb des Motors unter Nennbedingungen

n_M *Motor-Drehzahl*   [min^{-1}]
Die aus einer Antriebsberechnung gewonnene erforderliche Motor-Drehzahl

n_{Soll} *Solldrehzahl*   [min^{-1}]
Drehzahl proportional einem vorgegebenem Sollwert (Sollwertspannung)

Teil D   Begriffe, Formeln, Tabellen

n_{Ist} *Istdrehzahl*   [min^{-1}]
Tatsächlich erreichte Drehzahl entsprechend einem vorgegebenen Sollwert

n_{diff} *Differenzdrehzahl*   [min^{-1}]
Differenz zwischen Solldrehzahl und Istdrehzahl

Physikalische Größen

m   *Masse eines Zylinder*   [kg]

m_T *Masse linear bewegter Teile*   [kg]

g   *Erdbeschleunigung*   [9.81 m/sec^2]

F_L *Vorschubkraft*   [N]

η *Wirkungsgrad*

g   *Dichte*   [kg/m^3]

ω *Kreisfrequenz* $2\pi f$ [sec^{-1}]

P_{Ab} *Leistung*   [W]
Abgegebene Leistung

P_{Auf} *Leistung*   [W]
Aufgenommene Leistung

Drehmomente

M   *Drehmoment*   [Nm]
Allgemeine Bezeichnung eines Drehmomentes

M_o *Stillstandsmoment*   [Nm]
Moment an der Motorwelle bei Nennstrom und $n_M = 0$

M_n *Nennmoment*   [Nm]
Moment an der Motorwelle bei Nennstrom und Nenndrehzahl

M_S *Spitzenmoment*   [Nm]
Moment an der Motorwelle bei Spitzenstrom des Reglers und $n_M = 0$ (blockierte Motorwelle)

M_L *Lastmoment*   [Nm]
Statisches Dauermoment

M_B *Beschleunigungsmoment* [Nm]
Der Anteil des Drehmomentes der zu einer Beschleunigung oder Verzögerung der Motorwelle führt.

M_{ges} *Gesamtmoment* [Nm]
Summe aus Lastmoment M_L und Beschleunigungsmoment M_B

M_g *Grenzmoment* [Nm]
Moment an der Motorwelle bei Motor-Spitzenstrom und Stillstand der Achse

Massenträgheitsmomente

J *Massenträgheitsmoment* [kgm^2]
Allgemeine Bezeichnung eines Massenträgheitsmomentes

J_M *Motor-Massenträgheitsmoment* [kgm^2]
Massenträgheitsmoment aller rotierender Teile eines Motors (Rotor, Resolver, Tacho usw.)

J_G *Massenträgheitsmoment eines Getriebes* [kgm^2]
Massenträgheitsmoment eines Getriebes an der Motorwelle. Angabe auf die Motorwelle bezogen

J_R *Rotatorisches Massenträgheitsmoment*

J_T *Translatorisches Massenträgheistmoment*

J_{Ext} *Externes Massenträgheitsmoment*
Summe aller auf die Motorwelle einwirkenden Massenträgheitsmomente

Spannungen

U *Gleichspannung* [V]
Allgemeine Bezeichnung einer Gleichspannung

U *Wechselspannung* [V]
Allgemeine Bezeichnung einer sinusförmigen Wechselspannung

U_S *Sollwertspannung* [V]
Spannung zur Erzeugung einer proportionalen Drehzahl (0...±10 V)

U_T *Tachospannung* [V]
Spannung des Tachogenerators entsprechend der Istdrehzahl

Teil D Begriffe, Formeln, Tabellen

U_G *Geberspannung* [V]
Betriebsspannung für einen Incrementalencoder bzw. für eine Encodernachbildung

U_H *Hilfsspannung* [V]
Allgemeine Hilfsspannung

U_{ST} *Steuerspannung* [V]
Betriebsspannung für die externen Steuer-Signaleingänge

±LS *Leistungsspannung* [V]
Anschlüsse für die Zwischenkreisspannung

U_Z *Zwischenkreisspannung* [V]
Nennwert der Regler-Zwischenkreisspannung

U_{Zmax} *Max. Zwischenkreisspannung* [V]
Maximalwert der Regler-Zwischenkreisspannung

EMK *Gegenspannung des Motors* [V]
Scheitelwert der Motorgegenspannung pro 1000 U/min

$\underline{U}_A$ *Reglerausgangsspannung* [V]
Effektivwert der sinusförmigen Reglerausgangsphasenspannung

$\underline{U}_E$ *Leistungsspannung* [V]
Effektivwert der Regler-Phaseneingangsspannung

Ströme

I *Gleichstrom* [A]
Allgemeine Bezeichnung eines Gleichstromes

I *Wechselstrom* [A]
Allgemeine Bezeichnung eines sinusförmigen Wechselstromes als Effektivwert

I_N *Regler-Nennstrom* [A]
Dauergleichstrom des Gleichspannungszwischenkreises, der unbegrenzt an die Leistungsendstufe abgegeben werden kann.

I_S *Regler-Spitzenstrom* [A]
Dieser Wert enstpricht in der Regel dem 2fachen Nennstrom und kann für eine begrenzte Zeit abgegeben werden.

$\underline{I}_N$ *Phasenstrom des Motors* [A]
Effektivwert des sinusförmigen Phasenstromes einer Motorphase (Nennstrom)

I_S *Phasenspitzenstrom*
Effektivwert des sinusförmigen Phasenspitzenstromes einer Motorphase

I_K *Kurzschlußstrom des Motors* [A]
Effektivwert des sinusförmigen Phasenstromes des Motors bei kurzgeschlossenen Phasenwicklungen

I_M *Motor-Phasenstrom* [A]
siehe I_N

I_E *Phaseneingangsstrom des Reglers* [A]
Effektivwert der sinusförmigen Reglereingangsstromes einer Phase

Motor-Kenngrößen

U   *Anschlüsse der Motorphasen bzw. Phasenbezeichnung*
V
W

EMK   *Motorgegenspannung (Scheitelwert, bezogen auf 1000 U/min)*   [V]

I_p *Effektiver Phasenstrom* [A]

I_S *Effektiver Phasenspitzenstrom* [A]

I_N *Effektiver Phasennennstrom* [A]

M_O *Stillstandsmoment* [Nm]

M_n *Nennmoment bei Nenndrehzahl* [Nm]

M_s *Spitzenmoment in Abhängigkeit der Drehzahl* [Nm]

M_g *Grenzmoment bei Stillstand* [Nm]

n   *Drehzahl* [min^{-1}]

n_n *Nenndrehzahl* [min^{-1}]

n_g *Grenzdrehzahl (M = 0)* [min^{-1}]

T_U *Umgebungstemperatur* [°C]

T_G *Gehäusetemperatur* [°C]

T_{CU} *Wicklungstemperatur* [°C]

T_{gr} *Grenztemperatur* [°C]

IP   *Schutzart*

Teil D Begriffe, Formeln, Tabellen

J_M *Massenträgheitsmoment*   [kgm²]

L   *Wicklungsinduktivität*   [H]
(Phase-Phase)

Ri   *Wicklungswiderstand*   [Ω]
(Phase-Phase)

Regler-Kenngrößen

$\left.\begin{array}{l}L1\\L2\\L3\end{array}\right\}$ Anschlüsse der Leistungsspannung

PE   Schutzleiter

$\left.\begin{array}{l}+LS\\-LS\end{array}\right\}$ Anschlüsse der Zwischenkreisspannung

$\left.\begin{array}{l}U\\V\\W\end{array}\right\}$ Anschlüsse der Motorphasen

I_N Nennstrom   [A]

I_S Spitzenstrom   [A]

U_Z Zwischenkreisspannung   [V]

U_{Zmax} Max. Zwischenkreisspannung   [V]

$\underline{U}_E$ Effektivwert der Leistungsspannung

U_{ST} Steuerspannung der ext. Eingänge

t_{dyn} Spitzenstromzeit

T_U Umgebungstemperatur

T_K Kühlkörpertemperatur

$\left.\begin{array}{l}K_P\\K_I\\K_D\end{array}\right\}$ Regelungsparameter

U_S Sollwertspannung

I   Impulszahl der Geber-Nachbildung

$\left.\begin{array}{l}A,\overline{A}\\B,\overline{B}\\N,\overline{N}\end{array}\right\}$ Encoder-Signale

U_G Geber-Spannung

44 Formeln

Physikalische Gleichungen für die Antriebstechnik

Translation *Rotation*

Translation		Rotation
$s = v \cdot t$	Weg | Winkel	$\varphi = \omega t$
$v = \dfrac{s}{t}$	Geschwindigkeit	$v = d\pi n = \omega r$
	Winkelgeschwindigkeit	$\omega = \dot{\varphi} = 2\pi n = \dfrac{v}{r}$
$a = \dfrac{v}{t}$	Beschleunigung	$\dot{\omega} = \ddot{\varphi} = \dfrac{\omega}{t}$
$F = m \cdot a$	Kraft	$F = m r \omega^2$
$M = F \cdot r$	Drehmoment	$M = J \cdot \dot{\omega}$
$P = F \cdot v$	Leistung	$P = M \cdot \omega$
$W = F \cdot s$	Energie	$W = M \cdot \varphi$
$W = \dfrac{1}{2} m v^2$	Energie	$W = \dfrac{1}{2} J \omega^2$

Wichtige Definitionen

$1\ N = 1\ kg\ \dfrac{m}{s^2}$	Kraft
$1\ kp = 9{,}80665\ N$	Kraft
$1\ PS = 75\ kp\ \dfrac{m}{s} = 0{,}7355\ kW$	Leistung
$1\ Ws = 1\ Nm = 1\ J$	Arbeit, Energie
$1\ kg\ m^2 = 1\ Ws^3 = 1\ Nms^2$	Trägheitsmoment
$g = 9{,}80665\ m/s^2$	Erdbeschleunigung

	Spindelantrieb	**Zahnstangenantrieb**
① Motordrehzahl	$n_M = \dfrac{v \cdot 6 \cdot 10^4}{h \cdot i}$ [1/min]	$n_M = \dfrac{v \cdot 6 \cdot 10^4}{\pi \cdot d_3 \cdot i}$ [1/min]
② Lastmoment	$M_L = h \cdot i \cdot \dfrac{F_L}{2000\,\pi}$ [Nm]	$M_L = d_3 \cdot i \cdot \dfrac{F_L}{2000}$ [Nm]
③ Translatorisches Massenträgheitsmoment	$J_T = m_T \cdot \left(\dfrac{h}{2 \cdot \pi}\right)^2 10^{-6}$ [kg m²]	$J_T = m_T \left(\dfrac{d_3}{2}\right)^2 \cdot 10^{-6}$ [kg m²]
④ Rotatorisches Massenträgheitsmoment Anm.: Für Aluminium ist der Wert mit dem Faktor 0,35 zu multiplizieren.	$J_R = \dfrac{\pi}{32} \cdot 10^{-15} \cdot d^4 \cdot l \cdot \vartheta = 7{,}7 \cdot d^4 \cdot l \cdot 10^{-13}$ [kg m²] (für Stahl)	
⑤ Summe der reduzierten Massenträgheitsmomente	$J = J_M + J_1 + i^2(J_R + J_T)$ [kg m²]	
⑥ Beschleunigungs- oder Bremsmoment $M_B = f(n_M)$	$M_B = \dfrac{2 \cdot \pi \cdot n_M \cdot J}{60 \cdot t_B} = \dfrac{n_M \cdot J}{9{,}55 \cdot t_B}$ [Nm]	
⑦ Beschleunigungs- oder Bremsmoment $M_B = f(s_B)$	$M_B = \dfrac{4 \cdot \pi \cdot s_B \cdot J}{h \cdot i \cdot t_B^2}$ [Nm]	$M_B = \dfrac{4 \cdot s_B \cdot J}{d_3 \cdot i \cdot t_B^2}$ [Nm]
⑧ Beschleunigungs- oder Bremszeit $t_B = f(n_M)$	$t_B = \dfrac{2 \cdot \pi \cdot n_M \cdot J}{60 \cdot M_B} = \dfrac{n_M \cdot J}{9{,}55 \cdot M_B}$ [s]	
⑨ Beschleunigungs- oder Bremszeit $t_B = f(s_B)$	$t_B = \sqrt{\dfrac{4 \cdot \pi \cdot s_B \cdot J}{h \cdot i \cdot M_B}}$ [s]	$t_B = \sqrt{\dfrac{4 \cdot s_B \cdot J}{d_3 \cdot i \cdot M_B}}$ [s]
⑩ Nach der Beschleunigung erreichte Drehzahl	$n_M = \dfrac{120 \cdot s_B}{h \cdot i \cdot t_B}$ [1/min]	$n_M = \dfrac{120 \cdot s_B}{d_3 \cdot \pi \cdot i \cdot t_B}$ [1/min]
⑪ Während der Beschleunigung zurückgelegter Weg	$s_B = \dfrac{n_M \cdot t_B \cdot h \cdot i}{120}$ [mm]	$s_B = \dfrac{n_M \cdot t_B \cdot d_3 \cdot \pi \cdot i}{120}$ [mm]
⑫ Summe der vom Motor zu überwindenden Momente	$M_M = \dfrac{1}{\eta}(M_L + M_B)$ [Nm]	
⑬ Abgegebene Leistung	$P_A = \dfrac{M_M \cdot n_M}{9{,}55}$ [W]	

Es bedeuten:

- d — Durchmesser des Zylinders [mm]
- d_1 — ∅ treibendes Rad [mm]
- d_2 — ∅ getriebenes Rad [mm]
- d_3 — Ritzeldurchmesser [mm]
- F_L — Vorschubkraft [N]
- h — Spindelsteigung [mm]
- i — Untersetzung
- l — Länge des Zylinders [mm]
- m — Masse des Zylinders [kg]
- m_T — Masse der linear bewegten Teile [kg]
- M — Drehmoment [Nm]
- M_B — Beschleunigungs- bzw. Bremsmoment [Nm]
- M_D — Dauermoment [Nm]
- M_t — Impulsmoment [Nm]
- M_L — Lastmoment [Nm]
- M_M — Motormoment [Nm]
- M_R — Reibmoment [Nm]
- n_M — Motordrehzahl [1/min]
- P_A — abgegebene Leistung [W]
- J — Massenträgheitsmoment [kg m²]
- J_M — Massenträgheitsmoment des Motors [kg m²]
- J_R — Rotat. Massenträgheitsmoment [kg m²]
- J_T — Translat. Massenträgheitsmoment [kg m²]
- s_B — Beschleunigungs- bzw. Bremsweg [mm]
- t_B — Beschleunigungs- bzw. Bremszeit [s]
- v — Vorschubgeschwindigkeit [m/s]
- η — mech. Wirkungsgrad, bezogen auf Motorwelle
- ϑ — Dichte [kg/m³]

Wichtige Gleichungen

HBMR-Motoren

$$n = \frac{120 \cdot f}{p}$$

n = Motor-Drehzahl [min^{-1}]
f = Statorfrequenz [Hz]
p = Polzahl (2,4,6,8)

$$\eta = 85{,}5 \frac{M_n}{EMK \cdot \underline{I}_p}$$

η = Wirkungsgrad 0...1
M_n = Nennmoment [Nm]
$\underline{I}_p$ = Effektivstrom pro Phase [A]
EMK = Motorgegenspannung pro 1000 U/min [V]

$$\underline{I}_K = 9 \cdot 10^{-3} \frac{EMK}{p \cdot L}$$

$\underline{I}_K$ = Kurzschlußgrenzstrom pro Phase [A]
L = Wicklungsinduktivität (Phase-Phase) [H]

HBV-Regler

$$U_Z = 1{,}18 \left[\left(\frac{EMK}{1000} \cdot n\right) + 20\,V \right]$$

U_Z = Zwischenkreisspannung [V]
n = Motordrehzahl [min^{-1}]
EMK = Motorgegenspannung pro 1000 U/min [V]

$$\underline{U}_E = 0{,}85 \left[\left(\frac{EMK}{1000} \cdot n\right) + 20\,V \right]$$

$\underline{U}_E$ = Effektivwert der Leistungsspannung [V]

Transformator

$$P_{Achs} = 1{,}22 \cdot 10^{-3} \cdot EMK \cdot n \cdot \underline{I}_N + (Ri \cdot \underline{I}_N^2)$$

EMK = Motorgegenspannung pro 1000 U/min [V]
n = Motordrehzahl [min^{-1}]
$\underline{I}_N$ = Phasenstrom des Motors [A]
Ri = Innenwiderstand des Motors [Ω] (Phase-Phase)

Teil D Begriffe, Formeln, Tabellen

$$P_{Trafo} = 1{,}25 \cdot T_F \cdot [\Sigma \text{ (Achsleistung} \cdot \text{EDF)} + \Sigma \text{ Hilfsleistung}]$$

T_F = Temperaturfaktor des Transformators

EDF = Einschaltdauerfaktor

45 Tabellen

Umrechnung von Längen

A \ B	mm	cm	m	in	ft	yd	km	mile	nat mile[1])
mm	1	10^{-1}	10^{-3}	$3{,}93701 \cdot 10^{-2}$	$3{,}28084 \cdot 10^{-3}$	$1{,}09361 \cdot 10^{-3}$	10^{-6}	$6{,}21371 \cdot 10^{-7}$	$5{,}39957 \cdot 10^{-7}$
cm	10	1	10^{-2}	$3{,}93701 \cdot 10^{-1}$	$3{,}28084 \cdot 10^{-2}$	$1{,}09361 \cdot 10^{-2}$	10^{-5}	$6{,}21371 \cdot 10^{-6}$	$5{,}39957 \cdot 10^{-6}$
m	1000	100	1	39,3701	3,28084	1,09361	10^{-3}	$6{,}21371 \cdot 10^{-4}$	$5{,}39957 \cdot 10^{-4}$
in	25,4	2,54	$2{,}54 \cdot 10^{-2}$	1	$8{,}33333 \cdot 10^{-2}$	$2{,}77778 \cdot 10^{-2}$	$2{,}54 \cdot 10^{-5}$	$1{,}57828 \cdot 10^{-5}$	$1{,}37149 \cdot 10^{-5}$
ft	304,8	30,48	$3{,}048 \cdot 10^{-1}$	12	1	$3{,}33333 \cdot 10^{-1}$	$3{,}048 \cdot 10^{-4}$	$1{,}89394 \cdot 10^{-4}$	$1{,}64579 \cdot 10^{-4}$
yd	914,4	91,44	$9{,}144 \cdot 10^{-1}$	36	3	1	$9{,}144 \cdot 10^{-4}$	$5{,}68182 \cdot 10^{-4}$	$4{,}93737 \cdot 10^{-4}$
km	10^6	10^5	1000	39370,1	3280,84	1093,61	1	$6{,}21371 \cdot 10^{-1}$	$5{,}39957 \cdot 10^{-1}$
mile	$1{,}60934 \cdot 10^6$	160934	1609,34	63360	5280	1760	1,60934	1	$8{,}68976 \cdot 10^{-1}$
nat mile[1])	$1{,}852 \cdot 10^6$	185200	1852	72913,4	6076,12	2025,37	1,852	1,15078	1

[1]) Im Vereinigten Königreich UK gilt: 1 nat mile = 1853 m

Teil D Begriffe, Formeln, Tabellen

Umrechnung von Flächen

B \ A	cm²	m²	a	ha	km²	in²	ft²	yd²	sq mile	acre
cm²	1	10^{-4}	10^{-6}	10^{-8}	10^{-10}	$1{,}55000 \cdot 10^{-1}$	$1{,}07639 \cdot 10^{-3}$	$1{,}19599 \cdot 10^{-4}$	$3{,}86102 \cdot 10^{-11}$	$2{,}47105 \cdot 10^{-8}$
m²	10000	1	10^{-2}	10^{-4}	10^{-6}	1550,00	10,7639	1,19599	$3{,}86102 \cdot 10^{-7}$	$2{,}47105 \cdot 10^{-4}$
a	10^6	100	1	10^{-2}	10^{-4}	155000	1076,39	119,599	$3{,}86102 \cdot 10^{-5}$	$2{,}47105 \cdot 10^{-2}$
ha	10^8	10000	100	1	10^{-2}	$1{,}55000 \cdot 10^7$	107639	11959,9	$3{,}86102 \cdot 10^{-3}$	2,47105
km²	10^{10}	10^6	10000	100	1	$1{,}55000 \cdot 10^9$	$1{,}07639 \cdot 10^7$	$1{,}19599 \cdot 10^6$	$3{,}86102 \cdot 10^{-1}$	247,105
in²	6,45160	$6{,}45160 \cdot 10^{-4}$	$6{,}45160 \cdot 10^{-6}$	$6{,}45160 \cdot 10^{-8}$	$6{,}45160 \cdot 10^{-10}$	1	$6{,}94444 \cdot 10^{-3}$	$7{,}71605 \cdot 10^{-4}$	$2{,}49098 \cdot 10^{-10}$	$1{,}59423 \cdot 10^{-7}$
ft²	929,030	$9{,}29030 \cdot 10^{-2}$	$9{,}29030 \cdot 10^{-4}$	$9{,}29030 \cdot 10^{-6}$	$9{,}29030 \cdot 10^{-8}$	144	1	$1{,}11111 \cdot 10^{-1}$	$3{,}58701 \cdot 10^{-8}$	$2{,}29568 \cdot 10^{-5}$
yd²	8361,27	$8{,}36127 \cdot 10^{-1}$	$8{,}36127 \cdot 10^{-3}$	$8{,}36127 \cdot 10^{-5}$	$8{,}36127 \cdot 10^{-7}$	1296	9	1	$3{,}22831 \cdot 10^{-7}$	$2{,}06612 \cdot 10^{-4}$
sq mile	$2{,}58999 \cdot 10^{10}$	$2{,}58999 \cdot 10^6$	25899,9	258,999	2,58999	$4{,}01449 \cdot 10^9$	$2{,}78784 \cdot 10^7$	$3{,}09760 \cdot 10^6$	1	640
acre	$4{,}04686 \cdot 10^7$	4046,86	40,4686	$4{,}04686 \cdot 10^{-1}$	$4{,}04686 \cdot 10^{-3}$	$6{,}27264 \cdot 10^6$	43560,0	4840	$1{,}56250 \cdot 10^{-3}$	1

Umrechnung von Massen

A \ B	g	kg	oz	lbm	US ton
g	1	10^{-3}	$3{,}52740 \cdot 10^{-2}$	$2{,}20462 \cdot 10^{-3}$	$1{,}10231 \cdot 10^{-6}$
kg	1000	1	35,2740	2,20462	$1{,}10231 \cdot 10^{-3}$
oz	28,3495	$2{,}83495 \cdot 10^{-2}$	1	$6{,}25 \cdot 10^{-2}$	$3{,}125 \cdot 10^{-5}$
lbm	453,592	$4{,}53592 \cdot 10^{-1}$	16	1	$5 \cdot 10^{-4}$
US ton	907 185	907,185	32 000	2000	1

Umrechnung von Energie

A \ B	J	Wh	kp m	kcal	BTU
J	1	$2{,}77778 \cdot 10^{-4}$	$1{,}01972 \cdot 10^{-1}$	$2{,}38846 \cdot 10^{-4}$	$9{,}47817 \cdot 10^{-4}$
Wh	3600	1	367,098	$8{,}59845 \cdot 10^{-1}$	3,41214
kp m	9,80665	$2{,}72407 \cdot 10^{-3}$	1	$2{,}34228 \cdot 10^{-3}$	$9{,}29491 \cdot 10^{-3}$
kcal	4186,8	1,163	426,935	1	3,96832
BTU	1055,06	$2{,}93071 \cdot 10^{-1}$	107,586	$2{,}51996 \cdot 10^{-1}$	1

Umrechnung von Kräften

A \ B	N	kp	p	oz	lbf
N	1	$1{,}01972 \cdot 10^{-1}$	101,972	3,59694	$2{,}24809 \cdot 10^{-1}$
kp	9,80665	1	1000	35,2740	2,20462
p	$9{,}80665 \cdot 10^{-3}$	10^{-3}	1	$3{,}52740 \cdot 10^{-2}$	$2{,}20462 \cdot 10^{-3}$
oz	$2{,}78014 \cdot 10^{-1}$	$2{,}83495 \cdot 10^{-2}$	28,3495	1	$6{,}25 \cdot 10^{-2}$
lbf	4,44822	$4{,}53592 \cdot 10^{-1}$	453,592	16	1

Teil D Begriffe, Formeln, Tabellen

Umrechnung von Leistungen

A \ B	kW	PS	HP	kpm/s	kcal/s
kW	1	1,35962	1,34102	101,972	$2,38846 \cdot 10^{-1}$
PS	$7,35499 \cdot 10^{-1}$	1	$9,86320 \cdot 10^{-1}$	75	$1,75671 \cdot 10^{-1}$
HP	$7,45700 \cdot 10^{-1}$	1,01387	1	76,0402	$1,78107 \cdot 10^{-1}$
kp m/s	$9,80665 \cdot 10^{-3}$	$1,33333 \cdot 10^{-2}$	$1,31509 \cdot 10^{-2}$	1	$2,34228 \cdot 10^{-3}$
kcal/s	4,1868	5,69246	5,61459	426,935	1

Umrechnung von Drehmomenten

A \ B	N cm	N m	kp cm	kp m	p cm	oz in	in lbs	ft lbs
N cm	1	10^{-2}	$1{,}01972 \cdot 10^{-1}$	$1{,}01972 \cdot 10^{-3}$	101,972	1,41612	$8{,}85075 \cdot 10^{-2}$	$7{,}37562 \cdot 10^{-3}$
N m	100	1	10,1972	$1{,}01972 \cdot 10^{-1}$	10197,2	141,612	8,85075	$7{,}37562 \cdot 10^{-1}$
kp cm	9,80665	$9{,}80665 \cdot 10^{-2}$	1	10^{-2}	1000	13,8874	$8{,}67962 \cdot 10^{-1}$	$7{,}23301 \cdot 10^{-2}$
kp m	980,665	9,80665	100	1	10^5	1388,74	86,7962	7,23301
p cm	$9{,}80665 \cdot 10^{-3}$	$9{,}80665 \cdot 10^{-5}$	10^{-3}	10^{-5}	1	$1{,}38874 \cdot 10^{-2}$	$8{,}67962 \cdot 10^{-4}$	$7{,}23301 \cdot 10^{-5}$
oz in	$7{,}06155 \cdot 10^{-1}$	$7{,}06155 \cdot 10^{-3}$	$7{,}20078 \cdot 10^{-2}$	$7{,}20078 \cdot 10^{-4}$	72,0078	1	$6{,}25 \cdot 10^{-2}$	$5{,}20833 \cdot 10^{-3}$
in lbs	11,2985	$1{,}12985 \cdot 10^{-1}$	1,15212	$1{,}15212 \cdot 10^{-2}$	1152,12	16	1	$8{,}33333 \cdot 10^{-2}$
ft lbs	135,582	1,35582	13,8225	$1{,}38255 \cdot 10^{-1}$	13825,5	192	12	1

Teil D Begriffe, Formeln, Tabellen

Umrechnung von Trägheitsmomenten

A \ B	kg cm²	kp cm s²	kg m²	kp m s²	oz in²	oz in s²	Lb in²	Lb in s²	Lb ft²	Lb ft s²
kg cm²	1	$1{,}01972 \cdot 10^{-3}$	10^{-4}	$1{,}01972 \cdot 10^{-5}$	5,46748	$1{,}41612 \cdot 10^{-2}$	$3{,}41717 \cdot 10^{-1}$	$8{,}85075 \cdot 10^{-4}$	$2{,}37304 \cdot 10^{-3}$	$7{,}37562 \cdot 10^{-5}$
kp cm s²	980,665	1	$9{,}80665 \cdot 10^{-2}$	10^{-2}	5361,76	13,8874	335,110	$8{,}67962 \cdot 10^{-1}$	2,32715	$7{,}23301 \cdot 10^{-2}$
kg m²	10⁴	10,1972	1	$1{,}01972 \cdot 10^{-1}$	54674,8	141,612	3417,17	8,85075	23,7304	$7{,}37562 \cdot 10^{-1}$
kp m s²	98066,5	100	9,80665	1	536176	1388,74	33511,0	86,7962	232,715	7,23301
oz in²	$1{,}82900 \cdot 10^{-1}$	$1{,}86506 \cdot 10^{-4}$	$1{,}82900 \cdot 10^{-5}$	$1{,}86506 \cdot 10^{-6}$	1	$2{,}59008 \cdot 10^{-3}$	$6{,}25 \cdot 10^{-2}$	$1{,}61880 \cdot 10^{-4}$	$4{,}34028 \cdot 10^{-4}$	$1{,}34900 \cdot 10^{-5}$
oz in s²	70,6155	$7{,}20078 \cdot 10^{-2}$	$7{,}06155 \cdot 10^{-3}$	$7{,}20078 \cdot 10^{-4}$	386,089	1	24,1305	$6{,}25 \cdot 10^{-2}$	$1{,}67573 \cdot 10^{-1}$	$5{,}20833 \cdot 10^{-3}$
Lb in²	2,92640	$2{,}98409 \cdot 10^{-3}$	$2{,}92640 \cdot 10^{-4}$	$2{,}98409 \cdot 10^{-5}$	16	$4{,}14413 \cdot 10^{-2}$	1	$2{,}59008 \cdot 10^{-3}$	$6{,}94444 \cdot 10^{-3}$	$2{,}15840 \cdot 10^{-4}$
Lb in s²	1129,85	1,15212	$1{,}12985 \cdot 10^{-1}$	$1{,}15212 \cdot 10^{-2}$	6177,42	16	386,089	1	2,68117	$8{,}33333 \cdot 10^{-2}$
Lb ft²	421,401	$4{,}29710 \cdot 10^{-1}$	$4{,}21401 \cdot 10^{-2}$	$4{,}29710 \cdot 10^{-3}$	2304,00	5,96754	144	$3{,}72971 \cdot 10^{-1}$	1	$3{,}10810 \cdot 10^{-2}$
Lb ft s²	13558,2	13,8255	1,35582	$1{,}38255 \cdot 10^{-1}$	74129,0	192	4633,06	12	32,1740	1

Der Zahlenwert des Schwungmoments GD² (in kp m²) ist 4fach größer als der Wert des Trägheitsmoments J (in kg m²).
Beispiel: 4 kp m² ≙ 1 kg m²

Schutzarten (nach DIN 40 050 Aug. 1970) [10]

```
                                    I P   4   4
Kennbuchstaben ─────────────────────┘   │   │
Erste Ziffer ───────────────────────────┘   │
Zweite Ziffer ──────────────────────────────┘
```

Erste Kennziffer	Berührungs- und Fremdkörperschutz
0	Kein Schutz
1	Schutz gegen große Fremdkörper (Ø größer als 50 mm)
2	Schutz gegen mittelgroße Fremdkörper (Ø größer als 12 mm)
3	Schutz gegen kleine Fremdkörper (Ø größer als 2,5 mm)
4	Schutz gegen kornförmige Fremdkörper (Ø größer als 1 mm)
5	Schutz gegen Staubablagerung

Zweite Kennziffer	Wasserschutz
0	Kein Schutz
1	Schutz gegen senkrecht fallendes Tropfwasser
2	Schutz gegen schrägfallendes Tropfwasser (bis 15° zur Senkrechten)
3	Schutz gegen Sprühwasser (bis 60° zur Senkrechten)
4	Schutz gegen Spritzwasser (aus allen Richtungen)
5	Schutz gegen Strahlwasser (aus allen Richtungen)
6	Schutz bei Überflutung
7	Schutz beim Eintauchen
8	Schutz beim Untertauchen

Literaturverzeichnis

[1] Henneberger, G. und Schleuter, W.: Servoantriebe für Werkzeugmaschinen und Industrieroboter, Teil 1 und 2. etz Bd. 110 (1989), Heft 5 und 6/7.
[2] Entwicklungstendenzen der Servoantriebstechnik. Elektronik 1988, Heft 8/9
[3] Litton Resolver SSBH-21 Datenblatt. Technische Information Rhod Zimmermann
[4] R/D-Wandler 2S80 Analog Devices. Datenbuch 1988
[5] U. Tietze, Ch. Schenk: Halbleiter-Schaltungstechnik, Springer Verlag, Berlin. 3. Auflage
[6] PID Regelungstechnik. BI Hochschultaschenbücher, Band 63/63a
[7] DIN 41494, Teil 1 bis 8: Bauweise für elektronische Einrichtungen. Berlin, Beuth Verlag
[8] DIN 41612, Teil 1 bis 10: Steckverbinder für gedruckte Schaltungen. Berlin, Beuth Verlag
[9] Böhm, W.: Elektronisch steuern, Würzburg, Vogel Buchverlag, 1986
[10] Kümmel, F.: Elektrische Antriebstechnik, Berlin, VDE-Verlag, 1986
[11] Böhm, W.: Elektrische Antriebe, 3. Auflage, Würzburg, Vogel Buchverlag, 1989
[12] DIN 40050: IP-Schutzarten; Berührungs-Fremdkörper- und Wasserschutz für elektrische Betriebsmittel, Berlin, Beuth Verlag
[13] VDE 0100, Teil 523: Errichten von Starkstromanlagen mit Nennspannungen bis 1000 V; Bemessung von Leitungen und Kabeln, mechanische Festigkeit, Spannungsabfall und Strombelastbarkeit. Berlin, Beuth Verlag

Notizen

Notizen

Notizen

Notizen

Notizen

Notizen

Teil 4

Softwarearbeitshilfen zur Antriebsauslegung

Zusammengestellt von
Hans-Jürgen Schaad

Simulationssoftware

Berechnungs- und Auslegungssoftware für den Maschinenbau
(Wellen, Zahnräder, Preßverbände, Energieketten usw.)

Ermittlung und Darstellung von Bewegungsabläufen

Berechnung von Drehmomenten und Auswahl
von Motoren

Vorwort

Der standardmäßige Einsatz des PC's als Arbeitsmittel eröffnet auch im Bereich der Planung von Antriebssystemen neue Möglichkeiten!

Ohne daß schon körperlich mechanische und elektrische Aufbauten erfolgen, kann mit der entsprechenden Softwareunterstützung, vorbereitend und begleitend zur eigentlichen entsprechenden Softwareunterstützung, eine Auslegung und Abschätzung des Verhaltens von Antriebselementen bzw. des gesamten Antriebssystems vorgenommen werden.

Ebenso wird die Erstellung der notwendigen Dokumente, wie sie z.B. zur Erlangung der ISO 9000 ff. Zertifizierung oder im Hinblick auf die Produzentenhaftung (Gesetz über „Die Haftung für fehlerhafte Produkte"), abgekürzt ProdHaftG) gefordert werden, durch eine entsprechende Softwareunterstützung vereinfacht und beschleunigt.

So entstand die Idee einer Zusammenstellung von auf dem Markt befindlicher Software, die im Bereich der Antriebstechnik eingesetzt werden kann.

Der in der täglichen Praxis stehende Entwickler und Konstrukteur erhält hiermit die Möglichkeit, ein für seine Anwendung sinnvolles Programm zu begutachten und auszuwählen.

Die Reihenfolge der Softwarebeschreibungen bzw. Kurzeinführungen und Installationsanleitungen geschieht in alphabetischer Reihenfolge der Softwareanbieter.

Auf eine Wertung und Beurteilung der vorgestellten Programme ist bewußt verzichtet worden! Dies bleibt dem Leser und Tester der DEMO's vorbehalten.

Die hier vorgestellte Softwareübersicht erhebt nicht den Anspruch auf Vollständigkeit! Sollte weitere Software für den Bereich der Antriebstechnik verfügbar sein, die hier nicht aufgeführt ist, so ist der Autor für jeden Hinweis dankbar, damit diese in einer weiteren Auflage berücksichtigt werden kann.

Da Software „lebt", d.h. ständig weiterentwickelt wird, ist es durchaus möglich, daß bis zur Drucklegung dieses Buches einige Programme durch neuere Versionen ersetzt worden sind. Aus diesem Grund empfiehlt es sich, wenn das

Vorwort

Interesse an einem Programm geweckt worden ist, direkt bei dem jeweiligen Anbieter nach einer neuen DEMO-Version zu fragen.

Allen Softwareanbietern, die ihre Unterlagen und DEMO-Versionen zur Verfügung gestellt haben, möchte ich an dieser Stelle meinen Dank für ihre hilfsbereite Unterstützung aussprechen.

Hinweis zur Software auf der CD-ROM

Einige Programme erfordern die Installation auf der Festplatte C:, damit sie arbeiten können. In diesem Fall ist es möglich, nach dem Umkopieren von der CD-ROM auf die Festplatte in ein entsprechendes Verzeichnis, das Programm zu starten.

Sollte es trotzdem Probleme geben, so besteht die Möglichkeit, sich aus den jeweiligen Disketten-Verzeichnissen eigene Installationsdisketten herzustellen.

Hans-Jürgen Schaad
im Juli 1996

Inhalt

1	Artas Engineering Software: SAM, Getriebeanalyse-Software	7
2	CAD-FEM: ANSYS, Finite Elemente Analyse Display Programm	12
3	Cosoft Computer Consulting: MABAU, Programmpaket für den Maschinenbau	13
4	Damerau Technische Software: SERVOS	44
5	GENIUS CAD-SOFTWARE: GENIUS MOTION, Darstellung von Bewegungsabläufen und kinematischen Mechanismenverhältnissen	55
6	HEXAGON Industiesoftware	60
6.1	DXFMAN, Konvertierung von DXF-Dateien	62
6.2	DXFPLOT, Ausgabe von DXF-Files auf Laserdrucker und Plotter (ohne DEMO)	64
6.3	FED, Berechnung von Federn (DEMO: FED1, FED3+, FED4, FED5, FED6)	66
6.4	GEO1, Querschnittsberechnung	68
6.5	HPGLMAN, HPGL-Manager	70
6.6	HPGLVIEW, Grafik-Software für HPGL Plotdatein (ohne DEMO)	72
6.7	LG1, Wälzlagerberechnung mit Schnittstellen zu CAD und Datenbank	74
6.8	SR1, Auslegung von Schraubenverbindungen nach VDI 2230	78
6.9	TOL1, Toleranzrechnung	80
6.10	WL1, Wellenberechnung mit Wälzlagerauslegung	82
6.11	WN1, Auslegung von Preßverbänden	84
6.12	WN2, Berechnung von Zahnwellenverbindungen nach DIN 5480	88
6.13	WN3, Brechnung von Paßfederverbindungen nach DIN 6892	90
6.14	WST1, Werkstoffdatenbank für Stähle und NE-Metalle (ohne DEMO)	92
6.15	ZAR1, Zahnradberechnung	94
6.16	ZAR2, Kegelradberechnung nach DIN 3991/Klingelnberg	96
6.17	Infobrief Nr. 35/1	98

6.18	Infobrief Nr. 35/2	101
6.19	Anwender von HEXAGON Software	104
7	Igus: IGUS, Energieketten-Systeme CAD-Katalog	105
7.1	XIGUS, Expertensystem für igus Energieketten-Systeme	125
8	JVP: JvP-Press, Berechnung von Preßverbindungen	136
9	Kissling: KISSoft, Berechnungssoftware für den Maschinenbau	161
10	MOTRON Steuersysteme GmbH: MOMENTE II, CAE-Tool zur Berechnung von Drehmomenten und zur Auswahl von Motoren	186
11	SIMEC Simulation und Automatisierung: SIMPLORER, Simulationssystem	219
12	Softwert: DELPHI, Werkzeug für technische Berechnungen	307
13	Wölfel Beratende Ingenieure: NISA II 94.0, Finite Elemente Programm	330
13.1	Installationshinweis	330
13.2	Allgemeine Übersicht	331
13.3	Simulation mechanischer Systeme mit DYMES und NISA	341
Verzeichnis der Softwarelieferanten		357

1 SAM 3.0 for Windows

Kurzbeschreibung

SAM (Simulation and Analysis of Mechanisms) ist ein interaktives PC-Software-Programm für die Bewegungs- und Kraftanalyse willkürlicher ebener Getriebe, die aufgebaut werden können aus Basiselementen (Stab, Schieber, Zahnradpaar, Riementrieb, Feder, Dämpfung und Reibung). SAM integriert Preprocessing, numerische Analyse und Postprocessing, wie z.B. Animation und xy-Graphen, innerhalb einer Gebraucherumgebung, die auf Microsoft Windows basiert.

Die mathematische Grundlage der Software, die abgeleitet ist von der bekannten Finiten Elemente Methode, hat eine Großzahl Vorteile gegenüber den traditionellen Analyseprogrammen. Offene Gelenkketten, geschlossene Gelenkketten, mehrfache Gelenkketten oder sogar komplexe Planetenrad-Getriebe werden auf die gleiche Weise behandelt.

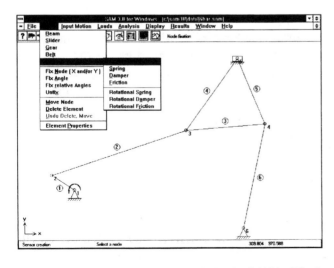

Typischer Bildschirminhalt bei der Arbeit mit „SAM for Windows"

1 SAM 3.0 for Windows

In den letzten fünf Jahren seit der Fertigstellung der ersten Version hat die Software sich mehrfach bewährt, sowohl in der Industrie als auch bei Lehranstalten in verschiedenen europäischen Ländern. Im Laufe der Zeit sind viele Verbesserungen und Erweiterungen ausgeführt worden. Die letzte Entwicklung betrifft die heutige Windows-Version, die die bewährte Stabilität der ursprünglichen DOS-Version mit der Gebrauchsfreundlichkeit der Windows-Umgebung kombiniert. Wir hoffen, daß Sie mit dem Endprodukt unserer Anstrengungen zufrieden sind und daß es Ihnen hilft, Ihre Getriebe-Aufgaben schneller zu lösen.

Fähigkeiten

Dieses Kapitel beschreibt die Fähigkeiten der Software „SAM 3.0 for Windows". Sollten Sie einen schnellen Einblick in die Möglichkeiten suchen, können Sie sich am besten die Beispiele betrachten.

Modellieren

SAM ist mit einer großen Bibliothek ausgerüstet, die folgende Standardelemente beinhaltet:

- Stab, Schieber
- Riementrieb, Zahnradpaar
- Sensor
- Feder, Dämpfer, Reibung

Mit Hilfe dieser Elemente kann eine Vielzahl ebener Getriebe zusammengestellt und analysiert werden. Der Gebrauch der einzigartigen mathematischen Grundlage bietet viele Vorteile. Offene Getriebeketten, geschlossene Getriebeketten, mehrfache Getriebeketten und sogar komplexe Planetengetriebe werden alle auf dieselbe Weise modelliert und analysiert. Durch diesen einheitlichen Ansatz ist der Gebraucher schnell eingearbeitet in die Software und kann innerhalb von Minuten komplexe Getriebeaufgaben lösen.

Eingangsbewegung

SAM ermöglicht die Definition mehrerer gleichzeitiger Eingangsbewegungen. Dies können Verschiebungen, Verlängerungen oder (relative) Winkeländerungen sein. Alle Bewegungen können unabhängig voneinander definiert werden. Häufig angewendete Bewegungsgesetze, wie

- konstante Geschwindigkeit
- 3-4-5 Polynom
- geneigte Sinuslinie

stehen standardmäßig zur Verfügung und können willkürlich kombiniert werden, um jeden gewünschten Bewegungsablauf darzustellen. Bewegungsdaten können auch von einer externen ASCII-Datei gelesen werden, womit die Definition willkürlicher Bewegungen, wie z.B. beim Einsatz von Kurvenscheiben, möglich ist.

Analyse Resultate

Nachdem das Getriebe einmal konstruiert ist und die Bewegungsdaten definiert sind, können die folgenden Größen errechnet werden (alle relativ oder absolut):
- Position, Verschiebung, Geschwindigkeit und Beschleunigung von Gelenkpunkten
- Winkel, Winkeländerungen, Winkelgeschwindigkeit und Winkelbeschleunigung

Außerdem ist SAM in der Lage, eine *Kraft-Analyse (Kinetostatik)* von Stangengetrieben auszuführen, wobei die folgenden Daten berechnet werden können:
- Antriebsmoment (Kraft)
- Reaktionskräfte in Gestellpunkten
- Interne Kräfte in Getriebegliedern
- Benötigte Leistung

Post-Processing

Die Resultate der Analyse können entweder tabellarisch oder in einem Graph dargestellt werden. Die Tabelle kann mit dem Standard Windows Editor weiterbearbeitet werden. Jede Variable kann in einem Graph als Funktion der Zeit oder als Funktion jeder anderen Variablen gezeigt werden. Weiterhin ist es möglich, um eine beliebige Anzahl Funktionen zu kombinieren in einem Graph, wobei außerdem zwei verschiedene vertikale Skalierungen zugelassen sind, um Variablen mit einem unterschiedlichen Wertebereich deutlich darstellen zu können.

Selbstverständlich kann die Bewegung des Getriebes auf dem Bildschirm animiert werden. Auch können die Bahn und der Geschwindigkeitshodograph einer beliebigen Anzahl Gelenkpunkte angegeben werden.

European Academic Software Award 1994

SAM wurde eingereicht für die 1994-Ausgabe der „European Academic Software Award" (EASA). Nachdem die Software von verschiedenen internationalen Experten evaluiert worden war, hat diese das Finale erreicht, das beim Springer-Verlag in Heidelberg/Deutschland stattfand. In diesem Finale gewann SAM den 2. Platz.

Die EASA-Kompetition ist erstanden, um die Entwicklung von hochwertiger Software für die Lehre und Forschung zu stimulieren. Sie ist eine gemeinsame Initiative der „Akademischen Software Kooperation" (ASK) der Universität Karlsruhe/Deutschland in Zusammenarbeit mit Europäischen Instituten aus Großbritannien, Österreich, den Niederlanden, Schweiz, Irland und Frankreich. Sogar die Europäische Kommission (Directorat XIII) unterstützte dieses Ereignis, und der stellvertretende General-Direktor, Vicente Parajon Collada, überreichte die Preise.

Systemanforderung & Installation

Systemanforderung

„Sam for Windows" benötigt die folgende Hardware und Software:

- Einen PC mit Microsoft Windows 3.1 oder höher
- Minimal 4 Mb RAM
- Ungefähr 2 Mb Platz auf der Harddisk
- Eine Maus
- Ein 1.44 Mb 3.5" Diskettenlaufwerk (für die Installation der Software)
- Ein mathematischer Co-Prozessor macht die Analyse schneller, ist aber nicht unbedingt notwendig.

README.WRI

Bevor Sie SAM installieren, bitten wir Sie, den Text der Datei README.WRI zu lesen. Sie finden hierin nützliche Hinweise über die Installation und einige „Letzte Minute"-Informationen, die nicht in der Gebrauchsanweisung aufgenommen sind.

Installation

- SAM Diskette einlegen und „A:" eintippen (oder „B:",wenn die Diskette in Laufwerk B eingelegt ist)
- „INSTALL" tippen, um die Installation zu starten.
- Nun müssen Sie angeben, wo SAM installiert werden soll.
- Das SAM-Symbol kann entweder in einer bestehenden Programmgrupper Ihrer Wahl aufgenommen werden, oder es kann eine neue Programmgruppe „Mechanism Design" erstellt werden.

Wenn Sie diese Schritte durchlaufen haben, ist „SAM for Windows" installiert, und es wird Zeit, es einmal näher zu betrachten.

Gebrauchsübereinkunft

Diese Software ist geschützt durch nationale und internationale Gesetzgebung. ARTAS genehmigt die Erstellung von Archiv-Kopien für Backup-Zwecke. Unter keiner Bedingung darf die Software oder die Dokumentation an andere Gebraucher distribuiert werden. Copyright-Meldungen in der Software und der Dokumentation dürfen nicht entfernt werden.

ARTAS gewährleistet, daß die Software konform der Beschreibung in der Gebrauchsanweisung funktioniert. Sollten Sie dennoch einen Fehler finden, bitten wir Sie, uns ein Problemregistrationsformular zu schicken mit einer ausführlichen Beschreibung des Problems.

ARTAS übernimmt keine Haftung für die Folgen des Gebrauches der Software. In keinem Fall ist ARTAS haftbar für allerlei additionelle Schäden, die durch den Gebrauch von SAM entstehen.

Entwickler

ARTAS – Engineering Software
Het Puyven 162   Tel/Fax: +31 40 2837552
NL-5672 RJ Nuenen   E-mail: artas@pi.net
Niederlande   WWW: http://www.pi.net/ārtas/home.html

2 ANSYS

Installationsanleitung

1. Installation des Display-Programms:

   Ausgehend vom Root-Directory des ausgewählten Plattenlaufwerks wird zuerst das ANSYS DISPLAY Programm installiert. Stecken Sie hierzu die Diskette DISPLAY VOL. I in das Diskettenlaufwerk und geben Sie das Kommando „a:install" ein. Durch eine interaktive Menüführung können Sie das DISPLAY Programm problemlos installieren.

2. Installation der Demoplot-Dateien:

   Verwenden Sie hierzu die beiden Disketten „Demofile Vol. I u. II".

   Geben Sie bitte ausgehend vom Root-Directory folgende Kommandos ein:

   mkdir demo
   cd demo

   Diskette „Demofile Vol. I" ins Laufwerk stecken.

   a:splice a:\demofile
   copy a:*.bat
   demofile
   rundemo

3 cosoft computer consulting gmbh

MABAU für Windows

Das bewährte MABAU-Programmsystem bietet unter der neuen, modernen Windowsoberfläche allen erdenklichen Komfort. Die einzelnen Berechnungsmodule sind übersichtlich zu Hauptmenüpunkten, Verzahnungen, Federn, Riementriebe, etc., gruppiert. Die wichtigsten Standardfunktionen sind direkt über Funktionstasten erreichbar. Beliebig viele Berechnungen können gleichzeitig auf der Arbeitsfläche liegen, damit können Varianten direkt verglichen werden. Die Ergebnisfenster können direkt bearbeitet/ kopiert/ausgeschnitten, gespeichert oder mit der "eingeben/ändern"-Taste wieder neu berechnet werden.

Wichtige Funktionselemente auf einen Blick:

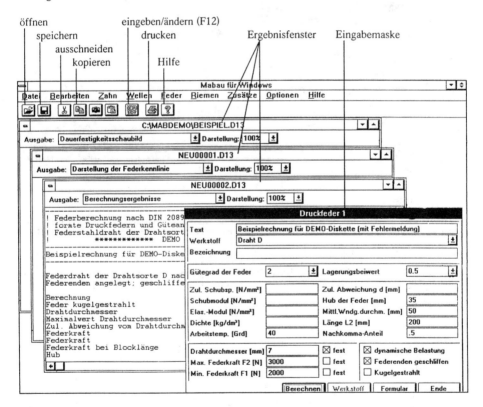

Selbstverständlich können alle Ergebnisse, egal ob Text oder Grafik, ohne Anpassungsarbeiten auf den Windowsdrucker ausgegeben werden. Ebenso selbstverständlich verfügt MABAU über ein echtes Windows-Hilfesystem mit Index und Suchfunktion, Querverbindungen zu verwandten Themen, etc.!

Testen Sie mit der MABAU-Demodiskette das Programm DFEDER1 zur Berechnung kaltgeformter Schraubendruckfedern nach DIN 2089. Öffnen Sie mit der ersten Taste der Buttonleiste die Beispielrechnung, konsultieren Sie bei Bedarf das Hilfesystem, ...alles andere erklärt sich von selbst.

3 Cosoft Computer Consulting

Das MABAU - Programmsystem

Die MABAU - Programme sind konzipiert als Werkzeug für den Maschinenbau-Konstrukteur an seinem Arbeitsplatz.

Sie benötigen an Hardware nur einen Personalcomputer. Damit können die MABAU Programme eine kostengünstige EDV - Unterstützung unterhalb der CAD - Schwelle darstellen, sie können aber auch neben oder in Verbindung mit einer CAD-Anwendung zum Einsatz kommen.
Falls Sie MABAU lieber direkt auf ihrer CAD - Workstation einsetzen wollen, so fragen Sie kurz bei uns an, ob eine MABAU - Version für Ihr System bereits verfügbar ist.

Seit 1985 wurde die ursprüngliche MABAU - Stirnradberechnung aufgrund gehäufter Kundenanfragen ständig durch neu Berechnungsmodule ergänzt. So wurde MABAU zum meistverbreiteten und umfassensten Maschinenelemente - Berechnungssystem im deutschsprachigen Europa.

Jeder Anwender kann sich sein "Paket" beliebig aus den einzelnen Programm - Modulen auf seine Anwendung abgestimmt zusammenstellen.

Alle MABAU - Programme werden aus dem MABAU - START - Menue aufgerufen. Sie können die MABAU - Berechnungsmodule aber auch aus einem eigenen Menüsystem heraus aufrufen und dabei die MABAU - Programmauswahl überspringen.

Die HILFE - Funktion F1

Über die Hilfetaste direkt auf dem Bildschirm, sowie gedruckt in der ausführlichen Programmbeschreibung finden Sie zu jeder Eingabe Hinweise und Erläuterungen, die den Umgang mit dem Programm ohne weitere Literatur ermöglichen.

Das MABAU - System bietet Hilfeinformationen zu jedem Eingabefeld an :

Da sind zunächst die Benutzer - Führungstexte; Sie informieren unaufgefordert über mögliche Eingabewerte und weisen auf Automatiken hin (z.B. "Messkugeldurchmesser eingeben   oder   0 --> automatische Auswahl").

Durch Drücken der Hilfetaste erfahren sie dann nähere Einzelheiten:

```
M A B A U  Programmpaket für den Maschinenbau   (c)92 by cosoft computer gmbh
Zur Bestimmung des diametralen Zweikugelmasses wird der Messkugeldurch-
messer eingegeben.
Zuvor wird vom Programm der sich theoretisch ergebende Messkugeldurch-
messer ausgegeben.
Bei Eingabe von 0 ermittelt  der Rechner selbsttätig einen Messkugel-
durchmesser aus DIN 3977 wo Messkugeln, Messrollen, Messdrähte und Prüf-
stifte genormt sind.

Bezüglich des Messkugeln werden vom Programm folgende Kontrollen durch-
geführt:

 ---- Bei der automatischen Auswahl des Messkugeldurchmessers berührt
      die kleinstmögliche Messkugel nach DIN 3977 den Zahnfuss
 ---- Bei der automatischen Auswahl des Messkugeldurchmessers ist der
      Berührkreis der kleinstmöglichen Messkugel kleiner als der Fuss-

Zur Fortführung die Eingabetaste drücken
```

MABAU für Windows

Hier finden Sie zum einen die zu der aktuellen Eingabe gehörige Handbuchinformation (welche Funktion und Auswirkung haben Eingaben an dieser Stelle? - in welcher Wechselwirkung und Relation stehen sie zu anderen Eingaben? - welche Automatiken stehen zur Verfügung und wie benutze ich sie am besten?), das erspart das Nachlesen im (dennoch mitgelieferten) Handbuch.

```
M A B A U  Programmpaket für den Maschinenbau  (c)92 by cosoft computer gmbh

  gesehen, wenn im Einzelfall grössere Schubspannungen als nach DIN zu-
  lässig sind, oder Ln grösser L2 sein darf. In der Regel wird jedoch die
  Kennziffer 3 eingegeben.
  Der Rechner gibt zusätzlich Meldungen aus wenn :

  a) Ln grösser L2 wird
  b) Zulässige Schubspannungen überschritten werden

  Beispiele für die Nutzung der automatischen Reduktion der Federkräfte :
  ---------------------------------------------------------------------
  1) Eine möglichst flache Federkennlinie kann erzielt werden, indem
     F2 = F1 eingegeben wird und der Rechner F1 auf einen zulässigen Wert
     reduziert.
  2) Bei gleicher Vorgehensweise lässt sich eine Feder mit möglichst
     steiler Federkennlinie bestimmen.

  Zur Fortführung die Eingabetaste drücken
```

Zum anderen finden Sie hier aber auch Tabellen die Ihnen Anhaltswerte für die gerade einzugebende Größe geben.

```
M A B A U  Programmpaket für den Maschinenbau  (c)92 by cosoft computer gmbh

  Vergütungsstähle, Nitrierstähle (gasnitriert)
  ================================================================
    42 Cr Mo 4       -->  370 N/mm 2    31 Cr Mo V 9   -->  425 N/mm 2
    34 Cr Ni Mo 6    -->  370 N/mm 2

  Vergütungsstähle (flamm- oder induktionsgehärtet einschl. Zahngrund)
  ================================================================
    CK 45            -->  365 N/mm 2    42 Cr Mo 4     -->  370 N/mm 2
    37 Cr 4          -->  370 N/mm 2

  Einsatzstähle (einsatzgehärtet)
  ================================================================
    16 Mn Cr 5       -->  430 N/mm 2    17 Cr Ni Mo 6  -->  550 N/mm 2
    15 Cr Ni 6       -->  460 N/mm 2

  Zur Fortführung die Eingabetaste drücken
```

Die INFO - Funktion F2

Wo nötig stehen über die Hilfeinformation hinaus noch speziell errechnete Informationen zur Verfügung wie z.B.:
Welche Zähnezahlkombinationen sind angesichts der bereits eingegebene Werte überhaupt möglich?
Welche Moduln sind für diese Kurzverzahnung möglich, welche nach DIN 5480 zu bevorzugen?
Mit welchen Maschinen können diese Kegelräder gefertigt werden?

```
M A B A U  Programmpaket für den Maschinenbau  (c)92 by cosoft computer gmbh

  Theoretisch mögliche Zähnezahlen

    z1       z2        x1+x2        u          Abw. u (%)
  ---------------------------------------------------------------
    16       60        -.012        3.75       3.333
    16       59         .517        3.688      1.695
    16       58        1.091        3.625      0
    16       57        1.707        3.563      1.754
    15       64       -1.277        4.267     15.039
    15       63        -.916        4.2       13.69
    15       62        -.492        4.133     12.298
    15       61        -.012        4.067     10.861
    15       60         .517        4          9.375
    15       59        1.091        3.933      7.839
    15       58        1.707        3.867      6.25

  Zur Fortführung die Eingabetaste drücken
```

15

3 Cosoft Computer Consulting

Die Fehlerhinweise

Durch Einfassen von Tabellen- und Diagrammwerten in Gleichungen wurde die Eingabe auf ein Minimum reduziert, so daß auch der Nichtfachmann im Umgang mit diesen Programmen keine Probleme hat.

Bereits während der Eingabe werden Plausibilitätsprüfungen und Kontrollrechnungen vorgenommen. So erhalten Sie ggf. sofort Fehlerhinweise können die Eingabe unmittelbar korrigieren.

```
M A B A U  Programmpaket für den Maschinenbau   (c)92 by cosoft computer gmbh

   Hinweis zu Rad  1:
   Für den Erzeugungsprofilverschiebungsfaktor xVe der Vor- bzw.
   Fertigverzahnung kommt es zu Unterschnitt.

   Minimaler Profilversch.fkt xmin =  .729
   Erzeugungsprofilversch.fkt  xVe =  .615

   Es kann jedoch weitergerechnet werden, da das Programm den ent-
   stehenden Fussformkreisdurchmesser analytisch bestimmt.



   Zur Fortführung die Eingabetaste drücken
```

Der Eingabeeditor

Diese eventuell erforderlichen Korrekturen werden Ihnen im MABAU - Programmsystem durch die maskenorientierte Programmoberfläche und den Eingabe - Editor wesentlich erleichtert. Sie können jedes Eingabefeld beliebig ohne Veränderung oder erneute Eingabe der Werte ansteuern und innerhalb des Eingabefeldes beliebig löschen, einfügen oder sogar rechnen: haben Sie z.B. den Wert der Übersetzung nur als Zähnezahlverhältnis vorliegen, so geben Sie einfach in das Eingabefeld 55/19 ein; möchten Sie einen bereits eingegebenen, möglicherweise "krummen" Wert erhöhen so fügen Sie einfach +0.74 oder *1.2 an; der Eingabe - Editor übernimmt und zeigt sofort den sich ergebenden Wert.

```
M A B A U  Programmpaket für den Maschinenbau   (c)92 by cosoft computer gmbh

Drahtdm.eingeben (J/N):  j         Federkraft F1       =  2081.4  N
                                   Federkraft F2       =  3000    N
Drahtdurchmesser  (mm):  8.5       Länge L1            =   180    mm
Max.Drahtdurchm.  (mm):  entf.     Länge L2            =   150    mm
                                   Länge L0            =   247.97 mm
Max.Federkraft F2 (N):   3000      Länge Lc (Blocklänge) = 132.46 mm
Min.Federkraft F1 (N):   2081.41   Länge Ln (Nutzbare Länge) = 150 mm
Hub der Feder    (mm):   30        Drahtdurchmesser    =   8.5    mm
Mittl.Wndg.durchm.(mm):  50        Anzahl wirksam.Windungen = 13.584
Länge L2         (mm):   150*1.2   Schubspannung bei F1 =  431.52 N/mm 2
Nachkomma-Anteil von n:  0         Schubspannung bei F2 =  621.97 N/mm 2
                                   Schubspannung bei Fc =  733.31 N/mm 2
                                   Schubsp.b. F1 m.Drahtkrü.= 536.63 N/mm 2
                                   Schubsp.b. F2 m.Drahtkrü.= 773.46 N/mm 2
                                   Hubspannung         =  236.83  N/mm 2
                                   Zul. Schubspannung  =  816.41  N/mm 2

             Länge der Feder bei der Federkraft F2
   Zurück  Änderung  Ende  Drucker  Bildschirm  Speichern  Grafik
```

Die AUTOSAVE - Datei

Die einmal durchgeführten Berechnungen, können unter beliebigem Namen auf frei wählbaren Datenträgern (z.B.Disketten, Festplatten) abgespeichert sowie von dort geladen werden und stehen so auch für spätere Variantenrechnungen zur Verfügung.

Alle Eingabedaten werden werden zusätzlich auch automatisch in der AUTOSAVE - Datei abgespeichert und stehen so auch dann zur erneuten Bearbeitung zur Verfügung, wenn Sie das Abspeichern Ihrer letzten Berechnung einmal vergessen haben sollten.

MABAU für Windows

Die Voreinstellung von Eingabewerten

Neben der Möglichkeit, eine neue Berechnung aus einer abgespeicherten, ähnlichen Berechnung abzuleiten, können Sie auch bestimmte Eingabewerte für die Berechnungsprogramme voreinstellen.

Dazu tragen Sie Ihre "Normalwerte" einfach in die zugehörige Voreinstellungsdatei ein und schon haben Sie viele "normale" Werte nicht mehr einzutippen. Natürlich können Sie die voreingestellten Werte während der Eingabe wieder beliebig überschreiben oder ändern.

```
M A B A U  Programmpaket für den Maschinenbau   (c)92 by cosoft computer gmbh
Bearbeitung         : Voreinstellung von Eingabewerten
Programm            : ZAHN

Vorheriger Wert : <CURSOR UP>
Nächster   Wert : <CURSOR DOWN> oder <EINGABETASTE>


Bisher eingestellter Wert Nr. 2 :
  Normaleingriffswinkel (Grd)              : 20

Neu einzustellender Wert  Nr. 2 :
  Normaleingriffswinkel (Grd)              : 22




                Verlassen der Voreinstellung mit <ESC>
```

Diese Einrichtung wissen vor allem Anwender zu schätzen, die nicht täglich mit dem Programm arbeiten.

Die Werkstoffdatei

```
M A B A U  Programmpaket für den Maschinenbau   (c)92 by cosoft computer gmbh

                    Werkstoff Innenteil aus Datei

         Ck 35      1.1181   Vergütungs-/Automatenverg.st.
         Ck 35      1.1181   Induktiv-härtbarer Stahl
         Ck 45      1.1191   Vergütungs-/Automatenverg.st.
         Ck 45      1.1191   Induktiv-härtbarer Stahl
         Ck 60      1.1221   Vergütungs-/Automatenverg.st.
         Ck 60      1.1221   Induktiv-härtbarer Stahl
         Ck 60      1.1221   Warmgeform. Edelstahl f.Federn



   <↓>              --> Nächster Werkstoff      <PG DN>  --> Seite vor
   <↑>              --> Vorheriger Werkstoff    <PG UP>  --> Seite zurück
   <EINGABETASTE>   --> Übernahme in Berechnung <HOME>   --> Dateianfang
   <ESC>            --> Auswahl verlassen       <END>    --> Dateiende
   <S>              --> Suchen nach Werkstoff   <A>      --> Ansehen Daten
```

Obwohl in einigen MABAU - Berechnungsmodulen spezielle Werkstoffdaten bereits enthalten sind, wie z.B. Federwerkstoffe nach DIN 17223 / 17224 in den Federprogrammen, ist die von allen Programmen nutzbare Werkstoffdatei auch hier angenehm.

Die Werkstoffdatei kann aus MABAU - Programmen (welche Werkstoffdaten verarbeiten) aufgerufen werden, um die für die aktuelle Berechnung benötigten Werkstoffdaten direkt zu übernehmen.

Sie können diese Werkstoffdatei mit eigenen Werkstoffdaten nach den Angaben Ihrer Lieferanten füllen. Dabei sollten die einzelnen Werkstoffe noch nach Bearbeitung und/oder weiteren Kriterien unterschieden werden.

Dadurch entfallen zeitraubendes Nachschlagen in Tabellenwerken und Eingabe-/Übertragungsfehler !

3 Cosoft Computer Consulting

Die Passungsauswahl

Aus einigen Programmen können Sie in die MABAU - Passungsauswahl verzweigen. Dort können Sie einfach per Cursorsteuerung durch die Toleranzlagen für Bohrung und Welle fahren. Dabei werden die sich ergebenden Übermaße jeweils sofort angezeigt. Eine gefundene günstige Passung können Sie beim Rücksprung in das Berechnungsprogramm automatisch übernehmen.

```
M A B A U  Programmpaket für den Maschinenbau   (c)92 by cosoft computer gmbh
  Erf.Übermass :   80.5 mym

    Passung;Qualität Welle :   u6         Eingabehinweise über Taste F1
    Passung;Qualität Bohrg.:   H7

    Welle                                 Bohrung

      y6        Oberes Abm.  = 196    mym    X7     Oberes Abm.  =-127    mym
      z6        Unteres Abm. = 180    mym    Y7     Unteres Abm. =-152    mym
      za6       Toleranz     = 16     mym    Z7     Toleranz     = 25     mym
      zb6       Grösstmass   = 50.196 mm     ZA7    Grösstmass   = 49.873 mm
      zc6       Kleinstmass  = 50.18  mm     ZB7    Kleinstmass  = 49.848 mm

                    Kleinstübermass  = 307   mym
                    Grösstübermass   = 348   mym

    Welle   : Toleranzfeld in ISO und DIN nicht vorgesehen
    Bohrung : Toleranzfeld ist in ISO ; nicht aber in DIN
      Änderung  Ende  Übernahme in Berechnung
```

Die Formulardatei

Einige der bei den nachfolgenden Programmbeschreibungen abgebildeten Ergebnisausdrucke sind auf den ersten Blick sehr umfangreich, doch das braucht Sie nicht zu schrecken. Ein Standardprogramm muß eben möglichst alle nur berechenbaren Werte als Ergebnis auswerfen, um die Bedürfnisse aller Anwender abzudecken.

Sollten Sie die Ergebnisse nicht in diesem Umfang benötigen, so können Sie bei Bedarf für jedes Programm die Ausgabe der Daten Ihren speziellen Erfordernissen anpassen: z.B. ganze Abschnitte oder einzelne Zeilen weglassen oder auch den Ausdruck mit Ihrer Firmenkopfzeile versehen.

Haben Sie dies einmal in der Formulardatei eingetragen, so hält sich MABAU fortan an Ihre Vorgaben !

MABAU rechnet exakt

Anstelle von einfachen Näherungsformeln verwenden die MABAU - Berechnungsmodule in der Regel rechenintensive, aber damit auch exakte Iterationsverfahren.

Wir empfehlen daher den Einsatz eines mathematischen Co - Prozessors:

Die Rechenzeit für die Erstellung der 4 Geometrie - Grafiken eines Stirnrades z.B. reduziert sich dabei auf ca. 7% der Rechenzeit ohne Co - Prozessor, man erzielt also eine Beschleunigung um den Faktor 14 !

MABAU ist als "offenes System" konzipiert:

MABAU speichert Ihre Ein- und Ausgabedaten in reiner ASCII - Form, d.h. als benutzerlesbaren Klartext !

Alle Eingabedaten Ihrer Berechnungen werden als Klartext auf Ihrem Datenträger gespeichert und von dort zur Berechnung eingelesen.

Das bedeutet für die Praxis, daß Sie die Eingabedaten für eine Berechnung auch von anderen Programmen aus bereitstellen und dann direkt in MABAU einlesen können.

Desgleichen werden alle Ergebnisdaten noch bevor sie auf Bildschirm oder Drucker ausgegeben werden zunächst auf dem aktuellen Datenträger gespeichert. Von dort werden sie von einem Standard-Ausgabemodul gelesen und an das gewählte Ausgabegerät gegeben.

Sie können also auch die Ausgabedaten aus MABAU direkt mit einem Fremdprogramm weiterverarbeiten und sei es "nur" mit einem Textverarbeitungsprogramm als Teil einer von Ihnen erstellten technischen Dokumentation.

MABAU für Windows

Programm Zahn   !! Dieses Programm benötigt mindestens 512 kB Arbeitsspeicher (RAM)   !!
                       !! und setzt einen arithmetischen Co-Prozessor voraus !   !!

```
M A B A U  Programmpaket für den Maschinenbau  (c)92 by cosoft computer gmbh

Text:  Industriegetriebe NAN 250

Berechnungskennung        :  2        Kenng. Achsabstandsabm. :  3
Drehzahl Rad 1   (1/min)  :  1500     Ob.Achsabst.abmass (mym):  entf.
Achsabstand         (mm)  :  250      Un.Achsabst.abmass (mym):  entf.
Sollübersetzung           :  3.625                                Rad1     Rad2
Normalmodul         (mm)  :  6.5      Abmassreihe Zahndi.abm. :  3        3
Schrägungswinkel   (Grd)  :  9        Toleranzr. Zahndi.abm.  :  26       26
Normaleingr.winkel (Grd)  :  20       Ob. Zahndickenabm. (mym):  entf.    entf.
Zähnezahl Rad 1           :  16       Un. Zahndickenabm. (mym):  entf.    entf.
Zähnezahl Rad 2           :  58       DIN-Qualität der Verza. :  6        6

Für gleiches spez. Gleiten am         Zahnbreite         (mm) :  100      88
Zahnfuss ist : x1 = .5385
                                      Verdrehflankensp. min= 348   max= 555
Profilversch.faktor x1 : .54          Normalflankensp.  min= 315   max= 502

        Theor. mögliche Zähnezahlen über Taste F2 (auch Taste F1)

Vor    Änderung    Ende
```

Dieses Programm beinhaltet die komplette Geometrie- und Festigkeitsberechnung von Außen- und Innenstirnradpaaren mit Bezugsprofil nach DIN 867:

- a) Vorbearbeitet mit und ohne Protuberanzwerkzeug (auch Schneidrad)
- b) Fertigbearbeitet durch Schleifen, Schaben, Stoßen oder Fertigfräsen
- c) Aus Baustahl, weichen Stählen, Nitrierstahl, Vergütungsstahl, Einsatzstahl, Grauguß, Sphäroguß, Stahlguß
- d) Räder ohne Flankenlinienkorrekturen, breitenballige Räder oder Räder mit Endrücknahme
- e) Räder mit und ohne Kontakttragbildnachweis entsprechend DIN 3990 Teil 11 (Juli 1984)
- f) Räder mit und ohne optimales Lasttragbild
- g) Für Industriegetriebe mit Modul 0.5 - 70 (DIN 1 - 30)

Berechnungsgrundlage für die Geometrieberechnung und die Bestimmung der Fertigungs- und Prüfmaße sind die Normen DIN 3960, DIN 3961, DIN 3964 und DIN 3967.

Die Festigkeitsberechnung erfolgt nach DIN 3990 Teil 1-4 (Dez. 1987).

Es wird ein Festigkeitsnachweis für Zahnflanke und Zahnfuß geführt.

Dabei bietet das Programm u.a. die Möglichkeit die reduzierte Masse und Radkörperfaktoren zu berücksichtigen, oder den Breitenfaktor kHß einzugeben oder wahlweise nach Methode A, B oder C2 berechnen zu lassen.

Für Radpaarungen Stahl-Stahl kann zusätzlich die Warmfreßtragfähigkeit berechnet werden (Fressen bei hohen Zahnwälzgeschwindigkeiten und dadurch bedingter hoher Temperatur im Zahneingriff).

Das Programm erstellt für beide Räder Grafiken der Zahnform im Stirn- und Normalschnitt sowie Ausschnittvergrößerungen davon zur Beurteilung von evtl. auftretenden schädlichen Schleifkerben im Bereich des Zahnfusses mit eingezeichneter 30°-Tangente.

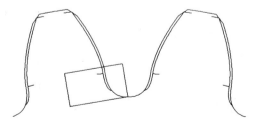

3 Cosoft Computer Consulting

Programm KEGELRAD

```
M A B A U  Programmpaket für den Maschinenbau  (c)92 by cosoft computer gmbh

Text:  Auftrag 77
Berechnungskennung            :    2      Anhaltswert Zähnezahlen        :    9    54
Leistung  P1          (Kw):      700      Istwert Zähnezahlen z1 , z2:    0     0
Drehzahl Rad 1     (1/min):     1500      Istwert Spiralwinkel   (Grd):   29.51
Sollübersetzung     (z2/z1):        6      Maschinenkennung               :    6
Anhaltswert von d02   (mm):   750.19      Flugkreisradius        (mm):  210
Istwert von d02       (mm):      760      Gangzahl Messerkopf            :    5
Achsenwinkel         (Grd):       90      Sollwert Messermodul   (mm):   10
Winkelkorrektur      (Grd):        0      Istwert Messermodul    (mm):   10
Sollwert Spiralwinkel (Grd):      30      x1 max ; x1 min        :    1.87   .55
Kennung Belastung            :    1      x1 für spezif. Gleiten :   .5411
Kennung Wärmebehandlung      :    1      Istwert Profilversch.fkt x1:   .54
Anhaltswert Zahnbreite (mm):   90.6      xs max ; xs min        :    .1   -.15
Anhaltswert Normalmodul(mm):  10.66      xs für YFa1 = YFa2     :   .018
Istwert Zahnbreite    (mm):    110      Istwert Zahndi.änder.fkt.xs:   .017
Istwert Normalmodul   (mm):   10.5      Verzahnungsqualität Rad 1;2:   6    6

        Bei Eingabe von 0 wird Anhaltswert übernommen (auch F1)

Vor   Änderung   Ende   Drucker   Bildschirm   Speichern
```

Das Programm KEGELRAD dient der Geometrie- und Festigkeitsberechnung von Kegelrädern, hergestellt nach dem Klingelnberg-Zyklo-Palloid-Verfahren.

Die Geometrieberechnung erfolgt nach Klingelnberg Werknorm KN 3028, DIN 3965 und DIN 3971; die Festigkeitsberechnung nach DIN 3991 Teil 1-4 (September 88). Die Festigkeitsberechnung wird für Dauerfestigkeit durchgeführt. Es können profilverschobene Kegelräder mit Winkelkorrektur, Zahndickenänderung und beliebigem Achsenwinkel gerechnet werden.

Nach Eingabe von Drehzahl, Leistung und Sollübersetzung wird zur ersten Dimensionierung ein Anhaltswert für den Teilkreisdurchmesser Rad 2 ausgegeben.
Mit den Eingaben von Achsenwinkel, Sollwert Spiralwinkel und jeweils einer Kennung für Art der Belastung und Wärmebehandlung ermittelt das Programm Anhaltswerte für Zahnbreite, Normalmodul und Zähnezahlen.

Nach Eingabe der Istwerte müssen die fertgungsabhängigen aber geometriebestimmenden Eingaben von Flugkreisradius, Gangzahl Messerkopf und Messermodul getätigt werden. Vorher jedoch werden sämtliche möglichen Kombinationen von Bearbeitungsmaschinen und Flugkreisradien durchgerechnet. In einer über Funktionstaste abrufbaren Tabelle sind dann die für die Fertigung in Frage kommenden Möglichkeiten mit Bearbeitungsmaschine, Flugkreisradius, Gangzahl Messerkopf und Messermodul dargestellt. Aus dieser Tabelle gehen auch Besonderheiten wie z.B. nicht vermeidbarer Unterschnitt, erforderliche Kopfkürzung, zu geringe Profilüberdeckung, Verschnitt am Innendurchmesser, gemeinsamer Teiler von Gangzahl und Zähnezahl, Modul am Aussendurchmesser um bis zu 10% kleiner Modul in Zahnmitte und Modul im eingeschränkten Bereich hervor. Die Tabelle wird erstellt für x1=xmin ,bezw. x1=xmax bei nicht zu vermeidendem Unterschnitt (xmax=Beginn von 'rückwärtigem Ausschneiden'; xmin=Mindestprofilverschiebung zur Vermeidung von Unterschnitt). Ausgeklammert werden somit alle Paarungen wo der Modul am Aussendurchmesser kleiner Modul am Innendurchmesser bzw. kleiner 0.9*Modul in Zahnmitte ist, die Maschinendistanz nicht realisierbar ist, die Gesamtüberdeckung kleiner 1 ist, der Modul ausserhalb des möglichen Bereiches liegt und 'rückwärtiges Ausschneiden' bzw. Gratbildung im Zahngrund nicht vermeidbar ist.

Die Kennung von Bearbeitungsmaschine und Flugkreisradius müssen eingegeben werden, Gangzahl Messerkopf und Messermodul kann man bei Vorgabe von 0 vom Rechner ermitteln lassen.

Zur Komplettierung der Geometrieeingaben sind nun noch Profilverschiebungs- und Zahndickenänderungsfaktor (x und xs) vorzugeben. Vor Eingabe des Profilverschiebungsfaktors werden xmax und xmin (s.oben), sowie xgleit (Profilverschiebung für ausgeglichenes spezif. Gleiten) ausgegeben.
Vor Eingabe des Zahndickenänderungsfaktors werden xsmax, xsmin und xs für gleiche Zahnformfaktoren YFa1 = YFa1 ausgegeben (xsmax=Grenzwert für Gratbildung in der Zahnlücke; xsmin=Mindestwert für Verschnittfreiheit).

Die Fertigungstoleranzen werden in Abhängigkeit der Verzahnungsqualitäten der Räder nach DIN 3965 bestimmt.

Soll sich eine Festigkeitsberechnug anschliessen, sind neben den Werkstoffkennwerten nur noch Anwendungsfaktor, Rauhwerte, Kennungen für Anwendung und Lagerung sowie Schmierstoffviskosität einzugeben.
Ist eine Fresslastrechnung gewünscht, benötigt das Programm noch die Eingaben zur Öltemperatur, Ölfresskraftstufe, Kennung welches Rad treibt, Kennung der Art der Schmierung und zum Gefügefaktor.

Dem Konstrukteur ist, bei Kenntnis der Fertigungsmöglichkeiten des Herstellers, mit diesem Programm ein Instrumentarium an die Hand gegeben, dass es ihm ermöglicht, schnell und auch ohne besondere Vorkenntnisse, Kegelräder, hergestellt nach einem der verbreitetsten Fertigungsverfahren, selbst und schnell zu dimensionieren.

Programm SCHNECKE

```
M A B A U  Programmpaket für den Maschinenbau  (c)92 by cosoft computer gmbh
Text:  1. Versuch
Berechnungskennung        : 2
Angaben zum Schneckenrad
Kennung Radwerkstoff      : 1      Wechselbeanspruchg. (J/N) : n
Elastizit.modul (N/mm 2)  : entf.  Erford. Lebensdauer (Std) : 100000
Querdehnzahl              : entf.  Schneckendrehzahl (1/min) : 5000
Flankendauerfest.(N/mm 2) : entf.  Raddrehzahl       (1/min) : entf.
Fussgrenzfestigk.(N/mm 2) : entf.  Schneckenleistung  (kW)   : 30
Werkstoffpaarungsfaktor   : entf.  Radleistung        (kW)   : entf.
Angaben zur Schnecke               Anwendungsfaktor          : 1.75
Kennung Schneckenwerkst.  : 2      Erf. Flankensicherheit    : 2
Elastizit.modul (N/mm 2)  : entf.  Erf. Fusssicherheit       : 2
Querdehnzahl              : entf.
                                     Rad              Schnecke
Werkstoffbezeichnung      : entf.          42CrV4

      Werkstoffbezeichnung Schneckenwerkstoff (Text) (auch F1)

 Vor    Änderung    Ende
```

MABAU für Windows

Das Programm SCHNECKE ermöglicht die Geometrie- und Festigkeitsberechnung von Zylinderschneckengetrieben.

Berechnungsgrundlagen sind:

1.) Niemann,Winter: Maschinenelemente Band III (1986)
2.) DIN 3975
3.) DIN 3976

Der Geometrieteil verfügt über 16 verschiedene Eingabevarianten zur Berechnung der Verzahnungsgeometrie.

Hierbei können beispielsweise ebenso mit gegebenen Werkzeugdaten die Geometrie, wie auch erforderliche Werkzeugdaten für gegebene Geometrieabmessungen, ermittelt werden.

Vor Eingabe der Istwerte, werden für Zähnezahlen, Werkzeugdaten, Zahnbreiten und Kopfkreisdurchmesser Richt- bzw. Erfahrungswerte ausgegeben, die größtenteils durch einfache Eingabe von 0 in die Berechnung übernommen werden können.

Soll eine Festigkeitsberechnung durchgeführt werden, sind vor den Eingaben zur Geometrie bereits Werkstoffdaten bzw. -kennungen, zu übertragende Leistung und erforderliche Sicherheiten einzugeben.

Mit diesen Eingaben werden näherungsweise die erforderlichen Hauptabmessungen des Getriebes ermittelt. Diese können über eine Funktionstaste während der Geometrieeingabe abgerufen werden.

Der Festigkeitsteil beinhaltet die Berechnung der Flankensicherheit, der Fußfestigkeit, der Temperatursicherheit, der Durchbiegesicherheit und der Verschleißsicherheit. Die Berechnung von Durchbiege- und Verschleißsicherheit ist optional.

Die Werkstoffdaten von 14 verschiedenen Radwerkstoffen sind gespeichert und können über eine Kennung abgerufen werden. Bei Verwendung anderer Werkstoffe können die Werte eingegeben werden.

Zur Berechnung der Verschleißsicherheit ist die Kenntnis empirisch ermittelter Größen erforderlich. Für die in Niemann angegebenen Werkstoffpaarungen erfolgt die Berechnung automatisch, ansonsten können die Werte von Hand eingegeben werden.

3 Cosoft Computer Consulting

Programm FEINWERK

```
M A B A U  Programmpaket für den Maschinenbau  (c)92 by cosoft computer gmbh

Text :   Zeichnungs-Nr. 0815/4711-007

Achsabstand          (mm):  25         Kopfkreisdurchm. Rad 1   (mm):   17
Schrägungswinkel (Grd)   :  10         Kopfkreisdurchm. Rad 2   (mm):   33.5
Zahnbreite Rad 1     (mm):  10
Zahnbreite Rad 2     (mm):  11         Gehäusetoleranzfeld
Sollübersetzung(z2/z1)   :  2.03125
Normalmodul          (mm):  .5         5J = 1    6J = 2     7J = 3      8J = 4
Werkzeugprofilkennung    :  2          9J = 5   10J = 6     -- = 7
Zähnezahl Rad 1          :  32
Zähnezahl Rad 2          :  65         Auswahl 1-7:  2

Bei Aufteilg. n. spez. Gleiten ist     Oberes  Achsabst.abmass (mym):  entf.
x1 =  .424       x2 =  .3678           Unterse Achsabst.abmass (mym):  entf.
                                       Zul. Achsparallel.fehler(mym):  entf.
Profilverschbg.fkt. x1:  .4

          Kopfkreisdurchmesser oder 0 eingeben (auch Taste F1)

     Vor   Änderung   Ende
```

Das Programm "FEINWERK" beinhaltet die geometrischen Auslegung von Stirnradgetrieben mit Evolventenflanken für die Feinwerktechnik.

Es können Stirnradpaare mit Bezugprofil nach DIN 58400 und für Modul größer 1 mit Bezugsprofil nach DIN 867 gerechnet werden.

Für Modul bis 1 besteht ebenfalls Berechnungsmöglichkeit für Bezugsprofile nach DIN 867. Das Werkzeugbezugsprofil entspricht DIN 58412.

Die Auslegung erfolgt für Moduln von 0,2 - 3mm.

Die Getriebepassung wird in Form von Kennziffern eingegeben, womit Toleranzen, Abmaße und Abweichungen vom Rechner automatisch entsprechend DIN 58405 bestimmt werden. Die Abmaße von Gehäuse und Verzahnung können aber auch manuell eingegeben werden.

Nach Eingabe von Achsabstand, Schrägungswinkel, Modul und Sollübersetzung gibt der Rechner eine Tabelle möglicher Zähnezahlkombinationen aus und teilt, wenn gewünscht, nach Eingabe der Zähnezahlen, die Summe der Profilverschiebungsfaktoren automatisch auf die Räder auf.

Es können Außen- und Innenradpaare berechnet werden.

Bereits während der Eingabe prüft das Programm anhand von Plausibilitätsklauseln auf Eingabefehler und führt zur Überprüfung auf Zahneingriffsstörungen geometrische Berechnungen durch. Anhand des entsprechenden Fehlerhinweises kann die Eingabe korrigiert werden.

MABAU für Windows

Hilfsprogramme zu Programm ZAHN

Programm ZAHN1

Bestimmung des Profilverschiebungsfaktors eines vorhandenen Stirnrades aus dem gemessenen Zahnweitenmaß.

```
M A B A U  Programmpaket für den Maschinenbau  (c)92 by cosoft computer gmbh

Text:  Auftrag Nr. 100.200.30

Gemessenes Zahnweitenmass (mm):    34.178
Messzähnezahl    (oder 0 eing.):   6         Profilversch.faktor  =  .4522
Normalmodul               (mm):    2
Zähnezahl des Rades         :      36
Schrägungswinkel        (Grd):     13
Normaleingriffswinkel   (Grd):     20




              Eingabehinweis über Funktionstaste F1
Änderung   Ende   Drucker   Bildschirm   Speichern
```

Programm ZAHN2

Bestimmung des Profilverschiebungsfaktors eines vorhandenen Stirnrades aus dem gemessenen Zweikugelmaß.

```
M A B A U  Programmpaket für den Maschinenbau  (c)92 by cosoft computer gmbh

Text:  Getriebestufe 2

Gemessenes Zweikugelmass (mm):    132.314
Messstückdurchmesser     (mm):    3          Profilversch.faktor  =  .3058
Normalmodul              (mm):    2
Zähnezahl des Rades         :     64
Schrägungswinkel        (Grd):    0
Normaleingriffswinkel   (Grd):    20




            Für Innenverzahnungen negative Eingabe
Änderung   Ende   Drucker   Bildschirm   Speichern
```

Programm ZAHN3

Bestimmung des Achsabstandes für zwei gegebene Stirnräder.

```
M A B A U  Programmpaket für den Maschinenbau  (c)92 by cosoft computer gmbh

Text:  Zeichnungs-Nr. 100.200.4711

Schrägungswinkel         (Grd):    0
Normaleingriffswinkel    (Grd):    20        Achsabstand       =  95.524   mm
Normalmodul              (mm):     2         Betr.eingr.winkel =  22.38    Grd
Zähnezahl Rad 1            :       30
Zähnezahl Rad 2            :       64
Profilversch.faktor Rad 1  :       .5
Profilversch.faktor Rad 2  :       .306




              Eingabehinweis über Funktionstaste F1
Änderung   Ende   Drucker   Bildschirm   Speichern
```

3 Cosoft Computer Consulting

Programm ZAHNFORM

```
M A B A U  Programmpaket für den Maschinenbau   (c)92 by cosoft computer gmbh
Text:  Industriegetriebe NAN 250

Einlesen aus ZAHN   (J/N):  entf.      Werkzeugbezugsprofil Vorbearbeitung
Dateiname:  entf.                      Bezugsprofilkenng. 5=Sond.:   4
Rad Nr.  :  entf.                      Kopfhöhenfaktor        haP0*:  entf.
                                       Kopfabrundungsfkt. rhoaP0*:   entf.
Zähnezahl des Rades      :  52         Fusshöhenfaktor        hfP0*:  entf.
Normalmodul         (mm):  6           Fussformhöhenfaktor hFfP0*:   entf.
Profilverschiebg.faktor : .52          Protuberanzkennung         :  entf.
Schrägungswinkel   (Grd):  9           Protuberanzwinkel   (Grd): entf.
Normaleingriffswin.(Grd): 20           Protuberanzbetrag    (mm): entf.
Kopfkreisdurchm.   (mm):  0            Kantenbrechwinkel   (Grd): entf.
Zahndickenabmass  (mym): -20
Bearbeitungszugabe (mm):  .2
                                       Werkzeugbezugsprofil Fertigbearbeitung
                                       Kopfhöhenfaktor        haP0*:  1
                                       Kopfabrundungsfkt. rhoaP0*:  .05

         Bei Eingabe von 0 ist alpn=20 Grad (auch Taste F1)
  Änderung   Ende   Grafik   Drucker   Bildschirm   Speichern
```

Das Programm ZAHNFORM dient zur Berechnung der Geometrie einzelner Außen- oder Innenstirnräder mit Bezugsprofil nach DIN 867.

Berechnungsgrundlagen für die Geometrie sind:

DIN 3960 ; DIN 3961 ; DIN 3964 ; DIN 3967 ; DIN 780 ; DIN 867

Die Berechnung erfolgt unter Berücksichtigung der Werkzeugdaten die nach DIN BP 1-4 ausgewählt oder als Sonderprofil vorgegeben werden können.

Die Geometrie wird auch auf Störungen im Erzeugungsgetriebe überprüft.

Eine Festigkeitsrechnung und die Überprüfung einer Radpaarung kann naturgemäß nur bei Vorgabe eines Gegenrades vorgenommen werden. Dafür ist das MABAU-Programm ZAHN zu verwenden.

Das Programm erstellt für das berechnete Rad Grafiken der Zahnform im Stirn- und im Normalschnitt, sowie Ausschnittvergrößerungen davon mit eingezeichneter 30-Grad-Tangente zur Beurteilung von evtl. auftretenden schädlichen Schleifkerben im Bereich des Zahnfusses.

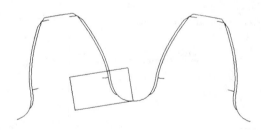

Programm PLANET

```
M A B A U  Programmpaket für den Maschinenbau   (c)92 by cosoft computer gmbh
Text:   Zeichnungsnr. 312/974/1428 34/35/104

Sollübersetzg. u:   3.05882   n Hohlr(1/min):   1000      Sum. x Aussenp.= .49
Zul.Abwchg. u(%):   10        n Steg (1/min):   0         Sum. x Innenp. =-.49
z soll Hohlrad  :   104       n Zentr(1/min):   -300
z soll Zentr.rad:   entf.                                 x autom. (J/N):   j
Anzahl Planeten :   3         z Zentralrad  :   34
                              z Planetenrad :   35        x Zentralrad  :   entf.
Was steht fest                z Hohlrad     :   104
                              Modul mn (mm) :   2         T Hohlrad (Nm):   1000
Nichts      = 0               Schr.win.(Grd):   10        T Steg    (Nm):   entf.
Zentalrad   = 1               Eing.win.(Grd):   20        T Zentr.r.(Nm):   entf.
Steg        = 2
Hohlrad     = 3               Theor. Achsabstand :   70.06     mm

Auswahl 0-3:    0             Achsabst. (mm):   71

        Absolutwert der Sollzähnezahl des Hohlrades (oder 0) (auch F1)
   Änderung   Ende   Drucker   Bildschirm   Speichern
```

Das Programm dient der Ermittlung von Zähnezahlen und Achsabstand 'einfacher' Planetengetriebe, bestehend aus Zentralrad, Planetenrad und Hohlrad mit symmetrisch um das Zentralrad angeordneten Planetenrädern. Vor Eingabe der Istzähnezahlen gibt der Rechner aufgrund der Eingaben eine Tabelle möglicher Zähnezahlen mit sich ergebenden Drehzahlen aus.

Zur Ermittlung dieser Tabelle stehen bei Vorgabe von entweder aller drei Solldrehzahlen (n Hohlrad, n Steg und n Zentralrad) oder von zwei Solldrehzahlen folgende Varianten zur Verfügung:

1) Eingabe von $n_{Hohlrad}$, n_{Steg} und $n_{Zentralrad}$
   ----
   a) Eingabe Zentralradsollzähnezahl
   b) Eingabe Hohlradsollzähnezahl

2) Eingabe von zwei Drehzahlen
   ----
   a) Eingabe von Sollübersetzung u und entweder Hohlrad- oder Zentralradsollzähnezahl
   b) Eingabe von Hohlrad- und Zentralradsollzähnezahl

3 Cosoft Computer Consulting

Programm KURZVERZ

```
M A B A U  Programmpaket für den Maschinenbau  (c)92 by cosoft computer gmbh

Text:   Auftragsnummer 4711-08/15

Bezugsdurchmesser      (mm):  60       Drehmomentbestimmung (J/N):  j
Zähnezahl                   : entf.
Normalmodul            (mm):  3        Welle
Zahnbreite             (mm):  40       Werkstoff aus Datei  (J/N):  n
Art der Wellenbearbeitung  : 1         Zul.Zahnfussspann.(N/mm 2):  200
Art der Nabenbearbeitung   : 2         Zul.Flächenpressg.(N/mm 2):  250
Kennung Messrollendurchm.  : 1         Werkstoff      :  CK 22

Theor.Messrollendurchm.= 0        mm   Nabe
                                       Werkstoff aus Datei  (J/N):  n
Messrollendurchmesser  (mm): entf.     Zul.Zahnfussspann.(N/mm 2):  200
                                       Zul.Flächenpressg.(N/mm 2):  250
Toleranzfeld der Welle     :  8e       Werkstoff      :  CK 45
Toleranzfeld der Nabe      :  9H

              Mögliche Moduln über Funktionstaste F1
Änderung  Ende  Drucker  Bildschirm  Speichern
```

Es lassen sich Kurzverzahnungen nach DIN 5480 (März 1986) hinsichtlich Geometrie, Fertigungsmaßen und übertragbarem Drehmoment berechnen.

Alle Daten aus DIN 5480 sind im Programm gespeichert:

1.) Zuordnung von Modul, Bezugsdurchmesser und Zähnezahl,
2.) Zu bevorzugende Moduln, Bezugsdurchmesser und Zähnezahlen,
3.) Abmaße der Toleranzfelder.

Daher ist die DIN 5480 beim Arbeiten mit diesem Programm nicht erforderlich.

```
M A B A U  Programmpaket für den Maschinenbau  (c)92 by cosoft computer gmbh

  Mögliche Moduln nach DIN 5480
  -----------------------------
       Modul :  .8      Zähnezahl :  74
       Modul :  1       Zähnezahl :  58
       Modul :  1.25    Zähnezahl :  46
       Modul :  1.5     Zähnezahl :  38
       Modul :  1.75    Zähnezahl :  33
     * Modul :  2       Zähnezahl :  28
       Modul :  2.5     Zähnezahl :  22
     * Modul :  3       Zähnezahl :  18
       Modul :  4       Zähnezahl :  13
       Modul :  5       Zähnezahl :  10
       Modul :  6       Zähnezahl :  8
       Modul :  8       Zähnezahl :  6

  Moduln mit einem '*' sind zu bevorzugen.  <EINGABETASTE>
```

Hier im Programm KURZVERZAHNUNG erhalten Sie z. B. eine Tabelle mit den für den eingegebenen Bezugsdurchmesser möglichen Moduln mit den sich ergebenden Zähnezahlen. Nach DIN zu bevorzugende Moduln sind dabei extra gekennzeichnet.

Programm PRESS

```
M A B A U  Programmpaket für den Maschinenbau  (c)92 by cosoft computer gmbh
Text:   Auftragsnummer 24680

Art der Verbindung                    Rauhwert Ra       IT (mym):  1.6
                                      Rauhwert Ra       AT (mym):  3.2
Kegelige Verbindung    = 1
Zylindrische Verbindung = 2           Reibwert für Einpressen   :  .13
                                      Reibwert für Auspressen   :  .15
Auswahl 1-2:  2                       Reibwert für Rutschen     :  .1

Innendurchmesser    IT (mm):  65      Betriebstemperat.  IT (Grd):  100
Fugendurchmesser       (mm):  100     Betriebstemperat.  AT (Grd):  100
Aussendurchmesser   AT (mm):  185     Betriebsdrehzahl    (1/min): 2500
Länge der Passfuge     (mm):  80
Kegelwinkel           (Grd):  entf.   Fügespiel eingeben    (J/N):  j

                                      Fügespiel            (mym): 27.509

        Innendurchmesser des Innenteiles (oder 0) (auch Taste F1)
Vor  Änderung  Ende
```

Das Programm berechnet zylindrische und kegelige Längs- und Querpreßverbindungen im elastischen Bereich.

Diese können durch eine Axialkraft und oder ein Drehmoment belastet sein.

Darüberhinaus besteht die Möglichkeit, als zusätzliche Belastung eine Radialkraft oder ein Biegemoment einzugeben.

Aufgrund der vorgegebenen Daten wird ein minimal erforderliches Übermaß und aufgrund der zulässigen Pressung in der Fuge ein maximal zulässiges Übermaß bestimmt.

Hierbei werden Einflüsse von Betriebsdrehzahl und Betriebstemperatur mit berücksichtigt.

Vor der Passungsauswahl werden dann erforderliches und zulässiges Übermaß ausgegeben.

Erst danach erfolgt die Passungswahl. Dazu kann auch direkt in das Programm PASSUNG gesprungen werden.

Nach Ausgabe der Sicherheit des Preßverbandes kann auf Wunsch eine erneute Passungsauswahl vorgenommen werden.

Während des Programmablaufes wird überprüft, ob es aufgrund einer eingegebenen Axialkraft zur Axialverschiebung der Teile zueinander kommen kann.

3 Cosoft Computer Consulting

Programm PRESSPLA

```
M A B A U  Programmpaket für den Maschinenbau  (c)92 by cosoft computer gmbh

Drehmoment           (Nm):  800      Sicherheiten gegen:
Axialkraft            (N): 1000      Vollplast. Beanspr. Innent.  = 3.06
Länge Fügefläche     (mm):   40      Vollplast. Beanspr. Aussent. = 1.72
Sollsicherh. Rutschen:        2      Fliessen Aussenteil          =  .93
Reibw.Rutsch.Längsri.:      .12      Rutschen in Längsrichtung    = 82.01
Reibw.Rutsch.Umfg.ri.:       .1      Rutschen in Umfangsrichtung  = 2.14

Erf. Übermass =  80.5   mym          Erf. Fügetemperat. Aussenteil= 311    Grd
                                     Erf. Einpresskraft           = 102065 N

Automat. Passungsauswahl (J/N):  n

Passung Innenteil              :  u6
Passung Aussenteil             :  H7
Grösstübermass          (mym)  : 120
Kleinstübermass         (mym)  :  85

             Eingabehinweis über Funktionstaste F1
Zurück  Änderung  Ende  Drucker  Bildschirm  Speichern
```

Mit diesem Programm können Preßverbindungen im elastischen und elastisch-plastischen Bereich ausgelegt werden.

Die Berechnung erfolgt nach DIN 7190 (Entwurf Januar 1986).

Dabei stehen folgende Berechnungsmöglichkeiten zur Verfügung:

1.) Eingabe eines Fugendruckes und Berechnung des erforderlichen Übermaßes. Danach Eingabe der Ist-Übermaße und Ermittlung der Pressungen und Sicherheiten für diese Übermaße.

2.) Berechnungsgang wie 1.) , jedoch Eingabe von Drehmoment und/oder Axialkraft.

3.) Eingabe von Übermaßen und Berechnung der Pressungen und Sicherheiten.

Ermittelt werden die Sicherheiten gegen vollplastische Beanspruchung von Innenteil und Außenteil, sowie die Sicherheit gegen Fließen des Außenteils.

Bei Eingabe von Drehmoment und/oder Axialkraft werden zusätzlich die Sicherheiten gegen Lösen in Längs- und Umfangsrichtung berechnet.

Drehzahleinflüsse können, soweit nach DIN 7190 zulässig, mit berücksichtigt werden.

Während des Programmlaufes gibt das Programm Hinweise mit Änderungsmöglichkeit der Eingabedaten aus (z.B.: Nichteinhaltung von Sollsicherheiten gegen vollplastische Beanspruchung von Innenteil und Außenteil;vollplastische Beanspruchung; Abfrage auf Zulässigkeit elastisch-plastischer Beanspruchung; zu groß gewählte Rauhwerte; usw.).

MABAU für Windows

Programm PASSFEDER

```
M A B A U  Programmpaket für den Maschinenbau   (c)92 by cosoft computer gmbh

Text:  Auftragsnummer 2345678

Passfederkennung: DIN 6885 Bl.1 = 1      Passfederhöhe     (mm):  entf.
                  DIN 6885 Bl.2 = 2      Passfederbreite   (mm):  entf.
                  DIN 6885 Bl.3 = 3      Wellennuttiefe    (mm):  entf.
                  Nicht genormt = 4      Kantenbrechung    (mm):  entf.

                  Auswahl 1-4:  1

Wellendurchmesser        (mm):   110
Drehmoment               (Nm):   1200
Zul. Pressg. Welle  (N/mm 2):    200
Zul. Pressg. Nabe   (N/mm 2):    200
Trag.Passf.länge Welle (mm):     40     Sicherheit der Verbindung  =  2.63
Trag.Passf.länge Nabe  (mm):     40

               Eingabehinweis über Funktionstaste F1
    Änderung   Ende   Drucker   Bildschirm   Speichern
```

Dieses Programm beinhaltet die genaue Berechnung von Paßfederverbindungen unter Berücksichtigung der Kraftangriffspunkte an Welle und Nabe und der Kraftangriffsrichtungen sowie der Paßfederkantenbrechung (r1).

Bei der Berechnung von Verbindungen mit Paßfedern nach DIN 6885 Blatt 1-3 ordnet der Rechner dem eingegebenen Wellendurchmesser automatisch die Paßfederdaten (b, h, r1 und t1) zu.

Bei der Berechnung nicht genormter Paßfedern müssen diese Daten eingegeben werden.

Programm PASSMILI

```
M A B A U  Programmpaket für den Maschinenbau   (c)92 by cosoft computer gmbh

Text:  Paßfeder Abtriebswelle

Passfederkenng.  DIN 6885 Bl.1 = 1      Passfederhöhe     (mm):  entf.
                 DIN 6885 Bl.2 = 2      Passfederbreite   (mm):  entf.
                 DIN 6885 Bl.3 = 3      Wellennuttiefe    (mm):  entf.
                 Nicht genormt = 4      Nabennuttiefe     (mm):  entf.
                                        Paarung Stahl-Stahl (J/N): j
                 Auswahl 1-4:  1
                                        Elast.Modul Welle (N/mm 2): entf.
Wellendurchmesser        (mm):   45     Elast.Modul Nabe  (N/mm 2): entf.
Drehmoment               (Nm):   200    Querdehnzahl Welle      :   entf.
Zul.Flächenpressg. (N/mm 2):     300    Querdehnzahl Nabe       :   entf.
Nabenaussendurchmesser   (mm):   70
Trag.Passfederlänge      (mm):   30
Lastabnahme nach         (mm):   10     Sicherheit der Verbindung  =  3.32
Anzahl der Passfedern        :   1

               Eingabehinweis über Funktionstaste F1
    Änderung   Ende   Drucker   Bildschirm   Speichern
```

Gegenüber der Berechnung von Paßfedern, bei der die Belastung über die gesamte tragende Paßfederlänge als konstant angenommen wird, wird bei der Berechnung mit diesem Programm die Längslastverteilung mit berücksichtigt.

Die Berechnung erfolgt nach FVA - Forschungsheft Nr. 26 (1975). Sie ist auch bekannt als Berechnung nach 'Militzer'. Auf Grund spannungsoptischer Untersuchungen wurde hier ein Rechenmodell für Paßfedern aus Stahl entwickelt. Bei der Berechnung wird von einer quasistatischen reinen Drehmomentbelastung der Paßfeder ausgegangen.

Im Programm enthalten sind die Paßfederdaten entsprechend DIN 6885 Blatt 1-3. Es wird lediglich der Wellendurchmesser eingegeben. Auch Sonderpaßfedern können unter Eingabe der Paßfederdaten gerechnet werden.

3 Cosoft Computer Consulting

Programm WELLE   !! Dieses Programm benötigt mindestens 512 kB Arbeitsspeicher (RAM) !

```
M A B A U  Programmpaket für den Maschinenbau   (c)92 by cosoft computer gmbh

Text:   Fahrmotor

Berechnungskennung:
Lager, Biegemomente              = 1          Typ  Koordin.       Typ  Koordin.
Biegelinie, Biegemomente         = 2               (mm)                (mm)
Biegelinie, Biegemomente, Lager  = 3      1    4    75       11   entf.entf.
Auswahl 1-3:   3                          2    6    205      12   entf.entf.
Drehen alle Elem.gleich (J/N):   j        3    7    1020     13   entf.entf.
Drehzahl der Elemente (1/min):   1500     4   entf.entf.     14   entf.entf.
Drehrichtung der Elemente    :   2        5   entf.entf.     15   entf.entf.
E-Modul des Trägers  (N/mm 2):   206000   6   entf.entf.     16   entf.entf.
G-Modul des Trägers  (N/mm 2):   85000    7   entf.entf.     17   entf.entf.
Kennung Lageranordnung (1-9) :   2        8   entf.entf.     18   entf.entf.
Anzahl der Elemente          :   3        9   entf.entf.     19   entf.entf.
Zusatzkraft Fa zus       (N) :   0        10  entf.entf.     20   entf.entf.
Spezif. Gewicht    (kg/dm 3) :   7.85

    Schubmodul des Trägers für Ritzelkorrektur (oder 0)  (auch F1)

Vor   Änderung   Ende
```

Das Programm Welle hilft dem Konstrukteur, bei der Wellen- und Lagerberechnung innerhalb kürzester Zeit folgende Größen zu bestimmen:

- Auflagerkräfte und Lagerlebensdauer
- Biegemomenten- und Spannungsverlauf
- Querkraft- und Schubspannungsverlauf
- Biegelinienverlauf
- Verformung der Lastflanke von Stirnrädern

Wahlweise können auch nur die Lagerlebensdauer bei Wegfall der Geometrieeingabe der Welle oder nur der Biegelinienverlauf bei Wegfall der Eingaben zu den Lagern bestimmt werden. Für die Lagerlebensdauerberechnung brauchen lediglich eine Lageranordnungskennziffer und die Lagerkurzzeichen eingegeben werden (in einer Datei ist der SKF-Hauptkatalog gespeichert). Bei der Eingabe der Lagerdaten können auch in der Datei nicht vorhandene Lager gerechnet werden.

Zunächst jedoch wird die Geometrie der Welle durch Eingabe der Außen-, Innendurchmesser und Länge der Wellenabschnitte definiert. Auch Träger beliebiger Querschnitte können durch Eingabe der Flächenträgheitsmomente berücksichtigt werden. Auf diese Welle (Träger) können nun folgende Elemente beliebig angeordnet werden :

Biegemoment = 1		Zugkraft = 2			
Kegelrad = 3		Stirnrad = 4		Zwischenrad = 5	
Lager A = 6		Lager B = 7			

Für Kegel-, Stirn- und Zwischenräder kann zur Berücksichtigung der Lastverteilung die Breite eingegeben werden, bei Eingabe einer Breite für eine Zugkraft wir diese als Streckenlast berechnet. Die Kennziffern dieser Elemente werden nacheinander so eingegeben, wie sich der zu berechnende Fall darstellt. Damit können praktisch alle Auflagerfälle berechnet werden.

Nach Eingabe der Elementkennziffern werden die benötigten Daten der Lastelemente zur Berechnung der Kräfte, die Lage der Elemente im Raum zu einem gewählten Koordinatensystem, sowie der Abstand zum nächsten Element abgefragt.

Es können Wellen mit bis zu 20 Elementen gerechnet werden.

Im Ergebnisausdruck werden mögliche Unstetigkeitsstellen (z.B. im Spannungs- oder Kraftverlauf) automatisch erkannt und von beiden Seiten angenähert.

MABAU für Windows

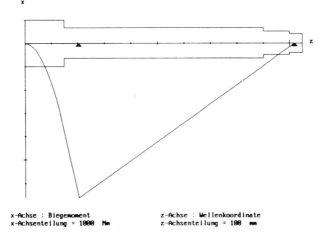

Biegemomente in der Ebene der x-Achse

x-Achse : Biegemoment
x-Achsenteilung = 1000 Nm

z-Achse : Wellenkoordinate
z-Achsenteilung = 100 mm

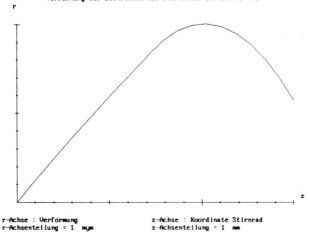

Verformung der Lastflanke des Stirnrades Element Nr. 2

r-Achse : Verformung
r-Achsenteilung = 1 µm

z-Achse : Koordinate Stirnrad
z-Achsenteilung = 1 mm

Welche Grafik soll dargestellt werden ?

Biegemomente in der Ebene der y-Achse
Biegemomente in der Ebene der x-Achse
Resultierende Biegemomente
Biegespannungen
Querkräfte in der Ebene der y-Achse
Querkräfte in der Ebene der x-Achse
Resultierende Querkräfte
Schubspannungen
Durchbiegungen in der Ebene der y-Achse
Durchbiegungen in der Ebene der x-Achse
Resultierende Durchbiegungen
Eingegebene Wellengeometrie
Verformung der Lastflanke d. Stirnräder
Rücksprung ins Menu

3 Cosoft Computer Consulting

Programm BIEGELINIE

```
M A B A U  Programmpaket für den Maschinenbau   (c)92 by cosoft computer gmbh
Text:  Berechnung Nr. 1298

Ber.Kenng.:   3      Anz.zu unters.Pkt.:  20      E-Modul (N/mm 2):   206000
Profilkennziffer:  20                             Kennz.Belastungsfall:  12
 b  (mm):  entf.       h2 (mm):  30           l   (mm):  500
 b1 (mm):  100         r  (mm):  entf.        a   (mm):  250
 b2 (mm):  80          r1 (mm):  entf.        b   (mm):  entf.
 a  (mm):  entf.       r2 (mm):  entf.        F   (N):   10000
 a1 (mm):  entf.       d  (mm):  entf.        M   (Nm):  entf.
 a2 (mm):  entf.       di (mm):  entf.        q   (N/mm): entf.
 h  (mm):  entf.       da (mm):  entf.        q1  (N/mm): entf.
 h1 (mm):  50          R  (mm):  entf.        q2  (N/mm): entf.
Widerstandsmoment (cm 3):   entf.      Flächenträgh.moment (cm 4):  entf.
              Eingabehinweis über Funktionstaste F1
   Änderung   Ende   Drucker   Bildschirm   Speichern   Grafik
```

Dieses Programm dient der Bestimmung von Biegelinien für Standard-Belastungsfälle mit Trägern konstanten Querschnittes.

Es können 23 verschiedene Standard-Belastungsfälle mit 25 verschiedenen Standard-Querschnitten gerechnet werden.

Nach Eingabe des Elastizitätsmoduls und der Kennziffern für Profilquerschnitt und Belastungsfall werden die erforderlichen Daten zu Geometrie und Lastfall abgefragt.

Wahlweise können nur axiales Flächenträgheitsmoment und Widerstandsmoment gegen Biegung ohne Biegelinienverlauf oder bei Vorgabe von Flächenmoment und Widerstandsmoment (zu berechnen mit dem Programm FLÄCHE) die Biegelinie beliebiger Profile bestimmt werden.

Soll die Biegelinie ermittelt werden, ist die Anzahl der zu untersuchenden Punkte frei wählbar.

Die Biegelinie wird als Tabelle ausgegeben und als Grafik dargestellt.

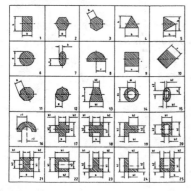

Profilquerschnitte

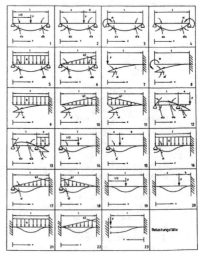

Belastungsfälle

MABAU für Windows

Programm GEMAWU

```
M A B A U  Programmpaket für den Maschinenbau  (c)92 by cosoft computer gmbh

Text:  Auftrag 312/86/001

Berechnungskennung                    Gewicht des Rotors       (kg):   entf.
                                      Ausgleichsradius r1      (mm):   120
Gewicht und Massenträgh.moment = 1    Ausgleichsradius r2      (mm):   150
Wuchtdaten nach VDI 2060       = 2    Ausgleichsradius r       (mm):   entf.
Beides                         = 3    Wuchtgüte nach VDI 2060   :     6.3
                                      Drehzahl des Rotors   (1/min):   2000
Auswahl 1-3:  3                       Spez. Gewicht       (kg/dm 3):   7.85
                                      Andern Rotorgeometrie    (J/N):  j
Wuchtart
                                      Segment Nr.:  8
Statisch (eine Ebene)      = 1
Dynamisch (zwei Ebenen)    = 2        Durchmesser d1           (mm):   -200
                                      Länge des Segments       (mm):   75
Auswahl 1-2:  2                       Durchmesser d2           (mm):   -50

         Beenden der Geometrieeingabe durch Vorgabe von -1

Änderung  Ende  Drucker  Bildschirm  Speichern.
```

Dieses Programm beinhaltet die einfache Berechnung von Gewichten und Massenträgheitsmomenten rotationssymmetrischer Körper.

Weiterhin können die für das Auswuchten erforderlichen Daten gemäß VDI-Richtlinie 2060 bestimmt werden.

Bei der Berechnung von Gewicht und Massenträgheitsmoment wird nach Eingabe des spezifischen Gewichtes die Kontur des Rotors eingegeben.

Beispiel :

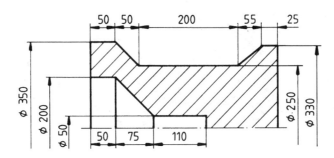

Die Geometrie wir durch Eingabe der Durchmesser und Längen entlang der Schnittbildkontur erfaßt.

Für die Berechnung der Wuchtdaten sind zusätzlich Ausgleichsradius, Drehzahl und Wuchtgüte nach VDI 2060 einzugeben.

Es können die Wuchtdaten für dynamisches und statisches Wuchten bestimmt werden.

3 Cosoft Computer Consulting

Programm FLÄCHE

```
M A B A U  Programmpaket für den Maschinenbau   (c)92 by cosoft computer gmbh
Text:  Profil 345/21
Anzahl der Teilflächen :  3      Ändern der Teilfläche (J/N):  j
Typ der Teilfläche Nr.   3      ┌─────────────────────────────────────────┐
                                │ Teilfläche        Nr.   3   (Bohrung)   │
   Fläche      = 1              │ Koordinatenpunkt  Nr.   1               │
   Aussparung  = 2              │ Anzahl Koordinaten :    1               │
   Bohrung     = 3              │ X-Koordinate  (mm):    39               │
   Kreisfläche = 4              │ Y-Koordinate  (mm):    34               │
                                │ Durchmesser   (mm):    16               │
   Auswahl 1-4:  3              │                                         │
                                │  Vor   Zurück  Ändern  Menu  Einfügen  Löschen │
                                └─────────────────────────────────────────┘


                Eingabehinweis über Funktionstaste F1
   Grafik  Änderung  Ende  Drucker  Bildschirm  Speichern
```

Von einer beliebigen Fläche (z.B. Trägerquerschnitt) werden für die Koordinatenachsen, die Schwerpunktachsen und die Hauptachsen der Fläche folgende Werte bestimmt:

1.) Flächenmomente,
2.) Widerstandsmomente,
3.) minimale und maximale Randabstände,

ferner die Lage der Hauptachsen, Schwerpunktkoordinaten, Flächeninhalt und biaxiales Flächenmoment.

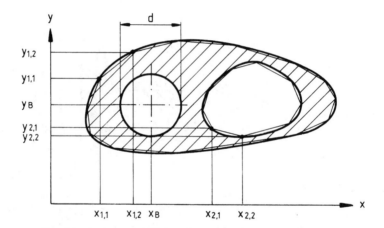

Die Beschreibung der Teilflächen erfolgt durch Eingabe von Koordinatenpaaren (x1,y1; ... xn,yn), die die Fläche umschreiben, bzw. Mittelpunkt und Durchmesser für Kreisflächen und Bohrungen.

Diese Eingabewerte können sich auf ein beliebiges Koordinatensystem beziehen. Die einzelnen Teilflächen oder Koordinatenpunkte können beliebig geändert, entfernt oder eingefügt werden.

Die eingegebene Fläche kann grafisch auf dem Bildschirm dargestellt werden. Damit besteht die direkte Kontrollmöglichkeit auf Eingabefehler.

Die Ausgabe der Berechnungsergebnisse erfolgt wahlweise auf Bildschirm oder Drucker.

MABAU für Windows

Programme DFEDER1 und DFEDER2

```
 M A B A U   Programmpaket für den Maschinenbau   (c)92 by cosoft computer gmbh

 Drahtdm.eingeben (J/N):    n       Federkraft F1              =   2081.4  N
                                    Federkraft F2              =   3000    N
 Drahtdurchmesser   (mm):   entf.   Länge L1                   =    180    mm
 Max.Drahtdurchm.   (mm):   10      Länge L2                   =    150    mm
                                    Länge L0                   =    247.97 mm
 Max.Federkraft F2  (N):    3000    Länge Lc (Blocklänge)      =    132.46 mm
 Min.Federkraft F1  (N):    2081.41 Länge Ln (Nutzbare Länge)  =    150    mm
 Hub der Feder     (mm):    30      Drahtdurchmesser           =      8.5  mm
 Mittl.Wndg.durchm.(mm):    50      Anzahl wirksam.Windungen   =     13.584
 Länge L2          (mm):    150     Schubspannung bei F1       =    431.52 N/mm 2
 Nachkomma-Anteil von n:    0       Schubspannung bei F2       =    621.97 N/mm 2
                                    Schubspannung bei Fc       =    733.31 N/mm 2
                                    Schubsp.b. F1 m.Drahtkrü.  =    536.63 N/mm 2
                                    Schubsp.b. F2 m.Drahtkrü.  =    773.46 N/mm 2
                                    Hubspannung                =    236.83 N/mm 2
                                    Zul. Schubspannung         =    816.41 N/mm 2
                        Berechnung läuft
           Feder ist nicht knicksicher; sk = 29.96 mm <Taste F2>
 Zurück  Änderung  Ende  Drucker  Bildschirm  Speichern  Grafik
```

Das Programm DFEDER1 dient der Berechnung von zylindrischen kaltgeformten Druckfedern aus rundem Federstahldraht.

Die Berechnung erfolgt nach DIN 2089 (Dez. 1984).

Es können Federn aus Draht der Klassen A, B, C und D nach DIN 17223 Teil 1 (Dez.1984), aus vergütetem Federdraht und vergütetem Ventilfederdraht nach DIN 17223 Blatt 2 (1982), sowie aus nichtrostendem Federdraht nach DIN 17224 (1982) gerechnet werden.

Dabei sind die den Drahtdurchmessern zugeordneten zulässigen Schubspannungen mit programmiert. Dies eröffnet die Möglichkeit, bei vorgegebenen Federkräften den minimal erforderlichen Drahtdurchmesser automatisch zu bestimmen. Es kann aber auch ein Drahtdurchmesser vorgegeben werden.

Ein weiterer Vorzug dieses Programmes ist die wählbare, automatische Reduzierung der Federkräfte:

Wird ein Drahtdurchmesser vorgegeben und ist die Federkraft F1 und/oder F2 zu groß gewählt, kann sie vom Programm auf einen maximal zulässigen Wert reduziert werden. Ansonsten wird mit den eingegebenen Federkräften gerechnet.

Es können so beispielsweise möglichst flache bzw. möglichst steile Federkennlinien oder minimal erforderlicher Windungsdurchmesser und minimal erforderliche Einbaulänge L2 einfach bestimmt werden.

Neben diesen Drähten nach DIN können zusätzlich Federn aus beliebigen Federdrähten unter Eingabe von Schubmodul, zulässiger Schubspannung und Drahtdurchmesser berechnet werden.

Die Berechnung erfolgt wahlweise für dynamisch oder statisch beanspruchte Federn.

Mit überprüft werden Knicksicherheit und Verhakungsfreudigkeit.

Das Programm DFEDER2 dient der Berechnung von zylindrischen warmgeformten Druckfedern aus rundem Federstahldraht.

Die Berechnung erfolgt nach DIN 2089 (12.84).

Es können Federn aus Edelstahldraht nach DIN 17221 (12.72) gerechnet werden.

3 Cosoft Computer Consulting

Programme ZFEDER1 und ZFEDER2

```
M A B A U  Programmpaket für den Maschinenbau    (c)92 by cosoft computer gmbh

Max.Federkraft F2   (N):   1000      Federkraft F1              =  699.99 N
Min.Federkraft F1   (N):    700      Federkraft F2              = 1000    N
Hub der Feder      (mm):     30      Innere Vorspannkraft       =  124.46 N
Mittl.Wndg.durchm. (mm):     35      Länge L1                   =  220    mm
Länge L2           (mm):    250      Länge L2                   =  250    mm
                                     Länge L0                   =  162.44 mm
                                     Länge des Federkörpers LK= 102.44 mm
Drahtdurchmesser d=   5.3   mm       Federrate                  =   10    N/mm
Federinnendm.    Di= 29.7   mm       Zulässige Schubspannung    =  731.74 N/mm 2
                                     Schubspannung bei F1       =  419.06 N/mm 2
                                     Schubspannung bei F2       =  598.66 N/mm 2
Abstand LH links  (mm):      30      Schubsp.b. F1 m.Drahtkrü.  =  508.24 N/mm 2
Abstand LH rechts (mm):      30      Schubsp.b. F2 m.Drahtkrü.  =  726.06 N/mm 2
Zulässige innere                     Zul. innere Schubspannung= 160      N/mm 2
Schubspannung (N/mm 2):     160      Vorhandene inn. Schubsp.   =   74.511 N/mm 2
                                     Anzahl federnde Windungen=  18.33

  Zurück   Änderung   Ende   Drucker   Bildschirm   Speichern   Grafik
```

Ziel des Programmes ZFEDER1 ist die Auslegung zylindrischer kaltgeformter Zugfedern nach DIN 2089 Bl.2 (Feb.1963) mit Güteanforderungen nach DIN 2097 (Mai 1973).

Vom Programm wird eine Materialoptimierung dadurch vorgenommen, daß der minimal erforderliche Drahtdurchmesser automatisch bestimmt wird. Dies ist möglich, da für verschiedene Drahtsorten mögliche Drahtdurchmesser und zugeordnete zulässige Schubspannungen im Programm vorhanden sind.

Es kann auch ein Drahtdurchmesser vorgegeben werden.

Federn aus nicht im Programm enthaltenen Federdrähten werden unter Eingabe der Werkstoffdaten berechnet. Diese können natürlich auch aus der MABAU - Werkstoffdatei eingelesen werden.

Können vorgegebene Federkräfte bei gegebenen Einbaubedingungen nicht realisiert werden, werden sie vom Programm auf zulässige Werte reduziert.

Dadurch lassen sich maximal mögliche Federkräfte F1 und F2 sowie flachste und steilste Federkennlinien direkt ermitteln.

Mit wenigen Schritten können minimal erforderlicher Windungsdurchmesser und minimale Einbaulängen L2 bestimmt werden.

Die Auslegung ist für kaltgeformte Zugfedern mit und ohne innere Vorspannkraft (F0) möglich.

Warmgeformte Zugfedern können mit Hilfe des Programmes ZFEDER2 schnell und optimal ausgelegt werden. Die Berechnung erfolgt nach DIN 2089 Blatt 2 (Feb.1963).

Programm SFEDER

```
M A B A U  Programmpaket für den Maschinenbau  (c)92 by cosoft computer gmbh
Max.Federmom. M2 (N mm):   1000      Federmoment M1        =   800      N mm
Min.Federmom. M1 (N mm):    800      Federmoment M2        =  1000      N mm
Hubwinkel         (Grd):     30      Federmomentrate       =     6.667  N mm/Grd
Länge Federkörper (mm):    entf.     Spannung bei M1       =  1055.59   N/mm 2
Mittl.Windg.durchm.(mm):    20       Spannung bei M2       =  1319.49   N/mm 2
                                     Zul. Spannung         =  1369.04   N/mm 2
                                     Drehwinkel bei M1     =   120      Grd
Drahtdurchmesser =  2.1   mm         Drehwinkel bei M2     =   150      Grd
                                     Länge ungesp.Federkö. =    20.213  mm
                                     Drahtdurchmesser      =     2.1    mm
Windungsabstand   (mm):    .2        Mittl.Windung.durchm. =    20      mm
                                     Windungsabstand       =      .2    mm
                                     Anzahl federnde Wndg. =     7.875
                                     Min.inn.Wndg.durchm.  =    16.919  mm
                                     Max.äuss.Wndg.durchm. =    23.188  mm
                                     Wickelverhältn. (D/d) =     9.524

               Eingabehinweis über Funktionstaste F1
   Zurück  Änderung  Ende  Drucker  Bildschirm  Speichern  Grafik
```

Das Programm dient der Berechnung von Schenkelfedern nach DIN 2088.

Bei der Berechnung wird die Biegung nicht eingespannter Schenkel mit berücksichtigt.

Vorgegeben werden unter anderem die Federmomente M1 und M2, der Hubwinkel h und der mittlere Windungsdurchmesser Dm.

Das Programm bestimmt zunächst den für das Moment M2 erforderlichen minimalen Drahtdurchmesser (Materialoptimierung).

Dies ist möglich, da für die verschiedenen Drahtsorten die Drahtdurchmesser und zugehörigen zulässigen Spannungen im Programm enthalten sind.

Auch die Auslegung bei vorgegebenem Drahtdurchmesser und / oder anderen Drahtsorten ist möglich.

Aufgrund der Eingabedaten wird die erforderliche Länge des Federkörpers l_{K0} berechnet.

Ist nur ein Federmoment gegeben, wird M1 = 0 eingegeben.

Eine weitere Berechnungsmöglichkeit ist die Bestimmung des zu einem Moment zugehörigen Drehwinkels bei Vorgabe der Länge des Federkörpers l_{K0}.

Die Federkennlinie wird tabellarisch und als Grafik ausgegeben.

3 Cosoft Computer Consulting

Programm TFEDER

```
M A B A U  Programmpaket für den Maschinenbau  (c)92 by cosoft computer gmbh
Text:  Berechnungsbeispiel 2
                                    Typ = T-Feder DIN 2093-C 40 GR.2
       Berechnungskennung      : 1  -----------------------------------------
                                    Anz. Federn je Paket =  2
Oberer Grenzwert   s/h0   :  .75    Anzahl Federpakete   =  3
Unterer Grenzwert  s/h0   :  .15    Durchm. Da=  40       Di=  20.4       mm
Max.Anz.Federn je Paket   :  3      Dicken  t =   1       t'=   1         mm
Max.Anz.Pakete der Säule  :  4      Kräfte  F1= 1350      F2= 2000        N
Max.Federaussendm   (mm)  : 50      Wege    s1=  1.25     s2=  2.75       mm
Min.Federinnendm.   (mm)  : 10      Längen  L1=  8.65     L2=  7.15       mm
Max.Einbaulänge L2  (mm)  : 10              L0=  9.9                      mm
Erf.Federkraft F2   (N)   : 2000    Unterspannung bei 2 =  14           N/mm 2
Erf.Federkraft F1   (N)   : 1400    Hubspannung   bei 2 = 246           N/mm 2
Zul.Abweichg. von F1 (N)  :  200    Unterspannung bei 3 = 529           N/mm 2
Federhub            (mm)  :  1.5    Hubspannung   bei 3 = 488           N/mm 2
Kenng.Zahligkeit d. Pak.  :  3      Vor Zurück Drucker Bildsch. Grafik Menu
-----------------------------------------------------------------------------
         Geradzahlig=1  Ungeradzahlig=2  Beides=3 (auch Taste F1)
Ergebnisse  Änderung  Ende  Speichern
```

Mit diesem Programm können sowohl Sondertellerfedern berechnet als auch DIN - Tellerfedern ausgelegt werden.

Bei der Berechnung von Sondertellerfedern wird die Geometrie der Tellerfeder eingegeben.
Berechnet wird die Federkennlinie mit Ausgabe der vorhandenen Spannungen an den Stellen I, II, III und IV. Es besteht die Möglichkeit, zu einem Weg die zugehörige Kraft oder zu einer Kraft den zugehörigen Weg zu berechnen.

Bei der Auslegung von Tellerfedern nach DIN 2093 werden der maximale Einbauraum und die erforderlichen Kräfte vorgegeben. Im Rechner sind die Daten aller Federn nach DIN 2093, Gruppe 1, 2 und 3 und der Reihen A, B und C enthalten.

Der Rechner überprüft alle Federn entsprechend den Einbaubedingungen und erforderlichen Kräften und stellt einen Katalog möglicher Kombinationen von Federsäulen aus wechselsinnig geschichteten Federpaketen bei Minimierung des Materialaufwandes zusammen. Als Minimallösung kann der Katalog natürlich auch eine Einzeltellerfeder enthalten.

Aus diesem Katalog kann durch Blättern der Bildschirmseiten die günstigste Kombination gefunden werden.

MABAU für Windows

Programme SRIEMEN1 und SRIEMEN2

```
M A B A U  Programmpaket für den Maschinenbau  (c)92 by cosoft computer gmbh

Text:   Auftragsnummer 154/86
                                        Achsabstandsbestimmung
Berechnungskennung              : 2     ------------------------------------
                                        Achsabstand              =  225.24  mm
Maximale Kranzbreite      (mm): 52      Riemenwirklänge          = 1000     mm
Maximale Riemenanzahl         : 10      Richtdm. kl. Scheibe     =  118     mm
Maximaler Achsabstand     (mm): 390     Richtdm. gr. Scheibe     =  224     mm
Max.Richtdm.kl.Scheibe    (mm): 150     Kranzbreite              =   52     mm
Max.Richtdm.gr.Scheibe    (mm): 300     Riemenanzahl             =    4
Sollübersetzung      (nan/nab): 2       Leistung bei Betr.fkt.   =   10     kW
Zul. Übersetz.abweich. (%)    : 10      Betriebsfaktor (genau)   =    1.42
Zu übertrag. Leistung   (kW)  : 10      Nennleistung je Riemen   =    4.02  kW
Antriebsdrehzahl      (1/min) : 1500    Übersetzungsverhältnis   =    1.898
Stufung der Riemenlänge       : 1       Riemenprofil             =  SPZ FO
Erforderl. Betriebsfaktor     : 1.3     Achsabstand best. Vor Zurück Menu
                                        Drucker Bildschirm Katalog

                        Eingabehinweis über Funktionstaste F1

Ergebnisse  Änderung  Ende  Speichern
```

Mit dem Programm SRIEMEN1 können Schmalkeilriementriebe mit Riemen der Profile SPZ, SPA, SPB, SPC und 19, sowie flankenoffene, formgezahnte Hochleistungsschmalkeilriemen der Profile SPZ FO, SPA FO, SPB FO und SPC FO hinsichtlich der Geometrie und Leistungsfähigkeit ausgelegt werden. Andere Bezeichnungen für Hochleistungsriemen sind z.B. auch SPZ X, SPA X, SPB X und SPC X.

Die Berechnungsgrundlagen für die Geometrie in SRIEMEN1 sind DIN 2211 T.1 (1984) und DIN 7753 T.1 (1977).

Die Berechnungsgrundlage für die Leistungsfähigkeit sind die in den Katalogen der Riemenhersteller und Vertreiber ausgewiesenen Leistungsdaten, die bei allen namhaften Herstellern nahezu identisch sind. Zwar sind in DIN 7753 T.2 (1976) Leistungsdaten für Schmalkeilriemen aufgeführt, jedoch ist es nicht sinnvoll, sich bei der Berechnung an diese Werte anzulehnen. Weiterentwicklungen auf dem Riemensektor haben in den letzten Jahren zu erheblichen Steigerungen in der Übertragungsfähigkeit geführt.

Mit dem vorliegenden Programmen können Schmalkeilriementriebe in kürzester Zeit ausgelegt werden. Es wird vom Rechner ein Katalog erstellt, der nur die für den zu berechnenden Antriebsfall möglichen Scheibenkombinationen enthält.

Jede Bildschirmseite enthält alle wichtigen Daten einer Scheibenkombination, so daß durch Blättern der Bildschirmseiten die z.B. hinsichtlich Durchmesser und Kranzbreite günstigste Scheibenkombination gefunden werden kann. Diese Katalogerstellung erfolgt unter Berücksichtigung eingegebener Grenzwerte
(z.B.: zul. Übersetzungsabweichung, max. Scheibendurchmesser, max. Riemenanzahl, max. Kranzbreite usw.).

Nach der Entscheidung für eine Scheibenkombination können die dafür möglichen Riemenlängen und zugehörigen Achsabstände ausgewählt werden (Riemenlängen wahlweise gestuft nach R20 oder R40). Der endgültige Ausdruck (s.Programmbeispiel) enthält alle für die Konstruktion von z.B. Sonderscheiben erforderlichen Geometriedaten.

Da Riemenlängen und Scheibendurchmesser entsprechend den DIN-Normen nach Normzahlreihen gestuft sind, hat der Anwender des Programmes die Gewißheit, daß die ausgelegten Scheibendurchmesser und Riemenlängen auch dem Vorratsprogramm der Hersteller entsprechen.

Die Auslegung von Riementrieben mit von DIN abweichenden Scheibendurchmessern und Riemenlängen ist ebenfalls möglich.

Schmalkeilriemen vom Typ SPZ, SPA, SPB, SPC und 19 (DIN 7753) sind speziell für den Maschinenbau entwickelt worden und werden hier fast ausschließlich eingesetzt. Sie besitzen gegenüber den Schmalkeilriemen nach DIN 2215 eine wesentlich höhere Übertragungsfähigkeit.

Mit dem Programm SRIEMEN2 können Keilriementriebe mit Riemen der Profile 5, 6/Y, 8, 10/Z, 13/A, 17/B, 20, 22/C, 25, 32/D und 40/E hinsichtlich Geometrie und Leistungsfähigkeit ausgelegt werden. Riemen der Profile 5 und 6/Y werden als flankenoffene, formgezahnte Riemen gerechnet. Der Buchstabe hinter dem Schrägstrich der Profilbezeichnung stellt die Riemenbezeichnung nach ISO dar.

Die Berechnungsgrundlagen für die Geometrie sind in SRIEMEN2 DIN 2217 Bl.1 (2.73) und DIN 2215 (3.75).

3 Cosoft Computer Consulting

Programm ROKE

```
M A B A U  Programmpaket für den Maschinenbau  (c)92 by cosoft computer gmbh
                                       Kette = Kette 28 B  2-fach
    Sollübersetzung         :    2     ----------------------------------
    Zu übertrag. Leistung (kW):   50   Gliederanzahl            = 103
    Maximale Kettenbreite (mm):  150   Achsabstand              = 1750.07 mm
    Max.Durchm.kleines Rad (mm): 250   Zähnezahl kleines Rad    = 14
    Min.Durchm.kleines Rad (mm): 170   Zähnezahl grosses Rad    = 28
    Maximaler Achsabstand (mm): 2100   Kopfkreisdm. kl. Rad     = 227.379 mm
                                       Kopfkreisdm. gr. Rad     = 424.623 mm
    Istzähnezahl grosses Rad :   34    Kettenbreite             = 124    mm
    Sollachsabstand       (mm):  1750  Zu übertrag. Leistung    = 50     kW
    Istgliederanzahl      :      103   Kettengeschwindigkeit    = 3.11   m/s
                                       Vorh. Betriebsfaktor     = 1.245
                                       Erf. Betriebsfaktor      = 1.5
                                       Erf.Schmrg.= Ölbad o.Schleuderschb.
                                       Vor Zurück Menu Achsabstand best.
                                       Drucker Bildschirm Katalog

         Maximaler Kopfkreisdurchmesser Kettenritzel (auch Taste F1)
    Ergebnisse  Zurück  Änderung  Ende  Speichern
```

Es können Rollenketten europäischer Bauart nach DIN 8187 (1984) und Rollenketten amerikanischer Bauart nach DIN 8188 (1984) ausgelegt werden.

Die Berechnung erfolgt nach DIN 8195 (1977), Niemann Bd.3 und Angaben von Kettenherstellern.

Da in DIN 8195 neben dem Betriebsfaktor nur noch der Einfluß der Zähnezahl des kleinen Rades berücksichtigt wird, und andere Einflußgrößen wie Übersetzung, Lebensdauer, Achsabstand und Schmierung nicht berücksichtigt werden, wurde bei der Berechnung auf Niemann und Angaben der Kettenhersteller zurückgegriffen.

Das Programm erlaubt die Nachrechnung eines gegebenen Triebes, sowie die Neuauslegung eines Kettentriebes.

Bei der Nachrechnung eines gegebenen Triebes werden die Geometrie und der Kettentyp vorgegeben und die übertragbare Leistung ermittelt.

Bei der Neuauslegung eines Antriebes werden die Einbaubedingungen und die zu übertragende Leistung vorgegeben und bei verschiedenen Zähnezahlen die erforderlichen Kettentypen ermittelt.

Diese werden in einem Katalog zusammengestellt, wobei durch Vor- und Zurückblättern der Bildschirmseiten die jeweils günstigste Kombination gefunden werden kann.

Die Katalogerstellung erfolgt auf Grund eingegebener geometrischer Rahmenbedingungen wie maximale und minimale Kettenraddurchmesser, maximaler Achsabstand und maximale Kettenbreite, sowie auf Grund allgemeiner Gestaltungsrichtlinien von Kettentrieben.

Es werden bei der jeweiligen Ritzelzähnezahl 1-, 2- und 3-fach Rollenketten berücksichtigt.

Beide Berechnungsmöglichkeiten beinhalten die Berechnung des Achsabstandes nach Eingabe eines Sollachsabstandes, Ausgabe der dabei theoretischen Gesamtgliederzahl und Eingabe der Ist-Gliederzahl.

Vor der Ausgabe der Ergebnisse wird der eingegebene oder gewählte Antrieb auf allgemeine Gestaltungsregeln für Kettentriebe untersucht und der Rechner gibt gegebenenfalls entsprechende Hinweise, wenn empfohlene Grenzwerte über- bzw. unterschritten werden.

MABAU für Windows

Programm UMSCHL

```
M A B A U  Programmpaket für den Maschinenbau  (c)92 by cosoft computer gmbh

Text:  Auslegung 27/85


Wirkdurchm. Antrieb  (mm):   50
Wirkdurchm. Abtrieb  (mm):  150         Wirkdurchm. Antrieb    =  50       mm
Achsabstand          (mm):  200         Wirkdurchm. Abtrieb    = 150       mm
Zugmittellänge       (mm):  entf.       Achsabstand            = 200       mm
Übersetzung      (dw2/dw1):  entf.      Zugmittellänge         = 726.73    mm
                                        Übersetzung            = 3
                                        Umschling.bogen Antr.  = 65.45
                                        Umschling.bogen Abtr.  = 274.89    mm
                                        Umschling.winkel Antr. = 150       Grd
                                        Umschling.winkel Abtr. = 210       Grd




              Unbekannte Werte sind mit 0 vorzugeben
   Änderung  Ende  Drucker  Bildschirm  Speichern
```

Die genaue Berechnung von Umschlingungsgetrieben ist oftmals sehr mühsam, da sich viele Daten nur iterativ ermitteln lassen.

Dieses Programm soll hierbei eine kleine Hilfe sein. In allen Riemenprogrammen ist es als Modul für die Geometriebestimmung enthalten.
Eingegeben werden Achsabstand a, Zugmittellänge lw, die Laufkreisdurchmesser dw1, dw2 und die Übersetzung u.

Die jeweils zu berechnenden Größen werden einfach mit 0 vorgegeben. Bedingung ist nur, daß die Geometrie mit den bekannten Größen bestimmbar ist.

Zusätzlich werden Umschlingungswinkel und -bogen berechnet.

Programm HÄRTE

```
M A B A U  Programmpaket für den Maschinenbau  (c)92 by cosoft computer gmbh

Text:  Vorgabe des Härtewertes in HB 1/30

Vickershärte     HV    = 1
Brinellhärte     HB    = 2         Zugfestigkeit          =  785    N/mm 2
Rockwellhärten   HRB   = 3         Vickershärte     HV    =  245
                 HRF   = 4         Brinellhärte     HB    =  233
                 HRC   = 5         Rockwellhärten   HRB   =  98.8
                 HRA   = 6                          HRF   =  114.7
                 HRD   = 7                          HRC   =  21.3
                 HR 15N = 8                         HRA   =  61.2
                 HR 30N = 9                         HRD   =  41.1
                 HR 45N = 10                        HR 15N = 70.1
Auswahl 1-10:  2                                    HR 30N = 42.5
                                                    HR 45N = 21.5
Bekannter Härtewert:  233
              Eingabehinweis über Funktionstaste F1
   Änderung  Ende  Drucker  Bildschirm  Speichern
```

Das Programm beinhaltet die Umwertung von Vickershärte, Brinellhärte und Rockwellhärte. Es wird ein bekannter, nach einem der unten aufgeführten Verfahren ermittelter Härtewert eingegeben und, soweit möglich, vom Rechner auf die anderen Härteprüfverfahren umgewertet.

Die Umwertung erfolgt nach DIN 50150 (12.76). Hierbei ist die Umwertung von und in folgende Verfahren möglich:

Härteprüfung nach Vickers (Prüfkraft 98 N) (DIN 50133)
Härteprüfung nach Brinell (HB 1/30) (DIN 50351)
Härteprüfung nach Rockwell,Verfahren C,A,B,F, (DIN 50103 T.1)
Härteprüfung nach Rockwell,Verfahren N (DIN 50103 T.2)
Härteprüfung nach Rockwell,Verfahren D (ASTM E 18-74)

Für das Programm gelten ebenfalls die bezüglich der Umwertung in DIN 50150 gemachten Einschränkungen.

Für das nachstehende Programmbeispiel wurde die Härte von HB1/30= 233 in die anderen Härteprüfverfahren umgerechnet.

3 Cosoft Computer Consulting

Programm KURVENANPASSUNG

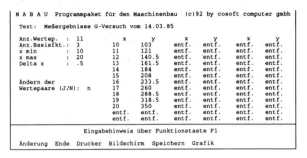

Mit diesem Programm können Tabellen, Meßwerte oder Kurven in Näherungsgleichungen umgesetzt werden.

Die Gleichung ist dann vom Typ

$$y = a + bx + cx^2 + dx^3 + \ldots$$

Vorgegeben wird die Anzahl der Wertepaare und die Anzahl der Basisfunktionen.

Beispiel:

Anzahl der Basisfunktionen	Gleichung
2	$y = a + bx$
3	$y = a + bx + cx^2$
4	$y = a + bx + cx^2 + dx^3$
usw.	usw.

Dabei beträgt die maximale Anzahl der Wertpaare 80 und die maximale Anzahl der Basisfunktionen 15.

Nach Eingabe der Wertpaare (x, f (x)) werden die Koeffizienten a, b, c, d ..... vom Rechner bestimmt.

Mit der sich ergebenden Gleichung werden die Funktionswerte zu verschiedenen x-Werten bestimmt. Dazu müssen der untere und der obere x-Wert sowie die Schrittweite vorgegeben werden.

Entsprechen die sich dabei ergebenden x-Werte den vorgegebenen, wird die prozentuale Abweichung zum eingegebenen Funktionswert f (x) ausgegeben.

MABAU für Windows

Die MABAU - Passungsauswahl

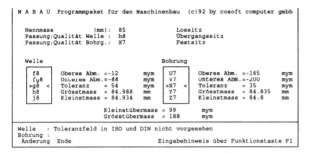

Das Programm dient zur Bestimmung der Ab- und Übermaße für Passungen mit 1-500 mm Nennmaß in den Toleranzreihen (Qualitäten) 1-15. Dazu kann entweder die Passung direkt oder nur die Qualität eingegeben werden.
Es können alle Toleranzlagen nach ISO bzw. DIN eingegeben werden. Die Abmaße werden, wenn möglich, auch für nicht in ISO oder DIN aufgeführte Passungen berechnet. Das Programm gibt in diesen Fällen einen Hinweis.
Die Auswahl der Passungen kann einfach über die Cursor-Tasten vorgenommen werden, wobei die sich jeweils ergebenden Ab- und Übermaße sowie ggf. Hinweise simultan angezeigt werden.
Die Berechnung erfolgt nach DIN 7151, DIN 7152, DIN 7160, DIN 7161, sowie ISO-Empfehlung ISO R286.
Das Passungsauswahlmodul läßt sich sowohl aus dem Start-Menue, alsauch aus einigen Berechnungsmodulen wie den Pressverbindungsprogrammen direkt aufrufen.

Programm WERKSTOFF

```
M A B A U  Programmpaket für den Maschinenbau   (c)92 by cosoft computer gmbh

Auflisten Werkstoffgruppe = 1        Cursor Up       A endern Eingabedaten
Suchen in Werkstoffgruppe = 2        Cursor Down     E nde des Programmes
Suchen in Gesamtdatei     = 3        Pg Up           D ruckerausgabe
                                     Pg Dn           B ildschirmausgabe
Auswahl 1-3:  2                      Home            End

Suchkriterium:                       C 22                      1.0402
22                                   22 S 20                   1.0724
                                     Ck 22                     1.1151
Werkstoffgruppe (1-15):  5           Ck 60                     1.1221
                                    >37 Mn Si 5                1.5122 <
                                     42 Mn V 7                 1.5223
                                     34 Cr Mo 4                1.7220
                                     42 Cr Mo 4                1.7225
                                     50 Cr Mo 4                1.7228

        Werkstofftype: Vergütungsstahl; Automatenvergütungsstahl
```

Das Programm WERKSTOFF beinhaltet eine Werkstoffdatei mit den Werkstoffdaten von 610 verschiedenen für den Maschinenbau gebräuchlichsten Eisen- und Nichteisenwerkstoffen. Als Werkstoffdaten sind Werkstoffbezeichnung, Werkstoffnummer und die Festigkeitswerte gespeichert. Die Werkstoffe sind in 15 Werkstoffgruppen unterteilt.

Es besteht die Möglichkeit eine Werkstoffgruppe komplett ausgeben zu lassen, oder Werkstoffe anhand eines Suchkriteriums aus der Gesamtdatei oder einer Werkstoffgruppe zusammenzustellen. Diese Suchkriterium kann das Werkstoffkurzzeichen bzw. ein Bestandteil des Kurzzeichen oder auch die Werkstoffnummer sein. Die gefundenen Werkstoffe werden auf dem Bildschirm mit Kurzzeichen, Werkstoffgruppe und Werkstoffnummer ausgegeben. Mit einfacher Cursorsteuerung kann hieraus ein Werkstoff ausgewählt und mit dessen Festigkeitswerten angezeigt werden.

4 SERVOS

I Einführung

1 Programm-Aufgabe

Das Programm „SERVOS" erfaßt, speichert und verarbeitet die typspezifischen Daten von maximal 1000 Servo-Motoren (720 kB-Disk)

- Firma / Serie
- Typ
- Nenn-Drehmoment
- Nenn-Leistung
- Trägheits-Moment
- Nenn-Drehzahl
- thermischer Widerstand
- Reibungs-Moment
- (Dämpfungs-Konstante)
- Drehmoment-/Spannungs-Konstante
- Anker-Widerstand

Es errechnet aus eingegebenen Lastdaten die erforderlichen Antriebswerte für die Antriebsarten

- rotierende Masse
- Band
- Spindel
- Zahnstange

und führt selbständig mit allen vorhandenen Motoren eine

* Lasttemperatur- und Rotor-Trägheits-Eignungs-Selektion *

mit nachfolgender Anzeige aller geeigneten Motoren durch.

Nach Auswahl eines Motors aus dem angezeigten Umfang durch den Nutzer werden die Lastrechnungen für den Motor durchgeführt und die Ergebnisse angezeigt:

Effektiv	-Strom	Gegen-EMK
Impuls (Einschalt)	-Strom	Speise-Spannung
Beschleunigungs	-Strom	Elektr. Laufleistung
Lauf	-Strom	Mechan. Laufleistung
Brems	-Strom	Motor-Temperatur

Zusätzlich zu dieser Ergebnis-Anzeige kann pro selektiertem/angezeigtem Motor ein Protokoll/Angebotsausdruck mit den folgenden Informationen auf Tastendruck erstellt werden:

- vorgegebener Lastfall
- errechnete Lastdaten
- Motor-Typ- und -Leistungsdaten
- umfassende Motordaten unter Last

2 Nutzer-Führung

Mit Text- und Fußzeilen-Informationen wird der Nutzer auf die

- aktuellen Entscheidungsmöglichkeiten
- anstehenden Fragen
- Fehler

hingewiesen.

Die Programm-Steuerung erfolgt über

- Ziffern-Tasten   (in den Menüs)
- Buchstaben-Tasten (für Funktionen
- J/j für Ja   (bei Fragen)
- N/n für Nein

Standard-Tasten für Funktionen:

C = Copy
D = Drucken
L = Lastfalländerung / Löschen
M = Menü
R = Rechnen
S = Suchen

4 SERVOS

Z = Zeigen / Zurück
Ä = Ändern
▼▼▼ = Weiter (mit irgendeiner Taste)

Aktiv sind nur die jeweils mit vollem Begriff angezeigten Tasten. Auf Fehler wird akustisch und ggf. mit einem Fehlertext in einem speziellen Fenster hingewiesen.

Bei jedem Programmstart meldet sich ein Tutor (kontextsensitive Hilfe) und fragt, ob er benötigt wird.

Sollte diese Frage Sie irgendwann belästigen, so legen Sie ihn durch Umtaufen seiner Kontroll-Datei (BILD1.PIC) zur Ruhe.

REN BILD1.PIC BILD1.PIX   schläfert ihn vollständig ein
REN BILD1.PIX BILD1.PIC   weckt ihn wieder

Sie finden die *.PIC-Dateien im Verzeichnis SEJVOS.

Das Umtaufen anderer Bilddateien * ohne * Umtaufen von BILD1.PIC führt zu einem Programm-Abbruch mit DOS-Fehlermeldung, wenn eine Datei nicht gefunden wird. (BILD1 entscheidet Tutor-Aktivität).

3 Eingabearten

3.1 Daten
Eingaben, die mehrstellig sein können, werden über ein Eingabefeld mit vorgegebener Länge abgefragt, die mit _____ markiert ist.

Der Cursor steht zunächst immer in der linken Position – der jeweils zugehörige Eingabe-Begriff ist aufgehellt dargestellt.

Sondertasten wie DELETE und INSERT (Entfernen und Einfügen) sind gesperrt; zur Korrektur dienen die ← → Cursor-Tasten und die Radier-Taste \ (Backspace).

Zur Eingabe-Erleichterung von Dezimal-Zahlen und zur Fehlervermeidung – Komma kann systemtechnisch nicht verarbeitet werden – wird in Zahlenfeldern bei Komma-Eingabe ein Punkt geschrieben.

Alle Eingaben in Eingabefelder müssen mit einmaliger Betätigung von Return (↵) oder Enter abgeschlossen werden (Bestätigung des Eingabe-Endes und Verarbeitungs-Anweisung).

3.2 Entscheidungen
Alle Entscheidungs-Eingaben sind einstellig.

- Auswahl in Menüs mit Ziffern-Tasten
- Funktions-Auswahl mit Buchstaben-Tasten
- Ja/Nein-Entscheidungen mit den J/N-Tasten

Diese Eingaben sind mit der Betätigung einer Taste eindeutig und beendet – sie werden ohne ↵ / Enter sofort verarbeitet.

4 Start

Nach System-Start (und ggf. Umschalten auf ein Laufwerk mit der Programm-Diskette) wird

$$\text{servos ↵}$$

eingegeben.

Das Programm wird geladen und startet, liest die Identifizierung und die Daten der erfaßten Motoren, zeigt deren Anzahl und dann die Begrüßung durch den Tutor, wenn der nicht ruhiggestellt ist (siehe Seite 3).

Nach der Entscheidung, ob mit oder ohne Tutor fortgefahren wird, ist das Hauptmenü aktiv.

II Arbeit mit dem Programm

5 Haupt-Menü

1 rotierende Masse
2 Band
3 Spindel
4 Zahnstange
5 Motoren
9 Feierabend

Die Auswahl der Lastfall-Art (1-4), des Motor-Menüs (5) und die Programm-Beendigung (9) erfolgen mit den Ziffern-Tasten ohne Betätigung von ↵ / Enter.

4 SERVOS

In allen auswählbaren Arbeits-Dialogen wird zunächst links oben ESC angezeigt, um zu verdeutlichen, daß mit der ESC-Taste (links oben, ESCape = Flucht) eine irrtümliche Entscheidung verlassen werden kann.

Das Hauptmenü wird jeweils nach Abarbeitung einer Aufgabe durch Betätigung von M (M enü in der Fußzeile angezeigt), nach Betätigung von ESC im Eingabe-Dialog und nach Betätigung von 9 im Motor-Menü angezeigt.

5.1 Antriebs-Arten

5.1.1 Untersetzung
Nach Auswahl einer Lastfall-Art erfolgt noch im Meü-Bild die Frage

„Anzahl Untersetzungsstufen (0 – 3)"

Soll mit einem vorgegebenen Getriebe gearbeitet werden, so ist die Anzahl der Stufen möglicherweise nicht bekannt – sie ist in diesem Falle auch unwichtig – es muß lediglich irgendeine Zahl >0 betätigt werden.

Das Programm erfragt dann im Untersetzungsdialog das Verhältnis und die reduzierte rotatorische Trägheit (Untersetzung 1: 4 – Eingabe: 4).

Sind Untersetzung und/oder Trägheit nicht bekannt, so wird bei den Eingabe-Feldern lediglich ↵ / Enter (Leereingabe) betätigt; das Programm erfragt dann die Ritzel-Daten.

Soll ein selbstdefiniertes Getriebe berechnet werden, so entscheidet das Programm anhand der Stufenzahl und der Antriebsart selbständig darüber, welche Ritzel abgefragt werden müssen und stellt diese aufgehellt dar. (Sollte bei Ihnen keine hellere Darstellung sichtbar sein, sind die Einstellungen von Kontrast und Helligkeit am Monitor nicht optimal.)

Bei der Eingabe von 0 erscheint bei den Antriebsarten Band und Zahnstange das Untersetzungsbild ebenfalls, da von den Ritzeln Breite, Durchmesser und Material abgefragt werden müssen. Bei Band-Antrieb wird an das Gegenritzel erinnert.

Nach der Anzeige der Ergebnisse zeigt die Fußzeile ▼▼▼, das Zeichen für Lesepause = weiter mit irgendeiner Taste.

5.1.2 Last-Dialoge
Das Lastfall-Bild enthält alle Fragen der vier Antriebs-Arten. (Bei den einzelnen Fragen sind die Dimensionen angegeben.)

Die gewählte – aktuelle – Antriebsart wird während der gesamten Eingabedauer ebenso wie das jeweils aktuelle Fragefeld und der momentane Eingabewert aufgehellt dargestellt.

Bei den Antriebs-Arten 1 bis 3 bezieht sich die Frage nach der Material-Art/ Dichte auf die jeweils angetriebene Masse:

> rotierende Masse (D1, 2) – Band – Spindel

Bei den Antriebs-Arten Band und Zahnstange erscheint die Ritzel-Frage (Motor- bzw. Getriebe-Ritzel) erneut mit dem bereits vorher eingegebenen Wert: Hierdurch kann zur Antriebs-Optimierung bei Änderung der Werte (Laständerung siehe 5.1.4) die Eingabe-Arbeit verkürzt werden, indem die Frage

> „Untersetzung ändern ? (J / N)"

mit N beantwortet wird.

Die Änderung im Lastfallbild vernachlässigt zwar momentan die relativ kleine Änderung des Trägheitsmomentes – andererseits kann die exakte Einbeziehung nach Optimierung des Antriebes mit einer Laständerung * mit * Übersetzungs-Änderung nachvollzogen werden.

Nach jeweils vollständiger Eingabe werden die Lastdaten

- Lastmoment
- Leistung
- Trägheitsmoment
- Motor-Drehzahl

errechnet und ebenso wie in den folgenden Diagrammen angezeigt.

Die Frage „Rotor-Trägheit bei der Selektion berücksichtigen" beschränkt bei N für nein die Auswahl-Kriterien auf die Temperatur der erfaßten Motoren im aktuellen Lastfall.

Anmerkung zur Leistung

Sie wird errechnet aus Beschleunigungs-, Lastträgheits- und Last-Moment ohne Motor-Trägheits- und -Reib-Moment und geht nicht in die Motor-Rechnung ein, sondern dient lediglich als grober Vorab-Orientierungswert für den Nutzer.

5.1.3 Selektierte Motoren
Unter der Kopfzeile „Selekt-Ergebnis" werden aufgehellt die lastseitigen Werte und darunter die korrespondierenden Werte der einzelnen selektierten Servos angezeigt,

- deren Temperatur bei einer Einschaltzeit von mehr als der fünffachen Erwärmungs-Zeitkonstante 300 Grad C nicht übersteigt

4 SERVOS

- deren Rotor-Trägheitsmoment mit dem Zeitprofil korrespondiert (wenn nicht die Berücksichtigung verneint wurde)

Die Motor-Temperatur steht in der rechten Spalte.

Bei mehr als 20 selektierten Motoren ist die Liste mehrseitig.

- Mit den Cursor-Tasten ε ↓ kann die Liste ‚gerollt' werden
- BILD ε ↓ blättert in der Liste
- Pos1 / Ende setzen auf die erste / letzte Position der aktuellen Seite
- Strg + Pos1 / Ende zeigen den Anfang / das Ende der Liste

C opy   erstellt einen listenförmigen Ausdruck mit allen Motoren des Selektions-Ergebnisses.

5.1.4 Laständerung
Wurde für den aktuellen Lastfall kein Motor gefunden oder soll aus anderen Gründen die Last geändert werden, so kann nach Betätigung von M für Menü die gleiche Antriebsart gewählt oder mit L für Laständerung über die Frage

„Untersetzung ändern ? (J / N)"   Eingabe N

direkt in den Lastdaten-Eingabe-Dialog zurückgekehrt werden.

Das Programm ‚merkt' sich die zuletzt eingegebenen Werte jeder der vier Antriebs-Arten und die zugehörigen Untersetzungswerte und zeigt sie in den entsprechenden Eingabefeldern an, so daß bei Änderungen nur die neuen Werte eingegeben werden müssen – alle anderen können mit ↵ oder Enter übernommen werden.

Es kann also bei einem aktuellen Lastfall ständig zwischen der Anzeige selektierter Motoren/der Motor-Lastdaten-Anzeige und der Lastdaten-Eingabe gewechselt werden.

5.1.5 Motor unter Last

Mit den Cursor-Tasten ε ↓ wird der individuelle = aktuelle Motor ausgewählt und nach Betätigung von R für Rechnen erfolgt die Motor-Last-Berechnung und Ergebnis-Anzeige.

In der oberen Bildhälfte werden die typspezifischen Motordaten angezeigt, so wie sie (irgendwann) erfaßt/abgeändert wurden.

Darunter finden Sie die Daten des Motors im aktuellen Lastfall:

Effektiv	-Strom	Gegen-EMK
Impuls (Einschalt)	-Strom	Speise-Spannung
Beschleunigungs	-Strom	Elektr. Leistung
Lauf	-Strom	Mechan. Leistung
Brems	-Strom	Motor-Temperatur

Das unterste Fenster enthält die bekannten Last-Vorgabedaten.

Blinkende Anzeigen bedürfen besonderer Aufmerksamkeit:

Sie weisen auf eine Unverträglichkeit zwischen den lastseitigen Anforderungen und den motorseitigen Fähigkeiten hin. Der jeweilige Motor muß hierdurch nicht ausscheiden, jedoch sind die vorstehenden Werte eingehenderen Überlegungen zu unterziehen.

Mit D rucken wird das Formblatt „Anlage zum ..." mit den vollständigen Last- und Motor-Daten ausgedruckt.

Das protokollartige Wiederholen der Vorgabewerte stellt sicher, daß Fehleingaben (z.B. Zifferndreher) entdeckt werden (können) und damit Fehlrechnungen auszuschließen sind.

Der Druck kann beliebig oft wiederholt werden.

Z urück kehrt in die Anzeige der Selektions-Liste zurück.

Der aktuelle Motor steht jetzt in der obersten Zeile. Damit wird das Abarbeiten einer Selektions-Liste von oben nach unten um einige Tastendrucke erleichtert.

Natürlich können die nach oben ‚verschwundenen' Motoren mit den Cursor-Tasten wieder in das Bild gerollt werden.

5.2 Motor – Menü
Die Betätigung der 5 im Hauptmenü führt zum Motor-Menü

1 Neuer Motor
2 Gesamt-Bestand
3 Listen drucken

5.2.1 Motor-Neuaufnahme
Die Betätigung von 1 öffnet den Motordaten-Erfassungs-Dialog.

Firma/Serie und Typ lassen beliebige Eingaben zu.

Bei den Technischen Daten wird in den Fällen

4 SERVOS

Nenn-Drehmoment   (Nm, Ncm)
Trägheits-Moment   (gcm^2, kgcm^2, kgm^2, kgm^2 * 10^{-3})
Drehmoment-Konstante   (Nm/A, Ncm/A, V/1000 UpM)

ein spezielles Fenster für die Eingabe in einer der möglichen Dimensionen geöffnet.

Die nicht benötigten Eingabefelder werden mit ↵ oder Enter übersprungen.

Außer bei der Dämpfungs-Konstante ist die Eingabe eines Wertes zwingend erforderlich. Der Eingabevorgang kann mit den bisherigen Daten bzw zur Beseitigung von Eingabe-Fehlern wiederholt werden, wenn die Frage

„Nochmal von vorne? (J / N)"

mit J beantwortet wird.

N übernimmt die Daten / den Motor in den Bestand der Diskette/Festplatte.

Es folgt die Frage „Noch eine Neuaufnahme? (J / N)", die bei N in das Motor-Menü zurückkehrt.

Empfehlung
Nach einer Bestands-Änderung sollte zur jederzeit verfügbaren Übersicht eine aktuelle Kurz-Liste oder Gesamt-Übersicht ausgedruckt werden.

5.2.2 Gesamt-Bestand, Motor suchen/ändern/löschen
Taste 2 im Motor-Menü führt zum Suchbegriffe-Fenster:

Firma/Serie – Typ – Drehmoment – Leistung

können einzeln oder in beliebiger Kombination verwendet werden.

Wird kein Suchbegriff eingegeben (lediglich ↵ betätigen) so werden alle erfaßten Motoren angezeigt.

Die Suchergebnis-Anzeige ähnelt dem Lastfall-Selekt-Ergebnis, das gilt auch für die Cursor- und Bild-Tasten-Verwendung.

Copy   druckt eine Liste der ‚gefundenen' Motoren
Rechnen verwendet den aktuellen Motor für den letzten bearbeiteten Lastfall
Zeigen öffnet die Motor-Daten-Anzeige, die dem Erfassungs-Bild entspricht.

Die Fußzeile dieser Anzeige enthält die Funktionen:

Ändern   Die Anzeige wird zum Eingabe-Dialog wie bei der Erfassung eines
         Motors – jedoch mit vorgegebenen Werten; sie können mit ↵ ungeändert übernommen oder vorher geändert werden.
Löschen löscht nicht unmittelbar, sondern stellt zunächst die Sicherheitsfrage
         „... wirklich löschen? (J/N)"
Zurück   zeigt wieder das Suchergebnis

5.2.3 Listen-Menü
Taste 3 im Motor-Menü zeigt das Listen-Menü

1 Kurz-Informationen
2 Gesamt-Daten
9 Haupt-Menü

Kurzinformationen werden in einer Zeile pro Motor in Leistungs-Sortierung gedruckt (60 Motoren pro Seite).

Mit Gesamt-Daten werden (ebenfalls in Leistungssortierung) alle erfaßten Daten aller Motoren ausgedruckt.

III Programm-Beendigung

6 Feierabend

Bei „SERVOS" ist keine spezielle Datensicherung implementiert, da durch Kopieren aller (*.*) Dateien aus dem Datei-Verzeichnis SEJVOS der gesamte Datenbestand auf 1 Diskette sicherbar ist.

Das Programm wird also bei Betätigung von 9 im Haupt-Menü sofort beendet.

Allgemeine Anmerkung zur Programm-Beschreibung

Auf die zeichnerische Darstellung der einzelnen Dialoge habe ich bewußt verzichtet, da ich annehme, daß Sie die Beschreibung am laufenden Programm durcharbeiten und danach (hoffentlich) nicht mehr benötigen.

Das Funktions-Diagramm sollte als Gedächtnis-Stütze ausreichen – und der Tutor erläutert die jeweiligen Situationen.

Ich wünsche Erfolg bei der Anwendung und stehe Änderungswünschen und Verbesserungsvorschlägen offen gegenüber.

Im Mai 1995

Udo Damerau
Technische Software
Bergholm 31
24857 Fahrdorf
Tel. 0 46 21/311 29

4 SERVOS

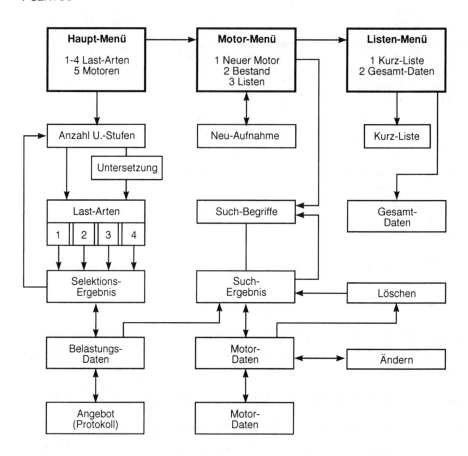

5 Genius Motion

Genius-Movie-Befehlsbeschreibung

Dieser Text beschreibt das „Genius-Movie" Trickfilm-Datei:Genius-Movie Modul und seine Befehle. Genius-Movie ist ein Programm, um Bewegungsabläufe und kinematische Mechanismenverhältnisse, die mit Genius-Motion erstellt wurden, zu demonstrieren, ohne das Kinematikmodul besitzen zu müssen. Genius-Movie arbeitet mit einer speziellen Ergebnisdatei (mit einem sogenannten movie-file), die von Genius-Motion erzeugt wurde, die alle notwendigen Informationen der Körperbewegung und eingefügter Analyseergebnisse enthält. Sie dürfen Genius-Movie frei vervielfältigen und es Ihren Kunden, Konstrukteuren oder jedem Beliebigen zur Verfügung stellen. Ausgestattet mit Genius-Movie und einer Movie-Datei Ihres Mechanismus und der korrespondierenden AutoCAD-Zeichnung, werden Ihre Kunden ein tieferes Verständnis Ihrer Mechanismen und Produkte erhalten.

Beschreibung:

Genius-Movie stellt neben seinen internen Simulationsroutinen ein eigenständiges, frei kopierbares Programm zur Visualisierung der Mechanismenbewegungen zur Verfügung. Dieses eigenständige Simulationsprogramm basiert auf einer speziell für diesen Zweck generierten Ausgabedatei von Genius-Movie, welche die für die Simulation benötigen Daten enthält.

In der Trickfilmdatei werden im wesentlichen die Informationen festgehalten, die zu einer externen Simulation der Mechanismenbewegung notwendig sind, die vollständig einer Simulation in Genius-Movie unter den aktuellen Einstellungen entspricht.

Vorausgesetzt, daß Genius-Movie in den Pfad c:\genius\movie der Festplatte kopiert wurde, kann mit dem Befehl (xload „c:/genius/movie/movie.exp") Genius-Movie geladen werden. Bitte beachten Sie „/" anstatt „\" in der Pfadangabe einzutragen. Alternativ dazu können Sie das Applikations-Dialogfenster von AutoCAD (Datei → Anwendungen) verwenden. Fügen Sie Genius „MO-

5 Genius Motion

VIE.EXP" in die Applikationsliste durch Drücken des Datei-Schalters und Auswahl der c:/genius/gek/movie/movie.exp im Dateiauswahlfenster. Laden Sie anschließend Genius-Movie mit dem Schalter „Laden". Nach dem Laden installiert Genius-Movie folgende Befehle. Zu jeder Zeit kann die Animation eines Körpers durch C-c abgebrochen werden. Für die Windows-Version muß anstatt der „MOVIE.EXP" die „MOVIE.EXE" geladen werden. Die zwei Moviedateien können nur unter AutoCAD Version 12 geladen werden.

Befehle:

gekmveload   Lädt eine Movie-Datei in den Speicher. Die Zeichnung, die zu dieser Movie-Datei gehört, muß bereits geöffnet sein. Ein vorher „geladenes" Movie wird automatisch aus dem Speicher entfernt.

gekmveunload entfernt das augenblicklich geladene Movie aus dem Speicher.

gekmve   setzt den Mechanismus auf Ihrem CAD-Bildschirm in Bewegung. Beginnend an der augenblicklichen Position wird eine ganze Bewegungssequenz ablaufen und der Mechanismus an seiner Endeposition stoppen.

gekmverev   erfüllt die gleiche Aufgabe wie gekmve, aber im Unterschied zu diesem wird die Animation in entgegengesetzter Richtung ablaufen. Der Mechanismus stoppt an der Anfangsposition.

gekmveloop   startet eine endlose Animation. Beim Erreichen des letzten Animationsschrittes beginnt die Animation wiederholt am Anfangspunkt. AutoCAD speichert alle Programmabläufe in einer sog. UNDO-Liste, die auf Kosten der Performance-Geschwindigkeit geht. Sie können manuell diese Protokollierung ausschalten, wenn sie auf der Befehlszeile folgendes eingeben: (Command „undo" „c" „none").

gekmvealter   startet ebenfalls eine endlose Animation. Aber im Unterschied zu gekmveloop wird die Animation in der entgegengesetzten Richtung ablaufen.

gekmvenxt   bewegt den Mechanismus einen Schritt nach vorne.

gekmveprev   bewegt den Mechanismus einen Schritt in umgekehrter Richtung.

gekmve1st   bewegt den Mechanismus in seine Ausgangsstellung zurück.

gekmvelast   bewegt den Mechanismus nach vorne in seine Endeposition.

gekmvegoto   bewegt den Mechanismus in die Position, die zu einem Wert in einem Diagramm, Graphen oder Ausgabe gehört. Um die Ausgabe identifizieren zu können, picken Sie einen Punkt in der entsprechenden Ausgabe mit dem Zeigeterät. gekmvegoto arbeitet nur, wenn die Markierungspunkte in der Ausgabe eingeschaltet sind (siehe gekmvemark).

gekmvestep bewegt den Mechanismus direkt zum Schritt, der über die Tastatur bestimmt eingegeben wurde.

gekmvemark steuert den Schalter, um die Markierungspunkte in der Ausgabe einzuschalten. Falls der Schalter aktiviert ist (Vorgabe), wird in jeder Ausgabe eine Markierung angezeigt, wobei der Wert, der zu einer augenblicklichen Position gehört, abgelesen werden kann. Achten Sie darauf, daß mit einem entsprechenden AutoCAD Punktstil eine gute Auswertung erreicht werden kann.

gekmvetime steuert den Schalter zur Anzeige des aktuellen Schritts und die Zeitfolge zwischen den einzelnen Reihenfolgen zwischen der Animation.

gekmveall steuert die Funktion „Neuzeich" aller Körper des Mechanismus, gleichgültig, ob sie animiert wurden oder nicht. Falls dieser Schalter deaktiviert ist, wird die Animation schneller ablaufen, da unbewegte Elemente nicht regeneriert werden. Falls der Schalter aktiviert ist, wird die Animation langsamer ablaufen; aber keine Angst: Elemente, die von anderen Elementen gekreuzt werden, werden durch diese nicht gelöscht.

gekmveredraw steuert den Schalter, um die komplette Zeichnung am Ende der Animation beim „Endlos-Modus" zu regenerieren (siehe gekmveloop und gekmvealter). Falls der Schalter aktiviert ist (Voreinstellung), wird die Zeichnung einschließlich aller Ausgaben regeneriert. Falls der Schalter deaktiviert ist, wird keine Regenerierung durchgeführt, und Ausgaben, Körper etc. erscheinen nach der Animation teilweise gelöscht zu sein.

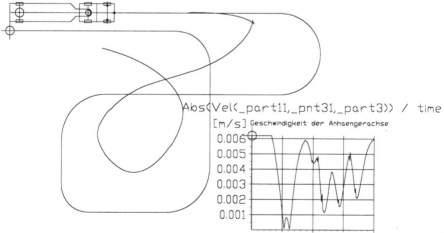

5 Genius Motion

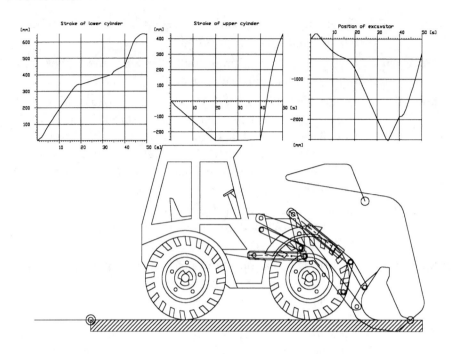

Genius-Movie-Befehlsbeschreibung

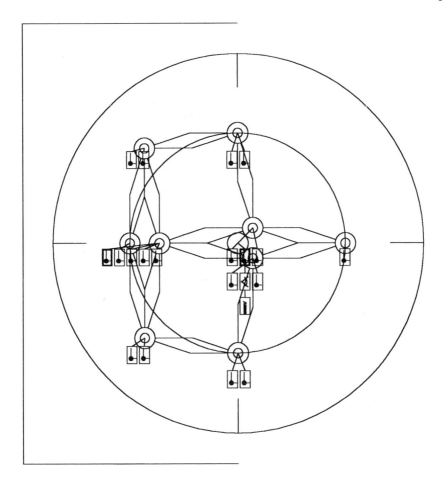

6 HEXAGON

Maschinenbausoftware *für den Konstrukteur und Entwicklungsingenieur*

HEXAGON
Industriesoftware GmbH
Stiegelstrasse 8
73230 Kirchheim/Teck

Telefon 07021/59578
Telefax 07021/59986

HEXAGON-Hilfesystem

Alle Programme sind mit dem graphischen HEXAGON-Hilfesystem ausgestattet. Zu den meisten Eingaben können Sie ein Fenster einblenden, das einen Hilfetext und ein Hilfebild zeigt. Wenn Sie z.B. bei der Profileingabe in ZAR1 die Bezeichnung dKPO des Verzahnungswerkzeugs nicht im Kopf haben, erhalten Sie durch das HEXAGON-Hilfesystem umfangreiche Hilfen:

Das Hilfebild können Sie zoomen, verschieben und ausdrucken. Die mit der Software mitgelieferten Hilfetexte und Hilfebilder können beliebig erweitert und modifiziert werden. Bei auftretenden Fehlermeldungen können Sie sich vom Programm eine ausführlichere Fehlerbeschreibung und Abhilfemöglichkeiten anzeigen lassen. Durch die Möglichkeit der Aufnahme firmenspezifischer Information in einem neutralen Format kann man HEXAGON-Software beim Aufbau eines Informationssystems für den Konstrukteur einsetzen.

CAD-Schnittstelle

Alle Programme verfügen über die Möglichkeit, Zeichnungen oder Tabellen von den berechneten Maschinenelementen als Datei in den Formaten DXF oder IGES auszugeben. Dadurch ist die Übernahme von Geometrieinformation in praktisch jedes CAD-System möglich.

Datenbank-Schnittstelle

Für Programme mit integrierten Datenbankfiles wurde das DBF-Format von dBase 3+ verwendet. Dieses Format wird von den meisten modernen Datenbanksystemen unterstützt, so daß ein problemloser Datenaustausch zwischen HEXAGON-Software und anderen Programmen möglich ist.

Ausdruck

Eingabedaten und Ergebniswerte können Sie auf Bildschirm oder Drucker direkt ausgeben, in einer Datei abspeichern, oder unter Windows in die Zwischenablage kopieren. Grafiken und Diagramme können auf Laser-, Nadel- und Tintenstrahldrucker und mit den Windows-Versionen auf allen Windows-Druckern ausgegeben werden.

Systemvoraussetzungen

Alle Programme gibt es für PC wahlweise als Version für MS-DOS oder für MS-Windows, vom HPGL-Manager gibt es außerdem eine UNIX-Version für Workstations von SUN, DEC und Silicon Graphics.

Zahnradberechnung

Geometrie und Festigkeit von außen- und innenverzahnten Gerad- und Schrägstirnrädern mit Evolventenverzahnung nach DIN 3960, 3961, 3967, 3990. Zahnprofil nach DIN 867 oder frei definierbar (Hochverzahnung, Kopfkantenbruch). Zahnform durch Simulation des Abwälzvorgangs am Grafikbildschirm. CAD-Schnittstelle für Zahnform, Zahneingriff, Fertigungszeichnung und Verzahnungstabellen.

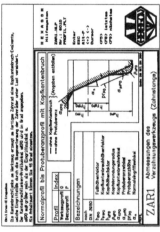

ZAR1 Zahnradberechn. m. Werkstoffdatenbank .... DM 2.180,-
ZAR2 Kegelradberechn. Klingelnberg m. Wst.dbk. .. DM 1.550,-

Schraubenberechnung

Berechnung von hochbeanspruchten Schraubenverbindungen nach VDI 2230 mit zentrischer oder exzentrischer Verspannung und Belastung. Datenbanken für metrische Normal- und Feingewinde, Reibwerte, Schrauben und Muttern nach DIN 912, 931, 934, 6915 werden mitgeliefert. Graphische Darstellung von Verspannungsschaubild und Schraubenverbindung. DXF- und IGES-Schnittstelle zur Übernahme in CAD.

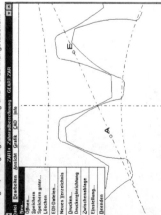
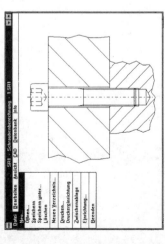

SR1 Schraubenberechnung nach VDI 2230 .... DM 1.250,-

6 HEXAGON

Federberechnung

Auslegung und Nachrechnung von Druck-, Zug-, Schenkel- und Tellerfedern. Integrierte Werkstoffdatenbank mit Schubmodul und rzul in Abhängigkeit vom Drahtdurchmesser. Berechnung der Toleranzen für Federabmessungen und -kräfte nach DIN. Graphische Darstellung von Federkennlinie und Goodman-Diagramm. DXF- und IGES-Schnittstelle für die Übernahme von maßstäblichen Federzeichnungen in CAD. FED1/FED1+, FED2/FED2+ und FED3+ mit Generierung der Fertigungszeichnung nach DIN 2089.

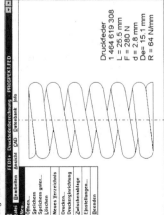

```
            Druckfeder
            1 464 619 308
            L = 25.5 mm
            F = 280 N
            d = 2.8 mm
            De= 15.1 mm
            R = 64 N/mm
```

```
FED1  Druckfederberechnung m.Dat.bk.Kalk.Anim. .. DM 1.360,-
FED2  Zugfederberechnung m.Dat.bk.Kalk.Anima. ... DM 1.320,-
FED3  Schenkelfederberechnung m.Fert.zeich. ..... DM   940,-
FED4  Tellerfederberechnung ..................... DM   840,-
FED5  Kegelstumpffeder .......................... DM 1.450,-
FED6  Nichtlineare zyl. Druckfeder .............. DM 1.240,-
```

Toleranzrechnung

Software zur Durchführung von komplexen Toleranzrechnungen mit Berechnung von Größt- und Kleinstmaß jedes beliebigen Abstands. Graphische Darstellung von Maßaufbau und Verteilungskurve. Statistische Auswertung mit Bestimmung der voraussichtlichen Ausschußquote.

TOL1 Toleranzrechnung .... DM   990,-

Wellenberechnung

Wellenberechnung mit Lastangriff durch max. 50 Einzelkräfte, Flächenlasten, Biegemomente, Drehmomente. Eingabe von Kerbzonen und komplexer Last durch Stirnradgetriebe. Graphische Darstellung von Biegelinie, Verlauf von Biegemoment, Biegewinkel, Biegespannung, Schubspannung, Zugspannung, Vergleichsspannung, Verdrehung. WL1+ mit Datenbank und Lebensdauerberechnung für Wälzlager. DXF- und IGES-Schnittstelle für Übernahme von Welle mit Wälzlagern in CAD.

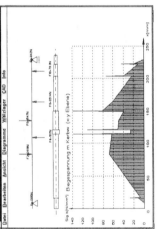

```
WL1   Wellenberechnung .......................... DM 1.560,-
WL1+  Wellenberechnung, m. Wälzlagerauslegung ... DM 1.850,-
```

Welle-Nabe-Verbindungen

Berechnung von Welle-Nabe-Verbindungen nach DIN. Integrierte Datenbank für Werkstoffe und DIN-Abmessungen. Graphische Ausgabe von Verbindung, Tabellen und Diagrammen. CAD-Schnittstellen DXF und IGES.

```
WN1   Preßverband nach DIN 7190 incl.ISO-Pass. .. DM   950,-
WN2   Zahnwellenverbindung nach DIN 5480 ........ DM   490,-
WN3   Paßfederverbindung nach DIN 6892 .......... DM   480,-
```

Mit dem DXF-Manager können Sie DXF-Zeichnungen aus CAD oder HEXAGON-Software am Bildschirm darstellen, ausdrucken, ausplotten oder in ein anderes Format konvertieren. Die gleichen Möglichkeiten haben Sie mit dem HPGL-Manager für Plotfiles im Format HP-GL oder HP-GL/2. DXFPLOT ist eine Software zur Ausgabe von DXF-Files auf Laserdrucker und Plotter und kann von allen HEXAGON-Maschinenbauprogrammen zum Ausdrucken von Grafiken und Diagrammen im Hintergrund aufgerufen werden.

Ausgabeformate von HPGL- und DXF-Manager:

- IGES
- DXF
- HP-GL
- HP-GL/2
- Aristo
- HP Laserjet III und IV
- Postscript
- Turbo Pascal für HEXAGRAF-Toolbox
- Turbo C für HEXAGRAF-Toolbox

Anwendungsbeispiele HPGL-Manager:

- Graphische Darstellung von Plotfiles am Bildschirm
- Konvertierung von HPGL nach DXF oder von HPGL nach IGES zum Einlesen von Plotfiles in CAD
- Verwalten, Löschen, Kopieren, Umbenennen von Plotfiles

Anwendungsbeispiele DXF-Manager

- Graphische Darstellung von DXF-Files am Bildschirm
- Plotten bzw. Ausdrucken von DXF-Files aus HEXAGON-Software und CAD.
- Konvertierung von DXF-Files in NC-Code z.B. für Gravuren oder Bohrplatten
- Filtern von DXF-Files bei Schwierigkeiten in der Datenübergabe zwischen zwei CAD-Systemen.

```
HPGL-Manager für MS-DOS oder Windows ......... DM 750,-
DXF-Manager für MS-DOS oder Windows .......... DM 750,-
DXFPLOT ...................................... DM 240,-
HPGLVIEW für Windows ......................... DM 225,-
```

6 HEXAGON

6.1 DXF-Manager

*Software zur Anzeige und
Konvertierung von DXF-Dateien
für MS-DOS und Windows*

(C) Copyright 1989-1995 by HEXAGON, Kirchheim/Teck

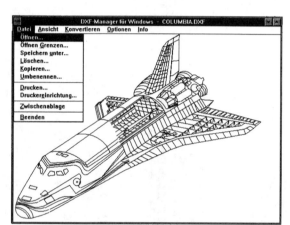

Mit dem DXF-Manager können DXF-Dateien aus AutoCAD oder anderen CAD-Systemen als Zeichnung am Bildschirm dargestellt und in ein anderes Grafikformat konvertiert werden.

Konvertierung
Mögliche Ausgabeformate sind:
CAD: DXF, IGES
Plotter: HP-GL, HP-GL/2, Aristo, Lasercomb
NC-Code: DIN 66025, Deckel, SM.
Laserdrucker: Postscript, HP/GL
Programmierung: Turbo Pascal, Turbo C.

Plotten
Die Zeichnung kann maßstäblich vergrößert/ verkleinert und mit Nullpunktverschiebung auf Plotter und Laserdrucker ausgegeben werden.

NC-Programmierung
DXF-Zeichnungen können direkt in NC-Programme umgesetzt werden.

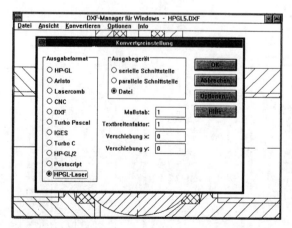

DXF-Filter
Inkompatibilitäten beim Austausch von DXF-Dateien können durch Konvertierung mit dem DXF-Manager beseitigt werden.

Postscript-Laserdrucker
Bei der Ausgabe von Zeichnungen an Postscript-Laserdrucker sind Textzeichensatz und Breitenfaktor frei einstellbar. Den Farben können verschiedene Strichstärken zugeordnet werden.

Hard-und Softwarevoraussetzungen
Den DXF-Manager gibt es als Version für MS-DOS und Windows.

Lieferumfang
Programmdisketten 3.5", Benutzerhandbuch mit Beschreibung der verwendeten Grafikformate, Lizenzvertrag für zeitlich unbegrenztes Nutzungsrecht mit Update-Service.

(C) AutoCAD ist geschütztes Markenzeichen der Autodesk Inc.

6.1 DXF-Manager

Konvertierungsmöglichkeiten mit HPGL-Manager und DXF-Manager

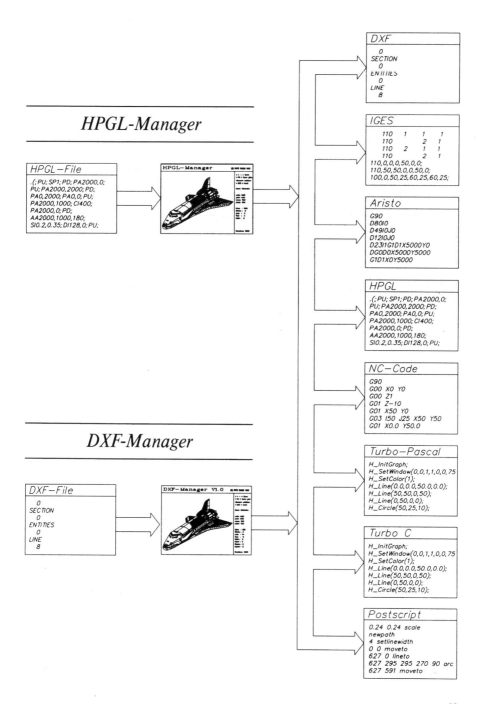

6 HEXAGON

6.2 DXFPLOT

*Software zur Ausgabe von DXF-Files
auf Laserdrucker und Plotter
für MS-DOS und MS-Windows*

(C) Copyright 1993,94,95 by HEXAGON, Kirchheim/Teck

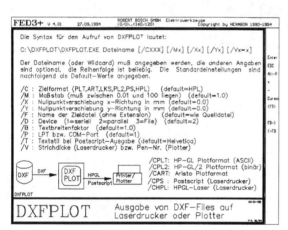

DXFPLOT ist ein Programm zum Ausdrucken und Plotten von DXF-Files, das auch von allen HEXAGON-Programmen mit CAD-Ausgabe automatisch aufgerufen werden kann. Durch den Verzicht auf eine Grafikoberfläche benötigt DXFPLOT wenig Speicherplatz und ist geeignet, um von anderen Programmen im Hintergrund aufgerufen zu werden. DXFPLOT konvertiert eine DXF-Datei in die Ausgabeformate HP-GL, HP-GL/2, Postscript oder HP-GL Laser (HP Laserjet III, IV) direkt auf parallele oder serielle Schnittstelle oder in eine Datei. Mit einem Sharewareprogramm ist die Weiterverarbeitung für Nadel- und Tintenstrahldrucker möglich. Durch die Einbindung von DXFPLOT erhält man eine vielfältige Erweiterung der grafischen Ausgabemöglichkeiten (Bildschirmgrafik, DXF-, Iges-Files) um die verschiedenen DXFPLOT-Ausgabeformate.

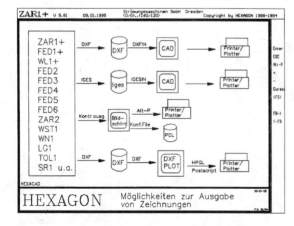

Bei Ausgabe von Zeichnungen mit den HEXAGON-Maschinenbauprogrammen wird im Hintergrund das DXFPLOT-Programm aufgerufen, das eine temporäre DXF-Datei im gewünschten Format an Drucker oder Plotter schickt. Über Parameter können Maßstab, Referenzpunkt, Textbreitenfaktor und Strichdicke bzw. Stiftzuordnung beliebig eingestellt werden. So kann man z.B. mit dem Druckfederprogramm FED1+ für die berechnete Feder ein Formblatt nach DIN 2089 im Format DIN A4 ausdrucken oder mit dem Zahnradprogramm ZAR1+ einen Ausschnitt vom Zahneingriff im Maßstab 10:1 ausplotten. Mit dem Schraubenberechnungsprogramm SR1 und DXFPLOT können Sie eine maßstäbliche Schnittzeichnung der berechneten Schraubenverbindung, mit der Werkstoffdatenbank WST1 z.B. Dauerfestigkeitsschaubilder ausgeben.

6.2 DXFPLOT

DXFPLOT wird mit Parametern zu Datei, Zielformat, Maßstab, Schnittstelle aufgerufen. Bei Aufruf ohne Parameter erscheinen die möglichen Optionen.

DXFPLOT Dateiname [/CXXX] [/MX.X] [/Xx] [/Yx] [/Nx] [/Zx] [/Vx = x]

Der Dateiname (oder Wildcard) muß angegeben werden, die anderen Angaben sind optional, die Reihenfolge der Angaben ist beliebig. Die Standardeinstellungen sind nachfolgend als Default-Werte angegeben.

Codes für Zielformat
/CPLT: HP-GL Plotformat (ASCII)
/CPL2: HP-GL/2 Plotformat (binär)
/CART: Aristo Plotformat
/CLKS: Lasercomb (Schneidplotter)
/CPS : Postscript (Laserdrucker)
/CHPL: HPGL-Laser (Laserdrucker)

DXFPLOT-Parameter
/C : Zielformat (PLT,ART,LKS,PL2,PS,HPL)   (default = HPL)
/M : Maßstab (muß zwischen 0.01 und 100 liegen) (default = 1.0)
/X : Nullpunktverschiebung x-Richtung in mm (default = 0.0)
/Y : Nullpunktverschiebung y-Richtung in mm (default = 0.0)
/F : Name der Zieldatei (ohne Extension)   (default = wie Quelldatei)
/D : Device (1 = seriell 2 = parallel 3 = File) (default = 2)
/B : Textbreitenfaktor   (default = 1.0)
/P : LPT bzw. COM-Port   (default = 1)
/T : Textstil bei Postscript-Ausgabe (default = Helvetica)
/V : Strichdicke (Laserdrucker) bzw. Pen-Nr. (Plotter)

Strichdicke bzw. Stiftbelegung
Die Stiftzuordnung ist nach Farben konfigurierbar. Beim Penplotter können Sie jeder Farbe eine Stiftnummer oder beim Laserdrucker analog dazu eine Strichstärke zuordnen.

Anwendungsbeispiele für DXFPLOT:

Beispiel 1: Die Datei FED1DRAW.DXF soll über parallele Schnittstelle auf Laserdrucker ausgegeben werden.

"DXFPLOT FED1DRAW.DXF /CHPL /D2 /P1" oder nur "DXFPLOT FED1DRAW"

Beispiel 2: Die Datei FED1DRAW.DXF soll über serielle Schnittstelle auf Plotter ausgegeben werden, dabei sollen die Stiftnummern den Farbnummern entsprechen.

DXFPLOT FED1DRAW.DXF /CPLT /D1 /V1=1 /V2=2 /V3=3

Beispiel 3: Alle DXF-Dateien sollen im Maßstab 1:2 in HPGL/2-Format konvertiert werden.

DXFPLOT *.DXF /CPL2 /M0.5 /D3

6.3 HEXAGON-Federsoftware

*Berechnung von
Zug-, Druck-, Schenkel- und Tellerfedern*

für MS-DOS und Windows

(C) Copyright 1988-1995 by HEXAGON, Kirchheim/Teck

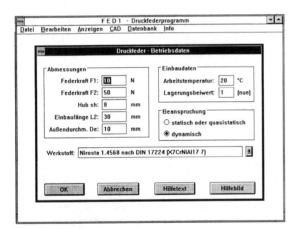

Auslegung und Nachrechnung von Federn
Mit HEXAGON-Software haben Sie mehrere Möglichkeiten zur Berechnung von Federn: Bei der Auslegung wird durch Eingabe von Kräften und Einbauraum eine passende Feder ermittelt; bei der Nachrechnung werden Kräfte und Dauerfestigkeit einer vorhandenen Feder berechnet. Falls zulässige Spannungen, Sicherheitsgrenzen oder DIN-Vorgaben überschritten werden, zeigt das Programm Warnungen und Fehlermeldungen an.

Grafikausgabe und CAD-Schnittstelle
Neben dem Ausdruck der Ergebnisse haben Sie die Möglichkeit, Federkennlinien, Dauerfestigkeitsschaubild und Federzeichnungen am Bildschirm graphisch darzustellen und auf Drucker auszugeben. Alle Diagramme und Zeichnungen können als DXF- oder IGES-Datei generiert und so in CAD oder Textverarbeitungsprogramme übernommen werden.

Werkstoffdatenbank
Elastizitäts- und Schubmodul sowie zulässige Schubspannung in Abhängigkeit vom Drahtdurchmesser aller wichtigen Federdrähte werden vom Programm zur Verfügung gestellt.

Federzeichnungen
Die berechneten Federn können Sie in einer beliebigen Einspannlänge zwischen Lc und L0 am Bildschirm anzeigen oder als DXF-/IGES-Datei in CAD übernehmen.

Fertigungszeichnung
Von FED1+, FED2+ und FED3+ wird automatisch eine Fertigungszeichnung nach DIN 2099 generiert, die Sie entweder mit der DXFPLOT-Software direkt ausplotten oder als DXF-/IGES-Datei in CAD übernehmen können.

6.3 HEXAGON-Federsoftware

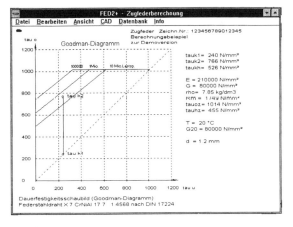

Animation
In einer Animation können Sie die Feder am Bildschirm zwischen zwei vorgegebenen Einspannlängen schwingen lassen.

Dateiverwaltung
Alle Berechnungsdaten können in Dateien abgespeichert und von Dateien geladen werden. FED1+ und FED2+ verfügen zusätzlich über eine Federdatenbank, die nach verschiedenen Kriterien sortiert und durchsucht werden kann.

Hilfesystem
Zu jeder Eingabe kann über das HEXAGON-Hilfesystem ein Hilfetext eingeblendet werden. Bei auftretenden Fehlermeldungen und Warnungen können Sie sich eine Erklärung mit Abhilfemöglichkeiten anzeigen lassen.

Systemvoraussetzungen
Die HEXAGON-Federprogramme gibt es als Version für MS-DOS und Windows.

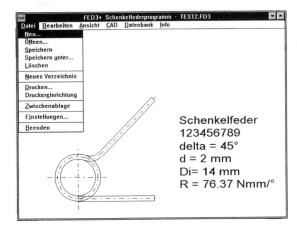

FED1/FED1+
- Auslegung und Nachrechnung von zylindrischen Schraubendruckfedern nach DIN 2089
- Ergebnisausdruck, Auszug, Federkennlinie, Goodman-Diagramm, Knickfeld, Temperatur-Diagramm, Quick-Ausgabe
- Fertigungszeichnung nach DIN 2099
- Federzeichnung in Ansicht und Schnitt
- Ausschußberechnung bei Sondertoleranzen
- FED1+ zus. Federdatenbank, Kostenkalkulation, Animation

FED2/FED2+
- Auslegung und Nachrechnung von Zugfedern nach DIN 2089 Teil 2
- Ausgabe von Ergebnisausdruck, Auszug, Federkennlinie, Goodman-Diagramm, Temperatur-Diagramm, Quick-Ausgabe
- Fertigungszeichnung nach DIN 2099
- Federzeichnung für beliebige Einspannlänge
- FED2+ zus. Federdatenbank, Kostenkalkulation, Animation

FED3/FED3+
- Auslegung und Nachrechnung von Schenkelfedern nach DIN 2088
- Ausgabe von Ergebnisausdruck, Auszug, Federkennlinie, Goodman-Diagramm, Quick-Ausgabe
- Federzeichnung axial und radial
- FED3+ zusätzlich Ausgabe einer Fertigungszeichnung

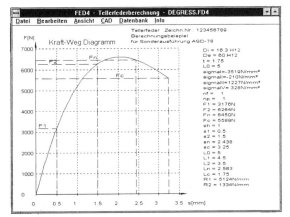

FED4
- Auslegung und Nachrechnung von Tellerfedern und Tellerfederpaketen nach DIN 2092
- Ausgabe von Ergebnisausdruck, Auszug, Federkennlinie Spannungsverlauf, Goodman-Diagramm,
- CAD-Zeichnung für Ansicht und Schnitt

FED5
- Auslegung und Nachrechnung von konischen Schraubendruckfedern
- Ausgabe von Ergebnisausdruck, Auszug, progressiver Federkennlinie, Goodman-Diagramm, Spannungsverlauf, Diagramme von Federrate und Federarbeit.
- CAD-Zeichnung für beliebige Einspannlängen.
- Animation

FED6
- Berechnung von nichtlinearen zylindrischen Schraubendruckfedern
- Ausgabe von Ergebnisausdruck, Auszug, progressiver Federkennlinie, Goodman-Diagramm, Diagramme von Federrate und Federarbeit.
- CAD-Zeichnung für beliebige Einspannlängen zwischen L0 und Lc.
- Animation

6.4 GEO1

Software zur Querschnittsberechnung

für MS-DOS und Windows

(C) Copyright 1994,95 by HEXAGON, Kirchheim/Teck

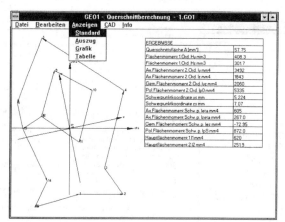

Die GEO1-Software berechnet Querschnittsfläche, Flächenträgheitsmomente, Schwerpunkt und Massenträgheitsmoment beliebiger Querschnitte, die aus bis zu 200 Geraden und Kreisbogen zusammengesetzt sein können.

Geometrie-Eingabe und Berechnung
Die Kontur wird definiert durch Eingabe der y- und z-Koordinaten von Anfangs- und Endpunkten im xyz-Koordinatensystem, für Kreisbogen wird zusätzlich der Öffnungswinkel angegeben. Die Außenkontur wird gegen den Uhrzeigersinn, Aussparungen und Bohrungen im Uhrzeigersinn eingegeben. GEO1 berechnet Querschnittsfläche, die axialen Flächenmomente 1. und 2. Ordnung, gemischtes und polares Flächenmoment bezogen auf Koordinatenursprung und auf den Schwerpunkt.

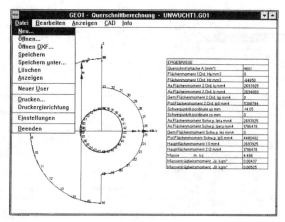

GEO1 berechnet außerdem die Hauptflächenmomente und den Hauptwinkel zum Koordinatensystem. Durch Angabe einer Konturlänge Lx und der Werkstoffdichte wird aus der Fläche ein Körper, GEO1 berechnet in diesem Fall zusätzlich Volumen, Masse und das Massenträgheitsmoment um Schwerpunkt und Koordinatenursprung. Für die Berechnung werden Kreisbogen und Bohrungen in Polygonzüge aufgeteilt, die Genauigkeit ist einstellbar. Die Kontur kann auch als Polylinie aus einer DXF-Datei übernommen werden.

6.4 GEO 1

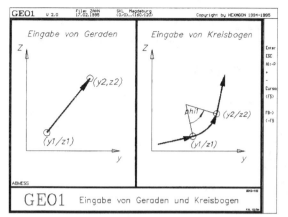

Grafikausgabe
Die eingegebene Kontur wird zusammen mit Koordinaten-, Schwerpunkt-, und Hauptachsen graphisch am Bildschirm dargestellt. In einer Tabelle werden die wichtigsten Ergebnisdaten angezeigt. Die Zeichnungen können auf Nadel-, Laser- und Tintenstrahldrucker ausgegeben werden.

HEXAGON-Hilfesystem
Zu allen Eingaben kann das HEXAGON-Hilfesystem mit Hilfetexten und Hilfebildern eingeblendet werden. Bei auftretenden Fehlermeldungen können Sie sich eine Beschreibung und Abhilfemöglichkeiten anzeigen lassen.

CAD-Schnittstelle
Geometrie und Ergebnistabelle werden von GEO1 als DXF- oder Iges-Datei generiert, dies ermöglicht die Übernahme in CAD-Systeme und Textverarbeitungsprogramme. Umgekehrt muß die Kontur nicht unbedingt innerhalb von GEO1 eingegeben werden, sondern kann auch als DXF-Datei eingelesen werden. Voraussetzung dabei ist, daß die Kontur als Polylinie (POLYLINE Command) gezeichnet wurde.

Systemvoraussetzungen
Die GEO1-Software ist auf jedem PC lauffähig, es gibt eine Version für MS-DOS und für Windows (bei Bestellung bitte angeben).

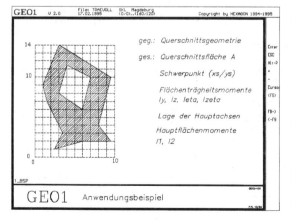

Lieferumfang
* Disketten 3.5" mit GEO1 Programm, Installationsroutinen, Beispieldateien, Hilfebildern und Hilfetext
* Eingabeformulare
* Benutzerhandbuch
* Lizenzvertrag für zeitlich unbegrenztes Nutzungsrecht mit Update-Service

Gewährleistung
HEXAGON übernimmt eine Gewährleistung von 12 Monaten dafür, daß die Software die genannten Funktionen erfüllt.

Info- und Updateservice
HEXAGON-Software wird laufend aktualisiert und verbessert, über Updates und Neuerscheinungen werden Kunden regelmäßig informiert.

6.5 HPGL-Manager

*Software zur Anzeige und
Konvertierung von Plotdateien
für MS-DOS, Windows und Unix*

(C) Copyright 1989-1995 by HEXAGON, Kirchheim/Teck

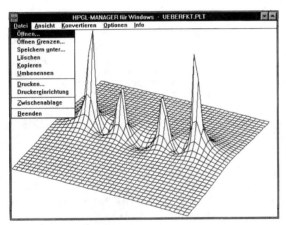

Mit dem HPGL-Manager können Plotdateien beliebiger Größe in den Formaten HP-GL (Hewlett Packard Graphics Language) und HP-GL/2 als Zeichnung am Bildschirm dargestellt und in ein anderes Grafikformat konvertiert werden.

Konvertierung
Mögliche Ausgabeformate sind:
CAD: DXF, IGES
Plotter: HP-GL, HP-GL/2, Aristo, Lasercomb
NC-Code: DIN 66025, Deckel, SM.
Laserdrucker: Postscript, HP/GL
Programmierung: Turbo Pascal, Turbo C.

Postscript-Laserdrucker
Bei der Ausgabe von Zeichnungen an Postscript-Laserdrucker sind Textzeichensatz und Breitenfaktor frei einstellbar. Den Farben können verschiedene Strichstärken zugeordnet werden.

Plotten
Die Zeichnung kann maßstäblich vergrößert/verkleinert und mit Nullpunktverschiebung auf Plotter und Laserdrucker ausgegeben werden.

NC-Code
Die Möglichkeit der NC-Konvertierung kann z.B. für das Fräsen von Gravuren oder Prototyp-Leiterplatten mit einer CNC-Maschine angewendet werden.

Hard-und Softwarevoraussetzungen
Den HPGL-Manager gibt es für MS-DOS und Windows, sowie als UNIX-Version für DEC Ultrix und SUN Sparc.

Lieferumfang
Programmdisketten 3.5", Benutzerhandbuch mit Beschreibung der verwendeten Grafikformate, Lizenzvertrag für zeitlich unbegrenztes Nutzungsrecht mit Update-Service.

(C) HP-GL und HP-GL/2 sind geschützte Warenzeichen der Hewlett-Packard Inc.

6.5 HPGL-Manager

Konvertierungsmöglichkeiten mit HPGL-Manager und DXF-Manager

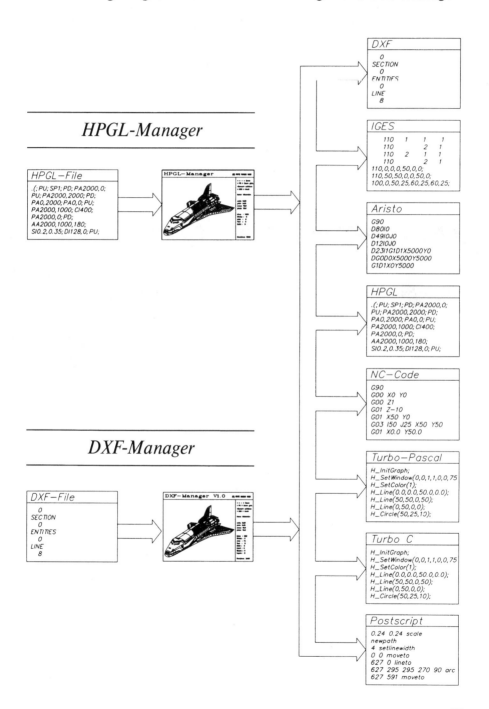

71

6 HEXAGON

6.6 HPGLVIEW für Windows

Grafik-Software
für HP-GL Plotdateien

(C) Copyright 1995 by HEXAGON, Kirchheim/Teck

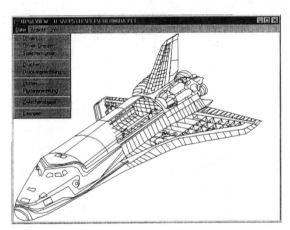

HPGL-Viewer
HPGLVIEW ist eine Software zur Visualisierung von Plotdateien in den Formaten HP-GL (Hewlett-Packard Graphics Language) und HP-GL/2. HPGLVIEW läuft unter Microsoft Windows, alle Windows-Grafiksysteme und Drucker werden unterstützt.

Anzeige und Zoom
Die Plotdateien werden am Bildschirm in der vollen Auflösung des verwendeten Grafiksystems angezeigt. Mit der linken Maustaste kann ein Zoomfenster markiert werden, über die Cursortasten läßt sich der Bildausschnitt verschieben. Über die Zwischenablage von Windows können Sie den Bildschirminhalt direkt in ein Text- oder DTP-Programm übernehmen.

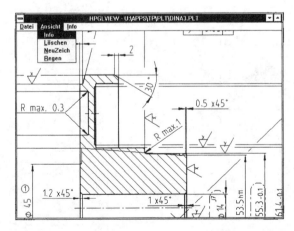

Drucken
Den Bildschirminhalt können Sie mit jedem unter Windows konfigurierten Drucker ausgeben, durch die Zoomfunktion ist die Ausgabe von Bildausschnitten möglich.

Plotten
Durch Umleitung der Plotdatei auf serielle oder parallele Schnittstelle können die Zeichnungen auf jedem HPGL-kompatiblen Plotter ausgegeben werden. Auch HPGL-Laserdrucker (Druckersprache PCL 5) werden unterstützt, HPGLVIEW übernimmt dann die Umschaltung von PCL auf HPGL und zurück in PCL.

6.6 HPGL VIEW für Windows

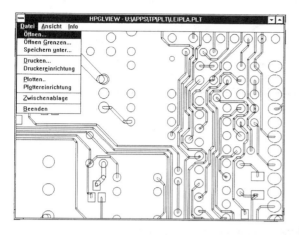

Verknüpfung mit Dateien
Bei Aufruf von HPGLVIEW mit dem Namen der HPGL-Datei als Parameter wird die Plotdatei automatisch eingelesen und als Zeichnung am Bildschirm dargestellt. Durch Verknüpfung von HPGLVIEW mit den Dateien z.B. der Endung PLT wird bei Anklicken einer PLT-Datei im Dateimanager von Windows automatisch HPGLVIEW geladen und die gewünschte Datei als Zeichnung angezeigt.

Anwendung Papierloses Büro:
Alle CAD-Zeichnungen werden als HPGL-Datei im PC-Netzwerk zur Verfügung gestellt (auch bei heterogener CAD-Ausstattung geeignet, HPGL-Ausgabe ist mit jedem CAD-System möglich). Mit HPGLVIEW wird die gewünschte Zeichnung am PC-Bildschirm dargestellt. Auf Wunsch kann ein Ausschnitt ausgedruckt oder die ganze Zeichnung ausgeplottet werden.

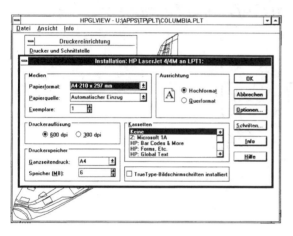

Verwendung als Utility
Durch die Möglichkeit des Programmaufrufs mit Parameter können Sie HPGLVIEW zusammen mit selbstgeschriebenen Programmen zur Anzeige von Zeichnungen und Grafiken am Bildschirm verwenden.

Verwendung zur Plotverwaltung
Mit HPGLVIEW werden Plotdateien vor der Ausgabe auf Plotter überprüft und nach Priorität sortiert.

Hard-und Softwarevoraussetzungen
HPGLVIEW läuft auf jedem PC mit MS-Windows 3.1 oder Windows 95 mit mindestens 4 MB Hauptspeicher. Für die Installation im Netzwerk ist eine Netzwerklizenz erforderlich.

Lieferumfang
* Disketten 3.5" mit HPGLVIEW, Programmbeschreibung, Beispieldateien.
* Lizenzvertrag für zeitlich unbegrenztes Nutzungsrecht mit Update-Service

Gewährleistung
HEXAGON übernimmt eine Gewährleistung von 12 Monaten dafür, daß die Software die genannten Funktionen erfüllt.

Softwarepflege, Hotline
HEXAGON-Software wird laufend aktualisiert und verbessert, über Updates und Neuerscheinungen werden Kunden regelmäßig informiert.

(C) HP-GL und HP-GL/2 sind eingetrag. Warenzeichen der Hewlett-Packard Inc.
(C) MS-Windows ist eingetragenes Warenzeichen der Microsoft Inc.

6 HEXAGON

6.7 *LG 1*

Software zur Wälzlagerberechnung
mit Schnittstellen zu CAD und Datenbank

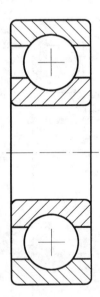

© Copyright 1992, 93, 94 · HEXAGON GmbH · D-73230 Kirchheim/Teck

Wälzlagerberechnung

Die LG 1-Software berechnet die Lagerlebensdauer nach DIN von Rillenkugellagern, Pendelkugellagern, Nadelhülsen, Nadellagern, Zylinderrollenlagern, Kegelrollenlagern und Pendelrollenlagern.

Bei Vorgabe von Schmierstoffviskosität, Lagertemperatur und Erlebenswahrscheinlichkeit wird auch die modifizierte Lebensdauer nach Angaben der Wälzlagerhersteller berechnet.

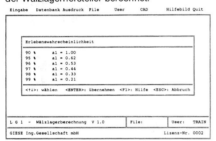

Datenbank

Alle Abmessungen und Lagerkennwerte übernimmt LG 1 aus der integrierten Datenbank, so daß man das gewünschte Lager nur noch anwählen muß.

Im Lieferumfang enthalten sind Dateien mit 340 Rillenkugellagern, 100 Pendelkugellagern, 55 Nadelhülsen, 170 Nadellagern, 450 Zylinderrollenlagern, 300 Kegelrollenlagern und 360 Pendelrollenlagern.

Abmessungen, Tragzahlen, zulässige Drehzahlen stammen aus Unterlagen der Firmen SKF und INA (Nadelhülsen).

Die Datenbankfiles benutzen das verbreitete DBF-Format von dBase 3+ und können frei modifiziert und erweitert werden.

Für eigene Eintragungen ist ein Infofeld vorgesehen.

6 HEXAGON

Für kostenbewußtes Konstruieren ist es wichtig, den Einkaufspreis des Lagers zu kennen, deshalb wurde auch hierfür ein Feld vorgesehen.

Grafik und CAD-Schnittstelle

Die gewählten und berechneten Wälzlager kann man als Zeichnung am Bildschirm darstellen und als DXF- oder IGES-File maßstäblich an CAD übergeben.

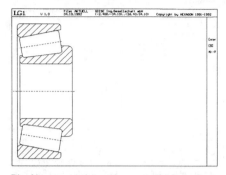

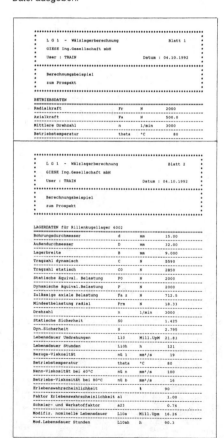

Ausgabe

Die Rechenergebnisse kann man zusammen mit den Eingabedaten auf Bildschirm, Drucker oder Datei ausgeben.

Die Abmessungen werden aus der Datenbank übernommen, so daß auch neu eingetragene Lager als Variantenkonstruktion gezeichnet werden.

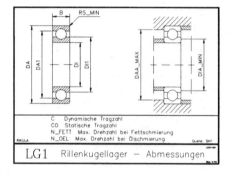

LG1 Rillenkugellager – Abmessungen

Grafische Hilfsfunktion

Integrierte Hilfetexte und Hilfebilder garantieren für eine kurze Einarbeitungszeit und eine schnelle Übersicht z. B. bei der Erklärung der Bezeichnungen aus der Datenbank.

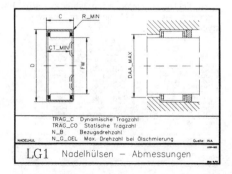

LG1 Nadelhülsen – Abmessungen

6.7 LG 1

Benutzeroberfläche
Durch Pull-down Menüs und Pop-up Windows bietet LG 1 eine komfortable Bedienerführung, in der sich auch der weniger geübte PC-Benutzer rasch zurechtfindet. Zusätzlich können über die Funktionstaste F1 an jeder Stelle des Programms Hilfetexte eingeblendet werden. Bei Aufruf des Demomodus stellt sich LG 1 selbst vor und führt eine Beispielberechnung durch. Für die komfortable Verwaltung der Eingabedaten verfügt LG 1 über eine integrierte Multi-User Dateiverwaltung.

Systemvoraussetzungen
LG 1 gibt es für MS-DOS und Windows. Die DOS-Version läuft auf allen IBM-kompatiblen PC's unter MS-DOS ab Version 3.3. Ein RAM-Speicher von mindestens 640 kByte, Diskettenlaufwerk, Festplatte und Drucker sollten vorhanden sein. Die Windows-Version setzt MS-Windows 3.0 oder neuer voraus. Ein arithmetischer Coprozessor wird unterstützt, ist aber nicht zwingend erforderlich. Bei Verwendung der CAD-Übergabe sollte das verwendete System mit einer DXF- oder IGES-Schnittstelle ausgestattet sein. Geeignet sind z. B. AutoCAD, CADDY, LOGOCAD, PC-DRAFT, CADKEY, CATIA, CADAM, ME 10, MEGACAD.

© IBM ist eingetragenes Markenzeichen der IBM Corp.
© AutoCAD ist eingetragenes Warenzeichen der Autodesk AG
© CADDY ist eingetragenes Warenzeichen der Ziegler-Instrum. GmbH
© LOGOCAD ist eingetragenes Warenzeichen der Logotec GmbH
© PC-DRAFT ist eingetragenes Warenzeichen der rhv-Software GmbH
© CADKEY ist eingetragenes Warenzeichen der Cadkey Inc.
© CADAM ist eingetragenes Warenzeichen der CADAM Inc.
© CATIA ist eingetragenes Warenzeichen der IBM Corp.
© ME 10 ist eingetragenes Warenzeichen der Hewlett-Packard Inc.
© MEGACAD ist eingetragenes Warenzeichen der MEGA TECH Software GmbH
© dBase ist eingetragenes Warenzeichen der Ashton-Tate GmbH
© SKF ist eingetragenes Markenzeichen der SKF GmbH
© INA ist eingetragenes Markenzeichen der INA Wälzlager Schaeffler KG

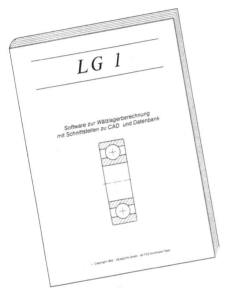

Lieferumfang
Das LG 1-Paket besteht aus
- Disketten 5.25" und 3.5" mit
  - LG 1 Programm
  - Installationsroutinen
  - Beispieldateien
  - Lagerdaten
  - Hilfebilder
- Handbuch mit Installationshinweisen, Programmbeschreibung, Anwendungsbeispielen, Berechnungsgrundlagen.
- Lizenzvertrag für zeitlich unbegrenztes Nutzungsrecht mit Update-Service

Softwarepflege
LG 1 wird laufend aktualisiert und verbessert. Neue Versionen erhalten Lizenznehmer zum Update-Preis.

Gewährleistung
Wir übernehmen eine Garantie von 12 Monaten dafür, daß die Software die genannten Funktionen erfüllt. Wir gewähren kostenlose telefonische Einsatzunterstützung und Hotline.

Entwicklung:

Vertrieb:

HEXAGON Industriesoftware GmbH
Fritz Ruoss

Stiegelstraße 8
D-73230 Kirchheim7Teck

Telefon 0 70 21 / 5 95 78
Telefax 0 70 21 / 5 99 86

6 HEXAGON

6.8 S R 1

Software zur Auslegung von Schraubenverbindungen nach VDI 2230

für MS-DOS und Windows

(C) Copyright 1993-1995 by HEXAGON, Kirchheim/Teck

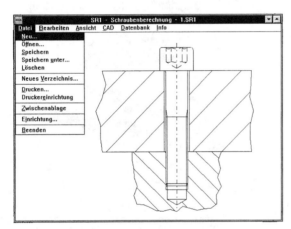

Berechnungsgrundlagen
Die SR1-Software berechnet hochbeanspruchte Schraubenverbindungen mit zentrischer oder exzentrischer Belastung und Verspannung nach VDI 2230. Anhand der Berechnung ist eine Ausgabe von Verspannungsschaubild und maßstäblicher Zeichnung möglich.

Vorauslegung
Aus den Belastungsgrößen:
- Axialkraft zentrisch/exzentrisch oder Querkraft
- Belastung statisch/dynamisch
- Anziehverfahren

werden verschiedene Kombinationen von Schraubendurchmessern/Festigkeitsklassen berechnet, die Sie als Vorgabe für die detaillierte Berechnung übernehmen können.

Datenbank für Schrauben und Gewinde
Alle Abmessungen für Schaft- und Taillenschrauben nach DIN sowie metrische Normal- und Feingewinde, der Schraubenkopf nach DIN 912, 931, 84, 85 und Muttern nach DIN 934 und 6915 sind in der integrierten Datenbank hinterlegt und müssen nur noch ausgewählt werden. Die Datenbankdateien können beliebig erweitert und modifiziert werden. Alternativ kann auch eine beliebig abgestufte Sonderschraube definiert werden.

Klemmteile
Frei definierbar sind Abmessungen, Werkstoff, E-Modul, zulässige Pressung von max. 10 verspannten Teilen.

Zentrische und exzentrische Belastung
SR1 berechnet Schraubenverbindungen mit zentrischer und exzentrischer Verspannung und Belastung.

6.8 SR1

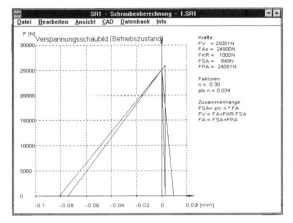

Reibung
Die wichtigsten Reibungskoeffizienten für die Reibung in Gewinde, Kopfauflage und Trennfuge können aus der integrierten Datenbank übernommen werden.

Anziehverfahren
Anziehfaktor und Streuung für die gewählten Anziehverfahren werden aus der Datenbank übernommen.

Verspannungsschaubild
Verspannungsschaubilder für Montagezustand und Betriebszustand können am Bildschirm angezeigt und auf Nadel-, Tintenstrahl- und Laserdrucker ausgegeben werden. Über DXF-Datei ist auch die Übernahme in CAD- und DTP-Systeme möglich.

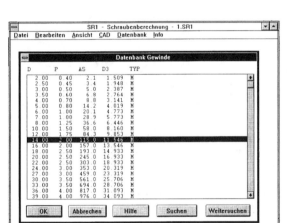

Ausdruck
Berechnet werden alle elastischen Nachgiebigkeiten, Kräfte, Spannungen, Anziehmomente. Alle Eingabe- und Ergebnisdaten können auf Bildschirm und Drucker ausgegeben oder in eine Datei geschrieben werden.

CAD-Schnittstelle
SR1 generiert eine maßstäbliche Zeichnung der Schraubenverbindung mit Schraube, Klemmstücken und Mutter bzw. Sackloch. Über DXF- oder IGES-Datei ist die Übernahme in CAD möglich.

HEXAGON-Hilfesystem
Zu allen Eingaben kann das HEXAGON-Hilfesystem mit Hilfetexten und Hilfebildern aufgerufen werden. Bei auftretenden Fehlermeldungen können Sie sich eine Beschreibung und Abhilfemöglichkeiten anzeigen lassen.

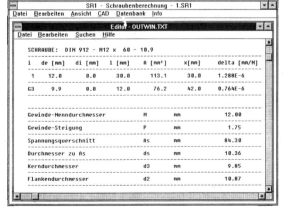

Lieferumfang
* Disketten 3.5" mit SR1 Programm, Beispieldateien und Hilfesystem
* Benutzerhandbuch mit Anwendungsbeispielen und Berechnungsgrundlagen
* Eingabeformulare
* Lizenzvertrag für zeitlich unbegrenztes Nutzungsrecht mit Update-Service

Gewährleistung
HEXAGON übernimmt eine Gewährleistung von 12 Monaten dafür, daß die Software die genannten Funktionen erfüllt.

Softwarepflege, Hotline
HEXAGON-Software wird laufend aktualisiert und verbessert, über Updates und Neuerscheinungen werden Kunden regelmäßig informiert.

6 HEXAGON

6.9 *TOL 1*

Software zur Toleranzrechnung
für MS-DOS und Windows

(C) Copyright 1987-1995 by HEXAGON, Kirchheim/Teck

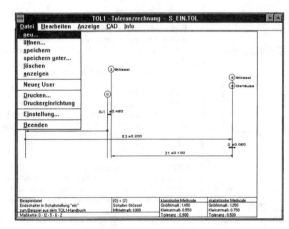

Mit der TOL1-Software reduzieren Sie Zeitaufwand und Fehlerquellen bei der Toleranzrechnung auf ein Minimum. Für Ihre Toleranzrechnungen erstellen Sie in Zukunft nur noch eine Elementeskizze und eine Tabelle mit allen wichtigen Maßen und Toleranzen - die Berechnung erledigt TOL1 für Sie.
Am PC können Sie dann alle Maße und Toleranzen so lange ändern und optimieren, bis Ihre Konstruktion alle Anforderungen erfüllt. TOL1 druckt Ihnen eine Tabelle mit allen Eingabe- und Ergebnisdaten aus - fertig zur Ablage im Projektordner.
Für die systematische Erfassung Ihrer Konstruktion werden alle wichtigen Maßebenen durchnumeriert und Maße, Toleranzen und Abhängigkeiten in einer Tabelle erfaßt. TOL1 berechnet Ihnen dann Größt- und Kleinstmaß zwischen jedem beliebigen Abstand innerhalb der Maßkette.

6.9 TOL 1

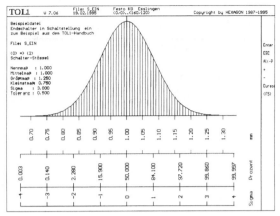

Freimaßtoleranzen

Freimaßtoleranzen für den allgemeinen Maschinenbau nach DIN 7168, für Kunststoff-Formteile nach DIN 16901, für Fließpreßteile nach DIN 17673 und für Stanzteile nach DIN 6930 können Sie sich von TOL1 einsetzen lassen.

Passungstoleranzen

Das Programm enthält alle ISO-Toleranzen nach DIN 7160 und DIN 7161. Wenn Sie z.B. "H7" eingeben, setzt TOL1 das obere und untere Abmaß in Abhängigkeit vom eingegebenen Nennmaß automatisch ein.

Statistische Verteilungsformen

Größt- und Kleinstmaß der Maßketten werden als arithmetische Summe (Worst Case) sowie aus der Quadratwurzel der Toleranzquadrate (Normalverteilung) berechnet.

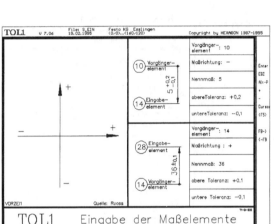

Die statistische Methode, welche auf der Normalverteilung aller Maße nach der Gauß'schen Glockenkurve aufbaut, wird vor allem bei Serienteilen bevorzugt eingesetzt. Anhand der statistischen Auswertung kann so bereits in der Konstruktionsphase der zu erwartende Ausschußanteil abgeschätzt werden.
Die Maßkette aus den beteiligten Elementen können Sie als Grafik am Bildschirm darstellen lassen. Eine weitere Funktion zeigt die Verteilung unter der Gauß'schen Glockenkurve für den gewünschten Abstand.

HEXAGON-Hilfesystem

Zu allen Eingaben kann das HEXAGON-Hilfesystem mit Hilfetexten und Hilfebildern aufgerufen werden. Bei auftretenden Fehlermeldungen können Sie sich eine Beschreibung und Abhilfemöglichkeiten anzeigen lassen.

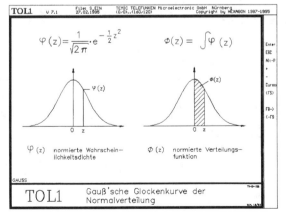

Lieferumfang

* Disketten 3.5" mit TOL1 Programm, Beispieldateien, Hilfesystem
* Benutzerhandbuch mit Anwendungsbeispielen und Berechnungsgrundlagen
* Eingabeformulare
* Lizenzvertrag für zeitlich unbegrenztes Nutzungsrecht mit Update-Service

Gewährleistung

HEXAGON übernimmt eine Gewährleistung von 12 Monaten dafür, daß die Software die genannten Funktionen erfüllt.

Softwarepflege, Hotline

HEXAGON-Software wird laufend aktualisiert und verbessert, über Updates und Neuerscheinungen werden Kunden regelmäßig informiert.

6.10 WL1+

Software zur Wellenberechnung mit Wälzlagerauslegung

für MS-DOS und Windows

(C) Copyright 1991-1996 by HEXAGON, Kirchheim/Teck

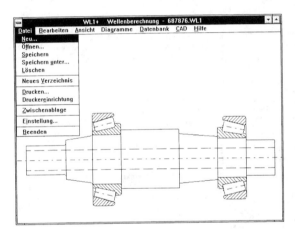

Wellenberechnung mit WL1+
WL1+ berechnet Spannungen, Durchbiegung, Verdrehung und kritische Drehzahlen von beliebig abgesetzten Wellen sowie die Lagerlebensdauer.

Welle
Die Welle kann aus bis zu 50 zylindrischen oder konischen Wellenabschnitten bestehen.

Belastung
Als Belastung können bis zu 50 Einzelkräfte, Streckenlasten, Biegemomente, Drehmomente und Axialkräfte aufgegeben werden.

Komplexe Lasten
Belastungen durch Zahnradgetriebe rechnet WL1+ in Streckenlasten, Axialkraft, Dreh- und Biegemoment um. Die komfortabelste Art der Eingabe ist die direkte Übernahme der Getriebekräfte aus dem Zahnradprogramm ZAR1+.

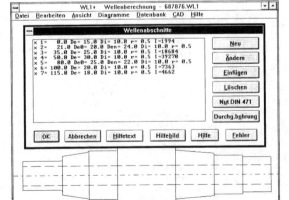

Kerbwirkung
Bei Eingabe von Oberflächenkennziffer, Empfindlichkeitsziffer und Übergangsradius wird die erhöhte Spannung an den Wellenübergängen automatisch berücksichtigt. Zonen mit erhöhter Kerbwirkung (z.B. durch Paßfedernuten) kann man durch Eingabe von ßk, ßkb und ßkt bei der Berechnung der Torsions- und Biegespannungen berücksichtigen.

Lagerung
WL1+ berechnet statisch bestimmt gelagerte Wellen mit Fest-/Loslagerung, fester Einspannung und Tragstützlagerung, bei der jedes Lager nur in einer Richtung Axialkräfte aufnimmt. Außerdem können statisch unbestimmt gelagerte Wellen mit 3 Lagerstellen berechnet werden.

Werkstoffdatenbank
Die wichtigsten Stähle sind in der mitgelieferten Datenbank enthalten, auf die Daten von weiteren Stählen und NE-Metallen kann durch Verknüpfung mit der WST1-Werkstoffdatenbank zugegriffen werden.

6.10 WL 1+

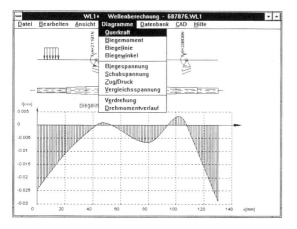

Kritische Drehzahlen
Aus der Eigenmasse der Welle und weiteren aufgesetzten Massen (z.B. Rotorkörper, Zahnkranz, Riemenscheibe) werden die kritischen Drehzahlen für Biege- und Drehschwingungen nach der Méthode von Kull und Dunkerley berechnet.

Vergleichsspannung
Aus Biege-, Zug- und Schubspannung berechnet WL1+ eine Vergleichsspannung nach der Hypothese der größten Normalspannung, Schubspannung oder Gestaltänderungsenergie.

Wälzlagerdatenbank
Im Lieferumfang von WL1+ enthalten sind Datenbankfiles im XBase-Format mit 340 Rillenkugellagern, 100 Pendelkugellagern, 55 Nadelhülsen, 170 Nadellagern, 450 Zylinderrollenlagern, 300 Kegelrollenlagern und 360 Pendelrollenlagern nach Unterlagen von SKF und INA. Die Datenbanken sind frei modifizierbar und erweiterbar.

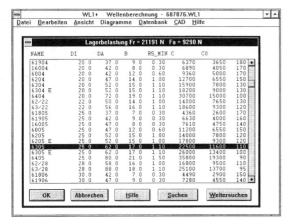

Diagramme
Wichtige Informationen erhält man aus dem Verlauf von Querkraft, Biegemoment, Biegewinkel, Biegelinie, Biegespannung, Schubspannung und Vergleichsspannung. Die Diagramme können Sie ausdrucken oder als DXF-Datei bzw. über Zwischenablage in Ihre Dokumentation übernehmen.

Wälzlagerberechnung
Anhand der Werte von berechneter Auflagerlast und Tragzahlen können Sie aus der mitgelieferten Datenbank ein geeignetes Lager wählen, WL1+ berechnet daraus die Lagerlebensdauer nach DIN.

Ausdruck
Im Ausdruck erscheinen die Extremwerte von Biegemoment, Biegelinie, Biegespannung, Schubspannung und Vergleichsspannung, zusammen mit Wellengewicht, Massenträgheitsmoment, Schwerpunkt, Auflagerkräften, Biegewinkel in den Lagerstellen, Lagerlebensdauer, kritischen Drehzahlen, Werkstoffkennwerten und allen Eingabedaten.

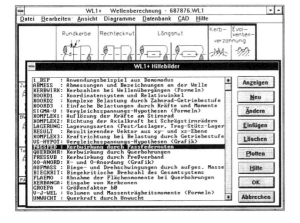

CAD-Schnittstelle
Nachdem Sie die Welle mit WL1+ berechnet haben, können Sie die maßstäbliche Zeichnung der Welle samt Wälzlagern über DXF- oder IGES-Datei direkt in Ihr CAD-System übernehmen.

HEXAGON-Hilfesystem
Für die Erläuterung der Eingabedaten können Sie bei Bedarf Hilfetexte und Hilfebilder anzeigen lassen. Bei Eingabefehlern und Überschreitung von Grenzwerten gibt WL1+ Fehlermeldungen aus. Zu jeder Fehlermeldung können Sie eine genauere Beschreibungen mit Abhilfemöglichkeiten anzeigen lassen.

Gewährleistung
HEXAGON übernimmt eine Garantie von 12 Monaten dafür, daß die Software die genannten Funktionen erfüllt. Wir gewähren kostenlose telefonische Einsatzunterstützung und Hotline. HEXAGON-Software wird laufend aktualisiert und verbessert, über Updates und Neuerscheinungen werden Kunden regelmäßig informiert.

6.11 WN 1

Softwarepaket zur Auslegung von Preßverbänden

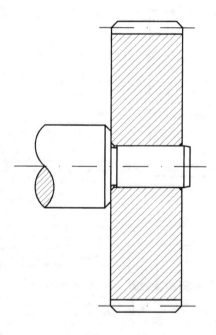

© Copyright 1992, 93, 94 · HEXAGON GmbH · D-73230 Kirchheim/Teck

6.11 WN 1

Mit dem Programm WN 1 werden zylindrische Preßverbände im rein elastischen und elastisch-plastischen Bereich auf der Grundlage von DIN 7190 berechnet. Eingabedaten sind die Werkstoffkennwerte, Haftbeiwerte, Abmessungen, Mindestpressung bzw. übertragbares Moment oder zu übertragende Axialkraft.

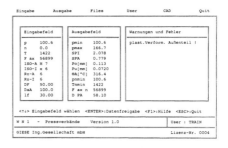

Bei der Auslegung kann man sich zu einer gewünschten ISO-Toleranz des Fügedurchmessers von Nabe oder Welle die passenden Abmaße des Gegenstücks berechnen lassen. Die ISO-Abmaße für Bohrungen und Wellen nach DIN 7160 und DIN 7161 werden vom Programm zur Verfügung gestellt.

Werkstoffe können aus der integrierten Datenbank ausgewählt werden, die leicht modifiziert oder um eigene Werkstoffe ergänzt werden kann.

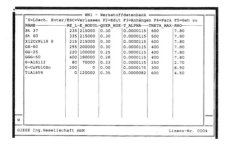

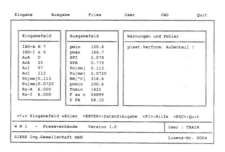

Bei der Nachrechnung kann man vorhandene Preßverbände durch Eingabe von Abmaßen, Überdeckungen oder ISO-Passungen überprüfen. Dank On-Line Eingabe kann man Auslegung und Nachrechnung auch verwenden, um zu beobachten, wie sich der Preßverband bei Veränderung einzelner Werte verhält.

Haftbeiwerte für Lösen und Rutschen in Längs- und Umfangsrichtung kann man direkt eingeben oder von WN 1 in Abhängigkeit von Fügevorgang und Werkstoff einsetzen lassen.

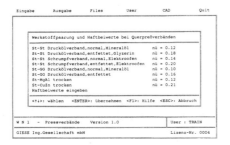

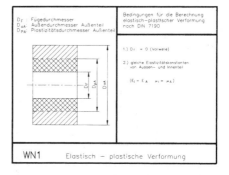

Integrierte Hilfetexte und Hilfebilder garantieren für eine kurze Einarbeitungszeit und eine schnelle Übersicht bei der Auslegung von Preßverbänden mit der WN 1-Software.

85

6 HEXAGON

Ausgabe
Die Rechenergebnisse kann man zusammen mit den Eingabedaten auf Bildschirm, Drucker oder Datei ausgeben.

CAD-Schnittstelle
Zeichnungen von Passungstabelle, Außenteil, Innenteil kann man als DXF- oder IGES-File ausgeben und in CAD übernehmen.

Auch eine Prüfbescheinigung nach DIN 7190 fertigt das Programm auf Knopfdruck an.

6.11 WN 1

Benutzeroberfläche
Durch Pull-down Menüs und Pop-up Windows bietet WN 1 eine komfortable Bedienerführung, in der sich auch der weniger geübte PC-Benutzer rasch zurechtfindet. Zusätzlich können über die Funktionstaste F1 an jeder Stelle des Programms Hilfetexte eingeblendet werden. Bei Aufruf des Demomodus stellt sich WN 1 selbst vor und führt eine Beispielberechnung durch. Für die komfortable Verwaltung der Eingabedaten verfügt WN 1 über eine integrierte Multi-User Dateiverwaltung.

Systemvoraussetzungen
WN 1 gibt es für MS-DOS und MS-Windows. Die DOS-Version läuft auf allen IBM-kompatiblen Personal- Computern unter MS-DOS ab Version 3.3. Ein RAM-Speicher von mindestens 640 kByte, Diskettenlaufwerk, Festplatte und Drucker sollten vorhanden sein.

Die Windows-Version setzt zusätzlich MS-Windows 3.0 oder neuer und entsprechend mehr Hauptspeicher voraus.
Ein arithmetischer Coprozessor wird unterstützt, ist aber nicht zwingend erforderlich.
Bei Verwendung der CAD-Übergabe sollte das verwendete System mit einer DXF- oder IGES-Schnittstelle ausgestattet sein. Geeignet sind z. B. AutoCAD, CADDY, LOGOCAD, PC-DRAFT, CADKEY, CATIA, CADAM, ME 10.

© IBM ist eingetragenes Markenzeichen der IBM Corp.
© AutoCAD ist eingetragenes Warenzeichen der Autodesk AG
© CADdy ist eingetragenes Warenzeichen der Ziegler-Instrum. GmbH
© LogoCAD ist eingetragenes Warenzeichen der Logotec GmbH
© PC-DRAFT ist eingetragenes Warenzeichen der rhv-Software GmbH
© CADKEY ist eingetragenes Warenzeichen der Cadkey Inc.
© CADAM ist eingetragenes Warenzeichen der CADAM Inc.
© CATIA ist eingetragenes Warenzeichen der IBM Corp.
© ME 10 ist eingetragenes Warenzeichen der Hewlett-Packard Inc.
© dBase ist eingetragenes Warenzeichen der Ashton-Tate GmbH
© MS-DOS und MS-Windows sind eingetragene Warenzeichen der Microsoft Corp.

Lieferumfang
Das WN 1-Paket besteht aus
- Disketten 5.25" und 3.5" mit
  - WN 1 Programm
  - Installationsroutinen
  - Beispieldateien
- Handbuch mit Installationshinweisen, Programmbeschreibung, Anwendungsbeispielen, Berechnungsgrundlagen.
- Formblätter für die Eingabedaten
- Lizenzvertrag für zeitlich unbegrenztes Nutzungsrecht mit Update-Service

Softwarepflege
WN 1 wird laufend aktualisiert und verbessert. Neue Versionen erhalten Lizenznehmer zum günstigen Update-Preis.

Gewährleistung
Wir übernehmen eine Garantie von 12 Monaten dafür, daß die Software die genannten Funktionen erfüllt. Wir gewähren kostenlose telefonische Einsatzunterstützung und Hotline.

Entwicklung: Vertrieb:

HEXAGON Industriesoftware GmbH
Fritz Ruoss

Stiegelstraße 8
D-73230 Kirchheim/Teck

Telefon 0 70 21 / 5 95 78
Telefax 0 70 21 / 5 99 86

6.12 WN2

Software zur Berechnung von Zahnwellenverbindungen nach DIN 5480

für MS-DOS und Windows

(C) Copyright 1994 by HEXAGON, Kirchheim/Teck

Die WN2-Software berechnet Geometrie und übertragbares Drehmoment einer Mitnehmerverzahnung mit Evolventenflanken. Außer einem Ergebnisausdruck gibt es Möglichkeiten zur Ausgabe von Zeichnungen und Tabellen auf Bildschirm oder Drucker sowie die CAD-Schnittstellen DXF und Iges zur Generierung von Zeichnungsdateien für die Übernahme in das CAD-System.

Abmessungen
Aus Bezugsdurchmesser, Eingriffswinkel, Modul und Verzahnungsbreite berechnet WN2 alle für die Herstellung erforderlichen Daten. Die Geometrie kann am Bildschirm dargestellt, ausgedruckt und in CAD übernommen werden.

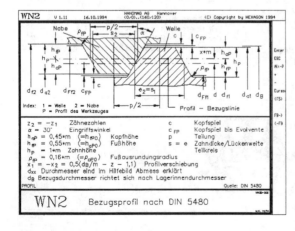

Datenbank
Zum Lieferumfang von WN2 gehört eine Datenbank, die alle Kombinationen von Zahnwellenverbindungen nach DIN 5480 enthält (ca. 700 Datensätze). Das Datenbankfile im dBase-Format kann vom Anwender beliebig modifiziert und erweitert werden (innerhalb WN2 oder extern).

6.12 WN2

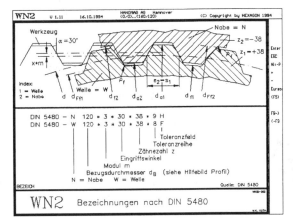

Toleranzen
Aus Toleranzfeld und Toleranzreihe nach DIN 5480 berechnet WN2 alle Abmaße, Form-, Winkel-, Rundlaufabweichungen. Alle Tabellenwerte werden von WN2 bereitgestellt.

Prüfmaße
Aus Abmessungen und den gewählten Toleranzfeldern berechnet das Programm Zahnweite und diametrales Zweirollenmaß (Min-,Max- und Nennwert), wobei Meßzähnezahl und Rollendurchmesser geändert werden können.

Werkstoffdatenbank
Bereits im Programm enthalten ist eine Datenbank mit den wichtigsten Wellen- und Nabewerkstoffen und ihren Kennwerten (Elastizitätsmodul, Zugfestigkeit, zulässige Pressung).

CAD-Schnittstelle
Eine maßstäbliche Zeichnung der berechneten Zahnwellenverbindung kann über DXF- oder Iges-Schnittstelle in CAD übernommen werden, ebenso eine Zeichnungstabelle mit den wichtigsten Daten nach DIN 5480. Daneben gibt es noch eine Reihe von Möglichkeiten zur Darstellung von Einzelzahn, Zahnlücke, Hüllkurven des Verzahnungswerkzeugs, Eingriffsbild, Bezugsprofil.

HEXAGON-Hilfesystem
Zu allen Eingaben kann das HEXAGON-Hilfesystem mit Hilfetexten und Hilfebildern eingeblendet werden. Bei auftretenden Fehlermeldungen können Sie sich eine Beschreibung und Abhilfemöglichkeiten anzeigen lassen.

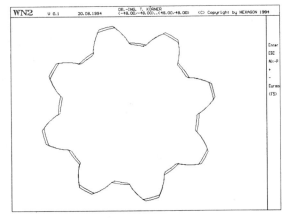

Hard- und Softwarevoraussetzungen
Die WN2-Software gibt es als Version für MS-DOS oder für Windows (bei Bestellung bitte angeben).

Lieferumfang
Zum Lieferumfang des WN2-Pakets gehören Disketten 3.5" und 5.25" mit WN2-Programm, Installationsroutinen, Beispieldateien, Hilfebildern und Hilfetext, ein ausführliches Benutzerhandbuch, Eingabeformulare sowie der Lizenzvertrag für zeitlich unbegrenztes Nutzungsrecht.

Info- und Update-Service
HEXAGON-Software wird laufend aktualisiert und verbessert, über Updates und Neuerscheinungen werden Kunden regelmäßig informiert.

6 HEXAGON

6.13 W N 3

Software zur Berechnung von Paßfederverbindungen nach DIN 6892

für MS-DOS und Windows

(C) Copyright 1995 by HEXAGON, Kirchheim/Teck

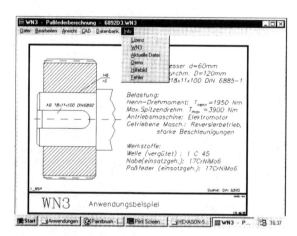

WN3
Die WN3-Software berechnet die Tragfähigkeit einer Paßfederverbindung nach DIN 6892 (Entwurf 3/95). Die Abmessungen der Paßfedern nach DIN 6885 sowie Werkstoffkennwerte für Paßfeder, Welle und Nabe werden einfach aus den integrierten Datenbanken übernommen. Als Ergebnis können Gesamtausdruck, Tabelle, und Zeichnungen von Paßfeder, Wellennut und Nabennut ausgegeben werden.

Berechnung
In der **Vorauslegung** können Sie sich aus Nenndrehmoment, Streckgrenze von Wellen- und Nabenwerkstoff und Anwendungsfaktor den Wellendurchmesser berechnen lassen und eine geeignete Paßfeder aus der Datenbank wählen.

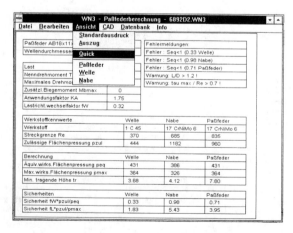

In der **Nachrechnung** nach DIN 6892 werden zusätzlich maximales Drehmoment, Lastverteilungsfaktor, Reibschlußfaktor (bei Preßpassungen), zusätzliches Biegemoment, Lastrichtungswechselfaktor und Lastspitzenhäufigkeitsfaktoren berücksichtigt. Die Stütz- und Härteeinflußfaktoren für Welle, Nabe und Paßfeder übernimmt WN3 automatisch aus den Werkstoffdatenbanken. Berechnet werden Sicherheiten gegen Bruch durch das maximale und äquivalente Drehmoment für Paßfeder, Welle und Nabe.

Paßfederdatenbank
Zum Lieferumfang von WN3 gehört eine Datenbank, die alle Abmessungen von Paßfedern nach DIN 6885 (Blatt 1, 2 und 3) enthält. Das Datenbankfile im dBase-Format kann vom Anwender beliebig modifiziert und erweitert werden (innerhalb WN3 oder extern).

6.13 WN 3

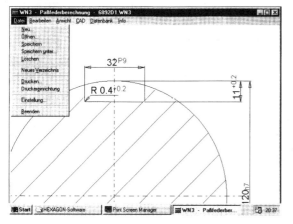

Werkstoffdatenbank
Die Werkstoffe für Welle, Nabe und Paßféder können aus einer Datenbank mit 30 Werkstoffeinträgen gewählt werden, alternativ ist auch ein Zugriff auf die WST1-Datenbank mit ca.500 Stählen und NE-Metallen möglich.

Ausdruck
Die Ergebnisse der Berechnung können in einem ausführlichen Ausdruck oder in einem 1-seitigen Auszug ausgedruckt werden.

CAD-Schnittstelle
Eine maßstäbliche Zeichnung der Paßfeder sowie Schnittzeichnungen durch Welle und Nabe mit der bemaßten Paßfedernut können Sie über DXF- oder IGES-Schnittstelle direkt in CAD übernehmen, ebenso eine Zeichnungstabelle mit den wichtigsten Daten.

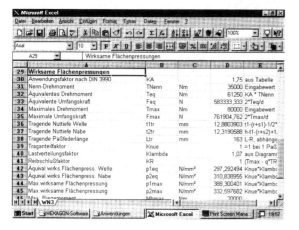

HEXAGON-Hilfesystem
Für die Erläuterung der einzugebenden Daten können Sie bei Bedarf Hilfetexte und Hilfebilder anzeigen lassen. Bei Überschreitung von Grenzwerten gibt das Programm Warnungen und Fehlermeldungen aus, im Fehler-Infofenster erhalten Sie dazu eine Fehlerbeschreibung mit Abhilfemöglichkeiten.

Arbeitsblatt für Tabellenkalkulation
Für die Erläuterung des Berechnungsablaufs wird ein "rechnendes" Arbeitsblatt mit den wichtigsten Formeln zur Berechnung von Paßfederverbindungen nach DIN 6892 mitgeliefert, das Sie mit den Tabellenkalkulationsprogrammen Excel (Microsoft), Quattro Pro (Borland/Novell), Lotus 1-2-3 oder Symphony (Lotus) laden und bearbeiten können.

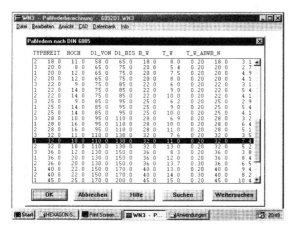

Hard-und Softwarevoraussetzungen
Die WN3-Software gibt es als Version für MS-DOS oder für Windows (bei Bestellung bitte angeben), die Windows-Version läuft auch unter Windows 95.

Lieferumfang
Zum Lieferumfang des WN3-Pakets gehören Disketten 3.5" mit WN3-Programm, Installationsroutinen, Beispieldateien, Hilfebildern und Hilfetext, ein ausführliches Benutzerhandbuch, Eingabeformulare, Arbeitsblätter für Tabellenkalulationsprogramme sowie der Lizenzvertrag für zeitlich unbegrenztes Nutzungsrecht und Updateberechtigung.

Info- und Update-Service
HEXAGON-Software wird laufend aktualisiert und verbessert, über Updates und Neuerscheinungen werden Kunden regelmäßig informiert.

6.14 WST1

Werkstoffdatenbank für Stähle und NE-Metalle
für MS-DOS und Windows

(C) Copyright 1992,93,94,95 by HEXAGON, Kirchheim/Teck

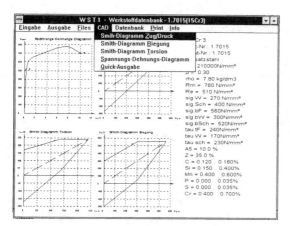

Mit dem Programm WST1 können technische Daten, Festigkeitswerte, Legierungsbestandteile, Eigenschaften und Verwendungsmöglichkeiten von Stählen und NE-Metallen abgerufen werden.
Aus den Festigkeitswerten konstruiert WST1 ein Spannungs-Dehnungs-Diagramm sowie Dauerfestigkeitsschaubilder bei Zug/Druck, Biegung und Torsion.
Die Datensätze können leicht modifiziert und erweitert werden. Es lassen sich beliebig viele neue Werkstoffe anfügen. Die vorhandenen Werte können auch durch evtl. abweichende Vorgaben aus Werksnormen ersetzt werden, ebenso kann man durch Löschen nicht benötigter Datensätze die Werkstoffauswahl auf die tatsächlich verwendeten Typen beschränken.

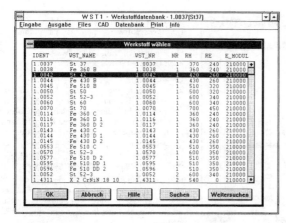

Datenbank
Die mitgelieferte Werkstoffdatenbank enthält etwa 350 Stähle und 150 NE-Metalle. Für die Datenbank benutzt WST1 das verbreitete DBF-Format von dBase, dadurch steht eine Schnittstelle zu anderen Programmen und Datenbanken zur Verfügung. WST1 ist ein offenes System: die Werkstoffdaten können auch mit dBase, FoxPro oder einer sonstigen XBase-Datenbank verändert oder erweitert werden.

Ausgabe
Die gespeicherten Werkstoffdaten (E-Modul, Schubmodul, Querzahl, Dichte, Zugfestigkeit, Streckgrenze, Dauerfestigkeitswerte, Bruchdehnung, Brucheinschnürung, Legierungsbestandteile, Infotext) können als Liste auf Bildschirm und Drucker ausgegeben oder in eine Datei geschrieben werden.

6.14 WST 1

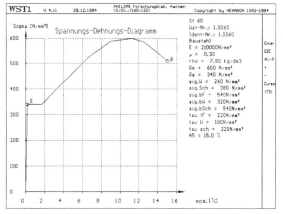

Spannungs-Dehnungs-Diagramm
Aus Zugfestigkeit, Streckgrenze bzw. $\sigma\,0\,2$-Grenze, Elastizitätsmodul und Bruchdehnung zeichnet WST1 ein Spannungs-Dehnungs-Diagramm in Abhängigkeit vom Werkstofftyp, für zähe und spröde Werkstoffe ergeben sich unterschiedliche Kennlinien.

Smith-Diagramm
Bei dynamischer Beanspruchung benötigt man das Smith-Diagramm zur Überprüfung der Sicherheit gegen Dauerbruch bei vorgegebener Mittelspannung und Spannungsamplitude. WST1 zeichnet die Smith-Diagramme für Zug/Druck, Biegung und Torsion. Die Parameter (zulässige Spannungen, Wechsel- und Schwellfestigkeit) werden aus den Datenbanken geholt, auch für neu eingegebene Werkstoffe können Sie Dauerfestigkeitsschaubilder erstellen lassen.

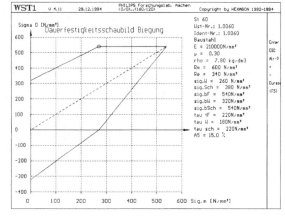

Quick-Ausgabe
In der Quick-Ausgabe sind das Spannungs-Dehnungs-Diagramm und die drei Smith-Diagramme zusammen mit den wichtigsten Werkstoffdaten in einem Bild zusammengefasst.

CAD-Schnittstelle
Diagramme können ausgedruckt oder als DXF- und Iges-Files zur Übernahme in CAD ausgegeben werden.

HEXAGON-Hilfesystem
Zu allen Eingaben kann das HEXAGON-Hilfesystem mit Hilfetexten und Hilfebildern eingeblendet werden.

Hard-und Softwarevoraussetzungen
Die WST1-Software gibt es als Version für MS-DOS oder für Windows (bei Bestellung bitte angeben).

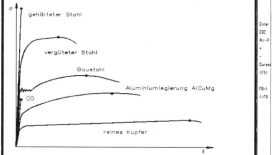

Lieferumfang
Zum Lieferumfang von WST1 gehören Disketten 3.5" mit WST1-Programm, Datenbankdateien, Hilfebildern und Hilfetext, ein ausführliches Benutzerhandbuch, und der Lizenzvertrag für zeitlich unbegrenztes Nutzungsrecht.

Info- und Update-Service
Die WST1-Software sowie die Datenbanken werden laufend aktualisiert und erweitert, über Updates und Neuerscheinungen werden Sie als Kunde regelmäßig informiert. Lizenzierte Anwender können neue Versionen zum günstigen Update-Preis beziehen

MS-DOS und MS-Windows sind Markenzeichen der Microsoft Inc.
dBase ist ein Markenzeichen der Borland Inc.
FoxPro ist ein Markenzeichen der Microsoft Inc.

6.15 ZAR1 / ZAR1+

Software zur Zahnradberechnung

für MS-DOS und Windows

(C) Copyright 1988-1996 by HEXAGON, Kirchheim/Teck

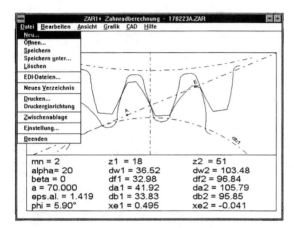

Berechnungsgrundlagen
Das Zahnradprogramm ZAR1 berechnet Geometrie und Festigkeit von außen- und innenverzahnten Gerad- und Schrägstirnrädern mit Evolventenverzahnung nach DIN 3960, 3961, 3967 und 3990. Für die Kopplung mit CAD-Systemen und Datenbanken sind entsprechende Schnittstellen vorhanden.

Geometrieberechnung
Aus Eingriffswinkel, Schrägungswinkel, Normalmodul, Zähnezahlen, Zahnbreite und Profilverschiebungsfaktoren oder Achsabstand werden alle wichtigen Geometriedaten, Werkzeugabmessungen und Überdeckungsfaktoren berechnet. Aus Verzahnungsqualität und Toleranzfeld werden außerdem Verzahnungsdaten, Zahndicken, Zahnspiel, Zahnweitenmaß, diametrales Zweikugel- und Zweirollenmaß und alle zulässigen Abweichungen nach DIN 3961 und DIN 3962 ermittelt.

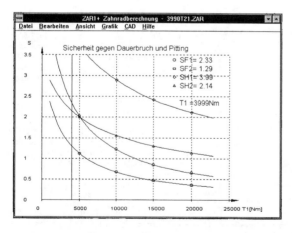

Vorauslegung
In der Vorauslegung können Sie durch Eingabe von Übersetzungsverhältnis, Drehmoment oder Leistung, Drehzahl und Achsabstand vom Programm verschiedene Getriebekombinationen berechnen lassen.

Festigkeitsberechnung
Ein Tragfähigkeitsnachweis gegen Zahnfußdauerbruch und Grübchenbildung kann wahlweise nach DIN 3990 Teil 1-3 oder nach DIN 3990 Teil 41 (Fahrzeuggetriebe) durchgeführt werden. Die Anwendungsfaktoren können alternativ aus einem vorgegebenen Lastkollektiv berechnet werden.

Lebensdauer
Wenn das berechnete Getriebe nicht dauerfest ist, wird die Zeit bis Zahnfußdauerbruch bzw. Pittingbildung berechnet. In einem Diagramm werden Sicherheit und Lebensdauer in Abhängigkeit vom Nenndrehmoment angezeigt.

6.15 ZAR1/ZAR1+

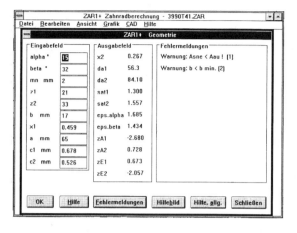

Planetengetriebe
Für die Vorauslegung von einstufigen Planetengetrieben wurde ein eigenes Eingabefenster geschaffen.

Sonderprofile
Für die Auslegung von optimierten Getrieben mit Hochverzahnung kann man die Werkzeugabmessungen von Normal- und Protuberanzprofilen mit und ohne Kopfkantenbruch frei definieren, auch Zahnräder nach DIN 58400 können berechnet werden.

Grafik, Simulation und Animation
Die Zahnform kann durch Simulation mit dem Verzahnungswerkzeug grafisch dargestellt werden. In einer Animation können Sie beobachten, wie sich die Zähne entlang der Eingriffslinie abwälzen. Bei Hohlrad- und Planetengetrieben können Sie das Innenrad auf dem Hohlrad ablaufen lassen.

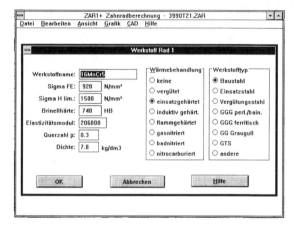

CAD-Schnittstelle
DXF- und IGES-Schnittstelle ermöglichen die Kopplung mit CAD-Systemen sowie mit Publishing- und Textprogrammen. ZAR1 generiert Zeichnungen von Vorder- und Seitenansicht der berechneten Zahnräder, außerdem Tabellen mit Verzahnungsdaten und Prüfmaßen. Einzelzahn, Zahnlücke, das ganze Zahnrad, Abwälzwerkzeug, Planetengetriebe und einen Bildausschnitt vom Zahneingriff können Sie am Bildschirm darstellen oder als CAD-Zeichnung maßstäblich ausgeben.

Werkstoffdatenbank
Die erweiterte Version ZAR1 + verfügt zusätzlich über eine Datenbank mit den wichtigsten Zahnradwerkstoffen. Das Datenbankfile im XBase-Format kann um beliebig viele Werkstoffe frei erweitert werden.

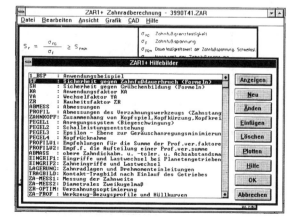

Lieferumfang
Zum Lieferumfang des ZAR1-Pakets gehören: Programmdisketten mit Beispieldateien, Hilfebildern und Hilfetext, ein ausführliches Benutzerhandbuch, Eingabeformulare sowie der Lizenzvertrag für zeitlich unbegrenztes Nutzungsrecht und Updateberechtigung.

Info- und Update-Service
HEXAGON-Software wird laufend aktualisiert und verbessert, über Updates und Neuerscheinungen werden Kunden regelmäßig informiert.

Gewährleistung
HEXAGON übernimmt eine Garantie von 12 Monaten dafür, daß die Software die genannten Funktionen erfüllt. Wir gewähren kostenlose telefonische Einsatzunterstützung und Hotline.

6.16 ZAR2

Software zur Kegelradberechnung nach DIN 3991/Klingelnberg

für MS-DOS und Windows

(C) Copyright 1993,94 by HEXAGON, Kirchheim/Teck

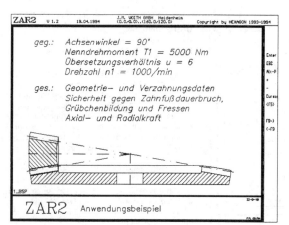

ZAR2 Anwendungsbeispiel

ZAR2 berechnet alle Abmessungen von Kegelrädern mit Zyklo-Palloid-Verzahnung nach Klingelnberg und die Sicherheiten gegen Zahnfußdauerbruch, Grübchenbildung und Fressen nach DIN 3991.

Vorauslegung
In der Vorauslegung werden aus Achsenwinkel, Übersetzungsverhältnis, Ritzeldrehzahl und Drehmoment von ZAR2 Vorschläge für die Größe von Tellerrad, Zahnbreite, Modul und Zähnezahlen gemacht.

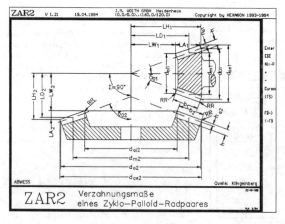

ZAR2 Verzahnungsmaße eines Zyklo-Palloid-Radpaares

Berechnung
Die Werte aus der Vorauslegung können in die Geometrieberechnung übernommen werden. Der Normalmodul kann aus Messermodul und Spiralwinkel berechnet werden oder umgekehrt. Eine eventuell vorzunehmende Winkelkorrektur wird vom Programm unterstützt, ebenfalls die Angleichung der Festigkeit von Ritzel und Tellerrad durch Zahndickenänderung. ZAR2 berechnet die Mindestprofilverschiebung für das Ritzel und die Profilverschiebungsfaktoren für gleiches spezifisches Gleiten.
Berechnet werden alle Abmessungen und Überdeckungen. Aus der Verzahnungsqualität ermittelt ZAR2 die zulässigen Abweichungen nach DIN 3965.

6.16 ZAR2

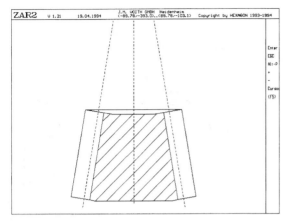

Werkstoffdatenbank
Bereits im Programm enthalten ist eine Datenbank mit den wichtigsten Zahnradwerkstoffen und ihren Kennwerten. Anwender des Stirnradprogramms ZAR1+ können auf eine gemeinsame Datenbasis zugreifen.

Festigkeitsberechnung
In der Festigkeitsberechnung nach DIN 3991 werden die Sicherheiten gegen Zahnfußdauerbruch, Grübchenbildung und Fressen ermittelt. Für Untersuchungen können die einzelnen Faktoren auch manuell modifiziert werden.

Zahnkräfte
Axial- und Radialkraft im Zug- und Schubbetrieb werden berechnet. Eine Übernahme in die Software WL1/WL1+ zur Wellenberechnung ist möglich.

CAD-Schnittstelle
Eine maßstäbliche Zeichnung der berechneten Kegelräder kann über DXF- oder Iges-Schnittstelle in CAD übernommen werden. Auch eine Kontrollausgabe auf Bildschirm und Hardcopy auf Drucker ist möglich.

HEXAGON-Hilfesystem
Wie alle HEXAGON-Programme kann mit ZAR2 zu allen Eingaben ein Hilfetext oder ein Hilfebild eingeblendet werden. Hilfetexte und Hilfebilder sind vom Benutzer beliebig modifizier- und erweiterbar. Bei auftretenden Fehlermeldungen kann man sich eine Beschreibung und Abhilfemöglichkeiten anzeigen lassen.

Hard-und Softwarevoraussetzungen
ZAR2 läuft auf jedem PC, es gibt eine Version für MS-DOS und für MS-Windows (bei Bestellung bitte angeben).

Lieferumfang
* Disketten 5.25" und 3.5" mit ZAR2 Programm, Installationsroutinen, Beispieldateien, Hilfebildern und Hilfetext
* Eingabeformulare
* Benutzerhandbuch
* Lizenzvertrag für zeitlich unbegrenztes Nutzungsrecht mit Update-Service

Softwarepflege, Hotline
HEXAGON-Software wird laufend aktualisiert und verbessert. Neue Versionen erhalten Lizenznehmer zum Update-Preis. Jedes Programm wird durch Lizenznummer und eingebundene Benutzerdaten individuell erstellt. Telefonische Einsatzunterstützung und Hotline sind für registrierte Anwender kostenlos.

97

6 HEXAGON

6.17

HEXAGON-Infobrief Nr. 35/1   Jan./Feb. 1996
Informationen für unsere Kunden   von Fritz Ruoss

Konfiguration der Diagrammfarben

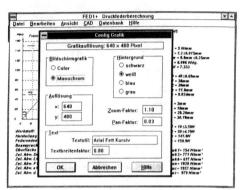
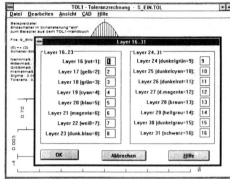

Textstil und Textbreite für Grafik und CAD
Für Bildschirmgrafik und CAD-Ausgabe sind jetzt unterschiedliche Textstile und Textbreitenfaktoren konfigurierbar. Dies ist notwendig geworden, weil die Textstile von Windows und CAD-System sich oft unterscheiden und die Ausdehnung unterschiedlich ist. Jetzt können Sie z.B. für die Bildschirmdarstellung einen Textstil "Arial Fett Kursiv" mit einem Textbreitenfaktor von 0.8 einstellen, während für die CAD-Ausgabe ein Textstil "TXT8" mit Textbreitenfaktor 1.05 die Texte richtig auf der Zeichnung plaziert. Bei der Eingabe eines Grafik-Textstils für Windows ist zu beachten, daß nur die in der Systemsteuerung angezeigten Fonts gültig sind. Bei der Eingabe sind Groß/Kleinschreibung und Leerzeichen zu beachten. Meistens muß nach Änderung des Textstils auch der Textbreitenfaktor verändert werden, sonst werden die Texte zu lang oder zu schmal angezeigt. Bei der DOS-Version kann kein anderer Grafik-Textstil gewählt werden, deshalb kann hier nur der Textbreitenfaktor verändert werden. Bei der Windows-Version wurde außerdem das Auswahlfenster verbessert, per Button können Sie die Daten in CFG-Datei abspeichern oder ein Info-Fenster anzeigen.

Shortkeys unter Windows
Bei den Dialogfenstern in den Windows-Versionen wurde die Bedienung über Tastatur verbessert, mit der Alt-Taste und dem unterstrichenen Buchstaben wird das gewünschte Feld gewählt. So können Sie z.B. in den Eingabefenstern mit Alt-H ein Hilfefenster und mit Alt-B ein Hilfebild einblenden (der "Hilfe"-Knopf wurde aufgeteilt in "Hilfetext" und "Hilfebild").

Für die Darstellung von Zeichnungen werden die Layer 1 bis 5 verwendet, die im Programm nach Name und Farbe konfiguriert werden können. Für Diagramme werden die Layer 16..31 verwendet, die Farben konnten bisher nicht verändert werden (außer mit DXFPLOT). Unter "Einstellungen/Config->CAD-Layer" können Sie jetzt in allen Programmen die Diagrammfarben umstellen, dies hat Auswirkung sowohl auf die Bildschirmdarstellung als auch bei Ausgabe als DXF-Datei.

Verbessertes Zoomfenster
Bei allen Windows-Programmen wurde die Zoomfunktion verbessert, bei Zeichnungen im Hochformat war der vergrößerte Abschnitt bisher neben dem markierten Fenster gelegen. Diese Verbesserung ist wichtig für Ausschnittsvergrößerungen mit HPGL- und DXF-Manager, aber auch z.B. bei Vergrößerung der Fertigungszeichnung in den Federprogrammen.

HPGLMAN, HPGLVIEW: HP-GL/2-Code
Beim Einlesen von HP-GL/2 Dateien, bei denen das PE-Flag " = " (Absolutkoordinaten) verwendet worden war, wurde am Bildschirm nur ein Bündel von Linien angezeigt. Die Absolutkoordinaten beziehen sich nur auf das unmittelbar folgende Koordinatenpaar, dies war von HPGL-Manager und HPGLVIEW bisher nicht richtig interpretiert worden. Die Ausgabe mit "PE< = " wird von HP ME10 bei Ausgabe auf HP Designjet verwendet.

DXFPLOT - Zeichenumsetzung ± °
Bei der Ausgabe von Diagrammen mit DXFPLOT und PRINTGL auf HP Deskjet gab es die Schwierigkeit, daß Zeichen im ASCII-Bereich oberhalb 127 falsch interpretiert wurden. Mit der Option "G" wird jetzt das Zeichen " ± " als " +/-" und " ° " als "Grad" (bzw. "deg." in der englischen Version) ausgegeben. Ich bedanke ich mich bei Herrn Brecht von KSB Pumpen in Frankenthal, der mich auf diese Idee gebracht hat.

6.17 Infobrief Nr. 35/1

TOL1 - 500 Elemente und 100 Schließmaße
Mit dem Toleranzprogramm können Sie jetzt bis zu 500 Elemente und 100 kritische Abstände definieren, mit den bisherigen Grenzwerten von 300 Maßelementen und 45 Abständen sind einige Anwender mit komplexen Anwendungen an die Grenzen gestoßen, und mußten eine Aufteilung auf 2 Berechnungen machen. Die Erweiterung wurde auf Anregung von Herrn Alender von der Deutschen Gardner-Denver in Westhausen durchgeführt.

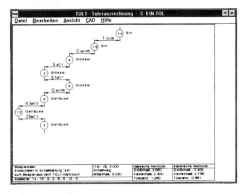

TOL1 - Schemazeichnung
Bei der Schemazeichnung erfolgt jetzt eine Richtungsumkehr, wenn sich Element und Vorgängerelement in der Maßkette umkehren. Im Schemabild wird nun auch das Nennmaß mit ausgegeben. Für die Anregungen zu TOL1 bedanke ich mich bei Herrn Drott, Herrn Krämer, Herrn Ammon und Herrn Teutsch von ITT Automotive in Frankfurt.

TOL1 - 15 Farben für Elementegrafik
Die Gesamtgrafik und maßstäbliche Grafik Maßaufbau im Toleranzprogramm TOL1 wird jetzt in 15 verschiedenen Farben angezeigt (bisher nur 6). Die Farben kann man (neu!) unter "Config/Einstellungen->CAD-Layer" umkonfigurieren. So kann man z.B. eine gelbe Farbe umstellen, weil diese bei Ausdruck auf einem Farbdrucker kaum sichtbar ist. Die Änderung ist Herrn Kölbl von KBK Karlsfeld zu verdanken, die Konfiguration der Diagrammfarben wurde in alle HEXAGON-Programme übernommen.

TOLPASS - Qualität sortiert
Bei der Windows-Version von TOLPASS werden die Qualitäten in der Listbox in der logisch richtigen Reihenfolge (unsortiert) angezeigt, außerdem werden Fehlermeldungen als solche gekennzeichnet. Für die Hinweise bedanke ich mich bei Herrn Riel von ABB in Hanau.

Online-Eingabe über Tastatur unter Windows
Bei der Online-Eingabe in den Federprogrammen sowie in ZAR1+, WN1 usw. kann nun gleich wie bei den DOS-Versionen mit den Cursortasten das Eingabefeld nach oben und unten bewegt werden (bisher nur mit Tab-Taste nach unten), dadurch ist eine schnellere Eingabe über die Tastatur (ohne Maus) möglich. Im Unterschied zu den DOS-Versionen wird im Online-Eingabefenster unter Windows nicht nach jeder Eingabe eine Berechnung durchgeführt, sondern nur, wenn die Eingabetaste oder "OK" gedrückt wurde. Der Button "Abbrechen" wurde umbenannt in "Schließen".

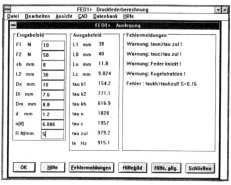

FED1+/FED2+ Federrate
Bei der Auslegung von Zug- und Druckfedern kann man jetzt auch die Federrate direkt eingeben. Gemäß der Formel

F1 = F2 - R * sh

wird dann die Federkraft F1 neu berechnet.

FED1,FED2 - Toleranzen bei w>20
Die Toleranzen für Kräfte und Drahtlänge sind in hohem Maße abhängig vom Draht- und vom Windungsdurchmesser. Die Toleranzen nach DIN 2095 sind nur bis zu einem Wickelverhältnis Dm/d = 16 definiert, bei einem Wickelverhältnis größer 20 berechnen FED1 und FED2 falsche Werte, die ab w=30 sogar negativ werden können. In einer Warnung "Toleranz Dm/d" wird auf diesen Zustand hingewiesen.

FED1/FED2 Windows Werkstoffeingabe
In der Windows-Version von FED1 und FED2 waren bei Wahl eines anderen Werkstoffs unter "Datei->neu" die Werkstoffkennwerte nicht vollständig übernommen worden (erst nach Bearbeiten->Werkstoff), das wurde jetzt korrigiert. Für den Hinweis bedanke ich mich bei Herrn Siche von der Wilhelm Hesse KG in Hetzwalde/Sachsen.

6 HEXAGON

WL1 - Komplexe Last

Die Belastung der Welle durch eine Getriebestufe kann man in WL1+ durch Eingabe von Leistung, Drehzahl, Teilkreisdurchmesser, Achsabstand und Übersetzungsverhältnis berechnen lassen.

Von einem Anwender wurde nun vorgeschlagen, nur Achsabstand oder nur Übersetzungsverhältnis, nicht aber beides einzugeben. Diese Berechnung würde jedoch nur für Null-Räder stimmen, da bei profilverschobenen Zahnrädern Teilkreis- und Wälzkreisdurchmesser nicht mehr identisch sind. Der Hebelarm für das berechnete Dreh- und Biegemoment auf die Welle entspricht jedoch dem Wälzkreis- und nicht dem Teilkreisradius.

Zur Verdeutlichung der Differenz zwischen Teilkreis- und Wälzkreisdurchmesser hier die wichtigsten Formeln zur Berechnung der Kräfte und Momente:

alpha=Eingr.winkel, beta=Schräg.winkel, d=Teilkreis, dw=Wälzkreis, a=Achsabstand, u=Übers.verh., P=Leistung.

```
    alpha t:=ArcTan(tan(alpha)/cos(beta))
         d2:=d1*u;
    alpha wt:=ArcCos(cos(alphat)*(d1+d2)/(2*a0));
         dw:=d1*cos(alphat)/cos(alphawt);
         Ft:=P/(pi*n*dw);
         Fx:=Ft*tan(beta);
         Fr:=Ft*tan(alphawt);
         Mt:=Ft*dw/2;
```

Wenn die Zahnräder keine Profilverschiebung haben oder wenn eine überschlägige Berechnung ausreichend ist, können Sie für das Übersetzungsverhältnis 0 eingeben, dann wird der passende Wert berechnet.

```
Vorschlag für Übers.verh.: u = 2*a0/d1-1
Vorschlag für Achsabst.:   a = (u+1)*d1/2
```

Am bequemsten und sichersten ist es natürlich immer noch, die berechnete Getriebestufe direkt aus einem EDI-File vom Zahnradprogramm ZAR1+ zu übernehmen.

WL1+/LG1 Wälzlagerzeichnungen

Bei der Zeichnung der Zylinderrollenlager werden für die Wälzkörperdarstellung genauere Näherungsformeln verwendet, diese wurden bisher etwas zu klein gezeichnet. Die Datenbank enthält nur Anschlußmaße, deshalb können die Wälzkörper in den Lagerdatenbanken nur näherungsweise dargestellt werden.

WL1+/LG1 Lagerlebensdauer

Bei der Berechnung der modifizierten Lagerlebensdauer mit Berücksichtigung von Schmierstoffviskosität, Drehzahl, Betriebstemperatur wurde jetzt eine genauere Näherungsformel für die Berechnung des Faktors a23 eingesetzt. Für die Hilfe bei der Ausarbeitung der neuen Formeln bedanke ich mich bei Herrn Dr.Körner, Herrn Mühlberger und Herrn Nyhof von Voith in Heidenheim.

WL1+ verbesserte Bedienung unter Windows

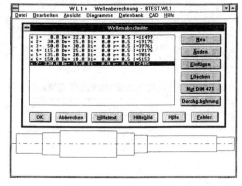

In der Benutzeroberfläche der Windows-Version von WL1+ gab es zahlreiche kleine Verbesserungen. Die Eingabe von Wellengeometrie, Kräften, Momenten, Kerbzonen und Massen wurde komfortabler gestaltet, Funktionen zu Neueingabe, Bearbeiten und Löschen wurden jetzt auf Buttons gelegt, nur noch die Wellenabschnitte bzw. Kräfte, Momente, Massen usw. erscheinen in der Listbox. Bei der Eingabe der Wellengeometrie kann man nun schon im Eingabefenster überprüfen, ob Fehlermeldungen auftreten. Für diese und die vielen weiteren Verbesserungsvorschläge bedanke ich mich bei Herrn Funsch von der Gewerblichen Berufsschule Göppingen.

WL1+ zur Walzenberechnung

Für die Überlassung der Berechnungsunterlagen zur Auslegung einer 3 Meter langen Walze mit WL1+ bedanke ich mich bei Herrn Voß von Hoechst Diafoil in Wiesbaden. Bei der Berechnung der Walze sind Streckenlasten als Anpreßwalzen sowie aus der Folien-Zugkraft bei Ein- und Austritt zu berücksichtigen. Über die Folie wird außerdem das Drehmoment ausgeleitet. Um eine Annäherung an die gleichmäßige Verteilung des Drehmoments über die Bahnbreite zu erhalten, sollte man in WL1+ das Drehmoment auf mehrere Positionen aufteilen. Bei Walzen spielt das Eigengewicht eine große Rolle und ist bei der Berechnung der Biegelinie unbedingt zu berücksichtigen. Wichtige Ergebnisse aus WL1+ sind Gewicht und Massenträgheitsmoment der Welle, Biegelinie, Verlauf von Schub-, Biege- und Vergleichsspannung, Lebensdauer der Pendelrollenlager und kritische Drehzahlen durch Biege- und Drehschwingungen.

ZARXE - Meßzähnezahl

Bei der Berechnung des Erzeugungs-Profilverschiebungsfaktors aus Kugel- und Rollenmaß war für die Zahnweite nur die Standard-Meßzähnezahl nach DIN eingesetzt worden, jetzt wird der eingegebene Wert beibehalten. Für den Hinweis bedanke ich mich bei Herrn Lagatz von BT-Magnettechnologie in Herne.

6.18

HEXAGON-Infobrief Nr. 35/2 Jan./Feb. 1996
Informationen für unsere Kunden von Fritz Ruoss

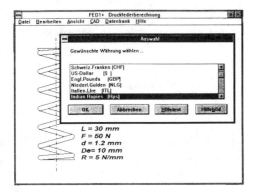

FED1 in französisch

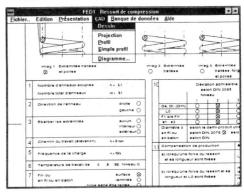

Das Druckfederprogramm FED1 gibt es jetzt auch in einer französischen Version. Allerdings wurde bislang nur das Programm übersetzt. Das Handbuch wird wahlweise in englisch, deutsch oder spanisch mitgeliefert. Für die gute Arbeit bedanke ich mich bei unserer Praktikantin Ingrid Hromec aus Rambouillet bei Paris.

FED1+/FED2+ Kalkulation
Die Kosten der Feder kann man sich jetzt in verschiedenen Währungen ausgeben lassen. Die Bezeichnungen und Umrechnungsfaktoren entnimmt das Programm aus einer erweiterbaren DBF-Datei (Datenbank). Mit dem Umrechnungsfaktor können Sie auch allgemeine Preisanpassungen vornehmen. Wenn z.B. die Federn immer um 20% zu teuer berechnet werden, geben Sie für DM einfach einen Umrechnungsfaktor 1/1.2 = 0.83 ein, um die Differenz zu kompensieren. Die Währungsumrechnung entstand auf Wunsch unseres Kunden Coventry Springs in Indien.

Dateinamen unter Windows NT
Bei Betrieb der Windows-Versionen unter Windows NT gab es manchmal Schwierigkeiten mit dem Speichern von Dateien, weil Leerzeichen im Dateinamen wie Buchstaben und Zahlen behandelt werden. Bei allen Windows-Programmen werden jetzt vor dem Abspeichern alle Leerzeichen in Dateinamen gelöscht. Für den Hinweis bedanke ich mich bei Herrn Dalen von Frank Mohn Fusa in Norwegen.

Programmende
Programmende: Nur noch bei der DOS-Version wird abgefragt, ob man das Programm wirklich beenden will. Bei der Windows-Version wird das Fenster sofort geschlossen. Die letzten Eingaben werden in der AKTUELL-Datei abgespeichert. Wenn Sie also das Programm unbeabsichtigt verlassen haben, lesen Sie nach einem Neustart einfach die AKTUELL-Datei mit den letzten Daten ein.

FED2+ Schub- und Biegespannung
In FED1 und FED2 wird die zulässige Schubspannung aus der Zugfestigkeit des Werkstoffs (abhängig vom Drahtdurchmesser) berechnet, nach DIN 2089 ist für Druckfedern $\tau zul = 0.56\ Rm$ und für Zugfedern gilt $\tau zul = 0.45\ Rm$ (wieso eigentlich?). Die obere Grenzlinie τo im Goodman-Diagramm entspricht τzul, bei der Zugfeder gibt es eine Abweichung von ca. $0.11 \cdot Rm$, da zwar das gleiche Goodman-Diagramm für Zug- und Druckfeder verwendet, τzul jedoch anders berechnet wird. Da dynamisch beanspruchte Zugfedern jedoch in über 90% der Fälle nicht aufgrund von Schubspannung in den Windungen, sondern an den Ösenübergängen aufgrund der hohen Biegespannung brechen, werden im Auszug jetzt die Sicherheiten gegen Gewalt- und Dauerbruch in der Öse mit ausgegeben:

```
Dm = 8.744±0.1 mm    d = 1.05±0.015 mm    w = 8.328    k = 1.16
n = 15.6    LK = 17.43
R = 1.136 N/mm    fe = 18678 1/min
L dr = 489.5 mm    m = 3.348 kg / 1000 Stück
Werkstoff    : Nirosta 1.4568 nach DIN 17224 (X7CrNiAl17 7)
G = 78000 N/mm²    t = 20°C    G20 = 78000 N/mm²
tauz = 804 N/mm²    tauhz = 416 N/mm²    Rm = 1786 N/mm²

Federlänge mm    Federweg mm    Federkraft N    Schubsp.N/mm²    S
L0 = 44.41±1.3                   F0 = 4.06       tau0 =    78
L1 = 62.84        s1 = 18.42     F1 = 25.00±2.63 tauk1=  560        1.24
                  sh = 13.20     Fh = 15.00      tauh =  336
L2 = 76.04        s2 = 31.62     F2 = 40.00±2.63 tauk2=  896        0.90
Ln = 77.61        sn = 33.20     Fn = 41.79      taun =  804        1.00
                                              (S - tau zul. / tau y)
Sigma zul. / Sigma q2 = 0.72    Sigma hzul. / Sigma bh = 0.78
```

Für die Hinweise zu τzul und τo bedanke ich mich bei Herrn Schürlein von ITT Automotive in Bietigheim-Bissingen.

6 HEXAGON

Neue Compuserve-ID 101563,3031
Die im letzten Infobrief genannte Compuserve-ID von HEXAGON gibt es nicht mehr. Anscheinend gab es Anfang Januar 1996 einen System-Crash im Compuserve Hauptrechner, wobei einige Dutzend Benutzerdaten verloren gingen. Die Nutzer-ID ist somit ungültig geworden und kann nicht mehr neu belegt werden. Wenn Sie eine Nachricht oder Dateien an unsere Compuserve-Adresse geschickt haben, sind diese verloren. Bitte schicken Sie diese nochmals an unsere neue Nummer oder besser and die T-Online Adresse, vielleicht legt die Telekom mehr Wert auf Datensicherheit als Compuserve.

Seminare im Februar/März 1996
Seminar Zahnrad- und Getriebeberechnung (2-tägig)
Dozent: Körner
Termine: 07.-08.03.1996, 09.-10.03.1996 (Wochenendseminar)

Betriebsfeste Dimensionierung von Bauteilen (1-tägig)
Dozent: Zammert
Termin: 22.03.1996   Kursgebühr: 500,- DM

Federberechnung (1-tägig)
Dozenten: Schnitzer, Zammert
Termin: 01.03.1996

Zertifizierung nach DIN 9001 (1-tägig)
Dozent: Körner
Termin: 27.02.1996   Kursgebühr: 400,- DM

```
Pricelist from 10/02/96
Single User License English (MS-DOS or Windows)
ZAR1   Gearing Calculation .......................... DM 1.960,-
ZAR1+  Gearing Calculation incl.Database ............ DM 2.180,-
ZARXE  Calc.of Add mod.coeff. ....................... DM   140,-
FED1   Calc.of Helic.Compression Springs ............ DM   960,-
FED1+  Hel Compression Springs incl.Database ........ DM 1.360,-
FED2   Calc.of Helical Tension Springs .............. DM   980,-
FED2+  Hel.Tension Springs incl.Database ............ DM 1.320,-
FED3   Calc.of Helic.Torsion Springs ................ DM   760,-
FED3+  Calc.of Helic.Torsion Springs incl.drawing ... DM   940,-
FED5   Calc.of Helic.Conical Springs ................ DM 1.450,-
FED6   Calc.of Nonlinear Cyl.Springs ................ DM 1.240,-
TOL1   Tolerance Calculation ........................ DM   990,-
SR1    Bolted Joints ................................ DM 1.250,-
DXF-Manager ......................................... DM   750,-
HPGL-Manager ........................................ DM   750,-
DXFPLOT ............................................. DM   240,-
HPGLVIEW for Windows ................................ DM   225,-

Packages
HEXAGON-Graphic Package (DXF-Manager, HPGL-Manager, DXFPLOT)
  for MS-DOS or MS-Windows ......................... DM 1.350,-
HEXAGON Helical Spring Package (contains FED1,FED2+,FED3+,
  FED5,FED6,DXFPLOT) for MS-DOS or MS-Windows ...... DM 4.890,-

Updates
Full Update (Disk and manual update) ................ DM   100,-
Disk Update ......................................... DM    60,-

General packaging and postage costs are DM 25.00
```

HEXAGON Software Germany	E-Mail: HEXAGON T-Online.de
Stiegelstrasse 8	D-73230 Kirchheim/Teck	Fax +49 7021 59986

FED1+ Federzeichnung ohne Setzlänge
Bei Eingabe von 0 für die Setzlänge wird auf der Federzeichnung kein Zahlenwert ausgegeben (bisher musste ein Wert zwischen LC und L0 eingegeben werden). Für die Anregung bedanke ich mich bei Herrn Häußermann von der Federfabrik Kauffmann in Fellbach.

Hilfebild-Verwaltung

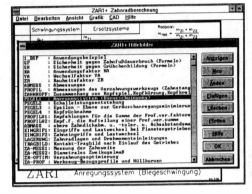

Unter "Hilfe bzw. Info->Hilfebild" können die verfügbaren Hilfebilder anhand einer Kurzbeschreibung gewählt werden. Die maximale Anzahl der aufzunehmenden Hilfebilder war bisher auf 50 begrenzt. Da beim Zahnradprogramm ZAR1+ bereits jetzt fast 50 Hilfebilder mitgeliefert werden, können jetzt bis zu 100 PLT-Dateien verwaltet werden. Bei den Windows-Versionen wurde außerdem durch ein neues Dialogfenster für die Verwaltung der Hilfebilder geschaffen.

WN2 - Toleranzen für Naben < > H prüfen
Bitte prüfen Sie, ob WN2 für die Zahnnabe die richtigen Prüfmaße berechnet. In einigen Versionen waren für alle Toleranzfelder der Zahnnabe außer "H" falsche Toleranzen berechnet oder das Vorzeichen vertauscht worden. Senden Sie bitte die Programmdiskette an uns zurück, wenn der Fehler bei Ihnen auftritt, Sie erhalten dann ein kostenloses Update. Für den Hinweis bedanke ich mich bei Herrn Lamprecht vom Zahnradwerk Pritzwalk.

TELIX von Weihnachtdiskette
Wenn Sie TELIX von unserer Weihnachtsdiskette installiert haben und keinen Erfolg beim Downloaden von Dateien von unserer Mailbox hatten, legen Sie bitte unter C:\TELIX die beiden Unterverzeichnisse TELIXUP und TELIXDWN an, diese sind als Up- und Download-Verzeichnis konfiguriert, leider wurde von uns jedoch versäumt, die Subdirectories per Installationsroutine anzulegen.

Preisliste vom 10.02.1996

Einzellizenzen (als Version für MS-DOS oder MS-Windows)
```
GEO1 V2.4  Querschnittberechnung ................... DM    450.-
SR1  V4.0  Schraubenberechnung ..................... DM  1.250.-
LG1  V4.0  Wälzlagerberechnung m.Datenbank .......... DM    580.-
WST1 V4.3  Werkstoffdatenbank St+NE-Met. ............ DM    460.-
WN1  Version 4.2 Auslegung von Preßverbänden ........ DM    950.-
WN2  V2.1  Zahnwellenverb.DIN 5480 .................. DM    490.-
WN3  V1.0  Paßfedern n.DIN 6892 ..................... DM    480.-
WL1  Version 5.3 Wellenberechnung ................... DM  1.560.-
WL1+ V 8.3 Wellenberechn.m.Wälzlagerausleg. ......... DM  1.850.-
ZAR1 Version 10.6 Zahnradberechnung ................. DM  1.960.-
ZAR1+ Version 10.6 Zahnradberechn.m.Werkstoffdatenbk. DM  2.180.-
ZAR2 V3.1  Kegelradberechn.Klingelnberg m. Wst.dbk .. DM  1.550.-
ZARXE V2.9 Ermittlung des Profilversch.faktors ...... DM    140.-
HAERTE V2.0 Umwertung Vickers,Brinell,Rockwell (DOS). DM    120.-
SISI V3.0  Umrechnung von SI-Einheiten .............. DM    110.-
FED1 Version 10.6 Druckfederberechnung .............. DM    960.-
FED1+ V10.6 Druckfederberechn.m.Dat.bk.Kalk..Animat.. DM  1.360.-
FED2 Version 6.7  Zugfederberechnung ................ DM    980.-
FED2+ V6.7 Zugfederberechn.m.Dat.bk.Kalk .Animat..... DM  1.320.-
FED3 Version 4.7  Schenkelfederberechnung ........... DM    760.-
FED3+ V4.7 Schenkelfederberechnung m.Fert.z. ........ DM    940.-
FED4 Version 2.5  Tellerfederberechnung ............. DM    840.-
FED5 Version 4.0  Kegelfederberechnung .............. DM  1.450.-
FED6 Version 3.1  Progressive Druckfedern ........... DM  1.240.-
TOL1 Version 8.3  Toleranzrechnung .................. DM    990.-
TOLPASS V2.2 Auslegung von ISO-Passungen ............ DM    210.-
DXF-Manager Version 7.1 ............................. DM    750.-
HPGL-Manager Version 7.2 ............................ DM    750.-
DXFPLOT Version 2.2 ................................. DM    240.-
HPGLVIEW für Windows V 1.4 .......................... DM    225.-
AV1  Version 1.2 Archivierungsprogramm .............. DM    560.-
```

MS-DOS und Windows (dual)
Aufpreis bei Lieferung von DOS- und Windows-Version ... DM 90.-

Pakete
HEXAGON-Maschinenbaupaket (bestehend aus TOL1,ZAR1+,WN1,WST1,SR1,
FED1+,FED2+,FED3+,FED4,ZARXE,HAERTE,TOLPASS,WL1+,LG1,DXFPLOT,
SISI,WN2,ZAR2,GEO1,WN3)
für MS-DOS .... DM 12.600.-
für MS-Windows .... DM 12.600.-
für MS-DOS und MS-Windows .... DM 13.250.-

HEXAGON-Grafikpaket (DXF-Manager, HPGL-Manager, DXFPLOT, HPGLVIEW)
für MS-DOS oder MS-Windows .... DM 1.450.-

HEXAGON-Federpaket (best.aus FED1+,FED2+,FED3+,FED5,FED6,DXFPLOT)
für MS-DOS oder MS-Windows .... DM 4.890.-

HEXAGON-Komplettpaket (bestehend aus allen Programmen von
Maschinenbaupaket, Grafikpaket und Federpaket)
für MS-DOS oder MS-Windows .... DM 15.800.-

Demodisketten
Demo-Pack (18 Demodisketten) .... DM   80.-
Registrierte Anwender können Demodisketten kostenlos anfordern.

Einzellizenzen UNIX (DEC Ultrix, SUN Sparc, Silicon Graphics)
HPGL-Manager V6.0 deutsch .... DM 1.175.-

Mehrfachlizenzen und Netzwerkversionen m.User-/Stationsbindung

Anz.Lizenzen	2	3	4	5	6	7	8	9	>9
Rabatt %	25%	27.5%	30%	32.5%	35%	37.5%	40%	42.5%	45%

Netzwerk-Floatinglizenzen

Anz.Lizenzen	1	2	3	4	5	>6
Rabatt/Aufpreis(-)	-50%	-25%	0%	10%	15%	20% 25%

(negativer Rabatt bedeutet Aufpreis)

Update-Gutscheine
Update-Gutschein für Voll-Update (mit Handbucheinlage).. DM 100.-
Update-Gutschein für Disketten-Update .... DM 60.-

Fremdprogramme
```
NECFEM V2.1 Finite-Elemente (Wolpensinger) .......... DM 6.200.-
CADIS  CAD-Programm V3.7 (Geldec) ................... DM   550.-
DAUER IV V4.0 Dauerfestigkeit (Zammert) ............. DM   800.-
LIFETIME V2.0 Lebensdauerberechnung (Zammert) ....... DM 1.200.-
KomfortText V5.2 (Redtenbacher) ..................... DM 1.390.-
SAM Mechanism Designer (Artas) ...................... DM 2.250.-
```

Updates
Voll-Update (Disketten und Handbucheinlage) .... DM 100.-
Disketten-Update .... DM   60.-
Luxus-Update (Disketten und Handbucheinl.m.Ordner).. DM 130.-
Update-Preise für TOL1 älter als V5.0 und ZAR1 älter als V4.0
bitte anfragen.

Betriebssystemwechsel
Umstieg von DOS auf Windows (zuzügl.Update-Gebühr) .. DM   60.-

Upgrades
FED1 auf FED1+ .... DM 460.-
FED2 auf FED2+ .... DM 400.-
FED3 auf FED3+ .... DM 240.-
ZAR1 ab Version 4.0 auf ZAR1+ .... DM 280.-
WL1 auf WL1+ .... DM 350.-

Wartungsvertrag
Durch Abschluß eines Wartungsvertrags erhalten Sie Updates kostenlos und unaufgefordert zugesandt. Die jährlichen Kosten für die Softwarepflege betragen 15% der Lizenzgebühr.

Seminare
Zahnrad-und Getriebeberechnung (2-tägig) .... DM 1.000.-
Betriebsfestigkeit, Federn, FEM (1-tägig) .... DM   500.-
Zertifizierung nach DIN 9001 (1-tägig) .... DM   400.-

Lieferungs- und Zahlungsbedingungen
Verpackungs- und Versandkostenpauschale DM 6,50. Ausland 25 DM.
Zahlung: 10 Tage 2% Skonto, 30 Tage netto

Alle Preisangaben zuzügl. 15% MwSt.

HEXAGON
Industriesoftware GmbH
Stiegelstrasse 8
D-73230 Kirchheim/Teck

Tel. 07021/59578
Fax 07021/59986

6.19 Anwender von HEXAGON-Software

HEXAGON Industriesoftware GmbH
Fritz Ruoss

Stiegelstraße 8
D-73230 Kirchheim-Teck

Telefon 07021/59578
Telefax 07021/59986

7 IGUS

Handbuch

igus
Energieketten-Systeme
Kunststoff

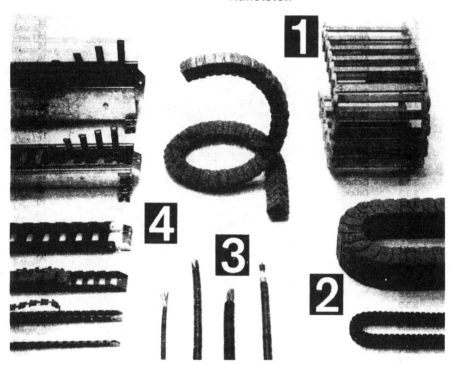

CAD Katalog 1.2
PC-Version

Inhaltsverzeichnis

		Seite
1.	Einleitung	
1.1	Installation	
2.	Beispiel für eine Zeichnungserstellung	
3.	Die CADBAS-PRO Befehle	
3.1	Allgemeine Bedienungshinweise	
3.1.1	Belegung der Maustasten	
3.1.2	Abbruch eines Befehls	
3.1.3	Nochmaliger Aufruf des letzten Befehls	
3.1.4	Abgreifen bzw. Eingabe von Punkten und Koordinaten	
3.2	Befehle und Schalter ohne Untermenüs	
3.2.1	igus-Katalog	
3.2.2	UNDO (Rückgängig)	
3.2.3	Bild neu	
3.2.4	Identifiziere Teil / Identifiziere Baugruppe ("Ident. Teil" bzw. "Ident. Baugr.")	
3.2.5	Überdecken EIN / Überdecken AUS ("Überd. EIN" bzw. "Überd. AUS")	
3.3	Das Untermenü - Datei -	
3.3.1	Projekt	
3.3.2	Sichern	
3.3.3	Drucken	
3.3.4	DXF-CAD	
3.3.5	DXF-DTP	
3.3.6	Ende	
3.4	Das Untermenü - Format -	
3.4.1	Blattgröße	
3.4.2	Das Untermenü - Ändern -	
3.5	Duplizieren EIN/AUS	
3.5.1	Verschieben	
3.5.2	Drehen	
3.5.3	Spiegeln	
3.5.4	Löschen	
3.5.5	Das Untermenü - Stückliste -	
3.6	Positionsnummer sichtbar ("Pos. sichtbar")	
3.6.1	Positionsnummer unsichtbar ("P. unsichtbar")	
3.6.2	Positionsnummer löschen ("Pos. löschen")	
3.6.3		

		Seite
3.6.4	Anzahl	
3.6.5	Aktuelle Positionsnummer setzen ("Pos Nr.")	
3.6.6	Inkrement der Positionsnummer setzen ("Inkrement")	
3.6.7	Darstellung der Positionsnummern EIN/AUS ("Darst. EIN" bzw. "Darst. AUS")	
3.6.8	Erzeugen	
3.6.9	Stückliste editieren ("Editieren")	
3.6.10	Drucken	
3.7	Das Untermenü - Übernahme -	
3.7.1	Darstellung	
3.7.2	Größe	
3.7.3	Merkmale	
3.7.4	Abstand P-P	
3.7.5	Horizontal	
3.7.6	Vertikal	
3.7.7	Länge	
3.7.8	Winkel 3P	
3.8	Das Untermenü - Anzeige -	
3.8.1	Attribut	
3.8.2	Position	
3.8.3	Abstand P-P	
3.8.4	Horizontal	
3.8.5	Vertikal	
3.8.6	Länge	
3.8.7	Winkel 3P	
3.8.8	Punkt	
3.8.9	Radius	
3.9	Das Untermenü - Fenster -	
3.9.1	Fenster	
3.9.2	Blatt	
3.9.3	Letztes	
4.	Die CADBAS-NORM Befehle	
4.1	Sachgruppe	
4.2	Gegenstandsgruppe	
4.3	Darstellung	
4.4	Größe	
4.5	Liste	

1. Einleitung

Wir freuen uns, Sie im Kreise der igus CAD Katalog-Anwender begrüßen zu dürfen.

Der igus CAD Katalog 1.2, Energieketten-Systeme, ist unter der Oberfläche von CADBAS-PRO entwickelt worden. CADBAS-PRO ist ein System zur Projektierung. Es ist eigenständig anwendbar, das heißt es werden keine lizenzpflichtigen Softwaresysteme benötigt. CADBAS-PRO verwendet CADBAS-NORM als untergeordnetes System. Es, stellt den Systemrahmen dar, so daß die CADBAS-Normteilebibliotheken auch ohne CAD-System anwendbar sind. Darüber hinaus enthält es Funktionen für die Ausgabe von Zeichnungen und Stücklisten auf Druckern. Weiterhin hat der Anwender die Möglichkeit, Projekte zu verwalten.

Wahlweise kann die Zeichnungsausgabe auch im DXF-Format von AutoCAD erfolgen. Damit ist es möglich, Normteile- und Zulieferteilegeometrien in beliebige CAD-Systeme oder in Text- oder DTP-Systeme zu übergeben.

Mit CADBAS-PRO verfügt man über Funktionen zum Erzeugen von Teilezusammenstellungen. Damit lassen sich komplexe Teillösungen unter der CADBAS-Bedieneroberfläche herstellen und komplett an andere Softwaresysteme übertragen.

Das vorliegende Programmsystem beinhaltet den kompletten igus Energieketten-Systeme-Katalog. Damit ist die Generierung von beliebigen Ansichten aller im Katalog enthaltenen Teile möglich. Dabei wird eine Datei im DXF-Format erzeugt. Diese Geometrie kann man in beliebige CAD-Systeme laden, die über eine DXF-Schnittstelle verfügen.

Die folgenden Seiten sollen Sie mit den wichtigsten Befehlen in CADBAS-PRO und CADBAS-NORM vertraut machen. Dabei lernen Sie anhand eines Beispiels, wie man ein bestimmtes Normteil auswählt und erzeugt.

Seite

4.6	Merkmalinfo
4.7	Bereich
4.8	Zeile kurz
4.9	Zeile gesamt
4.10	Zurücksetzen
4.11	Seite >>
4.12	Seite <<
4.13	Alpha/Graphik
4.14	Erzeugen
4.15	PRO
	Zusatzangebote von CADBAS
5	CADBAS-NORM
5.1	CADBAS-STL
5.2	CADBAS-TVS
5.3	CADBAS-ZVS
5.4	CADBAS-VAR (in Entwicklung)
5.5	Benutzerhandbuch
5.6	Schulungskurse
5.7	

7 IGUS

1.1. Installation

Installation:

Legen Sie die Diskette 1 in das Diskettenlaufwerk ein. Wechseln Sie danach in dieses Laufwerk.
Starten Sie das Installationsprogramm durch Eingabe des Befehls *install*.

Programmstart:

Mit der Tastatureingabe *igus* wird das Programm aus dem Installationsverzeichnis gestartet.

Während der Installation werden ca. **12,5 MB** Plattenkapazität benötigt. Nach dem Dekomprimieren nimmt das Programm ca. **9,5 MB** in Anspruch.

Achtung:

Sollten keine **12,5 MB** vorhanden sein, kann die Installation nicht korrekt ausgeführt werden.

2. Beispiel für eine Zeichnungserstellung

Sie befinden Sie in CADBAS-PRO

7 IGUS

Menüebene "Sachgruppe"

Vorgehensweise zum Zeichnen eines kurzen Verfahrweges (freitragende Energiekette)
Beispiel: 2 m Verfahrweg, Kettentyp 39.10.150.0 mit Anschlußelementen und 1 Trennsteg montiert

Voraussetzungen:
Kettentyp festlegen (aus Katalog)
Wenn Ihnen die Innenabmessungen der Kette bekannt sind, können Sie die notwendigen Parameter für die Art.Nr. Schritt für Schritt zusammentragen. In diesem Beispiel kennen Sie die Artikelnummer bereits.

Folgende Parameter werden benötigt:
- Länge des Verfahrweges in horizontaler Richtung
- Länge des Verfahrweges in vertikaler Richtung (falls gewünscht; nur in Verbindung mit den Darstellungen 01 und 02)

Schritte:
1. Sie befinden sich in CADBAS-PRO. Wir empfehlen für eine neue Zeichnung einen neuen Projektnamen festzulegen:
   - Menüfeld "Datei" anwählen
   - Menüfeld "Projekt" anwählen
   - Projektnamen mit Pfad (ohne Extension) eingeben, " ..... " (Name eingeben)
   Sie befinden sich jetzt im Projekt " ..... " (Name).

2. Menüfeld "igus-Katalog" anwählen
   Sie verlassen CADBAS-PRO und gelangen in CADBAS-NORM.

3. Menüfeld "Sachgruppe" anwählen (gegebenenfalls auf "Grafikdialog" umschalten, so ist die Auswahl einfacher)

4. gewünschte Kettenserie anwählen, hier: 38/39/R78

109

7 IGUS

Menüebene "Darstellung"

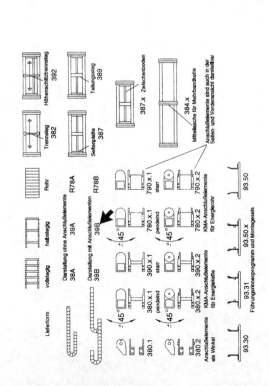

6. Es erfolgt die Auswahl der zeichnerischen Darstellung, hier: 011 (beide Endpositionen, rechte Endposition gestrichelt). Bitte beachten Sie den markierten Bezugspunkt, der zur Positionierung in CADBAS-PRO benötigt wird. Für textliche Erläuterungen auf "Alphadialog" umschalten.

Wichtig: Bei Anwahl 011, 021 und 031 und 012, 022 und 033 wird automatisch der Festpunkt in die Mitte des Verfahrweges gelegt. Alle Kettenlängenberechnungen basieren automatisch auf dieser Festlegung. Bei Anwahl 01, 02 und 03 kann u.a. ein nicht mittiger Festpunkt simuliert werden. Eingaben "Verfahrweg" und "Anzahl" Kettenglieder müssen angepaßt werden.

Menüebene "Gegenstandsgruppe"

5. gewünschten Kettentyp anwählen, hier: 39 B

7 IGUS

7. Auf der Ebene Größe werden die benötigten Parameter erfragt:
   - IDN (Art.Nr. der Energiekette ohne Farbe), hier: 39.10.150
   - S (Verfahrweg in horizontaler Richtung), hier: 2000
   - ANZ, hier: 0 (Anzahl der Kettenglieder wird mit S/2 + K automatisch errechnet)

8. Menüfeld "Erzeugen" anwählen

9. Erscheinende Meldungen bitte beachten und mit Taste "Enter" bestätigen, damit das System weiterarbeitet

10. Das System sucht die zusammengestellten Teile heraus, berechnet die Kettenlänge, verläßt den Bereich CADBAS-NORM und geht zurück in CADBAS-PRO.
    - Blattgröße und Maßstab aufgrund der darzustellenden Kettenlänge ggf. verändern
    - Den Bezugspunkt (siehe Punkt 6) mit der linken Maustaste festlegen.
    - Richtungspunkt oder Winkel eingeben:
      - rechte Maustaste: Winkel = 0   **oder**
      - über Tastatur "Enter": Winkel = 0   **oder**
      - über Tastatur den gewünschten Winkel eingeben
        (entgegen des Uhrzeigersinns)   **oder**
      - mit der linken Maustaste die Richtung markieren

Menüebene "Größe"

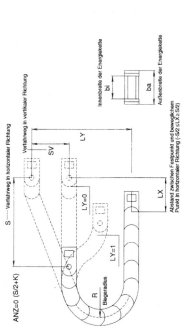

Erklärung einiger Eingaben, die vom Programm abgefragt werden:

"IDN"-Identifikation eingeben:
An dieser Stelle kann direkt eine igus Artikel-Nummer eingegeben werden. Beispiel: 39.10.150

"LY" = Lage in der Y-Richtung eingeben:
Abstand zwischen Festpunkt und beweglichem Punkt in vertikaler Richtung.
LY = 0: Der Abstand entspricht 2 x R (von Mitte Kettenglied Untertrum bis Mitte Kettenglied Obertrum). Das System sucht sich bei Eingabe von "0" den entsprechenden Wert selbst heraus.
LY = 1: Heruntergenommener Anschlußpunkt als Variante bei langen Verfahrwegen im System E4, (Serie 28) etc. Das System sucht sich bei Eingabe von "1" die entsprechende Höhe selbst heraus.

"ANZ" = Anzahl der Kettenglieder eingeben:
ANZ = 0: Die Anzahl der Kettenglieder wird mit S/2 + K automatisch berechnet.

7 IGUS

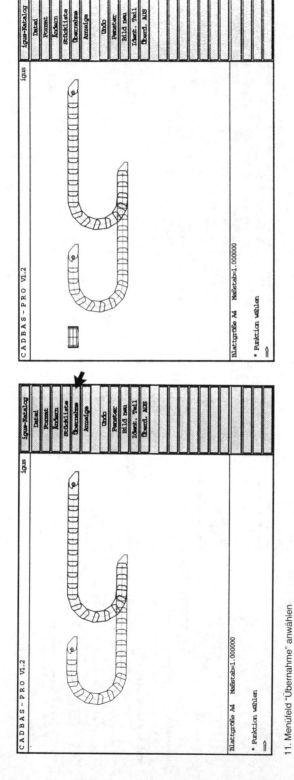

11. Menüfeld "Übernahme" anwählen
    Menüfeld "Darstellung" anwählen - die Energiekette identifizieren
    Das System geht in CADBAS-NORM, Darstellungsebene
12. Darstellung 04 auswählen (Querschnitt)
13. Menüfeld "Erzeugen" wählen (die Daten der vorher eingegebenen Energiekette werden übernommen)
14. Teil positionieren (siehe Punkt 10)
15. Menüfeld "igus-Katalog" wählen
16. Menüfeld " Gegenstandsgruppe" wählen
17. Trennsteg mit Art.Nr.382 anwählen

18. Menüfeld "Erzeugen" wählen (Teile, die in der Ebene Darstellung bemaßt sind, können direkt erzeugt werden - es muß nicht die Darstellung 01 gewählt werden.)

19. Teil positionieren in Querschnitt (siehe Punkt 10)
Für zwei oder mehrere Trennstege Positioniervorgang wiederholen.

Bei langen Verfahrwegen gehen Sie genauso vor. In Schritt 6 wählen Sie z.B. Darstellung 031. In Schritt 9 werden Sie nach der Höhe des Anschlußpunktes gefragt:
LY = ...
Für maximale Schubkräfte geben Sie "1" ein.

Sie können nach der Erzeugung der Energiekette auch die benötigten Führungsrinnen generieren.

Um eine DXF-Datei zu erzeugen, muß das Menüfeld "DXF-CAD/DXF-DTP" in dem Untermenü "DATEI" angewählt werden. Mit der Anwahl des Menüfeldes "DXF-CAD" erzeugt das System eine DXF-Datei, die von CAD-Systemen gelesen werden kann. Mit der Anwahl des Menüfeldes "DXF-DTP" erzeugt das System eine DXF-Datei, die Desktop Publishing-Charakter hat.

Bei Anwahl des Menüfeldes "Erzeugen" im Untermenü "STÜCKLISTE" wird eine Datei mit Endung ".STL" erzeugt. Sollten Sie als Projektnamen kein Unterverzeichnis angegeben haben, z.B. "Projekt = TEST" finden Sie die Dateinen im Verzeichnis c:\INSTALLATIONS-VERZEICHNIS (z.B. igus)\cadsys\run.

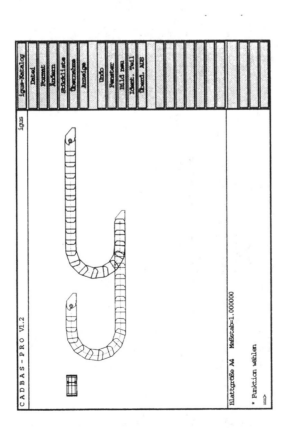

7 IGUS

Untermenüs

3. Die CADBAS-PRO Befehle

Dieses Kapitel enthält eine Kurzbeschreibung aller Befehle und Funktionen der CADBAS-PRO Zeichnungserstellung.

Da nicht alle Befehle auf der Menübefehlsleiste am rechten Bildschirmrand untergebracht werden konnten, sind die meisten Befehle über Untermenüs aufrufbar. Die Untermenüs werden im unteren Teil der Menübefehlsleiste alternativ eingeblendet und erscheinen jeweils nach Anklicken des Untermenütitels. Einige wichtige Befehle dagegen sind fest in die Menüleiste integriert und sind jederzeit direkt mit der Maus anklickbar.

Befehle und Funktionen ohne Untermenüs bzw. Schalter

- igus-Katalog
- Undo
- Bild neu
- Identifiziere Teil / Identifiziere Baugruppe
- Überdecken EIN / Überdecken AUS

Titel der Untermenüs

- Datei
- Format
- Ändern
- Stückliste
- Übernahme
- Anzeige
- Fenster

3.1 Allgemeine Bedienungshinweise

3.1.1 Belegung der Maustasten

Linke Maustaste
Die linke Maustaste wird zur Identifikation (Anklicken) von Objekten und Befehlen oder zur Eingabe bzw. Abgreifen von Punkten verwendet.

Rechte Maustaste
Die rechte Maustaste ist mit RETURN-Taste belegt.

3.1.2 Abbruch eines Befehls
Jeder angeklickte Befehl kann durch Drücken der ESCAPE-Taste abgebrochen werden.

3.1.3 Nochmaliger Aufruf des letzten Befehls
Der zuletzt angeklickte Befehl wird durch Drücken von RETURN-Taste oder der rechten Maustaste nochmals ausgeführt.

3.1.4 Abgreifen bzw. Eingabe von Punkten und Koordinaten
Punkteingabe mit der Maus
Punkte (z. B. Einfügepunkte von Objekten, Start- und Endpunkte von Verschiebevektoren etc.) werden durch Drücken der linken Maustaste innerhalb des Zeichnungsbereiches bestimmt.
Befinden sich innerhalb des Kreises um das Fadenkreuz
→ Punkte
→ Endpunkte von Linien oder
→ Schnittpunkte

werden diese Koordinaten übergeben, sonst die aktuelle Mausposition.

Punkteingabe über Tastatur
Punkte werden durch Eingabe der X- und Y-Koordinate, durch ein Komma getrennt (<X>,<Y>) eingegeben. Beispiel: 100.25,175.50

Getrennte Eingabe/Abgreifen von X- und Y- Koordinaten
Die X- und Y- Koordinaten werden nach Drücken der Funktionstaste 5 jeweils getrennt nacheinander über die Tastatur oder durch Drücken der linken Maustaste eingegeben. Dadurch können von bereits erzeugten Objekten X- und Y- Koordinaten einzeln abgegriffen werden.
Durch Drücken der Funktionstaste 6 unmittelbar nach Funktionstaste 5 können X- und Y-Koordinaten abgegriffen oder durch Tastatur eingegeben werden und zusätzlich noch durch Addition und Subtraktion von Werten verändert werden.

3.2 Befehle und Schalter ohne Untermenüs

3.2.1 igus-Katalog
Starten des CADBAS-NORM Normteilesystems zur Auswahl von Teilen oder Baugruppen. (Kapitel 4 enthält eine Kurzbeschreibung der Befehle zur Auswahl von Teilen aus der Normteilebibliothek.)

3.2.2 UNDO (Rückgängig)
Die letzte Geometrie-Funktion (z. B. Erzeugen, Verschieben, Löschen) wird rückgängig gemacht.

3.2.3 Bild neu
Nach "Anzeige-Funktionen" oder sonstigen Änderungen wird mit diesem Befehl der Bildschirm von CADBAS-PRO neu aufgebaut. Farbänderungen der einzelnen Teile und Baugruppen werden dadurch rückgängig gemacht und die aktuelle Geometrie wird neu gezeichnet.

3.2.4 Identifiziere Teil / Identifiziere Baugruppe ("Ident Teil" bzw. "Ident. Baugr.")
Der Identifizierungsmodus des Fadenkreuzes (Mauszeiger) wird mit diesem Schalter auf Teil bzw. Baugruppe gesetzt. In der Befehlsleiste wird jeweils die aktuelle Einstellung angegeben. Der Identifizierungsmodus ist maßgeblich für Änderungs-, Übernahme-, Stücklisten und einige Anzeigefunktionen.
Beispiel: Steht der Schalter auf 'Identifiziere Baugruppe', wird z. B. beim

7 IGUS

115

Verschieben etc. die komplette Baugruppe verschoben. Steht der Schalter auf 'Identifiziere Teil' werden einzelne Normteile bzw. Einzelteile von Baugruppen bearbeitet.

3.2.5 Überdecken EIN / Überdecken AUS ("Überd. EIN" bzw. "Überd. AUS")

Schalter zum Ein- und Ausschalten der Überdeckungsfunktion. In der Menübefehlsleiste wird jeweils die aktuelle Einstellung angezeigt.
Beispiel: Bei eingeschalteter Überdeckungsfunktion werden Linien, die durch das Einfügen eines neuen Objekts verdeckt wurden, gelöscht.

3.3 Das Untermenü - Datei -

Nach Anklicken des Menüfeldes Datei, wird die Menübefehlsleiste um das Untermenü mit Dateifunktionen (z.B. Laden, Speichern, Drucken...) erweitert. Bereits angezeigte Befehle anderer Untermenüs werden ausgeblendet.

3.3.1 Projekt

Ein neues Projekt (Zeichnung) wird angelegt oder ein vorhandenes geladen. Wenn Sie Änderungen im aktuellen Projekt vorgenommen haben, werden Sie aufgefordert, dieses zu sichern oder ungesichert zu verlassen bevor ein neues geladen wird.
Geben Sie den Namen des Projektes ein. Existiert das Projekt, so wird es geladen, anderfalls wird ein neues Projekt mit diesem Namen angelegt. Der Name des aktuellen Projektes wird jeweils in der Kopfzeile von CADBAS-PRO angezeigt.

3.3.2 Sichern

Das aktuelle Projekt wird unter dem in der Kopfzeile angezeigten Dateinamen gespeichert. Dabei werden die Zeichnungsdaten neu geordnet. Das Projekt benötigt nun weniger Speicherplatz und kann somit schneller bearbeitet werden.

3.3.3 Drucken

Ausgabe des aktuellen Projekts auf den bei der Installation voreingestellten Drucker. Die Zeichnung wird jeweils auf DIN A4 Hochformat gedruckt, d. h. größere Zeichnungen werden entsprechend verkleinert bzw. kleinere Blattgrößen vergrößert.

3.3.4 DXF-CAD

Ausgabe des aktuellen Projekts als DXF-Datei ohne "DXF-Header". Der Name der DXF-Datei ist der Name des Projektes mit der Endung ".DXF". Diese Datei kann von beliebigen CAD-Systemen mit DXF-Schnittstelle geladen werden, wobei die Geometrie des Projekts in die aktuelle CAD-Zeichnung eingefügt wird.

3.3.5 DXF-DTP

Ausgabe des aktuellen Projekts als DXF-Datei mit "DXF-Header" zum Weiterbearbeiten der Zeichnung in DTP-Systemen mit DXF-Schnittstelle. Der Name der DXF-Datei ist der Name des Projektes mit der Endung ".DXF".

3.3.6 Ende

Beenden von CADBAS-PRO. Wenn Änderungen im aktuellen Projekt vorgenommen wurden, werden Sie aufgefordert, es zu sichern oder ungesichert zu verlassen.

3.4 Das Untermenü - Format -

Nach Anklicken des Menüfeldes Format, wird die Menübefehlsleiste um das Untermenü mit Formatfunktionen (Änderung der Blattgröße und des Maßstabs) erweitert. Bereits angezeigte Befehle anderer Untermenüs werden ausgeblendet.

3.4.1 Blattgröße

Die Blattgröße des Projektes wird festgelegt. Mögliche Blattgrößen sind DIN A0- A6 Querformat oder DIN A4 Hochformat. Der Ursprung (Nullpunkt) des Blattes ist jeweils die untere linke Ecke. Die Blattbegrenzung wird auf dem Bildschirm rechts durch eine rote Linie angezeigt. Die anderen Blattbegrenzungen (links, oben, unten) sind die jeweiligen Bildschirmränder.

7 IGUS

Querformate werden durch Eingabe von *0* (für DIN A0), *1* (für DIN A1) ... usw., DIN A4 Hochformat durch *4H* festgelegt. RETURN-Taste bestätigt die aktuelle Blattgröße.

3.4.2 Maßstab

Einstellen des Darstellungsmaßstabs für alle nachfolgend erzeugten Objekte, sowie Anzeige- und Übernahmefunktionen. Bereits erzeugte Geometrien bleiben durch der Maßstabsänderung unverändert.

Maßstäbe werden durch Werte von 0.001 (Maßstab 1:1000) bis 1000 (Maßstab 1000:1) eingestellt. RETURN-Taste bestätigt den aktuellen Maßstab.

3.5 Das Untermenü - Ändern -

Nach Anklicken des Menüfeldes Ändern, wird die Menübefehlsleiste um das Untermenü mit Änderungsfunktionen (Verschieben, Drehen, Spiegeln, Löschen) erweitert. Bereits angezeigte Befehle anderer Untermenüs werden ausgeblendet. Die Änderungsfunktionen sind abhängig von der Stellung des Schalters zum Identifizieren von Objekten (Teilen oder Baugruppen)

- **Ident. Teil** (Verschieben usw. von Einzelteilen und Teilen von Baugruppen) bzw.
- **Ident. Baugr.** (Verschieben usw. von ganzen Baugruppen)

und dem Schalter zum Duplizieren der Objekte

- Dupliz. EIN bzw.
- Dupliz. AUS

3.5.1 Duplizieren EIN/AUS

Mit diesem Schalter wird die Kopierfunktion EIN- bzw. AUS-geschaltet. Bei eingeschalteter Kopierfunktion, Schalterstellung "Dupliz. EIN" werden Objekte beim Verschieben, Drehen und Spiegeln dupliziert, d. h. die ursprüngliche Lage des Objektes bleibt unverändert und die Geometrie wird lediglich kopiert. Bei ausgeschalteter Kopierfunktion, Schalterstellung "Dupliz. AUS" werden Objekte beim Verschieben, Drehen und Spiegeln nicht dupliziert.

3.5.2 Verschieben

Verschieben von Objekten abhängig vom Schalter "Ident. Teil" bzw. "Ident. Baugr." durch Eingabe von:

- Startpunkt des Verschiebevektors
- Endpunkt des Verschiebevektors und
- Identifikation der Verschiebeobjekte (Anklicken der Objekte)

3.5.3 Drehen

Drehen von Objekten durch Eingabe von:

- Drehpunkt
- Drehwinkel (ein positiver Wert bewirkt eine Drehung entgegen der Uhrzeigerrichtung)
- Identifikation der zu drehenden Objekte (Anklicken des Objekts)

Der Drehwinkel kann über die Tastatur als Zahlenwert in Grad oder als Richtungspunkt in Lage zur X-Achse bestimmt werden. Um weitere Objekte um einen anderen Drehpunkt, aber mit dem selben Winkel zu rotieren, klicken Sie den Befehl erneut an, bestimmen einen neuen Drehpunkt und geben für den Drehwinkel RETURN-Taste ein.

3.5.4 Spiegeln

Spiegeln von Objekten durch Eingabe von:

- Startpunkt der Spiegelachse
- Endpunkt der Spiegelachse
- Identifikation der zu spiegelnden Objekte (Anklicken des Objekts)

3.5.5 Löschen

Löschen von Objekten durch Eingabe von:

- Identifikation der zu löschenden Objekte (Anklicken des Objekts)

3.6 Das Untermenü - Stückliste -

Nach Anklicken des Menüfeldes Stückliste, wird die Menübefehlsleiste um das

117

7 IGUS

Untermenü mit Stücklistenfunktionen erweitert. Bereits angezeigte Befehle anderer Untermenüs werden ausgeblendet. Oberhalb der Eingabezeile erscheint zusätzlich folgende Statuszeile, welche die aktuelle Positionsnummer und das Inkrement und die größte vergebene Positionsnummer anzeigt:

Pos.NR: 1   Inkrement: 1   Max.Pos.Nr.: 1

Der Befehl "Erzeugen" bietet die schnellste Möglichkeit eine Stückliste aller in dem Projekt enthalten Objekte zu erstellen. Die Positionsnummern der einzelnen Objekte werden dann automatisch vergeben.
Die andere Vorgehensweise Stücklisten zu erstellen beginnt mit der manuellen Vergabe der Positionsnummern an die Objekte. Beim anschließenden "Erzeugen" werden dann diese Positionsnummern in der Stückliste verwendet.

3.6.1 Positionsnummer sichtbar ("Pos. sichtbar")

Einem Objekt wird die aktuelle Positionsnummer und die Anzahl 1 (sofern zuvor keine andere zugewiesen wurde) zugewiesen. Die Positionsnummer und die Anzahl werden ins Attribut des Objektes eingetragen und beim Erzeugen der Stückliste weiterverarbeitet.
Die Positionsnummern mit Hinweislinie auf das Objekt, werden durch den Schalter "Darst. EIN" (Darstellung der Positionsnummern einschalten) bzw. "Darst. AUS" (Darstellung der Positionsnummern ausschalten) auf dem Bildschirm angezeigt oder ausgeblendet. Zum Vergeben einer sichtbaren Positionsnummer gehen Sie wie folgt vor:

- Objekt identifizieren
- Punkt für die Lage des Positionsnummernsymbols eingeben (automatisches 5mm Raster zum Fluchten der Nummern)
- Punkt für das Ende der Hinweislinie, die auf das Objekt zeigt eingeben

Hinweis: Teilen von Baugruppen kann keine separate Positionsnummer zugewiesen werden, sondern nur der gesamten Baugruppe. Achten Sie deshalb bei der Vergabe von Positionsnummern an Baugruppen darauf, daß der Identifizierschalter auf "Ident. Baugr." steht.
Unterschiedliche Teile dürfen nicht die gleiche Positionsnummer erhalten.

3.6.2 Positionsnummer unsichtbar ("P. unsichtbar")

Einem Objekt wird die aktuelle Positionsnummer und die Anzahl 1 (sofern dem Objekt zuvor keine andere zugeordnet wurde) zugewiesen. Die Positionsnummer und die Anzahl werden ins Attribut des Objektes eingetragen und beim Erzeugen der Stückliste weiterverarbeitet.
Die Positionsnummer bleibt in dem Projekt unsichtbar, es erfolgt keine Markierung des Objektes mit Positionsnummer und Hinweislinie. Zum Vergeben einer unsichtbaren Positionsnummer gehen Sie wie folgt vor:

- Objekt identifizieren

Hinweis: Teilen von Baugruppen kann keine separate Positionsnummer zugewiesen werden, sondern nur der gesamten Baugruppe. Achten Sie deshalb bei der Vergabe von Positionsnummern an Baugruppen darauf, daß der Identifizierschalter auf "Ident. Baugr." steht.
Unterschiedliche Teile dürfen nicht die gleiche Positionsnummer erhalten.

3.6.3 Positionsnummer löschen ("Pos. löschen")

Mit dieser Funktion können bereits vergebene sichtbare oder unsichtbare Positionsnummern wieder gelöscht werden. Das System fordert Sie nun auf das entsprechende Objekt zu identifizieren, an dem die Positionsnummer gelöscht werden soll.

3.6.4 Anzahl

Einem Objekt wird eine Anzahl zugewiesen, die in das Attribut eingetragen und beim Erzeugen der Stückliste weiterverarbeitet wird:

- Objekt identifizieren
- Eingabe der Anzahl

3.6.5 Aktuelle Positionsnummer setzen ("Pos.Nr.")

Mit diesem Befehl verändern Sie die aktuelle Positionsnummer in der Statuszeile.

3.6.6 Inkrement der Positionsnummer setzen ("Inkrement")
Mit dem Befehl 'Inkrement' stellen Sie ein, um welchen Wert die Positionsnummer bei der Positionsnummernvergabe automatisch hochgezählt wird.

3.6.7 Darstellung der Positionsnummern EIN/AUS ("Darst. EIN" bzw. "Darst. AUS")
Die sichtbaren Positionsnummern werden mit diesem Schalter in der Zeichnung ein- bzw. ausgeblendet.

3.6.8 Erzeugen
Eine Stückliste mit allen Objekten des aktuellen Projekts wird nach folgenden Kriterien erzeugt:
- Für die Stückliste werden vorzugsweise die manuell vergebenen sichtbaren und unsichtbaren Positionsnummern und die Anzahl verwendet.
- Objekte, denen keine Positionsnummer zugewiesen wurde, werden beginnend mit der nächst größeren als der bisher größten vergebenen Positionsnummer in die Stückliste aufgenommen.
- Gleichen Objekten wird die gleiche Positionsnummer zugeordnet und die Anzahl entsprechend addiert.
- Baugruppen erscheinen in der Stückliste mit allen Einzelteilen

CADBAS-PRO wechselt automatisch in den Stücklisteneditor und speichert die Stückliste unter dem Namen des Projektes mit der Endung ".STL".

3.6.9 Stückliste editieren ("Editieren")
CADBAS-PRO wechselt in den Stücklisteneditor und zeigt die zuletzt erzeugte Stückliste des Projekts an. Sind seit der letzten Stücklistenerzeugung geometrische Veränderungen durchgeführt worden, sind diese nicht enthalten. Die Stückliste sollte dann neu erzeugt werden.

3.6.10 Drucken
Die aktuelle Stückliste des Projektes wird gedruckt. Der Stücklistentext ist in der Datei "<Projektname>.STL" gespeichert.

3.7 Das Untermenü - Übernahme -
Für die Auswahl von Objekten im CADBAS-NORM Normteilesystem können Daten aus der aktuellen Zeichnung übernommen werden. Zum einen ermöglichen die Größen- und Darstellungsinformationen in den Attributen bereits erzeugter Objekte eine eindeutige Identifizierung im Normteilesystem. Zum anderen können während der Größenauswahl Werte, wie Abstände, Winkel und Längen aus CADBAS-PRO entsprechend dem aktuell eingestellten Maßstab an das aktuelle Merkmal übertragen werden (z. B. Übernahme des Abstandes zwischen zwei Punkten als Gewindenenndurchmesser einer Schraube).

Nach Anklicken des Menüfeldes Übernahme, wird die Menüübefehlsleiste um das Untermenü mit Übernahmefunktionen erweitert. Bereits angezeigte Befehle anderer Untermenüs werden ausgeblendet.

3.7.1 Darstellung
Um die Normteiledaten eines Objekts zur Auswahl einer anderen Darstellung an CADBAS-NORM zu übergeben, klicken Sie das Objekt an. Es erscheint nun das CADBAS-NORM Normteilesystem mit der Darstellungsauswahl für das identifizierte Objekt. Hier kann jetzt eine andere Darstellung ausgewählt und anschließend sofort der Befehl "Erzeugen" ausgeführt werden. Sofern Sie keine andere Größe auswählen, wird diese beim Erzeugen von dem dentifizierten Objekt übernommen und ein Stücklistenattribut mit der Teileanzahl=0 der Geometrie zugeordnet.

3.7.2 Größe
Um die Normteiledaten eines Objekts zur Auswahl einer anderen Größe an CADBAS-NORM zu übergeben, klicken Sie das Objekt an. CADBAS-NORM zeigt dann die Größendaten des Objekts im Zeilenmodus an. Sie können jetzt dieselbe Größe erzeugen oder den angezeigten Datensatz zurücksetzen um eine neue Größe auszuwählen. Die Darstellung (Vorderansicht, Seitenansicht etc.) wird dabei von dem identifizierten Objekt übernommen.

7 IGUS

119

3.7.3 Merkmale

Mit diesem Befehl werden bei der Größenauswahl eines Teils im CADBAS-NORM Normteilesystem allen nicht belegten Merkmalen, mit Ausnahme der Identifikation, die Werte des identifizierten Teils bzw. Baugruppe aus CADBAS-PRO zugewiesen. Voraussetzung ist, daß die Merkmale die gleichen Bezeichnungen (Kürzel) haben.

3.7.4 Abstand P-P

Der Abstand zwischen zwei Punkten in CADBAS-PRO wird an das aktuelle Merkmal im Normteilesystem übertragen:
- Anklicken des Merkmals in CADBAS-NORM, welchem der Wert zugewiesen werden soll.
- Anklicken des Befehls "PRO", um die aktuelle Zeichnung aufzurufen.
- Anklicken des Befehls "Abstand P-P".
- Eingabe zweier Punkte.

3.7.5 Horizontal

Der horizontale Abstand zwischen zwei Punkten in CADBAS-PRO wird an das aktuelle Merkmal im Normteilesystem übertragen:
- Anklicken des Merkmals in CADBAS-NORM, welchem der Wert zugewiesen werden soll.
- Anklicken des Befehls "PRO", um die aktuelle Zeichnung aufzurufen.
- Anklicken des Befehls "Horizontal".
- Eingabe zweier Punkte.

3.7.6 Vertikal

Der vertikale Abstand zwischen zwei Punkten in CADBAS-PRO wird an das aktuelle Merkmal im Normteilesystem übertragen:
- Anklicken des Merkmals in CADBAS-NORM, welchem der Wert zugewiesen werden soll.
- Anklicken des Befehls "PRO", um die aktuelle Zeichnung aufzurufen.
- Anklicken des Befehls "Vertikal".
- Eingabe zweier Punkte.

3.7.7 Länge

Die Länge einer Linie in CADBAS-PRO wird an das aktuelle Merkmal im Normteilesystem übertragen:
- Anklicken des Merkmals in CADBAS-NORM, welchem der Wert zugewiesen werden soll.
- Anklicken des Befehls "PRO", um die aktuelle Zeichnung aufzurufen.
- Anklicken des Befehls "Länge".
- Anklicken einer Linie.

3.7.8 Winkel 3P

Der Winkel zwischen drei Punkten in CADBAS-PRO wird an das aktuelle Merkmal im CADBAS-NORM Normteilesystem wie folgt übertragen:
- Anklicken des Merkmals in CADBAS-NORM, welchem der Wert zugewiesen werden soll.
- Anklicken des Befehls "PRO", um die aktuelle Zeichnung aufzurufen.
- Anklicken des Befehls "Winkel 3P".
- Eingabe des Scheitelpunktes.
- Eingabe des Startpunkts der Winkelberechnung.
- Eingabe des Endpunkts der Winkelberechnung.

3.8 Das Untermenü - Anzeige -

Die Anzeigefunktionen ermöglicht es Ihnen, Objekt- und Geometriedaten des Projektes abzufragen. Die Größe der abgegriffenen Werte ist abhängig vom aktuellen Maßstab. Die Anzeige der ermittelten Werte erfolgt als Meldung in der Statuszeile.

Nach Anklicken des Menüfeldes Anzeige, wird die Menübefehlsleiste um das Untermenü mit Anzeigefunktionen erweitert. Bereits angezeigte Befehle anderer Untermenüs werden ausgeblendet.

7 IGUS

3.8.1 Attribut
Das Attribut des identifizierten Teils wird angezeigt. Es enthält folgende Informationen:
- Positionsnummer
- Teileanzahl
- Identifikation der Gegenstandsgruppe (aus dem Normteilesystem)
- Darstellungsnummer (aus dem Normteilesystem)
- Identifikation der Größe (aus dem Normteilesystem)
- Werte freier Parameter, sofern das Objekt welche besitzt

3.8.2 Position
Anzeige alle Objekte mit einer bestimmten Positionsnummer. Sie können:
- Eine Positionsnummer eingeben. Alle Objekte mit dieser Positionsnummer werden dann farbig hervorgehoben.
- Ein Objekt anklicken. Alle Objekte mit derselben Positionsnummer werden dann farbig hervorgehoben.

Der Befehl "Bild neu" nimmt die Farbänderung der Objekte zurück.

3.8.3 Abstand P-P
Anzeige des Abstandes zwischen zwei Punkten.

3.8.4 Horizontal
Anzeige des horizontalen Abstandes zwischen zwei Punkten.

3.8.5 Vertikal
Anzeige des vertikalen Abstandes zwischen zwei Punkten.

3.8.6 Länge
Anzeige der Länge einer Linie.

3.8.7 Winkel 3P
Anzeige des Winkels zwischen drei Punkten. Identifizieren Sie die drei Punkte in der Reihenfolge:
- Scheitelpunkt
- Startpunkt der Winkelberechnung
- Endpunkt der Winkelberechnung

3.8.8 Punkt
Anzeige der Koordinaten eines Punktes.

3.8.9 Radius
Anzeige des Radius eines Kreisbogens.

3.9 Das Untermenü - Fenster -
Nach Anklicken des Menüfeldes Fenster, wird die Menübefehlsleiste um das Untermenü mit Zoomfunktionen zum Ändern des Bildschirmausschnittes erweitert. Bereits angezeigte Befehle anderer Untermenüs werden ausgeblendet.

3.9.1 Fenster
Vergrößerung des Bildschirmausschnittes durch Eingabe von zwei Diagonalpunkten:
- 1. Eckpunkt
- 2. Eckpunkt

Eingabe von RETURN-Taste zeigt jeweils das letzte Fenster an.

3.9.2 Blatt
Anzeige des gesamten Blattes.

3.9.3 Letztes
Mit diesem Befehl können Sie zwischen den letzten zwei eingestellten Fenstergrößen wechseln.

121

4. Die CADBAS-NORM Befehle

4.1 Sachgruppe

Sie gelangen auf die Auswahlebene der Sachgruppen (Katalogkapitel). In der Auswahlebene "Sachgruppe" werden die verschiedenen Katalogkapitel symbolisch angezeigt. Die Texte unterhalb der Symbole sind jeweils mit der Maus anklickbar. Durch Anklicken dieser Texte wird das entsprechende Kapitel des Kataloges aufgeschlagen und die in diesem Kapitel enthaltenen Gegenstandsgruppen (Teilefamilien) werden gelistet.

4.2 Gegenstandsgruppe

Sie gelangen auf die Auswahlebene der Gegenstandsgruppen (Teilefamilien). Das Normteilesystem zeigt die Gegenstandsgruppen der zuletzt ausgewählten Sachgruppe an.
Aus der Liste der Gegenstandsgruppen wählen Sie auf dieser Auswahlebene die Teilefamilie aus, die Sie in Ihre Zeichnung einfügen möchten. Auch hier sind jeweils die Texte unterhalb der Piktogramme mit der Maus anklickbar.

4.3 Darstellung

Sie gelangen auf die Auswahlebene der Darstellungen. Das Normteilesystem zeigt alle Darstellungsvarianten der zuletzt ausgewählten Gegenstandsgruppe an. Bei der Darstellungsauswahl werden alle Ansichten der ausgewählten Gegenstandsgruppe angezeigt. Die Bezugspunkte (Einfügepunkte des Teils in die Zeichnung) jeder einzelnen Ansicht sind durch einen kleinen Kreis gekennzeichnet. Die Auswahl einer Darstellung erfolgt wiederum durch Anklicken des Textes unterhalb des Piktogramms.

4.4 Größe

Sie gelangen auf die Ebene der Größenauswahl. Das Normteilesystem zeigt die zuletzt ausgewählte Größe, oder die zuletzt benutzte Bildschirmmaske bei der Größenauswahl (Suchmasken) an. Nach der Größenauswahl können Sie die Geometrie des Normteils mit "Erzeugen" generieren.
Nach Auswahl der Darstellung erscheint ein Bemaßungsbild des gewählten Teils. Mit dem Befehl *Zeile kurz* werden nur die unabhängigen Merkmale bemaßt, mit dem Befehl *Zeile gesamt* alle. Der Befehl *Liste* listet alle gespeicherten Größen.

4.5 Liste

Sie schalten den Listenmodus des Normteilesystems ein. Die Datensätze der aktuellen Datei werden im Listenmodus angezeigt. Dabei werden alle Suchmasken, die in der Zeilenmaske eingegeben wurden, berücksichtigt. Sie erhalten also immer eine Auswahlliste. Alle Datensätze werden gelistet, wenn keine Suchmaske eingegeben bzw. die Suchmaske mit dem Befehl "Zurücksetzen" gelöscht wurde. Der Listenmodus zeigt nur die unabhängigen Merkmale eines Teiles an. Zum Anzeigen der anderen (abhängigen) Merkmale verwenden Sie den Befehl "Zeile gesamt".

4.6 Merkmalinfo

Alle möglichen Werte eines unabhängigen Merkmals werden gelistet. Dabei werden Suchmasken oder Bereichseinschränkungen (siehe Befehl "Bereich") berücksichtigt. Ist keine Suchmaske angegeben, der Datensatz also zurückgesetzt, werden alle Werte, die zur Auswahl stehen, angezeigt. Aus der Liste kann ein Wert ausgewählt werden. Diese Funktion ähnelt dem Befehl "Liste". Mit dem Befehl "Merkmalinfo" werden jedoch nicht ganze Datensätze unter Berücksichtigung von Suchmasken angezeigt, sondern nur Werte eines Merkmals. In den verschiedenen Datensätzen kann ein Wert eines Merkmals mehrfach vorkommen (etwa Nenndurchmesser von 6 mm einer Schraube mit verschiedenen Längen). Die Funktion "Liste" würde dann für jede Nennlänge von 6 mm eine Zeile anzeigen, die "Merkmalinfo" für das Merkmal Nenndurchmesser nur eine.

4.7 Bereich

Für unabhängige Merkmale werden Wertebereiche festgelegt. Diese werden in die Suchmaske übernommen und bei der weiteren Teileauswahl berücksichtigt. Das Normteilesystem erwartet nach der Befehlseingabe die Eingabe eines Minimum- und Maximumwertes. Wird kein Minimum angegeben, wird der kleinst mögliche Wert des Merkmals in die Suchmaske übernommen, entsprechend der größte Wert ohne Angabe des Maximums. Ein Min/Max-Bereich kann auch für Text definiert werden. Groß- und Kleinschreibung wird nicht unterschieden.

4.8 Zeile kurz

Sie schalten den Zeilenmodus des Normteilesystems ein. Dabei werden nur die unabhängigen Merkmale angezeigt. Ist bereits ein Datensatz aus der aktuellen Datei ausgewählt worden, werden die Werte der unabhängigen Merkmale dieses Datensatzes angezeigt. Ist noch kein Datensatz ausgewählt worden, wird die Suchmaske angezeigt. Ist auch keine Suchmaske festgelegt worden, werden die einzelnen Merkmale mit Sternchen (*) belegt. Im Zeilenmodus können Merkmale ausgewählt bzw. angeklickt und Suchmasken eingegeben werden.

4.9 Zeile gesamt

Sie schalten den Zeilenmodus des Normteilesystems ein. Dabei werden alle Merkmale (unabhängige und abhängige) angezeigt. Ist bereits ein Datensatz aus der aktuellen Datei ausgewählt worden, wird dieser vollständig angezeigt. Ist noch kein Datensatz ausgewählt worden, wird die Suchmaske angezeigt. Ist auch keine Suchmaske festgelegt worden, werden die einzelnen Merkmale mit Sternchen (*) belegt. Im Zeilenmodus können Merkmale ausgewählt bzw. angeklickt und Suchmasken eingegeben werden.

4.10 Zurücksetzen

Mit diesem Befehl wird eine Suchmaske oder ein Datensatz auf Sternchen (*) zurückgesetzt. Sämtliche Auswahlbedingungen (Min/Max-Werte, etc.) werden dadurch gelöscht.

4.11 Seite >>

Sie blättern in der aktuellen Datei eine Seite weiter. Dieser Befehl wird auch durch Drücken von RETURN-Taste ausgeführt! Es können maximal 13 Datensätze einer Datei im Listenmodus auf dem Bildschirm angezeigt werden. Die Datei wird deshalb in Bildschirmseiten unterteilt. In der oberen rechten Bildschirmecke des Alphadialoges werden die Anzahl dieser Bildschirmseiten (rechte Zahl nach dem Schrägstrich) und die aktuelle Bildschirmseite (linke Zahl neben dem Schrägstrich) dargestellt.

4.12 Seite <<

Sie blättern in der aktuellen Datei eine Seite zurück.

4.13 Alpha/Graphik

Auf PC-Bildschirmen wird entweder nur der graphische oder der alphanumerische Dialog angezeigt. Sie können die Dialogart mit diesem Schalter wechseln. Sie erhalten die aktuelle Bildschirmmaske in graph.scher bzw. alphanumerischer Darstellung. In beiden Fällen wird die Befehlsleiste am Rand angezeigt.

4.14 Erzeugen

Das ausgewählte Normteil wird erzeugt. CADBAS-NORM wird beendet. Sie kehren zurück in CADBAS-PRO und können das Teil positionieren. Die Positionierung erfolgt durch Anklicken von Bezugspunkt und Richtungspunkt bzw. Eingabe eines Winkels.

4.15 PRO

Verlassen des CADBAS-NORM Normteilesystems ohne Erzeugung von Geometrie und Aktivierung der CADBAS-PRO Zeichungserstellung (z.B. für Übernahmefunktionen).

7 IGUS

5. Zusatzangebote von CADBAS

5.1 CADBAS-NORM

Normteilesystem mit über 430 Produktnormen und 30 verschiedenen Zulieferkatalogen.

- Graphische Bedienerführung
- Kombinationslogik für Baugruppen
- Werksnormteileprogrammierung
- ca. 1.5 Mio. Teile aus 6.000 Gegenstandsgruppen modularer (katalogweiser) Aufbau
- Geometrie wird mit Einbauabmessungen paßgenau generiert
- Keine speicheraufwendige DXF-Datei-Bibliothek

Für das CADBAS-NORM Normteilesystem sind folgende direkte Schnittstellen zur Integration in die CAD-Systeme vorhanden:

ANVIL-5000	CATIA	Personal Designer
AutoCAD	DOGS	PC-DRAFT
Bravo 3	Euclid-IS	PROREN
BravoDraft	IDEAS	SABRE-5000
Prof. CADAM	KONSYS	SIS CAD-M
CADDS 5	ME10	STRIM 100
CADdy	MEDUSA	TECHNOVISION
CADRA	MicroStation	UNIGRAPHICS
CALMA	MicroStation PC	Vellum

Weitere CAD-Systeme sind in Vorbereitung.
Bei der direkten Anbindung an ein bestimmtes CAD-System werden grundsätzlich die Besonderheiten wie Gruppenstrukturen, Überdeckungsfunktionen oder Attribute des jeweiligen CAD-Systems voll unterstützt. Die Bedienerführung für die Auswahl eines Bauteils ist unabhängig vom CAD-System und somit bei allen CAD-Systemen gleich.

5.2 CADBAS-STL

Stücklistenmodul zur automatischen Erzeugung und interaktiven Änderung von Stücklisten aus CAD-Systemen. Die Attribute aus CADBAS-NORM und CADBAS-TVS werden durchgängig weiterverarbeitet.

5.3 CADBAS-TVS

Teileverwaltungssystem zum DIN gerechten Erfassen aller für die Konstruktion, Einkauf, usw. relevanten Teile (Zukaufteile, Normteile, Werksteile, Rohmaterialien etc.) mit der Möglichkeit der Geometrieerzeugung und voller Anbindung an CADBAS-NORM.

5.4 CADBAS-ZVS

Zeichnungsverwaltungssystem zur administrativen Bearbeitung von Konstruktionszeichnungen.

5.5 CADBAS-VAR (in Entwicklung)

System zum interaktiven Erstellen von Variantenteilen und eigenen Werksnormteilen zur Einbindung in CADBAS-NORM und CADBAS-TVS.

5.6 Benutzerhandbuch

Ein umfassendes Benutzerhandbuch für das CADBAS-PRO Projektierungssystem mit umfangreicher Beispielführung, können Sie zum Preis von DM 50,— zuzüglich Versandkosten und MWSt. bei CADBAS erwerben.

5.7 Schulungskurse

Nach Bedarf werden Schulungskurse durchgeführt. Zeitpunkt und Ort nach Absprache.

Bitte fordern Sie weitergehende Informationen an bei:

CADBAS GmbH
Kruppstr. 82
45145 Essen
Telefon: 0201 / 23 37 01
Telefax: 0201 / 81 27 293

7.1 XIGUS

7 IGUS

Willkommen zu xigus 1.0!

xigus 1.0 ist ein Expertensystem zur Auswahl von igus Energieketten-Systemen. xigus arbeitet fast wie ein menschlicher Experte: Er stellt Ihnen erst viele Fragen und sammelt Informationen und macht Ihnen dann einen fundierten Vorschlag. Diese Art des Arbeitens bringt Ihnen eine vorher nie dagewesene Zeitersparnis bei der Auslegung flexibler Energiezuführung.

Die folgenden Seiten erklären in Stichworten einige Funktionen von xigus. Drei generelle Tips möchten wir Ihnen schon hier geben:

1. Je mehr relevante Fragen Sie zu Ihrem Projekt beantworten, desto besser wird der Vorschlag von xigus.
2. Wenn Ihnen an irgendeiner Stelle etwas unklar ist, klicken Sie auf „Infothek". Die Infothek ist eine Mischung aus Hilfesystem, Veranschaulichung technischer Zusammenhänge und elektronischem Katalog. Hier finden Sie Texte, Fotos, Zeichnungen, Tabellen und Videos.
3. Wenn irgendetwas an xigus mißfällt, wenn Sie keine Lösung finden, wenn Sie frustiert sind - dann denken Sie bitte daran, daß wir „echte Menschen" bei igus uns sehr darauf freuen, Ihnen helfen zu dürfen. Rufen Sie uns an!
Und jetzt wünschen wir Ihnen viel Spaß mit xigus 1.0!

Welcome to xigus 1.0 !

xigus 1.0 is an Expert System (AI - Artificial Intelligence) for igus Energy Chain Systems. xigus works like a good human expert: First, it asks many questions and then it makes a proposal. xigus offers you unprecedented time savings in designing your flexible energy supply systems.

The following pages briefly explain the main functions of xigus. Three important general tips for working with xigus are these:

1. The more questions you answer, the better result.
2. If in doubt, click on "Infothek". Infothek is a mixture of "Help"system, Electronic Catalog and Seminar. You will find texts, photos, drawings, tables and eleven videos there.
3. If you don't like what you see, if you don't get your solution, if you are frustrated - call us. We human experts look forward to take your call and help you in person.

And now, have fun with xigus 1.0 !

Inhalt

Seite Page

Willkommen zu xigus 1.0!
Hier startet Ihr neues Projekt
Befüllung
Bauraum/Verfahrweg
Dynamik
Technoklima
Technoklima - Infothek
Anschlüsse
Querschnitt
Vorschlag und Optionen - Serie
Serie - Infothek
Vorschlag und Optionen - Befüllung
Befüllung - Vorschau
Schnelleingabe
Neu - igus PC-CAD Katalog 1.3
Standard-DXF-Dateien
Beschränkte Garantie

Installation
Systemvoraussetzungen

Sie können xigus in 11 Sprachen installieren: amerikanisch, deutsch, englisch, finnisch, französisch, italienisch, niederländisch, norwegisch, portugiesisch, schwedisch und spanisch.
Die Informationen der Infothek werden in zwei Sprachen anzeigt: deutsch oder englisch.

Contents

Welcome to xigus 1.0!
Every new project starts here
Filling
Space/Travel
Dynamic
Technoclimate
Technoclimate - Infothek
Mounting Part
Cross Section
Proposal and Options - Series
Series - Infothek
Proposal and Options - Filling
Filling - Preview
Quick Estimate
New - igus PC-CAD Catalog 1.3
Standard-DXF-Files
Liability

Installation
Requirements

xigus can be installed in 11 different languages: American, Dutsch, English, Finnish, French, German, Italian, Norwegian, Portugisian, Spanish, Swedish.
The infothek is shown in two languages: English or German.

Hier startet Ihr neues Projekt:

Projektname vergeben, vorhandenes Projekt laden, kopieren, speichern oder löschen. Project file name, load, copy, save or delete existing project.

Setup - andere Sprache wählen, umstellen des Einheitensystems, eigene Adresse ändern.
Setup - select other language, change of units, change your address.

Übersicht über gesamte Infothek.
Glossary of complete Infothek.

Every new project starts here:

Voreingestellte Optionen. Anklicken und andere Optionen auswählen.
Suggested options. Click and choose

Erklärungen und Einführungsvideo.
Explanations and introductary video.

„Schnelleingabe" gibt nur sehr grobe und unzuverlässige Antworten.
"Quick Estimate" is only a very approximate quick and dirty solution.

Hier klicken, wenn alles eingegeben ist.
Click here to get the proposal.

Roter Rahmen bedeutet: Hier muß noch etwas eingegeben werden.
Red frames indicate that xigus needs input here.

In den unteren sechs Feldern können Sie xigus sehr detaillierte Angaben geben.
The lower six boxes give you the possibility of very detailed input.

Notwendige Angaben
Befüllung

Informationen zu Chainflex und anderen Leitungstypen.
Information to Chainflex and other conduits.

Minimum Input
Filling

Reserve kann verändert werden.
Resever can be edited.

Schnelle Katalogauswahl von Chainflex-Leitungen.
Quick pick of Chainflex cables.

Alle Arten von Leitungen können hier eingegeben werden.
All sorts of conduits can be filled in here.

Grobe Angabe: Nur Füllgewicht in kg/m und max. Ø.
Very rough estimate: only total weight and max. Ø.

Zeigt alle bisher eingegebenen Leitungen an. Anzahl änderbar!
Gives overview of current filling status. Number can be edited!

Zähler!
Counter!

7.1 XIGUS

7 IGUS

Notwendige Angaben
Bauraum/Verfahrweg

Verfahrweg muß immer angegeben werden.
Length of travel must always be typed in.

Minimum Input
Space/Travel

Erklärung zu diesen Parametern.
Explanation for this parameters.

Für besondere Trumhöhen, Störquellen, Rinnenhöhen, etc.
For limitations in link height, obstacles, channel heights.

Für besondere Fixpunktlagen, zusätzliche Hubbewegungen, etc.
For special fixed points, added vertical strokes, etc.

Alle Angaben für Bauraum/Verfahrweg werden zurückgesetzt.
Reset for inputs of Space/Travel.

Alle anderen Felder können mit „Return" oder „0" eingegeben werden, wenn beliebig viel Platz vorhanden ist.
All other boxes can be skipped with „Return" or „0" if unlimited space available.

Weiterführende Angaben
Dynamik

Optionale Eingaben. xigus wählt für die erforderte Lebensdauer das passende System aus.
Optional data. If put in xigus chooses the right product for the required life.

Detailed Input
Dynamic

v und a müssen angegeben werden, wenn xigus einen detaillierten Befüllungsvorschlag machen soll.
v und a haben großen Einfluß auf die Positionierung der Leitungen in Ketten/Rohren.
v and a must be filled in if xigus is to suggest a detailed sketch of the filling. v and a greatly influence how conduits are positioned in Chains/Tubes.

7.1 XIGUS

Weiterführende Angaben
Technoklima

Detailed Input
Technoclimate

Sie können beliebig viele Felder anklicken.
You can click as many boxes on as you like.

Beispiel für [infotek] im Bereich "Technoklima"

Example for [infotek] on "Technoclimate"

Referenzfoto mit Betonstaub.
Reference photo with concrete dust.

Video von igus Energierohren im Spänebereich.
Video of gus Energy tubes in area with hot chips.

Sie können auch hier beliebig viele Boxen anklicken.
Also here you can fill out as many conditions as you like.

129

7 IGUS

Weiterführende Angaben
Anschlüsse

Klicken Sie die gewünschten Kombinationen an. xigus wird versuchen Ihren Wunsch zu berücksichtigen.
Click on the desired combination. xigus will try to accomodate your wish.

Detailed input
Mounting Part

Weiterführende Angaben
Querschnitt

Über die Funktion „Querschnitt" können Sie eine ganz bestimmte igus Energiekette vorauswählen.
With this function you can select a specific igus Chain.

Detailed Input
Cross Section

Wählen Sie erst entweder eine gewünschte Höhe oder gewünschte Breite. xigus schlägt dann die möglichen Kombinationen vor.
Choose either height or width as your critical dimensions. xigus then offers possible combinations.

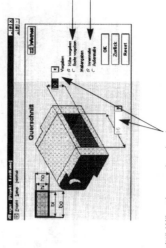

Hier auswählen, ob Sie Innen- oder Außenmaße angeben wollen.
Choose here wether you want to specify inner or outer dimensions.

Ihre „Querschnitt"-Wünsche werden durch frühere Angaben (zum Beispiel Bauraum oder Befüllung) schon berücksichtigt oder beschränkt.
Your cross section requirements may already be limited by your previous inputs (for example „Space" or „Filling").

Vorschlag und Optionen
Serie

Hier wird das vorgeschlagene Produkt kurz beschrieben.
A brief description of the proposed igus product.

Hier anklicken zum Berechnen anderer Vorschläge.
Click here to calculate other proposals.

Bei System E4-Produkten können Sie hier den Typ nachträglich wechseln.
Switch from „chain" or „tube" here for System E4 products.

Proposal and Options
Series

Klicken Sie hier, um eine Fülle von Informationen zur vorgeschlagenen Serie zu erhalten. Texte, Fotos, Zeichnungen, Referenzen, Videos, DXF-Dateien!
Click here to get a world of information on the proposed igus Series: Explanations, photos, drawings, references, videos, DXF-files!

Hier klicken, um Befüllungsvorschläge und Optionen zu bekommen.
Click here to get filling proposal and options.

Komplette Ausgabe inklusive aller technischer Daten und Befüllungsskizze als Druck oder Datei.
Complete output incl. all technical data and filling sketch as print or file.

Änderbare Stückliste.
Partlist can be edited.

Klicken Sie hier, wenn Sie den Vorschlag speichern möchten. Jetzt kann „Vorschlag und Optionen" und „Stückliste" ausgegeben werden.
Click here to save the proposal. Now the output of "Proposal and Options" and "Part list" is possible.

Beispiel für [Infothek] im Bereich "Vorschlag und Optionen"

Die Infothek zu jeder Serie ist ein elektronischer Katalog.
The infothek is an eletronic catalog on each series.

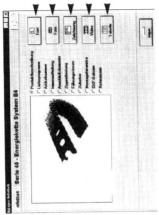

Example for [Infothek] on "Proposal andOptions"

Detaillierte Informationen zu jeder igus Serie.
Detailled information on each igus series.

Wenn diese Felder schwarz hervortreten, dann liegen Informationen wie zum Beispiel Fotos, Videos oder Zeichnung vor.
If these boxes are highlighted in black you can klick to get information, for example photos, videos, or drawings.

7.1 XIGUS

7 IGUS

Vorschlag und Optionen
Befüllung

Graue Marke zeigt ersten xigus Vorschlag im Prinzip. Klicken Sie auf andere Prinzipbilder für andere Vorschläge. Die Zahl gibt Ihnen die schmalste Breite für diese Art der Befüllung an. Der rote Rahmen zeigt, zu welcher Art der Befüllung die Vorschau erscheint.
Gray box marks xigus first proposal in principle. Click on other pictures to get other proposals. The number shows you the smalest width for this kind of filling. The red frame indicates that you can see the preview for this kind of filling.

Proposal and options
Filling

Klicken Sie hier, um eine Fülle von Informationen zur vorgeschlagenen Serie zu erhalten. Texte, Fotos, Zeichnungen, Referenzen, Videos, DXF-Dateien!
Click here to get a world of information on the proposed igus Series: Explanations, photos, drawings, references, videos, DXF-files!

Hier klicken für Vorschlag und Optionen zur „Serie".
Click here for proposal and options on „Series".

Komplette Ausgabe inklusive aller technischer Daten und Befüllungsskizzen als Druck oder Datei. Complet output incl. all technical data and filling sketch as print or file.

Änderbare Stückliste.
Partlist can be edited.

Klicken Sie hier, wenn Sie die Befüllung speichern möchten.
Click here to save the filling.

Hier anklicken, um die Vorschau für Ihren Befüllungsvorschlag zu bekommen!
Click here to get the preview of your individual filling proposal.

Vorschlag und Optionen
Befüllung - Vorschau

Numerierung identisch mit Stücklisten-Numerierung.

Proposal and options
Filling - Preview

Numbering identical with part list number.

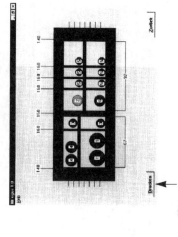

Hier anklicken, um Ausdruck dieses Befüllungsvorschlages zu bekommen!
Click here to get the print of this filling proposal!

Schnelleingabe

Wenn Sie nur hier Daten eingeben, bekommen Sie eine schnelle, aber sehr ungenaue Empfehlung.

Quick Estimate

If you only answer these questions, you will get a quick but inprecise recommendation.

Neu - igus PC-CAD Katalog 1.3: Mehr Serien, mehr Zubehör

Installation

Legen Sie die CD in Ihr CD-ROM-Laufwerk und rufen Sie den Datei-Manager auf. Wählen Sie das CD-ROM-Laufwerk aus (z.B. D: oder E:). Gehen Sie in das Verzeichnis **cad**. Starten Sie das Installationsprogramm mit **install.exe**.

Programmstart

Gehen Sie auf die DOS-Ebene und wechseln in das Verzeichnis, in das Sie den PC-CAD Katalog installiert haben. Mit dem Befehl **igus** wird das Programm gestartet.

Standard-DXF-Dateien

Um eine Standard-DXF-Datei zu suchen, öffnen Sie bitte den Datei-Manager. Wechseln Sie auf Ihr CD-ROM-Laufwerk (z.B. D: oder E:) und gehen dann in das Verzeichnis 'DXF_D', um DXF-Dateien mit deutscher Linienbeschreibung, oder 'DXF_E', um DXF-Dateien mit englischer Linienbeschreibung, zu erhalten. Jetzt erhalten Sie eine Auflistung aller Verzeichnisse. Der Name des Verzeichnisses beschreibt die Serie, die in diesem Verzeichnis hinterlegt ist: Beispiel: Verzeichnis 2829 enthält die Dateien für die Serien 28 und 29.

Der Dateiname gibt Ihnen einen Anhaltspunkt, welches Teil hinterlegt ist:

Dateianfang	Beschreibung	Dateiname	Artikelnummer
Datei beginnt mit 'b'	Anschlußelement	b28012.dxf	Art.Nr.280.12
Datei beginnt mit 'g'	Gleitschiene	g9201.dxf	Art.Nr.92.01
Datei beginnt mit 'i'	Montageset	i9350250.dxf	Art.Nr.93.50.250
Datei beginnt mit 's'	Energiekette/-rohr	s2810200.dxf	Art.Nr.28.10.200
	Trennsteg,	s38750.dxf	Art.Nr.387.50
	Zubehör Innenaufteilung		
Datei beginnt mit 't'	Führungsrinne	t9730.dxf	Art.Nr.97.30

New - igus PC-CAD Catalog 1.3: More Series, More Accessories

Installation

Put in the CD in your CD-ROM-drive and call up File Manager. Select the CD-ROM-drive (e.g. D: or E:). Select directory **cad**. Start the installation with **install.exe**.

Programstart

Go to Dos-level and call up the directory where you installed the PC-CAD catalog. The command **igus** will start the program.

7.1 XIGUS

7 IGUS

Standard-DXF-Files

To look for a standard-DXF-file, please call up the File Manager. Select the CD-ROM-drive (e.g. D: or E:) and select the directory 'DXF_D', to get german line description, or 'DXF_E', to get english line description. Now you can see all directories in a list. The name of the directory gives you the series, which is in this directory. Example: directory 2829 includes files for series 28 and 29.

The file name helps you to identify the part:

Beginning of file	Description	File name	Part number
File starts with 'b'	Mounting bracket	b28012.dxf	Part No.280.12
File starts with 'g'	Slide bar	g9201.dxf	Part No.92.01
File starts with 'i'	Installation set	i9350250.dxf	Part No.93.50.250
File starts with 's'	Energy Chain/Energy Tube	s2810200.dxf	Part No.28.10.200
File starts with 's'	Separator, accessory for interior shelvings	s38750.dxf	Part No.387.50
File starts with 't'	Guiding trough	t9730.dxf	Part No.97.30

Beschränkte Garantie

Wenngleich igus alle zumutbaren Maßnahmen ergriffen hat, um die Informationen in der Software sowie die Software selbst exakt und fehlerfrei zu halten, garantiert igus dennoch nicht, daß die Software und die darin enthaltenen Informationen fehlerfrei sind und Ihren Vorstellungen entsprechen und daß der Einsatz der Software unterbrechungsfrei und fehlerfrei möglich ist. igus garantiert auch nicht, daß eventuell vorhandene Fehler korrigiert werden. Sie laden und verwenden die Software auf Ihr eigenes Risiko, und igus kann in keinem Fall haftbar gemacht werden für Schäden gleich welcher Art, insbesondere für Schäden aus entgangenem Gewinn, Betriebsunterbrechung, Verlust von geschäftlichen Informationen oder Daten oder aus anderem finanziellem Verlust, die aus der Benutzung der Software oder der Unfähigkeit, diese Software zu verwenden, entstehen.

Eine rechtlich verbindliche Zusicherung bestimmter Eigenschaften oder Eignung für einen bestimmten Einsatzzweck kann nicht abgeleitet werden. Bitte nehmen Sie hierzu unsere Beratung in Anspruch.

igus garantiert nicht, daß die Software und der Datenträger frei von Computerviren sind. Es liegt in Ihrer Verantwortung, die Software mit Hilfe geeigneter Mittel auf das Vorhandensein solcher Computerviren zu prüfen, und igus empfiehlt ausdrücklich, dies mittels aktueller Virensuchprogramme zu tun. igus übernimmt keinerlei Verantwortung für Verluste gleich welcher Art, die durch das Vorhandensein von Computerviren verursacht werden, und kann für solche Verluste nicht haftbar gemacht werden.

igus schließt für sich jede weitere Gewährleistung bezüglich der Software und der zugehörigen Dokumentation aus.

Die vorgenannten Ausschlüsse gelten nicht für Schäden, die durch grobe Fahrlässigkeit oder Vorsatz auf Seiten von igus verursacht wurden. Ebenfalls bleiben Ansprüche unberührt, die auf unabdingbaren gesetzlichen Vorschriften zur Produkthaftung beruhen.

Liability

Whilst the Owner has taken reasonable steps to ensure the accuracy of the information contained in or shown by the Software, the Owner does not warrant that the Software or any information contained in or shown by the Software will meet your requirements or be error-free or that the operation of the Software will be uninterrupted or error-free or that defects in the Software will be corrected. You shall load and use the Software at your own risk and in no event will the Owner be liable to you for any loss or damage of any kind (except personal injury or death resulting from the Owner's negligence) including lost profits or other consequential loss arising from any use of the Software in conjunction with any other software program.

All rights reserved respecting the assurance of quality or aptitude of this program concerning its use and purpose. Please contact us for more information.

It is your responsibility to check the Software in your satisfaction against the presence of computer viruses. Whilst the Owner has taken precautions to avoid the incorporation of any such virus, it is strongly recommended that you check the Software with appropriate high-quality virus-checking materials. The Owner accepts no responsibility for any loss, damage or expense of any kind arising from the presence of any such virus.

The express terms of the Agreement are in lieu of all warranties, conditions, undertakings, terms and obligations implied by statute, common law, trade usage, course of dealing or otherwise all of which are hereby excluded to the fullest extent permitted by law.

7.1 XIGUS

Installation
Legen Sie die CD in Ihr CD-ROM Laufwerk und rufen Sie den Datei-Manager auf. Wählen Sie das CD-ROM Laufwerk aus (z.B. D: oder E:). Gehen Sie in das Verzeichnis **xigus**. Starten Sie das Installationsprogramm mit **setup.exe**.

Mindestvoraussetzungen:
- 386 DX/33
- Windows 3.1
- 8 MB Hauptspeicher
- CD-ROM Laufwerk
- VGA-Grafikkarte
- Festplatte
- Microsoft-kompatible Maus

Empfohlene Systemvoraussetzungen:
- Pentium 75 MHz
- Windows 3.11 oder höher
- 16 MB Hauptspeicher
- CD-ROM Laufwerk
- VGA-Grafikkarte
- Soundkarte und Lautsprecher
- Festplatte
- Microsoft-kompatible Maus

Installation
Put in the CD in your CD-ROM-drive and call up File Manager. Select the CD-ROM-drive (e.g. D: or E:). Select directory **xigus**. Start the installation program by double-clicking on **setup.exe**.

Minimum Requirements:
- 386 DX/33
- Windows 3.1
- 8 MB RAM
- CD-ROM-drive
- VGA-Graphics Card
- Hard Disc
- Microsoft compatible mouse

Recommended Requirements:
- Pentium 75 MHz
- Windows 3.11 or later
- 16 MB RAM
- CD-ROM-drive
- VGA-Graphics Card
- Soundcard and Speakers
- Hard Disc
- Microsoft compatible mouse

igus GmbH
Postbox 90 61 23, D-51127 Köln
Tel. +49-22 03 / 96 49-0
Fax +49-22 03 / 96 49-222

Kruppstr. 82, D-45145 Essen
Tel. 02 01 / 23 37 01
Fax 02 01 / 812 27 93

135

8 Handbuch JvP-Pressen

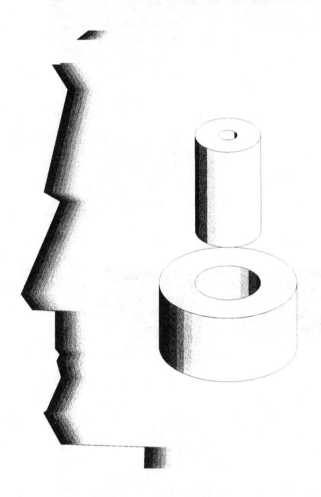

Ein herzliches Willkommen in JvP-Pressen !

JVP-Pressen dient zur Auslegung, Berechnung, Nachrechnung und Überprüfung von Längs- und Querpreßverbindungen. Solche Verbindungen kommen im Maschinenbau sehr häufig vor.

Im Programm werden bestimmte Formeln und Programmabläufe der Norm DIN 7190 verwendet, wobei versucht wurde, die in der DIN 7190 enthaltenen Fehler nicht mit zu übernehmen.

Zur Berechnung der Fügetemperatur bei Querpreßverbänden wird auf die Formeln der TGL 19361 Bezug genommen, da diese dem Autor praktikabler erscheinen.

Aufgrund der vielen Einflußfaktoren (besonders durch die Tribologie im Bereich des Längspressens) sind die berechneten Einpreßkräfte nur als Richtwert anzusehen. Zur Vorgabe von Qualitätsparametern (z.B. Kraftfenster) sind die Parameter zusätzlich experimentell zu bestimmen.

Besonders bei geringen Übermaßen kann es aufgrund des größeren Einflusses der Einebnung des Rauhigkeitsgebirges zu größeren Abweichungen der theoretisch ermittelten Einpreßkräfte (zu niedrig) zu den experimentell ermittelten Einpreßkräften kommen.

Programm zur Berechnung von Preßverbindungen

Längs- und Querpreßverfahren werden aufgrund ihrer Vorteile im Maschinenbau und Gerätetechnik sehr häufig zur Herstellung von Welle-Nabe-Verbindungen eingesetzt. Aus Sicht gestiegener Qualitätsanforderungen, verbunden mit Einführung der ISO 9000 Familie, sind ausreichend sichere Aussagen über ihre Tragfähigkeit erforderlich. Wegen der Vielfalt vorhandener Einflüsse eine nicht unproblematische Aufgabe.

Das Programm JvP-Pressen berücksichtigt die 2 möglichen Rechenwege nach DIN7190. Ausgehend von einer vorgegebenen Passung können der Fugendruck, die Fügekraft/Fügetemperatur sowie die übertragbaren Kräfte und Momente berechnet werden. Der andere Rechenweg geht von den zu übertragenden Momenten und Axialkräften aus. Daraus kann dann die Verbindung ausgelegt sowie die Passung ermittelt und nachgerechnet werden. Auch hier können die Fügekräfte bzw. Fügetemperaturen ermittelt werden, so daß bereits im Vorfeld die richtige Auslegung der Preßeinrichtungen möglich wird.

Die für die Berechnung notwendigen Werkstoffkennwerte, Haftbeiwerte und Passungen (auch ISO) können direkt eingegeben oder über mitgelieferte Datenbanken ausgewählt werden.

Die Abmessungen der Fügeflächenpaarung werden direkt in eine entsprechende Skizze auf dem Bildschirm eingetragen.

Das Ergebnis wird in Form der Grenzwerte für minimales und maximales Übermaß angezeigt. Außerdem erfolgt ein textlicher Hinweis, ob sich die Verbindung im elastischen oder im elastisch-plastischen Bereich befindet. Werden die der DIN zugrunde liegenden Bedingungen nicht eingehalten, so wird auf die erforderliche Änderung der Eingabeparameter hingewiesen.

Das Druckformular kann vom Nutzer nach eigenen Wünsche gestaltet werden.

Das Hilfesystem enthält neben Hinweisen zur Handhabung des Programms die Definitionen der bei der Preßverbindung relevanten technischen Begriffe sowie Informationen zur Auslegung von Preßverbindungen und zur Interpretation der Berechnungsergebnisse.

Das Programm ist unter Windows 3.1 oder höher lauffähig, benötigt 4 MByte Festplattenspeicher und mindestens 4 MByte RAM.

Zur Installation ist unter Windows das Programm **setup.exe** von DISK1 zu starten.

Die vorliegende DEMO-Version besitzt einen eingeschränkten Funktionsumfang. So kann der Fügedurchmesser nicht geändert, nicht gespeichert und gedruckt werden. Die Materialdatenbank ist auf 7 Werkstoffe begrenzt.

Der Erwerb der Vollversion zum Preis von 299,– DM zuzügl. MwSt. ist über die
JvP Planungsgesellschaft mbH
Borngraben 11 01157 Dresden
Tel/Fax: 03 51 / 422 68 58/9

möglich.

1. Handhabung

1.1 Programmstart

Während der Installation wird automatisch ein Programmfenster und darin das entsprechende Programm-Icon erstellt. Nach Aufruf des Programms erscheint das Eröffnungsbild. Wollen Sie Berechnungen durchführen, müssen Sie über das Menü Preßverbindung die gewünschte Berechnungsmethode für Längs- oder Querpreßverbindungen auswählen.

Ein Öffnen von gespeicherten Berechnungen ist nur im Berechnungsmodus möglich.

Wenn Sie Ihr Druckformular ändern möchten, können Sie dies über den Menüpunkt Drucken Formular ändern tun.

1.2 Eingeben der Werte

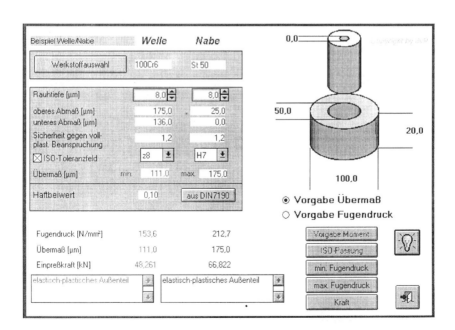

1.2.1 Werkstoffwerte eingeben
In der Berechnungsmaske werden die Kurzbezeichnungen der ausgewählten Werkstoffe angezeigt. Zur Änderung oder Neueingabe ist die Schaltfläche **Werkstoffauswahl** zu betätigen. In der sich öffnenden Materialmaske können die Werkstoffwerte direkt editiert werden.

Die Werkstoffwerte werden in die dafür vorgesehenen Felder eingetragen. Wird die zulässige Feldlänge überschritten, springt der Cursor automatisch zum nächsten Eingabefeld. Ist man mit der Eingabe fertig, kann man sich auch mit der Tabulator-Taste zum nächsten Feld bewegen.

Neben der manuellen Eingabe können die Werkstoffdaten aus einer Datenbank aufgerufen werden. Im oberen linken Bereich wird der aktuelle Datensatz aus der Datenbank angezeigt, im unteren Bereich die aktuellen Werte für Innen- und Außenteil. Nach Betätigen von **Werkstoffdatenbank** wird ein Datenblatt mit den verfügbaren Werkstoffen angezeigt. Oberhalb des Datenblattes kann in ein kleines Fenster die gewünschte Werkstoffbezeichnung eingetragen werden. Ist der Werkstoff vorhanden, wird der Zeiger auf diesen Satz gestellt, wird die Bezeichnung nicht gefunden, ertönt ein Signalton. Nach 5s wird die Eingabe gelöscht und es kann eine neue Bezeichnung eingetragen werden.

Es kann natürlich auch durch Scrollen in der Datenbank der gewünschte Werkstoff ausgewählt werden. Nach Markieren des gewünschten Werkstoffes (farbig hinterlegt) wird der Datensatz durch Betätigen der rechten Maus-Taste übernommen und das Datenblatt geschlossen.

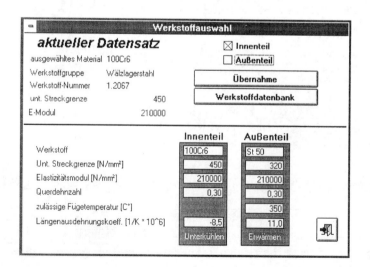

Durch Betätigen von Übernahme wird entsprechend Einstellung der Werkstoff für das Innen- oder Außenteil oder für alle beide übernommen. Nach erfolgreicher Übernahme wird die Maske mittels der „Tür" verlassen und zur Hauptmaske zurückgekehrt.

Bei wiederholt wiederkehrenden Werkstoffen, die nicht in der Standarddatenbank enthalten sind, empfiehlt sich die Aufnahme in die Nutzerdatenbank. Wird die Eintragung vor der Berechnung vorgenommen, stehen die eingetragenen Werte bei der Auswahl mit zur Verfügung. So ist keine wiederholte Eingabe der Werte notwendig.

1.2.2 Geometriewerte eingeben

Die Hauptgrößen Fugendurchmesser, Außendurchmesser Außenteil, Innendurchmesser Innenteil sowie Fügelänge sind direkt im Bild einzutragen.

Die Rauheitswerte können direkt eingegeben werden bzw. durch die Drehfelder vergrößert bzw. verkleinert werden. Sinnvoll sind hier Größen zwischen 3.2 µm (geschliffen) und 6.3 µm (feingedreht).

Für die Eingabe der Passung gibt es 2 Möglichkeiten. Sind die Teile mit oberem und unterem Abmaß ausgezeichnet, so können diese direkt eingetragen werden. Handelt es sich um eine ISO-Passung, so muß das Auswahlfeld **ISO-Toleranzfeld** aktiviert werden (kleines Kreuz im Kästchen). Danach wird in der Liste die entsprechende Passung für Welle und Nabe ausgewählt. Bei Änderung des Fugendurchmessers wird automatisch bei Auswahl einer ISO-Passung das für den Durchmesser gültige Abmaß ermittelt.

Die Felder **minimales** und **maximales Übermaß** zeigen die jeweiligen Extremwerte an und werden nach Änderung von den geometrischen Maßen sofort aktualisiert. Soll bei der Berechnung das Übermaß berechnet werden, sind die Toleranzfelder deaktiviert.

1.2.3 Haftbeiwerte eingeben

Zur Ermittlung der Einpreßkraft hat der Haftbeiwert eine entscheidende Bedeutung. Es stehen die Werte aus der DIN 7190 in Form einer Tabelle zur Verfügung. Sie können durch Betätigen von **aus DIN 7190** abgerufen werden. Die Auswahl des entsprechenden Wertes erfolgt mittels Doppelklick der linken Maus bzw. durch Betätigen der Enter-Taste.

Außerdem kann der Wert direkt in das Eingabefeld eingetragen werden.

1.2.4 Temperaturwerte eingeben

Bei Querpreßverbänden wird das Übermaß durch eine zeitweilige Erwärmung/Abkühlung der Fügepartner aufgehoben, so daß ein Fügen ohne Kraft möglich ist. Dabei werden unterschieden:

- Schrumpfen (nur Erwärmen des Außenteiles)
- Dehnen (nur Abkühlen des Innenteiles)
- Dehn-Schrumpfen (Unterkühlung der Welle und Erwärmung der Nabe).

Zur Berechnung der notwendigen Fügetemperatur müssen die Längenausdehnungskoeffizienten der Fügepartner eingegeben werden. Dabei ist zu beachten, daß es für Erwärmung und Abkühlung unterschiedliche Werte gibt.

Für das zu erwärmende Teil (Außenteil) muß noch die maximal zulässige Fügetemperatur eingegeben werden. Das ist der Wert, bei welcher sich die Werkstoffeigenschaften noch nicht ändern. Bei höherlegierten Werkstoffen kann dieser Wert bereits mit 200°C erreicht werden.

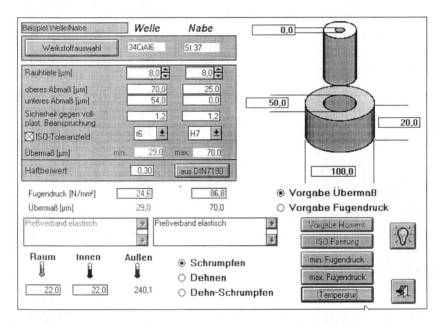

In der Berechnungsmaske werden die Raumtemperatur und bei Dehn-Schrumpfen die Unterkühlungstemperatur des Innenteiles eingetragen. Bei Schrumpfen wird die Temperatur des Innenteiles, bei Dehnen die des Außenteiles der Raumtemperatur automatisch gleichgesetzt.

1.3 Berechnung durchführen

Nach Eingabe aller Werte können unterschiedliche Berechnungen durchgeführt werden. Es stehen die Berechnung des Fugendruckes nach Vorgabe des

1. Handhabung

Übermaßes oder die Ermittlung des Übermaßes nach Vorgabe des Fugendruckes, jeweils getrennt für Minimum und Maximum zur Verfügung.

Je nach gewünschter Verbindungsart (Längspreßsitz, Querpreßsitz) wird nach Ermittlung der Passung bzw. des Fugendruckes die benötigte Einpreßkraft oder die Fügetemperatur ermittelt.

Die Einpreßkraft kann nur nach Ermittlung oder Vorgabe des Fugendruckes berechnet werden. Hierbei werden die Werte für Minimum und Maximum gleichzeitig ermittelt.

Die Fügetemperatur kann nur ermittelt werden, wenn das maximale Übermaß einen Wert größer 0 annimmt.

Zur Ermittlung des Fugendruckes bei Auslegung von Preßverbindungen sind das zu übertragende Drehmoment sowie die Axialkraft notwendig. Diese Werte können in einer gesonderten Maske eingegeben werden, damit der notwendige Fugendruck berechnet werden kann. Dazu muß **Vorgabe Fugendruck** ausgewählt werden. Danach kann über die Schaltfläche **Vorgabe Moment** die Maske zur Berechnung des Fugendruckes auf Basis von Axialkraft und Drehmoment berechnet werden.

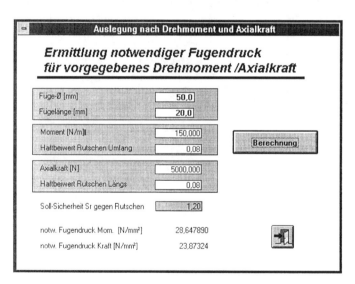

Beispiel 1
Vorgabe: Geometrie, Passung, Werkstoff
Gesucht: Fugendruck, Einpreßkraft, übertragbares Drehmoment und Axialkraft

143

8 Handbuch JvP-Pressen

Ablaufschritte:
Soll das Drehmoment und/oder die Axialkraft ermittelt werden, sind zuerst die Haftbeiwerte sowie der Sicherheitsfaktor für Rutschen vorzugeben. Dazu muß **Vorgabe Fugendruck** ausgewählt werden. Danach können über die Schaltfläche **Vorgabe Moment** die entsprechenden Werte eingetragen werden. Sollen Moment und oder Kraft auch in der gedruckten Ergebnisliste erscheinen, sind Werte größer 0 in die Vorgabefelder einzutragen. Sind diese Felder 0 oder leer, werden Moment, Axialkraft und Haftbeiwerte nicht mitgedruckt. Diese Werte nehmen keinen Einfluß auf die Berechnung.

Nach Rückkehr in die Berechnungsmaske wird nunmehr **Vorgabe Übermaß** angewählt, die Vorgabedaten eingetragen und im Anschluß durch Betätigen der entsprechenden Schaltflächen der minimale und maximale Fugendruck berechnet. Danach wird mittels Schaltfläche **Kraft** die für den berechneten Fugendruck notwendige Einpreßkraft ermittelt. Zur Ermittlung von übertragbaren Drehmoment und Axialkraft ist nur noch die Schaltfläche mit dem **Lichtsymbol** anzuwählen, wonach die gewünschten Werte angezeigt werden.

Auslegung nach Drehmoment und Axialkraft			
Ausgangsdaten für Berechnung Mindestfugendruck		Ist-Werte Berechnung	
Füge-Ø [mm]	50,0	min Übermaß	max Übermaß
Fügelänge [mm]	20,0		
Moment [N/m]	150,000	308,425	826,567
Haftbeiwert Rutschen Umfang	0,08		
Axialkraft [N]	5000,000	12337,034	33062,688
Haftbeiwert Rutschen Längs	0,08		
Soll-Sicherheit Sr gegen Rutsche	1,20		
notw. Fugendruck Mom. [N/mm²]	28,647	58,905	157,862
notw. Fugendruck Kraft [N/mm²]	23,873		

Beispiel 2
Vorgabe: Geometrie, Moment/Axialkraft, Werkstoff
Gesucht: Fugendruck, Einpreßkraft, Passung

Ablaufschritte:
Die Berechnung gliedert sich in 3 Abschnitte, wobei in Abhängigkeit der Ergebnisse diese Schritte iterativ ablaufen können.

1. Handhabung

Zuerst werden die Werkstoff- und Geometriedaten eingetragen. Anschließend werden über Auswahl **Vorgabe Fugendruck** und Schaltfläche **Moment** die geforderten Axialkräfte und/oder Drehmomente mit den entsprechenden Haftbeiwerten und Sicherheitsfaktoren eingetragen und durch Betätigen von **Berechnung** der **notwendige Fugendruck** berechnet. Als Vorgabewert für die weiteren Rechengänge wird der größere Wert gewählt. Nach Rückkehr in die Berechnungsmaske wird mittels **min. Übermaß** das **minimale Übermaß** ermittelt.

Als zweiter Schritt erfolgt die **Auswahl einer geeigneten Passung.** Dazu ist die Schaltfläche **ISO-Passung** zu betätigen. Nach kurzer Pause erscheint eine Maske, in welcher alle möglichen Passungen für das System Einheitsbohrung (H7), die das Mindestübermaß erreichen, aufgelistet werden. Im Listenfeld kann daraus die gewünschte Passung gewählt werden, die dazugehörigen Übermaße werden direkt angezeigt. Beim Verlassen der Maske wird der zuletzt gewählte Wert übernommen.

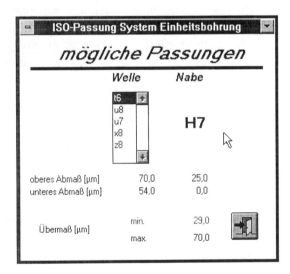

Als dritter Schritt erfolgt die **Nachrechnung.** Dazu muß auf **Vorgabe Übermaß** umgeschaltet werden, das **ISO-Toleranzfeld** aktiviert und anschließend **min. Fugendruck** und **max. Fugendruck** berechnet werden. Sind beide Werte zulässig, kann über die Schaltfläche mit dem **Lichtsymbol** der Vergleich von Vorgabe und Ist-Werten vorgenommen werden. Leuchtet die Ampel grün, erfüllen die Werte die Forderung. Ist dies nicht der fall, muß mit anderen Werten die Berechnung Schritt 3 wiederholt werden.

Beispiel 3
Vorgabe: Geometrie, Passung, Werkstoff, Raumtemperatur
Gesucht: Fugendruck, Fügetemperatur, übertragbares Drehmoment und Axialkraft

Ablaufschritte:
Soll das Drehmoment und/oder die Axialkraft ermittelt werden, sind zuerst die Haftbeiwerte sowie der Sicherheitsfaktor für Rutschen vorzugeben. Dazu muß **Vorgabe Fugendruck** ausgewählt werden. Danach können über die Schaltfläche **Vorgabe Moment** die entsprechenden Werte eingetragen werden. Sollen Moment und oder Kraft auch in der gedruckten Ergebnisliste erscheinen, sind Werte größer 0 in die Vorgabefelder einzutragen. Sind diese Felder 0 oder leer, werden Moment, Axialkraft und Haftbeiwerte nicht mitgedruckt. Diese Werte nehmen keinen Einfluß auf die Berechnung.

Nach Rückkehr in die Berechnungsmaske wird nunmehr **Vorgabe Übermaß** angewählt, die Vorgabedaten eingetragen und im Anschluß durch Betätigen der entsprechenden Schaltflächen der minimale und maximale Fugendruck berechnet. Danach wird mittels Schaltfläche Temperatur die für das maximale Übermaß notwendige Fügetemperatur ermittelt. Zuvor ist die entsprechende Verfahrensweise (Schrumpfen, Dehnen, Kombination beider) auszuwählen.

Beim Schrumpfprozeß muß die Raumtemperatur eingetragen werden, das Innenteil erhält die gleiche Temperatur zugewiesen. Beim Dehnen muß ebenfalls die Raumtemperatur eingegeben werden, jedoch wird hier dem Außenteil dieser Wert zugeordnet. Bei der Kombination muß sowohl die Raumtemperatur als auch die Unterkühlungstemperatur für das Innenteil eingetragen werden. Die sich daraus ergebende Fügetemperatur des Außenteiles wird dann berechnet.

Zur Ermittlung von übertragbaren Drehmoment und Axialkraft ist nur noch die Schaltfläche mit dem **Lichtsymbol** anzuwählen, wonach die gewünschten Werte angezeigt werden.

1.4 Ergebnisse protokollieren

Zur Protokollierung der Ergebnisse muß der Menüpunkt Drucken/Ergebnisliste ausgewählt werden. Danach erscheint eine Druckmaske, wo zwischen Druckbildvorschau bzw. Drucker ausgewählt werden kann. Nach Betätigen des Druckersymbols wird die angewählte Option ausgeführt. Bei der Druckbildvorschau kann es in Abhängigkeit der Rechnerkonfiguration zu kleineren Verzögerungen kommen.

1. Handhabung

Ist als Ausgabeziel der Drucker gewählt worden, öffnet sich die Ihnen vertraute Windows-Druck-Dialogbox, in welcher Sie auch den Drucker wechseln. Es werden die Druckertreiber von Windows benutzt. Sollten Sie dabei Probleme haben, überprüfen Sie bitte Ihre Windows-Einstellungen.

Das Protokoll können Sei nach Ihren eigenen Bedürfnissen verändern. Siehe dazu auch Druckformular anpassen1.6 .

1.5 Speichern und Öffnen

Die berechneten Werte können abgespeichert werden, um zu einem späteren Zeitpunkt weiterzuarbeiten. Die Speicherung erfolgt standardmäßig in dem Verzeichnis, in welchem auch das Programm installiert ist. Es werden immer zwei Dateien gespeichert. Die erste Datei ist eine DBF-Datei, die zweite Datei trägt den gleichen Namen, hat aber als Erweiterung FPT (Memodatei). Es müssen immer beide Dateien vorhanden sein, sonst ist ein späteres Öffnen nicht möglich.

Die berechneten Werte werden abgespeichert, indem aus dem Menü/Datei der Menüpunkt „Speichern" ausgewählt wird. Soll eine bereits vorhandene Datei überschrieben werden, muß nur der Name entsprechend ausgewählt werden, ansonsten ist ein neuer Dateiname einzugeben. Eine Endung muß nicht mit angegebenen werden.

Das Öffnen von gespeicherten Datei ist erst möglich, wenn das Berechnungsprogramm aufgerufen wurde. Dazu muß über den Menüpunkt Datei Öffnen die entsprechende Datei ausgewählt werden. In der Kopfzeile des Fensters erscheint nach Öffnen der Datei der entsprechende Name.

1.6 Druckformulare anpassen

Berichte bestehen aus Objekten, die Sie auf vielfältige Weise bearbeiten können. Zu diesen Objekten zählen Textobjekte, Feldobjekte und grafische Objekte.

Textobjekte können markiert, bewegt, übereinandergelegt, editiert oder gelöscht werden.

Feldobjekte zeigen Daten eines Feldes oder einer Variablen an. Feldobjekte können auch Daten eines berechneten Feldes oder eine benutzerdefinierte Funktion anzeigen.

Grafische Bilder, Linien und Rechtecke können in Berichten als Objekte verwendet werden. Diese Objekte tragen oft dazu bei, daß die Berichte leichter zu verstehen sind und daß sich ein optisch ansprechender Bericht ergibt.

Sollen neue Objekte in den Bericht eingefügt werden, so muß zuerst aus der Werkzeugleiste der gewünschte Objekttyp ausgewählt und anschließend per Mausklick an die entsprechende Stelle im Bericht eingefügt werden. Sollen Objekte editiert werden, muß nach Anwahl des Objekttyps in der Werkzeugleiste das zu editierende Objekt mit der Maus markiert werden.

Zur Änderung des Berichtes empfehlen wir nur die Änderung des Logos und der Adresse.

1.7 Nutzerspezifische Materialdatenbank

Neben der Standard-Materialdatenbank können neue Werkstoffe in einer nutzerspezifischen Datenbank eingegeben und später genutzt werden. Die Daten werden in der Datei ‚wercnut.dbf' gespeichert, die sich im Installationsverzeichnis befinden muß.

Der Aufruf erfolgt über das Menü / Bearbeiten / Werkstoff-Nutzerdatei. In der dann erscheinenden Maske können die Daten betrachtet, geändert, gelöscht, oder hinzugefügt werden (siehe Abbildung auf nächster Seite).

2. Definitionen

2.1 Werkstoffdaten

Werkstoff enthält die Kurzbezeichnung des ausgewählten Werkstoffes. Das Feld kann maximal 13 Zeichen enthalten. Wird der Werkstoff aus der Werkstoffdatenbank ausgewählt, wird das Feld automatisch ausgefüllt.

Streckgrenze [N/mm^2]
ist der Spannungswert vom Werkstoff, bei welchem eine plastische Verformung ohne weitere Zunahme der Kraft erfolgt. Die untere Streckgrenze kennzeichnet die kleinste Spannung im Fließbereich.

▎◀ ▶ ▶▎	Steuertasten zum Bewegen in der Datenbank
🔍	Taste zum Aufrufen des Listenfensters (Browse-Fenster)
▢	Erstellen eines neuen Datensatzes
	Editieren des aktuellen Datensatzes
	Löschen des aktuellen Datensatzes
💾	Speichern der durchgeführten Änderungen am aktuellen Datensatz
↶	Abbruch der Änderungen und Rückkehr ohne Speichern
🖨	Drucken
	Beenden der Maske und Rückkehr zum Hauptmenü

Elastizitätsmodul [N/mm^2]
Elastizität ist dadurch gekennzeichnet, daß die von den äußeren Kräften geleistete Arbeit als Formänderungsenergie gespeichert wird. Der Elastizitätsmodul ist ein Maß für den aus den Bindungskräften resultierenden Widerstand, speziell im einachsigen Spannungszustand zur Dehnung oder Stauchung in derselben Richtung.

Querdehnzahl
ist das Verhältnis von elastischen Längs- zur Querdehnung in einem längs belasteten Stab.

Haftbeiwert
ist das Verhältnis von Löse-/Rutschkraft zur Normalkraft. Es werden 4 Werte von Haftbeiwerten unterschieden. Lösen in Umfangsrichtung;Rutschen in Umfangsrichtung; Lösen in Längsrichtung und Rutschen in Längsrichtung. Zur Berechnung der Einpreßkraft muß nach DIN 7190 der Haftbeiwert zum Lösen in Längsrichtung eingesetzt werden. Da der Haftbeiwert von vielen Faktoren (Werkstoffpaarung, Rauheiten, Oberflächenzustand geschmiert/trocken , Fugendruck) abhängig ist, sind die in der Tabelle vorgegebenen Werte nur als Richtwerte anzusehen.

Bei Berechnung des Fugendruckes auf Basis des Drehmomentes ist in der speziellen Maske der Haftbeiwert Rutschen in Umfangsrichtung einzusetzen. Bei Vorgabe der Axialkraft muß der Haftbeiwert Rutschen in Längsrichtung verwendet werden. **!!Für Quer- und Längspreßverbände gelten unterschiedliche Werte!!**

Längenausdehnungskoeffizient Alfa
ist der Wert, mit welchem die Längenänderung bei Erwärmung und Abkühlung errechnet werden kann.

Dabei werden gibt es unterschiedliche Werte für Erwärmung und Abkühlung. Die Einheit ist [1/K]. Zur Vereinfachung der Eingabe wird programmintern mit einem Faktor 0.000001 gerechnet.

Fügetemperatur, maximale
ist der Wert, auf welchen das Teil erwärmt werden darf, ohne daß sich dabei die Werkstoffeigenschaften ändern.

2.2 Geometriedaten

Innendurchmesser des Innenteiles dai [mm]
Bei Einsatz von Holhwellen, Lagern oder anderen hohlen Bauteilen muß der Innendurchmesser dieser Teile angegeben werden. Handelt es sich um eine Vollwelle, ist der Innendurchmesser 0.

Fügedurchmesser df [mm]
ist der Durchmesser, welcher sich nach dem Fügen als Grenzdurchmesser von Welle und Nabe ausbildet. Zur Berechnung wird der in der Zeichnung angegebene tolerierte Durchmesserwert angenommen.

2. Definitionen

Außendurchmesser des Außenteiles dYa [mm]
ist der äußere Durchmesser des Außenteiles. Bei abgestuften Außendurchmessern ist der Durchmesser anzusetzen, über welchen die Momente am meisten übertragen werden.

Fügelänge lf [mm]
ist die gemeinsame Kantenlänge von Innen- und Außenteil nach dem Fügen.

oberes Abmaß [µm]
ist die Toleranzangabe für Welle und Nabe, bei welcher die Welle den größten Außen- und die Nabe den größten Innendurchmesser besitzen.

unteres Abmaß [µm]
ist die Toleranzangabe, bei welchem die Welle den kleinsten Außen- und die Nabe den kleinsten Innendurchmesser besitzt.

Rauhtiefe Rz [µm]
ist die gemittelte Rauhtiefe.

ISO-Toleranzfeld
Sind die Toleranzen von Welle und Nabe nach ISO toleriert, werden sie mittels Buchstaben und Zahlen angegeben. Meist wird das System Einheitsbohrung verwendet, d.h. die Nabe hat die Toleranz H7 und die Welle entsprechend ausgelegtem Übermaß z.B. r6. Die Angaben für Bohrungen werden immer mit Großbuchstaben gekennzeichnet, die Wellentoleranzen sind mit Kleinbuchstaben dargestellt. In der ISO-Toleranztabelle sind für bestimmte Größenbereiche die Toleranzen für Welle und Nabe angegeben.

minimales Übermaß [µm]
ist der Wert, der sich bei Paarung der kleinsten Welle mit der größten Nabe ergibt, d.h. unteres Abmaß Welle-oberes Abmaß Nabe.

maximales Übermaß [µm]
ist der Wert, der sich bei Paarung der größten Welle mit der kleinsten Nabe ergibt, d.h. oberes Abmaß Welle-unteres Abmaß Nabe.

2.3 Sicherheitsfaktor

Sicherheit gegen vollplastische Beanspruchung Sp
Der Faktor ist ein Maß, mit welcher Sicherheit der Grenzfugenbereich von Innen- und Außenteil nicht erreicht werden darf.

Sicherheit gegen Rutschen SR
Der Faktor wird zur Berechnung des Fugendruckes auf Basis von zu übertragendem Drehmoment und Axialkraft genutzt.

2.4 Berechnungsgrößen

Fugendruck p [N/mm^2]
ist ein Maß für die in der Fügezone herrschenden Spannungen. Er kann bei Vorgabe der Passung berechnet werden. Soll eine Preßverbindung nach ihrer Belastung ausgelegt werden, wird der notwendige Fugendruck aus dem zu übertragendem Moment bzw. der zu übertragenden Axialkraft berechnet. In diesem Fall dient der Fugendruck als Eingabewert, mit dessen Hilfe die für die Übertragung der Kräfte und Momente notwendigen Übermaße ermittelt werden.

Einpreßkraft [kN]
ist die Kraft, die zum Fügen der Verbindung mittels Längspressen aufgebracht werden muß. Zur Berechnung wird eine laut DIN 7190 lineare Gleichung genutzt. Der hier angegebene Wert ist der Maximalwert, welcher bei der angegebenen Fügelänge erreicht wird.

Übermaß [µm]
ist bei Berechnung des Fugendruckes ein Vorgabewert, der sich aus den Toleranzen von Welle und Nabe ergibt. Bei Vorgabe des Fugendruckes ist das Übermaß der Wert, welcher mindestens durch Tolerierung der Einzelteile erreicht werden muß, damit die geforderten Kräfte und Momente übertragen werden können. Nach Festlegung der Toleranzen sollte mit einer Nachrechnung der Beweis erbracht werden, daß auch das sich jetzt ergebende maximale Übermaß den Bedingungen der DIN 7190 entspricht.

Fügetemperatur [°C]
ist die Temperatur, auf die ein Fügeteil entsprechend ausgewählter Verfahrensweise (Dehnen, Schrumpfen, Dehn-Schrumpfen) erwärmt bzw. abgekühlt werden muß, um daß Übermaß zu überwinden.

3. Erläuterungen zu Bildschirmmeldungen

Preßverband elastisch
Der Preßverband ist rein elastisch ausgelegt, d.h. weder Welle noch Nabe unterliegen einer bleibenden plastischen Verformung. Dieser Belastungsfall ist anzu-

streben, wenn schwellende oder wechselnde Biegemomente und/oder Querkräfte auf die Preßverbindung wirken, wiederholte Lösbarkeit gefordert wird oder der eingesetzte Werkstoff keine ausgeprägte Streckgrenze besitzt.

Innenteil vollplastisch beansprucht
Diese Bedingung ist nicht zulässig, es muß die Berechnung mit anderen Werten wiederholt werden. Vorzugsweise wäre zuerst ein höherwertiger Werkstoff einzusetzen.

Innenteil Ist-Sicherheit gegen vollplastische Beanspruchung ist kleiner als Soll-Sicherheit
Der Fugendruck ist größer als der zulässige Grenzfugendruck geteilt durch den Sicherheitsfaktor für das Innenteil.

Hohles Innenteil, elast.-plast. Voraussetzung DIN 7190 nicht erfüllt
Bei hohlen Innenteilen darf das Innenteil nur elastisch belastet werden. Eine Belastung im elastisch-plastischen Bereich ist hier laut DIN 7190 nicht zulässig.

Außenteil elastisch-plastisch
Wird keine wiederholte Lösbarkeit verlangt und sind keine schwellenden oder wechselnden Biegemomente und/oder Querkräfte auf die Preßverbindung zu erwarten, ist eine Auslegung der Verbindung im elastisch-plastischen Bereich bei Einsatz von Werkstoffen mit ausgeprägter Fließgrenze (z.B. Stahl) vorteilhaft, da eine größere Belastungsübertragbarkeit und größere Paßtoleranz möglich ist.

Das Verhältnis der plastisch-beanspruchten Ringfläche zur Gesamtringfläche des Außenteiles ist größer als 0.3
Im Außenteil liegt der plastisch beanspruchte Bereich innen. Wird das Gesamtverhältnis von plastischem Durchmesser zu Außendurchmesser größer als 0,3, kann es zur Beeinträchtigung des Tragverhaltens der Verbindung kommen.

Voraussetzung für Anwendung von DIN 7190 bei elastisch-plastischem Preßverband nicht erfüllt
Voraussetzung für einen elastisch-plastischen Preßverband sind gleiche Werkstoffeigenschaften d.h. gleicher Elastizitätsmodul und gleiche Querdehnzahl. Außerdem darf das Innenteil nicht hohl sein. Ist eine dieser Bedingungen nicht erfüllt, ist eine elastisch-plastische Auslegung nach DIN 7190 nicht zulässig.

Außenteil: Ist-Sicherheit gegen Fließen ist kleiner als Soll-Sicherheit Preßverband elastisch
Der Fugendruck ist größer als der zulässige Grenzfugendruck geteilt durch den Sicherheitsfaktor für das Außenteil.

Iterierter Plastizitätsdurchmesser ist nicht zulässig
Der Plastizitätsdurchmesser wird extra berechnet. Liegt der Wert nicht zwischen 1 und dem Kehrwert des Außendurchmesserverhältnisses Qa, ist die Berechnung nicht möglich.

Die notwendige Fügetemperatur übersteigt die zulässige Fügetemperatur für den Nabenwerkstoff
Bei der berechneten Fügetemperatur sind bereits Gefügeänderungen im Werkstoff zu erwarten, so daß die Eigenschaften des Werkstoffes sich ändern würden. Entweder sind die Grenzwerte im speziellen Fall experimentell zu überprüfen, oder das Innenteil ist zusätzlich zu unterkühlen.

4. Häufig gestellte Fragen und Tips

Welche Einpreßgeschwindigkeit ist die günstigste?

Zur Einpreßgeschwindigkeit gibt es sehr unterschiedliche und sich widersprechende Aussagen. In der Praxis übliche Einpreßgeschwindigkeiten liegen zwischen 50 und 100 mm/s. Werte größer als 150 mm/s führen zu einer höheren Verschweißneigung und Materialaufwölbung.

Sehr geringe Einpreßgeschwindigkeiten führen zu den umstrittenen Stick-Slip-Effekten.

Welchen Einfluß haben Schmiermittel?

Durch Schmiermittel ändern sich die Haftbeiwerte, so daß die Einpreßkräfte sinken. Gleichfalls können so mögliche Oberflächenschäden verringert werden.

Da in der Regel aber nicht das gesamte Schmiermittel aus der Fügezone nach dem Pressen entweichen kann, weisen mit Schmiermittel gefügte Verbindungen ein schlechteres Übertragungsverhalten auf.

Als Alternative dazu können heute Klebstoffe eingesetzt werden, die während der Einpreßphase die Schmiermittelfunktion übernehmen und danach aushärten und somit die Tragfähigkeit der Verbindung noch erhöhen. Dabei muß aber beachtet werden, daß dies sehr vom Klebstoff abhängig ist. So können bei Einsatz von anaeroben Klebstoffen sogar wesentlich größere Einpreßkräfte auftreten, wenn der Klebstoff sehr schnell reagiert bzw. einen hohen Haftbeiwert besitzt.

Durch den Einsatz von Klebstoffen können auch höhere Spannungen und größere Nabenaufweitungen auftreten, da durch den Klebstoff die Einebnung des Rauhigkeitsgebirges behindert wird, was zur verstärkten Aufweitung der Nabe führt. Da der Klebstoff im Gegensatz zu Schmiermitteln auch später nicht mehr entweichen kann (fester Zustand), sind auch die bei Einsatz von Schmiermitteln bekannten Setzerscheinungen nicht so stark anzutreffen.

Was sind Stick-Slip-Effekte?

Unter Stick-Slip-Effekten wird der ständige Wechsel von Gleit- in Haftreibung und umgekehrt verstanden.

Die Auswirkung dieser Effekte auf die Qualität der Verbindung sind umstritten.

Verringertes Übertragungsverhalten sowie verstärkte Passungsrostbildung bei dynamischer Beanspruchung wurden bei Untersuchungen an der TU Chemnitz (Dr. Gropp) gemacht.

Stick-Slip-Effekte treten verstärkt auf:

- bei freier Wegprogrammierung und Annäherung an die Sollposition
- bei mit Fett geschmierten Paarungen
- bei geringen Fügegeschwindigkeiten
- bei schlecht eingestelltem Regelverhalten von hydraulischen Antrieben

Welche Möglichkeiten der Qualitätssicherung gibt es?

Für das QS-Element Produktion müssen die Fertigungs- und zutreffendenfalls Montageverfahren, welche die Qualität direkt beeinflussen, festgelegt und geplant werden. Es muß sichergestellt werden, daß diese Verfahren unter beherrschbaren Bedingungen ablaufen.

Laut ISO 9001 werden unter speziellen Verfahren solche Verfahren verstanden, deren Ergebnisse durch nachträgliche Qualitätsprüfungen am Produkt nicht in vollem Umfang festgestellt werden können, so daß Verfahrensfehler erst erkennbar werden, nachdem das Produkt in Gebrauch genommen wurde. Daraus folgt, daß eine ständige Überwachung und / oder strenge Befolgung der vorgegebenen Verfahrensweise gefordert ist, um sicherzustellen, daß die vorgegebenen Forderungen erfüllt werden. Es sind die prozeßrelevanten Merkmale zu dokumentieren und die Wirksamkeit der indirekten Überwachung der Produktqualität mittels Prozeßparametern durch systematische Stichproben am Produkt zu überprüfen. Längspressen zählt neben Schweißen, Löten, Wärmebehandeln u.a. zu den speziellen Prozessen.

Zur Überwachung von Längspreßprozessen werden in den meisten Fällen die Kraft- und Wegwerte herangezogen. Dabei gibt es vielfältige Auswerte- und Interpretationsmöglichkeiten.

Die einfachste Variante ist die Abfrage der Kraft nach Erreichen der Pressenendlage. Weitere Varianten sind das Bilden von bestimmten Zielfenstern, in welchen die Kraftwerte zwischen einem Minimum und Maximum liegen müssen. Am umfangreichsten ist die Auswertung des Kraft-Weg-Verlaufes über den gesamten Einpreßvorgang. Durch Bewertung der Anstiege der Kurven können nähere Rückschlüsse auf die Qualität der Verbindung gezogen werden.

Bei all den genannten Verfahren bestehen heute noch große Probleme in der Ermittlung der Sollvorgaben. Um sinnvolle Ergebnisse zu erhalten, dürfen die Teile nur in einer sehr engen Toleranzbreite gefertigt werden, da ansonsten die Zielfenster zu groß werden.

Bisher haben sich hier meist nur die experimentellen Ermittlungen der Vorgabewerte als gangbarer Weg gezeigt, da nicht alle Einflußfaktoren in die Berechnungsvorschrift zur Ermittlung der Einpreßkräfte nach DIN 7190 eingehen.

Die Kraft-Weg-Überwachung während des Einpressens ist geeignet, um Ausreißer aus der normalen Produktion zu erkennen (falsche Übermaße, andere Werkstoffoberfläche u.a.). Sie ist ohne zusätzliche Prüfverfahren nicht geeignet, exakte quantitative Aussagen bezüglich Übertragungsverhalten, Kraft und Moment zu treffen.

Weitere Möglichkeiten der Qualitätsermittlung sind in der Aufzeichnung der Körperschallsignale zu sehen, die während des Einpressens entstehen. Daraus lassen sich Rückschlüsse hinsichtlich Oberflächenschäden ziehen.

Welchen Einfluß haben Fasenwinkel?

Der Fasenwinkel an den Fügepartnern hat großen Einfluß auf die Verbindung. Die Forderung nach 5°-Fasen gerundet ist möglichst einzuhalten, da so eine Beschädigung der Oberfläche aufgrund der geringen Schneidwirkung der Kante weitgehend vermieden wird.

Ein Fasenwinkel von 45° kann schon zu erheblichen Beschädigungen an der Oberfläche führen, so daß die Lebensdauer der Verbindung nicht mehr gewährleistet ist.

5. Erweiterungsmöglichkeiten

Das Programm verfügt zur Zeit über die Berechnungsbausteine Längspreß- und Querpreßverband. Weiterhin sind Bausteine zur individuellen Materialeingabe und zur Änderung der Druckformulare enthalten.

Als Beispiel für mögliche Erweiterungen ist ein Modul zur Berechnung von Schnittkräften bei Stanzprozessen in der DEMO-Version enthalten.

Entsprechend den kundenspezifischen Wünschen können weitere Berechnungsmodule, aber auch Datenbankmodule mit dem kundenspezifischen Erzeugnissortiment mit und ohne Filterfunktionen als Ergänzung eingebunden werden. Somit sind Lösungen denkbar, wo entsprechend der Eingabe- und Berechnungsgrößen die Auswahl von bestimmten Pressen, Zylindern nach Kraft und Weg erfolgen kann.

6. Quellen

Der Autor des Programms hat sich über mehrere Jahre mit den Problemen der Herstellung von Längspreßverbindungen aus der Sicht der Qualitätsermittlung beschäftigt. Die Antworten im Abschnitt 4 beruhen auf den in Versuchen gemachten Erfahrungen.

Dem Programm selbst liegen folgende Quellen zugrunde:

DIN 7190 (Juli 1988)
TGL 19361 Preßverbindungen (Febr. 1986)
korrigierte Programmablaufpläne Prof. Kollmann (TH Darmstadt)
Werkstoffdatenbank (Zusammenstellung aus verschiedenen Tabellen)
ISO-Maßtabelle (TGL RGW 144-75 Umdruckblätter Konstruktionslehre TU Dresden)

Auf folgende Quellen wurde weiter Bezug genommen:

Automatisches Längspressen an flex. Montagepressen (Diss. U. Kühsel TU Dresden 93)
ISO 9001 Qualitätssicherung in der Entwicklung und Konstruktion Längspreß-Kleb-Verbindungen... (Diss. C. Bär TU Dresden 1995)

7. Lizenzhinweise zur DIN 7190

Die Verwertungsrechte, insbesondere das Vervielfältigungs- und das Verbreitungsrecht von DIN-Normen, stehen gemäß DIN 820 dem DIN Deutsches Institut für Normung e.V. zu. Diese Rechte läßt das DIN durch den BEUTH Verlag GmbH und die DIN Software GmbH ausüben.

Da auf das vorliegende Softwareprodukt keine Lizenzgebühren durch den DIN erhoben werden, obwohl wesentliche Teile der DIN 7190 Eingang finden, machen wir Sie hiermit darauf aufmerksam, daß Sie die Schriftform der DIN 7190, falls noch nicht in Ihrem Besitz, über den BEUTH-Verlag käuflich zu erwerben haben.

7. Lizenzhinweise zur DIN 7190

Längspreßverband
Berechnungsprotokoll

Beispiel Welle / Nabe

Drehmoment [Nm]	10,000
Haftbeiwert Rutschen Umfang	0,08
Axialkraft [kN]	1,000
Haftbeiwert Rutschen Längsr.	0,08
Soll-Sicherheit gegen Rutschen	1,20

Eingabedaten	Welle	Nabe
Werkstoff	1000Cr6	St 50
untere Streckgrenze [n/mm^2]	450	320
E_modul [N/mm^2]	210000	210000
Querdehnzahl μ	0,30	0,30
mittlere Rauheit [μm]	3,20	6,30
oberes Abmaß	68,0	25,0
unteres Abmaß	43,0	0,0
ISO-Passung	s7	H7
Innendurchmesser Welle	0,00	
Außendurchmesser Nabe	100	
Fügedurchmesser	50,0	
Fügelänge	20,0	
Haftbeiwert	0,11	
min. Übermaß [μm]	18,0	
max. Übermaß [μm]	68,0	

Ergebnisse	Minimum	Maximum
Fugendruck [n/mm^2]	16,4	95,1
Einpreßkraft [kN]	5,66	32,9
Drehmoment [Nm]	85,765	498,099
Axialkraft [kN]	3,430	19,923
	Preßverband elastisch	Preßverband elastisch

Querpreßverband
Berechnungsprotokoll

Beispiel Welle / Nabe

Drehmoment [Nm]	10,000
Haftbeiwert Rutschen Umfang	0,08
Axialkraft [kN]	1,000
Haftbeiwert Rutschen Längsr.	0,08
Soll-Sicherheit gegen Rutschen	1,20

Eingabedaten	Welle	Nabe
Werkstoff	1000Cr6	St 50
untere Streckgrenze [n/mm²]	450	320
=modul [N/mm²]	210000	210000
Querdehnzahl μ	0,30	0,30
Ausdehnungskoeff. [1/(K*10 ^ 6)]	-8,5 **Abkühlen**	11,0 **Erwärmen**
max. zulässige Fügetemperatur [°C]		350,0
mittlere Rauheit [μm]	3,20	6,30
oberes Abmaß	68,0	25,0
unteres Abmaß	43,0	0,0
ISO-Passung	s7	H7
Innendurchmesser Welle	0,00	
Außendurchmesser Nabe	100	
Fügedurchmesser	50,0	
Fügelänge	20,0	
Haftbeiwert	0,11	
min. Übermaß [μm]	18,0	
max. Übermaß [μm]	68,0	

Ergebnisse	Minimum	Maximum
Fugendruck [n/mm²]	16,4	95,1
Raumtemperatur [°C]		20,0
Fügetemperatur Nabe [°C]		234,5
Fügetemperatur Welle [°C]		20,0
Drehmoment [Nm]	85,765	498,099
Axialkraft [kN]	3,430	19,923
	Preßverband elastisch	Preßverband elastisch

9 KISSSOFT

Programmes de calcul pour la construction de machines

Berechnungsprogramme für den Maschinenbau

Calculation programs for machine design

TUTORIAL

ERSTE SCHRITTE MIT DER BERECHNUNGSSOFTWARE

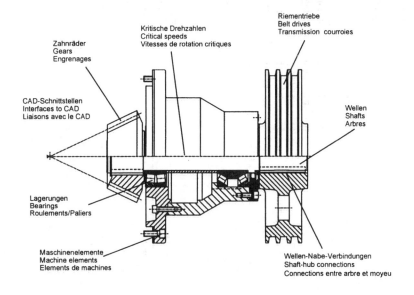

- Zahnräder / Gears / Engrenages
- Kritische Drehzahlen / Critical speeds / Vitesses de rotation critiques
- Riementriebe / Belt drives / Transmission courroies
- CAD-Schnittstellen / Interfaces to CAD / Liaisons avec le CAD
- Wellen / Shafts / Arbres
- Lagerungen / Bearings / Roulements/Paliers
- Maschinenelemente / Machine elements / Elements de machines
- Wellen-Nabe-Verbindungen / Shaft-hub connections / Connections entre arbre et moyeu

KISSSOFT

Was ist KISSsoft ?

KISSsoft ist eine Software, die Berechnungsprobleme des Maschinenbaus löst. Insbesondere werden Wellen, Zahnräder und Maschinenelemente nach DIN-Normen oder anerkannter Literatur berechnet. Für Sie als Benutzer heisst dies, dass alle Berechnungen, die Sie mit unserer Software durchführen nach anerkannten Berechnungsmethoden ausgeführt sind und deshalb der Nachweis der Methode in den meisten Fällen entfällt. Wir sind auch sehr darauf bedacht, dass unsere Rechenmethoden immer auf dem neuesten Stand der Technik beruhen. Die Produkte-Haftpflicht verlangt ja vom Konstrukteur, die Festigkeitsberechnung von Maschinenteilen nach dem aktuellen Stand der Technik und den neuesten Normen auszuführen. Die einzelnen Berechnungsmodule von KISSsoft sind so miteinander verknüpft, dass die Resultate der Berechnungen in andere Module übertragen werden können. So werden wir in dem Demonstrationsbeispiel, das später beschrieben wird, ein Zahnrad auf eine Welle setzen und alle Daten, die wir für die Berechnung der Welle brauchen aus dem Zahnradmodul in das Wellenmodul übertragen. Die Verknüpfung der einzelnen Programmpakete ist in der folgenden Grafik dargestellt:

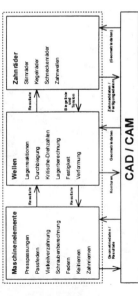

Wie Sie aus der Grafik ersehen, ist KISSsoft aber nicht nur ein Berechnungsprogramm, das sich alleine benutzt werden will; sondern es ist dafür geschaffen, im Verbund mit anderer Software (z.B. CAD) zu arbeiten.

In unserer Einführung werden wir jedoch mit dem Programm als eigenständiger Applikation arbeiten.

Systemanforderungen

Wenn bei Ihrem Rechner die Installation schon durchgeführt wurde, können Sie die folgenden Abschnitte überspringen. Fahren Sie in diesem Fall mit "Starten" auf der nächsten Seite weiter.

Damit das Programm auf Ihrem Computer problemlos ausgeführt werden kann, muss dieser mit einem Prozessor der Klasse 80286 oder besser und mit mindestens 640 kB Arbeitsspeicher ausgerüstet sein. Ebenfalls sollte auf der Harddisk des Rechners im Minimum 10 MB freier Speicherplatz zur Verfügung stehen. Als Betriebssystem benötigt KISSsoft MS-DOS in der Version 3.3 oder höher. Das Programm arbeitet aber auch tadellos unter OS/2! Geplant ist ebenfalls eine Version für Unix.

Installation

Bevor Sie die Installation durchführen, lesen Sie bitte unbedingt die neuesten Informationen in der Datei "README." auf der Diskette 1.

Im Lieferumfang enthalten sind mehrere Programm-Disketten. Zur Installation des Programms schieben Sie die erste Diskette in Ihr Diskettenlaufwerk ein, und wechseln anschliessend auf das entsprechende Laufwerk (liegt die Diskette im Laufwerk "A", dann geben Sie "A:" ein). Danach starten Sie die Installation wie auf der ersten Diskette angegeben. Das Installationsprogramm führt Sie durch die nötigen Schritte. Am Anfang werden Sie nach Ursprung und Ziel der Installation gefragt. Geben Sie als Ziel, das Verzeichnis an, in dem KISSsoft arbeiten soll.

Initialisierung

KISSsoft bietet vielfältige Initialisierungsmöglichkeiten an, welche Sie im Handbuch Teil K (bzw. im Hilfesystem) detailliert nachlesen können. Für den raschen Start genügt es aber vollauf KISSsoft direkt zu starten.

Starten

Wenn Sie die oben beschriebenen Anweisungen ausgeführt haben, dann kann das Programm mit dem Befehl "KISS" gestartet werden (KISS ist eine Batchdatei, die Sie gegebenenfalls auch selber anpassen können). Um das Programm zu starten müssen Sie sich im Verzeichnis von KISSsoft befinden. Nach dem Start erscheint das Hauptmenü von KISSsoft, in dem Sie die einzelnen Berechnungsmodule aufrufen und die Globaleinstellungen vornehmen können.

Durch das Verschieben des Balkens mit der Maus oder mit den Cursortasten können Sie sich im Menü bewegen, mit dem Betätigen der Eingabe- oder der linken Maustaste aktivieren Sie einen gewünschten Menüpunkt. Entweder starten Sie damit ein Berechnungsmodul, oder ein weiteres Menü erscheint (Ein ">" bedeutet, dass ein neues Menü aufgerufen wird).

Wichtige Grundeinstellungen

Die meisten Grundeinstellungen müssen Sie für einen ersten Test nicht ändern, schauen Sie sich aber in den einzelnen Einstellungen um, damit Sie sehen, was alles für Einstellungen möglich sind.

Wenn Sie KISSsoft in einer Demoversion benutzen ist es wichtig, dass Sie dem Programm mitteilen, welche Programmversion Sie testen wollen. Unter dem Menü [Einstellungen] können Sie mit [Demo-Version] die gewünschte Art des Programmablaufes wählen.

Unter dem Menüpunkt [Hilfe] im ersten Menü erhalten Sie weitere Informationen zum Hilfesystem und zu KISSsoft allgemein. Es lohnt sich diese genau zu studieren. Dank den aktiven Querverweisen ist es ein Einfaches, die Hilfetexte zu durchsuchen.

Das Hilfesystem

KISSsoft ist mit einem kontextsensitiven Hilfesystem ausgestattet, d.h. es steht Ihnen jederzeit Hilfe zur Verfügung, die auf Ihren Standort im Programm und die entsprechenden Fragen Bezug nimmt! Die Hilfe aktivieren Sie durch das Drücken der Taste <F1>.

KISSsoft wird im Moment in drei verschiedenen Versionen angeboten:
- **als Professional - Version (KPV)**
- **als Einsteiger - Version (KEV)**
- **als Mini-** bzw. **Tablett - Version (KTV)**

Berechnung von Maschinenelementen: Ein erstes Beispiel

Unsere Maschinenelement-Berechnungen sind neu in einer Maskentechnik realisiert, die sich durch alle Module hindurchzieht. Anhand eines ersten Berechnungsbeispiels werden Sie alle wichtigen Schritte kennenlernen, sodass Sie problemlos mit den anderen Modulen arbeiten können. Ausführlichere Informationen finden Sie im Handbuch oder in der Hilfe (<F1>). Definitionen, die für das ganze Berechnungspaket gültig sind, haben wir durch eine besondere Schrift herausgehoben.

Berechnung eines Pressverbandes

Als erstes werden wir einen Press-Sitz berechnen, bzw. dessen Toleranzen für uns auslegen lassen. Aktivieren Sie unter dem Menü [Maschinenelemente] den Punkt [Press-Sitz]. Das Programm wird Ihnen nun mitteilen, dass das Modul initialisiert wird. Nach kurzer Zeit erscheint auf Ihrem Bildschirm die Hauptmaske des Moduls. Diese Maske gruppiert alle wichtigen Parameter, die einen Pressverband bestimmen. Im Normalfall sollte die Hauptmaske genügen um sich einen Überblick über die Berechnung machen zu können. Brauchen Sie mehr Informationen, so verbergen sich hinter den einzelnen Feldern Untermasken, die mehr Informationen enthalten.

Die Graphik in der Mitte dieser Publikation zeigt Ihnen die Bildschirmeinteilung. Diese Einteilung ist in jedem Modul gleich, das heisst, dass Sie bei jeder Berechnung mit der gleichen Programmstruktur arbeiten. Da im Prinzip immer nur der Eingabeteil ändert, werden Sie sich in jedem Modul sofort zurechtfinden.

Achten Sie während einer Berechnungssitzung vor allem auf die unterste Zeile - die Statuszeile. Diese zeigt immer die Funktionen der wichtigsten Tasten an. Im Laufe dieses Beispiels lernen Sie verschiedene dieser Funktionen kennen. Bitte nehmen Sie sich Zeit, die Graphik zum Bildschirmaufbau zu studieren.

Die Unterschiede der einzelnen Versionen entnehmen Sie bitte unseren Produktebeschreibungen.

Unter dem Menüpunkt [Ausgabe] können Sie den Typ Ihres Druckers angeben, sowie allgemeine Angaben zur Ausgabe machen. Der Menüpunkt [Protokoll] dient zur Festlegung der Protokollparameter. Wenn Sie alle Ihre Einstellungen vorgenommen haben, dann können Sie nun direkt zur ersten Berechnung gehen.

Materialdaten

Die verwendeten Materialdaten lassen sich in einer Datenbank verwalten. Sie haben die Möglichkeit 999 Werkstoffe zusätzlich zu den von uns gelieferten zu bestimmen. ([Dienste] + [Werkstoffdaten])

Bemerkung zur Maus

Sollten Sie Ihrem Computer Probleme mit der Benützung der Maus auftreten, dann können Sie diese unter [Einstellungen] + [Allgemeines] ausschalten. Im Normalfall liefern wir die Programme so aus, dass die Maus ausgeschaltet ist. Sie können diese jedoch leicht unter erwähntem Menü einschalten.

Speichermanagement

KISSsoft+ verwendet einen modernen DOS-Extender um einen linearen Speicherraum von maximal 16 MB verwenden zu können. Dabei werden DPMI, VCPI und XMS als führende Standards unterstützt.

Ungünstige Einstellungen in der CONFIG.SYS können einen langsamen Programmablauf verursachen. Weitere Informationen, sowie eine Beschreibung der möglichen Einstellungen in der CONFIG.SYS finden Sie in der "README."-Datei auf der Diskette 1 und im Hilfemenü unter [Aktuelle Information]

Kopierschutz

Die KISSsoft-Programme (ausser den Demo's) sind mit einem Kopierschutz versehen. Bei den Voll-Versionen besteht dieser aus einem Schutzstecker, ohne den das Programm die Verarbeitung abbricht. Dieser Stekker muss an einem Parallelport aufgesteckt werden (LPT1, LPT2...).

9 KissSoft

Um nun einen Pressverband zu berechnen, müssen wir zuerst die Geometrie- und Leistungsdaten festlegen.
Nehmen wir fürs erste folgende Daten an:

Fugendurchmesser:	100 mm
Press-Sitzlänge:	100 mm
Aussendurchmesser:	250 mm
Material Welle:	17 CrNiMo 6
Material Nabe:	Ck 45 N
Drehmoment:	1000 Nm

Geben Sie alle Daten ein, die wir für das Beispiel angegeben haben. Wenn Sie das Programm in einer Demoversion fahren, dann ist es möglich, dass es die Annahme von gewissen Eingabewerten verweigert. Geben Sie nur die Werte ein, die wir in unserem Beispiel definiert haben.

Für die Bestimmung der Werkstoffe gibt es verschiedene Möglichkeiten. Bewegen Sie dazu den Cursor auf das entsprechende Feld. Die Statuszeile zeigt mit dem Zeichen "||" ganz rechts an, dass das Feld eine Auswahlliste anbietet.

Eine Auswahlliste bietet immer eine genau definierte Anzahl von Elementen zur Auswahl an, wobei immer eines davon belegt ist. *Gewählt* wird generell mit der <Leer>- und der <Rück>-Taste.

Drücken Sie also die <Leer>-Taste und der Werkstoff ändert sich. Vielleicht genügt Ihnen diese Angabe aber nicht. Um den Werkstoff zu definieren, werden häufig exakte Festigkeitswerte benötigt. Dazu haben Sie die Möglichkeit Untermasken aufzurufen.

Untermasken sind immer über ein Eingabefeld mittels der <Einfg>-Taste erreichbar und bieten weitergehende Informationen oder Eingabemöglichkeiten an. Angezeigt wird deren Verfügbarkeit in der Statuszeile bei "Einfg= ". Behalten Sie also immer diese Information im Auge, wenn Sie sich in einer Maske bewegen. Mittels dem Einsteigermodus kann die Anzeige aller Untermasken des Moduls bei der Berechnung verlangt werden. Der Einsteigermodus kann im Menü [Einstellungen] unter [Allgemeines] aktiviert werden.

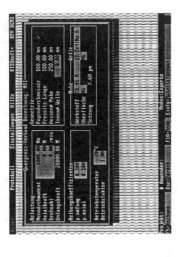

Wenn Sie alle Werte eingegeben haben, dann sollte der Bildschirm jetzt so aussehen.

Falls Sie nun versuchen, die Berechnung durch Drücken von <F5> zu starten, werden Sie feststellen, dass der Cursor in das Feld der Toleranz-Eingabe springt. Dies passiert wegen der automatischen Validierung der Ein-gabedaten.

KISSsoft prüft bei jedem Berechnungsversuch, ob alle für die Berechnung relevanten Daten eingegeben wurden. Die obligatorischen Eingabedaten sind an den hinterlegt dargestellten Feldern erkennbar. Selbstverständlich werden auch alle vorhandenen Untermasken in die Vollständigkeitsprüfung miteinbezogen.

In unserem Beispiel geht es ja darum, die richtige Passung für die benötigte Sicherheit zu bestimmen. Dabei können Sie in der Professionalversion auf die Auslegungsfunktion zurückgreifen.

Immer dort wo KISSsoft einen Eingabeparameter auslegen bzw. vorschlagen kann, wird dies durch ein Fragezeichen ganz rechts in der Statuszeile angezeigt, sobald Sie sich auf den Eingabefeld eines solchen Parameters befinden. Die Auslegung wird einfach durch das Drücken von <?> gestar-

KISS**SOFT**

Erste Schritte mit der Berechnungssoftware

tet. In den Programmversionen KEV und KTV ist eine Auslegung nicht verfügbar.

Gehen Sie nun auf eines der Toleranz-Eingabefelder und drücken Sie das Fragezeichen.

Dann definieren Sie, wie die Toleranz ausgesucht werden soll. Geben Sie bei beiden Toleranzen ein Fragezeichen ein oder lassen Sie die Felder leer, dann sucht das Programm alle möglichen Paarungen aus.

Da wir aber eine Paarung mit Einheitsbohrung aussuchen wollen, geben wir für die erste Paarung "H7" und für die zweite "?" ein und drücken dann die Taste <F5>. KISSsoft fragt Sie nun nach den geforderten Sicherheiten. Nachdem Sie diese mit <F5> bestätigt haben, sucht das Programm die passenden Paarungen und zeigt diese in einer Liste an.

Wählen Sie nun die gewünschte Paarung aus und akzeptieren Sie diese durch drücken der Taste <F5>. Jetzt sollten eigentlich alle Eingabedaten definiert sein, um eine Berechnung durchführen zu können. Drücken Sie erneut die Taste <F5> um die Berechnung zu starten. Wenn Sie alle Daten richtig und vollständig eingegeben haben und die Berechnung keine Fehler gemeldet hat, dann erscheint unter der Eingabemaske die Resultatmaske, die die wichtigsten Resultate der Berechnung zusammenfasst. Das nachfolgende Bild zeigt den Bildschirm mit der Eingabe- und Resultatmaske.

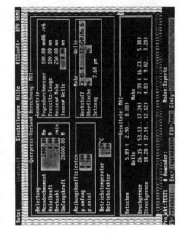

Die Resultatmaske bleibt solange sichtbar, bis irgendeine Eingabe verändert wird. So wird sichergestellt, dass die Eingabedaten mit den dargestellten Resultaten übereinstimmen.

Wenn das Resultat der Berechnung nicht Ihren Wünschen entspricht und gewisse Eingabedaten verändert werden müssen, dann können Sie mit

Erste Schritte mit der Berechnungssoftware

<Esc> wieder in die Eingabemaske wechseln und einen neuen Berechnungsdurchgang machen.

Um ohne Maus in den Menübalken im oberen Bildschirm zu kommen, betätigen Sie die Taste <F10>.

Und so sieht das erzeugte Protokoll aus:

```
 ──── DEMOPROGRAMM ──── KISSsoft+ KPV 03/94 ──── DEMOPROGRAMM ────
Projekt    :                          Datum    : 31/03/94 15:33  M01:0       P  1/S  1
Anwendung  : Demobeispiel             Komm.Nr: 00000000000   Anwender:

Querpress-Verband Berechnung

Fugendurchmesser                          (mm)            100.00
Pressitz Länge                            (mm)            100.00

Nenndrehmoment                            (Nm)           1000.00
   Betriebsfaktor                                            1.00
   Betriebsdrehmoment                     (Nm)           1000.00
Axialkraft                                (N)               0.00
Umfangskraft                              (N)           20000.00
Drehzahl                                  (1/min)           0.00
```

Sie werden bemerken, dass der Cursor bei der Rückkehr in die Eingabemaske wieder in jenem Feld steht, in welchem Sie die Berechnung gestartet haben. Dies erleichtert Ihnen die rasche Durchführung von Variantenberechnungen.

Führen Sie eine "manuelle" Auslegung durch, indem Sie die erste Berechnung zum Beispiel mit H7/s7 starten und danach, unter Veränderung der Toleranz, solange zwischen Resultat- und Eingabe pendeln, bis die Resultate Sie befriedigen.

In welchem Fenster (Eingabe / Resultat) Sie sich gerade befinden wird durch den Doppelrahmen um das entsprechende Fenster angezeigt.
Wollen Sie das Resultat genauer betrachten, dann vergewissern Sie sich, dass Sie sich im Resultatfenster befinden und erstellen mit der Taste <F5> ein Protokoll. Die Information, dass <F5> ein Protokoll erzeugt entnehmen Sie, wie schon gewohnt, der Statuszeile.
KISSsoft gibt Resultate nicht sofort an den von Ihnen definierten Drucker aus, sondern sammelt Protokolle in einer Warteschlange zur späteren Bearbeitung. So können Sie die Resultate einer oder mehrerer Berechnungen zusammenfassen und dann gesamthaft oder selektiv bearbeiten. Die Protokolle können auch im Hauptmenü bearbeitet werden.
Bevor das Protokoll erzeugt wird, erscheint das Einstellungsfenster zum Protokoll. Sie haben hier die Möglichkeit, Kommentare zur Berechnung hinzuzufügen, nur die Eingabedaten zu protokollieren, etc.
Mit <F5> akzeptieren Sie die Einstellungen und ein Protokoll der Berechnung wird erzeugt.

Wenn Sie Ihr Protokoll anschauen wollen, dann drücken sie entweder die Tastenkombination <Strg> + <F9> oder Sie gehen im Menü unter [Protokoll], auf [Vorschau]. Im gleichen Menü haben Sie auch die Gelegenheit, das Protokoll zu drucken oder auch zu löschen.

Wenn Sie in der Protokollvorschau eine beliebige Taste drücken, dann springt das Protokoll auf die nächste Seite (falls eine vorhanden ist), mit <Esc> verlassen Sie die Protokollvorschau. Bei Bedarf drucken Sie das Protokoll mit [Protokoll] + [Ausgabe] aus.
Jetzt haben Sie Ihre erste Berechnung mit KISSsoft durchgeführt und protokolliert. Wenn Sie die Daten ablegen wollen, dann können Sie Ihre Berechnung im Menü [Datei] unter [Speichern] abspeichern.

Auch haben Sie die Möglichkeit, beliebige Daten Ihres Pressitzes in eine Datei zu schreiben, die von einem anderen Programm (z.B. CAD) gelesen werden kann. Damit schneiden wir das Thema der "Öffentlichen Schnittstelle" - ein wichtiger Punkt der KISSsoft Programme - an. Auch möchten wir Sie noch auf die vielfältigen Anpassungsmöglichkeiten von KISSsoft+ aufmerksam machen, die es Ihnen ermöglichen, das Programm auf Ihre Bedürfnisse abzustimmen. Da dies aber den Umfang dieser Tutorials sprengen würde, möchten wir Sie nochmals auf das Handbuch hinweisen.

KISSSOFT

Auslegung einer Getriebestufe

Im folgenden Beispiel wollen wir Ihnen zeigen, wie mit KISSsoft eine Getriebestufe ausgelegt werden kann. Damit Sie alle Schritte nachvollziehen können, muss Ihr Programm in der Professionalversion betrieben werden. Bitte kontrollieren Sie dies, indem Sie unter [Einstellungen] den Punkt [Demoversion] anschauen und gegebenenfalls auf "Professionalversion" stellen. Wenn Sie nicht mit der Professionalversion arbeiten, lesen Sie dieses Kapitel trotzdem durch, um einen Eindruck der Arbeitsweise und Benutzerführung zu bekommen. Die Beschreibung der Arbeitsweise wird Ihnen für die Arbeiten mit der KISSsoft Zahnrad- und Wellenberechnung nützlich sein!

Die für die Auslegung wichtigen Daten sehen Sie in der folgenden Skizze :

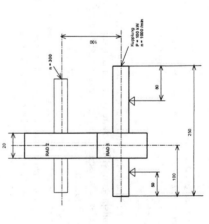

Vorgehen

In diesem Beispiel werden wir zuerst die Stirnradpaarung berechnen. In einem zweiten Schritt geht es dann um die Antriebswelle. Hier werden

Sie sehen, dass KISSsoft es ermöglicht, komplexe Daten von einem Berechnungspaket ins andere zu übernehmen. Als Beispiel dafür dient das Zahnrad Nr. 1, das wir mit allen seinen Parametern auf die Welle setzen werden.

Auslegung der Zahnradstufe

Wählen Sie aus dem Menü [Zahnrad], den Punkt [Stirnrad-Paar] aus. Mit diesem Schritt verlassen Sie den in Fenstertechnik programmierten Teil von KISSsoft und begeben sich in einen Programmblock, der sequentiell abläuft. Für Sie als Anwender heisst dies, dass Sie durch das Programm geführt werden. Es besteht so keine Möglichkeit, dass die Eingabe eines Wertes vergessen wird. Da das Programm Schritt für Schritt abläuft, müssen Sie, falls Sie einmal etwas Falsches eingegeben haben, die Eingabe einfach fortsetzen. Am Schluss des Eingabeteils besteht immer die Möglichkeit, die Eingabewerte zu editieren und zu ändern. Am Anfang will das Programm wissen, woher die Berechnungsdaten kommen werden.

```
******************************************************
Erklärung zur nächsten Eingabe-Abfrage       >>> Eingabe

- Sie arbeiten das erste Mal mit diesem Programm:   >>> u
- Sie haben früher eine Verzahnung berechnet und
  auf Diskette abgespeichert. Diese Daten wollen
  Sie einlesen und weiterverarbeiten:                >>> v
- Sie wollen den Programm-Ablauf abbrechen           >>> e
******************************************************

Wollen Sie die Verzahnungs-Daten...

u: ...über die Tastatur eingeben
v: ...von einer Diskette her einlesen

i: Inhaltsverzeichnis aller Zahnraddaten der Diskette ausdrucken
e: Ende  (Zurück ins KISSsoft-Menu)

Ihre Wahl - ?
```

Bestimmen Sie bitte mit der Eingabe von <u>, dass Sie die Eingabe über die Tastatur machen wollen.

In der nächsten Frage, die das Programm stellt, geht es um die Art der Berechnung. Hier müssen Sie fürs Erste festlegen, mit welcher Methode

KISSSOFT

Erste Schritte mit der Berechnungssoftware

```
***********************************************
Erklärung zur nächsten Eingabe-Abfrage      >>> Eingabe
Hilfe                                        >>> <F1>
***********************************************

PROGRAMM-VARIANTEN:
0: N O R M A L (Geometrie- und Festigkeitsberechnung)  DIN 3990
1: wie oben, aber mit zusätzlichen Abfragen
3: nur Geometrieberechnung
4: wie oben, aber mit zusätzlichen Abfragen
7: Berechnung analog nach FVA
8: Berechnung nach AGMA 2001-B88

2: Geometrie-Variantenbestimmung
5: Geometrie-Variantenbestimmung mit Festigkeitsberechnung
6: Zahnrad-Festigkeitsauslegung
e: Ende (Zurück ins KISSsoft-Menu)

Ihre Wahl (<Enter> für 0) - ? _
```

Normalerweise wählen Sie an dieser Stelle <0> um eine Nachrechnung auszuführen (d.h., Achsabstand, Zähnezahlen, etc. werden von Ihnen eingegeben). Für eine komplette Auslegung hingegen wählen Sie <6>; damit macht Ihnen das Programm einen Vorschlag für Achsabstand Zahnbreite, Zähnezahlen etc. Bitte probieren Sie diese Varianten später einmal aus.

Hier nehmen wir einmal an, dass Sie bereits einen Achsabstand von 200 mm und eine Zahnbreite von 20 mm vorgegeben haben und eine optimale Verzahnungspaarung mit Übersetzung 3,33 benötigen. Dazu teilen Sie mit Wahl <5> dem Programm mit, dass sie eine Variantenauslegung (mit Berücksichtigung der Festigkeit) durchführen wollen.
Die nächste Frage beantworten Sie mit <j> bzw. mit der <Eingabe>, da Sie ja eine Aussenverzahnung berechnen.

```
Zahn-Formfaktor kann in DIN 3990 nach Methode B oder C berechnet werden.
Empfehlung: bei Innenverzahnungen mit Methode C, sonst mit Methode B
rechnen.
Methode B    ok j/n? _
```

Nun werden Ihnen vom Programm eine ganze Reihe von Standarddaten angezeigt. Durch das Drücken der <Eingabe>-Taste können Sie diese Daten akzeptieren. Selbstverständlich ist es möglich alle Daten einzeln zu editieren und so den gegebenen Umständen anzupassen. Informationen zu den einzelnen Standarddaten erhalten Sie direkt auf dem Bildschirm, teilweise mit der Hilfe <F1>, im Handbuch und auf der mitgelieferten Textdiskette.

```
STANDARD - BERECHNUNGSDATEN :              Rad 1       Rad 2

Eingriffswinkel im Normalschnitt (grd)     20.00       20.00
Verzahnungsqualität nach DIN 3962          6           6
Zahndicken-Toleranz DIN 3967               cd25        cd25
Rad treibend (+) / getrieben (-)           +           -

Belastung nach DIN 3990/1 Bild 6.8         6.8E
mit <+> oder ohne <-> Stützwirkung
Lagerdistanz l    der Ritzelwelle (mm)      -
Distanz s         der Ritzelwelle (mm)      -
Aussendurchmesser der Ritzelwelle (mm)      -

Achsabstand-Toleranz                                   js6
Relativer Gefügefaktor (Fressen)                       1.00
Lage des Tragbildes: günstig
Verzahnung mit Endrücknahme
keine Profilkorrektur
Kleine Anzahl Grübchen nicht zulässig
Keine Pfeilverzahnung

STANDARD-DATEN   ok j/n? _
```

Der nächste Punkt, der angesprochen wird, ist die Schmierung. Auch hier haben Sie die gleichen Möglichkeiten wie bei den Standarddaten. Bevor es an die problemspezifischen Daten geht, werden Sie noch nach weiteren Informationen (Texten) gefragt. Als Erstes können Sie deshalb angeben, was für eine Bestellnummer Ihr Auftrag hat. Geben Sie hier zum Testen einfach eine Nummer ein. Später werden Sie dann bemerken, dass alle diese Informationen immer mit der Berechnung verbunden sind und so der Auftrag klar definiert ist. Selbstverständlich können Sie diese Eingabe mit <Eingabe> überspringen. Dann will das Programm einen Namen für das Gesamtsystem wissen. So wird es Ihnen später immer klar sein, zu welchem Teil diese Berechnung gehört. Geben Sie hier zum Beispiel "Erste Getriebeauslegung" ein.
Anschliessend geben Sie für Rad-1 und Rad-2 die Zeichnungsnummer ein oder überspringen Sie die Eingaben durch Betätigen von <Eingabe>. Nun geht es an die problemspezifischen Daten. Sie können angeben, von welchem Rad aus Sie die Berechnung durchführen wollen.

KISSSOFT

```
Wollen Sie die Drehzahl (und ev. das Drehmoment)
des Antriebs (Rad-1) eingeben - j/n?
```

Drücken Sie <j> um Drehzahl und Drehmoment von Rad-1 einzugeben. Legen Sie die Drehzahl und die Leistung von Rad-1 fest. Geben Sie für die Drehzahl 1000 (/min) und für die Leistung 10 (kW) ein.

```
Wollen Sie die Drehzahl (Rad-1) (und ev. das Drehmoment)
des Antriebs (Rad-1) eingeben - j/n? _

Antriebs-Drehzahl (Rad-1)    (UPM)                ? 1000

Eingabe - Wahl
D    = Drehmoment
L    = Leistung
<Zahl>= Leistung in kW

Eingabe für Antrieb (Rad-1) : ? 10
```

Als nächstes erscheint eine Tabelle zur Bestimmung des Anwendungsfaktors:

```
Anwendungsfaktor

Arbeitsweise       Arbeitsweise der getriebenen Maschine
der Antriebs-      gleich-    mässige    mittlere   starke
maschine           mässig     Stösse     Stösse     Stösse

gleichmässig        1.00       1.25       1.50       1.75
leichte Stösse      1.10       1.35       1.60       1.85
mässige Stösse      1.25       1.50       1.75       2.00
starke Stösse       1.50       1.75       2.00       2.25

Anwendungsfaktor
Eingabe (Zahl) oder (j) ? _                1.25
```

Mit der <Eingabe>-Taste übernehmen Sie den vorgeschlagenen Wert von 1.25.

Bei der folgenden Frage geht es um die erforderliche Lebensdauer. Das Programm schlägt Ihnen 20'000 Stunden vor. Für unser Beispiel akzeptieren Sie bitte auch diesen Wert mit <Eingabe>.

Da Sie früher festgelegt haben, dass Sie eine Variantenberechnung der Zahnräder durch KISSsoft wünschen, wird an dieser Stelle nach den wichtigsten Geometrie-Parametern gefragt. Geben Sie hier für den Achsabstand 200 mm und für die Räderbreite 20 mm ein. Bei der anschliessenden Eingabe bestimmen Sie mit <Eingabe>, dass die Innendurchmesser der Räder für die Festigkeitsberechnung mit 0 angenommen werden (d.h. Ausführung als Vollräder).

Das Programm benötigt nun Informationen über die verwendeten Werkstoffe. Für das Rad-1 geben Sie bitte <B> ein, um es mit den Werkstoffdaten eines Einsatzstahles 16MnCr5 zu verbinden. Der Werkstoff wird auch bei einer Festigkeitsauslegung von Ihnen bestimmt, da Sie im Normalfall wissen, welches Herstellverfahren und damit in etwa welchen Werkstoff Sie einsetzen wollen. Natürlich können Sie später jederzeit problemlos den Werkstoff ändern.

```
                Sigma  Sigma Sigma Sigma          Rauhtiefe
   Material     F lim  H lim   b     s            Fla   Fuss
A: 17CRNIMO6     525   1500  1180   810     Einsatzstahl  eins.gehärtet   4.8   20
B: 16MNCR5430   1500    880   635          Einsatzstahl  eins.gehärtet   4.8   20
C: 20MNCR5       460   1300  1080   735    Einsatzstahl  eins.gehärtet   4.8   20
D: 34CRNIMO6     400   1180   950   950    Verg.stahl    brenn/ind.gh.   8     20
E: 34CRNIMO6     310    770  1180   950    Verg.stahl    legiert         8     20
F: 42CRMO4       380   1250  1080   825    Verg.stahl    brenn/ind.gh.   8     20
G: 42CRMO4       380   1150  1080   825    Verg.stahl    nitriert        8     20
H: 42CRMO4       290    700  1080   825    Verg.stahl    legiert         8     20
I: CK45          200   1200   700   450    Verg.stahl    brenn/ind.gh.   8     20
J: CK45          200    590   700   450    Verg.stahl    unlegiert       8     20
K: Ganevasit    0160     75   100     0    Hartgewebe                   20     20
L: PA12           50     31    56     0    Thermoplast   PA             20     20
M: PA66           72     37    77     0    Thermoplast   PA             20     20

<Enter> : WEITERE Werkstoffe zeigen
? : Eingabe eines Werkstoffes
Eingabe für Rad 1 : _
```

Auf dem Bildschirm erscheinen jetzt die Werkstoffdaten des Rades. Sie könnten diese bei Bedarf editieren und Ihren speziellen Umständen anpassen. Sollten Sie Werkstoffe benötigen, die nicht in unserer Werkstoffdatenbank vorhanden sind, ist es möglich, diese in das Programm einzubetten.

```
Werkstoff für Rad 1 :

Werkstoff                                   16MNCR5
                                       Einsatzstahl   eins.gehärtet
Oberflächen-Härte                       HRC 59
Dauerfestig. Zahnfussspannung (N/mm2)       430
Dauerfestig. Hertzsche Pressung (N/mm2)    1500
Zugfestigkeit (N/mm2)                       880
Streckgrenze (N/mm2)                        635
Mittlere Rauhtiefe Zahnflanke (my m)        4.8
```

KISSSOFT plus — Die neue Programmgeneration im Maschinenbau

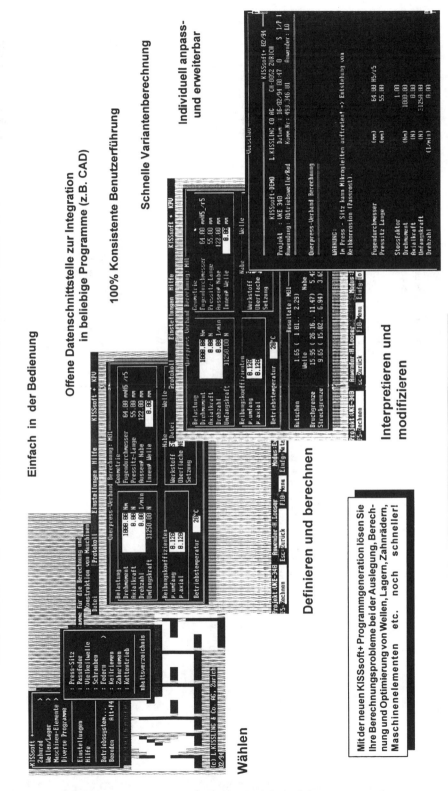

- Einfach in der Bedienung
- Offene Datenschnittstelle zur Integration in beliebige Programme (z.B. CAD)
- 100% Konsistente Benutzerführung
- Schnelle Variantenberechnung
- Individuell anpass- und erweiterbar

Wählen

Definieren und berechnen

Interpretieren und modifizieren

Protokollieren

Mit der neuen KISSsoft+ Programmgeneration lösen Sie Ihre Berechnungsprobleme bei der Auslegung, Berechnung und Optimierung von Wellen, Lagern, Zahnrädern, Maschinenelementen etc. noch schneller!

L.Kissling & Co AG, Schärenmoosstrasse 76 CH-8052 Zürich Tel. (++41) 1 301 24 00

Erste Schritte mit der Berechnungssoftware

```
Mittlere Rauhtiefe Zahnfuss  (my m)             20.0

Elastizitätsmodul  (N/mm2)                      206000
Poissonkonstante  (-)                           0.30
Spezifisches Gewicht  (kg/m3)                   7830
Therm. Kontaktkoeffizient  (N/mm/s^.5/K)        13.80
Wärme-Ausdehnungskoeffizient  (10^-5/K)         1.15

j = Alles in Ordnung
n = Neuer Werkstoff
a = Ändern von einzelnen Werten

Ihre Wahl (<Enter> für j) - ? _
```

Geben Sie <j> ein um die Werkstoffdaten zu akzeptieren.
Für das Rad-2 wählen Sie bitte den Werkstoff "17CrNiMo6" (A). Jetzt müssen Sie nur noch bestimmen, welches Bezugsprofil Ihre Zahnräder erhalten sollen. Für diese Eingabe sollten Sie an sich das Bezugsprofil des Werkzeugs kennen, mit dem die Zahnräder hergestellt werden. Falls Sie dies nicht wissen, so können wir Sie insofern beruhigen, als diese Eingabe keinen grossen Einfluss auf die Resultate hat.

```
        Kopf    Kopf    Fuss    Protuberanz
        Höhe    Radius  Höhe    Höhe    Winkel
        (Modul) (Modul) (Modul) (Modul) (Grad)

A:      1.25    0.38    1       0       0       (ISO 53-1974)
B:      1.25    0.30    1       0       0       (DIN 867)
C:      1.25    0.25    1       0       0       (DIN 867)
D:      1.25    0.20    1       0       0       (DIN 867)
E:      1.20    0.20    1       0       0       (DIN 867)
F:      1.16    0.16    1       0       0       (DIN 867)
G:      1.30    0.45    1       0       0       (DIN 867)
H:      1.40    0.40    1       0       0       (DIN 867)
I:      1.50    0.20    1.1     0       0       (DIN 58400)
J:      1.35    0.20    1.1     0       0       (DIN 58400)
K:      1.25    0.25    1       0.4     14      (DIN 867)
L:      1.7333  0.30    1.2017  0.5797  10      (DIN 867)
?   = Eingabe eines Werkzeugs

Eingabe für Rad 1 :
```

Geben Sie hier <B> für beide Räder ein. Beachten Sie, dass Sie auch hier die Möglichkeit haben, die einzelnen Werte des Profils zu verändern. Nun haben Sie Ihre Eingabe abgeschlossen. Auf dem Bildschirm erscheint ein neues Menü, das es Ihnen erlaubt, alle Daten die Sie eingegeben haben nochmals zu korrigieren.

```
STIRNRAD-PAAR                   Variante 5   Druck D2   Code 1
a =  200                        alpha =  20
b =   20            20
P =   10            T1 =  95.49       n1 = 1000
Mat.: 16MNCR5       17CRNIMO6
      (eins.gehärtet) (eins.gehärtet)
****************************************************************

H A U P T M E N U   der  Z A H N R A D B E R E C H N U N G

a: NEUE VERZAHNUNG EINGEBEN/-LESEN      i: ANWENDUNGSFAKTOR/LEBENSDAUER
b: SPEICHERN                            j: ACHSABSTAND/MODUL/SCHRÄGE
c: PROGRAMM-VARIANTEN                   k: ZÄHNEZAHL/BREITE/INNENDURCHM.
d: AUSDRUCK (Diverse)                   l: WERKSTOFF/FRÄSER
s: STATISCHE FESTIGKEIT                 m: PROFILVERSCHIEBUNG
f:                                      n: STANDARD-WERTE
g: TEXT                                 o: ÖL
h: LEISTUNG/DREHZAHL                    y: MENU für weitere Berechnungen

e: Ende (Zurück ins KISSsoft-Menu)      z: R E C H N E N

Ihre Wahl - ? _
```

Wollen Sie zum Beispiel die erforderliche Lebensdauer erhöhen, dann drücken Sie <i> um wieder in die Sequenz des Anwendungsfaktors zu kommen.
Wenn Sie alle Daten richtig eingegeben haben, dann betätigen Sie bitte die Taste <z> um die Berechnung zu starten. Auf dem Bildschirm erscheint dann folgender Text:

```
Eingabe und Berechnung diverser Daten

Kontrolle der Eingabe-Daten

Gewünschte Gesamtübersetzung ? 3.33
```

Hier müssen Sie noch die gewünschte Übersetzung der Stufe bestimmen. Geben Sie bitte "3.33" für ein Übersetzungsverhältnis von "1: 3.33" ein. Das Programm bringt danach folgenden Text auf den Bildschirm:

Sie können die Auswahl von berechneten Varianten zusätzlich einschränken. Beachten Sie aber, dass damit die Wahrscheinlichkeit keine Lösungen zu finden zunimmt.

```
Auswahl                                              Aktueller
Wert
a : ändern: Maximal tolerierte Übersetzungabweichung (%)   (5%)
b : ändern: Bereich der Profilverschiebung                 (-.6.. 1)
c : Beschränkung der Kopfkreisdurchmesser                  (Nicht Aktiviert)
d : Beschränkung der Fusskreisdurchmesser                  (Nicht Aktiviert)
f : Beschränkung der Zähnezahl                             (Nicht Aktiviert)
g : Aufheben aller Beschränkungen
h : Kleine Geometriefehler zulässig                        (Nicht Aktiviert)
i : ändern: Mindest-Zähnezahl                              (9)
e : Ende
Ihre Wahl (<Enter> für e) - ? _
```

Sie haben ein Menü vor sich, in dem Sie die Einschränkungen für den Auswahlprozess definieren können. Mit der Taste <e> akzeptieren sie die voreingestellten Werte.

Die folgenden sechs Abfragen geben dem Programm einen Rahmen, in welchem es mögliche Varianten untersuchen soll. Bei der Abfrage der Zahnschräge geben sie zuerst "8" als Anfangswert ein und als Endwert "12". Um nun in dem von Ihnen bestimmten Bereich rechnen zu können, braucht KISSsoft noch eine Angabe zur Schrittweite. Mit der Eingabe von "2" bestimmen Sie, dass das Programm jeden geraden Winkel untersucht, d.h. es werden die Schrägungswinkel 8, 10 und 12 Grad berechnet.

```
(Winkeleingabe als 0.000   oder   0° 00' 00)
Zahnschräge von (Grad)
Eingabe (Zahl) oder (j) ? 8                              0

(Winkeleingabe als 8.000   oder   8° 00' 00)
Zahnschräge bis (Grad)
Eingabe (Zahl) oder (j) ? 12                             8
```

Die Schrittweite definieren Sie bitte mit <2>.

Jetzt folgt die gleiche Art der Eingabe für den zu untersuchenden Modulbereich. Geben Sie hier einen Bereich von 4 bis 5 mit Schrittweite 1 ein. Nun berechnet das Programm alle möglichen Varianten, die die von Ihnen gegebenen Bedingungen erfüllen, und untersucht diese auf Ihre Brauchbarkeit.

Es kann eine gewisse Zeit dauern, bis alle Varianten untersucht worden sind. In dieser Zeit zeigt Ihnen das Programm den Fortschritt an. Danach erscheint folgender Text:

```
BESTIMMUNG VON   VERZAHNUNGS-VARIANTEN      (Code 1 18/04/1994 4:04)
Auslegung beendet
Wollen Sie die Resultate auf dem Bildschirm sehen j/n? _
```

Teilen Sie dem Programm mit, dass Sie die Resultate der Berechnung ansehen wollen. Auf dem Bildschirm erscheint dann eine Liste mit allen berechneten Varianten. Am Ende der Liste werden die besten Varianten bezüglich Festigkeit, Lärm etc. separat gezeigt. Mit der <Eingabe>-Taste kann die Liste der berechneten Varianten abgefahren werden. In der Kopfzeile wird jeweils angezeigt, was für Werte auf dem Bildschirm dargestellt sind, und auf der rechten Seite des Bildschirms stehen die Nummern der Varianten. Wenn Sie mit keiner Paarung zufrieden sind, können Sie die Auslegung unter Rücksichtnahme auf neue Kriterien wiederholen. Wenn Sie die Frage nach einem weiteren Durchlauf verneinen, können Sie angeben, welche Variante Sie auswählen, d.h. genauer berechnen wollen. Geben Sie nun die Nummer der gewünschten Variante ein. Für das Demonstrationsbeispiel wählen Sie bitte Nr. 41.

Das Programm springt nun wieder zum Anfangsmenü zurück, wo Sie bestimmen können, was für Berechnungsarten Sie durchführen wollen. Es wird nun so vorgegangen, dass sie mit den Daten, die Sie in der Auslegung bestimmt haben, eine Nachrechnung vornehmen. Das heisst, dass der Ablauf, den wir jetzt starten werden, der normalen Nachrechnung durch KISSsoft entspricht. Sie werden alle Werte, die Sie in der Auslegung bestimmt haben, nochmals sehen und haben so die Möglichkeit diese gegebenenfalls zu editieren.

Weitere Information dazu finden Sie auf der Textdiskette.

Um solche (und andere) Berechnungen anwählen zu können drücken Sie, wenn Sie wieder im Hauptmenü der Zahnradberechnung sind, <y> (für Menu weitere Berechnungen). Sie sehen dann die Auswahlmöglichkeiten. Für die Zahnformberechnung müssten Sie <v> eingeben.
Wir beenden mit der Eingabe von <e> das Zahnradprogramm, damit wir mit der Auslegung der Antriebswelle beginnen können. Das Protokoll, das Sie erstellt haben, wird nicht direkt auf den Drucker gegeben, sondern zuerst zwischengespeichert. Am Schluss dieser Broschüre wird beschrieben, wie Sie das Protokoll ausdrucken.

Nachrechnung eines Stirnradpaares

Wählen Sie aus dem Menü [Zahnrad], den Punkt [Stirnrad] und dort [Stirnrad-Paar]. Im danach angezeigten Menü geben sie <0> ein, um eine Nachrechnung durchzuführen. (Wenn Sie aus der Auslegung kommen, befinden Sie sich schon in diesem Menü.) Sie werden jetzt vom Programm durch eine Reihe von Abfragen geführt, in denen Sie die Parameter der Stirnradpaarung bestimmen können. Wenn Sie vorher eine Auslegung durchgeführt haben, dann erscheint jeweils der bei der Auslegung berechnete Wert. Sind Sie mit diesem einverstanden, dann bestätigen Sie ihn mit der <Eingabe>-Taste. Wenn Sie keine Auslegung durchgeführt haben, müssen Sie die Werte Ihrer Zahnräder über die Tastatur eingeben.
Am Schluss der Eingabe kommen Sie in das Hauptmenü, wo sie wieder die Möglichkeit haben, die Eingaben zu korrigieren.
Geben Sie nun <z> ein, um die Berechnung durchzuführen. Sie sehen jetzt die wichtigsten Geometrie- und Festigkeitsresultate auf dem Bildschirm. Wenn das Programm fertiggerechnet hat wird gefragt, was mit den Resultaten geschehen soll.

```
a: Resultate ausdrucken
b: Resultate ausdrucken und abspeichern
c: Resultate abspeichern
d: Optimieren des DREHMOMENTES
f: Berechnung der LEBENSDAUER
g: Berechnung von ZAHNDICKENSEHNEN
h: KONTROLLMASSE (ansehen / ändern)
i: Blitztemperatur-Verlauf längs der Eingriffsstrecke darstellen

e: Zurück ins Hauptmenü
Ihre Wahl (<Enter> für b) - ? _
```

Mit <b> bestimmen Sie, dass Ihre Berechnung abgespeichert werden soll und zudem ein Protokoll erstellt wird. Sie werden nach der Ausführlichkeit des Protokolls gefragt und müssen einen Namen für Ihre Berechnung eingeben (acht Buchstaben).
Damit haben Sie die Berechnung der Stirnradstufe abgeschlossen.
Es ist nun beispielsweise möglich, die Zahnform zu berechnen und das Abwälzen des Stirnradpaares auf dem Bildschirm anzusehen. Auch können die Daten für die Herstellung oder die Zahnkontur (DXF) direkt in ein CAD übergeben werden.

Auslegung der Antriebswelle

Der nächste Schritt führt uns in das Wellenberechnungs-Paket von KISSsoft. Damit ist es möglich, komplizierte Wellen mit Absätzen und beliebiger Lagerungsanordnung auszulegen oder nachzurechnen. KISSsoft berechnet auch die Lagerreaktionen und bestimmt daraus die nötigen Lager.

Um die Wellenberechnung zu starten, wählen Sie im Hauptmenü unter [Wellen / Lager], [Wellenberechnung]. Mit diesem Schritt kommen Sie wieder in einen sequentiellen Ablauf. Es erscheint das Hauptmenü der Wellenberechnung auf dem Bildschirm, in dem Sie Ihr weiteres Vorgehen bestimmen können.

```
H A U P T M E N U :  WELLEN, ACHSEN und LAGER
D2)                                                (Variante 1    Druck
 1: EINGABE/EINLESEN und KORREKTUR
    (Wellengeometrie und Kräfte)
 2: BERECHNUNG
    (Lagerkräfte, Durchbiegung, biegekritische Drehzahlen)
 3: AUSDRUCK     der Daten (Drucker)
 4: DARSTELLUNG  der Daten (TV/CAD/Plotter)
 5: QUERSCHNITT-Festigkeits-Berechnung
 6: WÄLZLAGER-Berechnung
 7: GLEITLAGER-Berechnung (Oelgeschmiert)
 8: GLEITLAGER-Berechnung (fettgeschmiert)
 9: Gesamtdeformation durch Biegung und Torsion
 t: Torsionskritische Drehzahlen (Wellen/Systeme)

 i: Inhaltsverzeichnis von allen gespeicherten Wellen
 r: Ändern der Rechenmethode
 s: Sprache des Ausdrucks / Seiten-Nummerierung ändern
 e: Ende (Zurück ins KISSsoft-Menu)       H: Hilfe (Erklärungen)

Bitte die entsprechende Taste drücken :
```

Da wir noch keine Welle definiert haben, geben Sie bitte <1> ein, um eine Welle einzugeben. Als nächster Schritt werden Sie nach dem Namen für Ihre Berechnung gefragt. Schreiben Sie hier zum Beispiel "DEMO1", damit das Programm die Berechnung unter diesem Namen speichern kann. Wenn Sie eingeben bereits vorhanden ist, dann wird die entsprechende Datei eingelesen.

```
Wellencode:
Der CODE ist eine Kombination von Buchstaben und Zahlen
(max. 8 Zeichen), die Sie ganz beliebig eingeben können.
Die von Ihnen eingegeben Daten werden auf der Disk
(in C:\KISS\KISSDATA\) unter diesem CODE abgespeichert.

Reservierte Codes für spez. Verwendung sind: LAGER, TEST!
(Eingabe von ?  : Verzeichnis aller vorhandener Daten)
(Eingabe von ?X : Verzeichnis aller vorhandener Daten X... etc.)
(Eingabe von *  : Abbruch)
Eingabe Wellencode:
Eingabe (Text) ? DEMO1
```

Wenn das Programm den Namen nicht kennt, werden Sie gefragt, wie die Daten der Welle erzeugt werden sollen.

```
Geometriedaten File C:\KISS\KISSDATA\DEMO1.RE1 nicht gefunden ! !
Wie wollen Sie die Wellen-Eingabedaten erzeugen ?

1 = Eingabe aller Wellen-Eingabedaten (über Tastatur)
c = Geometrie-Daten übernehmen von CAD
w = Wiederholen des Einlesens von gespeicherten Daten
d = Daten von einem andern Geometrie-Daten-File einlesen
    (Direkte Eingabe des entsprechenden Wellencodes
     für das Einlesen der Geometriedaten)
a = Ändern des Wellen-Codes
e = Ende

Ihre Wahl (<Enter> für 1) - ?
```

Wählen Sie bitte mit <1> an, dass Sie die Welle über die Tastatur eingeben wollen. Es erscheint dann eine weitere Abfrage auf dem Bildschirm.

```
EINGABE der WELLEN-GEOMETRIE

Eingabe der Dimensionen:
0 : Voll-Welle mit variierenden Aussen-Durchmesser
1: Welle mit variierenden Aussen- & Innen-Durchmesser
2: Welle mit überall gleichem Durchmesser
3: Welle mit nicht rotations-symetrischem Profil
4: Träger mit nicht rotations-symetrischem Profil

Vorschlag für die Dimensionierung durch das Programm:
5 : Auslegung als Vollwelle
6 : Auslegung als Hohlwelle

Ihre Wahl: 0
Eingabe (Zahl) oder (j)
```

9 KissSoft

Erste Schritte mit der Berechnungssoftware

Wählen Sie mit der <S> eine Option, die es ermöglicht den Wellendurchmesser durch KISSsoft auslegen zu lassen. Für die weiteren Angaben, muss KISSsoft noch die ungefähre Länge der Welle wissen. Dies wissen Sie ja, da Sie bereits das Zahnrad berechnet haben und mit Hilfe der Zusammenstellungsskizze (siehe Bild Seite 14) auch den ungefähren Lagerabstand und die Gesamtlänge schätzen können.

Bestimmen Sie deshalb die Wellenlänge mit 250 mm.

Bevor es an die angreifenden Kräfte und die Lagerung der Welle geht, sollten Sie noch die Zeichnungsnummer der Welle bestimmen. Falls keine erforderlich ist, überspringen Sie die Eingabe mit <Eingabe>. Das Programm will in der Folge auch noch den Namen des Gesamtsystems wissen. Nennen Sie dieses zum Beispiel "Demogetriebe zur KISSsoft Berechnungssoftware".

Und nun muss noch bestimmt werden wie die Welle im Raum liegt. Diese Eingabe benötigt das Programm, da selbstverständlich das Eigengewicht einbezogen wird!

Bei der folgenden Frage nach der Drehzahl geben sie bitte "1000" (/min) ein, und bestimmen Sie den Drehsinn mit der <Eingabe>-Taste als im Uhrzeigersinn drehend. Durch Drücken von <F1> erhalten Sie hier eine Darstellung des Koordinatensystems.

Auf die gleiche Art wie in der Zahnradberechnung können Sie nun auch den Werkstoff bestimmen.

Da KISSsoft auch statisch unbestimmte Lagerungen rechnen kann, müssen Sie dem Programm bei der nächsten Abfrage mitteilen, was für einen Fall Sie berechnen wollen. Für das einfache Demonstrationsbeispiel genügt der Normfall 1.

Als nächstes erscheint auf dem Bildschirm eine Skizze der Welle und die Abfrage nach dem Ort des Lagers.

Typen Sie <L> <Eingabe> für links und geben Sie nachher den Wert 50 <Eingabe> ein, damit das erste Lager 50 mm vom linken Ende der Welle entfernt zu liegen kommt. Gehen Sie gleich vor, um das 2. Lager 80 mm vom rechten Rand zu definieren, <R> <Eingabe> 80 <Eingabe>. Wenn Sie alles richtig ausgeführt haben, wird dies auf dem Bildschirm wie folgt

```
                            Distanz ab Wellenende:   50
                            Distanz ab Wellenende:  170

L A G E R U N G

Lager/Stütze (1)
Lager/Stütze (2)
```

Geben Sie nun <j> ein, um die Lagerung zu akzeptieren. Nachfolgend erscheint ein Text, der Sie über die Eingabe von Kräften und Momenten informiert.

Nun können Sie daran gehen, die Kräfte auf der Welle zu positionieren. Als Erstes wollen wir das berechnete Zahnrad-1 auf die Welle setzen. Um die Position zu bestimmen, gehen Sie gleich vor wie bei den Lagerstellen, <L> <Eingabe>, 100 <Eingabe>. Im jetzt eingeblendeten Menü sehen Sie, welche Elemente Sie auf die Welle setzen können.

```
S  Stirnrad
K  Kegelrad
W  Schnecke/Schneckenrad
R  Seilscheibe/Keilriemen
M  Kupplung/Motor
D  direkte Eingabe von Kräften
F  Feder
G  Zusatz-Masse
X  Einlesen von bereits berechneten Werten
   (Schnittstelle zu Zahnrad-, Keilriemen-Berechnungen, etc.)
E  Ende

Ihre Wahl - ? -
```

Da das Zahnrad schon im voraus berechnet wurde, geben Sie <X> ein um die Werte einzulesen. Es erscheint nun auf dem Bildschirm ein Untermenü zum Datenzugriff.

Fahren Sie mit dem Cursor auf [Stirnräder] um ein Stirnrad zu importieren. Nachdem Sie die <Eingabe>-Taste gedrückt haben, sehen Sie im unteren Bildschirmteil folgende Anzeige:

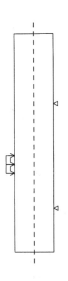

```
Ihre Wahl - ? x
STIRNRAD-PAAR       DEMOBSP1  1    04-18-1994
Rad                      1              2
Drehmoment              95.49       282.66
Drehzahl              1000.00       337.84
<t>reibend oder <g>etrieben    t          g
Breite                  20.00        20.00
Teilkreisdurchmesser    93.42       308.69
Schrägungswinkel & am Teilkreis  10.00  10.00
Eingriffwinkel im Normalschnitt  20.00  20.00
```

Auswahl mit Cursor und RETURN, Blättern mit PgDn oder PgUp. Abbruch mit <ESC>

Mit dem Cursor können Sie nun das gewünschte Stirnrad anklicken und es mit der <Eingabe>-Taste importieren.

Beachten Sie, dass all diejenigen Daten übertragen werden, die im hellen Hintergrund dargestellt sind. Sie können einzelne Werte oder auch das ganze Stirnrad übertragen. In dem hier besprochenen Beispiel müssen Sie das ganze Stirnrad übertragen (durch Hinauf- bzw. Hinunterfahren mit dem Cursor verändern Sie den ausgewählten Bereich). Um die komplette Information von Rad-1 übertragen zu können, muss beim Drücken von <Eingabe> die Darstellung genau so sein wie sie in der Abbildung gezeigt ist.

In der Folge werden Ihnen die Daten, für welche das Rad ausgelegt worden sind, präsentiert. Wenn Sie diese übernehmen wollen, was in unserem Fall ja sinnvoll ist, bestätigen Sie dies einfach mit <Eingabe>. Gewisse Angaben benötigt KISSsoft jedoch noch, um das Rad für die Wellenberechnung eindeutig zu definieren. Dazu gehört die Position des Eingriffs. Für diese Angabe ist es wichtig zu wissen, wie Sie auf die Welle schauen. Machen Sie alle Angaben so, dass Sie vom linken Ende der Welle in die Achse der Welle blicken (mit <F1> erhalten Sie ein Hilfebild). Aus dieser Sicht liegt der Eingriff oben. Bestimmen Sie deshalb die Position des Eingriffs mit <o>.

Auch die Richtung des Schrägungswinkels ist für das Programm nicht eindeutig definiert und muss noch nach den beschriebenen Kriterien eingegeben werden. Definieren Sie das Rad mit einer linken Zahnschräge.

Wenn alle Eingaben gemacht sind, wird die Welle mit dem Zahnrad auf dem Bildschirm angezeigt, und nach einem weiteren kräfteübertragenden Element gefragt, denn die Bilanz der zu- und abgeführten Leistungen muss natürlich aufgehen.

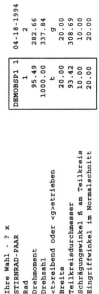

```
EINGABE EINER KRAFT:  Geben Sie den Ort des Kraftangriffs ein !

L = linkes Wellenende         Distanz ab Wellenende:      0.0
1 = 1. Lager/Stütze           Distanz ab Wellenende:     50.0
2 = 2. Lager/Stütze           Distanz ab Wellenende:    170.0
R = rechtes Wellenende        Distanz ab Wellenende:    250.0
X = Eingabe mit Cursor
<Zahl> = Abstand vom linken Wellenende in mm
E = Ende der Eingabe

Eingabe des Abstands von wo aus?
```

Als nächstes definieren wir noch eine Kupplung am rechten Ende der Welle, über die das Getriebe angetrieben wird. Da die Kupplung 40 mm breit ist, bestimmen Sie den Angriffspunkt 20 mm vom rechten Ende der Welle entfernt, (<R> <Eingabe>, 20 <Eingabe>).

Im folgenden Menü wählen Sie dann <M> für Kupplung/Motor. Da die Leistung durch das Zahnrad bereits bestimmt ist, überrnehmen Sie mit <U> das Vorgeschlagene. Sie haben dann nur noch zu bestimmen, ob die Kupplung treibend oder getrieben ist. In unserem Fall ist sie getrieben <G>. Die Frage, ob die Kupplung als Punktlast betrachtet werden soll, beantworten Sie fürs Erste mit ja.

Sie haben nun alle Randbedingungen definiert, um eine Auslegung der Welle durchzuführen. Darum können Sie, wenn der Graphikbildschirm die Welle wieder anzeigt, mit <E> das Ende der Eingabe angeben und auch im neuen Menü mit <E> weiterfahren. Wenn die Kräfte und Momente nicht im Gleichgewicht sind, Sie also zum Beispiel zwei treibende Elemente definiert haben ohne Abtrieb, verlangt das Programm von Ihnen, dass Sie die Werte editieren und ändern. Dies können Sie mit dem Menü machen, welches auf dem Bildschirm erscheint.

Wenn alle Eingaben stimmen, dann kommen Sie weiter zur Frage nach der Auslegung der Welle. Um einen ersten Eindruck der Leistungsfähig-

9 KissSoft

keit der Software zu bekommen, bestimmen Sie bitte mit der <1>, dass eine "Vollautomatische Dimensionierung" ausgeführt werden soll.

Selbstverständlich können Sie auch die Abschnittslänge mit gleichem Durchmesser selber bestimmen. Für diese Option müssten Sie die Eingabe <2> machen. (Dies ist in der Praxis sinnvoller als die vollautomatische Dimensionierung).

Die Auslegung soll für eine mittlere Festigkeit durchgeführt werden, darum beantworten Sie die nächste Frage mit der <2> oder <Eingabe>.

Bevor es nun losgeht, haben Sie die Möglichkeit zu bestimmen, auf was für einen Wert der Durchmesser gerundet werden soll. Mit der <1> runden Sie auf Normlager-Durchmesser.

KISSsoft führt nun eine erste Berechnung der Welle durch und zeichnet die ausgelegte Welle auf dem Bildschirm. Wenn die Auslegung fertig ist und unter den angreifenden Elementen unterschiedliche Durchmesser sind, werden Sie gefragt, ob diese auf einen durchgehenden Durchmesser angepasst werden soll. Lassen Sie das Programm dies mit <j> durchführen.

Schliessen Sie nun diesen Berechnungsteil mit <1> für Weiterfahren ab. Auf dem Bildschirm erscheint nun die Frage nach dem weiteren Forgang der Berechnung.

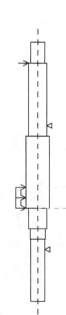

Mit <j> führen Sie die Berechnung fort und lernen unser Lagerberechnungsprogramm kennen.

Sie werden nun wieder durch eine Reihe von Abfragen geführt, bei denen Sie aber für das Demobeispiel die vorgeschlagenen Werte immer übernehmen können. Wenn auf dem Bildschirm der unten angezeigte Text erscheint, bestimmen Sie bitte mit <2>, dass ein Rillen-Kugellager ausgewählt werden soll.

```
*** BERECHNUNG VON LAGER   1  ***    Lager ohne Axialkraft

Ändern von:
  d : Innendurchmesser       (mm)            15.00
  r : Radialkraft            (N)            440.80
  u : Drehzahl               (UPM)         1000.00
Berechnen von:
  <Text> : Direkte Eingabe der Lager-Bezeichnung
   1 : Alle Lagerarten
   2 : Rillenkugellager
   3 : Pendelrollenlager
   4 : Zylinderrollenlager
   5 : Kegelrollenlager
   6 : Kegelrollen gepaart
   7 : Nadellager / Nadelkäfige
   8 : Schrägkugellager
   9 : Schräglager 2-reihig
  10 : Spindellager
  11 : Spindellager gepaart
  20 : Vierpunktlager
  21 : Axial-Pendelrollenlager
   e : Ende
Eingabe: ? _
```

Nach kurzer Zeit sehen Sie eine Liste der möglichen Lager. Durch die Eingabe des entsprechenden Buchstabens können Sie ein Lager auswählen.

```
Lager 1   Bezeichnung         Lebensdauer (h)   Stat.Kennzahl    Dimensio-
nen
A)        FAG 61802T                 1751           2.8           15/24*5
B)        FAG 16002                 34173           6.5           15/32*8
C)        FAG 6002                  34173           6.5           15/32*9
D)        FAG 6202                  92344           8.5           15/35*11
E)        FAG 62202                 92344           8.5           15/35*14
F)        FAG 6302                 288296          12.3           15/42*13
G)        FAG 62302                288296          12.3           15/42*17
H)        FAG 4202B                218889          15.2           15/35*14
I)        FAG 4302B                605595          20.8           15/42*17

Auswahl welcher Lager?                    0: Keines dieser Lager
                                          1: Alle Lager
                                          A...I: Entsprechendes Lager
Ihre Wahl (<Enter> für 0) - ?
```

Berechnen Sie nun das Lager 2 auch als Rillenkugellager. Wenn Sie ein Lager ausgewählt haben, verlassen Sie mit <e> die Lagerberechnung. Wollen Sie die Berechnung protokollieren, beantworten Sie die Frage: Resultat ausdrucken j/n? mit <j>.

Erste Schritte mit der Berechnungssoftware

zes. Wenn Sie diese akzeptieren, können Sie noch den Übergangsradius bestimmen. Definieren Sie diesen mit 0.3 mm. Schon haben Sie den ersten Querschnitt definiert.

```
Querschnitt-Festigkeitsberechnung
Rechenmethode:
0: Berechnung der Dauerfestigkeit und der statischen Festigkeit
1: Nur Berechnung der statischen Festigkeit
Ihre Wahl:   0
Eingabe (Zahl) oder (j) -
```

Akzeptieren Sie mit Vorschlag <0> mit der Eingabetaste.
Bei den nun folgenden Anfragen können sie die vorgeschlagenen Werte mit der <Eingabe> übernehmen.
Nach drei Abfragen kommen Sie zu dem Programmpunkt in dem Sie einzelne Querschnitte der Welle bezeichnen und berechnen können.

```
Eingabe eines QUERSCHNITTS: A bis Z
Aufhören durch Eingabe von 0
Querschnitt - ? _
```

Mit <A> beginnen wir mit der Definition des ersten Querschnitts. Auf dem Bildschirm sehen Sie nun die Welle mit eingezeichnetem Vergleichsspannungsverlauf. Sie sehen also auf einen Blick, welche Stellen der Welle gefährdet sind. Als Erstes untersuchen wir den Absatz bei Lager-1. Wenn Sie <x> eingeben, dann können Sie mit dem Cursor in der Zeichnung herum fahren. Fahren Sie nun auf den Absatz. Der Cursor ist genau positioniert, wenn sich die Farbe des mittleren Striches ändert. (Achtung! Drükken Sie die Cursortasten nicht zu lange auf einmal, sondern fahren Sie Schritt um Schritt!)
Wenn Sie den Cursor positioniert haben, drücken Sie die <Eingabe>-Taste. KISSsoft fragt sie nun, was an dieser Stelle für eine Kerbwirkung auftritt. Da wir ja den Absatz an dieser Stelle untersuchen wollen, geben Sie hier die <1> ein. Sie werden dann nach der Oberflächenqualität an der Stelle des Absatzes gefragt. Übernehmen Sie "N6" mit der <Eingabe>. Dann werden Ihnen die Belastungsdaten des Querschnitts gezeigt (Akzeptieren mit <Eingabe>) und danach die beiden Durchmesser des Absat-

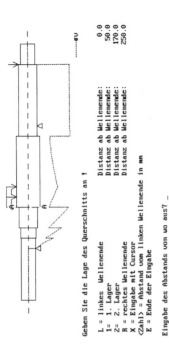

```
Geben Sie die Lage des Querschnitts an !

L = linkes Wellenende         Distanz ab Wellenende:    0.0
1= 1. Lager                   Distanz ab Wellenende:   50.0
2= 2. Lager                   Distanz ab Wellenende:  170.0
R = rechtes Wellenende        Distanz ab Wellenende:  250.0
X = Eingabe mit Cursor
(Zahl) = Abstand vom linken Wellenende in mm
E = Ende der Eingabe

Eingabe des Abstands von wo aus? _
```

Als Zweites wollen wir noch untersuchen, wie sich eine Passfeder zur Verbindung der Welle mit dem Zahnrad auf die Festigkeit auswirkt. Nennen Sie den neuen Abschnitt <B> und fahren Sie dann bitte mit dem Cursor zu der Stelle unter dem Zahnrad, an der die Vergleichspannung am höchsten ist. Teilen Sie dem Programm dann mit, dass Sie an dieser Stelle eine Passfeder haben wollen.
Wieder werden Sie nach der Oberfläche gefragt und danach sehen Sie die Daten dieses Querschnitts. Nun müssen Sie bestimmen, nach welcher Norm die Passfeder gefertigt wird. Mit der <Eingabe> übernehmen Sie die vorgeschlagene DIN 6885 Blatt 1.

```
Schnitt B-B    KEIL

Daten-File für Passfeder-Normen
File C:\KISS\DATA\W-PASSF1.DDA einlesen

1 = DIN 6885 Blatt 1, VSM 15161, ISO 774    (normal)
2 = DIN 6885 Blatt 2
3 = DIN 6885 Blatt 3
4 = VSM 15111 (veraltete Norm)
i = Eingabe
Ihre Wahl (<Enter> für 1) - ? _
```

9 KissSoft

Für das Demonstrationsbeispiel genügen uns die beiden Querschnitte und mit der <0> verlassen Sie bitte die Querschnitts-Definition.
Für die genaue Berechnung der Festigkeit muss das Programm noch mehr Informationen über das verwendete Material haben. Akzeptieren Sie den vorgeschlagenen Wert für die Dicke des Rohmaterials.
Des weiteren berechnen wir die Dauerbelastung, also geben Sie <1> ein, bei der Frage nach dem Lastfall.
Was das Programm bis jetzt noch nicht wissen kann, ist der Kerbfaktor der Passfeder, welche ja von der Ausführung in der Produktion abhängt. Akzeptieren Sie auch hier den vorgeschlagenen Wert.
Auf dem Bildschirm erscheinen nun die Resultate der Querschnitts-Berechnung und die Frage ob sie die Querschnitte optimieren wollen. Wenn Sie hier ja sagen, können Sie die einzelnen Querschnitte der Wellen editieren und optimieren. Dies würde jedoch den Umfang dieser Einführung übersteigen. Verneinen Sie deshalb bitte die Frage und protokollieren Sie dann das Resultat.
Sie kommen nun in das Hauptmenü der Festigkeitberechnung, wo Sie die Möglichkeit haben, die einzelnen Eingaben zu editieren und zu ändern. Mit <e> für Ende schliessen sie hier die Berechnung des Demonstrationsbeispiels ab. Wenn Sie das Programm in der Demo-Version benutzen, wird nun leider die ganze Arbeit die sie hatten, wieder vernichtet und der Durchmesser ohne Rücksicht auf die Festigkeit auf 50 oder 100 mm gerundet.
Sie haben im Hauptmenü der Wellenberechnung dann viele Berechnungsoptionen, auf die wir hier nicht eingehen können. Hier z.B die Berechnung der Durchbiegung.

Selbstverständlich haben Sie auch die Möglichkeit, die berechnete Wellenkontur an ein CAD auszugeben (DXF). Es ist auch möglich, im CAD gezeichnete Wellen in KISSsoft zu importieren, oder die Kontur der Welle nach der Zeichnung über die Tastatur einzugeben.
Sie kommen nun zurück in das Menü der Welleneingabe; verlassen Sie auch dieses, um mit der Demonstration weiterzufahren. Damit kommen Sie in das Hauptmenü zurück.
Wenn Sie nun unter [Protokoll] und [Ausgeben] das Protokoll der Berechnungen ausdrucken lassen, so erhalten Sie nach Wunsch auf Ihrem Drucker eine Zusammenstellung der Eingabedaten und der Resultate aller vorgängig erstellten Berechnungen.
Wir hoffen, dass Sie einen ersten Eindruck unserer Berechnungssoftware erhalten haben und sehen, was alles in KISSsoft möglich ist. Selbstverständlich ist es unmöglich, dass Sie den ganzen Umfang der Software in dieser kurzen Zeit überblicken.

Wenn Sie das Tutorial durchgearbeitet haben, dann haben Sie sich sicher genügend Kenntnisse über den Umgang mit KISSsoft aneignen können, um nun selbstständig weitere Varianten und Berechnungspakete auszuprobieren.
Sollten Sie Fragen haben, dann rufen Sie uns doch an, damit wir Sie beraten können.

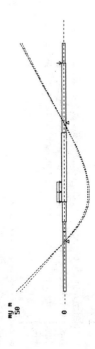

KISSsoft Richtlinie

Einschränkungen bei Demonstrations-Versionen

Gilt für:
- KISSsoft-Demoversion
- KISSsoft-Normalversion bei Programmteilen ohne gekaufte Benutzererlaubnis

Die Demonstrations-Version des KISSsoft-Programmes erlaubt es, sämtliche Funktionen und Möglichkeiten des Programm-Pakets auszuführen. Einzig bei der Eingabe bestehen folgende Einschränkungen:

1. Wellenberechnung
- Wellendurchmesser: Nur Außendurchmesser 50 oder 100 mm werden akzeptiert.
- Drehzahl: Nur im Bereich 100..110 und 900..1000 l/min erlaubt.
- Leistung: Nur 0 oder 10 kW werden akzeptiert.

2. Zahnradberechnung
- Achsabstand: Nur 200 oder –200 mm wird akzeptiert.
- Zahnschräge: Nur 0 oder 10 Grad werden akzeptiert.
- Leistung: Nur 0,10 oder 100 kW werden akzeptiert.
- Nur Zahnradpaare und Planetenstufen können gerechnet werden.

3. Maschinenelemente
- Drehzahl: Nur Drehzahlen zwischen 100 und 110 l/min werden akzeptiert. (Ausnahme: Keilriemenberechnung 1500..1600 l/min)
- Leistung: Nur 0 oder 10 kW werden akzeptiert.
- Einzelne weitere Beschränkungen werden während des Programmablaufs angezeigt.

4. Generell
- Ausdruck: Nur in deutscher Sprache

5. Dokumentation
- Der Anhang auf der „DEMO-TEXT" Diskette ist nur auszugsweise wiedergegeben, das Inhaltsverzeichnis jedoch komplett.

6. Bemerkungen
- Die Einschränkungen bezüglich der Leistung gelten auch, falls die Leistung aus dem Drehmoment berechnet wird!
- Falls gegen die oben genannten Regeln verstoßen wird, erfolgt auf dem Bildschirm der Ausdruck: Demoversion

Berechnungssoftware für den Maschinenbau

KISSsoft ist speziell als Werkzeug für Ingenieure und Konstrukteure entwickelt worden. Es ist eine interaktive Software für die:
>Auslegung, Nachrechnung und Optimierung von
>Maschinenelementen und Verbindungen,
>Wellen, Achsen, Lagern und Zahnrädern.

KISSsoft rechnet ausschließlich nach anerkannten Normen und Literatur (DIN, ISO, VDI, AGMA). Mit KISSsoft kann in der Berechnung eine Zeitersparnis von bis zu 90% verglichen mit einer Handrechnung erreicht werden. Bei Variantenberechnungen und Änderungen liegt die Zeitersparnis noch höher! Bereits nach kurzem Einsatz kann dadurch die Investition amortisiert werden.

Das Nachschlagen in Normen und Tabellen gehört der Vergangenheit an!

Neben der schnellen Berechnung ist die saubere Dokumentation mit den Berechnungsprotokollen ein wichtiger Beitrag zur Qualitäts-Sicherung. Die Bedienung des Programms ist leicht zu erlernen, bereits nach wenigen Stunden Schulung können Sie mit KISSsoft problemlos arbeiten.

Die Software ist unter den Anforderungen des Qualitäts-Systems **ISO-9000** entwickelt worden und wird laufend erweitert und dem neuesten Stand der Berechnungsmethoden angepaßt!

KISSsoft wird von L. Kissling & Co. AG (Getriebebau) entwickelt und dort in der Konstruktion eingesetzt. Darum ist KISSsoft eine praxisorientierte Software **"Vom Anwender für Anwender"**.

Die Software verfügt über viele Schnittstellen zu CAD und NC-Programmen. Somit ist KISSsoft ein wichtiges Glied in der CAD/CAE/CAM-Kette.

Wellen, Achsen und Lager (KPV-W)

- **Eingabe- und Korrekturmodul** für abgesetzte Wellen (beliebige Anzahl Abschnitte, Voll-, Hohl-, Nicht-rot.sym.-Querschnitte) mit beliebiger Anzahl Lagerstellen und äußerer (drei-dimensionaler) Kräfte. Werkstoffdatenbank, Datenverwaltung. Integrierte Bauteile wie Stirnräder, Seilscheiben, Kupplungen, Federn.
- **Berechnung von Lagerkräften, Durchbiegung** (dreidimensional), **Verformung,** Querkraft-, Biegemoment- und Torsionsmoment-Verlauf, Vergleichsspannung, Neigung der Welle in den Lagerstellen.

- **Wälzlager:** Integrierte Datenbank mit Wälzlagerdaten. Berechnung der Lebensdauer und der statischen Tragzahl mit Berücksichtigung der Radial-, Axialkräfte und der Schmierverhältnisse, Kontrolle der Drehzahlgrenzen. Mit allen üblichen Baureihen (wie in FAG- und INA-Katalog, über 2300 Lager, weitere können eingebaut werden).
- **Wellen-Festigkeit:** Berechnung der Sicherheit für Dauerbruch (Ermüdung) und der statischen Sicherheit gegen Streck- und Bruchgrenze. Mit Werkstoffdatenbank, graphischer Darstellung, Kerbfaktoren (Absatz, Preß-Sitz, Paßfeder, Lagersitz, Gewinde, Vielkeil, Bohrung), Oberflächenfaktoren, Dickenfaktoren.
- **Wellen-Auslegung:** Aufgrund definierter Lagerorte und Kraftangriffe wird der benötigte Durchmesser der Wellenabschnitte bestimmt.
- **Gleitlager:** hydrodynamische, ölgeschmierte Lager (nach Niemann oder DIN 31652) und fettgeschmierte Lager.
- **Eigenfrequenzen:** biegekritische Drehzahlen und Dreheigenschwingungen.
- **Schnittstellen** zu CAD (Ein- und Auslesen von Wellen), zu Plotter und KISSsoft-Zahnräder / Maschinenelemente.

Maschinenelemente (KPV-M)

- **Preß-Sitz und Bandagen:** Belastungen in Umfangs- und Achsrichtung. Sicherheit gegen Rutschen, Kontrolle auf Bruch- und Streckgrenze von Welle und Nabe, Reibkorrosion.
- **Paßfeder:** Berechnung der auftretenden und der zulässigen Pressungen mit Berücksichtigung der Toleranzen. Paßfedertabellen.
- **Vielkeil-Profile und -Verzahnungen** (DIN 5480): Pressung und Beanspruchung.
- **Schrauben:** Komplette Festigkeitsnachrechnung für Schrauben nach VDI-Richtlinie 2230.
- **Federn:** Druckfedern, Zugfedern, Schenkelfedern, Tellerfedern. Auslegung und Berechnung nach DIN-Normen, Datenbanken, Darstellung der Federkennlinie.
- **Keilriemen:** Komplette Berechnung/Auslegung, Bestimmung der Anzahl Riemen, mit/ohne Spannrolle. Riemendurchbiegungstest. Alle Daten ab Datenbank. Für Riemenprofile SPZ, SPA, SPB, SPC, XPZ, XPA, XPB, XPC, 3V/9N, 3V/9J, 5V/15N, 5V/15J, usw.
- **Zahnriemen:** Komplette Berechnung/Auslegung, Bestimmung der Riemenbreite, mit/ohne Spannrolle. Alle Daten ab Datenbank. Für Zahnriemen: XL, L, H, 8, 14 mm; HTD 3, 5, 8, 14 mm; GT 8, 14 mm; RPP-HPR 8, 14 mm; AT 5, 10, 20 mm

Zahnräder (KPV-Z)

- Generell: **Geometrie, Festigkeit** und alle **Kontrollmaße**. Mit Werkstoff- und Fräser-Datenbank. **Schnittstellen** zu CAD und Plotter.
- **Stirnräder:** Gerad- und schrägverzahnte Innen- und Außenräder. Geometrieberechnung mit Zahnprofilverschiebung (mit Vorschlägen), Profilkorrekturen, Kopfkreisrücknahme, sämtliche Kontrollen. Geometrie nach DIN 3960. Prüfmaße (Zahnweite, Rollenmaß, Zahndicke, Flankenspiel). Zahndickenabmaße nach DIN 3967 und eigenen Tabellen. Festigkeitsberechnung nach DIN 3990, Methode B, mit Zahnfuß-, Flanken- und Freß-Tragfähigkeit. Für Radpaare, Planeten, Zahnstangen, etc.
- **Zahnradauslegung** mit automatischer Bestimmung der wichtigsten Zahnparameter (Achsabstand, Modul, Zähnezahl und Zahnbreite) aus der zu übertragenden Leistung und der Sollübersetzung. Geometrievarianten-Berechnung (Verzahnungs-Feinoptimierung).
- **Zahnformberechnung** mit exakter Simulation und Kontrolle des Herstellverfahrens. Darstellung des Zahneingriffs. Bezugsprofilberechnung, Berechnung nicht-evolventischer Profile, NC-Schnittstelle.
- **Profildiagramm-Daten**, Betriebsspiele, Drehmoment-Optimierung, Lebensdauerberechnung, Berechnung nach A.G.M.A oder FVA, Rechengang für Kunststoffe, etc.
- **Kegelräder:** gerade-, schräg- und bogenverzahnt. Fuß-, Flanken- und Freßtragfähigkeit nach DIN 3991.
- **Schnecken:** Geometrie und Tragfähigkeit nach Niemann, Dreidrahtmaße.
- **Kurzverzahnung** (DIN 5480) und **Schraubräder:** Geometrie u. Toleranzen.

CAD-Schnittstellen

KISSsoft bietet verschiedenste Schnittstellen zu CAD-CAM Programmen.

- Wellen können importiert und exportiert werden.
- Zahnformen und Verzahnungs-Daten ans CAD übergeben.

Die neue „**offene Schnittstelle**" ermöglicht eine nahezu unbegrenzte Verknüpfung von KISSsoft mit Fremdprogrammen (verfügbar für Querpreßverband, Paßfeder, Keil- und Zahnriemen, Schraubverbindungen, Vielkeilverzahnungen).

Hardwareanforderungen

KISSsoft ist eine PC-Software, die unter DOS, Windows (Dos-Box), und OS/2 (Dos-Box) arbeitet. Der Computer sollte mit einem Prozessor der Klasse 386 oder höher und mindestens 1 Mb RAM ausgerüstet sein. Auf der Festplatte muß mit einem Platzbedarf von ca. 10 Mb gerechnet werden.

Stand-alone- oder Netzwerk-Installationen sind in allen Varianten lieferbar.

KISSsoft++ mit vollgrafischer Windowsoberfläche

Zur Zeit (August 95) befinden wir uns mitten in der Vorbereitung einer neuen Programmgeneration mit grafischer Benutzeroberfläche.

KISSsoft++ bringt als Neuheiten:

- Grafische Bedieneroberfläche mit Fenstertechnik
- Kontextsensitive On-line-Hilfe sowie ein komplettes Hilfesystem mit Verweisen
- Alle Daten in einer SQL-kompatiblen Datenbank
- Weiterhin mit dem anerkannt hohen Niveau der Berechnungsmethoden

Für Betriebssysteme:
- Windows 3.1, Windows 95 und Windows NT
- UNIX Versionen (SUN, HP) ca. Ende 1995 erhältlich

10 MOMENTE II

ein modernes CAE-Tool zur Berechnung von Drehmomenten und zur Auswahl von Motoren

Allgemeines:

MOMENTE II arbeitet systematisch analog dem logischen Aufbau eines Antriebssystemes. Ein Antriebssystem besteht mindestens aus einer Last und einem Motor. Verbindungsglieder, wie Getriebe o.ä., können nach Wunsch eingefügt werden. Das gesamte System kann aus max. 6 Stufen bestehen, also aus einer Last, bis zu vier Verbindungsgliedern und einem Motor. Einzelne Stufen können gelöscht, eingefügt und vertauscht werden.

Auswahlmöglichkeiten für das Antriebssystem

Die Auswahl wird ständig erweitert.

Zuerst wird mit „Last-Eingabe" die gewünschte mechanische Last ausgewählt. Von hier aus wird nach Bedarf das System weiter ausgebaut und endet schließlich mit einem Motor. An dieser Stelle hat man dann die wichtigen Größen Drehmoment und Drehzahl berechnet, ein Motor kann ausgewählt werden.

Die Motorauswahl kann mit einer Motorauswahl-Routine unterstützt werden. Dazu ist eine Motorliste in einer Datei notwendig. Sie kann mit jedem ASCII-Editor angelegt werden. Die MotorauswahlRoutine wählt dann diejenigen Motoren aus der Liste, deren Drehmoment **und** Drehzahl größer sind als die berechneten Werte.

Die Antriebssysteme lassen sich

- speichern,
- laden und
- drucken.

An die gängigsten Drucker sind folgende Ausgaben möglich:

- Jeder Bildschirm,
- die Übersicht und
- ein Projektbericht.

Für Zwischenrechnungen kann ein Taschenrechner aufgerufen werden, dessen Ergebnisse in das Programm übernommen werden können.

Installation

Die Installation ist absolut einfach:

Öffnen Sie auf der Festplatte oder einem Laufwerk ein Verzeichnis und speichern Sie alle Dateien von der gelieferten Diskette da hinein (z.B. copy a:*.*).

Das Programm wird mit **MOM** aufgerufen. (Falls Sie eine Demoversion besitzen, mit **DEMO**.)

Beim ersten Aufruf wird eine Initialisierungsdatei **MOMENTE.INI** eingerichtet, in der dic Anpassung an Ihren PC vorgenommen wird.

Die gelieferte Diskette mit der Vollversion ist **code-geschützt.** Das bedeutet für den Benutzer keinerlei Einschränkungen. Man muß zum Start des Programmes nur die **Originaldiskette** im Laufwerk haben.

Systemvoraussetzung

Um MOMENTE II sinnvoll einsetzen zu können, benötigen Sie als Minimalkonfiguration

- PC mit DOS 3.x oder höher
- VGA Graphikkarte
- Farbbildschirm oder Monochrom-Display mit mehreren Graustufen
- 640 kB Arbeitsspeicher
- Evtl. Maus
- Externer Speicher wird nicht benötigt
- Festplatte

Arbeit mit Maus und/oder Tastatur

Die Bedienung kann wie üblich mit Maus und/oder Tastatur erfolgen. Die Programmablaufsteuerung erfolgt über die Menüsteuerleiste in der zweiten Bildschirmzeile oder über eine ständig aktualisierte Hot-Key-Leiste am unteren Bildrand.

Arbeiten Sie mit der **Maus,** so klicken Sie ihr gewünschtes Ziel an – ein Untermenü oder eine weitere Auswahl öffnet sich. Sie kommen mit der Maus auch sehr leicht von einem Eingabefeld ins andere.

Falls Sie lieber mit der **Tastatur** arbeiten, treffen Sie Ihre Auswahl mit

ALT-Taste + Unterstrichener Buchstabe.

Im Untermenü drücken Sie nur noch den Unterstrichenen Buchstaben. Alternativ können Sie auch mit Cursor und Rollbalken oder mit der Menüpunktnummer und anschließendem RETURN Ihre Auswahl treffen. Im Eingabefeld machen Sie wie gewohnt Ihre Zahleneingaben und übernehmen mit RETURN. Die Eingaben werden aber auch übernommen, wenn Sie mit Maus oder Cursor in ein anderes Feld gehen. Falls Sie mit dem Cursor nicht weiterkommen, nehmen Sie ALT+Unterstrichener Buchstabe. Sollten Sie einmal irgendwo hängenbleiben und wirklich nicht mehr weiter wissen, drücken Sie

ALT+X

Sie gelangen dann wieder ins Hauptmenü zum Übersichtsbildschirm.

Die Bildschirme

Das Programm wechselt ständig zwischen einem Hauptmenübildschirm, erkenntlich an der Überschriftzeile MOMENTE [Dateiname], und einem Untermenübildschirm hin und her.

Der Untermenübildschirm, im folgenden „**Rechenbildschirm**" genannt, ist der Arbeitsbildschirm, graphisch aufgebaut, erkennbar an dem Bild, den farbigen Eingabefeldern und dem weißen Rechenblatt.

Der Hauptmenübildschirm, im folgenden „**Übersichtsbildschirm**" genannt, ist anfangs leer, zeigt aber nach jeder Eingabe eine zusätzliche Stufe des Antriebssystems stichpunktartig an.

Wenn Sie im Rechenbildschirm sind, helfen Ihnen die Farben, die Zugehörigkeit zwischen Skizze und Eingabefeld zu erkennen.

Tastenbelegung

Allgemein
Esc = Abbruch des laufenden Programmpunktes
ALT-X = Abbruch und Rückkehr ins Hauptmenü
ALT-F4 = Programmende
F1 = Hilfe

Im Übersichtsbildschirm
ALT-1 = erste Größe der Stufe editieren
ALT-2 = zweite Größe der Stufe editieren
Bild ab = Gesamtübersicht für die obere Größe
Strg-Bild ab = Gesamtübersicht für die untere Größe
Return = Rechenbildschirm dieser Stufe (ohne Änderung) aktivieren

Im Eingabefenster
Editieren wie gewohnt, Cursorbewegung wie gewohnt:
Entf = Löscht das Zeichen über dem Cursor
Backspace = Löscht das Zeichen vor dem Cursor
Pos 1 = zum Zeilenanfang
Ende = zum Zeilenende
Einfg = Umschalten zwischen Einfügemodus (kleiner Cursor) und Überschreibmodus (großer Cursor)
F2 = Benennung wählen (einfacher: Benennung anklicken)
F3 = Löschen von Cursorposition bis Ende

10 MOMENTE II

Ein Wechsel von einem Eingabefenster zum nächsten erfolgt über die Cursor bzw. Tabulatortasten.

Im Rollbalkenfenster
1..9 = Auswahl treffen in einem Rollbalkenfenster (Zahl = Reihenfolge von oben) oder mit den Cursortasten den Menüpunkt ansteuern und mit Return aktivieren

Hot-Keys

Am unteren Bildrand befindet sich die „Hotkey"-Leiste. In dieser ständig aktualisierten Zeile erscheinen die Befehle, die der Benutzer bei normaler Bearbeitung als nächstes ausführt. Diese Befehle sind größtenteils auch über die obere Menüzeile erreichbar (genauere Erklärung siehe dort). Aber mit Hot-Keys kann man, wie der Name schon sagt, einfach schneller arbeiten.

Drucken
Der derzeit sichtbare Bildschirm wird gedruckt. (Identisch mit „Datei-Bildschirm drucken")

Last-Eingabe,
Nächste Vorstufe
Eine Lastmechanik wird gewählt und der hierzu gehörige Rechenbildschirm zur Dateneingabe aufgerufen. Dies ist immer der erste Schritt einer Neuberechnung. Daran anschließend können Zwischenstufen (z.B. Getriebe) oder direkt ein Motor angekoppelt werden. (Identisch mit „Bearbeiten-Last" und „Bearbeiten-Nächste Vorstufe").

Rechnerwert übernehmen,
Rechnerwert verwerfen
Der integrierte Taschenrechner wird ausgeblendet, im ersten Fall wird die Rechneranzeige in das Eingabefeld übernommen.

Von Disk laden,
Daten speichern
Eingegebene Antriebssysteme können dauerhaft auf Diskette oder Festplatte gespeichert und von dort zur weiteren Bearbeitung wieder aufgerufen werden. Die Dateien erhalten standardmäßig die Extension „.MOM" (siehe Datei-Laden, bzw. Datei-Speichern).

Benennung wechseln (=F2)
Die Benennung im aktuellen Eingabefeld kann automatisch in verschiedene, internationale Maßeinheiten umgerechnet werden.

**Übernehmen,
Verwerfen** (=ESC)
Die Dateneingabe für den momentan geöffneten Rechenbildschirm eines neu gewählten Bauteils wird abgeschlossen, man gelangt in den Übersichtsbildschirm zurück. Die Bauteildaten werden entweder übernommen (im Übersichtsbildschirm wird eine neue Stufe angezeigt) oder sie werden (nach Rückfrage) verworfen (ursprüngliche Stufenzahl bleibt).

Zurück (=ESC)
Die Dateneingabe für ein bereits vorhandenes Bauteil wird abgeschlossen. Alle Änderungen werden in den Übersichtsbildschirm übernommen. Dort erfolgt eine Neuberechnung des gesamten Systems.

Motorauswahl
Über den Hotkey „Motorauswahl" läßt sich eine Motorendatei, die standardmäßig die Extension „.DAT" besitzt, auswählen. (Siehe auch Kapitel „Motorauswahldatei").

Das Programm stellt in einem Auswahlfeld im oberen Bildschirmbereich drei von maximal 40 Motoren je Motorendatei dar. Weitere Motoren können über die Cursor-Tasten in diesem Rollfeld angezeigt werden. Der obere Rahmen enthält Pfad und Name der gewählten Motorendatei, sowie lfd. Nummer des gewählten Motors aller insgesamt in dieser Datei vorhandener Motoren (z.B. 6/10 heißt der 6. Motor von 10).

Die Anzeige wird nach „Motorgröße", d.h. nach aufsteigendem Trägheitsmoment der Rotoren geordnet. Bei nichtgeordneter Motorendatei könnten deshalb die angezeigte laufende Nummer und die tatsächliche laufende Nummer innerhalb der Datei abweichen. Die Motordatei wird aber nicht verändert.

Motoren, die Kennpunkte mit

- Motor-Drehzahl >= geforderte Drehzahl
  und zugleich
- Motor-Drehmoment >= gefordertes Drehmoment
  (ohne Einbeziehung des Rotor-Beschleunigungsmomentes des Motors)
besitzen, werden grün dargestellt, ansonsten rot.

Im Motor-Auswahlfeld wird der „kleinste" Motor (mit kleinstem Rotor-Trägheitsmoment), der die geforderten Solldaten erfüllt, als aktueller Motor (invers gekennzeichnet) dargestellt. Die Daten des aktuellen Motors werden **sofort** in die Eingabefenster (für Motor-Trägheitsmoment und Motorname) übernommen und das weiße Rechenblatt mit diesen Daten durchgerechnet. Die Hot-Keys „Uebernehmen" (=Return) und „Verwerfen" (=ESC) übernehmen die

Daten des aktuell angezeigten Motors bzw. restaurieren evtl. vorhandene vorherige Motor-Daten. Über den HotKey „Motor wählen" läßt sich unmittelbar eine weitere Motoren-Datei laden.

Last-Eingabe
Aus einem Auswahlfenster können verschiedene Lastmechaniken gewählt werden. Die Auswahl dieser Last ist der erste Schritt jeder Berechnung. Die Last ist auch immer die erste Stufe des Antriebssystems. Ohne Last ist keine Berechnung möglich; ebensowenig läßt sich die Last-Stufe aus einem mehrstufigen Antriebssystem löschen.

Sonderfunktion haben die Punkte „Freier Körper" und „Unbestimmte Last": Nach Aufruf von „Freier Körper", öffnet sich eine Unterauswahl mit den Körperformen „Zylinder (Längsachse)", „Zylinder (Querachse)", „Kegel" und „Kugel". Mit Hilfe dieser Formen lassen sich oft mit ausreichender Genauigkeit bewegte Körper, z.B. Werkzeuge an einer Roboterachse, nachbilden.

Die „Unbestimmte Last" ist dann zu wählen, wenn überhaupt keine Last aus der Auswahl zutrifft. Hier werden dann nur die elementaren Daten „Drehmoment", „Trägheitsmoment", „Drehzahl" und evtl. „Beschleunigungszeit" eingegeben und für die folgende Berechnung weiterverwendet.

Der Menüpunkt „Last eingeben" ist sowohl über den Hotkey am unteren Bildschirmrand als auch über „BearbeitefLast eingeben" erreichbar. Er wird nur eingeblendet, wenn die erste Stufe (=Laststufe) noch unbesetzt ist.

Nächste Vorstufe
Ausgehend von der Last-Stufe als erster Stufe kann jetzt eine Zwischenstufe (Welle, Getriebe, Kupplung oder Zahnriemen) oder direkt der Motor „angekoppelt" werden. Der Motor ist immer das letzte Glied der Antriebskette.

Ein Antriebssystem kann maximal 6 Stufen enthalten; die Last-Stufe als erste Stufe, die Motorstufe als letzte Stufe und maximal vier Zwischenstufen.

Der Menüpunkt „Nächste Vorstufe" ist sowohl über die Hotkey-Leiste am unteren Bildschirmrand, als auch über „BearbeitefNächste Vorstufe" erreichbar. Der Menüpunkt wird nur angeboten, wenn die erste Stufe (=Laststufe) besetzt ist.

Menüübersicht

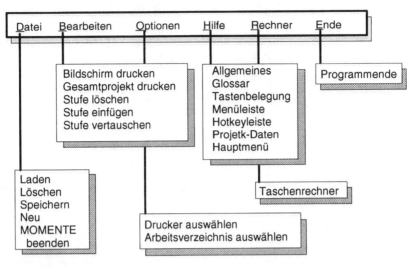

Menüpunkt Datei:
Funktionen zum Laden/Speichern/Löschen der Daten auf Platte/Diskette, zur Neu-Initialisierung des Datenspeichers und zur Beendigung des Programms (nach Sicherheitsabfrage bei Datenänderung).

Menüpunkt Bearbeiten:
Unter diesem Menüpunkt finden sich die Ausgabe auf Drucker und die Bearbeitung der Stufen. Das Antriebssystem kann, beginnend mit der Laststufe, über weitere Verbindungsglieder (Welle, Getriebe ...) zum Antriebsmotor aufgebaut werden. Zwischenstufen können in ein bestehendes System eingefügt oder in ihrer Reihenfolge vertauscht werden, einzelne Stufen können gelöscht werden.

Als Druckausgaben sind ein Bildschirmabdruck oder eine Gesamtdokumentation der Daten aller Stufenelemente und des gewählten Antriebsmotors möglich.

Menüpunkt Optionen:
Arbeitsverzeichnis und Druckereinstellung werden festgelegt. Diese Daten werden zusammen mit anderen Grundeinstellungen in der Datei MOMENTE.INI nach jeder Sitzung abgespeichert. Diese Datei wird neu angelegt, wenn sie vom Programm nicht gefunden wird.

Menüpunkt Hilfe:
Es stehen mehrere Hilfen zur Verfügung:
1. *Allgemeines*, eine Kurzbeschreibung des Programms.
2. Ein *Glossar*, in dem alle physikalischen Größen des Programms benannt und erklärt sind.
3. Die *Tastenbelegung*, die die schnelle Nutzung der Hot-Keys erklärt.
4. *Menüleiste* erklärt die einzelnen Menüfunktionen
5. *Hotkeyleiste* enthält eine Übersicht über alle Hot-Keys
6. *Projekt-Daten* sind Text-Infos, die die wichtigsten Projektangaben und den Namen des Bearbeiters enthalten und die mit jedem Projekt abgespeichert werden.
7. *Hauptmenü* bewirkt Abbruch und Rückkehr in den Übersichtsbildschirm (= ALT-X)

Die **On-Line-Hilfe,** die den jeweiligen Menüpunkt erklärt, kann jederzeit mit F1 aufgerufen werden.

Menüpunkt Rechner:
Ein komfortabler Taschenrechner erscheint am Bildschirm. Die Bedienung erfolgt mit der Maus oder mit Tasten, die Ziffern- und Rechenoperationstasten sind identisch mit denen des PC. Sollte die Tastatur einen numerischen Ziffernblock enthalten, kann dieser verwendet werden. Spezielle Funktionen sind über die unten rechts in der Rechnertaste gekennzeichneten Tasten der PC-Tastatur aufrufbar. Rechenergebnisse können, falls der Rechner von einem Eingabefeld aus aufgerufen wurde, über die Hotkey-Taste „Rechnerwert übernehmen" in das Eingabefeld übernommen werden (dabei erfolgt sicherheitshalber eine Absolutbetrags-Bildung).

Der Rechner ist, falls er von einem Eingabefeld aus aufgerufen wurde, über die Hotkey-Tasten „Rechnerwert übernehmen" bzw. „Rechnerwert verwerfen" wieder ausblendbar, ansonsten über die ESC-Taste.

Der Rechner enthält einen Konstantenspeicher dessen Inhalt bei regulärem Programmende in MOMENTE.INI abgespeichert und beim nächsten Aufruf wieder verfügbar ist.

Der Zahlenbereich ist beschränkt auf Gleitkommazahlen von 10^{-30} bis 10^{+30} bei einer 11-stelligen Mantissengenauigkeit.

Menüpunkt Ende:
Nach Sicherheitsabfrage kann das Programm beendet werden.

Übersichtsbildschirm
Der Übersichtsbildschirm zeigt die eingegebenen bzw. berechneten Daten jeder Stufe noch einmal in komprimierter Form an. Darüber hinaus sind alle im Rechenbildschirm eingebbaren Daten auch hier änderbar.

Alle Glieder des Antriebssystems werden in Stufen dargestellt. Diese enthalten:

- *Stufengruppe* (Last/Verbindung/Motor)
- *Bauteilname* (z.B. Spindel horizontal, Kupplung)
  Dieses Feld (oder der HotKey „Rechenbildschirm") ist der Mausklickbereich, durch den der Rechenbildschirm einer bereits editierten Stufe wieder aktiviert werden kann
- *frei eingebbare Bemerkung*
  In diesem Feld steht üblicherweise der Eingabecursor. Die Bemerkung darf beliebigen Text enthalten (alle ASCII-Zeichen von Code-Nr 21 (§) bis 255), d.h. es können Ziffern und länderspezifische Sonderzeichen, aber auch Ergebnisse des integrierten Taschenrechners hier eingeben werden. Diese Bemerkung wird gespeichert und beim Ausdruck einer Projektdokumentation mit ausgegeben. Eine Betätigung der Return-Taste ohne vorangegangene Änderung in diesem Feld führt zur Aktivierung des Rechenbildschirmes dieser Stufe.
- $- J_{Ges}$
  Gesamtes Trägheitsmoment der augenblicklichen Stufe + Trägheitsmoment aller vorhergehenden Stufen. Die Benennung ist durch Mausklick veränderbar.
- $- M_{Ges}$
  Gesamtes Drehmoment der augenblicklichen Stufe + Drehmoment aller vorhergehenden Stufen. Die Benennung ist durch Mausklick veränderbar.
- – 2 Darstellungsfenster mit frei wählbarem Inhalt:
  Jede Größe mit vorangestelltem kleinem Pfeil kann durch Anklicken des Zahlenwertes (alternativ durch ALT-1 bzw. ALT-2) neu editiert werden. Nach der Eingabebestätigung wird das gesamte Antriebssystem neu durchgerechnet. Die Benennung ist durch Mausklick veränderbar. Durch Anklicken des rechten, dicken Wahlpfeils (alternativ durch Bild-• bzw. Strg-Bild-•,) öffnet sich ein Fenster, das (bis auf Material und Wirkungsgrad) alle editierbaren (vorangest. Pfeil) bzw. errechneten Größen dieser Stufe darstellt. Hieraus kann die interessierende Größe in den Stufenbalken geholt werden, wo sie ständig angezeigt (und bei Neuberechnung aktualisiert) wird, bzw. editiert und verändert werden kann.

Rechenbildschirm
Der Rechenbildschirm dient zur Eingabe und Berechnung von Daten des zugehörigen Stufenbauteils. Er enthält folgende Bereiche:

- Rechenblatt
  Im mittleren Bereich finden Sie ein weißes Feld, auf dem die Berechnungsformel und (falls berechenbar) die Ergebnisse der Berechnung einer Bauteil-

größe dargestellt werden. Die Ergebnisse werden bei jeder Neueingabe aktualisiert. Benennungen können durch Anklicken mit der Maus auf andere Einheiten automatisch umgerechnet werden.
- eine symbolische Darstellung des gewählten Bauteils.
Die Farben der Eingabefelder korrespondieren mit den Farben dieser Darstellung
- Eingabefelder
Für jede einzugebende Größe existiert ein kleines, buntes Fenster zur Dateneingabe. Alle Eingaben werden weitmöglichst auf Plausibilität geprüft, teilweise auch automatisch korrigiert (Komma auf Punkt, Buchstabe O auf Null, % auf 1/100). Hinter jedem Eingabefeld befindet sich ein Dimensionsfeld (z.B. mm, g, etc.). Nach Anklicken dieses Feldes erscheint ein Auswahlmenue für diejenige international übliche Maßeinheit, in die die Größe nach Auswahl der Einheit automatisch umgerechnet wird. Alternativ läßt sich diese Funktion (nach abgeschlossener Zahleneingabe!) auch über die Taste F2 oder den HotKey „Benennung wechseln" aktivieren. Die Eingabefelder können über die Cursor- und Tabulator-Tasten oder durch Mausklick auf das neue Feld gewechselt werden. Zwei Eingabefelder haben Sonderfunktionen: Das **Richtungsfeld,** dessen zwei Einstellungen „Heben" und „Senken" entweder durch Mausklick oder die Tasten ALT-H, bzw. ALT-S änderbar sind und das **Materialfeld,** das die Materialwahl für das jeweilige Bauteil bequem ermöglicht: Durch Anklicken dieses Feldes bzw. durch Ansteuern mittels der Cursor-Tasten werden die Materialien Stahl, Aluminium, Messing, Holz und Kunststoff angeboten. Weitere Materialien können durch Auswahl von „andere" selbst eingeben werden. Eine Muß-Eingabe stellt hierin die Materialdichte dar (ansonsten finden alle Berechnungen auf dem Rechenblatt, die den Dichtewert benützen, nicht statt). Die Dichtebenennung kann wie oben geändert werden.

Rollbalken-Bedienung
In einem Fenster mit Rollbalken werden mehrere Auswahlmöglichkeiten angeboten. Die invers dargestellte Auswahl wird durch Drücken der Return-Taste aktiviert. Ein Auswahlwechsel erfolgt durch Eingabe der lfd. Nr. (von oben mit 1 beginnend), durch Bewegen des Inversfeldes (Rollbalken) mit den Cursor-up- und Cursor-down-Tasten. Ein Menuepunkt kann auch direkt durch Eingabe des unterstrichenen Buchstaben oder durch Mausklick auf das gewünschte Menü aufgerufen werden. Durch ESC oder Mausklick neben das Fenster wird (außer bei Muß-Eingaben) ein Auswahlfenster wieder geschlossen.

Materialfeld
Im Materialfeld kann das Material (genauer die Materialdichte) für das jeweilige Bauteil gewählt werden. Vorgegeben sind:

- Stahl　　　　Dichte: 7,9 g/cm³
- Aluminium　Dichte: 2,70 g/cm³
- Messing　　 Dichte: 8,4 g/cm³
- Holz　　　　Dichte: 0,7 g/cm³
- Kunststoff　 Dichte: 0,9 g/cm³

Die Auswahl erfolgt durch Ansteuern mittels der Cursor-up- und Cursor-down-Taste oder Eingabe der lfd. Nr. (1 .. 5) und anschließende Bestätigung durch die Return-Taste. Durch Anklicken eines Materialnamens oder durch Eingabe des unterstrichenen Anfangsbuchstabens kann der Menüpunkt auch direkt gewählt werden. Weichen die tatsächlichen Dichtewerte ab, oder ist der Stoff in der Auswahl nicht enthalten, so kann das gewünschte Material durch Anwahl von „anderer" auch selbst eingegeben werden. Es öffnet sich ein Eingabefeld, in das Materialname und Dichte eingegeben werden können, wobei der Dichtewert eine Muß-Eingabe darstellt (ansonsten unterbleiben alle Berechnungen auf dem Rechenblatt, die den Dichtewert benützen). Die Dichtebenennung kann durch Anklicken der Benennung oder den Hotkey „Benennung wählen" oder F2 geändert werden.

File-Auswaehlen
Datei laden
In das Dateiname-Fenster ist der Name der Datei, die geladen werden soll, einzugeben. Dieser Name darf auch Laufwerksbezeichnungen, Pfade oder Jokerzeichen (* und ?) gemäß DOS-Konventionen enthalten.

Nach Abschluß der Eingabe mit Return (oder Klickfeld OK oder ALT-O) wird diese Datei im augenblicklich eingestellten Unterverzeichnis (der Pfad wird unten angezeigt) bzw. im spezifizierten Unterverzeichnis gesucht und bei erfolgreicher Suche geladen. Stimmen (bei Verwendung von Jokerzeichen) mehrere Dateien mit der Vorgabe überein, dann werden diese im darunter liegenden Darstellungsfenster aufgelistet, zusätzlich auch noch diejenigen Unterverzeichnisse, die vom augenblicklichen Verzeichnis aus erreichbar sind. Die weitere Auswahl kann nun auch im Darstellungsfenster erfolgen: Durch Tabulator- oder Cursor-Taste, durch ALT-D oder durch Mausklick auf einen der Dateinamen gelangt man zunächst in dieses Auswahlfenster. Mit dem Rollbalken (Bewegung über die Cursortasten) kann ein Dateiname angewählt werden. Mit Return gelangt man ins Dateinamefenster zurück und über nochmaliges Return wird die Datei geladen.

Der Ladevorgang kann auch direkt durch ALT-O ausgelöst werden. Mit der Maus erfolgt die Auswahl durch Anklicken des gewünschten Namens und Anklicken des OK-Feldes oder einem zweiten Mausklick auf den gewählten Namen. Wird statt eines Dateinamens ein Unterverzeichnisname (erkennbar am angehängten „\") gewählt, dann findet ein Directorywechsel in dieses Unterverzeichnis statt, in dem dann eine weitere Dateiauswahl erfolgen kann.

Laden
Diese Routine hilft, bereits gespeicherte Antriebssysteme wieder aufzurufen. Dies sind Dateien, die standardmäßig mit der Extension „.MOM" versehen werden.

Der Aufruf kann wahlweise über den Hot-Key „Von Disk laden" oder über „Datei-Laden" erfolgen.

Loeschen
Diese Routine ermöglicht es, bereits gespeicherte Dateien zu löschen. Damit können die „Leichen" aus dem Arbeitsverzeichnis gelöscht werden.

Speichern
Diese Routine ermöglicht, berechnete Antriebssysteme abzuspeichern. Dabei werden wichtige Projektdaten mit abgespeichert. Das sind:

- Achsname
- Bearbeiter
- Ein Bemerkungsfeld für wichtige Notizen
- Datum der Erstellung
- Datum der letzten Änderung.

Neu
Nach Aufruf wird der Bildschirm und das gesamte im Rechner-Speicher befindliche Projekt (mit Sicherheitsabfrage bei vorheriger Datenänderung) gelöscht.

Ende
Nach einer Sicherheitsabfrage (bei vorheriger Datenänderung) wird das Programm beendet und zur DOS-Ebene zurückgekehrt. Es muß der Treiber ANSI.SYS geladen sein, da sonst evtl. COMMAND.COM nicht korrekt aufgerufen wird!!

Die gleiche Funktion hat der Menüpunkt „Ende" (ALT-E) oder die Tastenkombination ALT-F4.

Bildschirm drucken
Der derzeit sichtbare Bildschirm (ohne die Steuerzeichenleisten am oberen und unteren Bildschirmrand) wird gedruckt. Die vorhandene Druckereinstellung muß nochmal bestätigt werden. Damit können sowohl die einzelnen Rechenbildschirme, als auch der Übersichtsbildschirm gedruckt werden. Diese Funktion wird auch über den HotKey „Drucken" in der unteren Hotkey-Leiste aufgerufen.

Gesamtprojekt drucken
Ein Projektbericht wird ausgedruckt. Darin sind alle Eingaben und Berechnungen, Pfad- und Dateiname der Datei auf Diskette, sowie die editierbaren Projektdaten enthalten:

- Achsname
- Bearbeiter
- Ein Bemerkungsfeld für wichtige Notizen
- Datum der Erstellung
- Datum der letzten Änderung.

Die Druckereinstellung kann vor dem Druck geändert werden.

Last-Eingabe
Nächste Vorstufe
Funktionen sind bereits unter den Hotkeys beschrieben.

Stufe löschen
Hiermit kann eine Stufe aus dem Antriebssystem gelöscht werden. Die erste Stufe ist nur dann löschbar, wenn sie die einzig vorhandene Stufe ist. Dieser Menüpunkt ist nur dann verfügbar, wenn mindestens eine Stufe eingegeben wurde.

Stufe einfügen
Hiermit kann nachträglich eine weitere Stufe in das Antriebssystem eingefügt werden. So kann sehr komfortabel das gesamte System vergrößert werden. Angeboten werden Verbindungsglieder und Motoren, letztere nur, wenn noch kein Motor eingebaut wurde und der Neueinbau am Stufenende erfolgen soll. Dieser Menüpunkt ist nur dann verfügbar, wenn mindestens eine Stufe vorhanden ist.

Stufe vertauschen
Hiermit können zwei **Zwischenstufen** des Antriebssystems vertauscht werden. So kann sehr komfortabel das gesamte System umgebaut werden.

Dieser Menüpunid ist nur dann verfügbar, wenn mindestens drei Stufen eingegeben wurden. Last- und Motorstufe als erste und letzte Stufe des Systems sind **nicht vertauschbar.**

Drucker-wählen
Ein Auswahlmenü verschiedener Druckereinstellungen erscheint. Ausgewählt werden können:

– die gängigsten Druckervarianten:
Epson 9-Nadel
IBM 9-Nadel
Epson 24-Nadel
NEC 24-Nadel
HP Desk- und Laserjet

– der Anschlußkanal
LPT1 .. LPT3 (Parallelanschluß)
C0M1 .. C0M3 (serieller Anschluß)

– das Papierhandling
Einzelblatt (DIN A4)
Papierwechsel: Das Programm wartet beim Ausdruck, bis das Einlegen der nächsten Seite bestätigt wird (nur bei Einzelblatt).
EDV-Papier (12-Zoll)

Die ausgewählten Daten werden in MOMENTE.INI abgespeichert. Beim Druck selbst müssen sie nur noch bestätigt werden.

Arbeitsverzeichnis-wählen
Ein Eingabefenster für das Arbeitsverzeichnis erscheint. Ein nicht vorhandenes Arbeitsverzeichnis (Directory) kann auf Wunsch erstellt werden. Dieser Directory-Name wird in MOMENTE.INI abgespeichert. Er dient als Voreinstellung für dasjenige Unterverzeichnis, in das die Projektdaten gespeichert bzw. von dem sie wieder geladen werden. Der Name kann auch eine Laufwerksbezeichnung enthalten (z.B. A:\MOMENTE\PROJEKT1).

Hilfe-Allgemein
Allgemeine Beschreibung der Möglichkeiten und der Funktionen des Programms MOMENTE II.

Hilfe-Glossar
Erklärt werden die in den Rechenformeln und den Eingabefenstern verwendeten Symbole.

Hilfe-Tastenbelegung
Erklärt werden die zur Programmsteuerung verwendeten Tasten (-kombinationen).

Hilfe-Menüleiste
Erklärt werden Bedeutung und Einsatzmöglichkeiten der in der oberen Menüleiste verfügbaren Funktionsaufrufe.

Hilfe-HotKey-Leiste
Am unteren Bildschirmrand erscheinen in einer ständig aktualisierten Zeile diejenigen Befehle, die der Benutzer bei normaler fortlaufender Bearbeitung als nächstes aufrufen dürfte. Dadurch wird die Ablaufsteuerung erheblich vereinfacht. Die Bedeutung dieser Befehle werden in diesem Menüpunkt erklärt.

Hilfe-Projektdaten
Neben den rein numerischen Daten eines Projekts lassen sich auch einige Beschreibungsdaten mit abspeichern:

- Erstellungs- und letztes Änderungsdatum,
- Name des Bearbeiters,
- Datei- und Pfadname auf dem Speichermedium,
- eine nähere Projektbeschreibung in drei Zeilen mit je 45 Zeichen

Die Eingabe dieser Werte erfolgt bei Abspeicherung der Daten oder bei einem Gesamtausdruck („Bearbeiten-Gesamtprojekt drucken"). Damit kann sich der Benutzer schnell genaueren Überblick über das vorliegende Projekt beschaffen.

Hilfe-Hauptmenü
Kein Programm ist trotz ehrlichen Bemühens hundertprozentig fehlerfrei. Sollte bei einer (Fehl-) Eingabe oder Fehlbedienung in MOMENTE II „nichts mehr gehen", so erlaubt dieser Hilfeaufruf (identisch mit ALT-X) einen Rücksprung zum Übersichtsbildschirm (Hauptmenü).

Tutorium 1

o Dieses Zeichen sehen Sie, wenn im Tutorium Maus- oder Tastatureingaben zu machen sind.

Als erstes Beispiel wollen wir einen **Servomotor an einen Vertikal-Bohrer** anbauen. Die Bohrrichtung geht nach unten. Bekannt sind nur die Anforderungen an das Bearbeitungsteil. Wir beginnen also mit der Berechnung der Last.

1. Schritt: Auswahl **Last-Eingabe, Spindel vertikal**. o

Vollziehen Sie das bitte im Anfangsbildschirm nach.

Der Rechenbildschirm mit dem Bild einer vertikalen Spindel öffnet sich. Alle Eingabefelder sind leer. Ein leeres Feld ist gleichbedeutend mit Null. Nur das Feld „Wirkungsgrad" ist mit 100% vorbesetzt.

10 MOMENTE II

Gehen Sie bitte mit Maus oder Cursor in das Feld „Spindelsteigung" o und geben Sie „ 10 mm" ein. Bei Fehleingaben können Sie in gewohnter Weise korrigieren. Immer wenn Sie ein Feld verlassen oder mit RETURN die Eingabe abschließen, wird der eingegebene Wert übernommen. Gehen Sie nun in das Feld „Geschwindigkeit" o und geben „ 1000 mm/s" ein. Nach der Eingabe erscheint sofort das Ergebnis auf dem weißen Ergebnisblatt n = 6000 min^{-1}.

Rechengenauigkeit
Die Anzeige der Maßzahl ist auf vier Ziffern gerundet. Die interne Rechengenauigkeit beträgt dagegen 10 gültige Ziffern (= Vor- + Nachkommastellen). Wollen Sie diese Genauigkeit ausnützen oder sehr große oder kleine Zahlen eingeben, können Sie einfach durch Weiterschreiben das Eingabefenster automatisch bis auf max. 20 Stellen erweitern.

Falls Sie eine **andere Benennung** als z.B. min^{-1} o wünschen, klicken Sie einfach mit der Maus die Benennung an. Es öffnet sich ein Auswahlfenster. Wenn Sie die Benennung ändern, wird automatisch umgerechnet.

Beispiel für die **Berechnung abhängiger Größen:**
Die drei Größen Drehzahl, Geschwindigkeit und Spindelsteigung sind ja über die Formel n = v/h miteinander verknüpft. Nach Eingabe von zwei Größen kann also die dritte berechnet werden. Wenn Sie nun in eines der drei Felder „Spindelsteigung", „Spindeldrehzahl" oder z.B. „Geschwindigkeit" o gehen und einen neuen Wert eingeben, öffnet sich ein Dialogfenster mit der Frage, ob

die Drehzahl neu berechnet,
die alte Geschwindigkeit belassen oder
die Spindelsteigung neu berechnet werden soll.

Wir wählen „alte Geschwindigkeit belassen". o

Solch ein Dialogfeld öffnet sich bei jedem Vorgang, bei dem durch eine Änderung in einem Eingabefeld bereits berechnete Ergebnisse beeinflußt werden. Sie haben damit die Möglichkeit, beliebig oft und mit beliebigen Zielsetzungen Ihre Lastverhäftnisse neu zu berechnen und zu überarbeiten.

Das Eingabefenster **Spindelmaterial** ist mit Material Stahl vorbesetzt. o
Wenn Sie dieses Feld anklicken, erscheint eine Auswahl mehrerer Stoffe. Wählen Sie o den Stoff „anderer …", öffnet sich ein kleines Eingabefeld, in das Sie den Stoffnamen und die Dichte in g/cm^3 eingeben können. Auch andere Benennungen sind möglich.

Wir bleiben bei Stahl. o

Die Reihenfolge der Eingabe in die einzelnen Eingabefelder ist frei wählbar. Verfahren Sie mit allen sonstigen Eingabefeldern gleich.

Als nächstes z.B. **Translatorische** (= geradlinig bewegte) **Masse** = 3,2 kg o

Sofort erscheint als Ergebnis das **translatorische Trägheitsmoment** auf dem Rechenblatt. Bitte beachten Sie die Eingabemöglichkeit „3,2 kg" und „3.2 kg".

Die Inhalte der Eingabefenster werden ständig zur Berechnung herangezogen und auf dem weißen Rechenblatt angezeigt. Nicht ausgefüllte Fenster werden als Null gewertet.

Wir können weiter ausfüllen: Spindellänge = 800 mm, Spindeldurchmesser = 10 mm. o

Wirkungsgrad und Reibungsverluste sind Punkte, die gerne übersehen werden. An dieser einen Stelle wird aus praktischen Gründen der physikalisch strenge Zusammenhang verlassen.

Die Definition lautet

$$\text{Wirkungsgrad} = \frac{\text{Ausgangsleistung}}{\text{Eingangsleistung}}$$

also ein Wert <1 oder <100%. Die Reibungsverluste sind darin bereits enthalten, dazu kommen noch einige andere Verlustarten, wie Verformung etc.

In der Praxis ist es aber oft so, daß man den einen oder anderen Wert nicht kennt – sollte man ihn deshalb einfach vernachlässigen?

Sie als Benutzer haben in MOMENTE beide Möglichkeiten. Sie können den Wirkungsgrad oder die Reibung oder beides eingeben.

Der Wirkungsgrad betrage 95%, die Reibung belassen wir bei Null. o

Im Unterschied zur **horizontalen Spindel** macht sich bei der **vertikalen Spindel** die Gewichtskraft bemerkbar. Als zusätzliches Feld finden Sie in allen senkrechten Lastantrieben das Eingabefeld „Richtung", in dem Sie zwischen **Heben und Senken** wählen können. Es ist nun mal von grundsätzlicher Bedeutung, ob Sie beim Abwärtsfahren arbeiten oder beim Aufwärtsfahren, da in einem Fall die Gewichtskraft unterstützend, im anderen Fall aber erschwerend wirkt. In unserem Fall ist die Bearbeitungsrichtung „Senken". o

Beachten Sie, daß dabei ein negatives Moment entsteht, d.h., wir müssen unsere Last bremsen, damit sie nicht herunterfällt.

Mehrere Betriebsarten
Wir gehen von 2 Betriebsarten aus: Arbeitsgang und Eilgang.

10 MOMENTE II

Im **Arbeitsgang:**

Mit relativ niedriger Geschwindigkeit und Beschleunigung, aber hoher Gegenkraft fährt der Bohrer nach unten.

Bitte geben Sie ein
o Nutzkraft F_{Nutz} = 105 Nm
o Abbremszeit = 1 s
o Geschwindigkeit = 8 mm/s

Das sich öffnende Fenster kennen Sie bereits, wählen Sie „Drehzahl neu berechnen". o
Wir haben jetzt alle Eingaben gemacht und können unsere erste Variante ausdrucken. Bitte klicken Sie „Drucken" an. o

Verändern Sie ruhig alle Eingabedaten und beobachten Sie die unmittelbar geänderten Ergebnisse auf dem Rechenblatt.

Diese Ergebnisse möchten wir übernehmen und klicken „Übernehmen" an. o
Es erscheint der Übersichtsbildschirm mit der 1. Stufe = Spindel vertikal. Als Bemerkung geben wir ein „Z-Achse für Bohrer".

Am rechten Rand sehen wir zwei **Pfeile,** die auf eine weitere Wahlmöglichkeit hindeuten. Nach dem Anklicken öffnet sich eine Auswahl aller Parameter, die wir in diesem Feld anzeigen können. Die editierbaren sind mit einem Pfeil gekennzeichnet. Wir wählen oben „n" und unten „t" zur Anzeige aus. (Über die Tastatur lassen sich die Felder mit Bild-ab und Strg-Bild-ab öffnen.)

2. Schritt: **Motoranbau**

Um die hohe Genauigkeit der Spindel auszunützen, wollen wir direkt einen **Servomotor** anbauen.

Wir klicken „Nächste Vorstufe" an o und wählen den „Servomotor" o aus. Der Rechenbildschirm mit dem Servomotor erscheint. Rechts oben sieht man die Eingangsdaten unserer Spindel, links unten ist das weiße Rechenblatt. Da das **Trägheitsmoment des Motorläufers** noch unbekannt ist, nehmen wir an, es sei so groß wie das **Last-Trägheitsmoment.** Das wäre die ideale **Anpassung.**

Die **Auflösung** des Servomotors sei 0,36°, o
d.h., er kann auf 1/1000 seines Umfanges genau positionieren.

Sofort erscheint die **Genauigkeit** in ° (rotatorisch) und in mm (lineare Bewegung der Last). Wir sehen also, ob wir die geforderte Genauigkeit beim Bohren einhalten können. Sie wäre in unserem Fall 0,01 mm.

Jetzt möchten wir den Motor aussuchen und klicken „Motorauswahl" an. o

Falls Sie noch keine eigene **Motordatei** haben, wählen Sie einfach „MOTOR2.DAT". o

Die Datei wird geöffnet, und je nach ausgewähltem Motor sagt uns MOMENTE, ob der Motor die Anforderung bezüglich Drehmoment und Drehzahl erfüllt. Mit grüner Farbe sind die Motoren gekennzeichnet, deren **Kennpunkt** bei **gleicher oder höherer Drehzahl** ein **ausreichendes oder höheres Drehmoment** aufweist. Beachten Sie beim Durchblättern mit dem Cursor oder der Maus, daß das jeweilige Trägheitsmoment, die Kennpunkte und der Motorname übernommen und das Arbeitsblatt neu durchgerechnet wird. Mit RETURN oder Doppelklick wird der Motor übernommen, mit Esc die ursprünglichen Werte wieder eingesetzt.

Da die Liste aufsteigend sortiert ist, können wir den obersten grünen Motor auswählen. o

Im weißen Ergebnisfeld sehen wir, ob die Anpassung in Ordnung ist oder nicht. Es kann ja durchaus sein, daß wir keinen passenden Motor in unserer Liste hatten.

Mit „Übernehmen" o kommen wir wieder in den Übersichtsbildschirm, wo jetzt die 2. Stufe mit dem Servomotor erscheint.

Mit „Drucken" o lassen wir uns auch hiervon eine Übersicht ausdrucken.

Im Eilgang:

Wir haben jetzt den 2. Betriebspunkt einzugeben, nämlich den Eilgang. Aber glücklicherweise müssen wir keinen kometten Neudurchgang mehr machen, sondern wir nützen die Fähigkeiten von MOMENTE aus.

Wir wählen im Übersichtsbildschirm mit Maus oder Cursor die erste Stufe aus und bestätigen entweder mit RETURN oder mit Mausklick auf „Spindel vertikal". o

Damit kommen wir in den Rechenbildschirm zurück. Hier wählen wir „Heben" und Geschwindigkeit v = 400 mm/s. o

Das bekannte Rückfrage-Fenster geht auf, und wir lassen die Drehzahl n neu berechnen. o

Das war's schon. Mit „Zurück" o gehen wir zur Übersicht zurück und betrachten unser System, vielleicht mit dem Ziel, das Optimale herauszuholen.

Optimierung:

Optimieren heißt, ein vorgegebenes System zielgerichtet zu verändern – oder im normalen Sprachgebrauch – „zu verbessern". Die uns interessierenden Parameter seien die Geschwindigkeit v der Spindel und Drehmoment und Drehzahl des Motors.

Wir klicken also in der **ersten Stufe „Spindel"** den Pfeil rechts oben an und wählen oben die Anzeige von Geschwindigkeit v, o darunter die Beschleunigungszeit t o und in der **zweiten Stufe „Motor"** oben die Drehzahl n. o Dreh- und Trägheitsmomente werden ja schon angezeigt.

Diese Felder können auch im Übersichtsbildschirm verändert werden. Wenn wir oben die Geschwindigkeit v o anklicken, können wir in dem Eingabefeld die Zahl auf 600 mm/s erhöhen. Sofort ändert sich auch die Drehzahl des Motors auf 600 min^{-1}. Da unser Motor eine max. Geschwindigkeit von 4000 U/min hat, erhöhen wir v, bis n knapp unter 4000 liegt oder wir wählen mit dem Pfeil in die Anzeige n o statt v, geben einfach 4000 min^{-1} ein und lassen die Geschwindigkeit v neu berechnen. o

So können wir spielend leicht unser Antriebssystem optimieren.

Ebenso variieren wir mit der **Beschleunigungszeit t** das mögliche Drehmoment unseres Motors. o Wir geben ein t = 0.4 s.

Die „Motorauswahl" o können wir aufrufen, wenn wir die 2. Stufe „Motor" anklicken o, gleiches Vorgehen wie vorher. Jetzt allerdings erfüllt nur noch ein Motor die Vorgaben. Den wählen wir auch aus. o

Sofort mahnt MOMENTE die schlechte Anpassung an. Und das heißt, der Motor erfüllt zwar die Anforderungen, aber ideal ist er leider nicht – wie im richtigen Leben.

Hätten Sie an alles gedacht? Vergleichen Sie damit einmal den **Rechenaufwand per Hand.**

Tutorium 2

Im zweiten Beispiel wollen wir eine Zahnriemen-Transportiereinrichtung mit Schrittmotor berechnen. Sie soll schnelle Bewegungen ausführen, die Genauigkeit sollte besser als 0,06 mm sein und eine Kupplung muß aus Sicherheitsgründen eingebaut werden.

Tutorium 2

1. Schritt: **Auswahl Last – Eingabe und Zahnriemen horizontal**
Nach diesem Aufruf öffnet sich ein Rechenbildschirm mit dem Bild eines Zahnriemenantriebes.
Wenn Sie das leere Blatt vor sich haben, geben Sie ein:

Ritzelbreite 12 mm   o
Ritzeldurchmesser 125 mm   o

Als erstes Ergebnis erhalten wir das **rotatorische Trägheitsmoment J rot.**

Wir klicken Ritzelmaterial „Stahl" an o und wählen in dem Auswahlfenster dann „Aluminium" o aus. Sofort können wir die Verkleinerung des J_{rot} auf dem weißen Ergebnisblatt ablesen.

Als nächstes klicken wir unten rechts im Feld **Geschwindigkeit v** die Benennung mm/s an (oder in der untersten Zeile das Feld „Benennung wechseln") und wählen m/s aus. Nun können Sie wie gewünscht 1.2 m/s eingeben. o

Sofort erscheint auf dem weißen Ergebnisblatt das Ergebnis der **Drehzahl n.**

Nehmen wir einmal an, daß wir aus den technischen Daten des Zahnriemenantriebes zwar die **Reibkraft,** aber nicht den **Wirkungsgrad** kennen. Wir müssen also davon ausgehen, daß die Reibung fast alle Verluste im Zahnriemen abdeckt.

(Diese Annahme ist nur beispielhaft, um Ihnen die Eingabemöglichkeiten von Wirkungsgrad und Reibkraft zu zeigen. In den meisten Fällen ist der Wirkungsgrad durchaus bekannt, oder er kann zumindest mit guter Näherung angenommen werden. Siehe dazu auch Tutorium 1, Servomotor an Spindel).

Wir geben mit einem Sicherheitszuschlag ein: $F_{Reib} = 12$ N. o

Weiter können wir die **Masse m** = 6,2 kg o eingeben, in der auch das Gewicht des Zahnriemens enthalten ist, und die **Beschleunigungszeit t** = 0,25 s. o

Beachten Sie, daß sowohl die Eingabe 0.25, wie auch 0,25 oder o,25 akzeptiert wird.

Die **Nutzkraft** F_{Nutz} sei Null, da wir ja nicht gegen etwas andrücken, sondern nur bewegen.

Mit Klick auf den Hotkey „Drucken" oder ALT-D o können wir uns von dieser Berechnung einen Ausdruck machen.

Nachdem wir nun mit der Berechnung der Last vertraut sind, verlassen wir diesen Menüpunkt mit „Übernehmen" o und kommen so in den **Übersichtsbildschirm,** wo wir jetzt die 1. Stufe „Zahnriemen horizontal" sehen. Als Bemerkung können wir schreiben „Magnum-Transporter".

10 MOMENTE II

2. Stufe: **Kupplung**

Als „Nächste Vorstufe" o suchen wir uns aus dem Auswahlfeld die „Kupplung" aus. o

Nach dem Aufruf erscheint das Bild der Kupplung. Rechts oben sind die **Eingangsdaten** vom Zahnriemenantrieb zu sehen, links unten das weiße **Ergebnisblatt** der Kupplung. Die Kupplung verändert zwar nicht die Drehzahl, aber durch einen Wirkungsgrad <1 und das Trägheitsmoment braucht der Motor mehr Drehmoment. Man darf sie also nicht einfach unberücksichtigt lassen.

In MOMENTE II haben Sie die Möglichkeit, neben einer bereits eingegebenen Liste von Materialien zusätzlich selbst ein spezielles Material zu definieren – wichtig, um das Trägheitsmoment präzise auszurechnen.

In „Material Scheibe 1" o wählen wir zuerst „sonstige …". o

Ein Eingabefenster öffnet sich, um nach Namen und spezifischer Dichte zu fragen. Wir geben ein:
„Supermix", 2,75 g/cm^3. o

Die Scheibenbreite 1 sei 12,7 mm, der Scheibendurchmesser in unserem Beispiel sei 5 Zoll (inch). o Wir wählen also zuerst die **Benennung in inch** o und geben dann „5" ein. Diese Daten mögen für beide Scheiben gelten. o (MOMENTE übernimmt bei noch leerer Eingabe diese Daten automatisch auf die zweite Scheibe.)
Als Wirkungsgrad geben wir „92%" ein. o

Mit „Übernehmen" o kommen wir wieder in den Übersichtsbildschirm, wo jetzt die 2. Stufe Kupplung erscheint. Die Bemerkung sparen wir uns hier.

3. Stufe: **Getriebe**

Wir klicken jetzt die „Nächste Vorstufe" o an und wählen „Getriebe". o

Der Getriebe-Bildschirm öffnet sich. Wie gewohnt sind rechts oben die lastseitigen Eingangsdaten zu sehen, links unten das weiße Rechenblatt. Hier kann nun der Einfluß des Getriebes berechnet werden. Dabei interessiert uns vor allem **Übersetzung** und Wirkungsgrad. Das Trägheitsmoment ist meist unbekannt. Es ist zwar >0, kann aber i.A. vernachlässigt werden.

Bei der Abfrage nach dem **„Übersetzungsverhältnis i"** gibt es oft sprachliche Mißverständlichkeiten zwischen Über- und Untersetzung – meint man jetzt motor- oder lastseitig?

Um dies klar auszudrücken, finden wir die Bezeichnung: $i = d_{Motor} : d_{Last}$. Bitte beachten sie, daß man beide Teile von i getrennt editieren kann. Wir seien jetzt im Feld d_{Motor}.

In unserem Beispiel wollen wir den integrierten Rechner zu Hilfe nehmen. Bitte klicken Sie in der oberen Menüleiste „Rechner" an. o Das uns allen geläufige Bild eines Taschenrechners erscheint, und wir können ein bißchen mit der Tastatur oder der Maus spielen, um uns mit dem Rechner vertraut zu machen. o Dann berechnen wir 12,6 / 3. Das Ergebnis 4,2 erscheint.

Wenn wir den Rechner verlassen, klicken wir an „Rechnerwert übernehmen". o

Im Feld d_{Motor} steht jetzt 4,2. Im Feld d_{Last} geben wir ein 13. Der Wirkungsgrad sei 65%. o

Wir verlassen diesen Menüpunkt mit „Übernehmen" o und Aufruf „Nächste Vorstufe" o. Hier treffen wir die Auswahl „Schrittmotor". o

4. Stufe: Motor

Die Ergebnisse der vorherigen Stufen erscheinen wieder als Eingangsdaten rechts oben, der Cursor befindet sich im Eingabefeld **„Motor-Trägheitsmoment"**, damit ist das Eigenträgheitsmoment des Motorläufers gemeint. Dieser Wert ist uns im Moment noch unbekannt, deswegen lassen wir den Wert wie vorgegeben stehen. Es ist dies exakt das Trägheitsmoment der Last. Damit hätten wir eine ideale **Anpassung.**

Eine Besonderheit beim Schrittmotor ist die Angabe der Drehzahl als Frequenz in „Hz". Eigentlich müßte es heißen „Pulse/s", aber in allen Herstellerkatalogen findet man eben Hz. Um diese Motorfrequenz zu berechnen, muß man wissen, wieviel Schritte der Motor für eine Umdrehung benötigt. Das ist die Stepper-Rate s.

Wir gehen in dieses Feld und geben ein: 400 Schritte/U. o

Als Ergebnis erhalten wir die **Motorfrequenz f** in Hz, die **Auflösung** des Motors = 0.9°, die erzielbare **Genauigkeit** an der Last A_L = 2,786° (rotatorisch) oder G_L = 3,039 mm (als lineare Lastbewegung).

Optimierung:
Unser erstes Ergebnis ist erreicht – wir könnten uns aus einem Katalog einen Schrittmotor aussuchen.

Aber mit dieser Genauigkeit sind wir nicht zufrieden! Und jetzt – alles noch mal von vorne?

Glücklicherweise nicht mit MOMENTE.

Daß der erste Ansatz gleich zum besten Ergebnis kommt, ist sehr unwahrscheinlich. Deshalb bietet MOMENTE besonders für die Optimierung eines bestehenden Anstriebssystemes praktische Hilfsmittel.

Mit „Übernehmen" o gehen wir wieder in den Übersichtsbildschirm, wo jetzt als 4. Stufe der Schrittmotor steht. Wir können nun sehr komfortabel unser Antriebssystem nach unseren Vorstellungen anpassen.

Anzeige der gewünschten Parameter in der Übersicht

Im Übersichtsbildschirm sehen wir für jede Stufe 4 Parameter eingetragen. Motorseitiges Gesamtdreh- und -trägheitsmoment sind fix, weil immer wichtig – man kann so mit einem Blick die Veränderung des Drehmomentes von Stufe zu Stufe sehen. Die beiden rechten Parameter aber sind frei wählbar. Klicken Sie einfach auf den Pfeil rechts, und ein Auswahlmenü der möglichen Parameter erscheint. Die editierbaren sind mit einem Pfeil gekennzeichnet.

Beim Zahnriemen wählen wir oben Geschwindigkeit v o aus, darunter die Beschleunigungszeit t. o Die Kupplungsparameter sind relativ uninteressant.

Beim Getriebe sehen wir bereits die Übersetzungsfaktoren i1 und i2 angezeigt. Wir haben so die Möglichkeit, beide Faktoren der Übersetzung zu verändern. Das ist sehr praktisch, denn damit wollen wir ein bißchen spielen.

Zuletzt wählen wir beim Schrittmotor noch die **Frequenz** in Hz o (Mausklick auf die Benennung) und darunter die **lineare Genauigkeit** GL aus. o

Jetzt haben wir das, was man sich so lange gewünscht hat, nämlich alle relevanten Daten auf einem Blatt, die wir verändern und deren Auswirkung aufeinander wir unmittelbar beobachten können.

Zuerst klicken wir die Übersetzung im Getriebe an o und ändern den Wert in 4 oben und 1 unten. Das war für die gewünschte Genauigkeit zuviel, besser ist z.B. 2:1.

Weiter in unserem Beispiel.
Nehmen wir an, wir hätten jetzt zwar die gewünschte Genauigkeit, dann wären wir aber trotzdem noch nicht ganz zufrieden. Das Getriebespiel ist ja noch nicht berücksichtigt – das bedeutet höhere Übersetzung. Aber dann wäre das Drehmoment sehr hoch.

Vielleicht sollten wir es doch einmal mit einer **Zahnriemenübersetzung** anstelle des Getriebes versuchen.

Nichts einfacher als das. Wir rufen das Menü „Bearbeiten – Stufe löschen" o auf und löschen die Stufe 3, das Getriebe.(Alle Stufen sind löschbar, die erste aber nur, wenn sie die einzige ist). Danach gehen wir in das Menü „Bearbeiten – Stufe einfügen" o und beantworten „nach Stufe 2 einfügen". Aus dem sich öffnenden Auswahlfenster wählen wir eine Zahnriemenübersetzung. o

Beispielsweise könnten wir eingeben:

Ritzelmaterial Aluminium   o
Ritzelbreite 1 = 2 mm   o
Ritzeldurchmesser 1 = 125 mm o
Ritzeldurchmesser 2 = 62 mm o

und sofort erscheint als Ergebnis rechts unten i = 2.016:1.

Mit „Übernehmen" o gehen wir in den Übersichtsbildschirm zurück.

Und tatsächlich – wir haben es also geschafft, eine höhere Genauigkeit mit geringerem Drehmoment (= kleinerer Motor) zu erreichen. Hätten Sie das **per Hand auch so schnell** gekonnt?

Aber halt!

Einen Wert sollten wir noch eintragen. Das „Trägheitsmoment des Motors" wurde von unserem Programm idealerweise gleich dem Trägheitsmoment der Last angenommen. Das Ergebnis stimmt sicherlich besser, als wenn gar kein Motor-Trägheitsmoment berücksichtigt würde, aber exakt richtig ist es erst, wenn wir den richtigen Wert, z.B. aus dem Motordatenblatt, eingeben.

Falls wir einen Motor automatisch vorschlagen lassen wollen, gehen wir mit Mausklick oder mit Cursor und RETURN auf die 4. Stufe „Motor" o und kommen wieder in das Bild mit dem Schrittmotor. Wir wählen „Motorauswahl". o

Ein Auswahlfenster öffnet sich und fragt nach der Motordatei, aus der ein Motor ausgewählt werden soll. Falls Sie selbst noch keine erstellt haben, geben Sie ein „MOTOR1.DAT". Diese Motorliste wird geöffnet und im oberen Teil des Bildschirmes angezeigt. Die Motoren, die die Drehmoment- und Drehzahlanforderung erfüllen, sind grün gekennzeichnet, die anderen rot. Da sie in der Anzeige aufsteigend sortiert sind, nehmen wir den obersten, also kleinsten Motor. o

Im Rechenbildschirm erscheint das Rotorträgheitsmoment des ausgewählten Motors im Eingabefeld. Auch die Anpassung des Motors an die Last wird bewertet.

Speichern
Dieses gesamte Projekt können wir speichern, indem wir den Menüpunkt „Bearbeiten" o und Auswahl „Speichern" o eingeben. Geben Sie z.B. „MOMBSP.DAT" oder einen eigenen Namen ein, unter dem gespeichert werden soll.

Das war's.

Zeitaufwand und Ergebnis waren doch wirklich überzeugend, nicht wahr.

10 MOMENTE II

Motorauswahlliste

Vorwort

MOMENTE II bietet die Möglichkeit, dem Anwender automatisch Vorschläge aus einer Liste von Motoren machen zu lassen. Idealerweise sollte diese Liste alle Motoren der Welt enthalten, aber das ist natürlich illusorisch, abgesehen davon, daß wahrscheinlich die Wahl der Entscheidung dadurch nicht sonderlich vereinfacht würde. Die letztliche Entscheidung bei der Auswahl soll und kann nicht von diesem Programm übernommen werden, aber es kann schnelle und einfache Hilfestellung geben.

Prioritäten
1. Um einen Motor auszuwählen, müssen Sie **Drehmoment und Drehzahl** kennen. Das erledigt MOMENTE für Sie – schnell, präzise und ohne Murren, so oft Sie wollen.
2. Sie müssen entscheiden, welchen **Motortyp** Sie wollen, Kurzschlußläufer, Servomotor, Gleichstrommotor, etc.
3. Innerhalb des Motortyps haben Sie vielleicht Motoren eines Herstellers, die Sie bevorzugt einsetzen, oder Sie sind selbst Hersteller und wollen aus Ihrem Lieferprogramm auswählen lassen. Dann ist es sinnvoll, eine **Motordatei** anzulegen.
4. Alle Motoren haben **Kennlinien,** die für die Bewertung der Einsatzmöglichkeit herangezogen werden. Die wichtigste ist wohl die **Drehmoment/Drehzahl-Kennlinie.** Andere Kriterien haben niedrigere Priorität, können aber gleichwohl ausschlaggebend sein (z.B. max. Strom des Reglers, Erwärmung durch Lastspiel, Einbaumaße usw.).
MOMENTE II wertet nur die Drehmoment/Drehzahl-Kennlinie aus.
5. In der Motordatei werden die Kennlinien in signifikanten Kennpunkten mit bis zu sechs Drehmoment/Drehzahl-Wertepaaren dargestellt. Diese werden von MOMENTE II ausgewertet.
6. Ausgewählt wird der Motor, der **größeres Drehmoment** besitzt als berechnet, bei einer **höheren Drehzahl** als berechnet. Ein **Sicherheitsfaktor ist nicht enthalten,** da dies eine sehr individuelle Bewertung darstellt.

Anlegen einer Motorliste

Voraussetzung für die Fähigkeiten von MOMENTE II, den Motor vom Programm automatisch vorschlagen lassen, ist eine Auswahlliste, in der das Programm nachsehen kann, ob ein passender Motor enthalten ist oder nicht.

Diese Liste hat einen **frei wählbaren Namen** und die **Extension „.DAT"**, also z.B. MOTOR1.DAT, wobei Sie für verschiedene Motortypen auch verschiedene Listen anlegen können. Diese Listen werden mit einem beliebigen ASCII-Editor angelegt.

Sie erhalten bei Lieferung zwei beispielhafte Motorlisten mitgeliefert. Das Einfachste ist es, diese Listen zu kopieren und mit einem Editor Ihrer Wahl zu bearbeiten. Wenn Sie das Format beibehalten, kann eigentlich nichts passieren.

Erstellungsvorschrift der Auswahlliste

Folgende Konventionen müssen eingehalten werden:

Alle Motoren sollten aufsteigend nach Drehmoment (= Größe) sortiert sein. (Falls nicht, sortiert das Programm aber in der Anzeige automatisch.)
Maximal 40 Motoren pro Liste
Es sollten keine Sonderzeichen enthalten sein, am besten nur reiner ASCII-Text.
Jede Zeile kann bis zu 255 Zeichen lang sein.
Die einzelnen Daten (Wertepaare) sind mit Semikolon („;") voneinander getrennt.
Kommentare werden mit einem Anführungszeichen (") oder Apostroph (') am Zeilenanfang gekennzeichnet.
Eine oder mehrere Benennungszeilen, beginnend mit einem „#" können enthalten sein. Ansonsten gelten die Defaultwerte: kgm^2, Nm/Hz.
Die Benennung innerhalb eines Motors darf nicht wechseln.
Maximal 6 Kennpunkte sind vorwählbar.
Als Füllzeichen zwischen den Feldern sind nur Tab und Leerzeichen erlaubt.
Bindestriche sollten nicht verwendet werden, um Verwechslung mit Minus zu vermeiden.
Komma und Punkt werden als Dezimalzeichen akzeptiert.

10 MOMENTE II

Aufbau

Normalerweise setzt man an den Anfang der Datei einige Kommentare. Bitte Anführungszeichen nicht vergessen!

Das 1. Feld enthält die Bezeichnung, ist also ein Textfeld.
Das zweite Feld enthält das Rotorträgheitsmoment, also eine Zahl. Es darf nicht leer sein.
Die Felder 3–8 enthalten die Kennpunkte. Es sind reine Zahlenfelder, wobei ein Zahlenpaar jeweils durch einen Schrägstrich („/") getrennt ist.

Eine besondere Bedeutung hat die **Benennungszeile.** Sie beginnt mit einem „#", dann folgen Typenbezeichnung und die Benennungen für das Trägheitsmoment und das Drehmoment/Drehzahl-Wertepaar. Diese Benennungen werden für die spätere Berechnung herangezogen. Sie können also ohne Umrechnung die Benennungen aus Ihrem Motordatenblatt übernehmen. Anglo-amerikanische Einheiten werden (noch) nicht akzeptiert. Das Programm sucht, ob irgendwo in der #-Zeile die Buchstabenkombination **kgcm oder kgm, Nm oder Ncm, Hz oder min** auftaucht und setzt dann den Umrechnungsfaktor der Zahlenwerte auf die SI-Einheit. Doppeldefinitionen sind nicht gestattet. Deshalb sollte in dieser Zeile kein Kommentar stehen. Der Text Synchro**nm**otor würde z.B. auf Nm umschalten. Sollte eine Zeile unkorrekt aufgebaut sein, wird der Inhalt verworfen.

Als tauglich werden vom Programm die Motoren ausgewählt, deren

berechneter Arbeitspunkt >= Kennpunkt der Liste.

D.h., das Programm nimmt die berechneten Werte Drehmoment und Drehzahl aus dem Menüpunkt „Motor" mit und sucht in der Liste nach einem Kennpunkt, bei dem **gleichzeitig** Drehzahl **und** Drehmoment größer sind.

Beispiel

```
"   Beispiel-Motoren-Datei,
"   hier Schrittmotoren der Fa. K+S
"
"Es wurden wegen der Druckerzeilenlänge nur 4 Kennpunkte pro Motor eingegeben.
„Motorname;        Motorträg.;   Kennpunkt 1;Kennpunkt 2;Kennpunkt 3;Kennpunkt 4;
# kgm²;             Nm/Hz;
KS/200/42.1;        0,0000055;    0,09/100;    0,11/1000;   0,16/5000;   0,15/3000;
KS/200/57.1R1,2;    0,00001;      0,27/1000;   0,25/3000;   0,25/5000;   0,23/6000;
KS/200/57.2R1,1;    0,00002;      0,35/900;    0,34/1000;   0,32/2000;   0,28/3000;
KS/200/57.3R0,7;    0,00004;      0,72/500;    0,67/1000;   0,58/2000;   0,5/3000;
KS/200/85.1R0,2;    0,00008;      1,5/350;     1,3/1000;    1,2/2000;    1,0/3000;
KS/200/85.2R0,2;    0,00018;      2,5/300;     2,25/1000;   1,8/2000;    1,6/3000;
KS/200/85.3R0,2;    0,00027;      3,6/350;     3,2/1000;    2,6/2000;    2,1/3000;
KS/200/110.1R0,2;   0,000446;     5,5/300;     4,5/1000;    3,5/2000;    2,7/3000;
KS/200/110.2R0,2;   0,000727;     7,3/300;     6,2/1000;    4,8/2000;    3,1/3000;
KS/200/110.3R0,3;   0,001086;    11,0/300;    10,7/500;     9,5/1000;    7,0/2000;

" d.h. der Motor KS/200/85.3 hat bei 350 Hz 3,6 Nm Drehmoment,
" bei 1000 Hz 3,2 Nm, bei 2000 Hz 2,6 Nm usw.
```

Beispiel für den Suchvorgang:
Wenn wir im Programm-Menüpunkt „Motor, Schrittmotor" als berechnete Frequenz 1400 Hz und als berechnetes Drehmoment 0,6 Nm erhalten haben, sucht das Programm die Liste von oben nach unten durch, bis es bei einer Frequenz, die >= 1400 Hz ist, ein Drehmoment >= 0,6 Nm findet, in unserem Beispiel also den Motor KS-200-85.1, der 1,2 Nm bei 2000 Hz hat.
Aber, alle Motoren werden akzeptiert.

Tips zum Anlegen der Motorliste

Das automatische Suchen des Programmes ist eine bequeme Hilfestellung für den Konstrukteur. Die Entscheidung aber kann und sollte ihm das Programm nicht abnehmen. Denn daß gerade der Kennpunkt in der Datei eingetragen wurde, der als Arbeitspunkt vom Programm berechnet wird, ist mehr als unwahrscheinlich.

Logischerweise hat eine kleine Datei auch nur eine magere Auswahl. Je ausführlicher und größer also die Datei, desto besser der Sucherfolg.

Dazu einige Tips:

- Wir gehen immer davon aus, daß das Drehmoment über der Drehzahl aufgetragen ist, nicht umgekehrt.

10 MOMENTE II

- Es gibt Motoren mit relativ geraden Kennlinien, aber auch solche mit einem Knick. Nehmen Sie als günstigen Kennpunkt immer den, der bei konstantem Drehmoment (= waagrechte Linie) die größte Drehzahl (= am weitesten rechts) aufweist.
- Wenn die Kennlinie konstant abfällt, unterteilen Sie sie in gleichgroße Abstände und nutzen Sie alle 6 Kennpunkte aus.
- Haben Sie dagegen einen Motor mit einem konstanten Drehmoment bis zu einer bestimmten Drehzahl und dann fast schlagartig nichts mehr (blockförmig, z.B. bürstenlose Servomotoren), genügt eigentlich ein einziger Kennpunkt.
- Bei der Auswahl ist kein Sicherheitsfaktor berücksichtigt, da der für jeden Anwendungsfall verschieden ist. Diese Beurteilung muß nach wie vor der Mensch treffen.

Glossar

Die wichtigsten, im Programm aufgeführten physikalischen Größen und ihre Bezeichnung:

α	= Drehbeschleunigung
d	= Dicke
D	= Durchmesser
η	= Wirkungsgrad [1 .. 100%]
F_{Last}	= Lastkraft
F_{Nutz}	= Nutzkraft
F_{Reib}	= Reibkraft
G	= Gewichtskraft
h	= Spindelsteigung
J_{Ges}	= gesamtes Trägheitsmoment
J_{Rot}	= rotatorisches Trägheitsmoment
JTrans	= translatorisches Trägheitsmoment
l	= Länge
M_{Last}	= Lastmoment
M_{Besch}	= Beschleunigungs- oder Bremsmoment
M_{Ges}	= Gesamtes Moment
m	= Masse
mT/ m_{Trans}	= Translatorische Masse (Teil der Masse, der geradlinig bewegt wird)
m_{Rot}	= Rotatorische Masse (Teil der Masse, der gedreht wird)

n	= Drehzahl
n_{Neu}/n_N	= Neue (motorseitige) Drehzahl bei drehzahlwandelnden Stufen
π	= Kreiszahl (= 3,14159)
ϱ	= Dichte (spezifische Masse)
t	= Beschleunigungs- oder Bremszeit
t_{Besch}	= Beschleunigungszeit (die Zeit, die zur Beschleunigung zur Verfügung steht)
t_{Brems}	= Bremszeit (die Zeit, die zum Bremsen zur Verfügung steht)
v	= Lineare Geschwindigkeit

11

SIMPLORER

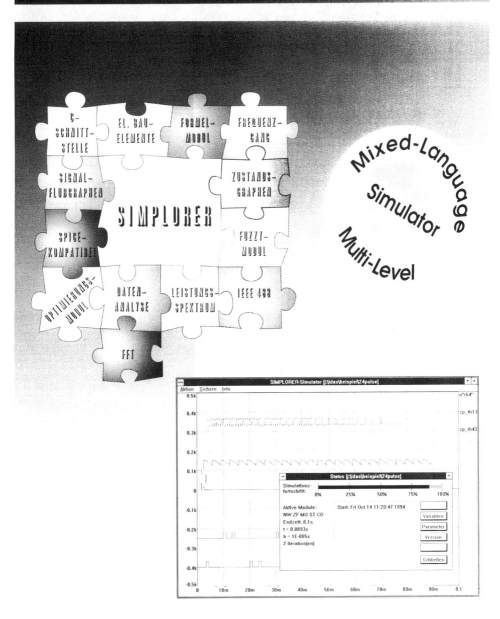

Software von Ingenieuren für Ingenieure

11 SIMPLORER

Auch Sie sollten SIMPLORER nutzen,

- ☑ wenn Sie sich von nervenden Routineaufgaben entlasten wollen
- ☑ wenn experimentelle Untersuchungen zu gefährlich oder zu aufwendig sind
- ☑ wenn komplexe Systeme in Ihrer Wechselwirkung zu untersuchen sind
- ☑ wenn Ihre Systeme neben Elektrik auch Regelungen, Mechanik, Hydraulik, Steuerungstechnik oder andere ausgefallene Komponenten enthalten
- ☑ wenn schnell schaltende Systeme hohe Anforderungen an die Numerik stellen
- ☑ wenn Sie ein Simulationssystem benötigen, welches sich in die bei Ihnen vorhandene CAE-Umgebung einordnet
- ☑ wenn Meßdaten in die Simulation einbezogen werden sollen
- ☑ wenn hohe Anforderungen an die Signalauswertung und -aufbereitung gestellt werden
- ☑ wenn Sie C-Programme in Ihre Simulation einbinden möchten
- ☑ wenn Parameter optimiert werden müssen

oder wenn

Simulation einfach Spaß machen soll!

SYSTEMSIMULATION und vieles mehr

SIMPLORER ist ein leistungsfähiger Simulator mit vielen Features, die die Arbeit des Ingenieurs wesentlich vereinfachen und effektivieren. Für jeden Einsatzbereich, ob Produktentwicklung, Lehre oder Forschung - SIMPLORER kann in den unterschiedlichen Einsatzbereichen effektiv genutzt werden.

Fachgebiete

Eingesetzt wird SIMPLORER unter anderem für die Simulation in folgenden Technikfeldern

Analogtechnik	Prozeßautomatisierung	Energietechnik
Leistungselektronik	Regelungstechnik	Lichtbogentechnik
Stromrichtertechnik	Mikrosystemtechnik	Schweißgerätetechnik
Bahntechnik	Medizintechnik	
Antriebstechnik	Aktorik/Sensorik	

Systemarchitektur

SIMPLORER verfügt über mehrere ingenieurtypische Beschreibungssprachen zur Modellierung. Damit können technische Systeme mittels elektrischer Netzwerke, Signalflußgraphen, Zustandsgraphen und mathematischer Formeln beschrieben werden. Aufwendige und oft fehleranfällige Modelltransformationen können entfallen. Intern arbeitet SIMPLORER vollständig mit dem Prinzip der Simulatorkopplung. Die SIMPLORER Modelling Language (SML) umfaßt alle Komponenten, die im modernen Designprozeß benötigt werden.

Simulator

Der Simulator ist das Herz des Systems. Ausgefeilte numerische Algorithmen sichern höchste Stabilität auch bei extrem nichtlinearen und häufig schaltenden Systemen. Natürlich stellt die Kopplung von Simulatoren besondere Anforderungen an die Synchronisation. Der Systemmanager koordiniert alle Berechnungs- und Verwaltungsaufgaben. Die Festlegung der Simulationsgenauigkeit kann vom Nutzer beeinflußt werden, als besonders herausragende Eigenschaft von SIMPLORER sogar in Abhängigkeit von Ereignissen im modellierten System, auch während der Simulation. Dem schnellen Berechnen des Einschwingvorgangs, folgt dann die sehr genaue Berechnung z.B. eines Schaltvorgangs oder einer Netzperiode.

Entwurfsunterstützung

Viele Tools, die um den Simulatorkern angeordnet sind, erleichtern die Arbeit mit SIMPLORER. Das sind zum einen die mitgelieferten Modellbibliotheken und zum anderen die Modellierungshilfen, wie der Funktionsgenerator und der Kennlinienmodul, welcher u.a. die direkte Einbindung von Meßdatensätzen in die Simulation erlaubt. Außerdem stehen für die verschiedenen Systemuntersuchungen verschiedene Analysearten zur Verfügung.

Ergebnisauswertung und -darstellung

Für die Ergebnisauswertung und -darstellung steht mit DAY ein leistungsfähiges Auswertetool zur Verfügung. Neben der präsentationsgerechten grafischen Darstellung gehören ein Modul zur Kennwertberechnung und Leistungsberechnung nach DIN zum Funktionsumfang. Vielfältige Schnittstellen zu anderen Datenformaten und Programmen erlauben die direkte Übernahme der Ergebnisse. Über die IEEE-Schnittstelle können auch Meßdaten bearbeitet werden. Dies ermöglicht den genauen Vergleich zwischen Simulation und Messung.

11 SIMPLORER

SIMPLORER
Modellierungstools

- [x] **elektronische Schaltungen**
  Modellierung elektrischer Netzwerke mit linearen und nichtlinearen elektrischen und elektronischen Bauelementen.

- [x] **Signalflußgrahen**
  Modellierung kontinuierlicher und diskontinuierlicher Systeme der Regelungstechnik/ Mechanik mit Signalflußgraphen und rückwirkungsfreien Blöcken

- [x] **Zustandsgraphen**
  Modellierung diskontinuierlicher und analytisch formulierbarer Systeme mit modifizierten Petrinetzen und Formelinterpreter

- [x] **Kennlinien**
  Modellierung von nichtlinearen Kennlinien mit vordefinierten prametrisierbaren Kennlinientypen (exp, hyp etc.) bzw. über die direkte Einbindung von Meßdatensätzen oder Tabellenfunktionen (wahlweise mit und ohne Interpolation)

- [x] **Formeln**
  Berechnung von Systemgrößen und Hilfsvariablen in Abhängigkeit von allen Systemgößen, wenn sich die Abhängigkeiten analytisch beschreiben lassen.

- [x] **Funktionsgenerator**
  Nachbildung eines Funktionsgenerators mit verschiedenen Funktionstypen, wie SINUS, RECHTECK, SÄGEZAHN, TABELLE, Meßdaten.

- [x] **C-Schnittstelle**
  Programmierschnittstelle zur Einbindung von nutzereigenen C-Modulen, z. B. Mikrocontrollerprogramme, spezielle Simulationsmodelle etc.

- [x] **Modellbibliotheken**
  Zur Verringerung des Modellierungsaufwandes werden Bibliotheken zu verschiedenen Komponenten angeboten. Diese Modellbibliotheken werden ständig ausgebaut.

Funktionsblöcke	Kennwerte
Halbleiterventile	Operationsverstärker
Transformatoren	etc.
elektrische Maschinen	

11 SIMPLORER

Testen Sie Ihre Ideen doch einfach mit SIMPLORER.

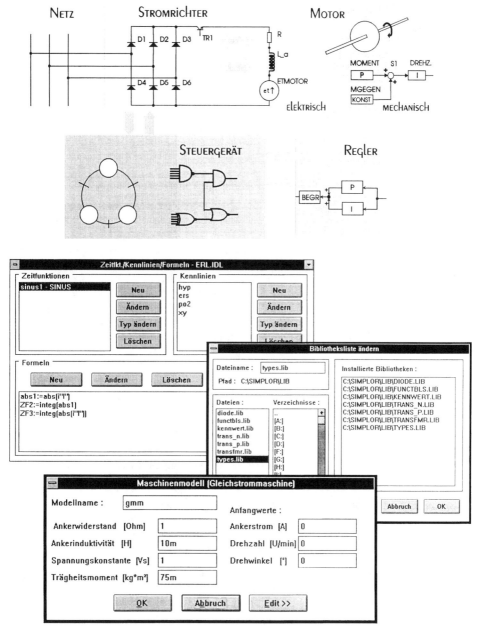

Für jede Aufgabe die richtige Analyseart

☐ **Transientanalyse**

Berechnung aller Systemgrößen, wie Ströme, Spannungen, Ableitungen, Reglergrößen, Zustandsgrößen, Systemvariablen als Signal-Zeit-Verläufe.

☐ **Trendanalyse**

Berechnung von Kennwerten wie z.B. Mittelwert, Effektivwert, Schaltzeiten, Regelgüte etc. in Abhängieit von jeweils einem Systemparameter.
z.B. Berechnung der Anregelzeit und des Betragsoptimums in Abhängigkeit von P- und I-Anteil

☐ **Empfindlichkeitsanalyse**

Berechnung der transienten Empfindlichkeitskoeffizienten von Netzwerkgrößen.

☐ **Frequenzganganalyse**

Diese Analyse ermöglicht für lineare Systeme die analytische Berechnung von Wurzelortskurven, Bode-Diagramm und Nyquist-Ortskurve für Systeme.

Für nichtlineare Systeme werden nach Spezifikation der Erregerquelle, der Ausgangsgröße und der Breite des Frequenzbandes simulativ das Bode-Diagramm und die Nyquist-Ortskurve ermittelt.

☐ **Monte-Carlo-Analyse**

Mit dieser Analyseart berechnet SIMPLORER die Güte Ihres Systemdesigns für verschiedenste Parameterkonstellationen. Welche Parameter in welchen Grenzen variiert werden können, wird vom Nutzer spezifiziert. Ein einstellbares Filter legt fest, welche Gütebereiche abgespeichert werden sollen. Sie Bearbeitung der Datensätze kann im Datenanalysesystem DAY erfolgen.

☐ **Worst-Case-Analyse**

Berechnung des Systemverhaltens unter Einbeziehung von Grenzwertkombinationen toleranzbehafteter Bauelemente.

☐ **Postprozessing mit DAY**

Mit DAY steht dem Ingenieur ein modernes und zeitgemäßes Programm zur Datenaufbereitung und -auswertung zur Verfügung, das speziell auf die Belange des Ingenieurs ausgerichtet ist. Mit nur wenigen Handgriffen ist Ihr Simulationsergebnis für die Dokumentation grafisch aufbereitet. Die leistungsfähige mathematische Auswertung nimmt Ihnen viele der sonst aufwendigen Routineberechnungen ab. Mit DAY werden nicht nur Simulationsdaten bearbeitet, über eine IEEE-Schnittstelle können Meßdaten und über eine flexible Schnittstelle beliebige Daten von Fremdprogrammen übernommen werden. Neu hinzugekommen ist der Modul zur Leistungsberechnung und DIN-Vergleich. Sie sehen nach nur wenigen Interaktionen, ob Ihre Dimensionierung die zulässigen DIN-Grenzwerte einhält.

11 SIMPLORER

Transientanalyse
eines Gleichstromantriebs

Anzeige der Zeitverläufe von Strom, Sannung über dem Schalttransistor, Drehzahl und Lastmoment

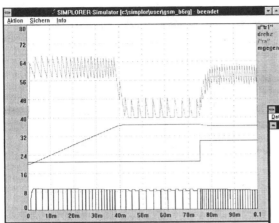

Betragslineare Regelfläche in Abhängigkeit des P-Anteils

Frequenzganganalyse

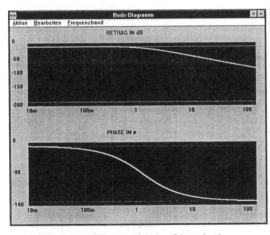

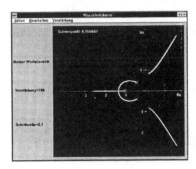

Auswertung einer **Monte-Carlo-Simulation**

Berechnung der Anregelzeit und des Betragsoptimums in Abhängigkeit von P- und I-Anteil

	p01"P_ANTEIL"	p01"D_ANTEIL"	p01"I_ANTEIL"	verh_ue	max	t_an
1: Filter	Lineare Begrenzung					
o.G.				0.01	1.02	10
u.G.						
Maxima	0.8748	0.992858	0.183999	0	1.0117	9.9
Minima	0.53432	0.616762	0.119564	0	1.0021	6.71
1	0.53432	0.616762	0.119564	0	1.0075	9.9
2	0.8748	0.992858	0.183999	0	1.0021	7.37
3	0.75408	0.957873	0.162733	0	1.005	9.57
4	0.80176	0.870408	0.172582	0	1.0054	6.71
5	0.60256	0.622593	0.135293	0	1.0101	7.59
6	0.7232	0.949126	0.159695	0	1.0074	9.57
7	0.69104	0.984112	0.158666	0	1.0117	9.9

Filter — Schichttitel: Filter — Beschreibung: Lineare Begrenzung — Maximum: 1.02 — Minimum:

11 SIMPLORER

Datenanalyse – Wir haben Ihre Wünsche umgesetzt

- ☑ Grafische Darstellung Fenstern mit freier Anordnung und flexiblen Layout

- ☑ FFT mit Filterung und freier Skalierung

- ☑ Erweiterte mathematische Funktion (Integration, Differentation auch zwischen Cursoren)

- ☑ Kennwertmodul

- ☑ Kanalrechner zur Verknüpfung von Signalen

- ☑ Modul zur Leistungsberechnung mit DIN-Vergleich

- ☑ Druckdialog (WYSIWYG-Layoutgestaltung)

- ☑ Netzwerkfähiger Optionendialog für Ihre persönlichen bzw. projektspezifischen Präferenzeinstellungen

- ☑ IEEE-Schnittstelle zur direkten Übernahme von Meßdaten

- ☑ Tabellenmodul mit maximaler Flexibilität (Löschen, Einfügen, Kopieren etc. auf der rechten Maustaste)

- ☑ Modul zur Auswertung von Monte-Carlo-Simulationen

- ☑ Lesen von Fremdformaten (z.B. SPICE)

- ☑ Meßdatenübernahme über IEEE- oder RS232-Schnittstelle

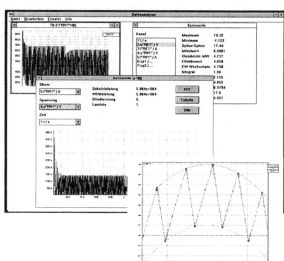

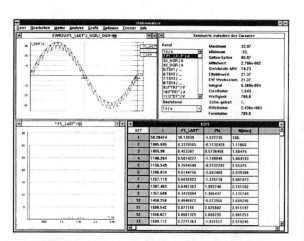

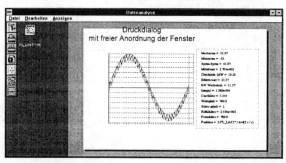

11 SIMPLORER

Vorteile der Simulation mit SIMPLORER

SIMPLORER ist auf Grund seiner vielfältigen Modellierungs- und Analysemöglichkeiten für den Einsatz in allen drei Systemebenen geeignet. Dabei ist der Systementwurf sowohl in Top-Down als auch im Buttom-Up Verfahren möglich.

Systemebene

Information über prinzipielles Systemverhalten, gefahrlos und ohne aufwendige Versuchsaufbauten

Schneller Test verschiedener technischer Realisierungen
Einfacher Zugang zu Größen, die meßtechnisch nur sehr schwer oder nicht zugänglich sind

Untersuchung der Wechselwirkungen zwischen Teilsystemen

Simulation eines Antriebssystems

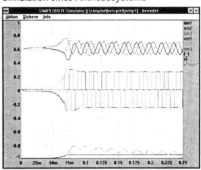

Schaltungsebene

Effektive Untersuchung von:

Strom-, Spannungsverläufen an allen Bauelementen

Kennwerten wie Leistung, Schaltzeit etc.

Parameterabhängigkeiten

Bauelementetoleranzen

Simulation eines 3-Phasen-Transformators mit B6-Brücke

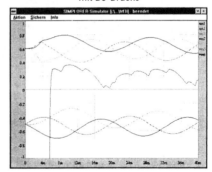

Deviceebene

Projektierungsunterstützung durch Analyse von:

Schaltvorgängen
Belastungskennwerten (Leistungen, Spitzenwerten etc.)
Übertragungskennlinien

Simulativer Test von Schutzbeschaltungen
Optimierung von Schutzbeschaltungen

Simulation des Schaltspiels eines GTO´s

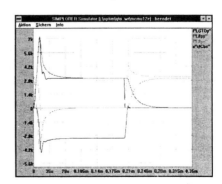

227

11 SIMPLORER

Die Wahl des Userinterface haben wir Ihnen überlassen!

Da die Geschmäcker bekanntlich verschieden sind, bieten wir Ihnen drei Möglichkeiten zur Eingabe Ihrer Modelle. Wählen Sie also selbst zwischen grafischer Eingabe, Eingabe über WINDOWS-basierte Dialoge oder der direkten Modellierung in SIMPLORER Modelling Languge (SML) per Editor.

Grafische Eingabe

Für die grafische Eingabe unter WINDOWS benutzen Sie am besten PROTEL Schematic. Das System läßt sich problemlos in die SIMPLORER-Shell integrieren.

Die Unterstützung anderer Systeme ist jederzeit möglich, fragen Sie unseren Support.

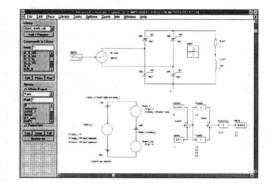

WINDOWS-basierte Dialoge

Besonders für den Einsteiger empfiehlt sich die Eingabe über die Dialogoberfläche, die übrigens auf allen Plattformen vollkommen identisch ist. Fehleingaben werden vermieden, da alle notwendigen Parameter vom Programm abgefragt werden.

Die Aufteilung der Dialoge erfolgt entsprechend der Beschreibungssprachen.

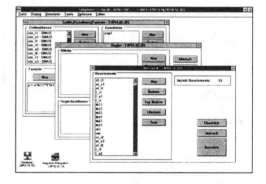

Editor

Nach Meinung vieler Simulationsprofis ist dies die schnellste Art, zum Simulationsergebnis zu gelangen. Mit der SIMPLORER Modelling Language (SML) ist dies einfach und übersichtlich.

Die SML ist in Sektoren gegliedert, die den Modellierungssprachen entsprechen. Die Formulierung von Makros ist ebenso möglich, wie die Wiederholung von Sektionen.

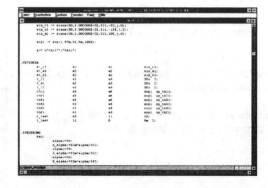

228

SIMPLORER Version 3.2 für Microsoft® WINDOWS™

Quickstart

Wir danken für Ihr Interesse und wollen Ihnen die Leistungsfähigkeit unseres Mixed-Mode/Mixed-Language Simulators *SIMPLORER* anhand einiger kurzer Beispiele demonstrieren.

Das System wurde von Anfang an von Ingenieuren und Technikern aus den Bereichen Automatisierungstechnik, Leistungselektronik, Antriebstechnik und Elektrotechnik entwickelt. Somit wurde es konsequent auf die Bedürfnisse praktisch arbeitender Ingenieure ausgerichtet. Ziel ist es, die Arbeit des Ingenieurs im Entwicklungsprozeß zu unterstützen, um dem immer größer werdenden Druck durch immer kürzere Produktlebenszeiten gerecht zu werden.

Ideen und Anregungen, die helfen, diesem Ziel noch näher zu kommen, nehmen wir jederzeit gern entgegen.

11 SIMPLORER

Das Recht am Simulationssystem **SIMPLORER** und der zugehörigen Dokumentation liegt ausschließlich bei der SIMEC GmbH & Co KG. Diese Werke dürfen weder ganz noch teilweise in irgendeiner Form oder zu irgendeinem Zweck ohne ausdrückliche Zustimmung reproduziert werden.

Die SIMEC GmbH & Co KG gibt keinerlei Garantie außer der im Lizenzvertrag festgelegten, weder ausdrücklich noch implizit, auf die Verkaufseignung oder Tauglichkeit zu einem bestimmten Zweck.

Die SIMEC GmbH & Co KG kann keinesfalls und gegenüber niemandem für kollaterale, zufällige oder indirekte Schäden, die sich aus dem Kauf oder der Benutzung dieser Materialien ergeben, haftbar gemacht werden. Im Falle einer Haftung seitens der SIMEC GmbH & Co KG, beträgt die Haftungssumme im Höchstfall den Kaufpreis der hier beschriebenen Materialien.

SIMPLORER basiert auf einem an der Technischen Universität Chemnitz entstandenen Softwaretool.

SIMPLORER ist ein eingetragenes Warenzeichen der SIMEC GmbH & Co. KG.

Zur Beachtung:

> Die in der Broschüre angegebenen Datenerweiterungen für den Simulationsquelltext *.SML sind gleichberechtigt zu den in den früheren Versionen verwendeten Datei-Suffixen *.IDL. Im Beta-Release der SIMPLORER-Demo dürfen nach wie vor nur die Dateisuffixe *.idl verwendet werden.

11 SIMPLORER

Inhalt

1.	Vorwort
2.	Installation
2.1	Hard- und Softwareanforderungen
2.2	Installation / SETUP
2.2.1	Installation aus MS-DOS®
2.2.2	Installation aus WINDOWS™
2.2.3	*SIMPLORER*-Verzeichnisse
3.	Schreibweisen und Symbolik
4.	SIMPLORER - Schnellkurs
4.1	Programmaufruf
4.2	Die *SIMPLORER*-Shell
4.2.1	*SIMPLORER* konfigurieren
4.2.2	Eingabe/Auswahl einer Simulationsaufgabe
4.2.3	Arbeiten mit dem SML-Editor
4.2.4	Laden/Einstellen eines Projektes
4.3	Arbeiten mit grafischer Eingabe
4.4	Starten des Simulationslaufes
4.5	Auswertung der Simulation mit DAY (DatenAnalYse)
5.	Ausgewählte Beispiele
6.	Einpulsgleichrichter (QUICK2.SML)
6.1	Gegenstand der Simulation
6.2	Modellierung
6.3	Bedienablauf
6.4	Simulationsergebnisse
6.5	Verändern der Grafik- und Dateiausgaben
6.6	Auswertung der Simulationsergebnisse mit *DAY*
7.	PID-Regelkreis (QUICK3.SML)
7.1	Gegenstand der Simulation
7.2	Modellbildung
7.3	Projekt laden
7.4	Arbeiten mit dem Signalflußgraphendialog
7.5	Starten des Simulationslaufes
7.6	Simulationsergebnisse

11 SIMPLORER

7.7	Simulation mit veränderten Modellparametern
7.8	Multisimulation
7.9	Optimierung des PID-Regelkreises mit dem *SIMPLORER*-Optimizer
7.9.1	Gegenstand der Optimierung
7.9.2	Optimierungsaufgabe und Optimierungskriterien
7.9.3	Strategie und Realisierung
7.9.4	Erstellen und Bearbeiten von Tasks
7.9.5	Starten der Optimierung
7.9.6	Auswertung der Optimierungsergebnisse
7.10	Regelungstechnische Untersuchung des PID-Regelkreises mit dem *SIMPLORER*-Frequenzgangmodul
7.10.1	Gegenstand der Frequenzganganalyse
7.10.2	Analytische Frequenzganganalyse
7.10.3	Simulative Frequenzganganalyse
7.10.4	Bearbeiten einer Task zur simulativen Frequenzganganalyse
7.10.5	Einstellen aller Frequenz- und Schrittweitenparameter
7.10.6	Auswertung der Ergebnisse
8.	Vollgesteuerte Brückenschaltung mit Stromregelung (QUICK4.SML) (QUICK4.IDL)
8.1	Gegenstand der Simulation
8.2	Kurze Einführung in die Grundlagen der *SIMPLORER*-Zustandsgraphen
8.3	Modellierung
8.4	Simulationsergebnisse
9.	Überblick Modellierungsmöglichkeiten
9.1	Modellierung elektrischer Netzwerke mit konzentrierten Bauelementen
9.2	Blockschaltbilder/Signalflußgraphen mit rückwirkungsfreien Blöcken
9.3	Zustandsgraphen
9.4	Funktionsmodul
9.4.1	Zeitfunktionen
9.4.2	Formeln
9.4.3	Kennlinien
10.	Zusammenfassung

1. Vorwort

Die dynamische Entwicklung in allen Technikfeldern sowie der ständig steigende Marktdruck erfordern neue, leistungsfähige Produkte mit hoher Zuverlässigkeit und geringem Energieverbrauch bei immer kürzeren Produktlebenszeiten. Rechnergestützte Simulationsstools helfen, diesen Anforderungen bereits in der Entwurfsphase zu genügen. Das SIMEC-Team hat es sich zum Ziel gesetzt, innovative Methoden der Simulationstechnik und der rechnergestützten Optimierung ingenieurgemäß aufzubereiten.

Der dem System zugrundeliegende Gedanke geht von einer gleichberechtigten Nutzung verschiedener ingenieurtypischer Beschreibungsformen zur Darstellung der Simulationsmodelle aus. Dadurch entfallen vor allem bei der Simulation komplexer Systeme (z. B. Antriebsstrang einer Werkzeugmaschine) aufwendige Analogieumformungen. Durch die Darstellung in einer dem entsprechenden Teilsystem adäquaten Form können schnell und einfach Wechselwirkungen zwischen Teilsystemen detailliert untersucht werden. Auch die Konsequenzen möglicher Havarien können gefahrlos auf dem Computer untersucht werden.

Mit dem Einsatz von *SIMPLORER* erreichen Sie eine hohe Entwurfssicherheit, aufwendige manuelle Berechnungen und Redesigns entfallen. Solche Eigenschaften, wie die Einbindung von Meßdaten sowie ein integrierter Formelinterpreter verkürzen die Modellentwicklungszeit und erleichtern die Arbeit im Zusammenhang mit verhaltens- und ereignisorientierten Modellierungen.

Ein neuartiger interner Ansatz ermöglicht die Kombination von hoher Zuverlässigkeit, numerischer Stabilität und geringen Rechenzeiten. Mit *SIMPLORER* werden die Vorteile der Simulation auch für kleine und mittelständische Unternehmen sowie Ingenieurbüros nutzbar.

2. Installation

2.1 Hard- und Softwareanforderungen

Bevor Sie *SIMPLORER* installieren, prüfen Sie bitte folgende Voraussetzungen:

1. Computer:

- Sie sollten einen IBM-kompatiblen PC mit einem 80386er Prozessor oder besser besitzen
- Wenn Sie einen Rechner mit 80386-Prozessor haben, sollten Sie unbedingt einen mathematischen Co-Prozessor verwenden, der die Simulationsgeschwindigkeit wesentlich beschleunigt. Für 486er Systeme entfällt dies in den meisten Fällen, da hier der Co-Prozessor bereits im Hauptprozessor integriert ist.

2. Betriebssystem:

- Auf Ihrem Rechner sollte MS-DOS® ab Version 3.3. und Microsoft® WINDOWS™ ab Version 3.1.installiert sein.

3. Speicher:

- Ihr Computer sollte mindestens 4 MB RAM besitzen. Wir empfehlen eine Speicherausstattung von 8 MB.

4. Harddisk:

- Wir empfehlen eine Festplatte mit ausreichend freiem Speicherplatz. Die *SIMPLORER*-Programme benötigen ca. 3 MB. Beachten Sie, daß die Ausgabe der Simulationsergebnisse sowohl als ASCII-Datei als auch als Binärdatei erfolgen kann. Die binäre Ausgabe komprimiert die Datensätze sehr viel stärker und sollte daher für längere Simulationen benutzt werden. Generell kann kein Richtwert für die Größe der Datensätze gegeben werden, da diese stark von der Anzahl der auszugebenden Größen, Simulationsschrittweite und Simulationszeit abhängen. Sollten Sie Probleme haben, dann überprüfen Sie bitte, ob nicht eventuell entbehrliche Daten mit ausgegeben werden, oder ob Sie auf Ihrer Festplatte anderweitig Platz schaffen können. Insbesondere bei Anwendung der *SIMPLORER*-Funktion zur Speicherung aller Daten entstehen in kurzer Zeit sehr große Datensätze.

Zur Beschleunigung des Festplattenzugriffs empfiehlt sich desweiteren die Einrichtung einer permanenten Auslagerungsdatei unter WINDOWS™ 3.1. Eine permanente Auslagerungsdatei erzeugen Sie mit:

Hauptgruppe | Systemsteuerung | 386 erweitert | virtueller Speicher | Ändern

Bitte benutzen Sie den 32-Bit-Festplattenzugriff. Ob der 32-Bit-Dateizugriff von WINDOWS™ eine Beschleunigung des Datenzugriffs auf Ihrem Computersystem bringt, sollten Sie probieren, hier sind schon verschiedenste Ergebnisse erzielt worden.

Vor allem, wenn Sie nur über 4MB Hauptspeicher verfügen, empfiehlt sich diese Maßnahme, weil dadurch die Ladezeiten der Programme verkürzt werden.

Eine weitere Möglichkeit zur Beschleunigung der Arbeit ist auch noch durch die Verwendung von SmartDrive gegeben.

2.2 Installation / SETUP

Das Setup-Programm nimmt die Installation automatisch vor. Um das Install-Programm zu starten, gehen Sie bitte wie nachfolgend beschrieben vor.

2.2.1 Installation aus MS-DOS®

Wechseln Sie auf das Laufwerk, in dem sich die *SIMPLORER*- Installationsdiskette befindet und starten Sie das Programm SETUP.EXE. Nachdem WINDOWS™ gestartet ist, folgen Sie den Anweisungen auf dem Bildschirm. Normalerweise wird WINDOWS™ automatisch anlaufen und die Setup-Prozedur ausführen. Sollte dies einmal nicht der Fall sein, können Sie auch durch den Aufruf von

C:>win a:\setup

dasselbe Verhalten erzeugen (unter der Annahme, daß sich Ihre Installationsdiskette in Laufwerk a: befindet).

2.2.2 Installation aus WINDOWS™

1. Rufen Sie den Dateimanager auf.

2. Wechseln Sie auf das Diskettenlaufwerk, in dem sich die Installationsdiskette befindet.

3. Starten Sie SETUP.EXE indem Sie den Eintrag in der Dateiliste doppelt anklicken.

Folgen Sie anschließend den Anweisungen auf dem Bildschirm. Nachdem die Installation abgeschlossen ist, hat das Setup-Programm eine neue Programmgruppe **SIMPLORER-DEMO** angelegt.

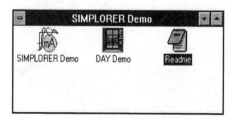

Abb.2.1   SIMPLORER-Programmgruppe

11 SIMPLORER

In dieser Programmgruppe befinden sich zwei Ikonen, die einerseits die *SIMPLORER*-Shell, das Kontrollzentrum unseres Simulators und andererseits den *SIMPLORER*-Postprozessor *DAY* zur effektiven grafischen und numerischen Auswertung gemessener und simulierter Daten enthält.

Um *SIMPLORER* zu starten, doppelklicken Sie entweder das *SIMPLORER*-Shell-Symbol oder markieren Sie es durch einfaches anklicken und betätigen Sie ENTER.

In der *SIMPLORER*-Programmgruppe finden Sie außerdem die Ikone der Readme-Datei. Diese sollten Sie unbedingt vor Beginn der Arbeit lesen. In ihr sind wichtige Informationen enthalten, die nicht mehr in den Quickstart aufgenommen werden konnten.

2.2.3 *SIMPLORER*-Verzeichnisse

Nach erfolgter Installation befinden sich folgende Verzeichnisse auf Ihrer Harddisk:

Abb.2.2   SIMPLORER-Demo - Verzeichnisstruktur

3. Schreibweisen und Symbolik

Die nachfolgenden Notationen und Hervorhebungen werden in diesem Buch verwendet:

Beachte ! **Damit werden Sie auf wichtige Informationen aufmerksam gemacht.**

Menüpunkt Bezieht sich immer auf einen Punkt des Hauptmenüs oder eines Menüunterpunktes.

Die erste Angabe ist der **Hauptmenüpunkt**. Durch Aktivieren mit Mausklick oder Tastatur (ALT + unterstrichener Buchstabe) klappt das betreffende Untermenü auf, in dem sich der nächste **Menüunterpunkt** befindet.

| Trennzeichen zwischen den Menüebenen. Die Punkte sind **nacheinander** anzuwählen.

z.B.   **M**enüpunkt | Me**n**üunterpunkt | ...

+   Sind mehrere Tasten durch + verbunden, heißt das, daß alle mit + verbundenen Tasten **gleichzeitig** zu betätigen sind.

[Button] So werden Schaltflächen (Buttons) dargestellt, die innerhalb einer Aktionskette liegen oder innerhalb des Textes referenziert werden. Um diese zu aktivieren, klicken Sie mit der Maus die Schaltfläche (den Button) oder betätigen auf der Tastatur **Alt + unterstrichener Buchstabe**.

[E][S][C] Sind Tasten zu betätigen, werden diese wie nebenstehend dargestellt.

4 SIMPLORER-Schnellkurs

4.1 Programmaufruf

Bei der Installation wurde eine Programmgruppe mit den Symbolen der *SIMPLORER*-Applikationen erstellt. Öffnen Sie die Programmgruppe und starten Sie *SIMPLORER*.

4.2 Die *SIMPLORER*-Shell

4.2.1 *SIMPLORER* konfigurieren

Nach dem Start erscheint das *SIMPLORER*-Hauptfenster. Von hier aus können Sie alle weiteren Schritte menügesteuert ausführen.

Bevor Sie die Arbeit starten, müssen Sie *SIMPLORER* einrichten. Der Optionendialog erlaubt Ihnen, *SIMPLORER* optimal an Ihre Bedürfnisse anzupassen. Sie können festlegen, mit welcher Priorität WINDOWS™ die Simulation abarbeiten soll, die Farbkombination der Grafikkomponenten bestimmen, Schriftarten einstellen u.v.a.m. Die leistungsfähige Projektverwaltung vereinfacht den Umgang mit komplexen Systemen.

Durch Aktivierung der Checkbox

☒   Multisimulation

sucht das System automatisch nach einer Multisimulationsdatei, die auf **.mus** enden muß. Mit Hilfe der Multisimulation wird es möglich, ein Simulationsmodell mit verschiedenen Parametern mehrfach berechnen zu lassen und somit Rückschlüsse auf die Abhängigkeit des Systems von Parameterschwankungen zu ziehen.

Durch die Aktivierung der Box

☒   Status automatisch sichern

wird der Simulator den aktuell erreichten Simulationsstatus in einer von Ihnen zu definierenden Datei speichern. Durch Anwahl von

S̲imulator | W̲eiterrechnen | ...

wird nach der Datei gefragt, deren vorher gespeicherter Status als Startzeitpunkt verwendet werden soll. Die weiteren Optionen sollen an dieser Stelle nicht weiter erläutert werden, es sei auf das Referenzhandbuch verwiesen.

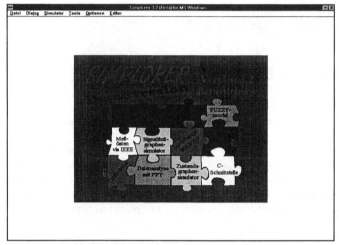

Abb.4.1   SIMPLORER-Shell - Hauptfenster

4.2.2 Eingabe/Auswahl einer Simulationsaufgabe

Die Eingabe eines Simulationsmodells kann grafisch mit Hilfe verschiedener Schematic-Entry Tools, über die *SIMPLORER*-eigenen Dialoge oder mit Hilfe eines ASCII-Editors als *SML*-Beschreibung erfolgen. Die Form der Eingabe ist dabei dem Nutzer überlassen. Wegen der unterschiedlichen Ansprüche an die Bedienbarkeit des Rechners ist hier keine Einschränkung vorgenommen worden.

Die grafische Eingabe ist ohne Zweifel die illustrativste und entspricht auch in den meisten Fällen den Ansprüchen des Ingenieurs hinsichtlich Übersichtlichkeit und Dokumentationsfähigkeit. Die Eingabe mittels der *SIMPLORER*-Dialoge ist vor allem dem Anfänger zu empfehlen, da hier eine optimale Nutzerführung gegeben ist und kaum Fehler bei der Bedienung des Systems auftreten. Vor allem geübte Nutzer wählen häufig den *SIMPLORER*-Editor.

Beachte ! Es kann beim Umschalten zwischen den Eingabearten zu Inkonsistenzen im Datenbestand kommen, da eine Änderung in der Grafik nicht zwangsläufig in die Shellkomponenten übernommen werden kann.

Wählen Sie die grafische Eingabe, ergibt sich eine Einbahnstraße. Alle Eingaben zum System müssen dann grafisch erfolgen, sonst stimmt der Datenbestand der Grafik nicht mit dem des aus der grafischen Darstellung erzeugten *SML*-Files überein. Das Wechseln zwischen Dialog und Editor ist möglich. Der Editor erkennt bei Aktivierung automatisch, daß das aktuell geladene File evtl. von der Shell verändert worden ist und bietet Ihnen eine Aktualisierung an. Andersherum funktioniert dieser Weg jedoch nicht.

Zur Veranschaulichung der grafischen Eingabe wird mit der *SIMPLORER*-Demonstationsversion auf Anfrage eine PROTEL®-Demo ausgeliefert. Die auf den Disketten befindlichen Beispieldateien sind auf der einen Seite im SML-Format als ASCII-Datei enthalten und andererseits auch als PROTEL®-Schematic-Datei. Damit sind Sie in der Lage, auch die grafische Eingabe kennenzulernen und die Applikation auf grafischem Wege zu verändern.

Beachte ! **Das Speichern von grafisch eingegebenen *SIMPLORER*-Modellen (Schematics) ist nur mit der lizensierten Vollversionen von PROTEL® möglich.**

Neben PROTEL® ist es möglich, weitere, evtl. in Ihrem Hause vorhandene Grafiksysteme (z. B. ORCAD®) in *SIMPLORER* zu integrieren. Für den Erhalt der jeweiligen Symbolbibliotheken wenden Sie sich bitte an unseren Vertrieb. Die Bibliotheken für PROTEL® und ORCAD® sind auf der Demodiskette enthalten und werden während der Installation in das *SIMPLORER*-Verzeichnis kopiert.

4.2.3 Arbeiten mit dem SML-Editor

Eine Alternative zur Modellbeschreibung besteht in der direkten Eingabe des Simulationsquelltextes. Diese Quelltexte werden in der *S*IMPLORER Modelling Language (SML, siehe auch *SIMPLORER*-Referenzhandbuch) niedergeschrieben.

Das Öffnen eines Editor-Fensters erfolgt über das Editormenü mit **Editor** | **Editor neu**. Mit dieser Aktion schaltet die *SIMPLORER*-Shell in den Editormodus und ein neues Textfenster wird geöffnet. In dieses Fenster kann dann mit **Datei** | **Laden** die gewünschte Datei geladen werden. Um direkt vom Editor auch die Simulation zu starten, kann mit **Datei** | **Projekt** die gerade geladene Datei auch zum Projekt erklärt werden, was später mit **Datei** | **Simulator** die sofortige Simulation aus dem Editor heraus ermöglicht.

Falls Sie gleichzeitig die zur Editordatei gehörigen Dialogmodule geöffnet haben, können Sie nach geeignetem Verschieben der beiden Fenster die alternativen Darstellungsformen miteinander vergleichen.

Das Sichern einer Editor-Datei nach evtl. Änderungen erfolgt über **Datei** | **Sichern** oder **Datei** | **Sichern als** und Angabe des gewünschten Dateinamens.

4.2.4 Laden/Einstellen eines Projektes

Unter einem Projekt werden alle zur jeweiligen Aufgabe gehörenden Dateien zusammengefaßt. Der Nutzer muß also nur noch den Projektnamen einstellen. Mit den Menüpunkten

Datei | Öffnen

wird die WINDOWS™-Datei-Öffnen-Box angezeigt und ermöglicht Ihnen das Öffnen eines der vorhandenen *SIMPLORER*-Beispiele. *SIMPLORER* startet in dem Arbeitsverzeichnis, das in der Datei SIMPLOR.INI im *SIMPLORER*-Verzeichnis Ihrer Festplatte angegeben wurde. Wenn Sie in das Verzeichnis LW:\SIMPDEMO\BEISPIEL wechseln, erscheint folgender Dialog:

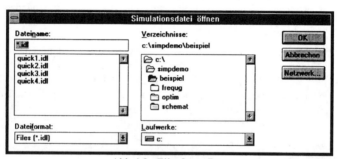

Abb.4.2 File-Open-Box

Haben Sie während der Installation das voreingestellte Verzeichnis beibehalten, sind darin folgende Projekte zu finden

- QUICK1.SML bis QUICK4.SML (bzw. QUICK1.IDL bis QUICK4.IDL)

Beachten Sie bitte, daß mit *SIMPLORER* auch IDAS-Files gelesen werden können, deren Endung .idl lautet. Die Behandlung ist äquivalent.

Beginnen wollen wir mit dem in Abb.4.3 dargestellten, einfachen Netzwerk, dessen Verhalten bei Beaufschlagung mit einem Eingangsspannungssprung betrachtet wird.

11 SIMPLORER

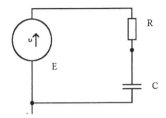

Abb.4.3   ERC-Netzwerk

Dieses Beispiel wurde während der Installation in dem Verzeichnis

LW:\SIMPDEMO\BEISPIEL

unter QUICK1.SML (bzw. QUICK1.IDL) abgelegt.

Durch **Doppelklick** auf den Namen **QUICK1.SML** im Datei-Öffnen-Dialog laden Sie das Projekt. Für alle zum Projekt zugehörigen Beschreibungskomponenten wird ein angepaßtes Fenster geöffnet. In dem ersten Beispiel besteht das System lediglich aus einem el. Netzwerk. Darüber hinaus wird das Fenster **Ausgaben/ Integration** geöffnet. In diesem Fenster sind alle notwendigen Angaben zur Online-Grafik und Dateiausgabe sowie für die Steuerung des Simulationslaufes enthalten. Es werden u.a. solche Parameter wie der Wertebereich für Online-Grafik (ähnlich wie beim Oszilloskop), Simulationsdauer, u. a. m. vereinbart. Abb. 4.4 zeigt Ihnen die geöffneten Dialoge.

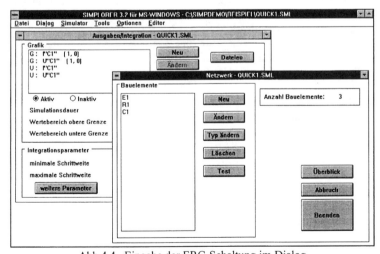

Abb.4.4   Eingabe der ERC-Schaltung im Dialog

Im aktuellen Beispiel ist mit einem maximalen Stromwert von 1A und einem max. Spannungswert von 1V zu rechnen. Deshalb werden der max. und min. Wertebereich mit dem Zahlenwert 1 angegeben, obwohl auch 1 und 0 möglich wären, da keine negativen Werte zu erwarten sind. Während der Simulation sollen Strom und Spannung der Kapazität angezeigt werden. Die Ausgabewünsche wurden bereits vorbereitet. Durch Aktivieren der Check-Box

☒ Alle Größen

können Sie darüber hinaus veranlassen, daß das System die Daten **aller** Größen auf die Festplatte schreibt. Die Dateinamen der Ausgabedateien können mit dem Button `Dateien` Ihren individuellen Wünschen angepaßt werden. Wenn Sie die Checkbox

☒ Überschreiben

deaktivieren, wird vor dem Überschreiben vorhandener Dateien eine Warnung ausgegeben. Alle während der Simulation erzeugten Dateien werden anschließend im Postprozessor automatisch zur Auswahl angeboten. Diese Funktion ist in der Demoversion nicht vorhanden.

4.3 Arbeiten mit grafischer Eingabe[1]

SIMPLORER bietet für die grafische Eingabe von Simulationsmodellen Schnittstellen zu verschiedenen CAE-Systemen und Schematic-Entry-Programmen, wie z.B. ORCAD® für MS-DOS® oder Protel® für Windows™. Haben Sie ein Grafik-System installiert, können Sie es mit **Op**tionen | Sche**m**atic dem Simulator verfügbar machen. In diesem Menüpunkt geben Sie einfach den vollständigen Pfadnamen des Grafikprogrammes an, SIMPLORER ruft dann automatisch das Programmpaket auf. Mit der Anwahl von **Tools | Schematic** bzw. durch Angabe der Datei mit der Erweiterung .sch im Datei-Öffnen-Dialog startet die Shell das Grafiksystem. Sie finden alle in diesem Heft behandelten Beispiele als fertige Arbeitsblätter für PROTEL im Unterverzeichnis SCHEMAT.

Beachte ! Bitte beachten Sie dabei, daß die mittels der grafischen Eingabe vorgenommenen Änderungen nach dem Abspeichern in den Dialog bzw. das Editorfile übernommen werden, umgekehrt jedoch Modifikationen im Dialog oder Editor keine Auswirkungen auf die Grafikdatei haben! Für die grafische Eingabe müssen die für *SIMPLORER* mitgelieferten Bibliotheken verwendet werden.

---

[1] Bitte beachten Sie, daß das grafische Eingabesystem nicht zum Lieferumfang von *SIMPLORER* gehört. Ggf. kann das System PROTEL® über unseren Vertrieb bezogen werden.

Die Schnittstelle zwischen grafischer Eingabe und *SIMPLORER* ist die Netzliste. Sie muß vom Schematic-Entry aus erzeugt werden. Bei Verwendung von Protel® ist eine Netzliste im Protel/2-Format zu generieren. ORCAD®-Nutzer müssen eine EDIF-Netzliste (flatEDIF) erzeugen. Danach kann (z.B. über *Alt+Tab*) in die *SIMPLORER*-Shell zurückgesprungen werden. Wenn der Simulationslauf gestartet wird, erkennt der SML-Compiler automatisch das Netzlistenformat und konvertiert die Netzliste in eine SML-Datei, die anschließend wie jede andere, beispielsweise im Dialog erstellte, SML-Datei weiterverarbeitet werden kann.

4.4 Starten des Simulationslaufes

Um den Simulator zu starten, klicken Sie

S̲imulator | S̲tart Simulator.

Als erstes wird das System automatisch den *SML*-Compiler starten. Dieser Compiler übersetzt die *SML*-Beschreibung in ein simulatornahes Format, das anschließend im Simulator verarbeitet wird. Während des Übersetzens der *SML*-Datei in das simulatornahe Format erscheint lediglich eine Ikone, die Arbeit des *SML*-Compilers kann durch den Nutzer nicht beeinflußt werden. Danach wird der Simulator geladen.

Beachte ! Je nach Hardwareausstattung und Softwarekonfiguration benötigt WINDOWS™ verschieden viel Zeit, um Applikationen zu starten. Bei schlecht konfigurierten Systemen und wenig Hauptspeicher kann der Ladevorgang durchaus länger dauern.

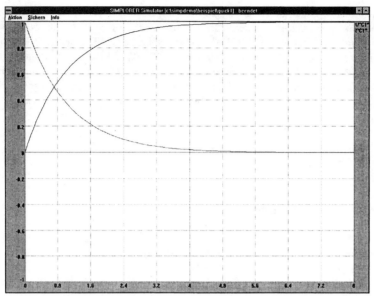

Abb.4.5 Simulationsergebnis für das ERC-Netzwerk in der Sofortgrafik

4.5 Auswertung der Simulation mit DAY (DatenAnalYse)

Um genauere Auswertungen sowie eine komfortable grafische und numerische Aufbereitung der Ergebnisse vornehmen zu können, wird der Postprozessor *DAY* genutzt. Mit *DAY* steht Ihnen ein leistungsfähiges Werkzeug zur Auswertung von Simulationsdaten, zum Vergleich gemessener und simulierter Daten und deren Aufbereitung für die Dokumentation zur Verfügung. So können Simulationsdaten z.B. addiert, multipliziert, integriert, differenziert, fouriertransformiert ... werden.

Sie starten *DAY* mit

Tools | P**o**stprozessor .

Nach dem Öffnen des Postprozessors meldet sich DAY mit dem in Abb.4.6 dargestellten Eröffnungsfenster. Es werden automatisch alle während der Simulation erzeugten Datensätze angezeigt (in unserem Falle nur die Datei QUICK1U.MDK mit den binären Daten).

Es können entweder alle oder einzelne Dateien ausgewählt werden. Für jeden Datensatz wird ein eigenes Fenster generiert, von dem sich jedoch beliebig viele weitere Fenster ableiten lassen.

11 SIMPLORER

Abb. 4.6 DAY-Hauptfenster nach Programmstart

Bei nicht aktivem Projekt-Dialog erhalten Sie mit

Datei | Laden

eine Datei-Öffnen-Box, mit der Sie einzelne Datensätze, auch nicht zum Projekt gehörige, laden können.

Wählen Sie nun in der Listbox mit den angebotenen Dateinamen **QUICK1U.MDK** mit Doppelklick oder durch einfaches anklicken und **Laden**. Der Datensatz wird in den Arbeitsspeicher übernommen und kann nun weiter verarbeitet werden. Theoretisch ist die Anzahl der zu verarbeitenden Datenpunkte nur durch den Ausbau Ihres Computers mit Hauptspeicher begrenzt. In der Demoversion hingegen wurde die Anzahl der möglichen Datenpunkte auf 300 eingeschränkt. Durch die Möglichkeit des Postprozessors, Daten selektiv einzulesen, können jedoch auch umfangreiche Datensätze analysiert werden, in diesem Falle werden dann nicht alle Werte eingelesen. Während des Ladens wird ein neues Fenster mit dem Dateinamen des Datensatzes erzeugt (Abb. 4.7.)

11 SIMPLORER

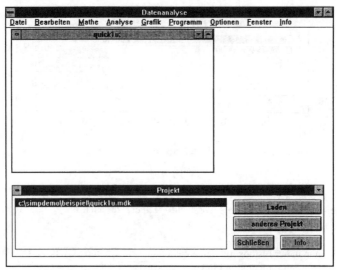

Abb.4.7 Postprozessor DAY nach dem Laden der Daten

Mit **Grafik** | **Darstellen** gelangen Sie ins Grafikauswahlfenster.

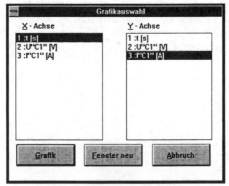

Abb.4.8 Grafikauswahlfenster

Gleichzeitig wird das vorher erwähnte Fenster QUICK1U aktiviert. Um den Strom durch die Kapazität über der Zeit darzustellen, wählen Sie im Grafikauswahlfenster durch einfaches Anklicken der erforderlichen Größen:

X-Achse: **t[s]**   und   Y-Achse: **I"C1"[A]**

Durch Betätigung von [Grafik] wird die ausgewählte Kurve im bereits geöffneten Datenfenster angezeigt. Wenn Sie [Fenster Neu] wählen, wird zur Darstellung ein neues Fenster geöffnet, das ursprüngliche Fenster bleibt erhalten. Somit ist es möglich, mehrere Kurven sowohl in einem Fenster als auch in verschiedenen Fenstern darzustellen.

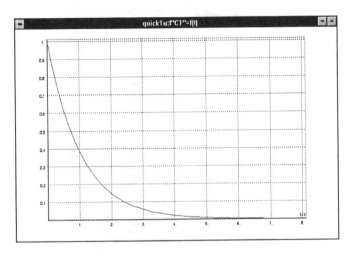

Abb.4.9 *DAY*- grafische Darstellung einer Kurve

Verschiedenste Optionen und Einstellungen erleichtern Ihnen die Darstellung der Daten in ansprechender Form. Für diese Einstellungen dienen zwei weitere Dialoge aus dem Grafik-Menü. Mit **Grafik | Einstellungen** wird das Fenster Grafik- Optionen aktiviert.

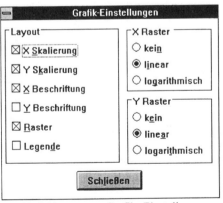

Abb.4.10   Grafik- Einstellungen

Aktivieren Sie die Checkbox

☒   Legende

und schließen das Fenster mit [Schließen]. Mit dieser Aktion veranlassen Sie das Programm, im rechten oberen Teil des Grafik-Fensters eine farbige Legende mit den Bezeichnungen der angezeigten Kurvenverläufe einzublenden. Die Darstellung der Kurven kann mit Hilfe des Menüpunktes **Grafik | Markieren** beeinflußt werden. (Abb. 4.11)

Abb.4.11   Kurvendarstellung

Nachdem Sie die Veränderungen, wie in Abb. 4.11 dargestellt, vorgenommen haben, sollte Ihr Kurvenfenster das in Abb. 4.12 dargestellte Aussehen haben.

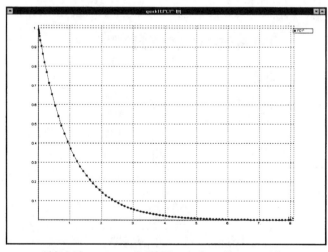

Abb.4.12   ***DAY***- Kurvendarstellung markiert

Feineinstellungen am Koordinatensystem nehmen Sie bitte mit **Bearbeiten | Koordinatensystem** vor. Hier können Sie das Raster und die Häufigkeit des Rasters einstellen (Abb. 4.13).

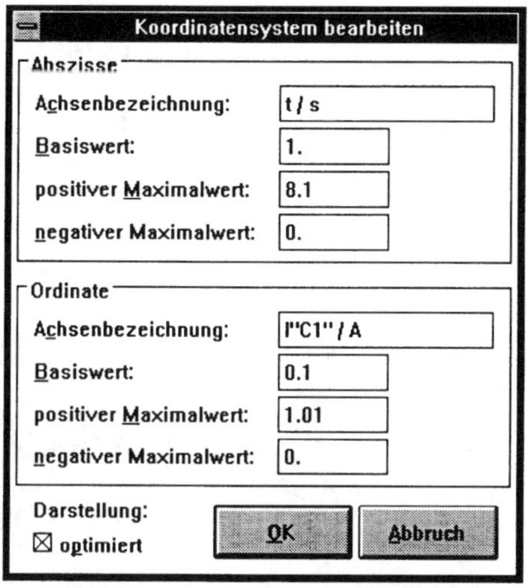

Abb.4.13   Koordinatensystemeinstellungen

Bestätigen Sie mit OK oder verwerfen Sie Ihre Änderungen durch Betätigung der Abbruch Taste. Der *SIMPLORER*-Postprozessor ist für eine optimale Bedienung durch den Ingenieur ausgelegt. Deshalb wurde eine einfache Möglichkeit zur Ermittlung typischer Kennwerte vorgesehen. Mit **Analyse | Kennwerte** wird das Kennwertfenster aktiviert (Abb.4.14).

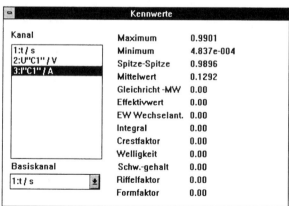

Abb.4.14   Kennwerte

11 SIMPLORER

Beachte! In der Demoversion werden nicht alle Kennwerte berechnet. Die nicht berechneten Kenngrößen werden als Wert Null angezeigt.

Durch anklicken der einzelnen Größen der Kanallistbox werden die jeweiligen Werte berechnet und angezeigt. Bitte schließen Sie anschließend das Kennwertfenster wieder.

Im Postprozessor *DAY* können mehrere Grafikfenster gleichzeitig dargestellt werden. Um den Spannungsverlauf an der Kapazität unseres ersten Beispiels in einem zweiten Fenster darzustellen, wählen Sie **Grafik | Darstellen**.

X-Achse **t[s]** und Y-Achse **U"C1" [V]**

Betätigen Sie jetzt den Button [Fenster Neu]. Ein neues Grafikfenster wird erzeugt und die gewünschte Kurve wird dargestellt.

Beachte! Haben Sie die Position des zuerst dargestellten Fensters nicht verändert, liegt das neue Fenster genau darüber. Mit der Maus können Sie das Fenster anklicken und an eine beliebige Stelle des *DAY*-Fensters ziehen.

Die Optionen des Menüs **Fenster** erlauben verschiedene Anordnungen der Fenster auf dem Bildschirm. Wählen Sie **Fenster | Teile**. Das in Abb. 4.15 dargestellte Bild stellt sich ein.

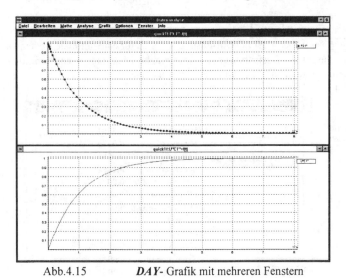

Abb.4.15   *DAY*- Grafik mit mehreren Fenstern

Zur Veränderung der Fenstergröße können Sie alle Möglichkeiten des WINDOWS™-Systems nutzen (Abb. 4.16).

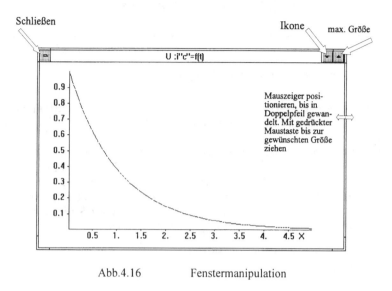

Abb.4.16   Fenstermanipulation

5. Ausgewählte Beispiele

Um einige wesentliche **SIMPLORER**-Modellierungsmöglichkeiten zu illustrieren, sollen folgende einfache Beispiele betrachtet werden:

- Einpulsgleichrichter
- ungesteuerte Gleichrichterbrücke
- Regelsystem PID-Regler an Strecke mit PT2-Verhalten

Diese Beispiele dienen der Erklärung der *SIMPLORER*-Simulatoren.

Ein weiteres Beispiel

- Vollgesteuerte Brückenschaltung mit Stromregelung

zeigt das Zusammenspiel der *SIMPLORER*-Module zur Nachbildung komplexer Zusammenhänge und Wechselwirkungen. Dabei steht die Erläuterung der Vorgehensweise im Vordergrund nicht jedoch eine ausführliche Erläuterung des Systems. Diese finden Sie im **Referenzhandbuch**. Für eine schnelle und effiziente Einarbeitung in das Simulationssystem steht außerdem das *SIMPLORER*-**Arbeitsbuch** zur Verfügung.

6. Einpulsgleichrichter (QUICK2.SML)

6.1 Gegenstand der Simulation

Anhand eines ungesteuerten Einpuls-Gleichrichters mit ohmscher Last und Glättungskapazität soll die Funktion des Schaltungssimulators verdeutlicht werden.

Der Schaltungsimulator ist in der Lage, frei definierbare elektrische Ersatzschaltbilder in ihrem transienten Verhalten zu analysieren. Alle Elemente sind frei parametrisierbar. Als mathematisches Verfahren wird die modifizierte Knotenspannungsanalyse verwendet. Der Schaltelementevorrat reicht von linearen und nichtlinearen passiven Elementen über aktive Elemente und gesteuerte und ungesteuerte Quellen bis hin zu idealen Schaltern. Den Gesamtbauelementevorrat entnehmen Sie bitte dem Referenzhandbuch.

6.2 Modellierung

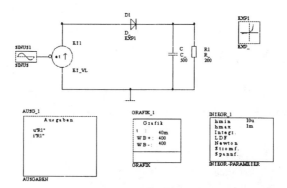

Abb.6.1 Grafische Eingabe des Einpulsgleichrichters

Mit Hilfe der idealen, extern gesteuerten Spannungsquelle ET1 wird die Netzspannung nachgebildet. Die steuernde Funktion ist eine in *SIMPLORER* standardmäßig vordefinierte SINUS-Funktion

$$e(t) = 311*\sin(2*\pi*f*t+\phi) \qquad (1)$$

Die Diode als nichtlineares Bauelement wird in ihrem statischen Verhalten durch eine Kennlinie i(t) = f(u(t)) charakterisiert. Es stehen verschiedene Formen der Nachbildung der statischen Diodenkennlinie zur Verfügung (Ersatzgerade, Polynom, Hyperbel und Exponentialfunktion). In unserem Beispiel kommt die Exponentialfunktion zum Einsatz. Sie ist die am häufigsten verwendete Form der Nachbildung des statischen Diodenverhaltens. Der funktionale Zusammenhang zwischen Diodenstrom und Spannung ist in Formel 2 dargestellt.

$$i(t) = I_s \cdot \exp(\frac{u(t)}{U_T} - 1)$$

mit
Sättigungsstrom $I_s = 1,5 mA$
Temperaturspannung $U_T = 0,04 A$ (2)
Sperrwiderstand $R_r = 200 k\Omega$

(*Standardwerte*)

6.3 Bedienablauf

Ausgangspunkt sei, daß *SIMPLORER* geöffnet wurde und als aktives Fenster läuft. Wir laden der Einfachheit halber wiederum das bereits vorbereitete Beispiel aus dem *SIMPLORER*-Beispielverzeichnis. Sie klicken **Datei** | **Öffnen**. Haben Sie die Standardinstallation beibehalten, öffnet sich der Dateidialog automatisch im Beispielverzeichnis *C:\SIMPDEMO\BEISPIEL*. Bitte wählen Sie die das Beispiel QUICK2.SML (bzw. QUICK2.IDL). Wie beim vorher betrachteten ERC-Netzwerk öffnet sich für jedes Modul ein Fenster (Abb. 6.2).

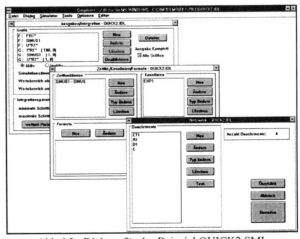

Abb.6.2 Dialoge für das Beispiel QUICK2.SML

11 SIMPLORER

Im Falle unseres Einpulsgleichrichters ist außer dem Netzwerkfenster mit der Schaltungsbeschreibung ein weiteres Fenster **Funktionen/Kennlinien** aktiv. Dieses Fenster enthält sowohl die Definition des Zeitverhaltens der speisenden Spannungsquelle (SINUS1, Abb. 6.3) als auch die Definition des nichtlinearen Verhaltens der Diode (EXP1, Abb. 6.4).

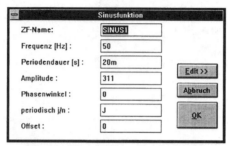

Abb.6.3 Eingabedialog Zeitfunktionen

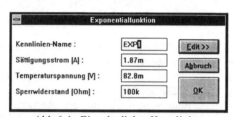

Abb.6.4 Eingabedialog Kennlinien

Das Fenster **Ausgaben/Integration** wird ebenfalls geöffnet. Es wird bei allen Simulationen benötigt und enthält die notwendigen Angaben zur Simulationssteuerung und Ergebnisrepräsentation. Klicken Sie die Fenster klein, so erscheint jeweils eine zugeordnete Ikone. Aus dieser können Sie durch den Doppelklick den Dialog wiederherstellen.

6.4 Simulationsergebnisse

Der Simulator wird wieder mit **Simulator | Start Simulator** aufgerufen. Der *SIMPLORER*-Simulator ist zwar ein eigenständiges WINDOWS™-Programm, kann aber ohne die *SIMPLORER*-Shell nicht gestartet werden. Bevor die Simulation beginnt, erscheint auf dem WINDOWS™-Desktop die Ikone des SML (IDL)-Compilers.

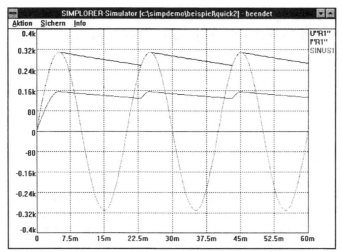

Abb.6.5 Simulationsergebnis Gleichrichter

Beachte! Nachdem die Simulation beendet ist, sollten Sie das Simulatorfenster mit Aktion | Ende schließen. Der Simulator kann nur einmal gestartet werden. Haben Sie das Schließen des Simulators nach Berechnungsende vergessen, wird ein erneuter Simulatoraufruf solange verzögert, bis Sie das noch aktive Simulatorfenster geschlossen haben.

6.5 Verändern der Grafik- und Dateiausgaben

Die bereits voreingestellten Grafikdaten können beliebig verändert werden. In den meisten Fällen ist schon vor Beginn der Simulation bekannt, welche Daten auf der Grafik bzw. auf die externen Speichermedien ausgegeben werden sollen. Insbesondere während der Entwurfsphase einer Simulationsaufgabe ist es sinnvoll, nur die vordergründig interessierenden Daten auszugeben. Mit der Checkbox

☒   Alle Größen

sind Sie jedoch auch in der Lage, sämtliche, während der Simulation entstehenden Daten auszugeben. Dies ist vor allem dann zu empfehlen, wenn nach der Simulation umfangreiche Auswertungen mit dem Postprozessor durchgeführt werden sollen, bei denen viele Größen der Anordnung verwendet werden.

Zu beachten ist in diesem Falle jedoch, daß die erzeugten Datensätze einerseits sehr groß werden und andererseits durch die häufigen Schreibzugriffe die Simulationsgeschwindigkeit sinkt. Es liegt nun im Ermessen des Benutzers, die Anzahl der Daten zu reduzieren oder nicht.

Das Fenster zur Bearbeitung der Ausgabewünsche und Integrationsparameter (Abb. 6.6) aktivieren Sie mit **S**imulator | **A**usgaben/Integr..

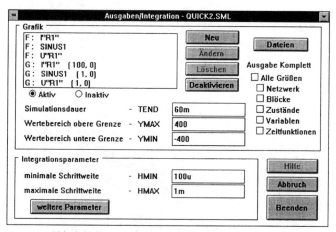

Abb.6.6   Fenster Ausgaben/Integrationsparameter

Die wichtigsten Werte, die der Nutzer vor Beginn der Simulation festlegen muß sind:

Simulationsdauer - TEND:
Es wird festgelegt, wie groß das Zeitintervall ist, für das der Simulator die Transientanalyse durchführen soll.

Wertebereich obere Grenze:
Wertebereich untere Grenze:
Es werden die oberen und unteren Wertebereiche der Grafik festgelegt, d.h. ähnlich wie beim Oszillographen werden der positive und der negative Wertebereich bestimmt

minimale Schrittweite:
Legt die minimale Schrittweite für die numerische Integration fest. Mit diesem Wert können Sie festlegen, mit welcher Genauigkeit die Simulation erfolgen soll. Das betrifft einerseits die Genauigkeit, mit der Ereigniszeitpunkte erfaßt werden (z. B. Erreichen von Schwellwerten) und andererseits die Genauigkeit, mit der das Simulationsprogramm die transienten Kurvenverläufe ermittelt.

maximale Schrittweite:
Die maximale Schrittweite legt fest, wieviele Schritte mindestens pro Simulation durchgeführt werden sollen.

Die Wahl der richtigen Schrittweitenkombination hängt von sehr vielen Faktoren ab und kann nicht in ein Rezept verpackt werden. Als Faustregel kann gesagt werden, daß die minimale Schrittweite 1/10 bis 1/100 der kleinsten im System auftretenden Zeitkonstante betragen sollte.

Die Bedeutung der weiteren Parameter entnehmen Sie bitte dem *SIMPLORER*-Referenzhandbuch.

Um eine während der Simulation entstehende Systemgröße auf eines der *SIMPLORER*-Ausgabegeräte auszugeben, klicken Sie mit der Maus den Button [Neu]. Durch diese Aktion wird das Fenster zur Neueingabe/Änderung der Ausgabewünsche geöffnet.

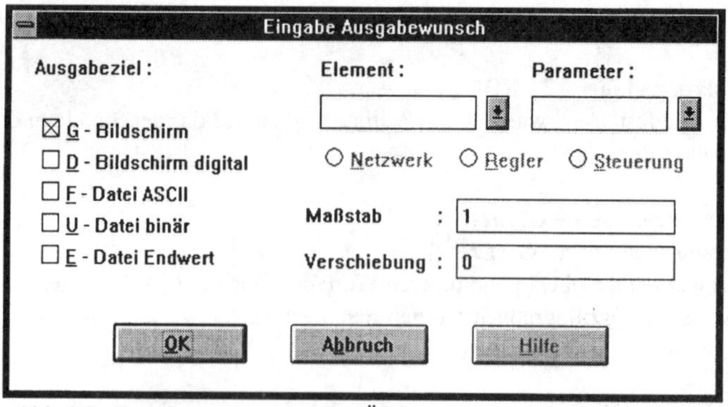

11 SIMPLORER

```
┌─────────────────────────────────────────────────────┐
│                Eingabe Ausgabewunsch                │
│                                                     │
│  Ausgabeziel:        Element:        Parameter:     │
│                                                     │
│  ☒ G - Bildschirm    [        ]↕     [        ]↕    │
│  ☐ D - Bildschirm digital    ○ Netzwerk  ○ Regler  ○ Steuerung │
│  ☐ F - Datei ASCII                                  │
│  ☐ U - Datei binär   Maßstab    : [1        ]       │
│  ☐ E - Datei Endwert                                │
│                      Verschiebung : [0        ]     │
│                                                     │
│         [  OK  ]     [ Abbruch ]     [  Hilfe  ]    │
│                                                     │
└─────────────────────────────────────────────────────┘
```

Abb.6.7 Fenster zur Neueingabe/Änderung von Ausgabewünschen

Das Ziel der Ausgaben (wohin die Ausgabewerte geschrieben bzw. angezeigt werden) bestimmen Sie durch Anklicken der einzelnen Checkboxen unter **Ausgabeziel**. Im Einzelnen bedeuten diese Ausgabearten:

☒ G - Bildschirm

Ausgabe auf dem Bildschirm on-line während der Simulation. Für diese Ausgabeart ist die Angabe von Maßstab und Verschiebung für das on-line-Koordinatensystem erforderlich. Mit dem Maßstab kann eine Verstärkung bzw. Verkleinerung der Kurve relativ zum eingegebenen Grafikwertebereich (ähnlich der Verstärkung beim Oszillographen) erreicht werden. Die Verschiebung erlaubt eine übersichtlichere Anordnung der auszugebenden Größen auf dem Bildschirm durch Verschiebung der Kurven aus der Nullachse des Koordinatensystems.

☒ D - Bildschirm digital

Bewirkt ebenfalls eine Ausgabe der Daten auf dem on-line Grafikbildschirm. Im Unterschied zum vorangegangenen Ausgabeziel wird hier jedoch keine lineare Verbindung zwischen den berechneten Punkten vorgenommen, sondern eine orthogonale. Somit eignet sich diese Ausgabeart insbesondere zur Darstellung digitaler Signale, oder zur Darstellung von Zündpulsmustern, die andernfalls durch Rampen dargestellt würden.

☒ F - Datei ASCII

Formatierte Ausgabe von Daten auf ein externes Speichermedium. Mit dieser Ausgabeart werden alle Daten im ASCII-Format in einer Datei gespeichert. Diese Form der Datenspeicherung ermöglicht eine einfache Weiterverarbeitung der Simulationsergebnisse in Fremdprogrammen (z. B. Excel o. ä.). Durch die Abspeicherung der Daten als ASCII-Text wird naturgemäß verhältnismäßig viel Speicherplatz benötigt, deshalb sollte diese Ausgabeart nur der Kommunikation mit externen Programmen dienen.

☒ U - Datei binär

Sollen möglichst viele Daten gespeichert werden, ist eine kompaktere Ausgabeart (unformatierte Ausgabe) vorgesehen. Hier werden die Daten in binärer Form abgespeichert und sind nur durch den *SIMPLORER*-Postprozessor *DAY* lesbar. Durch die binäre Speicherung werden die Daten kompakter und auch für den Postprozessor schneller lesbar.

☒ E - Datei Endwert

Mit dieser Ausgabeart wird der Endwert (zum Simulationsende) einer *SIMPLORER*-Größe in einer Datei gespeichert. Diese Ausgabeart wird beispielsweise verwendet, um bei Multisimulationen (mehrfache Simulation desselben Simulationsmodells mit verschiedenen Parametern) Parameterabhängigkeiten aufzuzeigen. Es ist somit möglich, eine on-line während der Simulation berechnete Kenngröße über einem Parameter aufzutragen, ohne irgendwelche Manipulationen vornehmen zu müssen.

In die beiden Drop-Down-Boxen können Sie das Element selbst und den Namen der auszugebenden Größe bzw. den auszugebenden Parameters direkt eingeben oder durch Aufklicken in der Listbox anwählen. Um die Auswahl in den Listboxen übersichtlicher zu gestalten, wurden die zur Verfügung stehenden Elemente in die Gruppen *Signalflußgraph*, *Zustandsgraph* und *elektrisches Netzwerk* unterteilt. Die gewünschte Gruppe wird durch Aktivieren der entsprechenden Radio-Buttons unterhalb der Listboxen ausgewählt.

Um einmal eingegebene Ausgabewünsche aus der Ausgabewunschlistbox zeitweilig nicht auf der on-line Grafik anzeigen bzw. auf ein externes Speichermedium ausgeben zu lassen kann der Button [Deaktivieren] für die in der Ausgabewunschlistbox markierten Ausgabewünsche betätigt werden. Dadurch sind diese Ausgabewünsche bis zu ihrer Reaktivierung (Umschalten zwischen Aktiv und Inaktiv und Betätigung des Buttons [Ativieren]) unsichtbar, müssen aber, wenn sie zu einem späteren Zeitpunkt verwendet werden sollen, nicht nochmals eingegeben werden.

6.6 Auswertung der Simulationsergebnisse mit *DAY*

Zur grafischen und numerischen Auswertung verwenden wir wieder den *SIMPLORER*-Postprozessor. Starten Sie *DAY*, mit **Tools** | **Postprozessor**.

Für die Simulation wurden Ausgaben im ASCII-Format angegeben, deshalb wird automatisch im Projektfenster der während der Simulation entstandene Datensatz **QUICK2F.MDK** angeboten.

Wählen Sie nun die Datei **QUICK2F.MDK** mit **Doppelklick** oder durch Anwahl und Betätigung des Buttons [OK]. Sie erhalten ein neues, leeres Fenster.

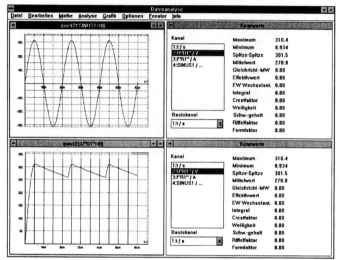

Abb.6.8 Darstellung der Netzspannung und der Ausgangsspannung

Um die in Abb. 6.8 dargestellte grafische Auswertung zu erhalten, gehen Sie bitte wie nachfolgend beschrieben vor.

Nachdem Sie das Projektfenster geschlossen haben, gelangen Sie mit **Grafik | Darstellen** ins Grafikauswahlfenster. Zur Darstellung der speisenden Spannung wählen Sie :

    X-Achse **t[s]**   und   Y-Achse **SINUS1**

Bestätigen Sie mit dem Button [Grafik].

Mit **Analyse | Kennwerte** können Sie sich wieder einen Überblick über die Kennwerte Ihrer Ausgabegrößen verschaffen.

Um neben der Speisespannung auch noch die Ausgangsspannung darzustellen, öffnen Sie mit **Grafik | Darstellen** nochmals den Grafikauswahldialog und wählen:

    X-Achse **t[s]**   und   Y-Achse **u"r1"[V]**

Um diesen Kurvenverlauf in einem neuen Fenster darzustellen, betätigen Sie jetzt den Button [Fenster neu].

Wenn Sie das zuerst erzeugte Fenster mit der speisenden Spannung noch nicht auf der Arbeitsfläche bewegt haben, liegt das neue Fenster genau über dem ersten. Um das Fenster zu verschieben, verwenden Sie die in WINDOWS™ üblichen Verfahrensweisen.

Das Kennwertfenster für die Ausgangsspannung erzeugt man wieder mit **A**nalyse | **K**ennwerte. Nach Anwahl von U"R1"[V] in der Listbox werden die zugehörigen Kennwerte angezeigt. Nach Umordnung und Veränderung der Größe der Grafikfenster erhalten Sie auf Ihrem Monitor die obige Grafik.

Mit **B**earbeiten | **K**opieren oder **B**earbeiten | **K**opieren alle können Sie das aktuelle Fenster oder die gesamte Arbeitsfläche in die WINDOWS™-Zwischenablage kopieren und dann in einer beliebigen anderen WINDOWS™-Applikation (z. B. Textverarbeitung, Zeichenprogramme) einbinden.

7. PID-Regelkreis (QUICK3.SML)

7.1 Gegenstand der Simulation

Es soll das Einschwingverhalten eines einfachen P(I)(D)-Regelkreises als Reaktion auf ein sich sprungförmig änderndes Eingangssignal untersucht werden. Dabei werde der zu regelnde Prozeß als PT_2-Glied mit den Kenngrößen

- statische Verstärkung K_S
- Streckenzeitkonstante T_S
- Streckendämpfung D_S

beschrieben.

7.2 Modellbildung

Den Ausgangspunkt für die simulationstechnische Umsetzung des zu betrachtenden Sachverhaltes bildet ein entsprechendes Signalflußbild. Die Modellierung erfolgt mit Hilfe des *SIMPLORER*-Signalflußgraphensimulators. Die Darstellung der regelungstechnischen Zusammenhänge basiert im wesentlichen auf den in der Kybernetik üblichen Modellen linearer/nichtlinearer Übertragungsglieder (P-, I-, D-Glied, G(p) bzw. G(s), G(z),... usw.) . Eine Auflistung und Erläuterung aller in Simplorer verfügbaren Elemente (Blöcke) finden Sie im *SIMPLORER*-Referenzhandbuch.

Abb. 7.1 zeigt das Signalflußbild des zu modellierenden Regelkreises. Die Kenngrößen des Prozesses liegen bei K_S=4.87, T_S=2.5s, D_S=1. Für die Reglerverstärkung (P-Anteil) sei zunächst ein Wert von Kp=0.5 festgesetzt, I- und D-Anteil werden vorerst bei Null belassen.

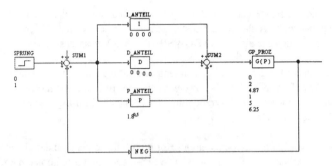

Abb.7.1 Simulierter Regelkreis als PROTEL® Eingabe

7.3 Projekt laden

Nachdem Sie *SIMPLORER* aufgerufen haben laden Sie mit **Datei | Öffnen** und Auswahl der Datei **QUICK3.SML** (bzw. QUICK3.IDL) in der Datei-Öffnen-Box die vorbereitete Beispieldatei als aktuelles Projekt. Sollten Sie noch das vorhergehende Beispiel oder ein anderes Projekt geöffnet haben, können Sie mit **Datei | Schließen alle** das vorherige Projekt beenden.

7.4 Arbeiten mit dem Signalflußgraphendialog

Unter der Rubrik **Blöcke** des Signalflußgraphendialog (Eingabedialog für Signalflußgraphen) finden Sie der Reihe nach alle Elemente entsprechend unseres eingangs betrachteten Beispiel-Signalflußgraphen vor. Wichtig ist in diesem Zusammenhang, daß die Abarbeitungsreihenfolge des Signalflußgraphen von Ihnen selbst festgelegt werden muß. Zudem wird im Dialog immer die Angabe eines Vorgängerblockes gefordert, sodaß die Abarbeitung explizit definiert wird.

Eine sogenannte Blockschrittweitenfunktion (untere Rubrik des Signalflußgraphendialogs) faßt alle Blöcke, welche mit der gleichen Abtastzeit T_a abgetastet werden, zusammen. In unserem einfachen Beispiel existiert nur eine einziger solcher Signalflußgraph, der alle Blöcke von 'SPRUNG' bis 'NEG1' angehören, d.h. sie werden alle mit derselben Abtastzeit berechnet. Die Abtastzeit beträgt in diesem Falle 110 ms. Die Definition von Signalflußgraphen bietet Ihnen die Möglichkeit, auch digitale und analoge Reglerkomponenten gemeinsam zu simulieren, indem die Abtastzeiten für einzelne Blockgruppen geeignet festgelegt werden.

Durch Betätigen der entsprechenden Buttons können Sie

- Blöcke neu vereinbaren,
- Parameter eines bereits vorhandenen Blockes ändern,
- den Typ und die Parameter eines bereits vorhandenen Blockes ändern,
- in die bereits bestehende Blockstruktur einen weiteren Block einfügen,
- einen Block aus der bestehenden Blockstruktur löschen.

Dasselbe gilt analog für die Signalflußgraphen. Ein Doppelklick auf einen Block bzw. eine Reglerfunktion bewirkt in beiden Fällen den Übergang in den Änderungsmodus. Vorgenommene Änderungen können über **D**atei | **S**ichern alle oder **D**atei | **S**ichern alle als unter Angabe eines Dateinamens abgespeichert werden.

7.5 Starten des Simulationslaufes

Mit **S**imulator | **A**usgaben/Integr. können Sie sich die Liste der für die grafische Ausgabe vorgesehenen Größen überprüfen oder ändern. Im Signalflußgraphensimulator werden interessierende Signale durch Angabe des jeweiligen Blocknamens spezifiziert. Sind, wie im Beispiel die Signale Führungsgröße, Stellsignal und Regelgröße von Interesse, so ergeben sich die folgenden Korrespondenzen:

darzustellendes Signal	zu spezifizierender Blockname
Führungsgröße	SPRUNG
Stellsignal	SUM2
Regelgröße	GP_PROZ

Nach Abschluß der notwendigen Eingaben starten Sie den Simulator mit **S**imulator | **S**tart.

7.6 Simulationsergebnisse

Die Simulationsergebnisse werden wieder in der Sofortgrafik dargestellt. Im Beispiel kann anhand der gewählten Ausgaben das Einschwingverhalten des betrachteten Regelkreises verfolgt werden (Abb. 7.2).

11 SIMPLORER

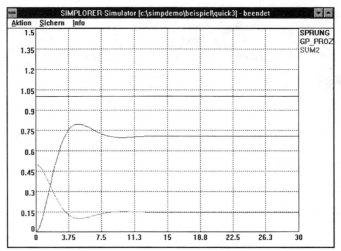

Abb.7.2 Simulationsergebnis Regelkreis

Ist eine detailliertere Auswertung der Simulationsergebnisse erforderlich, kann dies unter Verwendung des Postprozessors *DAY* geschehen. In diesem Falle stehen jedoch die prinzipiellen Eigenschaften von *SIMPLORER* zur Parametervariation und zur Unterstützung des Reglerentwurfes im Vordergrund, weshalb auf eine Auswertung mittels *DAY* verzichtet werden soll.

7.7 Simulation mit veränderten Modellparametern

Das Regelverhalten läßt sich natürlich noch durch Einstellregeln verbessern. Ein geeigneter Parametersatz zur Lösung des Problems ist:

```
P_ANTEIL  =  0.61
I_ANTEIL  =  0.13
D_ANTEIL  =  0.75
```

Geben Sie bitte im Signalflußgraphendialog die neuen Parameter ein und starten Sie die Simulation nochmals. Bitte beachten Sie, daß vor erneutem Simulationsbeginn der evtl. noch laufende Simulatorprozeß beendet werden muß. Sie sollten mit diesen Reglerparametern das in Abb. 7.3 dargestellte Einschwingverhalten der Anordnung erreichen.

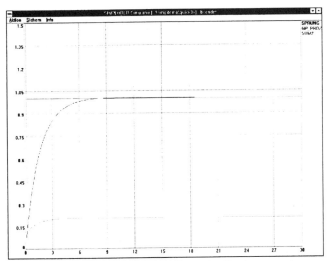

Abb.7.3 Simulationsergebnis mit verbesserten Reglerparametern

Obwohl es für diesen Fall sehr einfach ist, analytisch eine optimale Lösung für den Regler zu finden, sollen an diesem Beispiel weitere Möglichkeiten zur Optimierung aufgezeigt werden, die *SIMPLORER* aufgrund seiner Auslegung auf ingenieurgerechte Arbeitsweisen anbietet.

7.8 Multisimulation

In *SIMPLORER* ist es sehr einfach, die Auswirkungen von Parametervariationen für bestimmte Systemkomponenten zu analysieren. Zu diesem Zweck ist es nur erforderlich, eine sog. Multisimulationsdatei zu schreiben, in der dem System die zu ändernden Parameter mitgeteilt werden. Mit der Multisimulation können sowohl Bauelementeparameter als auch die Parameter von Blöcken, Zeitfunktionen und Kennlinien verändert werden. Sogar die Integrationsparameter bis hin zur Schrittweite sind auf diese Weise beeinflußbar.

Nehmen wir einfach an, daß der D-Anteil und der P-Anteil in der Nähe der optimalen Werte liegen (P_ANTEIL=0.61, D_ANTEIL=0.75) und es soll der Einfluß des I-Anteils untersucht werden.

Mit Hilfe eines beliebigen Texteditors oder des *SIMPLORER*-eigenen SML- bzw. IDL-Editors, wird folgende Datei erzeugt:

Lauf:1
p01"I_ANTEIL":=0.01
Lauf:2
p01"I_ANTEIL":=0.1
Lauf:3
p01"I_ANTEIL":=0.13
Lauf:4
p01"I_ANTEIL":=0.2
Lauf:5
p01"I_ANTEIL":=0.3

und unter **QUICK3.MUS** abgespeichert. Bevor nun der Simulator erneut gestartet wird, muß im Simulatoroptionsdialog (**Optionen | Simulator**) die Multisimulation durch aktivieren der entsprechenden Checkbox erlaubt werden. Andernfalls wird eine vorhandene Multisimulationsdatei ignoriert.

Die on-line-Grafik sollte mit der eingegebenen Multisimulationsdatei das in Abb. 7.4 dargestellte Verhalten des Regelkreises in Abhängigkeit vom I-Anteil zeigen.

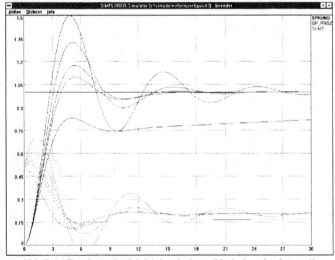

Abb.7.4 Ergebnis der Multisimulation - Variation des I-Anteils

7.9 Optimierung des PID-Regelkreises mit dem *SIMPLORER*-Optimizer

7.9.1 Gegenstand der Optimierung

Der *SIMPLORER*-Optimizer erlaubt es, auch sehr komplexe Zusammenhänge ohne eine analytische Lösungsmöglichkeit zu einer optimalen Lösung zu führen. Es ist möglich, durch die Definition bestimmter Zielfunktionen (Gütekriterien) den Rechner innerhalb eines Toleranzbandes nach optimalen Parametervariationen suchen zu lassen. Dies soll an dem bisher bereits verwendeten Regelkreis gezeigt werden.

Als Ausgangspunkt für die Ermittlung der optimalen Reglerparameter liegt der P-Anteil bei 612m, der D-Anteil bei 687m und der I-Anteil vorerst bei Null.

7.9.2 Optimierungsaufgabe und Optimierungskriterien

Die Übertragungsfunktion der Regelstrecke G(p) ist fest vorgegeben. Der Regelstrecke zugeordnet ist ein Regler, dessen Übertragungsfunktion in weiten Grenzen frei wählbar ist. Der Regler ermöglicht eine Korrektur der stationären und dynamischen Eigenschaften mit dem Ziel einer hohen Güte des Gesamtsystems.

Zur Kennzeichnung der Güte eines Regelverlaufes durch einen Zahlenwert dienen die Integralkriterien, die oft auch als Regelflächen bezeichnet werden. Eine Regelfläche bewertet den gesamten zeitlichen Verlauf der Regeldifferenz e(t), die sich infolge eines zum Zeitpunkt t_0 einsetzenden Sprunges der Führungsgröße einstellt.

Die Parameter des PID-Reglers sollen nun derart bestimmt werden, daß die Regeldifferenz bei einem Sprung der Führungsgröße minimal wird. In diesem Beispiel sollen dazu einerseits die betragslineare Regelfläche und andererseits die quadratische Regelfläche als Gütekriterien dienen.

7.9.3 Strategie und Realisierung

Laden Sie mit **Datei** | **Öffnen** das Beispiel **QUICK31.SML** (QUICK3.IDL) aus dem Unterverzeichnis **OPTIM** als aktuelles Projekt. Für dieses Beispiel ist eine Optimierung bereits vorbereitet und kann aufgerufen werden. Der Optimierungsmodul wird mit **Tools** | **Optimierung** aufgerufen. Es erscheint ein Dialog, der zur Verwaltung und Bearbeitung der in der Optimierung erstellten Tasks dient. Die zu diesem Projekt schon definierten Tasks stehen in alphabetischer Reihenfolge in der Taskliste.

Durch Betätigen der entsprechenden Buttons können Tasks

- neu erstellt werden,
- in allen Parametern und Zielfunktionen geändert werden,
- mit allen Parametern und Zielfunktionen gelöscht werden,
- in die Jobliste zur Abarbeitung eingetragen werden
- aus der Jobliste entfernt werden

Ist mindestens eine Task in der Jobliste eingetragen, wird der Start der Optimierung ermöglicht. Dazu dient der Button [Start]. Über [Beenden] wird der Optimierungsmodul verlassen und zur Simplorer-Shell zurückgekehrt (Abb. 7.5).

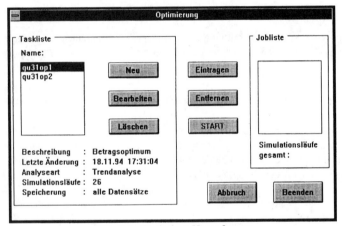

Abb.7.5 Optimizer-Hauptfenster

Der P-Anteil mit 612m und der D-Anteil mit 128m sollen als optimal gefundene Parameter vorausgesetzt werden. Mit Hilfe einer Trendanalyse wird der noch nicht gefundene Wert für den I-Anteil in den Grenzen von 50m bis 500m mit einer gewissen Schrittweite gleichverteilt variiert. Dazu werden dem Simulator die jeweiligen Parameterwerte automatisch zur Verfügung gestellt, und die bei jedem Simulationslauf ermittelten Werte der Gütekriterien in einer Datenkennsatzdatei mit dem jeweiligen Namen der Task gespeichert. Die Gütekriterien - betragslineare Regelfläche und quadratische Regelfläche - sind im Zustandsgraphenmodul als Macros vereinbart und werden über ihre Namen in die Optimierung eingebunden.

In der ersten Task **qu31op1** wird das Gütekriterium betragslineare Regelfläche (IAE - integral absolut error) untersucht, in der zweiten Task **qu31op2** das Gütekriterium quadratische Regelfläche (ISE - integral squared error). Für beide Kriterien wird das Minimum gesucht, wobei man feststellen wird, daß die Kriterien den Regelverlauf unterschiedlich bewerten.

Hat man eine optimale Lösung für den Parameter gefunden, so liegt es im Ermessen des Ingenieurs, diesen Wert noch einer anderen Verteilung oder auch einer anderen Analyse zu unterziehen.

7.9.4 Erstellen und Bearbeiten von Tasks

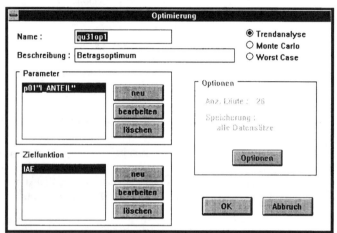

Abb.7.6   Eingabe der Daten für das Betragsoptimum

Wird eine Task bearbeitet oder neu erstellt, erscheint der in Abb. 7.7 dargestellte Dialog. Eine Task wird durch ihren Namen und ihre Analyseart repräsentiert. Von hier aus können alle Einstellungen zu Parametern mit ihren Verteilungen, zu den Zielfunktionen und ihren Grenzen und zu möglichen Optionen vorgenommen werden.

Beachte !   **Der Wechsel zwischen den Analysearten kann aufgrund der unterschiedlichen Angaben zu den Parametern und Zielfunktionen zum Verlust von notwendigen Kenndaten führen. Deshalb beim Wechsel Parameter und Zielfunktionen nochmals bearbeiten oder löschen und neu erstellen!**

Optionen sind für die Monte-Carlo-Analyse und die Worst-Case-Analyse wählbar. Um die große Menge an anfallenden Daten mit geringem Aufwand auswerten zu können, ist es möglich, die erzeugten Datensätze schon während der Optimierung zu selektieren. Folgende Speicheroptionen sind abhängig von der Analyseart verfügbar:

  (1)   alle Datensätze
  (2)   alle zulässigen Lösungen
  (3)   alle nichtzulässigen Lösungen
  (4)   die Paretomenge .

7.9.5 Starten der Optimierung

Nachdem alle Festlegungen für den Optimierungslauf getroffen wurden, kann die Optimierung gestartet werden. Dazu markieren Sie die gewünschte Task und betätigen den Button **Eintragen**. Der Optimizer wurde so ausgelegt, daß auch mehrere Tasks eingetragen werden können und somit beispielsweise über Nacht verschiedene Optimierungsaufgaben quasi im Batch-Mode berechnet werden.

Tragen Sie bitte beide Tasks in die Jobliste ein und starten Sie die Optimierung mit **Start**. Diese Berechnung, in deren Verlauf der Simulator automatisch immer wieder mit geänderten Parametern aufgerufen wird, dauert auf einem 486/66 ca. 5 Minuten, also haben Sie bitte etwas Geduld.

7.9.6 Auswertung der Optimierungsergebnisse

Nach Beendigung der Optimierung sind alle Ergebnisse in einer Kennsatzdatei mit dem Namen der Task gespeichert, die mit Hilfe des Postprozessors *DAY* effektiv ausgewertet werden kann. Dabei müssen die interessierenden Parameter und Zielfunktionen nicht als Ausgabe vereinbart sein, sie werden automatisch in dieser Datei abgespeichert.

Als Ergebnis der Task **qu31op1** ist in der folgenden Graphik (Abb. 7.6) das Gütekriterium betragslineare Regelfläche (IAE) als Funktion des Parameters I_ANTEIL dargestellt. Es ist deutlich ein Minimum im Verlauf der Kurve zu erkennen, für das der Wert des Parameters zu 140m bestimmt wurde.

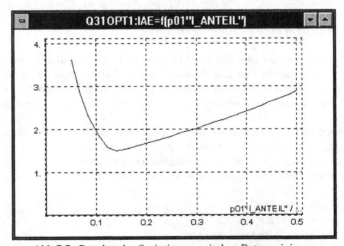

Abb.7.7 Resultat der Optimierung mit dem Betragminimum

Im Ergebnis der Task **qu31op2** soll dargestellt werden, wie das Kriterium quadratische Reglfläche (ISE) den Regelverlauf bewertet. Der Wert für den Parameter I_ANTEIL wird hier bei 185m beim Minimum des Gütekriteriums gefunden.

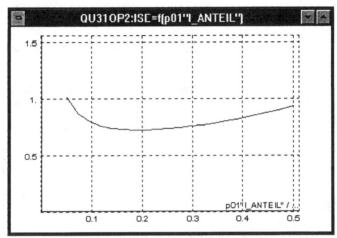

Abb.7.8 Resultat der Optimierung mit quadratischer Regelfläche

7.10 Regelungstechnische Untersuchung des PID-Regelkreises mit dem *SIMPLORER*-Frequenzgangmodul

7.10.1 Gegenstand der Frequenzganganalyse

Bei einer Frequenzganganalyse wird das Verhalten eines Systems als Funktion der Frequenz berechnet. Die Analyse im Frequenzbereich ist ein weit verbreitetes Hilsmittel zur Bestimmung von Systemeigenschaften. Diese Analyse wird von *SIMPLORER* auf zwei verschiedene Arten wirkungsvoll unterstützt, einerseits analytisch und andererseits simulativ. Während der analytische Weg eine bekannte Übertragungsfunktion voraussetzt, stützt sich die simulative Frequenzganganalyse auf ein mit *SIMPLORER* erstelltes und erprobtes Modell eines Systems.

Als Beispiel dient wieder der schon mehrfach verwendete geregelte Prozeß. Die Kenngrößen des Prozesses seien wieder $K_s=4,87$, $T_s=2,5$ und $D_s=1$. Die Reglerparameter liegen für den P-Anteil bei 612m, den D-Anteil bei 687m und den I-Anteil bei 128m.

Um dieses Beispiel zu aktivieren, öffnen Sie bitte die Datei **QUICK32.SML** (QUICK32.IDL) aus dem Unterverzeichnis **FREQU** als aktuelles Projekt.

7.10.2 Analytische Frequenzganganalyse

Der Aufruf der analytischen Frequenzganganalyse erfolgt über **T**ools | **F**requenzgang | **a**nalytisch, wobei der in Abb. 7.9 dargestellte Dialog geöffnet wird.

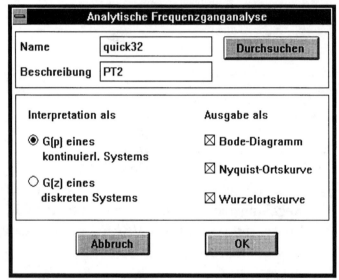

Abb.7.9 Eingabedialog zur analytischen Frequenzganganalyse

Von hier aus kann gewählt werden, ob das System als kontinuierliches oder diskretes System interpretiert werden soll und ob das Bode-Diagramm und/oder die Nyquist-Ortskurve und/oder die Wurzelortskurve als Sofortgrafik ausgegeben werden soll. Im Beispiel **QUICK32.SML** wurde die Übertragungsfunktion G(p) für den geschlossenen Regelkreis folgendermaßen berechnet:

$$G(p) = \frac{1 + 4.78p + 5.36719p^2}{1 + 6.3847p + 13.388p^2 + 10.026p^3} \tag{3}$$

Die Eingabe der Zähler- und Nennerkoeffizienten erfolgt in Anlehnung an den Signalflußgraphenmodul. Zum Bode-Diagramm und zur Nyquist-Ortskurve kann über **Bearbeiten** | **Bild speichern** eine Datensatzdatei erzeugt werden, die dann mit Hilfe des Postprozessors *DAY* für eine spätere Auswertung bereit steht.

7.10.3 Simulative Frequenzganganalyse

Diese Art der Ermittlung des Frequenzganges ist mit der experimentellen Vorgehensweise der Praxis zu vergleichen. Das zu untersuchende System wird nacheinander mit sinusförmigen Signalen beaufschlagt. Man bestimmt als Kennfunktion das Verhältnis der Amplituden der Ausgangsgröße (Wirkung) zu denen der Eingangsgröße (Ursache), den sogenannten Amplitudengang und die Phasenverschiebung zwischen Ausgangs- und Eingangssignal, den sogenannten Phasengang. Der Frequenzgang berücksichtigt eventuelle Ausgleichsvorgänge; nach Anlegen der sich sinusförmig ändernden Eingangsgröße wird die Einschwingzeit abgewartet, bevor mit der Messung des Frequenzganges begonnen wird.

Voraussetzung für eine solche Analyse ist es, daß sich im Modell eine Quelle mit dem Namen SINUS befindet, die auch als Zeitfunktion ein sinusförmiges Signal mit einer Phasenverschiebung und einem Offset von Null ist.

Beachte !   **Im Modell des Systems muß eine sinusförmige Quelle mit dem Namen SINUS enthalten sein!**

Bei Aufruf der simulativen Frequenzganganalyse über **Tools | Frequenzgang -> simulativ** erscheint ein Dialog ähnlich dem Optimizer, in dem verschiedene Tasks erstellt und bearbeitet werden können. Der Start der Frequenzganganalyse erfolgt über den Button [Start].

7.10.4 Bearbeiten einer Task zur simulativen Frequenzganganalyse

Als Parameter wird diejenige Größe angegeben, für die der Frequenzgang berechnet werden soll. In einem entsprechenden Dialog (über die Buttons [Neu] bzw. [Bearbeiten] zu erreichen) muß dieser Parameter definiert worden sein. Im Beispiel **QUICK32.SML** ist der Parameter das Ausgangssignal der Regelstrecke (Übertragungsfunktion G(p)).

Ein zu beachtender Faktor ist die Dauer des Einschwingvorganges, die abhängig von der Eingangserregung verschieden sein wird. Der eingeschwungene Zustand kann also sicher erreicht werden, wenn die Simulationsendzeit genügend groß gewählt wird. Um aber nicht unnötig lange zu simulieren, besteht hier die Möglichkeit, den eingeschwungenen Zustand auf die Parametergröße abgestimmt zu definieren und zwar derart, daß sich die Amplitudenwerte nicht mehr als einen gewissen Prozentsatz zueinander unterscheiden und eine gewisse Anzahl Perioden in diesem Zustand durchlaufen wurden. Zu diesem Zeitpunkt wird dann der aktuelle Simulationslauf abgebrochen und der neue Simulationslauf aufgerufen.
Innerhalb der Frequenzganganalyse wird der Zustand des Systems mit Hilfe eines Zustandsgraphens überwacht, der in den Makros **FREQU1.SML** bzw. **FREQU2.SML** (bzw. .IDL)vereinbart ist. Gleichzeitig ist es möglich, mit diesem Zustandsgraphen eine Anpassung der Schrittweiten für den Simulator vorzunehmen. Die beiden angebotenen Makros unterscheiden sich nicht in der Art und Weise der Berechnung des Frequenzganges, nutzen jedoch

verschiedene Algorithmen der Schrittweitensteuerung. Bei Verwendung des Makros **FREQU1.SML** (.IDL) ist es notwendig, alle Angaben zur Start- und Stopfrequenz anzugeben. Hier erfolgt die Anpassung der aktuellen Schrittweiten innerhalb der vorgegebenen Grenzen. Da es aber auch vorkommt, daß man die Simulatorschrittweiten und die Simulationsendzeit der Stopfrequenz nicht kennt oder noch nicht abschätzen kann, werden innerhalb des Makros **FREQU2.SML**(.IDL) diese Werte nur in Abhängigkeit der aktuellen Frequenz mit einem Skalierungsfaktor beaufschlagt. Die Endzeiten dieser Werte (bei der Stopfrequenz) sind also nicht direkt beeinflußbar.

Das gewählte Makro wird während der Compilierung automatisch in das SML(IDL)-File eingebunden. Es ist nur notwendig, die jeweilige Pfadangabe für das Makro zu aktualisieren (über *Pfad ändern*).

7.10.5 Einstellen aller Frequenz- und Schrittweitenparameter

Der in Abb.7.10 dargestellte Dialog dient einer möglichst optimalen Steuerung der Frequenzganganalyse.

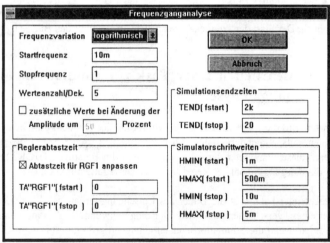

Abb.7.10 Parameterdialog zur simulativen Frequenzganganalyse

Für den Parameter GP_PROZ (Ausgangssignal der Regelstrecke) soll eine Frequenzganganalyse zwischen 10mHz und 1Hz erfolgen, wobei die Frequenzvariation logarithmisch mit 5 Werten pro Dekade erfolgt. Zusatzfrequenzen werden keine eingeschoben, da die Checkbox "Zusatzwerte" nicht aktiviert ist.

Die Reglerabtastzeit wird für die Reglerfunktion 1 angepaßt, hier aber trotzdem zu Null gesetzt. Die Simulationsendzeiten, die minimale und maximale Simulatorschrittweite werden für die Start- und Stopfrequenz angegeben.

fstart:	Startfrequenz
fstop:	Stopfrequenz
TEND(fstart):	Simulationsendzeit der Startfrequenz
TEND(fstop):	Simulationsendzeit der Stopfrequenz
HMIN(fstart):	minimale Simulatorschrittweite der Startfrequenz
HMAX(fstart):	maximale Simulatorschrittweite der Startfrequenz
HMIN(fstop):	minimale Simulatorschrittweite der Stopfrequenz
HMAX(fstop):	maximale Simulatorschrittweite der Stopfrequenz
TA"RGF1"(fstart):	Abtastzeit der Reglerfunktion 1 bei der Startfrequenz
TA"RGF1"(fstop):	Abtastzeit der Reglerfunktion 1 bei der Stopfrequenz

7.10.6 Auswertung der Ergebnisse

Mit Hilfe der Postprozessors *DAY* können die gewonnenen Simulationsergebnisse so aufbereitet werden, daß die Darstellung als Bode-Diagramm und Nyquist-Ortskurve erfolgen kann. Sinnvoll ist auch eine Umrechnung in andere Einheiten (z.B. db oder grd).

Starten Sie den Postprozessor über **Tools** | **Postprozessor**, schließen Sie die angezeigte Projektdateibox und laden Sie die Datei **Q32FRG1.MDK** mit **Datei** | **Laden**. Nach der Simulation enthält dieser Datensatz drei Kanäle, und zwar die Frequenz, den Amplituden- und den Phasengang. Durch Erzeugen neuer Kanäle mit Hilfe des Kanalrechners ist es möglich, die Kreisfrequenz und den Real- und Imaginärteil des Amplitudenganges zu berechnen.

In Abb 7.11 ist der Amplituden- und der Phasengang in Abhängigkeit der Kreisfrequenz Omega dargestellt. Ein Vergleich zur analytischen Frequenzganganalyse ist möglich, wenn die dortigen Ergebnisse ebenfalls abgespeichert wurden, zum Beispiel unter dem Namen **Q32BODE.MDK**. Durch Laden dieser Datei ist ein direkter Vergleich mit den analytischen Ergebnissen möglich.

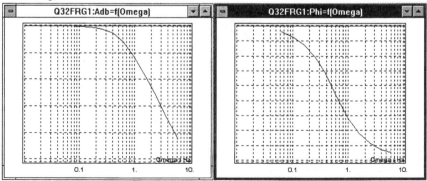

Abb.7.11 Amplituden- und Phasengang des geschlossenen Regelkreises

10. Zusammenfassung

Wir hoffen, Ihnen mit diesem Quickstart einen kleinen Einblick in die Funktionalität und die Anwendungsbereiche von *SIMPLORER* gegeben zu haben. Bitte haben Sie Verständnis für die etwas knappe Form der Darstellung der Möglichkeiten, doch es soll Ihnen mit diesem Heft eine kurze und prägnante Einführung in das System gegeben werden. Eine ausührliche Dokumentation alle verfügbaren Eigenschaften ist im *SIMPLORER* Referenzhandbuch enthalten.

Sollten während oder nach der Lektüre Fragen aufgetreten sein, wenden Sie sich bitte an unseren Support, wir werden uns bemühen, Ihre Probleme so schnell und umfassend als möglich zu klären.

SIMEC **GmbH & Co KG**
Simulations- und Automatisierungstechnik
Bernsdorfer Straße 210/212
D-09126 Chemnitz

Telefon:	+49 (0)371 5221 231
Telefax:	+49 (0)371 5221 100
E-Mail:	73474.30963@compuserve.com

Übrigens:

Ihre Meinung ist uns wichtig! Für Kritiken und Vorschläge haben wir stets ein offenens Ohr. Sollten Sie Anregungen haben, wie unsere Software oder auch die Dokumentation noch besser an Ihre Bedürfnisse angepaßt werden kann, informieren Sie uns. Wir werden uns bemühen, so viel wie möglich von Ihren Ideen in das System einzubringen.

Die Übergangsbedingung stellt eine Schwelle dar, bei der die vorhergehenden Zustände deaktiviert (d. h. die systembestimmenden Eigenschaften dieser Zustände sind nicht mehr gültig) und alle nachfolgenden Zustände aktiviert werden (d. h. die Eigenschaften dieser Zustände beschreiben nunmehr das Systemverhalten).

Der Übergang erfolgt sprunghaft und nur dann, wenn die Übergangsbedingung den logischen Wert **WAHR** hat und alle Vorgängerzustände aktiv sind. Zur Formulierung der Übergangsbedingung können sowohl logische als auch arithmetische Verknüpfungen und Vergleichsoperatoren verwendet werden.

Die Eigenschaften der Zustände werden in *SIMPLORER* Aktionen genannt. Dabei werden verschiedenen Aktionstypen unterschieden. Die Beutung der Aktionstypen ist in folgender Tabelle dargestellt:

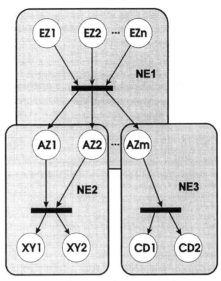

Abb.8.1 Struktur von Zustandsgraphen

Aktionstyp (alt)	Aktionstyp (neu)	Beschreibung
/1/	CALC:	Permanentes Berechnen einer Variable mit jedem Rechenschritt
/2/	STEP:	Schrittweises Berechnen einer Variablen mit jedem gültigen Rechenschritt
/3/	SET:	Einmaliges Setzen einer Variable zum Aktivierungszeitpunkt eines Zustandes
/4/	DEL:	Setzen eines Timers (DELay), d. h. die Variable wird nach Ablauf der Zeit, die auf der rechten Seite der Zuweisung steht auf wahr gesetzt
/5/	DIS:	Anzeigen des Wertes einer Variablen im Simulator-Statusfenster
/6/	TXT:	Anzeigen des Strings im Simulator-Statusfenster

Die Netzstruktur wird durch Aneinanderreihen von Netzelementen definiert. Dabei bilden Ausgangszustände eines Netzelementes Eingangszustände des anderen Netzelementes (Abb. 8.1). Es können die verschiedensten Topologien für die Zustandsgraphen verwendet werden. Sowohl Verzweigungen, Synchronisationen , Ketten und Ringstrukturen sind möglich. Darüber hinaus ist es möglich, verschiedene Prozesse parallel laufen zu lassen. In diesem Falle kann durch eine Priorisierung eine Reihenfolge der Berechnung der Übergangsbedingungen erzwungen werden, andernfalls werden die Zustände und Übergangsbedingungen in der Reihenfolge ihrer Eingabe abgearbeitet.

Zu Beginn der Simulation ist es erforderlich, dem Simulationssystem mitzuteilen, in welchem Zustand sich der Zustandsgraph gerade befindet. Diese Zustände werden als Initialzustände bezeichnet und werden durch ein an den Zustandsnamen angehängtes /**M** gekennzeichnet.

8.3 Modellierung

Das elektrische Netzwerk wird als elektrisches Ersatzschaltbild modelliert (Abb. 8.2). Die Thyristoren sind in diesem Falle als Zweipole mit einem logischen Steuereingang dargestellt. Die Beschreibung der nichtlinearen Eigenschaften wird mit Hilfe einer *SIMPLORER*-Kennlinie im leitenden Bereich als Exponentialfunktion nachgebildet und im nichtleitenden Bereich als hochohmiger Widerstand.

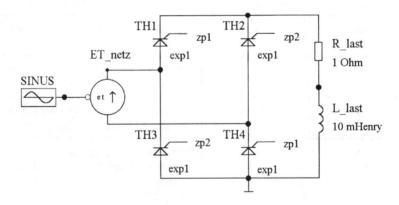

Abb.8.2 Elektrische Ersatzschaltung

Der Ist-Laststrom (i"l_last") dient als Ausgangspunkt für die Reglereingangsgrößen. Er wird, bevor er dem Regler als Ist-Wert zur Verfügung steht, in einem Hilfszustandsgraphen in einen Mittelwert umgerechnet. Die Funktionsweise des Graphen soll hier nicht erläutert werden, es sei nur bemerkt, daß die Integration mittels der Trapezformel nachgeahmt wurde. Dieser Mittelwert (**imittel**) ist nunmehr Eingangsgröße für den Signalflußgraphen. Nicht im Signalflußgraphen definierte Größen (z. B. Ströme oder Spannungen) werden über den externen Block in den Regler eingespeist (in diesem Falle **imittel** als Ist-Mittelwert, siehe Abb. 8.3). Der Regler bildet einen im nachgeschalteten Ansteuergerät verwendbaren Sollwert **begr**. Die theoretischen Grundlagen zur Umwandlung des Reglerausgangs in den Ansteuerwert werden an dieser Stelle nicht erläutert, es sei auf einschlägige Fachliteratur verwiesen.

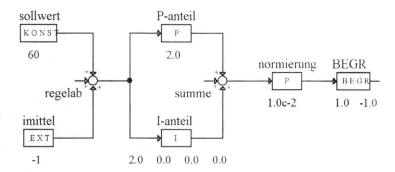

Abb.8.3 Modellierung der Reglerkomponente

Das Reglerausgangssignal wird in der Variablenwertzuweisung in ein Zündwinkelsignal transformiert. Dieses Signal wird zu jedem Berechnungszeitpunkt unabhängig von der Netztopologie aus dem Regler übernommen und umgerechnet. Während der Anlaufphase wird der Zündwinkel von einem Maximalwert in einer einstellbaren Anzahl von Perioden (anzper) heruntergefahren, bis der vom Regler berechnete Zündwinkel größer als der vom Anlaufvorgang vorgegebene ist (Abb. 8.2, 8.4). Dieses kleine Steuernetz ist also lediglich dafür zuständig, den Übergang vom gesteuerten Anlauf in die geregelte Phase zu überwachen.

11 SIMPLORER

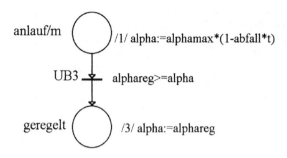

Abb.8.4 Zustandsgraph zur Modellierung der Anlaufsteuerung

Die eigentliche Steuerung der Thyristorgruppen wird von zwei zyklischen Zustandsgraphen übernommen (Abb. 8.5). Dieser Graph ist für beide Thyristorgruppen identisch, lediglich die Übergangsbedingung vom Zustand **Warten** in den Zustand **Verzögern** ändert sich. Der Zyklus startet im Zustand **Warten** (Warten auf den natürlichen Zündzeitpunkt). In diesem Zustand wird das Ansteuersignal zp1 für die erste Thyristorgruppe auf **AUS** gesetzt. Nach Erreichen des natürlichen Zündzeitpunktes (Nulldurchgang der speisenden Spannung mit positivem bzw. negativem Anstieg) geht die Steuerung in den nächsten Zustand über - **Verzögern**. In diesem Zustand wird solange verharrt, bis der vom Regler bzw. der Anlaufsteuerung vorgegebene Zündwinkel erreicht und die minimale Zündverzögerung (**lamin1**) überschritten ist. Nachdem die Zündpulsdauer verstrichen ist, erfolgt wieder der Übergang in den Zustand **Warten**.

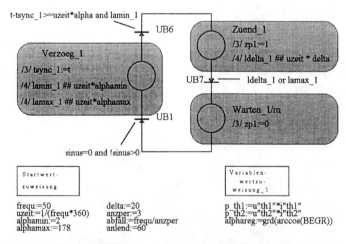

Abb.8.5 Modellierung des Ansteuergerätes unter Verwendung eines Zustandsgraphen

Nach dem Start von *SIMPLORER* gelangen Sie mit **Datei | Öffnen** in die File-Open-Box. Wechseln Sie in das SIMPLORER-Demoverzeichnis und öffnen Sie das Projekt **QUICK4.SML** (QUICK4.IDL) und starten Sie die Simulation, wie schon in den vorhergehenden Beispielen.

8.4 Simulationsergebnisse

Die Betrachtung der dargestellten Größen verdeutlicht das auch am realen Prozeß zu beobachtende Zusammenwirken von Ansteuergerät und Regelsystem, welches in der *SIMPLORER*-Simulation durch die Kopplung von Zustandsgraphen- und Signalflußgraphensimulator in effektiver sowie einfacher Art und Weise nachgebildet werden kann.

Anfangs wird der Zündwinkel **alpha** ausschließlich von der Anlaufsteuerung vorgegeben. Anschließend greift die Regelung in die Zündwinkelbestimmung ein und es wird ein verhältnismäßig konstanter Strommittelwert erzeugt.

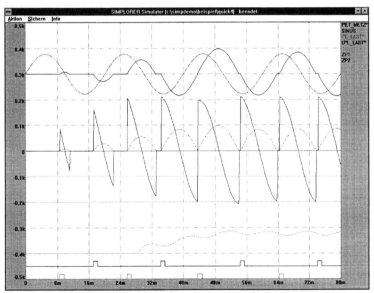

Abb.8.6 Simulationsergebnis für das geregelte System

9. Überblick Modellierungsmöglichkeiten

Die große Zahl der in *SIMPLORER* verfügbaren Modellierungsmöglichkeiten kann hier natürlich nur in Auszügen vorgestellt werden. Eine vollständige Beschreibung aller Modellierungsmöglichkeiten ist im *SIMPLORER*-Referenzhandbuch bzw. Arbeitsbuch enthalten. Bei speziellen Fragen wenden Sie sich bitte an unsere Supportadresse.

SIMPLORER verfügt über 5 wesentliche Modellierungsmöglichkeiten und mehrere Tools zu deren Unterstützung.

9.1 Modellierung elektrischer Netzwerke mit konzentrierten Bauelementen

Kennung	Schaltelement	einzugebende Parameter					
		Wert	Anfangswert	Funktion	Kennlinie	Ansteuergröße	Steuerzweig
r	linearer Widerstand	X					
r#	nichtlinearer Widerstand				X		
rt	zeitabhängiger Widerstand			X			
r&	formelgesteuerter Widerstand			X			
gu#	nichtlinear spannungsgest. Leitwert				X		X
c	linearer Kondensator	X	X				
c#	nichtlinearer Kondensator		X		X		
ct	zeitabhängiger Kondensator		X	X			
c&	Formelgesteuerte Kapazität			X			
l	lineare Spule	X	X				
l#	nichtlineare Spule		X		X		
lt	zeitabhängige Spule		X	X			

Kennung	Schaltelement	einzugebende Parameter					
		Wert	Anfang swert	Funktion	Kennlinie	Ansteuergröße	Steuerzweig
l&	formelgesteuerte Induktivität			X			
tr	Transistor (statische Kennlinie)				X	X	
th	Thyristor (statische Kennlinie)				X	X	
d	Diode (statische Kennlinie)				X		
gto	GTO (statische Kennlinie)				X	X	
triac	Triac (statische Kennlinie)				X	X	
e	Konstantspannungsquelle	X					
et	zeitabhängige Spannungsquelle			X			
eu	spannungsgesteuerte Spannungsquelle	X					X
ei	stromgesteuerte Spannungsquelle	X		X			X
e&	formelgesteuerte Spannungsquelle						
i	Konstantstromquelle	X					
it	zeitabhängige Stromquelle			X			
iu	spannungsgesteuerte Stromquelle	X					X
ii	stromgesteuerte Stromquelle	X					X
i&	formelgesteuerte Stromquelle			X			
am	Amperemeter (ri = 0)						
vm	Voltmeter (ri = oo)						
s	Schalter (ri = oo oder 0)					X	
eu#	nichtlin. spannungsgest. Spannungsquelle				X		X
ei#	nichtlin. stromgest. Spannungsquelle				X		X

Kennung	Schaltelement	einzugebende Parameter					
		Wert	Anfangswert	Funktion	Kennlinie	Ansteuergröße	Steuerzweig
iu#	nichtlin. spannungsgest. Stromquelle					X	X
ii#	nichtlin. stromgest. Stromquelle					X	X

9.2 Blockschaltbilder/Signalflußgraphen mit rückwirkungsfreien Blöcken

Typ	Bezeichnung
BEGR	Begrenzer
COMP	Komparator
D	Differenzierglied
DIS	Diskretisierglied
DIV	Divisionsglied (in Vorbereitung)
EXT	Zugriff auf externe Größen
FKT	ausgewählte Funktionen
GP	P-Übertragungsfunktion
GZ	Z-(diskrete)-Übetragungsfunktion
I	Integrierglied mit und ohne Begrenzung
KONST	Konstante
MAX	Maximumbildung
MIN	Minimumbildung
MUL	Multiplikationsglied
NEG	Negator

Typ	Bezeichnung
NL	nichtlineare Übertragungskennlinie
NPG	n-Punkt-Glied
NSU1	negative Erstsummation (negative Erstbelegung einer Speicherzelle)
NSUM	negative Aufsummation (Subtraktion einer Speicherzelle)
P	Proportionalglied
PSU1	positive Erstsummation (positive Erstbelegung einer Speicherzelle)
PSUM	positive Aufsummation (Addition einer Speicherzelle)
S&H	Sample & Hold Glied
SPR	Sprungfunktion mit und ohne zeitliche Verzögerung
SPZ	Definition einer Speicherzelle
SUM	Summationsglied
TOT	Totzeitglied
ZPH	Zweipunktglied mit Hysterese

9.3 Zustandsgraphen

Die prinzipielle Wirkungsweise von Zustandgraphen wurde im letzten Beispiel ausführlich diskutiert, deshalb soll an dieser Stelle nicht weiter darauf eingegangen werden. Folgende arithmetischen und logischen Funktionen und Operatoren stehen zur Beschreibung von Übergangsbedingungen und Aktionen zur Verfügung:

Arithmetische Standardfunktionen:

sin	cos	tan	arcsin	arccos	arctan
sinh	cosh	tanh			
sqrt	(Wurzelfunktion)				
squ	(Quadrat)				
exp	(Exponentialfunktion)				
abs	(Betrag)				

ln	(natürlicher Logarithmus)
log	(dekadischer Logarithmus)
rad	(Umrechnung Winkelmaß in Bogenmaß)
grd	(Umrechnung Bogenmaß in Winkelmaß)
mod360	(Modulorechnung zu 360)
mod60	(Modulorechnung zu 60)
int	(ganzzahliger Anteil einer Zahl)
integ	(Integral)
frac	(gebrochener Anteil einer Zahl)
gel50	(Umrechnung grd el. in Sekunden bei 50 Hz)
gel16	(Umrechnung grd el. in Sekunden bei 16 2/3 Hz)
gel	(Umrechnung grd el. in Sekunden bei 1 Hz)
	--> bei der Anwendung für andere Frequenzen mit der Periodendauer multiplizieren)

9.4 Funktionsmodul

Als leistungsfähige Ergänzung der oben genannten Beschreibungssprachen ist in *SIMPLORER* der Formelmodul implementiert. Dieser besteht aus 3 Teilen:

1. Zeitfunktion
2. Kennlinien
3. Formeln

9.4.1 Zeitfunktionen

Dieser Teil übernimmt die Aufgabe eines Funktionsgenerators. In einer Auswahlbox werden folgende Funktionen angeboten:

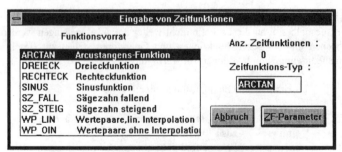

Abb.9.1 Auswahlfenster Funktionsvorrat Zeitfunktionen

Alle Funktionen können hinsichtlich ihrer Parameter frei definiert werden. Jede Funktionsdefinition (außer durch Wertepaare beschriebene) hat nachfolgende prinzipielle Syntax:

fname = ftyp(Frequenz,Periodendauer,Amplitude,Phasenverschiebung,Periodizitätsflag,Offset)

Die Frequenz und Periodendauer können getrennt angegeben werden, um zum Beispiel auch Signalverläufe leistungselektronischer Systeme einfach synthetisieren zu können. Mit dem Periodizitätsflag kann man bestimmen, ob die Berechnung der Funktion nach einer Periode fortgeführt oder auf dem zum Periodenende berechneten Wert weitergeführt werden soll. Der Offset ermöglicht eine Verschiebung der standardmäßig zur Nullachse symmetrischen Funktion aus dem Nullpunkt heraus.

Eine besondere Stellung nehmen die Funktionen **WP_OIN** und **WP_LIN** ein. Mit diesen Funktionen können Zeitfunktionen mit Hilfe von X-Y-Wertepaaren beschrieben werden (z. B. aus Meßdaten, die über die IEEE-Schnittstelle des Postprozessors *DAY* gewonnen wurden). Die Funktionen unterscheiden sich nur durch die Art der Verbindung zwischen den Stützstellen des Datensatzes. Während bei **WP_LIN = Wertepaare - lineare Interpolation** die Stützstellen durch Geradenstücke verbunden werden, sind es in Falle von **WP_OIN = Wertepaare ohne Interpolation** rechtwinklige Polygonzüge, die die Stützstellen untereinander verbinden .

9.4.2 Formeln

Zur Formulierung von analytisch beschreibbaren Abhängigkeiten verwenden Sie bitte den Teil Formeln (Abb 9.1).

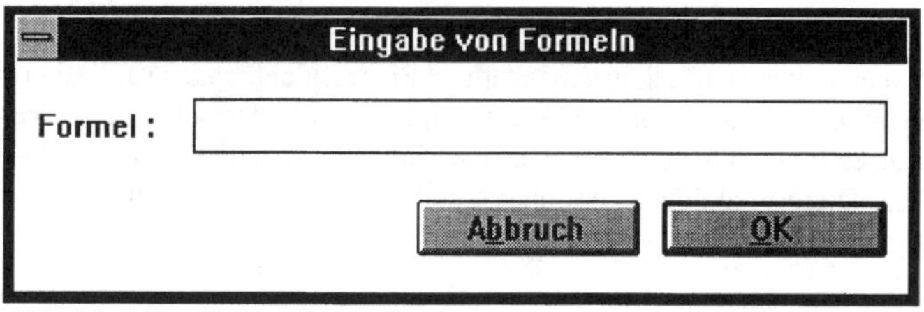

Abb.9.2 Eingabe von Formeln

Entsprechend der schon in Zusammenhang mit den Zustandsgraphen erwähnten Syntax können Sie die Formel eingeben.

z.B.:   SIGNAL1   := 311 * sin (2 * pi * FREQUENZ)
        LEIST1   := U"R1" * i"R1"

Die verwendbaren arithmetischen und logischen Funktionen und Operatoren wurden bereits in Zusammenhang mit den Zustandsgraphen erläutert und können der dort aufgeführten Tabelle entnommen werden.

9.4.3 Kennlinien

Die unter Kennlinien zu definierenden Zusammenhänge stellen keine Abhängigkeit von der Zeit dar, sondern werden z.b. zur Modellierung von Nichtlinearitäten in Bauelementen oder Blöcken eingesetzt. Einige häufig gebrauchte nichtlineare Kennlinien wie z.B. die Exponentialfunktion (EXP) sind im Kennlinienvorrat enthalten und können durch Parametervariation an die spezifischen Bedürfnusse angepaßt werden. Auch hier ist über den Typ X-Y-Wertepaare die Nutzung von gemessenen oder manuell eingegebenen Kennlinien möglich. Der implementierte Kennlinienvorrat ist in Abb. 9.3 dargestellt.

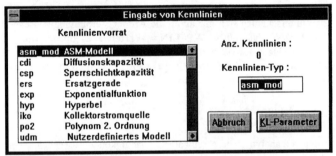

Abb.9.3 Kennlinienvorrat

Darüber hinaus sind Kennlinien zur Modellierung der physikalischen Vorgänge in Halbleiterbauelementen enthalten (Diffusionskapazität und Sperrschichtkapazität). Weiterhin existiert ein Kennlinientyp **udm- u**ser **d**efined **m**odel, mit dem der Nutzer in die Lage versetzt wird, selbst geschriebene Programme in C-Code an den Simulator anzubinden und in die Simulation einzubeziehen. Diese Funktion ist optional erhältlich und in der DEMO-Version nicht implementiert.

8. Vollgesteuerte Brückenschaltung mit Stromregelung (QUICK4.SML) (QUICK4.IDL)

8.1 Gegenstand der Simulation

Im folgenden soll eine vollgesteuerte Gleichrichterbrückenschaltung mit ohmsch-induktiver Last untersucht werden. Um im Einschaltmoment eine möglichst geringe strommäßige Belastung des speisenden Netzes zu erreichen, soll das System mit einer Sanftanlaufsteuerung versehen werden. Darüber hinaus soll der Mittelwert Strom in der Lastinduktivität auf einen definierten Sollwert geregelt werden. Hierzu ist es notwendig, neben dem eigentlichen Regler (PI-Regler) das Ansteuergerät für die Brückenventile nachzubilden. An diesem Beispiel lassen sich besonders gut die Eigenschaften von *SIMPLORER* zur Systemsimulation darstellen. Es zeigt, wie in *SIMPLORER* die in der Realität vorkommenden Verbindungen zwischen einzelnen Teilsystemen (meist in Form elektrischer Verbindungen) durch ein Datenaustauschkonzept nachgebildet wurde. Durch die einfache Angabe eines Signalnamens wird quasi eine unsichtbare elektrische Verbindung zwischen zwei Komponenten hergestellt.

Mit Hilfe des *SIMPLORER*-Schaltungssimulators werden die elektrischen Komponenten, in diesem Falle also das speisende Netz, die Gleichrichterbrücke und die Last modelliert. Zur Modellierung der regelungstechnischen Komponenten liegt es nahe, die in der Kybernetik verbreitete Signalflußgraphendarstellung zu verwenden. Für das Ansteuergerät wird in diesem Beispiel der *SIMPLORER*-Zustandsgraphensimulator verwendet. Der Zustandsgraphensimulator ergänzt die Beschreibungsmöglichkeiten auf der analogen (kontinuierlichen) Seite (Schaltung und auf etwas abstrakterem Niveau Signalflußgraphen) um eine Beschreibungsmöglichkeit für diskontinuierliche (diskrete, digitale) Prozesse. Mit Hilfe des Zustandsgraphensimulators wird es also möglich, sowohl Steuerungsabläufe als auch (über Tastatur) Bedienabläufe realer Prozesse nachzubilden.

8.2 Kurze Einführung in die Grundlagen der *SIMPLORER*-Zustandsgraphen

Zur Erläuterung der Zustandsgraphen müssen einige Begriffe geklärt werden. Die Basiselemente der *SIMPLORER*-Zustandsgraphen sind sog. Netzelemente. Ein Netzelement ist eine Übergangsbedingung mit allen Vorgängerzuständen und allen Nachfolgerzuständen (Abb. 8.1).

SIMPLORER - LEISTUNGSUMFANG

Beschreibungsmittel für Modelle:

- elektrische Netzwerke
- Signalflußgraphen
- Zustandsgraphen
- arithmetische und/oder logische Ausdrücke
- div. Zeitfunktionen
- div. nichtlineare Kennlinien
- C-Schnittstelle (optional)
- Fuzzy

Elektrische Netzwerke:

Schaltelemente:

Kürzel	Beschreibung
AM	Strommesser
ASM	Asynchronmotor
BJT	Bipolartransistor (dynamisch)
C	lineare (konstante) Kapazität
C#	nichtlineare Kapazität
C&	ausdruckgesteuerte Kapazität
CT	extern gesteuerte Kapazität
CU#	nichtlineare duale Kapazität
D	Diode (statisch oder dynamisch)
E	Spannungsquelle
E&	ausdruckgesteuerte Spannungsquelle
EI	(intern) stromgesteuerte Spannungsquelle
EI#	nichtlinear (intern) stromgesteuerte Spannungsquelle

11 SIMPLORER

Kürzel	Beschreibung
ET	extern gesteuerte Spannungsquelle
EU	(intern) spannungsgesteuerte Spannungsquelle
EU#	nichtlinear (intern) spannungsgesteuerte Spannungsquelle
GSM	Gleichstrommaschine
GTO	Gate-Turn-Off Thyristor
GU#	nichtlinear spannungsgesteuerter Leitwert
I	Konstantstromquelle
I&	ausdruckgesteuerte Stromquelle
IC#	nichtlineare Kollektorstromquelle
II	(intern) stromgesteuerte Stromquelle
II#	nichtlinear (intern) stromgesteuerte Stromquelle
IT	extern gesteuerte Stromquelle
IU	(intern) spannungsgesteuerte Stromquelle
IU#	nichtlinear (intern) spannungsgesteuerte Stromquelle
JFET	Sperrschicht-Feldeffekttransistor (dynamisch)
L	lineare (konstante) Induktivität
L#	nichtlineare Induktivität
L&	ausdruckgesteuerte Induktivität
LI#	nichtlineare duale Induktivität
LT	extern gesteuerte Induktivität
M	Gegeninduktivität
MOS	MOS-Feldeffekttransistor (dynamisch)
R	linearer (konstanter) Widerstand
R#	nichtlinearer Widerstand
R&	ausdruckgesteuerter Widerstand

11 SIMPLORER

Kürzel	Beschreibung
RT	extern gesteuerter Widerstand
S	idealer Schalter
SYM	Synchronmaschine
TH	Thyristor (statisch, Zweipol mit logischer Ansteuerung)
TR	Transistor (statisch, Zweipol mit logischer Ansteuerung)
TRIAC	Triac (statisch, Zweipol mit logischer Ansteuerung)
US	idealer Umschalter
VM	Voltmeter

Mathematische Verfahren:

- modifizierte Knotenspannungsanalyse
- Newton-Raphson-Algorithmus
- automatische Schrittweitensteuerung
- vom Nutzer beeinflußbare minimale und maximale Schrittweite
- erhöhte numerische Stabilität

Simulierbare Systemgrößen:

- 1500   Schaltelemente
- 900   Netzwerkknoten
- 2000   max. Dimension des Gleichungssystems

11 SIMPLORER

Signalflußgraphen

Blockvorrat

Kürzel	Beschreibung
BEGR	Begrenzer
COMP	Komarator
D	Differenzierblock
DIS	Diskretisierblock
EXT	Einspeisung externer Größen
FKT	Funktionsblock
GP	Übertragungsfunktion im p-Bereich
GZ	Übertragungsfunktion im z-Bereich
I	Integrationsblock
KONST	Konstante Größe
MAX	Maximumbildung
MIN	Minimumbildung
MUL	Multplikation
NEG	Negationsblock
NL	nichtlineares Übertragungsverhalten
NPG	n-Punkt-Block
NSU1	Prozeßnahe digitale Regelung - negative Erstsummation
NSUM	Prozeßnahe digitale Regelung - negative Summation
P	Proportionalblock
PSU1	Prozeßnahe digitale Regelung - positive Erstsummation
PSUM	Prozeßnahe digitale Regelung - positive Summation
S&H	Sample & Hold
SPR	Sprungfunktion

11 SIMPLORER

Kürzel	Beschreibung
SPZ	Prozeßnahe digitale Regelung - Speicherzelle
SUM	Summationsblock
TOT	Totzeitblock
ZPH	Zweipunktglied mit Hysterese

Mathematische Verfahren:

- verteilte Integration mit Signalfortpflanzungsalgorithmus
- simultane Simulation digitaler und analoger Regler
- frei definierbare Reglerfunktionen

Simulierbare Systemgröße:

- 500   Reglerblöcke
- 20   Reglerfunktionen
- 1500   Elemente der Reglerdatenstuktur

11 SIMPLORER

Zustandsgraphen:

- Realisierung von dikontinuierlichen Abläufen auf Basis der PETRI-Netz-Theorie mit
  - parallelen Prozessen,
  - Prozeßpriorisierung
  - Markenvervielfältigung
  - Markenreduktion
  - Markenerzeugung auf Nutzeranforderung (tastaturgesteuert)
  - Prozeßsynchronisation
  - Prozeßverteilung etc.
- Sehr flexibles und hoch abstraktes Modellierungsmittel zur verhaltensorientierten Nachbildung beliebiger realer Prozesse.
- Einsetzbar auf allen Ebenen der Simulation, vom Bauelementemodell bis zur Prozeßsimulation

Simulierbare Systemgröße:

- 500 Übergangsbedingungen
- 900 Zustände
- 900 Aktionen (Eigenschaften der Zustände)
- 300 zustandsgraphenunabhängige Wertzuweisungen
- 5000 Variablen

Arithmetischer und logischer Ausdruckinterpreter:

Leistungsumfang:

Kürzel	Beschreibung
+, -, *, /	arithmetische Operatoren
>, <, >=, <=, =	Vergleichsoperatoren
:=, ##	Ergibtoperator, Timer-Operator
and, or, not	logische Operatoren
()	gekalmmerte Ausdrücke
SIN, COS, TAN	trigonometrische Funktionen
ARCSIN, ARCCOS, ARCTAN	zyklometrische Funktionen
SINH, COSH, TANH	hyperbolische Funktionen
SQRT	Wurzelfunktion
SQU	Quadratfunktion
EXP	Exponentialfunktion
LN	natürlicher Logarithmus
LOG	dekadischer Logarithmus

11 SIMPLORER

Kürzel	Beschreibung
RAD	Umrechnung winkelmaß in Bogenmaß
GRD	Umrechnung Bogenmaß in Winkelmaß
MOD360	Modulorechnung zur Basis von 360°
MOD60	Modulorechnung zur Basis von 60°
INT	Ganzzahliger Teil einer Zahl
INTEG	Berechnung des Integrals einer Systemgröße
FRAC	gebrochener Teil einer Zahl
GEL50	Umrechnung Grad el. in Sekunden bezogen auf 50 Hz
GEL16	Umrechnung Grad el. in Sekunden bezogen auf 16 Hz
GEL	Umrechnung Grad el. in Sekunden bezogen auf 1Hz

Simulierbare Systemgröße:

- 5000 Variablen
- 30000 Elemente der UPN (umgekehrt poln. Notation)
- 300 Elemente pro Ausdruck

11 SIMPLORER

Zeitfunktionen:

Leistungsumfang:

Kürzel	Beschreibung
ARCTAN	Arcustangens
DREIECK	nullachsensymmetrische Dreieckfunktion
RECHTECK	nullachsensymmetrische Rechteckfunktion
SINUS	nullachsensymmetrische Sinusfunktion
SZ_FALL	nullachsensymmetrische, fallende Sägezahnfunktion
SZ_STEIG	nullachsensymmetrische, steigende Sägezahnfunktion
WP_LIN	x-y-Wertepaar-definierte Funktion mit linearer Interpolation
WP_OIN	x-y-Wertepaar-definierte Funktion ohne Interpolation

Modifikationsmöglichkeiten:

- für alle Zeitfunktionen können folgende Parameter vom Nutzer beeinflußt werden:
  - Amplitude
  - Frequenz
  - Periodendauer
  - Phasenverschiebung
  - Periodizität
  - Offset

Simulierbare Systemgrößen:

- 100   Zeitfunktionen
- 2048   Wertepaare

11 SIMPLORER

Nichtlineare Kennlinien:

Leistungsumfang:

Kürzel	Beschreibung
	Parameter
CDI	Diffusionskapazität
	Sättigungsstrom, Temperaturspannung, Ladungsträgerlebensdauer
CSP	Sperrschichtkapazität
	Nullsperrschichtkapazität, Diffusionsspannung
ERS	Ersatzgerade
	Schleusenspannung, Bahnwiderstand, Sperrwiderstand
EXP	Exponentialfunktion
	Sättigungsstrom, Temperaturspannung, Sperrwiderstand
GMM(D)	Maschinenmodell (Drehstrommaschine)
	Ständerwiderstand, Dämpferwiderstand, Ständerstreuinduktivität (Längs- und Querkomponente), Dämpferstreuinduktivität (Längs- und Querkomponente), Koppelinduktivität StänderDämpfer (Längs- und Querkomponente), Spannungskonstante (bei Permanenterregung), Polpaarzahl, Trägheitsmoment
GMM(G)	Maschinenmodell (Gleichstrommaschine)
	Ankerwiderstand, Ankerinduktivität, Spannungskonstante, Trägheitsmoment, Anfangsankerstrom, Anfangsdrehzahl, Anfangsdrehwinkel
HYP	Hyperbelfunktion
	Schleusenspannung, Bahnwiderstand, Sperrwiderstand
IKO	Kollektorstromquelle
	Earlyspannung, UCE1
PO2	Polynom 2. Ordnung
	a, b, c als Polynomkoeffizienten, Sperrwiderstand

11 SIMPLORER

Kürzel	Beschreibung
	Parameter
POLY	Polynomialquelle
	Steuerart (i- oder u-gesteuert), Polynomdimension, Polynomordnung, Polynomkoeffizienten
SBJT	dynamisches Bipolartransistormodell (SPICE-kompatibel)
	AREA, IS, BF, NF, etc.
SD	dynamisches Diodenmodell (SPICE-kompatibel)
	AREA, IS; RS, N, etc
SJFET	dynamisches Sperrschicht-Feldeffektransistormodell (SPICE-kompatibel)
	AREA, VTO, BETA, LAMBDA, etc.
SMOS	dynamisches MOS-Feldeffektransistormodell (SPICE-kompatibel)
	dto.
UDM (optional)	*U*ser *D*efined *M*odel, Nutzerdefinierbare nichtlineare Zusammenhänge mit Hilfe der C-Schnittstelle
	beliebig
XY	Wertepaare lineare Interpolation, Beschreibung beliebiger nichtlinearer Zusammenhänge mittels x-y-Wertepaaren
	Dateiname

Simulierbare Systemgröße:

- 5000 Variablen
- 30000 Elemente der UPN (umgekehrt poln. Notation)
- 300 Elemente pro Ausdruck

Ergebnisausgabe:

Wahl der Ausgaben nach:
- On-Line-Grafik (Simulationsoszilloskop) analoge/digitale Darstellung
- Dateiausgabe ASCII-alle berechneten Werte / binär-alle berechneten Werte / ASCII - Endwerte am Simulationsende
- alle Systemwerte
- alle Systemewerte eines Moduls mit oder ohne Ableitungen
- einzelne Systemgrößen

11 SIMPLORER

Multisimulation:

Batch-Simulation eines Systems mit frei vorgebbaren Parametern, incl. Integrationsparameter

Postprozessor:

Komfortables und leistungsfähiges Tool zur numerischen und grafischen Auswertung von Simulations- und Meßdaten mit folgenden Features:

- Dateiarbeit
  - Erkennung verschiedenster Dateiformate, nicht vordefinierte Formate können frei eingestellt werden
  - Dateien speichern, umbenennen etc.
- Fensterdarstellung
  - beliebig viele Fenster
  - beliebig viele Kurven pro Fenster
  - freie Wahl der x- und der y-Achse
  - div. Cursoren,
  - Skalierung automatisch und individuell
  - Gitter (linear und logarithmisch)
  - Markierung der eingelesenen Daten
  - Kopieren von Fenster zu Fenster
- Kennwerte
  - beliebige Bezugsachse
  - Maximum-Minimum, Spitze-Spitze, Mittelwert, Gleichrichtmittelwert, Effektivwert, EW-Wechselanteil, Integral, Crestfaktor, Welligkeit, Schwingungsgehalt, Riffelfaktor, Formfaktor
- Rechenoperationen/Kanalrechnerfunktionen
  - +, -, *, /
  - sin(), cos(), tan(),
  - asin(), atan(), sqrt(), exp()
  - log(), ln(), abs()
- Fourieranalyse
  - Darstellung im Frequenzbereich
  - Darstellung in der komplexen Ebene
  - Bewertung (%)
  - Filter
- Sonstige Funktionen
  - Editieren von Datensätzen
  - Anzeige als Tabelle
  - Zoomfunktionen
  - Cursorlink
  - Smoothfilter
  - Kanalintegration, Kanaldifferention
  - Splineinterpolation
  - Leistungsberechnung

Optionen:

Frequenzgangmodul analytisch und simulativ, Optimierungsmodul, C-Schnittstelle, Nichtlineares Hysteresmodell z. B. für magnetische Werkstoffe, grafische Modelleingabe mit PROTEL®, ORCAD®,

Unser Service:

 ## Support und Wartung

Unsere deutsche Hotline steht Ihnen bei allen auftretenden Problemen zur Verfügung. Die meisten Probleme können auf Grund unserer Erfahrungen telefonisch innerhalb kurzer Zeit geklärt werden. Bei Softwareproblemen helfen wir schnell und unbürokratisch. Mit unserem Updateservice bleiben Sie immer auf dem neuesten Stand.

 ## Schulungen / Training

Wir machen Ihnen den Einstieg leicht. Regelmäßig führen wir für Neueinsteiger Crashkurse durch. Wahlweise in unserem oder in Ihrem Hause lernen Sie die Systemphilosophie kennen und die einzelnen Module bedienen.

 ## SIMPLORER- Workshop

Jährlich treffen sich auf unserem Workshop die Nutzer und Entwickler des Simulationssystems SIMPLORER. Vielfältige Fachvorträge von Nutzern und Entwicklern geben wertvolle Anregungen. Außerdem besteht die Möglichkeit Detailprobleme direkt mit den Entwicklern zu diskutieren.

 ## Erstellung von Modellbibliotheken inklusive Parametrisierung

Auf Ihren Wunsch erstellen wir speziell für Ihr Produktionsprogramm oder die bei Ihnen am häufigsten verwendeten Bauteile Modellbibliotheken. Sollten dafür Parameter notwendig sein, die Sie eigentlich nicht für jedermann zugängig machen wollen, kein Problem. Ein Cryptalgorithmus sorgt für einen hohen Sicherheitsstandard.

 ## Projektbearbeitungen und Einsatzunterstützung vor Ort

Einen eigenen Simulationsexperten lasten Sie in Ihrer Firma nicht aus? In Stoßzeiten, wenn Sie die Simulation bräuchten, hat niemand eine Hand dafür frei? Dann übernehmen wir den Part der Modellierung und Simulation. WIr kommen auch vor Ort.

 ## Erstellung von Spezialsimulatoren

Sie haben immer wieder die gleiche technische Problemgruppe zu bearbeiten? SIMPLORER ist Ihnen zu komplex?

Wir bereiten Ihr Problem auf und erstellen eine problemgerechte Oberfläche und einen speziell auf Ihr Fachgebiet zugeschnittenen Spezialsimulator.

Einige Firmen und Institutionen aus der SIMEC-Kundenliste

ABB Dortmund	Leistungselektronik Jena	FHTW Zwickau
AEG Hennigsdorf/Berlin	NIEKE Hennigsdorf	TU Berlin
DESY Hamburg	Siemens Erlangen	TU Chemnitz
Deutsche Bahn AG	Siemens Verkehrstechnik Essen	TU Cottbus
ELBAS Dresden	REFU elektronik Metzingen	TU Dresden
ELIN Wien	FHTW Berlin	TU Magdeburg
ELPRO Berlin	FHT Esslingen	TU Stuttgart
EXPERT Maschinenbau	FH Jena	Uni der Bundeswehr
FhG Umformtechnik Chemnitz	FH München	Uni Braunschweig
Institut f. Festkörperphysik	FHT Rheinland-Pfalz	Uni Rostock

Hardwareplattformen und Leistungstest

	Personal-computer		IBM Workstation	HP Workstation	SUN Workstation
Betriebssystem	WINDOWS 3.1		AIX 3.2	HP-UX	SUN OS 4.1.2
Modell für Leistungstest	AT 486	Pentium	RS 6000/230	HP 715/64	SPARC 2
Taktfrequenz	66 MHz	90 MHz	33 MHz	50 MHz	33 MHz
Simulationszeit Bsp1:	11:31min	4:41min	4:29 min	2:32 min	5:53 min
Simulationszeit Bsp 2:	8:48 min	4:43 min	3:12 min	1:53 min	6:54 min

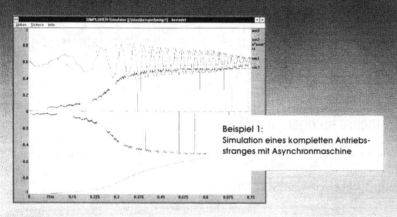

Beispiel 1:
Simulation eines kompletten Antriebsstranges mit Asynchronmaschine

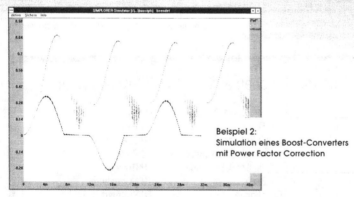

Beispiel 2:
Simulation eines Boost-Converters mit Power Factor Correction

Weitere Informationen erhalten Sie bei:

SIMEC GmbH & Co KG
Simulation und Automation
Bernsdorfer Str. 210/212
09126 Chemnitz

Tel.: (0371) 5221 231
Fax: (0371) 5221 100
Compuserve: 73474,3063

12 DELPHI

Demo - Handbuch
Version 5.0

Microsoft und MS-DOS sind eingetragene Warenzeichen, Windows ist eine Kennzeichnung der Microsoft Corporation.

Andere in diesem Handbuch genannte Firmen oder Produktnamen sind Warenzeichen des jeweiligen Warenzeicheninhabers.

Copyright

Copyright © 1991-1995 durch SOFTWERT Gesellschaft für technische Software mbH Meerbusch, Germany. Alle Rechte weltweit vorbehalten. Kein Teil dieser Veröffentlichung darf reproduziert, übertragen, in einem Informationssystem gespeichert oder in eine menschliche oder Computersprache übersetzt werden, in welcher Form auch immer, elektronisch, mechanisch, magnetisch, optisch, chemisch, manuell oder anderweitig, ohne die ausdrückliche schriftliche Zustimmung der SOFTWERT GmbH Meerbusch, Germany.

DELPHI Demo-Version

Willkommen bei DELPHI

Werkzeug für technische Berechnungen. Sie werden DELPHI als ein außerordentlich flexibles Werkzeug für alle im technischen Alltag anfallenden Berechnungen kennenlernen. Zusammen mit der Demo-Version haben Sie einige fertige Berechnungsprogramme (in DELPHI auch Formulare genannt) erhalten, die Ihnen wichtige Fähigkeiten des Programms demonstrieren.

Mit dieser Demo-Version können sie außer "Speichern" und "Speichern unter" alle Befehle benutzen. Der Befehl "Drucken" ist eingeschränkt verfügbar, es wird jeweils nur die erste Seite mit einer Demo-Kennung ausgedruckt.

Falls Sie die professional-Version von DELPHI erwerben wollen, schicken Sie uns bitte eine entsprechende Bestellung (Formular liegt bei). Sie erhalten dann von uns eine Programm-Version mit Ihrer persönlichen Lizenznummer inkl. den Handbüchern und den gewünschten Bibliotheken.

Lieferumfang der Demo-Version

Die DELPHI Demo-Version besteht zum einen aus dem eigentlichen Programm, d.h. dem Werkzeug, um Berechnungsformulare (man kann auch Berechnungsprogramme dazu sagen) zu benutzen, zu ändern oder eigene komplett neu zu erzeugen. Ebenfalls Bestandteil dieser Demo-Version sind einige Formulare aus unterschiedlichen Themenbereichen. Jedes dieser Formulare ist ein eigenständiges Berechnungsprogramm, das eine bestimmte Aufgabenstellung berechnen kann und die dazu nötigen Daten und Hilfen enthält. Die mitgelieferten Formulare sind auf den folgenden Seiten im Kapitel "Berechnungsformulare" näher beschrieben.

Sie stellen jedoch nur einen kleinen Auszug aus den vorhandenen Bibliotheken dar und sollen als Beispiel dafür dienen, wie man mit DELPHI eine Aufgabe bearbeiten kann. Welche Formulare komplett fertig von uns angeboten werden, finden Sie im mitgelieferten DELPHI-Bibliothekshandbuch!

Die Handbücher sind in dieser Demo-Version als Windows Bildschirm-Hilfe enthalten, bei der professional-Version werden sie natürlich auch in gedruckter Form mitgeliefert.

Zur Einführung in das DELPHI-Konzept haben wir Ihnen eine Präsentation vorbereitet. Sie läßt sich über einen eigenen Icon in der DELPHI-Gruppe oder aus dem DELPHI Hilfe-Menü heraus starten. Die Präsentation dauert ca. 5 min, kann aber natürlich jederzeit abgebrochen werden.

DELPHI Demo-Version　　　　　　　　Seite 6

Berechnungsformulare

Folgende Formulare aus unseren Bibliotheken sind in dieser Demo-Version enthalten:

Maschinenbau

- Schraubverbindungen nach VDI 2230
- Auslegung Rillenkugellager nach FAG
- Entwurfsdurchmesser einer Welle
- Auslegung einer zylindrischen Preßverbindung
- Auslegung einer Schraubendruckfeder
- Geometrie einer Evolventenverzahnung
- Auslegung eines Siegling Flachriemens

AD-Merkblätter

- Berechnung divergierender Kegelmäntel
- Berechnung elliptischer Böden

Physik

- Berechnung Kurbeltrieb und Kreuzschleife

Neben den Standard-Formularen, die auch im beigefügten Bibliotheks-Handbuch beschrieben sind, haben wir auch diverse Spezial-Berechnungen entwickelt und erstellen auf Wunsch auch individuelle Formulare. Sprechen Sie uns an!

DELPHI Demo-Version   Seite 7

Vorgespannten, dynamisch belasteten Schraubverbindung nach VDI-Richtlinie 2230

Es wird eine allgemeine, dynamisch belastete Schraubverbindung berechnet. Gewinddurchmesser von M6 bis M30 werden berücksichtigt. Zur exakten Ermittlung der benötigten Eingabewerte "Steifigkeit Zwischenlage" und "Verspannungsfaktor" gibt es jeweils ein gesondertes DELPHI-Formular.

Quellen: VDI-Richtlinie 2230

enthaltene Tabellen: Schraubendaten nach DIN 601
                         zulässige Kopfpressungen
                         Werkstoffe Zwischenlage

Formularmanager: Maschinenbau
                         Schraubverbindung nach VDI 2230

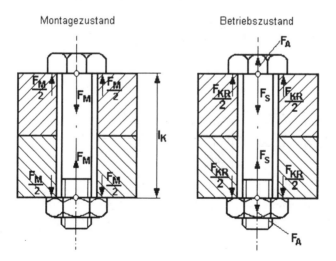

DELPHI Demo-Version   Seite 8

Rillenkugellager bei Lagerluft normal und veränderlicher Drehzahl nach FAG

Nach Eingabe von Drehzahl, Radial- und Axialkraft sowie der Betriebstemperatur wird die nominelle Lebensdauer für ein auszuwählendes Lager (Innendurchmesser d=10-200) errechnet (L10, L5 und L1). Es wird eine normale Lagerluft vorausgesetzt. Durch die Eingabe von Zeitanteilen, relativen Drehzahlen und relativen Lasten kann die Lebensdauer für ein Belastungskollektiv ermittelt werden. Auf den Schmierstoffeinfluß und die Ermittlung des a23-Faktors wird aus Gründen der Praxisnähe verzichtet!

Quellen: Standardberechnungsverfahren nach
                        FAG-Wälzlagerkatalog

enthaltene Tabellen: Lagerauswahl nach FAG
                        Lagerdaten nach FAG

CAD-Export: Rillenkugellager nach FAG-Vorschrift

Formularmanager: Maschinenbau
                        Rillenkugellager FAG

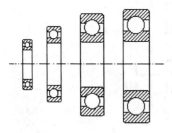

Kurzzeichen	Abmessung			Tragzahl	
	d	D	B	C	C_0
6007	35	62	14	16,3	9
6207	35	72	17	25,5	13,2
62207	35	72	23	25,5	13,2
6307	35	80	21	33,5	16,6
62307	35	80	31	33,5	16,6
6407	35	100	25	55	6,5
6008	40	68	15	17	10,2
6208	40	80	18	29	15,6
62208	40	80	23	29	15,6
6308	40	90	23	42,5	21,6

12 Delphi

 DELPHI Demo-Version   Seite 9

Entwurfsberechnung einer Welle in Abhängigkeit von Werkstoff und Belastungsfall

Der Entwurfsdurchmesser einer Welle oder Achse wird ermittelt. Berücksichtigt werden Torsionsmomente und - falls bekannt - Biegemomente sowie die zugehörigen Lastfälle. Ergebnis ist ein Richtdurchmesser, der als Grundlage für die weitere Entwurfsarbeit dient.

Quellen:	Roloff/Matek
enthaltene Tabellen:	Lastfälle
	Stahlarten
	Werstoffauswahl
	Werkstoffdaten
Formularmanager:	Maschinenbau
	Entwurfsberechnung Welle

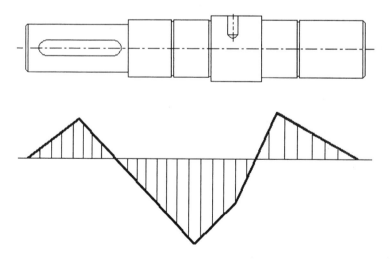

311

DELPHI Demo-Version   Seite 10

Auslegung eines zylindrischen Preßverbands

Ein Zylinderpreßverband (Querpreßverband) wird komplett berechnet. Eingabegrößen sind das zu übertragende Moment und die Längskraft. Wellen- und Nabenwerkstoff können ausgewählt werden. Es ergibt sich ein minimal und maximal zulässiges Übermaß zur sicheren Übertragung des Moments. Diese Werte werden einer ausgewählten ISO-Passung gegenübergestellt. Die Fügetemperatur der Verbindung wird auf zwei Arten ermittelt:
- Nabe erwärmen / Welle Raumtemperatur
- Nabe erwärmen / Welle abkühlen

Quellen: DIN 7190
Dubbel, Taschenbuch für den Maschinenbau
Roloff/Matek Maschinenelemente, Vieweg
Prof.Dr.-Ing.H.Peeken,Maschinenelemente
Vorlesungsumdruck RWTH Aachen

enthaltene Tabellen: Werkstoff-Tabelle
Werkstoffwerte Nabe
Werkstoffwerte Welle
Passungsauswahl nach ISO
Passungsdaten nach ISO

Formularmanager: Maschinenbau
zylindrischer Preßverband

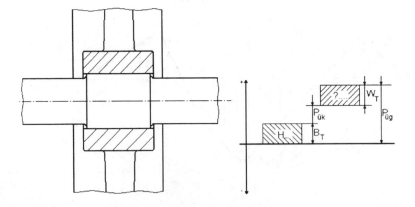

DELPHI Demo-Version   Seite 11

Auslegung einer dynamisch belasteten Schraubendruckfeder

Berechnet werden alle Daten einer dynamisch belasteten Schraubendruckfeder. Ebenso wird der Festigkeitsnachweis durchgeführt. Die Berechnung gilt für kaltgeformte Druckfedern aus patentiertem Federstahldraht der Klasse C, D, FD oder VD nach DIN 17223 T1 mit angelegten Federenden im Durchmesserbereich von 1 bis 10 mm.

Quellen:	DIN 2076, Roloff/Matek 12. Auflage
enthaltene Tabellen:	Federn-Werkstoffe
	Festigkeitswerte Federn-Werkstoffe
	Drahtsorten
	Knickfälle
Formularmanager:	Maschinenbau
	zylindrische Schraubendruckfeder

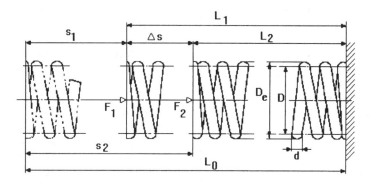

DELPHI Demo-Version　　　　Seite 12

Geometrie einer Evolventenverzahnung bei vorgegebenem Achsabstand

Die komplette Verzahnungsgeometrie von gerade oder schägverzahnten Stirnrädern wird berechnet. Die Berechnungen gelten für Übersetzungen von 1 bis 8. Der Achsabstand wird fest vorgegeben.

Quellen: Roloff/Matek

enthaltene Tabellen: Modul-Tabelle

Formularmanager: Maschinenbau
                        Geometrie Zahnrad

Bearbeiter: H.Maier　Vorgang: 34545.456A Datum:　26.09.95　Kunde:　H.Müller GmbH		
Radbezogene Ergebnisse	Ritzel	Rad
Zähnezahl	20	40
Zähnezahl des Ersatzrad	20.0	40.0
Zahnradbreite	20.00 mm	20.00 mm
Teilkreisdurchmesser	50.000 mm	100.000 mm
Betriebswälzkreis	48.667 mm	97.333 mm
Kopfkreisdurchm.	54.201 mm	101.351 mm
Fußkreisdurchm.	43.400 mm	90.549 mm
Grundkreisdurchm.	46.985 mm	93.969 mm
Profilvers.-Faktor	-0.070	-0.640
Profilverschiebung	-0.175 mm	-1.601 mm
Zahnhöhe	5.401 mm	5.401 mm
Zahndicke (Stirnschnitt)	3.799 mm	2.762 mm
Zahndicke (Normalschnitt)	3.799 mm	2.762 mm
Zahndicke am Kopfkreis	2.043 mm	2.093 mm

12 Delphi

 DELPHI Demo-Version Seite 13

Auslegung von 2-Scheiben-Trieben mit Siegling-Flachriemen bei vorgegebenem Achsabstand

Ein 2-Scheiben-Flachriementrieb mit vorgegebenem Achsabstand wird komplett ausgelegt. Ergebnisse sind u.a. die Scheibendurchmesser und -breiten sowie Riementyp, -breite und -länge.

Quellen:	Siegling-Katalog, Roloff/Matek
enthaltene Tabellen:	Riemenausführungen
	Reibschichten
Formularmanager:	Maschinenbau
	Siegling-Flachriemen

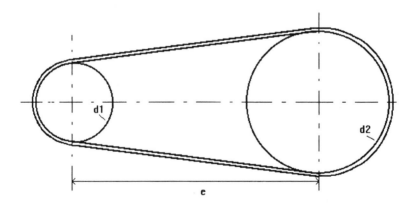

315

| DELPHI Demo-Version | Seite 14

AD-Merkblätter B2: Divergierende Kegelmäntel unter innerem Überdruck

Berechnung von Druckbehältern; divergierende Kegelmänteln (phi < 0 °) unter innerem Überdruck; Berechnung der erforderlichen Wandstärke

    Quellen: AD-Merkblatt B2; Ausgabe Mai 1992

    enthaltene Tabellen: Werkstoffe und Ausführungen
                                       Sicherheitsbeiwerte

    Formularmanager: AD-Merkblätter
                                       diverg.Kegelmäntel, innerer Überdruck

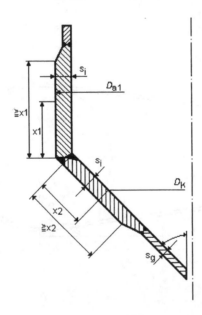

DELPHI Demo-Version   Seite 15

AD-Merkblätter B5: elliptische, unverankerte Platten ohne zus. Randmoment

Berechnung von Druckbehältern; Berechnung der erforderlichen Wandstärke für elliptische, ebene, unverankerte Böden und Platten ohne zusätzliches Randmonent

Quellen:	AD-Merkblatt B5; Ausgabe Mai 1992
enthaltene Tabellen:	Werkstoffe und Ausführungen
	Ausführungsformen Boden
	Sicherheitsbeiwerte
Formularmanager:	AD-Merkblätter
	elliptische,unverankerte Platten

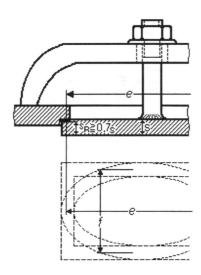

12 Delphi

DELPHI Demo-Version　　　　　　　　Seite 16

Berechnung eines Kurbeltriebs und einer Kreuzschleife

Für einen Kurbeltrieb wird die nach einer bestimmten Zeit erreichte Beschleunigung und Geschwindigkeit sowie der Drehwinkel und der entsprechende Weg berechnet. Die gleichen Werte werden auch für eine Kreuzschleife ermittelt.

Quellen:　　　　　　　Gieck Formelsammlung

Formularmanager:　　　Physik
　　　　　　　　　　　　Kreuzschleife und Kurbeltrieb

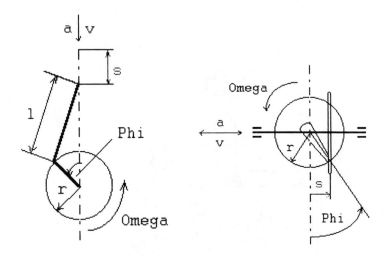

DELPHI Demo-Version   Seite 17

Falls Sie Fragen haben

Falls Sie Fragen zu DELPHI oder unserem Bibliotheks-Angebot haben, stehen wir Ihnen natürlich gerne zur Verfügung:

- **In schriftlicher Form an:**

    SOFTWERT GmbH
    Am Meerkamp 21
    D-40667 Meerbusch

- **telefonisch:**
    Telefon   02132/9920-0

- **per Fax:**
    Telefax   02132/9920-20

- **per E-Mail:**
    CompuServe   100 275,1717
    Internet   100 275.1717@compuserve.com

DELPHI Demo-Version　　　　　　　　Seite 18

Hard-/Softwarevoraussetzungen

Um DELPHI benutzen zu können, benötigen Sie mindestens folgende Hardware:

Computer: DELPHI ist für XT, AT, PS/2 oder dazu voll kompatible Personalcomputer ausgelegt.

Arbeitsspeicher: Um DELPHI zu betreiben, benötigen Sie mindestens 1 MB RAM, wir empfehlen 4 MB RAM. Falls Sie mit Windows 95 arbeiten, benötigen Sie mindestens 8 MB RAM.

Laufwerke: Im Computer muß ein Diskettenlaufwerk und eine Festplatte mit mindestens 5 MB freiem Speicherplatz vorhanden sein.

Grafikkarte: Ihr Computer muß eine Grafikkarte, die unter Windows angesteuert werden kann, besitzen.

Eingabegerät: Es muß eine Maus angeschlossen sein.

Folgende Hardware ist optional:

Drucker: Es können alle unter Windows einsetzbaren Drucker benutzt werden.

Co-Prozessor: DELPHI erkennt und nutzt automatisch einen im Computer installierten mathematischen Co-Prozessor.

Folgende Betriebssystemsoftware wird vorausgesetzt:

Betriebssystem: DELPHI läuft mit
Windows Version 3.10
Windows for Workgroups 3.11
Windows 95.

DELPHI Demo-Version　　　　　Seite 19

Installation

Um mit DELPHI arbeiten zu können, führen Sie bitte zuerst das Installationsprogramm aus. Es erledigt folgende Arbeiten für Sie:

- Erstellt auf der Festplatte ein Unterverzeichnis und kopiert Programmdateien in dieses Verzeichnis

- Erstellt Unterverzeichnisse für Formulare und Grafiken und kopiert Sie in diese Verzeichnisse, falls Sie Formular-Bibliotheken erworben haben, werden auch die entsprechenden Einträge im Formular-Manager erzeugt.

- Erzeugt eine DELPHI-Gruppe im Windows Programm-Manager (falls Sie die entsprechende Abfrage mit JA beantworten)

- Startet Windows neu, um die mitgelieferten Schriftsätze zu installieren (falls Sie die entsprechende Abfrage mit JA beantworten)

Bitte starten Sie das Installationsprogramm von Windows aus. Sie haben zwei verschiedene Möglichkeiten:

- Wählen Sie im Programm-Manager den Befehl DATEI AUSFÜHREN und geben Sie im Eingabefeld abhängig von Ihrem Diskettenlaufwerk

    A:\SETUP
  bzw.
    B:\SETUP

    ein und betätigen Sie die RETURN-Taste.

oder

- Starten Sie den Datei-Manager, wechseln Sie darin auf das Laufwerk A oder B und doppelklicken Sie das Programm SETUP.EXE.

- Geben Sie in dem erscheinenden Dialogfenster das Verzeichnis ein, in dem DELPHI installiert werden soll und wählen Sie OK. Falls Sie Fragen haben, wählen Sie HILFE.

DELPHI Demo-Version　　　　　　　　Seite 20

- Wenn das Installationsprogramm Sie dazu auffordert, legen Sie bitte die entsprechenden Disketten ein.

- Nach erfolgreichem Abschluß der Installation können Sie Windows neu starten lassen, damit der von DELPHI installierte Schriftsatz (z.B. für die griechische Schrift) genutzt werden können.

Ein kopieren der Dateien "per Hand" von Diskette auf Festplatte ist nicht möglich, da die Dateien sich in gepackter Form auf den Disketten befinden!

Hinweis: Falls Sie Windows auf einem Netzwerkrechner installiert haben, müssen Sie für die Dauer der Installation eine Schreibberechtigung für das Windows SYSTEM-Verzeichnis besitzen. In dieses Verzeichnis kopiert DELPHI die Schriftsatzdatei „DELPHITT.TTF". Fragen Sie im Zweifel Ihren Netzwerk-Administrator!

12 Delphi

 DELPHI Demo-Version　　　　Seite 21

Kurzeinführung

(für Benutzer, die eigentlich keine Handbücher lesen!)

1. Zur Einführung in das DELPHI-Konzept sollten Sie zuerst die Präsentation starten, indem Sie das Präsentations-Icon doppelklicken. Sie dauert ca. 5 min. Mit ESC können Sie diese natürlich jederzeit abbrechen. Sie können die Präsentation auch später vom DELPHI Hilfe-Menü aus starten!

2. Starten Sie DELPHI, indem Sie das vom Installationsprogramm erzeugten Icon doppelklicken oder starten Sie über den Windows-Dateimanager die Programmdatei DELPHIW.EXE.

3. Geben Sie einen Benutzernamen und - falls Sie sich als Administrator anmelden wollen - durch mindestens ein Leerzeichen getrennt das Paßwort ein (voreingestellt ist „Master"!)

4. Wählen Sie aus dem Menü FORMULAR den Befehl FORMULARMANAGER und wählen Sie das Themengebiet aus, zu dem Sie eine Berechnung durchführen möchten. Zum Beispiel:

    "Maschinenbau"　　　　　　　　doppelklicken
    "Schraubverbindungen"　　　　　doppelklicken

    Das zugehörige Berechnungsformular wird nun automatisch geladen.

5. Wählen Sie mit dem Fragezeichen-Cursor die Werte im Formular an, die Sie eingeben bzw. ändern möchten und geben Sie den neuen Wert ein. DELPHI berechnet daraufhin automatisch die neuen Ergebnisse. Die rot-markierten Werte sind Eingabedaten, die Sie verändern können, die blau-markierten sind Werte, die berechnet werden oder automatisch aus Tabellen gelesen werden.

6. Um die Berechnung auf einem Ausdruck zu dokumentieren, wählen Sie im Formular-Menü den Befehl FORMULAR DRUCKEN (oder schneller CTRL-P) und starten Sie mit OK den Ausdruck. In der Demo-Version wird allerdings nur die erste Seite mit einer Demo-Kennung gedruckt!

DELPHI Demo-Version   Seite 22

7. Sie können sich natürlich auch darüber informieren, wie die einzelnen Variablen definiert sind und nach welchen Formeln sie berechnet werden (geht allerdings nur, falls Sie sich als Administrator angemeldet haben, siehe unter 3.). Um die Definition einer einzelnen Variablen anzuzeigen, klicken Sie einfach mit dem Fragezeichen auf den Namen der Variablen im Formular. In einer Dialogbox werden nun alle Daten angezeigt. Eine Übersicht für alle im Berechnungsformular definierten Variablen erhalten Sie über den Befehl ÜBERSICHT im VARIABLEN-Menü.

8. Die Bedeutung der einzelnen Icons können Sie entweder aus der Kurzbeschreibung (jeweiliges Icon mit der rechten Maustaste anklicken) oder aus den Hilfstexten (Aufruf im DELPHI Hilfe-Menü) ersehen.

9. Falls Sie Formulare verändern oder komplett neu erzeugen möchten, lesen Sie sich bitte die entsprechenden Kapitel in der Bildschirm-Hilfe (aufrufen im TUTORIAL-Menü) durch.

10. Das war's schon!

DELPHI Demo-Version   Seite 23

Hilfen

Falls Sie bei Ihrer Arbeit mit DELPHI Hilfen benötigen, gibt es dazu mehrere Möglichkeiten. In DELPHI ist ein komplettes Hilfesystem integriert, das Sie über den Befehl HILFE in der Menüleiste aufrufen können. Sie können über dieses System zu jedem Thema ausführliche Hilfstexte finden. Die Bedienung und Möglichkeiten dieses Hilfesystems sind in den Windows-Handbüchern beschrieben.

Hilfen zu einzelnen Menüpunkten erhalten Sie, indem Sie den Markierungsbalken im Menü auf den gewünschten Begriff plazieren und die Funktionstaste F1 drücken.

Als zusätzliche Möglichkeit, gezielt Hilfstexte zu Icons aufzurufen, können Sie mit der Maus auf das Icon zeigen und die rechte Maustaste drücken.

DELPHI Demo-Version　　　　Seite 24

Wichtige DELPHI-Begriffe

Der zentrale Begriff im Programm DELPHI ist das **Berechnungsprogramm**, im folgenden kürzer **Formular** genannt. Mit diesem Begriff ist sowohl das sichtbare Berechnungsformular am Bildschirm gemeint als auch alle damit in Zusammenhang stehenden Informationen wie Variablen, Formeln, Tabellen, Berechnungshinweise usw..

Grundlage jedes **Formulars** sind die einzelnen **Variablen**. Sie besitzen einen Namen (z.B. "Fläche"), ein Kurzzeichen (z.B. "A"), evtl. eine Einheit (z.B. "m^2") und evtl. eine Formel (z.B. "b*l").

Allein mit Hilfe dieser Variablen läßt sich ein Berechnungsgang beschreiben. Um jedoch mit diesem Programm am Bildschirm arbeiten zu können, benutzt DELPHI ein zugehöriges **Formular**. Darunter wird der Bereich des Bildschirms verstanden, in dem die Variablen plaziert werden, um Werte einzugeben und Ergebnisse zu betrachten. In einem Formular können sich neben den eigentlichen Variablen noch beliebige Texte und Grafiken befinden.

Um eine Berechnung durchzuführen, wird es Variablen geben, für die man Werte eingeben muß, die sogenannten **Eingabevariablen**. Andere Variablen werden daraufhin berechnet, dies sind **Ausgabevariablen**. Es gibt in Berechnungsprogrammen auch Variablen, deren Wert sich niemals ändert und der deshalb bereits bei der Definition vergeben wurde, dies sind dann **Konstanten**. Ein weiterer Typ sind die **Tabellenvariablen**. Falls eine Variable von diesen Typ ist, wird ihr Wert abhängig von einer anderen Variablen aus einer Tabelle, die entweder als ASCII-Datei auf der Festplatte liegt oder sich in einer Datenbank befindet, ermittelt.

Einigen Variablen kann in einem Formular lediglich ein einziger Wert zur gleichen Zeit zugeordnet werden, man bezeichnet sie als **Einzelvariablen**. Kann eine Variable in einem Formular mehrere Werte annehmen, um z.B. direkt vergleichende Rechnungen durchführen zu können, handelt es sich um eine **Listenvariable**.

Ebenso wird die Ausgabe der Werte einer Variablen in einem Formular unterschiedlich sein. Handelt es sich z.B. um exakt bekannte Werte, soll wahrscheinlich mit zwei **Nachkommastellen** gearbeitet werden. Andere Werte sollen gerundet ohne Nachkommastellen oder mit anderer **Feldlänge** dargestellt werden. Auch diese Einstellungen können für jede Variable in einem Formular beliebig getroffen werden.

DELPHI Demo-Version   Seite 25

Alle Einstellungen, die das Aussehen und die Funktion einer Variablen in einem Formular betreffen, bezeichnet man in ihrer Gesamtheit als den **Status** der Variablen.

Sie können in DELPHI sowohl als **User** als auch als **Administrator** arbeiten. Ein User darf in einem Formular rechnen, es ausdrucken sowie unter einem neuen Namen speichern. Er kann keine Änderungen am Formular vornehmen und die Originaldatei nicht überschreiben. Der Administrator hat dagegen vollen Zugriff auf alle DELPHI-Funktionen. In welcher Funktion man in DELPHI arbeitet, wird bei der Anmeldung entschieden (siehe Kapitel „DELPHI starten").

DELPHI Demo-Version   Seite 26

Preise

professional-Version

Einzelplatzlizenz	980,-
2 Arbeitsplätze	1.666,-
3 Arbeitsplätze	2.156,-
Firmenlizenz (beliebig viele Arbeitsplätze an einem Standort)	2.500,-

Bibliotheken Maschinenbau

alle Maschinenbau-Bibliotheken	1.100,-
Einzelpreise:	
Festigkeit	150,-
Schraubenverbindungen	200,-
Wälzlager	250,-
Gleitlager	150,-
Achsen/Wellen	150,-
Welle/Nabe-Verbindungen	150,-
Federn	150,-
Kupplungen/Bremsen	100,-
Zahnräder	250,-
Riemen-/Kettentriebe	150,-

Bibliotheken Physik

alle Physik-Bibliotheken	200,-
Einzelpreise:	
Statik	100,-
Hydraulik	100,-
Kinematik	100,-

Bibliotheken AD-Merkblätter

alle AD-Merkblätter	500,-
Einzelpreise:	
Merkblätter A1-A2	150,-
Merkblätter, B1-B3,B5	450,-

Alle Preise verstehen sich netto zzgl. der gesetzlichen MwSt.!

Voraussetzung für die Benutzung der Bibliotheken ist die DELPHI professional-Version!

13 NISA

13.1 Installationshinweis

Bitte beachten Sie, daß nur die wichtigsten Kapitel des Trainingsmanuals auf der CD-ROM vorhanden sind! Die Kapitel- und Seitenzählung weisen deshalb Lücken auf!

Der Text des Manuals wurde von uns eingescannt. Das wirkt sich zwangsläufig auf die Druckqualität aus! Wenn Sie ein vollständiges Manual möchten, finden Sie im Verzeichnis Angebote ein entsprechendes Bestellformular.

Install.doc
In diesem Word Dokument befindet sich die Installationsanleitung für die Software (siehe Manual). Sollten bei der Installation Probleme auftreten, können Sie Hilfe erhalten bei:
Wölfel Technische Programme
Otto-Hahn-Str. 2 a
97204 Höchberg
Tel.: 09 31 / 497 08-36
Fax: 09 31 / 497 08-65
e-mail: hf@woelfel.imnet.de

EMRCNISA
In diesem Verzeichnis finden Sie den Pre- und Postprozessor DISPLAY III und die Solver STATIC, ADVANCED DYNAMICS und HEAT. Sie können damit Finite-Elemente-Berechnungen für kleine Modelle mit bis zu 100 Knoten durchführen.

Bitte beachten Sie, daß es sich bei der Demoversion um die Version 94.0 handelt, in der viele Spezialmodule nicht enthalten sind! Bitte fragen Sie uns deshalb, falls Sie bestimmte Berechnungsmöglichkeiten im Programm vermissen. Selbstverständlich gibt es NISA auch für andere Betriebssysteme!

Wenn Sie mehr Informationen oder ein Upgrade-Angebot möchten, finden Sie im Verzeichnis Angebote ein Bestellformular.

Beispiel.doc
Bei diesem WORD Dokument handelt es sich um ein Anwendungsbeispiel. Der Fadengeber einer Industrienähmaschine wird kinematisch und kinetisch berechnet. Anschließend wird eine Festigkeitsanalyse durchgeführt und ein Bauteil des Getriebes wird optimiert. (Zum Ausdruck der Files vergl. Manual.)

Wenn Sie an Informationen über Dienstleistungen aus dem Haus Wölfel (Finite-Elemente-Berechnungen, MKS-Berechnungen, Messungen) interessiert sind, faxen Sie uns bitte den Infoscheck aus dem Verzeichnis Angebote zu.

Angebot
Hier finden Sie verschiedene Formulare, um Informationen über Software Schulungen Dienstleistungen anzufordern.

13.2 Allgemeine Übersicht

Besonders interessant sind automatische Netzgenerierung und -verfeinerung. P- und H-adaptive Methoden und die Möglichkeit, sogenannte Macros für Parameterstudien zu erzeugen. Umfangreiche Möglichkeiten zur Geometrie- und Netzkontrolle und zur Manipulation des Modells sind vorhanden.

DISPLAY III wurde als Integrationskern für NISA konzipiert. Deshalb ist der Pre- und Postprocessor nicht nur die einheitliche Benutzeroberfläche für alle NISA-Module vom PC bis zum Vektorrechner, vielmehr enthält DISPLAY III auch die einheitliche Datenbasis für alle Module und ermöglicht den Filetransfer zwischen verschiedenen Betriebssystemen.

DISPLAY III ist zu 100% mousegesteuert und bereitet die Rechenergebnisse grafisch auf. Dazu dienen Contour- und Verformungsplots, Vektorplots, Animation, Schnitte, XY-Plots, Reports usw. Damit Feldlinien Feldlinien bleiben und Wirbelbildung in einem Fluid als solche dargestellt wird, ist das Postprocessing auf das jeweilige Berechnungsmodul zugeschnitten. Meßdaten können eingelesen und grafisch zusammen mit den Berechnungsergebnissen dargestellt und verglichen werden. Selbstverständlich können die Berechnungsergebnisse auch mathematisch weiterbearbeitet werden.

Interfaces sorgen für den Datenaustausch
Für den Datenaustausch mit CAD-Programmen stehen sowohl Standardschnittstellen wie DXF, IGES oder VDASF als auch direkte Interfaces, z.B. zu Pro/ENGINEER, SDRC IDEAS Master Series, UNIGRAPHICS, HP Solid-

Designer, HP ME 10, PATRAN oder AutoCAD zur Verfügung. Die STEP-Schnittstelle ist in Entwicklung.

Zu den FEM-Programmen ABAQUS, ANSYS und NASTRAN existieren direkte Schnittstellen.

Für die Berechnung gibt es zahlreiche Module.

NISA STATIC für lineare und nichtlineare Statik
NISA II STATIC ist ein bewährtes FE-Programm zur Lösung linearer und nicht-linearer statischer Probleme, das durch seine Vielseitigkeit und die Rechengeschwindigkeit besticht.

Materialeigenschaften:
Isotrope, orthotrope, temperaturabhängige und geschichtete Materialien; das Material kann elastisch-plastisch oder hyperelastisch (gummiartig) sein, weiterhin können Kriechen, Viskoplastizität und bei Laminaten anisotrope Plastizität erfaßt werden.

Geometrie-Nichtlinearitäten:
Große Verschiebungen und Verdrehungen, total oder updated Lagrange Referenzsystem, Vorspannung, Post Buckling Analysis, Gaps mit oder ohne Reibung, Linien- und Flächenkontakt mit oder ohne Reibung.

Koppelungen:
Starre Verbindungen, gekoppelte Verformungen und Multi-point Constraint Equations MPC.

Lastfälle:
Knotenlasten, verteilte Lasten, Druck, Vorverschiebungen, Zentrifugalkräfte, translatorisch und Drehbeschleunigung, thermische Lasten.

NISA P-ADAPT für P-adaptive Netzverfeinerung

Bei konventionellem Vorgehen wird das Finite-Elemente-Netz in kritischen Bereichen „per Hand" oder mit Hilfe halbautomatischer Routinen verfeinert. Dazu bietet NISA die traditionelle H- und die P-Verfeinerung. Gerade für die Vordimensionierung bei konstruktionsbegleitenden Berechnungen reicht oft die P-adaptive Netzverfeinerung aus. Für diese Methode wurde P-ADAPT geschaffen. Das Programm erlaubt auch bei einer komplexen Geometrie eine sehr grobe und damit schnelle Vernetzung mit nur wenigen Elementen. In einem iterativen Prozeß wird dann der polynomische Elementansatz so lange erhöht, bis Konvergenz erzielt wird. Somit ist die Kombination DISPLAY, STATIC, P-ADAPT das ideale Programm für den Konstrukteur. Ein Übergang zur konventionellen FEM-Berechnung ist mit NISA möglich.

NISA DYNAMICS für lineare und nichtlineare Dynamik

DYNAMICS ist das Grundmodul zur Berechnung von Eigenformen und -frequenzen und von Zeitverläufen.

ADVANCED DYNAMICS umfaßt das Grundmodul DYNAMICS plus Beulverhalten, Berechnungen im Frequenzbereich (harmonische, stochastische Erregung, Antwortspektren), Modalsynthese und zyklische Symmetrie.

Eigenfrequenzberechnung
Lanczos, Inverse Iteration mit Sturm'schen Ketten, Subspace Iteration, Householder QR mit Massenreduktion nach Guyan, Component Mode Synthese, Erfassung von Starrkörpermodes

Schwingungsberechnung
Modalanalyse: transiente Kraft- oder Fußpunkterregung (Zeitverläufe), harmonische Schwingungen, Zufallsschwingungen (Leistungsdichtespektren), Spektrenmittelung, Mean Crossing Rate, Antwortspektren mit verschiedenen Kombinationsmethode (ABS, SRSS, NRL, CQC).

Direkte Integration
Transiente Kraft- und Fußpunkterregung, nichtlineare Materialien und Geometrien, selbst adaptierte Zeitschritte, implizierte und explizierte Methoden.

Dämpfung
Viskose, proportionale oder Strukturdämpfung, diskrete Dämpfung

Dynamische Antworten
Verschiebungen, Geschwindigkeiten, Beschleunigungen, Spannungen, Schnittkräfte und Reaktionskräfte

13 NISA

NISA HEAT TRANSFER für lineare und nichtlineare Wärmeleitung

NISA HEATTRANSFER löst Aufgaben aus dem Bereich der stationären und transienten Wärmeleitung und erlaubt für Detailbetrachtungen die Arbeit mit Submodellen.

Materialeigenschaften:
Isotrope, orthotrope, zeit- und/oder temperaturabhängige Materialeigenschaften, Phasenwechsel (Schmelzen, Gefrieren)

Randbedingungen und Lasten:
Spezifizierte Knotentemperaturen, gekoppelte Temperaturen, Konvektion, Strahlung mit Berechnung der Viewfaktoren, konzentrierter und verteilter Wärmefluß, interne Wärmequellen an Knoten oder Elementen

NISAOPT für Balken-, Struktur- und Formoptimierung

In vielen Bereichen der Technik geht es heute nicht mehr nur um den Nachweis der Festigkeit oder der Funktionstüchtigkeit, vielmehr müssen die konstruktiven Möglichkeiten optimal ausgenützt werden. Mit NISAOPT finden Sie die Grenzen des Möglichen!

STROPT – ein Modul zur Parameteroptimierung (Sizing)

Die Parameteroptimierung verändert eine Struktur nicht prinzipiell, sondern nur einzelne Parameter wie ausgewählte Wanddicken oder – bei Verbundwerkstoffen – die Faserwinkel und die Layerdicke.

STROPT ist ein Modul, das als Zielfunktion Volumen, Masse oder Gewicht einer Struktur bei vorgegebener Form optimiert. Es stehen wahlweise drei Optinmierungsalgorithmen und drei Methoden der Sensitivitätsanalyse zur Verfügung. STROPT ermöglicht die Gruppierung und Koppelung der Optimierungsvariablen und die Behandlung von mehreren Lastfällen bei wechselnden Lagerbedingungen.

Optimierungsvariablen
Dicke von Platten, Scheiben, Schalen, Querschnittsabmessungen von Balken, Flächen bei Stäben, Schichtdicke und Faserrichtung bei Verbundwerkstoffen

Nebenbedingungen
Elementspannungen, Knotenverformungen, Eigenfrequenzen, Beulfaktoren, Systemantworten unter harmonischer Erregung

SHAPE – ein Modul zur Formoptimierung (Topologieoptimierung)

SHAPE verläßt die eingefahrenen Bahnen und liefert oft verblüffende Optimierungsideen! Das Programm dient der automatischen Formfindung und verändert die Form der ursprünglichen Konstruktion. Das Ziel ist eine Struktur mit minimalem Volumen. Um dies zu finden, kann NISA SHAPE so lange Elemente an beliebiger Stelle aus dem Modell entfernen, bis die Spannungs- oder Verformungsgrenzen erreicht werden. Dadurch ist eine steuerbare Änderung vorhandener Oberflächen bzw. die Schaffung von Aussparungen in einer Struktur möglich, ohne Vorgabe, was zu geschehen hat! Das mühsame Parametrisieren komplexer Oberflächen gehört damit der Vergangenheit an.

Optimierungsvariablen
Elemente, die nicht eingefroren sind

Nebenbedingungen
Elementspannungen, Knotenverformungen, globale Steifigkeiten, Formvorgaben durch „frozen elements"

SECOPT – ein Modul zur Querschnittsoptimierung

SECOPT optimiert den Querschnitt eines Balkens und minimiert dadurch das Gewicht oder die Querschnittfläche unter Berücksichtigung vorgegebener Nebenbedingungen.

ENDURE für Ermüdungsanalysen und Bruchmechanik

ENDURE ist ein Programm für Ermüdungsanalysen und bruchmechanische Berechnungen. Mit ENDURE können Lebensdauervorhersagen gemacht und die Regionen einer Struktur gefunden werden, wo ein Anriß zu erwarten ist. Ebenso kann der Rißfortschritt betrachtet werden. Mit soaenannten „Rißspitzenelementen" können detaillierte bruchmechanische Untersuchunoen am FEModell durchgeführt werden. Die in dem Programm vorhandenen Methoden führen weit über den altbewährten Stand der Technik hinaus und eröffnen völlig neue Perspektiven!

DYMES für Mehrkörperdynamik (MKS)

DYMES ist ein Programm zur Simulation der Bewegungsdynamik von Mehrkörpersystemen (MKS) und ist in die Finite-Elemente-Programmfamilie NISA integriert. Massebehaftete Körper können durch eine Vielzahl von Gelenk- oder Verbindungselementen, denen Feder-, Dämpfungs- und Regeleigenschaften zugeordnet werden können, im dreidimensionalen Raum verknüpft und kinematisch und kinetisch berechnet werden. Neben diesen Standardmodulen stellt DYMES noch eine Reihe hochspezialisierter Module wie „Chassis", „Reifen" oder „Control" für Aufgabenstellungen aus dem Fahrzeugbau oder zur Berechnung von Reibung und Regelkreisen zur Verfügung.

Die Eingabe und die Ergebnisdarstellung wird mit DISPLAY III vorgenommen.

NISA/3D-FLUID für Fluiddynamik

In vielen Bereichen der Technik müssen Strömungen und Fluid-Struktur-Interaktion untersucht werden. NISA/3D-FLUID ist ein general-purpose Finite-Elemente-Programm mit zwei verschiedenen Modulen für die Arbeit mit inkompressiblen und mit kompressiblen Medien, das voll in die Strukturmechanik integriert ist.

Die Strömungen können stationär, transient, laminar oder turbulent sein. Als Strömungsräume kommen Hohlformen und zu umströmende Körper in Frage; ebenso können poröse Medien und Strömungen mit freien Oberflächen modelliert werden. Ein spezielles Werkzeug zur Ermittlung von Auftriebskräften und Wärmeleitungskoeffizienten ist in NISA/3D-FLUID enthalten.

NISA EMAG für Elektromagnetismus

EMAG ist ein Programm für die Berechnung elektromagnetischer Probleme. EMAG kann elektrische und magnetische Felder in linearen, nichtlinearen und orthotropen Materialien simulieren. Es können Gleich- und Wechselstromfelder sowie Felder, die von transienten Strömen erzeugt werden, berechnet werden.

FEAP für schnelle Simulation von Leiterplatten

FEAP ist ein Programm zur Festigkeitsberechnung speziell von Leiterplatten und den darauf gesetzten ICs. Das Programm wurde geschaffen für die Berechnung von Spannungen, Schwingungen, Wärmeleitung, Ermüdungsanalysen und der Fluiddynamik einer Leiterplatte bis hin zur dreidimensionalen Betrachtung erzwungener Kühlvorgänge. FEAP beinhaltet neben dem Pre- und Postprocessor auch die Programme NISA II, ENDURE und NISA/3D-FLUID.

Benutzerfreundlicher, leicht zu bedienender Preprocessor für die Beschreibung neuer Bauelemente, umfangreiche Bibliothek mit gebräuchlichen ICs, automatische Netzgenerierung für das FE-Modell, Routinen zur Reduktion der Modellgröße, volle Integration mit der NISA Programmfamilie. Möglichkeiten zur Netzverfeinerung in besonders heiklen Zonen der ICs, dreidimensionale Detailmodelle für Steckverbindungen.

Fundierte Schulungen und praxisnaher technischer Support sind das A und O bei technischen Programmen.

Moderne Finite-Elemente-Programme wie NISA bieten derart viele Berechnungsmöglichkeiten, daß eine Einzelperson unmöglich alle Features eines Programmes kennen kann. Vor diesem Hintergrund ist eine am Bedarf des Anwenders orientierte Schulung besonders wichtig. Wölfel Technische Programme bietet deshalb neben den standardisierten Einführungsschulungen spezielle, an einem Projekt des Kunden ausgerichtete Seminare an. In diesen Praxisseminaren erlernt der Kunde das Handling des Programms an seinem Projekt. Diese Vorgehensweise hat nicht nur den Vorteil, daß der Kunde seine Struktur sehr gut kennt, vielmehr bietet sie auch die Möglichkeit, gezielt auf spezifische Modellierungsprobleme einzugehen.

13 NISA

Schnupperseminare
Schnupperseminare sind eintägige Veranstaltungen und sollen einen Überblick über die Einsatzmöglichkeiten der Finite-Elemente-Methode geben.

Einführungsseminare
Einführungsseminare wenden sich an Konstrukteure, Ingenieure und Naturwissenschaftler mit einschlägigen fachlichen Vorkenntnissen, jedoch ohne bzw. geringer Berechnungserfahrung. Die Teilnehmer sollen die Fähigkeit erwerben, mit NISA Standardaufgaben zu bearbeiten und die erzielten Ergebnisse kritisch zu würdigen.

Vervollständigt wird die NISA Programmfamilie durch eine Reihe von Spezialmodulen für Optimierung, Ermüdungsanalyse und Bruchmechanik, Fluiddynamik, Elektromagnetismus und ein Programm für Mehrkörperdynamik. Schließlich wird für die Berechnung von Leiterplatten ein hochspezialisiertes Modul FEAP angeboten. Die Solver dieser Module sind nicht auf der CD-ROM, Sie können sie jedoch bei einer Probeinstallation auf Herz und Nieren testen. Selbstverständlich gilt das auch für die Grundmodule DISPLAY und NISA II!

Nähere Informationen erhalten Sie bei Wölfel Technische Programme:
Tel.: 09 31 / 497 08-60
Fax: 09 31 / 497 08-65
e-mail: hf@woelfel.imnet.de

oder im Directory angebot.doc auf dieser CD-ROM.

Die Hardware-Plattform
NISA ist für alle wichtigen Rechner und alle bedeutenden Betriebssysteme lieferbar:
PC DOS 6.xx oder höher, WINDOWS 95, WINDOWS NT
CRAY UNICOS
CONVEX UNIX
DEC Open VMS, OSF/1, ULTRIX
FUJITSU Mainframe UNIX
HP 9000, HP UX
IBM RS6000 AIX
NEC EWS4800 UNIX 4.0.2
SILICON GRAPHICS IRIX
SUN SOLARIS

Integration schafft die Basis für komplexe Simulationsaufgaben

Die Welt besteht aus komplexen Systemen. Ein gutes Simulationswerkzeug muß deshalb möglichst viele Facetten der heutigen Berechnungsmöglichkeiten abdecken. NISA ist das FEM-Programm, das aus der Hand eines Herstellers die meisten Berechnungsmöglichkeiten bietet. Dies wird ermöglicht durch den Pre- und Postprocessor DISPLAY, der als Integrationskern die einheitliche Benutzeroberfläche für alle Module darstellt und als gemeinsame Datenbasis dient. Dieses Konzept hat viele Vorteile:

Netzgenerierung, Elementverknüpfung und Wavefrontoptimierung sind für alle Module gleich – wer ein Modul kennt, findet leicht und ohne die sonst üblichen Startschwierigkeiten den Zugang zu den übrigen Modulen.

Der In- oder Output eines Moduls kann direkt für Berechnungen mit anderen Modulen weiterverwendet werden. Beispielsweise kann man mit dem MKS-Modul DYMES die Gelenkkräfte eines Getriebes bestimmen und diese dann als Last für eine Festigkeitsberechnung verwenden, oder man kann mit einer Fluidberechnung die Druckverteilung in einem Behälter errechnen und diesen Druck als Last für die Berechnung der Verformung des Behälters weiterverwenden usw.

Das Postprocessing ist für alle Module einheitlich.

Schnelles Arbeiten durch optimale Integration aller Module.

Der Pre- und Postprocessor heißt DISPLAY III

DISPLAY III ist ein grafisch orientierter, sehr leistungsstarker Pre- und Postprocessor für NISA und andere FE-Programme.

DISPLAY III stellt zahlreiche Hilfsmittel und Kommandos zur schnellen Erzeugung komplexer Geometrien bereit. Auf sogenannten Workplanes kann auch im dreidimensionalen Raum mit der Mouse gearbeitet werden. Über CAD-Schnittstellen kann die Geometrie aber auch eingelesen werden. In einem zweiten Schritt wird das Netz für eine FE-Berechnung erzeugt.

13 NISA

CAE-Dienstleistungen – Finite-Elemente-Berechnungen und Messungen von Wölfel Beratende Ingenieure

Wölfel Beratende Ingenieure WBI wurde 1971 mit dem Unternehmensziel gegründet, die neue Finite-Elemente-Methode der deutschen Industrie zugänglich zu machen. Damals waren es nur ganz wenige Branchen, in denen aus Kostengründen Computersimulationen durchgeführt werden konnten, nämlich die Luft- und Raumfahrt, der Automobilbau und der Kraftwerksbau. Heute kann durch die stürmische Entwicklung bei der Hard- und Software die Simulation in allen Branchen eingesetzt werden, in denen dies wünschenswert ist. Die Simulationstechniken sind inzwischen so weit entwickelt und liefern derart wegweisende Ergebnisse, daß sich durch ihren Einsatz meist Effektivitätsgewinne und letztendlich Einsparungen ergeben, die höher sind als die Kosten für CAE. Auch wenn seit der Gründung von Wölfel Beratende Ingenieure mittlerweile 25 Jahre vergangen sind, und sich das Unternehmen vom kleinen Ingenieurbüro mit drei Mitarbeitern zu einem international anerkannten, mittelständischen Consultingunternehmen entwickelt hat, ist unser Firmenziel nach wie vor höchst aktuell:

Wölfel Beratende Ingenieure bearbeitet Ihre Aufgaben mit NISA oder anderen Simulationswerkzeugen auf allen oben angeführten Fachgebieten. Weitere Informationen können Sie mit dem Infocheck in Angebot.doc anfordern. Selbstverständlich können Sie uns auch anrufen: Tel. 09 31 / 497 08-36.

Zusätzlich können wir alle mechanischen Größen, die wir durch Computersimulation errechnen, auch an realen Strukturen meßtechnisch erfassen. Mit der Qualität unserer Arbeit haben wir uns in den vergangenen Jahren einen guten Ruf erworben.

Computer Aided Engineering in den Fachgebieten Statik, Dynamik, Kinetik und Kinematik, Wärmeleitung, Ermüdung, Bruchmechanik, Optimierung, CFD und Elektromagnetismus.

DEMO-Version – auf der beiliegenden CD-ROM
Die einzige Einschränkung ist die Begrenzung der Modellgröße; Sie können lediglich Modelle mit bis zu 600 DOF berechnen.

13.3 Simulation mechanischer Systeme mit DYMES und NISA

(Dipl.-Ing. Eric Feldbausch, Dr. Herbert Friedmann)

Der Wettbewerb zwingt zur ständigen Optimierung bewährter Standardlösungen. In der Kürze der Zeit sind solche Aufgaben heute nur noch durch den verstärkten Einsatz von CAE zu bewältigen. Für viele kleine und mittelständische Maschinenbauunternehmen stellt sich so die Frage, ob die notwendigen Berechnungen von der hauseigenen Konstruktionsabteilung bewältigt werden können, ob eine Berechnungsabteilung aufgebaut werden soll, oder ob man die Berechnungen als Dienstleistung nach außen vergibt. Sicherlich wird es darauf keine allgemeingültige Antwort geben können. Deshalb soll in diesem Artikel an einem Beispiel aus der Praxis aufgezeigt werden, was durch den Einsatz moderner CAE-Werkzeuge heute möglich und auch notwendig geworden ist. Denn nur in Kenntnis der zukünftigen Berechnungsaufgaben kann ein Betrieb die eingangs gestellte Frage auch und vor allem unter dem Kostenaspekt richtig beantworten.

Integration von FEM und MKS
Am Beispiel des Fadengebers einer Industrienähmaschine soll das Zusammenspiel von Entwurf, kinematischer und kinetischer Analyse und Festigkeitsberechnung gezeigt werden. Sowohl der kinematischen als auch der Festigkeitsberechnung folgt eine Optimierungsphase, in der Kinematik und Geometrie der einzelnen Bauteile optimiert werden. Um bei einem derart komplexen Ineinandergreifen der verschiedensten Berechnungen Reibungsverluste an Schnittstellen möglichst klein zu halten, hat sich der Einsatz von universellen Werkzeugen wie NISA bewährt, die unter einer Benutzeroberfläche alle notwendigen Berechnungsmodule bieten. Das Konzept, das hinter NISA steht, läßt sich mit dem Schlagwort „Alles aus einer Hand" umschreiben. Die Vorteile sind klar ersichtlich: alle Module, ob für Statik, Dynamik, Wärmeleitung, Optimierung, Ermüdungsanalyse, Fluiddynamik, Elektromagnetismus oder Mehrkörperdynamik werden mit dem gleichen Prä- und Postprozessor DISPLAY III bedient. Die Datenbasis für alle Module ist die gleiche. Mit dem Rechenmodell, das für die kinematische Untersuchung notwendig war, kann nach entsprechenden Modifikationen auch eine statische Untersuchung durchgeführt werden, oder es kann sich eine Optimierung oder eine Lebensdauervorhersage anschließen.

Ein Beispiel aus der Praxis: Optimierung des Fadengebers einer Industrienähmaschine
Moderne Industrienähmaschinen sollen immer schneller laufen, gleichzeitig soll die Präzision gesteigert werden. Für den Konstrukteur stellt sich damit eine

Optimierungsaufgabe, die er ohne den Einsatz numerischer Simulation alleine mit seinem Erfahrungsschatz kaum mehr lösen kann. Üblicherweise beginnt der Computereinsatz innerhalb des Entwicklungsprozesses heute mit dem CAD-Programm. Um die bisher notwendigen zahlreichen Iterationsschleifen zu verkürzen, hat sich der Einsatz moderner Simulationswerkzeuge bewährt. Das setzt jedoch voraus, daß sowohl CAD- als auch CAE-Programme keine geschlossenen Systeme sind, sondern den Datenaustausch ermöglichen. Denn die konstruktiven Vorgaben müssen umgesetzt werden in Rechenmodelle für die MKS- und die FEM-Berechnung, und Ergebnisse der Optimierungsbemühungen sollen wieder zurück ins CAD-Programm transferiert werden.

Berechnungsaufgaben erwachsen bei der Optimierung der Getriebegeometrie bei einer vorgegebenen Bewegungsbahn, bei der Gewichtsoptimierung der einzelnen Bauteile und schließlich beim Festigkeitsnachweis für die optimierte Struktur.

Als Berechnungswerkzeuge kommen die Module DISPLAY III, DYMES, STATIC und NISA/SHAPE aus der NISA-Programmfamilie zum Einsatz.

DISPLAY III ist der Prä- und Postprozessor für alle weiteren Module und damit gleichzeitig die Benutzeroberfläche. Mit den in DISPLAY III angesiedelten Interfaces zu CAD-Programmen kann die bereits vorhandene Geometrie eingelesen und in die entsprechenden Rechenmodelle umgesetzt werden. Danach erfolgt die Übergabe der Daten an die entsprechenden Solver DYMES, STATIC oder NISA SHAPE. Außerdem werden die von den verschiedenen Solvern gelieferten Berechnungsergebnisse in diesem Programm farbgrafisch aufbereitet.

DYMES ist ein sogenanntes MKS-Programm, mit dem sich Kinetik und Kinematik von Mehrkörpersystemen wie z.B. dem Fadengeber berechnen lassen. Grundsätzlich werden die einzelnen Bauteile eines Systems als starre Körper betrachtet und über verschiedene Gelenke miteinander verkoppelt. Feder-, Dämpfungs- und Regeleigenschaften erlauben es, mechanische Systeme elastisch zu modellieren. Errechnet werden u.a. Gleichgewichtszustände, Positionen, Geschwindigkeiten, Beschleunigungen und Kräfte in einem System.

STATIC ist ein FEM-Programm, mit dessen Hilfe Verformungen und Spannungen in einer definierten Struktur unter vorgegebenen Lastfällen bestimmt werden können. Zu diesem Zweck muß die aus dem CAD-Programm übernommene oder in DISPLAY erzeugte Geometrie vernetzt, also in „finite Elemente" zerlegt werden. Darüber hinaus sind die Randbedingungen zu bestimmen. Während die Vernetzung eines Modells durch den Einsatz fortschrittlicher Präprozessoren wie DISPLAY III heute wesentlich erleichtert wurde, erfordert die Definition der Randbedingungen und Lasten besonders bei komplexen nichtli-

13.3 Simulation mechanischer Systeme mit DYMES und NISA

nearen Berechnungen ein hohes Maß an strukturmechanischem Wissen und äußerste Sorgfalt.

NISA/SHAPE ist ein Modul zur Topologieoptimierung. Es setzt auf ein FEM-Modell auf und findet unter Beachtung der vorgegebenen Nebenbedingungen eine optimale, also möglichst leichte neue Form. NISA/SHAPE entfernt bei diesem Optimierungsprozeß so lange „finite Elemente", bis das globale Optimum gefunden ist. Naturgemäß muß das so gefundene Optimum noch hinsichtlich der fertigungstechnischen Anforderungen nachbearbeitet werden.

Kinetik und Kinematik mit DYMES

Bild 1 zeigt den Fadengeber, der aus einer Kurbel, dem Hebel mit der Öse und einer Schwinge besteht.

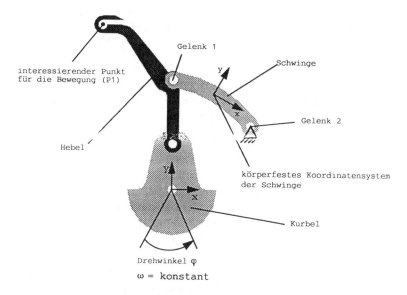

Abb. 1: Fadengeber einer Industrienähmaschine

In einem ersten Arbeitsgang soll die Getriebegeometrie kinematisch optimiert werden. Dazu muß das Rechenmodell für DYMES mit DISPLAY erstellt werden. Es besteht aus sogenannten Bodies, das sind die starren Körper des Fadengebers, nämlich Kurbel, Hebel und Schwinge. Für diese Bodies werden die Position im Raum und die Orientierung definiert (vgl. Bild 2).

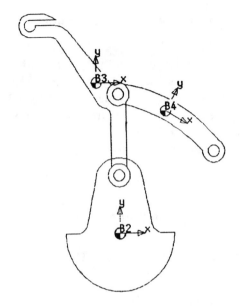

Abb. 2: DYMES-Modell mit Body Reference Frames für die MKS-Berechnungen

Weil wir in einem weiteren Arbeitsschritt auch Festigkeits- und Optimierungsuntersuchungen durchführen wollen, ist es sinnvoll, für die Abbildung der Körper gleich das Finite-Elemente-Modell, das später für die Statik eingesetzt werden wird, zu verwenden. Zusätzlich werden sogenannte Body Reference Frames für jeden Körper definiert, und die einzelnen Körper werden mit Standardgelenken miteinander verknüpft.

Für die Öse ist eine ideale Bewegungsbahn vorgegeben (vgl. Bild 3).

Sie ergibt sich aus nähtechnischen Gründen. Nach dem Durchstich muß für die Verschlingung von Ober- und Unterfaden genügend Faden bereitgestellt werden. Nach der Verschlingung muß der Faden jedoch gestrafft werden. Ziel der kinematischen Untersuchungen ist es, die Geometrie des Getriebes so zu gestalten, daß die Öse den Faden auf der gewünschten Bahn führt. Dies wurde durch gezielte Variantenuntersuchungen mit DYMES erreicht. Im zweiten Arbeitsgang sollen die einzelnen Starrkörper festigkeitsmäßig untersucht und u.U. optimiert werden. Da dieser Vorgang für jeden Körper ähnlich ist, wird der weitere Berechnungsablauf am Beispiel der Schwinge exemplarisch dargestellt.

Bevor jedoch Aussagen über die Festigkeit und vor allem über die zu erwartenden Verformungen der Schwinge gemacht werden können, müssen die Randbedingungen bekannt sein. Das heißt, die Gelenkkräfte, die zu diesen Verformungen führen, müssen mit Hilfe einer weiteren DYMES-Berechnung ermittelt

13.3 Simulation mechanischer Systeme mit DYMES und NISA

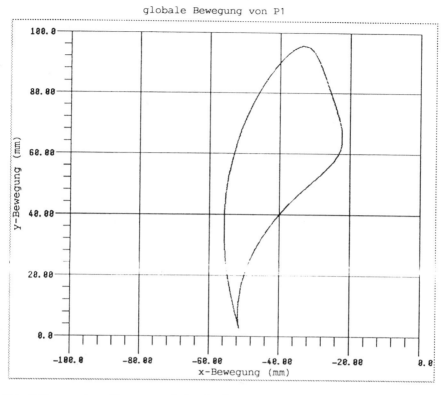

Abb. 3: Vorgegebene Bewegungsbahn der Öse

werden. Die Inverse Dynamik liefert uns die in Bild 4 dargestellten Resultate, die für die FEM-Berechnung die x-Komponente als maßgeblich ausweisen. Außerdem werden die Gelenkkräfte für die richtige Dimensionierung der Kugellager benötigt.

Festigkeitsuntersuchung mit NISA

Mit der Berechnung der Gelenkkräfte ist die MKS-Berechnung abgeschlossen. Nun folgen Finite-Elemente-Berechnungen, für die wir das gleiche Finite-Elemente-Modell verwenden, das wir schon für DYMES eingesetzt haben. Die Geometrie der Schwinge wurde bereits im ersten Arbeitsgang über das CAD-Interface eingelesen und in DISPLAY automatisch mit Vierknoten-Scheibenelementen, die den ebenen Spannungszustand abbilden, vernetzt. Die bereits mit DYMES berechneten Gelenkkräfte wurden als Randbedingungen aufgebracht (vgl. Bild 5).

13 NISA

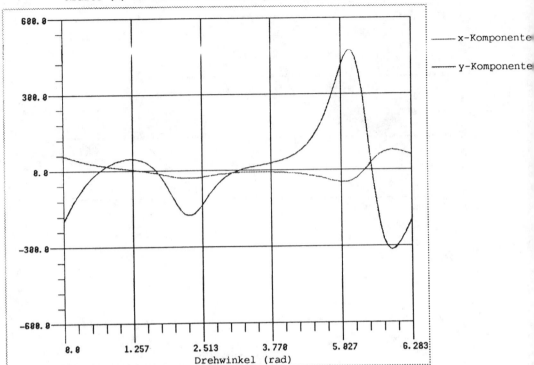

Abb. 4: Gelenkkräfte an Gelenk 1 der Schwinge

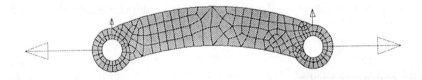

Abb. 5: Automatisch vernetztes FEM-Modell der Schwinge mit Gelenkkräften

Da zu große Verformungen die Funktionsfähigkeit des Fadengebers gefährden und zu hohe Spannungen letztendlich zu strukturellen Schäden führen würden, wurden Verformungen und Spannungen in einer linear statischen Berechnung ermittelt und als contour plot ausgegeben (vgl. Bild 6).

13.3 Simulation mechanischer Systeme mit DYMES und NISA

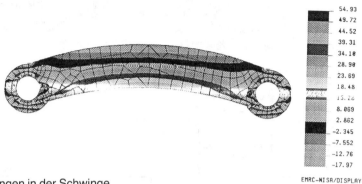

Abb. 6: Spannungen in der Schwinge

Formoptimierung mit NISA/SHAPE

Die FEM-Berechnung zeigte, daß weder die zulässigen Spannungen noch die zulässigen Verformungen erreicht wurden. Deshalb erschien es sinnvoll, die in der Struktur noch vorhandenen Reserven für eine Gewichtsreduzierung zu nutzen. Da moderne Industrienähmaschinen 6000 Umdrehungen/Minute und mehr erreichen, ist eine Verringerung der Trägheitskräfte oft entscheidend für die Haltbarkeit der Kugellager. Da bei den schnell bewegten Teilen das Aluminium den Guß längst verdrängt hat, ist eine Gewichtsreduzierung nur noch durch eine optimale Form und die bestmögliche Ausnutzung der Struktur zu erreichen. Aufgrund der verschiedenen Spannungs- und Verformungsplots vermuteten wir, daß eine Formveränderung zu einer größeren Gewichtsreduzierung führen würde als eine Reduzierung der Dicke des Bauteils. Deshalb setzten wir NISA/SHAPE als Optimierungswerkzeug ein. Dieses Programm benötigt als Input das FEM-Modell aus der vorausgegangenen Statikberechnung. Unter Berücksichtigung der dort definierten Lastfälle entfernt NISA/SHAPE so lange Elemente aus der Struktur, bis die Nebenbedingungen – in unserem Fall zulässige Spannungen und Verformungen – erreicht werden. Zielfunktion ist stets minimales Volumen oder minimales Gewicht der Struktur. Dabei findet das Programm eine völlig neue, optimale Form. Im Fall der Schwinge konnte so das Gewicht um ca. 20% reduziert werden (vgl. Bild 7).

Als letzter Berechnungsschritt schließt sich zur Überprüfung der Optimierung eine erneute statische Berechnung an. Die Verknüpfung der einzelnen Berechnungen ist in Bild 8 zusammengefaßt. Um die Übersichtlichkeit nicht zu gefährden, wurde die Ergebnisdarstellung, die nach jeder Berechnung grafisch orientiert in DISPLAY III erfolgt, nicht mit in das Flußdiagramm aufgenommen.

13 NISA

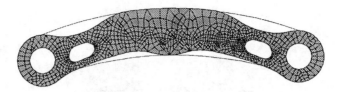

Abb. 7: Mit NISA SHAPE optimierte und geglättete Geometrie der Schwinge

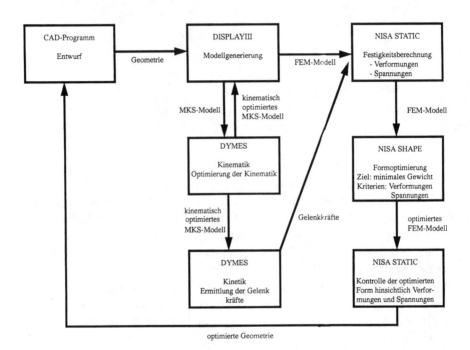

Verzeichnis der Software Lieferanten

Demo-Programm: **SAM 3.0**
Firma: Artas Engineering Software
Anschrift: Het Puyven 162
Niederlande
5672 RJ Nuenen
Telefon/Fax: +31 (0)40 283 75 52
Ansprechpartner: A.M. Rankers

Demo-Programm: **ANSYS-Viewer**
Firma: CAD-FEM
Anschrift: Marktplatz 2
D-85567 Grafing bei München
Telefon: 080 92 / 70 05-0
Fax: 080 92 / 70 05-77
Ansprechpartner: Peter Tiefenthaler

Demo-Programm: **MABAU**
Firma: cosoft computer consulting gmbh
Anschrift: Wiesenstr. 12–14
D-48653 Coesfeld
Telefon: 025 41 / 53 15
Fax: 025 41 / 53 16
Ansprechpartner: Dipl.-Ing. Peter Strauss

Demo-Programm: **SERVOS**
Firma: Udo Damerau Technische Software
Anschrift: Bergholm 31
D-24857 Fahrdorf
Telefon: 046 21 / 311 29
Ansprechpartner: Udo Damerau

Demo-Programm: **GENIUS MOTION**
Firma: GENIUS CAD-SOFTWARE
Anschrift: Faberstraße 9
D-92224 Amberg
Telefon: 096 21 / 76 65-0
Fax: 096 21 / 76 65-33
Ansprechpartner: Helmut Dörre

Verzeichnis der Software Lieferanten

Demo-Programm:	**DXFMAN, Konvertierung von DXF-Dateien**
	FED1, Druckfederberechnung
	FED3+, Drehfederberechnung
	FED4, Tellerfederberechnung
	FED5, Kegelfederberechnung
	FED6, Progressive zyl. Druckfedern
	GEO1, Querschnittsberechnung
	HPGLMAN, HPGL-Manager
	LG1, Walzlagerberechnung
	SR1, Schraubenverbindungen
	TOL1, Toleranzrechnung
	WL1, Wellenberechnung
	WN1, Auslegung von Preßverbänden
	WW2, Zahnwellen. DIN 5480
	WN3, Paßfederberechnung
	ZAR1, Zahnradberechnung
	ZAR2, Kegelradberechnung
Firma:	HEXAGON Industriesoftware GmbH
Anschrift:	Stiegelstraße 8
	D-73230 Kirchheim-Teck
Telefon:	070 21 / 595 78
Fax:	070 21 / 599 86
Ansprechpartner:	Dipl.-Ing. Fritz Ruoss

Demo-Programm:	**IGUS Energieketten-Systeme CAD-Katalog**
	XIGUS
Firma:	igus GmbH
Anschrift:	Spicher Str. 1a
	D-51147 Köln (Porz-Lind)
	Postfach 90 61 23, 51127 Köln
Telefon:	022 03 / 96 49-0
Fax:	022 03 / 638 07
Ansprechpartnerin:	Birte Jendahl

Demo-Programm:	**JvP-Press 2.1a**
Firma:	Dr.-Ing. Jürgen von Pistor Planungsgesellschaft mbH
Anschrift:	Borngraben 11
	D-01157 Dresden
Telefon:	03 51 / 422 68 58
Fax:	03 51 / 422 68 59
Ansprechpartner:	Dr. Kühsel

Demo-Programm: **KISSsoft**
Firma: L. Kissling & Co. AG
Anschrift: Schärenmoosstraße 76
CH-8052 Zürich
Telefon: 41 1301 2400
Fax: 41 1301 3984
Ansprechpartner: D. Bolcic

Demo-Programm: **MOMENTE II**
Firma: MOTRON Steuersysteme GmbH
Anschrift: Am Weichselgarten 7
D-91058 Erlangen
Telefon: 091 31 / 69 11 30, -31
Fax: 091 31 / 69 11 29
Ansprechpartner: Dipl.-Ing. Edmund Bürger

Demo-Programm: **SIMPLORER**
Firma: SIMEC GmbH & Co KG Simulation und Automatisierung
Anschrift: Bernsdorfer Str. 210/212
D-09126 Chemnitz
Telefon: 03 71 / 52 21-231
Fax: 03 71 / 52 21-100
Ansprechpartner: Dr.-Ing. Zacharias
Dr.-Ing. Knorr

Demo-Programm: DELPHI
Firma: Softwert GmbH
Anschrift: Am Meerkamp 21
D-40667 Meerbusch
Telefon: 021 32 / 99 20-0
Fax: 021 32 / 99 20-20
Ansprechpartner: Dipl.-Ing. Werner Damblon

Demo-Programm: **NISA II 94.0**
Firma: Wölfel Beratende Ingenieure GmbH + Co.
Anschrift: Postfach 12 64
D-97201 Höchberg
Telefon: 09 31 / 497 08-36
Fax: 09 31 / 497 08-65
Ansprechpartner: Dr. Friedmann

Neu von igus

Energieketten-
Systeme
Kette Kabel
Garantie

Nutzen Sie die Vorteile der brandneuen igus Produkte für Ihre nächste Energiezuführung. Machen Sie Ihre Energieketten **leiser**, stabiler, schneller zu montieren und schmutzabweisend. **Sparen** Sie Führungsrinnen. Installieren Sie **garantiert** biegefeste neue Chainflex-Leitungen für L2-Bus, Koax, Glas-LWL und aus PUR. Bauen Sie **platzsparende** neue Zugentlastungen ein. Und bestellen können Sie täglich bis 20 Uhr und samstags von 8-12 Uhr. Probieren Sie es doch mal mit einem Katalog und einer kostenlosen CD. Wir freuen uns.

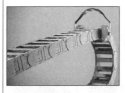

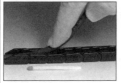

igus GmbH
Postfach 90 61 23
51127 Köln
Tel. 0 22 03-96 49-0
Fax 0 22 03-96 49-2 22
http://www.igus.de

Antwortcoupon

☐ Ja, bitte senden Sie mir Ihren neuesten Katalog igus Energieketten-Systeme zu.

☐ Ja, bitte senden Sie mir die kostenlose CD „xigus 1,0" zu.

Firma
Name
Abteilung
Straße
Ort
Telefon

Bitte faxen Sie uns den Coupon zu, wenn es ganz schnell gehen soll.